U0264149

换热器 （第二版）

HEAT EXCHANGER

兰州石油机械研究所　主编

（下册）

中国石化出版社
HTTP://WWW.SINOPEC-PRESS.COM

内 容 提 要

本书是换热器技术专著，分上、下两册，共计10篇63章。上册系统介绍了管壳式换热器、特种管壳式换热器、板状换热器，以管壳式换热器为主，全面介绍其工艺计算与设计、结构设计、强度计算，还重点介绍了流体诱发振动及强化传热新技术。下册主要介绍了空冷式换热器、热管换热器、特殊材料换热器以及其他换热器，还介绍了换热器计算机辅助设计、制造检验与使用安全管理等方面的内容。

本书可供换热器科研、设计、制造及现场的专业技术人员使用，也可供相关专业技术与管理人员、高等院校师生参考。

图书在版编目（CIP）数据

换热器 / 兰州石油机械研究所主编 . —2版 . —北京：
中国石化出版社，2013.1（2024.6重印）
ISBN 978-7-5114-1253-9

Ⅰ.①换…　Ⅱ.①兰…　Ⅲ.①换热器　Ⅳ.①TK172

中国版本图书馆CIP数据核字（2012）第271781号

中国石化出版社出版发行
地址：北京市东城区安定门外大街58号
邮编：100011　电话：(010) 57512500
发行部电话：(010) 57512575
http://www.sinopec-press.com
E-mail：press@sinopec.com
北京建宏印刷有限公司印刷
全国各地新华书店经销

*
787毫米×1092毫米16开本126.75印张3218千字
2013年1月第2版　2024年6月第2次印刷
定价：398.00元（上、下册）

下册目录

第五篇　空冷式换热器

第六篇　热管换热器

第八篇　其他换热器

第九篇　换热器计算机辅助设计

第十篇　换热器制造检验与使用安全管理

第 五 篇

空冷式换热器

第一章　普通型空冷式换热器

（孔繁民　任书恒　张延丰　姜学军　赖周平）

第一节　概　述

普通空气冷却式换热器是以环境空气为冷却介质并横掠翅片管外，使管内高温工艺流体得到冷却或冷凝的设备。其名称有多种，如翅片风机式换热器、空冷式翅片换热器、翅片管式空冷换热器等，也称空气冷却器或空冷式换热器，总的称为空冷器。

本来，水是较理想的冷却介质，故传统的工业冷却系统都是用水作冷却介质。自 20 世纪 20 年代以来，空冷渐被人们重视，在一些领域中水冷逐渐被空冷取代。这一转变的主要原因有以下 5 个方面：

① 随着工业，特别是炼油、石油化工、冶金及电力工业的发展，用水量急剧增加，出现了大面积缺水的问题。

② 人们对保护环境，防止和减少工业用水对江、河、湖、海污染的要求愈来愈高。

③ 能源日益短缺，要求最大限度地节约能源。

④ 装置大型化要求水的用量日益增多。

⑤ 空冷技术的发展可部分或全部代替水冷。

一、空冷器的发展

用空气作为冷却介质，其来源没有问题，但空气热焓太低，其比热容（1005J/kg·K）仅为水的 1/4，因此在相同的冷却热负荷下，需要的空气量将是水的 4 倍。而且空气的密度和给热系数又远比水小，所以若用常规的传热元件，空冷器的体积势必比水冷器大得多。又由于大气温度随气象、季节及昼夜的变化很大，加之被冷介质的出口温度又不易控制。所以直到 20 世纪 20 年代末才出现第一台空冷器。这台作为排汽冷凝器的空冷器安装在美国西部的一个炼油厂。它采用了立式布置管束及自然通风。但可能由于效果不佳，以后若干年内未见大的发展。1930 年开始用单面立式和卧式布置的翅片管管束，并用风机驱动空气。这一发展可以说是空冷技术发展史上的一次突破。大约到 1935 年前后，具有现代雏型的水平布置管束的引风式和鼓风式空冷器投入工业运转。在 20 世纪 40 年代，为了节省占地面积而出现了 V 形、圆环形、多角形和"之"字形等结构。但当时这些结构都存在着管束出口的热风向入口循环等问题。在 20 世纪 50 年代以前，工业装置上用的空冷器都是干空冷，结构形式和操作经验都很不完善。以后，为了提高冷却性能和扩大适用范围，又从多方面进行了改进。例如，为了适应高气温的要求发展了湿式空冷；为了减小占地面积而发展了干、湿联合空冷；为了提高传热效率，增强空冷器的适用性，发展了蒸发式空冷、板式空冷；为了适应低气温与高黏、易凝流体的冷却，又设计出了加有内、外热风再循环，自调百叶窗，加热蒸汽盘管，电加热及内翅片管等结构；为了精确控制工艺介质的出口温度和节约动力消耗，发展了自调倾角风机及变频自动调速风机等；为了适应各种操作温度和压力，研制出了多种结构形式的管束和管箱；为了提高管束的传热效率及耐腐蚀性能、降低风机功率损耗，研制开发了数十种不同类型的翅片管；为了降低噪声及提高风机效能，发展了各种风机叶型和传动形式。总之，随着空冷器应用范围的扩大，其技术在不断提高，结构形式日趋多样和完善。空冷器的基本发展过程是：干空冷—湿式空冷—蒸发空冷—板式空冷。

二、空冷与水冷的比较

水冷和空冷是目前工业装置中最重要的两种冷却方式。这两种冷却方式各有优点和不足，选用时要视具体情况而定。如果冷却水供应困难，又有严格控制环境污染的要求，自然应选用空冷器；如果厂地面积及空间都受到限制，水源也无问题，也就只有选用结构紧凑的水冷器。但在一般情况下还是应作全面比较，因为影响因素比较复杂。有关专家已作了许多分析和比较，一般都认为空冷优点多于水冷，所以即使在水源比较充足的地方，也推荐采用空冷。

空冷的最大优点就是节水效果好，对环境污染小，操作费用低，缺点是占地面积（或空间）大，一次性投资多，受到介质和环境的温度限制；水冷的最大优点是结构紧凑，安装费用低，但操作费用高，对环境污染严重，具体比较如表5.1－1和表5.1－2[1]。

表5.1－1 空冷与水冷相比的优点

空冷的优点	水冷的缺点
1. 对环境污染小	1. 对环境污染严重
2. 空气可随意取得	2. 冷却水往往受水源限制，需要设置管线和泵站等设施
3. 选厂址不受限制	3. 特别对较大的工厂和装置，选厂址时必须考虑有充足的水源
4. 空气腐蚀性小，设备使用寿命长	
5. 空气侧的压降小，操作费用低	4. 水腐蚀性强，需要进行处理，以防结垢和杂质的淤积
6. 空冷系统的维护费用，一般情况下仅为水冷系统的20%～30%	5. 循环水压头高（取决于冷却器和冷水塔的相对位置），故水冷能耗高
7. 一旦风机电源被切断，仍有30%～40%的自然冷却能力	6. 由于水冷设备多，易于结构，在温暖气候条件下还易生长微生物，附于冷却器表面，常常需要停工清洗
8. 无二次水冷却问题	7. 电源一断，即要全部停产

表5.1－2 水冷与空冷相比的优点

水冷的优点	空冷的缺点
1. 水冷通常能使工艺流体冷却到低于环境空气温度2～3℃，且循环水在凉水塔中可被冷却到接近环境湿球温度	1. 由于空气比热容小，且冷却效果取决于气温温度，通常把工艺流体冷却到环境温度比较困难
2. 水冷对环境温度变化不敏感	2. 大气温度波动大，风、雨、阳光，以及季节变化，均会影响空冷器的性能，在冬季还可能引起管内介质冻结
3. 水冷器结构紧凑，其冷却面积比空冷器小得多	3. 空气侧膜传热系数低，故空冷器的冷却面积要大得多
4. 水冷器可以设置在其他设备之间，如管线下面	4. 空冷器不能紧靠大的障碍物，如建筑物、大树，否则会引起热风循环
5. 用一般列管式换热器即可满足要求	5. 要求用特殊工艺设备制造翅片管；
6. 噪声小	6. 噪声大

　　文献[1]对如图5.1-1所示的空气冷却、凉水塔冷却、蒸发冷却及开放式(管壳式)水冷却等4种冷却方式进行了比较,其结果示于表5.1-3。从表中可以看出,在20个比较项目中,空冷只有两项劣于平均值,一项接近平均值,其余均优于平均值。

　　在对两种冷却方式的经济性讨论中,国内外学者都发表过许多对比分析资料。下面列出几个代表性的例子。联邦德国有人通过实例对比指出,虽然空冷器比套管式水冷器投资高,但总的看还是比较经济。如把90℃的有机液冷却到40℃(热负荷 $1.163 \times 10^6 W$),空冷器投资在低压范围内高 3 ~ 4 倍,在高压范围内(如 32.5 MPa)约高 25% ~ 30%(因为高压空冷器用的管子直径较小,壁厚不必增加太多,材料费相应增加较少),但水冷器的管理费是空冷器的 2 倍,水费是空冷的 6 倍。对于冷凝过程二者的总费用大致相同。

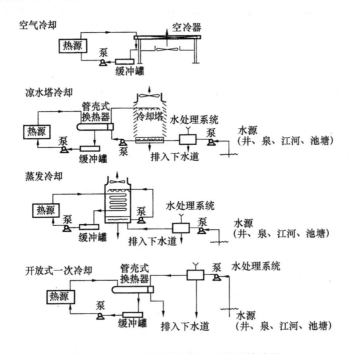

图 5.1-1　4 种不同冷却方式的系统流程

　　美国有人从节能观点出发,举 3 个实例进行了详细比较。如表 5.1-4 所示。对比的条件为:设备使用期 15 年,每年运转 8400h,预计 5 年的燃料和能量消耗以及相同期间内的设备折旧费。文献[1]的作者认为,对比的因素很多,必须逐项考虑,但其中工艺设计因素最重要,每台设备必须根据具体使用条件分别进行考虑。这样工艺设计费可能增加,但可从最经济地操作中获得最大经济效益。从表 5.1-4 中不难看出,例 1 无疑用空冷最好;例 2补偿期未超过 5 年,仍以选空冷为好;例 3 虽然用水冷最经济,但每年要消耗 8000 美元的水,会造成污染,仍可考虑空冷。

表5.1-3　4 种不同冷却方式的比较

比较项目		冷 却 方 式			
		空冷器	冷却塔	蒸发冷却器	开放式水冷器
一次投资	基本投资	△	△	△	★
	占地面积	○	△	△	★

续表

比 较 项 目		冷 却 方 式			
		空冷器	冷却塔	蒸发冷却器	开放式水冷器
运行费用	生水消耗	★			○
	污染处理	★	△	△	○
	电能消耗	★	△	△	★
	水处理	★	△	△	△
	防火保险	★	○	★	●
维护修理费用	积垢和生物的清理	★	△	○	○
	机械设备数量	★	△	△	★
	生物腐蚀	★	○	○	○
系统冷却能力	基于干球温度	★	●	○	△
	基于湿球温度	○	★	★	○
	在低温下干球/湿温度	★	△	△	△
	长期结垢	★	△	△	△
	长期微生物生长	★	△	○	△
污染的控制	蒸汽云雾和喷溅噪声	★	△	△	★
	自然水的热污染	★	△	△	○
	意外性化学污染	★	△	△	○
	排污	★	○	○	△
	排水	★	○	○	○

注：★—优于平均值；△—平均值；○—劣于平均值；●—不适用。

我国也有不少工程技术人员从经济观点对这两种冷却方式进行过对比，如对南京炼油厂减压塔顶冷凝器改造前后进行的对比。该厂改造前为水冷，含油污水约 $150 \times 10^3 kg/h$，占全厂污水量的 28%，新鲜水耗量达 $400 \times 10^3 kg/h$ 以上。1979 年全部改为湿式空冷，工业用水降到 1%，污水处理费降到 1.3%，一次投资虽然多了些，但操作费可大大节约，两、三年即可回收全部投资。文献[1]的作者，对不同形式冷却器的选择原则作了专题研究。他从管内介质不同温度范围对水冷却和各种空气冷却所需要的冷却面积、动力消耗、投资以及操作费用进行了技术经济核算，得出了各种冷却方式适用的经济温度范围，可供初选空冷器时参考。这一经济温度范围为循环水冷却 <60℃；干空冷 >55℃；增湿空冷 =50～90℃；喷淋空冷 <80℃。

综上所述，不难得出以下结论：发展空冷技术及其设备既是节水和环境保护的要求，也是节能的要求。在我国，目前除炼油、化工、冶金及电力行业空冷器应用较普遍外，其他领域还不够多，今后还应加强对空冷技术和设备的开发，以提高其适应性和扩大使用范围。

表 5.1-4 对空冷与水冷的经济比较

例1	热负荷：$Q = 8.79 \times 10^7 W$		进口温度：93℃	出口温度：77℃
		空 冷	水 冷	差 值
	设备费/$	1500000	1100000	400000
	操作费/($/a)	75000	590000	515000
	偿还期/a		400000/515000 = 0.78	

例2		热负荷：$Q = 4.4 \times 10^6\,W$	进口温度：77℃	出口温度：38℃
		空　冷	水　冷	差　值
	设备费/ \$	1750000	1150000	600000
	操作费/(\$/a)	75000	290000	215000
	偿还期/a	600000/215000 = 2.8		
例3		热负荷：$Q = 1.17 \times 10^6\,W$	进口温度：77℃	出口温度：46℃
		空　冷	水　冷	差　值
	设备费/ \$	55000	22000	33000
	操作费(\$/a)	2400	8000	5600
	偿还期/a	33000/5600 = 5.9		

三、空冷器的选择

在充分就选用水冷还是空冷的论证后，在认为用空冷不仅能满足工艺要求，且从能耗、水耗及平面布置等都比较合适的情况下，还必须从性能和经济性等方面考虑，以确定是选用干式空冷还是选用湿式、联合式、蒸发式、板式空冷。通常情况下，可按管束布置方式、通风方式和冷却方式的不同进行选用。

（一）按管束布置方式

管束布置形式虽有多种，但在炼油厂及石油化工厂中应用最多的是水平式，其次是斜顶式、立式和圆环式。见图 5.1 - 2。

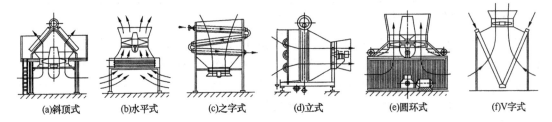

(a)斜顶式　　(b)水平式　　(c)之字式　　(d)立式　　(e)圆环式　　(f)V字式

图 5.1 - 2　空冷器的基本结构形式

1. 水平式空冷器(图 5.1 - 3)。管束为水平放置，但作冷凝器时，为防止冷凝液停留在管子中，管子应向介质出口方向有 1% 的倾斜。百叶窗置于管束上方，风机置于管束下方

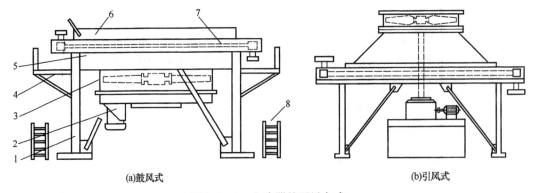

(a)鼓风式　　　　　　　　　　　　(b)引风式

图 5.1 - 3　空冷器的通风方式

1—构架；2—风机；3—风筒；4—平台；5—风箱；6—百叶窗；7—管束；8—梯子

（鼓风式）或上方（引风式），见图 5.1 - 3(a)、(b)。水平布置的特点是：管子布置清晰且整齐，适于多单元组合；传热面积及管束长度不受限制；造价比斜顶式大约低 0.5%；管内热流体和管外空气分布比较均匀。新建的大型炼油厂一般都采用此种形式。

2. 斜顶式空冷器。管束斜放呈人字形，夹角一般在 60°左右，百叶窗也斜放呈人字形置于管束外侧，风机置于管束下方空间的中央，换热管有水平放置和斜立式放置两种。其优点是，占地面积小（比水平式少40% ~50%），结构紧凑[见图 5.1 - 2(a)]。但管内介质和管外空气分布不够均匀，热空气容易形成较严重的热风再循环，成本也较高。一般多用作汽轮机冷凝器，与立式管束配合，用于干、湿联合空冷（图 5.1 -4）以及适用于老厂改造或场地比较小的场合。

3. 立式空冷器。管束立放，风机置于两管束中间之顶部外侧面[图 5.1 - 2(d)]，而换热管有水平放置和立式放置两种。优点是结构紧凑，占地面积

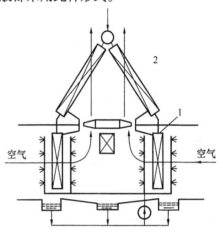

图 5.1 - 4　干湿联合空冷器
1—湿式空冷管束；2—干式空冷管束

小，但管束中空气分布不均匀，易受外界自然风的干扰，管束不宜太长。多用于湿空冷、联合空冷和小型冷却装置，如用作压缩机、内燃机及冶金高炉等循环水的冷却器。

4. 圆环式空冷器。多排管束立放排成圆环形，风机位于上部中央（图 5.1 - 2e）。这种形式结构紧凑，适于安装在塔顶作冷凝器，不占用土地。但风机容量受到限制，空气流速变化范围较窄，灵活性差。

（二）按通风方式

采用何种通风方式，乃是空冷器设计者应首先考虑的问题。从空冷器的发展史上看，最早的空冷器是靠自然通风，也称无风机空冷器。它的最大优点是不消耗动力、无噪声，但热负荷小，散热效率低。目前在石油化工行业用的主要是鼓风式和引风式两种。这两种形式各有其优点和缺点，人们的评价也不尽相同。例如，美国 HUDSON 公司推荐用引风式，而英国 HeadWrightson 公司和日本笹仓公司则主张用鼓风式。但从总的情况看，一般倾向于用前者。目前国外应用情况大约是引风式占 60%，鼓风式占 40%。国内干式空冷中多用鼓风式，在湿式空冷、蒸发空冷、板式空冷上多用引风式，其优缺点如下：

1. 鼓风式空冷器

优点

① 风机和传动机构不与热空气接触，其结构材料可不考虑温度的影响，使用寿命较长；

② 结构简单，便于维护保养；

③ 比较容易设置多个空冷器单元。

缺点：

① 气流经过底排管束的速度大，压力损失大，虽然可以强化传热，但气流分布不均匀；

② 管束暴露于大气中，翅片管易被冰雹、雨雪和风沙侵袭损伤、弄脏或腐蚀；

③ 在特殊气候条件下，管内热流体的出口温度不易得到精确控制，操作波动大；

④ 热空气离开管束时，流速较低，有可能产生热风再循环现象。

2. 引风式空冷器

优点:

① 风叶和风筒对管束有屏蔽作用,能减少暴风雨及烈日对管束的直接影响,有利于温度的控制;

② 经风机排出的热风流速较高,约为吸入速度的 2.5 倍,故热风再循环的可能性大为减少;

③ 进入管束的气流分布较均匀,空气压降稍有降低;

④ 风筒具有一定的吸风作用,能促进空气进行自然对流,因而可减少动力消耗;

⑤ 因为风机安装位置较高,所以平台处噪声较低,如中心走廊处的噪声比鼓风式的约低 3dB(A);

⑥ 占地面积小,因为管束下面的走廊可安装其他设备,如管线,泵等。

缺点:

① 风机位于管束之上,直接受热空气作用,叶片和轴承需要较好的耐热性能,一般要求风机出口温度不超过 120℃

② 为防止空载时的超负荷,风机要有一定的余量;

③ 风机及传动机构的维修保养较为麻烦。

造价:文献[1]认为,引风式的造价比鼓风式低,其理由是鼓风式的构架比引风式的复杂,且后者在制造厂内的预装配程度较高。在工地安装时的费用只有鼓风式的 80%,因此引风式的总造价比鼓风式的低。

动力消耗:按理论上的功率计算方法计算,引风式比鼓风式约大 5%。但美国 HUDSON 公司对两台条件相似的鼓风式和引风式空冷器进行对比试验表明,后者所消耗的功率在一定条件下并不比前者大,反而在功率相同的情况下,由于引风式的排风体积流率大于鼓风式,因而相对来说还要小。下面为试验结果。

空冷装置形式	排风流率(21℃)/(m³/s)	功率/W
引风式	43.88	1.1558×10^4
鼓风式	38.23	1.1855×10^4

上述结果相当于在引风式出口空气温度比鼓风式高 55℃ 时二者具有相等的质量流率。也即,当二者的排风温度差小于 55℃ 时,引风式的功率消耗较低。

从上述对比中可以看出,引风式具有较多的优点。所以目前多采用引风式。美国 HUDSON 公司推荐,除由于受特殊条件限制外(如热流体温度过高),一般都应采用引风式空冷器。

(三) 按冷却方式

1. 干式空冷器

就是仅依靠空气温升带走热量,靠翅片管和风机强化传热的空冷器。操作简单,使用方便,但由于其冷却温度取决于空气的干球温度,其接近温度(热流出口温度减去冷流入口温度)高于 15~20℃ 时才经济,所以只能把管内热流体冷却到高于环境温度 15~20℃。

2. 湿式空冷器(图 5.1-5)

就是依靠空气温升带走热量,靠翅片管和风机及喷雾水增湿降温强化传热的空冷器。在传热过程中有少量的蒸发传热,是为了弥补干空冷的缺点而开发出的一种空冷器。湿式空冷器综合了空冷和水冷的优点。出现于 20 世纪 50 年代,发展于 20 世纪 60 年代,在英国、美国、德国及墨西哥等世界各地的炼油厂、化工厂和气体加工厂中均有广泛采用。我国1975年研制成功第1台湿空冷，目前主要用于炼油厂的常减压塔顶、汽油再蒸馏、丙烷脱沥青及酮苯脱蜡等装置的冷凝或冷却过程中。

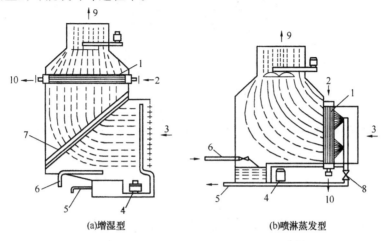

(a)增湿型　　　　　　　　　　　(b)喷淋蒸发型

图5.1-5　湿式空冷器的结构形式

1—管束；2—热流体进口；3—空气进口；4—循环水泵；5—排水管；6—供水管；

7—挡水板；8—阀门；9—热空气出口；10—热流体出口

　　根据喷水方式湿式空冷器基本可分为增湿型、喷淋型和表面蒸发型3种。在石油化工厂中，以前两种为主。一般都可把热流体出口温度冷却到接近环境湿球温度。

　　(1)增湿型空冷器。如图5.1-5(a)所示，它是在空气入口处喷雾状水，使干燥的空气增湿到接近饱和温度，且降温。增湿后的低温空气经过挡水板除去水滴，再横掠翅片管束。干空气相对湿度愈小，增湿后降温愈多，冷却效果也愈显著。因此，这种空冷器只适于相对湿度低于50%的干燥炎热的地区。表5.1-5列出了国外几个干燥地区的干、湿球温度。从表中可以看出，墨西哥地区相对湿度为27.1%，即干湿球温度相比下降了16℃，这是很可观的。

表5.1-5　国内外某些地区干、湿球温度

地　区	设计最高干球温度/℃	相对湿度/%	对应的湿球温度/℃
墨西哥	43	27	27
巴基斯坦	49	18	27
撒哈拉	47	17	25
沙特阿拉伯	46	28	29
中国(乌鲁木齐)	30	46	18.3

　　常用的增湿型空冷器还有如下两种形式。

　　〈i〉同凉水塔并用型[1]

　　它是空冷器与湿式凉水塔(夏季)或干式凉水塔(冬季)并联在一起工作的，图5.1-6所示为其典型结构。空气先与水直接接触进行增湿降温，降温后的空气进入管束用以冷却管内流体。

　　这种结构虽使占地面积和投资增加，但却不必专门建造凉水塔。其主要优点是：

　　a. 由于水不直接接触翅片管，所以水不需经任何方法处理，也不致引起翅片管结垢或

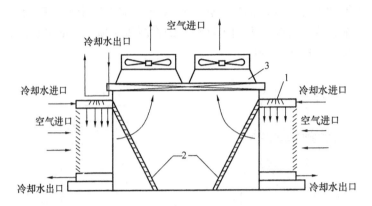

图 5.1 - 6 增湿型空冷器(与凉水塔并用)
1—凉水塔；2—挡水板；3—空冷器；4—除雾器

腐蚀；

b. 由于喷水除去了空气中的尘埃等杂物，使空气净化，有利于翅片管的传热。

这种形式在大气湿度较高的地区效果较差，且由于挡水板不可能将水滴完全除掉，因此管束仍有结垢和腐蚀的可能。

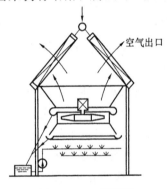

图 5.1 - 7 增湿型
空冷器(斜顶)

〈ii〉斜顶形增湿空冷器

其特点是管束斜放，在风机入口处与风机旋转平面相平行而同心的一个或几个环形管上装有喷嘴，如图 5.1 - 7 所示。雾状的水汽和空气均匀混合后进入管束，而游离的水滴则被高速旋转的风机所产生的离心力甩出，经分离器由凹形收集器排掉。这种结构的缺点是雾状水滴碰到风机叶轮后，增加了风机的负荷，使功率消耗稍有增加。

(2) 喷淋型湿式空冷器

其典型结构如图 5.1 - 5(b)所示。这种空冷器是直接在管束的翅片管上喷雾状水，由于水的蒸发和空气被增湿降温而强化了传热。它同时兼有增湿空冷器的优点。我国目前炼油厂使用的湿式空冷器大多属此形式。喷淋用的水量仅为水冷器的 2% ~ 3%，即可使其管外膜传热系数比干空冷提高一倍，传热面积减少 15% ~ 25%。用于油品(如汽油)冷却时，传热系数也可提高 50% 左右。也有人通过试验证明，喷 3% 的水，传热效率可比干空冷器提高 2 ~ 4 倍，如图 5.1 - 8 所示。

图 5.1 - 9 为南京炼油厂 350 万 t/a 减压装置上改造的喷淋型空冷器结构图。空冷器为引风式，管束 6 排，管长 4.5m，管束立放管子立排，为了有较好的喷透性，管子有 10° 倾角。管箱采用大流通面积的圆形管箱，以适应低压大容积流量，减少管内压降和促进气液分离的要求。喷嘴采用哈尔滨 7 号大雾化角喷嘴，喷水强度为 250kg/m²。喷淋水为工业水，循环使用。

该塔顶原为管壳式冷凝器和空气冷凝冷却器混合型冷却。1979 年 10 月改为湿空冷装置。改造后经受了冬季结冰和夏季高温的考验，运行可靠，完全满足了工艺要求。这证明在炼油厂庞大的减顶空冷系统中，以湿空冷代替水冷完全可行，而且节约了大量能耗，如表 5.1 - 6 所示。

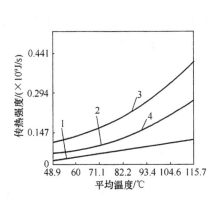

图 5.1-8　传热强度与热流体平均温度关系图
1—干式空冷器(风量3.02kg/s)；2—喷淋式空冷器；
3—空气完全饱和；4—空气50%饱和

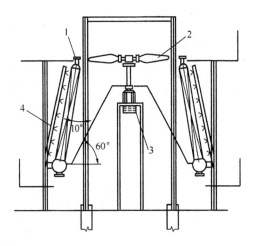

图 5.1-9　喷淋蒸发型湿式空冷器(斜放管束)
1—空冷器；2—风机；3—电机；4—喷淋装置

表 5.1-6　干、湿空冷能耗的比较

工况 项目	水冷(改前)		空冷(改后)	
	水耗/t/h	能耗/kW	水耗/t/h	能耗/kW
新鲜水	400	930.4	5(全年平均)	11.63
含油污水	148	1032.7	5.58	38.96
电	0	0	113.65	449.4
真空泵耗蒸汽	4.8	451337	2.8	2637.7
总能耗		6601.2		3391

折算标准：新鲜水：8.374×10^3 J/kg；含油污水：2.512×10^4 J/kg；电：0.34×10^7 J/kW·h；蒸汽：3.391×10^6 J/kg。

图 5.1-10 为抚顺石油二厂蒸馏装置中采用的立放管束、横排喷淋型空冷器。

图 5.1-11 为燕化公司炼油厂常减压装置初馏塔顶和常压塔顶的水平式喷淋蒸发型空冷器。

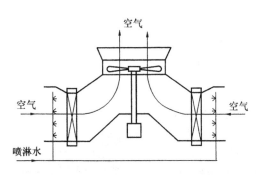

图 5.1-10　喷淋蒸发型空冷器(立放管束)

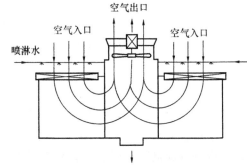

图 5.1-11　喷淋蒸发型空冷器(平放管束)

究竟哪种排列形式好，目前尚无定论。我国应用较多的是立放管束横排管，占地面积小，管长不受限制，但管排数不宜多于2排，否则后面的管排不容易喷上水，影响传热效率。水平式管束的优点是喷水方向、重力方向和气流方向一致，后面管排同样可被水喷透，但是占地面积大，耗用钢材多。

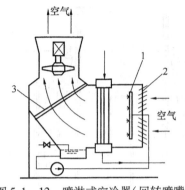

图 5.1 – 12　喷淋式空冷器（回转喷嘴）

1—喷嘴；2—百叶窗；3—挡水板

图 5.1 – 12 为日本某公司采用的回转喷嘴喷淋型空冷器。图 5.1 – 12 为标准型。采用 Es 型翅片管，如管内介质放热系数较低也可用光管。翅片管的间距为直径的 1.1 倍，错排。管排数 2 ~ 4 排。

采用回转喷嘴，能使翅片管全部湿润。克服固定喷嘴喷雾的不均匀性，其管外放热系数可提高 20%。由于可避免出现未湿润的干燥翅片，因而减缓了翅片上水垢的形式。在一般喷淋空冷器中，管内流体温度超过 70℃ 时，就极易结垢。

回转式喷嘴用水量很少，不到空气量的 3%，但管外空气阻力损失较大，约为干空冷的 1.4 倍。这种形式管束面积不能太大，故单元装置的相对面积也较小，价格相对来说要高一些。

（3）表面蒸发式空冷器

表面蒸发式空冷器是一种利用管外水膜的膜蒸发来强化传热的、由光管组成的一种空冷装置，其典型结构有两种，见图 5.1 – 13，其中（a）是美国 Baltimore aircoil 公司推荐采用的结构形式，在国外多用于的冶金企业。（b）为目前大量应用在我国炼油冶金行业的结构形式（蒸发空冷的详细介绍见本篇第二章）。

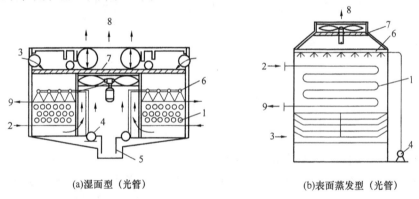

(a)湿面型（光管）　　　　　　　　　(b)表面蒸发型（光管）

图 5.1 – 13　蒸发空冷器的结构形式

1—管束；2—热流体进口；3—空气进口；4—循环水泵；5—排水管；6—供水管；

7—挡水板；8—热空气出口；9—热流体出口

3. 干湿联合空冷器

所谓干湿联合空冷器，就是将干空冷器和湿空冷器合成一体。由于组合方法的不同，结构形式也有多种变化，但其组合的原则基本相同。一般在工艺流体的高温区域用干空冷器，在低温区域用湿空冷器，即干空冷器起气体冷凝的作用，湿空冷器起冷凝液冷却的作用。

（1）立放管束联合。如图 5.1 – 14 所示的这种结构其管束为立放，喷水系统介于两管束之间，热流体先经过干空冷器，经冷却后再进入湿空冷器继续冷却，由于干、湿空冷器并列，所以结构紧凑，但热流体的流向不理想，管内阻力降大。

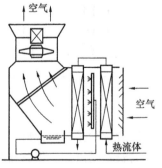

图 5.1 – 14　联合空冷器

（管束立放）

（2）横放管束联合。如图 5.1 – 15 所示的这种结构其管束为横放，喷水系统亦介于两管束之间，热流体首先进入由增湿空气冷却的干空冷器，然后再进入湿空冷器继续冷却。喷水方向与空气流动方向相反。结构紧凑，占地面积小。

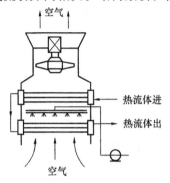 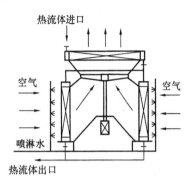

图 5.1 – 15　联合空冷器图（管束横放）　　　图 5.1 – 16　联合空冷器（横、立管束）

上述两种结构都采用回转喷嘴，适用于热负荷较小的装置。

（3）横立组合式管束联合，如图 5.1 – 16 所示。水平管束为干空冷器，立放管束为湿空冷器。立放管束分为横排立放和立排立放两种。管内工艺流体首先经过干空冷器，然后进入湿空冷器，继续冷却。环境空气经过喷水后增湿降温。即使再横向掠过湿空冷器管束，其温度一般仍低于环境空气干球温度，所以干空冷器的冷却效率仍可保证。这种结构很适合于老厂的技术改造，也是目前国内外最常用的一种组合。

（4）斜立组合式管束联合。如图 5.1 – 17，图 5.1 – 18 所示。上面斜顶管束为干空冷器，下面立放横排管束为湿空冷器。斜顶管束根据排管的不同，可分为横排和立排两种。立放管束分为横排立放和立排立放两种。横排适用于冷凝液比体积变化不大的气体或气、液混合流体的冷却。立排适用于冷凝液比体积变化较大的气体或汽油的冷凝和冷却。

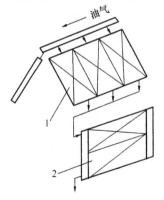 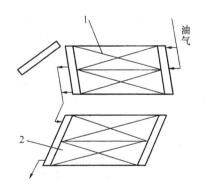

图 5.1 – 17　联合空冷器　　　　　　　　图 5.1 – 18　联合空冷器

（管束竖排斜放和横排立放）　　　　　（管束横排斜放和横排立放）

1—竖排斜放管束；2—横排立放管束　　　1—横排斜放管束；2—横排立放管束

（5）两侧喷水斜立联合空冷器。如图 5.1 – 5 所示。这种空冷器的特点是，在立放的管束两侧均要喷水。在运行时，由于立放管束两侧喷水，使得立放管束的喷透性增强，从而强化了立放管束的潜热传热。装在管束内侧的喷嘴逆气流方向向外喷水，将经过增湿降温并通过立放管束后的湿热空气再次增湿降温。由于两次增湿降温，使斜顶管束的传热温差显著增加，传热随之加大。另外，空气量较没有二次增湿的空气量大为减少，所以动力消耗也相应减少，而水的损耗略有增加。

第二节 空冷器的组成及分类

一、基本组成

空冷器一般由管束、构架、风机及百叶窗等基本零部件组成。湿式空冷还有喷水雾化系统，蒸发空冷还有喷淋循环水系统，冶金用干式空冷器还有轨道除灰系统；组成空冷器的基本零部件见表5.1-7，图5.1-3、图5.1-19、图5.1-21及图5.1-22。

表5.1-7　组成空冷器的基本零部件[2]

1	构架（部件）	22	上横梁（部件）	43	管箱支架（部件）
2	风机（部件）	23	翅片管（部件）	44	L形弯头
3	风筒（部件）	24	支持梁（部件）	45	集合管箱（部件）
4	平台（部件）	25	管束侧梁	46	半圆管箱
5	风箱（部件）	26	管子支承件	47	叶片
6	百叶窗（部件）	27	挡风梁	48	轮毂（部件）
7	管束（部件）	28	管箱挡风板	49	轴承（部件）
8	梯子（部件）	29	排气口（部件）	50	风机轴
9	管箱座（部件）	30	加强板	51	风机支架（部件）
10	丝堵	31	底板	52	V带
11	丝堵垫片	32	排液口（部件）	53	带轮
12	端板	33	盖板垫片	54	电动机（部件）
13	丝堵板	34	盖板	55	减速器（部件）
14	法兰	35	螺柱	56	联轴器（部件）
15	接管	36	螺母	57	轴承套
16	仪表接头（部件）	37	帽盖（部件）	58	销轴
17	顶板	38	管程隔板	59	百叶窗侧梁
18	管板	39	U形弯管	60	窗叶
19	吊耳	40	支承板	61	操纵器（部件）
20	挡风板	41	连接板	62	定位器（部件）
21	斜撑（部件）	42	加强接头	63	手柄

二、分类

空冷器通常按以下几种形式进行分类：

（1）按管束布置方式分为：立式、水平式、圆环式、斜顶式（人字式）、V字式、之字式以及多边形等形式，如图5.1-2所示。

（2）按通风方式分为：鼓风式、引风式和自然通风式。如图5.1-3所示。

（3）按冷却方式分为：干式空冷（图5.1-2，图5.1-3）、湿式空冷，包括增温型[图5.1-4(a)]、喷淋蒸发型[图5.1-5(b)]和表面蒸发型（图5.1-3）、干湿联合空冷（图5.1-5）等。

（4）按风量控制方式分为：百叶窗调节式，调角式和调速式。

（5）按防寒防冻方式分为：热风内循环式、热风外循环式、伴热式以及不同温位热流体的联合等形式。

（6）按传热元件可分为管式空冷和板式空冷。

三、基本结构

管束：管束由管箱、换热管及框架组成。管箱有丝堵式矩形管箱、可卸盖板式管箱、可卸帽盖式管箱及集合管式管箱（图5.1－19）。翅片管有缠绕式、轧制式和穿片式等多种，图5.1－20所示为常用的几种翅片管。

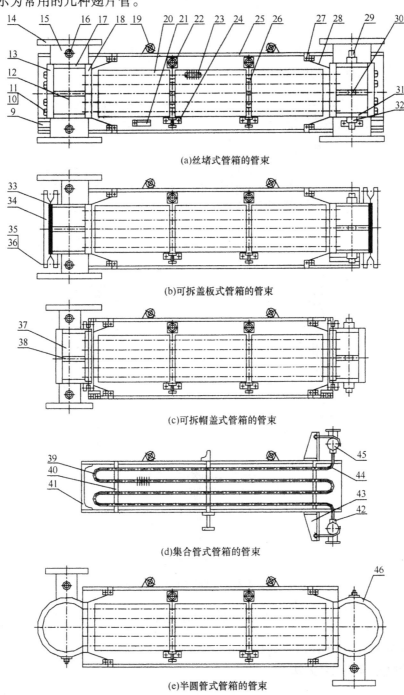

(a)丝堵式管箱的管束

(b)可拆盖板式管箱的管束

(c)可拆帽盖式管箱的管束

(d)集合管式管箱的管束

(e)半圆管式管箱的管束

图5.1－19　管束及管箱的典型结构

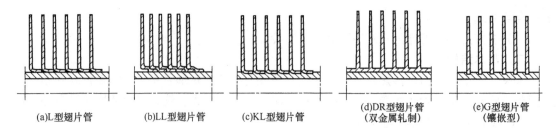

| (a)L型翅片管 | (b)LL型翅片管 | (c)KL型翅片管 | (d)DR型翅片管
（双金属轧制） | (e)G型翅片管
（镶嵌型） |

图 5.1-20 常用的几种翅片管

风机：由叶轮、电动机、传动机构及支承件组成。风机有离心式和轴流式两种，空冷器中常用的是轴流式风机，其基本结构见图 5.1-21。

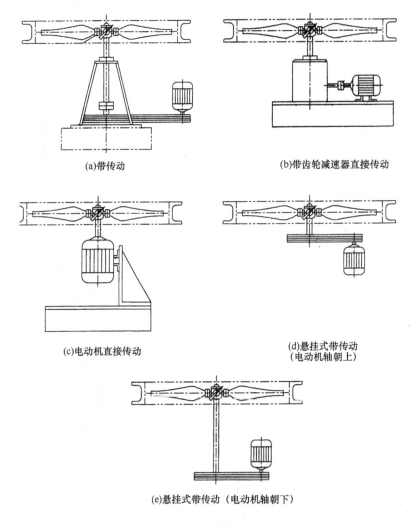

(a)带传动

(b)带齿轮减速器直接传动

(c)电动机直接传动

(d)悬挂式带传动
（电动机轴朝上）

(e)悬挂式带传动 （电动机轴朝下）

图 5.1-21 典型传动结构

百叶窗的基本结构见图 5.1-22。

四、空冷器型号的表示方法[2]

1. 管束

(1) 管束形式及其代号：见表 5.1-8。

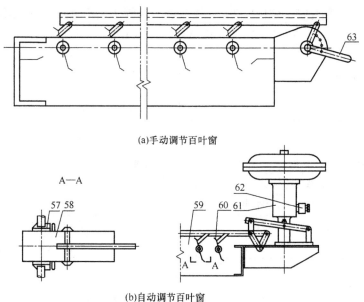

(a)手动调节百叶窗

A—A

(b)自动调节百叶窗

图 5.1-22　百叶窗的典型结构

表 5.1-8　管束及部件的形式及其代号

管束形式 （见图5.1-2、 图5.1-3、图5.1-4）	代号	管束形式 （见图5.1-19）	代号	翅片管形式 （见图5.1-20）	代号	接管法兰 密封面形式	代号
鼓风式水平管束	GP	丝堵式管箱	S	L 型翅片管	L	平面	a
斜顶管束	X	可卸盖板式管箱	K1	双 L 型翅片管	LL	凹凸面	b
引风式水平管束	YP	可卸帽盖式管箱	K2	滚花型翅片管	KL	榫槽面	c
—	—	集合管式管箱	J	双金属轧制翅片管	DR	—	—
—	—	半圆管式管箱	D	镶嵌型翅片管	G	—	—

（2）管束型号表示方法：

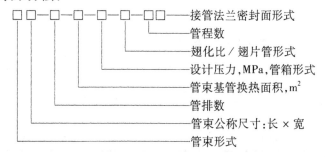

接管法兰密封面形式
管程数
翅化比/翅片管形式
设计压力,MPa,管箱形式
管束基管换热面积,m²
管排数
管束公称尺寸:长×宽
管束形式

（3）管束示例

（a）鼓风式水平管束：长 9m，宽 2m，6 排管；基管换热面积 140m²，设计压力为 1.6MPa；可卸盖板式管箱；镶嵌式翅片管，翅化比 17.3；6 管程，接管法兰密封面为平面时的管束型号：

$$GP\ 9 \times 2 - 6 - 140 - 1.6K1 - 17.3/G - Ⅵa$$

（b）斜顶管束：长 4.5m，宽 3m，4 排管；基管换热面积 63.6m²，设计压力为 4.0MPa；

丝堵式管箱；双 L 型翅片管，翅化比 23.0；1 管程，接管法兰密封面为凹凸面时的管束型号：

$$X4.5 \times 3 - 4 - 63.6 - 4S - 23.0/LL - Ib$$

2. 风机

（1）风机型号及其代号：见表 5.1 - 9。

表 5.1 - 9　风机和部件的形式及其代号

通风方式	代号	风量调节方式	代号	叶片型式	代号	叶片材料	代号	风机传动方式（见图 5.1 - 21）	代号
鼓风式	G	停机手动调角风机	TF	R 型叶片	R	玻璃钢	b	V 带传动	V
引风式	Y	不停机手动调角风机	BF	B 型叶片	B	铝合金	L	齿轮减速器传动	C
—		自动调角风机	ZFj	HK 型叶片	H	—	—	电动机直接传动	Z
—		自动调速风机	ZFs	—	—	—	—	悬挂式带传动（电动机轴朝上）	Vs
—		—	—	—	—	—	—	悬挂式带传动（电动机轴朝下）	Vx

（2）风机型号表示方法

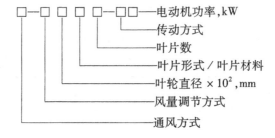

（3）风机示例

（a）鼓风式：停机手动调角风机、直径 2400mm、铝合金叶片，叶片数 4 个；悬挂式（电动机轴朝上）V 带传动，电动机功率 18.5kW 时的风机型号为：G - TF24BL4 - Vs18.5

（b）引风式：自动调角风机，直径 3000mm，R 型玻璃钢叶片，叶片数 6 个；带支架的直角齿轮传动，电动机功率 15kW 的风机型号为：Y - ZFJ30Rb6 - C15

3. 构架

（1）构架形式及其代号：见表 5.1 - 10。

表 5.1 - 10　构架和部件的形式及其代号

构架形式	代号	构架开（闭）形式	代号	风箱形式	代号
鼓风式水平构架	GJP	开式构架	K	方箱型	F
斜顶构架	JX	闭式构架	B	过渡锥型	Z
引风式水平构架	YJP	—	—	斜坡型	P

注：开式构架只能与闭式构架配合使用。

（2）构架型号表示方法

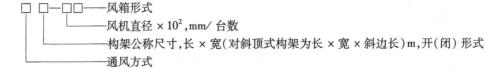

（3）构架示例

（a）鼓风式空冷器水平构架：长9m，宽4m；风机直径3300mm，2台，方箱型风箱；闭式构架型号为：GJP9×4B-33/2F

（b）鼓风式空冷器斜顶构架：长5m，宽6m，斜顶边长4.5m；风机直径4200mm，1台，过渡型风箱；闭式构架型号为：JX5×6×4.5B-42/1Z

4. 百叶窗

（1）百叶窗形式及其代号：手动调节代号为SC；自动调节代号为ZC（见图5.1-22）。

（2）百叶窗型号表示方法为

$$\square\square\quad\genfrac{}{}{0pt}{}{}{}$$
公称尺寸,长×宽,m
调节方式

（3）百叶窗示例

（a）手动调节百叶窗：长9m，宽3m，其型号为：SC9×3

（b）自动调节百叶窗：长6m，宽2m，其型号为：ZC6×2

5. 整台空冷器

（1）整台空冷器型号的表示方法为：

$$\square-\square-\square-\square$$
百叶窗形式,公称尺寸/台数
构架形式,公称尺寸,开(闭)形式/跨数
风机形式,叶轮直径×10²,mm/台数
管束形式,公称尺寸/片数

（2）示例

（a）鼓风式空冷器：鼓风式空冷器，水平式管束，管束长×宽为9m×3m，管束数量4片；停机手动调角风机，风机直径3600mm，风机数量4台；水平式构架，构架长×宽为9m×6m；一跨闭式构架，一跨开式构架；手动调节百叶窗，百叶窗数量4台、百叶窗长×宽为9m×3m，其空冷器型号为：

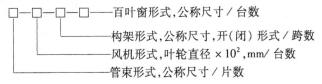

（b）引风式空冷器：引风式空冷器，水平管束，管束长×宽为9m×3m，管束数量2片；自动调角风机，风机直径3600mm，数量1台；停机手动调角风机，风机直径3600mm，数量1台；水平式构架，构架长×宽为9m×6m，一跨闭式构架；自动调节百叶窗，百叶窗长×宽为9m×3m，其空冷器型号为：

$$YP9\times3/2-\frac{ZF36/1}{TF36/1}-YJP9\times6B/1-ZC9\times3/2$$

第三节　管　束

一、管束

管束是空冷器的散热体，其造价约占空冷器总体的60%。管束由管箱、翅片管及框架组成，是一个独立的结构，可以完整地在空冷器的构架上进行装拆。

按排放形式，管束可分为水平式、斜顶式和立式。按管箱形式，管束可分为丝堵式矩形管箱的管束、可卸盖板式或可卸帽盖式管箱的管束、集合管式管箱的管束及半圆管式管箱的管束

（图 5.1 - 19）。斜顶式和立式管束中管子有水平放置和斜立放置两种，可根据不同要求选用。

世界各公司生产的管束都有自己的系列参数，长度一般是以翅片管的长度为其名义长度，从 3 ~ 15m 不等。通常情况下，只要不受其他条件限制，管束越长越经济；管束宽度多为 0.2 ~ 3.6m，我国常用管束的宽度有 2.5m、3m；管排数一般为 4 ~ 8 排。但从空冷器的发展来看，不能搞定型设计，而必须根据每台空冷器的使用条件作出总体设计，然后再选择合适的管束。这样往往需要专门生产非标准管束。例如，美国 HUDSON 公司就曾制造过 5.5 × 15.8m 的特大管束，排数最多达 30 排[1]。

管子与管板的连接，有胀接、焊接及胀焊并用 3 种形式，见图 5.1 - 23、图 5.1 - 24、图 5.1 - 25 及图 5.1 - 26。胀接由于加工简单，质量可靠且费用低，故多被采用，尤其是丝堵式管箱几乎全部采用胀接形式。焊接形式有密封焊和强度焊之分，主要用于管内介质渗透性较强、压力较高和有振动的场合。在焊接形式中又分角焊、端面焊和深孔焊。胀、焊结合又分为强度焊加贴胀和强度胀加密封焊两种形式。它们分别适用于温度、压力较高和对密封要求较严的场合。

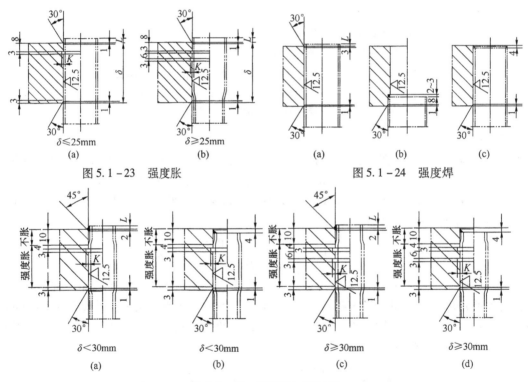

图 5.1 - 23　强度胀　　　　　　　　　图 5.1 - 24　强度焊

图 5.1 - 25　强度胀加密封焊

另外，由于翅片管端部易受介质剧烈冲刷，极易腐蚀，需要进行防腐蚀保护。其措施之一是在翅片管端采用不锈钢、铜合金或聚四氟乙烯等衬管，如图 5.1 - 27 所示。将补管较小一端插入翅片管端、较大一端镶入管板孔内，然后进行胀接，即可起到保护作用，从而提高管束的使用寿命。在可卸盖板及可卸帽盖式管箱中也可采用焊接式角焊缝，可用其增强管端的抗冲刷腐蚀能力。

管束是空冷器最基本的组成部件，冷、热交换就是通过它来完成的。通常是被冷介质在管内，冷却介质空气在管外横向掠过管束，进行冷热交换。管束也是空冷器中唯一的受压和传热的部件。

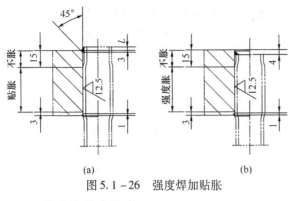

图 5.1 – 26　强度焊加贴胀

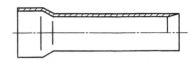

图 5.1 – 27　管端衬管

1. 管束的基本组成

管束由管箱、换热管以及管束的侧梁和支持梁 4 个基本部件组成。

2. 管束结构

对管束的基本要求：

（1）管束应为独立的，且便于整体装卸的组装件；

（2）管束应有适应翅片管热膨胀的措施；

（3）管束在构架上的横向位置，至少在两边各有 6mm 或一边有 12mm 的移动量；

（4）最低一排翅片管下面应设支持梁，支持梁间距不应超过 1.8m，且与管束侧梁用螺栓（或焊接）固定，支持梁部位上的翅片管排间应使用隔离件；

（5）用于冷凝的单管程管束翅片管，应向流体出口方向倾斜，倾斜度不低于 1∶100；

（6）管束中凡产生空气旁流的部位，当间隙超过 10mm 时，均应设置挡风件。挡风件的厚度不小于 3mm，且须固定在管束上。

3. 管束形式及适用范围

管束的形式比较多，按管箱形式可分为丝堵式管箱的管束、可卸盖板式管箱的管束、可卸帽盖式管箱的管束、集合管式管箱的管束及半圆管式管箱的管束等，见图 5.1 – 19。按放置形式分为水平式、斜顶式和立式等形式。

丝堵式管箱的管束适用范围较广，具有耐压能力强、检修方便及制造容易的特点，是目前用得最多的一种。适用于介质不太干净，需经常清洗的场合。

可卸盖板式管箱的管束和可卸帽盖式管箱的管束适用于压力不高，密封要求不严，介质较脏，易结垢和介质易凝固的场合。

集合管式管箱的管束适用于压力较高，密封要求严，介质很干净且不易凝固的场合。

半圆管式管箱的管束适用于密封要求严，介质较干净且不易凝结的场合。

各种管箱适用的压力范围见表 5.1 – 11。

表 5.1 – 11　各种管箱适用的压力范围

管　箱　形　式	允许工作压力/MPa
可卸盖板式，可卸帽盖式，半圆管式	≤6.4
丝堵式	≤20
集合管式	≤35

二、翅片管

翅片管是体现空冷器基本特征和强化传热的关键元件，其性能直接影响着空冷器的传热性能。事实上，也正是翅片管的出现，才使空冷器得以大规模发展。在空冷器中翅片管的费用约占管束总费用的 75% 以上。

1. 类型与特征

除了冷却黏性介质可采用纵向内翅片管或光管外，所有空冷器（除表面蒸发空冷外）均采用管外横向翅片管,其形式很多。根据管子和翅片的结构形状已看到的至少有 20 种以上,基本分为:绕片型、轧片型和穿片型 3 大类,图 5.1−28 为几种有代表性的翅片管类型的示意图。图 5.1−29 为几种常用翅片管的几何参数及其表面的保护情况。

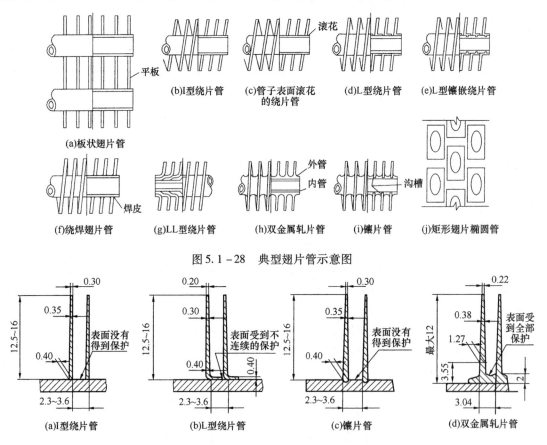

图 5.1−28　典型翅片管示意图

图 5.1−29　常用翅片管的几何参数

下面介绍几种不同形式翅片管的主要特性。

(1)镶嵌式绕片管

铝片嵌入钢管表面被挤压在深约 0.25~0.5mm 的螺旋槽中,同时将槽中挤出的金属用滚轮压回翅片根部,见图 5.1−29(c)。镶嵌强度:在 1/4 翅片上,平均每厘米长度上应能经受 80~100N 的力。试验可用图 5.1−30 所示的方法。

这种翅片管的最大优点是,热工性能好,工作温度可达 350~400℃,翅片温度可达 260℃。其缺点是不耐腐蚀,如果压接不良(槽缘不贴紧铝片),其传热性能比任何散热管都差。

(2)L、LL 型绕片管

L 型绕片管的制造简便,但由于铝片是借缠绕的初始应力紧固在钢管表面上的,且平均接触压力不超过 1.7MPa,因此使用温度较低,一般为 120~160℃。实践证明,当管壁温度超过 170℃时,翅片张力大大降低,翅片开始松动,接触热阻增大,所以热工性能不够理想。为克服上述缺点,出现了 LL 型翅片管。这种翅片管的翅片根部互相重叠与管壁接触良好,保证了对管壁的完全覆盖。可减少大气及雨水对管子表面的腐蚀,使用温度亦有一定提高,目前在石油化工用空冷器中用得较多。见表 5.1−12 和表 5.1−13。

表 5.1-12　翅片管的性能比较

翅片管类型	满分	镶片式	轧片式	双金属轧片式	双金属镶片式	KLM型绕片式	L型绕片式	I型绕片式	紊流型双金属轧片式	锯齿型焊片式	LL型绕片式	椭圆管型套片式	LL型镶片式	轮辐型绕片式	折皱型绕片式	锯齿型椭圆形管焊片式
温度极限/°C		350	400	250	350~400	250	120~150	100	250	1100*	170	350	300	100*350	100	350
显著特征		可更换	增强	—	—	翅片根部滚花可更换	翅根光滑	—	—	—	翅片与管用镀锌结合	翅片与管用镀锌结合	—	—	—	翅片与管镀锌结合 H型翅片-高性能
新的和洁净管传热系数	100	90	100	80	85	80	75	70	80	100	80	90	85	75	70	95
在使用几个月后传热系数的维持能力	200	180	200	150	180	170	140	120	150	200	150	180	180	140	140	190
翅片表面结垢速度	50	45	40	30	45	45	45	45	20	30	45	40	45	20	20	30
翅片弯曲校正难易程度	50	40	30	30	40	40	40	40	10	20	40	30	40	20	30	40
翅片污垢清除性能程度	200	160	150	150	160	160	160	160	100	150	160	160	160	100	100	150
承受每天多次两次热循环能力	100	90	100	80	75	70	60	50	80	100	70	70	90	70	60	90
抗铝和钢管之间微小膨胀能力	50	45	50***	40	45	45	20	10	40	50***	30	50***	45	30	35	50***
空冷器管束管箱翅片承重能力	50	30	50	50	30	30	30	20	20	40	30	50	30	30	30	40
翅片尖端撕裂撕裂能力	20	15	10	15	15	15	15	10	20	20	15	20	15	15	15	20
翅片节距公差	100	80	70	70	80	80	80	80	70	90	80	90	70	70	70	90
翅片外径公差	100	80	70	80	90	80	80	80	70	80	80	100	80	70	75	100
翅片厚度变化	20	18	15	15	18	18	18	18	15	18	18	18	18	18	18	18
翅片壁表面状态	50	40	35	35	40	40	40	40	30	50***	40	40	40	35	25	50
翅片尖端抗大气腐蚀能力	50	40	40	30	40	40	40	40	25	50	40	90	40	30	40	40
基管耐大气腐蚀能力	100	70	100	85	90	90	80	65	85	60	75	10	95	80	70	90
翅片垂直度	10	9	9	10	10	8	8	8	7	10	8	10	8	7	6	6
出厂检查不严对性的影响	100	70	90	60	60	70	70	50	60	50	70	40	70	70	80	60
翅片和管子间接触压力	50	40	50	30	40	40	15	10	30	50	10	45	40	15	15	45
坚固程度	50	30	50	40	30	30	30	20	30	10	10	50	30	25	30	45
购买方便程度	100	80	20	50	10	40	150	40	10	80	100	10	10	10	80	10
重量	250	180	80	200	230	230	170	200	130	80	150	50	200	130	80	50
相对价格	10	8	10	9	9	7	7	5	9	10	8	10	8	7	7	10
与其它类型翅片管互换性	200	150	80	140	120	170	170	200	130	100	150	150	140	170	180	150
总计	2010	1590	1410	1484	1541	1598	1453	1266	1171	1376	1344	1463	1539	1237	1276	1472
%	100	79.1	70.1	73.8	76.6	79.5	72.3	63.0	58.3	68.5	66.9	72.7	76.6	61.5	63.5	73.2
评定名次		2	9	5	3	1	8	13	15	10	11	7	4	14	12	6

* 按金属分。　** 按翅片形状分。　*** 不适于使用。

表 5.1 – 13   6 种翅片管性能参数的比较

图 形 比较项目						
翅片名称	I 型简单绕片管	L 型绕片管	LL 型绕片管	镶嵌式翅片管	双金属轧片管	椭圆翅片管
接触压力/MPa	15	17	17	—	75	
允许壁温/℃	70 ~ 120	100 ~ 250	110 ~ 195	260 ~ 400	200 ~ 300	250 ~ 300
翅片材料	铝	99.5%纯铝	99.5%纯铝	99.5%纯铝	纯铝	铝、钢、铜
抗腐蚀性能名次	6	4	3	5	1	2
耐温性能名次	6	5	4	2	3	1
传热性能名次	6	4	2	4	1	5
清理难易程度名次		5	4	3	2	1
总价格	1	2	3	4	5	6
翅片比 SR	23.5, 11 片/in	同 I 型	同 I 型	同 I 型	21.2, 10 片/in	≈15, 9 片/in
翅片直径/mm	57	57	57	57	57	
使用说明	一般不用于石油化工厂,仅用于小厂空调,耐候性差	用于工作条件较平稳,温度无突变场合,温度过高时翅片会松动,间隙处易产生腐蚀	用于工作条件较平稳,温度无突变场合,使用温度稍高于 L 型,对内管保护较好	传热效率较高,双金属在大气中易引起电化学腐蚀	铝管在外可保护内管不受腐蚀,对温度突变及振动有良好抗力	椭圆管,套矩形钢翅片,采用镀锌防腐

（3）GL 型翅片管

这是缠绕与镶嵌相结合而制成的一种翅片管,所以也称镶嵌 – 绕片管。图 5.1 – 28（e）为单 L – 镶嵌型,表 5.1 – 2 中的为双 L – 镶嵌型。它是将 L 绕片脚的一部分镶嵌在管表面的槽内,所以兼有绕片管的性能,可耐较高的温度。但这种翅片管制造复杂,质量不稳定,所以用得不多。

（4）I 型翅片管

I 型翅片管制造最简单,价格也最便宜。但由于翅片和管壁接触面积很小,当管壁温度大于 70℃时,便产生间隙。另外,翅片也不能保护管壁,易受大气腐蚀,承温能力也差。所以目前只用在 100℃ 以下的空调器上,化工炼油工业很少应用。

（5）U 形翅片管（图 5.1 – 31）

是将具有一定强度的金属带材折成 U 形槽后强力缠绕在基管上而形成的双螺旋翅片管。由于 U 形槽的顶部被拉伸,底部被压缩,因此 U 形槽对基管保持了较大的压力,形成良好的接触,其接触热阻比钎焊翅片管高,传热性能高于 L、LL 型翅片管,使用温度可达 400℃[3]。

（6）椭圆形翅片管

椭圆形翅片管是德国发展空冷器的主要特点,其最早发明者是 GEA 公司。该公司从被批准第一个专利算起至今已有 70 多年的历史。现在它可以生产 40 多种不同形式的 GEA 翅片管，可供各种不同情况下选用。该公司生产的空冷器和冷凝器品种繁多，已被 20 多个国家所采用。日本有两家公司引进了该公司的技术。瑞士一家公司还发展了螺旋缠绕椭圆翅片管。我国也引进了德国的技术并生产出穿片型和缠绕型的椭圆形翅片管，用在冶金和电力行业比较多。

图 5.1-30　翅片管的拉力试验方法

图 5.1-31　U 形翅片管

椭圆翅片管的使用温度与压力范围如下：

镀锡管 ≤180℃

镀锌管 ≤320℃

内　　压 ≤5MPa

外　　压 ≤2MPa

若使用压力超过此范围时，应选用圆形翅片管。

椭圆形翅片管的优点：

① 与同样横截面的圆管相比，其水力直径小，因而管内传热系数较大，且由于在管子后面形成的涡流小，故管外压降可减小 30%，如图 5.1-32 所示。

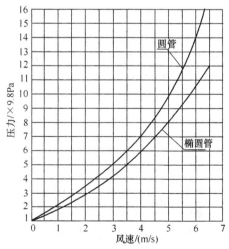

图 5.1-32　椭圆管与圆管空气阻力的比较

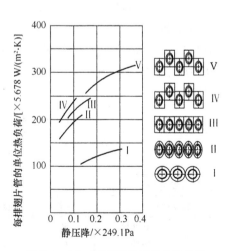

图 5.1-33　不同翅片管的性能曲线

② 与同样的横截面的圆管相比，其表面积约大 15%，因此在相同流速下管外传热系数可提高 25%。

③ 翅片效率高，在同样条件下，圆管的翅片效率为74%，而椭圆管为82%（重量平均值）。

④ 矩形椭圆翅片管短边迎风，迎风面积比较小，因而设计紧凑，占地面积只有圆管的80%。

⑤ 在翅片上冲出湍流片，可以进一步提高管外传热系数，但压降稍有增加。

图5.1-33示出了不同椭圆翅片管束与圆形翅片管束的性能比较。图中曲线Ⅴ为具有湍流片强化传热的错排椭圆穿片管束，其传热性能最高；曲线Ⅳ为同样的管子及排列，但翅片上没有湍流片；曲线Ⅲ为顺排，其传热不受影响，但压降稍高；曲线Ⅱ为绕片式椭圆翅片管束，其性能较差；曲线Ⅰ为圆形绕片管束。从图5.1-33中可以清楚地看出，椭圆形翅片管束传热性能均较圆形翅片管束为优，后者和前者最高的（曲线Ⅴ）要相差一倍以上。上述比较中，翅片厚度相同，翅片与管子材质相同。

但椭圆翅片管也有它的不足之处，其主要缺点是：

① 管束的维护、检修和更换管子比较困难；

② 管束的造价较高；

③ 管子与管板的连接比较困难；

④ 管束承受压力较低。

表5.1-14、表5.1-15、表5.1-16和表5.1-17为GEA公司所生产的椭圆形翅片管的尺寸及其相关的参数。

英国"Accles，Pollock"采用瑞士"Schweisswerk"公司专利生产的螺旋缠绕式椭圆翅片管的参数和表5.1-14基本相同。断面总尺寸：长外径54mm，短外径34mm；光管长轴为36mm，短轴为14mm；壁厚有14、16和18线规号3种；翅片厚度0.35mm、高10mm，翅片间距共有9种9.0~2.5mm，即每m长度上有111~400片翅片，这些翅片提供的传热面积为0.33~0.96m²/m；翅片管长度在9.2m以上。基管的材料按B.S. 1775（DIN 2394）选用，翅片材料按B.S. 144C52（DIN 1624）选用。

表5.1-15中，如果将同一种材料的FC33和C 2.5-16相比较，FC33的传热量比C 2.5-16约多25%，如果将钢制的FE33和铜制的C 2.5-16进行比较，其传热量几乎相等。

德国Balcke-Durr公司生产各种Ⅰ型椭圆翅片管，如表5.1-18所示。使用温度约为300℃，压力可达70巴。翅片平均厚度0.4mm，最大长度达15m，管子用碳钢或合金钢，均为钢质翅片。

表5.1-14　GEA椭圆翅片管尺寸

尺寸 / 类型		FC33	FE33	KC35	KE35	RE33	GEg
材质　基管/翅片		铜/铜	碳钢/碳钢	铜/铜	碳钢/碳钢	碳钢/碳钢	碳钢
基管和翅片接合		镀锡	镀锌	镀锡	镀锌	镀锌	—
基管尺寸/mm	长外径	36	36	44	44	$\phi18 \times 2$	44
	短外径	14	14	16	16		16
	厚　度	1.0	1.5	1.0	2.0	1.5	2.0
翅片尺寸/mm	长	55	55	65	65	79	—
	宽	26	26	31	31-1/3	31-1/3	—
	厚度	0.25	0.3	0.25	0.3	0.3	—

续表

尺寸 \ 类型	FC33	FE33	KC35	KE35	RE33	GEg
材质　基管/翅片	铜/铜	碳钢/碳钢	铜/铜	碳钢/碳钢	碳钢/碳钢	碳钢
基管和翅片接合	镀锡	镀锌	镀锡	镀锌	镀锌	—
翅片间距/mm	3.0	3.0	3.0	3.0	3.0	—
翅片数/(片/m)	333	333	333	333	333	—
内侧管截面积/×10^2mm²	3.24	2.84	4.64	3.72	3.53	3.72
外侧总面积/(m²/m)	0.77	0.77	1.08	1.08	1.41	0.101
F_a/F_i	9.95	10.37	11.5	12.3	15	1.143
F/A	28.8	28.8	33.9	33.9	44.0	5.31
重量/(kg/m)	1.87	2.30	2.45	3.37	3.72	1.56

注：F_a/F_i = 每 m 管长、外侧总面积/基管内侧面积；

　　F/A = 每排管、每 m 长入口面积为 1m² 时的外侧总表面面积。

表 5.1－15　GEA 椭圆翅片管的传热性能和空气阻力

尺寸 \ 型号		a	b	c	d	e	f	g	h
		FC33	FE33	FV33	RC31	RE31	RV31	C2.5－16	AC2.5－16
1—材质，基管/翅片		Cu/Cu	St/St	Sus/St	Cu/Cu	St/St	Sus/St	Cu/Cu	Cu/Al
2—基管内侧尺寸/mm		12×34	11×33	11×33	ϕ16	ϕ16	ϕ16	ϕ16.1	ϕ16.1
3—基管厚度/mm		1.0	1.5	1.5	1.0	1.5	1.5	1.2	1.2
4—翅片间距/mm		3	3	3	3	3	3	2.5	2.5
5—单位长度质量/(kg/m)		1.87	2.30	2.30	3.34	3.72	3.72	2.7	1.3
6—外侧总表面积/(m²/m)		0.77	0.77	0.77	1.41	1.41	1.41	0.68	0.81
7—单位面积质量/(kg/m²)		2.43	2.99	2.99	2.37	2.34	2.64	3.97	1.61
8—放热量/W	空气流速/(m/s) 3	77	59	59	50	37	37	67	58
	4	91	69	69	59	43	43	78	67
9—压力降/Pa	3	31.4	33.3	33.3	51	60.8	60.8	64.9	54
	4	49	58.8	58.8	86.3	98.1	98.1	81.9	78.5
10—放热量/W	3	59.1	45.7	45.7	70.5	52.6	52.6	45.8	47.1
	4	69.8	52.8	52.8	83.7	60.7	60.7	52.9	54.7

注：a～c—日本横山 GEA 翅片管（椭圆管）；

　　d～h—某公司产品（圆管）。

　　8—空气侧温升 1℃，空气流速 3m/s 及 4m/s 时每 m² 的放热量；

　　9—一排翅片管空气侧压力损失；

　　10—每 m 翅片管的放热量。

表 5.1－16　椭圆翅片管使用时的压力界限

翅片管形式	材　质		翅片间距/mm	基管厚度/mm	翅片厚度/mm	容许压力/MPa	
	基管	翅片				内压	外压
FC33	铜	铜	3.0	1.0	0.25	2.5	1.5
FC	铜	—	无翅片	1.0	—	0.7	0.6

续表

翅片管形式	材质		翅片间距/	基管厚度/	翅片厚度/	容许压力/MPa	
	基管	翅片	mm	mm	mm	内压	外压
FE33	碳钢	碳钢	3.0	1.5	0.3	4.5	2.6
FE	碳钢	—	无翅片	1.5	—	2.7	1.8
FM31	铝青铜	铜	3.0	1.5	0.25	2.0	1.7
FE	铝青铜	—	无翅片	1.5	—	0.8	0.8
FP	ESTF	—	无翅片	1.5	—	0.6	0.6
KC33	铜	铜	3.0	1.0	0.25	2.0	1.0
KE33	碳钢	碳钢	3.0	2.0	0.30	3.0	2.0
KC	铜	—	无翅片	1.0	—	0.5	0.5
KE	碳钢	—	无翅片	2.0	—	2.0	1.6

表 5.1 – 17　椭圆翅片管使用时的温度界限

基管材质	普通钢	特殊钢	铜	黄铜	镍铜	铝
使用温度/℃	– 10 ~ + 350	– 10 ~ + 550	– 10 ~ + 140	– 16 ~ + 160	– 10 ~ + 350	+ 200

表 5.1 – 18　I 型椭圆绕片管尺寸

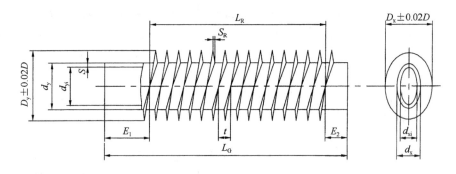

管子尺寸 $d_x/d_y = 30 \times 14 \times S$		翅片高度					10mm		
翅片间距 t/	$A_a/$	$S = 1.5$mm			$S = 2.0$mm			$S = 3.0$mm		
mm	(m^2/m)	A_a/A_i	不镀锌/ (kg/m)	镀锌/ (kg/m)	A_a/A_i	不镀锌/ (kg/m)	镀锌/ (kg/m)	A_a/A_i	不镀锌/ (kg/m)	镀锌/ (kg/m)
2.5	0.916	14.21	1.94	2.40	14.94	2.19	2.65	16.2	2.65	3.11
3.0	0.776	12.03	1.75	2.14	12.66	2.01	2.39	14.08	2.46	2.85
3.5	0.675	10.46	1.62	1.96	11.01	1.87	2.21	12.25	2.33	2.67
4.0	0.600	9.30	1.52	1.82	9.79	1.77	2.07	10.89	2.23	2.53
5.0	0.495	7.67	1.38	1.63	8.08	1.63	1.88	8.98	2.09	2.34
6.0	0.425	6.59	1.29	1.50	6.93	1.54	1.75	7.71	2.00	2.21
7.0	0.375	5.81	1.22	1.41	6.12	1.47	1.66	8.81	1.93	2.12
8.0	0.337	5.22	1.17	1.34	5.50	1.42	1.59	6.12	1.88	2.05
9.0	0.308	5.77	1.13	1.29	5.02	1.38	1.54	5.59	1.84	2.00

续表

翅片间距 t/mm	A_a/(m²/m)	$S=1.5$mm			$S=2.0$mm			$S=2.5$mm		
		A_a/A_i	不镀锌/(kg/m)	镀锌/(kg/m)	A_a/A_i	不镀锌/(kg/m)	镀锌/(kg/m)	A_a/A_i	不镀锌/(kg/m)	镀锌/(kg/m)

管子尺寸 $d_x/d_y = 36 \times 14 \times S$　　翅片高度　10mm

翅片间距 t/mm	A_a/(m²/m)	A_a/A_i	不镀锌/(kg/m)	镀锌/(kg/m)	A_a/A_i	不镀锌/(kg/m)	镀锌/(kg/m)	A_a/A_i	不镀锌/(kg/m)	镀锌/(kg/m)
2.5	0.964	11.56	2.23	2.72	12.01	2.53	3.01	12.51	2.81	3.29
3.0	0.819	9.82	2.02	2.43	10.21	2.31	2.72	10.63	2.60	3.01
3.5	0.715	8.58	1.87	2.23	8.91	2.16	2.52	9.28	2.45	2.80
4.0	0.637	7.64	1.75	2.07	7.94	2.05	2.37	8.26	2.33	2.65
5.0	0.528	6.33	1.59	1.86	6.58	1.89	2.15	6.85	2.17	2.44
6.0	0.456	5.47	1.49	1.72	5.68	1.78	2.01	5.92	2.06	2.29
7.0	0.404	4.84	1.41	1.61	5.03	1.71	1.91	5.24	1.99	2.19
8.0	0.365	4.38	1.35	1.54	4.55	1.65	1.83	4.74	1.93	2.11
9.0	0.335	4.02	1.31	1.48	4.17	1.60	1.77	4.35	1.89	2.05

管子尺寸 $d_x/d_y = 55 \times 18 \times S$　　翅片高度　13mm

翅片间距 t/mm	A_a/(m²/m)	$S=1.5$mm			$S=2.0$mm			$S=2.5$mm		
		A_a/A_i	不镀锌/(kg/m)	镀锌/(kg/m)	A_a/A_i	不镀锌/(kg/m)	镀锌/(kg/m)	A_a/A_i	不镀锌/(kg/m)	镀锌/(kg/m)
2.5	1.726	14.84	3.93	4.80	15.26	4.38	5.24	15.69	4.81	5.68
3.0	1.460	12.56	3.51	4.24	12.91	3.96	4.69	13.27	4.39	5.12
3.5	1.269	10.91	3.21	3.85	11.22	3.66	4.29	11.54	4.09	4.73
4.0	1.126	9.68	2.99	3.55	9.96	3.43	4.00	10.24	3.87	4.43
5.0	0.926	7.96	2.67	3.14	8.18	3.12	3.58	8.42	3.55	4.02
6.0	0.793	6.82	2.46	2.86	7.01	2.91	3.31	7.21	3.34	3.74
7.0	0.697	5.99	2.31	2.66	6.16	2.76	3.11	6.34	3.19	3.54
8.0	0.626	5.83	2.20	2.51	5.53	2.65	2.96	5.69	3.08	3.39
9.0	0.570	4.90	2.11	2.40	5.04	2.56	2.85	5.18	2.99	3.28

（7）单金属轧片管

这种翅片管一般是用铝、铜等延展性和可塑性较好的有色金属轧制而成，其传热性能和抗大气腐蚀性能都很好，但管内承受压力较低，成本高，所以常用在空气预热器上。

（8）双金属轧片管

双金属轧片管是较理想的抗腐蚀型管子，它完全克服了单金属轧片管，L、LL 绕片管的缺点。双金属轧片管的内外管可分别选材，内管根据热流体腐蚀情况和压力选定，如碳钢、不锈钢及黄铜等；外管可选用既有较好的延展性，能抗大气腐蚀，又有良好传热性能的金属，一般可用铝或铜。经过轧制，内外管子完全可以紧密结合在一起，其主要特点是：

① 抗大气腐蚀性能好，寿命长；

② 传热效率高，压降小；

③ 翅片整体性和刚性好；

④ 由于翅片牢固，不易变形，因此可用高压水或高压气清垢，同时由于内外管紧密结合，故能长期保持高的传热性能，见表 5.1.12。

缺点是：

① 与普通 L 型管相比，设备总价格高 5% ~7%；

② 外管与内管之间的接触压力不够恒定。

国内外生产空冷器的主要厂家均生产这种翅片管，他们认为一次投资虽然高，但总的来看仍较经济。

表 5.1 - 19 为我国江湾化工机械厂引进加拿大技术生产的双金属轧片管的规格型号[4]，表 5.1 - 20 为日本建铁株式会社生产的双金属轧片管的规格型号。

表 5.1 - 19　江湾化工机械厂双金属轧片管的规格型号

序号	基管外径 ϕ/mm	翅片间距/mm	翅片管外径 ϕ/mm	翅片管根径 ϕ/mm	翅片厚度/mm	单位长度换热面积/(m^2/m)	最高适用温度/℃
1	16	5.1	34	17.2	0.64	0.332	
2	16	3.2	34	17.2	0.33	0.506	
3	16	2.3	34	17.2	0.31	0.676	
4	16	1.8	34	17.2	0.31	0.844	
5	19	2.8	44	20.4	0.38	0.926	
6	19	2.3	44	20.4	0.43	1.125	
7	22	2.3	44	23.5	0.43	0.855	250
8	22	2.8	44	23.5	0.38	1.015	
9	25	5.1	50	26.4	0.56	0.625	
10	25	2.8	50	26.4	0.43	1.112	
11	25	2.3	50	26.4	0.38	1.341	
12	25	2.5	57	26.4	0.41	1.648	
13	25	2.3	57	26.4	0.38	1.791	

表 5.1 - 20　日本建铁株式会社双金属轧片管的规格型号

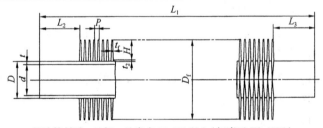

翅片管材质：纯铝，纯度在 99.8% 以上（相当于 JIS AITO）

型号	基管材质	D/mm	t_1/mm	D/mm	D_f/mm	t_2/mm	P/mm	H/mm	T_f/mm	管外表面积/(m^2/m)	管内外面积比	最高使用压力/MPa	制品质量/(kg/m)
AF2516	锅炉、空冷器用低碳钢管 3 种（JIS STB35）	$18.5^{+0}_{-0.2}$	$1.6^{+0.3}_{0}$	15.3	40±1	1.0	2.5	9.8	0.45	0.790	16.5	5.0	1.38
AF2525		$28.0^{+0}_{-0.2}$	2.0±0.15	24	50±1	1.0	2.5	10.05	0.45	1.070	14.2	5.5	2.29
AF3516		$18.5^{+0}_{-0.2}$	$1.6^{+0.3}_{0}$	15.3	40±1	1.0	3.5	9.8	0.45	0.582	12.1	5.0	1.22
AF3525		$28.0^{+0}_{-0.2}$	2.0±0.15	24	50±1	1.0	3.5	10.05	0.45	0.792	10.5	5.5	2.08

续表

型号	基管材质	D/mm	t_1/mm	D/mm	D_f/mm	t_2/mm	P/mm	H/mm	T_f/mm	管外表面积/(m^2/m)	管内外面积比	最高使用压力/MPa	制品质量/(kg/m)
AC2516		$18.5^{+0}_{-0.2}$	1.2 ± 0.1	16.1	40 ± 1	1.0	2.5	9.8	0.45	0.790	15.6	7.6	1.30
AC2525	无缝铜管1种	$28.0^{+0}_{-0.2}$	1.8 ± 0.15	24.4	50 ± 1	1.0	2.5	10.05	0.45	1.070	13.95	7.5	2.33
AC3516	(JIS CuT1 - 1/2H)	$18.5^{+0}_{-0.2}$	1.2 ± 0.1	16.1	40 ± 1	1.0	3.5	9.8	0.45	0.582	11.5	7.6	1.14
AC3525		$28.0^{+0}_{-0.2}$	1.8 ± 0.15	24.4	50 ± 1	1.0	3.5	10.05	0.45	0.792	10.3	7.5	2.12
AB2516		$18.5^{+0}_{-0.2}$	1.2 ± 0.1	16.1	40 ± 1	1.0	2.5	9.8	0.45	0.790	15.6	10.5	1.28
AB2525	冷凝器用无缝黄铜管3种	$28.0^{+0}_{-0.2}$	1.8 ± 0.15	24.4	50 ± 1	1.0	2.5	10.05	0.45	1.070	13.95	10.4	2.29
AB3516	(JIS BsTF)	$18.5^{+0}_{-0.2}$	1.2 ± 0.1	16.1	40 ± 1	1.0	3.5	9.8	0.45	0.582	11.5	10.5	1.12
AB3525		$28.0^{+0}_{-0.2}$	1.8 ± 0.15	24.4	50 ± 1	1.0	3.5	10.05	0.45	0.792	10.3	10.4	2.08
AS2516		$18.5^{+0}_{-0.2}$	1.2 ± 0.1	16.1	40 ± 1	1.0	2.5	9.8	0.45	0.790	15.6	12.1	1.24
AS2525	锅炉、空冷器用不锈钢管27种	$28.0^{+0}_{-0.2}$	1.8 ± 0.15	24.4	50 ± 1	1.0	2.5	10.05	0.45	1.070	13.95	12.0	2.19
AS3516	(JIS SUS 27TB)	$18.5^{+0}_{-0.2}$	1.2 ± 0.1	16.1	40 ± 1	1.0	3.5	9.8	0.45	0.582	11.5	12.1	1.08
AS3525		$28.0^{+0}_{-0.2}$	1.8 ± 0.15	24.4	50 ± 1	1.0	3.5	10.05	0.45	0.792	10.3	12.0	1.98

（9）KLM 绕片管

KLM 翅片管是 L 型绕片管的一种，但由于制造中多了两道滚花工艺，使其综合性能超过了表 5.1 - 12 所列的其他所有翅片管。

制造时，管子表面先经滚花，绕片时再在 L 脚的上面同步滚压一次，使 L 脚一部分面积嵌入管子表面，绕片、滚花、压脚一次完成。这样就可使翅片与管子表面的接触面积增大50%，这意味着单位面积的热通量也降低50%，因此，翅片根部的热应力很小，甚至在几千次热循环之后，仍然保持其接触面积大于 L 型弯脚本身的面积。

KLM 翅片管是在两层高压油膜之间成形的。据在显微镜下观察，光滑的翅片坯料在成形过程中只产生变形，而表面光滑度和金相结构并未受到破坏。这一点对抗腐蚀、减少空气侧压降是很有利的。通过在干式冷却塔中 20 多年的运转表明，经得起长期腐蚀。尽管在翅片外缘有可能受到低温、潮湿的作用，但翅片仍然是光滑的。另外，将 KLM 翅片管放在5% 的盐水雾中经过 400 小时的加速腐蚀试验，在翅片之间和翅片本身均无明显腐蚀。

据生产 KLM 翅片管的斯皮罗 - 吉尔斯（Spiro - Gills）S. A 公司声称，至今已有大量的KLM 翅片管在世界各地成功地使用，其中包括在沿海地区的炼油厂和海洋钻井平台上应用。

我国无锡换热设备厂采用进口设备生产的 KLM 型翅片管，也已大量应用。

在 KLM 翅片管上也有采取以下两种特殊防腐蚀措施的，其一是在翅片上涂一层聚氯脂；另一种方法是采用夹层型的复合铝带，覆盖层是一种含锌的铝，经过辊压进入纯铝基层。这两种特殊方法，都可以在绕片的同时进行。根据多年的使用经验，效果都很好。

对于基管外径 25.4mm，翅片管外径 63.5mm 的翅片管，在 300℃ 时，翅片与管子的热膨胀量不大于 0.08mm。所以在高温下不会因翅片的膨胀产生较高的空气热阻。

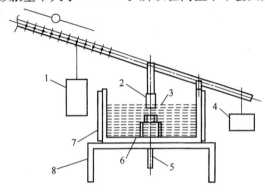

图 5.1-34 翅片的压脱试验

KLM 绕片管的绕片工艺不受管子直径及其公差的影响，能保证沿管长翅片的 L 脚与管壁完全紧密接触，甚至在翅片被偶然切断的情况下，其余翅片也不会松散。采用图 5.1-34 所示的方法对 KLM 型翅片管和 L 型翅片管进行压脱试验，其结果是 KLM 型比 L 型的结合力要大得多。概括起来讲，KLM 翅片管的主要特点是：

① 传热性能高，接触热阻小；

② 翅片与管子接触面积大，贴合紧密且牢靠，因此能保持其性能长期不变；

③ 翅片根部抗大气腐蚀性能较 L 型高。

（10）板片式翅片管

除了常用的椭圆套片管为矩形翅片外，还有许多特殊的板片式翅片管，如平板片翅片管（图 5.1-35）、带孔（槽、缝）板片（图 5.1-36）及凹槽板片的翅片管（图 5.1-37）以及矩形截面管波纹板片翅片管（图 5.1-38）等约几十种。由于板片形状、表面结构不同，传热系数差别亦很大，有些特殊形状的传热系数可比平板片高 50%~100%。谢泼德（Shepherd）对管外径为 9.9mm，翅片密度为 120、200、280、350、433 片/m，管间距从 19~51mm，翅高为 25、38、51mm，翅厚为 0.20、0.23、0.28mm 等 38 种平板铝翅片穿铜管进行试验后，得出的结论是，平板翅片应尽可能采用小的翅片间距，因为这样可以减少管排数，降低设备成本。吉夫纳特（Gefnart）在谢泼德的基础上，对带孔（槽）的板片进行了试验，其结论是，虽然在平板上开孔（槽、缝）的板片可以破坏热边界层，提高传热系数，但由于总传热面积减少，使总热负荷减小，故得不偿失。但有人认为他的实验只是在一排和两排的 3.7 片/cm 的短管上作出的，还不足以定论。科瓦科斯（Kovacs）对一种厚度为 1.5mm，长×宽为 14mm×3mm 的矩形截面铜管套以钢制凹槽（波形）式板片式翅片后经试验证明，其放热系数可提高 50%。佐朱尔雅（Zozula）等人对一种套了 5 种形式的板片 19.5mm×10mm 的印字形翅片管进行了研究。实验结果表明，其放热系数均比光滑平板翅片高。最好的是板条式，约提高 25%，但压降增大 55%，若压降相同，约提高 3%~10%。

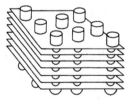

图 5.1-35 平板片翅片管

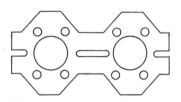

图 5.1-36 带孔、槽板片翅片管

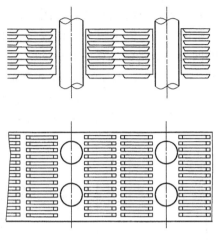

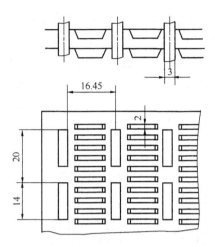

图 5.1-37　凹槽板片翅片管　　　　　　　图 5.1-38　矩形截面管波形板片翅片管

（11）素流式翅片管

这一类翅片管形式也很多，其共同点就是通过对翅片本身结构的改变，使空气流经翅片时产生扰流，破坏其边界层，以提高管外膜传热系数。在空冷器中应用较多的主要有以下几种：

① 径向开槽翅片管　这种翅片管是在翅片圆周上均匀地沿径向开出 12~36 个切口（槽），一般为 24 个，切口深度为翅片高度的 0.3~0.7，切口两边的翅片成"八"字形交替向翅片管的前后两端倾斜，如图 5.1-39 所示。由于切口破坏了气流的边界层，增加湍流的作用，传热效率大为提高，一般讲管外侧给热系数可提高 25%~50%，总传热系数可提高20% 以上，见表 5.1-21。其缺点是制造复杂，造价较高。

表 5.1-21　开槽型翅片管与其他形式翅片管传热性能的比较

翅片管型式	开径向槽型	双金属轧片型	镶片型	L型（高翅片）
总传热系数相对值	100	大于90	80	75

② 轮辐式翅片管　大约在 20 世纪 60 年代中期，由英国"Wheefin"公司首先研制成功，如图 5.1-40 所示。其传热效率较光滑翅片管高，但空气侧压力降也加大。图 5.1-41 为轮辐式翅片管的 3 种开孔形式。

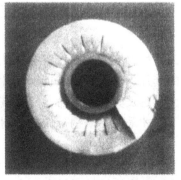

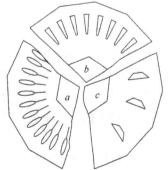

图 5.1-39　径向开槽翅片管　　　　图 5.1-40　轮辐式翅片管　图 5.1-41　轮辐式翅片的不同开孔形式

③ 波纹型翅片管　这种翅片管形式很多，图 5.1-42 为波纹式套片管，图 5.1-43 为波纹式绕片管(钢片镀锌)。由于波纹的作用，可以强化传热，但是阻力都比较大。如对图 5.1-43 所示波纹管的试验结果表明，由于在皱纹的凹处不能受到气流的直接冲刷，很容易结垢，且难以清除，阻力比一般 L 型绕片管高 60% 左右，因此，翅片的皱纹(或皱折)部分不宜过高。这种翅片管一般用在自然对流传热中，在质量流速较高时不宜采用。除上述之外，还有一些特殊形式的翅片管，如高频焊绕片管、钎焊绕片管以及我国开封红日公司开发的 U 形绕片管等。

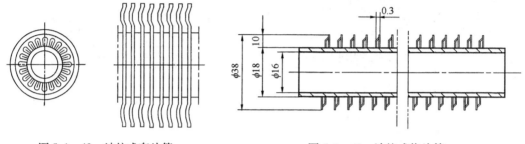

图 5.1-42　波纹式套片管　　　　　　　　图 5.1-43　波纹式绕片管

2. 翅片管的材料

一般来说，翅片管的基管和翅片可采用各种金属材料进行组合，但在具体选用时既要考虑被冷介质的性质及操作条件，也要考虑材料本身的工艺性能和价格等因素。

(1) 基管

可用碳钢、不锈钢、铜、铝、钛、镍铜合金及蒙乃尔合金等作基管，也可用碳钢-不锈钢制成的复合管，还有在碳钢管内衬一层搪瓷的。表 5.1-22 示出了基管常用的几种材料和使用条件。应用最多的是碳钢管和不锈钢管。在工作压力和温度较低而应力腐蚀要求又不高的空冷器中，可采用高频焊接的有缝碳钢管和不锈钢管，以降低造价。铝和铝合金管子只在不超过 0.2MPa 和 150℃ 条件下使用。在冶金行业，铜管用得比较多。

表 5.1-22　翅片管基管的常用材料及其应用条件

管 子 材 料	适 用 管 内 介 质
碳钢 10	一般油品(汽油、煤油及柴油等)和溶剂
铬钼钢 Cr5Mo、12CrMo、15CrMo	含 H_2S、H_2 的介质
不锈钢 1Cr18Ni19Ti	不含 Cl^- 的酸性腐蚀介质
铝 L4	碳酸介质(含 CO、CO_2 的水溶液等)

(2) 翅片

在炼油和石油化学工业中翅片材料多用铝，如双金属轧片管的外管一般均用纯铝管来轧出翅片。在电力等工业中用的套片、焊接片或皱折型绕片多用碳钢带料，若对这些翅片管进行热镀镀锌、锡或铝则可大大延长其使用寿命，提高其传热性能。只有当防腐蚀要求很高或有特殊的工艺制造条件下，才采用不锈钢带作翅片材料。在氯离子腐蚀的情况下多用铜翅片。

(3) 材料组合

按照管内流体的性质，管子与翅片的材料可任意组合，如英国 SPIR-GILLS 公司生产的 SG-K 型翅片管(表 5.1-23)就有数十种组合形式。表 5.1-24 是英、德、日、美等国家几种常用翅片管的用材组合情况。

国内用不同材料组合的翅片管，绝大部分都是碳钢管–铝翅片，少量的也有用铜–铜、铜–铝、铝–铝、不锈钢–铝或钢–钢组合的。

表5.1–23　SG–K型翅片管尺寸及材料的组合

	外径/mm		每m翅片数	翅片厚度/mm	管子长度/m	标准材料	
	管子	翅片				管　子	翅　片
SG–K翅片管标准尺寸及材料	15.875	36.5	315~433	0.305~0.356	1.524 3.048 4.724 6.096 7.315 9.144	船用铜合金 碳素钢 不锈钢	铝 铜 钢
	25.4	50.8	276~433	0.305~0.356			
	25.4	63.5	276~433	0.356~0.406			

	管子材料	翅　片　材　料							
		船用铜合金	铝	铜	铜镍合金	蒙乃尔	红黄铜	不锈钢	铝、铜、钢
SG–K翅片管材料组合	船用铜合金	×	×	×			×		
	铝		×						
	铝黄铜	×	×	×			×		
	铝青铜	×	×	×			×		
	11%~13%铬钢	×	×	×	×	×	×	×	×
	14%~19%铬钼钢	×	×	×	×	×	×	×	×
	铜	×	×	×			×		
	铜镍	×	×	×	×		×		
	蒙乃尔	×	×	×	×	×	×		×
	不锈钢	×	×	×	×	×	×	×	×
	钢	×		×	×	×	×		×

表5.1–24　国外几种典型翅片管的材料与参数

国家	翅片形式	管子规格/mm			翅片参数/mm				外表面换热面积/（m²/m）
		材质	外径	壁厚	材质	片厚	片高	间距	
英国	L型缠绕	碳钢	25.4	2.5	铝	0.4	16	2.31	1.84
	绉纹缠绕	碳钢	27	2.6	碳钢	0.9	17.2	6.37	0.92
	镶嵌	碳钢	27	2.9	碳钢	0.9	22.8	4.24	0.95
	镶嵌	铜	25.4	1.6	铜	0.6	14.6	3.18	1.23
	镶嵌	碳钢	25.4	2.9	铝	0.5	16	2.31	1.34
	椭圆绕片	钢	36/14	1.2–2	钢	0.35	9.5	2.5	0.96
德国	椭圆串片	铜	36/14	1.0	铜	0.25	9.5/2	3.0	0.77
	椭圆串片	碳钢	36/14	1.5	碳钢	0.3	9.5/7	3.0	0.77
	椭圆串片	铜	44/16	1.0	铜	0.25	10.5/7.5	3.0	1.08
	椭圆串片	碳钢	44/16	1.5	碳钢	0.3	10.5/7.5	3.0	1.08
日本	整体轧制	铜	18.5	1.3	—	0.48	9	2.5	0.67
	整体轧制	铜	28	1.9	—	0.48	8.2	2.5	0.83
	双金属轧制	铜	28	2	铜	0.48	8.6	2.5	0.90
美国	锯齿形绕片	—	25.4	2.1	—	0.40	16	3.17	—
	绕平翅片		38.2			0.40	16	3.17	—

3. 翅片管的制造

翅片管的制造主要是翅片的成形和翅片与管子的连接。根据成形可分为：串片、绕片、冷轧片和压铸片4种类型。根据翅片与管子的连接方式，可分为：张力连接、机械连接和金属连接（图5.1-44）。在串片和绕片工艺中还有焊接、镶嵌、热绕以及胀接等方法。

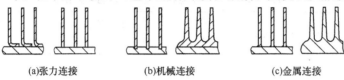

(a)张力连接　　　　(b)机械连接　　　　(c)金属连接

图5.1-44　不同连接形式翅片管剖面图

（1）串片工艺

把金属薄板裁切或冲剪成单孔或多孔的矩形、圆形或多角形的翅片，再逐片串在一根或多根管子上，经浸镀锌或锡后用胀接或焊接等方法，将翅片紧固并密合在管子上，如图5.1-45所示。

串片工艺比较繁琐，是20世纪40年代以后世界上生产各种冷换设备翅片管的主要工艺。其缺点是工序多（要经过裁条、切片、冲孔、翻边、数片、串片、拨片、浸镀及胀接等），生产效率低，材料损耗大（加工翅片下角料多，浸镀用的有色金属锌、锡较绕片工艺约多30%），质量也不易保证，故目前有些国家的主要冷换设备已不用这种工艺了。但由于板式串片管空气阻力小，目前在风压较低的冷换设备，如诱导器、风机排管、窗式空调器以及自然对流散热器等设备上仍有应用。德国GEA公司的椭圆翅片管的制造，也还是这种工艺，但在不断改进。图5.1-45为日本的一项改进过的穿片工艺方法，其特点是解决了铝和铜的瞬时焊接困难，用一道工序即可对二者进行瞬时焊接。

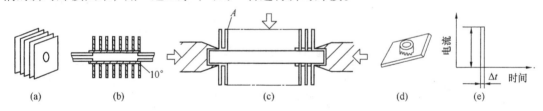

图5.1-45　串片管的制造

在此方法中，使用良好的冷却介质这一点很重要，以前制造这种翅片管失败的原因就是当焊接部位达到熔化的时候，其他部位也被熔化了。

因为串片管是将翅片逐片串到管子上的，由于管子往往不圆（尤其是焊接钢管），因此翅片与管壁之间难免有间隙。有间隙，就有间隙热阻，为此常采用以下几种措施进行处理。

① 浸镀法。镀层金属主要是锌和锡，其次是镉。浸镀前管子和翅片都必须经过化学处理，以清除其表面上的氧化物和油垢。铬镍钼合金钢用盐酸、硫酸加氧化剂（如硝酸）进行清洗；碳钢用冷盐酸和热稀硫酸溶液进行清洗；铜翅片只用稀硫酸清洗。翅片管经过必要的清洗去油垢后，再用含氯化亚锡成分的氯化铵溶液进行处理一次后才可置入熔融的锌（或锡）槽中（锌的熔点为400℃，锡为230℃）。由于毛细作用，锌（或锡）能均匀地充满翅片和管子之间的所有间隙。凝固后二者可构成牢固的连接，并且在翅片和管子表面构成1层0.02~0.05mm厚的保护膜。但这种方法耗费金属较多，成本较高，每 m² 换热面积约耗1.25~1.30kg 的金属。

②胀管法。将串好的翅片管接到专用的加压设备上，用液压法(一般加压到30.0MPa以上)胀大管子通道，使翅片紧箍在管子上。也可将直径较大的芯管(或球体)直接用机械压入串成的翅片管中，把管径胀大，使翅片与管子紧密结合。

胀管法比较简单，一般只能用于延展性能良好的铜、铝等有色金属翅片管，很少用于钢管。

③接触焊。采用专用的电焊机和缝焊机，一边串片一边将翅片焊到管子上。为避免施焊的过程中管子变形，一般要插入芯轴。在采用此种工艺时，翅片的穿孔处通常要有折边，以便焊接。这种方法被公认为是一种比较理想的方法，但其缺点是要求有较复杂的专用设备。

④电阻焊接法。在经清洗磨光的管壁上先涂敷一层焊剂，再把翅片串到管子上，然后在翅片管两端接通电源，以较大的电流使焊剂中的金属熔化，将管子与翅片焊在一起。

(2)绕片工艺

绕片工艺是将条形的金属薄片(金属薄带、螺旋弹簧形金属丝及金属条等)通过绕片机沿管子横向螺旋绕到管子上。然后根据需要再进行浸镀或胀、焊等工艺。使翅片和管子进一步密合。

这种工艺工序少，生产效率高，节约材料，产品质量稳定，长期以来一直是各国制造翅片管的主要工艺。经过几十年来的不断发展，出现了多种形式的绕片工艺和专用设备，可生产出I型、L型、LL型、KLM型、锯齿型、轮辐型以及镶嵌型等各种形式的翅片管。主要有以下几种：

①绕L型光滑翅片。在绕片机上将金属薄带压成L形状(短边长度等于翅片间距，长边等于翅片高度)，再经辊轮机构将短边紧紧地缠压在管子表面上。此工艺在国内外都被广泛应用。管子材质不受限制，碳钢管、不锈钢管、铜管及铝管均可，但翅片只能用铜或铝等延展性能好，抗拉强度较高的金属。

②镶嵌光滑翅片。金属基管被清理之后，在镶片机床前部将外表面挤出螺旋槽，槽深0.1~0.5mm。按槽的深浅分别称为"重镶"、"轻镶"。槽的螺距即为翅片的螺距，槽较翅片根部的厚度约宽0.1mm。在镶片机中间的成形部分与上述绕片工艺相似，金属薄带被螺旋地绕到管子上形成翅片。与L型翅片的区别在于，翅片的根部被嵌入管子表面上的螺旋槽内，再在机床尾部经辊模挤压，使翅片被牢牢地镶在管壁内。它能制造出翅片高，间距小及翅化系数大的翅片管，但设备和工艺较复杂。

③绕皱折翅片。在上述两种工艺中，由于翅片带材在沿管子横向缠绕时，内缘(翅片)根部受压紧缩，外缘(翅片端部)受拉延伸，故必须用延展性、抗拉强度均要较好的材料。对于延展性不好的材料，如钢带，必须采用皱折绕片工艺。它是在绕片机前部先将金属带靠内缘一侧挤压成波纹皱折，使内缘缩短，再行缠绕。绕成后翅片根部呈现波纹皱折(见图5.1-40)。端部切线方向稍有拉伸变薄，这种工艺生产出的翅片管，翅片与管子的接触面积稍有增加，同时也增加了气流的扰动，有利于传热。但也正是由于这种皱折，增加了空气阻力。另外，翅片间距较大，翅化系数不易提高等，所以这种工艺经济性较差。

④其他绕片工艺。因为缠绕翅片形式仍在不断发展，所以其制造设备方法也在不断改进，下面再介绍两个专利。英国874103号专利对绕片的设备和方法作了改进，并生产出了将L脚一部分嵌入基管表面槽(一个L脚最少有一处)内的L型镶片管[见图5.1-28(e)]。这种翅片可耐较高的温度，槽的截面一般是U形，螺旋式地在基管表面切出。英国1286241号专利为制造锯齿形(花瓣形)翅片管的制造[见图5.1-46(a)]。翅片截面有L形、G型或

U形,其中L形绕好后还在L脚上用金属丝(或带)箍紧,金属丝的两端焊在管子上,以增加翅片的牢固性,如图5.1–46(b)所示。

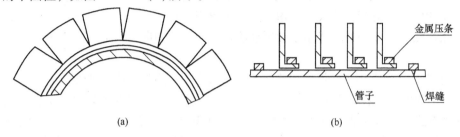

图5.1–46 锯齿形(花瓣式)翅片管的制造

(3)轧片工艺

利用厚壁金属管在专用轧片机床上直接从管壁上挤压出光滑的螺旋翅片,也是制造炼油和石油化学工业用空冷器翅片管的主要工艺之一。该工艺国外在20世纪40年代就已广泛应用。我国在改进和提高的基础上,目前也在大量的应用轧片工艺和双金属轧片管。初期主要用铜、铝等延展性较好的单层有色金属管轧制。以后为了适应高温、高压和耐腐蚀等介质的要求,多用双金属管轧制。例如为了抗腐蚀及耐高压,在铝管内套入不锈钢管或黄铜管,然后放到轧机上将外管管壁金属轧出翅片。这样生产出的翅片管,内外管紧密结合在一起,翅片和外管为一整体,从根本上消除了翅片和管子表面结合不良的问题。另外,翅片管根部之间呈弧形,断面呈塔形,即由根部向端部逐渐变薄[见图5.1–29(d)],符合热流运动规律,翅片各部分温度分布均匀,因而传热比较理想。一般翅片间距在2.5~3.35mm之间,翅高不超过16mm。翅化比:铝为11~23.3[5],铜为11~13,碳钢5~7[6],不锈钢只能到5。碳钢和不锈钢制轧片管由于翅化比小,空冷器上很少用,多用在管壳式换热器中。

(4)开槽工艺

在翅片管的翅片上开径向槽,看起来似乎很简单,但作起来并不容易。国外很多人的努力都失败了,国内有些单位作的试验也不成功。美国3355788号专利认为,失败的主要原因是:①翅片太柔软,锯齿稍微一碰就会沿着管子中心线方向倒下去;②锯齿不能准确地切入翅片,往往是摩擦而不是清晰地切削,所以在槽口上总是粘着许多金属须,用这样的管子显然会增加压降。为此,有些人认为,必须用蜡模或同类物对翅片进行支持,但实践证实,都不理想。该专利提出的开槽设备和方法如图5.1–47所示。据称,不管用什么工艺成形的螺旋翅片管或套片管均可用本专利的方法切出很规正的径向槽。图5.1–47(a)为锯组件、管子给进和送出机构的正面图,图5.1–47(b)为锯组件的布置详图。图中1为转动轴,2为圆盘锯片,3为锯齿。每个锯组件有4个锯片,相对180°成对安装,两对互为90°,工作时

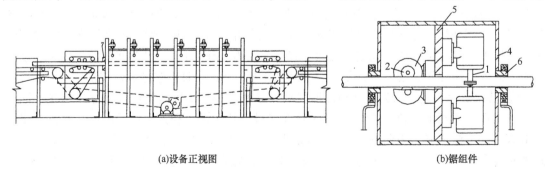

(a)设备正视图   (b)锯组件

图5.1–47 翅片管开径向槽设备

交替切削。锯组件安装在筒形壳体4的厚壁5上。因壳体又固定在轴套6上，所以，可把锯片的圆弧转到需求的任何位置上。锯组件的单元数目不受限制，但本专利认为，6件（每件4个锯片）开24条槽，弧间距以15°为最好，因为翅片上开槽过多管束在安装、运输过程中很容易被碰弯、倒伏。为了捉高翅片的传热效率开槽后的翅片应向翅片管前后两端交替成八字形收敛（图5.1-39）。八字形收敛是通过圆环7上的拨钉实现的，每隔一个切槽对应一个拨钉，拨钉的直径稍大于切槽的宽度，当开好槽的翅片在圆环7中通过时，切槽两边的翅片就被拨钉扭成八字形。

制造翅片管除了上述几种常用的工艺外，还有压铸和浇铸等工艺。压铸工艺一般是采用铜管或钢管作基管，先在基管整个长度的表面上铸一层2~2.5mm厚的硅铝合金或铝镁合金，再用特制翅片模具在压力机上压铸出翅片。据称，翅的片距、高度、形状以及与基管轴线的相对位置都可以按设计要求制造出来。翅片呈银白色，很光滑，与冷挤压翅片很相近。浇铸工艺与压铸工艺的主要区别在于它的翅片和管子虽都是金属在高温熔融状态下浇铸而成的，翅片和管子也是一个整体结构，但浇铸在翅片管表面有一层浇铸皮，可以不再镀防腐层。

但这两种成形的翅片管都很笨重，金属耗量大，不经济，空冷器很少用。

4. 翅片管的几何参数

翅片管的几何参数包括基管直径、翅片管外径、翅片厚度、翅片间距以及翅化比等。这些参数对翅片管的传热、空气阻力以及空冷器的噪声和费用（成本费和操作费）均有直接影响。由于这些参数瓦相关联和制约，同时又与材料、制造工艺以及翅片本身的几何形状等因素有关，情况比较复杂，因此各家的产品和从不同角度进行研究的结论都有差异。

表5.1-25是国产翅片管的参数，表5.1-26是我国引进空冷器中翅片管的参数。

表5.1-25　国产翅片管的形式及几何参数[5]

基管直径/mm	翅片参数/mm						翅片管排列	
	翅片管外径	翅片名义厚度		翅片数/m	翅片高度	DR翅片管根径	管心距	排列形式
		L、LL、KL、G	DR					
6	50	0.4	0.38	433 394 354 315 276	12.5 16	26	54 56 59 62 63.5 67	等边三角形
	57							

翅片管形式	翅片数/m	翅　化　比	
		翅片高度12.5mm	翅片高度16mm
L	433	16.9	23.4
	394	15.5	21.4
	354	14.0	19.3
	315	12.6	17.3
	276	11.2	15.3
LL	433	16.6	23.1
	394	15.2	21.1
	354	13.7	19.1
	315	12.3	17.1
	276	11.0	15.1

续表

翅片管形式	翅片数/m	翅 化 比	
		翅片高度 12.5mm	翅片高度 16mm
KL	433	16.9	23.4
	394	15.5	21.4
	354	14.0	19.3
	315	12.6	17.3
	276	11.2	15.3
G	433	17.2	23.7
	394	15.8	21.7
	354	14.3	19.6
	315	12.8	17.5
	276	11.4	15.5
DR	433	16.7	23.3
	394	15.3	21.3
	354	13.9	19.2
	315	12.5	17.2
	276	11.0	15.2

表 5.1-26　引进空冷器翅片管形式及几何参数

形　式	光管外径/mm	翅片外径/mm	片距/(片/m)	排列形式	管心距/mm	制造厂家	引进单位
L 型绕片管	25.4	57.2	433	△	62	三井造船（日）	上海石化总厂
	25.4	57.2	433	△	66.7	CFFA（法）	辽阳化纤总厂
	25.4	57.2	354	△	60.3	CFEA（法）	辽阳化纤总厂
镶嵌式翅片管	25.4	57.2	433	△	66.7	CFEA（法）	辽阳化纤总厂
	25.4	57.2	433	⊥	66.8×60	笹仓公司（日）	天津化纤总厂
	25.4	57.2	276	⊥	66.8×60	笹仓公司（日）	天津化纤总厂
	25.4	57.2	354	⊥	66.8×60	笹仓公司（日）	天津化纤总厂
	25.4	57.2	354	△	67	GEA（德）	北京前进化工厂
	25.4	50.8	354	⊥	54×53	笹仓公司（日）	天津化纤总厂
	25.4	50.8	433	⊥	54×53	笹仓公司（日）	天津化纤总厂
	25.4	56.7	433	△	63.5	意－赫（意）	南京烷基苯厂
	25.4	56.7	394	△	63.5	意－赫（意）	南京烷基苯厂
	25.4	56.7	433	△	60.3	意－赫（意）	南京烷基苯厂
	25.4	57	433	△	63.5	千代田（日）	上海石化总厂
	25.4	57	394	△	63.5	千代田（日）	上海石化总厂
	31.8	63.9	433	⊥	70×65	笹仓公司（日）	天津化纤总厂
	38.1	69.9	433	⊥	76.2×73	笹仓公司（日）	天津化纤总厂
	38.1	69.9	276	⊥	76.2×73	笹仓公司（日）	天津化纤总厂
锯齿（挤压）型翅片管	25.4	58.4	394	△	63.5	千代田（日）	上海石化总厂
	25.4	57.2	394	△	63.5	千代田（日）	南京栖霞山化肥厂
	38.1	70	394	—	—	克－鲁公司（法）	辽阳化纤总厂
套片式椭圆翅片管	36×14	55×26	333	—	—	GEA（德）	天津化纤总厂

注："△"为等边三角形排列，"⊥"为等腰三角形排列。

（1）基管直径

翅片管的基管直径有多种尺寸，大致范围是：有色金属为 $\phi6.35 \sim \phi31.75mm$；钢管为 $\phi12.7 \sim \phi114.3mm$；但在空冷器上用的仅有 $25.4mm$、$31.75mm$ 和 $38.1mm$ 的几种，其中又以 $\phi25.4mm$ 的钢管为最普遍，一般管径较大的用于黏性介质。国内空冷器的基管直径以 $\phi25mm$ 为主，$\phi32mm$、$\phi38mm$ 也有用的，但很少。

在满足管内流体压降前提下，基管直径应尽量选小一些，有利于传热。

（2）管壁厚度

基管壁厚主要是根据承压、刚性、腐蚀及材质等因素确定，一般不应小于表 5.1 – 27 的要求[2,7,8]。镶片管的壁厚是从槽底计算的。铜管由于耐腐蚀性好可以薄一些，一般用 0.75 ~ 1.5mm，个别的用到 2.2mm。

表 5.1 – 27　基管的最小管壁厚度

管 子 材 质	管壁厚度/mm		备　注
碳钢、铁素体低合金钢（铬含量最大 9%）	2.11	2	
高合金钢（奥氏体及铁素体）	1.65	1.6	基管外径为
有色金属	1.65	1.6	$\phi25.4 \sim \phi38.1mm$
钛	1.24	1.2	

（3）翅片高度

翅片越高，传热面积越大，但翅片的传热效率随之降低。在某一高度之内其有效面积和翅片效率均增加较快，超过这个高度有效面积增加甚微，得不偿失。因而翅片高度应有一个最佳值。图 5.1 – 48 为翅片效率、有效表面积及其价格与翅高的关系。从图中可以看出，当翅高在 5.1 ~ 12.7mm 时，其翅片效率虽然较高，但却不够经济；当翅高在 12.7 ~ 19.1mm 时，技术指标及经济效益都较好。另外，在选择翅高时，还应注意管内外传热系数之比，根据此比值来选择翅片高度。若管内外传热系数之比较大，则应选用较高的翅片。

表 5.1 – 28 为不同翅片管的翅片高度范围，表 5.1 – 29 为一般常用的基管和翅管外径。

（4）翅片厚度

从传热观点讲，翅片的厚度与翅片的材料、高度有关，例如，在同等传热量下，翅高相同，铜、铝翅片可以较钢的薄些，材料相同，梯形断面的平均厚度就可以较矩形的断面的薄一些。因为梯形断面与传热规律相吻合。由于在其他条件相同时，翅片厚度与空气流通截面成反比，因此翅片应尽量薄一些，文献[1]认为，采用翅高与翅厚的比值 h/δ 来表示比较科学，该文谈及通过对国内外大量产品试验后提出：钢 $h/\delta = 25 \sim 35$；铝 $h/\delta = 30 \sim 40$；铜 $h/\delta = 35 \sim 45$；较低的翅片选其较大值；反之，选较小值。另外，翅片的厚度与翅片管的成本及加工设备有关。翅片厚度越小，材料越省，但加工难度增大，对加工翅片管设备的要求较高。

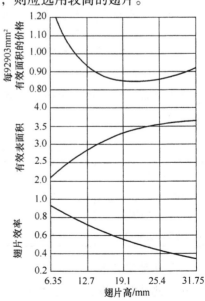

图 5.1 – 48　翅片高与翅片效率、有效表面积及其价格的关系

我国铝翅片厚度为 $0.3 \sim 0.5mm$，波纹钢片厚度为 $1 \sim 1.2mm$。

表 5.1 - 28　常用翅片管的翅片高度

翅片管形式	翅片高/mm
绕片式	12.7 ~ 25.4
轧片式	3.2 ~ 15.9
焊片式	6.4 ~ 34.9

表 5.1 - 29　基管外径与翅片外径

基管外径/mm	翅片管外径/mm
25.4	44.5, 50.8, 63.5
31.8	50.8, 57.2, 63.5
38.1	57.2, 63.5, 69.9

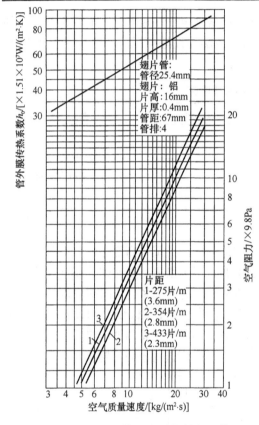

图 5.1 - 49　不同间距翅片性能的比较

（5）翅片间距

当其他几何参数相同时，翅片间距直接影响翅化面积。一般趋向采用较密的翅片，以往多为 276 ~ 315 片/m，现在多为 276 ~ 591 片/m。空冷器的翅片管多为 276 ~ 433 片/m，尤以 433 片/m 居多（翅片间距 2.3mm）。缩小翅片间距被认为是改善空冷器技术性能的一项重要措施。缩小翅片间距可使换热面积增加，而实际上对管外膜传热系数影响甚微。因为间距过小，将增加空气阻力使风机消耗功率增大，传热效果也将下降，一般以 2 ~ 3mm 为宜。图 5.1 - 49 示出了翅片间距不同时的阻力值。文献[1]在翅片管中心距 $T = 62mm$，迎风面风速度 $U = 2.8m/s$，翅片外径 $D = 57mm$ 情况下，对不同翅间距的管束进行了试算，如表 5.1 - 30 所示。可以看出，在一定风速下，管外的传热系数及阻力降都随翅片间距的增加而较快下降。对一定热负荷而言，随着翅片间距的减小，总费用会有较大的增加，翅片为铝、铜等贵金属时费用的增加更加明显。

另外，在具体选择时，还应考虑到管内、外介质的性质。对于管内膜传热系数低的介质和管外易使翅片之间结垢的大气，应适当加大翅片间距。

表 5.1 - 30　翅片间距不同对传热性能和费用的影响

片距/mm	2.3	2.54	2.82	3.18	3.63
传热系数/[W/(m² · K)]	847.8	789.7	733.9	675.7	619.9
阻力降/(Pa/排)	26.5	23.5	20.6	17.6	15.7
全年费用/(万元/MW)	0.63	0.62	0.61	0.61	0.61

（6）翅片管长度

国产翅片管长度为 3m、4.5m、6m、9m、10.5m、12m，以 9m 居多；国外的翅片管长度可在 1.5m 到 15m 之间任意选取。一般来说，翅片管越长越经济，因为长管束可以减少管箱数量，降低单位换热面积的造价以及占地面积。当然需要小型空冷器的地方只能用相对短的管子。

（7）翅化比

翅化比是指单位长度翅片管总表面积与基管外表面积之比。

翅化比受材料和制造工艺的限制，所以同类型的翅片管，其翅化比也不同。从传热角度考虑，翅化比的选择应根据管内介质膜传热系数的大小确定。翅化比与总传热系数参考值见表5.1-31。当膜传热系数很小时，主要热阻在管内，应选用较小的翅化比。若选用的翅化比过大并不能有效地强化传热，反而使以翅化表面积为基准的总传热系数迅速降低。

表5.1-31　3种翅化比的总传热系数参考值

翅　化　比		10	20	30
总传热系数/ [W/(m²·K)]	管内膜传热系数为518.5W/(m²·K)	28.4	19	14.2
	管内膜传热系数为5185W/(m²·K)	51.6	47.3	43.7

随着翅化比的增加，空冷器单位尺寸的换热面积将增加，但制造费用也相应增加，因此，单位价格的冷却能力将随翅化比而变化，其最佳值约为17~28，见图5.1-50。图中横坐标为翅化比（图中以基管内表面积为基准），纵坐标是指单位价格，单位尺寸空冷器的换热能力。

（8）翅片管的排列和管心距。根据国内外大量实验研究，一致认为，翅片管应采取错排，而且尽可能用等边三角形排列。

翅片管排列中心距，对空冷器的传热性能和费用的影响比较大，见表5.1-32。可以看出管心距在一定范围内增大，管外传热系数和阻力降都在减小，但由于阻力下降带来的操作费减少比传热系数下降带来的设备费增加幅度大，所以总的费用还是减少了。同时管心距增大还可以降低空冷器的噪声，所以适当增加翅片管排中心距有明显的好处。

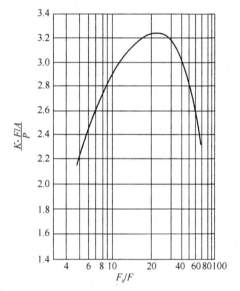

图5.1-50　翅化比与价格的关系

表5.1-32　中心距对传热性能及费用的影响

排列中心距/mm	60	61	62	63	64	65	66	67
管外传热系数K/[W/(m²·K)]	867.6	857.1	847.8	838.5	829.2	822.2	814.1	807.1
管外阻力降(4排)/(Pa/排)	97	93.1	89.2	85.2	82.3	78.4	76.4	73.5
费用/(万元/MW热负荷)	0.65	0.64	0.63	0.625	0.62	0.616	0.61	0.61

事实上，要确定翅片管的最佳参数，应首先确定对空冷器的设计要求，即究竟是要求在完成一定传热量的前提下，是费用最低，还是尺寸最小，或者是要求满足规定的压降特性，也就是说，只有针对一定的要求，选择相应的预测表面性能的方法，才能找出最佳外形的翅片管。

潘荣璋、徐昂千等人由此观点出发，引用有关公式，通过计算预测了圆形翅片管的表面特性，并选出了适合发电机空冷器用的圆翅片管的合理外形。在计算过程中以 $E/\eta_0 h$ 和 $Gr/$

$\eta_0 hA$ 为衡量标准，比较了翅厚、翅高、翅间距、翅根直径、翅片管安装间隙各因素对性能的影响以后，比较了 3 种不同尺寸。又以 $\eta_0 h$ 和 $\eta_0 h\beta$ 对 $E/\eta_0 h$ 和 $Gr/\eta_0 hA$ 为标准，比较了发电机空冷器中应用的 3 种换热器表面 – 圆形翅片管，缠丝肋圆管和套片管的性能，确认圆翅片管的性能最好。

通过分析和比较，认为用 $\eta_0 h$ 和 $\eta_0 h\beta$ 对 $E/\eta_0 h$ 的比较方法可以寻找出热负荷相同时消耗最少的圆翅片管，用 $Gr/\eta_0 hA$ 衡量标准可以找到重量最轻的翅片管。通过上述方法和标准，利用上海机械学院热工教研室发表的放热公式以及罗比森（Robinson）和布里格斯（Briggs）的压力降公式，对圆翅片铝轧制管表面性能预测结果，推荐其形状参数为：基管外径 $dr = 20 \sim 24mm$；翅片厚度 $\delta = 0.3 \sim 0.4mm$；翅片间距 $2 \sim 2.5mm$；翅高 $t = 9 \sim 11mm$；翅片管外径之间的距离 $b = 4mm$；基管壁厚 $c = 2 \sim 4mm$。只要工艺可行，一般应尽量取其小值。文中：

E——总传热面积的单位面积所需的功率，kW/m^2；

h——对流放热系数，$W/(m^2 \cdot K)$；

η_0——全翅片效率；

β——翅片管一侧换热面面积密度，m^2/m^3；

Gr——每 m 长翅片管的重量，kg；

A——翅片管一侧每 m 管长的总传热面积，m^2；

$E/\eta_0 A$——单位时间单位膜温差，考虑了全翅片效率后传递单位热量所需的功率，$(kW \cdot h \cdot \text{℃})/kJ$。

5. 翅片管的性能评价与比较

为比较各种翅片管的热工性能，国内外都作了大量的试验研究。表 5.1 – 12 是卡兰努斯和卡德纳根据美国传热研究公司（HTRI）的试验以及他们几年来的设计经验整理出来的资料。他们对 15 种翅片管作出了 23 种性能评价。它是首先对各种指标定出最高分数，再根据实验数据对每种翅片管逐项打分。最后根据总分评出名次。应该说这个表是比较全面的，一次集中反映出这么多种翅片管和性能的资料还不多。但应注意到表列数据也有它的局限性，有的翅片管虽总评列在前，但某些单项分数却不高，有的翅片管虽名次落后，但某些单项分数却很高，如焊接锯齿形翅片管虽名列第 10，但有 10 项满分，且工作温度也最高。KLM 翅片管虽中冠军，但无一项指标达到满分。所以设计者还要根据实际情况进行选取。另外单项分数给得是否合理也还值得研究。

法国曾有人对各种方法制造的翅片管的传热性能进行了比较。如图 5.1 – 51 所示。从图中可以看出，翅片清洁程度与管子的接触情况对传热性能的影响非常明显。文献［9］通过实验测试，对缠绕式翅片管与双金属轧制翅片管进行了对比，从传热性能、防腐性能及生产成本等方面进行了比较，得出的结论是，双金属轧制翅片管除生产成本高外，传热性能、防腐性能及抗倒伏性（刚性）均优于缠绕式翅片管。

目前，最常用的翅片管有以下 7 种：即 I 型简单绕片管、L 型绕片管、LL 型绕片管、镶嵌式翅片管、双金属轧制翅片管、椭圆翅片管及开槽翅片管。

前 6 种翅片管的性能参数见表 5.1 – 13。

国内常用的 L 型绕片管、LL 型绕片管、KL 型翅片管、双金属轧制翅片管（PR）、镶嵌式翅片管（G）的传热性能如表 5.1 – 33，允许使用的介质温度如表 5.1 – 34。

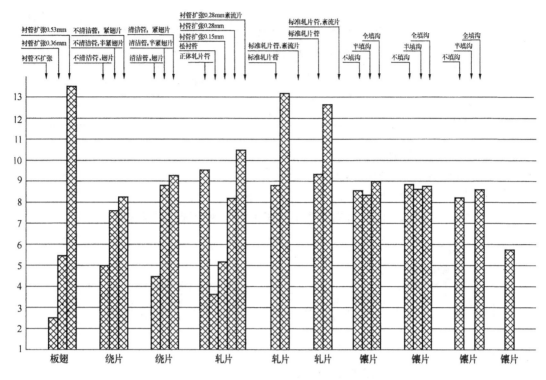

图 5.1-51 不同方法制造的翅片管传热性能比较

表 5.1-33 国内 5 种常用翅片管的传热系数 W/(m² · K)

翅片种类 翅片管规格	L	LL	KL	DR	G
高翅(翅片管外径 φ57mm)	825.7	837.4	849	854.8	872.3
低翅(翅片管外径 φ50mm)	697.8	709.4	744.3	756	790.8

注：表中数据是在管内介质为 110℃的饱和水蒸气，空气入口温度为室温，最窄截面质量风速为 6kg/m² · s，翅片管基管为 φ25×2.5，其材料为碳素钢，翅片间距为 2.3mm，翅片材料为铝的条件下测定的。

表 5.1-34 国内 5 种常用翅片管允许使用的介质温度 ℃

翅片管形式	L	LL	KL	DR	G
最高使用温度	150	170	250	280	350

注：表中数据是针对基管为碳素钢，翅片为铝的各种翅片管的最高使用温度。

表 5.1-35 综合了美国赫德森公司、扬(Young)与布里格斯(Briggs)的试验以及卡德纳和卡纳沃斯的计算数据。可以看出，绕片式翅片管在远低于双金属轧片式翅片管的壁温时，其接触压力就已消失。

表 5.1-35 绕片式及双金属轧片式翅片管的 p_{co}、p_e 和 T^* 值

试验(或计算)方法		翅片管制造时温度/ ℃	绕片式			双金属轧片式		
			p_{co}/ MPa	p_e/ MPa	T/ ℃	p_{co}/ MPa	p_e/ MPa	T^*/ ℃
HUDSON	单管试验法	27	15.3	—	—	26.4	—	92
	紧定测定台试验法**	27	16.5	1.76	121	30.3	7.7	102

续表

试验(或计算)方法	翅片管制造时温度/℃	绕片式			双金属轧片式		
		p_{co}/MPa	p_e/MPa	T/℃	p_{co}/MPa	p_e/MPa	T^*/℃
扬等人试验法	21	—	—	—	26	—	93
卡德纳等人计算法		—	—	126	—	—	138

注: p_{co}——翅根与基管制造时的接触压力;

　　p_e——翅根与基管的接触压力;

　　T^*——当接触压力 $p_e=0$ 时的管壁温度;

　　**——原文为 staram gange test。

图 5.1-52 示出了用不同材料和制造工艺所生产的翅片管的耐温极限。

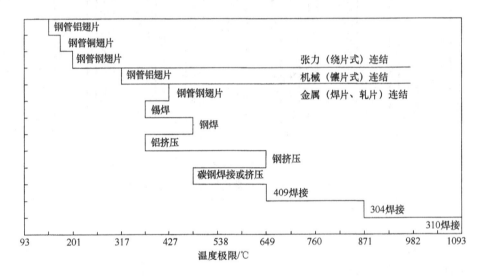

图 5.1-52　不同材料和连接方式翅片管的使用温度极限

三、管箱

(一)管箱的结构与形式

管箱是被冷介质的集流箱,是空冷器中唯一的受压容器。其结构形式如图 5.1-53 所示。大体上可分为 4 种类型,即丝堵型、法兰型、分解型和集合管型。可根据介质的温度、压力、清洁程度以及管程多少选用。

1. 丝堵型管箱

如图 5.1-53(a)、(e)所示。(a)所示的管箱用得最多,约占总量的 80%,为基本型。其密封较为可靠,最高使用压力可达 20MPa。它的最大优点就是可以通过丝堵孔进行胀管和清洗管内污物,此外如某根管子泄漏,可通过丝堵孔进行处理。丝堵孔和管板孔必须在同一轴线上。这种管箱制造简单,内部可焊上分程隔板和加强板。在制造中,根据成形方法又有图 5.1-54 所示的几种形式:

(1)板焊式丝堵管箱[图 5.1-54(b)]。这种管箱全用平板焊接而成,使用压力可达 20MPa[2]。其特点是 6 个面的板厚度可作不同选择,可节约一些材料,但焊缝长,焊接工作量大,无损检测的难度较大。由于它不受其他成形条件限制,用得也比较多,是丝堵式管箱的代表。

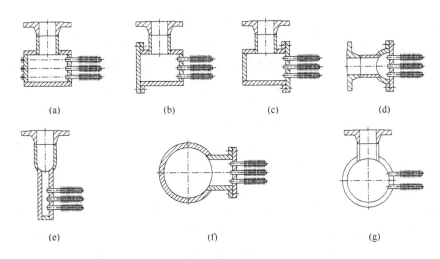

图 5.1 - 53　管箱的结构形式

（2）锻焊式丝堵管箱[图 5.1 - 54(a)]。此结构实际上是整体轧制的厚壁矩形无缝钢管，再在两端焊上端板而成。其特点是，承压能力强，制造简便，成本较低，仅适用于单管程（无隔板）。

（3）冲焊式丝堵管箱[图 5.1 - 54(c)]。可以看出，它是用两个冲好的 U 形槽钢对焊而成，再在两端焊上端板。主焊缝比较少，焊缝的结构多为对接焊缝，无损检测较容易。但需有专用设备，增加了管箱的成形费用，仅适用于单管程（无隔板）。

（4）U 形槽钢和平板对焊式丝堵管箱[图 5.1 - 54(d)]。它是介于图 5.1 - 54(b)、(c)之间的一种结构，二者的优缺点均有之。

上述几种形式究竟哪种最好，主要看制造厂的焊接技术和成形条件，也必须通过经济对比才能选出合理的结构。

2. 法兰型管箱

法兰式管箱一般用于黏性较大或比较脏的介质，因为它便于检修时打开法兰盖进行清洗。其结构形式分为盖板式[图 5.1 - 53(b)]、盖帽式[图 5.1 - 53(c)、(d)、(f)]两种。盖板式可以不移动管线即可打开盖板，而帽盖式则需将管线移开后才能打开帽盖。

法兰式管箱由于密封面积大，容易产生漏泄，故其盖板（或管板）和法兰都较厚，用料多，使用压力较丝堵式低。我国标准规定其设计压力不超过 6.4MPa。实际应用中一般不超过 1.6MPa。

法兰密封形式如图 5.1 - 55 所示，可根据管内流体的性质、操作温度和压力选用。

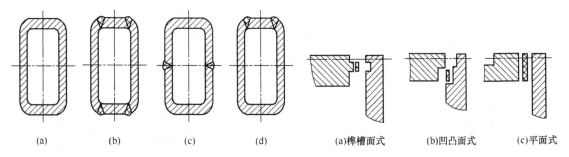

图 5.1 - 54　丝堵管箱的结构形式　　　　　　　　图 5.1 - 55　法兰密封面形式

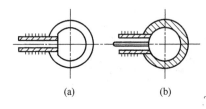

图 5.1 – 56　集合管型管箱

3. 集合管型管箱

一般来说，这种结构常用在高温、高压空冷器上。管子与管箱采用焊接连接，适合于有毒、易燃、易爆等有害液体或气体的冷凝、冷却，如在加氢及合成氨等装置的空冷器上。其形式如图 5.1 – 56 所示。对有热处理要求的管箱，管箱上需焊有短管，短管再与翅片管焊接，焊接工艺均采用强度焊。这种管箱的优点是，工作压力可达 50 ~ 70MPa，结构简单，制造容易，节省材料。其缺点是，无清扫孔，所以要求介质清洁、不结垢。在减压系统的冷凝或介质压差很小的情况下，也可采用这种结构。

除上述几种基本形式外，还有派生的一些特殊结构。如分解式管箱，一般应用在多管程管束上。当管束内热流体进出口温差较大时，由于进出口管排的热膨胀量的不同，会对管箱产生很大的温差应力，轻则使管排弯曲，重则将使胀口拉脱造成泄漏。我国空冷器标准中规定[2]，当进出口温差超过 110℃时，需采用分解式管箱。图 5.1 – 57 为分解型管箱的结构形式，图 5.1 – 58 为纵向分解式管箱。分解式管箱可采用上述管箱形式中的任何一种。

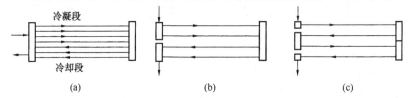

图 5.1 – 57　分解式管箱的分配形式

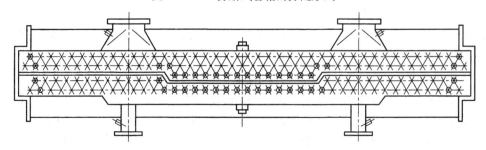

图 5.1 – 58　纵向分解管箱

图 5.1 – 59 是介于丝堵型和集合管型管箱之间的一种形式。它既便于清洗，又可耐高达 50MPa 的压力，可以用在高压聚乙烯等装置的空冷器上。图 5.1 – 53(d) 为半圆管法兰型管箱，是可卸帽盖式管箱的一种。适用于低压和负压操作的空冷器，有减少管内压降和促进气液分离的优点。汽轮机排汽冷凝器管束一般都用这种管箱。图 5.1 – 60 为丝堵盖板式管箱[10]，是介于丝堵型和盖板型之间的一种形式。它既便于清洗，又可耐高达 10MPa 的压力，可以用在中压丙烷脱沥青等装置的空冷器上。

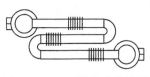

图 5.1 – 59　丝堵集合式管箱

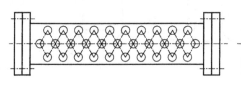

图 5.1 – 60　丝堵盖板式管箱

管箱中一般都设有管程隔板或加强板(图5.1-61),其作用是对介质进行分程和减小管板的厚度。但有时为了使流体分配均匀或防止冷凝液聚积也设置一些分配隔板,如在汽轮机排汽冷凝器中,由于蒸汽温度与空气温度的温差随管排顺序而递减,因而与空气首先接触的底排管会产生低于出口管箱压力的低压点,如图5.1-62中的a点,甚至第二排也会产生低压点b,在这些低压点极易因蒸汽流动停滞,产生堵塞和冻结。为避免这种现象,保证第一、二排有较大的蒸汽流量,采用了如图5.1-63所示的流体分配隔板,从而避免了低压点的产生(图5.1-64)。

管箱上的流体出入口接管有圆形管和异形管两种。异形接管又有整体(无缝)与两瓣对焊两种形式。异形接管较圆形接管截面积大,流体流速均衡且分配均匀,阻力小,多被采用。

丝堵式管箱的丝堵与垫片对管箱的密封非常重要。目前国内外用的丝堵结构基本相同,均为6角头细牙螺纹堵头。有单件锻制和六角钢车制两种制作方法。丝堵材料的硬度应比丝堵板材料的硬度低。另外在六角头底部与螺柱之间应有一锥形台阶,可使垫片自动对中定位。垫片材料多用超低碳碳钢,厚度0.8~1.5mm左右。

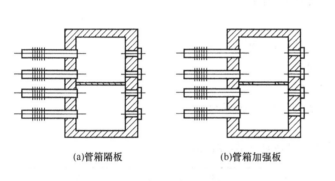

(a)管箱隔板　　　　(b)管箱加强板

图5.1-61　管箱隔板及加强板

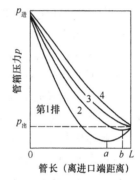

图5.1-62　管内压降(无隔板)

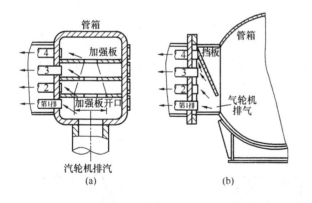

(a)　　　　(b)

图5.1-63　进口管箱分配隔板

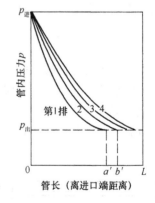

图5.1-64　管内压降(有隔板)

(二)各种管箱适应的压力范围

我国空冷器标准规定的各种管箱的允许使用压力见表5.1-11,国外几家公司推荐的允许使用设计压力,见表5.1-36。

表 5.1 - 36　国外几家公司管箱的允许使用压力

公司名称	管箱形式		
	可卸帽盖式、可卸盖板式	丝堵式	集合管式
	允许的设计压力/MPa		
千代田 – 哈德森	3	25	高压
日本 笹仓机械制作所	3	17	50
法国 Btt 公司	—	20	20
日本东洋株式会社	3.5	17.5	高压

（三）管箱的强度计算

1. 丝堵式组焊矩形管箱的计算（图 5.1 - 65）

各板的壁厚可按式（1 - 1）计算：

$$S = \sqrt{\frac{6\beta \cdot p \cdot a^2}{[\sigma]^t \cdot \eta}} + C \qquad (1-1)$$

式中　S——设计壁厚（包括壁厚附加量），mm；

　　　p——设计压力，MPa；

　$[\sigma]^t$——材料在设计温度下的许用应力，MPa；

　　　a——矩形平板短轴长度，mm；

　　　b——矩形平板长轴长度，mm；

　　　η——开孔削弱系数（对无孔板为焊缝系数 Φ）；

　　　C——壁厚附加量，mm；

　　　β——矩形平板固定连接系数，可按如下参数选取：

b/a	1.0	1.2	1.5	1.75	2.0	>2.0
β	0.051	0.065	0.077	0.082	0.083	0.0833

允许最大工作压力按式（1 - 2）计算：

$$[p] = \frac{[\sigma]^t \eta \cdot (S - C)^2}{6\beta \cdot a^2} \qquad (1-2)$$

对具有加强板的管箱，在计算各板壁厚或校核最大工作压力时，其平板的长（短）轴长度，应按扣除腐蚀附加量后的加强板处最大跨度选取。

2. 盖板式管箱盖板计算（图 5.1 - 66）

适用于设计压力≤6.4MPa。

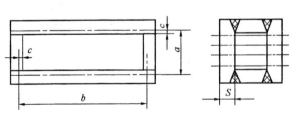

图 5.1 - 65　组焊矩形管箱

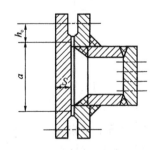

图 5.1 - 66　盖板式管箱

盖板的厚度按式(1－3)计算:

$$S = a\sqrt{\frac{K \cdot Z \cdot p}{[\sigma]^{t} \cdot \Phi}} + C \qquad (1-3)$$

式中　S——设计壁厚(包括壁厚附加量),mm;

　　　a——垫片中心短轴长度,mm;

　　　b——垫片中心长轴长度,mm;

　　　K——结构特征系数;

$$K = 0.3Z + \frac{600Q \cdot h_{c}}{P \cdot L \cdot a^{2}}$$

　　　Z——矩形平盖形状系数;

$$Z = 3.4 - 2.4\frac{a}{b}, \text{且} \ Z \leqslant 2.5$$

　　$[\sigma]^{t}$——材料在设计温度下的许用应力,MPa;

　　　p——设计压力,MPa;

　　　Φ——焊缝系数;

　　　C——壁厚附加量,mm;

　　　Q——在操作情况下或预紧螺栓时的设计载荷,kg;

　　　h_{c}——垫片受力点的力臂,等于螺栓中心到垫片反力作用点之间的距离,mm;

　　　L——螺栓中心总周长,mm。

盖板最大允许工作压力按式(1－4)计算:

$$[p] = \frac{[\sigma]^{t} \cdot \Phi \cdot (S-C)^{2}}{Z \cdot K \cdot a^{2}} \qquad (1-4)$$

3. 集合管式管箱(图5.1－67)的计算

符号说明:

　　　S——集合管选用壁厚,mm;

　　　S_{o}——集合管计算壁厚,mm;

　　　S_{y}——集合管有效壁厚,mm;

　　S_{min}——集合管最小壁厚,mm;

　　　p——设计压力,MPa;

　　$[\sigma]^{t}$——材料在设计温度下的许用应力,MPa;

　　$[\sigma]_{m}$——材料在设计温度下的基本许用应力,MPa;

　　　σ_{w}——校核断面的最大弯曲应力,MPa;

　　　C——壁厚附加量,mm;

　　　D_{i}——集合管内径,mm;

　　　D_{o}——集合管外径,mm;

　　　M——校核断面的弯曲力矩,N·m;

　　　W——校核断面抗弯断面系数,m³;

　　　η_{d}——开孔当量削弱系数;

　　　h——头盖平底厚度,mm;

　　　Φ——环向焊缝系数。

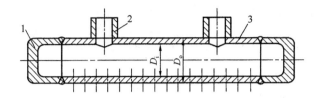

图 5.1 - 67　集合管式管箱

集合管的壁厚按式(1 - 5)计算：

$$S_o = \frac{p \cdot D_o}{2\eta_d [\sigma]^t + p} \qquad (1-5)$$

集合管的最小壁厚按式(1 - 6)计算：

$$S_{min} = S_o + C \qquad (1-6)$$

集合管选用壁厚应满足

$$S \geqslant S_{min}$$

集合管最大允许工作压力按式(1 - 7)计算：

$$[p] = \frac{2\eta_d [\sigma]^t S_y}{D_o - S_y} \qquad (1-7)$$

弯曲应力的校核：对附加荷重较大的管箱，应按式(1 - 8)、式(1 - 9)进行弯曲应力校核计算。

$$\sigma_w \leqslant [\sigma]^t - \frac{p(D_o - S_y)}{4\eta_d \cdot S_y} \qquad (1-8)$$

$$\sigma_w = \frac{M}{W \cdot \phi} \times 10^{-6} \qquad (1-9)$$

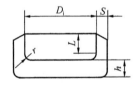

图 5.1 - 68　头盖

式中校核断面的弯曲力矩 M 按自由支点梁处理。如无较大的局部荷重，梁上的荷重可按均布荷重考虑。

抗弯断面的抗弯断面系数 W，在计算时应考虑由于开孔对断面的减弱。

头盖计算(图 5.1 - 68)：

(1) 头盖直边高度 L 一般不小于 5mm。

(2) 头盖与筒壁连接处厚度 S 不得小于筒壁的设计壁厚。

(3) 头盖平底厚度 h 按式(1 - 10)、式(1 - 11)计算

$$h = 0.43 D_i \sqrt{\frac{p}{[\sigma]^t}} \qquad (1-10)$$

$$[\sigma]^t = 0.8 [\sigma]_m \qquad (1-11)$$

按式(1 - 11)计算时，头盖 r 应同时满足：

$$r \geqslant 0.5h$$

$$r \geqslant 1/6 D_i$$

4. 开孔削弱系数 η

(1) 矩形管箱上开等直径、等节距错列布置的孔(图 5.1 - 69)时其开孔削弱系数按式(1 - 12)计算：

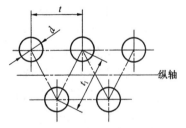

图 5.1 - 69　错孔布置孔桥

$$\eta = \frac{t - d}{t} \qquad (1-12)$$

t 取图 5.1 - 69 中 t_1、t_2 的较小值。

具有凹座的开孔(图 5.1 - 70)的当量直径 d_d 按式(1 - 13)计算:

$$d_d = d_1 + \frac{h}{s}(d_2 - d_1) \qquad (1-13)$$

在计算开孔削弱系数时,式(1 - 12)中的直径 d,应以当量直径 d_d 代入。

(2)在圆筒形管箱上开孔

① 相邻两孔节距(纵向、横向或斜向)大于或等于按式(1 - 14)计算的值时,可不考虑孔间的影响,即开孔削弱系数不必计算。

$$t_o = d_p + 2\sqrt{(D_i + S)S} \qquad (1-14)$$

式中 t_o——相邻两孔节距,mm;

$\quad\quad d_p$——相邻两孔直径平均值,mm;

$\quad\quad D_i$——筒体内径,mm;

$\quad\quad S$——筒体选用壁厚,mm。

② 等直径、等节距错列布置的孔(图 5.1 - 71),其开孔当量削弱系数按式(1 - 15)计算:

$$\eta_d = e \cdot \eta \qquad (1-15)$$

式中斜向孔桥的换算系数 e 按式(1 - 16)计算:

$$e = \frac{1}{\sqrt{1 - \dfrac{0.75}{\left[1 + \left(\dfrac{b}{a}\right)^2\right]^2}}} \qquad (1-16)$$

式中 a——应取筒体平均直径圆周上的横向距离;

$\quad\quad \eta$——斜向开孔削弱系数,可按式(1 - 17)计算:

$$\eta = \frac{t_1 - d}{t_1} \qquad (1-17)$$

当 $\eta_d \geq 1$ 时,均取 $\eta_d = 1$。

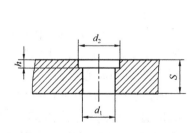

图 5.1 - 70 具有凹座的孔

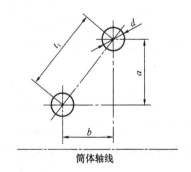

图 5.1 - 71 错列布置孔桥

第四节 风 机

风机在强化空冷器传热的操作中起着关键作用,风机性能的优劣是衡量空冷器水平的重要标志。风机已标准化，一般标准直径为 $1.5 \sim 4.5m$[2]，虽然也有更大直径的轴流风机，如 $9.09m$，但很少在空冷器上应用。每台风机的叶片为 $4 \sim 12$ 枚，以 4 枚和 6 枚为最多。如美国赫德森公司是：手动调角风机用 $4 \sim 12$ 枚翼片，直径 $1.82 \sim 9.09m$；自动调角风机为 4 或 6 枚翼片，直径 $1.82 \sim 4.25m$，叶片角调节范围为 $0° \sim 45°$。为了控制风机的噪声，其叶尖速度不应超过 $61m/s$，无论如何不应超过 $81m/s$[7]。

一、风机分类

空冷器上用的风机多为低压头大流量轴流风机，主要由轮毂、叶片和驱动机构组成。自动调角风机还有一套比较复杂的自调机构。风机的占有面积至少为管束迎风面积的 40%，风机的位置对管束中心线的扩散角不应超过 45°。

1. 按排风方式分

风机按排风方式可分为鼓风式和引风式两种。鼓风式风机也称为强制通风，是指风机位于管束的进风侧，通过风机的空气为常温空气，风机各零部件设计、选材时不需考虑管束内介质的温度影响。引风式风机也称诱导通风风机，是指风机位于管束出风侧，通过风机的空气为换热后的热空气，风机各零部件处于热气流中，其设计、选材及维护时均应充分考虑热介质温度的影响。

2. 按调节方式分

风机按调节方式可分为：风机叶片角度有手调和自调两种。手调风机又分为停机手动调节和不停机手动调节两种。自调风机又分为调速风机和调角风机两大类。一般情况下，每台空冷器沿管长方向应布置两台风机，一台手调，一台自调。当驱动机采用变速电机时，其叶片角度一般是固定不变的。

二、叶轮

1. 叶片

叶片是风机中的主要受力部件，由于叶形特殊，受力复杂，制造难度较大。

（1）叶片材料

叶片材料主要有铸铝、铝合金和玻璃纤维增强塑料（又称玻璃钢）。另外也有镀锌碳钢板和不锈钢板叶片，但在空冷器风机上很少应用。

铸铝叶片一般采用压力铸造，然后再用专用的工具加工，德国巴高柯－杜尔公司采用直接轧出的铝叶片。国内有采用铝合金挤压成形的空心叶片。保定满城航桨风机技术有限公司采用锻铝先挤压后扭曲成型的铝合金叶片也有较多的应用。

玻璃钢叶片是以合成树脂或聚脂为黏结剂、玻璃纤维为增强材料的热固性塑料制成的。粘结剂和增强材料的性能，直接影响叶片的技术性能。叶片大多是空心薄壳结构，但为了更好地承受气动弯矩、扭矩和离心载荷，有的在腹腔中填充泡沫塑料，以增加其刚度，如图 5.1－72 所示。外壳的成形很重要，它决定着叶片的机械性能和尺寸精度。目前，成型方法有阳模整体包线成形以及阴模成形两种。图 5.1－72 为阴模和内包边成形工艺生产出的叶片截面示意图。

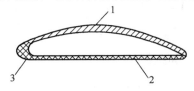

图 5.1－72 玻璃钢叶片截面示意图

叶片制成后，应对照标准叶片，做力矩平衡检测，使其具有互换性。

（2）叶片性能比较

玻璃钢叶片和铝叶片因其材质不同而各有优缺点，玻璃钢叶片具有重量轻、强度高、表面光滑、价格较便宜、抗腐蚀、以及维护方便等优点。其主要缺点是耐热性能差，运转时只能用到100℃，对后缘较薄等复杂叶型的制造比较困难。而铝质叶片耐温较高，可用到177℃，不易出现老化变质等问题。

（3）叶型

叶型是风机性能好坏的关键，许多公司都作了大量的试验和研究，建立了自己的叶型体系。目前用在空冷器风机上的叶型，使用较多的有美国赫德林公司生产的 T－B、T－C、T－D、T－W 型，美国哈策尔公司生产的 A、AC、BT、BC、BM、BNC 型。其他如俄罗斯、德国等国家也都有自己的叶型。我国应用的叶型有 RAF－6E、GA(W)－1、TB(窄型)、TC(宽型)、TW(加宽型)。20 世纪 90 年代我国西北工业大学(航空)翼型中心开发出了 NPU 型风机叶片，它具有风量大、噪音小、对缺口敏感性小及节能效果好等优点。

2. 轮毂

轮毂是将叶片与驱动轴连接的部件。由于控制叶片角度的方法与叶片结构的不同，轮毂的结构也各异。一般讲分为停机手调轮毂、不停机手调轮毂和自调轮毂 3 种。多数手调轮毂叶片用机械方法夹持，调节叶片角度时须将轮毂上的夹持器松开，调节后再行固紧。这种调节必须在风机停止运转时进行，操作繁琐，劳动强度大。自调轮毂的叶片与轮毂上的气动执行机构相连接，叶片角可依据气动执行机构调节，信号自动控制，这种轮毂操作控制方便，但结构复杂，运转可靠性差。不停机手调轮毂采用一种手控蜗轮蜗杆传动轮毂(图 5.1－73)，在风机的运转中，即可方便地用手轮调节叶片角度。这种轮毂结构比较复杂，但操作控制方便，运转可靠性高，不适宜大直径(3.6m 以上)风机的调节。

轮毂的材料，一般小型的为铸铁，大型的为铸钢，也有采用铝合金或不锈钢的。有的公司产品在其外表面热浸镀锌并涂聚丙烯塑料。轮毂应作动平衡校正。安装叶片后，叶轮应作静平衡或动平衡校正，以保证运转平稳，减小振动。

为了装配和维修的方便，要求轮毂有较高的通用性，即轮毂与叶柄连接处的结构、尺寸不管手调、自调都应尽量一样，这样轮毂系列就可减少，便于互换。

当风机运转的时候，轮毂的中心部位会产生负压，使部分空气倒流，降低风机效率。为此，目前大多数风机的轮毂上面都装设有回流挡盘。挡盘材料一般为玻璃钢，面积视轮毂大小而定，约占风扇面积的 9%。

叶轮在运转过程中受力复杂，因此要求轮毂与叶柄的连接必须牢固可靠，且要结构简单，便于调节和维修。图 5.1－73 和图 5.1－74 分别示出了不停机手调、停机手调和自调轮毂的几种连接方式。在手调轮毂中应用较多的是图 5.1－74(c)的结构。其叶片的固定是靠在叶片座的圆槽中，放入两个半圆形卡环卡住叶柄上的弧形台肩，然后，用顶丝顶紧。图 5.1－74(d)的轮毂体为一圆形平板，叶片的固定是将叶柄放入由两瓣组成的叶柄座中，然后，用两个 U 形螺栓固定在轮毂体上；图 5.1－74(b)是细牙螺纹连接结构，叶片旋入叶片座后，用紧固螺栓把紧，这种结构只能用于铝叶片，加工困难，安装麻烦。图 5.1－74(a)是用法兰紧固叶柄的结构。

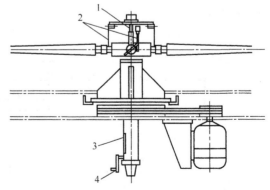

图 5.1－73　不停机手控调角风机轮毂结构

1—心轴；2—连杆；3—叶片角度指示；4—调角机构摇把

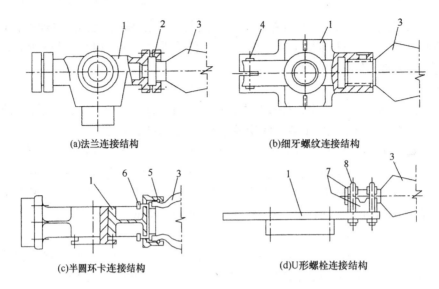

(a)法兰连接结构　　　　　　　　(b)细牙螺纹连接结构

(c)半圆环卡连接结构　　　　　　(d)U形螺栓连接结构

图 5.1-74　手调轮毂和翼柄的连接形式

1—毂体；2—压盖；3—叶片；4—紧固螺栓；5—卡环；6—顶丝；7—叶柄座；8—U形螺栓

自动调角轮毂结构要复杂得多，将在自动调角风机中叙述。

3. 风圈

风圈设计的合理与否及制造质量好坏也直接影响着风机效率和运行状况。首先要有较好的刚度和圆度，以确保叶片尖端与风圈内壁之间的间隙小而均匀。此间隙越小，空气损失越少，效率就越高。但间隙过小，叶片与风圈内壁容易相碰(俗称扫堂)，所以间隙要适当。

风圈一般由两个半圆组成，风口处多数带有集流器。集流器有双扭曲线形，圆弧形和锥形 3 种，如图 5.1-75 所示。

叶片尖端与风圈的径向间隙各国规定不一。如美国石油学会标准 API 661 规定：径向间隙为风机直径的 0.5% 或 19mm，取其小者，但不得小于 9mm；德国 GEA 公司规定：安装最小间隙不得小于 8mm，直径为 $\phi2475$、$\phi2775mm$ 的风机，其间隙为 25mm；日本笹仓公司规定：直径 $\phi2.7432 \sim \phi3.6576m$ 风机的间隙为 13mm；我国标准的规定与 API661 相同。为了减小此间隙，有的公司在风圈上安装一圈用铝箔制造的蜂窝状密封层。蜂窝层附带还有吸收噪声的作用，它是用粘接剂粘在风圈上并用螺丝固定。这种结构容许风圈的制造公差适当加大。叶片尖端和蜂窝层之间间隙如果过小，叶尖会碰到蜂窝层，但也只是将蜂窝层碰倒，不会损伤叶片。

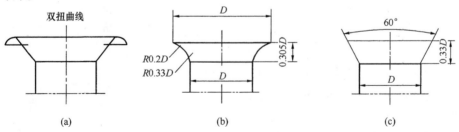

图 5.1-75　风圈风口处的集流器形式

三、驱动机构

驱动机构是指风机的动力机械及动力传递机构。通常用的动力机械有电动机、内燃机、蒸汽透平和液压马达，其中以电动机驱动用得最多。动力传递形式主要是三角皮带、伞型齿轮及同步齿形带。在一些小直径风机上，常用多极电动机直接驱动，以提高效率，减少维修工作量。文献[7]规定，无论风机运转与否，风机叶片、轮毂、风圈的暴露温度为：非金属材料零件时为105℃；金属材料零件143℃，轴承127℃。

1. 传动形式

传动形式用得最多的是三角皮带传动和齿轮传动两种。小直径风机采用电动机直连[7]，我国有2.4m风机采用10级或12级电动机直连的应用。另外，还有采用同步型带传动的。

三角皮带传动虽然结构简单，价格便宜及维护简便，但遇到温度变化或雨天则容易松弛打滑，且传动效率低和寿命短，一般传送功率在22kW以下才选用。联组三角皮带，比单根三角皮带具有受力均匀、横向稳定性好、传动效率高和寿命长等优点，得到了大量的应用。

齿轮传动多数采用螺旋伞齿轮结构，其优点是传动可靠、效率高和寿命长。但亦有成本高、噪声大及维护保养费用高的缺点。

同步齿型带在空冷器上应用，开始于1979年美国西海岸炼油厂，用一根齿形带代替8根三角带可连续使用两年以上而不必维修。

同步齿型带综合了皮带、链条及齿轮等传动形式的优点。它是以非延展性的线缆作中心骨架，以合成树脂和橡胶作粘结剂制作而成的工作面(内侧)为齿形的环形带。由于工作面上的齿与带轮上的齿槽正好啮合，所以带与带轮不会滑移，而使主、从动轮同步运行。齿形有梯形和圆弧面形两种。梯形齿为标准型，额定传递功率可从小于0.746kW到111.9kW，速度可超过1600r/min。圆弧面型带的齿的截面呈半圆柱状，抗弯强度高，传动功率可达到205.15kW，转速可达10~5500r/min。这两种齿型的传动比均可达到1:9，传动效率平均为98%，一般情况下比三角带高4%。

2. 驱动机

驱动机的种类有电动机、蒸汽透平、液压马达及内燃机等。

蒸汽透平一般是在蒸汽价格低廉或透平的排气可以二次利用的场合下以及在石油工业、化学工业中要求防爆的场合下才使用。透平应能变速，以调节风量。它的缺点是，当风机负荷小的时候，价格昂贵。

内燃机一般是在没有电源或蒸汽供应的情况下采用。

液压驱动系统，包括一套马达/变量泵/蓄液器等单元连接成的一个低速、高扭矩马达系统，直接驱动风机的轴。这种机构虽已使用多年，应用不广泛。其优点是转速可以调节，并免去了传动机构，不足处是系统的驱动效率低，如以最佳效率计算：马达以0.97，泵以0.92，液压马达为0.92，则最佳系统效率仅有0.82，如果改变操作点，同其他系统一样，效率还要降低。

电动机是应用最广泛的驱动机，常用的有单速、双速电机，四速电机也有应用的。后者主要用于风机叶片角固定，靠改变电机转速来调节风量的场合。双速电机有1800/900r/min或1800/1200r/min，这可以调节0.50%、100%或0.67%、100%风量。德国GEA公司，多采用双速电机驱动。

近10多年发展的交流调频控制机构(AFD)有3种基本形式，VVI(调压逆变器)、PWM(脉冲持续时间调节)及CS(电流源调节)。这些驱动方式，采用标准感应电动机，而且不需要启动装置。自动控制是通过一个过程控制设备，把温度控制器的4~20mA电流的输出端与AFD相连接来实现的。AFD在低速操作时能减少噪声及振动。但如果控制风机的台数过少，投资就较高，而如果有多台风机同时用一套 AFD 来控制，虽较经济，但是一旦出故障就会全部失控。

兰州炼油厂于 1995 年在气分装置的表面蒸发空冷器风机上采用了变频调速，共有 4 台风机，控制了其中 2 台，调节非常灵活、可靠。

3. 布置形式

驱动机械的布置形式各公司都有自己的习惯和特点，如图 5.1 – 76 所示为几种常用形式。

除图示几种形式外，法国 CFEM 公司所生产的引风式空冷器，采用顶装布置，即将风机轴承、三角带及带轮等全部安装在风圈上方的框架上，电机置于风圈外面。这种结构由于三角带置于高温气流中，传动效率低，所以一般不推荐用。在管内介质温度不高(≤80℃)，也可以采用电动机直接传动的顶装布置，如用于冶金高炉炉套冷却壁闭环水冷却的空冷器均可采用顶装布置。

四、风量调节

由于大气温度经常变化及操作工况的波动，致使管内热流体的出口温度发生变化，这对某些需要严格控制出口温度的产品来说是不允许的。为了准确控制管内热流体的出口温度，需根据操作工况的变化来改变风机的风量，最常用的就是改变风机叶片的角度和风机的转速。调角风机有手调和自调两种，手调风机又分为停机手动调节和不停机手动调节两种。调速风机有双速电动机和变频调速两种，其中变频调速由于其调速准确及时，节能效果好而深受欢迎。

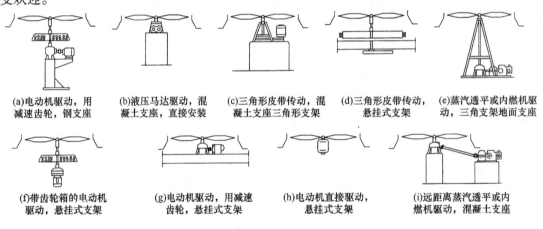

(a)电动机驱动，用减速齿轮，钢支座

(b)液压马达驱动，混凝土支座，直接安装

(c)三角形皮带传动，混凝土支座三角形支架

(d)三角形皮带传动，悬挂式支架

(e)蒸汽透平或内燃机驱动，三角支架地面支座

(f)带齿轮箱的电动机驱动，悬挂式支架

(g)电动机驱动，用减速齿轮，悬挂式支架

(h)电动机直接驱动，悬挂式支架

(i)远距离蒸汽透平或内燃机驱动，混凝土支座

图 5.1 – 76 驱动装置的布置形式

自动调角风机目前都是气动的，其执行机构有气缸和膜盒式两种。这种风机的叶片角度可以从 + 25°调到 – 20°，因此它不但可以大幅度地改变风量和风压，还可显著地节约能量。在冬季运行时，为了防止管束冻结，还可使热风再循环。

1. 自动调角轮毂的工作原理

无论是气缸式还是膜盒式的气动执行机构，其原理很像用弹簧复位的膜盒阀，其受力情况如图 5.1 – 77 所示。当叶片推动空气时，空气流产生的动力矩将驱使叶片趋于水平位置，即有安装角减小至零的倾向，与此同时，复位弹簧产生一个反力矩，而使叶片做功并保持在安装角位置上。当操作条件改变，需要减小角度来减少风量时，自调系统的工作气量增加，其作用力将克服弹簧的张力而使叶片角减小。若仪表气源中断，复位弹簧将迫使叶片恢复到最大安装角的位置上，因而可以把复位弹簧称为"自动保险装置"。起上述作用的轮毂，称为标准自调轮毂，见图5.1-77(a)。如果仪表气源中断，要求风机提供最小风量或反向气流时，可以安装成反向作用轮毂，如图5.1-77(b)所示。

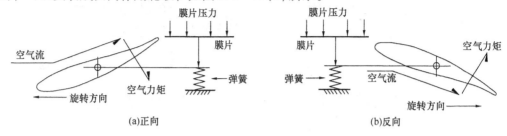

图 5.1-77 叶片角的受力示意图

在安装反向作用轮毂时要特别注意，连接叶片轴与柱塞体的销轴与正向轮毂相反，即从叶柄向轮毂方向看，销轴在柱塞体中心的左边。

2. 膜盒式自动调角轮毂

膜盒式自动调角轮毂，其主要组成零部件有：叶片座、轮毂体、叶片轴、销轴、柱塞、膜盒、膜片、膜片座、复位弹簧、调节弹簧、旋转接头、定位器、信号气接头以及工作气软管等。当气动执行机构带有定位器时，信号气从信号气接头进入，打开工作气阀孔（阀孔的开度受信号气压力控制），工作气进入定位器，直抵上膜盒内。推动膜片及膜片座，膜片座再推动柱塞，因为柱塞内的销轴偏心地被固定在叶片轴上。所以，当柱塞上下移动时，就把叶片轴作微量扭转，致使叶片改变角度。当信号气中断时，由于复位弹簧的作用，叶片恢复到初始角度。旋转接头用于连接旋转状态中的气动执行机构和固定状态的定位器，保证了工作气的密封。

这种结构的信号气源压力为0.021～0.105MPa，工作气源压力为0.21～0.316MPa，叶片调节角度根据调角弹簧的种类分为5种，即15°、20°、25°、30°、45°，灵敏度高，控制精确。

如果管束出口工艺流体的温度不要求精确控制则可不安装定位器，信号气直接进入膜盒，调节叶片角度。

3. 气缸式自动调角轮毂

气缸外动式自调轮毂结构，主要部件有旋转接头阀式定位器、气缸、活塞裙、弹簧、活塞杆、轮毂体、连杆及轴承套等。

当工作气进入气缸后，推动气缸向上移动并带动连杆，由于连杆的偏心移动、从而使轴承套带动叶片一起转动。

此结构当叶片角度变化30°时，气缸的行程达76mm。信号气压力为0.02～0.10MPa，工作压力为0.4～0.7MPa，信号气压与角度改变反应灵敏，滞后量不超过0.15%。

4. 自动调角风机的控制方法

常用的自动调角风机的控制方法有以下4种，见图5.1-78。

（1）阀式定位器控制法 阀式定位器的作用是缩短从收到来自气动控制器的仪表信号时起，到叶片角度调整到一个新位置时止的反应时间。它是一种闭环回路装置，可以接收来自叶片的反馈信号，然后调整膜片压力，从而达到满足控制信号的要求。

目前生产的定位器有两种：一种输入的信号气源又作为工作气源，通过定位器进入气缸

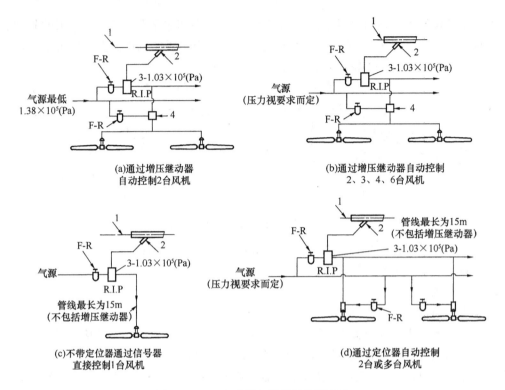

图 5.1 - 78　自动调角风机的控制方法
1—空冷器出口管线；2—温度传感器；3—增压继动器(1∶1 最多控制 2 台风机)；
4—MOORE661A 型偏压继动器

控制叶片角度，因此气缸内工作气源的压力可以认为等于信号气源压力；另一种是信号气源与工作气源分路进入定位器，信号气源通过定位器控制工作气源。如信号气源压力从 0.021MPa 升到 0.03MPa 时，工作气源压力可从零迅速上升到 0.21MPa，因此可以大大缩短从接收信号到调节叶片至所需位置的作用时间。同时，即使控制信号出现微小的变化，定位器也可把工作气源的整个压力加到膜盒上。叶片角度变化的全过程都是在温度传感器指令下进行的。

对于需严格控制管内流体出口温度的空冷器(如冷凝器)，必须严格控制风量，这就应采用阀式定位器的控制方法[图 5.1 - 78(d)]。

(2) 不带定位器控制法。只用 0.021 ~ 0.105MPa 的信号气源控制，如图 5.1 - 78(c) 所示，即将信号气直接加到膜片上。这种控制主要用于对风量要求不太严格(如冷却器)的管内流体。

(3) 增压继动器控制法。如图 5.1 - 78(a) 所示，最小为 0.14MPa 的工作气源和 0.021 ~0.105MPa信号气源分路进入 1∶1 的增压继动器，自动控制 2 台(最多 2 台)风机。

(4) 偏压继动器控制法。如图 5.1 -78(b)所示，偏压继动器的动作是通过接收控制信号，加上(或减去)一个不变压力，其和(或差)乘上一个固定增益系数进行的。它能够输出一个更高的控制压力。对特定场所使用的风机、必须安装偏压继动器以获得与信号压力成正比的膜片压力，进而使叶片在所希望倾角的总行程上扭转。例如一台 20°叶片角行程的风机，它要求有 0.049 ~ 0.16MPa 的膜片压力，以获得 20°的行程，具有 0.0035MPa 偏压和增益系数为 2 的偏压继动器，在输入 0.021MPa 的信号压力下，可以得到 0.049MPa 膜片压力，要得到0.16MPa，只需要0.077MPa信号气压力，所以给出的信号气区间压力为0.021～0.077MPa。

偏压继动器的起点信号压力为0.0002MPa，因此叶片在此压力下，就能开始减少倾角，但在有固定增益（系数一般为2或3）的情况下，一般都不能提供保证一个精度为0.084MPa的输出压力，其原因是没有一个合适的增益系数可供选用。解决这一问题的办法是采用可变比率偏压继动器。

偏压继动器价格便宜，且不需维护，常被安装在风圈外的冷空气里。可在多数风机上代替阀式定位器。

5. 风机叶片安装角的选择

根据操作条件的要求，叶片安装角可以为正也可以为负。

（1）正角。叶片前缘向下为正角，对于标准轮毂（正向作用轮毂）设计最大角为正角，这是根据空冷器设计说明书或工艺条件所需要的风量和风压，在风机的特性曲线上求得的。设计正角的大小与引风装置周围的空气温度有关。但为了充分利用电动机的功率，实际上一般把安装角调得比设计角稍大一些。但必须注意，如果夏季所调角度已达到电动机的额定电流，则在冬季按此角运转就会使电机过载。所以通常设计的最大角不能全部利用电机的功率，需留有一定的余量。

（2）负角。叶片前缘向上为负角，当需要得到小风量、零风量或负风量时，通常要将叶片调到负角。对国产 RAF-6E 型 F36 风机用于鼓风式装置，叶片角约为 -15°时，风量为零。对 TB 型 F36 风机引风式装置，叶片角大约为 -10°～-13°时及鼓风式装置大约在 -8°时风量为零。如果需要反向气流，负角一般需要调到 -30°～35°。但是在同样功率下，向下流动的空气量约为向上流动空气量的60%，这是因为运转效率低的缘故。

6. 自动调角风机的节能效果

在能量廉价的年代里，发展自动调角风机，是为了精确控制管内流体的出口温度，但在能源日益短缺的今天，它又成了节约能量的有效措施。美国赫德森公司对控制管内流体出口温度的各种方法进行对比之后发现，除变频调速外，采用调角风机是最经济最节省能量的方法。

通常考虑一台轴流风机能量消耗时，不仅要看它的性能曲线，还要看系统的阻力。例如，研究一个直径 φ4.267m 的风机，其系统的阻力曲线（虚线）是相对气流大小流经管束时的总压力损失各点之轨迹，如图 5.1-79 所示。设风机的设计点 1 是操作在 14°角，用百叶窗节流空气控制产品出口温度的 1、2′、3′、4′各点，表示固定角风机的输出总压头及功率消耗。如改用一台调角风机代替一个节流设施控制空气流量，其总压头输出符合系统要求，而功率则会大大减小。在这种情况下，调角风机的功率比固定角风机在 2′、3′、4′点上可分别节约26%、51%及73%。

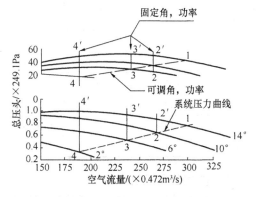

图 5.1-79　风机节流阻力曲线

此外，自动调角风机最主要但却最容易忽视的一点就是"空载能力"，即当气温降低时，能自动使叶片角减小，动力消耗达到最低，如表 5.1-37 所示。

表 5.1-37　空载时的动力消耗

额定功率/kW	测定的空载功率因数	平均空载功率/kW	占额定功率的百分比/%
7.46	0.305	0.93	15.5
11.19	0.285	1.66	14.8
14.91	0.355	1.73	11.5
18.64	0.210	2.41	13.6
22.37	0.265	1.81	13.2
29.83	0.330	3.16	10.6
93.21	0.350	10.59	11.4

注：(1)总的平均空载功率为额定功率的12.9%；(2)平均空载功率因数为0.300；(3)所有数值都取自风量为零的
状态（叶片角-10°）；(4)所有电机均为440V。

我国 1977 年试制成功的 K30A-11 型膜盒式自动调角风机，在翅片管为 $\phi25/\phi57$、片
间距为 2.3mm，等边三角形排列管间距为 62mm 的 4 排管管束上进行标定，其功率消耗与风
量的关系如表 5.1-38 所示。可以看出，叶片角在 -4° 左右时，其功率消耗最低，约为额定
功率的 21%，风量约为额定风量的 15% 左右。叶片角为 12° 时，功率消耗为额定功率的
33%，风量约为额定风量的 75%~85%。

表 5.1-38　叶片角 ϕ 与电机功率 N 的关系

工作风压递增时				工作风压递减时			
ϕ	N/kW	ϕ	N/kW	ϕ	N/kW	ϕ	N/kW
24.8	27.7	11.1	9.6	24.8	27.8	10.4	8.7
24.9	27.3	9.0	8.3	24.9	27.3	9.0	7.5
24.6	26.9	7.7	7.1	24.6	27.0	7.7	6.4
24.6	26.4	5.7	6.3	23.7	26.6	5.9	6.4
23.7	25.7	4.1	6.3	23.5	25.0	3.5	6.2
23.5	25.0	1.7	6.3	22.4	24.2	0.9	6.2
22.4	24.0	-0.9	6.3	22.1	23.4	-1.5	6.2
21.6	22.7	-3.6	6.2	21.1	22.4	-3.8	6.1
20.8	21.1	-5.1	6.3	20.3	20.3	-5.4	6.2
19.5	19.2	-6.4	6.3	19.2	19.0	-6.7	6.2
18.2	18.4	-9.0	6.3	17.7	16.7	-8.8	6.4
16.9	16.6	-10.6	6.4	15.3	14.7	-10.6	6.3
14.8	14.7	-11.7	6.4	15.0	13.4	-11.2	6.3
13.2	12.4	-11.7	6.4	13.0	11.5	-11.2	6.3
11.9	11.1			12.2	10.0		

五、典型公司风机介绍

生产风机的厂家很多，但不少厂家是引进他人的技术。如日本千代田公司、意大利赫德
森公司、法国金属企业集团和 Bt（原克鲁索-卢瓦尔 C-L）公司等均采用美国赫德森公司的
技术。再如，日本笹仓公司和三井公司均采用了美国哈策尔公司的技术。日本钢铁公司采用
美国马利国防公司的技术等。美国赫德森公司和哈策尔公司生产风机历史悠久，技术成熟，
质量好，且品种齐全。

1. 赫德森公司风机

（1）风机系列：该公司生产的手调倾角风机为 4 ~ 12 枚叶片，直径为 ϕ1.83 ~ ϕ9.14mm，表5.1-39 和表5.1-40 所列就是该公司生产的风机系列规格。表5.1-41 为该公司风机叶轮（TB 叶片）的参数。

表5.1-39　赫德森可调角风机系列

轮毂型号	叶片个数	风机直径/m
CP-1000W	6	1.524 ~ 4.877
CP-2000	4	1.524 ~ 4.877
CP-3000	4、6	1.829 ~ 4.267
CP-4000	4、5、6、7、8、9	1.829 ~ 6.096
CP-5000	6、8、10、12	6.706 ~ 9.144

表5.1-40　赫德森公司宽叶型可调角风机系列

叶片形式	调角方式	风机直径/m	风机叶片数
T-B	ZFj、TF	1.524 ~ 4.267	4、6
T-C	ZFj、TF	1.829 ~ 3.658	4、6
T-D	ZFj、TF	1.829 ~ 3.048	4、6
T-W	ZFj、TF	3.353 ~ 4.267	4、6

注：使用温度范围：最高，运转时120℃，停车时180℃；最低，ZF（自调）-40℃，TF（手调）-70℃。

表5.1-41　赫德森 CP1000W、2000、3000 型风机叶轮（TB 叶型）参数

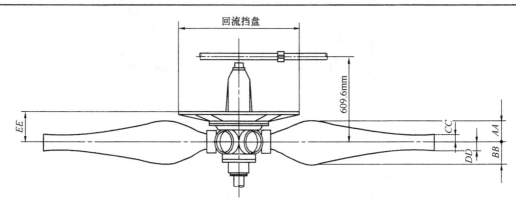

自调翼轮操作时的信号气压力(2.1 ~ 10.3) × 10⁴Pa

	风机直径/m		1.524	1.829	2.134	2.438	2.743	3.048	3.353	3.658	3.962	4.267
回流挡盘		型　号	—	B	B	B	B	B	C	C	D	D
	EE/mm	CP-1000W	—	215.9	215.9	215.9	215.9	215.9	222.3	222.3	254	254
		CP-2000	—	222.3	222.3	222.3	222.3	222.3	228.6	228.6	260.4	260.4
		CP-3000	—	165.1	165.1	165.1	165.1	165.1	171.5	171.5	203.2	203.2
	直径/mm		—	762	774.7	774.7	774.7	762	9652	9652	1168.4	1625.6
当叶片角为22°时，最大尺寸/mm		AA	112.8	112.8	112.8	112.8	112.8	152.4	185.7	185.7	215.9	215.9
		BB	95.3	95.3	95.3	95.3	95.3	128.5	157.2	157.2	184.2	184.2
		CC	54.1	50.8	50.8	50.8	50.8	60.5	73.2	69.9	79.5	79.5
		DD	47.8	44.5	42.9	42.9	42.9	47.8	60.5	57.2	68.3	65

续表

风机直径/m			1.524	1.829	2.134	2.438	2.743	3.048	3.353	3.658	3.962	4.267
净重/kg	CP-1000W		240.6	243.3	246.6	248.8	257	260	273.3	278.8	293.7	297.8
	CP-2000		190.7	194.3	196.1	197.9	202.5	205.2	215.2	218.8	228.8	232.4
	CP-3000	4叶片	51.8	56.3	58.1	59.9	65.4	67.2	77.2	80.8	91.7	94.4
		6叶片	71.3	76.7	79.5	82.2	90.3	93.1	107.6	113	128.9	133.5

注：CP-1000W为6叶片自调风机；CP-2000为4叶片自调风机；CP-3000为4或6叶片手调风机。

（2）叶片。材料为空心玻璃纤维加强的环氧树脂。每片叶片均对照标准叶片进行了力矩平衡，互换性很好。叶柄的结构尺寸，按叶片的长度范围分为 3 种：即 1.829~4.267m，1.829~6.096m，6.096~9.144m。叶片和轮毂在上述各自的范围内通用。图 5.1-80 为该公司生产的名牌产品"Tuf-Lite"风机的各种叶片形式。

美国赫德森公司的叶型有两大类，直叶型和宽叶型。

直叶型叶片为"E"系列。这种叶片窄，叶弦不变，适于在压力不高及风量不大的情况下使用，风机直径为 1.829~4.267m。

宽型叶片是在该公司已生产了多年标准的高效"T"型叶片的基础上研制出来的，如图 5.1-81 所示。按展弦比（叶展/叶弦）逐渐减小，分为 T-B、T-C、T-D 和 T-W4 种。其中 T-B 于 1976 年开始生产，用得最多，称为普通型。T-W 为特殊型，噪声最低。

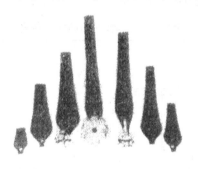
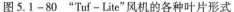

图 5.1-80　"Tuf-Lite"风机的各种叶片形式

图 5.1-81　赫德森公司宽型叶片

（3）轮毂。该公司风机的轮毂选用耐腐蚀材料制造，可保证多年连续运转。直径在 4.267m 以下用铸铁。大于 4.267m 的用热浸镀锌铸钢，表面再涂一层聚丙烯塑料。

手调轮毂的叶片与轮毂的连接为半圆卡环结构（图 5.1-74c）。自调轮毂为膜盒式。两种均装设回流挡盘，挡盘材料为玻璃钢。

（4）风机的性能。以 T-B 型风机为例，其叶片最大正角为 22°，此时的最高风全压为 348.46Pa 左右，6 枚叶片稍高，4 枚叶片稍低，风量随直径增大叶片数的增多而增大。如 T-14B 风机最大风量可达 18.88m³/s，如图 5.1-82 列举出了该公司 T-13B-4 型风机的特性曲线。

（5）噪声。该公司未给出各种风机的噪声曲线，但由于其型号较多，有选择余地，可满足设计者对噪声的要求。尤其是 TW 型叶片其具有以下特点：叶型宽，转速低，压头高，在相同功率下，大约可降低噪声 8~10dB(A)

2. 哈策尔风机

日本笹仓公司、三井造船公司都引进了该公司的技术。

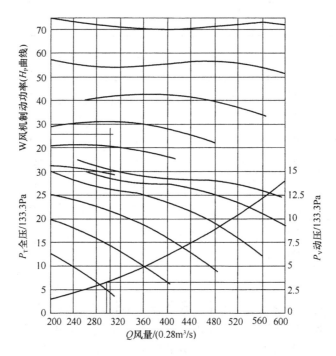

图 5.1 - 82　赫德森 T - 13B - 4 型风机的特性曲线($n = 294 \text{r/min}$)

（1）风机的形式。该公司的风机形式有：手调风机 A 型、BT 型和 BN 型；相对应的自调风机为 AC 型、BC 型和 BNC 型。表 5.1 - 42 示出了 AC 型、BN 型风机系列的叶型与参数。叶片材料为铝合金，用压力铸造出毛坯后再用特别手提工具进行精加工。叶片作力矩平衡并编号、记录，以便安装和更换。最后叶片作动平衡试验。

表 5.1 - 42　哈策尔风机的叶型和系列

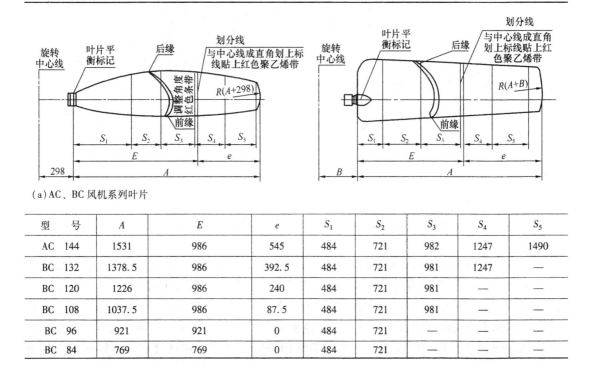

（a）AC、BC 风机系列叶片

型　号	A	E	e	S_1	S_2	S_3	S_4	S_5
AC　144	1531	986	545	484	721	982	1247	1490
BC　132	1378.5	986	392.5	484	721	981	1247	—
BC　120	1226	986	240	484	721	981	—	—
BC　108	1037.5	986	87.5	484	721	981	—	—
BC　96	921	921	0	484	721	—	—	—
BC　84	769	769	0	484	721	—	—	—

(b)BN 风机系列叶片

型　　号	A	B	E	e	S_1	S_2	S_3	S_4	S_5
BN168	1612.5	521	901.5	711	226	546	866	1186	1506
BN156	1600	381	—	—	226	546	866	1186	1506
BN144	1448	381	889	559	226	546	866	1186	
BN132	1295.5	381	—	—	226	546	866	1186	
BN120	1148	381	889	254	226	866	866	—	
BN108	1073.5	298	—	—	226	546	866		
BN96	921	298	—	—	226	546	866		
BN84	768	298	—	—	226	546	—	—	

注：表中尺寸单位为 mm。

在此 3 种型式中，A 型排风压力低，最高静压不超过 149.45Pa，价格便宜，BT 型为常用型，在风量 3.78 ~ 11.33m³/s 范围内，最大静压不超过 174.36Pa，BN 型静压可大于 174.36Pa，所以当选用风机时，应注意管束的压力降，使其在风机最大静压允许范围内。图 5.1 - 83 和图 5.1 - 84 分别为 A 型和 BN 型且其直径为 3.048m 的 4 叶片风机特性曲线。

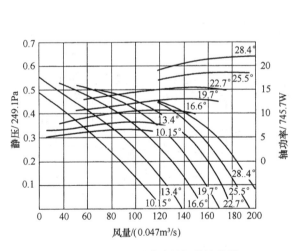

图 5.1 - 83　A 型叶片风机特性曲线

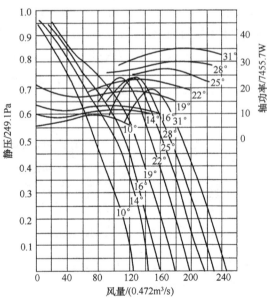

图 5.1 - 84　BN 型叶片风机特性曲线

（2）轮毂及驱动机构。轮毂亦有手调和自调两种，手调轮毂与叶片的连接如图 5.1 - 74(a) 所示，自调轮毂与叶片的连接如图 5.1 - 85 所示。图中止推轴承 4、叶片轴管 5 及开口环 2 均固定在毂体 1 上，安装时先在叶片 7 内嵌入滚珠轴承 6，然后将叶片插入轴管 5 内，再将两个分瓣的叶片卡座 3 对上，应注意一定要将卡座嵌入开口环 2 及叶片 7 的沟槽内，将螺栓 8 拧上。设定叶片角度之后，将螺栓拧紧。这样，连杆受气缸控制而上下移动时，叶片就随之改变倾角。

驱动机构一般用单速电机或双速电机。

（3）噪声

由于各种电机转速较低，其叶尖速度均在 50m/s 左右，如 A-144-6 和 BT120-6 的叶尖速度均为50.7m/s，所以其噪声较低，可满足规定和用户要求。

3. 马利风机

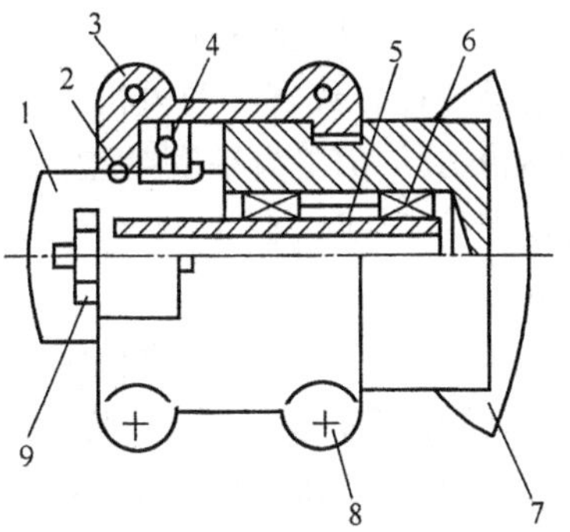

美国马利国际（Marley International）公司也是美国制造空冷器的一家主要公司，日本制钢所引进了该公司的全套技术。风机为铸铝叶片、铸钢轮毂。叶片和轮毂均作静平衡试验，因此操作平稳。日本制钢所认为，马利风机效率高、寿命长、维修量少，可以满足用户对自调

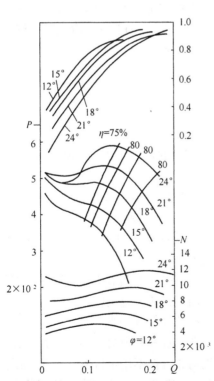

图 5.1-85　自调轮毂与叶片的连接
1—毂体；2—开口环；3—叶片卡座；
4—止推轴承；5—叶片轴管；6—滚珠轴承；
7—叶片；8—螺栓；9—连杆

倾角等各种风机的要求。其驱动装置有电动机、液压系统、汽油机、蒸汽透平或燃气透平等。传动系统为三角皮带或齿轮传动。

4. 国产风机

我国 1964 年生产出了第 1 台空冷器用风机，现已自成系列。风机形式有鼓风式和引风式两种，根据调节风量和轮毂结构形式又分为停机手调角（TF）、不停机手调角（BF）、自动调角（ZF$_j$）和自动调速（ZF$_s$）4 种形式。生产的叶型有 RAF-6E 型、TB 型、TC 型、TW 型、L 型及 GA（W）-I 型。风机直径 1.8~4.5m，每档增量 0.3m。每一档直径可配不同叶型 4 枚或 6 枚，其速度又分 a、b 两级，因此通过这些不同结构形式和参数可匹配出 70 余种不同规格和系列的风机，可满足用户的各种要求。叶片材料，L 型用铸铝，GA（W）型用铝合金，其他型号均用玻璃钢，最高使用温度达 120℃。手调轮毂的结构如图 5.1-74（a）、（c）所示。驱动机构以齿轮和皮带为主，皮带除三角带、联组带外，还有效率较高的同步齿形带。

1984 年，保定惠阳机械厂和哈尔滨空调机厂，对 TB、TC、TW 和 GA（W）-I、RAF-6E5 种（模型级）叶型风机的空气动力性能进行了试验。试验的风机为：直径 1m，挡风盘直径 0.3m，轮毂比 0.3，叶尖与风筒壁之间的间隙 3.75mm。对试验数据处理后得到了标准大气状况下模型级的无因次气动性能，即全压系数（$\overline{P}$）、功率系数（$\overline{N}$）及效率（η）随流量系数（$\overline{Q}$）的变化，并分别给出了气动性能曲线，图 5.1-86 所示就为其中 RAF-6E 型的气动性能曲线。根据 TB（窄型）、TC（宽型）、TW（加宽型）的试验对比证明：$\eta_{TB} > \eta_{TC} > \eta_{TW}$，即在 $\overline{Q}$ 和 ϕ（扭角）相同的条件下，宽叶型

图 5.1-86　国产 RAF-6E 型风机特性曲线

的风压大于窄叶型的风压，但是由于宽度的增大、叶片摩阻也增大，轴功率亦相应增大，其结果往往导致宽叶型风机的效率下降。TB 和 GA（W）- I 型稍有差别，但性能基本相同。TB 和 RAF - 6E（为平底叶型）在正常流量范围内（$\overline{Q}=0.1\sim0.2$）大约 $\overline{P}<0.04$，RAF - 6E 的效率优于 TB；在 $0.04<\overline{P}<0.05$ 时，二者效率基本相同；在 $\overline{P}>0.05$ 时，TB 的效率优于 RAF - 6E。

2003 年，兰州石油机械研究所对 TB 型、GWA 型及 NPU 型风机在同一装置上进行了测试。其测试条件为轴功率和转速相同时的风量及风压。结果表明，TB 型风机的风量和风压最小，GWA 型和 NPU 型相当。

第五节　百　叶　窗

一、概况

百叶窗作为一种为满足管内工艺介质的冷却要求而设的调节手段，在空冷器上已得到越来越多的应用。特别是在由多单元组成一个台跨共用一组风机时，用百叶窗分别调节各单元的风量比较方便。也可采用多单元共用一组风机百叶窗。在严寒地区或冷却高粘易凝流体，需要采用热风循环来防冻或防凝，这时可利用百叶窗来调节冷热空气流量的比例，控制混合宽气的温度。在一般情况下空冷器的空气排量低于 $8496\mathrm{m^3/h}$，用可调百叶窗或双速马达较为合适。另外，百叶窗在暴风雨、雪、冰雹等恶劣气候下，还有保护翅片管的作用。

百叶窗由窗叶、连杆、框架及驱动机构等组成。百叶窗的材料有铝板和镀锌钢板两种。钢制的刚性好，价格便宜，铝质的重量轻、操作省力。根据文献[7]规定：碳钢窗叶厚度不得小于 1.5mm，铝窗叶厚度不得小于 2.3mm[7]，国内规定分别为 1.5mm 和 2mm；框架厚度，碳钢不得小于 3.5mm，铝材不得小于 4.0mm，国内规定与 API 661 相同。窗叶的长度不得超过 1.7m，窗叶均匀设计载荷应为 $2.8\times10^4\mathrm{kgf/m^2}$。此外，对窗叶与框架之间的间隙及轴承的设计温度等都有具体规定。

二、调节型式

1. 手动调节机构

手动调节机构有以下几种形式：

（1）丝杠调节机构。它是用手摇蜗杆带动套在丝杠上的蜗轮，使丝杠前后移动，但连杆机构比较复杂，摇把操作不够方便。

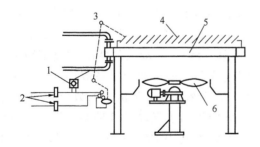

图 5.1 - 87　百叶窗自动控制线路图
1—温度调节器；2—减压阀；3—带反馈系统的
自动执行机构；4—百叶窗；5—管束；6—风机

（2）蜗轮蜗杆调节机构。手轮带动蜗杆，蜗杆带动蜗轮，蜗轮转动时带动摇杆作前后摆动而推动连杆。这种机构操作灵活轻便。

（3）杠杆式调节机构。这种形式结构简单，调节灵活，应用较多。

2. 自动调节机构

有气缸式和膜盒式两种。百叶窗气动执行机构通常都不用定位器，其控制线路图如图 5.1 - 87 所示。气动式自动调节百叶窗的调节参数，见表 5.1 - 43。

表 5.1 - 43　气动式自动调节参数

名　　称	性能参数	名　　称	性能参数
信号气压力/MPa	0.02 ~ 0.1	容许推力/N	600
工作气压力/MPa	0.4	弹簧系数/(N/mm)	24.5
弹簧限程压力/MPa	0.1 ~ 0.3	环境温度极限/℃	- 25 ~ + 60
缸筒内径 × 冲程/mm	$\phi 125 \times \phi 100$		

第六节　风筒和构架

一、风筒的基本结构

风筒的基本结构有两种，如图 5.1 - 88 所示。

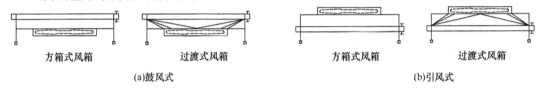

(a)鼓风式　　　　　　　　　　　　(b)引风式

图 5.1 - 88　风筒外形

1. 方箱式风筒

这种形式比较复杂，一般都由 20 多块薄钢板组成，虽然制造较简单，但现场安装麻烦且费材料。为了简化结构和增加构架的刚性，风筒设计成构架的一部分。为了增加筒壁的刚性，各厂家都将壁板冲成不同的外形，如图 5.1 - 89 所示。

(a)n型　　　(b)交口形　　　(c)圆弧形

图 5.1 - 89　筒壁外形结构

2. 过渡锥形风筒

过渡锥形风筒结构比较简单，但制造时需要专用工具。先冲压出分瓣的筒体，再组合成锥形筒体，由于它在存放及运输过程中容易变形，故应有足够的刚性和准确的外形。引风式风机多采用这种形式。按文献[7]规定，用作风筒的板材，最小平板厚度不小于 1.9mm，有加强筋的不小于 1.5mm。

二、构架

构架应能承受全部设计载荷，并应具有足够的刚性。空冷器操作时，在构架本身或驱动机的台架上测得的双向振幅不得超过 0.15mm。

根据现场要求，构架可采用钢结构，也可采用钢筋混凝土结构；可以单台使用，也可多台连成一片成为一组。

钢结构构架全部由型钢制成，立柱一般采用 H 形型钢，刚性好，但价格高。钢筋混凝土构架牢固稳定，造价低廉。

第七节　噪声振动及其控制

空冷器在炼油、化工装置中是一个重要的噪声源。一般属于空冷器产生的噪声大约占

30% ~ 50%。虽然空冷器多安装在距地面6m以上的平台或框架上，其噪声对装置内部地面上的影响不十分突出，但由于其声波的频率以低频为主，自然衰减较少，传播较远，且当空冷器为多台集中排列时，对邻近环境的干扰仍相当严重。

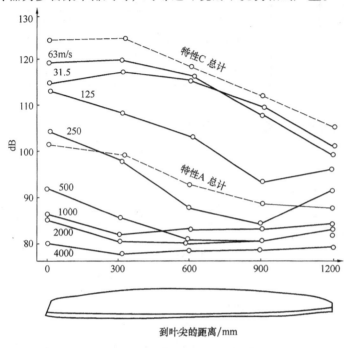

图 5.1 - 90　叶片各部位的噪声

一、空冷器噪声的来源

空冷器的噪声主要来自于风机。风机的噪声源有 3 个，即风机的叶轮、驱动机和变速器（如减速器及皮带传动机构等）。电动机的声功率级是 60 ~ 80dB(A)，三角带传动是 60 ~ 65dB(A)，齿轮箱传动为 70 ~ 100dB(A)[11]。

风机叶轮旋转时，由于叶片背面形成涡流而发生气流噪声。美国哈策尔螺旋桨风机公司制造的直径 9.144m 的风机（形式 A120 - 4 及 A120 - 6 等），其叶片各部分所测得的噪声如图 5.1 - 90 所示。按该图可以了解到，噪声的发生位置并不在一处，而主要是在叶

稍处，80% 的噪声发生在叶轮直径最外侧 20% 的范围内。

由于叶轮是安装在风筒里面，风筒里的回声和负荷（空气静压），叶尖与风筒的间隙及风机自身的振动等，都会影响到气流的流动状态、风机的效率和噪声级，所有这些对风机辐射的声功率级至少有 3dB(A) 的影响，这是不可忽视的。

电动机的噪声，当风机具有 105 ~ 110dB(A) 的声功率级噪声时，电动机的声辐射可忽略不计，然而当风机的声功率级减少 10 ~ 15dB(A) 时，电动机的声辐射就不可忽略了。

齿轮减速器的噪声与制造精度、润滑情况及传动功率等有关。一般流经管束的空气流引起的噪声可忽略不计。

二、噪声的预测

1. 噪声的计算[1]

风机的噪声标准用声功率级来表示，空冷器的噪声用声压级来表示。

为了预测大型轴流风机所产生的噪声，各国学者都在这方面进行了大量的研究，并提出与各参数有关的不同方程式。

（1）声功率级水平预测

贝拉尼德（Beraned）提出的公式

$$PWL_{总} = 139 + 20\lg h_p - \lg q \qquad (1-18)$$

式中　h_p——电动机的轴功率，kW；

　　　q——风机的风量，m^3/min。

艾伦（Allen）提出的公式

$$PWL_{总} = 131.4 + 10\lg q + 20\lg p \tag{1-19}$$

式中　p——静压力，Pa。

安德伍德（Underwood）提出的公式

$$PWL_{125Hz} = 55\lg(V_t \times 10^{-3}) + 20\lg h_p + 10\lg N - 67 \tag{1-20}$$

式中　q——风机风量，m^3/min；

　　　N——叶片数；

　　　V_t——叶尖速度，m/min。

戈登（Gorden）等人提出的公式

$$PWL_{125Hz} = 60\lg(V_t \times 10^{-3}) + 10\lg q + 39 \tag{1-21}$$

由这些不同方程式计算出的结果可能相差很大，这是因为空冷器是一个定向的噪声源，不能简单地套用这些公式。

美国石油学会的医学研究报告第 EA7301 号《噪声界限》第 3、5、6 节介绍了如下空冷器的声功率级公式[1]：

$$PWL = 56\lg\left(\frac{T_S}{1000}\right) + 10\lg(\Delta p_s C_m^{0.6} L \cdot N) + 103 \tag{1-22}$$

式中　T_S——叶尖速度，m/min；

　　　Δp_s——风机的静压，Pa；

　　　C_m——叶片的宽度，m；

　　　L——去掉轮毂后叶片的长度，m；

　　　N——叶片数。

美国哈策尔公司，用型号为 A120-6 及 A120-4 等的风机作试验，在同一叶尖速度情况下 Δp_s 通常选在 149.34 ~ 49.78Pa，叶片角 16° ~ 28°，测得的声功率级相差约 5dB（A），而按公式计算只差不到 1dB（A），所以认为此公式也不够准确。

美国 C-E 鲁姆斯（Lummus）公司，经过试验得出以下结论：即除风扇速度外，其他因素不变时，声功率级与风机叶尖速度的 6 次方成比[1]。

$$PWL = K + 60\lg V \qquad dB(A) \tag{1-23}$$

式中　K——常数（表 5.1-44）；

　　　V——叶尖速度，m/s。

此方程式为所有经过试验的风机所证实。除较低的频带（32、63、125Hz 中心频率）外，其他的频率都适用。在几个低频带中系数有些下降，对 32Hz 的频带，系数降到 52 左右。

根据风机的有关定律，风机轴功率与其叶尖速度的 3 次方成正比。因此上式可改写成：

$$PLW = K + 30\lg V + 10\lg H + 1.3 \qquad （对照基准 2 \times 10^{-12}W） \qquad dB(A) \tag{1-24}$$

式中　H——风机的轴功率，kW。

上式是在下述变量范围内得到的：

叶尖速度：适用于任何风机，其变化为 3:1；

风机直径：$\phi 3 \sim \phi 4.2m$；

叶片数：用原风机叶片数或其 1/2 叶片数；

叶片角度：从零流量到失速点；

静压头：从自由排出到失速点；

空气流：从自由排出到关闭百叶窗。

常数 K 对任何风机系列，不同的倍频程为定值。这些 K 值与叶片数、风机直径及叶片俯仰角等无关。

对各种风机，全部试验的平均标准偏差为 1.2dB(A)。而在以上试验变化范围内，其他任何公式的误差都比较大，因此这一公式的出现是一个很大的进步，但是仍不够十分精确[1]。

德国 GEA 公司提出估计声功率的如下公式：

$$L_{PA} = C + 30 \lg V + 10 \lg \frac{\Delta p_{atat} \cdot V}{102} - 5 \lg D \qquad (1-25)$$

式中　C——专用声压级（普通风机 $C = 49.9$，低噪声风机 $C = 47.9$，最低噪声风机 $C = 45.9$）；

　　　U——叶尖圆周速度，m/s；

　　　V——体积流量，m³/s；

　Δp_{stat}——静压力，Pa；

　　　D——直径，m。

（2）声压水平的预测

当风机的声功率级为已知时，可以反算出声压级。声功率级为一定时，声压级与风机的直径成反比。由于声压水平的强弱与距声源的距离有关，因此预测声压水平的公式是指机组某一固定位置而言。

塞尔福洛尔（Selfolol）对引风式空冷器提出如下公式：

$$SPL_{总} = 59.7 + 20 \lg \left[h_p \times \left(\frac{1.4}{1000} \right)^{4/7} \left(\frac{6}{N} \right) \left(\frac{12}{D} \right)^{4/7} \right] \qquad (1-26)$$

式中　h_p——以消耗的功率为准，kW；

　　　D——风机直径，m；

　　　N——叶片数。

对鼓风式空冷器加 5dB(A)；

C - E 鲁姆斯公司提出的公式：

$$SPL = L + 30 \lg H - 20 \lg D + 1.3 \qquad (1-27)$$

式中　L——常数，见表 5.1 - 44；

　　　V——叶尖速度，m/s；

　　　H——风机轴功率，kW；

　　　D——风机直径，m。

表 5.1 - 44　K、L 常数表

倍频程中心频率/Hz	32	63	125	250	500	1000	2000	4000	8000	平均
K/dB(A)	41	42	41	37	35	28	27	20	10	36
L/dB(A)	41*	42*	39*	36	34	28	25	23	16	35

* 由于距噪声源太近，数值误差较大。

2. 风机台数与噪声的关系

空冷器在炼油、化工装置中得到了大量应用，但很少单台使用，尤其是炼油装置，由于热负荷较大，经常是多台空冷器并联使用，因此就有噪声的叠加问题。当风机的噪声级相同且多台集中使用时，其噪声的增加值如表 5.1 - 45 所示。

表 5.1 – 45　风机台数与噪声的增加值

同一级声源数量	2	3	4	5	6	7	8	9	10	11
噪声增加值/dB(A)	3	4.8	6	7	7.8	8.4	9	9.5	10	10.4
同一级声源数量	12	13	14	15	16	17	18	19	20	
噪声增加值/dB(A)	10.8	11.1	11.5	11.8	12	12.3	12.5	12.8	13	

3. 空冷器的噪声

空冷器配套用的风机，由于叶型不同，操作工况不同，其噪声水平也不一样。当一个装置准备采用空冷器时，首先应向制造厂提出"在设计位置的声压级"及"每台风机的声功率级"的要求。因此，制造厂必须对自己的风机进行试验，绘制出噪声特性曲线。

日本笹仓公司为我国天津石油化纤厂几个装置设计的空冷器，提供的几个位号噪声值如下[1]：

BT96 – 4 – 83.4dB(A)；BT108 – 4 – 84.7dB(A)；BT108 – 6 – 最高 91.2dB(A)；BN120 – 4 – 80.2dB(A)；BN144 – 4 – 最高 80.5dB(A)。

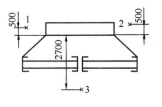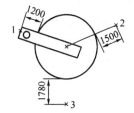

图 5.1 – 91　噪声测点

我国 RAF – 6 型 FZ36 – 4 风机和美国赫德森公司 TB12 – 4 风机，在某装置同一空冷器上，用同一驱动机构及轮毂，只改变叶片，测量的噪声水平如表 5.1 – 46 所示，测试位置如图 5.1 – 91 所示[1]。

表 5.1 – 46　RAF – 6 和 TB12 – 4 型风机的噪声水平

叶　片	风量/(×10⁴m³/h)	声压级/dB(A)		
		1	2	3
国产 FZ36 – 4	30.1	83.2	77.5	79.3
	34.5	83.2	77.5	79.8
	38.0	83.5	77.6	81.1
美国赫德森 BT12 – 4	31.1	83.2	77.4	80.8
	34.4	83.4	78.4	79.8
	37.4	83.4	78.6	80.9

三、噪声的控制

为了保护环境免受噪声的污染，必须把工作现场及其周围环境的噪声限制在设计标准规定的范围之内。在炼油、化工装置中，空冷器噪声的控制方法主要有降低风机的噪声、增加管束的换热面积、采用隔声及吸声等措施。

1. 降低风机的噪声

由风机产生噪声的特点可知，降低风机叶尖速度，可以最有效地降低噪声。因此研制低速且能满足工艺要求的风机是关键所在。

一般情况下对风机叶尖速度的要求如下：

可忽视噪声的场所：　　　　　56 ~ 61m/s；

一般要求的场所：　　　　　　41 ~ 51m/s；

严格限制噪声的场所：　　　　25 ~ 41m/s。

表 5.1 - 47　叶尖速度与噪声值变化的关系

叶尖速度/(m/s)	噪声值变化/dB(A)
超过 60 ~ 40	提高 8 ~ 10
超过 40 ~ 30	提高 6 ~ 8
超过 30 ~ 25	提高 4 ~ 5

目前世界各国对风机叶尖速度的极限规定是 60m/s，但实际上都在想办法把叶尖速度降得更低，不少风机已采用了 40m/s、30m/s 和 25m/s 的叶尖速度。当叶尖速度变化时，风机噪声的提高值如表 5.1 - 47 所示。

文献[1]介绍：采用 4 枚普通叶片，叶尖速度为 60m/s 时，噪声级为 107dB(A)；采用 6 枚叶片，叶尖速度降至 30 ~ 40m/s 时，仍保持相同的空气动力特性，且在不改变传热面积的情况下，噪声可降低 10 ~ 15dB(A)。

各国的风机叶片数一般为 4 ~ 6 枚，日本东洋公司有 8 枚叶片的低噪声风机。

根据试验，风机的噪声与其静压的高低有一定的关系，噪声大约与静压的 1.4 次方成正比。而这个静压指数值与叶梢的速度成反比，即在低速下改变 Δp（静压）比高速下改变 Δp 噪声下降得更大[1]。

要降低风机的静压，主要方法是加大翅片管的间距和翅片间距，降低迎风面的风速。当然这要在经济合理的范围内进行。

对国产 RAF - 6E 型风机，当叶尖速度为 50m/s 左右时，迎风面风速推荐按表 5.1 - 48 选取。

表 5.1 - 48　管排数与迎风面风速的关系

管　排　数	迎风面风速/(m/s)	
	高翅片管	低翅片管
3	3.0	2.8
4	2.7	2.6
5	2.5	2.4
6	2.3	2.2
8	2.1	1.9

既要保持风机的空气动力性能不变，又要降低叶轮的转速，除了增加叶片数以外，还可用加大叶片宽度的方法。各国风机的叶片宽度为 300 ~ 1000mm。为降低噪声而被加宽叶片的风机，称为低噪声风机。但同一叶型如果速度不变，叶片加宽后其噪声反而会加大。不同的叶型，叶宽相同，噪声不同，这就要求采用最佳的空气动力设计，使叶片在较佳的升举系数下运转。一般情况下，采用低噪声风机可降低噪声 8 ~ 12dB(A)。

美国赫德森公司生产的 TW 型叶片风机，即为宽叶型低噪声风机。美国斯托克风机采用增强塑料制造的大叶片，它可以在叶尖速度 30 ~ 40m/s 下满足一般空冷器负荷的需要。

电动机的噪声主要是由冷却风扇、电磁场以及机械连接部位发生的，而以风扇的噪声为主。降低电机噪声的措施，可采用低噪声电机。如滑动轴承特殊电机、气流流速调速电机及多极低转速电机。在特殊结构中，可要求电机转速在 100r/min（60 极）以下，这种直接传动的多极电机噪声是极低的。电机风扇噪声的清除是在风扇部位装设隔音罩，其效果比较好。图 5.1 - 92 是电机风扇消音罩的结构。

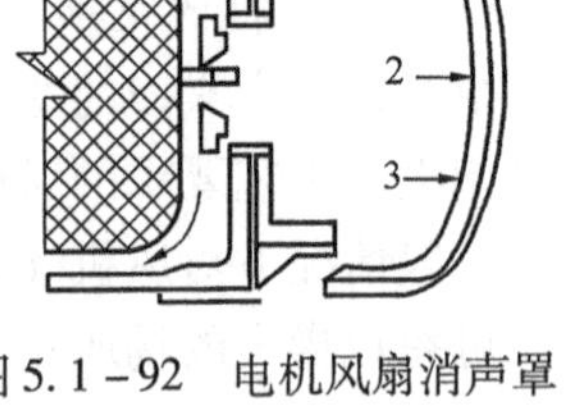

大直径风机往往采用齿轮减速传动机构，其加工的精度对噪声有决定性的影响，如图 5.1 - 93 所示[1]，低噪声风机必须与加工精度高的传动机构相匹配。

水平式安装的风机，其噪声的方向是向上或向下的，因此风圈的屏蔽作用是刚性越大越好。若刚性不够，则风圈会

图 5.1 - 92　电机风扇消声罩
1—25.4mm 泡沫；2—粘接剂；
3—5mm 钢板

变形或产生振动，且带来声辐射，其振幅是风机转速越低振幅越大。因此要求噪声水平越低，要求钢结构越坚固，即要有足够的刚性。

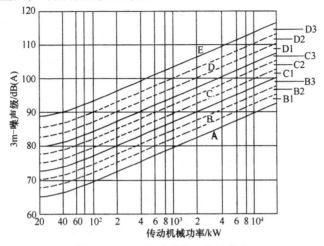

图 5.1 - 93 驱动系统产生的噪音

根据 VDI2159 规定的驱动噪声级别质量级别：

A—极好的加工或封闭；B—加工费用非常高；C—加工费用较高；D—加工费用一般；E—加工费用较低

2. 增加传热面积消声

当采用低噪声风机降低噪声还不能满足设计要求时，可用增加传热面积的办法，来减少每台风机的负荷，同时使用低噪声风机，这样就可使噪声降低 10 ~ 20dB(A)。这种办法虽增加了基建投资，但却降低了日常运转费用。

增加传热面积与减声量的关系如图 5.1 - 94 所示。

图 5.1 -95 为某塔顶冷凝器成本增加率与风机轴功率对噪声之关系。

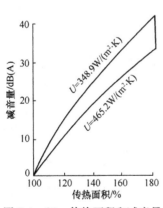

图 5.1 - 94 传热面积和减音量

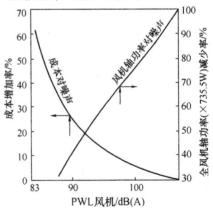

图 5.1 - 95 塔顶冷凝器消声对策

3. 吸声及隔声

对老厂改造来讲，上述消声措施不一定能行得通，这种情况下还可应用吸声及隔声措施。

吸声方法之一是在风机的出（入）口加消声器。由于风机的静压较低，因此，在加消声器时，应注意满足风机静压的要求，吸声材料可以使用厚度为 30mm，相对体积质量为 0.11 的石棉与厚度为 25mm，相对体积质量为 0.18kg/m³ 的喷涂石棉，不需装设空气层。这种消声方法一般可降低 2 ~ 5dB(A)。

隔声方法是采用具有屏蔽效应的隔声壁，其计算方法如图 5.1 - 96 所示。

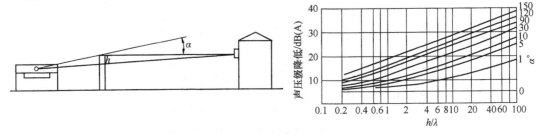

图 5.1 - 96　通过屏蔽降低声压级

图中　λ 为波长，$\lambda = \dfrac{c}{f}$。见表 5.1 - 49。

表 5.1 - 49　气温 18℃ 时的 λ 值

f/Hz	63	125	250	500	1000	2000	4000	8000
λ/m	5.3	2.7	1.33	0.67	0.34	0.17	0.08	0.04

对于初步设计隔声屏蔽的效果，可用图 5.1 - 97 所示的曲线鉴定。要求降低噪声 5 ~ 7dB(A) 时，在风机周围安装隔声屏蔽就可以满足。

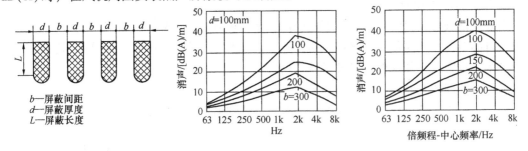

b—屏蔽间距
d—屏蔽厚度
L—屏蔽长度

图 5.1 - 97　消声屏蔽设计计算

图 5.1 - 98、图 5.1 - 99 为德国 GEA 公司采用的消声实例，图 5.1 - 100 是采用隔声墙降噪声的方法。

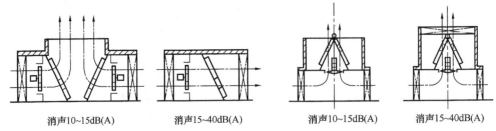

消声 10 ~ 15dB(A)　　消声 15 ~ 40dB(A)　　消声 10 ~ 15dB(A)　　消声 15 ~ 40dB(A)

图 5.1 - 98　具有消声屏蔽的循环冷却器　　　图 5.1 - 99　具有消声屏蔽的空气冷凝器

荆门炼油厂延迟焦化装置采用隔声墙消声，该装置共有 6 台外型尺寸 9m × 3m 的空冷器，噪声很大，直接影响人身健康和仪表的操作。在 6 台风机外面设置隔声墙后，环境噪声明显下降。根据在墙外东西南北四面各取一点测量的结果，其噪声平均值由 91dB(A) 降到 80dB(A)。消声墙外层用 2mm 钢板，内衬为 40 ~ 50mm 厚的超声玻璃棉，外表面用玻璃纤维布固定。

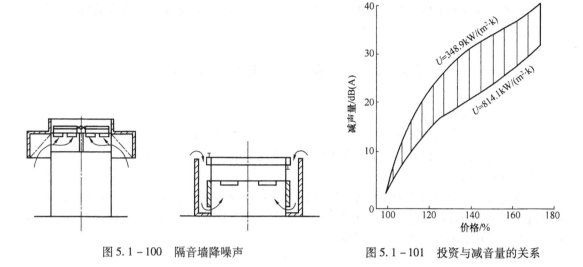

图 5.1 – 100　隔音墙降噪声　　　　　　　图 5.1 – 101　投资与减音量的关系

4. 降低噪声所需的投资

随方法不同而异。图 5.1 – 101 表示出了价格与减声量的关系。

表 5.1 – 50 是 GEA 公司降低空冷器声压级所用各种措施的效果比较。

表 5.1 – 50　不同方法降低噪声的效果比较*

结构形式	措施内容	声压级/dB(A)(距离10m)	声压级/dB(A)(距离100m)	能量消耗/%(近似)	成本/%(近似)
普通结构	对风机进行最佳设计, 利用有效的空气冷却, 一般可降低噪声 2～3dB(A), 也可利用邻近的建筑物或墙壁作屏蔽	78	62	100	100
增加冷却面积	通过增加冷却面积, 减少空气流量和压力	70	54	40	130～140
低噪声风机	利用宽叶片, 高轮毂比, 低噪声电机以及低噪声减速器, 叶尖速度不超过 30～40m/s	65	49	100	110
低噪声风机 + 消声器	在吸入侧和排出侧装设消声器和隔声板, 只有在两侧采用消声屏蔽才有最佳效果	50～40	40～25	120～150	130～140

* 采用两台 ϕ3.6m 直径风机的空气冷凝器。

综上所述, 在炼油、化工厂中消除空冷器的噪声在技术上并不困难, 并已积累了丰富的经验, 根据具体情况, 可以采取相应的措施。对新建装置, 在设计阶段就应考虑噪声问题, 采取有效措施, 使声源布局合理、把噪声控制在许可的范围内。对已有装置, 则应采用吸声、隔声等措施, 把噪声降下来。

四、振动切断开关

噪声控制是出于环境保护要求提出的, 而振动不仅关系到噪声的问题, 且直接影响到空冷器的安全操作问题, 故应引起特别注意。为了保证空冷器的安全运转, 防止由于异常振动引起的灾害, 国外各公司所生产空冷器风机上大多设有振动切断开关。振动切断开关一般是外部手控复位型, 并设有灵敏度调整器。当异常振动引起的加速度超过允许值时, 振动切断开关可自动切断电源并发出警报。振动切断开关的设置, 提高了空冷器安全运行的可靠性,同时也对风机本身的平衡及空冷器构架提出了更严的要求。国内近年也有设振动切断开关的空冷器在使用。

第八节　空冷器的调节与防冻

一、空冷器的调节要求

空气的温度在不断地变化，随着季节和地区的不同其变化的幅度也不相同。这就要求采用有效的方法来调节，以确保工艺流体的出口温度的相对恒定。

二、调节方法

空冷器热介质出口温度的控制方法有开路控制和闭路控制两种方法。开路控制成本低，控制精度差，无特殊的设备要求。闭路控制精度高，需有特殊的设备，自动化程度高，成本也相应增大。基本控制方法有如下几种：

- 旁路法；
- 开、关风机操作法（手控）；
- 百叶窗控制法（手控或自控）；
- 双速电机法（手控或自控）；
- 改变电机转速（自控）；
- 改变风机叶片倾角（手控或自控）；
- 加蒸汽盘管预热空气；
- 热风循环法（自控）；
- 联动控制法（自控）。

1. 旁路法

旁路控制是最原始的方法，即若热介质出口温度过低，就将部分或全部进料从旁路短路通过，最终两部分冷热流体混合以提高工艺流体的出口温度。显然，这种方法不太精确。

2. 开、关风机操作法

此方法很简单，经常采用。当采用多台风机来冷却相同工艺流体的时候，如果工艺流体出口温度过低，就把部分风机关掉。依靠轮流开、关风机，以减少通过管束的风量。但这种没有规律的控制方法在空气冷凝器中，易引起水击或因在并联的管束中产生膨胀差，而导致管子弯曲变形或使管箱连接处发生泄漏等问题。这种方法，可以节约一些动力，但风量呈阶梯式增减，不能精确地控制流体出口温度。

3. 百叶窗控制

用手动或自动调节百叶窗窗叶的开启度来控制风量，是一种较粗的控制方法，一般用在小型装置上或一台风机冷却多种工艺流体（有多片管束）的情况下。另外，在热风循环等系统中也常用百叶窗进行联合控制。该方法最大缺点是，不能有效的节约能耗。当百叶窗全关闭时，风机还会失速，其消耗的功率实际上还要增大。

4. 双速电机[1]

空冷器的风机一般用单速电机、但若采用双速电机则既有利于控制出口温度，也可以节约一定的动力。如使用1800/900r/min或1800/1200r/min的双速电机可分别提供相当精确的0、50、100（%）或0、67、100（%）的风量。显然，电机数量越多，增量越少，对控制温度来说也就越精确。图5.1-102为双速电机随气温变化控制的情况。日本笹仓公司还提到了用四速电机。另外，使用变极电机，若风机转速降低 1/3 时，其动力消耗可节约 70%。

5. 调速电机

如果需要更精确地调节风机风量，可采用无级调速电机。常用的有两种形式：液压驱动和电力驱动。这两种形式都可节省能量和有效地控制风量。

液压驱动系统虽用量不多，但已有多年历史。其优点就在于可调节风机转速，并可免去传动系统，缺点是效率低，一般只有 0.82。电

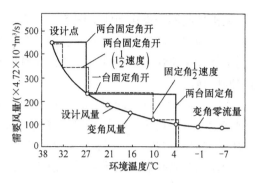

图 5.1-102　风量与环境温度的关系

驱动的理想调速系统采用了交流调频（AFD）驱动机构。其优点是能耗低、调速范围大、噪声和振动小。变频调速用一个调频控制机构（AFD）来控制普通感应电动机，通过改变电动机电源的频率达到改变电动机转速的目的。变频装置的功率范围为 5.5~150kV·A，输出频率范围为 5~50Hz，调频精度是最高频率的 ±0.5%，发自外部的温度设定信号：直流 0~10V，4~20mA。变频调速传动具有调节平稳，调节范围宽，节能效果显著的特点，可采用一台变频器控制多台风机[12]。

6. 调角风机

风机的转速不变，通过改变叶片的倾角来达到调节风量的目的，可以单独控制，也可以和其他方法联合起来一起使用。自调角风机能提供 0%~100% 的正向风量和大约 0%~60% 的负向风量。风机风量的调节范围为 +100%~-60%。此方法目前应用较多。

7. 联动控制法

在实际操作过程中发现，由于气温变化引起工艺流体出口温度变动的幅度，往往超过百叶窗或调角风机等单项控制手段所能控制的范围，在此情况下最好用两种方法进行联动控制。例如，用自调百叶窗和双速电机进行联动控制。图 5.1-103 为日本笹仓公司设计的自调百叶窗和双速电机联动控制图。自调百叶窗与自调角风机也可实行联动控制，如图 5.1-104 所示。这种控制可使风机倾角控制在有效范围的中间部分，如图 5.1-105 中所示的 A 点。这种方法需要两个控制器。即主控制器控制风机叶片角，副控制器控制百叶窗开启角度。副控制器受主控制器的输出所制约，其时间常数为主控制器的 3~10 倍。

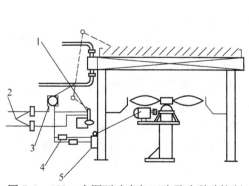

图 5.1-103　自调百叶窗与双速马达联动控制
1—带定位器的执行机构；2—带减压阀过滤器；
3—温度调节器；4—转换器；5—电动机控制器

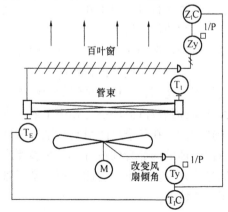

图 5.1-104　自调百叶窗与自调风机联动控制

　　风机控制器的操作曲线如图 5.1－105 所示，即叶片倾角控制在一个区间内，而不是控制在范围的中点。区间外为非线性区，其斜率比区间内大得多。需特别强调的是，控制器的比例不能大于 500～1000 倍，否则百叶窗控制系统将总是工作在区间的两极限位置上，而不是中间区域。

　　按图 5.1－106 进行控制无需应用特殊的调节技术。开始时用人工调节百叶窗来配合主控制器的调节，使风机叶片角度基本处于中间的位置，然后百叶窗控制器的时间相应调到 3～10 倍的时间常数。在实际工作中，如果主控制器总使其叶片倾角工作在区间的两个极限处，则需调节副控制器的增益增大或加大再调节量。

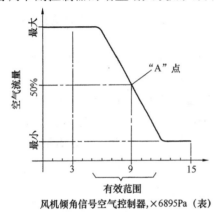

图 5.1－105　风机自调角控制器曲线

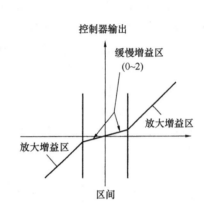

图 5.1－106　非线性控制器操作曲线

三、防冻方法

　　在炼油、化工厂中，有些特殊性质的工艺流体用空冷器冷却时，常常会给其操作带来一定的困难。如黏度较大的润滑油；凝固点高的乙二醇；苯酚；含有饱和蒸气的烷烃、稀烃气体；容易生成固体结晶的水合物等。上述流体在冷却过程中，可能引起滞流、结蜡、凝固、冻结、生成水合物等，严重影响空冷器的操作。

　　1. 冷却时的状态

　　黏性流体在冷却时，管内流速受到限制，一般呈层流状态，这样就可能出现管束内的流体分配不匀，流量少的区域有可能过冷，局部的流体黏性增加，流量减少，进而发生滞流或凝固。在冬季运行时，由于外界气温低，使管壁温度急剧下降，当管壁温度达到管内流体凝固温度时，则流体开始凝固。

　　蒸汽冷凝器在操作时，蒸汽进入前面管箱后，流入各排管内，底排管蒸汽冷凝量大于顶排管的蒸汽冷凝量，使后面管箱压力大于底排管出口压力，顶排管的蒸汽到达后面管箱并回流到底排管的尾部，这样底排管的两端被蒸汽流所闭锁，致使不凝气在底排管内聚积。不凝气是大气渗漏到蒸汽循环系统和用于锅炉水处理的化学剂产生的气体，它的存在会降低空冷器的传热性能，在冬季可能引起凝结水的冻结。

　　管内流体的局部凝固或冻结，使少数管内的局部阻力上升，管侧流体分配不均匀性加大，通过管外气流的不均匀性，更加剧了管侧流体分配的恶化，致使其余管内流体凝结，直至管子全部堵塞。

　　2. 传热设计考虑

　　对一个工艺设计人员来讲，必须首先了解冷却流体的性质，尤其是凝固点、倾点和露点。为使空冷器正常运转，必须在这些温度点上再加一个安全余量，作为设计温度。对于有准确凝固点的水来讲，这个余量只有几度就可以了。倾点和凝固点常与工艺流体的组分有关，安全余量要大一些，一般为 6～16℃[1]。

传热设计要保证管壁的金属温度高于流体的设计温度，即流体的最低温度高于设计温度。流体的最低温度并不等于流体按体积计算的平均温度，而是指低温区域的流体和低的管侧传热系数，高的空气侧给热系数三者会聚处的流体温度。

流体的温度要逐排考虑，由于每排管箱内的液体和管外空气之间的温差不同，所以底排管子的冷却能力比顶排大，其出口温度就始终比按流体体积计算的平均温度低，对于单管程则更甚。当出口管道截面大于单排管的截面时，最低排的出口温度，同样低于流体出口的体积平均温度。

管外空气分配不均匀现象，对各种形式空冷器均会发生。其原因有二：①风机到底排管的距离较短，空气不能很好的整流；②外界自然风的影响较大，如图 5.1 - 107 所示，由于上风侧压力上升，下风侧压力下降，这些都可引起通过管束的风速，沿管束宽度和长度方向分布不均匀。

图 5.1 - 108 表明了 6 管程空冷器的 6 排管的最低一排管的管壁温度的分布，它是通过把介质从 241℃冷却到 104℃，凝固点为 46℃。管束的风速用偏离平均风速 20%的线性不均匀进行模拟后得出的。

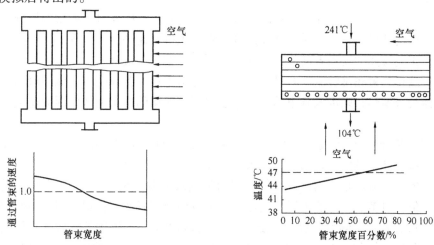

图 5.1 - 107　自然风对空气流分布的影响　　图 5.1 - 108　空气不均匀分布对管壁温度的影响

防冻设计就是以最低的设计气温为基准的。底排管空气侧所计算出来的传热系数应乘以 1.25 的系数，以补偿由于分布不均和计算中所用实验数据分散所造成的误差（应注意，底排管的传热系数比空冷器的平均传热系数低）。

同理，管内传热系数应乘以 0.9，以补偿在推导管内传热系数关联式时，由于实验数据的分散而造成的误差。

另外，还要考虑流体流量和组分的变化，分析本系统中由于热传导、对流、百叶窗的泄漏以及自然抽风等所引起的热损失。

设计人员还应考虑管箱内的流体温度，因为管箱暴露在大气之中，其箱壁温度很可能低于流体的临界设计温度。

在设计防冻系统时，除了以上几种措施外，还应研究其他可供选择的措施，例如，在有些情况下采用间接冷却也许更适用。也有这样的设计，即先用空冷器冷却对低温很不敏感的传热介质(如60%乙二醇和40%水混合成的调制水)，然后再将这种介质送入其他换热器(管式、板式等)中冷却工艺流体。

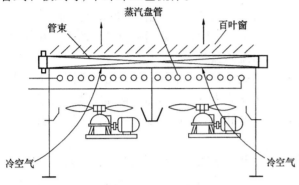

图 5.1 - 109　用蒸汽盘管预热空气

3. 防凝防冻措施

(1) 用蒸汽盘管加热空气。在低气温下，开启管束下面的蒸汽盘管预热穿过管束的冷空气，这是防凝防冻的简单措施之一，如图 5.1 - 109 所示。蒸汽盘管也常和百叶窗、热风循环等方式配合使用。

蒸汽盘管应布满管束的迎风面积，并且应向出口端倾斜，其倾斜度推荐为1%[1]。为了防止意外，蒸汽盘管应有自己独立的出入口集合管箱。集水器应尽可能靠近盘管，且能够在任何条件下排除全部蒸汽冷凝水。蒸汽盘管系统的大小，应能保证管束的进风侧有足够的预热的空气量。

德国 GEA 公司有一种设计，是在管束下面悬挂一个小蒸汽散热器，空气量要求较小时，用这种结构简单紧凑。

(2) 控制空气流量。减小通过管束的空气流量，是防止空冷器过冷的常用措施，其手段有：关闭百叶窗的开启度，减小风机叶片角度，降低风机变速马达转速等。

(3) 改变工艺流体的流动方向——变逆流为顺流。在正常设计中，工艺流体与空气为逆流交叉换热。这样管束底排的流体容易发生凝结或冻结事故。若改变工艺流体流向，使流体与空气为顺流交叉换热，则进入管束的冷空气首先接触底排的高温流体，因而避免了冻结的可能性。

科泽曼(T·Kozenman)和庞戴克(J，Pundyk)认为，顺流装置是解决工艺流体凝结的经济方法。在某些条件下可以代替昂贵的热风再循环系统。

顺流装置的主要缺点是平均温差较低，因而传热效率低。图 5.1 - 110 为顺、逆流装置热负荷的比较值，对多数空冷器来讲，逆流装置可较顺流装置能多传递 12% ~16% 的热量。

图 5.1 - 111 是局部管侧膜系数的比较。在流动起始部分，逆流膜系数较高，但当流体接近出口端时，则顺流膜系数增大。对黏性流体来讲，逆流和顺流之间效率之差可高达 20% 。

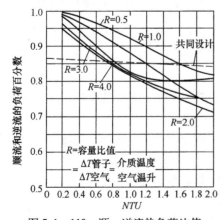

图 5.1 - 110　顺、逆流热负荷比值

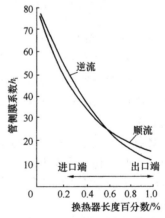

图 5.1 - 111　顺、逆流膜系数和管排长度的比较

为弥补顺流装置平均温差低的缺点，可以增大风量。其途径有增加管束宽度（管排数不变），或提高风机功率。增加管束宽度虽然要增大传热面积，但与再循环系统相比较还是经济的。图 5.1 – 112 为顺流和逆流管束宽度的比值。

用提高风机功率增加风量，虽然可以降低出口空气温度，提高气侧传热系数，但从图 5.1 – 113 可以看出，此法很不经济。

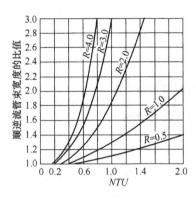

图 5.1 – 112　顺、逆流管束宽度比较　　　图 5.1 – 113　顺、逆流风机功率比较（管束相同）

空冷器在使用过程中可以把顺流和逆流结合起来操作。在正常气温下，按逆流操作，气温过冷时可使风机倒转为顺流操作。但此法只能在工艺流体凝固点不太高（26℃以下）且气候不太苛刻的条件下使用。

（4）利用热风再循环。利用热风再循环是低温防冻最有效的办法，其设计形式有多种，但总起来不外是内部循环和外部循环两种类型。

〈ⅰ〉内部热风循环系统

① 引风式热风内循环系统（图 5.1 – 114）

当环境温度降到危险点时，一台风机就自动切换为向下鼓风，空气穿过右半个管束被加热后，少部分从风裙处散入大气，大部分与一些冷空气混合穿过左半个管束被另一风机抽出，如此往复循环。通常这种内循环系统的管束下面都设有风裙，其作用是防止热风的散失和冷风的窜入，风裙高度一般为 1.2～2.4m，视空冷器的大小和自然风力状况而定。

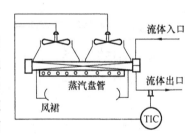

图 5.1 – 114　引风式内部热风循环

在此系统的设计中要考虑如下几点：

• 换向风机必须要等到环境温度充分低于设计温度时，才能切换。

• 风机在反向和复回之间的设计切换温度，要有大约 3℃ 的过渡间隔，以免风机在正、反向之间频繁动作。

• 要考虑风机系统的耐高温能力。

• 要考虑自然风力的影响，如果实际的热负荷大大低于设计工况，而环境温度又在危险区间，其影响尤为重要。这时风机停止转动往往比风机转动时散出的热量还要多，所以应该改变叶片的倾角，以阻挡向上的气流。

引风式的设计，只适用于环境气温不太恶劣的情况下使用，既需要适当的防护，又希望保持引风式设计的优点，另外还可节约百叶窗的投资。但也有的设计，在管束上面设置百叶窗，并附设蒸汽盘管，即使在低温下百叶窗也不致被冻结。

②鼓风式热风内循环系统(图5.1－115)

其性能与引风式基本相同，只是还保持着鼓风式设计的特点。在管束上面或下部侧面可设置百叶窗，由于向下排出热空气的速度比引风式的大，所以必须考虑这种较大的热气流喷射对系统设备的影响。在有些情况中，当环境温度降到某值时，两台风机可以同时向下引风，但只限于以下两种情况，即允许的大气温降必须与顺流情况下较小的平均温差相平衡；其次管束应为多管程，且管内流体应沿自上而下的管排流动。

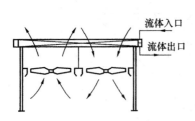

图5.1－115　鼓风式内部热风循环

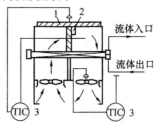

图5.1－116　带顶部百叶窗的内部热风再循环
1—排气百叶窗；2—百叶窗联动装置；3—调节器

③顶部带百叶窗的热风内部再循环(鼓风式)

如图5.1－116所示，两台风机同时向上鼓风，用可变倾角风机和顶部百叶窗来限制风量以控制管内流体出口温度。当冬季环境温度达到危险点时，可变倾角风机向下引风，并通过内外百叶窗的开闭以保证通过管束的混合空气温度不低于危险点。此系统不需风裙，与前两种系统相比，它受自然风力的影响较小。该设计适用于易出问题的低压单管程冷凝器。

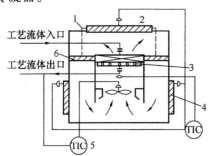

图5.1－117　鼓风式外部
热风再循环
1—联动装置；2—排气百叶窗；
3—蒸汽盘管；4—进气百叶窗；
5—调节器；6—旁通百叶窗

〈ⅱ〉鼓风式外部热风再循环系统

外部再循环可以保证空冷器在－50℃以下和环境温度差达80℃以上的气温下安全操作。多用于鼓风式设计，图5.1－117为双侧外风道的一种设计示意图。为了更清楚地示出框架两旁的外风道和百叶窗，图中只画出一台风机。风机永远向上鼓风。当环境温度低于危险点时，侧百叶窗被打开，顶部百叶窗被关闭。穿过管束的热空气，经过外风道与侧百叶窗裙进来的冷空气混合，重新被风机吸入。这是管束不与冷空气接触的唯一设计，一般选用自调角风机，若不需精确控制管内流体出口温度时，也可用手调角风机。

这种设计可以在极其恶劣的气温条件下使用。

图5.1－118为单侧外风道热风再循环系统示意图，但是图中(a)的设计不如(b)的设计好。因为鼓风式空冷器下面空间不同高度上的空气温度有明显差值，所以(a)中从靠近地面的开口处进入的冷空气，被风机沿地面导入管束较近的一侧，冷空气不能均匀的混合，仍可能造成管束出口底部工艺流体的冻结，而在(b)中由于将冷空气进入口改在上部，加之风道出口处的收缩就促使冷热空气得到了充分混合。

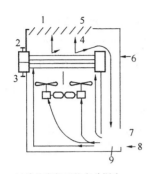
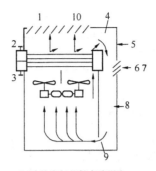

(a)冷热空气不能充分混合
1—排出空气;2、3—管内流体进出口；4—热空气；
5—顶部百叶窗;6—外风道；7—侧百叶窗；
8—进口空气；9—混合室

(b)冷热空气能够充分混合
1—排出空气;2、3—管内流体进出口；4—内百叶窗（部分开）
5—外风道；6—进口空气；7—侧百叶窗；8—混合室；
9—狭口；10—顶百叶窗（部分开）

图 5.1-118　单侧外风道热风再循环系统

我国椅子圈电厂位于高寒地区，冬季最低气温达 -50℃，其 1500kW 汽轮机上的空气冷凝器，采用了自身排出热空气进行再循环的结构，如图 5.1-119 所示。此结构实际上是一座四周挂满木板条的活动板房。它既可以进行热风循环，防止冻结，又可以防止大风雪的侵袭。在设计中，还在风机出口和管束入口之间，加装了一定数量的蒸汽盘管。因为汽轮机组在启动时，排气量很小，当气温在 0℃ 以下时，凝结水会发生冻结。装设蒸汽盘管后，机组在 0℃ 以下启动时，可以先向盘管通入采暖蒸汽，将空气和空冷器管束预热，达到一定温度后，启动汽轮机和风机，关闭蒸汽盘管，调节木板条的开度，使热风在保持一定的温度下进行循环。

总的来说，内部再循环经济，设计简单，但只能适于一般低温要求，在更苛刻的气温条件下，必须采用代价较高的外部热风再循环。内部再循环的主要缺点是，它们不能真正地使空气达到良好的循环和彻底的混合。

（5）用回弯头代替管箱。在并联管路中，由于各种原因，一旦有 1 根管子冻结，其余管子就会相继冻结被堵。解决此问题的一个有效方法是用回弯头代替管箱，即所谓盘管式空冷器。如图 5.1-120 所示。也可以用阀和回弯头并联。回弯头的价格约为普通管箱的 2 倍。

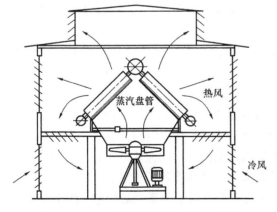

图 5.1-119　有热风循环的空气冷凝器

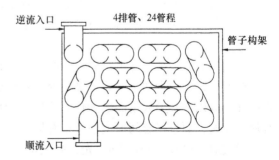

图 5.1-120　盘管空冷器管束

在科泽曼和庞戴克的文章中对盘管空冷器作了详细介绍[1]。因为管子是用弯头连结，所以从进口到出口构成了连续的单一通道，也就可以均匀分配流体。但这种结构压降较大，

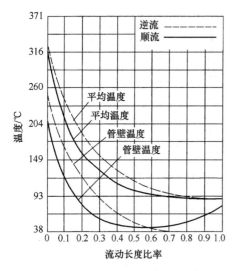

图 5.1 - 121　盘管空冷器管子温度变化

一般采用 76.2 ~ 127mm 较大直径的管子。管侧传热系数随入口到出口的长度变化，其结果导致了传热和表面积之间的非线性关系，图 5.1 - 121 示出了盘管空冷器在顺流或逆流情况下流体从进口到出口的平均温度和管壁温度的变化。

这种空冷器在操作中需要定期维护，并对管子进行清洗。因为管壁上可能有凝固物形成而使压降增加，泵的功耗增大。

4. 低温下对选用材料的考虑

对低温下操作的空冷器，选材必须谨慎。不少事例表明，在低温下往往由于选材不当而造成设备事故，这在 - 40 ~ -50℃ 的北美是屡见不鲜的。为避免出现初始裂纹，必须选用在低温下延展性较好的材料。根据美国和加拿大的经验，在 -40 ~ -50℃ 下操作的空冷器，管箱用 A - 516Gr70 级钢材制造，管子用 A - 179 或 A - 214 钢材制造。如果温度更苛刻且有冲击载荷存在时，管箱和管子应分别用 A - 537GrA 级和 A - 334 级钢种制造。加拿大制造低温空冷器的钢材主要是 CSA - Gr408B，相当于美国 A - 662B 级钢种。

根据却贝冲击韧性试验，A - 516Gr20 级钢种 25mm 和 50mm 原正火钢板的冲击值要比轧制状态的高得多，即在 -40℃ 以下仍然能保持良好的冲击韧度。A - 537A 级在 -50℃ 以下冲击值仍保持在 41.49N · m 左右。A - 139、A - 214 和 CSAGr408B 与 A - 51670B 相当[1]。

在低温下百叶窗是出现问题最多的构件，这往往是由于选材不当或轴承、操纵连动机构的强度不够等造成。百叶窗要用镀锌钢板。轴承、叶片销和启动连动机构用材要比一般标准件高一些。

风机及其传动系统应具有适合低温工况的选材和较高的安全系数。

5. 提高黏性流体传热效率的措施

在冷却黏性介质时，由于介质本身的物性及管内流速的限制，一般传热系数都较低，传热也有限，所以一般情况下以用光管为好。

根据杰斯克(Jesch)等人的研究[1]，对于黏性介质，为提高其传热负荷可采用内扩展表面翅片管。当管、内外流体传热系数越接近，内扩展表面积越大，其传热负荷增长也越大。

对内扩展表面采用梯形纵向翅片时，若选择的内翅片数量多，则可采用大数量低翅。在翅数少时，则选择少数量高翅。黏性介质在较低温度下流经窄流道时可能会凝结，最终将通道堵死，故以推荐少数量高翅为佳。此外，少数量高翅结构所得的流速分布，不仅在管中心有最大流速，而且在翅间通道中，也有局部的最大流速，从而改善了传热。

通过对一段长 $L = 1.04m$，光管内径 $d = 29mm$ 的直管进行了一系列的测量，用 T4C 润滑油作为被冷却流体，其结果表明，采用纵向翅片时，以图 5.1 - 122 所示的高、低翅间排为最佳。

利用涡流管提高管内传热系数，已越来越受到人们的重视。其中最简单的结构是在管内装螺旋条。在涡流范围内应用时，压降要显著上升，在层流范围内应用，其压降还是可以接受的。

图 5.1 - 123 是以光管作标准，对不同形式内翅片的试验结果。试验介质为 T4C 号润滑油，平均温度 55℃。从图中可以看出，如果把高翅片和螺旋条结合起来，对提高管内传热系数是很显著的。但在制造上有些困难，压降偏高。

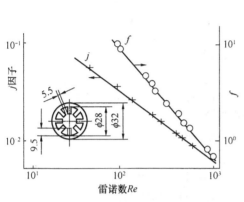

图 5.1 - 122　图示结构时雷诺数与
科尔泊恩丁因子和阻力系数

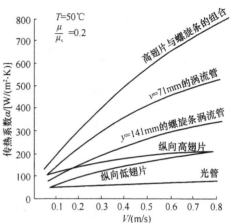

图 5.1 - 123　不同结构内翅片管的传热系数

第九节　干式空冷器的工艺计算

一、选用干式空冷器的原则

干式空冷与水冷相比有许多优点，但也有不足之处。在选择空冷时，应尽量用其所长，避其之短，以达到技术先进，经济合理的目的。

对各种工艺过程使用空冷器的经济性，各国学者均有研究。下面介绍几种判断方法。

（1）对要求进行冷却的热流体，首先按水冷式换热器条件进行计算其所需要的换热面积和冷却水量，然后用图 5.1 - 124 进行判断。

（2）按表 5.1 - 51 所列的设计条件作为判断空冷器是否经济的因素。表中列出的 19 项中有 10 项为重要条件（序号前冠以"＊"）。在选用空冷器时，至少要满足有 5 项重要设计条件在"尚有利"栏内，然后才作进一步设计计算，否则用空冷不如用水冷经济。

（3）以空冷和水冷的传热量、对数平均温差及总传热系数折算的成本费进行比较，并用图 5.1 - 125 的 3 组曲线来判别空冷与水冷的经济性。在使用图 5.1 - 125 之前，要首先按下列方程计算。

对 316 型不锈钢其比值是：

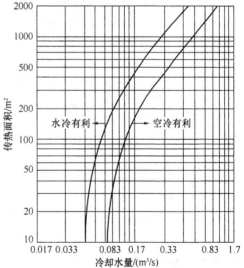

图 5.1 - 124　水冷和空冷的利弊关系图

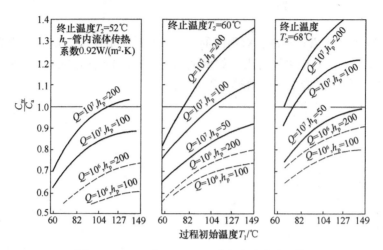

图 5.1-125　当 $C_w/C_a > 1$ 时空冷比水冷经济

$$\frac{C_w}{C_a} = \frac{33\left[Q/(LMTD)_w U_w\right]^{0.73} + 1.72 \times 10^{-3} Q}{83\left[Q/(LMTD)_a U_a\right]^{0.7} + 1.27 Q/(LMTD)_a U_a} \qquad (1-28)$$

对碳钢其比值是：

$$\frac{C_w}{C_a} = \frac{40\left[Q/(LMTD)_w U_w\right]^{0.6} + 1.72 \times 10^{-3} Q}{52\left[Q/(LMTD)_a U_a\right]^{0.7} + 1.27 Q/(LMTD)_a U_a} \qquad (1-29)$$

式中　　　C——每年的成本费；

Q——传热量，W/h；

$LMTD$——对数平均温差，K；

U——总传热系数，W/(m² · K)；

下标 w、a——分别表示水、空气。

表 5.1-51　选用空冷器的经济性

设　计　条　件		特别有利	有　利	尚有利	不　利
* 1. 附加费用/[百元/(m³/s)]		—	100	50	25
* 2. 接近温度差[1]/℃		25	25	15	10
* 3. 有效对数平均温差/℃		70	55	40	15
* 4. 冷却水侧污垢系数/[(m² · K)/W]		0.000978	0.000465	0.000233	0.000116
* 5. 管内侧给热系数[2]/[W/(m² · K)]		1.163~872.3	1.163~1163	1163~2326	2326~5815
* 6. 管内侧容许压力降/MPa		0.1	0.1	0.01	0.001
7. 冷却水温升/℃		5	5	15	20
8. 设计压力/MPa		10 以上	3.5 以上	0.1 以上	0.1 以下
9. 设计温度/℃		200 以上	150 以上	100 以上	70 以下
* 10. 冷却方法[3]		直接	直接或间接	直接或间接	间接
* 11. 结构材质	水冷	水侧采用特殊材质或复合管			同一材质
	空冷	只对工艺流体侧要求材质			
12. 设计空气温度和年间超过的百分率[4]		30℃(3%)	32℃(2%)	35℃(1%)	38℃(0.1%)

续表

设 计 条 件	特别有利	有 利	尚有利	不 利
13. 温度调节方法	手动	手动	自动	自动
* 14. 管内冷却温度/℃	−20	−20	0	40
* 15. 管内清扫	不要	清净液	化学药品	手工
16. 空气再循环	无	无	可能有	不可避免
17. 支承构架	在地上	在地上	无特殊困难	特殊构架
18. 工艺配管	短	短	中等	长
19. 冷却水配管	长	长	中等	短

注：①接近温度差，即指热流体出口温度与设计的空气入口温度之差；②指以光管外表面积为基准的传热系数；③直接冷却指热流体直接进入空冷器被冷却，间接冷却指热流体在其他形式换热器中被第二种流体所冷却，而后者升温后，再在空冷器中进行冷却（如发电机气缸夹套循环冷却水）；④百分率：1% 指 8h，2% 为 175h，3% 为 263h。

（a）过程压力必须小于 1.05MPa（表压）；

（b）过程温度必须低于 149℃；

（c）冷却水温度从 30℃升高到最终的 40.5℃；

（d）空气干球温度为 37.8℃；

（e）空气迎风面速度为 3.429m/s。

当过程变化在这个范围以外时，需单独计算。

二、传热基本方程式

$$Q = A \cdot U \cdot F \cdot \Delta T_{LM} \tag{1-30}$$

三、总传热系数

以光管外表面为基准的总传热系数 U，对各种管型（图 5.1 − 126）计算式如下：

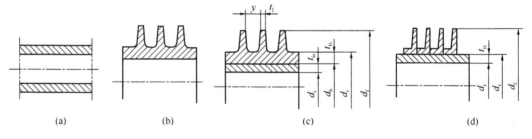

图 5.1 − 126 翅片管示意图

1. 光滑管［图 5.1 − 126(a)］

$$\frac{1}{U} = \frac{1}{h_o} + r_o + \left(\frac{A_o}{A_m}\right)\frac{t_s}{\lambda} + r_i\left(\frac{A_o}{A_i}\right) + \frac{1}{h_i}\left(\frac{A_o}{A_i}\right) \tag{1-31}$$

式中　A_m——对数平均管表面积，$\pi(A_o - A_i)/\ln(d_r - d_i)$，$m^2/m$；

　　　　λ——管子金属导热系数，$W/(m \cdot K)$。

2. 单金属轧片管［图 5.1 − 126(b)］

$$\frac{1}{U} = \frac{1}{h_o} + r_o + r_f + \left(\frac{A_o}{A_{fm}}\right)\frac{t_s}{\lambda} + \left(\frac{A_o}{A_i}\right) + \frac{1}{h_i}\left(\frac{A_o}{A_i}\right) \tag{1-32}$$

式中 A_{fm} ——对数平均直径为准的表面积，m^2/m。
$$A_{fm} = \pi(d_r - d_i)/\ln(d_r/d_i)$$

3. 双金属轧片管(图 5.1 – 126c)

$$\frac{1}{U} = \frac{1}{h_o} + r_o + r_f + \left(\frac{A_o}{A_{lm}}\right)\left(\frac{t_{ls}}{\lambda_1}\right) + \left(\frac{A_o}{A_{fm}}\right)\left(\frac{t_{fs}}{\lambda_f}\right) + r_i\left(\frac{A_o}{A_i}\right) + \frac{1}{h_i}\left(\frac{A_o}{A_i}\right) + r_b\left(\frac{A_o}{A_b}\right) \quad (1-33)$$

式中 A_{lm} ——基管的对数平均表面积，m^2/m；
$$A_{lm} = \pi(d_b - d_i)/\ln(d_b/d_i)$$

A_{fm} ——以翅片管对数平均直径为准的表面积，m^2/m；
$$A_{fm} = \pi(d_r - d_b)/\ln(d_r - d_b)$$

t_{ls}，t_{fs} ——基管，翅片管壁厚，m；

λ_1，λ_f ——基管，翅片管金属导热系数，$W/(m \cdot K)$；

A_b ——基管和轧片管接合部分表面积，m^2/m。

4. 缠绕式翅片管(图 5.1 – 126d)

$$\frac{1}{U} = \frac{1}{h_o} + r_o + r_f + \left(\frac{A_o}{A_m}\right)\frac{t_s}{\lambda} + r_i\left(\frac{A_o}{A_i}\right) + \frac{1}{h_i}\left(\frac{A_o}{A_i}\right) + r_b\left(\frac{A_o}{A_b}\right) \quad (1-34)$$

总传热系数除可按上述方程式进行精确计算外，还可按各文献中介绍的经验数值进行选取。对 $\phi25mm$ 的光管；翅高 15.9mm，片距 2.3～3.1mm 的翅片管，以光管外表面积为基准的总传热系数经验值见表 5.1 – 52 和表 5.1 – 53。

表 5.1 – 52 总传热系数经验值(一)

一、冷 凝	
被冷却流体	$U/[W/(m^2 \cdot K)]$
粗轻汽油 压力 0.007MPa(表压)	425
压力 0.14MPa(表压)	483
压力 0.49MPa(表压)	512
轻汽油	454
汽油、蒸汽混合物	395～430
轻石脑油	395～454
重石脑油	349～407
纯轻烃	454～488
混合轻烃	372～430
中等组分烃类	256～291
中等组分烃类、水、蒸汽	314～349
铂重整、多金属重整、加氢重整、反应器生成物	349～454
加氢过程反应器出口气体部分冷凝	
加氢裂解 10～20MPa(表压)	454
催化重整 2.5～3.2MPa(表压)	424
加氢精制(汽油)8.0MPa(表压)	395
(柴油)6.5MPa(表压)	337

续表

一、冷　　凝	
被冷却流体	$U/[W/(m^2 \cdot K)]$
塔顶馏出物——轻石脑油、蒸汽、不凝气	343 ~ 401
水蒸气	797 ~ 855
含 10% 不凝气的蒸气	570 ~ 628
含 20% 不凝气的蒸气	541 ~ 570
含 40% 不凝气的蒸气	340 ~ 365
纯有机溶剂	395 ~ 454
氟里昂 12	343 ~ 454
氨	570 ~ 622
胺再生器	512 ~ 570
乙醇胺(50 ~ 80℃)	349
(80 ~ 110℃)	523

二、气体冷却					
被冷却流体	在下列压力(/MPa)下的 U 值/$[W/(m^2 \cdot K)]$				
	0.07	0.35	0.7	2.1	3.5
轻组分烃	87 ~ 116	169 ~ 198	256 ~ 285	366 ~ 395	395 ~ 424
中等组分烃及有机溶剂	87 ~ 116	198 ~ 227	256 ~ 285	366 ~ 395	395 ~ 424
轻无机气体	58 ~ 87	87 ~ 116	169 ~ 198	256 ~ 245	285 ~ 314
空气	47 ~ 58	87 ~ 116	140 ~ 169	195 ~ 220	256 ~ 285
氨	58 ~ 87	87 ~ 116	169 ~ 198	256 ~ 285	295 ~ 314
水蒸气	58 ~ 87	87 ~ 116	140 ~ 169	256 ~ 285	314 ~ 343
氢　100%	116 ~ 169	256 ~ 285	366 ~ 395	483 ~ 541	541 ~ 570
75%（体积）	99 ~ 157	195 ~ 256	343 ~ 372	454 ~ 483	483 ~ 512
50%（体积）	87 ~ 140	198 ~ 227	314 ~ 343	424 ~ 454	483 ~ 512
25%（体积）	70 ~ 128	169 ~ 198	256 ~ 331	372 ~ 395	454 ~ 483
合成氨反应出口气体	454 ~ 512				
乙烯	压力为 8.0 ~ 9.0MPa 时，407 ~ 465				
重整反应出口气体	291 ~ 345				
加氢精制反应出口气体	291 ~ 345				

三、液体冷却	
被冷却流体	$U/[W/(m^2 \cdot K)]$
油品 20°API　95℃（平均温度）	58 ~ 93
150℃（平均温度）	76 ~ 128
200℃（平均温度）	169 ~ 195
油品 30°API 65℃（平均温度）	76 ~ 128
95℃（平均温度）	140 ~ 198
150℃（平均温度）	256 ~ 314

续表

三、液体冷却	
被冷却流体	$U/[\text{W}/(\text{m}^2 \cdot \text{K})]$
200℃(平均温度)	285 ~ 343
油品 40°API 65℃(平均温度)	140 ~ 198
95℃(平均温度)	285 ~ 343
150℃(平均温度)	314 ~ 366
200℃(平均温度)	343 ~ 395
重油 8 ~ 14°API 150℃(平均温度)	35 ~ 58
200℃(平均温度)	58 ~ 95
汽油	395 ~ 424
加氢重整或铂重整生成物	407
煤油	314 ~ 343
柴油	256 ~ 314
轻石脑油	366 ~ 395
重石脑油	343 ~ 366
轻烃类	424 ~ 390
燃料油	110 ~ 169
润滑油(高黏度)	58 ~ 87
(低黏度)	116 ~ 145
渣油	58 ~ 116
焦油	29 ~ 35
工艺过程用水	605 ~ 680
工业用水(经过净化)	582 ~ 698
引擎冷却水	686 ~ 739
25%的盐水(水75%)	512 ~ 622
50%乙烯乙二醇和水	570 ~ 680
氨	570 ~ 680
醇及大多数有机溶剂	395 ~ 424
稀碳酸钠(钾)溶液	465
环丁砜溶液(出口黏度约7cP)	395
乙醇胺溶液(15% ~ 20%)	582
(20% ~ 25%)	535

表 5.1 – 53　总传热系数经验值(二)[13]

应用场合		$U/[\text{W}/(\text{m}^2 \cdot \text{K})]$(以光管表面积为基准)
液体换热装置	水套冷却水	680 ~ 740
	50%乙二醇 – 水	540 ~ 600
	有减速器的发动机润滑油	114 ~ 170
	没有减速器的发动机润滑油	85 ~ 114

续表

应用场合		$U/[\mathrm{W}/(\mathrm{m}^2 \cdot \mathrm{K})]$（以光管表面积为基准）
	轻烃	425 ~ 540
	轻石脑油	397 ~ 455
	临氢重整和铂重整液体	397
	轻质粗柴油 – 黏度低于 1cP*	340 ~ 397
	重质粗柴油 – 黏度为 2 ~ 3cP	114 ~ 142
	重质润滑油馏分 – 黏度为 10 ~ 300cP	45 ~ 114
	渣油 – 黏度为 50 ~ 1000cP	57 ~ 114
	焦油	28 ~ 57
	工艺水	600 ~ 680
	燃料油	114 ~ 170
气体冷却	10psi 下的烟气，$\Delta p = 1$psi*	57
	100psi 下的烟气，$\Delta p = 5$psi	170
	30 ~ 40psi 下的空气	114
	50 ~ 100psi 下的空气	114 ~ 170
	100 ~ 300psi 下的空气	170 ~ 200
	300 ~ 600psi 下的空气	200 ~ 227
	600 ~ 1000psi 下的空气	227 ~ 284
	1000 ~ 3000psi 下的空气	284 ~ 370
氨反应器中的气体	在 15 ~ 50psi 下的烃气体（$\Delta p = 1$psi）	455 ~ 511
	在 50 ~ 250psi 下的烃气体（$\Delta p = 3$psi）	170 ~ 227
	在 250 ~ 1500psi 下的烃气体（$\Delta p = 5$psi）	284 ~ 340
	在 1500 ~ 2500psi 下的烃气体（$\Delta p = 7$psi）	397 ~ 511
冷凝	水蒸气（0 ~ 20psig*）	455 ~ 570
氨	胺再生器	740 ~ 795
	轻烃	570 ~ 680
	轻汽油	511 ~ 570
	轻石脑油	455 ~ 540
	氟利昂 – 12	455
	重石脑油	377 ~ 455
	反应生成气 – 铂重整、加氢	377 ~ 455
	重整、临氢重整	340 ~ 397
	塔顶气体 – 轻石脑油、水	340 ~ 455
	蒸汽和不凝结气体	340 ~ 397

* 1cP $= 0.001$Pa $\cdot$ s；1psi $= 0.06895 \times 10^3$Pa；psig 是以 psi 为单位的表压。

四、管内流体的膜传热系数和压力损失 p

1. 饱和蒸气冷凝的膜传热系数

（1）在水平管内，当蒸汽的流速不可忽略时，可根据艾克斯（Akers）提出的图 5.1 – 127 确定。

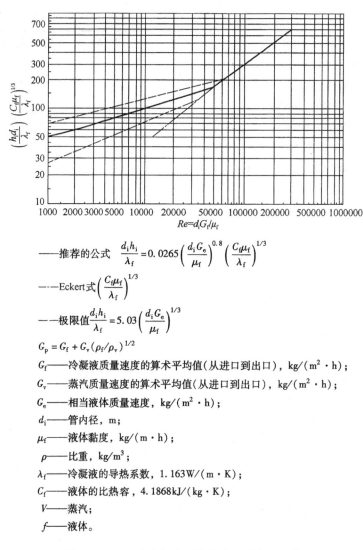

——推荐的公式　$\dfrac{d_i h_i}{\lambda_f} = 0.0265 \left(\dfrac{d_i G_e}{\mu_f}\right)^{0.8} \left(\dfrac{C_f \mu_f}{\lambda_f}\right)^{1/3}$

——Eckert式 $\left(\dfrac{C_f \mu_f}{\lambda_f}\right)^{1/3}$

——极限值 $\dfrac{d_i h_i}{\lambda_f} = 5.03 \left(\dfrac{d_i G_e}{\mu_f}\right)^{1/3}$

$G_p = G_f + G_v (\rho_f / \rho_v)^{1/2}$

G_f——冷凝液质量速度的算术平均值（从进口到出口），$kg/(m^2 \cdot h)$；

G_v——蒸汽质量速度的算术平均值（从进口到出口），$kg/(m^2 \cdot h)$；

G_e——相当液体质量速度，$kg/(m^2 \cdot h)$；

d_i——管内径，m；

μ_f——液体黏度，$kg/(m \cdot h)$；

ρ——比重，kg/m^3；

λ_f——冷凝液的导热系数，$1.163 W/(m \cdot K)$；

C_f——液体的比热容，$4.1868 kJ/(kg \cdot K)$；

V——蒸汽；

f——液体。

图 5.1-127　艾克斯水平管内冷凝膜传热系数

　　（2）德沃尔（Devore）提出的层流状态冷凝液膜传热的经验公式，亦经常为设计者所采用。

　　（a）水平管内介质的冷凝

$$h_i \left(\dfrac{\mu_f^2}{\lambda_f^3 \cdot \rho_f^2 \cdot g}\right)^{\frac{1}{3}} = 1.51 \left(\dfrac{4\Gamma}{\mu_f}\right)^{-\frac{1}{3}} \tag{1-35}$$

式中　h_i——管内给热系数，$W/(m^2 \cdot K)$；

　　　　μ_f——冷凝液液膜温度下的黏度，$2.778 \times 10^4 Pa \cdot s$；

　　　　λ_f——冷凝液液膜温度下的导热系数，$1.163 W/(m \cdot K)$；

　　　　ρ_f——冷凝液液膜温度下的密度，kg/m^3；

　　　　g——重力加速度 1.27×10^8，m/h^2；

　　　　Γ——冷凝负荷，$kg/(m \cdot h)$；

$$\Gamma = \dfrac{W}{0.5L \cdot n}$$

W——冷凝液量，kg/h；

L——管长，m；

n——管子根数。

（b）垂直管内介质的冷凝。

如图 5.1 - 128 所示，图中 $\Gamma = \dfrac{W}{\pi \cdot d_i \cdot n}$。

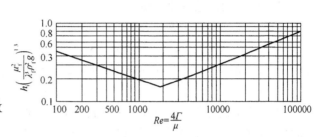

图 5.1 - 128　垂直管油冷凝膜传热系数

2. 气体或液体冷却的膜传热系数

当流体在圆管内以湍流状态流动时，西德 - 塔特（Sieder - Tate）提出了下列公式：

$$Nu_f = 0.023 Re_f^{0.8} \cdot Pr_f^{1/3} \cdot \left(\dfrac{\mu_f}{\mu_w}\right)^{0.14} \qquad (1-36)$$

使用条件：

（a）物性数据皆取算术平均温度下的数值；

（b）$Re > 10000$；

（c）$0.7 < Pr < 16700$；

（d）$L/d_i > 60$。

把传热因子 j_H 代入则得下列通式

$$\dfrac{h_i d_i}{\lambda} = j_H \cdot \left(\dfrac{c_1 \mu_f}{\lambda}\right)^{1/3} \cdot \left(\dfrac{\mu_f}{\mu_w}\right)^{0.4}$$

j_H 的计算图表如图 5.1 - 129 所示。

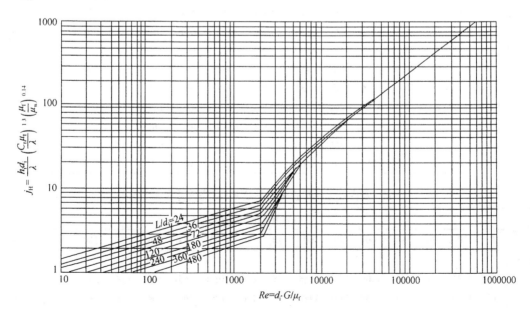

图 5.1 - 129　管侧传热因子图

式中 h_i——管内给热系数，W/(m² · K)；

d_i——管内径，m；

G——管内质量流速，kg/(m² · h)；

G_L——流体等压比热容，J/(kg · K)；

λ——导热系数，1.163W/(m · K)；

μ_f、μ_w——流体、管壁温度下流体黏度，2.778×10⁻⁴Pa · s；

L——管长，m。

为了应用上的方便，表5.1-54、表5.1-55给出了管内流体冷却的膜传热系数[1]，该表数据是根据 $Nu = 0.023(Re)^{0.8}(Pr)^{0.3}$ 作出的。表中数值尚需乘以右侧的校正系数。校正的目的是：

（a）表中气体质量流速是以 10kg/m² · s、液体流速是以 1m/s 为基础的，当采用其他数值时须校正。

（b）表中所列数值是以管内面积为基准，换算到以光管外表面积为基准时需进行校正。

（c）管侧流体压力损失 Δp_t。

表5.1-54 管内气体冷却膜传热系数 h_i（以光管外表面积为基准）   W/(m² · K)

名　　称		管内气体平均温度/℃											
		-50	-25	0	25	50	75	100	125	150	175	200	225	250
烷烃	C_1	74	77	80	84	86	87	90	92	93	94	97	98	99
	C_2	47	50	53	57	60	64	67	71	73	77	81	84	87
	C_3	—	—	56.6	58	71.4	74.9	78.5	80	82	87.5	93	92.8	92.5
	C_4	43	48	52	56	59	60	63	65	67	69	71	72	73
	C_5	—	—	49	50	55	58	60	65	70	73	78	83	—
烯烃	C_2^-	44	48	58	52	55	59	60	65	67	70	72	76	77
	C_4^-	—	—	50.6	55.6	60.6	64.3	68	71.4	74.8	76.9	78.9	81.6	84.6
	C_3^-	—	—	53	59.7	43	70.4	74.4	76.4	78.5	80.4	82.1	85.2	88.4
工业气	H_2	494	506	512	523	535	547	552	558	576	587	599	605	611
	CO	38	40	41	41.3	41.9	43	44	45	45	47	48	49	58
	CO_2	29	29.7	30.8	33	34	35	35.5	36	37	37.8	38	39	39.5
	O_2	36.6	37	37.8	38	39	40	40.1	41	41.3	42	42	42	42
	N_2	40	41	42	43	44	44.2	44.8	45	46	47	47	47	47
水煤气		—	—	98	105	112	114	116	118	120	121	122	123	123
水蒸气		—	—	59	60	62	62.2	63	64	65	66	67	69	70

表5.1-55 管内液体冷却膜传热系数 h_i（以光管外表面积为基准）   W/(m² · K)

名称	管内液体平均温度/℃															
	0	10	20	30	40	50	60	70	80	90	100	110	120	130	140	150
烷烃																
C_5	1337	1384	1419	1460	1500	1524	1535	1558	1582	1611	1651	1681	1681	—	—	—
C_6	1163	1210	1244	1303	1349	1407	1442	1477	1500	1564	1611	1640	1657	—	—	—
C_7	1105	1151	1198	1233	1265	1303	1337	1384	1442	1477	1512	1570	1593	—	—	—
C_8	922	968	1014	1076	1105	1151	1175	1198	1221	1256	1273	1326	1349	—	—	—

续表

名称	管内液体平均温度/℃															
	0	10	20	30	40	50	60	70	80	90	100	110	120	130	140	150
芳烃																
苯	—	959	1058	1151	1227	1320	1413	1477	1535	1628	1686	1768	1826	—	—	—
甲苯	1029	1093	1151	1210	1256	1320	1349	1413	1442	1477	1500	1535	1582	—	—	—
二甲苯	959	971	994	1018	1987	1097	1107	1146	1175	1204	1227	1256	1273	1297	1314	—
	1291(160℃)　　1387(180℃)　　1367(200℃)															
油品																
汽油	—	—	—	1116	1239	1303	1355	1396	1430	1465	1489	1523	1553	—	—	—
航煤	913	936	965	1012	1058	1105	1151	1204	1256	1297	1349	1396	1442	1449	1524	1564
	1599(160℃)　1622(170℃)　1646(180℃)　1663(190℃)　1675(200℃)　1681(210℃)　1686(220℃)　1692(230℃)　1692(240℃)															
轻柴油	374	430	488	529	566	616	662	698	742	785	802	866	887	930	972	994
	1019(160℃)　1087(180℃)　1136(200℃)															

* 表中轻柴油的 h_i 是近似数值，其准确数值应由各种牌号的黏度具体计算。

管侧压力损失可简单的看作直管部分的压力损失 Δp_i 和管程回弯压力损失 Δp_r 之和。

$$\Delta p_t = (\Delta p_i + \Delta p_r) \cdot N_t \cdot \xi \qquad (1-37)$$

$$\Delta p_i = \frac{f_i \cdot G_i^2 \cdot L}{2g \cdot \rho_i \cdot d_i} \left(\frac{\mu_t}{\mu_w}\right)^{-0.14} \times 10^{-4} \qquad (1-38)$$

$$\Delta p_r = \frac{4G_i^2}{2g \cdot \rho_i} \cdot 10^{-4} \qquad (1-39)$$

式中　ζ——结垢补偿系数[气体冷凝或液体冷却时 $\zeta = 1.3$，气体冷却时 $\zeta = 1.0$（干净），$\zeta = 1.1 \sim 1.2$（有污垢）]；

f_i——管侧摩擦因数（图 5.1 – 130）；

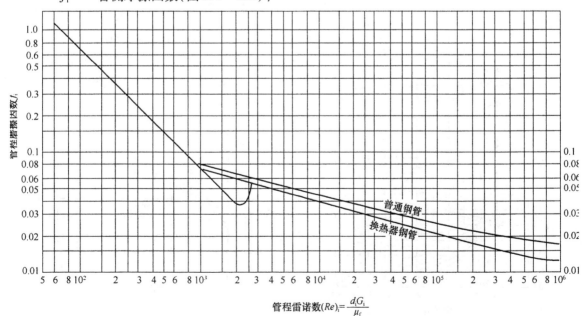

图 5.1 – 130　管侧摩擦因子图

L——管长，m；

ρ_i——管侧流体在定性温度下的体积质量，kg/m^3；

N_t——管程数。

G_i——管侧流体质量流速，kg/(m$^2 \cdot$ s)；

图中 μ_f——流体黏度，2.778×10^{-4}Pa·s；

d_i——管内径，m。

五、空气侧膜传热系数和压力损失

1. 空气垂直通过圆管管束

(1) 膜传热系数

$$h_o = \frac{\lambda}{d_o} 0.33 C_H \cdot \psi \cdot \left(\frac{d_o G_{max}}{\mu}\right)^{0.6} \cdot \left(\frac{c \cdot \mu}{\lambda}\right)^{0.3} \qquad (1-40)$$

式中 λ——空气导热系数，W/m·K；

C_H——由管子排列、间距与直径比、雷诺数决定的系数，从图5.1-131，查得；

ψ——管排数修正系数，从图5.1-132查得；

G_{max}——通过管排之间流体的最大质量速度，kg/(m$^2 \cdot$ h)。

$$G_{max} = \frac{W}{(S_1 - d_o) \cdot L \cdot n_1}$$

W——空气流量，kg/h；

L——管长，m；

n_1——每排管管数；

μ——空气黏度，Pa·s；

c——空气比热容，J/(kg·K)；

d_o——管子直径，mm。

(2) 压力损失 Δp_s

$$\Delta p_s = 0.0334 K_f \cdot N \cdot \frac{G_{max}^2}{2g \cdot \rho} \qquad (1-41)$$

式中 Δp_s——空气侧压力损失，MPa；

g——重力换算系数，1.27×10^8m/h^2；

K_f——系数，由表5.1-56查得。

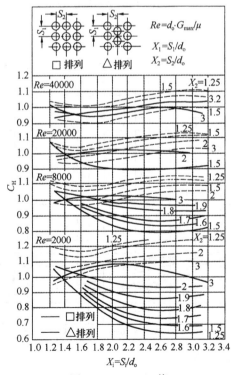

图5.1-131 C_H 值

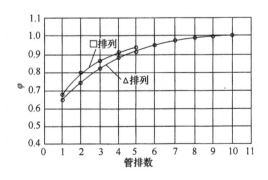

图5.1-132 管排数对 h_o 修正系数

表 5.1 – 56 三角形排列 K_f 值

X_2	Re															
	2000				8000				20000				40000			
	X_1				X_1				X_1				X_1			
	1.25	1.5	2.0	3.0	1.25	1.5	2.0	3.0	1.25	1.5	2.0	3.0	1.25	1.5	2.0	3.0
1.25	2.52	1.80	1.56	1.30	1.98	1.44	1.19	1.08	1.56	1.10	0.96	0.86	1.26	0.88	0.77	0.78
1.50	2.58	1.80	1.56	1.38	2.10	1.60	1.16	1.04	1.74	1.16	0.96	0.84	1.50	0.96	0.79	0.68
2.0	2.58	1.80	1.44	1.13	2.16	1.56	1.14	0.96	1.92	1.32	0.96	0.78	1.68	1.08	0.82	0.65
3.0	2.64	1.92	1.32	1.02	2.28	1.56	1.13	0.90	2.16	1.44	0.96	0.74	1.98	1.20	0.84	0.60

注：X_1、X_2 见图 5.1 – 131。

2. 空气垂直通过错排椭圆管管束（图 5.1 – 133）

（1）膜传热系数 h_o

$$h_o = \frac{\lambda}{d_e} 0.236 \left(\frac{d_e \cdot G_{max}}{\mu} \right)^{0.62} \cdot \left(\frac{c \cdot \mu}{\lambda} \right)^{\frac{1}{3}} \tag{1 – 42}$$

式中　d_e——椭圆管当量直径，m；

$$d_e = \frac{a \cdot b}{\sqrt{(a^2 + b^2)/2}}$$

a、b——椭圆管长、短轴，m。

气流通过椭圆管后不产生涡流区，所以单管和管束之间膜传热系数相同，不需校正。

（2）压力损失 Δp_s

$$\Delta p_s = f \cdot N \left(\frac{G_{max}^2}{2g \cdot \rho} \right) \tag{1 – 43}$$

式中　f——摩擦因数。

$$f = 1.24 \left(\frac{d_e \cdot G_{max}}{\mu} \right)^{-0.24}$$

3. 空气垂直通过圆翅片管管束（图 5.1 – 134）

（1）布里格斯（Brigss）等人，通过对各种铜和铝的三角形错排的翅片管管束试验后，提出了如下试验公式：

① 膜传热系数

（a）高、低翅片管的一般关联式

$$Nu = 0.134 Re^{0.681} Pr^{1/3} (S/h)^{0.200} (S/t)^{0.1134} \tag{1 – 44}$$

此方程式具有 5.1% 的误差，该式可简化为：

$$h_o = 1.44 G_{max}^{0.681} d_o^{-0.319} S^{0.313} h^{-0.2} t^{-0.133} \beta \tag{1 – 45}$$

式中　$\beta = \lambda^{0.67} \cdot \rho^{-0.351} \cdot c^{0.33}$ 是以空气平均温度为基准的当量函数；

　　　　S——翅片间距，m；

　　　　h——翅片高度，m；

　　　　t——翅片平均厚度，m。

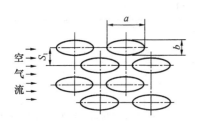

图 5.1 - 133　空气通过错排椭圆管

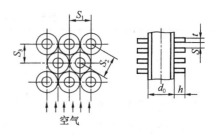

图 5.1 - 134　空气垂直通过圆翅片管

（b）高翅片管的关联式

$$Nu = 0.1378 Re^{0.718} Pr^{1/3} (S/h)^{0.296} \qquad (1-46)$$

此式具有 5.1% 的误差。

试验中还发现翅片管管心距对膜传热系数的影响，如图 5.1 - 135 所示，图中示出的两个不同管心距管束，其传热系数在试验误差范围内是相同的。

翅片间距的变化，对空气膜传热系数稍有影响，即随翅厚的增加而降低。如两管束的翅厚分别为 2.02mm 和 0.46mm，其他几何参数基本相同，其传热系数前者比后者降低 8%。

空气的流动方式及管排数对空气侧的膜传热系数也有影响，文献[1]提供了校正系数 ϕ，鼓风式空冷器 $\phi = 1$，引风式空冷器按表 5.1 - 57 选取。

表 5.1 - 57　引风式校正系数 ϕ

| 管束最小截面风速/ | 管　排　数 | | | | | | | |
(m/s)	2	3	4	5	6	8	10	20
5	0.828	0.885	0.916	0.935	0.947	0.963	0.972	0.987
7	0.810	0.871	0.908	0.930	0.945	0.961	0.970	0.987

②压力损失 Δp_s

当 Re 为 2000 ~ 5000，S_1/d_o 为 1.8 ~ 4.6 时，等边三角形排列的高翅片管管束的气流压力损失，推荐的关联式为：

$$f = 18.93 \cdot Re^{-0.316} (S_1/d_o)^{-0.927} \qquad (1-47)$$

此式误差为 7.8%。

如果将翅片管的横向间距与纵向间距之比值代入，则得到误差为 10.7% 的关联式：

$$f = 18.93 Re^{-0.316} (S_1/d_o)^{-0.927} (S_1/S_2)^{0.515} \qquad (1-48)$$

式中　f——摩擦因数。

$$f = \frac{\Delta p_s \cdot g \cdot \rho}{N \cdot G_{max}^2};$$

Re——以翅片根径为当量直径的雷诺数。

具有 2、4、6 排管的管束，在试验误差范围内，每排管的等温压降与气流方向的管排数无关。

管心距对压力损失和雷诺数的指数都有影响。管心距增加时，压力损失下降，但雷诺数指数稍有增大。从图 5.1 - 136 可以看出，管心距增加时，压力降迅速降低，最后达到不受管心距增大影响的数值。

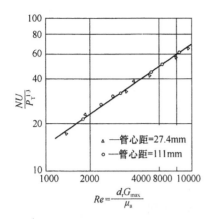

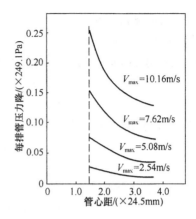

图 5.1 – 135　管心距不同时空气膜传热系数的比较　　图 5.1 – 136　不同风速下管心距与压力降的关系

（2）上海机械学院热工教研室对整体轧制铝制高翅片管进行试验后，提出了如下关联式：

$$Nu = 0.1887\left[1 + 0.1\left(\frac{S_1}{S_r} - 2\right)\right] \cdot Re^{0.685} \cdot Pr^{\frac{1}{3}} \cdot \left(\frac{S}{h}\right)^{0.304} \qquad (1-49)$$

式中雷诺数 Re 是以翅根直径 d_r 作为当量直径。

此式可应用在下列范围，误差为 4.4%。

$$S_1/d_o = 2 \sim 3; \quad S/h = 0.2 \sim 0.45; \quad Re = 5 \times 10^3 \sim 5 \times 10^4。$$

试验中还发现，翅片管排列的横向间距 S_1 对放热有影响，而纵向间距 S_2 对放热没有影响，这与布里格斯的试验稍有区别。

（3）马义伟等人对 L 型缠绕式翅片及镶嵌式翅片管进行试验后，提出了如下关联式：

① 膜传热系数

a. 光管外径 25mm、翅高 16mm、片距 1.8mm 的缠绕式翅片管管束

$$Nu = \left(\frac{38}{N^{1.1}} - 3.28\right) \cdot Re^{(0.37+0.05N)} \cdot Pr^{\frac{1}{3}} \qquad (1-50)$$

b. 光管外径 ϕ25mm、翅高 12.5mm、片距 1.8mm 的缠绕式翅片管管束

$$Nu = \left(\frac{11}{N^{0.4}} - 3.63\right) \cdot Re^{(0.52+0.02N)} \cdot Pr^{\frac{1}{3}} \qquad (1-51)$$

上式的 Re 是以翅根直径作为当量直径，Re 范围是 4000 ~ 15000。

c. 光管直径 ϕ25mm、翅高 16mm、片距 1.8mm 镶嵌式翅片管管束

$$Nu = \left(\frac{42}{N^{1.4}} - 1.91\right) \cdot Re^{(0.38+0.06N)} \cdot Pr^{\frac{1}{3}} \qquad (1-52)$$

式中，Re 以光管外径作为当量直径，Re 的范围是 3000 ~ 11000。

从试验中还可以看出，随着管排数的增加，空气侧放热系数下降，而雷诺数指数提高。

② 压力损失

$$\Delta p_s = \frac{C_1}{9.81} N \cdot U^{1.504} \cdot d_r^{-0.496} \cdot \mu^{0.496} \cdot \rho \qquad (1-53)$$

式中　定性温度为空气平均温度。

C——系数，对 ϕ57/ϕ25 翅片管，$C_1 = 47.5$；ϕ50/ϕ25 翅片管，$C_1 = 48.5$；

U——管束最窄截面处气流速度，m/s；

d_r——翅根直径，m。

Re 范围是 3000～12500。

（4）甘特尔（Gunter）等人提出的压力损失关联式

$$f = \Delta p_s \frac{2g \cdot p \cdot D_v}{G_{max}^2 \cdot L_1} \cdot \left(\frac{D_v}{S_1}\right)^{-0.4} \cdot \left(\frac{S_2}{S_1}\right)^{-0.6} \cdot \left(\frac{\mu}{\mu_w}\right)^{0.14} \qquad (1-54)$$

当 $S_1 = S_2$、$(\mu/\mu_w)^{0.14} = 1$ 时，上式可写成

$$\Delta p_s = \frac{f \cdot G_{max}^2 \cdot L_1}{2g \cdot \rho \cdot D_v} \left(\frac{D_v}{S_1}\right)^{0.4}$$

式中　D_v——管子容积水力直径，m；

$$D_v = 4(自由面积)/外部摩擦面积$$

L_1——空气通过管束长度，m；

μ_w——空气在管壁温度下的湿空气黏度，Pa·s；

f——摩擦因数，见图 5.1－137。

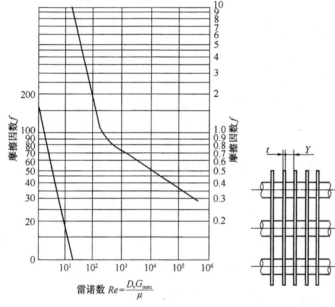

图 5.1－137　摩擦因数与雷诺数的关系

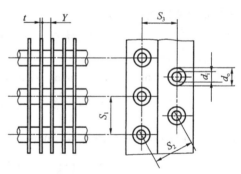

图 5.1－138　板式圆翅片管

4. 空气垂直通过板状圆翅片管（图 5.1－138）

（1）范波拉（Vampola）提出的关联式

① 膜传热系数 h_o

当 $S_1 \geqslant S_2$ 时

$$\frac{h_o d_e}{\lambda} = 0.251 \left(\frac{d_e \cdot G_{max}}{\mu}\right)^{0.67} \cdot \left(\frac{S_1 - d_o}{d_o}\right)^{-0.2} \cdot \left(\frac{S_1 - d_o}{\gamma} + 1\right)^{-0.2} \cdot \left(\frac{S_1 - d_o}{S_2 - d_o}\right)^{0.4} \qquad (1-55)$$

式中　d_e——当量直径，m；

$$d_e = \frac{A_r d_o + A_f \sqrt{A_f/(2n_f)}}{A_r + A_f}$$

n_f——单位长度上的翅片数。

② 压力损失 Δp_s

$$\Delta p_s = f\frac{N \cdot G_{max}^2}{2g \cdot \rho} \tag{1-56}$$

式中 f——摩擦因数。

$$f = 1.463\left(\frac{d_e \cdot G_{max}}{\mu}\right)^{-0.245} \cdot \left(\frac{S_1 - d_o}{d_o}\right)^{-0.9} \cdot \left(\frac{S_1 - d_o}{\gamma} + 1\right)^{0.7} \cdot \left(\frac{d_e}{d_o}\right)^{0.9} \tag{1-57}$$

（2）新津、内藤的膜传热系数试验式

$$\frac{h_o d_e}{\lambda} = 0.129\left(\frac{d_e \cdot v \cdot \rho}{\mu}\right)^{0.64} \tag{1-58}$$

式中 d_e——当量直径，m；

$$d_e = \frac{4 \cdot A_c \cdot S_3}{A_f}$$

A_c——自由面积，m^2；

$$A_c = (Y + t)S_1 - (t \cdot S_1 + d_o \cdot Y)$$

A_f——翅片表面积，m^2；

$$A_f = 2\left(S_3 \cdot S_1 - \frac{\pi}{4}d_o^2\right)$$

v——通过自由面积 A_c 时的风速，m/s。

5. 空气垂直通过轮辐式圆形翅片管（图5.1-40）

由于横穿翅片表面的空气平均路径较光滑翅片来得短，气体附面层较小，故传热效率大为提高。其空气流速与空气的膜传热系数及压力损失的关系，见图5.1-139。

6. 空气垂直通过椭圆管矩形翅片管束（图5.1-140）

（1）文献[1]提出的关联式

① 膜传热系数 h_o

$$h_o = \frac{\lambda}{d_e}0.32C_H \cdot m_R \cdot \left(\frac{d_e \cdot G_{max}}{\mu}\right)^{0.61} \cdot \left(\frac{C \cdot \mu}{\lambda}\right)^{0.31} \tag{1-59}$$

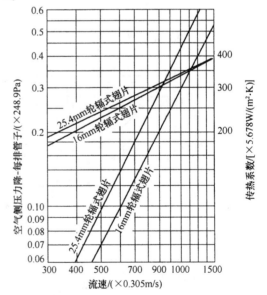

图5.1-139 轮辐式翅片管性能

式中 d_e——当量直径，

$$d_e = 2A_o/(\pi \cdot U_p)；$$

U_p——在通过第一排和第二排相邻芯管间的最短距离，且与管轴平行的平面上，单位长度翅片管在该平面上的投影长度，m/m。

如图5.1-137中，每 m 长度翅片数为 n_1，则

$$U_p = 2n_1(\overline{x_1 x_1} + \overline{x_3 x_4}) + 2 \times 1$$

G_{max}——用直径为 d_e 的假想圆管，来代替椭圆翅片管时，通过此圆管间的最小截面的质量速度，$\text{kg}/(\text{m}^2 \cdot \text{h})$；

C_H——用光滑圆管的 C_H 值(图5.1-131),但用 d_e 代替 d_o;

m_R——校正系数,见图5.1-141。

② 压力损失 Δp_S

$$\Delta p_s = f \cdot \left(\frac{G^2}{2g\rho}\right) \cdot \left(\frac{L_1}{d_e}\right) \qquad (1-60)$$

式中 f——摩擦因数,见图5.1-142;

G——假设空气在直径为 d_e 的管间流动时的质量速度,kg/(m²·h);

d_e——在通过第一排和第二排相邻蕊管间的最短距离,且在与管轴平行的平面上,翅片所围住通道的当量直径,m;

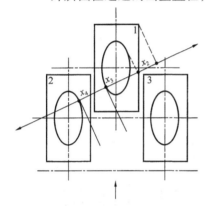

图5.1-140 矩形翅片椭圆管

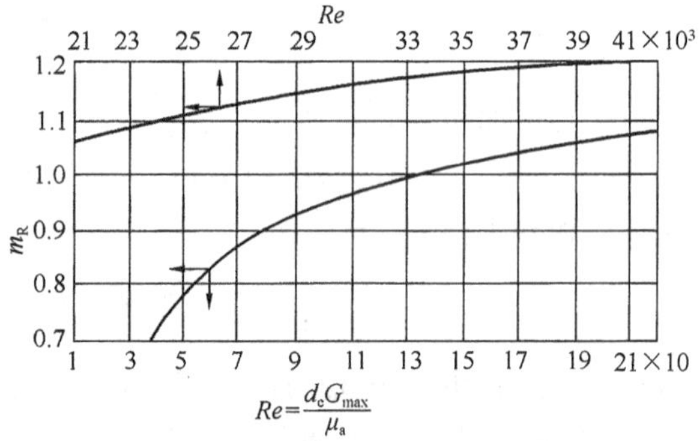

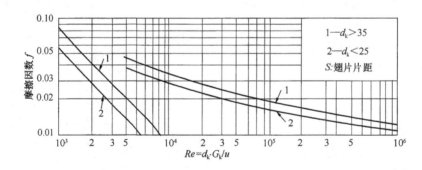

图5.1-141 m_R 系数

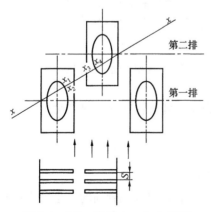

图5.1-142 矩形翅片椭圆管摩擦系数

图5.1-143 计算 Δp_s 中 d_e 用图

$d_e = 4$(翅片间片间流通)/翅片浸润周边长

如图5.1-143所示, $d_e = \dfrac{4(\overline{x_1 x_4} \cdot S)}{2[\overline{(x_1 x_2 + x_3 x_4)} + S]}$

L_1——空气流动穿过管排的距离,m。

(2)上海机械学院热工教研室对椭圆管长轴外径为36.06mm,短轴外径为13.31mm,矩形翅片长54mm、宽25.9mm、翅厚0.29mm,410片/m的翅片管进行了试验,并提出了如下关联式。

① 膜传热系数

$$Nu = 0.598Re^{0.50} \cdot Pr^{1/3} \qquad (1-61)$$

式中　Re 以当量直径 $d_s = a \cdot b / \sqrt{(a^2 + b^2)/2}$ 为基准。

② 压力损失

$$f = 0.044 Re^{-0.53} \qquad\qquad (1-62)$$

联邦德国 GEA 公司的 FC33、FE33 型两种椭圆翅片管（表 5.1-58），其管外膜热阻、压力损失与风速的关系如图 5.1-144 所示。

兰州石油机械研究所等单位对表 5.1-59 几种椭圆形矩形翅片管及圆翅片管管束，以蒸汽为热流体作了对比性试验，其总传热系数和空气侧压力损失表示在图 5.1-145 中。

表 5.1-58　两种椭圆翅片管规格　　　　　　　　　　　　　　mm

型号	材　质		管壁厚	翅片间距	翅片厚	管		翅片	
	管	翅片				长轴	短轴	长	宽
FC33	Cu	Cu	1.0	3	0.25	36	14	55	26
FE33	Fe	Fe	1.5	3	0.3	36	14	55	26

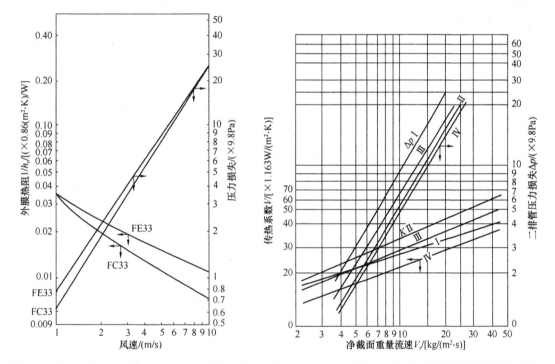

图 5.1-144　风速与热阻、压力损失之间的关系　　图 5.1-145　传热系数、压力损失与空气重量流速的关系

表 5.1-59　试样规格尺寸　　　　　　　　　　　　　　　　mm

试样代号	芯管 长轴/短轴×厚	翅片 长/宽×厚	材质 管/翅片	每 m 长 翅片数	排列 纵×宽
Ⅰ	$\phi 25 \times 2.5$	16×0.5	碳钢/铝	434	△62
Ⅱ	$36/14 \times 2.5$	$55/26 \times 0.4$	碳钢/铝	357	错 60×30
Ⅲ	$36/18 \times 1.5$	$60/36 \times 0.4$	碳钢/铝	357	错 60×40
Ⅳ	$36/14 \times 2.5$	$55/26 \times 0.3$	碳钢/碳钢	333	错 60×30

六、污垢热阻

1. 管内污垢热阻 r_i

管内污垢热阻随流体的物性、操作温度及流速等而变化。克恩等人通过理论研究，并推导出了计算污垢热阻的关联式。但在日常设计工作中，仍多以推荐的经验值为准。以光管内表面为基准的经验污垢热阻值，列于表 5.1-60。

表 5.1-60   流体污垢热阻 $(m^2 \cdot K)/W$

水的污垢热阻 $(\times 10^{-5})$				
水温/℃	<52		>52	
水的流速/(m/s)	<1	>1	<1	>1
海水	8.598	8.598	17.197	17.197
冷却塔或人工喷淋池处理过的补给水	17.197	17.197	343.938	343.938
未处理过的补给水	51.591	51.591	85.985	68.788
蒸馏水	8.598	8.598	8.598	8.598
处理过的锅炉给水	17.197	8.598	17.197	17.197
硬水(>25g/L)	51.591	51.591	85.985	85.985
井水	17.197	17.197	343.938	343.938
最清的河水	34.394	17.197	51.591	343.938
一般的河水	60.189	343.938	68.788	60.189
极浊的河水	146.174	103.181	103.181	146.174

石化厂、炼油厂流体的污垢热阻 $(\times 10^{-5})$	
液化甲烷、乙烷	17.197
液化气	17.197
天然汽油	171.969
汽油	
轻汽油	171.969
粗汽油(二次加工原料)	343.938
成品汽油	171.969
烷基化油(含微量酸)	343.938
重整油料	
重整进料(有惰性气体保护)	343.938
重整进料(无惰性气体保护)	60.1891
重整反应产物	
重整或加氢精制产品:	17.197
$\rho < 0.78$	17.197
$\rho < 0.78$	343.938
加氢精制进料与出料	343.938
溶剂油	17.197
煤油:　　粗煤油(二次加工原料)	42.992
成品	17.197 ~ 257.954

续表

石化厂、炼油厂流体的污垢热阻(×10⁻⁵)		
吸收油：贫油		42. 992
富油		17. 197
柴油：　直馏及催化裂化(轻)		343. 938
直馏及催化裂化(重)		51. 591
粗柴油　热裂化、焦化(轻)		51. 591
热裂化、焦化(重)		68. 788
汽油再蒸馏塔底油：较轻		343. 938
较重		42. 992
易叠合的油品：轻汽油		343. 938
重汽油		51. 591
更重的汽油		68. 788
催化裂化原料油：≤120℃		343. 938
>120℃		68. 788
循环油：较轻		51. 591
较重		68. 788
残油、渣油：常压塔底		68. 788
减压塔底		85. 984 ~ 171. 969
焦化塔底		85. 984
润滑油加工：原料		343. 938 ~ 429. 92
成品(未脱蜡)		51. 591
成品(脱蜡后)		17. 197
溶剂　新鲜的		17. 197
回收后的		25. 795
含油的		343. 938
抽余油(含蜡)		51. 591
抽余油		171. 969
吸收剂、溶剂：乙醇胺溶液		343. 938
二乙二醇醚		343. 938
甲乙二醇醚		343. 938
冷冻剂：氨、丙烯		17. 197
最干净的气体：干净的水蒸气		8. 598
干净的有机化合物气体		8. 598
较干净的气体：如①常压塔顶、催化分馏塔顶的油气或不凝气；②重整及加氢反应塔顶气；③烷基化或叠合装置的油气；④吸收及稳定工序的油气或不凝气；⑤溶剂气体；⑥制氢过程的工艺气体(进变换工序以后的)包括 CO_2 酸性气体		171. 969
不太干净的气体：如①热加工油气；②减压塔顶油气；③未净化的空气；④带油的压缩机出口气体		343. 938
精制过的工业气体(H_2、O_2、N_2)等		60. 189
洗涤过的工业气体(如水煤气)等		85. 985
未洗涤过的工业气体(焦炉气、高温裂解气)		171. 969

化学加工流体的污垢热阻($\times 10^{-5}$)	
酸性气体	17.197
溶剂蒸气	17.197
稳定塔塔顶馏出产品	17.197
一乙醇胺和二乙醇胺溶液	343.938
二甘醇和三甘醇溶液	343.938
稳定塔顶侧抽出产品和塔底产品	17.197

2. 管外空气侧污垢热阻 r_o 。

管外翅片上的污垢，一般讲只要经常地吹扫(如用压缩空气或蒸汽等)，就可以除掉，所以一般可忽略不计，或取 $r_o = 0.00023 (m^2 \cdot K)/W$ 。对于特别脏且不易清除的还可适当加大。

七、翅片热阻

翅片表面温度是从翅根向翅尖端依次变化的，即使翅片表面的膜传热系数一定，其传热量也随着距翅根距离的变化而有所不同，这被称为翅片热阻，其表达式如下：

$$r_f = \left[\frac{1}{h_o} + r_o \right] \left[\frac{1 - E_f}{(A_r / A_f)} \right] \qquad (1-63)$$

1. 圆翅片管的翅片效率

$$E_f = \frac{2}{u_b [1 - (u_e / u_b)^2]} \left[\frac{I_1(u_b) - \beta_1 K_1(\mu_b)}{I_0(u_b) - \beta_1 K_o(\mu_b)} \right] \qquad (1-64)$$

$$\beta_1 = I_1 u_e / K_1 u_b$$

$$U_b = \frac{(r_e - r_b) \cdot \sqrt{h_o / \lambda_1 \cdot t_b}}{r_e / r_b - 1}$$

$$U_e = U_b (r_e / r_b)$$

式中　r_e ——翅片半径，m；

　　　r_b ——翅根圆半径，m；

　　　λ_1 ——翅片材料的导热系数，W/(m·K)；

　　　t_b ——1/2 翅片平均厚度，m；

　$I_n(x)$ ——第 1 种变形的贝赛尔函数；

　$K_n(x)$ ——第 2 种变形的贝赛尔函数。

等厚圆形翅片的翅片效率见图 5.1 – 146。

等截面圆形翅片的翅片效率见图 5.1 – 147。

文献[1]提供了芯管尺寸为 25.4mm 的几种规格翅片管的翅片效率，如图 5.1 – 148 所示。

文献[1]提供的基管尺寸为 25.4mm， $h = 12.7mm$ ， $s = 0.406mm$ ， $t = 1.71mm$ 翅片管的翅片效率，如表 5.1 – 61。日本笹仓公司样本所提供的翅片管的翅片热阻，见表 5.1 – 62。

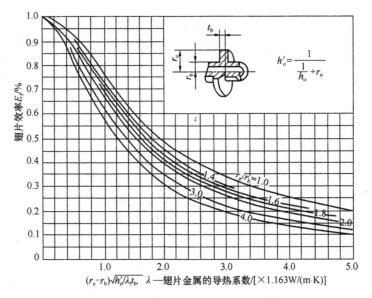

图 5.1 - 146　等厚度圆形翅片的翅片效率

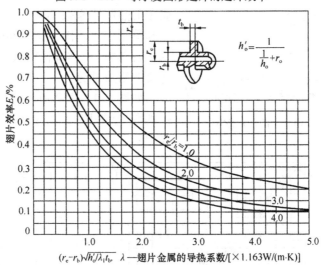

图 5.1 - 147　等截面圆形翅片的翅片效率

表 5.1 - 61　翅片效率表

$H_a/[W/(m^2 \cdot K)]$		29~57	57~85	85~114	114~142	142~171	171~199	199~228
E_f	铝翅片	0.85~0.96	0.80~0.90	0.75~0.88	0.70~0.83	0.65~0.77	0.66~0.72	0.58~0.70
	碳钢翅片	0.55~0.70	0.45~0.55	0.40~0.45	0.37~0.40	0.34~0.37	0.30~0.34	0.28~0.30

表 5.1 - 62　翅片热阻表

光管外径/mm	翅高/mm	片/25.4mm	全外表面积/光管外表面积	翅片热阻/(m²·K)/W(×10⁻³)
25.4	12.7	7	12.7	2.803
		8	13.6	2.941
		9	15.2	3.061
		10	16.7	3.19
		11	18.2	3.31

续表

光管外径/mm	翅高/mm	片/25.4mm	全外表面积/光管外表面积	翅片热阻/(m²·K)/W(×10⁻³)
25.4	15.9	7	15.4	3.835
		8	17.5	3.998
		9	19.5	4.17
		10	21.6	4.316
		11	23.6	4.48

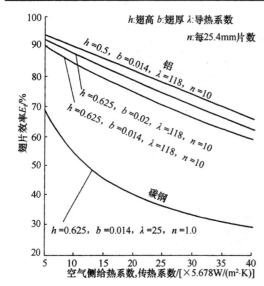

图 5.1-148　几种翅片管的翅片效率

2. 椭圆芯管矩形翅片效率

翅片效率由图 5.1-149 查得[1]。

八、接合热阻

翅片和基管靠压配合形成的翅片管，在制造时由于翅片对管子存在接触压力，所以翅根与管壁贴合较好。当翅片管在应用时，若翅片的操作温度和制造时的温度相接近，则热阻很小。但当翅片管用在高温情况下，由于翅片和管子的热膨胀系数不同，使接触压力减小，翅片和管子产生间隙，这个间隙所造成的热阻称为结合热阻（或称接触热阻），是传说总热阻中重要的组成部分。

如图 5.1-150 所示的翅片管，其理想联接的结合热阻以翅片表面为基准，其计算式[1]：

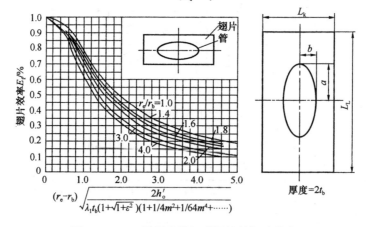

图 5.1-149　椭圆芯管矩形翅片的翅片效率

图中　$\varepsilon = \sqrt{\dfrac{a^2 - b^2}{a^2}}$　$r_e = \dfrac{a_f - b_f}{\ln(a_f - b_f)}$　$r_b = \dfrac{a - b}{\ln(a - b)}$　$a_f = \left(\dfrac{L_K - L_L}{\pi\sqrt{1 - \varepsilon^2}}\right)^{1/2}$

$b_f = \left(\dfrac{L_K \cdot L_L}{\pi} \cdot \sqrt{1 - \varepsilon^2}\right)^{1/2}$　$m = \dfrac{1 - \sqrt{1 - \varepsilon^2}}{1 + \sqrt{1 - \varepsilon^2}}$　$h'_o = \dfrac{1}{1/h_o + r_o}$

$$r_b = \frac{g_1(D^2 - d^2)}{2\lambda_e \cdot d \cdot b} \tag{1-65}$$

式中 λ_e——间隙流体导热系数，W/(m·K)；

    b——每个翅片的翅根接触长度，m。

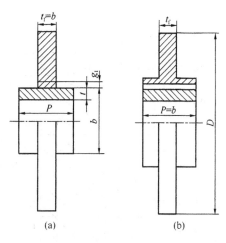

图 5.1－150 压配合翅片管

翅片对芯管接触压力的大小对接触热阻值有很大影响，纳德(Nadai)指出，对理想塑性材料，当接触压力为 0.577 倍材料屈服强度时，刚好达到圆环翅片内周边的初始塑性，当塑性区达到 1.75d 以上时，最大接触压力达到 1.55 倍屈服强度。如果最大可能的初始接触压力约为 0.67 屈服强度，则翅片相应的塑性区边界在 1.1d 处。

对于铝质翅片，如果翅片长期受到 200℃ 以上的温度或瞬间超过 320℃ 时，则初始接触压力不应超过材料退火状态的屈服强度。

铝质翅片在退火状态的屈服强度约为 38MPa，所以对退火的翅片管来讲，接触压力约为 25MPa 根据实测，其初始接触压力为 25～50MPa。实验指出，缠绕式翅片管的接触压力 p_{co} = 42～46.5MPa，接触热阻在 157℃ 时为 0.0012～0.0042W/(m²·K)。193℃ 时为 0.0219～0.0235W/(m²·K)。

文献[1]建议将缠绕式翅片管空气膜传热系数 h_o 乘以 0.8～0.9 作为考虑接触热阻的补偿系数。

布里格斯等人对 3 种双金属轧制翅片管进行了试验研究，提出了初始压力为 24.5MPa，制造温度为 21℃ 时的接触热阻，见图5.1－151。

千秋隆雄[1]利用非稳定周期热源对串片式翅片管的接触热阻进行了解析，并在稳定状态试验中研究了其可靠性。

通过试验得出如下结论：

(a) 铜管铝翅片在翅片表面干燥的情况下，翅片过盈率 ∈ =0.4%～1.5% 时，接触热阻为 1.41×10^{-3}～0.68×10^{-3} (m²·K)/W，风速 2m/s 强制对流时，换热器的全热阻为 0.043～0.026(m²·K)/W，因此接触热阻为全热阻的 35%～28%，图 5.1－152 为接触热阻和过盈率的关系。

当 $\varepsilon = 0.4\%$ ～1.0% 时，$r_b = 0.95 \times 10^{-3} \times \varepsilon^{-0.60}$ $\varepsilon = \dfrac{d_o - d_{fo}}{d_{fo}} \times 100\%$

式中 r_b——以接触部分面积为基准的接触热阻，(m²·K)/W；

    d_{fo}——翅片压入前内环的直径，m。

过盈率超过 1.5% 时，翅片根部多发生龟裂现象，使接触热阻增加。

(b) 接触热阻与风速无关，翅片与管子材质不同比相同时的接触热阻约增加 10%～15%。

(c) 在铜管上涂伍德合金的换热器，其接触热阻为 0.155×10^{-3} (m²·K)/W，占全部热阻的 9%～15%，所以在翅片压入前在管子表面涂以同伍德合金相类似的金属，可将热交换能力提高 1.1～1.2 倍。

九、有效平均温差

1. 在干式空冷器中，两流体进行热交换的推动力是温度差。热流体和冷流体完全逆向流动的平均温差，一般用两流体进出口温度的对数平均温差表示。空冷器的两流体属垂直正

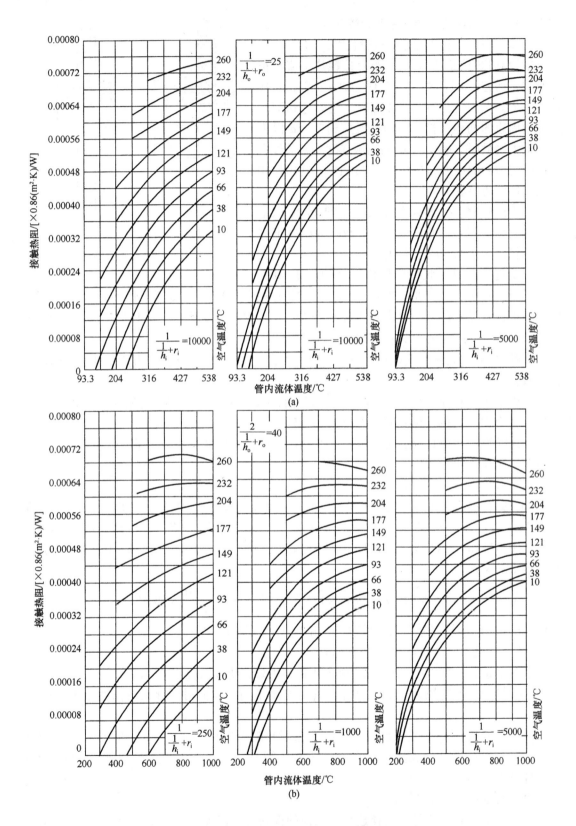

图 5.1－151　双金属轧制翅片管的接触热阻(一)

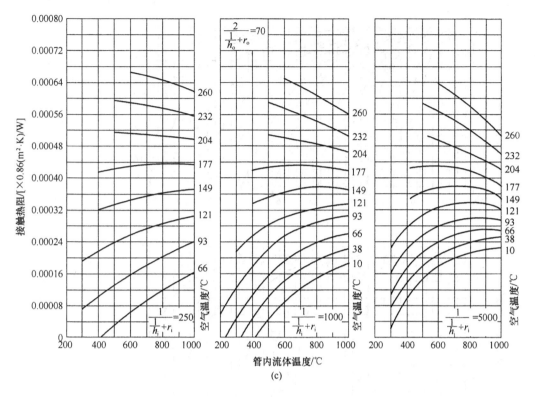

图 5.1 - 151 双金属轧制翅片管的接触热阻(二)

交流动，在传热计算时，其有效平均温差，必须用对数平均温差再乘以温度差校正系数 F_t。

$$\Delta T = F_t \cdot \Delta T_{LM}$$

ΔT_{LM} 按下式计算

$$\Delta T_{LM} = \frac{|T_1 - t_2| - |T_2 - t_1|}{\ln[(T_1 - t_2)/(T_2 - t_1)]}$$

$$(1 - 66)$$

式中 T_1，T_2——管内流体进口、出口温度，℃；

t_1，t_2——空气进口、出口温度，℃。

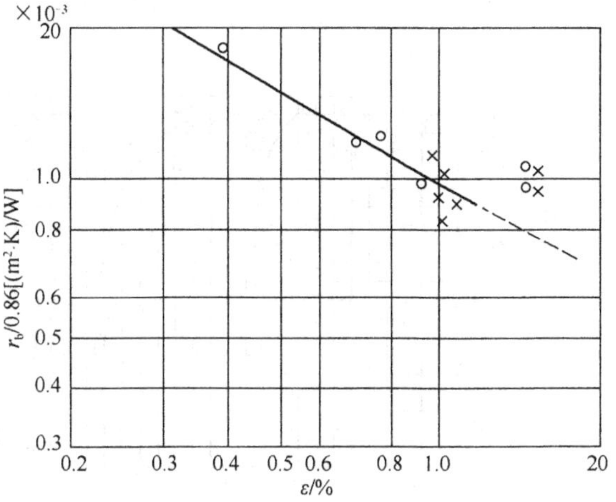

图 5.1 - 152 过盈率和接触热阻

温差校正系数 F_t 与进行热交换的冷热流体的流动方向及温度分布等有关。空冷器的冷热流体是正交流动(错流)，冷流体的温度 t 是 y 的函数，热流体的 T 是 x 的函数，两流体在横向均不混合。所以对空冷器来讲，其温差校正系数 F_t 应按两流体均不混合的错流换热器来考虑。

图 5.1 - 153 是多数文献所采用的两流体均不混合的错流换热器温差校正系数图。当管侧的程数大于 2 时，若取程数为 n'，单程的温差校正系数为 F_{t1}，则可近似取 $F_t = F_{t1}^{2/n'}$。若程数大于 3 时，也可近似地取 3 程的温差校正系数。

图 5.1 - 154 是 CAGLAYAN 针对空冷器提出的温差校正系数图。它用于 2、3 和多管锃

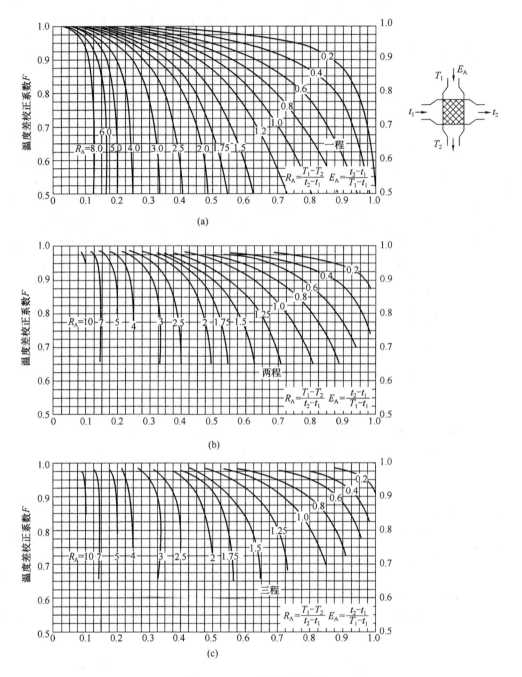

图 5.1 - 153　温差校正系数

错流空冷器以及2、3、4、5和7管程叠流式空冷器。

　　图5.1-155是大石博提出的作为参考的空冷器温差校正系数图。

　　2. 加权平均温差

　　上述利用冷热流体进出口温度,一次计算有效平均温差的方法,是适用于传热量与流体温度成直线关系的流体,即适用于无相变流体或单一饱和蒸汽的冷凝。当某些流体,如过热蒸汽、多组分蒸气的冷凝,其传热量与流体温度的关系,即传热曲线不能用直线表示时(图5.1-156),就需要用加权平均温差的算法。

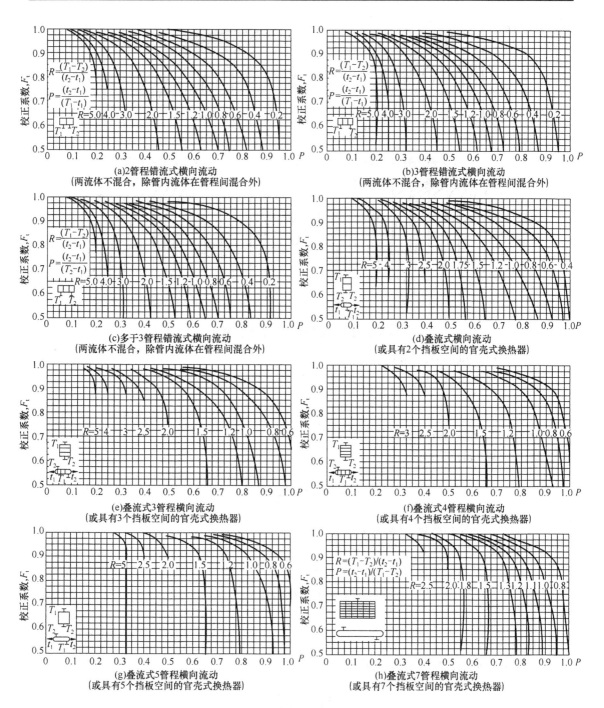

图 5.1 – 154　CAGLAYAN 温差校正系数

加权平均温差的算法，是在曲线上划分为数个近似于直线的区间，求各区间的对数平均温差，然后根据总传热量、各区间传热量及平均温差计算加权平均温差。

十、风机功率

1. 风机功率的计算式

$$W = \frac{2.671 \times 10^{-5}}{\eta_1 \cdot \eta_2 \cdot \eta_3} \cdot \Delta p_a \cdot V \cdot F_L \qquad (1-67)$$

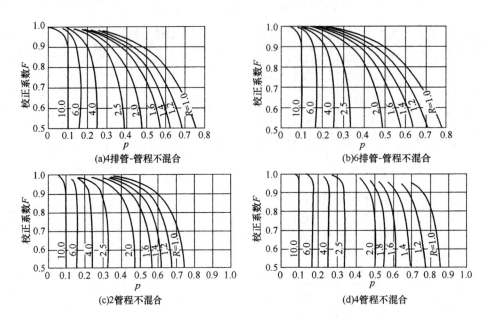

图 5.1 - 155　对数平均温差校正系数

式中　W——电动机功率，kW；

　　　Δp_{a}——风机全压，Pa

$$\Delta p_{a} = \Delta p_{s} + \Delta p_{v};$$

　　　Δp_{s}——空气静压或穿过管束的压力损失，Pa；

　　　Δp_{v}——风机的动压，Pa

$$\Delta p_{v} = 9.81 \frac{\rho \cdot v^{2}}{2g};$$

　　　ρ——空气体积质量，kg/m^{3}；

　　　g——重力加速度，$1.27 \times 10^{8} m/h^{2}$；

　　　v——空气通过风机的轴向速度，m/h

$$v = 1.27 V/(D_{1}^{2} - D_{2}^{2});$$

　　　D_{1}——风机直径，m；

　　　D_{2}——轮毂直径，m；

　　　V——风机入口实际风量，m^{3}/h

$$V = V_{标}\left(\frac{273 + t}{293}\right);$$

　　　t——风机入口空气温度，℃；

　　　$V_{标}$——以20℃空气密度为基准的标准风量，Nm^{3}/h；

　　　F_{L}——海拔高度校正系数，见图5.1 - 157；

　　　η_{1}——风机效率；

　　　η_{2}——传动效率；

　　　η_{3}——电动机效率。

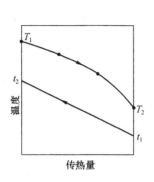

图 5.1 – 156　传热曲线

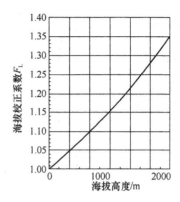

图 5.1 – 157　海拔校正图

上式表明，当其他条件相同时，风机的功率随风机直径的增加而降低，随压力降的增加而增加。另外下面几点也应明确：

（1）实际风景与叶轮转速成正比，压头是转速平方的函数；功率是转速立方的函数。

（2）功率与空气体积质量成正比。

（3）功率大致随穿过管束的空气速度的立方而变化。

2. 风机功率的计算

如果已有风机特性曲线，则可在曲线上直接查知，其步骤简述如下：

（1）求出使用状态的风量 V，静压 Δp_s；

（2）换算成标准状态的静压，SP；

$$SP = \Delta p_s \cdot (\rho_s / \rho_a)$$

式中　SP——性能曲线上的静压，Pa；

Δp_s——使用状态下静压，Pa；

ρ_s——标准状态下空气体积质量，kg/m^3；

ρ_a——使用状态下空气体积质量，kg/m^3。

（3）根据 V、SP，可在性能曲线上查出风机的轴功率 HP。

（4）换算成实际的风机轴功率 HP_a

$$HP_a = HP \cdot (\rho_a / \rho_b) \tag{1-68}$$

（5）根据传动机构及电动机的效率，求出电动机的功率。

风机性能曲线是在叶轮转速一定下得到的，如果变更转速时，其性能曲线的应用依据下述公式。

$$V_2 = V_1 \cdot (rpm_2 / rpm_1) \tag{1-69}$$

$$SP_2 = SP_1 \cdot (rpm_2 / rpm_1)^2 \tag{1-70}$$

$$HP_2 = HP_1 \cdot (rpm_2 / rpm_1)^2 \tag{1-71}$$

文献[1]提供了可供参考的风机计算线算图，如图 5.1 – 158。

十一、设计条件与基本参数

1. 设计气温

设计气温是指设计空冷器时所选定的空气入口的干球温度。设计气温的选择关系到空冷器的投资和冷却性能能否保证的问题，取高了，空冷器的投资增加，操作费用增加。取小了，在炎热季节热介质的冷却温度达不到要求，将会影响到整个装置的正常运行。选取什么

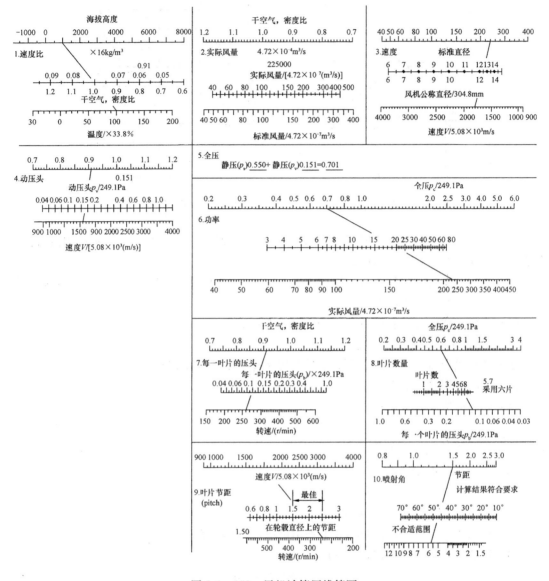

图5.1-158　风机计算用线算图

温度合适，目前尚无一致意见。常用的选择方法如下：

（1）假定一个设计气温，在一年的时间中，仅有2%～5%时间内的温度超过该值。所需资料有：全年温度几率曲线；典型日温度变化曲线；出现最高干球温度的持续时间－频率曲线。

（2）7、8月份的每日最高气温之月平均值，并加上其值的10%。

（3）不超过1年中最热月期间的5%时间的温度。

（4）不超过1年中最热3个月日平均气温的5%时间的温度。

（5）按当地最热月的月最高气温的月平均值再加上3～4℃。

（6）保证率不考虑每年5天以内的高气温峰值。

（7）设计气温为年平均气温加15～20℃，或超过设计气温的时间，允许占全年总运转的14%～15%。

（8）对高黏度和高凝固点的介质，以采用年平均气温为设计气温。

我国设计单位多采用⑤、⑥条之规定。

2. 被冷却流体的温度界限

（1）被冷却流体入口温度过高（如超过300℃）且热负荷很大，应考虑用其他换热器进行热量回收。

（2）低沸点（如低于70℃）或者冷却到50～60℃时所拿走的热量，还不到总热量的75%～85%时，采用干空冷不一定经济。

（3）高凝固点油品（如凝固点高于5℃），在气温寒冷的冬季，应采取特殊措施（如热风再循环）防止油品凝结堵塞管子（见第八节）。

（4）接近温度是指被冷介质的出口温度与空气的设计气温之间的差值。接近温度直接影响到干空冷设计的经济性，一般接近温度不能小于15℃，否则不经济。当然流体出口温度不能满足要求时，可采用湿式空冷、蒸发空冷或后水冷器。

3. 管排数和管长的选择

管排数和管长直接影响到空冷器的成本和操作费用。管长一般不小于3m，不大于15m。在完成同样热负荷的情况下，管长与空冷器的投资成反比。选择空冷器的管长时还应考虑风机规格、被冷介质的阻力降要求及空冷器的安装场地等因素。

（1）管排数和管长对设备费用的影响（表5.1-63）。

表5.1-63　管排数和管长对设备费用的影响

管长/m	费用系数	管长/m	费用系数	管排数	费用系数
3.1	1.15	7.3	1.00	4	1.10
3.6	1.13	9.1	0.95	5	1.05
4.3	1.11	9.7	0.93	6	1.00
4.8	1.08	11.0	0.89	8	0.95
5.5	1.06	12.2	0.85	—	—
6.1	1.05	—	—	—	—

注：管长以7.3m为基准，管排数以6排为基准。

（2）最佳管排数的选择

① 图5.1-159最佳管排数图为多数文献推荐，图中U^*是以光管外表面为基准的总传热系数。

② 文献[1]建议用表5.1-64选取管排数。

③ 文献[1]推荐的管排数如下：

（a）工艺侧流体温度变化范围≤6℃时，推荐用3排管。

（b）工艺侧流体温度变化范围在6～11℃之间，且要求特殊的结构材料制造，推荐用3排管。

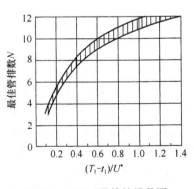

图5.1-159　最佳管排数图

（c）工艺侧流体的温度变化范围在56～111℃之间和（或）假定的总传热系数小于340W/(m²·K)时，推荐用5排管。

（d）工艺侧流体温度变化范围为111～167℃和（或）总传热系数小于227W/(m²·K)，

推荐用 6 排管。

（e）工艺侧流体温度变化范围大于 167℃和（或）总传热系数小于 170W/（m² · K）时，推荐用 8 排管。

除上述条件外，推荐选 4 排管。

上述 3 种选择最佳管排数的方法，仅可作为粗略估算空冷器时的参考，其最后确定，仍要通过详细的工艺计算，并进行全面综合技术经济指标评定后决定。

4. 空气流速的选择

通过管束的空气流速要求适当，流速太高压降大，电机功率消耗亦大。流速太低，传热效率低，换热面积大。

文献[1]推荐的管排数 N 与迎风面风速的关系如表 5.1 – 65。

表 5.1 – 64　管排数选取表

类　别	管排数	类　别	管排数
冷却过程		冷凝过程	
轻烃类（汽油及煤油等）	4 或 6	水蒸气	4
轻柴油	4 或 6	轻烃类	4 或 6
重柴油	4 或 6	重整或加氢反应器出口气体	6
润滑油	6 或 6	塔底冷凝器	4 或 6
塔底油品	4 或 8		—
烟道气	4		—
汽缸冷却水	4		—

表 5.1 – 65　管排数与迎风面风速表

N	3	4	5	6	7	8	9	10	11	12
V_F/ (m/s)		3. 15	2. 84	2. 74	2. 54	2. 44	—	—	—	—
		2. 8		2. 5		2. 3	—	—	—	—
	3. 16	3. 00	2. 83	2. 75	2. 58	2. 5	2. 33	2. 25	2. 16	2. 08

注：表中所列数值，仅供设计者参考，在实际选取时可酌情变化。如某公司 6 排圆翅片管，其 V_F 选 3.9～3.95m/s；某公司 5 排管选 3.5m/s；4 排管选 4.1m/s。

5. 翅片管的选择

各国生产的翅片管虽然多达 20 余种，基本上可分为：绕片型、轧制型和穿片型三种。国内开封红日公司开发出了 U 型缠绕式翅片管。还有高频焊、钎焊缠绕式翅片管等多种可供选择。缠绕式有 L 型、双 L 型、KL 型、镶嵌型（G）及椭圆绕片管；轧制式有单金属轧式管和双金属轧片管（DR）；穿片式有椭圆管矩形翅片，锯齿形翅片。但在空冷器中常用的只有其中几种。主要有：L 型、双 L 型、KL 型、镶嵌型（G）及椭圆绕（串）片管；双金属轧片管（DR）。其适用操作条件，各公司都有介绍。一般来讲缠绕式用的温度较低，镶嵌式用的温度较高，管内介质需特殊耐腐蚀时用双金属轧片管，湿空冷器用双金属轧制型，可使管外有较好的保护，且可冲洗。我国标准推荐的翅片管允许使用温度范围见表 5.1 – 34[2]。国外公司推荐的翅片管允许使用温度范围见表 5.1 – 66。

表 5.1-66　国外公司推荐的翅片管允许使用温度

允许使用温度/ ℃ 翅片管形式 公司名称	L	LL	KL	G	DR
日本 笹仓机械制作所	180	180		400	290
法国 Btt 公司	120	120	250	400	300
日本东洋株式会社	130	165		400	285
日本制钢	232	232		398	287

注：允许使用温度是指管内介质温度。

选择多大的翅化比合适，主要取决于管内流体的传热系数，传热系数高，翅化系数则大。从炼油厂及化工厂的空冷器看，绝大多数为翅片高 16mm，355 ~ 433 片/m 的翅片管。文献[1]推荐：管内传热系数 h_i 大于 2093W/片($m^2 \cdot K$)时，采用高翅片（翅高 16mm）；h_i 在 1163 ~ 2093W/($m^2 \cdot K$)时采用低翅片（翅高 12.5mm）或高翅片均可；h_i 在 116 ~ 1163W/($m^2 \cdot K$)时采用低翅片，h_i 低于 116W/($m^2 \cdot K$)时用光管。

6. 管程数的选择

管程数选择主要取决于允许的管程压力降、流体的物性及温度变化的范围。一般管程允许压力降大，流体温度变化范围亦大的可选管程数多一些，而管程压力降的大小又取决于管内流体的流速。管内流速大，传热系数高，但压降大。文献[1]推荐，冷却液体时，一般应使管内流体流速控制在 0.5 ~ 1m/s，冷却气体时应使其质量流速控制在 5 ~ 10kg/($m^2 \cdot s$)，文献[13]也推荐，冷却液体时，一般应使管内流体流速控制在 0.5 ~ 1.5m/s，冷却气体时应使其质量流速控制在 5 ~ 20kg/($m^2 \cdot s$)，具体选多少合适，要综合考虑允许压降和传热系数后确定。对于冷凝过程，采用多管程可提高管内传热系数。如果其对数平均温差校正系数低于 0.8，则更应考虑双管程或多管程。

7. 翅片管的排列

翅片管可以三角形排列也可以正方形排列。但由于空气通过三角形排列的翅片管后，产生涡流的区域和涡流强度较正方形排列的小，传热性能高，故目前空冷器的翅片管排列方法一般都是三角形排列。三角形排列又有等腰三角形和等边三角形排列两种。翅片管管心距对管外空气膜传热系数 ho 的影响，目前尚无定论，多数人认定为没有影响。

管心距对管外空气压力损失的影响是很明显的，即随着管心距的增大，空气侧压力损失减少。

目前各国对圆形翅片管的排列，多采用等边三角形，部分采用等腰三角形。管心距也各不相同，我国标准[5]规定，外径为 $\phi57mm$ 的翅片管，管心距为 62、64 及 67mm；外径为 $\phi50mm$ 的翅片管，管心距为 54、56、59m。

8. 空气温升的猜算

空气温升不能任意指定，必须根据热平衡和传热速度进行猜算才能确定。

文献[1]推荐的空气温升猜算图，如图5.1-160。

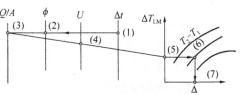

图 5.1-160　空气温升猜算图

图中　Q/A——光管热强度，$W/(m^2 \cdot h)$；

　　　　ϕ——翅片管参数（由管排数、翅片种类及迎风面风速决定）；

　　　　Δt——空气温升 $t_2 - t_1$，℃；

　　　　U——以光管外表面为基准的总传热系数，$W/(m^2 \cdot K)$；

$$\Delta = (T_1 - T_2) - (t_2 - t_1)$$

　　t_1、t_2——空气进出口温度，℃；

　　T　T_2——热流体进出口温度，℃。

　　猜算过程按图上(1)、(2)……(7)步骤进行，直到假设的 Δt 与第(7)步 Δ 中($t_2 - t_1$)值相等为止。文献[1]介绍了如下计算空气温升的公式：

$$t_2 - t_1 = 1.024 \times 10^{-3} \alpha \cdot U \left(\frac{T_2 + T_1}{2} - t_1 \right) \tag{1-72}$$

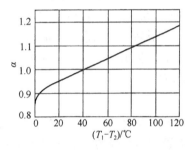

图 5.1-161　空气温升校正系数图

　　此公式计算的温升离最佳条件有 25% 的误差。式中 α 为空气温升校正系数，由图 5.1-161 查得。

　　每个设计者在设计时所选择的设计参数不同，故其空气温升的猜算结果也有差异，所以上述两个方法都只是给猜算提供一个比较接近的捷径，而不能代替猜算。

十二、设计计算步骤

1. 确定设计参数

　　当设计指定用途，及指定场地所要求的空冷器时，首先应了解并决定下列参数：

（1）工艺参数

①典型过程及物性数据见表 5.1-67。

②管侧允许压力降。

（2）环境参数

①环境气象资料；

②场地海拔高度；

③环境对噪声限制要求；

④运往使用场地时的几何尺寸限制。

表 5.1-67　典型过程及物理性质数据

1	用　户		项　目　号				
2	厂址						
3	装置		组分数				
4	换热量/单元/(W/h)						
5		符号(1)					
6	介质名称	LVG					
7	进入管内介质总量/(kg/h)	111					
8	温度，进口/出口/℃	111		/			
9	温度，露点/泡点/℃	111		/			
10	组分名称	111					

续表

11		组分进入状态	111					
12		液相/(kg/h)	110					
13		气相/(kg/h)	011					
14		冷凝液/(kg/h)	010					
15		相对分子质量	011					
16		临界温度/℃	211					
17		临界压力/MPa	011					
18		在标准温度1时的物理性质/℃	LVG					
19		液体密度量/(kg/m³)	110					
20		液体黏度/Pa·s	110					
21		气体黏度/Pa·s	011					
22		液体(焓)(质量热容)③	110					
23		气体(焓)(质量热容)③	021					
24		相变焓/(J/kg)	010					
25		液体导热系数/[W/(m·K)]	110					
26		气体导热系数/[W/(m·K)]	021					
27		表面张力/(N/m)	010					
28		蒸汽压力/MPa(绝)	010					
29		平衡(或 Von Loar)常数	010					
30		在标准温度2时的物理性质/℃	LVG					
31		液体密度/(kg/m³)	110.					
32		液体黏度/Pa·s	110					
33		气体黏度/Pa·s	011					
34		液体(焓)(质量热容)③	111					
35		液体(焓)(质量热容)③	021					
36		相变焓/(J/kg)	010					
37		液体导热系数/[W/(m·K)]	110					
38		气体导热系数/[W/(m·K)]	021					
39		表面张力/(N/m)	010					
40		蒸汽压力/MPa(绝)	010					
41		平衡(或 Von Loar)常数	010					
42		冷凝液的轮廓数据						
43		蒸汽克分子份数						
44		平衡温度(在 MPa 绝压)/℃						
45		液体焓/(J/kg)						
46		蒸焓汽(在压力下)/(J/kg)						
47		蒸汽物质的量						
48								

注：① 符号：0—不需要，1—对任何方法都需要，2—对多组分者需要，L—明显的液体，V—蒸汽冷凝；G—明显的气体；
　　② 提供多于6种组分，则需另纸填写；
　　③ 单位：焓—J/kg，质量比热容—J/(kg·K)。

2. 设计计算

（1）估算

①热负荷

分别计算冷凝、冷却及总的热负荷，即 Q_C、Q_S、Q（注：脚码 C—冷凝，S—冷却）；

②假设总传热系数 U；

③假设系列中的一台空冷器，其迎风面面积 $A_迎$、光管表面积 A 及管子根数等皆为已知数据（注：在这一步骤中，首先应确定翅片管的形式、规格、管排数、管程数及管心距等）；

④假设标准状态下空气质量流量 G；

⑤确定空气入口温度，猜算空气温升 $(t_2 - t_1)$；

⑥计算有效平均温差 ΔT；

⑦根据热负荷、光管表面积、有效平均温差，计算总传热系数 U'。要求 U' 和假设的 U 相接近，如不接近，再从③步起重新假设，直到二者相接近为止。此时这组数据作为后面精确计算的数据。

（2）精确计算

①管内膜传热系数（按冷凝及冷却分别计算）；

②管内外污垢热阻；

③管壁热阻；

④管外膜传热系数（包括结合热阻、翅片热阻）；

⑤总传热系数 U'（或冷凝膜传热系数 U'_c，冷却膜传热系数 U'_s）；

⑥如果工艺过程只是单一的冷凝或冷却，则要求 U' 与 U 相等。如果不等，则需重新假设和重复计算，直至相等。

如果工艺过程包括冷凝和过冷，则可按下述步骤进行计算

（a）分别假设冷凝、冷却的换热面积，其比值 (A'_c/A'_s) 应满足下式：

$$A'_c/A'_s = (Q_c/Q_s)(U'_s/U'_c)(\Delta T'_s/\Delta T'_c) = K(\Delta T'_s/\Delta T'_c); \qquad (1-73)$$

（b）空气流量 G_c、G_{so}；

（c）空气温升 $(t_2 - t_1)_c$，$(t_2 - t_1)_s$；

（d）有效平均温差 $\Delta T'_c$，$\Delta T'_s$；

（e）检查 (A'_c/A'_s) 与 $K(\Delta T'_s/\Delta T'_c)$ 是否相等，若不相等，需重新假设 (A'_c/A'_s) 直至相等；

（f）根据 Q_c、Q_s、U'_c、U'_s、$\Delta T'_c$，$\Delta T'_s$ 计算出相应的 (A'_c/A'_s) 及总的换热面积 A'，要求 A' 与假设的 A 相等；

（g）根据上一步的 A'，重新计算空气出口温度，有效平均温差及总传热系数，这个总传热系数应和假设的总传热系数相符。

为了简化上述程序的烦琐猜算，曾普遍采用线算图的算法。但由于空冷器的设计含有众多多变的参数，仍使计算工作变的相当复杂，不但费时，且不精确。现已进入计算机时代，无疑计算机正在成为快速、精确的设计手段。

3. 用计算机程序进行设计计算

随着计算机技术的发展与普及应用，有关科研单位和制造厂已开发出了设计空冷器的多种软件。如美国传热研究学会（HTRI）开发的 ACE 软件和英国传热与流体服务学会（HTFS）开发的 ACOL4 软件，现均已用于空冷器的设计计算，并使设计达到最优化。HTFS 软件包中的 ACOL4 软件可对一台完整的空冷器从以下 6 个方面进行核算，并可根据核算结果，调整

输入条件，使所设计的空冷器结构优化：①工艺侧介质出口温度；②工艺侧介质入口温度；③风机停运时的性能；④工艺介质流量；⑤空气流量；⑥污垢阻力。HTRI 的 ACE 软件可通过对冷凝和单相冷却的大量计算，从投资最佳化方面进行优化设计[11]。如 Hewlett Packard 41c 计算器程序，要求回路记忆换块，程序有 1009 条，使用 58 个存储器和要求 30 项输入数据，可对一台用于气、液两相冷凝冷却，采用强制通风或自然对流通风的空冷器进行设计，通过程序设计及程序绘图，一项最优化的设计方案可在数十分钟内获得。

十三、价格估算

空冷器经济指标的计算，随各国物价不同而异，但其构成因素，无非是材料费、加工费及运转费等，而这些费用又与空冷器的形式、规格及材料等有关，难以进行准确而全面的计算。

文献[1]提供了空冷器价格的构成及压力等级价格表，如表 5.1 -68 及表 5.1 -69 所示。

我国空冷器的价格，各制造厂基本相近，以碳钢丝堵式管箱 L 型缠绕式翅片管为例，其价格组成可参考表 5.1 -70。

表 5.1 -68　空冷器价格构成表

构成因素	价格比例/%
管束	55 ~ 60
构架	8 ~ 12
风机、电动机等	20 ~ 25
运输、安装	13 ~ 15

表 5.1 -69　压力与价格表

设计压力/MPa	价格比例/%
<2.5	100
2.5 ~ 4.0	104
4.0 ~ 7.0	111
7.0 ~ 10.0	114
10.0 ~ 14.0	125

表 5.1 -70　国产空冷器价格构成表

构成因素	价格比例/%	构成因素	价格比例/%
管束	35 ~ 50	风机、电动机等	17 ~ 22
构架	7 ~ 10	百叶窗	25 ~ 33

第十节　湿式空冷器的设计计算

干式空冷器的冷却能力受环境气温的影响较大，被冷却介质的最终冷却温度，一般应比设计空气温度高 15℃ 以上，若需进行更低温度的冷却（如接近环境空气温度），则应采用水冷器或湿式空冷器。

一、概况

（一）湿式空冷器的喷淋系统

喷淋系统是湿式空冷器的特有系统，其性能好坏直接影响着湿空冷器的效果。喷淋方法有两种。一种为小型电机带动的回转式喷淋（图 5.1 -13 ~ 图 5.1 -15）；另一种为固定喷淋，我国常用的为固定喷淋。

1. 对喷嘴的一般要求

（1）不易堵塞，维护方便；

（2）雾化效果好，喷撒均匀；

（3）喷射角大，喷射压力高且耗水量低；

（4）喷水能量随压力改变，以适应各种管排的喷雾要求。

2. 喷嘴的结构原理及性能

图 5.1 - 162（a）为我国目前所用的一种旋流喷嘴结构，由分流片（与喷嘴座加工为一体）、雾化片和外壳组成。具有一定压力和初速度的水，经分流片小孔进入雾化片的环形槽，再经由切向槽进入旋流室作旋转运动，根据自由旋转动量守恒，旋转速度与旋转半径成反比。因此，当水从旋转室边缘流向中心时，在喷口处达到最大值。但由于在旋流室内各点的总能量不变（能量守恒），所以在喷口处的静压最小，在其中心处水的压力将低于外界的气体压力，成负压状态并形成一个气体旋涡。水就从气体旋涡边缘以旋转状态的环形薄膜从喷口喷出。这个中空的圆锥形水膜将随着距离的加长变薄成丝，最后断裂为小水滴，形成空心锥形水雾。

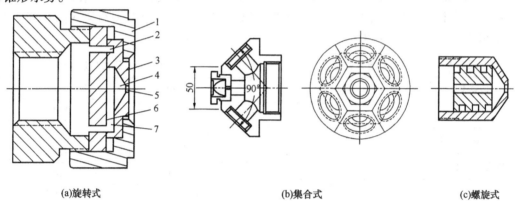

(a)旋转式　　　　　　　　(b)集合式　　　　　　　　(c)螺旋式

图 5.1 - 162　喷嘴结构

1—帽；2—环刮片；3—雾化片；4—旋流室；5—喷口；6—分流片；7—切向槽

以这种结构原理设计的喷嘴，有炼油院 2 号和哈空 1 型两种。炼油院 2 号喷水量大，覆盖面积大，但结构稍为复杂。哈空 1 型是在炼油院 2 号基础上进行改进提出的，二者性能见表 5.1 - 71。

表 5.1 - 71　常用喷嘴雾化角和喷水量的比较

喷嘴型号	炼油院 2 号	哈空 1 型			
		5#	6#	8#	10#
雾化角度	90.0	91.0	86.0	100.0	100.0
喷水量/(kg/h)	46.5	58.5	72.0	84.0	112

注：表中数据是在喷水压力 0.3MPa、风速 3m/s 和喷射距离 300 ~ 400mm 下得到的。

图 5.1 - 162（b）所示为集合型喷嘴。它是将数个喷头集合在一喷嘴座上，把纯旋流型改为非纯旋流型，使旋流室内的流体不完全作切向（环向）运动，而使流体在旋流时再增加一轴向推力，即在旋流片中心增加一束轴向射流，以补充空心圆锥体的不足。该轴向射流在受周围旋流作用后即扩散成雾滴。这样就填补了中心空隙，构成了实心锥形水雾。

集合型喷嘴与旋流型相比，具有喷雾面积大、射程远、穿透力强、喷淋系统简单以及操作方便等优点。在无风情况下射程可达 1 ~ 1.5m；喷头与管束表面距离为 0.6m 时，一个喷

嘴喷洒面积可达 $2m \times 2m$。

上述两种喷嘴都有其致命的弱点，即容易堵塞，使喷出的水不均匀或喷孔完全堵死，这就严重的影响了湿空冷器的操作。堵塞的原因，除了喷嘴内流道截面及喷孔直径均过小（只有 $\phi 1 \sim \phi 2mm$）外，还与水质经循环后太脏、水管生锈及水中杂物有关。为了有效地防止堵塞、喷洒均匀和提高雾化效果，有人又设计了如图 5.1 - 62(c) 所示的螺旋式喷嘴，并已用到湿空冷器上，其喷射压力高，喷射角为 90° 左右，喷洒均匀且不易堵塞，但其耗水量较大。

美国喷雾系统公司（Spraying Systems Co.）有一种螺旋形喷嘴，见图 5.1 - 163。这种喷嘴是利用螺旋形喷雾，增大流通孔径的方法来有效地解决喷嘴易堵和难清洗的问题。其结构是内外圆锥菜，由不等距的数圈螺旋构成，水压在螺旋结构内被转化成速度能，水由中心圆锥孔喷出并冲击到螺旋片上，喷洒成广角实心雾状。单孔截面积比其他形式的喷嘴大 5 ~ 8 倍（喷嘴的孔径为 $\phi 5 \sim \phi 10mm$）。由于螺旋形喷嘴具有体积小、结构简单、喷洒面积大、防堵效果好及易于清洗等优点，已在国内炼油化工行业得到大量应用。螺旋形喷嘴与集合喷嘴的性能对比见表 5.1 - 72[14]。

图 5.1 - 163　螺旋形喷嘴

表 5.1 - 72　螺旋形喷嘴与集合喷嘴的性能对比

名　称	规格/mm	喷嘴孔径/mm	水压/MPa	喷射角/(°)	水量/(m^3/h)	数量/9 × 3 管束
集合喷嘴	$\phi 120 \times 90$	$\phi 2$	0.3	80 ~ 90	1.2	10
螺旋喷嘴	$\phi 60 \times 25$	$\phi 5.6$	0.3	120	2.4	5

3. 喷嘴布置的原则

（1）上密下疏。由于水滴的重力作用，喷出的水滴必然呈抛物线下落，为使在管束上喷雾均匀，喷嘴自上而下应由密渐疏；

（2）交叉排列；

（3）避免死角。

喷嘴排列一般为三角形。排列时应保证喷嘴有较大的喷洒面积。从理论上讲，喷到翅片管束上的圆面积应稍有重叠或相切，才能保证漏喷面积减到最小。但也应尽量避免过多重叠，否则雾滴会重叠聚集形成大水滴并沿翅片管自由下落，这既不能喷透，又造成水的浪费。立放管束喷射距离以 450mm 为宜，对平放湿式空冷器应采用正三角形均匀布置。喷射距离以在 500 ~ 550mm 之间为宜，这样才能保证有较大的喷射角和雾滴的均匀性。

4. 过滤器

为防止喷嘴堵塞，喷雾水进喷嘴前必须设置小于喷嘴孔径的网状过滤器。目前，可供选择的过滤器有两种，即反吹过滤器（图 5.1 - 164）和快开过滤器（图 5.1 - 165）。过滤器要安装在空冷器与回水罐之间，这样就可以使回水罐内的水保持清洁。切勿安装在回水罐和泵入口之间，否则过滤器一旦堵塞，泵将抽空。过滤网应选择耐腐蚀材料，如不锈钢等来制作，否则也会因滤网的锈蚀，而堵塞喷嘴。

5. 对喷淋水的要求

喷淋式空冷器的最大缺点是，由于喷淋水的硬度、酸碱性及温度的不同而会引起翅片表面结垢。因此，除限制管内流体温度外，还要对喷淋水质提出要求，见表5.1-73和表5.1-74。

表5.1-73　根据流体入口温度选择水质

管内流体入口温度/℃	水　　质
≤70	新鲜水
80~100	化学处理或软化水
>100	软化水

表5.1-74　水　质　要　求

硬度	pH(25℃)	温度	浊度	含氯	含钙	含铁
$<50 \times 10^{-6}$	6~7.5	$<50℃$	透明	$<150 \times 10^{-6}$	$50 \sim 100 \times 10^{-6}$	$<0.5 \times 10^{-6}$

（1）硬度。水的硬度在 50×10^{-6} 以下时不致于在翅片管表面形成硬垢，即使有盐分沉淀也是软垢，可用水冲掉。

（2）酸碱度。水的酸碱度过大或过小均可使管束腐蚀，即使中性冷水（pH = 6~8），由于水中溶解有氧，对设备仍有腐蚀作用。因此应经常检查水的酸碱度。

（3）温度。喷水温度要求适当，既不能引起管束腐蚀和结垢，又要有利于翅片管的散热。

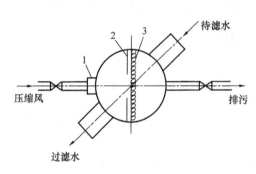

图5.1-164　反吹过滤器
1—喷嘴；2—滤网；3—污垢

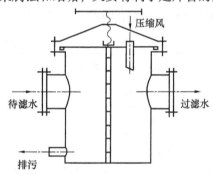

图5.1-165　快开过滤器

6. 喷淋水的循环

空冷器的最大优点就是节约水，虽然湿空冷相对于水冷器来说其用水量仍很少，但在大型、多台湿空冷装置的中用水绝对量仍然是很可观的，所以必须有回水系统，以便循环利用。图5.1-166为一喷淋水循环系统流程。

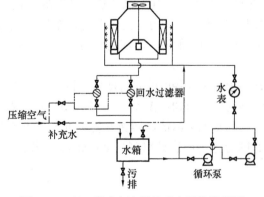

图5.1-166　湿式空冷器的喷水系统流程图

（二）湿空冷器的管外腐蚀和结垢

采用湿空冷和联合空冷，夏天降低管内流体后冷温度的效果很好，尤其在炼油厂受到普通欢迎。但美中不足的是，翅片管容易被腐蚀和结垢，这不仅缩短了空冷器的使用寿命，且影响其传热效果。国外有些厂家，如美国的赫德森公司、法国的Btt（原克鲁孚-鲁瓦尔）公司都不主张在普通L型绕片管上喷水。他们认为，虽然使用软化水可以解决结垢问题，但直接喷水会加剧翅片和管子电化学腐蚀，导致热阻增加，传热性能下降，进而缩短空冷器的使用寿命。

防止腐蚀的办法，主要是加强对管子表面的保护，国内均采用双金属轧制型翅片管，且在翅片管端部增加了铝保护层，可最大限度地减小腐蚀。

在大气腐蚀特别严重的地方，可采用特殊工艺在镀锌（锡）面上再喷铬、磷、铝或塑料膜涂层。

结垢也是湿空冷的一大缺点。垢层厚度与管内介质温度有关。在液相进口处，由于温度高结垢严重，随介质温度降低，垢层厚度也变薄。另外，在水喷不到的死区，由于湿润的翅片容易吸附灰尘，又不能被水及时冲刷，所以垢层最厚。但所有垢层均为松软体，可除去。

防止结垢的措施主要有如下几点：

①限制管内介质温度，一般认为管壁温度不宜超过 65℃，即使不用软化水，也不容易结垢；

②对水质进行磁化、过滤；

③进行大流量喷水，减少死区；

④采用较希较低的翅片或采用光管。

采用上述措施后，翅片结垢情况就可大大减轻。

（三）湿式空冷器的形式

1. 增湿型湿式空冷器［图 5.1 – 5（a）］

在空气入口处喷雾状水，空气经过水雾后含湿量增加，温度降低，然后进入管束。所以增湿空冷器应用在干湿球温度差较大的干燥地区特别有效，它不存在翅片上结垢的问题，因可采用新鲜水作喷雾水。管内热流体入口的温度可在 50 ~ 90℃之间[1]，出口温度可冷却到稍高于环境空气温度。

2. 喷淋型湿式空冷器

喷淋型湿式空冷器［图 5.1 – 5（b）、图 5.1 – 11］，它是一种向管束上喷雾状水，使翅片表面完全被水湿润的结构。它不仅可以降低空气进入管束时的温度，且依靠翅片表面上水的蒸发带走大量的热，可使热流体出口温度冷却到等于或略低于环境空气温度[1]。

这种湿式空冷器由于操作参数的不同，水蒸发所带走的热负荷也不相同。文献[1]把水蒸发带走的热负荷分为两种：一种是完全蒸发设计负荷，即设计热负荷完全由翅片上水的蒸发所带走；其二是 50% 设计蒸发负荷，即 50% 设计蒸发负荷由翅片上水的蒸发所带走，另外，50% 设计蒸发负荷由升温后的空气带走。对这两种蒸发式空冷器与最佳设计的干空冷器，在传热量、相对占地面积及理论功率消耗

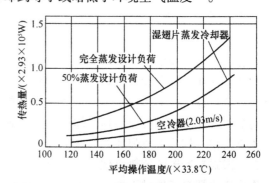

图 5.1 – 167　传热量的比较

等方面进行了比较，其结果如图 5.1 – 167、图 5.1 – 168 及图 5.1 – 169 所示。在这 3 个图中可以看出：50% 蒸发设计负荷与干空冷器相比，其传热量约提高 1.6 ~ 2.5 倍，占地面积约减少 3/4，功率消耗约减少 10%。

文献[1]对国产翅片管喷雾水蒸发空冷器进行试验证明，喷淋型湿式空冷器比干空冷器

的管外传热系数均提高了1倍左右。日本石井等人曾做过用旋转喷嘴将水直接喷到传热面上的试验,据报告,其空气侧传热系数是干空冷器的1.2~4倍[1]。

　　喷淋型湿式空冷器在我国应用已很普遍,用其代替水后冷器并在降低热流体冷却温度方面取得了显著的技术经济效果。如以某炼油厂常减压装置为例,原油处理量6200t/d,汽油流量为7.5t/h,相对于1t/h汽油冷却的技术经济指标,如表5.1-75所示。

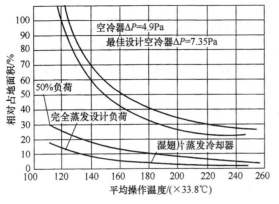

图 5.1 - 168　占地面积的比较　　　　　　图 5.1 - 169　功率比较

表 5.1 -75　喷雾水蒸发空冷器与水后冷器比较[1]

比较项目		单 位	水后冷器	蒸发空冷器	蒸发空冷/水后冷
夏季汽油冷后温度		℃	45 ~ 50	~ 35	降低 10 ~ 15
用水量	新鲜水	t/(t/h)	2	(0.135 *)0.03	(6.7% *)1.4%
	循环水	t/(t/h)	—	— 0.11	—
一次投资		万元/(t/h)	0.38	0.15	39%
年费用		万元/(t/h)	0.27	0.19	72%
金属耗量		t/(t/h)	0.40	0.27	68%
占地面积		m²/(t/h)	1.67	0.91	55%
汽油收率				增加	
环境污染				减少	

　　* 系全用新鲜水

　　水在翅片管表面上蒸发时会引起表面结垢直接影响传热性能。为防止翅片管表面结垢,可以限制热介质入口温度,一般认为管壁温度低于70℃时,可避免结垢现象。垢的性质不是盐类沉积那样的硬垢,而是属于泥砂性质的软垢(在振动时即可自行脱落),利用冲刷办法即可除掉。这说明只要控制热流体进口温度或将水软化处理,即可避免结垢现象。喷透性差、喷嘴易堵、翅片上成膜性差以及不利于蒸发是喷淋型湿式空冷器的缺点。

　　二、湿式空冷器的传热机理

　　湿式空冷器在工作过程中,由于有雾状水存在,所以其传热过程是一个复杂的热和质的传递过程。其强化传热的基本原理:①通过喷雾状水降低空气的入口温度,增大传热温差;②雾状水在翅片管外形成水膜进而有传质过程——膜蒸发的产生及强化传热。各国学者对此进行了大量研究,观点各异,下面做简要的介绍。

　　1. 大岛敏男方法[1]

　　假设条件

（1）空气经过水雾进入管束，可认为在入口温度下被水蒸汽所饱和。

（2）喷雾水随空气流进入管束，从第一排至最后一排的全部翅片管（包括翅片及光管部分）都毫无遗漏地被水所湿润。

（3）在管束中的空气，由于翅片表面上水的蒸发而总处于饱和状态，且温度、湿度增加。

（4）气膜传热系数 h_g 及传质系数 K_g，沿基管及翅片的周围为定值，此外在管子及翅片的同一圆周上温度也为定值。h_g 和 K_g 分别对应的 j 因子相等。

（1）~（3）的假设不是严格成立的，但是通过试验证实，当空气流量为 10000 ~ 12000 kg/（m² · h），喷水率在 0.03kg/kg 干空气以上，以及喷雾水温度比空气温度低 15℃左右时，可认为这些假设成立。

根据上述假设，其翅片表面被喷雾水所湿润的模型如图 5.1 – 170 所示。通过水膜与空气膜的热平衡方程式如下：

$$\left[h_g(t_i - t_g) + K_g \cdot p_{BM} \cdot r \cdot \ln\left(\frac{\pi - p_R}{\pi - p_i}\right) \right] \cdot \left[A_f \cdot E_f + (A_o - A_f) \right] = h_a \cdot (t_L - t_i) \cdot A_i = Q$$

$$(1 - 74)$$

式中　　h_g——气体膜传热系数，W/（m² · K）；

t——温度，℃；

K_g——气体膜传质系数，kg · mol/（m² · h · Pa）；

p——蒸汽压力，Pa；

p_{BM}——空气平均分压力，Pa；

r——汽化相变焓，J/（kg · mol）。

下标　　i——内表面；

g——喷雾空气；

f——翅片；

L——热流体。

2. 尾花英朗方法[1]

假设条件

（1）空气进入管束前，被水蒸气饱和，可是喷雾处前后的空气焓 ig 不变。

（2）喷雾水随着空气流把管外表面湿润，从前提到后排，所有翅片及光管均被均匀湿润。

（3）传质系数 Kg 沿管子和翅片圆周一定，在管子和翅片的同一圆周上温度也一定。

（4）传质系数和空气膜传热系数之间符合刘易斯（Lewis）关系（即 $K_g = h_g/C'$，C' 为湿空气的质量热容）。

（5）喷水率为 0.03 ~ 0.05kg/kg 干空气时，喷雾水的热容量相对于空气和热流体的热容量，设计上可忽略不计。

（6）翅片表面温度等于翅根温度。

（7）喷雾水从管壁接受热量，在管外流动的空气中蒸发，其模型示于图 5.1 – 171。

根据上述假设，尾花英朗把翅片分成 N 个微小区间，分别计算各个区间传递的热量，然后再综合各区间的热量，求出由翅根传给 N 区间翅片的热量 Q_{fg}。

$$Q_f = Q_{aN} + Q_{bN} \qquad (1 - 75)$$

翅根温度 t_b：

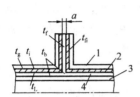

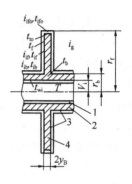

图 5.1－170　翅片表面湿润模型图　　　　图 5.1－171　管壁受热模型图
1—气膜 h_g、K_g；2—水膜 h_w；3—热流体膜 h_L；4—管子　　1—膜；2—管；3—空气膜；4—翅片

$$t_b = t_{fN} + Q_f \frac{\left(\dfrac{r_f - r_b}{2N}\right)}{\lambda_f \cdot 4\pi r_b y_b} \tag{1-76}$$

翅根传给翅片的热量（即由翅片表面传给空气的热量）Q'_f 用下式表示

$$Q'_f = \left[2\pi(r_{f2} - r_{b2}) + 4\pi r_f y_b\right] h_L (t_b - t_{ib}) = \left[2\pi(r_{f2} - r_{b2}) + 4\pi r_f y_b\right] K_g (i_{ib} - i_g) \tag{1-77}$$

翅片效率 E_f：

$$E_f = Q_f / Q'_f \tag{1-78}$$

式中　Q_a——向翅片半径方向的传热量，W/h；

　　　Q_b——向与翅片半径方向垂直方向的传热量，W；

　　　Q_f——由翅片根部传给 N 区间翅片的热量，W；

　　　Q_f——由翅片根部传给翅片的热量，W；

　　　K_g——以焓为基准的总传热系数，W/(m² · h · Δi)；或传质系数，kg/(m² · h · Δx)。

管内热介质把热量从管内传到管外空气中的过程，可分为下面 4 步进行。

（1）由管内传给管内壁的热量

$$Q_1 = A_i \cdot h_i \cdot (T - t_{wi}) \tag{1-79}$$

（2）由管内壁传给光管外表面和翅根的热量

$$Q_2 = A_m \cdot (t_{wi} - t_b) \cdot \frac{2\lambda}{d_o - d_i} \tag{1-80}$$

（3）由光管外表面和翅片根部传给气液界面的热量

$$Q_3 = \left[A_f \cdot E_f + (A_o - A_f)\right] \cdot h_L \cdot (t_b - t_{ib}) \tag{1-81}$$

（4）由气液界面传给空气的热量

$$Q_4 = \left[A_f \cdot E_f + (A_o - A_f)\right] \cdot K_g \cdot (i_{ib} - i_{ig}) \tag{1-82}$$

由热平衡

$$Q_1 = Q_2 = Q_3 = Q_4 \tag{1-83}$$

由式（1－73）~（1－77）得出

$$U \cdot A_o \cdot (T - t_{ib}) = K_g \cdot A_e \cdot (i_{ib} - i_g) \tag{1-84}$$

式中　　　A_m——单位长度有效面积，m^2/m

$$A_m = \pi(d_o - d_i)/L_n(d_o/d_i);\qquad(1-85)$$

A_e——单位长度有效面积，m^2/m；

T、t_{wi}、t_b、t_{ib}——分别为管内介质、管内壁、翅根及气液界面的温度，℃；

i_{ib}、i_g——分别为气液界面处空气的热焓和外界空气的热焓，J/kg 干空气。

3. 国内试验情况

对国产缠绕式高低翅片管束，在试验室内进行了喷水蒸发传热试验(图5.1-172)。通过对实验数据的综合分析，认为空气在蒸发式空冷管束内是一增湿增温增焓过程。

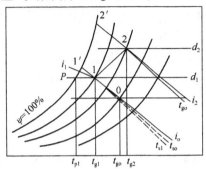

图5.1-172　蒸发空冷热工过程焓湿图

入口空气状态为 O 点(对应的干、湿球温度为 t_{go}、t_{so}、焓值为 i_o)，经过喷雾后变为 1 点(对应的干湿球温度为 t_{g1}、t_{s1}，焓值为 i_1)，此过程为等焓增湿降温过程，空气经过管束后变为 2 点(对应的干湿球温度为 t_{g2}、t_{s2}，焓值为 i_2)，这个过程为增温增湿增焓过程。

用图5.1-172表示文献[1]的观点，则其热工过程为0—1′—2′，即入口空气状态经喷水后，沿等焓线达到 $\phi = 100\%$ 饱和线上，在管束中的空气继续沿饱和线增温增湿增焓。

三、喷雾后空气入口温度

喷雾后空气进入管束的温度直接影响到传热面积的计算，应予以充分注意。

(1)文献[1]在试验基础上提出了一个计算喷雾后空气入口温度的经验式

$$t_{g1} = t_{go} - \left(1.04 - \frac{175}{B \cdot \ln B}\right) \cdot (t_{go} - t_{so})^{0.94}\qquad(1-86)$$

式中　t_{g1}——喷雾后空气入口温度，℃；

t_{go}——入口空气干球温度，℃；

t_{so}——入口空气湿球温度，℃；

B——迎风面喷水强度，$kg/(m^2 \cdot h)$。

(2)大岛敏男[1]在下列假设的基础上提出一个计算式，在应用此式计算喷雾后空气入口温度时需要猜算。

假设条件：当空气流量为 10000～12000$kg/(m^2 \cdot h)$、喷水率为 0.03kg/kg 干空气，喷水温度取比空气温度高 7℃左右。

① 为绝热变化

② 喷雾后空气被水汽所饱和，水雾和空气均为同一温度，即 $t_{g1} = t_e$。

喷雾前后的热平衡方程如下：

$$G \cdot i_a + W \cdot t_s = G \cdot i_e + [W - G \cdot (H_e - H_a)] \cdot t_e\qquad(1-87)$$

且

$$i_e = (0.24 + 0.46H_e) \cdot t_e + 595.5H_e\qquad(1-88)$$

用式(1-82)猜算出空气入口温度 t_e

式中　G——空气流量，kg/h；

W——喷水量,kg/h;

i_a、i_e——喷雾前、后空气焓值,W/kg 干空气;

H_a、H_e——喷雾前、后空气湿度,kg/kg 干空气;

t_s、t_e——喷雾前、后水雾温度,℃。

(3) 在尾花英朗的计算方法中,假定空气经过喷雾后被水蒸气所饱和,喷雾前后空气的焓值不变,用空气入口焓值进行计算,无需计算喷雾后空气的温度。

四、空气出口温度

(1) 文献[1]把总传热量 Q 分成二部分,一是显热 $Q_\text{显}$,表现为空气温度的升高;另一个是潜热 $Q_\text{潜}$,表现为空气湿度的增加。所以空气出口温度为:

$$t_{g2} = t_{g1} + \frac{Q_\text{显}}{G \cdot c_\text{P}} \tag{1-89}$$

将温湿系数 $\xi = \dfrac{Q_\text{显}}{Q}$ 代入式(1-85),则 $t_{g2} = t_{g1} + \dfrac{Q}{G \cdot c_\text{p}} \cdot \xi$ (1-90)

影响 ξ 的因素有: $\xi = f(r_a K_g / h_g, \theta, B)$ (1-91)

按刘易斯比例 h_g/K_g 为定值,所以在 $\xi = f(\theta, B)$ 中改变 θ、B,测定 ξ 的变化,便可得出如下经验公式:

    $\phi57/\phi25$ 翅片管,2、4 排管: $\xi = 2.83B^{-0.54}\theta^{0.35}$ (1-92)

    $\phi57/\phi25$ 翅片管,6 排管: $\xi = 3.54B^{-0.54}\theta^{0.35}$ (1-93)

    $\phi50/\phi25$ 翅片管,2、4 排管: $\xi = 3.18B^{-0.58}\theta^{0.35}$ (1-94)

    $\phi50/\phi25$ 翅片管,6 排管: $\xi = 4.71B^{-0.58}\theta^{0.35}$ (1-95)

式中 G——空气重量流量,kg/h;

       c_p——空气定压比热容, J/(kg·K);

       h_g——显热膜传热系数, W/(m²·K);

       K_g——传质系数, kg/(Pa·h);

       γ_g——水蒸气体积质量, kg/m³;

       a——常数。

(2) 大岛敏男和尾花英朗法需先求出空气出口饱和焓值 i_{g2},而对应 i_{g2} 的温度 t_{g2} 就是空气出口温度。用空气焓表示的热平衡方程式如下:

$$Q = G \cdot (i_{g2} - i_{g1}) \tag{1-96}$$

式中 Q——总传热量, W;

       G——干空气流量, kg/h;

   i_{g1},i_{g2}——空气入、出口的饱和焓, J/kg。

五、喷水量的选择

喷水量的大小应尽量使翅片表面均匀湿润,过大的喷水量则会使水的热容量加大传热动力变小。

大岛敏男认为,空气的质量速度为 $10000 \sim 12000\text{kg}/(\text{m}^2 \cdot \text{h})$,喷水率为 0.03kg/kg 干宽气为宜。

尾花英朗认为,考虑到喷雾水通过翅片管束时的部分蒸发,喷水量应加大一些,使未蒸发水率达到 $0.03 \sim 0.1\text{kg/kg}$ 干空气较好。

文献[1]的试验表明，同一喷水量下，随着管排数的增加，管外膜传热系数降低；管排数一定时，随着喷水量的增加，管外膜传热系数提高，当所有表面均被湿润以后，管外膜传系数将趋向稳定（图5.1-173），适宜的水量见表5.1-76。

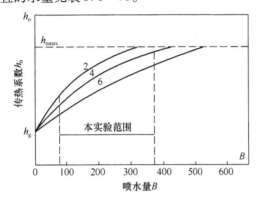

图5.1-173　对最大喷水量的推断

表5.1-76　管排数与喷水量

管排数	2	4	6
喷水量/[kg/(m² · h)]	150	200	250
水气比	0.012	0.016	0.020

六、传热系数

在设计计算中，要用到传热系数，由于对传热机理的观点不同，几篇文献采用的传热系数也各异。

1. 文献[1]的计算方法 A

总传热系数 U_o——以光管外表面为基准的传热系数。

$$U_o = \cfrac{1}{\cfrac{1}{h_i} \cdot \cfrac{d_o}{d_i} + r_i \cdot \cfrac{d_o}{d_i} + \cfrac{d_o}{2\lambda}\ln\cfrac{d_o}{d_i} + \cfrac{1}{h_o} + r_o}$$

$$(1-97)$$

式中各热阻除 r_o 以外，其余与干式空冷器相同。

r_o——管外污垢热阻，$(m^2 \cdot K)/W$

蒸馏水：8.598×10^{-5}；井水：17.197×10^{-5}；干净软水：17.197×10^{-5}；

干净湖水：17.197×10^{-5}；自来水：17.197×10^{-5}；一般河水：60.189×10^{-5}。

由于存在蒸发，管外膜传热系数 h_o 与下列参数有关。

$$h_o = C \cdot V_r^n \cdot B^m \cdot \theta^p \qquad (1-98)$$

为了确定这个关联式的系数和指数，分别改变 V_r、B、θ 数值并加以研究，然后经综合整理后可得如下的关联式：

$$h_o = 78 \cdot \psi \cdot V_r^{0.05+0.03N} \cdot B^{0.77-0.035N} \cdot \theta^{-0.35} \qquad (1-99)$$

式中　B——迎风面喷水强度，$kg/(m^2 \cdot h)$；

θ——温度准数；

$$\theta = (t_b - t_{gl})/(t_{gl} - t_{pl})$$

t_b——光管外壁面温度，℃；

t_{gl}——管束入口空气干球温度，℃；

t_{pl}——管束入口空气露点温度，℃；

ψ——翅高影响系数；对于 $\phi57/\phi25$ 的翅片管，$\psi = 1$；对 $\phi50/\phi25$ 的翅片管，$\psi = 0.91$。

2. 文献[1]的计算方法 B

传热系数 U_o 选用从管内流体到气液界面的总传热系数。

$$\frac{1}{U_o} = \frac{1}{h_i} \cdot \left(\frac{A_o}{A_i}\right) + r_w \left(\frac{A_o}{A_m}\right) + \frac{1}{h_e} \cdot \left(\frac{A_o}{A_e}\right) \qquad (1-100)$$

式中　h_e——喷雾水膜传热系数，可以使用水蒸气在垂直管冷凝场合的传热系数。

$$h_e = 1.88 \times \left(\frac{\mu_e^2}{\lambda_e^3 \cdot \rho_e^2 \cdot g}\right)^{-\frac{1}{3}} \cdot \left(\frac{4\Gamma}{\mu_e}\right)^{\frac{1}{3}} \qquad (1-101)$$

式中　Γ——喷雾水负荷，$kg/(m \cdot h)$；

$$\Gamma = \frac{W}{\pi \cdot d_b \cdot n} \qquad (1-102)$$

　　W——喷水量，kg/h；
　　d_b——翅片根部直径，m；
　　μ_e——水黏度，$kg/(m \cdot h)$；
　　λ_c——水导热系数，$W/(m^2 \cdot K)$；
　　ρ_e——水的密度，kg/m^3。

七、有效平均温度差

1. 尾花英朗计算有效平均温差的公式

$$\Delta T = F_t \frac{(T_1 - t_{ib1}) - (T_2 - t_{ib2})}{\ln\left(\frac{T_1 - t_{ib1}}{T_2 - t_{ib2}}\right)} \qquad (1-103)$$

式中　T_1、T_2——区间入、出口的管内流体温度，℃；
　　t_{ib1}，t_{ib2}——区间入、出口处气液界面温度，℃。

t_{ib2} 的求法为猜算法，即假设翅片效率 E_f 和气液界面温度 t_{ib}，按式(1-79)进行猜算。

2. 文献[1]的有效平均温差算法

$$\Delta T = F_t \frac{(T_1 - t_{g2}) - (T_2 - t_{g1})}{\ln\left(\frac{T_1 - t_{g2}}{T_2 - t_{g1}}\right)} \qquad (1-104)$$

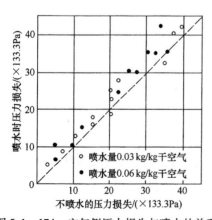

图 5.1-174　空气侧压力损失与喷水的关系

八、空气侧压力损失

　　尾花英朗的试验证明，当喷水率在 0.03kg/kg 干空气左右时，在同样风量的条件下，如图 5.1-174 所示。可以认为，与不喷水时的压力损失几乎一样。

　　文献[1]提供的喷水后压力损失的关联式为

$$\Delta p = 0.22N \cdot B^{0.12} \cdot V_r \cdot \psi \qquad (1-105)$$

　　对 $\phi57/\phi25$ 翅片管，$\psi = 1$；对 $\phi50/\phi25$ 翅片管，$\psi = 1.25$。

　　式(1-101)与干空冷的公式(1-49)所计算

的压力损失进行比较，对 $\phi57/\phi25$ 翅片管增加 10%，对 $\phi50/\phi25$ 翅片管约增加了 37% 左右。

文献[1]的试验，气水比在 $0.007 \sim 0.059 \text{kg/kg}$ 干空气范围内时，喷水后压力损失比干空冷时增加了 $10\% \sim 70\%$。

九、设计计算步骤

文献[1]的设计计算方法

已知条件

管内流体条件：入口温度 T_1，℃；

出口温度 T_2，℃；

流体流量 L，kg/h；

环境空气条件：干球温度 t_{go}，℃；

湿球温度 t_{so}，℃；

t_{go}，t_{so} 是以当地每年保证率不超过五天的气温选取。

1. 面积估算

(1) 计算传热量 Q

$$Q = L \cdot c_P \cdot (T_1 - T_2) \qquad (1-106)$$

式中　c_p——管内流体定压比热容，J/kg·K

(2) 估算对数平均温差 $\Delta t'$

① 估算喷雾后管束入口空气温度 t_{g1}

$$t_{g1} = t_{go} - 0.8(t_{go} - t_{so}) \qquad (1-107)$$

② 估算管束出口空气温度 t_{g2}

$$t_{g2} = t_{g1} + \delta t_g，℃ \qquad (1-108)$$

式中　δt_g 为空气温升，℃，由表 5.1-77 选取。

表 5.1-77　空气温升 δt_g

T_m/℃	35	40	50	60	70
δt_g/℃	1	2	3	4	5

表中 T_m 为热流体平均温度

$$T_m = \frac{T_1 + T_2}{2}，℃。$$

③ 计算对数平均温差 ΔT(℃) 按式(1-100)进行。

(3) 估算传热系数 U_o

$$U_o = F_V \cdot U_o，\text{W/}(\text{m}^2 \cdot \text{K}) \qquad (1-109)$$

式中　$U_o^{\text{干}}$——干式空冷以光管外表面积为基准的传热系数；

F_V——传热增强系数。由表 5.1-78 查取[1]。

表5.1-78　传热增强系数 F_V

管内流体	油品冷却	油气冷却	水冷却	蒸汽冷凝
F_V	1.1～1.2	1.3～1.4	1.5～1.6	1.6～1.8

（4）计算传热面积 A_o。

$$A_o = \frac{Q}{U_o \cdot \Delta t}, \quad \text{m}^2 \tag{1-110}$$

2. 选型设计

（1）选定管排数

（2）选定管束

①根据 A_o 按系列选取

②根据所选管束，确定迎风面积 F，$F = (长 \times 宽) - 框架所占面积$，$\text{m}^2$

③确定管程

（a）选管内流速 V_L

液体　　$V_L = 0.5 \sim 1 (\text{m/s})（自然流程）$

气体　　$(V_r)_L = 5 \sim 20 \text{kg/(m}^2 \cdot \text{s)}$；

（b）计算管程数 N_2

$$N_2 = \frac{3600 \dfrac{\pi d_i^2}{4} n V_L \gamma_L}{L}; \tag{1-111}$$

式中　γ_L——管内流体密度，kg/m^3。

（c）根据计算的 N_2，选定管程数，使管内介质流速在允许范围内。

④确定喷嘴

（a）选取迎风面喷水强度 B，$\text{kg/(m}^2 \cdot \text{h)}$；

（b）计算喷水量 W，kg/h

$$W = F \cdot B; \tag{1-112}$$

（c）计算喷嘴数目 n_w

$$n_w = W/w; \tag{1-113}$$

式中　W——一个喷嘴的喷水量，kg/h。

（d）补充水量 ΔW，kg/h

一般消耗水量为喷水量的20%，可按下式估算：

$$\Delta W = (1.2 \sim 1.5)\frac{Q}{Q'} \tag{1-114}$$

式中　Q——总热负荷，W；

　　　Q'——水的汽化潜热值，W/kg。

（3）选风机

①选迎风面风速 v

考虑到喷水后风侧阻力的增加，故迎风面风速应稍低于干空冷器的数值，按表5.1-79选取。

表 5.1 -79　迎风面风速选用表

管排数	2	4	6
$v/(m/s)$	2.7 ~ 2.8	2.5 ~ 2.6	2.3 ~ 2.4

②估算风量 V

$$V = 3600 \cdot Fv, \ Nm^3/h \qquad (1-115)$$

③估算风阻 Δp，Δp 按表 5.1 -80 选取

表 5.1 -80　估算风阻 Δp　　　　　　　　　　　Pa

翅片管规格	管　排　数		
	2	4	6
$\phi 57/\phi 25$	58.8	117.7	176.5
$\phi 50/\phi 25$	73.5	147.1	220.6

④选风机：按风机特性曲线选取

3. 精确计算

（1）管内流体热强度 q_o

$$q_o = Q/A, \ W/m^2; \qquad (1-116)$$

（2）管内膜传热系数 h_i，$W/(m^2 \cdot K)$，与干式空冷器相同；

（3）管内污垢热阻及管壁热阻 Σ_r，$(m^2 \cdot K)/W$；

（4）光管外壁温度 t_b

$$t_b = T_m - q_o \Sigma_r, \ ℃; \qquad (1-117)$$

式中　T_m——管内流体平均温度

$$T_m = \frac{T_1 + T_2}{2}, \ ℃;$$

（5）管束入口空气温度 t_{g1}，℃；

（6）管束入口空气露点温度 t_{p1}，℃

在湿空气 $I-d$ 图上，由 t_{p1}、$t_{sl}(=t_{so})$ 找出状态点 I。从 I 点沿等 d 线与 $\psi = 100\%$ 的饱和线的交点 P 所对应的温度，即为入口空气露点温度 t_{p1}；

（7）温度准数 θ；

（8）湿温系数 ξ；

（9）管束出口空气温度 t_{b2}，℃；

（10）有效平均温差 ΔT，℃；

（11）管外膜传热系数 h_o，$W/(m^2 \cdot K)$；

（12）总传热系数 U_o，$W/(m^2 \cdot K)$；

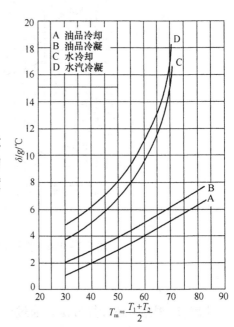

图 5.1 -175　空气温升图

（13）总传热面积 A_o，m^2；

（14）校核。

将精确计算的传热面积与估算的传热面积相比较，二者误差在 10% 以内即可。否则需进行第二次计算。

4. 界限喷水温度推算 t_o。

根据地区不同，喷水温度一般在 20～28℃ 之间。按下式计算：

$$t_o = T_m - \frac{Q}{U_o^{\mp} \cdot A_o} - \frac{Q}{2G \cdot C_p}, ℃ \tag{1-118}$$

文献[1]对上述计算方法中的空气温升 δt_{go} 值进行修正的结果如图 5.1-175 所示。另外把管外空气膜传热系数及湿温系数绘成了计算图，如图 5.1-176 所示。

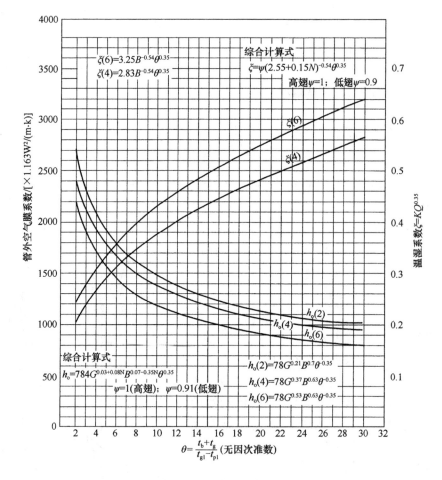

图 5.1-176 管外空气膜传热系数和温湿系数计算图

文献[1]根据上述计算方法，通过已知数据 t_{go}、t_{so}、t_b、B、V_F、N，用图解法可求 t_{g1}、t_{p1}、θ、ζ、h_{co}，如图 5.1-177、图 5.1-178、图 5.1-179 所示。

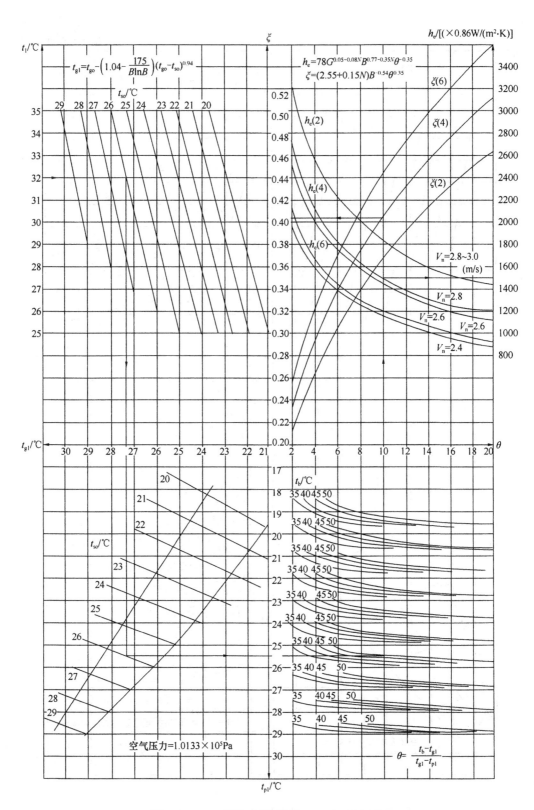

图 5.1 - 177 湿空冷器算图（$B = 150$，高翅片）

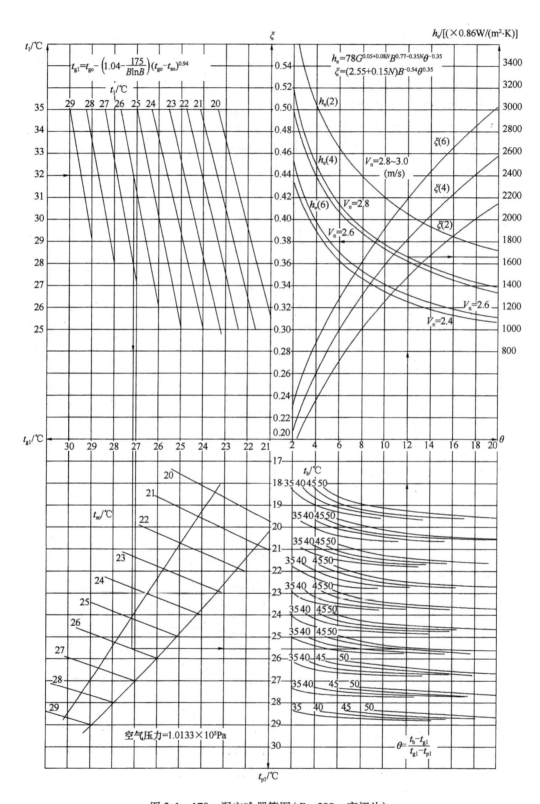

图 5.1-178　湿空冷器算图（$B=200$，高翅片）

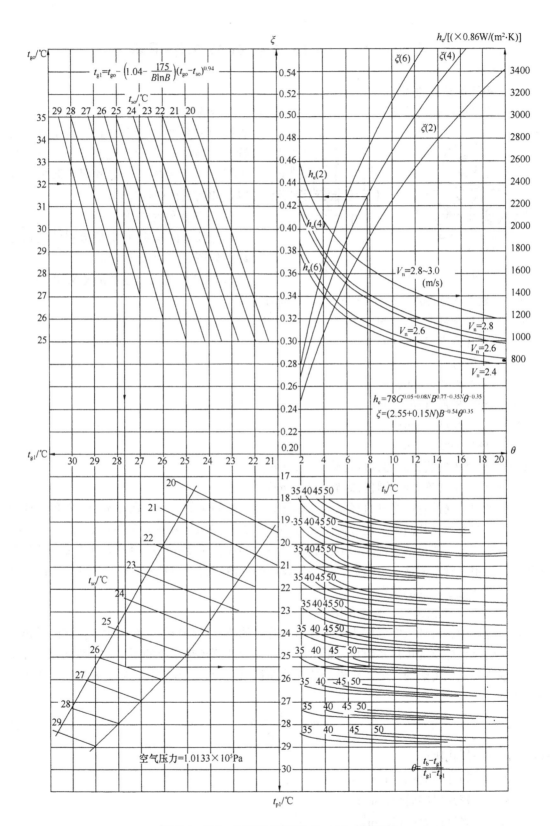

图 5.1 - 179　湿空冷器算图（$B = 200$，高翅片）

第十一节　空冷器设计的几个问题

一、翅片管参数的优化

翅片管是空冷器的传热元件，翅片管的参数对空冷器的传热效率、功率消耗和噪声等有

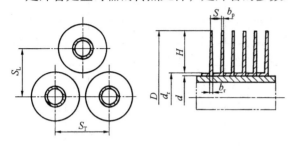

图 5.1 - 180　翅片管的几何参数

直接的关系[15]。因此，选择合适的翅片管参数对空冷器设计是非常重要的。以下就翅片管参数对传热和阻力降的影响以及如何选择进行论述。

1. 翅片管的参数

翅片管的参数主要是指它的几何参数，如图 5.1 - 180 所示。

图 5.1 - 180 中几何参数的意义如下：

b——翅片平均厚度，$b = 0.5(b_p + b_r)$，mm；

b_p——翅片顶部厚度，mm；

b_r——翅片根部厚度，mm；

d——光管外径，mm；

D——翅片外径，mm；

d_r——翅片根部直径，mm；

H——翅片高度，mm；

S——翅片间距，mm；

S_T——垂直于气流方向的管排之管心距，mm；

S_L——平行于气流方向的管排之管心距，mm。

一般来说，翅片管的光管直径及翅片厚度基本上是固定的。所以在评价翅片管的性能时选择的参数主要是翅片高度、翅片间距和管心距。这些参数对翅片管的翅化比起主导作用，同时对传热和阻力降也产生很大影响。翅片管参数的优化主要是指空冷器设计中如何合理选择片高、片距和管心距这 3 个参数，以使所设计的空冷器得到适宜的传热效率和阻力降。从而使空器设计处于较优的状态。

2. 翅片管的翅化比和有效翅化比

在空冷器中，管外以空气作为冷却介质与管内的热介质进行热交换。由于空气的导热系数低，故引起管外侧的传热系数也较低。为了弥补管外侧传热系数的不足，一般均在管外增加翅片以达到强化传热的目的。管外的翅片总面积与光管表面积之比称之为翅化比。翅化比表示如下：

$$\varepsilon_o = \frac{A_f + A_r}{A_b} \qquad (1 - 119)$$

式中　ε_o——翅化比；

A_f——翅片表面积，m²；

A_r——翅片根部面积，m²；

A_b——光管外表面积，m²。

该翅化比是几何翅化比，它没有考虑到翅片的效率。翅片管的传热效率与翅片管的表面

温度有关，翅片表面温度自根部至顶部是递降的，愈到翅顶，其传热平均温差愈低，传热效果就愈差。翅片的传热效率为：

$$E_f = \frac{主流温度 - 翅片表面平均温度}{主流温度 - 翅片根部温度}$$

从文献[16]可得：

$$E_f = 1.902 - 0.1632H\sqrt{\frac{h_o}{\lambda_m \cdot b}}$$

式中　E_f——翅片管的传热效率；

　　　H——翅片的高度，m；

　　　h_o——翅片管对空气侧的传热系数，W/(m²·K)；

　　　高翅片管：$h_o = 453.6U_F^{0.718}$

　　　低翅片管：$h_o = 411.7U_F^{0.718}$；

　　　λ_m——翅片材料的导热系数，对于铝为203.5W/(m·K)。

将以上数据代入上式可得到高、低翅片管的效率：

　　　高翅片效率，$E_f = 1.092 - 10.85HU_F^{0.359}$

　　　低翅片效率，$E_f = 1.092 - 10.38HU_F^{0.359}$

式中，U_F 为标准状态下的迎面风速，m/s。

两种翅片高度的翅片效率与迎面风速的关系如图5.1-181所示。从图中可以看出，翅片高度是影响翅片效率的主要因素，低翅片比高翅片有较高的翅片效率。翅片的效率随迎风面风速的增加而下降。

翅片效率与翅片材料、翅片厚度、翅片高度及空气侧传热系数有关。当翅片效率求得后便可用下式求出翅片管的有效翅化比：

$$\varepsilon = \frac{E_f A_f + A_f}{A_b} \qquad (1-120)$$

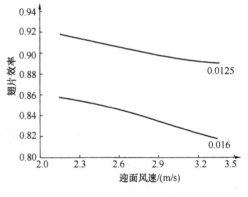

图5.1-181　高低翅片的效率

式中　ε——翅片管的有效翅化比。

从图5.1-181可以看出，低翅片有较高的翅片效率，但由于它的翅化比低，最终的有效翅化比还是比不上高翅片。所以，在设计中当管内侧的传热系数较高时还是以采用高翅片为好。如果管内的传热系数较低，则应采用低翅片管。

3. 翅片管几何参数与管外侧传热系数的关系

计算管外空气侧传热系数的公式很多，在进行翅片管参数评价时可采用比较通常的Briggs公式，即(1-117)和(1-118)。该公式的标准误差为5.1%。该式适用于各种翅片高度、片距、管心距等，将空气参数、迎面风速代入相应的准数并加以化简，便可得到以光管外表面为基准的管外侧传热系数，见下式：

$$h_o = 0.1603\lambda(\gamma/\mu)^{0.718}d_r^{0.282}a^{0.718}Pr^{0.333}(S/H)^{0.296}u^{0.718}\varepsilon \qquad (1-121)$$

式中　h_o——管外侧的传热系数，W/(m²·K)；

Pr——空气的普兰特准数，$Pr = \dfrac{C\mu}{\lambda}$；

λ——空气的导热系数，$W/(m \cdot K)$；

μ——空气的黏度，$Pa \cdot s$；

C——空气的比热容，$J/(kg \cdot K)$；

u——标准状态下的迎风面风速，m/s；

γ——空气密度，kg/m^3；

ε——翅片管的翅化比；

a——系数，为迎风面积与最窄通风面积之比值，它是与翅片管的高度、管心距和片厚有关的参数。

$$a = \frac{S_T}{S_T\left(d_r + \dfrac{1}{S}\left(b + \dfrac{b}{2}\right)\left(\dfrac{D}{2} - \dfrac{d}{2} - b\right)\right)}$$

当翅片管的光管外径 $d = 0.025m$，翅片厚度 $b = 0.0005m$ 并将其代入上式后可以得到：

$$a = \frac{S_T}{S_T - d_r - \dfrac{1}{S}(0.000375D - 9.75 \times 10^{-6})}$$

将空气为 60℃时的物性参数代入，可得到管外侧的传热系数表达式：

$$h_o = 8.69 d_r^{-0.282} a^{0.718}\left(\frac{S}{H}\right)^{0.296} u^{0.718} \varepsilon \qquad (1-122)$$

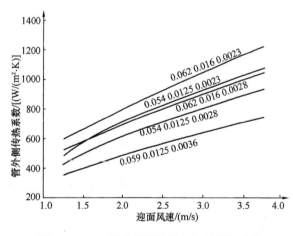

图 5.1-182　翅片管的管外空气侧传热系数

从上式可看出，管外传热系数是翅片管根部直径、片距、片高、管心距、迎风面风速和有效翅化比等的函数，除迎风面风速外均是翅片管的几何参数，这些几何参数有的是互相关联的，为了确切地说明这些几何参数对空气膜传热系数的影响，下面就以高低两种翅片，各选2种管心距和3种不同片距，计算出不同风速下的空气膜传热系数，并将其计算结果绘于图5.1-182。

从图5.1-182可看出：

①各种几何参数的翅片管，其管外空气侧的传热系数随迎风面风速的增加而增加；

②翅片管空气侧的传热系数随翅片高度的增加而增加；

③翅片管空气侧传热系数随翅片间距的增加而下降；

④翅片管空气侧传热系数随管心距的增加而下降。

4. 翅片管的几何参数与管外阻力降的关系

空气流经翅片管外侧时，气流对翅片表面的摩擦、气体的收缩和膨胀引起了气流的压力损失，通常称之为管外阻力降。这种阻力降主要与风速、翅片管形式、几何参数及制造质

量有关。下面是罗宾逊(Robinson)和勃列格斯(Briggs)通过试验后归纳的计算式[17]:

$$\Delta p_{\mathrm{s}} = 37.86 Re^{-0.318} \left(\frac{S_{\mathrm{T}}}{d_{\mathrm{r}}}\right)^{-0.927} \left(\frac{S_{\mathrm{T}}}{S_{\mathrm{L}}}\right)^{0.515} \frac{n}{2g\rho} G_{\mathrm{s}}^2 \qquad (1-123)$$

若取空气定性温度为60℃时的物性参数代入式(1-123)得:

$$\Delta p_{\mathrm{s}} = 9.473 \times 10^{-3} n S_{\mathrm{T}}^{-0927} a^{1.684} u^{1.684} \qquad (1-124)$$

式中　p_{s}——管外侧静压降,kg/m²;

　　　　n——沿气流方向翅片管的排数;

　　　　S_{T}——管束的横向管心距,m;

　　　　a——管束的迎风面积与最小通风面积之比;

　　　　u——迎风面风速,m/s;

　　　　g——重力加速度,m/s²;

　　　　ρ——空气密度,kg/m³。

为了便于分析比较,对不同片高、片距和管心距的翅片管,只改变迎风面风速即可按式(1-120)计算出相应参数下的管外静压降,其计算结果绘于图5.1-183。

从图5.1-183可看出:

①管外静压降随风速的增加而增加;

②在相同的风速下,管外静压降随管心距的增加而下降、随翅片间距的增加而减少。

在空冷器中翅片管的管外静压降是决定功率消耗的重要因素。另一方面,静压降的增加也导致了噪声的增大。因此从降低功率消耗和噪声来看,都需要找出一组较为合适的翅片管参数,以使得它的阻力降最小。

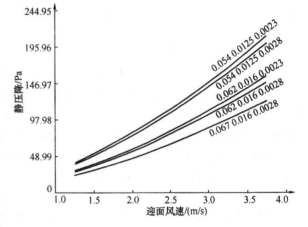

图5.1-183　翅片管的管侧静压降

5. 翅片管几何参数的选择

尽管空冷器采用的冷却介质是取之不尽的空气,但要达到高效地利用空气亦不是一件易事。因此空冷器的优化设计就成了众所关心的课题。为了达到空冷器的优化设计的目的,需要将翅片管几何参数与整个空冷器费用进行关联,找出它们之间的关系,为合理选用翅片参数提供依据。

空冷器的费用包括:一是设备费、运输费和安装费,即一次性投资;二是操作费。在一定热负荷条件下,空冷器的费用与管外侧传热系数、积垢热阻、空气量及阻力降有关。

根据已知的工艺条件可计算某一组翅片参数下的空冷器换热面积和功率消耗,前者可算出一次投资费用,后者可算出操作费用。两者相加即可得出总费用。经过对各组翅片参数下总费用的比较,便可找出相同工艺条件下费用比较合理的一组翅片参数。下面就各个参数对费用的关系作一个定性的分析。为翅片管参数的选择提供参考。

(1)翅片高度

翅片面积愈大,折合到光管外表面的膜传热系数也就愈高。因此当管内的膜传热系数较高时，采用高翅片管对提高总传热系数的效果也更显著。所以应根据管内传热系数的高低来选择翅片管的高度，见表5.1-81。

表5.1-81　翅片高度的选择

管内传热系数 h_1/[W/(m²·K)]	翅片高度 H	管内传热系数 h_1/[W/(m²·K)]	翅片高度 H
>1000	高翅片	100~1000	低翅片
1000~1800	高或低翅片	<100	光管

（2）翅片间距

翅片管的单位长度传热面积与片距成反比，在一定风速下，翅片管所能传递的热量与换热面积成正比。也就是说，片距愈小传递的热量愈大，同时阻力降也愈大。表5.1-82为迎面风速2.8m/s、管心距62mm、翅片外径57mm的条件下，片距的变化对管外传热系数、阻力降及总费用的影响。

表5.1-82　片距对传热系数、阻力降和费用的影响

片距/mm	2.3	2.54	2.82	3.18	3.63
管外传热系数变化趋势	1	0.93	0.87	0.80	0.73
阻力降变化趋势	1	0.89	0.78	0.67	0.59
总费用变化趋势	1	0.98	0.97	0.97	0.97

注：上表的评价是以翅片距2.3mm为基准的。

从表5.1-82可看出，在一定风速下，管外传热系数及阻力降随片距增大而下降的幅度较大。在计算总费用时，假定管内的传热系数为700W/(m²·K)。从总费用的变化趋势可以看出，费用逐渐下降，当片距增到某一值时就不再下降了，因为设备费用的增加与操作费用的减少几乎相等，故总费用几乎不变。当然，当管内条件改变时，最低费用值的片距可能会出现在别的地方。针对上述情况，翅片管间距的改变对总费用的影响不大，因此可以采用 $S=2.3$mm的常用片距。

（3）翅片管管心距

按照以上的工艺条件考查翅片管排列的管心距对传热系数、阻力降和总费用的影响，其结果列于表5.1-83。

从表5.1-83可见，一台冷却一定热负荷的空冷器，其传热系数、阻力降和总费用随管心距的增大而下降。传热系数和总费用的下降速率相同，阻力降的下降速率较快。从而可以看出，适当增加管心距对空冷器是有利的。此外，管心距增大，阻力降减小，也降低了空冷器噪声。

表5.1-83　管心距对给热系数、阻力降及费用的影响

管心距/mm	60	61	62	63	64	65	66	67
管外传热系数变化趋势	1.00	0.99	0.98	0.97	0.96	0.95	0.94	0.93
阻力降（4排）变化趋势	1.00	0.96	0.92	0.88	0.85	0.81	0.79	0.75
总费用变化趋势	1.00	0.99	0.98	0.97	0.96	0.95	0.94	0.93

二、空冷器的防冻设计

1. 防冻的意义

空冷器的防冻包括高寒地区的防冻和高凝点油品防凝的两个方面。一是高寒地区的气温较低，被冷却介质的冷后温度往往会超过介质的凝固点而导致介质在管内凝结，故需要防冻；二是一些凝固点较高的工艺介质，在较高的壁温下可能产生凝固。因而也需采取防凝或防冻措施。介质在空冷器内的凝结不但会阻断工艺介质的流动，同时还会胀裂管子，以致造成对设备的破坏，因此防止工艺介质在空冷器内的凝结对空冷器的平稳操作有非常重要的意义。

2. 防冻工艺介质分类

在考虑空冷器防冻设计时，被冷却的工艺介质一般可分为以下6类：

第1类 水和稀释水溶液的冷却

水和稀释水溶液具有较高的传热系数，因此在操作过程中管壁温度较高。一般不会出现冰冻现象。但是在极低气温下或开停工时，若不采取相应的预热措施也可能引起冰冻现象。

第2类 蒸汽冷凝

蒸汽冷凝器的管束通常为多排管的单程结构，在蒸汽冷却过程中，底排与冷空气接触，底排的冷后温度要比顶层低，因此顶层会有一部蒸汽得不到及时冷凝，而从出口端流回温度较低的底层出口端。这会引起两种后果，一是底排管内的流动受阻，局部过冷并造成积液，当腐蚀介质存在时会引起穿孔；二是由于蒸汽的积聚引起水锤现象，加剧管束的破坏。腐蚀穿孔是非常迅速的，短的仅1天，长的3个月，穿孔迅速也与水锤现象有关。

为了避免这种破坏，应避免或减少蒸汽在温度较低的底排管出口处积聚。为此，有3种措施可以采用。一是要限制管束的长度，一般认为管长不应大于直径的360倍，如外径为25mm管子的长度应在9m以下；二是将后管箱分解成每排的单独排出管箱；三是在管子进口端加节孔板，后一种方法局限性大，不能适应流量的变化。

第3类 部分蒸汽冷凝

这种类型是排出口的未凝气量较大，一般不会在出口端出现气体积聚，蒸汽能从各排连续排出。出口的气体一般达到进口蒸汽总量的10%~30%（质），若出口的含气量低于10%（质）时，就会呈现类型2的现象，排出的含气量按最低设计气温时计算确定，当确认不会产生气体积聚时，采用一般简单风量控制即可满足要求。当计算确认会产生气相积聚时，就应采取相应的防冻措施。

第4类，可凝气的冷凝

第4类冷却类型是第3类的延伸，它强调可凝气体对管壁温度的影响，为了精确计算管壁和流体的温度，对流动状态的预测是非常重要的。例如，在被冷却的物流中含有蒸汽或可凝的烃类时，在冷凝器入口将出现环状流，并在管子冷侧内表面形成环状液体，而中心部分则为气体；在出口端呈现层流状态凝结水和液体并从管的底部排出，蒸汽在管的上半部冷凝，对于这种类型的冷却，只要采用简单控制风量的防冻措施即可。

第5类 粘稠和高倾点流体冷却

粘稠流体和高倾点液体的主要问题是，流动不稳定性，在同一管程中各根管子的流速都各不相同，其差别甚至达到5∶1。这种流动不均匀性带来的后果是，管侧的总压降可能增加1倍，传热性能下降50%。

为了预防这种不均匀性不致于太大，应注意以下2点：

①工艺介质被排出温度下的平均黏度不应低于0.05Pa·s；

②边壁黏度与平均黏度之比不应超过3∶1。

在这种流体下的空气冷却器设计时需要特别强调以下几个问题：

①空气侧的流量与温度分布尽可能做到均匀，仅仅是单侧设置的外循环将会引起空气流动和温度的不均匀。因此尽可能选用双侧的热风外循环空冷器；

②为了防止空气走旁路，应减少管束侧梁与管子之间的间隙，按文献[7]的规定，该间隙最大为9mm；

③允许压力降应尽可能高一些，通常应达到0.275MPa；

④管侧进口管箱的分配应尽量均匀，可采用多个进口和进口管箱并采取保温措施；

⑤必要时可在空冷器内增设加热盘管。

此外，当采用上述措施仍解决不了问题时，对这类介质的冷却也可采用间接冷却。

第6类 在冷却过程中会出现冰点，有水合物形成以及有露点的介质的冷却。这类流体的特点是，具有不连续的临界温度，但其壁温和流体温度可以准确地计算出来。根据设计条件的不同可采用以上推荐的冷却方式。

3. 各种冷却类型的安全余量

用于寒冷地区的空冷器，应采取各种有效措施来避免因冷空气带来的工艺介质在管内的凝固、结蜡、水合物形成、层流、腐蚀及结露等现象。工艺介质在空冷器内的凝结内因是介质的凝固点高，外因是气温过低，但就空冷器本身而言却是传热管的壁温问题。如果管壁温度比于介质的凝固点高一定值，不管介质的凝固点或气温如何，都不致于产生凝固现象。所以对空冷器防凝来说，关键是提高管壁的温度。根据文献[7]的有关规定，为了保证介质在管内不凝固，管壁设计温度应高于工艺介质的临界温度。管壁的设计温度与工艺介质的临界温度之差称为安全余量。针对不同类型的工艺流程规定了相应的安全余量。如表5.1-84所示。

表5.1-84 各种冷却类型的安全余量

冷却类型	安全余量/℃	冷却类型	安全余量/℃
1	8.5	4	8.5
2	8.5	5	14.0
3	8.5	6	11.0

4. 防凝防冻设计的注意事项

用于寒冷地区的空冷器应采取各种有效措施避免由于冷空气带来的工艺介质凝固、结蜡、形成水合物、层流和导致腐蚀的结露等现象。空冷器的防冻设计主要要注意以下几点：

(1) 首先要确定防冻设计的依据

一般来说，防冻设计的依据是工艺介质的临界温度，在空冷器设计中，要采用防冻措施来确保管壁温度高于工艺介质的最低临界温度。这些临界温度包括冰点、凝固点、露点(如果凝液有腐蚀时)和其他会引起操作困难的温度。

(2) 防冻设计应确认下列设计数据

①包括安全余量在内的最低管壁温度；

②最低设计气温。在寒冷地区冬夏两季的气温相差很大，有的地区甚至高达60~70℃，冬夏温差大，所需的传热面积相差也很大。空冷器空气入口温度的选取应在合同条文中明确。对一般干空冷器设计，空气入口温度，是取保证率不超过每年5天以内的高气温峰值。但在高寒地区，由于温差较大，建议适当放宽夏天的空气入口温度，以求得冬夏之间的合理平衡；

③工艺条件，包括流量的变化幅度；

④设计风速和主导风向；

⑤用于预热空冷器的蒸汽或其他热源。

（3）热损失和防冻要求

采用加热盘管对空冷器进行加热时，应考虑空冷器在开停工、正常操作时的散热损失和防冻要求。

（4）空冷器各管排的介质出口温度是不同的，为了安全起见，应分别计算每一排管的壁温以求得最低的管壁温度。

（5）工艺介质流动和空气流动的不均匀性也应该加以考虑。

三、炎热地区空冷器设计

1. 炎热地区空冷器设计特点

相对寒冷地区而言，炎热地区是指夏季温度和湿度均高，而持续时间又长的地区。这些地区最热月份的月平均最高温度高于32℃，冬季最冷月份的平均温度在0℃以上。我国的淮河和长江的中下游流域及其以南地区属于炎热地区。这些地区的空冷器设计有以下特点：

①夏季气温高且时间长；

②夏季的湿度大；

③夏季有雷雨和冰雹；

④冬季温度高，最冷月份的平均气温在0℃以上。

2. 措施

根据这些特点，炎热地区空冷器设计的原则是，最有效地利用空气将热介质冷却下来。这些地区不存在冬季防冻问题。若夏季用空气还不能将热介质冷却下来，那么就得增加喷淋系统，即采用湿式空冷器及表面蒸发空冷器等。空冷器设计时原则上应采取以下措施：

（1）高风速。由于天气炎热，进入空冷器的空气温度也高，接近温度差变低，所以要带走相同的热负荷，需要更大的空气流量，因此设计时要采用较高的迎风面风速。用高翅片时，其风速可采用2.8m/s以上甚至3.0m/s。为了降低高风速带来的阻力降的增加，可以适当加大翅片管的翅片间距或管心距，以使增加管心距的效果更为显著。炎热地区空冷器管束的有关参数建议按如下值选用：

翅片管高度：16mm

翅片间距：2.3～3.2mm

翅片管管心距：69～74mm

（2）对鼓风式空冷器，应在管束上方加百叶窗。百叶窗的作用，一是防止阳光对翅片管的直接照射，减少太阳的幅射热；二是防止冰雹的袭击。

（3）采用引风式空冷器

引风式空冷器是将风机置于管束之上的一种结构，冷空气从管束下方进入，然后由风机抽出。管束的上部设有对气流有抽吸作用的导向风筒，用以增强了空气的流动。同时，这种结构还能有效地保护管束免受日光直接照射和冰雹的袭击，因此炎热地区用引风式空冷器是非常适宜的。

（4）采用湿式空冷器

当介质的进口温度低于75℃，且冷后温度高于当地大气湿球温度约5℃时，可以采用湿式空冷器。对介质温度高于80℃，且翅片表面容易引起结水垢时，不宜采用湿式空冷器。另外，湿式空冷器的冷后温度亦不能无限降低，即它不能低于当地的湿球温度。上面给出的比大气湿球温度高5℃是一个较为经济的数字。

（5）采用干湿联合空冷器

在炎热地区采用联合式空冷器是一种好的选择。热介质先通过干式空冷器，与来自经过湿空冷器的冷空气接触，热介质迅速得到冷却，然后再经湿空冷管束进一步加深冷却，从而完成产品的冷却过程。

干湿空冷的划分原则是：干空冷的入口温度应在180℃以下，入口温度过高一是能量浪费，二是会引起翅片管间隙热阻的增加。干空冷的出口温度应控制在75℃以下，以适应湿空冷操作的要求。

四、气体冷凝冷却空冷器的设计

1. 气体冷凝冷却器的分类及特点

气体冷凝冷却过程可分为三类。

一是气体的单纯冷却过程，这一过程的特点是气相冷却，被冷却介质只是温度下降而不发生相变过程。

二是可凝气的冷凝。被冷凝的气体在冷凝过程中由气体变成了液体，物理形态产生了变化。

三是含不凝气的冷凝冷却过程。这是一个较为复杂的过程，即既有不凝气的冷却又有可凝气体的冷凝，它是上述二个过程的综合。其难点之一是管内的传热量的计算要通过闪蒸平衡才能算出各点的热量及汽化率，然后求出总热负荷。难点之二是管内的传热过程是两相传热，它的传热系数计算较为烦琐。

2. 措施

（1）气体冷却器过程

①采用低翅片管。单纯的气体冷却过程的传热系数较低，热阻较大，管外侧的强化传热意义不很大，因而可以采用翅化比较小的低翅片。

②强化管内的传热。管内气体的传热数低，因此应该尽可能提高管内的流速，以强化管内侧的传热。

（2）可凝气的冷凝

①采用高翅片管。单纯的可凝气冷凝，是一个快速的相变放热过程。管内的传热系数高大。为了适应管内的传热状态，管外应采用高翅片管。

②提高迎面风速。加大管外侧的风速以提高传热温差，并尽可能快速地将热量传递出去。

③采用单管程。含有可凝气的冷凝器大多数在负压条件下工作，为了减小阻力降，通常采用单管程结构。

④进出口管箱的设计都需特殊处理。对进口管箱，为了减小其阻力和有利于气体的分配，应采用大集合管。出口管箱的容积较大，其目的是提供一个利于气液分离的空间。

（3）含不凝气的冷凝冷却过程

含不凝气的冷凝冷却是前述两个过程的综合，是一个较复杂且在工业中经常会碰到的传热过程。除了应采用可凝气冷却器的措施外，还要特别注意精心设计。设计时要对传热负荷、总传热系数和阻力降进行详细计算，并尽可能用经验数据对计算进行修正。

五、小温差空冷器的设计

1. 特点

所谓小温差空冷器，是指它有 3 个较小的温差。一是被冷却介质进出口温度差小，一般都小于 50℃，如冶金高炉炉体循环冷却水用的空冷器，水进口温度为 65℃，水出口温度为55℃，进出口的温差只有 10℃；二是热介质的出口温度与冷介质的进口温度之差，这个温度差通常也叫接近温度，该温差低到 15～20℃，几乎接近采用空冷器的临界接近温度；三是由上述两个小温差引起的低对数平均温差。由于低温差的传热推动力低，对于冷却一定的热负荷要求来说，这就需要较大的传热面积。

2. 措施

（1）强化管内传热。为了提高管内侧的传热系数，就需要加大管内介质的流动速度，因而就得增加管程数。所以，对小温差传热来说，大多数都采用了多管程，这样可以增加流体的紊流程度，强化管内的对流传热。

（2）采用椭圆管。椭圆管可以减小管内的传热当量直径，有利于传热性能的提高。

（3）加大风速。管外侧的风速可以提高到 3～4m/s 之间，为了降低因风速提高带来的阻力增加，因此可多采用椭圆翅片管。

（4）加大翅片管间距。增加管间距可以减少管间的阻力降以适应更高的风速，从而达到提高管外传热的要求。

（5）减少管排数。主要目的是降低空气通过管束时的温升，以提高传热温差增加传热推动力。

六　空冷器的节能

1. 能耗分析

空冷器的能耗主要是，输送空气的风机耗能、增湿空气的耗能和操作系统的耗能 3 部分。下面就 3 部分分别加以说明。

（1）风机的耗能

空冷器中被冷却介质的热量被空气吸收，空气吸收的热量应大于或等于热介质放出的热量。在冷却过程中所需的风量为：

$$V = \frac{Q}{c_p \cdot (t_2 - t_1)} \tag{1-125}$$

式中　　V——风量，m^3/s；

Q——热负荷，W；

t_1——空气入口温度，℃；

t_2——空气出口温度，℃。

空冷器通常采用轴流式风机，用电机驱动。电机的功率消耗按式（1-126）计算：

$$N = 2.724 \times 10^{-6} \frac{H \cdot V_0}{\eta_1 \eta_2 \eta_3} \cdot \frac{273 + t}{273 + 20} F_L \tag{1-126}$$

式中　　N——每台风机所需的功率，kW；

H——风机的全风压，Pa；

V_0——每台风机的风量，m^3/h；

η_1——风机效率；

　　　　η_2——传动效率；

　　　　η_3——电机效率；

　　　　　t——空气温度，℃

　　　　F_L——海拔高度校正系数。

从上式可以看出，空冷器的耗能与空冷器的风量及风压成正比，与风机的各项效率成反比。

（2）增湿空气的耗能

当空冷器的被冷却介质的出口温度与空气进口温度之差值小于15℃时，由于传热温差减小，干式空冷器所需的面积就会大大增加，投资和占地都会过大。此时就应采用湿式空冷器。对于湿式空冷器来说，它所消耗的能量还应包括给水、水雾化及水循环等过程所消耗的能量。

（3）操作系统的耗能

操作系统的能耗主要指自动控制过程所需的能量，如自动风机及自动百叶窗在控制过程中采用气动或液压传动时都要消耗的能量。这部分能耗虽然不是很大，但亦应加以考虑。

2. 节能措施

（1）合理选用电机功率

风机所配电机的功率应根据操作条件进行精确计算，并考虑适当的余量。一般来说，选用电机的功率比计算值大10%左右就可以了。

（2）采用自动调节风机

由于气温随昼夜和季节变化，冷却一定的热负荷所需的风量应随气温的变化而变化。采用自动调节风机后，风机所耗的功率将随着气温的降低而降低。

（3）优化空冷器设计和操作参数

节能是一个综合的概念，要从设计和操作各方面着手。

设计参数的优化要注意下面几点：

①整体设计合理；

②干式与湿式空冷的选用要恰当，尽量少用湿式空冷器；

③要对翅片管参数进行优化，达到节能的目的。如采用较大的翅片管间距和翅片管片距，加大通风截面积，减少空气的流动压头。这样可在获得较大风量的同时降低风机的功率消耗；

④自动调节风机是一种较好的节能措施，可以适当采用；

⑤采用调频调速电机有很好的节能效果，但因其一次性投资较高，可以经比较后采用。

操作时的节能措施有：

①随着气温的变化及时调整风机的叶片角度，减少不必要的能量消耗；

②防止空气从空冷器风箱中泄漏。

第十二节　空冷器的工业应用

目前空冷器使用的场合很广，除炼油厂、石油化工厂大量使用外，在液化天然气、液化石油气、煤的液化、煤气管道、火力发电、柴油机发电、冶金高炉、海洋工程、原子能工业以及城市垃圾处理等装置中都在使用。表5.1-85为空冷器的典型用例。

表 5.1-85 空冷器的典型用例

项 目	使用场所	作 用	用途相近的设备
空冷式水循环冷却装置、润滑油循环冷却装置	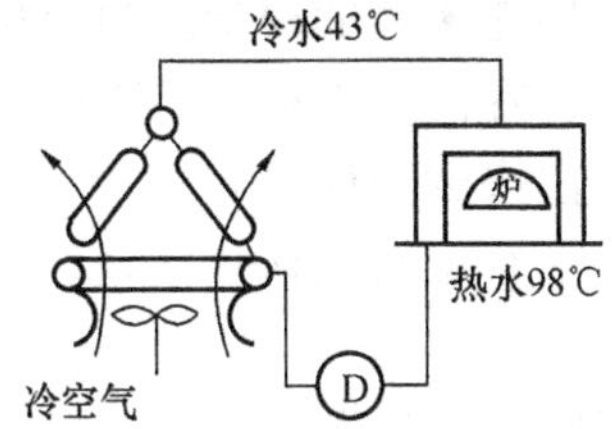 冷水43℃ 热水98℃ 冷空气 炉 D	以密闭一定量的水为载体、用空冷器冷却炉壁	高炉、平炉、金属炉的冷却 各种机械润滑油冷却 热处理冷却 石油分解急冷油的冷却
燃气透平及空气透平用冷却系统	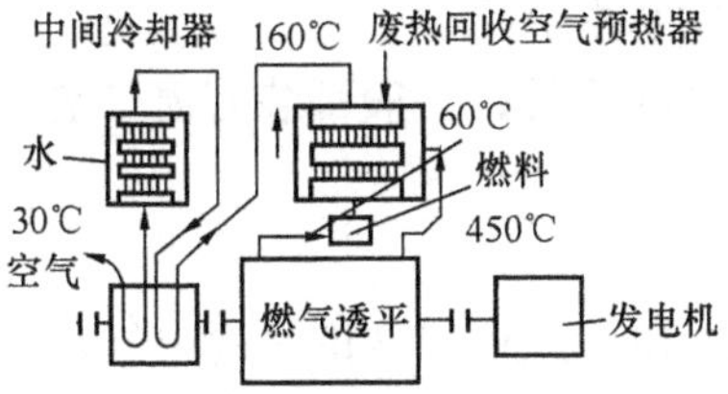 中间冷却器 160℃ 废热回收空气预热器 水 60℃ 燃料 30℃ 450℃ 空气 燃气透平 发电机	因小、轻和高性能，使燃气轮机小型化	高压气体的冷却 空气的预热 废热回收
化学工业和石油化学工业用空冷器	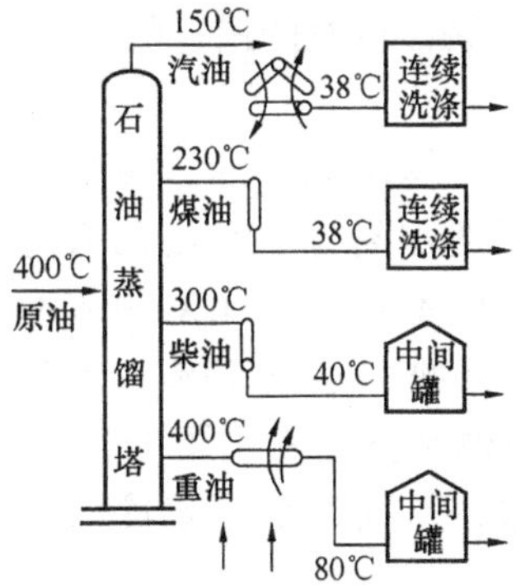 石油蒸馏塔 400℃ 原油 150℃ 汽油 38℃ 连续洗涤 230℃ 煤油 38℃ 连续洗涤 300℃ 柴油 40℃ 中间罐 400℃ 重油 中间罐 80℃	将馏出物用冷却器直接冷却	甲醇、乙醇、丁醇、醋醇、醛等有机物分馏冷却 石油分解蒸气冷却 氨气冷凝
干燥业(暖房、冷房)用空冷器	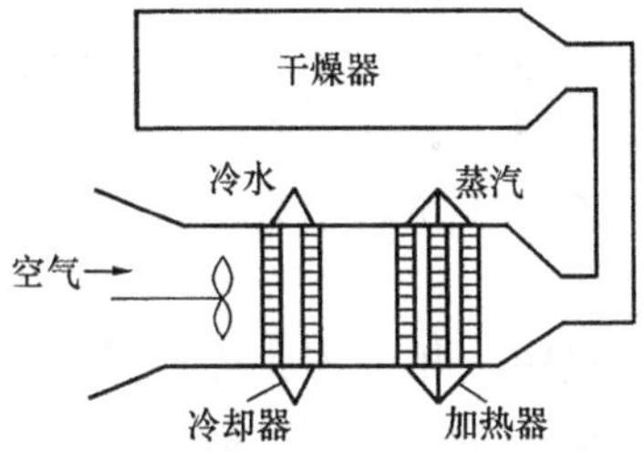 干燥器 冷水 蒸汽 空气 冷却器 加热器	高效能的空气冷却和加热	干燥机用冷、暖房用

一、在炼油化工工业中的应用

空冷器在炼油化工厂中多用来冷凝、冷却油气产品，为了节省占地及流程布置方便，常将空冷器安装在塔顶上，所以也称塔顶冷凝器。其优点是：①不需要附加占地面积；②与塔直接相连，压力损失较小；③冷凝液直接流入塔的最上层，毋需回流设备。具有代表性的是德国 GEA 公司在 20 世纪 70 年代制造的塔顶冷凝器，其参数范围为：压力 19.6 ~ 0.3 × 10^6 Pa，温度 40 ~ 220℃；热负荷 $0.1 × 10^6$ ~ $22 × 10^6$ W；直径 0.5 ~ 10m；放置高度 10 ~ 80m。其中较重的 1 台重达 $145 × 10^3$ kg。冷凝器常见的排列形式有如下几种。

1. 立式塔顶冷凝器

管束立放，塔顶排出的蒸汽直接进入管束。它又可布置成方形，多角形和圆环形等形式。应用于热负荷较大的场合。

2. 联合型塔顶冷凝器

管束立放，上部管束用作冷凝，下部管束用作液体的冷却。为使从冷凝管束排出液体中的未凝汽得到最大限度的冷凝和不凝气的排出，在出口管线上应装设气液分离器，让分离出来的气体进入余气冷凝器或窗口空冷器，分离出来的液体进入液体冷却器。

用于冷凝的管束采用立管排列，用于冷却的管束采用横管排列。

3. V 形塔顶冷凝器

V 形塔顶冷凝器适用于在中、小型负荷下应用，如常压塔。由于蒸汽自管束下部进入管中，冷凝液向下流动，冷凝液过冷冷却可以基本消除。

为了使管束出口的可凝气得到最大限度的冷凝，一般都装有窗口空冷器。这种冷凝器可以在制造厂总装，运到现场整体吊装即可。

4. 斜顶式塔顶冷凝器

一般为鼓风式，风机置于斜顶的底部。由于风机输送的是冷空气，因此可以采用一般的电动机，动力消耗较少。此结构适于流体出口温度高于 80℃ 的场合。

此外，有防冻结的带热风再循环的塔顶冷凝器以及防雨、防雹、防尘和防太阳辐射热的屏蔽塔顶冷凝器等形式。

在合成氨、合成醇、氯化物、聚氯乙烯、单体氯乙烯、烷基苯、化纤以及酸及糠醛等有机分馏工艺装置中也有大量用例。对于遇水易爆、易溶的有毒介质，采用空冷尤为合适。例如美国芝加哥一化工厂，采用空冷后不仅解决了对甲苯有毒气体的扩散，每年还可回收价值相当于设备费 1/3 的对甲苯，回收率达到 95% ~ 99%。美国路易斯安那州一个生产酚和甲醇的化工厂，在四套不同规模装置上安装了 13 台引风式空冷器，全部架在 13m 以上的高空，每天节约 5460t 新鲜水，从而避免了水冷对这一地区的热污染和化学污染。

不难看出，大量使用空冷器后，炼厂用水量大幅度下降，使每加工 1t 原油耗水量从几 t，甚至十几吨降到了 1t 以下。欧洲曾有人估计，一个 200 万 t/a 的炼厂，如果全部用空冷取代水冷，大约可冷却 $5861 \times 10^6 W$ 的热量。其比例是：汽油 20% ~ 25%，柴油及轻燃料油 35% ~ 40%，燃料油 26%；沥青 5% ~ 9%，气体 5% ~ 7%。可使冷却水减少 90% 以上。

国内，空冷器已大量应用于炼油化工装置中，几乎占到冷换设备的 60%。常减压装置中的常顶和减顶冷凝器几乎全用空冷器。酮苯脱蜡装置、气体精馏装置也多用空冷器作冷凝器。

二、在电力工业中的应用

国外电站空冷已有 60 多年历史，目前仍在继续发展。1939 年德国 GEA 公司首先提出了直接空冷系统；1956 年匈牙利人提出了混合式凝汽器间接空冷系统；1975 年比利时人提出表面式凝汽器间接空冷系统；1977 年美国人又提出了采用冷却剂的表面式凝汽器间接冷却系统。德国在 1971 年已建成了 30 万 kW 的机组采用直接空冷后，新鲜水补充量从 80 ~ 111m³/h 降到了 1.3m³/h，即下降了 98.4% ~ 98.8%。空冷器也大量应用于汽轮机（透平）的蒸汽冷凝器。目前，世界上最大空冷机组的单机容量为 665MW（马丁巴电站，直接空冷），668MW（肯达尔电站，间接空冷）。直接空冷、间接空冷、表面式凝汽器间接空冷目前均有应用，但以前二者居多。国内电站使用空冷的情况见表 5.1 - 86。

表 5. 1 – 86　国内部分电厂使用空冷的情况[19]

电　　厂	投产时间	机组功率	形　　式
新疆红雁池第二发电厂	1997	200MW(4 台)	直接空冷，直接对流
山西大同二电厂	1987	2 ×200MW	间接空冷
山西太原第二热电厂	1994	2 ×200MW	间接空冷
内蒙古丰镇电厂	1992	4 ×200MW	间接空冷

1987 年，山西大同二电厂投用了两台 2 ×200MW 混合式间接冷却系统的汽轮发电机组，1992 年，内蒙丰镇电厂投用了两台 4 ×200MW 混合式间接冷却空冷机组，1994 年，山西太原第二热电厂投用了两台 200MW 表面式凝汽器间接空冷机组。目前，电站直接空冷系统的单机容量已达到 600MW，采用表面式凝汽器间接空冷系统的单机容量已达到 600MW 级，采用混合式凝汽器间接空冷系统的单机容量已达到 250MW 级[18]。

空冷器在动力工业中主要作为汽轮机的排汽冷凝器。分直接空冷和间接空冷两种系统。

1. 直接空冷系统

如图 5.1 – 184 所示，汽轮机排汽通过较大直径的管道送入空气冷凝器管束进行冷凝，凝结水由凝结水泵送回锅炉给水系统，经锅炉加热后循环使用。为了节省占地面积，缩短真空下排汽管道的长度，空气冷凝器一般放在汽轮机房的屋顶上或室外平地上。石油化工厂的小型拖动汽轮机的排汽冷凝器大多数为直接空冷系统，约占总生产量的 40% 左右。

直接空冷系统由德国 GEA 公司于 1939 年开创，所以也称 GEA 系统。最大的已达 330MW，大大超过了有些人认为直接空冷系统不宜超过 200MW 的界限。GEA 公司认为该系统可以用到 800 ~ 1000MW 的机组上。

直接空冷系统的冷凝器有如下几种代表形式：

(1) GEA 空气冷凝器基本结构如图 5.1 – 185 所示。管束采用镀锌矩形翅片椭圆管(均为碳钢)，纵向排列，一般为斜顶式。为了防止空气漏入真空系统，翅片管与管箱的连接采用焊接结构。冷凝器分为主冷凝器管束和辅冷凝器管束两部分，采用汽水顺流和逆流混合冷却方式。

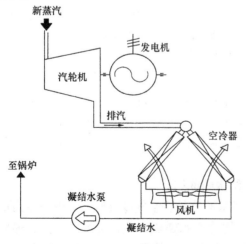

图 5.1 – 184　直接空冷系统

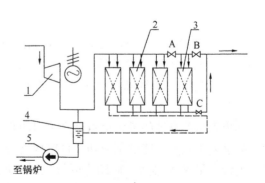

图 5.1 – 185　GEA 型空气冷凝系统
1—汽轮机；2—主冷凝器；3—辅助冷凝器；
4—凝结水箱；5—凝结水泵

　　主冷凝器以汽水顺流方式运行，辅助冷凝器则根据环境空气温度变化和汽轮机负荷的大小来决定运行方式。在低温低负荷下，关闭阀门 A、C，开启阀门 B，即逆流运行，反之则开启 A、C、关闭 B，辅助冷凝器就被切换成顺流运行了，此时，辅助冷凝器就起主冷凝器作用。主冷凝器与辅助冷凝器换热面积之比一般为 67：33。

　　但这种斜顶式冷凝器在冷凝过程中，各排翅片管间的热负荷不均匀，在低温的底排管容易产生冻结现象。为此，日本川崎公司引进 GEA 公司技术后生产的的川崎 – GEA 空气冷凝器，各排管采用了不同翅化比，即随着空气的流向，各排管的翅化比逐渐增大，甚至在同一根管子上的进口段、蒸汽凝结段和凝结水出口段也采用不同翅化比。

　　我国黑龙江省电力设计院为黑龙江椅子圈电厂 1500kW 汽轮机设计的空气冷凝器结构与 GEA 的基本相同，主、辅冷凝器换热面积之比 75：250。

　　（2）赫德森（Hudson）型空气冷凝器[1]

　　此种冷凝器也称斯太克 – 弗劳（STAC – FLO）型空气冷凝器，见图 5.1 – 186。翅片管也是纵向排列，每片管束中也分主、辅冷凝管枣两部分。主冷凝器管束为汽水顺流方式，每片管束最上排四根管子组成辅助冷凝管束，为汽水逆流方式。由于辅助冷辅管束位于管束的上部，接触的是被前几排加热后的空气，因此不易发生凝结水冻结现象。

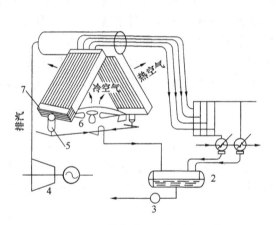 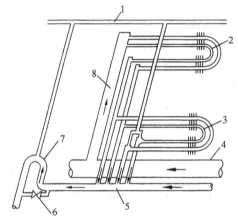

图 5.1 – 186　赫德森型空气冷凝系统图　　　　　图 5.1 – 187　鲁姆斯型空气冷凝器管束结构
1—抽水器；2—凝结水箱；3—凝结水泵；4—汽轮机；　　　1—抽水器；2—主冷凝管束；3—辅助冷凝管束；
5－凝结水收集罐；6—风机；7—有分隔的下管箱　　　　4—汽轮机；5—凝结水管道；6—防水阀；7—环形
　　　　　　　　　　　　　　　　　　　　　　　　　　　　　水封；8—蒸汽支管

　　该型冷凝器另一个特点是，出口管箱接管排被分成相应的间隔，互不相通，每排管束分别在不同的压力和温度条件下运行，其凝结水分别进入凝结水收集罐中，然后引入凝结水箱。没有凝结的余汽和空气混合物进入上排管的余汽冷凝管，余下的空气由抽气器排出。

　　赫德森型冷凝器的最大优点就是可以防止凝结水的冻结。

　　哈尔滨工业大学曾试制成功 2 台结构近似的 50kW 汽轮机空气冷凝器。其中一台为逆流式，主管束呈 V 形排列，辅助冷凝管独居中间，均为汽水逆流方式，引风式。主、辅冷凝管面积之比为 90：10。主冷凝管束下的管箱装有导流装置，使第一、二排管束的蒸汽流量大于后两排管束。该装置曾经受了 –34℃ 低温运转的考验，未发生凝结水冻结现象。证明了这种结构形式对防冻是有效的。

（3）鲁姆斯(Lummus)型空气冷凝器

鲁姆斯型空气冷凝器为斜顶式，采用 U 形管束，管子水平排列。蒸汽在管束中被冷凝后，凝结水靠重力经过环形密封流入凝结水箱，如图 5.1 - 187 所示。每片管束分主、辅两部分冷凝管束，其换热面积之比为 95：5。辅助冷凝器管束的作用是抽气前，对空气中所含蒸汽进行最大限度的冷凝。此种结构可能在极寒冷的气象条件下使用也不发生冻结。其占地面积较其他形式少 20% ～30%。另外，每片管束都可以加长，适用于叶轮直径较大的风机和斜顶式布置。其缺点是结构复杂，制造成本高。

直冷系统冷凝器的设计空气温度一般为 10 ～20℃。

由于直冷系统冷却方式的设计和运行经验日趋成熟，目前正在向大型机组发展。

2. 间接空冷系统

间接空冷系统可分以下 3 种形式。

（1）混合式凝汽器系统

如图 5.1 - 188 所示，该系统是将汽轮机蒸汽排入混合凝汽器并与水混合后而得到凝结。凝结水的一部分由凝结水泵送入锅炉给水系统，大部分由循环水泵送到冷水塔中进行冷却。其特点是，混合式凝汽器布置在汽轮机的下部，使得汽轮机排气管道很短，故真空冷系统减小，保持了水冷的特点。但系统较复杂，设备多，布置也较困难。系统中用的冷却水相当于锅炉给水的 30 倍，这就需要大量的、与锅炉给水水质相同的水，冷凝水的处理费将大大增加。另外，汽轮机末级叶片经常与大量液体接触，也容易损坏。

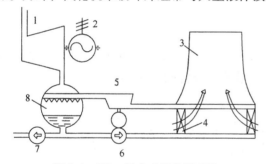

图 5.1 - 188　混合式凝汽器系统

1—汽轮机；2—发电机；3—自然通风塔；4—空冷器；
5—水轮机；6—循环水泵；7—凝结水泵；8—混合凝汽器

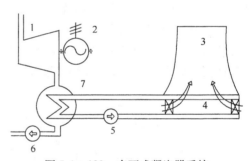

图 5.1 - 189　表面式凝汽器系统

1—汽轮机；2—发电机；3—自然通风塔；4—空冷器；
5—循环水泵；6—凝结水泵；7—表面凝汽器

（2）表面式凝汽器系统

该系统用表面式凝汽器取代了混合凝汽器，见图 5.1 - 189。其特点是对循环水水质要求不高，可大大降低水处理费；系统简单，设备少，布置也较容易。但冷却水必须进行两次热交换，传热效果差，投资相应增大。在原子能工业中为防止放射性污染，采用这种系统有其优越性。1976 年以后比利时、德国分别建成了 30 万 kW 的表面式凝汽器机组，其金属铝的耗量为 2kg/kW。

（3）冷却剂凝汽器系统

这种系统用冷却剂(如氟里昂、氨、甲基丙二醇、丁二醇等)代替水作为中间介质的间接空冷系统，见图 5.1 - 190。其特点是利用了低沸点冷却

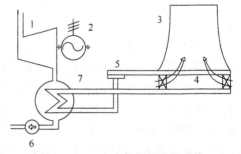

图 5.1 - 190　冷却剂凝汽器系统

1—汽轮机；2—发电机；3—自然通风塔；4—空冷器；5—汽液分离器；6—凝结水泵；7—表面凝气器

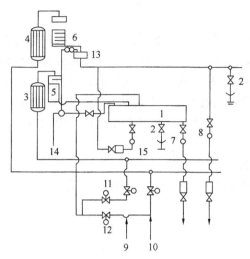

图 5.1 - 191　湿干联合冷却塔连接元件

1—集水池；2—排污管；3、4—联合冷却塔干段元件；
5、6—联合冷却塔湿段元件；7、8—主循环泵；
9、10—循环水进水管；11、12—旁路管；13—集水槽；
14—补充水管；15—起动泵

剂与空气进行热交换。系统比较简单，传热性能较好，还可省掉循环水泵。但冷却剂价格昂贵。

3. 湿、干联合空冷系统[1]

电厂中的湿、干联合空冷是在干式冷却塔的基础上发展起来的。因为干式冷却塔虽然可以大量节约用水，但其投资多，冷却效果差，而且还影响汽轮机尾部设计参数。所以在大型火电厂有采用湿、干联合空冷的发展趋势。研究表明，将湿式淋水填料与干式翅片管束在空气侧并联，在热力学上是最佳的方案。湿、干联合空冷系统的形式有合建和分建两种。

（1）合建式联合冷却塔

该形式是将湿、干冷却元件合建在同一个塔体里。文献[1]中介绍了一种合建式联合塔，设计比较新颖。它在一个圆形塔体内装了 18 台风机，湿、干段元件交替地布置在塔的圆周上，在空气侧并联，以使排出空气充分混合，在水侧将干段元件串联在湿段元件之前。湿段元件采用具有消声性能的石棉水泥淋水板。图 5.1 - 191 为干湿联合塔的连接系统。

（2）分建式联合冷却塔[1]

这实际上是一种小型湿式塔和大型干式塔的联合。其系统又可分两类，即湿式塔与间接干式塔的联合（图 5.1 - 192）和湿式塔与直接空冷塔的联合（图 5.1 - 193）。

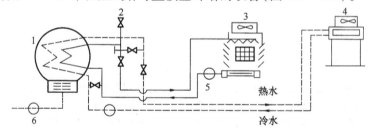

图 5.1 - 192　间接空冷干式塔与湿式塔的联合冷却系统

1—表面式凝汽器；2—抽真空；3—湿式塔；4—干式塔；5—循环水泵；6—凝结水泵

这两类联合冷却系统的冷却介质分别在两个完全隔离的回路里进行循环。干式（空冷）塔常年运行，尤其在气温较低的季节里可以充分发挥其作用，而湿式塔则仅在气温较高的季节里启用。当需要湿式塔停止运行时，可用阀门将湿式塔的循环回路切断，并将使用的凝汽器管子换接在干式塔的循环回路里，这样，所有的凝汽器便始终处于运行状态。在每次进行切换时，湿式塔系统中凝汽器内和循环水管内的水并不与干式塔系统中的冷却介质混合，而是集中在该塔下方的集水池中，在管路上进行

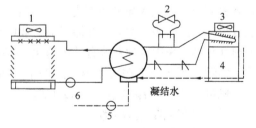

图 5.1 - 193　直接空冷塔与湿式塔的联合冷却系统

1—湿式塔；2—汽轮机；3—干式塔；4—空气式凝汽器；5—凝结水泵；6—循环水泵

切换。同样，当湿式塔重新运行时，干式塔的冷却介质便返回该塔的贮存器。

分建式联合冷却系统的特点是：①可用一般的背压较低的汽轮机，对其尾部不必进行技术改造即可应用；②适用于大型火电厂要求建造多塔的冷却系统；③干式塔冷却元件不受湿式塔热汽的影响，避免污损，从而保持传热面清洁，延长了其使用寿命，减少检修工作量；④在湿、干两个系统间可使用一个普通的表面式凝汽器，且可能降低低端温差；⑤干式塔的冷却元件和凝汽器管板均可采用廉价的碳钢管；⑥在干式冷却系统里，可采用加入防冻剂的方法来防止冻结；⑦不需要用百叶窗或可调挡板来调节塔的进风量，有利于减少噪声。但小型湿式塔在冬季来临之前要停止运行，采取防冻措施，消除水雾的影响。

4. 电厂采用空冷的优缺点[1]

优点：

①毋需庞大的循环水系统及其构筑物，如大型凉水塔、水泵房等；

②可使热力系统简化，如用混合式冷凝器兼除氧器，则除氧器，水箱及其管线均可不要；

③主厂房、汽轮机间的高度和标高均可降低；

④没有蒸汽云朵，雾团及大量污水污染环境。

缺点：

①由于空气传热温差小，所以散热面积大，占地面积多。例如一台 20 万 kW 的机组，湿、干引风塔占地面积为 2000m^2；干式自然通风塔为 6000m^2；而鼓风式直接空冷塔却要 12000m^2，即多了 5~6 倍。

②投资费、运行费较高。鼓风式直接空冷系统比引风式湿冷系统约高 7.5%。年运行费约高 8%~12%，不过如果考虑到为靠近水源需要长途运煤的话，空冷还是经济的。例如，国外某火电厂位于褐煤矿区，单机 16 万 kW，其运行费比把电厂建在靠近水源地区还低 10% 左右。

三、在冶金工业中的应用

冶金工业高炉冷却壁冷却需要的循环水量非常大，随着高炉的大型化，一座 3200m^3 高炉的循环水量约为 6700m^3/h。20 世纪 70 年代以前，国内高炉大多采用凉水塔冷却的开路系统，水质差，损耗大，高炉寿命短。随着空冷技术的发展，高炉炉龄要求的提高，闭路循环冷却高炉系统已受到多数冶金企业的重视。

国外的 Baltimore Aircoil 公司、Evapco 公司在 20 世纪 70 年代就开始了在冶金高炉采用闭路循环的冷却系统，效果明显。1964 年，德国 ACHEMA 博览会上展出了一台冷却真空炼钢炉循环水的空冷器，冷却能力达 58.6×10^{4}W，通风采用自调角风机。1986 年，兰州石油机械研究所在太钢 3$^#$高炉改造中采用干空冷作高炉炉壁冷却水的冷却器获得了成功。2001 年，兰州石油机械研究所在鞍钢3200m^3高炉改造中采用表面蒸发式空冷作高炉炉壁冷却水的冷却器，也获得了成功。冶金工业中闭环水用空冷器有干式空冷[图5.1-3(a)]，湿式空冷器(喷淋式空冷器，图5.1-9，蒸发空冷器，图5.1-13)和带冲洗装置的干式空冷器(图5.1-194)。国内冶金高炉闭环水空冷的使用情况见表5.1-87。由于对高炉寿命的要求提高及水资源的紧张，新建高炉及小高炉改造、热风炉、连铸等冶金系统愈来愈多地采用空冷器进行循环水的闭路冷却。截止 2004 年，约有近 300 台表面蒸发空冷在冶金行业运行。

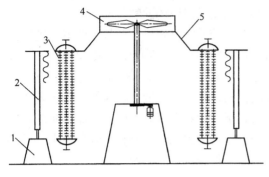

图 5.1 – 194　带冲洗装置的立式干空冷器

1—轨道；2—冲洗装置；3—管束；4—风机；5—构架

表 5.1 – 87　国内冶金工业使用空冷器的情况

厂　名	装置	投产时间	形　式
太钢	3#高炉	1986	水平干式空冷
太钢	4#高炉	1994	椭圆管立式干空冷
唐钢	北区水厂	1985	立式干空冷空冷
唐钢	北区水厂	2002	表面蒸发式空冷
莱钢	1880m³	2003	表面蒸发式空冷
鞍钢	新 1#高炉	2003	表面蒸发式空冷

第十三节　空冷器的新发展——板式空冷器

近年来空冷器的发展非常快，强化传热技术和新结构高效空冷器不断推向市场，使空冷器的适用场合不断扩大。表面蒸发空冷器的开发把空冷器技术向前推进了一大步。全球性缺水及气温的升高，也促进了空冷器的大力发展，应用领域扩大，数量明显增加，许多装置的塔顶水冷器已被空冷器大量取代，节约了大量水资源，同时也降低了运行成本。但常规空冷器，如干空冷器、湿空冷器等管式空冷器因其存在结构庞大、不能长周期高效传热等缺点给其应用带来问题。为了满足炼油、化工、冶金及电力等行业装置大型化的需要，随着大型板片成形技术及薄板焊接技术的攻克，在多年从事空冷技术研究的基础上，兰州石油机械研究所于 2001 年开发出了第 1 台板式空冷器。

一、板式空冷器的特点

板式空冷器的构成是，用不锈钢板压制成各种波纹的板片，每 2 个板片再焊接组成板管，再将多个板管端部相焊并与管箱、框架组焊即可组成板束。再配以风机、构架等就组成了一台完整的空冷器。

板式空冷器是一种将板式换热器与空冷式换热器的优点结合在一起的新型空冷器。它具有传热效率高、压降小、重量轻及占地面积小的优点。板式空冷器的传热机理是利用板片式换热器流道多、板片薄、易达到湍流传热的特点来强化传热的。

与常用的管式空冷器相比，板式空冷器具有如下特点：

①结构紧凑，占地面积小。板式空冷器的占地面积只有普通湿式空冷器的 1/6；一台 BLK3 ×3 板式空冷器的传热面积高达 1000m²，而一台 X3 ×4.5 管式空冷器的面积只有 80m²。

②介质在凹凸不平的板面上流动，其流向在不断改变，因此在同样的压差下有较高的传热效率。其临界 Re 仅为 10 ~ 100 时，即可达到湍流状态。

③传热效率高。板式空冷器的传热系数比管式空冷器约高 1 倍左右；板片厚度一般为 0.5 ~ 0.8mm，是管式空冷器换热管壁厚 1/5 ~ 1/3，因此金属热阻小；用板片替代翅片管后，因无二次传热，故随设备运行时间的增加传热系数不会有较大的下降。

④管程流通面积大，压降小。同样规格的板式空冷器，其管程流通面积是普通空冷器的 20 多倍，压降非常小。

⑤迎风面积小,板片结构特殊,有效地解决了空冷器冬季防冻及夏季防晒的问题。

⑥与湿式空冷器相比,板式空冷器的设备投资、能耗及水耗均有较大的下降。

与常用的板式换热器相比,板式空冷器具有如下特点:

①单板面积大,采用步进式压制,单板面积可达 $9m^2$,单板长度可达 $15m$;

②采用焊接式板束,取消了垫片,其承温和承压能力均比板式换热器有较大的提高;

③采用集箱式管箱,取消了角孔,使其单台的处理量增大;

④密封可靠,检修方便。

二、板式空冷器的组成与分类

1. 组成

板式空冷器由板束、风机、构架及喷水系统等主要零部件组成,见图5.1-195。根据不同的需要,还有百叶窗及除雾器等辅助部件。板束由集箱、板管、镶块、拉杆、压紧板及进出口接管等组成。

2. 分类

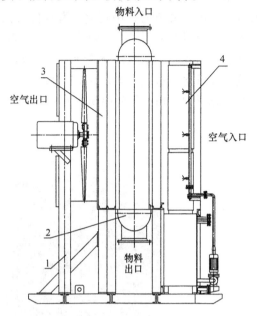

图5.1-195 板式空冷器的典型结构
1—风机及支架;2—板束;3—板束框架;4—喷水系统

板式空冷器可分为:干板式空冷器[图5.1-196(a)]、湿板式空冷器(图5.1-195)和干湿联合板式蒸发空冷器[图5.1-196(b)]。

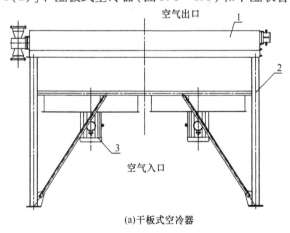

(a)干板式空冷器

1—板束;2—构架;3—风机

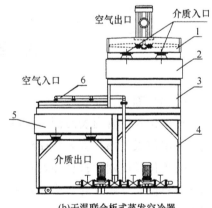

(b)干湿联合板式蒸发空冷器

1—风机系统;2—干板束;3—除雾器;
4—板束框架;5—湿板束;6—喷淋系统

图5.1-196 板式空冷器

三、板式空冷器的应用[19]

板式空冷器适用于低黏度和较干净介质汽相的冷凝冷却、液相的冷却以及汽、液两相的冷凝冷却。管内介质允许压降小、大型装置空冷器排列多以及用地面积紧张时,选用板式空冷器较合适。如炼油厂常减压装置中的减压塔顶预冷;一、二级冷凝、冷却及压缩机级间冷却;冶金高炉冷却壁闭环水的冷却;火力发电厂汽轮机尾气的冷凝、冷却。板式空冷器在食品、制药等行业也有较广阔的应用前景。

　　第1台板式空冷器于2001年3月在兰州石化公司炼油厂一套250万 t/a 常减压装置上投入运行。2003年6月，中石化上海高桥石化分公司炼油事业部30万 t/a 汽、柴油加氢装置减压塔顶冷凝器采用了6台湿式板式空冷器，减小了占地面积，减轻了平台的承重，取得了良好的应用效果。据不完全统计，到2006年3月止，在兰州石化、上海高桥石化、大连石化及抚顺石化等石化公司大约就有100多台板式空冷器正在使用。图5.1-197为兰州石油机械研究所为兰州石化公司500万 t/a 常减压装置布置的板式空冷器。

图5.1-197　板式空冷器在500万 t/a 常减压装置的应用示例

<h1 align="center">主 要 符 号 说 明</h1>

　　A——传热面积，m^2；

　　A_i——单位长度管内表面积，m^2/m；

　　A_r——单位长度翅片管无翅片部分管子表面积，m^2/m；

　　A_o——单位长度翅片管总外表面积，m^2/m；

　　A_f——单位长度翅片管翅片部分表面积，m^2/m；

　　d——管子外径，mm；

　　d_i——管子内径，mm；

　　E_f——翅片效率；

　　F_r——温差校正系数；

　　G——空气质量流量，kg/h；

　　G_{max}——空气通过管间的最大质量速度，$kg/(m^2 \cdot h)$；

　　G_i——管内流体质量速度，$kg/(m^2 \cdot h)$；

　　G_e——管内流体当量质量速度，$kg/(m^2 \cdot h)$；

　　g——重力加速度 1.27×10^8，kg/h^2；

h_i——管内流体膜传热系数，$W/(m^2 \cdot K)$；

h_o——管外流体膜传热系数，$W/(m^2 \cdot K)$；

h_L——喷雾水膜传热系数，$W/(m^2 \cdot K)$；

h_a——除气体膜以外的组合传热系数，$W/(m^2 \cdot K)$；

l——一根管管长，m；

n——管子根数；

N——管排数；

N_t——管程数；

Δp_t——管内流体压力损失，Pa；

Δp_s——空气侧静压力损失，Pa；

Δp_v——风机动压，Pa；

Δp_o——风机全压，Pa；

Q——总传热量，W；

T——管内流体温度，℃；

t——空气温度，℃；

ΔT——有效平均温度差，℃；

ΔT_{LM}——对数平均温度差，℃；

U——总传热系数，$W/(m^2 \cdot K)$；

v——管束最窄截面处气流速度，kg/h；

v_t——管束迎风面空气质量流速，kg/h；

V——风机入口实际风量，m^3/h；

r_i——管内流体污垢热阻，$m^2 \cdot K/W$；

r_o——管外空气侧污垢热阻，$m^2 \cdot K/W$；

r_f——翅片热阻，$m^2 \cdot K/W$；

r_b——基管与翅片的结合热阻，$m^2 \cdot K/W$；

r_w——管壁热阻，$m^2 \cdot K/W$；

i——焓，kJ/kg；

c——比热容，$J/(kg \cdot K)$；

μ——黏度，$Pa \cdot s$；

ρ——密度，kg/m^3；

λ——导热系数，$W/(m \cdot K)$；

Re——雷诺数；

Pr——普朗得特数；

Nu——努赛尔特数。

参 考 文 献

[1]　兰州石油机械研究所．换热器．北京：烃加工出版社，1990.

[2]　NB/T 47007—2010（JB/T 47581），空冷式热交换器．

[3]　红日散热器厂．U形翅片管及加工设备．开封：样本．

［4］　上海江湾化工机械厂．空气冷却器．上海：样本．

［5］　JB/T 4740—1997，空冷式换热器型式与基本参数．

［6］　JB/T 4722—1992，管壳式换热器用螺纹换热管基本参数与技术条件．

［7］　API Std661，Air Cooled Heat Exchangers for General Refinery Service. 北京：石油工业出版社，1997.

［8］　ISO 13706，Petroleum and natural gas Industries-Air cooled heat exchangers. printed in Switzerland 2000.

［9］　孔繁民，王秉文等．轧片式与缠绕式翅片管性能试验的比较．石油化工设备，1993，22(3)：36 ~ 38.

［10］　中国专利 – ZL98218590.1，新结构空冷器矩形管箱．国家专利局，1999.

［11］　卞庆生．国外机械工业基本情况．化工炼油设备．北京：机械工业出版社，1995.

［12］　中国石油天然气总公司装备局．变频调速应用技术．北京：石油工业出版社，1992.

［13］　罗森诺等 W M. 谢力译，蒋章焰校．传热学应用手册．北京：科学出版社，1992.

［14］　Mukherjee R. Effectively Design Aircooled Heat Exchangers. CEP，1997(2).

［15］　赖周平．翅片管几何参数的评价．化工炼油机械，1982，64(5)：7 ~ 12.

［16］　马义伟．空冷器设计与应用．哈尔滨：哈尔滨工业大学出版社，1998.

［17］　Spraying systems Co. Spiraljet Spray Nozzles. USA：1994(样本).

［18］　阎汉章．关于新疆红雁池二电厂采用空冷机组可行性问题商讨．山西：第二次国际空冷技术研讨会中文论文集，1995.

［19］　甘肃兰科石化设备有限责任公司．板式空冷器．兰州：样本.

第二章 表面蒸发型空冷式换热器

(马 军)

第一节 概 述

一、背景

空冷式换热器(以下简称空冷器)是以环境空气作为冷却介质,依靠翅片管扩展传热面积强化管外传热,靠空气横掠翅片管束后的空气温升带走管内热负荷,达到冷凝冷却管内热流体的目的。它是炼油及化工等行业中主要的工艺设备之一,故其研究倍受重视。从设计、制造及结构改进直到传热机理的研究与试验一直都在进行。

目前,国内外炼油化工行业中应用的冷凝冷却设备主要是水冷器和空冷器。随着工业,特别是炼油、化工及电力工业的发展,工业用水量急剧增加,出现了水供应不足。加之环保和节能要求越来越强烈,越来越严格,以及空冷器本身具有节水效果好、操作费用低、环境污染小及使用寿命长等优点,用空冷器来代替水冷器已获得越来越广泛的应用。所以开发空冷技术及其设备既是节水、节能和保护环境的要求,也是提高装置效益的需要。

目前,炼油化工行业普遍使用的空冷器为干式空冷器、湿式空冷器(包括增湿型和喷淋蒸发型)及干湿联合空冷器。干式空冷器操作简单,使用方便,但其管内热流体出口温度取决于环境干球温度,一般以不低于 $55 \sim 65℃$ [1]为宜,且热流体出口温度与设计气温之差不得低于 $15 \sim 20℃$ [1,2],否则就不经济,所以它不能把管内热流体冷却到环境温度。随着节能技术的提高和改善,干式空冷器的使用由热流体进口温度大部分在180℃左右下降到 $100 \sim 120℃$。对120℃以上的热流体大多采用了热能回收措施而无干式空冷器的用武之地,它对低温位热流体的冷却又无能为力,为了得到较低的热流体出口温度,必须对干式空冷器配后水冷器。

增湿型湿式空冷器(见图5.2 – 1[2])的工作机理是,在空冷器的工作过程中在空气入口处喷雾状水,使空冷器的入口空气增湿降温。增湿后的低温空气经过挡水板除去夹带的水滴,再横掠翅片管束,从而增大空气入口温度与热流体出口温度之间的温差来强化管外传热。

喷淋蒸发型湿式空冷器(见图5.2 – 2[2])的工作机理是,在空冷器(管束多为立放横排管)的工作过程中直接向翅片管喷雾状水,借助翅片管上少量水的蒸发及空气被增湿降温而强化管外传热。它同时兼有增湿型湿式空冷器的优点,我国目前炼油化工厂使用的湿式空冷器大多属此形式。但是,喷淋蒸发型湿式空冷器的管排不宜过多,一般为 $2 \sim 4$ 排,且只有前两排翅片管的迎水面才能被喷上水,第二排管以后其传热没有强化或强化很少。同时鉴于翅片管的结构特点,翅片表面无法被完全湿润,翅片管表面水的成膜性很差,翅片管上蒸发的水量很少,水的蒸发效率很低,且翅片根部易积水,易结垢,增加了热阻,仅靠翅片管上水的蒸发来带走热负荷是很小的(约占总负荷的 $10\% \sim 20\%$),它主要还是要靠增湿降温后空气的温升来带走管内的大部分热负荷。湿式空冷器只适用于冷却进口温度低于 $70 \sim 75℃$

的热流体(如果热介质进口温度高于80℃时，翅片管表面极易结垢)，它可将热流体冷却到高于环境湿球温度5℃左右[1]。湿式空冷器喷雾化水的喷嘴出水口很小，一般只有0.5~1mm，使用中极易堵塞，严重影响湿式空冷器的冷却效果。

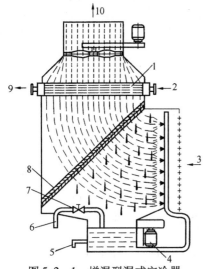

图 5.2-1　增湿型湿式空冷器

1—管束；2—热流体入口；3—空气入口；
4—循环水泵；5—排水管；6—供水管；7—阀门；
8—挡水板；9—热流体出口；10—热空气出口

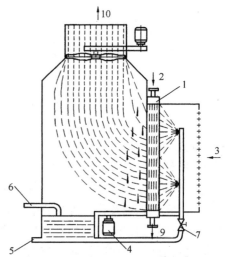

图 5.2-2　喷淋蒸发型湿式空冷器

1—管束；2—热流体入口；3—空气入口；4—循
环水泵；5—排水管；6—供水管；7—阀门；
8—挡水板；9—热流体出口；10—热空气出口

　　干式和湿式空冷器的工作机理决定了其冷却效果均受环境气温影响较大，气温波动，风、雨、日晒以及季节变化均会显著地影响其冷却性能，故其操作弹性差，在冬季还会引起管内介质冻结。由于空气侧膜系数低，其传热面积要大得多，因此必须采用翅片管，故其投资较高。

　　针对空冷器存在的上述问题，国外有关研究人员于20世纪60年代开始了综合空冷和水冷优点的新型冷却器，即蒸发式冷却器理论和试验的研究。我国研究人员也于20世纪80年代开始了相应的研究开发工作。

二、国内外发展状况

　　表面蒸发型空冷式换热器(以下简称蒸发空冷)是一种比湿空冷和干空冷加后水冷之后其性能均更为优越的新型冷却器，是国内外近年来着力开发的一种新型冷换设备，是空冷技术的发展方向。

　　国外于20世纪60年代开始了有关蒸发空冷基础理论及其设计方法的试验研究工作[3~8]，其中文献[3]首次提出了用管内工艺流体与管外喷淋水之间的总传热系数以及管外表面喷淋水与空气之间的以焓差为推动力的总传质系数来描述蒸发空冷的传热、传质模型，并进行了相应的试验研究，得出了计算蒸发空冷的传热传质系数的试验公式。文献[4]后来也提出了与文献[3]相类似的蒸发空冷的数学模型和设计方法。文献[5~6]按文献[3]提出的数学模型对其解析方法的理论和实验进行了探讨。文献[8]提出了3种不同结构形式的蒸发空冷芯子的设计方法，并以实例计算进行了方案比较。其结论是可通过使用适当填料而不是用翅片管来增加传质面积，即可大大提高光管蒸发空冷的冷却性能。文献[9]介绍了如何正确使用闭路循环蒸发冷却，认为与普通的开放式冷却塔、换热器和干空冷相比，闭路循环蒸发冷却塔具有节省费用和操作性好的优点。

国外开发研制出的蒸发空冷现，已被广泛应用于压缩机中间冷却、透平引擎夹套水冷却、润滑油冷却和其他无机物水溶液冷却。美国 Brounder T. T. 公司制造的蒸发空冷已用于许多大型硫酸厂。德国 GEA 公司、美国 B. A. C 公司和 FES 公司都在开发研制蒸发空冷，其产品主要用于制冷和空调系统。

我国 20 世纪 80 年代初，从国外引进的十几套石蜡成形装置均带有蒸发空冷，用于其制冷剂的冷凝冷却。由此国内开始了有关蒸发空冷的开发研制工作。文献[10]介绍了哈尔滨空调机厂于 1985 年仿制美国 FES 公司 LS-250 型蒸发空冷的产品，用其代替茂名石化公司炼油厂第一套石蜡成形装置制冷系统立式水冷器（过热氨气冷凝器）的使用情况。考虑到国内氨压缩机出口温度高的情况，将原引进设备的全部换热面积分出一部分置于捕雾器之上（翅片管束），对氨气进行预冷。两种冷却方案经济效益对比后认为，采用蒸发空冷代替立式水冷器每年可节省运转费用 20.7 万元。文献[11]介绍了洛阳石化工程公司就蒸发空冷 3 个试样在实验室进行的多种工况试验以及传热性能研究。对各种结构参数进行了筛选，推导了传热方程式，并针对炼油厂常减压装置汽油、煤油、轻柴油和重柴油产品后冷的工艺要求，分别进行了光管蒸发空冷和管壳式水冷器的设计计算，以及两种计算结果的比较分析。之后与西安化工机械厂共同于 1987 年研制了第 1 台蒸发空冷，并在长岭炼油厂进行了工业性试验和技术标定[12]。文献[13]介绍了我国四川银山磷肥厂 10 万 t/a 硫酸装置干吸塔在技术改造中采用了蒸发空冷用于循环水冷却的情况。单独凉水塔循环供水和蒸发空冷循环供水两种方案经过技术经济性比较后认为，采用蒸发空冷的一次性投资仅为单独新建冷却塔的50%，其年总操作费用仅为冷却塔的 57%，每年可节约电能 20.8 万度。

文献[14]介绍了蒸发空冷的基本原理、结构特点和设计方法。文献[15]在文献[14]的基础上针对蒸发空冷的几何参数和性能参数的设计计算，开发出了可供蒸发空冷设计的计算方法和相应的电子计算机程序，并验算了文献[4,8]的算例，结果较为一致。此后，兰州石油机械研究所于 1992 年为兰州炼油化工总厂设计制造了 1 台蒸发空冷[16]，用来代替该厂第三套酮苯脱蜡装置制冷系统的立式水冷器（过热氨气冷凝器）。根据用户提供的工艺设计参数和技术要求，兰州石油机械研究所采用自行开发的蒸发空冷设计计算程序对该设备进行了工艺计算和优化设计，同时还对该产品的应用情况进行了现场标定。测试数据表明，该蒸发空冷的冷却效果大大优于立式水冷器，使氨的出口温度接近环境湿球温度。设计计算结果与实测数据一致性很好，证明其设计计算方法和计算程序是切实可靠的。1994 年，兰州石油机械研究所又为兰州炼油化工总厂 10 万 t/a 气分装置设计制造了两台蒸发空冷，用以代替该装置原有的湿空冷。现场标定认为，设备运转良好，其冷却性能优于原来的湿空冷。到1997 年，针对炼油厂常压塔塔顶冷换设备的腐蚀特点和情况，兰州石油机械研究所利用蒸发空冷独有的结构特点及钛材优良的抗腐蚀性能，又为延安炼油厂设计制造了两台钛复合板蒸发空冷，解决了用户常压塔塔顶冷换设备腐蚀严重及使用寿命短的问题，同时还降低了设备造价（为用户节省投资 200 万元），减少了能耗、水耗和占地面积。

迄今为止，兰州石油机械研究所已为国内炼油化工厂各种大型装置设计制造了几百台蒸发空冷设备，使用情况良好，广受用户欢迎。

三、工作原理与特点

蒸发空冷的结构与工艺流程如图 5.2-3 所示。其工作过程是，用管道泵将设备下部水箱中的循环冷却水输送到位于水平放置的光管管束上方的喷淋水分配器中，由该分配器将冷

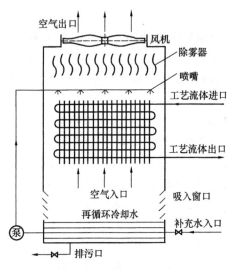

图 5.2 - 3　蒸发空冷工作原理示意图

却水向下喷淋到传热管外表面，使管外表面形成连续均匀的薄水膜，同时用引风式轴流风机将空气从设备下部空气吸入窗口吸入，使空气自下向上流动，横掠水平放置的光管管束。水一面从管壁吸收管内热流体释放的热量，一面又与穿过管束向上流动的空气接触。部分水蒸发进入空气中，其余的水逐渐放出其吸收的热量，并恢复到其进口水温度，流到贮水池中。此时传热管的管外换热除依靠水膜与空气流间的显热传递外，主要依靠传热管外表面水膜的迅速蒸发来吸收管内的大部分热量，从而强化了管外传热，使设备总体传热效率明显提高。传热管外表面水膜的蒸发使得空气穿过光管管束后湿度增加而接近饱和，引风式轴流风机将饱和湿空气从管束中抽出，并使其穿过位于喷淋水分配器上方的除雾器，除去饱和湿空气中夹带的水滴后从设备顶部风机出口处排入大气中。风机位于设备顶部并向上抽吸空气，因此风机下部空间便形成了负压区域，加速了传热管外表面水膜的蒸发，有利于强化管外传热。在蒸发空冷中，水平流动的工艺介质走管内，空气和水走管外。空气由下向上流动，喷淋水由上往下流动。水、空气与工艺介质为交叉错流，水与空气为逆流，从冷热介质的流程布置上也强化了传热传质过程。为防止水和空气对传热管外表面的腐蚀，对传热管外表面进行了防腐处理，且传热管采用光管。

　　在蒸发空冷中，喷淋水一边循环喷淋一边蒸发，因此喷淋水中的盐类浓度在逐步增大。当其达到一定程度后会在管外壁上结垢，会使设备传热性能下降。所以，应连续地或定期地将贮水池中的水排放出一部分，以把盐类浓度控制在产生污垢的界限以下。为此只有给贮水池补充一定量的新鲜水才能保持水中盐类浓度，防止管外结垢，并补偿蒸发和排放的水量。蒸发空冷的喷淋水以采用软化水为宜。

　　蒸发空冷一般采用光管为传热管，如果采用翅片管，从理论上讲扩大了传热和传质表面，但这里用翅片管的优越性不如干式空冷那么显著。其主要原因是，翅片管表面无法完全被水润湿，翅片上水的成膜性很差，且翅片间的积水也会削弱翅片的作用，并使热阻增加。

　　蒸发空冷一般亦只适用于温度低于 80℃ 的低温位工艺流体的冷却和冷凝，其可使工艺流体出口温度冷到接近于环境湿球温度。如果工艺流体入口温度高于 80℃，过高的管束入口段管壁温度，容易使管外表面水膜结垢，增加了传热传质阻力，会降低蒸发空冷的传热效率。对工艺流体入口温度高于 80℃ 时的工况，可将蒸发空冷中的除雾器用翅片管代替，使高温位热流体先流经翅片管束，即将其预冷到 80℃ 以下以后再进入光管管束进行冷却或冷凝。翅片管管束起到既冷却又除雾的双重作用，从而扩大了蒸发空冷的适用范围，并增加了传热面积。

　　与干式和湿式空冷器相比，蒸发空冷具有以下优点：

　　1. 传热效率高，冷却效果好，所需传热面积小，结构紧凑

　　蒸发空冷的管外传热是由管壁 - 水膜间的强制对流传热和水膜 - 空气间的直接接触蒸发传质传热两步完成的。水具有很高的汽化潜热，可大大强化管外表面的传热强度，其传热强度远远大于管壁 - 空气间的对流传热，因此蒸发空冷的总体传热效率远远大于干式和湿式空

冷。因其所需传热面积小，结构紧凑，且可直接将管内热流体冷到较低温度（40℃以下），即不再需要后水冷器了。如果设计合理，其管内热流体出口温度可冷到接近于环境湿球温度。可见其不但冷却效果好，且还解决了干空冷为了获得较低冷却冷凝温度而必须配带后水冷器的问题。

2. 能耗和水耗小，操作费用低

在蒸发空冷中，空气携带热量主要靠增加携湿量来带走水的蒸发潜热，而不是靠空气温升显热，因而所需风量远远小于干空冷和湿空冷。由于采用了光管管束，空气穿过管束的压降小，使风机能耗进一步降低。同时因光管外表面水的成膜性好，水的汽化潜热很高，在合理设计下，可达到较高的蒸发冷却效果，且水耗还低。与干空冷加后水冷相比，它不但省去了后水冷器，且其操作费用还低。

3. 投资费用低，占地面积小

从结构上看，蒸发空冷的最大特点是，将冷却塔和列管式水冷器合为一体了，省去了单独的循环水冷却系统，使一次性投资大大降低。由此减少了设备的占地面积，光管传热管又使设备造价进一步降低。

4. 操作弹性大，可操作性好

蒸发空冷主要靠管外水膜的蒸发而不是靠空气温升来带走管内的大部分热量，所以蒸发空冷对空气入口温度不敏感。管内热流体热量通过管壁传递给水膜，提高了水膜的温度，加之引风式风机在管束中形成的负压，均使管外水膜的蒸发效率增大了，所以它对空气入口湿度亦不敏感。因此环境气温和湿度的波动，以及季节的变化对蒸发空冷的冷却效果的影响均较小。此外，蒸发空冷还具有操作弹性大、适用地区广及可操作性好的长处。

第二节　结　构　形　式

一、国内蒸发空冷的典型结构形式及其特点

（一）典型结构形式

国内企业（兰州石油机械研究所）开发研制的蒸发空冷设备，其典型的结构形式见图5.2-4。它主要由以下部件组成：

（1）位于设备顶部的引风式风机。

（2）位于风机下方的除雾器。

（3）位于除雾器下方的喷淋水分配器。

（4）位于喷淋水分配器下方的光管管束。

（5）位于光管管束下方的构架与水箱。

（6）喷淋水输送管线与管道泵。

上述前5大部件之间均采用翻边法兰螺栓连接，各连接面之间均采用橡胶板和密封胶进行密封，以防漏风和漏水。

（二）结构特点

上述蒸发空冷设备具有以下特点：

（1）采用引风式轴流风机，其优点是风机风量大，向上抽吸空气，因此可在其下部空间形成负压区域，加速了位于其下方传热管外表面水膜的蒸发。

（2）除雾器采用双金属轧制型翅片管束，它既能高效除雾，减少喷淋水损耗，又可进行

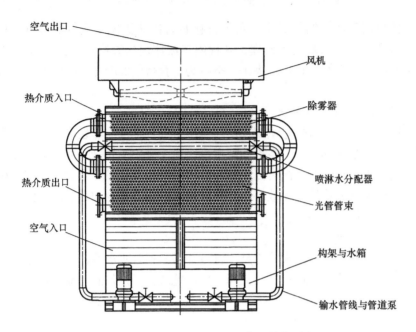

图 5.2 - 4　国内蒸发空冷的典型结构形式

高温介质(高于80℃)的预冷,从而扩大了蒸发空冷的适用范围,增加了设备的传热面积。

(3)喷淋水分配器在设备运行中即可方便地进行维护和清洗,更换喷嘴亦容易。喷淋水管均采用了不锈钢管,喷嘴由聚氯乙烯材料制成。喷嘴被安装在喷淋支管的上部,可有效地减少喷嘴堵塞的可能性。

(4)管束一般采用丝堵式组焊矩形管箱(特殊情况时也可采用可拆卸盖板式组焊矩形管箱),管束由水平布置的单根光管组成,管子与管箱的连接采用强度胀、强度焊或胀焊并用。

(5)构架与水箱连成一体,下部为水箱,上部为带有百叶窗的进风口,且其四周均有进风口。构架是风机、除雾器、喷淋水分配器及光管管束的支承体。管束下部四周设有挡水板,在水箱上部四周设有收水槽,用以减少喷淋水外溅造成的水损失或飞溅水对设备平台的污染。构架与水箱的底部带有安装底座,只需在基础上预置地脚螺栓即可进行设备安装。

(6)喷淋水输送系统由2条管线和2台管道泵组成。它们由喷淋水分配器端部的横向主水箱连通,2条输水线在设备工作时一开一闭,以便确保设备运行时喷淋水分配器的正常工作。横向主水管两端设置了控制阀,在输水线立放的主水管底部设置了放空口,这样可保证在冬季时设备备用泵管线内的喷淋水能够放空,以避免水管和备用泵冻裂。

二、国外典型结构形式及其特点

(一)典型结构形式

国外企业(德国 GEA 公司、美国 FES 公司和 B. A. C 公司)开发研制的蒸发空冷设备,其典型结构形式见图5.2 -5 所示。它主要有以下部件组成:

(1)位于设备底部侧面的鼓风式风机。

(2)位于设备顶部的除雾器。

(3)位于除雾器下方的喷淋水分配器。

(4)位于除雾器下方的光管管束。

(5)位于光管管束下方的水箱(收水盘)。

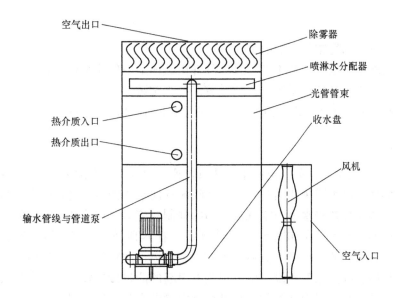

图 5.2 - 5　国外蒸发空冷的典型结构形式

（6）喷淋水输送管线与管道泵。

（二）结构特点

（1）国外开发研制的大部分蒸发空冷采用了鼓风式离心风扇，从设备底部一个侧面鼓风。空气阻力大，且进风口只有一面，风量亦小。只有少数采用类似凉水塔那样的结构。

（2）除雾器由许多等间距布置的波形板组成，其除雾效果差，（在安装中无法确保波形板均为等间距布置），水耗和能耗均大，且制造、安装及维护均不方便。

（3）喷淋水分配器是固定的，在设备运行中无法清洗。喷淋水管线一般为碳钢管，易生锈。喷嘴安装在喷淋支管的下部，喷淋水中的泥沙等杂质易聚积在水管底部，喷嘴易堵塞。一旦喷淋水分配器喷嘴被堵塞，传热管外表面就无法完全被润湿，设备冷却能力将大大下降，这势必会造成设备的停车检修。

（4）国外大部分采用了集合管式管箱，管束由水平蛇形盘管组成。管子与管箱的连接只能采用强度焊，有一根管子一旦泄露，整个设备必须停车来更换其整个管束。这种集合管式管箱，在集合管上最多只能水平焊接 2 排管子，所以其管程布置困难，管程压降较大。

（5）只有一条喷淋水输送管线和一台管道泵，一旦该泵出现故障，会使设备的冷却效果恶化，进而造成设备停车检修。

第三节　设　　计

一、基本假设

蒸发空冷的传热和传质过程较为复杂，要精确算出各流体的流动、温度和浓度分布是极其困难的，为了使问题达到可进行数学处理的程度，必须作适当的简化。

（1）假设 $h_a/k_a = C_a$ 近似成立，则空气-水交界面与空气流间的热流量可用湿空气热焓差来表示。

（2）喷淋水蒸发量与其循环量相比很小，仅占其循环量的 1% ~ 2%，故在能量平衡计算中可忽略水的蒸发量，且不记输送引起的水损失和排水损失，即认为在蒸发空冷中喷淋水流量不变。

（3）管束具有均匀完整的表面润湿。

（4）蒸发空冷中干空气流量不变，且在其各横截面上空气流速均匀。

（5）在蒸发空冷中各传热系数、传质系数保持为常数。

（6）从试验中获得的 h_{rw} 和 k_a 值是给定几何形状的平均值，忽略实际存在的喷淋水进入和排出的影响。

二、数学模型

如图 5.2-6[14] 所示，在蒸发空冷中的热量传递，是从管内流体经管壁传递到管外表面喷淋水膜中，再从喷淋水膜传递给空气流。从喷淋水向空气的热传递是由水膜与空气流之间的直接接触蒸发传质传热和水膜与空气流之间的强制对流显热传热共同完成的。

蒸发空冷典型的温度分布如图 5.2-7[14] 所示。在其顶部，工艺流体与喷淋水之间存在较大温差，故具有较高的传热速率。喷淋水被工艺流体迅速加热，工艺流体迅速降温，水温迅速接近工艺流体温度。相对来说，由于水蒸发引起的能量传递较低，而在其余部分，喷淋水和工艺流体均被冷却，因为这时的冷却过程是由喷淋水与空气流间的传质过程控制。工艺流体温度下降相对缓慢，循环水温度升到最高后与工艺流体一起被空气冷却，最终恢复到它的进口温度。空气由下而上流动，它一方面吸收了水的热量，一方面使水蒸发而形成饱和湿空气，它的温度和热焓逐渐上升。

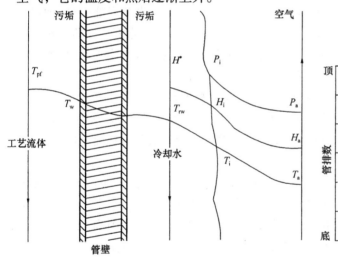

图 5.2-6　蒸发空冷热量传递示意图

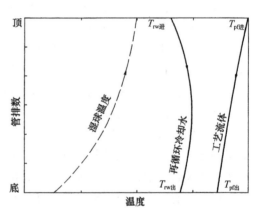

图 5.2-7　蒸发空冷温度分布示意图

文献[3]提出了用管内工艺流体与管外表面喷淋水之间总传热系数 U，以及管外表面喷淋水与空气流之间以热焓差为推动力的总传热系数 K_{oa} 来描述蒸发空冷传热、传质的数学模型。本文以下均采用该模型来推导蒸发空冷的传热、传质方程。

在蒸发空冷的设计中，使用一维单元工艺流体、喷淋水和空气适当的传热方程、传质方程和能量平衡方程的组合，虽然工艺流体管子的交叉布置用二维分析方法更为可靠，但这会使其方程设计相当复杂，而计算精度几乎没有提高，则认为一维单元分析是足够精确的。

三、传热、传质方程和能量平衡方程及其边界条件

如图 5.2-6 和图 5.2-7 所示，令蒸发空冷中各流体温度及热焓的变化均以沿其顶部向其底部方向增加为正，在蒸发空冷的一维单元模型中取出任意一个微元段 dA 来进行传热、

传质分析，可得：

管内工艺流体释放的热量：

$$dQ_{pf} = -W_{pf}C_{pf}dT_{pf} = U(T_{pf} - T_{rw})dA \tag{2-1}$$

空气吸收的热量为：

$$dQ_a = -W_a dH_a = K_{oa}(H^* - H_a)dA \tag{2-2}$$

根据微元段 dA 中局部能量平衡可得：

$$dQ_{rw} = W_{rw}C_{rw}dT_{rw} = dQ_{pf} - dQ_a \tag{2-3}$$

整理上述式(2-1)、式(2-2)、式(2-3)可得：

$$\frac{dT_{pf}}{dA} = \frac{U}{W_{pf}C_{pf}}(T_{pf} - T_{rw}) \tag{2-4}$$

$$\frac{dH_a}{dA} = \frac{-K_{oa}}{W_a}(H^* - H_a) \tag{2-5}$$

$$\frac{dT_{rw}}{dA} = \frac{U}{W_{rw}C_{rw}}(T_{pf} - T_{rw}) - \frac{K_{oa}}{W_{rw}C_{rw}}(H^* - H_a) \tag{2-6}$$

H^* 只是喷淋水温度的函数，即

$$H^* = f(T_{rw}) \tag{2-7}$$

由于喷淋水是循环使用的，在稳态工况下，蒸发空冷顶部喷淋水进口温度 T_{rw1} 应等于其底部喷淋水出口温度 T_{rw2}，即有：

$$T_{rw1} = T_{rw2} \tag{2-8}$$

管内工艺流体与管外表面喷淋水之间的总传热系数 U 可由下式计算：

$$\frac{1}{U} = \frac{D_o}{D_i} \cdot \frac{1}{h_{pf}} + \frac{D_o}{D_i} \cdot f_i + \frac{t_w}{\lambda_w} \cdot \frac{D_o}{D_m} + f_o + \frac{1}{h_{rw}} \tag{2-9}$$

管外表面喷淋水与空气流之间以热焓差为推动力的总传质系数 K_{oa} 可由下式计算：

$$\frac{1}{K_{oa}} = \frac{1}{K_a} + \frac{m}{h_i} \tag{2-10}$$

$$m = dH^*/dT_{rw} \tag{2-11}$$

式(2-4)、式(2-5)及式(2-6)是描述蒸发空冷传热特性的联立微分方程组，式(2-8)是该方程组的边界条件。可以用解析法和数值法求解上述微分方程组。h_{pf}，h_{rw}，h_i，k_a 这4个传递系数需要进行相应实验来测定，根据获得的实验数据提出这些传递系数的相应关系式，在此文中不再详述。

四、设计要求

从式(2-6)就可容易地看出，若假设喷淋水温度为常数，则会导致不合理的结果。即当喷淋水温度为常数时，则式(2-6)中的 $dT_{rw}/dA = 0$，由此可得出在蒸发空冷中的每个地方都有：

$$U(T_{pf} - T_{rw}) = K_{oa}(H^* - H_a) \tag{2-6a}$$

对于一组给定的工作条件，U 和 K_{oa}（只取决于设计几何参数和流速）实际上保持为常数，H^* 只与喷淋水温度 T_{rw} 有关。如果 T_{rw} 为常数，那么 H^* 也保持为常数，则式(2-6a)将导致以下两种可能：

（1）H_a 和 T_{pf} 必须保持为常数，但如果有热量传递，这就不合理了。

（2）当 H_a 增加时 T_{pf} 下降，而在逆流中这是不可能的。

因此喷淋水温度 T_{rw} 不是常数，所以方程（2-6a）是不正确的。因此喷淋水没有以它从管内热流体那里获得热量的同样速度把热量传递给空气流。

稳态工作时，喷淋水进口温度 T_{rw1} 等于其出口温度 T_{rw2}，因此尽管喷淋水温度不是常数，但其变化是有限的，且假定对所涉及 T_{rw} 的有限范围 H^* 与 T_m 成线形关系而引起的误差很小。文献（3）认为，没有采用此假设而获得的数值计算结果与采用该假设的结果相差甚微，因此这个假设是合理近似的，因此方程（2-11）中的 m 是适合于所涉及的喷淋水温度范围的比例常数。

喷淋水温度有限变化的一个附加结果是，假设 T_{pf}、T_{rw} 和 H_a 的变化在空气流动方向是沿光滑曲线变化的，但实际上蒸发空冷的布置是多管程的交叉流动，对 T_{rw} 为有限变化且管程数较大的情况（如10个管程），这个假设是合理正确的。

在设计中还必须考虑管外结垢因素，并尽可能减小其影响。结垢的主要原因是：（1）水温提高后发生了化学变化，导致结垢。（2）水中不溶物的沉积。（3）有机物的生长。（4）金属表面的腐蚀。影响结垢的因素很多，减少结垢的办法也各异，但从结构和设计上考虑，必须注意以下几点：

（1）管外表面喷淋水的温度：该温度低于 50℃ 时，沉积在管子表面的垢层较软，冲洗方便；但水温在 50℃ 以上时其垢层变硬，难以清除（必须采用化学方法清洗）。因此设计时不要使管外喷淋水温度升得太高，水温应在 $T_{a1} < T_{rw1.2} < T_{pf2}$ 范围内选用。

（2）喷淋水量：增大喷淋水循环量，有利于管外表面冲洗和软垢的清除。

（3）喷淋水的分布：必须避免局部干管，否则在干燥处因水的迅速蒸发而使其含盐析出；缺水还会使喷淋水温度升高，进而加速结垢。

（4）管排结构：管排布置对喷淋水和空气的循环和分布都有影响，管子和管子之间、管排与管排之间都必须留有充分的间隙，以便水和空气能自由流通。对光管管束，其横向间距一般为其管径的2倍以上。

第四节 工 业 应 用

一、适用范围与场合

蒸发空冷是一种将水冷与空冷、传热与传质过程融为一体，且兼有二者之长的新型节能、节水型高效冷凝冷却设备。它具有传热效率高、投资省、操作费用低、结构紧凑、占地面积小、安装维护方便、维护费用低及操作稳定可靠等优点。除了适用于炼油和化工行业各种塔顶油气的冷凝冷却、油品冷却及压缩机级间冷却之外，对电力、冶金、制冷等行业中的冷却水、蒸汽、致冷剂及其他工艺流体的闭路循环冷却亦是适用的，尤其对 80℃ 以下的低温位介质的冷凝、冷却具有比其他冷却设备难以匹敌的优点。

二、应用情况

国外开发研制的蒸发空冷主要用于制冷和空调系统，如压缩机中间冷却器、透平夹套水冷却器、润滑油冷却器及其他无机物水溶液冷却器等，在炼油、化工、电力及冶金等行业的应用尚未见报道。

在国内，兰州石油机械研究所开发研制出了具有自主知识产权的蒸发空冷，他们设计制造的300多台各种型号规格的蒸发空冷已应用到我国西北、东北、华北、西南及华东等地区的炼油、化工、油田及冶金等行业，其具体应用示例详见表5.2-1。

表5.2-1　蒸发空冷应用情况一览表

序号	装 置 名 称	用　　　　途
1	酮苯脱蜡(脱油)装置	制冷系统的过热氨气冷凝器 溶剂回收系统的溶剂冷凝器
2	气体分馏装置	脱乙烷塔顶冷凝器 脱丙烷塔顶冷凝器 丙烯塔顶冷凝器 C_4 塔顶冷凝器 脱异丁烷塔顶冷凝器 脱异丁烯塔顶冷凝器 脱戊烷塔顶冷凝器
3	丙烷(丁烷)脱沥青装置	高压丙烷冷凝器 中压丙烷冷凝器 丁烷冷凝器
4	烷基化装置	压缩机出口冷却器 塔顶冷凝器
5	烷基苯装置	苯汽提塔顶冷凝器
6	糠醛装置	塔顶冷凝器
7	重整装置	预加氢产物冷却器 脱戊烷塔顶冷凝器 脱 C_6 塔顶冷凝器 重整产物冷却器 脱丁烷塔顶冷凝器
8	芳烃抽提装置	稳定塔顶液化气冷凝器 精制产物冷却器 溶剂油分离塔顶冷凝器 脱异戊烷塔顶冷凝器 发泡剂塔顶冷凝器
9	干气脱硫装置	再生塔顶酸气冷凝器 贫液冷却器
10	制氢装置	中变气冷却器
11	汽油异构化装置	稳定塔顶液化气冷却器 稳定汽油冷却器 反应产物冷却器
12	汽油醚化装置	反应塔顶冷凝器 轻汽油冷却器
13	正己烷装置	正己烷塔顶冷凝器 脱轻塔顶冷凝器

序号	装 置 名 称	用 途
14	汽油柴油加氢装置	反应产物冷却器 分馏塔顶冷凝器 精制汽油柴油冷却器 汽提塔顶冷凝器
15	航煤加氢装置	反应产物冷却器 分馏塔顶冷凝器 精致航煤冷却器
16	航煤脱硫醇装置	航煤产品冷却器 生成油冷却器
17	常减压装置	常压塔顶冷凝器 初馏塔顶冷凝器
18	催化装置	分馏塔顶冷凝器 稳定塔顶冷凝器 压缩富气冷却器 轻柴油冷却器 稳定汽油冷却器
19	天然气轻烃回收装置	天然气压缩机出口冷却器 稳定塔顶冷凝器 丙烷制冷系统丙烷冷凝器 脱丁烷塔顶冷凝器 脱戊烷塔顶冷凝器 汽油冷却器 混合富气冷却器
20	冶金行业	高炉循环水冷却器

三、技术经济性分析

表 5.2 - 2 ～ 表 5.2 - 9 所列均为兰州石油机械研究所设计制造并已投入使用的一些蒸发空冷设备示例及其技术经济性对比。

1. 蒸发空冷与后水冷器的经济性比较

从表 5.2 - 2 中的数据可以看出，蒸发空冷与后水冷器相比，可节省投资 14.6% ，节省操作费用 73.2% 。

2. 蒸发空冷与湿式空冷器的经济性比较

从表 5.2 - 3 和表 5.2 - 4 中的数据可以看出，蒸发空冷与湿式空冷器相比，可节省投资 12.3% ~ 28.8% ，节省操作费用 12.8% ~ 37.5% ，节省占地面积 60.6% ~ 69.7% 。

3. 蒸发空冷与干式空冷器加后水冷器的经济性比较

从表 5.2 - 5 至表 5.2 - 8 中的数据可以看出，蒸发空冷与干式空冷器加后水冷器相比，可节省投资 14.9% ~ 30.2% ，节省操作费用 30% ~ 70.5% ，节省占地面积 48.5% ~ 67.3% 。

4. 蒸发空冷与干式空冷器加湿式空冷器的经济性比较

从表 5.2-9 中的数据可以看出，蒸发空冷与干式空冷器加湿式空冷器相比，可节省投资 22.6%，节省操作费用 43.6%，节省占地面积 70.2%。

表 5.2-2　兰州炼油化工总厂酮苯脱蜡装置过热氨气后冷器选型方案比较表

设备名称	设备型号	数 量	设备总重/t	设备造价/万元	设备操作费用/(万元/a)			设备占地面积/m²
					水耗/(t/h)	能耗/kW	合计/(万元/a)	
后水冷器	φ1000	8台	10.8×8 =86.4	10.25×8 =82	75×8 =600.0	74.0	75.35	—
蒸发空冷器	ZP9×3	1台	32.3	70.0	5.0	44.0	20.16	29.0

说明：1. 蒸发空冷器的水耗指的是其消耗的软化水量，后水冷器的水耗指的是其循环生水量。
　　　2. 设备开工率按8000h/a，电费按0.3元/kW·h，软化水费按2.4元/t，生水按0.12元/t。
　　　3. 从表中数据可以看出，蒸发空冷器的总投资比后水冷器低12万元，是后水冷器的85.4%；蒸发空冷器的总操作费用比后水冷器低55.19万元/a，是后水冷器的26.8%，蒸发空冷器使用1年3个月后节省的操作费用即可收回设备投资。

表 5.2-3　兰州炼油化工总厂10万t/a气分装置塔顶冷凝器选型方案比较表

设备名称	设备型号	数 量	设备总重/t	设备造价/万元	设备操作费用/(万元/a)			设备占地面积/m²
					水耗/(t/h)	能耗/kW	合计/(万元/a)	
湿式空冷器	SL9×3	6片/3跨	25.04×3 =75.12	44.5×3 =133.5	1.2×3 =3.6	45×3+ 7.5=142.5	41.11	160.9
蒸发空冷器	ZP6×3	2台	26.5×2 =53.0	47.5×2 =95.0	3×2=6.0	29.5×2 =59.0	25.68	48.8

说明：1. 湿式空冷器的重量和造价包括其配套的构架、风机、管束、喷淋。
　　　2. 蒸发空冷器和湿式空冷器的水耗指的是其消耗的软化水量。
　　　3. 设备开工率按8 000h/a，电费按0.3元/kW·h，软化水费按2.4元/t。
　　　4. 从表中数据可以看出，蒸发空冷器的总投资比湿式空冷器低38.5万元，是湿式空冷器的71.2%；蒸发空冷器的总操作费用比湿式空冷低器15.43万元/a，是湿式空冷器的62.5%；蒸发空冷器的占地面积比湿式空冷器节省112.1m²，是湿式空冷器的30.3%。

表 5.2-4　兰州炼油化工总厂24万t/a气分装置塔顶冷凝器选型方案比较表

设备名称	设备型号	数 量	设备总重/t	设备造价/万元	设备操作费用/(万元/a)			设备占地面积/m²
					水耗/(t/h)	能耗/kW	合计/(万元/a)	
湿式空冷器	SL9×3	30片/15跨	25.04×30 =375.6	45×15 =675	1.2×15 =18	45×15+ 22=697	201.84	841.9
蒸发空冷器	ZP9×3	8台	41.2×8 =329.6	74×8 =592	3.955×8 =31.64	60×8 =480	175.95	332.2

说明：1. 湿式空冷器的重量和造价包括其配套的构架、风机、管束、喷淋。
　　　2. 蒸发空冷器和湿式空冷器的水耗指的是其消耗的软化水量。
　　　3. 设备开工率按8000h/a，电费按0.3元/kW·h，软化水费按2.4元/t。
　　　4. 从表中数据可以看出，蒸发空冷器的总投资比湿式空冷器低83万元，是湿式空冷器的87.7%；蒸发空冷器的总操作费用比湿式空冷器低25.89万元/a，是湿式空冷器的87.2%；蒸发空冷器的占地面积比湿式空冷器节省509.7m²，是湿式空冷器的39.5%。

表 5.2－5　玉门炼油化工总厂酮苯脱蜡装置过热氨气冷凝器选型方案比较表

设备名称	设备型号	数量	设备总重/t	设备造价/万元	设备操作费用/(万元/a)			设备占地面积/m²
					水耗/(t/h)	能耗/kW	合计/(万元/a)	
干式空冷器	GP9×3	2片/1跨	23.4	31.3	0.0	80.0	22.4	56.3
后水冷器	φ1000	6台	10.8×6 =64.8	10.25×6 =61.5	137.0	7.5	48.13	/
蒸发空冷器	ZP9×3	1台	41.4	79.0	2.5	60.0	20.8	29.0

说明：1. 干式空冷器的重量和造价包括其配套的构架、风机、管束。

2. 蒸发空冷器的水耗指的是其消耗的软化水量，后水冷器的水耗指的是其循环生水量。

3. 设备开工率按8000h/a，电费按0.35元/kW·h，软化水费按2元/t，生水按0.42元/t。

4. 从表中数据可以看出，蒸发空冷器的总投资比干式空冷器加后水冷器低13.8万元，是干式空冷器加后水冷器的85.1%；蒸发空冷器的总操作费用比干式空冷器加后水冷器低49.73万元/a，是干式空冷器加后水冷器的29.5%；蒸发空冷器的占地面积比干式空冷器加后水冷器节省27.3m²，是干式空式冷器加后水冷器的51.5%；蒸发空冷器使用一年半后节省的操作费用即可收回设备投资。

表 5.2－6　西安石油化工厂沥青装置塔顶油气冷凝器选型方案比较表

设备名称	设备型号	数量	设备总重/t	设备造价/万元	设备操作费用/(万元/a)			设备占地面积/m²
					水耗/(t/h)	能耗/kW	合计/(万元/a)	
干式空冷器	GP9×3	3片	18.01×3 =54.03	34.5×3 =103.5	0.0	135.0	51.84	84.4
后水冷器	φ600	1台	4.23	6.8	40.0	4.0	14.34	3.6
蒸发空冷器	ZP9×3	1台	45.0	77	0.6	60.0	24.34	29.0

说明：1. 干式空冷器的重量和造价包括其配套的构架、风机、管束。

2. 蒸发空冷器的水耗指的是其消耗的软化水量，后水冷器的水耗指的是其循环生水量。

3. 设备开工率按8000h/a，电费按0.48元/kW·h，软化水费按2.7元/t，生水按0.40元/t。

4. 从表中数据可以看出，蒸发空冷器的总投资比干式空冷器加后水冷器低33.3万元，是干式空冷器加后水冷器的69.8%；蒸发空冷器的总操作费用比干式空冷器加后水冷器低41.84万元/a，是干式空冷器加后水冷器的36.8%；蒸发空冷器的占地面积比干式空冷器加后水冷器节省59m²，是干式空冷器加后水冷器的33%；蒸发空冷使用不到2年节省的操作费用即可收回设备投资。

表 5.2－7　前郭石化公司26万 t/a 气分装置丙烯塔顶冷凝器选型方案比较表

设备名称	设备型号	数量	设备总重/t	设备造价/万元	设备操作费用/(万元/a)			设备占地面积/m²
					水耗/(t/h)	能耗/kW	合计/(万元/a)	
干式空冷器	GP9×3	12片/6跨	28.73×6 =172.38	48.37×6 =290.22	0.0	22×2×6 =264	101.38	337.7
后水冷器	φ900	2台	9.1×2 =18.2	12.74×2 =25.48	113	0.0	36.16	10.8
蒸发空冷器	ZP9×3	3台	44×3 =132	79.2×3 =237.6	4.19×3 =12.57	60×3 =180	96.27	114.0

说明：1. 干式空冷器的重量和造价包括其配套的构架、风机、管束。

2. 蒸发空冷器的水耗指的是其消耗的软化水量，后水冷器的水耗指的是其循环生水量。

3. 设备开工率按8000h/a，电费按0.48元/kW·h，软化水费按2.7元/t，生水按0.40元/t。

4. 从表中数据可以看出，蒸发空冷器的总投资比干式空冷器加后水冷器低78.1万元，是干式空冷器加后水冷器的75.3%；蒸发空冷器的总操作费用比干式空冷器加后水冷器低41.27万元/a，是干式空冷器加后水冷器的70%；蒸发空冷器的占地面积比干式空冷器加后水冷器节省234.5m²，是干式空冷器加后水冷器的32.7%。

表5.2－8　乌石化40万t/a重整装置重整产物冷却器选型方案比较表

设备名称	设备型号	数 量	设备总重/t	设备造价/万元	设备操作费用/(万元/a)			设备占地面积/m²
					水耗/(t/h)	能耗/kW	合计/(万元/a)	
干式空冷器	GP9×3	6片/3跨	27.22×3=81.66	53.95×3=161.85	0.0	22×6=132	50.69	168.8
后水冷器	φ1200	1台	17.5	28	119.4	0.0	47.76	7.2
蒸发空冷器	ZP3×3	4台	22.31×4=89.24	40.2×4=160.8	1.46×4=5.84	22.5×4=90	47.17	64.1

说明：1. 干式空冷器的重量和造价包括其配套的构架、风机、管束。
　　　2. 蒸发空冷器的水耗指的是其消耗的软化水量，后水冷器的水耗指的是其循环生水量。
　　　3. 设备开工率按8000h/a，电费按0.48元/kW·h，软化水费按2.7元/t，生水按0.5元/t。
　　　4. 从表中数据可以看出，蒸发空冷器的总投资比干式空冷器加后水冷器低29.05万元，是干式空冷器加后水冷器的84.7%；蒸发空冷器的总操作费用比干式空冷器加后水冷器低51.28万元/a，是干式空冷器加后水冷器的47.9%；蒸发空冷器的占地面积比干式空冷器加后水冷器节省111.9m²，是干式空冷器加后水冷器的36.4%。

表5.2－9　抚顺石化公司石油一厂酮苯脱蜡装置过热氨气冷凝器选型方案比较表

设备名称	设备型号	数 量	设备总重/t	设备造价/万元	设备操作费用/(万元/a)			设备占地面积/m²
					水耗/(t/h)	能耗/kW	合计/(万元/a)	
干式空冷器	GP9×3	4片/2跨	23.35×2=46.7	83.34	0.0	88	38.72	112.6
湿式空冷器	SL9×3	20片/10跨	25.87×10=258.7	46.2×10=462	2×10=20	450	241.2	558.1
蒸发空冷器	ZP9×3	5台	45.6×5=228	84.4×5=422	2.4×5=12	60×5=300	157.92	202.3

说明：1. 干式空冷器和湿式空冷器的重量和造价包括其配套的构架、风机、管束。
　　　2. 蒸发空冷器和湿式空冷器的水耗指的是其消耗的软化水量。
　　　3. 设备开工率按8000h/a，电费按0.55元/kW·h，软化水费按2.7元/t。
　　　4. 从表中数据可以看出，蒸发空冷器的总投资比干式空冷器加湿式空冷器低123.34万元，是干式空冷器加湿式空冷器的77.4%；蒸发空冷器的总操作费用比干式空冷器加湿式空冷器低122万元/a，是干式空冷器加湿式空冷器的56.4%；蒸发空冷器的占地面积比干式空冷器加湿式空冷器节省468.4m²，是干式空冷器加湿式空冷器的30.2%。

四、应用前景

　　大量的实际应用表明，蒸发空冷以其优越的性能，完全能代替炼油、化工行业中现有的干式空冷器加后水冷器、湿式空冷器、干湿联合空冷器以及水冷器，实现了系统节能、节水、节约投资的目标。在炼油、化工、电力、冶金、制冷及轻工等行业中均有着广阔的应用前景，是空冷技术发展的新方向，是空冷技术的革新。特别是在当前全球水源及能源紧张，大力提倡节能和节水的情况下，在上述行业中大力推广应用蒸发空冷，具有十分重要的经济意义和巨大的社会效益。

主　要　符　号　说　明

A——管束传热面积，以光管外表面积为准，m²；

C——流体比热容，J/(kg·K)；

D_i——传热管内径，m；

C_o——传热管外径，m；

D_m——传热管直径对数平均值，m；

f_i——传热管内污垢热阻，(m²·K)/W；

f_o——传热管外污垢热阻，(m²·K)/W；

H_a——湿空气热焓，J/kg(dry air)；

H^*——与喷淋水温度相符的饱和湿空气热焓，J/kg；

h_i——喷淋水与空气 - 水交界面之间的膜传热系数，W/(m²·K)；

h_{pf}——管内工艺流体与管内壁之间的膜传热系数，W/(m²·K)；

h_{rw}——管外壁与喷淋水之间的膜传热系数，W/(m²·K)；

h_a——空气 - 水交界面与空气之间的膜传热系数，W/(m²·K)；

k_a——空气 - 水交界面与空气之间的膜传质系数，kg(water)/(h·m²·Δx)；

h_{oa}——喷淋水与空气之间以焓差($H^* - H_a$)为推动力的总传质系数，kg(water)/(h·m²·Δx)；

p——压力，Pa；

Q——传热率，W；

T——流体温度，K；

t_w——管壁厚度，m；

T_{wf}——管外壁与喷淋水接触水膜温度，K；

U——管内工艺流体与管外喷淋水之间的总传热系数，W/(m²·K)；

W——流体质量流量，kg/h；

X——空气绝对湿度，kg(water)/kg(dry air)；

λ——热导率，W/(m·K)；

下标

a——空气；

pf——工艺流体；

rw——循环喷淋水；

w——管壁；

i——空气 - 水交界面；

1——蒸发空冷顶部，即工艺流体和喷淋水进口，空气出口；

2——蒸发空冷顶部，即工艺流体和喷淋水出口，空气入口。

参 考 文 献

[1] 中国石化总公司石油化工规划院主编. 炼油厂设备加热炉设计手册(第二分篇)，炼油厂设备设计. 1986.

[2] 兰州石油机械研究所主编. 换热器(下册). 北京：烃加工出版社，1990.

[3] Praker R O and Treybal R E. The Heat mass transfer characteristics of Evaporative coolers. chem. Eng. symp. ser., 1961, 57(32)：138 ~ 149.

[4] 番田信男. 蒸发冷却(冷凝)器的设计方法. 化学装置，1967，9(3)：41 ~ 54.

［5］　Mizushina T ito R. and Miyashita H. Experiment Study of an Evaporative coolers. Int. chem. Eng.，1967，7(4)：727～732.

［6］　Mizushina T ito R and Miyashita H. Characteristics and methods of Thermal Design of Evaporative coolers. Int. chem. Eng.，1968，8(3)：532～538.

［7］　Kals W A. Wet-surface Air coolers, chem. Eng.，1971(17)：90～94.

［8］　Erens, P. J. Comparison of some Design Choices for Evaporative Cooler cores. Heat Transfer Engineering，1988，9(2)：29～35.

［9］　David Hutton, P E. Properly Apply Closed-Circuil Evaporative cooling. Chemical Engineering Progress，1996，(10)：50～57.

［10］　丁品德，周传义．蒸发式空气冷却冷凝器的开发与应用．石油化工设备，1990，19(6)：32～33.

［11］　桑培清．光管湿面蒸发式空气冷却器应用于炼油厂油品冷凝冷却的研究．中石化第三届空气冷却器学术交流会论文集．无锡：1990.

［12］　马国贤，刘小贤．蒸发式空冷器．中石化第三届空气冷却器学术交流会论文．无锡：1990.

［13］　胡元刚．喷淋式排管冷却器供水装置的选择．石油化工设备，1990，19(6)：13～18.

［14］　张明石，马军．蒸发式冷却器．石油化工设备，1989，18(4)：20～23.

［15］　马军．表面蒸发式空气冷却器．中石化第三届空气冷却器学术交流会论文．无锡：1990.

［16］　马军，褚家瑞．表面蒸发式空气冷却器在炼油化工厂的成功应用．石油化工设备，1993，22(4)：29～30.

［17］　马军．表面蒸发式空冷器．中石化第三届传热技术交流会论文集．昆明：中国石化洛阳石化工程公司，1995，129～136.

［18］　韩卓，马军等，钛复合板表面蒸发式空冷器的研制．石油化工设备，1999，28(2)：47～49.

第三章 自然对流式空冷器

第一节 概 述

一、国内外简况

所谓自然对流式空冷器，即在各种类型翅片管空冷器管束的上方设置各种几何形状的抽风筒，利用抽风筒内外空气的密度差产生通风抽力，在该抽力的作用下使环境空气流过空冷器翅片管束，受热后的热空气从抽风筒顶部排出，通过空冷器管束的换热达到冷却或冷凝管内流体的目的。

20 世纪 60 年代，国外已开始对自然对流式空冷器技术有所研究和应用，例如，法国金属企业公司(CFEM)为核电站设计的大型自然对流空冷器已使用许多年；德国巴克－杜尔(Backe – Durr)公司把空冷器管束置于大型自然对流双曲薄壳式凉水塔中作为大型电站的透平尾汽冷却、冷凝器也已应用；美国 Aminoil USA Corp. 在堪萨斯石油化工厂试用了 7 台自然对流式空冷器也取得较好的效果。为研究自然对流式空冷器操作条件下的管束传热和流动特性，H. G. Sallenbach 通过试验数据分析和现场对比提出了空气在层流时的"翅片效率修正系数"公式，用以调整最终空气侧换热系数，并给出了层流时的最终传热系数。

我国在自然对流式空冷器的研究和应用工作起步较晚，1984 年由杭州炼油厂率先开展了自然对流式空冷器的前期研究筹备工作，1986 年中石化总公司规划设计院将"自然抽风空冷器的研究"列为重点科研项目，由洛阳石化工程公司、西安交通大学、杭州炼油厂和哈尔滨空调机厂组成课题组，承担此项目的研究开发工作。经过 7 年的努力，课题组从小试和中试入手，研究了自然对流式空冷器在低风速下的传热及阻力特性，抽风筒内的流动及阻力特性，提出了自然对流空冷器的计算方法，完成了计算机程序的编制工作。为降低管束的气侧阻力，还研制开发了铝翅片缠绕式椭圆翅片管，并为杭州炼油厂催化裂化装置设计、制造、安装和投运了我国第一台椭圆翅片管自然对流式空冷器，取得了宝贵的工业试验数据。1989年，西安交通大学在荆门炼油厂的大力支持下，对该厂在加装了抽风筒的常减压装置初馏塔顶油气冷凝空冷器上进行了圆翅片管束低风速下的传热和阻力特性的研究，关联出供设计使用的计算公式，还用荆门炼油厂的工业试验数据对该公式进行考核，取得令人满意的结果。此外，80 年代末 90 年代初在我国电力行业的节水型火力发电厂数套自然对流式空冷器汽轮机冷却系统也已成功投入商业运行。

二、自然对流式空冷器的优缺点及应用范围

众所周知，自然对流式空冷器的最大优点是节约电力与减少对环境的噪音污染，由于它靠抽风筒的通风抽力使冷空气以一定风速从底部或侧面流过空冷器，因此不需要配备风机和电机，不存在强制通风空冷器运行时风机产生的噪声；风机电机和减速器的维修保养工作均可省去，可节约设备的维护费用且操作比较简单。

自然对流式空冷器的缺点为：空冷器的迎面风速较小因而导致相同工况下传热面积比较

大；自然对流式空冷器上部抽风筒的高度取决于空气的流速和压力损失，为保证空冷器的入口空气流速，抽风筒都具备相当的高度，从而使设备总投资也相应增加；在空冷设备比较多的化工装置上，如果自然对流式空冷器所占的比例较大，则设备布局不易安排，但在电力行业处理量很大的汽轮机冷却系统则不会出现此类问题，其原因是大量同规格的空冷器均安装在一个大型抽风筒的底部且在同一工况下运行。

自然对流式空冷器的应用范围可涉及电力、石油化工（见图 5.3 – 1）、冶金等许多工业部门，特别是北方一些夏季环境气温低于 30℃ 的地区，采用自然对流式空冷器后设备投资费用比强制通风增加很少，但是全年节省的风机电耗将是十分可观的；在设计气温高于 30℃ 的地区，采用自然对流空冷器因传热温差太低而不经济，可考虑强制通风与自然对流相结合的形式；自然对流式空冷器是一种利用抽风筒内外温差产生空气自然对流去冷却工艺流体的设备，自然对流式空冷器的接近温差，即管内介质出口温度与管束入口空气温度之差，一般取 25～30℃，如果低于 9℃ 则效率大大降低[1]。

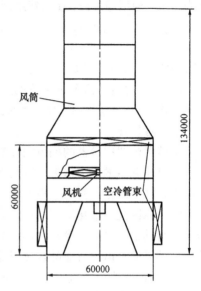

图 5.3 – 1 石化行业自然对流式空冷器

第二节 结 构

自然对流式空冷器的整体布局类似于强制通风引风式空冷器，主要由管束、构架、风筒、百叶窗等部件组成。与强制通风引风式空冷器布局上的主要区别在于抽风筒的高度和形式及空冷器的排列。强制通风引风式空冷器的风筒高度通常小于 1.5m 且为钢板卷制成型的直风筒，而自然对流式空冷器抽风筒的高度常大于 7m，电力行业的大型双曲薄壳混凝土抽风筒的高度更是高达 166m；空冷器在抽风筒下方的排列有水平式、联合式塔周边立式（图 5.3 – 2）、塔内锥形（图 5.3 – 3）等数种形式。

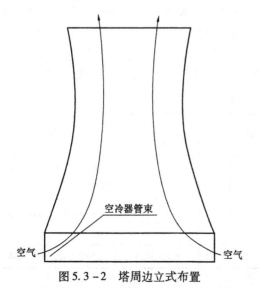

图 5.3 – 2 塔周边立式布置

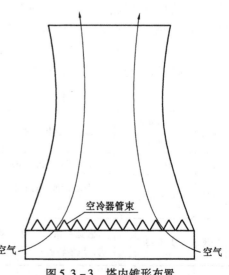

图 5.3 – 3 塔内锥形布置

一、翅片管类型

用于自然对流式空冷器的翅片管应具有气侧阻力小、传热性能好、耐温性能高、耐大气腐蚀能力强、使用寿命长、制造费用低、清理污垢方便等特点，与强制通风空冷器相似也有数种管型可供选用，但应用比较多的有以下几种：热浸锌椭圆钢管矩形翅片、热浸锌椭圆钢管绕钢翅片、圆铝管套矩形铝片、大口径扁圆钢管外钎焊蛇形铝翅片以及各种圆钢管外缠绕或轧制螺旋形铝翅片，电力行业的自然对流式空冷器内的介质为负压蒸汽或低压水，通常选用前四种作为换热元件，石油化工行业装置的空冷器管内一般都承受一定压力，异型钢管和铝管的承压能力比较差，因此选用圆钢管外缠绕或轧制螺旋形铝翅片作换热元件的情况居多。

二、抽风筒

自然对流式空冷器的抽风筒在整套设备中起着抽吸冷空气的作用，抽风筒的高度取决于空气的流速和总的压力损失，其总的压力损失是空气通过管束的压力损失加上风筒出口的压力损失。常见的抽风筒有钢板卷制结构和混凝土浇制两种。钢板卷制的抽风筒通常用于石油化工厂，原因是石油化工装置单元设备的处理量一般比较小，各位号空冷器的操作工况不尽相同，与其他位号的空冷器合用空气流道会导致工艺参数不易控制，因此各位号的空冷器都单独配抽风筒；电力行业的自然对流空冷器配置情况则不同与石油化工行业，大同第二发电厂的 200MW 火力发电机组采用海勒系统间接空冷装置的冷却水循环量每小时约为 22000m³，如此大的冷却水流量通过环形管道平均分配到 119 个铝管穿铝片的冷却三角形，而每个冷却三角形由二台 15m 长、2.4m 宽的空冷器和一台百叶窗组成，即 238 台空冷器运行在同一工况下，因此就可以将这些空冷器布置在一个底径 108m、高 125m 的抽风筒底部，抽风筒产生的抽力使外部冷空气流经底部的空冷器后从抽风筒顶部排出。

三、空冷器的布置

自然对流式空冷器的管束通常安装在构架上，管束的上方设置抽风筒。石油化工行业的水平式和联合式自然对流式空冷器的布置与常规空冷器的布置差别不大，只不过在顶部加装了高度约为 7m 的抽风筒，如图 5.3－1 所示。电力行业自然对流式空冷器的布置一般有塔内锥形和塔周边立式等数种形式，塔内锥形布置如图 5.3－2 所示，两台空冷器组成 1 个三角形的单元，每个三角形的空冷器朝上在塔内呈锥形安装在 15～20m 高的支承斜面上，空冷器的翅片管轴心线处于与水平略有斜度的位置；塔周边立式布置如图 5.3－3 所示，二台空冷器和一台百叶窗组成一个冷却三角形，百叶窗朝外顺着塔底圆周排成一圈，空冷器的翅片管轴心线处于垂直位置。由于自然风会随时随地吹向空冷装置，不同风向、不同风力的自然风会引起空冷装置内部空气流场的歧变及出塔热尾流的倒流，从而影响其冷却效果。此外，自然风对风筒的受力情况也会产生一定影响。表 5.3－1[2] 给出了不同风级时的风速。

表 5.3－1　风级及其对应的风速

风级	风名	相当风速/(m/s)	地面上物体的象征	风级	风名	相当风速/(m/s)	地面上物体的象征
0	无风	0～0.2	炊烟直上，树叶不动	3	微风	3.4～5.4	树叶及微枝摇动不息，旗飘展
1	软风	0.3～1.5	风信不动，烟能表示风向	4	和风	5.5～7.9	尘土及纸片飞扬，小树枝摇动
2	轻风	1.6～3.3	感觉有微风，树叶微响，风信转动	5	清风	8.0～10.7	小树摇动，水面起波

续表

风级	风名	相当风速/ (m/s)	地面上物体的象征	风级	风名	相当风速/ (m/s)	地面上物体的象征
6	强风	10.8 ~ 13.8	大树枝摇动，电线作响，举伞困难	10	狂风	24.5 ~ 28.4	树木连根拔起或摧毁建筑物
7	疾风	13.9 ~ 17.1	大树摇动，迎风步行感到困难	11	暴风	28.5 ~ 32.6	有严重破坏力，陆上很少见
8	大风	17.2 ~ 20.7	折断树枝，迎风步行感到阻力很大	12	飓风	32.6 以上	摧毁力极大，陆上极少见
9	烈风	20.8 ~ 24.4	屋瓦吹落，稍有破坏				

从表 5.3 – 1 中可看出：平时常会吹起 4 ~ 5 级的自然风，而其对应的风速却大大超过了自然对流式空冷器的迎风面设计风速。但是，自然风的影响是不可避免的，比较几种布置形式可知：自然风对塔周边立式布置冷却系统的影响比较大，而塔内锥形布置可降低横向风对冷却系统的影响，使冷却系统在风力较大的气象条件下工作仍保持稳定，机组的正常出力不受影响。

第三节　设　计　计　算

自然对流式空冷器的配置不像强制通风空冷器，强制通风空冷器管外侧的空气由风机提供，在强制通风空冷器设计过程中可根据管内热负荷的情况和管外气侧的传热、流动特性预先选定风机确定一个迎风面风速，然后进行计算。而自然对流式空冷器的迎风面风速不是一个给定的参数，自然对流式空冷器管外侧的空气受管束的加热温度升高密度减小，与周围环境的冷空气相比存在密度差，在抽风筒的作用下形成抽力将周围环境的空气吸入，空气的流量取决于管束对空气的加热强度、抽风筒的高度，而且受阻力特性的制约，因此自然对流式空冷器的迎风面风速是设计的结果，因此自然对流式空冷器的设计计算比强制通风空冷器更为复杂。

由洛阳石化工程公司、西安交通大学、杭州炼油厂和哈尔滨空调机厂组成的"自然抽风空冷器的研究"课题组为确保试验所得关联式的正确性和可靠性，对各种试件反复做了多次对比试验，收集了大约 30000 个数据并提出了自然对流式空冷器的设计方法[3,4]。

设计程序框图见图 5.3 – 4[4]，设计计算方法和计算步骤如下[4]：

1. 已知条件

热流体的进、出口温度：t'_h，t''_h（℃）

冷流体的进口温度：t'_c（℃）

热负荷：Q（W）

大气环境条件：大气压力 p_o（Pa）

大气温度 t_o（℃）

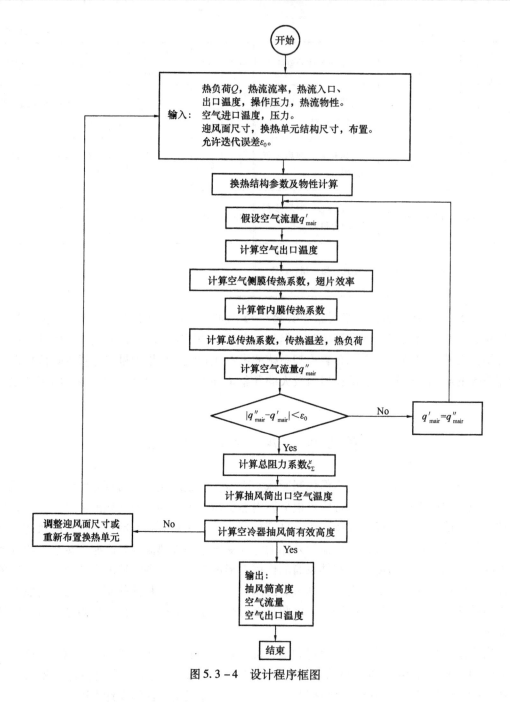

图 5.3 - 4　设计程序框图

2. 初选空冷器的形式及基本尺寸

（1）换热管的结构及基本尺寸

基管外径或椭圆管外的长、短轴 a_1、b_1(m)

基管内径或椭圆管内的长、短轴 a_3、b_3(m)

基管壁厚 δ(m)

翅片高度 h(m)或椭圆管外翅片的长、短轴 a_2、b_2(m)

翅片厚度 t(m)

翅片间距 $s(\mathrm{m})$

（2）换热管束排列方式与尺寸

叉排或顺排，沿流动方向的管排数为 N_b，沿流动方向的管间距为 $s_2(\mathrm{m})$，垂直于流动方向的管间距为 $s_1(\mathrm{m})$

（3）空冷器换热总成（见图 5.3 −5）

图 5.3 −5 为空冷器换热单元的划分情况，空气垂直于纸面，流过图 5.3 −5 所示的迎风面。

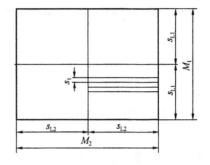

图 5.3 −5 自然抽风空冷器
换热单元的结构参数

空冷器的总换热单元数 $M = M_1 \cdot M_2$

式中，M_1 为宽度方向上的换热单元数，M_2 为长度方向上的换热单元数。一个换热单元的迎风面的宽为 s_{11}，一个换热单元的迎风面的长为 s_{12}。

3. 空冷器的结构参数计算

每米管长的翅片数 $N_\mathrm{F} = 1/s$

空冷器的迎风面积 $A_\mathrm{T} = M \cdot s_{11} \cdot s_{12}(\mathrm{m}^2)$

空冷器迎风面上的管子数 $N_\mathrm{r} = M_1 \cdot s_{11}/s_1$

空冷器的管子总数 $N_\mathrm{t} = N_\mathrm{r} \cdot N_\mathrm{b}$

空冷器中一个换热单元的管长 $L = s_{12}$

4. 空冷器换热面积的计算

需要计算下述面积

（1）翅片侧总换热面积 $A_0(\mathrm{m}^2)$

（2）基管内表总面积 $A_\mathrm{i}(\mathrm{m}^2)$

（3）光管的基管外表面总面积 $A_\mathrm{r0}(\mathrm{m}^2)$

（4）全部翅片的表面面积 $A_\mathrm{ft}(\mathrm{m}^2)$

（5）空冷器最窄流通截面面积 $A_\mathrm{m}(\mathrm{m}^2)$

5. 空冷器热力计算

（1）计算空气侧的换热系数 α_0

①初选空气流量值 $q'_{\mathrm{m\,air}}(\mathrm{kg/s})$

由下式计算空冷器空气进出口温度 t''_c

$$Q = q'_{\mathrm{m\,air}} C_\mathrm{p}(t''_\mathrm{c} - t)(\mathrm{kW})$$

得

$$t''_\mathrm{c} = \frac{Q}{q'_{\mathrm{m\,air}} \cdot C_\mathrm{p}} + t'_\mathrm{c}$$

式中，C_p 为空气的比热容，$\mathrm{kJ/(kg \cdot K)}$。

②计算空冷器进出口温度的算术平均值

$$t_\mathrm{m} = \frac{t'_\mathrm{c} + t''_\mathrm{c}}{2}, ℃$$

计算在 t_m 下空气的物性 $\nu_\mathrm{m}(\mathrm{m}^2/\mathrm{s})$，$\rho_\mathrm{m}(\mathrm{kg/m}^3)$ 和 $\lambda_\mathrm{m}[\mathrm{W/(m \cdot K)}]$

③计算空冷器最窄截面处空气流速

$$W_{\mathrm{max}} = q'_{\mathrm{m\,air}}/(A_\mathrm{m}\rho_\mathrm{m}) \quad (\mathrm{m/s})$$

④计算 Re 准则数

$$Re = \frac{W_{\mathrm{max}} d_\mathrm{e}}{\nu_\mathrm{m}}$$

式中，d_e 为定型尺寸，对椭圆翅片管可选用

$$d_e = \frac{ab}{\sqrt{\dfrac{a_2 + b_2}{2}}}$$

⑤计算 Nu 准则数

可选用换热管的实验关联式

$$Nu = CRe^n$$

C，n 为实验测定的常数和指数

⑥计算空气侧的换热系数

$$a = \frac{Nu \cdot \lambda_m}{d_e}$$

⑦计算翅片效率

对等厚度椭圆翅片，可用下式计算翅片效率

$$\eta_f = \frac{2}{u_b \left[1 - (u_e^2/u_b) \right]} \left[\frac{I_1(u_b) - \beta K_1(u_b)}{I_0(u_b) + \beta K_0(u_b)} \right]$$

$$\beta = \frac{I_1(u_e)}{K_1(u_e)}$$

$$u_b = \frac{b_1}{2} \left[\frac{2\alpha_0}{\lambda_1 Y/b(1 + 1 - \varepsilon^2)} \frac{1}{(1 + m^2/4 + m^4/64 + m^6/256 + \cdots)} \right]$$

$$\varepsilon = \sqrt{\frac{\left(\dfrac{a_1}{2}\right)^2 - \left(\dfrac{b_1}{2}\right)^2}{\left(\dfrac{a_1}{2}\right)^2}}$$

$$m = \frac{1 - \sqrt{1 - \varepsilon^2}}{1 + \sqrt{1 - \varepsilon^2}}$$

$$u_e = u_b \frac{b_2}{b_1}, \quad Y_b = \frac{t}{2}$$

式中，$I_0(u)$、$I_1(u)$、$K_0(u)$、$K(u)$ 为贝塞尔函数（可参阅有关数学手册）。λ_1 为翅片材料的导热系数，$W/(m \cdot K)$；t 为翅片厚度。

⑧计算翅片总表面效率 η_0

$$\eta_0 = \frac{A_1 + \eta_f A_2}{A_0}$$

式中，A_0 为翅片侧的总表面积，m^2，它包括两个部分，一部分是翅片与翅片之间的管壁面积 A_1，另一部分是翅片本身表面面积 A_2。

（2）计算管内流体与管壁之间的换热系数 α_i。

具体计算方法可参照各种换热器设计手册。

（3）计算空冷器的传热系数 $k[W/(m^2 \cdot K)]$

$$kA = \frac{1}{\dfrac{1}{\alpha_i A_1} + \dfrac{2\delta}{\lambda_2(A_{ro} + A_i)} + \dfrac{R_i}{A_i} + \dfrac{R_0}{A_0} + \dfrac{1}{a_0 \eta_0 A_0}}$$

计算 k 时，k 的值将随所选的面积基准 A 的值而改变，式中 R_i、R_0 分别为管内及管外污垢热阻，λ_2 为基管材料的导热系数，W/m·K。

（4）计算传热温差

$$\Delta t_m = \varphi \frac{(t'_h - t''_c) - (t''_h - t'_c)}{\ln \dfrac{t'_h - t''_c}{t''_h - t'_c}}$$

φ 为温差修正值，根据冷热流体相互流动方向确定。

（5）计算空冷器的传热量 Q(W)

$$Q = kA\Delta t_m$$

（6）计算空气流量 $q''_{m\,air}$(kg/s)

$$q''_{m\,air} = \frac{Q_a}{C_p(t''_c - t'_c)}$$

（7）计算初选流量 $q'_{m\,air}$ 与计算流量 $q''_{m\,air}$ 的相对误差

$$\Delta q_m = \left| \frac{q'_{m\,air} - q''_{m\,air}}{q_{mm}} \right| < \varepsilon_0$$

式中，$q_{mm} = \dfrac{q'_{m\,air} + q''_{m\,air}}{2}$，$\varepsilon_0$ 是选定的限制条件，若 $\Delta q_m < \varepsilon_0$，则热力计算停止，若 $\Delta q_m > \varepsilon_0$，则以 $q''_{m\,air}$ 为初选流量，重复(1)~(7)的计算。

6. 计算所需的抽风筒有效高度 h_e

（1）计算空气物性

①在 t''_c 下的空气密度 ρ_2(kg/m³) 和运动黏度 ν_2(m²/s)

②在 t_0 下的空气密度 ρ_0(kg/m³)

（2）计算抽风筒顶部出口温度 $t_{om} = f(\Delta t)$

式中，$\Delta t = t''_c - t_0$，其中，函数 $f(\Delta t)$ 为由相近条件下实验得到的经验关联式。

（3）抽风筒有效高度空气的平均温度 t_{cm}

$$t_{cm} = \frac{t_{om} + t_m}{2}$$

在 t_{cm} 下的空气密度 ρ_{cm}(kg/m³)。

（4）选定参考面

建议选空冷器出口为参考面，因为热力计算完成时此面上的参数均为已知。

①求参考面处空气流速

$$W_{ref} = q''_{m\,air} / (\rho_2 A_{ref})$$

A_{ref} 为参考面面积。

②计算参考面处 Re_r

$$Re_r = \frac{W_{ref} d_e}{\nu_2}$$

式中，d_e 可选用热力计算中的值，这样处理的目的是使与整理管束阻力系数的实验关联式时的处理相一致。

③计算空气流过空冷器的换热管束时阻力系数 $\xi_{管束}$

$$\xi_{管束} = \Phi(Re)$$

上面的函数关系由实验测定。管束阻力系数也可利用实验测得的 $\Delta P_m = \phi(W_o)$ 的关联式，由下式确定

$$\xi_{管束} = \frac{\Delta P_m}{\rho W_o^2/2g}$$

抽风筒出口处的空气流动阻力系数 $\xi_{出口}$ 推荐使用

$$\xi_{出口} = 1.28/(D_{ex}/D_{ref})^4$$

式中，D_{ex} 为已选定的抽风筒出口截面直径，D_{ref} 为参考截面的当量直径，按 $D_{ref} = 4F_{ref}/U$ 计算之。U 为湿周，由于自然风对出口阻力有较大影响，故对实际运行中的自然抽风式空冷器应根据自然风的情况对上式作适当修正。

抽风筒的沿程阻力系数 $\xi_{沿程}$ 可由常规计算方法确定。入口阻力系数 $\xi_{入口}$，则应根据入口条件计算。

④计算总阻力系数 ξ_Σ

$$\xi_\Sigma = \xi_{管束} + \xi_{出口} + \xi_{入口} + \xi_{沿程}$$

（5）计算抽风筒的有效高度 h_e(m)

推荐使用下式计算

$$h_e = \frac{(q''_{m\,air}/F_{ref})^2 \xi_\Sigma}{2g(\rho_o - \rho_{cm})\rho_2}$$

若有效高度太大或太小，则必须改变空冷器的形式或尺寸，再重复进行 1~6 的计算，直至满足要求为止。

电力行业自然对流式空冷器的管内介质都是循环水，物理性质比较单一，但其处理量很大。因此，电力行业的自然对流式空冷器通常是上百台空冷器合用一个抽风筒，文献[5]介绍了火电站空冷器的计算步骤：

①计算水的出口温度；

②假设一个空气迎风面流速 V，初选一个总换热面积值 A，由 A 可初定空冷器的数目；

③迭代计算空气出口温度；

④计算对数平均温差；

⑤确定管内换热系数，气侧换热系数和压降；

⑥计算传热系数；

⑦计算总换热面积 A，并计算对初选 A 值的相对误差。若不符合要求，则重新假设 V 值，或重新选定 A 值，采用试凑迭代法重新计算，直到满足精度要求为止。

第四节　国内外工业应用

自然对流式空冷器由于结构上和工业装置整体布局合理性等方面的原因，目前在国内外的工业应用实例中以电力行业居多，石油化工及其他行业中采用自然对流式空冷器的装置相对来说数量较少。

自然对流式空冷器在国内工业应用的例子除了上面所提到的杭州炼油厂、荆门炼油厂之外，电力行业的大同第二发电厂、太原第二热电厂、内蒙丰镇电厂配备的自然对流式空冷系统的 200MW 发电机组从 1987 年至 1993 年都已成功地陆续投入使用。从各发电厂的使用情况来看，配备自然对流式空冷器的冷却系统结构比较复杂、维护工作量大，给运行管理提出

了更高的要求，根据我国国情，现阶段只宜在水资源贫乏、取水困难、水价昂贵的地区和煤炭资源丰富、煤价便宜、交通方便的地区采用。

从国外来看，南非肯达尔电站使用的自然对流式空冷器（见图5.3－6）有一定典型意义，该电站是目前世界最大的火力发电站，装机容量6×686MW，肯达尔电站位于离约翰内斯堡120km的德兰士瓦东部，地处水资源十分有限的地区，取用补充水比较困难，经过大量的技术经济论证以后，决定采用表面式凝汽器间接空冷系统，通风形式为自然对流。空冷系统由德国巴克——杜尔公司提供，空冷系统的设计参数：空气温度为14℃，进塔水温48℃，出塔水温33.7℃，循环水量54410m³/h，每台机组的散热量为895MW。空冷器的换热元件为长度15m的热镀锌椭圆绕片管，每个冷却三角形由两片各为四排的空冷管束组成，如图5.3－6所示。250个冷却三角形分三个同心圆环和一个正方形布置在自然对流通风塔的底部，在平面上冷却三角形由外向中央成4°倾斜以便排

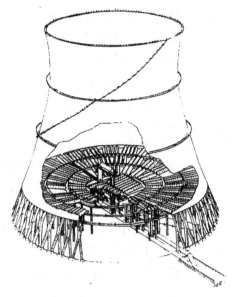

图5.3－6　肯达尔电站686MW机组
自然对流空冷塔内部结构图

尽积水，外圈的冷却三角形四个为一组，中圈的冷却三角形三个为一组，内圈的冷却三角形则两个为一组；中央布置一个容积为135m³的高位水箱，高位水箱可保证所有冷却三角形内都处于微正压的工作状态，大容积的高位水箱还可以补偿由于水温不同而引起的循环水的体积变化。自然对流冷却塔的高度为165m，塔基直径163m，环梁处塔径145m，环梁高度25m，凝汽器和自然对流冷却塔之间由大直径水管相连。系统采用闭路循环方式，表面式凝汽器冷凝来自透平的排汽，表面式凝汽器的冷却水则通过长500m的主冷却水管送至自然对流冷却塔循环冷却。

主 要 符 号 说 明

t'_h——热流体进口温度，℃；

t''_h——热流体出口温度，℃；

t'_c——冷流体的进口温度，℃；

Q——热负荷，W；

p_o——大气压力，Pa；

t_o——大气温度，℃；

a_1，b_1——基管外径或椭圆管外的长、短轴，m；

a_3，b_3——基管内径或椭圆管内的长、短轴，m；

δ——基管壁厚，m；

h——翅片高度，m；

t——翅片厚度，m；

S——翅片间距，m；

N——管子数量；

A_0——翅片侧总换热面积，m^2；

A_i——基管内表总面积，m^2；

A_{r0}——光管的基管外表面总面积，m^2；

A_{ft}——全部翅片的表面面积，m^2；

A_m——空冷器最窄流通截面面积，m^2；

$q'_{m\,air}$——空气流量，kg/s；

C_p——空气的比热，kJ/(kg·K)；

t_m——空冷器进出口温度的算术平均值，℃；

λ_1——翅片材料的导热系数，W/(m·K)；

λ_2——基管材料的导热系数，W/(m·K)；

K——空冷器的传热系数，W/(m·K)；

ρ_2——在 t''_c 下的空气密度，kg/m^2；

ν_2——在 t''_c 下的运动黏度，m^2/s；

ρ_0——在 t_o 下的空气密度，kg/m^2；

t_{om}——抽风筒顶部出口温度，℃；

t_{cm}——抽风筒有效高度空气的平均温度，℃；

ρ_{cm}——在 t_{cm} 下的空气密度，kg/m^3；

W_{max}——空冷器最窄截面处空气流速，m/s；

W_{ref}——参考面处空气流速，m/s；

ξ——阻力系数；

D_{ex}——已选定的抽风筒出口截面直径，m；

D_{ref}——参考截面的当量直径，m；

h_e——抽风筒有效高度，m。

参 考 文 献

[1] 兰州石油机械研究所. 换热器. 北京：烃加工出版社，1988.

[2] 王海山，智修德主编. 给水与排水常用数据手册. 吉林：吉林科学技术出版社，1994.

[3] 西安交通大学. 自然抽风空冷器中试试验报告. 1993.

[4] 西安交通大学. 自然抽风空冷器空气侧设计方法及主要参数选取. 1993.

[5] 刘宝兴，曾纳新，徐昂千. 火电站海勒系统及其空冷器的热力计算. 动力工程，1992，12(1)：50~53.

第六篇

热管换热器

第一章 绪 论

（张 红）

第一节 热管的发展及现状

在众多的传热元件中，热管是人们所知的最有效的传热元件之一，它能将大量热量通过其很小的截面积进行远距离传输而无需外加动力。热管的原理首先是由美国俄亥俄州通用发动机公司（The General Motors Corporation，Ohio，U. S. A）的 R. S. Gaugler 于 1944 年在美国专利（No. 2350348）中提出的[1]。他当时正在研究冷冻问题，他设想一装置由封闭的管子组成，在管内液体吸热蒸发后于该下方的某一位置放热冷凝，在无任何外加动力的前提下，冷凝液体借助管内的毛细吸液芯所产生的毛细力回到上方继续吸热蒸发，如此循环，达到热量从一处传输到另一处的目的。然而他的想法当时并没有被通用发动机公司所采纳应用。

1962 年，L. Trefethen 再次提出了类似于 Gaugler 原理并可用于宇宙飞船的传热元件[2]，但因该元件尚未经过实验证明，故未能付诸实施。1963 年，美国 Los Alamos 国家实验室的 G. M. Grover[3] 又独立发明了类似于 Gaugler 原理的传热元件，并进行了性能测试实验。之后在美国《应用物理》杂志上公开发表了，这是正式将此传热元件命名为热管"Heat Pipe"的第一篇论文。他指出的该热管的热导率已远远超过了任何一种已知的金属。同时还给出了以钠为工作液体，不锈钢为壳体，内部装有丝网吸液芯的热管实验结果。1965 年，Cotter 首次提出了较完整的热管理论[4]，这为以后的热管研究奠定了基础。1967 年，1 根不锈钢－水热管被首次送入地球卫星轨道并运行成功[5]。至此便吸引了众多科技人员从事其研究，如前西德、意大利、荷兰、英国、前苏联、法国及日本等国均开展了大量的研究工作，使热管技术得以很快发展起来。

我国自 20 世纪 70 年代便开始开展了热管的传热性能、用于电子器件冷却以及在空间飞行器应用方面的研究。我国是一个发展中的国家，能源的综合利用水平较低，因此 80 年代初我国热管的研究及开发重点便转向了节能及能源的合理利用[6]，并相继开发了热管气－气换热器、热管余热锅炉、高温热管蒸汽发生器以及高温热管热风炉等各类热管产品[7]。鉴于碳钢－水两相闭式热虹吸管具有结构简单、价格低廉、制造方便以及易于在工业中推广应用的优点，加之碳钢－水相容性已基本解决，故使该类热管得到了广泛的应用。我国热管技术工业化应用的开发研究发展迅速，学术交流活动也十分活跃，从 1983 年起已先后召开了九届全国性的热管会议。

随着科学技术水平的不断提高，热管研究和应用的领域也在不断拓宽，如新能源开发、电子器件冷却（如电子装置芯片、笔记本电脑 CPU、大功率晶体管、可控硅元件及电路控制板等的冷却）以及化工、动力、冶金、玻璃、轻工、陶瓷等工业领域中高效传热传质设备的开发等，都将促进热管技术的进一步发展。

第二节　热管的工作原理

热管的基本工作原理见图 6.1 - 1。热管的典型结构由管壳、吸液芯和端盖组成。工作原理是，首先将管内抽成 $1.3 \times (10^{-1} \sim 10^{-4})$ Pa 的负压，之后充以适量的工作液体，在使紧贴管内壁的吸液芯毛细多孔材料充满液体后加以密封。管的一端为蒸发段（加热段），另一端为冷凝段（冷却段），还可根据应用需要在两段中间布置绝热段。当热管的一端受热时毛细芯中的液体便蒸发汽化，蒸汽在微小的压差下流向另一端并放出热量凝结成液体，液体再沿多孔材料靠毛细力的作用流回到蒸发段。如此循环不已，热量由热管的一端传至另一端。热管在实现这一热量转移的过程中，包含了以下 6 个相互关联的主要过程：

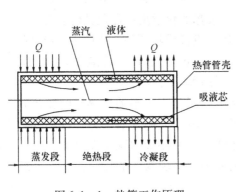

图 6.1 - 1　热管工作原理

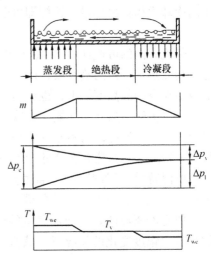

图 6.1 - 2　热管管内汽 - 液交界面

（1）热量从热源通过热管管壁和充满工作液体的吸液芯传递到液 - 汽分界面；
（2）液体在蒸发段内的液 - 汽分界面上蒸发；
（3）蒸汽腔内的蒸汽从蒸发段流到冷凝段；
（4）蒸汽在冷凝段内的汽 - 液分界面上凝结；
（5）热量从汽 - 液分界面通过吸液芯、液体和管壁传给冷源；
（6）在吸液芯内由于毛细作用使冷凝后的工作液体回流到蒸发段。

图 6.1 - 2 表示了热管管内汽 - 液交界面形状、蒸汽质量流量、压力以及管壁温度 T_w 和管内蒸汽温度 T_v 沿管长的变化趋势。沿整个热管长度，汽 - 液交界处的汽相与液相之间的静压差都与该处的局部毛细压差相平衡。Δp_c（毛细压头，即热管内部工作液体循环的推动力，用来克服蒸汽从蒸发段流向冷凝段的压力降 Δp_v、冷凝液体从冷凝段流回蒸发段的压力降 Δp_l 和重力场对液体流动引起的压力降 Δp_g（可以是正、是负或为零，视热管在重力场中的位置而定）。因此，$\Delta p_c \geqslant \Delta p_l + \Delta p_v + \Delta p_g$，这是热管正常工作的必要条件。

第三节　热管的基本特性

热管是依靠自身内部工作液体的相变来实现传热的传热元件，具有以下基本特性。

（1）很高的导热性　热管内部主要靠工作液体的汽、液相变来传热，热阻很小，因此具有很高的导热能力。与银、铜、铝等金属相比，单位重量的热管可多传递几个数量级的热量。当然，高导热性也是相对而言的，温差总是存在的，不可能违反热力学第二定律，并且热管的传热能力受到各种因素的限制，存在着一些传热极限。热管的轴向导热性很强，但径向并无太大的改善（径向热管除外）。

（2）优良的等温性　热管内腔的蒸汽处于饱和状态，饱和蒸汽的压力决定于饱和温度，饱和蒸汽从蒸发段流向冷凝段所产生的压降很小，根据热力学中的 Clausuis - Clapeyron 方程式可知，温降亦很小，因而热管具有优良的等温性。

（3）热流密度可变性　热管可以独立改变蒸发段或冷凝段的加热面积，即以较小的加热面积输入热量，而以较大的冷却面积输出热量，或者热管可以较大的传热面积输入热量，而以较小的冷却面积输出热量，这样即可改变热流密度，解决一些其他方法难以解决的传热难题。

（4）热流方向的可逆性　1根水平放置的有芯热管，由于其内部循环动力是毛细力，因此任意一端受热均可作为蒸发段，而另一端向外散热就成为冷凝段。此特点可用于宇宙飞船和人造卫星在空间的温度展平，也可用于先放热后吸热的化学反应器及其他装置。

（5）热二极管与热开关性能　热管可被做成热二极管或热开关，所谓热二极管就是只允许热流向一个方向流动，而不允许向相反的方向流动；热开关则是当热源温度高于某一温度时，热管开始工作，当热源温度低于这一温度时，热管就不传热。

（6）恒温特性（可控热管）　普通热管的各部分热阻基本上不随加热量的变化而变，因此当加热量变化时，热管各部分的温度亦随之变化。由此人们发展了另一种热管，即可变导热管。使得冷凝段的热阻随加热量的增加而降低、随加热量的减少而增加，这样可使热管在加热量大幅度变化的情况下，蒸汽温度变化极小，实现温度的控制，这就是热管的恒温特性。

（7）环境的适应性　热管的形状可随热源和冷源的条件而变化，即可做成电机的转轴、燃气轮机的叶片、钻头及手术刀等形状，也可做成分离式的结构，以适应长距离或冷热流体不能混合工况时的换热。热管既可以用于地面（重力场），也可用于空间（无重力场）。

第四节　热管的分类

由于热管的用途、种类和形式较多，再加上热管在结构、材质和工作液体等方面各有所不同，故其分类也很多。常用的分类方法有以下几种：

（1）按照热管管内工作温度区分　热管可分为低温热管（-273～0℃）、常温热管（0～250℃）、中温热管（250～450℃）及高温热管（450～1000℃）等。

（2）按照工作液体回流动力区分　热管可分为有芯热管、两相闭式热虹吸管（又称重力热管）、重力辅助热管、旋转热管、电流体动力热管、磁流体动力热管及渗透热管等。

（3）按管壳与工作液体的组合方式划分（习惯划分法）　可分为铜-水热管、碳钢-水热管、铜钢复合-水热管、铝-丙酮热管、碳钢-萘热管及不锈钢-钠热管等。

（4）按结构形式区分　可分为普通热管、分离式热管、毛细泵回路热管、微型热管、平板热管及径向热管等。

(5) 按热管的功用划分 可分为传输热量的热管、热二极管、热开关、热控制用热管、仿真热管及制冷热管等。

第五节 热管的相容性及寿命

热管的相容性是指热管在预期的设计寿命内，管内工作液体同壳体不发生显著的化学反应或物理变化，或有变化但不足以影响热管的工作性能。相容性在热管的应用中具有重要的意义。只有长期相容性良好的热管，才能保证传热性能稳定，工作寿命长及获得工业应用。碳钢－水热管正是通过化学处理的方法，有效地解决了碳钢与水的化学反应问题，才使得碳钢－水热管这种高性能、长寿命、低成本的热管得以在工业中大规模推广使用。

影响热管寿命的因素很多，归结起来，造成热管不相容的主要形式有以下三方面，即，产生不凝性气体；工作液体热物性恶化；管壳材料的腐蚀及溶解。

(1) 产生不凝性气体 工作液体与管壳材料发生化学反应或电化学反应而产生不凝性气体。热管工作时，该气体被蒸汽流吹扫到冷凝段并聚集起来形成气塞，使有效冷凝面积减小，热阻增大，进而使传热性能恶化。这种不相容的最典型例子就是碳钢－水热管，碳钢中的铁与水会发生以下的化学反应：

$$Fe + 2H_2O \Longrightarrow Fe(OH)_2 + H_2 \uparrow$$

$$3Fe + 4H_2O \Longrightarrow Fe_3O_4 + 4H_2 \uparrow$$

$$Fe(OH)_2 \xrightarrow{T > 120℃} Fe_3O_4 + H_2O + H_2 \uparrow$$

其所产生的不凝性氢气将使热管性能恶化，如传热能力降低甚至失效。

(2) 工作液体物性恶化 有机工作介质在一定温度下，会逐渐发生分解。这主要是由于有机工作液体的性质不稳定，或与壳体材料发生化学反应，使工作介质改变其物理性能，如甲苯、烷或烃类等有机工作液体就易发生这类不相容现象。

(3) 管壳材料的腐蚀、溶解 工作液体在管壳内连续流动，由于存在着温差及杂质等因素而使管壳材料发生溶解和腐蚀，流动阻力增大，使热管传热性能降低。管壳被腐蚀后，强度亦下降，甚至引起管壳的腐蚀穿孔，进而使热管完全失效。在碱金属高温热管中这类现象常会发生。

(4) 通过合理选择热管的管材、工作液体及吸液芯结构等可使热管长期有效地服役于其工作温度范围，常用热管的工作温度范围与典型的工作介质及其相容壳体材料见表6.1－1。

表6.1－1 常用热管的工作温度范围、典型工作介质及其相容壳体材料[8][9][10]

	工作介质	工作温度/℃	相容壳体材料
低温热管	氨[11]	$-60 \sim 100$	铝、不锈钢、低碳钢
	氟里昂－21	$-40 \sim 100$	铝、铁
	氟里昂－11	$-40 \sim 120$	铝、不锈钢、铜
	氟里昂－113	$-10 \sim 100$	铝、铜

续表

	工作介质	工作温度/℃	相容壳体材料
常温热管	己烷	0～100	黄铜、不锈铜
	丙酮	0～120	铝、铜、不锈铜
	乙醇	0～130	铜、不锈钢
	甲醇	10～130	铜、不锈钢、碳钢
	甲苯	0～290	不锈钢、低碳钢、低合金钢
	水	30～250	铜、碳钢（内壁经化学处理）
中温热管	萘[12]	147～350	铝、不锈钢、碳钢
	联苯	147～300	不锈钢、碳钢
	导热姆-A	150～395	铜、不锈钢、碳钢
	导热姆-E	147～300	不锈钢、碳钢、镍
	汞[13]	250～650	奥氏体不锈钢
高温热管	钾	400～1000	不锈钢、
	铯	400～1100	钛、铌
	钠	500～1200	不锈钢、因康镍合金
	锂	1000～1800	钨、钽、钼、铌
	银	1800～2300	钨、钽[14]

第六节　热管技术及特性

一、热管技术

根据热管的工作原理和基本特性，热管技术主要由以下几个部分组成：

（一）温度展平

温度展平又称为均温技术，即利用热管本身的等温性，把一个温度不均匀的温度场展平成为一个均匀的温度场。设一具有不均匀温度场的圆柱体，其展开表面见图6.1-3(a)。在圆柱体的正反两面有很大的温差 $t_1 - t_2$（$t_1 \gg t_2$），但若设法在圆柱体的表面上布置一定量的环状热管，则圆柱体表面温度将变成如图6.1-3(b)所示的情况。此时 $t_1 - t_2$ 的温差将变得很小。又如在化学

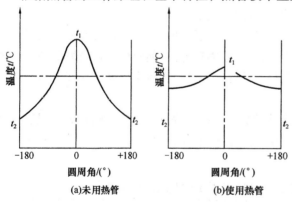

图6.1-3　表面均温示意图

工业中，经常会在化学反应器内部遇到不等温性问题，特别是在固定床催化反应器内的不等温性将影响到化学产品的产率和质量。如果我们用热管来控制使其化学反应达到热均衡，则就可能获得一个较为均匀的温度场，见图6.1-4(a)及图6.1-4(b)。图6.1-4(a)为不均匀温度的反应床层，图6.1-4(b)为使用热管后的反应床层。均温技术在航天飞行器及电子设备仪器仪表板方面都有重要的应用。

（二）汇源分隔

所谓汇源分隔是指利用热管将热源和热汇（冷源）分隔在两个场所进行热交换，分隔的距离可以根据实际需要及所采用的热管性能来定，可以从几十厘米到上百米，这种技术在连续生产的工程换热中有十分重要的意义。图6.1-5(a)是一般间壁换热方式，此时的管壁若有微小的泄漏，冷热流体将立即互混，迫使生产停车。但若采用如图6.1-5(b)所示的热管换热器，则源、汇两种流体就不再有互混的可能。

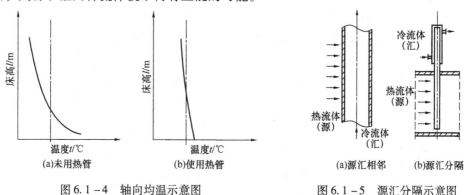

图6.1-4　轴向均温示意图　　　　　　　　　图6.1-5　源汇分隔示意图

（三）变换热流密度

热管能以较小的加热面积输入热量，而以较大的冷却面积输出热量；相反，也可以较大的加热面积输入热量，而以较小的冷却面积输出热量。如此可使单位加热和冷却传热面积上的热流量发生变化。典型的热流密度变化如图6.1-6所示。图6.1-6(a)为蒸发段长于冷凝段，且附加翅片，显然蒸发段的传热面积远大于冷凝段，传热量 Q 一定时，蒸发段的热流密度远小于冷凝段的热流密度；图6.1-6(b)则为相反的情况。热流密度变换在工程中有重要的应用，例如可以用来控制管壁温度以避免出现的露点腐蚀。

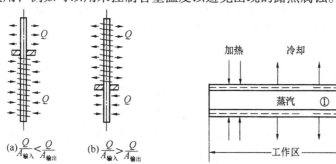

图6.1-6　热流密度变换示意图　　　　　　　图6.1-7　充气式可变导热管示意图

（四）热控制（可变导热管）

可变导热管为热阻可以改变的热管，可用来控制温度，图6.1-7所示为充气式可变导热管，该热管的冷凝段充有一定量的不凝性气体，当热管工作时，在热管中有两个区，即①和②区。①区为工作液体的饱和蒸汽区；②区为不凝性气体区。这两个区的交界面位置是可以变动的，当蒸发段热源的温度高于额定值时，输入的热量增大，管内饱和蒸汽压力升高，不凝性气体被压缩，交界面向右移动，冷凝段传热面积加大，热量输出也随之增大，管内饱和蒸汽压力下降，交界面位置左移，直至达到平衡为止。热源温度低于额定值时，蒸发段输入的热量减小，管内饱和蒸汽压力下降，不凝性气体膨胀，交界面向左移动，冷凝段传热面积缩小，热量输出也随之减小，管内饱和蒸汽压力回升，交界面位置右移，达到额定值时维持平衡。因此热量输入增加，热量输出也增加；反之亦然。如此可保持热管的工作温度基本不变，因此工程上可变导热管技术可被用来控制热源或热汇的温度。

（五）单向导热（热二极管）

利用重力热管的传热原理，把热管看作单向导热元件，见图6.1-8。其中图6.1-8(a)为蒸发段在冷凝段的下方，热管可以正常工作；图6.1-8(b)为冷凝段在蒸发段的下方，热管则不能工作。热二极管原理在太阳能及地土永冻工程中有很重要的应用。

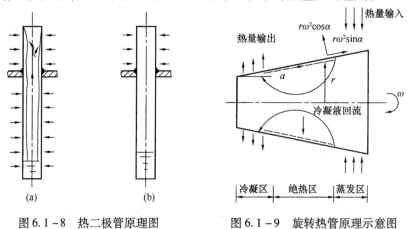

图6.1-8　热二极管原理图　　　　　图6.1-9　旋转热管原理示意图

（六）旋转元件的传热（旋转热管）

一般热管是静止的传热元件，而旋转热管则是在回转运动中传热的元件，其原理是热管内工作液体依靠转动中的离心力从冷凝段向蒸发段回流，或是靠液体位差产生的重力。典型旋转热管的原理见图6.1-9。在工程中旋转热管可用作高速回转轴件的传热元件，如用于电机轴及高速钻头的冷却以及塑料纤维和塑料薄膜加工等回转设备中。

（七）微型热管技术

随着电子、电器工程的迅速发展，微型电子器件及元件的散热已成为一个重要的问题，微型热管的研究亦正是为适应这种要求而发展的。微型热管的概念与常规热管概念有所不同，它的毛细力不是由吸液芯产生而是由蒸汽通道周边液缝的弯月面提供的。蒸汽通道的截面有各种形状，如三角形、矩形、正方形及梯形等，管内无吸液芯。微型热管在半导体芯片、集成电路板及笔记本电脑CPU等的散热方面有很重要的应用。

（八）高温热管技术

在温度超过700℃的换热条件下，使用普通的换热器会有许多困难，如无温差应力、材料高温蠕变及高温腐蚀等问题。用高温热管就可带来很大的方便，如具有温差应力、结构形式简单、不易受高温破坏及单根热管破坏不影响设备整体性能等诸多优点。高温热管的工作液体是液态金属（钠、钾、锂、铯等），其特点是饱和蒸汽压力很低，所以在高温条件下，工作的热管只承受高温而不承受管内高压。高温热管在核工程、太阳能电站、斯特林发动机、高温热风炉、高温渣口及赤热体取热等方面均有着重要的用途。

二、热管技术的重要特点

与常规换热技术相比，热管技术之所以能在工程界不断拓展其应用，是因其具有如下的重要特点。

（一）热管换热设备较常规设备更安全可靠且可长期连续运行

这一特点对连续性生产的工程，如化工、冶金及动力等部门具有特别重要的意义。常规换热设备一般都是间壁换热，冷热流体分别在器壁的两侧流过，管壁或器壁一旦有泄漏，则将造成停产损失。由热管组成的换热设备，则是二次间壁换热，即热流要通过热管的蒸发段管壁和冷凝段管壁才能传到冷流体，而热管一般不可能在蒸发段和冷凝段同时破坏，所以大大增强了设备运行的可靠性。

（二）热管管壁的温度可调性

热管管壁的温度可以调节，这在低温余热回收或热交换中是相当重要的。因为可以通过适当的热流变换把热管管壁温度调整在低温流体的露点以上，从而可防止露点腐蚀，保证设备的长期运行。这在电站锅炉尾部的空气预热方面应用得特别成功。设置在锅炉尾部的热管空气预热器，由于能调整管壁温度，不仅防止了烟气结露，且也避免了烟灰在管壁上的粘结，保证了锅炉长期运行，并提高了锅炉效率。

（三）冷、热段结构和位置布置灵活

由热管组成的换热设备，其受热部分和放热部分的结构设计和位置布置均非常灵活，适应于各种复杂场合的应用。由于结构紧凑，占地空间小，因此特别适用于工程改造及地面空间狭小和设备拥挤的场合，且维修工作量小。

（四）热管换热设备效率高，节能效果显著。

主 要 符 号 说 明

T_w——管壁温度，℃；

T_v——管内蒸汽温度，℃；

Δp_c——毛细压头，Pa；

Δp_g——重力场对液体流动引起的压力降，Pa；

Δp_l——冷凝液体从冷凝段流回蒸发段的压力降，Pa；

Δp_v——蒸汽从蒸发段流向冷凝段的压力降，Pa。

参 考 文 献

[1] Gaugler R S. Heat transfer device. U. S. Patent 2350348. Dec. 21, 1942, Published June 6, 1944.

[2] Trefethen L. On the surface tension pumping of liquids or a possible role of the candlewick in space exploration, G. E. Tech. Info., Serial No. 615 D115.

[3] Grover G M, Cotter T P, Erikson G F. Structure of very high thermal conductance, J. Appl. Phys., 1964, 35(6).

[4] Cotter T P. Theory of heat pipes, Los Alamos Scientific Lab. Report No. LA-3246-MS, 1965.

[5] Tien C L, Sun K H. Minimum meniscus radius of heat pipe wicking materials. Int. J. Heat Mass Transfer, 1971, 14(11).

[6] Ma TZ, Jiang Z Y. Heat Pipe Research and Development in China. Proc. 5th Int. Heat Pipe Conf., Tsukuba, Japan, 1984.

[7]　庄骏，张红.2010 年热管技术展望.化工机械，1998，25(1).

[8]　热管设计研究与工程应用，科学技术文献出版社重庆分社，1981.

[9]　靳明聪，陈远国.热管及热管换热器.重庆大学出版社，1986.

[10]　Heine D, Groll M. The Compatibility of Organic Liquid and Industry Material In Heat Pipe. 5th IHPC, 1985.

[11]　Barantsevich VL, Barkova LV. Investigation of the Aluminum – Ammonia Heat Pipe Service Life Characteristics and corrosion Resistance. 9th IHPC, 1995.

[12]　孙全平，曹鑫杰.碳钢 – 萘热管的实验研究.全国第三届热管会议论文集，1985.

[13]　Tadashi Yamamoto etc. A Study of Mercury Heat Pipe. Advances in Heat Pipe Science and Technology, Proceedings of the 8th IHPC, 1992.

[14]　沈家蓉.热管材料的相容性及可靠性.能源研究与信息，1990，6(1).

第二章 热管及热管理论

(张 红)

第一节 热 管 理 论

Cotter 在 1965 年首次提出了较完整的热管理论[1]，从此奠定了热管研究的理论基础，也成为热管性能分析和热管设计的根据，故也称为 Cotter 理论。虽然目前热管理论已有了很大的发展，但 Cotter 理论仍被视为热管理论的基础[2]。

Cotter 理论的基本内容为：

(1) 根据静力平衡条件得出最大毛细压差与热管最大长度的关系；

(2) 根据质量守恒定律、连续性方程及 Hagen - Poiseuille 方程导出流体压降的微分方程式；

(3) 利用别人的研究结果，确定热管内蒸汽流动压降的微分方程式；

(4) 根据气体分子动力理论建立汽 - 液交界面上质量传递的关系式；

(5) 根据能量守恒定律，建立热流量和质量流量之间的关系式；

(6) 给出了特定条件下(均匀加入热量和均匀输出热量)微分方程的解；

(7) 提出了最佳热管毛细吸液芯尺寸。

一、毛细压力与热管最大长度

(一) 毛细管中的毛细力

如图 6.2 - 1 所示，当把毛细管插入液体时，若是浸润的，即接触角 θ 为锐角，液面呈凹形，此时液面两边所具有的压力差 $\Delta p = (p_o - p_A)$，p_o 是大气压。如果毛细管在液面 B 处插入液体，由于 Δp 的存在，B 点的压力低于液体上方的大气压力，也低于 C 点的压力(C 点的压力等于大气压)，因而不能保持平衡，管内液面上升，一直到 B 点和 C 点有相同的压力(即大气压)才停止上升。若毛细管半径 r 很小，凹面可看成为半径为 R 的球面，在平衡时有：

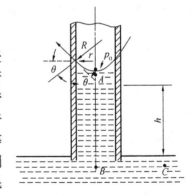

图 6.2 - 1 热管吸液芯内
弯月面示意图

$$p_B = p_A + \rho g h = p_o - \Delta p + \rho g h = p_o - \frac{2\sigma}{R} + \rho g h \qquad (2-1)$$

式中，ρ 为液体密度，h 为液柱高度。

平衡时 B 点的压力应等于 C 点的压力，即等于大气压 p_o，所以

$$p_o = p_B = p_o - \frac{2\sigma}{R} + \rho g h$$

$$h = \frac{2\sigma}{\rho g R} = \frac{2\sigma \cos\theta}{\rho g r} \qquad (2-2)$$

图 6.2－2　热管吸液芯内
弯月面示意图

故这个上升高度是由压差 Δp 引起的，Δp 又称为毛细头，它是标准热管中的基本推动力。

（二）热管芯中的毛细压力

图 6.2－2 为热管内部吸液芯纵面示意图，在蒸发段，蒸发使弯月面曲率半径 R_e 减小；在冷凝段，由于液体的凝结，使弯月面曲率半径 R_c 不断增大。

由图 6.2－1 可知，弯月面曲率半径 R 和吸液芯毛细孔半径 r 之间有如下关系：

$$R = r_c/\cos\theta \qquad (2-3)$$

蒸发段有毛细头 Δp_e：

$$\Delta p_e = \frac{2\sigma\cos\theta_e}{r_c}$$

冷凝段有毛细头 Δp_c：

$$\Delta p_c = \frac{2\sigma\cos\theta_c}{r_c}$$

热管两端毛细头压差 Δp_{cap}：

$$\Delta p_{cap} = \Delta p_e - \Delta p_c = 2\sigma\left(\frac{\cos\theta_e}{r_e} - \frac{\cos\theta_c}{r_c}\right)$$

在 $\cos\theta_e = 1(\theta_e = 0°)$，$\cos\theta_c = 0(\theta_c = 90°)$ 时，Δp_{cap} 的最大值为：

$$\Delta p_{cap,max} = \frac{2\sigma}{r_c} \qquad (2-4)$$

Δp_{cap} 是热管内部工作液体循环的推动力，用以克服蒸汽从蒸发段流向冷凝段的压力降 Δp_v、冷凝液体从冷凝段回流到蒸发段的压力降 Δp_1 和重力对液体流动引起的压力降 Δp_g（Δp_g 可以是正、负，或零）。因此

$$\Delta p_{cap} \geqslant \Delta p_v + \Delta p_1 + \Delta p_g \qquad (2-5)$$

这是热管正常工作的必要条件。

（三）最大毛细压差与热管最大长度的关系

Cotter 理论分析的热管模型如图 6.2－3 所示。热管长度为 l，外壳直径为 d，管内有环状毛细吸液芯，吸液芯外直径为 d_w，蒸汽腔直径为 d_v，热管与水平面的倾角为 ϕ，蒸发段位于冷凝段之上。因而工作时液体的回流须克服重力的影响。

热管不工作时，无热量输入和输出，热管内部液体的压力分布服从不可压缩流体的静力平衡条件，即

在热管轴向任一位置 (x) 处，弯月面两边的压差为：

$$p_1(x) = p_1(0) + p_1 gx\sin\phi \qquad (2-6)$$

$$p_v(x) - p_1(x) = \frac{2\sigma\cos\theta}{r_c} \qquad (2-7)$$

根据式（2－2）可知热管中最大毛细升高为：

$$H = \frac{2\sigma\cos\theta}{\rho_1 gr_c} = l_{max}\sin\phi \qquad (2-8)$$

热管要能有效的工作，其最大长度不能

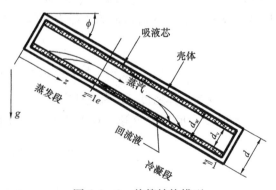

图 6.2－3　热管结构模型

超过 l_{max}。

二、热管内液体的流动压降

(一) 管内流体压降

热管内的流体流动属汽-液两相逆流流动。蒸汽流动压力降 Δp_v 和液体流动压力降 Δp_l 的计算与通常管内流动压降的计算类似,需按层流、湍流来分别考虑。

对于层流,可根据流体力学中不可压缩流体在稳定状态下流过圆形截面管道的层流压降公式(Hagen – Poiseuille 公式)计算:

$$\Delta p = \frac{8\mu l}{\pi R^4 \rho}\dot{m} = \frac{8\mu l}{AR^2 \rho}\dot{m} \qquad (2-9)$$

式中,μ 为流体的黏度,l 为管道长度,R 为圆管半径,ρ 为流体密度,$\dot{m}$ 为流体质量流量,A 为圆管横截面积。

对于湍流,圆管内湍流流动的压降公式一般采用 Fanning 公式:

$$\Delta p = \lambda\, \frac{l}{d}\, \frac{\zeta w^2}{2} \qquad (2-10)$$

式中,λ 为沿程摩擦因数,是雷诺数的函数,$2300 < Re < 10^5$

$$\lambda = \frac{0.3164}{Re^{0.25}} (\text{Blasius 定律}) \qquad (2-11)$$

对于层流,$\lambda = \dfrac{64}{Re}$,代入 Finning 方程后便可得到 Hagen – Poiseuille 方程。

(二) 热管吸液芯中液体流动的压力降

热管内吸液芯中液体的流动一般均为层流。液体的流道(在吸液芯内)并非是通常的圆形流道且非常复杂,影响因素很多,故计算时应对式(2-9)加以修正。Cotter 建议用类似于管内流动的公式来计算吸液芯多孔物质中液体的流动阻力[1]。

吸液芯内液体流通的截面积 A_w:

$$A_w = \pi(r_w^2 - r_v^2)\varepsilon \qquad (2-12)$$

$$\varepsilon = \frac{\text{吸液芯的空隙容积}}{\text{吸液芯的总容积}}$$

所以

$$\Delta p_1 = \frac{b\mu_1 \dot{m}_1 l}{\pi(r_w^2 - r_v^2)\varepsilon r_{hl}^2 \rho_1} \qquad (2-13)$$

式中,r_{hl} 为吸液芯的有效毛细水力半径。b 为修正毛细孔弯曲度的无因次常数,变化范围为 $10 \sim 20$,对于彼此不连通的圆形直径 $b=8$。

考虑重力影响并写成微分形式,可以得出热管内部液体流动的压力降公式:

$$\frac{dp_1}{dx} = \rho_1 g\sin\phi - \frac{b\mu_1 m_1(x)}{\pi(r_w^2 - r_v^2)\varepsilon r_{hl}^2 \rho_1} \qquad (2-14)$$

用达西定律的一般表达式计算压降具有实际的意义,对于均匀加热和冷却,达西定律可表达为:

$$\Delta p_1 = \frac{\mu_1 \dot{m}_1 l_{eff}}{\rho_1 K A_w} \qquad (2-15)$$

式中,K 为多孔物质的渗透率或渗透系数,它与多孔物质的空隙度、孔隙的分布、孔隙弯曲度和几何尺寸有关,这个参数是可以测量的;l_{eff} 为液体在热管中流动的有效长度。

蒸发段和冷凝段内的质量流量是变化的(递增或递减),因此必须引进有效长度 l_{eff} 的概念来代替实际的几何长度。热管有效长度的定义为：

$$l_{\text{eff}} = \frac{1}{\dot{q}_{\text{m}}} \int_0^l \dot{q}(x)\,\mathrm{d}x \qquad (2-16)$$

式中，$\dot{q}(x)$ 为 x 处的轴向热流密度，$\dot{q}_{\text{m}}$ 为最大轴向热流密度。

假定单位长度上质量流量变化是常数，则质量流量与沿程长度成线性关系，因此，分别用 $l_e/2$ 和 $l_c/2$ 来代替蒸发段长度 l_e 和冷凝段长度 l_c，则热管的总有效长度为：

$$l_{\text{eff}} = l_{\text{a}} + \frac{l_e + l_c}{2} \qquad (2-17)$$

式中，l_{a} 为绝热段长度。

三、热管内蒸汽的流动压降

沿热管轴线方向上蒸汽的质量流量是不断变化的，因而对蒸发段、绝热段和冷凝段要分别考虑，故有

$$\Delta p_{\text{v}} = \Delta p_{\text{ve}} + \Delta p_{\text{va}} + \Delta p_{\text{vc}} \qquad (2-18)$$

式中，Δp_{ve} 为蒸发段蒸汽流动压力降；Δp_{va} 为绝热段蒸汽流动压力降；Δp_{vc} 为冷凝段蒸汽流动压力降。

在热管内，蒸汽的质量流量等于同一轴向位置上的液体的质量流量。蒸汽的密度远比液体的密度小，因此蒸汽的流速较大。蒸汽的流动可以是层流，也可以是湍流，在计算时应考虑下列因素：

①动压力变化的影响；

②蒸汽的可压缩性，即 ρ_{v} 变化的影响；

③径向质量流量的影响。

对热管内的蒸汽流动，Cotter 考虑了蒸汽径向流动产生的影响。他假定蒸汽的轴向流动为不可压缩层流流动，在蒸发段有蒸汽均匀地沿径向注入到流道中，而在冷凝段有蒸汽沿径向均匀地流向管壁，并被吸液芯吸收，可用径向雷诺数来判定蒸汽的径向流动的情况。

$$Re_{\text{r}} = -\frac{\rho_{\text{v}} r_{\text{v}} w_{\text{r}}}{\mu_{\text{v}}} = \frac{1}{2\pi\mu_{\text{v}}} \frac{\mathrm{d}\dot{m}_{\text{v}}}{\mathrm{d}x} \qquad (2-19)$$

径向雷诺数在蒸发段为正值，在冷凝段为负值。

当 $|Re_{\text{r}}| \ll 1$ 时，蒸汽流动中的粘滞力起支配作用，速度分布曲线接近于通常的 Poiseuille 抛物线。在这种情况下，利用 Yuan 和 Finkelstein 的多孔壁圆管中流动理论可推导出蒸汽压降公式[3]：

$$\frac{\mathrm{d}p_{\text{v}}}{\mathrm{d}x} = -\frac{8\mu_{\text{v}}\dot{m}_{\text{v}}}{\pi\rho_{\text{v}} r_{\text{v}}^4}\left(1 + \frac{3}{4}Re_{\text{r}} - \frac{11}{270}Re_{\text{r}}^2 + \cdots\right) \qquad (2-20)$$

上式应用条件是 Re_{r} 为与 x 无关的常数，即径向质量流量是均匀的，这与热管通常的实际情况相符。Cotter 假定热管只有蒸发段和冷凝段，而无绝热段，忽略式（2-20）中的 Re_{r}^2 项及以后各项并对其积分，得到热管的蒸汽压降为：

$$\Delta p_{\text{v}} = -\frac{4\mu_{\text{v}} l Q}{\pi\rho_{\text{v}} r_{\text{v}}^4 h_{\text{fg}}} \qquad (2-21)$$

在 $|Re_{\text{r}}|$ 比较大的情况下，蒸发段和冷凝段的流动情况有所不同。Wageman 和 Guevara 对于圆管流动的实验证实，在高蒸发率下，即当 $|Re_{\text{r}}| \gg 1$ 时，速度分布曲线不再是抛物线，而是速度大小与 $\cos\left[\frac{3\pi}{2}\left(\frac{r}{r_{\text{v}}}\right)^2\right]$ 成正比[4]。同时沿流动方向的蒸汽压力下降；在冷凝段

的冷凝速率很高的情况下，蒸汽腔的速度分布接近常数，靠近壁面的薄层内的速度值逐步趋向于零。在不断减速的流动中，动能逐步减小，故沿流动方向的压力将升高。在这种情况下，一般很少有分析解，极限情况下，$|Re_r| \to \infty$，根据 Knight 和 Mcinteer 的研究结果，有

$$\frac{dp_v}{dx} = -\frac{S \dot{m}_v}{4\rho_v r_v^4} \frac{d\dot{m}_v}{dx} \qquad (2-22)$$

式中，S 为系数，对蒸发段 $S=1$，对冷凝段 $S=4/\pi^2$。

所以蒸发段的压降为：

$$\Delta p_{v,e} = -\frac{Q^2}{8\rho_v r_v^4 h_{fg}^2} \qquad (2-23)$$

冷凝段的压降为：

$$\Delta p_{v,c} = \frac{4/\pi^2 Q^2}{8\rho_v r_v^4 h_{fg}^2} \qquad (2-24)$$

式(2-24)表明了蒸汽在冷凝段的压力恢复量，压力恢复约为蒸发段压降的40%，蒸发段与冷凝段的总压降为：

$$\Delta p_v = -\frac{(1-4/\pi^2)Q^2}{8\rho_v r_v^4 h_{fg}^2} \qquad (2-25)$$

当绝热段存在时，在绝热段内 $Re_r \approx 0$，当轴向雷诺数 $Re < 1000$ 时，可视为是层流，蒸汽压降用公式(2-25)计算；当轴向雷诺数 $Re > 1000$，且 $l > 50r_v$ 时，Cotter 建议用下列湍流公式计算蒸汽压降：

$$\frac{dp_v}{dx} = -\frac{0.0655\mu_v^2}{\rho_v r_v^3} Re^{7/4} \qquad (2-26)$$

第二节 热管的传热极限

热管的传热能力虽然很大，但也不可能无限地加大热负荷。事实上有许多因素制约着热管的工作能力。换言之，热管的传热存在着一系列的传热极限，限制热管传热的物理现象为毛细力、声速、携带、沸腾、冷冻启动、连续蒸汽、蒸汽压力及冷凝等。这些传热极限与热管尺寸、形状、工作介质、吸液芯结构及工作温度等有关，限制热管传热量的类型是由该热管在某工作温度下各传热极限的最小值决定的。如果以热管的工作温度为分析依据，则可得到如图6.2-4所示的热管最大传热极限示意图[5]。

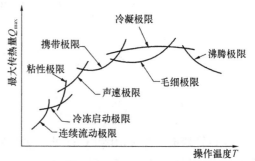

图 6.2-4 热管的传热极限

（1）连续流动极限 对小热管，如微型热管以及工作温度很低的热管，热管管内的蒸汽流动可能处于自由分子状态或稀薄、真空状态。在这种情况下，由于不能获得连续的蒸气流，传热能力将受到限制。

（2）冷冻启动极限 在冷冻状态启动的过程中，蒸发段来的蒸汽可能在绝热段或冷凝段再次被冷冻，这将耗尽蒸发段来的工作介质，导致蒸发段干涸，此时的热管便无法正常启动

工作。

（3）黏性极限　蒸汽压力由于黏性力的作用而有可能在热管冷凝段的末端降为零，如液态金属热管。在这种条件下，热管传热将受到限制。热管的工作温度低于正常工作温度范围时将遇到这种极限，它又被称为蒸汽压力极限。

（4）声速极限　热管管内蒸汽流动时由于惯性力的作用，在蒸发段出口处蒸汽速度有可能达到声速或超声速而出现阻塞现象，这时的最大传热量被称为声速极限。

（5）携带极限　当热管中的蒸汽速度足够高时，液汽交界面存在的剪切力可能将吸液芯表面液体撕裂并将其带入蒸汽流。这种现象减少了冷凝回流液，限制了传热能力。

（6）毛细极限　热管中工作介质的循环靠毛细吸液芯结构与工作液体产生的毛细压头维持，由于毛细结构为循环提供的毛细压头是有限的，这将使热管的最大传热量受到限制，这种限制通常称作毛细极限或流体动力极限。

（7）冷凝极限　热管最大传热能力可能受到冷凝段冷却能力的限制。不凝性气体的存在将降低冷凝段的冷却效率。

（8）沸腾极限　如果径向热流或管壁温度变得非常高，吸液芯中工质的沸腾可能阻碍工作液体的循环而导致沸腾极限。

一、黏性极限

Busse 首先建立了黏性传热极限数学模型[6]。他假定热管内部蒸汽为干饱和蒸汽，并服从理想气体定律，在固定温度 T_o 时，有：

$$\frac{p_v}{\rho_v} = \frac{p_{vo}}{\rho_{vo}} = \frac{R_o T_o}{M} \tag{2-27}$$

沿热管轴线方向的热流密度应等于蒸汽的质量流速与汽化潜热的乘积：

$$\overline{q} = \overline{\rho}_v \overline{w}_v h_{fg} \tag{2-28}$$

式中，$\overline{q_v}$ 为轴向热流密度在蒸汽流动横截面上的平均值，$\overline{\rho}_v$、$\overline{w}_v$ 为相应截面上 ρ_v、w_v 的平均值。

在层流、稳定流和无外力的情况下，Navier-Stokes 方程的轴对称圆柱坐标表达式为：

$$\frac{\partial p_v}{\partial x} = -\rho_v \left(w_r \frac{\partial w_x}{\partial r} + w_x \frac{\partial w_x}{\partial x} \right) - \mu_v \left[\frac{1}{r} \frac{\partial}{\partial r} r \left(\frac{\partial w_r}{\partial x} - \frac{\partial w_x}{\partial r} \right) + \frac{4}{3} \frac{\partial}{\partial x} div \overrightarrow{w} \right] \tag{2-29}$$

$$\frac{\partial p_v}{\partial r} = -\rho_v \left(w_r \frac{\partial w_r}{\partial r} + w_x \frac{\partial w_r}{\partial x} \right) + \mu_v \left[\frac{\partial}{\partial x} \left(\frac{\partial w_x}{\partial x} - \frac{\partial w_x}{\partial r} \right) + \frac{4}{3} \frac{\partial}{\partial r} div \overrightarrow{w} \right] \tag{2-30}$$

式中，$div \overrightarrow{w} = \frac{1}{r} \frac{\partial}{\partial r}(rw_r) + \frac{\partial w_x}{\partial x}$ \tag{2-31}

在热管两端，即 $x=0$ 和 $x=l$ 处，热管的轴向速度 w_x 和径向速度 w_r 均等于零。在热管具有很大长径比的情况下，径向速度 w_r 与轴向速度 w_x 相比可以忽略不计，在粘滞力起支配作用的情况下，惯性力项亦可忽略不计，式（2-29）和式（2-30）可以简化为：

$$\frac{\partial p_v}{\partial x} = \frac{\mu_v}{r} \frac{\partial}{\partial r} r \frac{\partial w_x}{\partial r} \tag{2-32}$$

将上式对 r 进行两次积分得到：

$$-\frac{1}{4}\frac{\mathrm{d}p_v}{\mathrm{d}x}\left(\frac{d_v^2}{4}-r^2\right)=\mu_v w_x \qquad (2-33)$$

由上式可以求出横截面上的平均轴向速度 $\overline{w}_x$，并得到以 $\overline{w}_x$ 表达的轴向蒸汽压力梯度，即

$$\frac{\mathrm{d}p_v}{\mathrm{d}x}=-\frac{32\mu_v}{d_v^2}\overline{w}_v \qquad (2-34)$$

由式(2-34)、式(2-27)及式(2-28)可得到如下关系式：

$$p_v\frac{\mathrm{d}p_v}{\mathrm{d}x}=-\frac{32\mu_v}{d_v^2}\frac{p_{vo}}{h_{fg}\rho_{vo}}\bar{q} \qquad (2-35)$$

上式表明，蒸汽压力降是沿程递减的。将上式沿热管全长积分得：

$$p_{vo}^2-p_{vl}^2=\frac{64\mu_v}{d_v^2}\frac{p_{vo}}{h_{fg}\rho_{vo}}\int_0^l \bar{q}(x)\mathrm{d}x \qquad (2-36)$$

将有效长度公式(2-16)代入式(2-36)便可得到热管传递轴向最大热流密度的平均值，即

$$\bar{q}_m=\frac{d_v^2 h_{fg}}{64\mu_v l_{eff}}\left(1-\frac{p_{vl}^2}{p_{vo}^2}\right)\rho_{vo}p_{vo} \qquad (2-37)$$

当 p_{vl} 为 0 时，$\bar{q}_m$ 有最大值，此时也即是热管的黏性传热极限，即

$$Q_{vi,max}=A_v\bar{q}_{max}=\frac{\mathrm{d}_v^2 h_{fg}}{64\mu_v l_{eff}}\rho_{vo}p_{vo}A_{vo} \qquad (2-38)$$

由上式可见，黏性传热极限只与工质的物性、热管长度和蒸汽腔直径 3 个因素有关，而与吸液芯的几何形状和结构形式无关。

二、声速极限

前面讨论的蒸汽流动皆假设为不可压缩蒸汽流动，在热管的正常工作温度区的蒸汽压较高，这一假设是符合实际的。然而，当蒸汽马赫数很高时，尤其是蒸汽流速接近声速时，必须考虑蒸汽的压缩性。

热管蒸汽腔内的蒸汽流动与拉伐尔喷管（收缩－扩张管）中的气体流动十分类似。在一根圆柱形的热管内，蒸发段整个长度上蒸汽量不断增加，由于截面不变，蒸汽被不断加速，压力不断降低，这与拉伐尔喷管的收缩段类似。在蒸发段的出口处，流速达到最大值，压力降低为最小值。而在冷凝段中，蒸汽流量沿长度不断减小，流速值不断变小，压力逐步回升，这类似于拉伐尔喷管的扩张段。热管的这种流动特性已被 Kemme 通过－根钠热管的实验所证实[7]，实验结果见图 6.2-5。图中的横坐标代表热管的长度，纵坐标为热管的管壁温度。由于热管中为汽液两相共存，蒸汽的温度直接与饱和压力相对应，因此可以近似地将管

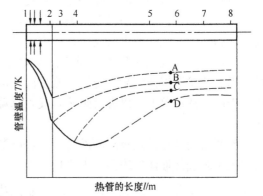

图 6.2-5　热管内蒸汽超声流动时的温度分布

壁温度分布看作是蒸汽的压力分布趋势。图中曲线 A 表示亚声速流的情况。在蒸发段开始处(图中 1 点),蒸汽速度为零,沿蒸发段蒸汽的质量流量不断增加,蒸汽不断被加速,在蒸发段出口(图中 2 点)处达到最大值,而温度逐渐下降。在冷凝段,情况正好相反,蒸汽进入冷凝段(图中 3 点),蒸汽不断冷凝,蒸汽流速不断减慢,温度逐步回升。进一步降低冷凝段的温度,使得蒸汽凝结速度加快,如曲线 B 所示在蒸发段出口处,蒸汽轴向速度达到声速,也达到了临界状态,并出现了阻塞现象。此时即使进一步减少冷凝段与冷源之间的热阻,也只能使冷凝段的温度降低,而热流量却不再增加,并且冷凝段温度的降低对蒸发段的温度不产生影响。因为在声速条件下,冷凝段温度的变化不能向上游传递。这就表明热管达到了声速极限。热管达到声速极限时有个极限热流量,并且沿蒸发段有个固定的轴向温差。这与给定的蒸发段入口温度有关,超过声速极限再降低冷凝段的温度,增大冷凝量只能引起超声速蒸汽流动(图中 3~4 点)。随后出现快速的压力回升(图中 4~5 点),并沿着热管轴向产生很大的温差,但是不再增加轴向热流量,如曲线 C 和 D 所示,当热管工作在低蒸汽密度和高蒸汽流速的情况下,要得到等温工作是不可能的。

可以根据一维蒸汽流动理论导出声速极限的数学表达式[7,8]。

假定:①蒸汽流动的性质遵循理想气体定律;②惯性力的影响起主导作用;③摩擦效应略去不计。当蒸发段出口处的蒸汽速度达到声速即蒸发段出口处的马赫数 M_v 等于 1 时,热管达到声速极限。可得出热管达到声速极限时轴向的最大热流量:

$$Q_{s,max} = A_v \rho_v h_{fg} \left[\frac{\gamma_v R_v T_o}{2(\gamma_v + 1)} \right]^{1/2} \tag{2-39}$$

式中, γ_v 为蒸汽比热容比,单原子蒸汽等于 5/3,双原子蒸汽为 7/5,多原子蒸汽为 4/3; R_v 为蒸汽的气体常数,等于通用气体常数除以蒸汽的相对分子质量,即

$$R_v = \frac{R_o}{M} \tag{2-40}$$

式中, R_o 为通用气体常数, $R_o = 8.314 J/(mol \cdot K)$; M 为蒸汽相对分子质量。

在大多数情况下,声速蒸汽流动在热管中是暂时的,当热管工作温度升到一个足够高的水平时就会消失。然而,对于某些热管,当冷凝段的传热系数高或热量在蒸发段输入低时,声速或超音速的蒸汽流在热管达到稳定工作时仍不会消失。热管工作在声速极限或接近时,会在沿热管长度方向引起大的轴向温度差和压力差,从而将降低传热能力。因此声速传热极限虽然不像其他热管传热极限危害那么大,但仍需避免。

三、携带极限

在热管中蒸汽和回流液体是相互直接接触的,运动方向相反。根据汽相和液相的性质,在高蒸汽速度下,液汽交界面的剪切应力会导致液体自由表面上产生波浪。随蒸汽速度的提高,两相间的相互作用也增大,自由表面的波动幅度也变大。最终,波峰峰顶形成脱离层,被夹带进反向蒸汽流而到达冷凝段,因此起不到传递热量的作用。当被携带的液体足够多时,返回蒸发段液体的量不能满足蒸发段的需求,于是导致蒸发区干涸,这便是达到了携带传热极限。从现象上可以观察到蒸发段管壁温度突然上升,且可以听到携带液滴撞击冷凝段端盖的声音。

判断出现携带传热极限的准则是 Weber 数等于 1。Weber 数的定义是,蒸汽流动的惯性力与吸液芯表面液体的表面张力之比,即

$$We = \frac{\rho_v w_v^2 z}{\sigma} = 1 \tag{2-41}$$

式中，ρ_v 为蒸汽密度，w_v 为蒸汽流速，σ 为液体表面张力，z 为与汽－液交界面几何形状有关的定性尺寸。

热管的蒸汽速度与轴向热流量有如下关系：

$$w_v = \frac{Q}{A_v \rho_v h_{fg}}$$

将上式代入式(2－41)，可得携带传热极限的最大传热量：

$$Q_{e,max} = A_v h_{fg} \left(\frac{\rho_v \sigma}{z} \right)^{1/2} \qquad (2-42)$$

要利用上式计算，必须已知 z 的具体表达式，然而要从理论上求得 z 目前还很困难。不同的研究者提出了不同的分析方法，并通过试验予以证实。Chi 用 2 倍于吸液芯表面孔的水力半径 r_{hs} 来表示 z[9]。不同的吸液芯，r_{hs} 的数值是不同的。对于丝网吸液芯，r_{hs} 等于细丝间距的 $1/2$；对于槽道式吸液芯，r_{hs} 等于槽道的宽度；对于填充球吸液芯，r_{hs} 等于球半径乘以系数 0.41。于是式(2－42)变为如下形式：

$$Q_{e,max} = A_v h_{fg} \left(\frac{\rho_v \sigma}{2 r_{hs}} \right)^{1/2} \qquad (2-43)$$

对于内壁有螺纹或滚花且在重力辅助下工作的热管，Prenger 等人认为交界面液体的波形与管壁加工的粗糙度有关[10]，因而用加工面的突起高度 δ 表示 z，并用 8 根不同工作介质的热管进行了试验，并得出如下方程：

$$Q_{e,max} = A_v h_{fg} \left(\frac{\rho_v \sigma}{\delta} \right)^{1/2} \sqrt{\frac{2\pi}{a}} \frac{\delta}{\delta^*} \qquad (2-44)$$

式中，δ 为加工表面深度，在丝网芯情况下 δ 为芯子表面层丝径的 $1/2$，m；δ^* 为临界深度，$\delta^* = 0.067$ cm；a 为与蒸汽速度图形有关的系数，对于层流可取 $a = 1.234$，对于湍流可取 $a = 2.1$。

出现携带极限时，液体撞击冷凝段顶端的现象在重力式（重力辅助热管）中较易获得，而对毛细力推动热管的携带极限研究中还没有实验观察到[5]。因为毛细结构很可能阻止任何表面波浪的成长，因此怀疑在常规毛细力推动的热管中是否发生了携带极限。一些研究人员（Tien &Chung[11]，Rice &Fulford[12]）随后提出了携带极限的新方程，但是都没有在对常规毛细力推动热管中得到实验证实。

四、毛细极限

热管正常工作的必要条件是 $\Delta p_{cap} \geqslant \Delta p_v + \Delta p_l \pm \Delta p_g$。$\Delta p_v$ 和 Δp_l 一般随热负荷的增加而增大，而 Δp_{cap} 则是由吸液芯结构决定的。如果加热量超过某一数值，由毛细力作用抽回的液体就不能满足蒸发所需的量，于是便会出现蒸发段的吸液芯干涸，蒸发段管壁温度剧烈上升，甚至出现烧坏管壁的现象，这就是所谓的毛细传热极限。

Δp_v 和 Δp_l 可根据第二章第一节计算，最大毛细压头能够通过下式计算得出：

$$\Delta p_{cap,max} = \frac{2\sigma}{r_c} \qquad (2-4)$$

式中，r_c 为有效毛细半径。

（一）有效毛细半径 r_c

不同的吸液芯结构有其不同的有效毛细半径 r_c，具体表达形式见表 6.2－1[13~16]。

表 6.2-1 几种吸液芯结构的有效毛细半径 r_c

吸液芯结构	有效毛细半径 r_c	说　明
圆柱形毛细孔	$r_c = r$	r 为毛细孔半径
矩形沟槽	$r_c = W$	W 为沟槽宽度
三角形沟槽	$r_c = \dfrac{W}{\cos\beta}$	W 为沟槽宽度 β 为 1/2 顶角
圆形沟槽	$r_c = W$	W 为沟槽宽度
平行丝线芯	$r_c = W$	W 为线间距
丝网芯（多层）	$r_c = \dfrac{W+d}{2}$	W 为网丝间距 d 为网丝直径
烧结金属毡	$r_c = \dfrac{d}{2(1-\varepsilon)}$	d 为毡丝直径 ε 为空隙率*
填充球（烧结芯）	$r_c = 0.41 r_s$	r_s 为颗粒半径

注：空隙率 $\varepsilon = \dfrac{1-\delta}{l}$

式中，l 为单位网格的纤维长度；对于矩形断面纤维 δ 为其厚度，对于圆形断面纤维 δ 为其直径。

（二）吸液芯的渗透率 K

吸液芯的渗透率 K 是毛细传热极限计算中的一个重要参数，是吸液芯液体流道几何形状的函数，一般可通过实验测定。但对某些几何形状规则的吸液芯结构也可通过公式计算来求取。对比式（2-13）式（2-15）可知：

$$K = \frac{\varepsilon r_{hl}^2}{b} \tag{2-45}$$

式中，b 为无因次常数；ε 为吸液芯的空隙率；r_{hl} 为吸液芯水力半径，其吸液芯定义为：

$$r_{hl} = \frac{2A_l}{C_l} \tag{2-46}$$

式中，A_l 为流道的横截面积；C_l 为流道的湿润周边。

由式（2-45）可见，若能求出 b、ε 和 r_{hl}，则便可求得 K 值。

1. b 值的确定

由式（2-13）可知，液体流过吸液芯的压降为：

$$\Delta p_l = \frac{b\mu_l \dot{m}_l l}{\pi(r_w^2 - r_v^2)\varepsilon r_{hl}^2 \rho_l} = \frac{b\mu_l \dot{m}_l l}{A_w \varepsilon r_{hl}^2 \rho_l} \tag{2-13}$$

由上式可得：

$$b = \frac{A_w \varepsilon \rho_l r_{hl}^2 \Delta p_l}{\dot{m}_l \mu_l l} \tag{2-47}$$

已知吸液芯中液体流速为：

$$w_l = \frac{\dot{m}_l}{A_w \varepsilon \rho_l} \tag{2-48}$$

根据流体力学原理，流体流过管径为 d、长度为 l 的圆管时，单位长度上的压降为：

$$\frac{\Delta p}{l} = \frac{2\tau}{r} \tag{2-49}$$

式中，τ 为摩擦应力；r 为流道半径。

根据流体压力降计算公式有：

$$\Delta p = \lambda \frac{l}{d} \rho \frac{w_l^2}{2} \qquad (2-50)$$

式中，λ 为摩擦阻力系数；w_l 为流体流速。

根据式(2-49)和式(2-50)可得：

$$\lambda = \frac{4\tau}{r} \frac{d}{\rho w_l^2} \qquad (2-51)$$

令

$$\frac{\lambda}{4} = \frac{2\tau}{\rho w_l^2} = f_l \qquad (2-52)$$

式中，f_l 为阻力系数，则 $\lambda = 4f_l$

将式(2-48)、式(2-49)和式(2-52)代入式(2-47)，并以 r 代替 r_{hl} 得：

$$b = \frac{Re_l f_l}{2} \qquad (2-53)$$

上式表明，b 是与流动情况有关的无因次常数，将式(2-53)代入式(2-45)得：

$$K = \frac{2\varepsilon r_{hl}^2}{f_l Re_l} \qquad (2-54)$$

2. 水力半径 r_{hl} 的确定

由式(2-46)可以计算出各种结构吸液芯的水力半径 r_{hl}，现将结果列于表6.2-2。

表6.2-2 几种吸液芯结构的水力半径 r_{hl}

吸液芯结构	水力半径 r_{hl}	说　　明
圆形流道	$r_{hl} = r$	r 为液体流道半径
封闭矩形流道 （如丝网覆盖沟槽）	$r_{hl} = \dfrac{W\delta}{W+\delta}$	W 为槽宽 δ 为槽深
开式矩形流道	$r_{hl} = \dfrac{2W\delta}{W+2\delta}$	W 为槽宽 δ 为槽深
环形流道	$r_{hl} = r_1 - r_2$	r_1 为外圆半径 r_2 为内圆半径

3. f_l 和 Re_l 的确定

(1) 圆形流道　如上所述，对于圆形流道，例如干道式吸液芯或隧道式吸液芯，水力半径等于液体流道的半径 r；因而在层流的情况下，其流动摩擦阻力系数 λ 与流过普通的圆管相同，即：$\lambda = 64/Re$。又由式(2-52)可知，$f_l = \lambda/4$，故

$$f_l Re_l = \frac{\lambda}{4} \frac{64}{\lambda} = 16$$

(2) 矩形流道　流体在矩形流道内作层流流动时，$f_l Re_l$ 值和流道的长宽比(槽宽与槽深之比)α 有关，其关系如图6.2-6所示[17]，已知槽宽 W 和槽深 δ，可由图查得 $f_l Re_l$ 值。

对于有丝网覆盖的矩形槽：$\alpha = \dfrac{W}{\delta}$

对于无丝网覆盖的矩形槽：$\alpha = \dfrac{W}{2\delta}$

(3) 环形流道　对不同半径比的圆环形流道，$f_l Re_l$ 值与 r_2/r_1 值有关，其关系如图

6.2－7所示[17]，若已知 r_2/r_1，则可由该图查得 f_1Re_1 值。

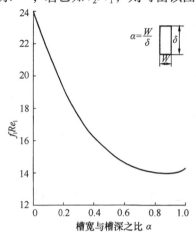

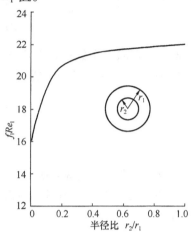

图 6.2－6　矩形沟槽层流流动的阻力系数　　　图 6.2－7　环形流道层流流动的阻力系数

4. 吸液芯渗透率 K_1 的确定

吸液芯结构不同，其渗透率 K 亦不同，具体表达形式见表 6.2－3。由该表可求出吸液芯的渗透率 K。求出 K 值之后，可以方便地用压力降方程求得液体流过吸液芯的压降。

表 6.2－3　几种吸液芯结构的渗透率 K

吸液芯结构	渗透率 K	说　　明
圆形干道　干道	$K = \dfrac{r^2}{8}$	r 为流道半径
开式矩形槽　管壁	$K = \dfrac{2\varepsilon r_{hl}^2}{f_1 Re_1}$	$r_{hl} = \dfrac{2W\delta}{W+2\delta}$ $\varepsilon = W/\delta$ 查图 2－6 可得 $f_1 Re_1$
环形流道　间隔物　丝网　管壁	$K = \dfrac{2 r_{hl}^2}{f_1 Re_1}$	$r_{hl} = r_1 - r_2$ 查图 2－7 可得 $f_1 Re_1$
卷绕丝网　丝网　管壁	$K = \dfrac{d^2 \varepsilon^3}{122(1-\varepsilon)^2}$　[18]	$\varepsilon = 1 - \dfrac{1.05\pi Nd}{4}$ N 为网目数；d 为丝直径
填充球　烧结球芯　管壁	$K = \dfrac{r_s^2 \varepsilon^3}{37.5(1-\varepsilon)^2}$　[19]	r_s 为球形颗粒直径 ε 为空隙率

续表

吸液芯结构	渗透率 K	说　明
烧结金属毡 金属毡　管壁	$K = \dfrac{C_1(y^2-1)}{y^2+1}$ 　[20] $K = 4.5 \times 10^{-12} \varepsilon \left(\dfrac{\varepsilon}{1-\varepsilon}\right)^{3/2}$ 　[21]	$y = 1 + \dfrac{C_2 d^2 \varepsilon^3}{(1-\varepsilon)}$ $C_1 = 6.0 \times 10^{-10}$ $C_2 = 3.3 \times 10^{7}$ $\varepsilon = 0.6 \sim 0.95$ 　[20] $\varepsilon = 0.936 \sim 0.979$ 　[21]

（三）毛细极限的计算

至此，已讨论了最大毛细压头、液体流动压降和蒸汽流动压降的计算方法，将这些公式代入式(2-5)便可得毛细传热极限的计算式。随着研究工作的不断深入，计算热管内部液体流动压降和蒸汽流动压降的方法和手段日渐更新，毛细传热极限的计算也日趋精确。

(1)以摩擦因数形式表示的液体压降公式　为考虑各种不同形式的吸液芯及不同形式流道中液体流动压力损失的计算，将式(2-53)代入式(2-14)，并以水力半径 r_{hl} 代替 r，得：

$$\begin{aligned}\frac{dp_l}{dx} &= \frac{-(f_l Re_l)\mu_l \dot{m}_l(x)}{2A_W \varepsilon \rho_l r_{hl}^2} \pm \rho_l g \sin\phi \\ &= \frac{-(f_l Re_l)\mu_l}{2A_W \varepsilon \rho_l r_{hl}^2 h_{fg}}Q \pm \rho_l g \sin\phi \\ &= -F_l Q \pm \rho_l g \sin\phi \end{aligned} \qquad (2-55)$$

根据式(2-55)可得液体的摩擦因数：

$$F_l = \frac{\mu_l}{KA_W \rho_l h_{fg}} \qquad (2-56)$$

式(2-55)中的"±"表示重力的影响可能为正或为负，视具体情况而定。

(2)考虑动压力变化及可压缩性影响后的蒸汽压降计算　S. W. Chi 分析蒸汽压降时考虑了蒸汽流动动压力的变化以及蒸汽可压缩性的影响。现在我们考察如图 6.2-8 所示的截面面积为 A_v 及宽度为 dx 的蒸汽单元体，考虑到沿轴向单位长度上的质量流量为 $d\dot{m}/dx$，根据轴向动量守恒的原理(因为蒸汽密度不大，故可略去重力的影响)，可得如下表达式：

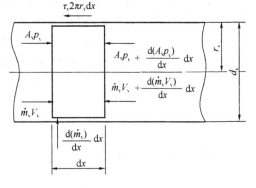

图 6.2-8　蒸汽单元体

$$\frac{dp_v}{dx} = \frac{-(f_v Re_v)\mu_v \dot{m}_v}{2A_v r_{hv}^2 \rho_v} - \beta \frac{2\dot{m}_v}{A_v^2 \rho_v}\frac{d\dot{m}_v}{dx} \qquad (2-57)$$

式中，右侧第 1 项代表由摩擦引起的压降；第 2 项表示动压力变化引起的压降。f_v 是摩擦因数；β 是动量修正系数，它是对截面上各点流速不均匀的修正，

β 值可由下式确定：

$$\beta = \frac{\rho_v^2 A_v}{\dot{m}_v^2}\int A_v W_v \, dA \qquad (2-58)$$

因为蒸汽的质量流量$\dot{m}_v$与同一点的轴向热流量Q有关,即$(\dot{m}_v = Q/h_{fg})$,故式(2-57)可写成:

$$\frac{\mathrm{d}p_v}{\mathrm{d}x} = -F_v Q - D_v \frac{\mathrm{d}Q^2}{\mathrm{d}x} \qquad (2-59)$$

式中,F_v和D_v分别代表蒸汽流的摩擦因数及其动压系数,它们的表达式分别为:

$$F_v = \frac{(f_v Re_v)\mu_v}{2A_v r_{hv}^2 \rho_v h_{fg}} \qquad (2-60)$$

$$D_v = \frac{\beta}{A_v^2 \rho_v h_{fg}^2} \qquad (2-61)$$

为了计算F_v和D_v,需要确定f_v和β(两者与流动工况有关),通常用无量纲的物理量,即蒸汽的雷诺数和马赫数来表征流动工况,即

$$Re_v = \frac{2r_{hv}Q}{A_v \mu_v h_{fg}} \qquad (2-62)$$

$$M_v = \frac{Q}{A_v \rho_v h_{fg}\sqrt{\gamma_v R_v T_v}} \qquad (2-63)$$

式中,γ_v为蒸汽的比热容比($\gamma_v = C_p/C_v$),对单原子、双原子和多原子蒸汽,其值分别等于1.67,1.4和1.33;R_v是蒸汽的气体常数。

当$R_v < 2300$和$M_v < 0.2$时,蒸汽流动可认为是不可压缩层流,因而式(2-60)中的$f_v Re_v$值可用类似于液体流动的方法求得。对于圆柱形蒸汽通道,$f_v Re_v = 16$;对于不同长宽比的矩形流道,$f_v Re_v$的值如图6.2-6所示;对于不同半径比的环形流道,$f_v Re_v$的值可由图6.2-7查得。

在层流状态时,假定蒸汽速度按抛物线规律分布,对半径比接近1的环形流道,$\beta = 1.25$;对于圆管和矩形流道,β值分别为1.33和1.44。

当$R_v > 2300 >$和$M_v > 0.2$时,流动工况仍属层流,上述β值也仍可应用,但可压缩性对$f_v Re_v$数值的影响需加考虑。根据Von Karman的研究,可压缩层流的阻力系数$f_{v,c}$与不可压缩层流时的阻力系数$f_{v,i}$之比可以足够准确地用下列方程表示:

$$\frac{f_{v,c}}{f_{v,i}} = \left(1 + \frac{\gamma_v - 1}{2}M_v^2\right)^{-1/2} \qquad (2-64)$$

考虑以上影响,根据式(2-60)得到可压缩性蒸汽摩擦因数的表达式为:

$$F_v = \frac{(f_v Re_v)\mu_v}{2A_v r_{hv}^2 \rho_v h_{fg}}\left(1 + \frac{\gamma_v - 1}{2}M_v^2\right)^{-1/2} \qquad (2-65)$$

式中,$f_v Re_v$值与上述不可压缩层流时的值相同。

当$R_v > 2300$时,f_v和β值可根据速度分布图服从1/7幂指数函数的规律进行计算,此时β的数值接近于1(对圆管$\beta = 1.02$),不可压缩湍流的阻力系数由下式表达[17]:

$$f_v = \frac{0.079}{Re_v^{0.25}} \qquad (2-66)$$

将上述结果代入式(2-60)、式(2-61),可分别得到不可压缩湍流时的摩擦因数和动压力系数:

$$F_v = \frac{0.038\mu_v}{A_v r_{hv}^2 \rho_v h_{fg}} \left(\frac{2r_{hv}Q}{A_v h_{fg}\mu_v} \right)^{3/4} \tag{2-67}$$

$$D_v = \frac{1}{A_v^2 \rho_v h_{fg}^2} \tag{2-68}$$

在雷诺数相同的情况下,可压缩湍流的阻力系数,其与不可压缩湍流流动的阻力系数有如下的关系:

$$\frac{f_{v,c}}{f_{v,i}} = \left(1 + \frac{\gamma_v - 1}{2} M_v^2 \right)^{-3/4} \tag{2-69}$$

因此,当 $R_v > 2300$ 和 $M_v > 0.2$ 时,F_v 和 D_v 的表达式分别为:

$$F_v = \frac{0.038\mu_v}{A_v r_{hv}^2 \rho_v h_{fg}} \left(\frac{2r_{hv}Q}{A_v h_{fg}\mu_v} \right)^{3/4} \left(1 + \frac{\gamma_v - 1}{2} M_v^2 \right)^{-3/4} \tag{2-70}$$

$$D_v = \frac{1}{A_v^2 \rho_v h_{fg}^2} \tag{2-71}$$

蒸汽在不同的流动工况下,系数 F_v 和 D_v 的表达式见表6.2-4。表中所列的公式适用于蒸汽腔横截面为圆形的情况。

(3)毛细极限的计算[9] 实际上,如果热管在重力场中工作,若采用的吸液芯结构径向是沟通的,那么在式(2-5)的右端还应考虑克服液体在热管直径方向上重力所产生的压降 $\Delta p_{d,g}$,因此式(2-5)应改写为:

$$\Delta p_{cap} \geq \Delta p_v + \Delta p_1 + \Delta p_{d,g} \pm \Delta p_g \tag{2-72}$$

$$\Delta p_{d,g} = \rho_1 g d_v \cos\phi \tag{2-73}$$

式中,ϕ 为热管轴线与水平方向的夹角;d_v 为蒸汽腔直径。

表6.2-4 不同流动工况下 F_v 和 D_v 的表达式[9]

流动工况	摩擦因数 F_v	动压系数 D_v
$Re_v \leqslant 2300$,$M_v \leqslant 0.2$	$\dfrac{8\mu_v}{A_v r_{hv}^2 \rho_v h_{fg}}$	$\dfrac{1.33}{A_v^2 \rho_v h_{fg}^2}$
$Re_v \leqslant 2300$,$M_v > 0.2$	$\dfrac{8\mu_v}{A_v r_{hv}^2 \rho_v h_{fg}} \left(1 + \dfrac{\gamma_v - 1}{2} M_v^2 \right)^{-1/2}$	$\dfrac{1.33}{A_v^2 \rho_v h_{fg}^2}$
$Re_v > 2300$,$M_v \leqslant 0.2$	$\dfrac{0.038\mu_v}{A_v r_{hv}^2 \rho_v h_{fg}} \left(\dfrac{2r_{hv}Q}{A_v h_{fg}\mu_v} \right)^{3/4}$	$\dfrac{1}{A_v^2 \rho_v h_{fg}^2}$
$Re_v > 2300$,$M_v > 0.2$	$\dfrac{0.038\mu_v}{A_v r_{hv}^2 \rho_v h_{fg}} \left(\dfrac{2r_{hv}Q}{A_v h_{fg}\mu_v} \right)^{3/4} \left(1 + \dfrac{\gamma_v - 1}{2} M_v^2 \right)^{-3/4}$	$\dfrac{1}{A_v^2 \rho_v h_{fg}^2}$

假设热负荷在蒸发段和冷凝段是均匀分布的,对于层流不可压缩条件下的蒸汽流动,式(2-72)有如下的积分形式[9]:

$$Q = \frac{2\sigma/r_c - \rho_1 g d_v \cos\phi \pm \rho_1 g l \sin\phi}{(F_1 + F_v) l_{eff}} \tag{2-74}$$

在大多数情况下,蒸汽的流动一般是处于层流不可压缩范围内,因此上式即是常用的求毛细极限公式。对于湍流及可压缩蒸汽流动的情况,式(2-72)的积分是相当困难的,只能借助计算机进行数值解。

五、冷凝极限

所谓冷凝传热极限，是指由冷凝段传热能力所制约的热管传热极限。因此该极限不同于上述的传热极限，直接与冷凝段系统的热量耗散能力有关，不凝性气体的存在也将降低冷凝段的热量耗散能力。当热管达到稳定状态时，蒸发段热量输入和冷凝段热量输出相等。对于高温热管，辐射是主要的传热模式[5]，其散热量为：

$$Q_e = \iint\limits_{S_c} \varepsilon \sigma (T^4 - T_\infty^4) \, dS_c \qquad (2-75)$$

式中，Q_e 为蒸发段总输入热量；S_c 为冷凝段传热面积；ε 为冷凝段外表面灰度；σ 为斯蒂芬 - 玻尔滋曼常数；T_∞ 为室温。

对于圆柱形热管，由以上方程可以推出：

$$Q_e = 2\pi R_o L_c \varepsilon \sigma (T^4 - T_\infty^4) \qquad (2-76)$$

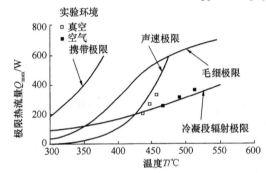

图 6.2 - 9　在空气和真空状态下热管的传热极限

式中，R_o 和 L_c 分别为冷凝段外管壁半径和长度；T 为平均温度。

对上述方程中的传热量，很大程度要取决于传热表面积和操作温度 T。在实际应用中，传热表面积和操作温度又常常取决设计约束条件，如操作环境及热管材料允许的最大温度。因此，热管传热能力可能受限于冷凝段的热量耗散能力。Buchko 对高温热管进行了一系列试验研究[22]，其结果如图 6.2 - 9 所示。

冷凝传热极限不仅仅和以辐射为主要传热模式的高温热管有关，对于低温热管，同样存在冷凝传热极限。在稳态的能量平衡为：

$$Q_e = S_c h (T_c - T_\infty) \qquad (2-77)$$

式中，h 为冷凝段外表面和冷却流体间的传热系数；T_∞ 为冷却流体的温度。

当传热系数很低时，例如热管通过自然对流向外界散热时，其传热量将受限于冷凝段的传热极限。所以在热管设计时还必须校核冷凝段的传热能力。

六、沸腾极限

热管蒸发段的主要传热机理是导热加蒸发。当热管处于低热流量的情况下，热量一部分通过吸液芯和液体传导到汽 - 液分界面上，另一部分则通过自然对流到达汽 - 液分界面，并形成液体的蒸发。如果热流量增大，与管壁接触的液体会逐渐过热，并会在核化中心生成汽泡。热管工作时应避免汽泡生成，否则会因吸液芯中汽泡的形成，而又不能顺利穿过吸液芯运动到液体表面，则就将引起表面过热，以致破坏热管的正常工作。因此将热管蒸发段在管壁处液体生成汽泡时的最大传热量称作沸腾传热极限。显然沸腾传热极限是制约热管径向传热的极限，它直接与液体中汽泡的形成有关。

热管中工质的相变可以是表面蒸发，也可以是沸腾。对导热率较高的液态金属，在绝大多数情况下，相变为表面蒸发，只是在热流密度很大时才发生沸腾；对低导热率的非金属介质，相变可能是表面蒸发，也可能是液体内部的沸腾。

沸腾传热极限的理论基础是核态沸腾理论，核态沸腾包括两个独立的过程：①汽泡的形成；②汽泡的长大和运动。假定在管壁和吸液芯分界面处生成了一个汽泡，汽泡的半径为 r_b，见图 6.2 - 10。当汽泡处于力的平衡时，应有：

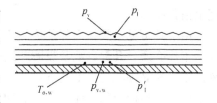

图 6.2 - 10　汽泡形成示意图

$$\pi r_b^2(p_{v,w} - p_l') = 2\pi r_b \sigma \qquad (2-78)$$

式中，$p_{v,w}$ 分别为管壁和吸液芯分界面温度下的饱和蒸汽压力；p_l' 为汽泡外的液体压力；σ 为表面张力。

此时在热管蒸汽腔的汽 - 液交界面上有：

$$p_v - p_l = \Delta p_c \qquad (2-79)$$

不考虑吸液芯内液柱高的影响，则可近似认为：

$$p_l = p_l' \qquad (2-80)$$

将式(2-80)、式(2-79)代入式(2-78)并经整理可得：

$$p_{v,w} - p_v = \left(\frac{2\sigma}{r_b} - \Delta p_c\right) \qquad (2-81)$$

根据 Clausius - Clapeyron 方程，得：

$$\frac{dp}{dT} = \frac{h_{fg}\rho_v}{T_v} \qquad (2-82)$$

所以

$$\Delta T = \Delta p \frac{T_v}{h_{fg}\rho_v} = (p_{v,w} - p_v)\frac{T_v}{h_{fg}\rho_v} = \frac{T_v}{h_{fg}\rho_v}\left(\frac{2\sigma}{r_b} - \Delta p_c\right) \qquad (2-83)$$

式中，ΔT 为热管内液体的径向温差，可由导热方程求得：

$$\Delta T = (T_w - T_v) = \frac{Q\ln(r_i/r_v)}{2\pi l_e \lambda_{eff}} \qquad (2-84)$$

式中，Q 为蒸发段的总传热量；r_i 为管壳的内半径；r_v 为蒸汽腔的半径；λ_{eff} 为浸满液体吸液芯的有效热导率；l_e 为蒸发段长度。

将式(2-83)代入式(2-84)，便得到沸腾传热极限的表达式：

$$Q_{b,max} = \frac{2\pi l_e k_{eff} T_v}{h_{fg}\rho_v \ln(r_i/r_v)}\left(\frac{2\sigma}{r_b} - \Delta p_c\right) \qquad (2-85)$$

应用上式时需要知道汽泡生成的临界半径 r_b，实验表明[23]，r_b 的取值在 2.54×10^{-8} ~ 2.54×10^{-7}m 之间。对一般热管，作为保守计算，可取 $r_b = 2.54 \times 10^{-7}$m[9]。

上式只有在初始沸腾后汽泡无法脱逸，继续加热汽泡增多，使得吸液芯部分干涸以致壁面局部过热的情况时才是正确的。但许多实验证明，蒸发段开始沸腾后，由于汽泡能及时脱逸出吸液芯，热管蒸发段吸液芯不但不会干涸和过热，且还因汽泡能带走大量的潜热反而会使径向温差降低，热流密度可继续增加。此外，还有不少实验证明，其最大径向热流密度的发生并非完全是由于沸腾引起的，而是由其他因素所致。因此，广义的沸腾传热极限应当包括各种因素所致的最大径向热流密度。

经过除气的纯净液体，其初始沸腾需要的过热度非常大。而实际上，常会有其他因素促进汽核产生，液体不可能达到理论上的纯净。如液体中常会因灰尘、不凝性气体以及小的蒸汽汽泡等杂质而构成汽化核心。因此，初始气泡尺寸常常比理论值大，所需的液体过热度比理论值低得多。

由上述可见，热管内部的传热机理相当复杂，集热传导、对流及沸腾于一体，与热流密度、工作介质、几何参数及吸液芯结构等都有关系。为了尽可能地获得高热负荷而不达到沸腾极限，还必须注意以下几点：

（1）受热面上的液体应有好的润湿性；

（2）吸液芯和壁面有好的热接触；

（3）完全除气，蒸馏液体，使用干净且经过过滤的工质；

（4）使用光滑且高导热率的受热面；

（5）热管壳体和吸液芯应尽可能彻底清洁。

七、连续流动极限

对一般热管来说，管内蒸汽流动通常都是连续的。但随热管尺寸的减小，管内蒸汽可能失支连续流动的特性。在非连续蒸汽流动下热管的传热能力将受到很大的限制，沿热管长度方向将存在着很大的温度梯度，这种热管将失去其作为高效传热设备的优势[24]。小型热管和微型热管就有可能是这样的，因为它们的容积都非常小。

连续流动准则通常用 Knudsen 数表示：

$$K_n = \frac{\lambda}{D} = \begin{cases} \leqslant 0.01 & \text{连续蒸汽流动} \\ > 0.01 & \text{稀薄或自由分子流动} \end{cases} \tag{2-86}$$

式中，λ 为蒸汽分子的平均自由路径；D 为蒸汽流动通道的最小尺寸，对圆形蒸汽空间，D 为蒸汽腔直径。

平均自由路径建立在稀薄气体分子动力学的基础上

$$\lambda = \frac{1.051kT}{\sqrt{2}\pi\sigma^2 p} \tag{2-87}$$

式中，k 为玻尔兹曼常数；σ 为碰撞直径；p 为蒸汽压力。

联立方程(2-86)和方程(2-87)，应用状态方程 $p = \rho R_g T$，便可得到从连续蒸汽流动到稀薄或自由分子流动的转变密度：

$$\rho_{tr} = \frac{1.051k}{\sqrt{2}\pi\sigma^2 R_g D K n} \tag{2-88}$$

假设蒸汽处于饱和状态，对应于转变密度的转变蒸汽温度可以通过联列 Clausis - Clapeyron 方程和状态方程得到[25]：

$$T_{tr} = \frac{p_{sat}}{\rho_{tr} R_g} \exp\left[-\frac{h_{fg}}{R_g}\left(\frac{1}{T_{tr}} - \frac{1}{T_{sat}}\right) \right] \tag{2-89}$$

式中，p_{sat} 和 T_{sat} 分别为饱和压力和饱和温度；h_{fg} 为汽化潜热；ρ_{tr} 为蒸汽转变密度，可由方程(2-88)求得。方程(2-89)可以改写成：

$$\ln\left(\frac{T_{tr}\rho_{tr}R_g}{p_{sat}}\right) + \frac{h_{fg}}{R_g}\left(\frac{1}{T_{tr}} - \frac{1}{T_{sat}}\right) = 0 \tag{2-90}$$

T_{tr} 可使用牛顿-拉夫森割线法解出。

对很小直径的热管，转变温度 T_{tr} 非常大。热管工作在转变温度之下可能遇到连续流动极限，在这种情况下沿热管长度方向的温度梯度很大，热管会失去其等温性。

八、冷冻启动极限

在正常工作情况下，热管吸液芯中的工质呈液体状态，该液体由于毛细力的作用，从冷凝段回流到蒸发段。但若热管从室温启动，根据工质的不同，吸液芯中的工质可能是固态。对低温或中温热管，在室温下其工质通常为液态。对高温热管，因热管中的工质熔点很高，在室温下通常是固态。因此，冷冻启动极限在高温热管操作中经常遇到。

在热管启动之前，吸液芯中的工质为固态，热管内部基本为真空。蒸发段加热后温度开始上升，但热管其他部分基本上还是室温。当蒸发段温度超过工质熔点时，工质液化并在吸液芯和蒸汽交界面处开始汽化。蒸汽从蒸发段流向绝热段和冷凝段，在冷凝段吸液芯和蒸汽交界面处冷凝，放出潜热，由于毛细力的作用回流至蒸发段。然而，冷凝的蒸汽可能在冷冻的吸液芯表面冻结，不能回流至蒸发段。同时，因为轴向热传导，吸液芯中的工质可能液化回流至蒸发段，从而使蒸发段获得的液体增加。这两种过程决定了特定的热管能否启动成功。冷冻启动极限可见图 6.2 - 11[5]，吸液芯区域饱和液体的质量平衡方程如下[25]：

$$\frac{\varepsilon \rho_1 A_w h_{fg}}{C(T_{mel} - T_\infty)} \geq 1 \qquad (2-91)$$

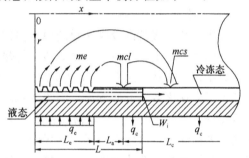

式中，ε 为吸液芯的孔隙率；ρ_1 为工质的液体密度；A_w 为工质在吸液芯中的横截面积；h_{fg} 为气化潜热；C 为热管管壁和吸液芯单位长度的热容；T_{mel} 为工质的熔点温度；T_∞ 为热管初始温度或室温。

当以上方程不能被满足时，饱和液体区的液体量开始减少，直至在这一区域的液体可能

图 6.2 - 11　冷冻启动极限的示意图

枯竭。在这种情况下，蒸发段将出现干涸现象，即达到了冷冻启动极限。

第三节　两相闭式热虹吸管

两相闭式热虹吸管(Two - Phase Closed Thermosyphon)又称重力热管，简称热虹吸管，其结构及工作原理见图 6.2 - 12。与普通热管一样，亦是利用工质的蒸发和冷凝来传递热量的，亦不需要外加动力而靠工质自行循环。但与普通热管不同的是，该热管管内没有吸液芯，冷凝液从冷凝段返回到蒸发段不是靠吸液芯所产生的毛细力，而是靠冷凝液自身的重力，因此热虹吸管的工作具有一定的方向性，蒸发段必须置于冷凝段的下方，这样才能使冷凝液靠自身重力得以返回到蒸发段。

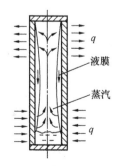

由于热虹吸管内无吸液芯这一重要特点，其与普通热管比较，不仅结构简单、制造方便、成本低廉、传热性能优良，且工作可靠，因此在地面以上的各类传热设备都可以作为高效传热元件来用，其应用领域与日俱增，现已在各行各业的热能综合利用和余热回收技术中，发挥了巨大的作用。研究者们还在对热虹吸管的传热机理、传热极限、传热特性、影响因素、内部强化传热以及理论分析计算等展开了进一步研究，本节将简略介绍这些方面的内容。

图 6.2 - 12　热虹吸管工作原理

一、两相闭式热虹吸管内部的传热分析

热虹吸管内部过程包括两相流和相变传热，故传热机理十分复杂。它不仅涉及传热传质学，且也涉及热力学问题。1955年，Cohen和Bayley[26]就对闭式热虹吸管的传热机理进行了研究。之后许多热管研究者对热虹吸管的内部传热机理进行了更深入的研究，如1981年M. Shiraish[27]等人对竖直热虹吸管的传热机理提出了比较简明的传热模型，且与实验数据吻合得较好。在这一模型中，将热虹吸管的全部传热过程分成3个区域，并建立了相应的传热模型。

（1）在热虹吸管的冷凝段是饱和蒸汽的层流膜状凝结，遵循Nusselt的竖直平板层流膜状凝结理论。

（2）在热虹吸管蒸发段液池内，当热流密度较小时，进行的是自然对流蒸发；当热流密度较大时，是液池内的核态沸腾。

（3）在热虹吸管蒸发段液池以上部分，当热流密度较小时，进行的是冷凝液膜的层流膜状蒸发；当热流密度较大时，是冷凝液膜的核态沸腾。

（一）冷凝段的传热

考虑到热虹吸管内冷凝液膜的厚度要比热虹吸管的管径小得多，在工质能够浸润热虹吸管内壁面的情况下，一般认为冷凝段的传热方式是饱和蒸汽的层流膜状凝结换热，故其平均膜状凝结传热系数可用Nusselt竖壁层流膜状凝结理论来计算。但应指出的是，这种计算是作了大量简化之后的近似方法，因为Nusselt竖壁层流膜状凝结理论除了指明是纯净蒸汽层流液膜外，还假定[28]：①常物性；②蒸汽是静止的，汽液界面上无对液膜的粘滞应力；③液膜的惯性力可以忽略；④汽液界面上无温差，界面上液膜温度等于饱和温度；⑤膜内温度分布是线性的，即认为液膜内的热量转移只有导热，而无对流作用；⑥液膜的过冷度可以忽略；⑦$\rho_v \ll \rho_1$，ρ_v相对ρ_1可忽略不计；⑧液膜表面平整无波动。可见这与热虹吸管内部的实际情况有较大的差异。热虹吸管冷凝段的传热系数取决于液膜和逆向流动蒸汽的性质，高速逆向流动的蒸汽在汽液界面产生剪切力，将影响液膜厚度的分布，当然以下诸因素也影响其换热性能，如工质的物性、热虹吸管倾斜角度、管内不凝性气体及汽液界面自由波等。

对光滑层流的热虹吸管而言，其局部传热系数为[5]：

$$h_z = \frac{\lambda_1}{\delta_z} = \left\{ \frac{\rho_1 g \lambda_1^3 (\rho_1 - \rho_v)\left[h_{fg} + 0.68 C_{pl}(T_{sat} - T_w)\right]}{4\mu_1(T_{sat} - T_w)z} \right\}^{1/4} \qquad (2-92)$$

式中，λ_1为液膜热导率；δ_z为液膜厚度；C_{pl}为液体比热容；T_{sat}为饱和温度；T_w为壁面温度；z为轴向长度。

式（2-92）已考虑了过冷及能量转换的影响，局部Nusselt数为：

$$Nu_z^* = \frac{h_z}{\lambda_1}\left[\frac{g}{v_1^2}\left(\frac{\rho_1 - \rho_v}{\rho_1}\right)\right]^{-1/3} = 0.693 Re_1^{-1/3} \qquad (2-93)$$

冷凝段的雷诺数为：

$$Re_1 = \frac{\overline{w}_1 \delta_z}{v_1} = \frac{g\rho_1(\rho_1 - \rho_v)\delta_z^3}{3\mu_1^2} = \frac{Q}{\pi D \mu_1 h_{fg}} \qquad (2-94)$$

式中，Q为冷凝段顶端至z处的冷却热量；D为直径。

平均传热系数为：

$$\overline{h} = \frac{1}{L_c}\int_0^{l_c} h_z dz = 0.943 \left\{ \frac{\rho_1 \cdot g \cdot \lambda_1^3 (\rho_1 - \rho_v) [h_{fg} + 0.68 C_{pl}(T_{sat} - T_w)]}{\mu_1 L_c (T_{sat} - T_w)} \right\}^{1/4} \quad (2-95)$$

热虹吸管的传热系数定义为:

$$\overline{h} = \frac{Q_c}{\pi D L_c (T_{sat} - T_w)} \quad (2-96)$$

式中,T_w 为冷凝段壁面温度的代数平均值;Q_c 为冷凝段的热流量。

式(2-95)可以变换为 Nusselt 数和雷诺数的无量纲准数方程式:

$$\overline{Nu^*} = \frac{\overline{h}}{\lambda_1} \left[\frac{v_1^2}{g} \left(\frac{\rho_1}{\rho_1 - \rho_v} \right) \right]^{1/3} = 0.925 Re_{1,max}^{1/3} \quad (2-97)$$

式中,

$$Re_{1,max} = \frac{\overline{w}_{1,max} \delta_{max}}{v_1} = \frac{Q_c}{\pi D \mu_1 h_{fg}} \quad (2-98)$$

$\overline{w}_{1,max}$ 和 δ_{max} 两者均发生在冷凝段的底部,理论上如果将 g 替换为 $g\cos\phi$,以上分析也适用于倾斜热虹吸管,ϕ 为热虹吸管与垂直方向的夹角。对倾斜管,其下降液膜偏向管子的下方,其平均传热系数有所增加,此时可将雷诺数修正为[29]:

$$Re_\phi = Re_{1,max} f_\phi \quad (2-99)$$

对竖直管,$\phi=0$,$f_\phi=1$;对倾斜管且 $\phi>10°$ 时,$f_\phi=2.87[D/L_c \sin\phi]$。在层流区,式(2-97)中的 $Re_{1,max}$ 若以 Re_ϕ 替代,则就适用于竖直和倾斜热虹吸管:

$$\overline{Nu^*} = 0.925 Re_\phi^{-1/3} \quad (2-100)$$

ESDL 在汇总了热虹吸管实验数据的基础上[30],提出了下列关系式:

①液膜层流($Re_{1,max}<325$)的竖直管:可用式(2-93)(Nusselt 方程)计算。ESDL 指出,由于界面波的存在,用该式计算得到的传热系数偏低。

②液膜层流,且 $\phi=85°$ 时

$$\overline{Nu^*} = 0.651(L_c/D) Re_{1,max}^{-1/3} \quad (2-101)$$

③液膜湍流的竖直管

$$\overline{Nu^*} = 0.0134 Re_{1,max}^{0.4} \quad (Re_{1,max} \geqslant 325) \quad (2-102)$$

(二)蒸发段的传热分析

正常运行时,在热虹吸管蒸发段内应有各种流体流动及传热现象,如池沸腾传热、膜蒸发以及管内工质的往复脉动引起的热量传递等,可见热虹吸管蒸发段内的传热是相当复杂的。

假设竖直热虹吸管管内的薄液膜均匀、轴对称,且蒸发段底部的液膜厚度为 0,则可用 Nusselt 理论计算。液膜处于层流区域($Re_1<7.5$)时,局部和平均的 Nusselt 数可用式(2-93)和式(2-97)计算。在波动层流区($7.5<Re_1<325$),Edwards 等给出了局部 Nusselt 数的计算式[31]:

$$Nu_z^* = 0.604 Re_1^{-0.22} \quad (2-103)$$

在湍流区($Re_1>500$):

$$Nu_z^* = 6.62 \times 10^{-3} Re_1^{0.4} Pr^{0.65} \quad (2-104)$$

在层流和湍流区之间的区域($325<Re_1<500$),Edwards 等建议局部 Nusselt 数的值以选用式(2-103)和式(2-104)计算结果中的大值为宜。

　　传热系数的实验值与经典 Nusselt 理论计算值(式(2-93)、式(2-97))差异较大,这主要是因为液膜不均匀而破裂为溪流,只覆盖了部分管壁所致。对于小热流密度区:(1500 < q < 4000)W/m²,传热系数降低,符合 Nusselt 解的规律($\overline{h} \propto q^{-\frac{1}{3}}$);接近 q = 4000W/m² 时,$\overline{h}$ 突然下降,这是由于均匀的液膜破裂为溪流之故,这种液膜破裂原因是在下降液膜中出现了核态沸腾;当 q > 4000W/m² 时,传热系数增大,符合沸腾的规律($\overline{h} \propto q^{0.7}$)[5]。

　　同样,Gross 也开展了类似的研究[32],得出了以下关系式。式中包括了管径的影响,适用于竖直热虹吸管(200 < q < 2.0 × 10⁴)W/m²。

$$\overline{Nu^*} = f_d 0.925 Re_{1,max}^{-1/3} \tag{2-105}$$

式中,$f_d = 1 - 0.67D/D_0$　　　(6mm < D ≤ D₀)

　　　　$f_d = 0.33$　　　　　　　($D > D_0 = 20mm$)

　　Imura 等建议用以下关系式计算蒸发段的平均传热系数[33]:

$$\overline{h}_e = 0.32 \left(\frac{\rho_1^{0.65} \lambda_1^{0.3} c_{pl}^{0.7} g^{0.2} q_e^{0.4}}{\rho_v^{0.25} h_{fg}^{0.4} \mu_1^{0.1}} \right) \left(\frac{p_{sat}}{p_a} \right)^{0.3} \tag{2-106}$$

式中,p_a 为大气压力;q_e 为蒸发段的热流密度。

二、两相闭式热虹吸管的传热极限

　　鉴于热虹吸管的结构特征,其传热极限主要有携带极限、干涸极限和沸腾干涸极限。携带极限涉及到逆向流动的蒸汽和液体界面的剪切力;干涸极限与一定热流密度下的最小充液量有关;沸腾极限则类似于池沸腾的蒸汽全部覆盖管壁的临界热流密度。这些传热极限都将导致管壁温度升高而过热,严重时将烧毁热虹吸管。携带极限是对蒸发段轴向热流密度的限制,干涸极限和沸腾干涸极限是对蒸发段径向热流密度的限制。在充液量较小时,一般首先发生干涸极限;在充液量较大且蒸发段径向热流密度较大而轴向热流密度较小的情况下,将首先发生沸腾极限;充液量较大,径向热流密度较小而轴向热流密度较大时,则首先发生携带极限。通常热虹吸管均有较大的充液量,所以对于细长管,即当热虹吸管蒸发段的长径比很大时,首先要考虑携带极限[2]。

　　(一)携带极限

　　携带极限也叫做液阻极限,易出现于充液量及轴向热流密度均较大的情况,它是由热虹吸管内逆向流动的蒸汽流回流液体在界面上相互作用引起的,其机理与普通热管的携带机理一致。随着汽-液间相对速度的增大,汽液界面上的粘滞剪切力阻碍着回流液体从冷凝段回到蒸发段,高速的蒸汽流将携带着回流液体到达冷凝液,使得蒸发段干涸,管壁温度飞升。当热流体状况稳定时,管内的液体被阻止回流到蒸发段,就是达到了热虹吸管的携带传热极限。

　　热虹吸管携带极限的预测,目前主要是依靠半经验的计算关系式,这些计算公式主要以 Wallis 和 Kutateladze 为代表。Wallis 计算式是依据流体静力与惯性力的平衡,由开式槽道气-水实验的数据归纳而得到的[34],但在此公式中没有考虑表面张力的影响;Kutateladze 计算式实为两相流动稳定性判据,考虑了惯性力、浮力和表面张力间的平衡,然而没有包括管径的影响[35]。其他研究者们也对此进行了大量的实验研究,并将 Wallis 计算式和 Kutateladze 计算式统一起来,进一步完善携带极限的计算。Faghri 等在综合大量实验数据的基础上,考虑了管径、表面张力和工质物性等的影响,提出了用以下关系式来预测计算携带传热极限[5]。

$$Q_{\max} = K h_{\text{fg}} A \left[g\sigma(\rho_1 - \rho_v) \right]^{1/4} \left[\rho_v^{-1/4} + \rho_1^{-1/4} \right]^{-2} \qquad (2-107)$$

式中，K 为无因次 Kutateladze 准数，其值为：

$$K = C_k^2 = \left(\frac{\rho_1}{\rho_v} \right)^{0.14} \tanh^2 Bo^{1/4} \qquad (2-108)$$

其中

$$Bo = \left(\frac{C_k}{C_w} \right)^4 \left(\frac{\sigma}{g(\rho_1 - \rho_v)} \right)^{1/2} \qquad (2-109)$$

$$\frac{C_k}{C_w} = \sqrt{3.2} \qquad (2-110)$$

式中，h、C_k、C_w 为常数。

Feldman 等对热虹吸管也进行了实验研究[36]，他们以氟里昂 113、甲醇和水为工质，以 6.4m 长的钢管作为热虹吸管壳体。在他们的经验公式中不仅考虑了倾角的影响，还考虑了核态沸腾的影响，其表达形式为：

$$Q_{\max} = 0.00737 (K_T)^{0.817} (\sin\beta)^{0.206} \Omega^{0.334} \qquad (2-111)$$

$$K_T = \rho_v^{1/2} h_{\text{fg}} \left[\sigma g(\rho_1 - \rho_v) \right]^{1/4} \qquad (2-112)$$

式中，K_T 为温度参数；β 为倾角；Ω 为相对于热虹吸管总容积的充液比。由于实验条件所限，该式仅适用于 $1.5° < \beta < 20°$，$2.3\% < \Omega < 18\%$。

（二）沸腾极限（Boiling Limit）

在充液量较大及径向热流密度很大的情况下就易发生沸腾传热极限，又称之为烧毁传热极限。随着径向热流密度的增大，蒸发段液池内开始产生核态沸腾。热流密度进一步增大，液池内沸腾越来越激烈，当达到临界热流密度时，汽泡聚合连成一片地贴近管壁而形成蒸汽膜。蒸汽膜又将液体与壁面隔绝开来，导致壁面温度突然增高。这种现象类似于池沸腾中的膜沸腾状态，即认为是达到了沸腾极限。Gorbis 和 Savchenkov 提出了计算热虹吸管沸腾传热极限最大径向热流密度的经验公式[37]：

$$\frac{q_{\max}}{q_{\max,\infty}} = C^2 \left[0.4 + 0.012R \sqrt{\frac{g(\rho_1 - \rho_v)}{\sigma}} \right]^2 \qquad (2-113)$$

式中　$q_{\max,\infty}$——池沸腾的临界热流密度。

$$q_{\max,\infty} = 0.14 h_{\text{fg}} \sqrt{\rho_v} \left[g\sigma(\rho_1 - \rho_v) \right]^{1/4} \qquad (2-114)$$

上式的限制条件为：

$$1.0 \leq R \sqrt{\frac{g(\rho_1 - \rho_v)}{\sigma}} \leq 30$$

式中，R 为管半径。

式（2-113）中的系数 C 为：

$$C = A \left(\frac{D}{L_c} \right)^{-0.44} \left(\frac{D}{L_e} \right)^{0.55} \Omega^n \qquad (2-115)$$

式中，Ω 为工质量与总容积之比；D 为热虹吸管内径；L_c 为冷凝段长度；L_e 为蒸发段长度。

当 $\Omega \leq 35\%$ 时，$A = 0.538$，$n = 0.13$；

当 $\Omega > 35\%$ 时，$A = 3.54$，$n = -0.37$；

上述经验公式是基于下列适用范围：与垂直方向的夹角 $0° \le \phi \le 86°$，充液率为 $0.029 \le \Omega \le 0.60$；不凝性气体填充率为 $0.006 \le \psi \le 1.0$；工作介质为水、乙醇及氟里昂 113。

（三）干涸极限（Dryout Limit）

热虹吸管的充液量很少，且蒸发段的径向热流密度也相对较小时，在蒸发段的底部可能出现干涸传热极限。在这种情况下，冷凝段的下降液膜仍能持续回流到蒸发段，但蒸发段底部的液膜厚度接近零。可见此时充液量只能满足热虹吸管的循环，即蒸汽和下降液膜的流动，蒸发段的底部无液池存在。蒸发段热流密度增大时，热虹吸管底部出现干涸，干涸区域随热流密度的增大而扩展，壁面温度持续上升，这就是干涸极限。

同样，许多研究者就此问题也开展了一些实验研究，并不断加以完善。如 Shiraishi 就改进了 Cohen 和 Bayley 的模型[5]，并在实验数据的基础上，提出了下降液膜干涸的临界热流密度计算式。在小充液量（$10\% < V' < 20\%$）下，此改进模型的计算结果与实验数据吻合得较好。其计算式为：

$$\left(\frac{q_{\text{crit}}}{\rho_{\text{v}}}\right)\left[\frac{\sigma g(\rho_1 - \rho_{\text{v}})}{\rho_{\text{v}}^2}\right]^{1/4} = \left[\frac{g\rho_1^2(D_{\text{c}}/D_{\text{e}})}{3\mu L_{\text{e}}\sqrt[4]{\sigma g\rho_{\text{v}}^4(\rho_1 - \rho_{\text{v}})}}\right]$$

$$\times \left[\frac{V_{\text{t}}/\pi D_{\text{c}}}{4L_{\text{c}}/5 + L_{\text{ac}} + (D_{\text{e}}/D_{\text{c}})^{2/3}(L_{\text{ae}} + 3L_{\text{e}}/4)}\right]^3 \left[\frac{(V_{\text{e}}/V_{\text{t}})(V') - \rho_{\text{v}}/\rho_1}{1 - \rho_{\text{v}}/\rho_1}\right]^3 \quad (2-116)$$

式中，V' 为工质量 V_1 与蒸发段容积 V_{e} 之比；L_{ae} 为以 D_{e} 为直径的绝热段长度；L_{ac} 为以 D_{c} 为直径的绝热段长度。

可见，除了充液量以外，工质物性、热虹吸管几何尺寸及工作温度等都是影响其干涸极限的重要因素。

三、充液量与倾角对两相闭式热虹吸管传热的影响

影响两相闭式热虹吸管传热性能的因素有很多，如热虹吸管的几何尺寸、倾角、充液量、工质物理性质及管内工作温度等，其中以充液量和倾角最为重要。充液量与倾角对热虹吸管传热影响的研究主要在理论分析和实验研究方面，且大多数结构都是建立在实验基础之上的，这里仅简要介绍一些结论。

（一）充液量对热虹吸管传热的影响[2]

Streltsov 以经典的 Nusselt 竖壁膜状冷凝理论解为基础，假定顶端冷凝液膜厚度为零并向下逐渐增厚，到了绝热段后液膜为等厚度。之后的液膜厚度再向下沿蒸发段逐渐减薄，直到在蒸发段底部变为 0[38]。液膜的蒸发过程被认为是膜状冷凝的逆过程，也可借助 Nusselt 公式计算其厚度。由此模型可以得到热虹吸管充液量与热流量之间的关系式，即

$$G = \left(\frac{4}{5}l_{\text{c}} + l_{\text{a}} + \frac{4}{5}l_{\text{e}}\right)\left[\frac{3\mu_1\rho_1\pi^2 d_{\text{i}}^2}{h_{\text{fg}}g}\right]^{1/3}\sqrt[3]{Q} \quad (2-117)$$

由上式可清晰看出，热虹吸管充液量与几何尺寸及工质物性有关，且与热流量的立方根成正比。由该公式可计算出最小充液量，若实际充液量小于此值，则热虹吸管的底部将出现干涸，发生干涸极限。应指出的是，该模型与实际情况有较大差距，因为热虹吸管内部蒸汽与液膜之间存在着较大的剪切力，液膜有增厚的趋势，蒸汽腔内常存在汽-液混合物，热虹吸管内一般还总有一定高度的液池。而液池内核态沸腾又具有很高的传热系数，所以式

(2-117)计算所得到的充液量偏小。

充液量过大，既会引起不稳定传热，又影响传热效果。关于最佳充液量，许多研究者亦进行了大量实验研究。Imura 得到的结果是[39]，最佳充液率 $V' = \frac{1}{5} \sim \frac{1}{3}$，Harada 等指出，$V' = 0.25 \sim 0.30$ 为宜[40]，Feldman 得到的最佳充液量为热虹吸管总容积的 $18\% \sim 20\%$[36]。

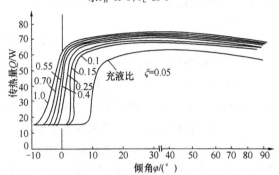

水T_H=85℃, T_L=25℃

图6.2-13　热虹吸管的倾角实验结果

（二）倾角对热虹吸管传热的影响

充液率一定，而倾角较小时，传热量随倾角的增大迅速上升。当超过某一倾角后，传热量的变化就趋于平坦，见图 6.2-13[41]。用85℃的热水加热，用25℃的冷水冷却，对不同工质和热虹吸管的长径比其实验结果有所不同，这是由于工质物理性质使得重力对其在传热流动过程中的效果产生差异所致；同时在不同的输入功率条件下，由于热虹吸管内的压力不同而使产生最大传热量的角度发生变化，其结果是略向大的倾斜角偏移。总的来说，在其他的工况不变的情况下，倾斜角在20°~40°之间会获得较好的传热效果。

（三）长径比及倾角对传热的作用

蒸发段长度与内径的比率对倾斜热虹吸管有一定的影响，见图6.2-14[42]。在一定的充液率(使热虹吸管正常条件下工作)下，随蒸发段长径比的增加，在同样的倾角下该热虹吸管的传热效率也有所增加。图中的传热极限比为倾斜与垂直两种热虹吸管极限传热量之比值，长径比为热虹吸管的蒸发段长度与内径之比值，充液率为管内工质体积与蒸发段容积之比。

（四）充液率与倾角对传热的作用

如图6.2-14、图6.2-15[42]，在一定的充液率范围内，充液率变化对一定倾角热虹吸管的传热效率影响不大，但充液率过小时，其传热效率明显下降。

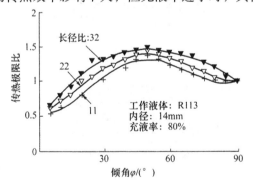

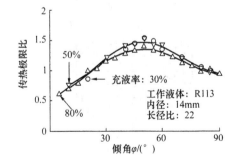

图6.2-14　长径比及倾角对传热极限的影响　　图6.2-15　充液率与倾角对极限传热的影响

第四节　旋　转　热　管

旋转(回转)热管的概念是由 Gray 于1969年首次提出的[43]。他指出，旋转热管较普通热管具有更强的传热能力。该热管的显著特征就是热管自身为旋转件，因而可用于所有需要冷却散热的旋转零部件，如电机转子、电动机及发电机转轴的冷却等，具有实际应用价值。本节将简要介绍有关旋转热管的基本原理及其传热性能。

一、概述

起初，旋转热管的概念比较狭窄，人们认为它是一种靠离心力的分力使冷凝液回流到蒸发段的两相热虹吸管。管内流型为环状流，显然这种流动方式只有在高速且小充液量下才能出现。后来研究对象扩大到中、低速旋转热管，在这种状况下，工质流型以分层流为主，工质回流靠离心力和重力的共同作用。在低转速下，重力的作用甚至还占主导地位。可见，按这种工作方式运行的热管与原先旋转热管的概念有所不同[44]。旋转热管除了具备普通热管的基本特点，如相变传热及无需外加动力之外，还具有如下优越性：①因工质回流靠离心力或重力推动，故毛细多孔结构的吸液芯就不需要了，因此结构简单，价格低廉。②由于离心力的作用，热量和质量的传递比在普通热管中显著提高了，离心力场加强了蒸发段的对流作用，因而提高了蒸发段管内的传热系数，沸腾时将提高极限热流密度。冷凝段在离心力的作用下，工质回流能力提高，液膜厚度减薄，进而亦使管内传热系数提高。③鉴于旋转热管自身的转动，与此同时也强化了与周围环境的热交换，因而传热效果亦更佳。

根据热管的轴线与其旋转轴的相对位置，可将其分为旋转热管和回转热管两大类。热管轴线与旋转轴一致的称为旋转热管，见图 6.1-16。热管轴线与旋转轴不一致的均称为回转热管，见图 6.2-17，但习惯上人们将之统称为旋转热管。回转热管又分为 3 种类型：①热管轴线与旋转轴平行；②热管轴线与旋转轴垂直；③热管轴线与旋转轴成一定角度，它介于前两者之间。当然旋转热管也有轴向与径向之分。从其内部的几何形状来看亦是各式各样，见图 6.2-18。其基本结构为一空心轴，空心轴的内部可作成圆锥形、圆柱形、圆环形及圆柱台阶形。为了强化内部的传热，还可在内部插入多孔管等。

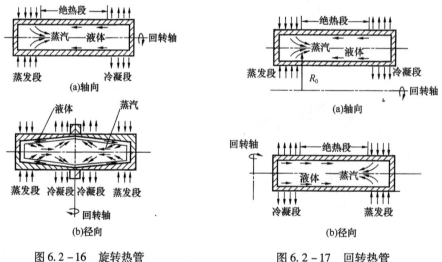

图 6.2-16　旋转热管　　　　　图 6.2-17　回转热管

实际应用的旋转热管，其内腔一般为圆柱形或圆锥形。圆柱形内腔虽然比圆锥形内腔容易加工，但后者的传热性能更好。这是因为前一种热管冷凝液的回流，主要取决于冷凝段与蒸发段液膜厚度差造成的液体压力梯度，因此冷凝段液膜较厚，传热系数较低；而圆柱形内腔旋转热管，在冷凝段凝结的液体受离心力分力的作用，沿壁面回到蒸发段，故冷

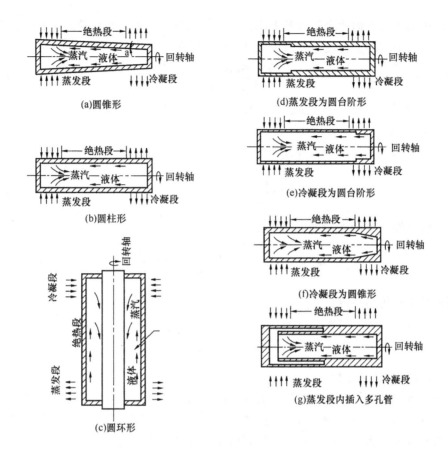

图 6.2 - 18 旋转热管的几何形状

凝段的液膜较薄,传热系数也较高。综合考虑加工性和传热性能,旋转热管内腔以采用台阶形为好。

二、旋转热管的传热分析

旋转热管的传热性能与其内部的流型有密切关系,这些流型的变化又与充液量、转速、热流密度及工质的物性等有关,尤其是蒸发段管内热阻与流型有着密切的关系。

(一) 冷凝段的传热分析[45]

旋转热管的传热特性与其管内液膜性质有密切关系,因此对其传热的研究往往从液膜的分析计算入手。旋转热管冷凝段薄液膜的分析计算,仍是建立在 Nusselt 竖壁层流膜冷凝理论基础之上的,并假定:①蒸汽凝结为层流膜状凝结;②凝结液的过冷忽略不计;③液膜惯性力和对流的影响均忽略不计;④$\rho_v \ll \rho_1$,ρ_v 相对 ρ_1 可忽略不计;⑤锥角非常小;⑥液膜厚度远小于蒸汽空腔的半径;⑦膜内温度分布是线性的;⑧通过冷凝段壁面的热阻忽略不计。旋转热管受力分析图见图 6.2 - 19。通过动量方程、能量方程、连续性方程及边界条件,可以推导出液膜内压力分布、液膜内速度、液体的质量流

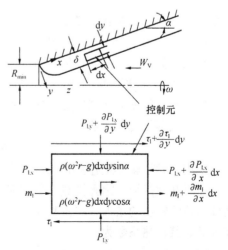

图 6.2 - 19 旋转热管冷凝段液膜受力分析

量、液膜厚度沿管壁方向的变化以及平均传热系数的公式。如果忽略蒸汽压力降、汽 - 液界面剪切力及重力引起的加速度，便可得到如下简化的关系式。

液膜厚度：
$$\delta = \left[\frac{4\mu_1\lambda_1\theta_s x}{\rho_1^2 r\omega^2 \sin\alpha \cdot h_{fg}}\right]^{1/4} \tag{2-118}$$

式中，λ_1 为液体的热导率；ω 为旋转角速度；r 为 x 处的半径，θ_s 为蒸汽饱和温度与壁面温度之差，$\theta_s = t_s - t_w$。

在冷凝段末端（$x = L$）的液膜厚度为：
$$\delta_L = \left[\frac{4\mu_1\lambda_1\theta_s L}{\rho_1^2 r\omega^2 \sin\alpha \cdot h_{fg}}\right]^{1/4} \tag{2-119}$$

在冷凝段末端（$x = L$）凝结液的质量流量为：
$$m_L = 0.943\left[\frac{\rho_1^2 r\omega^2 \sin\alpha \cdot \lambda_1^3 \theta_s^3 L^3}{\mu_1 h_{fg}}\right]^{1/4} \tag{2-120}$$

冷凝段的平均传热系数：
$$\bar{h}_c = 0.943\left[\frac{\rho_1^2 r\omega^2 \sin\alpha \cdot \lambda_1^3 h_{fg}}{\mu_1 L\theta_s}\right]^{1/4} \tag{2-121}$$

（二）蒸发段的传热分析

旋转热管蒸发段的传热主要与液膜的厚度和输入热量的大小有关。对于低热流密度下的厚液膜区（池沸腾区），旋转减少了汽泡核化点，致使核态沸腾较弱，取而代之的是液池很强的自然对流和液池表面上的蒸发。这种表面蒸发可以按照传统的表面蒸发处理。

Marto 和 Gray 将旋转圆柱体蒸发器的实验数据关联后建立了如下准则方程式[46]：
$$Nu = \frac{h_e L}{\lambda_1} = 0.14Ra^{1/3} \tag{2-122}$$

式中，Ra 为自然对流中的 Ragleigh 准数，$Ra = \dfrac{\omega^2 rL^3\rho_1^2 c_{pl}}{\lambda_1\mu_1}$，其定性长度为蒸发器的直径。

Vasiliev 和 Khrolenok 推荐如下准则方程式[47]：
$$Nu = 0.75Ra^{1/4} \tag{2-123}$$

式中，定性尺寸为液膜的厚度。从上式可以看出在低热流密度厚液膜状态下，传热系数正比于 $(\omega^2 r)^a$，这里 $0.25 < a < 0.375$。

在高热流密度情况下，传热机理由厚液膜的表面蒸发转变为与旋转速度关系不大的核态沸腾。Vasiliev 和 Khrolenok 将工质水在不同转速下厚液膜的核态沸腾分为 3 个区域[47]：欠发展区、充分发展区和高速旋转区。在"欠发展区"的核态沸腾被认为主要受表面的自然蒸发影响，其蒸发传热系数为：
$$h_e = 440q^{0.1}\eta^{0.3} \tag{2-124}$$

式中，q 为输入热流密度；$\eta = \omega^2 r/g$。

可见在此区域，沸腾换热系数依赖于转速比，转速高蒸发段的传热系数也随之增大。随着输入热流密度的增加，沸腾趋于"充分发展"而可将其表面蒸发忽略，此时传热系数与转速无关，其传热系数为：
$$h_e = 4.4q^{0.68} \tag{2-125}$$

当热流密度非常高时，蒸发段的液膜变得很薄，蒸发传热有所降低，在该区域，Vasiliev 和 Khrolenok 建议[47]：

$$Nu = f(We^{0.5}) \qquad (2-126)$$

式中，f 代表多项式；We 为韦伯数，其值为：

$$We = \frac{\rho_1(\omega^2 r)^2 L}{\sigma} \qquad (2-127)$$

式中，定性尺寸为液膜的厚度；σ 为蒸发段内液体的表面张力。

在薄液膜中，主要传热为薄膜的蒸发，然而此时充液量变得很关键，薄液膜很可能出现干涸点，一旦发生干涸就会导致热管烧毁。Dakin 建议采用 Dukler 旋转薄液膜的蒸发传热计算公式[48]：

$$h_e = \lambda_1 \left(\frac{\omega^2 r}{v_1^2}\right)^{1/3} \left[\left(\frac{1}{3Re_1}\right)^{1/3} + 0.032 Re_1^{0.23}\right] \qquad (2-128)$$

式中，Re_1 为平均液膜雷诺数，其值为：

$$Re_1 = \frac{\dot{V}}{2\pi r \cdot F_w v_1} \qquad (2-129)$$

式中，F_w 为通道周向润湿率；$\dot{V}$ 为液体的体积流量。

由式(2-128)可见，蒸发段的传热系数很大程度上取决于通道周向的润湿率，但该值常常又难以确定。对水为工质，$\eta = \omega^2 r/g = 11500$ 时，蒸发段的传热系数 $h_e = 150000 \text{W}/(\text{m}^2 \cdot \text{K})$。

（三）旋转热管的强化传热

为了提高旋转（回转）热管的传热性能，研究者们在改善液体回流能力和强化热管冷凝段与蒸发段内壁换热能力方面取得了一些成效[49~51]，这包括在内壁增加轴向槽道、轴向翅片或螺旋翅片等。

Nakayama 等对旋转热管 3 种强化内壁的方法做了试验测试[49]，其分别为：①冷凝段和蒸发段内壁同时加轴向槽道；②加锯齿翅片；③在下表面开槽孔。其结果表明，当转速为 0~1000r/min 时，重力会严重影响到冷凝段液膜的分布形状，内壁强化反而降低了旋转热管的整体传热性能。但当旋转速度较高时，液膜分布将变得较均匀，内壁的强化会提高旋转热管的传热性能。

Marto 和 Weigel[50] 对旋转翅片和盘旋插入件两种强化内壁方式进行了实验研究，其结果表明，螺旋翅片在冷凝段厚液膜区可有效增加液体回流能力，从而提高整个旋转热管的传热能力。图 6.2-20 为在各转速下 3 种工质的增强管壁与光滑管壁的传热系数之比[50]。在低转速下，强化效果更为明显。

为了对内壁加翅片的轴向旋转热管性能作进一步分析研究，Salinas 和 Marto 运用有限元分析了冷凝段轴向翅片的传导过程[51]。通过改变旋转速度和翅片数，可以看出强化后的总传热量，随转速和翅片

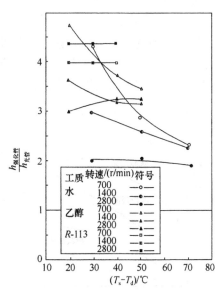

图 6.2-20　冷凝段加螺旋翅片的总强化传热比

数的增加而增大，见图 6.2 - 21。当然，翅片数、热管尺寸和操作条件之间存在着一个优化组合，由图 6.2 - 22 可以看出，翅片数存在着最佳值，它取决于管壁材料和强化传热系数之比值[51]。

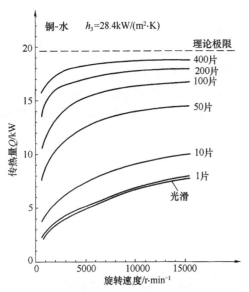

图 6.2 - 21　翅片数与转速对传热量的影响[51]

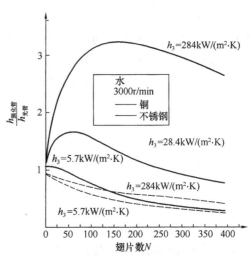

图 6.2 - 22　总强化传热比与翅片数、强化传热系数及冷凝段材料的关系

三、旋转热管的传热极限[5]

从传热性能来看，旋转热管没有吸液芯，因此不存在毛细极限，且在热流回路中减少了由于吸液芯引起的热阻。一般情况下，旋转热管的内部空腔较大，蒸汽流速不高，不容易产生声速传热极限，因此主要传热极限为：冷凝极限、携带极限和沸腾极限。图 6.2 - 23 是定性表示的旋转热管传热极限的曲线[2]，这些曲线的确切位置和形状与旋转热管的几何参数、工质物性及旋转速度等有关。

（一）冷凝极限

冷凝极限是指通过冷凝段汽 - 液交界面所能传递的最大热量。由 Nusselt 竖壁层流膜状冷凝理论分析可知，随蒸汽的冷凝，液膜加厚，液膜热阻增大，液体回流需要的动力也随之增加。对轴向流动的圆锥形旋转热管来说，冷凝极限是旋转速度和几何参数的函数。对热管中心线与旋转轴线平行的回转热管，其冷凝极限可以根据旋转角速度来分类。当离心力与重力的作用一致时，可根据 Nusselt 竖壁层流膜状冷凝理论分析计算其液膜厚度，以确定旋转的冷凝极限。然而，当重力为

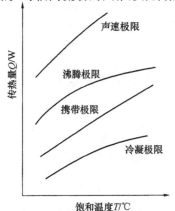

图 6.2 - 23　旋转热管传热极限示意图

图 6.2 - 24　水平管内分层冷凝横截面示意图

控制力时，液体不再沿圆周均匀分布，必须分别考虑。在这种情况下，回转热管冷凝段底部的液池和上部的冷凝液膜变成位置的函数，Collier 提出用管内有液池的静态圆管公式(2-129)来计算冷凝极限[52]。对离心力比重力小得多的情况，以 $\varpi^2 R$ 代替 g，便可用式(2-130)来计算平行回转热管的冷凝极限。

$$Q_{max} = A_v \theta F \left[\frac{\rho_1(\rho_1 - \rho_v) g h_{fg} \lambda_1^3}{2 R_v \mu_1 \theta} \right]^{1/4} \qquad (2-130)$$

式中，$F = F(\xi)$，如图 6.2-24 所示，其值见表 6.2-5。

表 6.2-5　$F(\xi)$值

$\xi/(°)$	0	10	20	30	40	50	60	70	80	90
$F(\xi)$	0.725	0.712	0.689	0.661	0.629	0.594	0.557	0.517	0.476	0.433
$\xi/(°)$	100	110	120	130	140	150	160	170	180	
$F(\xi)$	0.389	0.343	0.296	0.248	0.199	0.150	0.150	0.050	0.00	

(二) 携带极限

在旋转热管的一些具体设计中，管子几何尺寸、实际操作工况已确定，而管内的蒸汽速度很高。在这种情况下，汽-液界面的剪切力显著提高，液体速度降低。当蒸汽速度足够高时，界面剪切力变得相当大，足以克服液体的回流力，从而致使液体停滞流动，这时就认为是达到了携带极限。携带极限是一种破坏性的传热极限，由于液体停止回流，使得蒸发段干涸，导致管壁烧毁。对圆锥形旋转热管，在离心力占主导地位时的携带极限为[53]：

$$Q_{max} = C_k^2 A_v h_{fg} (2\sigma R_v \varpi^2 \sin\varphi)^{1/4} (\rho_1^{-3/8} + \rho_v^{-3/8})^{-2} \qquad (2-131)$$

$$C_k = \left[\frac{j_1 \rho_1^{1/4}}{(2\sigma R_v \varpi^2 \sin\varphi)^{1/4}} \right]^{1/2} + \left[\frac{j_v \rho_v^{1/4}}{(2\sigma R_v \varpi^2 \sin\varphi)^{1/4}} \right]^{1/2} \qquad (2-132)$$

式中，j_1 和 j_v 分别为液体和蒸汽的动量流量，其定义为 $j_i = \rho_i w_i^2 (i = l, v)$。

(三) 沸腾极限

旋转热管蒸发段的回流工质因受热而蒸发，这里的蒸发又可分为几个区域，但其主要为液膜蒸发。当液膜与热管管壁被一层过热蒸汽隔开时，蒸发段的热阻会明显增大。为避免这种现象的出现，通常将旋转热管设计在核态沸腾区域工作，其临界传热量可由 Zuber-Kutateladze 关系式计算[54]：

$$Q_{max} = 0.13 S_i \rho_v^{1/2} h_{fg} [\varpi^2 r(\rho_1 - \rho_v)\sigma]^{1/4} \qquad (2-133)$$

式中，S_i 为旋转热管润湿内表面积。该面积与旋转热管的充液量有关，也与操作条件有关。当离心力作用远远小于重力作用时，回转热管内的液膜会聚集在热管的底部，而不是分布于圆周。这种情况下，如果热流密度小于临界值，则其主要传热形式为液池内的核态沸腾，当然液膜的蒸发也应计入蒸发段总的传热量。

第五节　分　离　式　热　管

热管问世以来，以其诸多的突出优点，被广泛应用于宇航、电子、化工及冶金等各个领域。在化工、炼铁及电站等部门，需从每小时数十万甚至数百万标准立方米的烟气中回收热量，有时为了安全，两种流体之间绝对不允许相互渗漏，以往的换热器在总体布置和辅助循环设备等方面都受到很大的限制。而人们已熟悉的整体式热管换热器也存在着需要很大空间及难以避免的相互渗漏等问题，为工业发展的需要，人们研究开发了分离式热管。

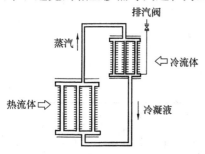

图 6.2－25　分离式热管结构示意图

一、概念

分离式热管的结构如图 6.2－25 所示，其蒸发段和冷凝段是分开的，通过蒸汽上升管和液体下降管连通起来，形成一个自然循环回路。工作时，在热管内加入一定量的工质，这些工质汇集在蒸发段，蒸发段受热后，工质蒸发，其内部蒸汽压力升高，产生的蒸汽通过蒸汽上升管到达冷凝段释放出潜热而凝结成液体，在重力作用下，经济体下降管回到蒸发段，如此循环往复运行。分离式热管的冷凝段必须高于蒸发段，液体下降管与蒸汽上升管之间会形成一定的密度差，这个密度差所能提供的压头与冷凝段和蒸发段的高度差密切相关，它用以平衡蒸汽流动和液体流动的压力损失，维系着系统的正常运行，而不再需要外加动力。

可见，分离式热管既有经典热管的共性，如两相流动、相变传热及自然循环等。同时也具有鲜明的个性，即管内汽液两相同向流动。由此注定了分离式热管管内流动传热特性与经典热管管内流动传热特性有着本质的差异。

二、分离式热管传热分析

（一）分离式热管蒸发段的传热过程

分离式热管的蒸发段实质上是一均匀受热管，其回流液从管子的底部进入，管内汽液两相呈同向流动。根据可视化研究的结果[55]，分离式热管加热段沿轴向长度的管内流型如图 6.2－26 所示。AB 段为单相液体流动，强制对流传热；BC 段为泡状流，饱和核态沸腾传热；CD 段为环状流，强制对流蒸发。

Kohtka 和 Mori 根据充液率 27.5% ～73.4% 的实验结果得到了分离式热管蒸发段的传热系数[56]：

$$h_e = 3.942 \times 10^{5.06 \times 10^4 Re_1} \quad kW/(m^2 \cdot K) \qquad (2-134)$$

式中，$Re_1 = 100 \sim 350$

陈远国等对于蒸发段长 1.5m，管径为 $\phi25mm \times 2.5mm$ 的分离式热管组件进行了实验研究[57]，其结果为：

$$h_e = 7.915 q_e^{0.662} p_v^{0.0566} \qquad (2-135)$$

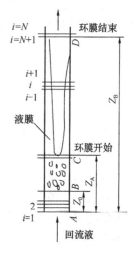

图 6.2－26　管内流型
及计算模型

式中，$q_e = (0.3 \sim 3.5) \times 10^4 W/m^2$，$p_v = (0.45 \sim 16.3) \times 10^5 Pa$，充液率为 30% ～90%。

（二）分离式热管冷凝段的凝结传热过程

来自蒸发段的蒸汽在冷凝段自上而下流动，与管壁发生凝结换热，冷凝成液体后经液体下降管回到蒸发段。假定饱和蒸汽中没有不凝性气体，可以认为这是一种竖直管内的液－汽并流的凝结换热过程，对于高度不大、热流密度较低的情况，可以按照 Nusselt 膜状层流凝结理论计算。大型换热器的冷凝段长达数米，管外翅化使凝结换热的热流密度也相当高，在这种情况下，需要考虑两方面的问题。其一是液膜下降流动可能进入紊流区；其二是蒸汽流速对换热的影响[58]。液膜由层流转变为紊流的临界雷诺数为 $Re = 1600$[59]，既考虑液膜上部层流又考虑液膜下部紊流的平均传热系数为：

$$\frac{h_c L}{\lambda_1} = \left(\frac{g\rho_1^2 L^3}{\mu_1^2}\right)^{1/3} \frac{Re}{\left[58 Pr_s^{-0.5}\left(\frac{Pr_w}{Pr_s}\right)^{0.25}(Re^{3/4} - 253) + 9200\right]} \qquad (2-136)$$

式中，$Re = \dfrac{4q_c L}{h_{fg}\mu_1}$；$q_c$ 为凝结换热热流密度，W/m^2；L 为垂直管的长度，m。除 Pr_w 用壁温 t_w 计算外，其余物理量的定性温度为饱和温度 t_s，且物理量均是凝结液的。

Nusselt 理论分析忽略了蒸汽流速的影响，当蒸汽流速高时（对于水蒸气，流速大于 10m/s），蒸汽在液膜表面有明显的粘滞应力产生。在分离式热管中，蒸汽流动方向与液膜向下的流动同向，粘滞应力的影响使液膜拉薄，传热系数增大。对于冷凝段外部换热强度很高的气－液式换热器，凝结传热系数计算可采用以下公式[60]：

$$h_c = 0.375\left[\frac{\zeta\rho_1\rho_v \overline{u}_v^2 h_{fg}\lambda_1^2}{\mu_1 l_c q_c}\right]^{1/2} \qquad (2-137)$$

式中，ζ 为摩擦因数，通常取 $\zeta = 0.02$；$\overline{u}_v$ 为蒸汽平均速度。

（三）充液量的分析

充液量是影响分离式热管传热效果的重要因素之一，也是设计和应用中必不可少的参数。充液量过大，汽－液混合物将进入蒸汽上升管，甚至到冷凝段，降低系统的传热性能；充液量过少，则会使加热段上部管内壁面无液膜覆盖，引起传热恶化。影响充液量的因素很多，如工作介质特性、几何结构参数及工作状况等。充液量是管内流动传热的参变量，同时又反过来影响管内两相流的流动传热性质。因此必须提出合理的充液量，使其工作在最佳状态，充分发挥分离式热管的高效传热效果。

三、分离式热管传热极限

分离式热管内的蒸汽与液体同向流动，故不存在携带限，限制其传热能力的主要极限为烧干限、声速限和冷凝限。

（1）烧干限 在分离式热管蒸发段中，传热恶化多发生于局部干涸或环状流区液膜的蒸干，即烧干限。环状流区液膜蒸干的机理主要为：由于回流不够使液膜简单烧干、液膜溪流化、液膜破裂及蒸汽核心对液体的强烈再夹带等所致。以上分析了分离式热管最小充液量，当充液量小于该值时，则出现液膜烧干的传热恶化，适当加大分离式热管的充液量是消除其烧干限的有效方法。

（2）声速限 在分离式热管蒸汽上升管中，蒸汽的速度值最大。与普通热管一样，当蒸发段出口处的蒸汽速度达到声速即蒸发段出口处的马赫数 $M_v = 1$ 时，则认为是达到声速极限。与普通热管不同的是，在蒸发段出口处已不再是简单的拉伐尔喷管结构，通过加大蒸汽上升管的管径或增加蒸汽上升管的个数，可以避免声速限的发生。

（3）冷凝限 与普通热管传热极限的概念一样，冷凝限就是指由冷凝段传热能力所制约的传热极限。只有当冷凝段系统的热量耗散能力与蒸发段系统热量吸收能力相匹配时，热管才能工作在稳定的工况，所以在分离式热管的设计中必须核算冷凝段的换热能力。

主 要 符 号 说 明

a——系数；

A——横截面积，m^2；

b——无因次常数；

Bo——Bond 数；

c——声速，m/s；

c_p——比定压热容，$J/(kg \cdot K)$；

c_v——比定容热容，$J/(kg \cdot K)$；

C——润湿周边，m；热容，$J/(kg \cdot K)$；

C_k——常数；

C_w——常数；

d——直径，m；

D——动压系数；蒸汽流动通道最小尺寸；直径，m；

f——阻力系数；

F——摩擦系数；

F_w——通道周向润湿率；

g——重力加速度，m/s^2；

G——充液量，kg；

h——高度，m；比焓；传热系数，$W/(m^2 \cdot K)$；常数；

H——单位长度热流量，W/m；毛细升高，m；

h_{fg}——汽化潜热，J/kg；

j——动量流量，$kg/(m \cdot s^2)$；

k——玻尔兹曼常数；

K——渗透系数；Kutateladze 数；

Kn——克努森数；

K_T——温度参数；

k——导热系数，$W/(m \cdot K)$；

l——长度，m；

L——长度，m；

$\dot{m}$——质量流量，kg/s；

M——相对分子量；马赫数；

n——单位容积分子数；

N——每米丝网目数；

Nu——努塞尔数；

p——压力，Pa；

P_0——大气压，Pa；

P_a——大气压，Pa；

Pr——普朗特数；

q——热流密度，W/m^2；

Q——热流量，W；

r——半径，m；

r_c——毛细半径，m；

R——曲率半径，m；管半径，m；

Ra——瑞利数；

Re——雷诺数；

R_o——通用气体常数，8.314J/(mol·K)；

R_v——气体常数，J/(kg·K)；

S——表面积，m^2；系数；

T——温度，K；

T_∞——室温，K；

u——速度，m/s；

V——体积，m^3；

V'——液体容积与蒸发段容积之比；

$\dot{V}$——体积流量，m^3/s；

V_t——热管总容积，m^3；

w——速度，m/s；

W——宽度，m；间距，m；

We——韦伯数；

x——距离，m；

z——轴向长度，m；定性尺寸，m；

α——深宽比；夹角，(°)；

β——夹角，(°)；动量修正系数；

γ——比热容比；

δ——厚度，深度，m；

ε——空隙率；灰度；

ϕ——倾斜角度，(°)；

φ——夹角，(°)；

λ——沿程摩擦因数；蒸汽分子的平均自由路径，m；

μ——黏度，Pa·s 或 kg/(m·s)；

ν——运动黏度，m^2/s；

θ——接触角，(°)；

θ_s——温度差$(T_s - T_w)$，℃；

ξ——系数；

ρ——密度，kg/m^3；

σ——表面张力，N/m；斯蒂芬－玻尔兹曼常数；

τ——剪切应力，Pa；

Ω——充液率；

ω——角速度，rad/s；

ψ——填充率。

下标：

a——绝热；

b——气泡；

c——毛细；压缩；冷却；

cap.——毛细；

crit——极限；

d——管径；

e——蒸发；

eff——有效的；

f——摩擦；

g——重力；

hl——水力；

hs——水力

hv——蒸汽；

i——不可压缩；内部；

l——液体；

m——最大；

max——最大；

mel——熔点；

o——零状态；固定；

p——压力；

r——半径；径向；

S——颗粒；

s——饱和温度；

sat——饱和；

tr——转变；

v——蒸汽；容积；

w——管壁；轴向；

x——坐标 x 方向；

z——局部。

上角标：

*——临界

参 考 文 献

[1]　Cotter T P. Theory of heat pipes, Los Alamos Scientific Lab. Report No. LA－3246－MS, 1965.

[2]　庄骏，张红. 热管技术及其工程应用. 北京：化学工业出版社，2000.

[3]　Yuan S W. Finkelstein A B. Laminar flow with injection and suction through a porous wall. Heat Transfer

and Fluid Mechanics institute, Los Angeles, 1955.

[4] Wageman W E, Guevara F A. Fluid flow through a porous channel, Phys. Fluids, 1960, 3(6): 878 ~ 881.

[5] Faghri A. Heat pipe science and technology, Taylor&Francis Press, 1995.

[6] Busse C A. Theory of ultimate heat transfer limit of cylindrical heat pipes. Int. J. Heat Mass Transfer, 1973, 16(1): 169 ~ 186.

[7] Deverall J E, Kemma J E and Florschuetz L W. Sonic limitation and startup problems of heat pipes, Los Alamos Scientific Laboratory Rept. NOLA – 4518 Sep. 1970.

[8] Levy E K. Theoretical Investigation of heat pipes operating at low vapor pressures, ASME J. Engineering Industry, 1968, 90: 547 ~ 552.

[9] Chi S W. Heat pipe theory and practice, McGrow Hill, 1976.

[10] Prenger Jr. F C, Kemme J E. Performance limits of gravity – assist heat pipes with simple wicks structures, Proc. 4th Int. Heat Pipe Conf. 1981, 137.

[11] Tien C L, Chung K S. Entrainment limits in heat pipes, Proc. of 3rd International Heat Pipe Conference. 1978, 36 ~ 40.

[12] Rice G, Fulford D. Influence of fine mesh screen on entrainment in heat pipes, Proc. 6th. Int. Heat Pipe Conf. , Grenoble, France, 1987, 243 ~ 247.

[13] Tien C L, Jun K H. Minimum meniscus radius of heat pipe wick materials, ASME J. Heat Mass Transfer, V 1971, 14(11): 1853 ~ 1855.

[14] Acton A. Proc. 4th Int. Heat Pipe Conf. 1981, 279.

[15] Ferrell T K, Alleavitch J. Vaporization heat transfer in capillary wick structures, Preprint No.6, ASME – AICHE Heat Transfer Conf. Minneapolis, Minn. August, 1969.

[16] Bressler R G, Wyatt P W. Surface wetting through capillary grooves, ASME J. Heat Transfer, 1970 92 (1): 126 ~ 132.

[17] Kays W M. Convection Heat and Mass Transfer, McGraw – Will Co. , New Yark, 1960.

[18] Marcus B D. Theory and design of variable conductance heat pipes, NASA CR – 2018, 1972.

[19] Cosgrove J H. Engineering design of a heat pipe, Ph. D Thesis, North Carolina State Univ. , 1966.

[20] Acton A. , Proc. 4th Int. Heat Pipe Conf. 1981, 279.

[21] Ogushi T, Sakurai Y. Composite wick heat pipes, Proc. 4th Int. Heat Pipe Conf. 1981, 651.

[22] Buchko M T. Experimental and numerical investigations of low and high temperature heat pipes with multiple hear source and sinks, Master's Thesis, Wright State University, Dayton, OH. , 1990.

[23] Faghri A, Thomas S. Performance characteristics of a concentric annular heat pipe: Part I – Experimental prediction and analysis of the capillary limit, ASME J. Heat Transfer, 1989, 111(4): 844 ~ 850.

[24] Cao Y, Faghri A. Micro/Miniature Heat Pipes and Operationg Limitations, Proc, ASME National Heat Transfer Conf. , Atlanta, Georgia, ASME HTD – V 1993, 236: 55 ~ 62.

[25] Cao Y, Faghri A. Close – form analytical solutions of high – temperature heat pipe startup and frozen startup limitation, ASME J. Heat Transfer, 1992, 114: 1028 ~ 1035.

[26] Cohen H Bayley F J. Heat transfer problem of liquid cooled gas turbine blacles, Proc. Inst. Mech. Eng. (London), 1955, 169: 1063 ~ 1080.

[27] Shiraishi M K, Kiiuchi, Yamanishi T. Investigation of heat transfer characteristics of a two – phase closed thermosyphon, Proc. 4th IHPC, 1981.

[28] 杨世铭. 传热学(第二版). 北京: 高等教育出版社, 1987.

[29] Gross U, Hahne E. Reflux condensation inside a two – phase thermosyphon at pressures up to the critical, Proc. 8th Int. Heat Transfer Conf. , San Francisco, CA, 1986. 1613 ~ 1620.

［30］ ESDU. Heat pipe – performance of two – phase closed thermosyphon. Engineering Sciences Data Unit 81038, London, UK, 1981.

［31］ Edwards D K, Denny V E, Mills A F. Transfer Processes: An Introduction to Diffusion, Convection and Radiation, 2ndEd. , Hemisphere, New York, 1979.

［32］ Gross U. Falling film evaporation inside a closed thermosyphon, Proc. 8thInt. Heat Pipe Conf. , Beijing, China, Paper No. A – 15, 1992.

［33］ Imura H et al. Heat Transfer – Jap. Res. , 1979(2): 42.

［34］ Wallis G. One – Dimensional Two – Phase Flow, McGraw – Hill, New York, 1969.

［35］ Kutateladze S S. Elements of hydrodynamics of gas – liquid systems, Fluid Mechanics – Soviet Research, 1972(1): 29 ~50.

［36］ Feldman Jr. K T, Srinivasan R. Investigation of heat transfer limits in two – phase closed thermosyphon, Proc. 5thInt. Heat Pipe Conf. 1984.

［37］ Gorbis Z R, Savchenkov G A. Low temperature two – phase closed thermosyphon investigation, Proc. 2nd Int. Heat Pipe Conf. , Bologa, Italy, 1976. 37 ~45.

［38］ Streltsov A I. Theoretical and experimental investigation of optimum filling for heat pipes, Heat Transfer – Soviet Research, 1975, 7(1): 23 ~27.

［39］ Imura H, Sasaguchi K, Kozai H. Critical heat flux in a closed two – phase thermosyphon, Int. J. Heat Mass Transfer, 1983. 26(8): 1181 ~1188.

［40］ Harada K, Inoue S, Fujita J, Wakiyama Y. Heat transfer characteristics of large heat pipe (in Japanese), Hitachi Zosen Tech. Rev. 1980, 41(3): 167.

［41］ Negishi K, Sawada T. Heat transfer performance of an inclined two – phase closed thermosyphon, Int. J. Heat Mass Transfer, 1983, 26(8): 1207 ~1213.

［42］ Shiraishi M, Kim Y K. A correlation for the critical heat transfer rate in an inclined two – phase closed ther- mosyphon, Heat Pipe Technology Theory, Applications and Prospects, Pergamon Prass, 1997. 248 ~254.

［43］ Gray V H. The rotating heat pipe – a wickless, hollow shaft for transferring high fluxes, ASME Paper No. 69 – HT – 19, 1969.

［44］ 林兰潮, 张有衡, 徐通明. 台阶形旋转热管内部传热机理分析(硕士学位论文). 南京: 南京化工大学, 1986.

［45］ Daniels T C, Al – Jumaily F K. Investigations of the factors affecting the performance of rotating heat pipe, Int. J. Heat Transfer, 1975, 18(7 ~8): 961 ~973.

［46］ Marto P, Gray V. Effects of high accelerations and heat fluxes on nucleate boiling of water in an axisymmet- ric rotating boiler, NASA TN D – 6307, 1971.

［47］ Vasiliev L, Khrolenok V. Centrifugal coaxial heat pipes, Proc. 2nd Int. Heat Pipe Conf. , Bologna, pp. 293 – 302, 1976.

［48］ Dakin J. Vaporization of water films in rotating radial pipes, Int. J. Heat Mass Transfer, 1978, 21: 1325 ~1332.

［49］ Nakayama W, Ohtsuka Y, Yoshikawa T. The effects of fine surface structures on the performance of hori- zontal rotating heat pipe, Proc. 5th Int. Heat Pipe Conf. , 1984, 121 ~125.

［50］ Marto P, Weigel H. The development of economical rotating heat pipe, Proc. 4th Int. Heat Pipe Conf. , London. 1981. 709 ~724.

［51］ Salinas D, Marto P. Analysis of an internally finned rotating heat pipe, Num. Heat Transfer, Part A, V 1991, 19(3): 225 ~275.

［52］ Collier J. Convective Boiling and Condensation, McGraw – Hill, New York, 1972.

［53］ Tien C L, Chung K. Entrainment limits in heat pipes, Proc. 3rdInt. Heat Pipe Conf. , Palo Alto, 1978.

[54] Zuber N. On stability of boiling heat transfer, Trans. ASME, 1958, 80: 711~720.

[55] 张红, 张有衡, 牟楷. 分离式热管充液率的研究(硕士学位论文). 南京: 南京化工大学, 1987.

[56] Kohtka I, Mori T. Separate heat pipe heat exchanger, China – Japan Heat Pipe Symposium, Shanghai, 1986. 5.

[57] Chen Yuanguo, Gao Mingchong, Xin Mingdao. Experiments of heat transfer performance of separate type thermosyphon, Int. Heat Pipe Symp., Osaka, 1986.

[58] 靳明聪, 陈远国. 热管与热管换热器. 重庆: 重庆大学出版社, 1986.

[59] 杨世铭. 传热学. 北京: 人民教育出版社, 1981.

[60] 联邦德国工程师协会编. 传热手册, 北京: 化学工业出版社, 1983.

第三章　热管换热器设计

（张　红）

第一节　热管换热器的类型与结构

热管换热器属于热流体与冷流体互不接触的表面式换热器。典型的热管换热器如图 6.3 – 1所示。热管换热器的最大特点是，结构简单，换热效率高，在传递相同热量的条件

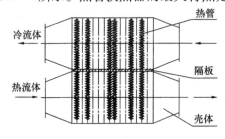

图 6.3 – 1　热管换热器

下，热管换热器的金属耗量少于其他类型的换热器；换热流体通过换热器时的压力损失比其他换热器小，因而动力消耗池小。由于冷、热流体是通过热管换热器不同部位换热的，而热管元件相互又是独立的，因此即使有某根热管失效或穿孔也不会对冷、热流体间的隔离与换热有多少影响。此外，热管换热器可以方便地调整冷热侧换热面积比，从而可有效地避免有腐蚀性气体的露点腐蚀。热管换热器的这些特点正越来越受到人们的重视，其用途亦日趋广泛。

按照热流体和冷流体的状态，热管换热器可分为气 – 气式、气 – 液式、液 – 液式以及液 – 气式。从热管换热器结构形式来看，热管换热器又可分为整体式、分离式、回转式和组合式[1]。

一、整体式热管换热器

该换热器是由许多单根热管组成的。热管数量的多少取决于换热量的大小。图 6.3 – 2 是气 – 气整体式热管换热器之实物照片。经过这种换热器的两种流体都是气体。为了提高气体的传热系数，往往采取在管外加翅片的方法（肋化比可达 8 ~ 10），这样可使所需的热管数目大为减少。

图 6.3 – 2　气 – 气热管换热器实物照片图

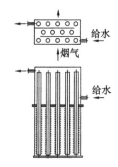

图 6.3 – 3　气 – 液热管换热器

图 6.3 – 3 所示为气 – 液热管换热器，它的一个重要特点是气侧热管管壁有破坏时，水侧的水不会漏入气侧，增加了设备使用的可靠性。

图 6.3 - 4 所示为热管余热锅炉的两种结构形式。冷侧一般均为承压的汽包（或与汽包系统相连通）。目前热管余热锅炉产生的蒸汽压力可达 12MPa。进入余热锅炉的烟气温度最高可达 1100℃。热管余热锅炉的最大特点是结构紧凑、体积小及安全可靠。与一般的烟管式余热锅炉相比，其重量仅为烟管式余热锅炉的 1/3 ~ 1/5，外形尺寸只为烟管式余热锅炉的 1/2 ~ 1/3。烟气通过余热锅炉的压力损失一般为 20 ~ 60Pa，故引风机的电耗也很小。热管元件的破损，不影响蒸汽系统的循环，无须为此停车检查。

二、分离式热管换热器

分离式热管换热器如图 6.3 - 5 所示，其蒸发段和冷凝段相互分开，两者之间通过蒸汽上升管和冷凝液下降管连接成一个循环回路。其循环动力为下降管系统（包括冷凝段）与上升管系统（包括蒸发段）中工作介质的密度差[2]，即不需要外加动力，但存在着一个最小高度差 H_{min}，冷凝段与蒸发段的高度差必须大于 H_{min}。分离式热管换热器拥有常规换热器不具备的某些特性：①根据现场实际情况，可灵活地布置蒸发段和冷凝段；②一种热流体可同时加热两种不同的冷流体，如空气和煤气（图 6.3 - 6），安全而又可靠；③管排内的蒸汽温度可以调整。图 6.3 - 7 所示的分离式热管换热器中，改变蒸汽上升管和冷凝液下降管的连接次序，可以调整管排内的蒸汽温度，这样可避免高温侧因管内温度高而造成压力过高的安全性问题和因低温侧温度过低带来的露点腐蚀问题。

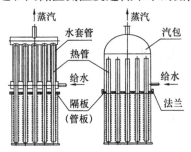

图 6.3 - 4 热管余热锅炉

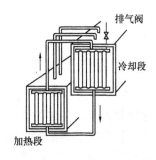

图 6.3 - 5 分离式热管换热器

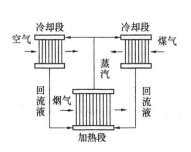

图 6.3 - 6 分离式热管换热器多种流体换热

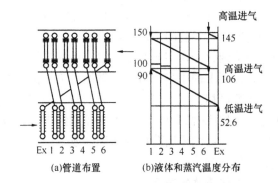

(a)管道布置　(b)液体和蒸汽温度分布

图 6.3 - 7 分离式热管换热器的温度调整

三、回转式热管换热器[3]

该类换热器有两个显著优点：一是可借助转动的离心力来实现工作液体循环，转动还促使气流搅动，增强传热，这对含尘较多的气体更为有效。二是这类换热器兼有送风机的功能。但因增添了转动机构，使结构复杂化，还增加了动力消耗。回转式热管换热器可分为离心式、轴流式和涡流式，如图 6.3 - 8 所示。

四、组合式热管换热器

该换热器均由同一类型热管组成，根据换热器中所处的温度段不同可选择充有不同工作液体的热管。在图6.3-9所示的图中，A代表高温气体，B代表低温气体。a、b、c、d、e、f代表6组热管；在a、b中可为不锈钢-液态金属钠或钾热管；c、d两排可为碳钢壳体的水热管；e、f可为铝壳体的氟里昂热管。工作温度由高到低，可以选用最适宜在该温度区内工作的热管。

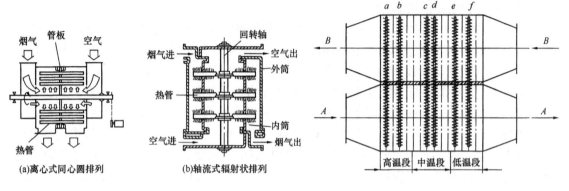

(a)离心式同心圆排列　　　(b)轴流式辐射状排列

图6.3-8　回转式热管换热器结构　　　　图6.3-9　组合式热管换热器

第二节　热管设计

热管设计应当考虑以下几点因素：

（1）热管管内工作液体的选择；

（2）热管管内吸液芯结构形式；

（3）热管的工作温度，亦即工作情况下热管内部工作液体的饱和蒸汽温度；

（4）热管管壳材料的选择。

在进行热管设计之前，首先应考虑确定上述这些因素。一般说来，这与设计的目的有关。如前所述，热管的用途相当广泛，不同的用途对热管的要求也不尽一致。在某些场合下要求相当苛刻，如在宇航及军工中应用的热管就是如此。此时管子的数量可能较少，可靠程度和精密性要求却相当严格，可靠性占第一位，经济性则处于次要地位。在民用和一般工业中，管子数量相当多（批量生产），这时经济性占了突出地位，如果价格昂贵，应用也就失去了意义。故此时的热管设计更应注意经济性，应尽量采用价廉易得且传输性能好的工作液体，吸液芯尽可能采用简单的结构，或不用吸液芯（热虹吸管），对管壳则尽可能采用价廉的金属，如碳钢管。

一、工作液体的选择

热管是依靠工作液体的相变来传递热量的，因此工作液体的各种物理性质对于热管的工作特性也就具有重要的影响。一般应考虑以下一些原则：

（1）工作液体应适应热管的工作温度区，并有适当的饱和蒸汽压；

（2）工作液体与壳体、吸液芯材料应相容，且应具有良好的热稳定性；

（3）工作液体应具有良好的综合热物理性质；

（4）其他（包括经济性、毒性、环境污染等）。

（一）工作温度区

在指定设计条件下，冷源和热源温度是已知的，换热条件也是明确的，因而热管本身的工作温度范围可以通过一般的传热公式计算而得。这里所说的工作温度一般是指工作时热管内部工作液体的蒸汽温度。良好的热管工作时，工作液体必然处于汽液两相状态，因此所选择工作液体的溶点应低于热管的工作温度，热管才有可能正常工作。图 6.3 - 10 列出了可作为热管工作液体的溶点、沸点及临界点（线段上的垂直短线）的温度范围。从图中可以看出，这些液体在某些温度区域是重叠的，即在某些温度范围内有几种工作液体可被选用。这就要依次考虑饱和压力、价格、热稳定性以及有无毒性等因素，并加以对比，作出选择。

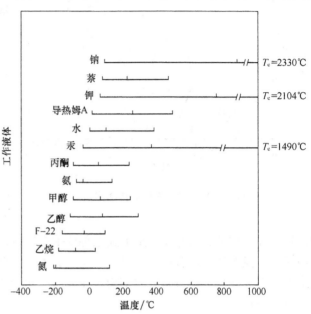

图 6.3 - 10　工作液体的溶点、沸点和临界点的温度范围

（二）工作液体与壳体、吸液芯的相容性及热稳定性

工作液体与壳体、吸液芯材料的相容性是最重要的考虑因素，如杲工作液体的相容性及热稳定性不好则均会产生不凝性气体而使热管性能变坏，甚至不能工作。

目前，还没有完整的理论来说计算材料的相容性，但是确定材料相容性的试验一直在不断进行，有关相容性及寿命试验的研究结果亦相当多。在相容性试验中清洗的严格程度不一致，加之同等材料在化学成分上也有差异，故相容性试验结果也可能有差异。

一些典型的相容性资料见表 6.1 - 2。碳钢和水的相容性一直是人们关心的问题，要完全做到使水和碳钢在热管内部不发生化学反应，目前还有困难。国内许多单位在水 - 碳钢相容性研究方面做了相当多的工作，在工业中使用的许多碳钢 - 水热管设备其寿命已超过 10 年。

工作液体发生热稳定性问题主要在用有机介质作工作液体时的热管，因此应十分小心。一旦超温，有机工质即迅速分解，甚至碳化。另外，即使在与管壳材料相容的情况下，某些有机工质自身的缓慢分解也是不可避免的。

（三）工作液体的传输因素

如果把工作液体物性对热管传热能力的影响归纳成一个数群，则可有以下的形式：

$$N = \frac{\sigma \rho_l h_{fg}}{\mu_l} \qquad (3-1)$$

式中，N 为传输因素，W/m^2；σ 为液体的表面张力系数，N/m；ρ_l 为液体密度，kg/m^3；h_{fg} 为液体的汽化潜热，kJ/kg；μ_l 为液体的动力黏度，$Pa \cdot s$。

一些工质的传输因素示于图 6.3 - 11 中。

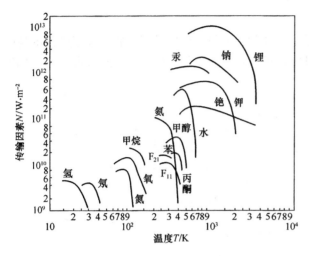

图 6.3 - 11 工作液体的传输因素

（四）对工质的其他要求

满足以上条件的工作液体不一定就是最好的工质，还要考虑其毒性、易燃易爆性、经济性及来源难易性等问题。例如在 300 ~ 600℃ 范围内，从物性来说，汞蒸汽有毒，且对环境有污染，因此汞的使用受到限制。

二、吸液芯的选择

吸液芯的选择是一个复杂问题，从要求提供最大传热效率的观点出发，要求其具有以下性能有效毛细孔半径 r_c 非常小，以达到最大的毛细压力；渗透率 K 值要大，以减少回流液体的压力损失；导热热阻要小，以减少径向导热阻力。同一种结构的吸液芯要满足上述全部要求是困难的，因而出现了复合的吸液芯结构和干道吸液芯，但增加了制造难度，提高了制造成本。因此在选择吸液芯时应注意在能满足传热要求的基础上尽量选择最简单的结构。在地面应用的热管，尽量利用重力回流，采用无吸液芯的热虹吸管。

三、管壳材料的选择

壳体材料首先应满足与工作液体相容性的要求，除此之外，壳体材料还应满足在工作温度下的强度和刚度要求。一些设计者往往会忽视在较高温度下材料本身的强度和刚度下降的因素。在较高温度条件下工作的热管，必须进行在温度条件下的强度核算；其次应注意材料的焊接性能，最好使用同种材料焊接，一般希望材料的焊接性要好。然而壳体、端盖及充液管三者的材料有时不可能一致，如果出现焊缝裂纹或其他缺陷，可能会使热管失效，严重时会发生管壳爆裂事故。材料对环境介质的抗蚀性也不能忽视。在满足以上要求的基础上，还应考虑经济性和材料的来源。

在注意以上原则后，热管壳体材料还必须符合我国有关标准规定。根据我国 1998 年钢制压力容器（GB 150—1998），对光管有如下要求[4]：

（1）钢管的标准及许用应力值应按照 GB 150—1998 附录Ⅷ表来确定；

（2）碳毒钢和低合金钢钢管使用温度低于或等于 - 20℃ 时，其使用状态及最低冲击试验温度应按表 6.3 - 1 规定。因尺寸限制无法制备 5mm × 10mm × 55mm 小尺寸冲击试样的钢管，免做冲击试验，各钢号钢管的最低使用温度按 GB 150—1998 附录Ⅸ的规定；

表 6.3 - 1 钢管使用状态及最低冲击试验温度

钢 号	使用状态	壁厚/mm	最低冲击试验温度/℃
10	正火	≤16	- 30
20G	正火	≤16	- 20
16Mn	正火	≤20	- 40
09MnD	正火	≤16	- 50

（3）钢管工艺性能试验（压扁及扩口等）的要求应根据钢管使用时的加工工艺和各钢

管标准中的相应规定提出；

（4）钢管超声波探伤检验，磁粉探伤检验的要求按有关技术条件或图样确定。

四、设计计算

热管的设计计算通常按以下几个步骤进行：

①根据一定的蒸汽速度确定热管直径；

②按照工作压力对热管进行机械强度校核；

③按照毛细极限对吸液芯进行计算。

（一）管径设计

管径设计的基本原则是管内的蒸汽速度不超过一定的极限值，该极限值就是在蒸汽通道中最大的马赫数不超过 0.2。在这样的条件下，蒸汽流动可以被认为是不可压缩的流体流动，且轴向温度梯度很小，并可忽略不计。否则，在高马赫数下蒸汽流动的可压缩性将不可忽略。

一般说来，一根热管传递的最大轴向热流量 Q_{max} 是已知的，如果又限定它的马赫数等于 0.2，那就可根据式（2-63）得：

$$A_v = \frac{Q_{max}}{0.2\rho_v h_{fg}\sqrt{r_v R_v T_v}}$$

故：

$$d_v = \left(\frac{20Q_{max}}{\pi\rho_v h_{fg}\sqrt{r_v R_v T_v}}\right)^{\frac{1}{2}} \qquad (3-2)$$

式中，d_v 为蒸汽腔直径；Q_{max} 为最大轴向热流量；ρ_v 为蒸汽的热流密度；h_{fg} 为汽化潜热；R_v 为蒸汽的气体常数；T_v 为蒸汽的温度。

（二）管壳设计

热管不工作时，一般处于负压状态（低温热管除外），外界压力一般为大气压力，故可不考虑管壳失稳的问题，因而管壳的设计主要从强度考虑。

1. 壳体壁厚

$$S_c = S + C \qquad (3-3)$$

式中，S 为按强度计算所得的壁厚，mm；C 为腐蚀裕度，mm。

2. 管壁强度及壁厚计算公式

$$S = \frac{pd_i}{2[\sigma]'\phi - p}$$

式中，S 为计算管壁厚度；p 为设计压力；d_i 为管子内径；$[\sigma]'$ 为操作温度条件下的材料许用应力；ϕ 为焊缝系数。

3. 设计参数定义

（1）设计压力　在相应的设计温度下，用以确定管壁计算厚度的压力，称为设计压力。该压力应稍高于热管工作时能达到的最高压力。

（2）设计温度　把热管工作过程中，在相应设计压力下可能达到的最高或最低（指 -20℃ 以下）壁面温度称为设计温度。该温度是选择材料及选取许用应力时的基本设计参数。

（3）许用应力　材料的许用应力是材料的极限应力除以适当的安全系数后得到的应力值，即

$$[\sigma] = \frac{极限应力}{安全系数}$$

一般规定为：常温时（取小值），$[\sigma] = \dfrac{\sigma_s}{n_s}$；$[\sigma] = \dfrac{\sigma_b}{n_b}$

中温时（取小值），$[\sigma] = \dfrac{\sigma_s^t}{n_s}$；$[\sigma] = \dfrac{\sigma_b^t}{n_b}$

式中，σ_s，σ_b 分别为常温下材料的屈服强度和拉伸强度，σ_s^t，σ_b^t 为设计温度下材料的屈服强度和拉伸强度，n_s，n_b，为材料屈服强度和拉伸强度的安全系数。

当碳素钢或低合金钢的设计温度超过 420℃，合金钢的设计温度超过 550℃ 时，还必须考虑持久强度或蠕变极限的许用应为（取小值）：

$$[\sigma] = \frac{\sigma_D^t}{n_D}；[\sigma] = \frac{\sigma_n^t}{n_n}$$

式中，σ_D^t，σ_n^t 为设计温度下材料的持久强度和蠕变极限。

钢材的安全系数见表 6.3-2[5]。

表 6.3-2　钢材的安全系数

材　料	常温下的最低抗拉强度 σ_B	常温和设计温度下的屈服点 σ_s 或 σ_s^t	设计温度下的持久强度（经 10 万 h 断裂）		设计温度下的蠕变极限（在 10 万 h 下的蠕变为 1%）σ_n^t
			σ_D^t 平均值	σ_D^t 最小值	
碳素钢 低合金钢 铁素体不锈钢 奥氏体不锈钢	$n_b \geqslant 3$	$n_s \geqslant 1.6$ $n_s \geqslant 1.5$	$n_D \geqslant 1.5$ $n_D \geqslant 1.5$	$n_D \geqslant 1.25$ $n_D \geqslant 1.25$	$n_n \geqslant 1$ $n_n \geqslant 1$

在缺乏实验数据的情况下，可直接采用各种材料在使用温度下的许用应力值，各种钢管的许用应力值见 GB 150—1998 附录Ⅷ，铜、铝在不同温度下的许用应力值见表 6.3-3 和表 6.3-4[6]：

表 6.3-3　铜（退火的辗压铜）在不同温度下的许用应力

温度/℃	120	121～140	141～160	161～180	181～200	201～230	231～250
许用应力（拉伸）/MPa	44.12	41.10	39.20	37.24	35.28	31.30	29.40
许用应力（弯曲）/MPa	46.06	43.12	41.16	39.20	37.24	35.28	32.34

表 6.3-4　铝（退过火的）在不同温度下的许用应力

温度/℃	30	31～60	61～80	81～100	101～120	121～140	141～160	161～180	181～200
许用应力（拉伸）/MPa	1500	1400	1300	1200	1050	900	750	600	450
许用应力（弯曲）/MPa	2500	2250	2000	1750	1500	1250	1000	750	500

（4）最大工作压力　在已知热管壁厚和管壳直径的情况下，可根据热管的工作条件验算管壳所能承受的最大工作压力，判断工作是否安全。最大允许工作压力的核算公式为：

$$[p] = \frac{2[\sigma]S}{d_i + S} \tag{3-4}$$

式中，$[p]$ 为最大允许工作压力；S 为强度计算管壁厚度；$[\sigma]$ 为材料在工作温度下的许用应力；d_i 为管子内径。

（三）端盖设计

热管端盖可按平板盖公式设计[4]，即

$$t = d_i \sqrt{\frac{0.35p}{[\sigma]^t \phi}} \tag{3-5}$$

式中，t 为端盖厚度；d_i 为管子内径；p 为设计压力；$[\sigma]^t$ 为材料在设计温度下的许用应力；ϕ 为焊接系数，局部无损探伤，取 0.8。

（四）吸液芯设计

1. 设计原则

$$Q_{c,max} = \frac{\dfrac{2\sigma}{r_c} - \rho_1 g d_v \cos\phi \pm \rho_1 g_1 \sin\phi}{(F_1 + F_v) l_{eff}} \qquad (3-6)$$

设计吸液芯的依据是毛细极限计算公式（3-6）。该式与吸液芯结构有关，而影响热流量的主要因素是毛细压力和液体流动压降。从 $F_1 = \dfrac{\mu_1}{KA\rho_1 h_{fg}}$ 可知，影响液体压降的因素除液体物理性质外，主要是吸液芯的渗透率 K 和吸液芯的横截面积 A_w。因此良好的吸液芯必须具有毛细压力高、液体流动阻力小（也即渗透率高）及横截面积大的特点。但这些因素不可能全部满足，毛细压力过高，毛细有效半径 r_c 必定很小，渗透率就不会高。如果要增大流通截面 A_w，则可能会增加径向热阻，对传热不利，因此必须全面权衡。更重要的应是结构简单、制造方便及成本低廉。一般丝网吸液芯较符合上述要求。现以丝网吸液芯为例阐明其设计步骤。

2. 设计步骤

（1）确定热管中液体的总静压力　根据热管要求的长度和热管的倾角，初步定出蒸汽腔的内径及工作流体的预定工作温度，这样就可以计算出在热管中液体的总静压力：

$$p_g = \rho_1 g (d_v \cos\phi + l\sin\phi) \qquad (3-7)$$

（2）确定最大毛细压力值　初步确定的最大毛细压力值至少应为 p_g 值的两倍，以确保热管在工作中有足够的毛细压头，还可用其克服重力压头和流动损失压头。

（3）确定丝网目数　根据已确定的最大毛细压力，可由 $\Delta p = \sigma\left(\dfrac{1}{R_1} + \dfrac{1}{R_2}\right)$，求得吸液芯有效毛细半径，再由 $r_c = \dfrac{d+W}{2} = \dfrac{1}{2N}$，可求得丝网目数 N。

（4）求吸液芯厚度 δ　在式（3-6）中暂略去蒸汽摩擦压降，可得：

$$\frac{2\sigma}{r_c} - p_g = F_1 l_{eff} Q_{c,max} \qquad (3-8)$$

$$F_1 = \frac{\mu_1}{K_A A_w \rho_1 h_{fg}}$$

合并上述两式，可得：

$$A_w = \frac{l_{eff} Q_{c,max} \mu_1}{\left(\dfrac{2\sigma}{r_c} - p_g\right) \cdot K\rho_1 h_{fg}} \qquad (3-9)$$

由此可得吸液芯厚度：

$$\delta \approx \frac{A_w}{\pi d_i} \qquad (3-10)$$

（五）毛细极限的验算

有已知吸液芯厚度可得 d_v、A_w、F_1 和 F_v 等值，代入式（3-6）可以验算毛细极限。如不满足，可重新修改丝网设计参数。

（六）验算

验算携带极限、沸腾极限，最后核算 Re 数，验算是否为层流流动。

五、设计举例

设计 1 根热管，其工作温度为 200℃，管子外径要求为 32mm，热管仰（倾）角为 5°，蒸发段位于冷凝段之上，管长 0.5m，蒸发段和冷凝段长均为 0.25m，要求传递的最大功率为 50W。

（一）工作液体的选择

由图 6.3 - 10 可见，在 200℃ 这一温度区，甲醇和水皆可使用，但由图 6.3 - 11 可知，在 200℃ 时，水的传输因素要比甲醇高得多，且水的来源比甲醇容易，价格低廉，故选用水作为工作液体较好。

（二）壳体材料的选择及强度计算

由表 6.1 - 2，水与铜、镍、钛均相容，但从价格及导热性能考虑，选择铜为壳体材料较好。根据我国管材的规定（查有关设计手册），选用壁厚为 2.5mm，直径为 32mm 的铜管，校核所能承受的最大工作压力。由表 6.3 - 3 知，铜在 200℃ 时的许用应力为 35.28MPa。将有关的参数代入式（3-4）可得壳体的最大允许压力值为：

$$[p] = \frac{2[\sigma]S}{d_i + S} = \frac{2 \times 35.28 \times 0.25}{(3.2 - 2 \times 0.25) + 0.25} = 5.98\text{MPa}$$

已知水在 200℃ 时的饱和压力为 $1.586 \times 10^6\text{Pa}$，故在工作时是安全的。但应注意最高工作温度不能超过 280℃（相应的饱和压力为 $6.55 \times 10^6\text{Pa}$）。

（三）端盖厚度的计算

由式（3-5）得端盖厚度：$t = d_i \sqrt{\dfrac{0.35p}{[\sigma]^t \phi}}$

$$t = 2.7 \sqrt{\frac{0.35 \times 61}{35.28 \times 0.8}} = 0.735$$

为满足易焊接及加工等要求，以取端盖厚度为 0.8cm 较好。

（四）声速极限条件下的蒸汽腔直径 d_v

水在 200℃ 时的物理参数：

汽化潜热　$h_{fg} = 1967\text{kJ/kg}$；液体密度　$\rho_l = 865\text{kg/m}^3$；

蒸汽密度　$\rho_v = 7.87\text{kg/m}^3$；液体动力黏度　$\mu_l = 0.14 \times 10^{-3}\text{Pa} \cdot \text{s}$；

蒸汽动力黏度　$\mu_v = 1.6 \times 10^{-5}\text{Pa} \cdot \text{s}$；液体热导率 $\lambda_l = 0.659\text{W/(m} \cdot \text{℃)}$；

液体表面张力　$\sigma = 3.89 \times 10^{-2}\text{N/m}$。

将以上有关数值代入式（3-2）可得：

$$d_v = \left(\frac{20Q_{max}}{\pi \rho_v h_{fg} \sqrt{r_v R_V T_v}}\right)^{\frac{1}{2}} = \left(\frac{20 \times 50}{3.14 \times 7.87 \times 1967 \times 10^3 \sqrt{1.33 \times 462 \times 473}}\right)^{\frac{1}{2}}$$

$$= 1.95 \times 10^{-4}\text{m}$$

即只要蒸汽腔大于 0.195mm，就不会出现声速极限。

（五）吸液芯的选择及设计

考虑到制造方便，决定选用丝网结构，并选用铜材丝网。

1. 吸液芯所需克服的液柱静压头 p_g

$p_g = \rho_l g(d_v \cos\phi + l \sin\phi) = 865 \times 9.81(0.027 \times \cos 5° + 0.5 \times \sin 5°) = 598\text{N/m}^2$

2. 先取丝网目数

根据经验，所选丝网的毛细压力 p_c 要大于液柱静压头 $2p_g$，热管才能稳定地工作，即

$$p_c = \frac{2\sigma}{r_c} = 2p_g = 2 \times 598 = 1196 \text{N/m}$$

因此：$r_c = \frac{2\sigma}{2p_g} = \frac{2 \times 3.89 \times 10^{-2}}{1196} = 6.5 \times 10^{-5} \text{m}$

根据表 2-1 知，多层丝网可取 $r_c =$（$W + d$）$/2$，W 为丝网间距，相当于网眼宽度，一般情况下，网眼宽度等于丝径，由此可得：

$$W = r_c = 6.5 \times 10^{-5} \text{m}$$

因而可求得网目数：

$$N_m = \frac{1}{W + d} = \frac{1}{2r_c} = \frac{1}{2 \times 6.5 \times 10^{-5}} = 7692 \text{m}^{-1}$$

因为 7692m^{-1} 相当于英制 195 目，取标准 200 目，200 目换算成公制为：

$$N_m^{200} = 200 \times \frac{1000}{25.4} = 7874 \text{m}^{-1} > 7692 \text{m}^{-1}$$

因此选用 200 目的多层铜丝网吸液芯可以达到上述要求。

3. 最大毛细压力

对 200 目丝网，仍假定其丝间距 W 与丝直径 d 相等，则：

$$W = d = \frac{1}{2 \times 7874} = 6.35 \times 10^{-5} \text{m}$$

$$r_c' = \frac{d + W}{2} = 6.35 \times 10^{-5} \text{m}$$

丝网产生的最大毛细压力为：

$$p_{c,\max} = \frac{2\sigma}{r_c'} = \frac{2 \times 3.89 \times 10^{-2}}{6.35 \times 10^{-5}} = 1225 \text{N/m}^2$$

4. 渗透率 K

由表 2-3 可查得卷绕丝网的渗透率：

$$K = \frac{d^2 \varepsilon^3}{122 （1 - \varepsilon）^2}, \text{而} \ \varepsilon = 1 - \frac{1.05 \pi N d}{4}$$

代入数值后，有：

$$\varepsilon = 1 - \frac{1.05 \times 3.14 \times 200 \times \frac{1}{2 \times 200}}{4} = 0.588$$

$$K = \frac{(6.35 \times 10^{-5})^2 \times (0.588)^3}{122 \times (1 - 0.588)^2} = 3.96 \times 10^{-11} \text{m}^2$$

5. 吸液芯截面积 A_w

$$A_w = \frac{l_{\text{eff}} Q_{c,\max} \mu_1}{\left(\frac{2\sigma}{r_c'} - p_g\right) K \rho_1 h_{fg}}$$

$$= \frac{0.25 \times 50 \times 0.14 \times 10^{-3}}{(1225 - 598) \times 3.98 \times 10^{-11} \times 865 \times 1967 \times 10^3} = 4.14 \times 10^{-5} \text{m}^2$$

6. 吸液芯层数

已知丝径 $d = 6.35 \times 10^{-5}\,\mathrm{m}$，每层网厚为 $2 \times d = 12.7 \times 10^{-5}\,\mathrm{m}$，计算网厚 $\delta = \dfrac{A_w}{\pi d_i} =$

$\dfrac{4.14 \times 10^{-5}}{3.14 \times 2.7 \times 10^{-2}} = 0.488 \times 10^{-3}\,\mathrm{m}$，故层数：

$$n = \frac{\delta}{2 \times d} = \frac{0.488 \times 10^{-3}}{12.7 \times 10^{-5}} = 3.84$$

为使热管有较大的富裕能力，取 $n = 4$ 层，故实际网厚：

$$\delta' = 4 \times 12.7 \times 10^{-5} = 51 \times 10^{-5}\,\mathrm{m}$$

（六）实际蒸汽腔直径 d'_v

$$d'_v = d_i - 2\delta' = 2.7 \times 10^{-2} - 2 \times 51 \times 10^{-5} = 2.598 \times 10^{-2}\,\mathrm{m}$$

可近似取 $d'_v = 2.6\,\mathrm{cm}$

（七）毛细极限验算及传递的最大功率计算

吸液芯实际厚度下的毛细极限为：

$$A'_w = \pi d_i \delta' = 3.14 \times 2.7 \times 10^{-2} \times 0.51 \times 10^{-3} = 4.3 \times 10^{-5}\,\mathrm{m}^2$$

蒸汽摩擦因数 F_v：

$$F_v = \frac{8\mu_v}{r_v^2 a_v \rho_v h_{fg}} = \frac{8 \times 1.6 \times 10^{-5}}{(0.013)^2 \times \frac{\pi}{4}(0.026)^2 \times 7.87 \times 1967 \times 10^3} = 9.21 \times 10^{-5}\quad \frac{\mathrm{N/m^2}}{\mathrm{m \cdot W}}$$

液体摩擦因数 F_l：

$$F_l = \frac{\mu_l}{KA'_w \rho_l h_{fg}} = \frac{0.14 \times 10^{-3}}{3.96 \times 10^{-11} \times 4.3 \times 10^{-5} \times 865 \times 1967 \times 10^3} = 48\quad \frac{\mathrm{N/m^2}}{\mathrm{m \cdot W}}$$

将上述数值代入下式得传递的最大功率

$$Q_{c,max} = \frac{\frac{2\sigma}{r'_c} - p_g}{(F_l + F_v)\,l_{eff}} = \frac{1225 - 598}{(48 + 9.21 \times 10^{-5}) \times 0.25} = 52.25\,\mathrm{W}$$

可见设计的吸液芯满足要求。

（八）雷诺数核算

$$Re = \frac{2r_v Q_{max}}{a_v \mu_v h_{fg}} = \frac{2.6 \times 10^{-2} \times 52.65}{\frac{\pi}{4}(2.6 \times 10^{-2})^2 \times 1.6 \times 10^{-5} \times 1967 \times 10^3} = 81.34 < 2300$$

可见原设层流流动是正确的。

（九）沸腾极限核算

$$Q_{b,max} = \frac{2\pi l_e \lambda_e T_v}{h_{fg} \rho_v \ln\left(\frac{r_i}{r_v}\right)}\left(\frac{2\sigma}{r_b} - \Delta p_c\right)$$

式中，$\lambda_e = \dfrac{\lambda_l\left[(\lambda_l + \lambda_w) - (1 - \varepsilon)(\lambda_l - \lambda_w)\right]}{\left[(\lambda_l + \lambda_w) + (1 - \varepsilon)(\lambda_l - \lambda_w)\right]}$

其中　　　$\lambda_l = 0.659\,\mathrm{W/(m \cdot ℃)}$；$\lambda_w = 401\,\mathrm{W/(m \cdot ℃)}$；$\varepsilon = 0.588$

求得　$\lambda_e = 1.477\,\mathrm{W/(m \cdot ℃)}$

将已知各值代入上式，最后可求得：

$$Q_{b,max} = 610\,\mathrm{W}$$

（十）携带极限核算

$$Q_{\mathrm{e,max}} = A_{\mathrm{v}} h_{\mathrm{fg}} \left(\frac{\rho_{\mathrm{v}} \sigma}{2 r_{\mathrm{hs}}} \right)^{\frac{1}{2}}$$

对于丝网吸液芯，有：

$$r_{\mathrm{hx}} = \frac{W}{2} = 3.18 \times 10^{-5} \mathrm{m}$$

$$Q_{\mathrm{e,max}} = \frac{\pi}{4} \times (0.026)^2 \times 1967 \times 10^3 \times \left(\frac{7.87 \times 3.89 \times 10^{-2}}{2 \times 3.18 \times 10^{-5}} \right)^{\frac{1}{2}} = 72.42 \mathrm{kW}$$

第三节 热管换热器设计计算[1]

热管换热器的设计目前已通过计算机程序化，其主要内容包括两大部分：换热器的热力计算和热管的极限校核。设计者只要根据工程设计条件，输入原始参数即可得到设计结果。然而热管换热器与其他通用性换热器不一样，它对工程的实际情况比较敏感，也即通用性不强，一个好的设计往往与设计者对热管原理、热管特性的了解深度及对热管和热管换热器的设计、调试的实践经验有很大关系。在许多情况下，计算机程序计算的结果并不完全合理甚至不可行。必须作合理的修改调整。因而全面了解热管换热器的基本设计知识及计算仍然是十分必要的。

鉴于目前热管换热器绝大多数都是用作气–气换热，因此本节的设计计算方法均是针对气–气热管换热器而言。但在掌握了这些方法以后，对于气–液或液–液换热的热管换热器的设计计算一般不会再感困难。

热管换热器设计计算的主要任务在于求取总传热系数 U，然后根据平均温差及热负荷求得总传热面积 A，进而定出管子根数。由此可见，热管换热器的设计和常规换热器设计有相似之处，但设计中亦应考虑如下特点：

（1）选择适当的标准迎面风速 热管换热器设计应遵循一条重要的原则，即把迎面风速（标况）限制在 $2 \sim 3 \mathrm{m/s}$ 的范围内，风速过高会导致压力降过大和动力消耗增加，风速过低又会导致管外膜传热系数降低，管子的传热能力得不到充分的发挥。

（2）选定适合的翅片管参数 根据设计条件，对不同类型换热气体应选择合适的翅片管参数。对清洁气体可选择较密的翅片间距和较薄较高的翅片；对含尘多的或有腐蚀性的气体则应选择间距较宽，且翅片较厚较低的翅片管，管的壁厚也应稍厚以抗磨损和腐蚀，表 6.3 – 5 提供了工业常用的规格参数，可供设计者参考。

表 6.3 – 5 翅片管常用参数

使用场合参数 参 数	空调及一般工业	工业大型装置	备 注
管长/mm	610 ~ 4880	3000 ~ 6000	壁厚 1 ~ 1.2mm 多用于有色金属烟气侧，一般取 3 ~ 6mm
管子外径/mm	8 ~ 25.4	32 ~ 51	
壁厚/mm	1 ~ 1.2, 1.65	2.5 ~ 6	
翅片数片/25.4/mm	8, 11, 14	3 或 6	
翅片高度/mm	12.5 ~ 14	15, 25	
翅片厚度/mm	0.17 ~ 0.58	1.27 ~ 2	
管排数	3, 4, 5, 6, 7	6, 7, 12	
管子排列方式	错列（多用）顺列（少用）		

（3）原始设计参数的核实及计算公式的验证　热管换热器设计时应特别注重对原始设计参数的核实，因为一般作为余热回收设备的热管来说往往总是在已运转的系统中作为附加设备而设计的，因此对前后设备的影响要求颇为严格，现场原始参数（气温、气量）必须精确测定。根据场地情况及系统的要求（压降和温降等），选择出合适的结构。

对重要工程以及在缺少经验的情况下，一些重要的设计参数公式（传热系数及压力降）应进行必要的试验，予以验证。

热管换热器的设计方法正在不断改进和完善，就目前情况来看大致可分为常规计算法、离散计算法和定壁温计算法 3 类。

常规计算法的出发点是把整个热管换热器看成为一块热阻很小的间壁，因而可以采用常规间壁式换热器的设计方法来进行计算。离散计算法的出发点是，认为通过热管换热器换热的热流温度变化不是连续的，而是阶梯式变化的。因而可以通过离散的办法建立传热模型，并进行设计计算。定壁温计算法是近年来在实践中逐步摸索出来的一种方法，它主要是针对热管换热器在运行中易产生露出腐蚀和积灰而提出的。主要目的是要把各排热管（特别是烟气出口处的几排）的壁温都要控制在烟气的露点之上，从而可免除露点腐蚀以及因结露而形成灰堵。

不管哪一种设计方法都离不开常规传热计算规则，因此本章仍着重于介绍常规的设计计算。虽然一些学过传热学的人员对翅片导热及对流传热的基本内容并不生疏，但为了对这部分内容能达到系统理解的要求，这里还是作扼要的介绍。

一、常规设计计算法

图 6.3 - 1 是热管换热器的示意简图，热流体流过隔板的一侧，将热量传给带有翅片的热管，并通过热管将热量传至另一侧。热流体沿流动方向不断被冷却。原则上可以把热管群看成是一块热阻很小的"间壁"，热流体通过"间壁"的一侧不断冷却，冷流体通过"间壁"的另一侧不断被加热，因此热管换热器的设计计算基本上与常规间壁式换热器的计算方法相同。现就热管换热器的传热路线进行逐段分析。

（一）肋（翅）片导热

一般热管换热器的热管外部总带有翅片，以弥补气 - 气换热时传热系数小的缺陷，但所加翅片并非全部等效，如图 6.3 - 12 所示。沿热流方向的翅片本身存在温度梯度，因而常引进肋效率（肋片效率）η_f 的概念。肋效率的定义为翅片实际的传热量除以翅片处处具有管壁温度这个假定情况下的传热量。肋效率为 l_t $(2h_f/\lambda_w\delta_f)^{1/2}$ 和 r_f/r_o 的函数，不同形式翅片的肋效率可从相似图 6.3 - 13 中查取。图 6.3 - 13 是矩形剖面圆翅片的肋效率图。这里的 l_f 为翅片高；h_f 为流体对翅片管的传热系数；λ_w 为翅片材料的热导率；δ_f 为翅片厚度；r_f 为翅片的外半径；r_o 为管子的外半径。图 6.3 - 13 表示出了在不同的 r_f/r_o 情况下 η_f 随 l_t $(2h_f/\lambda_w\delta_f)^{1/2}$ 的变化情况。由图可见，当 l_t $(2h_f/\lambda_w\delta_f)^{1/2}$ 一定时，r_f/r_o 越大，则 η_f 越低，故翅片太高并不有利，一般热管翅片的高度以取管子的外半径为宜。另一方面还可看出，δ_f 大，则 η_f 也大，故翅片过薄不仅不耐腐蚀，而且效率也不高。国内热管的高频焊碳钢翅片厚度大多为 $1.2 \sim 2mm$。

翅片管另一个重要参数是名义肋化系数 β，它的定义是：加肋后的总表面积与未加肋时表面积之比。对于圆翅片管，β 值为：

$$\beta = \frac{A_f + A_r}{A_o} \qquad (3-11)$$

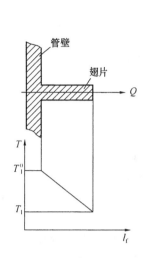

图 6.3 - 12　翅片的温度梯度

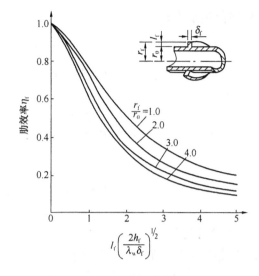

图 6.3 - 13　圆形翅片管的肋效率

式中，A_f 为翅片表面积；A_r 为翅片之间光管面积；A_o 为光管外表面积。

(二) 翅片管的传热

在图 6.3 - 14 中管外流体温度为 t_f，管内流体温度为 t_v，管子外壁面温度为 t_{wo}，管子内壁面温度为 t_{wi}，h_o 为管外流体的传热系数，h_i 为管内流体的传热系数。在稳态传热时可列出以下方程式（设 $t_f > t_v$）：

1. 热流体传热给管外表面

$$Q = h_o A_r (t_f - t_{wo}) + h_o \eta_f A_f (t_f - t_{wo})$$
$$= h_o (t_f - t_{wo})(A_r + \eta_f A_f) \qquad (3 - 12)$$

2. 热量从外管壁传到内管壁（为简便计，将圆管看成为平壁导热，当 $d_0/d_1 \leqslant 2$ 时，可作为平壁计算，一般热管均满足此条件）

$$Q = A_w \frac{\lambda_w}{\delta_w}(t_{wo} - t_{wi}) \qquad (3 - 13)$$

式中，A_w 为管子中径为基准的圆管面积；λ_w 为管材的热导率；δ_w 为管壁厚度。

3. 热量从内管壁传给管内流体

$$Q = h_i A_i (t_{wi} - t_v) \qquad (3 - 14)$$

式中，A_i 为管子内表面积。

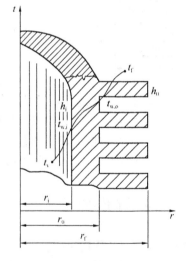

图 6.3 - 14　翅片管传热示意图

将式 (3 - 12) ~ 式 (3 - 14) 整理后可得：

$$Q = \frac{t_f - t_v}{\dfrac{1}{h_o(A_r + \eta_f A_f)} + \dfrac{\delta_w}{\lambda_w}\dfrac{1}{A_w} + \dfrac{1}{h_i A_i}} = UA(t_f - t_v) \qquad (3 - 15)$$

式中，

$$U = \frac{1}{\dfrac{A}{h_o(A_r + \eta_f A_f)} + \dfrac{\delta_w}{\lambda_w}\dfrac{A}{A_w} + \dfrac{A}{h_i A_i}} \qquad (3 - 16)$$

A 为作为基准的传热面积；U 对不同的计算基准面有不同的值，对于以翅片侧总表面积

A_h 而言的肋壁传热系数 U_h 为:

$$U_h = \cfrac{1}{\cfrac{A_h}{h_o(A_r + \eta_f A_f)} + \cfrac{\delta_w}{\lambda_w}\cfrac{A_h}{A_w} + \cfrac{A_h}{h_i A_i}} \qquad (3-17)$$

式中, $A_h = (A_r + A_f)$。

此时,

$$Q = U_h A_h (t_f - t_v) \qquad (3-18)$$

对以光管表面积而言, 肋壁传热系数为:

$$U_o = \cfrac{1}{\cfrac{A_o}{h_o(A_r + \eta_f A_f)} + \cfrac{\delta_w}{\lambda_w}\cfrac{A_o}{A_w} + \cfrac{A_o}{h_i A_i}} \qquad (3-19)$$

此时,

$$Q = U_o A_o (t_f - t_v) \qquad (3-20)$$

(三) 翅片热管的传热

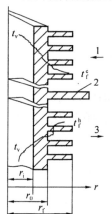

翅片热管热流路径见图 6.3 – 15, 用上标 h 表示加热段, 上标 c 表示冷却段。若暂不考虑内部吸液芯的作用, 对于加热段, 热流体温度为 t_f^h, t_v 代表管内介质蒸汽温度; 对于热管, 在加热段和冷却段的管内蒸汽温度基本相等, 冷流体温度为 t_f^c。用 $r_w = \delta_w/\lambda_w$ 表示管壁热阻, $r_y = \delta_y/\lambda_y$ 表示污垢热阻。其中 δ_y 为污垢层厚度; λ_y 为污垢层热导率, 将式 (3 – 17) 分别用于加热段和冷却段, 并考虑污垢热阻的影响, 可得加热段和冷却段的传热系数。对于加热段, 有:

$$\cfrac{1}{U_h^h} = \cfrac{A_h^h}{h_o^h(A_r^h + \eta_f A_f^h)} + r_w^h\cfrac{h_h^h}{A_w^h} + r_w^h\cfrac{h_h^h}{A_y^h} + \cfrac{A_h^h}{h_i^h A_i^h} \qquad (3-21)$$

对于冷却段, 有:

$$\cfrac{1}{U_h^c} = \cfrac{A_h^c}{h_i^c A_i^c} + r_w^c\cfrac{A_h^c}{A_w^c} + r_y^c\cfrac{A_h^c}{A_y^c} + \cfrac{A_h^c}{h_o^c(A_r^c + \eta_f A_f^c)} \qquad (3-22)$$

图 6.3 – 15　翅片热管
热流路径
1—冷流体; 2—隔板;
3—热流体

式中, A_h^h 和 A_h^c 分别为加热段和冷却段的管外总表面积; A_r^h 和 A_r^c 分别为加热段与冷却段管外翅片间光管表面积; A_f^h 和 A_f^c 分别为加热段与冷却段的管外翅片总表面积。

加热段的传热方程为:

$$Q = U_h^h A_h^h (t_f^h - t_v) \qquad (3-23)$$

冷却段的传热方程为:

$$Q = U_h^c A_h^c (t_v - t_f^c) \qquad (3-24)$$

式中, U_h^h、U_h^c 分别为加热段和冷却段以各段管外总表面积为基准的传热系数。

将式 (3 – 23) 和式 (3 – 24) 整理后可得:

$$t_f^h - t_v = \cfrac{Q}{U_h^h A_h^h} \qquad (3-25)$$

$$t_v - t_f^c = \cfrac{Q}{U_h^c A_h^c} \qquad (3-26)$$

两式相加消去 t_v 后, 可得:

$$Q = \cfrac{t_f^h - t_f^c}{\cfrac{1}{U_h^h A_h^h} + \cfrac{1}{U_h^c A_h^c}} \qquad (3-27)$$

对于热管换热器，一般总是以加热段管外侧的总表面积 A_h^h 为计算基准的，故：

$$A_h^h = A_r^h + A_f^h \tag{3-28}$$

因此对应于 A_h^h 的热管总传热系数 U_H 为：

$$U_H = \cfrac{1}{\cfrac{A_h^h}{U_h^h A_h^h} + \cfrac{A_h^h}{U_h^c A_h^c}} = \cfrac{1}{\cfrac{1}{U_h^h} + \cfrac{1}{U_h^c} \cfrac{A_h^h}{A_h^c}} \tag{3-29}$$

将式（3-21）和式（3-22）代入上式，可得：

$$\frac{1}{U_H} = \frac{A_h^h}{h_o^h(A_r^h + \eta A_f^h)} + r_w^h \frac{A_h^h}{A_w^h} + r_y^h \frac{A_h^h}{A_y^h} + \frac{A_h^h}{h_i^h h_i^h} + \frac{A_h^h}{h_i^c A_i^c} + r_w^c \frac{A_h^h}{A_w^c} + r_y^c \frac{A_h^h}{A_y^c} + \frac{A_h^h}{h_o^c(A_r^c + \eta_f A_f^c)} \tag{3-30}$$

式（3-30）中并未考虑吸液芯导热和管内蒸汽流动的影响。在考虑吸液芯的情况下，蒸发段的管内传热系数应包括吸液芯的导热和表面蒸发两项；同样，在冷凝段也应包括表面冷凝和吸液芯导热两项。在不计吸液芯和蒸汽流动所造成热阻的情况下，式（3-30）就具有如下的形式：

$$\frac{1}{U_H} = \frac{A_h^h}{h_o^h(A_r^h + \eta A_f^h)} + r_w^h \frac{A_h^h}{A_w^h} + r_y^h \frac{A_h^h}{A_y^h} + \frac{A_h^h}{h_{HP}^h A_i^h} + \frac{A_h^h}{h_{HP}^c A_i^c} + r_w^c \frac{A_h^h}{A_w^c} + r_y^c \frac{A_h^h}{A_y^c} + \frac{A_h^h}{h_o^c(A_r^c + \eta_f A_f^c)} \tag{3-31}$$

式中，h_{HP}^h 为以 A_i^h 为基准的热管内部蒸发传热系数；h_{HP}^c 为以 A_i^c 为基准的热管内部冷凝传热系数；h_{HP}^h 约为 $1.2 \sim 12 kW/(m^2 \cdot K)$。试验表明，简略计算时可令：

$h_{HP}^h = h_{HP}^c \approx 5.8 kW/(m^2 \cdot K)$，再令：

$$h_{oe}^h = \frac{h_o^h(A_r^h + \eta_f A_f^h)}{A_h^h} \tag{3-32}$$

$$h_{oe}^h = \frac{h_o^c(A_r^c + \eta_f A_f^h)}{A_h^c} \tag{3-33}$$

式中，h_{oe}^h、h_{oe}^c 分别为加热段和冷却段管外的有效换热系数。最后，式（3-31）可写为：

$$\frac{1}{U_H} = \frac{1}{h_{oe}^h} + r_w^h \frac{A_h^h}{A_w^h} + r_y^h \frac{A_h^h}{A_y^h} + \frac{1}{h_{HP}^h} \cdot \frac{A_h^h}{A_i^h} + \frac{1}{h_{HP}^c} \cdot \frac{A_h^h}{A_i^c} + r_w^c \frac{A_h^h}{A_w^c} + r_y^c \frac{A_h^h}{A_y^c} + \frac{A_h^h}{h_{oe}^c A_h^c} \tag{3-34}$$

一般情况下，热管换热器中冷、热流体的隔板放在管的中央。此时冷侧和热侧管外总面积相等（冷热侧翅片参数相同时）。若冷流体是干净的空气，则上式简化成为：

$$\frac{1}{U_H} = \frac{1}{h_{oe}^h} + 2r_w^h \frac{A_h^h}{A_w^h} + r_y^h \frac{A_h^h}{A_y^h} + \left(\frac{1}{h_{HP}^h} + \frac{1}{h_{HP}^c}\right)\frac{A_h^h}{A_i^h} + \frac{1}{h_{oe}^c} \tag{3-35}$$

式（3-35）常被用来计算热管空气预热管。

在解决了热管换热器的总传热系数 U_H 之后，就可写出热管换热器的总传热方程

$$Q = U_H A_h^h \Delta t_m \tag{3-36}$$

式中，Q 为热管换热器总传热量，U_H 为热管换热器的总传热系数，A_h^h 为热管换热器加热段管外总面积，Δt_m 为热管换热器的对数平均温度。

一般情况下，Q 可从冷、热流体的热平衡方程式求出。从式（3-34）求出 U_H，代入式（3-36）可求出 A_h^h，若已知热管加热段单位长度的总表面积 A_h^h，就可得所需热管的总长度，从而求得热管的根数。

（四）流体横向掠过翅片管的传热系数 h_f

在以上分析中，h_o 为横向掠过光管或光管管束的传热系数，其准数方程式[7]：

$$Nu = cRe^{0.6}Pr^{1/3} \tag{3-37}$$

对叉排管束常数 $c = 0.33$，对顺排管束常数 $c = 0.26$；Nu 数、Pr 数及 Re 数定义如下：

$$Nu = \frac{h_o d_o}{\lambda_f} \quad Pr = \frac{\mu_f C_{pf}}{\lambda_f} \quad Re = \frac{\rho_f w_{f,max} d_o}{\mu_f}$$

式中，d_o 为光管外径；$w_{f,max}$ 为流体横向掠过管束的最大流速；λ_f 为流体的热导率；C_{pf} 为流体的定压比热容；ρ_f 为流体的密度；μ_f 为流体的动力黏度。

显然流体横向流过光管管束和横向流过翅片管束的流动情况存在着很大的差异，因此对带翅片的热管换热器管外侧传热系数 h_o 应以流体横向流过翅片管束的传热系数 h_f 来代替更为合理。求 h_f 的准则方程一般具有如下形式：

$$Nu_f = c_1 Re_f^{c_2} Pr_f^{1/3} \tag{3-38}$$

式中，c_1 和 c_2 均为常数，其大小和肋片的几何形状有关。Briggs 和 Young 综合出下列试验方程[8]：

$$Nu_f = 0.134 Re_f^{0.681} Pr_f^{1/3} \left(\frac{s_f}{l_f}\right)^{0.2000} \left(\frac{s_f}{\delta_f}\right)^{0.1134} \tag{3-39}$$

式中，s_f/l_f 为翅片间距与翅高之比，s_f/δ_f 为翅片间距与翅片厚度之比。s_f、δ_f 和 l_f 如图 6.3-16所示。

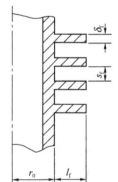

图 6.3-16 翅片几何参数

由式（3-39）可得：

$$h_f = 0.134 \frac{\lambda_f}{d_o} Re_f^{0.681} Pr_f^{1/3} \left(\frac{s_f}{l_f}\right)^{0.2000} \left(\frac{s_f}{\delta_f}\right)^{0.1134} \tag{3-40}$$

其中，$Re_f = \frac{G_{f,max} d_o}{\mu_f} \tag{3-41}$

式中，d_o 为光管外径，m；$G_{f,max}$ 为流体最大质量流速，kg/(m² · h)；μ_f 为流体动力黏度，Pa · s。

$$G_{f,max} = \frac{\rho_f V_f}{NFA} \tag{3-42}$$

式中，ρ_f 为标准状况下流体的密度，kg/m³；V_f 为标准状况下流体的体积流量，m³/h；NFA 为管束的最小流通面积，m²，其值为：

$$NFA = \left[(S_T - d_o) - 2(l_f \delta_f n_f)\right] lB \tag{3-43}$$

式中，S_T 为与气流垂直方向的管间距（中心距）；n_f 为单位管长的翅片数；l 为热管长度；B 为迎气流方向的管子数。

式（3-39）的适用范围为：$0.125 < (s_f/l_f) < 0.610$；$45 < (s_f/\delta_f) < 80$。与工业上实际使用的热管相对比，以式（3-39）计算的 h_f 所求得的 U_H 偏大。原南京化工学院试验所得到的公式为：

$$Nu_f = 0.137 Re_f^{0.6338} Pr_f^{1/3} \tag{3-44}$$

上式适用范围：热气流温度240~380℃，$Re_f = 6000 \sim 14000$。以 h_f 表达的 U_H 计算式为：

$$\frac{1}{U_H} = \frac{1}{h_{fe}^h} + r_w^h \frac{A_h^h}{A_w^h} + r_y^h \frac{A_h^h}{A_y^h} + \frac{1}{h_{HP}^h} \frac{A_h^h}{A_i^h} + \frac{1}{h_{HP}^c} \frac{A_h^c}{A_i^c} + r_w^c \frac{A_h^c}{A_w^c} + r_y^c \frac{A_h^c}{A_y^c} + \frac{A_h^h}{h_{fe}^c A_h^c}$$

$$\tag{3-45}$$

式中，
$$h_{fe}^{h} = \frac{h_f^h(A_r^h + \eta_f A_f^h)}{A_h^h} \tag{3-46}$$

$$h_{fe}^{c} = \frac{h_f^c(A_r^c + \eta_f A_f^c)}{A_h^c} \tag{3-47}$$

（五）流体通过热管换热器的压力降

1. 螺旋翅片管

目前对螺旋翅片管的压降计算均采用 A. Y. Gunter 公式[43]，即

$$\Delta p = \frac{f}{2} \frac{G_{f,max}^2 L}{g_c D_{ev} \rho_f} \left(\frac{\mu_f}{\mu_w}\right)^{-0.14} \left(\frac{D_{ev}}{S_T}\right)^{0.4} \left(\frac{S_L}{S_T}\right)^{0.6} \tag{3-48}$$

式中，Δp 为压力降，Pa；f 为摩擦因数，$f = \varphi(Re_f)$；$G_{f,max}$ 为流体最大质量流速，kg/($m^2 \cdot$ h)；L 为沿气流方向的长度，m；g_c 为重力换算系数，$g_c = 1.3 \times 10^7$；D_{ev} 为容积当量直径，m；ρ_f 为流体密度，kg/m^3；μ_f 为流体黏度，Pa $\cdot$ s；μ_w 为壁温下的流体黏度，Pa $\cdot$ s；S_T 为管束横向节距，m；S_L 为管束纵向节距（管间距），m。

Gunter 推荐的光管和翅片管在湍流区的摩擦因数为：

$$f = 1.92(Re_f)^{-0.145} \tag{3-49}$$

其中，
$$Re_f = \frac{G_{f,max} D_{ev}}{\mu_f} \tag{3-50}$$

$$D_{ev} = \frac{4NFV}{A_h} \tag{3-51}$$

式中，NFV 为流体流动净自由容积，m^3；A_h 为单位长度摩擦面积，m^2。

$$NFV = 0.866 S_L S_T - \frac{\pi}{4} d_o^2 - \frac{\pi}{4}(d_f^2 - d_o^2)\delta_f n_f \tag{3-52}$$

式中，d_f 为翅片外径，m；d_o 为光管外径，m；δ_f 为翅片厚度，m；n_f 为单位管长的翅片数，m^{-1}；S_L 为翅片管纵向间距，m；S_T 为翅片管横向间距，m。

S. L. Jameson 对螺旋翅片管作了试验，对 Gunter 公式进行了修正，即

$$\Delta p = \frac{f}{2} \frac{G_{f,max}^2 L}{g_c D_{ev} \rho_f} \left(\frac{\mu_f}{\mu_w}\right)^{-0.14} \left(\frac{D_{ev}}{S_L}\right)^{0.4} \left(\frac{S_T}{S_L}\right)^{0.6} \tag{3-53}$$

并推荐：$f = 3.38 (Re_f)^{-0.25}$ (3-54)

当管束为等边三角形排列时，$S_T = S_L$，式（3-53）与式（3-48）具有相同的形式。式（3-54）所得的 f 值比式（3-49）所得值小，使用时可根据实际情况参照实验值确定。

2. 圆片形翅片管[10]

$$\Delta p = f \frac{n G_{f,max}^2}{2 g_c \rho_f} \tag{3-55}$$

式中　n——沿流动方向的管排数。

$$f = 37.86 \left(\frac{d_o G_{max}^2}{\mu_f}\right)^{-0.316} \left(\frac{S_T}{d_o}\right)^{-0.927} \left(\frac{S_T}{S_L}\right)^{0.515} \tag{3-56}$$

（六）热管换热器设计步骤（以气-气换热为例）

1. 原始工艺参数

在设计前一般应已知以下参数：热气体在标准状况下的流量 V_f^h（m^3/h）；冷气体在标准状况下的流量 V_f^c（m^3/h）；热气体温度 t_1^h；热气体需要降低到的最低温度 t_2^h（这一温度一般

应高于该气体在管壁上产生露点腐蚀的温度）；冷气体的进口温度 t_1^c 及热管有关参数，如管材、管内工质、翅片、管子的排列方式、排列尺寸以及管子几何参数。

2. 有关参数的计算

热气流放出热量

$$Q^h = V_f^h \rho_f^h \overline{C}_p^h (t_1^h - t_2^h) \tag{3-57}$$

冷气流吸收热量

$$Q^c = (1-\eta)Q^h \tag{3-58}$$

式中，η 为散热损失率，一般 $\eta = 6\% \sim 10\%$（包括加热段和冷却段）。

冷气流出口温度 t_2^c

$$t_2^c = t_1^c + \frac{Q^c}{V_f^c C_p^c \rho_f^c} \tag{3-59}$$

求对数平均温差 Δt_m

$$\Delta t_m = \frac{(t_1^h - t_2^c) - (t_2^h - t_1^c)}{\ln\left(\frac{t_1^h - t_2^c}{t_2^h - t_1^c}\right)} \tag{3-60}$$

3. 确定迎风面积 A_{ex} 及迎风面管排数 B

一般热管换热器的设计规定迎风面标准风速为 2.0~3.0m/s，已知冷、热流体的体积流量 V，则 A_{ex} 为：

$$A_{ex}^h = \frac{V^h}{w_N} \tag{3-61}$$

式中，V^h 为标准状况下热流体的体积流量；w_N 为标准状况下的迎面风速；A_{ex}^h 为热管换热器加热侧的迎风面积。同理：

$$A_{ex}^c = \frac{V^c}{w_N} \tag{3-62}$$

如果规定了加热侧热管管长 l_e 则就可求得加热侧迎风面的宽度 E^h：

$$E^h = \frac{A_{ex}^h}{l_e} \tag{3-63}$$

进而可求得迎风面管排数 B，即

$$B = \frac{E^h}{S_T} \tag{3-64}$$

式中，S_T 为迎风面的管子中心距（在考虑管子排列方式时一般已定），求出 B 后取整数再复核迎面风速 w_N。

4. 求总传热系数 U_H

（1）用式（3-43）求管束最小流通截面 NFA；

（2）用式（3-42）求流体最大质量流速 $G_{f,max}$；

（3）用式（3-41）求 Re_f；

（4）用式（3-40）或式（3-44）求 h_f；

（5）求 η_f 及 A_h^h，在已知翅片的几何参数 l_f、s_f、δ_f 及管子几何尺寸 d_o、管子翅片材料的热导率 k_w 的情况下，可求得 η_f 及 A_h^h；

（6）用式（3-46）和式（3-47）求 h_{fe}；

（7）求 r_w 和 r_y：

$$r_w = \frac{\delta_w}{\lambda_w} \qquad (3-65)$$

式中，δ_w 为管壁厚度；λ_w 为管壁材料的热导率。

$$r_y = \frac{\delta_y}{\lambda_y}$$

式中，δ_y 及 λ_y 分别为污垢层厚度及其热导率，一般不易知道，可从有关资料中查取经验数据：

（8）用式（3-45）或式（3-30）求总传热系数，U_H。

5. 用式（3-36）求加热侧总传热面积 A_h^h

6. 求热管换热器管总根数 n

$$n = \frac{A_H^h}{A_h^h l_e} \qquad (3-66)$$

式中，A_h^h 为加热侧单位长度的传热面积；A_H^h 为热管加热段管外总表面积；l_e 为单根热管加热侧长度。

7. 求换热器纵深方向排数 m（沿气流方向管排数）及沿气流方向长度 L

$$m = \frac{n}{B} \qquad (3-67)$$

$$L = S_L m \cos\theta \qquad (3-68)$$

式中，S_L 为等边三角形排列时的边长，这时 $S_L = S_T$，在非等边三角形排列时 S_L 为三角形的腰长；θ 为非等边三角形排列时的 1/2 顶角，在等边三角形排列时，$\theta = 30°$。

8. 求流体通过热管换热器的压力降

用式（3-52）求 NFV；

用式（3-51）求 D_{ev}；

用式（3-50）求 Re_f；

由式（3-49）或式（3-54）求摩擦因数 f；

求平均管壁温度 $\overline{t_w}$

$$Q = h_{fe} A_h (\overline{t_f} - \overline{t_w}) \qquad (3-69)$$

式中，h_{fe} 为翅片热管管外的有效传热系数；A_h 为翅片热管换热器一侧管外总表面积；$\overline{t_f}$ 为流体平均温度。

求出 $\overline{t_w}$ 后可分别查出相应的 μ_w^h，μ_w^c。

用式（3-48）或式（3-53）求流体通过热管热器时的压力降 Δp^h 和 Δp^c；如果 Δp 过大，可重新修正管子排列方式及迎面风速。

以上是热管换热器的一般设计程序，进行中可能要通过几次试算才能取得较为满意的结果。近年来在实验数据不断充实的基础上，通过计算机已可求取最佳结果。

（七）设计示例

以下为一设计示例，实际运行表明，某锅炉安装热管空气预热器后，节能效果显著，实测锅炉效率提高将近 10%。

设计示例：1 台 4t 燃油锅炉，排烟温度为 325℃，要求设计 1 台热管空气预热器，用烟气余热加热助燃空气以提高锅炉效率。已知参数：锅炉排烟量 $V_h = 5000 \text{Nm}^3/\text{h}$；排烟温度

$t_1^h = 325℃$；需要的助燃空气量 $V_e = 4700\mathrm{Nm^3/h}$；空气进热管换热器温度 $t_1^c = 20℃$。由于燃油来源不一，可能油品不佳，希望烟气出口温度不低于200℃，以避免管壁温度过低而使烟气结露形成灰堵，设定烟气出热管换热器温度 $t_2^h = 200℃$。

选用水为热管工质，管壳材料为20号锅炉无缝钢管，翅片材料为低碳钢，翅片与管壳连接方式为高频焊接。这种热管参数为：光管外径 $d_o = 0.032\mathrm{m}$；热管全长 $l = 2\mathrm{m}$；热管内径 $d_i = 0.027\mathrm{m}$；翅片高度 $l_f = 0.015\mathrm{m}$；翅片厚度 $\delta_f = 0.0012\mathrm{m}$；翅片间距 $s_f = 4\mathrm{mm}$；翅片节距 $s'_f = s_f + \delta_f = 5.2\mathrm{mm}$；每米长热管的翅片数 $n_f = \dfrac{1}{s'_f} = \dfrac{1000}{5.2} = 192$ 片。

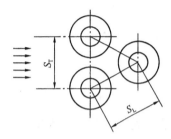

图 6.3 - 17　管子排列示意图

热管换热器管子排列形式为等边三角形排列，如图6.3-17所示。横向管子中心距 $S_L = S_T = 0.067\mathrm{m}$。

设计计算：

1. 计算传热量 Q

（1）烟气定性温度 $\overline{t_f^h}$

$$\overline{t_f^h} = \frac{t_1^h + t_2^h}{2} = 262.5℃$$

查得定性温度下烟气的参数为：

定压比热容 $\overline{C_p^h} = 1.11\mathrm{kJ/(kg \cdot ℃)}$

密度 $\rho_f^h = 0.70\mathrm{kg/m^3}$

热导率 $\lambda_f^h = 4.53 \times 10^{-2}\mathrm{W/(m \cdot ℃)}$

动力黏度 $\mu_f^h = 26.8 \times 10^{-6}\mathrm{Pa \cdot s}$

普朗特数 $Pr^h = 0.66$

（2）烟气放出热量 Q^h

$$Q^h = V^h\rho_f^h\overline{C_p^h}(t_1^h - t_2^h) = 5000 \times 1.295 \times 1.11 \times (325 - 200)$$
$$= 898406\mathrm{kJ/h}$$
$$= 249.6\mathrm{kW}$$

（3）热管传至冷空气侧的热量 Q^c

考虑烟气侧有3%热损，故：

$$Q^c = 294.6 \times (1 - 3\%) = 242.1\mathrm{kW}$$

（4）冷空气实际获得热量 Q^c

考虑冷侧3%的热损，故：

$$Q^c = 242.1 \times (1 - 3\%) = 235\mathrm{kW}$$

2. 冷空气出口温度 t_2^c 及对数平均温度 Δt_m

（1）冷空气出口温度 t_2^c

$$t_2^c = t_1^c + \frac{Q^c}{V^c\rho_f^c C_p^c}$$

用试算法求出 $\overline{C_p^c} = 1.009\mathrm{kJ/(kg \cdot ℃)}$，代入上式得：

$$t_2^c = 20 + \frac{235 \times 3600}{4700 \times 0.906 \times 1.009} = 20 + 197 = 217℃$$

（2）空气侧定性温度及参数

空气侧定性温度 $\qquad \overline{t_f^c} = \dfrac{t_1^c + t_2^c}{2} = \dfrac{20 + 217}{2} = 119℃$

查得119℃ 时空气的物性参数

定压比热容 $\overline{C_p^c} = 1.009\text{kJ/}$（kg・℃）

密度 $\qquad\qquad\qquad\qquad \rho_f^c = 0.902\text{kg/m}^3$

热导率 $\qquad\qquad\qquad \lambda_f^c = 3.48 \times 10^{-2}\text{W/}$（m・℃）

动力黏度 $\qquad\qquad\qquad \mu_f^c = 22.7 \times 10^{-6}\text{Pa}\cdot\text{s}$

普朗特数 $\qquad\qquad\qquad Pr^c = 0.69$

（3）对数平均温差（图6.3－18）

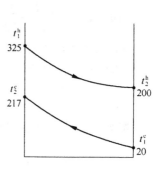

$$\Delta t_m = \frac{\Delta t_1 - \Delta t_2}{\ln\left(\dfrac{\Delta t_1}{\Delta t_2}\right)} = \frac{180 - 108}{\ln\dfrac{180}{108}} = \frac{72}{0.51} = 141℃$$

3. 确定迎风面积 A_{ex} 及迎风面管排数 B

在本例情况下可设冷、热侧迎风面积相等，热管几何尺寸及翅片参数亦相等，并取标准迎面风速 $w_N = 2.5\text{m/s}$。

图6.3－18　流体温度图

（1）烟气侧迎风面积 A_{ex}^h 及空气侧迎风面积 A_{ex}^c

$$A_{ex}^h = \frac{V^h}{w_N} = \frac{5000}{2.5 \times 3600} = 0.56\text{m}^2$$

取：$A_{ex}^c = A_{ex}^h = 0.56\text{m}^2$

（2）迎风面宽度 E

已采用2m长的热管，并取热侧长与冷侧长相等，即

$$E^h = \frac{A_{ex}^h}{l^h} = \frac{0.56}{1} = 0.56\text{m}$$

$$E^c = E^h = 0.56\text{m}$$

已采用迎面横向管子中心距 $S_T = 0.067\text{m}$，因而迎面管排的管子数

$B = E/S_T = 8.4$ 根，取 B 为9根。

实际迎面宽度 E' 为：

$$E^{h'} = E^{c'} = 9 \times 0.067 = 0.603\text{m}$$

实际标准迎面风速 w_N 为：

$$w_N^{h'} = \frac{5000}{0.603 \times 3600} = 2.3\text{m/s}$$

$$w_N^{c'} = \frac{4700}{0.603 \times 3600} = 2.17\text{m/s}$$

（3）实际迎风面积 A'_{ex}

$$A_{ex}^{h'} = A_{ex}^{c'} = 0.603\text{m}^2$$

4. 求总传热系数 U_H

（1）管束最小流通截面积 NFA

$$NFA = \left[(S_T - d_o) - 2l_f\delta_f n_f\right]lB = \left[(0.067 - 0.032) - 2 \times 0.015 \times 0.0012 \times 192\right] \times 1 \times 9$$
$$= 0.25\text{m}^2$$

（2）流体最大质量流速 G_{max}

热侧：$G_{max}^h = \dfrac{V_f^h \rho_f^h}{NFA} = \dfrac{5000 \times 1.295}{0.25} = 25.9 \times 10^3 \, \text{kg/(m}^2 \cdot \text{h)}$

冷侧：$G_{max}^c = \dfrac{V_f^c \rho_f^c}{NFA} = \dfrac{4700 \times 1.293}{0.25} = 24.3 \times 10^3 \, \text{kg/(m}^2 \cdot \text{h)}$

（3）求 Re_f

热侧：$Re_f^h = \dfrac{G_{max}^h d_o}{\mu_f^h} = \dfrac{25.9 \times 10^3 \times 0.032}{26.8 \times 10^{-6} \times 3600} = 8590$

冷侧：$Re_f^c = \dfrac{G_{max}^c d_o}{\mu_f^c} = \dfrac{24.3 \times 10^3 \times 0.032}{22.7 \times 10^{-6} \times 3600} = 9515$

（4）求流体传热系数 h_f

根据原南京化工学院热管技术研究所在试验台上实测结果，建议用下列公式：

$$Nu_f = 0.137 Re_f^{0.6338} Pr_f^{1/3}$$

热侧：$h_f^h = 0.137 \dfrac{\lambda_f^h}{d_o} (Re_f^h)^{0.6338} (Pr_f^h)^{1/3}$

$\qquad = 0.137 \times \dfrac{4.53 \times 10^{-2}}{0.032} \times 8590^{0.6338} \times 0.66^{1/3} = 52.54 \, \text{W/(m}^2 \cdot \text{℃)}$

冷侧：$h_f^c = 0.137 \dfrac{\lambda_f^c}{d_o} (Re_f^c)^{0.6338} (Pr_f^c)^{1/3}$

$\qquad = 0.137 \times \dfrac{3.48 \times 10^{-2}}{0.032} \times 9515^{0.6338} \times 0.69^{1/3} = 42.42 \, \text{W/(m}^2 \cdot \text{℃)}$

（5）求翅片效率 η_f

热侧：$\eta_f^h = l_f^h \sqrt{\dfrac{2h_f^h}{\lambda_w \delta_f}} = 0.015 \sqrt{\dfrac{2 \times 52.54}{48 \times 0.0012}} = 0.64$

冷侧：$\eta_f^c = l_f^c \sqrt{\dfrac{2h_f^c}{\lambda_w \delta_f}} = 0.015 \sqrt{\dfrac{2 \times 42.42}{57 \times 0.0012}} = 0.53$

由图 6.3-13 查得：$\eta_f^h = 0.88$，$\eta_f^c = 0.90$

（6）求每米长热管管外总表面积 A_H

每米长热管的翅片表面积 A_f 为：

$$A_f = \left[2 \times \dfrac{\pi}{4}(d_f^2 - d_o^2) + \pi d_f \delta_f \right] \times 1 \times n_f$$

$\qquad = \left[2 \times \dfrac{3.14}{4}(0.062^2 - 0.032^2) + 3.14 \times 0.062 \times 0.0012 \right] \times 1 \times 192 = 0.89 \, \text{m}^2$

每米长翅片间管表面积 A_r

$$A_r = \pi d_o (1 - n_f \delta_f) = 3.14 \times 0.032 (1 - 192 \times 0.0012) = 0.077 \, \text{m}^2$$

每米热管管外总表面积 A_h

$$A_h = A_f + A_r = 0.89 + 0.077 = 0.97 \, \text{m}^2$$

（7）求管外有效传热系数 h_{fe}

热侧：$h_{fe}^h = \dfrac{h_f^h (A_r^h + \eta_f^h A_f^h)}{A_h^h} = \dfrac{52.54 \ (0.077 + 0.88 \times 0.89)}{0.97} = 47 \, \text{W/(m}^2 \cdot \text{℃)}$

冷侧：$h_{fe}^c = \dfrac{h_f^c\ (A_r^c + \eta_f^c A_f^c)}{A_h^c} = \dfrac{42.42\ (0.077 + 0.90 \times 0.89)}{0.97} = 38\text{W/}\ (\text{m}^2 \cdot \text{℃})$

（8）求污垢热阻 r_y 及管壁热阻 r_w

热侧：$r_y^h = \dfrac{\delta_y}{\lambda_y} = 0.00035\text{m}^2 \cdot \text{℃/W}$

冷侧：r_y^c 可略去不计。

金属管壁热阻

热侧：$r_w^h = \dfrac{\delta_w}{\lambda_w^h} = \dfrac{0.003}{48} = 0.000063\text{m}^2 \cdot \text{℃/W}$

冷侧：$r_w^c = \dfrac{\delta_w}{\lambda_w^c} = \dfrac{0.003}{57} = 0.000053\text{m}^2 \cdot \text{℃/W}$

（9）求总传热系数 U_H

对空气预热器用式（3-35）并用 h_{fe} 代 h_{oe} 可求出 U_H，即

$$\frac{1}{U_H} = \frac{1}{h_{fe}^h} + 2r_w^h \frac{A_h^h}{A_w^h} + r_y^h \frac{A_h^h}{A_y^h} + \left(\frac{1}{h_{HP}^h} + \frac{1}{h_{HP}^c}\right) \cdot \frac{A_h^h}{A_i} + \frac{1}{h_{fe}^c}$$

因为各部分面积比与单位长度上的面积比相等，故可将相应数值代入上式，并取 $h_{Hp}^h = h_{HP}^c = 5810\text{W/}\ (\text{m}^2 \cdot \text{℃})$，则有

$$\frac{1}{U_H} = \frac{1}{47} + 2 \times 0.000063 \times \frac{0.97}{0.1} + 0.0035 \times \frac{0.97}{0.97} + 2 \times \frac{1}{5810} \times \frac{0.97}{0.082} + \frac{1}{38} = 0.052\text{m}^2 \cdot \text{℃/W}$$

所以，$U_H = 19.3\text{W/}\ (\text{m}^2 \cdot \text{℃})$

5. 求加热侧总传热面积 A_H^h

$$A_H^h = \frac{Q^c}{U_H \Delta t_m} = \frac{242.1 \times 10^3}{19.3 \times 141} = 89\text{m}^2$$

6. 所需热管数 n

$$n = \frac{A_H^h}{A_h^h \cdot l^h} = \frac{89}{0.97 \times 1} = 92\ \text{根}$$

7. 换热器纵深排数 m

$$m = \frac{n}{B} = \frac{92}{9} = 10.2\ \text{排}$$

取 11 排；排列方式：$9^8 9^8 9^8 9^8 9^8 9$

管子总数，$n = 9 \times 6 + 8 \times 5 = 94\ \text{根}$

8. 求通过热管换热器的压力降

（1）换热器的净自由容积 NFV

$NFV = 0.866 S_L S_T - \dfrac{\pi}{4} d_o^2 - \dfrac{\pi}{4}(d_f^2 - d_o^2)\delta_f n_f$

$\quad = 0.866 \times 0.067^2 - \dfrac{3.14}{4} \times 0.032^2 - \dfrac{3.14}{4} \times (0.062^2 - 0.032^2) \times 0.0012 \times 192$

$\quad = 3.6 \times 10^{-3}\text{m}^3/\text{m}$

（2）求容积当量直径

$$D_{ev}^h = \frac{4NFV}{A_h^h} = \frac{4 \times 3.6 \times 10^{-3}}{0.97} = 14.8 \times 10^{-3}\text{m}^2$$

在本例情况下，$D_{ev}^h = D_{ev}^c = 14.8 \times 10^{-3} m^2$

（3）求 Re'_f

热侧：$Re_f^{h'} = \dfrac{D_{ev}^h G_{max}^h}{\mu_f^h} = \dfrac{14.8 \times 10^{-3} \times 25.9 \times 10^3}{26.8 \times 10^{-6} \times 3600} = 3973$

冷侧：$Re_f^{c'} = \dfrac{D_{ev}^c G_{max}^c}{\mu_f^c} = \dfrac{14.8 \times 10^{-3} \times 24.3 \times 10^3}{22.7 \times 10^{-6} \times 3600} = 4401$

（4）求摩擦因数 f

热侧：$f^h = 1.92 \, (Re_f^{h'})^{-0.145} = 0.58$

冷侧：$f^c = 1.92 \, (Re_f^{c'})^{-0.145} = 0.57$

（5）求平均管壁温度 $\overline{t_w}$

热侧：$\overline{t_w^h} = \overline{t_f^h} - \dfrac{Q^h}{h_{fe}^h A_h^h n} = 262.5 - \dfrac{249.6 \times 1000}{47 \times 0.97 \times 94} = 204℃$

冷侧：$\overline{t_w^c} = \overline{t_f^c} + \dfrac{Q^c}{h_{fe}^c A_h^c n} = 119 + \dfrac{242.1 \times 1000}{38 \times 0.97 \times 94} = 189℃$

（6）求壁温下流体的动力黏度 μ_w

热侧：$\mu_w^h = 24.50 \times 10^{-6} Pa \cdot s$

冷侧：$\mu_w^c = 25.65 \times 10^{-6} Pa \cdot s$

（7）求通过换热器的压降 Δp

热侧：$\Delta p^h = \dfrac{f^h (G_{max}^h)^2 L}{2 g_c D_{ev}^h \rho_f^h} \left(\dfrac{\mu_f^h}{\mu_w^h}\right)^{-0.14} \left(\dfrac{D_{ev}^h}{S_T}\right)^{0.4} \left(\dfrac{S_L}{S_T}\right)^{0.6}$

$= \dfrac{0.58 \times (25.9 \times 10^3)^2 \times 0.067 \times 0.866 \times 11}{2 \times 1.3 \times 10^7 \times 14.8 \times 10^{-3} \times 0.70} \cdot \left(\dfrac{26.8 \times 10^{-6}}{24.5 \times 10^{-6}}\right)^{-0.14} \left(\dfrac{0.0148}{0.067}\right)^{0.4}$

$\left(\dfrac{0.067}{0.067}\right)^{0.6}$

$= 489 Pa$

冷侧：$\Delta p^c = \dfrac{f^c (G_{max}^c)^2 L}{2 g_c D_{ev}^c \rho_f^c} \left(\dfrac{\mu_f^c}{\mu_w^c}\right)^{-0.14} \left(\dfrac{D_{ev}^c}{S_T}\right)^{0.4} \left(\dfrac{S_L}{S_T}\right)^{0.6}$

$= \dfrac{0.57 \times (24.3 \times 10^3)^2 \times 0.067 \times 0.866 \times 11}{2 \times 1.3 \times 10^7 \times 14.8 \times 10^{-3} \times 0.902} \cdot \left(\dfrac{22.7 \times 10^{-6}}{25.65 \times 10^{-6}}\right)^{-0.14}$

$\left(\dfrac{0.0148}{0.067}\right)^{0.4} \left(\dfrac{0.067}{0.067}\right)^{0.6} = 344 Pa$

9. 经济核算

（1）设备总投资

已知热管价格 260 元/根，壳体加工费用 1.1 万元，现场施工费用 0.5 万元，因此设备总投资：$94 \times 0.0260 + 1.1 + 0.5 = 4.04$ 万元。

（2）设备电耗（操作费用）

热侧：$N^h = \dfrac{\Delta p^h V^h}{1000 \times \eta} = \dfrac{498 \times 5000}{1000 \times 0.66 \times 3600} = 1.048 kW$

冷侧：$N^c = \dfrac{\Delta p^c V^c}{1000 \times \eta} = \dfrac{344 \times 4700}{1000 \times 0.66 \times 3600} = 0.68 kW$

设备总电耗为 $N = N^h + N^c = 1.048 + 0.68 = 1.73 kW$

设该设备平均年工作日为 7000h，每度（kW·h）电价为 0.60 元，则全年操作费用为：

$$Z = 1.73 \times 7000 \times 0.60 = 7259 \text{元}$$

（3）年节约费用

设该锅炉燃料为渣油，发热值为 37620kJ/kg，换热器回收热量折合成油量为：

$$\frac{Q'^{c} \times 3600}{37620} = \frac{235 \times 3600}{37620} = 22.49 \text{kg/h}$$

设该锅炉效率为 80%，则回收热折合成实际燃油量约为 28kg/h，节约油量为 196t/d。

设渣油价每吨为 1100 元，则年节约费为 21.56 万元，扣去电耗，实际年节约费用为 20.8 万元。

（4）成本回收时间

$$A' = \frac{4.04}{20.8} = 0.19a$$

即设备成本回收时间为两个多月。

二、离散型计算法

郝承明提出一种离散型计算法[11]，这种分析法的出发点认为热量从热流体到冷流体的传递不是通过壁面连续进行的，而是通过若干热管进行传递的，热流体温度从进口的 t_1^h 降到出口的 t_2^h 是不连续的，呈阶梯形变化，见图 6.3-19。同样冷流体温度从 t_1^c 升到 t_2^c 也是阶梯形的，因此称为"离散型"。其分析方法如下：

热流体放出的热量 Q^h 为：

$$Q^h = \dot{m}^h \overline{C_p^h}(t_1^h - t_2^h) = X^h(t_1^h - t_2^h) \tag{3-70}$$

式另，m^h 为热流体质量流量，kg/h；$\overline{C_p^h}$ 为热流体定压比热容，kJ/（kg·K）；$X = \dot{m}C_p$ 称为水当量。

同理，冷流体接收的热量为

$$Q^c = \dot{m}^c \overline{C_p^c}(t_1^c - t_2^c) = X^c(t_1^c - t_2^c) \tag{3-71}$$

不计热损时，应有 $Q^h = Q^c$。

假定热管换热器是由尺寸和性能相同的热管组成，分为 n 排，每排 m 根热管。其中任意一排热管传输的热量 Q_x 可从图 6.3-20 得到，即

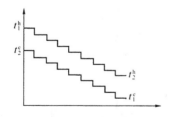

图 6.3-19　流体温度分布示意图

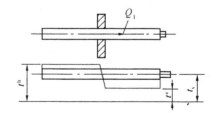

图 6.3-20　热管的温度分布

$$Q_x = U^h A^h(t^h - t_v) = U^c A^c(t_v - t^c)$$
$$= S^h(t^h - t_v) = S^c(t_v - t^c) \tag{3-72}$$

式中，U^h、U^c 分别为热侧和冷侧的传热系数；A^h、A^c 分别为热侧和冷侧的传热面积；

t^{h}、t^{c} 分别为热管热侧和冷侧的流体温度；t_{v} 为热管内部工质的蒸汽温度；S^{h}、S^{c} 分别为热侧和冷侧的热导，即

$$S = UA \qquad (3-73)$$

可以认为热管内部工质蒸汽温度在加热侧和冷却侧基本上是相等的，热流体温度 t^{h} 和冷流体温度 t^{c} 沿管长也是均匀变化的，由式（3-72）可得：

$$Q_{\mathrm{x}} = \frac{t^{\mathrm{h}} - t^{\mathrm{c}}}{\dfrac{1}{S^{\mathrm{h}}} + \dfrac{1}{S^{\mathrm{c}}}} \qquad (3-74)$$

式中，Q_{x} 为 x 排热管传输的热量；$(t^{\mathrm{h}} - t^{\mathrm{c}})$ 为热、冷侧的流体温度差，分母为传热热阻。

热流体和冷流体流过第 x 排热管后，温度要发生变化。由式（3-70）和式（3-71）可得热流体的温度降低为 $\Delta t_{\mathrm{x}}^{\mathrm{h}}$ 和冷流体的温度升高为 $\Delta t_{\mathrm{x}}^{\mathrm{c}}$，即

$$\Delta t_{\mathrm{x}}^{\mathrm{h}} = \frac{Q_{\mathrm{x}}}{X^{\mathrm{h}}} \qquad (3-75)$$

$$\Delta t_{\mathrm{x}}^{\mathrm{c}} = \frac{Q_{\mathrm{x}}}{X^{\mathrm{c}}} \qquad (3-76)$$

根据图 6.3-21，可得出顺流情况下每排热管的传热量。

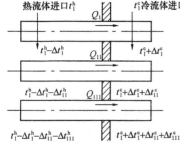

图 6.3-21　流体通过热管时温度的变化（顺流）

第一排：

$$Q_1\left(\frac{1}{S^{\mathrm{h}}} + \frac{1}{S^{\mathrm{c}}}\right) = \left(t_1^{\mathrm{h}} - \frac{\Delta t_1^{\mathrm{h}}}{2}\right) - \left(t_1^{\mathrm{c}} + \frac{\Delta t_1^{\mathrm{c}}}{2}\right)$$

$$= (t_1^{\mathrm{h}} - t_1^{\mathrm{c}}) - \frac{1}{2}(\Delta t_1^{\mathrm{h}} + \Delta t_1^{\mathrm{c}})$$

$$= (t_1^{\mathrm{h}} - t_1^{\mathrm{c}}) - \frac{Q_1}{2}\left(\frac{1}{X^{\mathrm{h}}} + \frac{1}{X^{\mathrm{c}}}\right) \qquad (3-77)$$

移项合并，得：

$$Q_1 = \frac{t_1^{\mathrm{h}} - t_1^{\mathrm{c}}}{\left(\dfrac{1}{S^{\mathrm{h}}} + \dfrac{1}{S^{\mathrm{c}}}\right) + \dfrac{1}{2}\left(\dfrac{1}{X^{\mathrm{h}}} + \dfrac{1}{X^{\mathrm{c}}}\right)} \qquad (3-78)$$

第二排：

$$Q_2\left(\frac{1}{S^{\mathrm{h}}} + \frac{1}{S^{\mathrm{c}}}\right) = \left(t_1^{\mathrm{h}} - \Delta t_1^{\mathrm{h}} - \frac{1}{2}\Delta t_2^{\mathrm{h}}\right) - \left(t_1^{\mathrm{c}} + \Delta t_1^{\mathrm{c}} + \frac{1}{2}\Delta t_2^{\mathrm{c}}\right)$$

$$= (t_1^{\mathrm{h}} - t_1^{\mathrm{c}}) - Q_1\left(\frac{1}{X^{\mathrm{h}}} + \frac{1}{X^{\mathrm{c}}}\right) - \frac{Q_2}{2}\left(\frac{1}{X^{\mathrm{h}}} + \frac{1}{X^{\mathrm{c}}}\right)$$

移项合并，得：

$$Q_2 = \frac{t_1^{\mathrm{h}} - t_1^{\mathrm{c}}}{\left(\dfrac{1}{S^{\mathrm{h}}} + \dfrac{1}{S^{\mathrm{c}}}\right) + \dfrac{1}{2}\left(\dfrac{1}{X^{\mathrm{h}}} + \dfrac{1}{X^{\mathrm{c}}}\right)}\left[1 - \frac{\dfrac{1}{X^{\mathrm{h}}} + \dfrac{1}{X^{\mathrm{c}}}}{\left(\dfrac{1}{S^{\mathrm{h}}} + \dfrac{1}{S^{\mathrm{c}}}\right) + \dfrac{1}{2}\left(\dfrac{1}{X^{\mathrm{h}}} + \dfrac{1}{X^{\mathrm{c}}}\right)}\right] \qquad (3-79)$$

同理，推出第 n 排：

$$Q_{\mathrm{n}} = \frac{t_1^{\mathrm{h}} - t_1^{\mathrm{c}}}{\left(\dfrac{1}{S^{\mathrm{h}}} + \dfrac{1}{S^{\mathrm{c}}}\right) + \dfrac{1}{2}\left(\dfrac{1}{X^{\mathrm{h}}} + \dfrac{1}{X^{\mathrm{c}}}\right)}\left[1 - \frac{\dfrac{1}{X^{\mathrm{h}}} + \dfrac{1}{X^{\mathrm{c}}}}{\left(\dfrac{1}{S^{\mathrm{h}}} + \dfrac{1}{S^{\mathrm{c}}}\right) + \dfrac{1}{2}\left(\dfrac{1}{X^{\mathrm{h}}} + \dfrac{1}{X^{\mathrm{c}}}\right)}\right] \qquad (3-80)$$

令:
$$p = \frac{\dfrac{1}{X^h} + \dfrac{1}{X^c}}{\left(\dfrac{1}{S^h} + \dfrac{1}{S^c}\right) + \dfrac{1}{2}\left(\dfrac{1}{X^h} + \dfrac{1}{X^c}\right)} \qquad (3-81)$$

则整个换热器的传输热量 Q 为各排热管传输热量之和，即

$$Q = \sum_1^n Q_x = \frac{t_1^h - t_1^c}{\left(\dfrac{1}{S^h} + \dfrac{1}{S^c}\right) + \dfrac{1}{2}\left(\dfrac{1}{X^h} + \dfrac{1}{X^c}\right)}\left[1 + (1-p) + (1-p)^2 + \cdots + (1-p)^{n-1}\right]$$

$$(3-82)$$

上式方括号内是初项为 1，公比 $\gamma = (1-p)$ 的等比级数，该级数之和为:

$$\Omega = \frac{1 - (1-p)^n}{p} \qquad (3-83)$$

代入上式 (3-82)，得:

$$Q = \frac{(t_1^h - t_1^c)\Omega}{\left(\dfrac{1}{S^h} + \dfrac{1}{S^c}\right) + \dfrac{1}{2}\left(\dfrac{1}{X^h} + \dfrac{1}{X^c}\right)} \qquad (3-84)$$

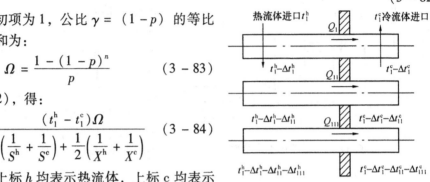

图 6.3-22　流体通过热管时温度的变化（逆流）

以上各式中上标 h 均表示热流体，上标 c 均表示冷流体，下标 1 表示进口，下标 2 表示出口。同理可导出逆流传热时的总传热量（参见图 6.3-22）:

$$Q = \sum_1^n Q_x = \frac{t_1^h - t_1^c}{\left(\dfrac{1}{S^h} + \dfrac{1}{S^c}\right) + \dfrac{1}{2}\left(\dfrac{1}{X^h} + \dfrac{1}{X^c}\right)}\left[1 + (1-p) + (1-p)^2 + \cdots + (1-p)^{n-1}\right]$$

$$(3-85)$$

但这时

$$p = \frac{\dfrac{1}{X^h} - \dfrac{1}{X^c}}{\left(\dfrac{1}{S^h} + \dfrac{1}{S^c}\right) + \dfrac{1}{2}\left(\dfrac{1}{X^h} + \dfrac{1}{X^c}\right)} \qquad (3-86)$$

因级数项之和 $\Omega = \dfrac{1 - (1-p)^n}{p}$，所以:

$$Q = \frac{(t_1^h - t_2^c)\Omega}{\left(\dfrac{1}{S^h} + \dfrac{1}{S^c}\right) + \dfrac{1}{2}\left(\dfrac{1}{X^h} + \dfrac{1}{X^c}\right)} \qquad (3-87)$$

根据式 (3-76) 应有:

$$\Delta t^c = \frac{Q}{X^c} = t_2^c - t_1^c$$

即

$$t_2^c = \frac{Q}{X^c} + t_1^c \qquad (3-88)$$

将式 (3-88) 代入式 (3-87)，并加以变换，经整理后得:

$$Q = \frac{(t_1^h - t_1^c)\Omega}{\left(\dfrac{1}{S^h} + \dfrac{1}{S^c}\right) + \dfrac{1}{2}\left(\dfrac{1}{X^h} - \dfrac{1}{X^c}\right) + \dfrac{\Omega}{X^c}} \qquad (3-89)$$

式 (3-84) 和式 (3-89) 即分别为顺流和逆流情况下换热器总传热量的表达式。

　　和前述一般设计计算方法一样，离散型计算法亦需事先已知冷、热流体的原始参数、热管的几何参数、翅片几何参数、管子排列方式以及各种热组的参数等数据后，方可进行设计计算。

三、定壁温计算法

　　所谓定壁温计算法是指把热管换热器每排热管的壁温都控制在烟气露点温度之上以及建立在管内蒸汽温度可调整的基础之上的一种设计方法。热管的结构特点决定了热管内蒸汽温度有如图 6.3 -23 所示的温度特性。

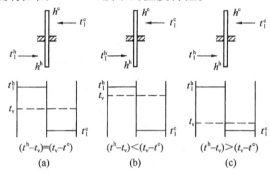

图 6.3 - 23 　热管的温度特性

　　假设冷、热流体的管外传热系数近似相等，则图 6.3 -23 （a）是冷、热侧传热面积相等的情况，此时，$h^h A^h = h^c A^c$，则必有 $(t^h - t_v) = (t_v - t^c)$；而图 6.3 -23 （b）则为 $h^h A^h > h^c A^c$ 的情况，应有 $(t^h - t_v) < (t_v - t^c)$；图 6.3 -23 （c）为 $h^h A^h < h^c A^c$ 的情况，应有 $(t^h - t_v) > (t_v - t^c)$。因而通过调整 (hA) 的值，可使热管的蒸汽温度 t_v 接近热流体或远离热流体温度。由于热管的管壁温度基本上与管内蒸汽温度相近，故可用调整 (hA) 值的办法来控制热管的管壁温度。文献 ［3］ 和文献 ［12］ 均介绍了控制热管管壁温度高于烟气露点的方法，在含尘烟气的环境中，这种方法取得了良好试验结果。定壁温计算法首先应采用常规计算法，计算出热管换热器的大致尺寸及管排数之后，再用离散型的计算方法逐排计算每排的壁温、传热量、冷流体的温升及热流体的温降，并调整到满意值。对每一排来说，进行上述计算所用公式是相同的，但通过每一排的气流物理性质是变化的，因此利用计算机计算会更方便一些。在掌握了常规计算法和离散计算法之后，再进行定壁温计算并无多大困难。图 6.3 -24 是用一定壁温度设计法设计的 1 台热管热水器的照片。图 6.3 -25 为计算所得的，并由计算机绘出的各排温度图。由图可见，管壁温度 t_p 始终靠近烟气温度 t^h，当烟气温度降至185℃时，管壁温度仍维持在160℃以上，这在常规的间壁式换热器中是很难做到的。因为，一般情况下，在间壁换热时壁温总是接近传热系数较大的流体温度。例如在上述热管热水器中水侧的传热系数远远大于烟气侧的传热系数，所以壁温是接近于水的温度，这就造成因管壁温度过低，引起烟气结露并腐蚀管壁的现象，某些常规换热设备在低温流体进口处过早被腐蚀破坏，其原因即在此。通过热管的定壁温度设计，可以避免这一缺点。

图 6.3 - 24 　热管热水器

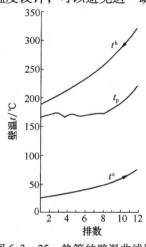

图 6.3 - 25 　热管的壁温曲线图

主 要 符 号 说 明

A——总传热面积，m^2；

A_w——管子中径为基准的圆管面积；吸液芯的横截面积，m^2；

A'_w——毛细极限，m^2；

B——迎气流方向的管子数；

C——腐蚀裕度；

C_{pf}——流体的比定压热容，$kJ/(kg \cdot ℃)$；

c——管束常数；

c_1——常数；

c_2——常数；

D——直径，m；

d——丝网直径，m；

E——迎风面宽度，m；

F——液体或蒸汽摩擦因数，$(N \cdot m^2)/(m \cdot W)$；

f——摩擦因数；

G_{fmax}——流体最大质量流速，$kg/(m^2 \cdot h)$

g_c——重力换算系数，1.3×10^7；

h——换热系数，$W/(m^2 \cdot K)$；高度，m；

h_{fg}——液体的汽化潜热，kJ/kg；

L——沿气流方向的长度，m；

l——热管长度，m；高度，m；

K——吸液芯的渗透率，m^2；

m——沿气流方向管排数；

N——传输因素，W/m^2；每米丝网数目；

n——热管换热器管总根数；吸液芯层数；安全系数；

n_f——每米单位管长的翅片数；

N_u——努塞尔数；

n_s——材料屈服极限的安全系数；

NFA——管束的最小流通面积，m^2；

NFV——流体流动净自由容积，m^3；

Pr——普朗特数；

p——压力，Pa；

Q——传热量，W；

Re——雷诺数；

R_v——蒸汽的气体常数，$J/(kg \cdot K)$；

r——半径，m；热阻，$m^2 \cdot ℃/W$；

S——厚度，mm；节距，mm；

S_c——按强度计算所得的壁厚，mm；

s_f——翅片间距，m；

T——温度，℃；

t——端盖厚度，m；温度，℃；

U——总传热系数，W/（m^2·℃）；

U_H——热管换热器的总传热系数，W/（m^2·℃）；

V_f——标准状况下流体的体积流量，m^3/h；

W——丝网间距，m；

$w_{f,max}$——流体横向掠过管束的最大流速，m/s；

w_N——标准状况下的迎面风速，m/s；

β——肋化系数；

Δt_m——热管换热器的对数平均温差，℃；

ε——空隙率；

δ——厚度，m；

η——散热损失率；效率；

k_w——翅片材料的导热系数，W/（m·℃）；

λ——导热系数，W/（m·℃）；

μ——流体的动力黏度，Pa·s；

ρ——密度，kg/m^3；

σ——表面张力系数，N/m；许用应力，MPa；

ϕ——焊缝系数；倾斜角度，（°）；

上角标：

h——热流体；加热段；蒸发；

c——热流体；冷却段；冷凝；

t——设计温度；

下角标：

b——强度；沸腾；

c——毛细；丝网；冷凝；

D——持久；

f——翅片；流体；

e——蒸发；有效的；

eff——有效的；

ev——当量；

ex——迎风；

g——重力；

h——管外；

hx——水力；

HP——热管；

i——管内；

l——液体；

L——纵向；

max——最大；

n——蠕变；

p——定压；

o——管外；

s——屈服；

T——横向；

v——蒸汽；

w——管壁；

r——光管；

y——污垢。

参 考 文 献

[1]　庄骏，张红. 热管技术及其工程应用. 北京：化学工业出版社，2000

[2]　张红. 分离式热管的最佳工作点的分析，全国高等学校工程热物理研究会第六届学术会议论文集，1996

[3]　中本隆司. ヒートパィづ式热交换。によろボィテーの. 省エネルギー，1981，35(3)：18～28

[4]　GB 150—1998，钢制压力容器[S].

[5]　余国琮主编. 化工容器及设备. 北京：化学工业出版社，1987. 125

[6]　杜马什涅夫 Ад. 化学生产机器及设备(中译本). 北京：化学工业出版社，1957

[7]　Chi S W. Heat Pipe Theory and Practice，MaGraw－Hill，1976

[8]　Briggs D E，Yong E H. Convection heat transfer and pressure drop of air flowing across triangular pitch banks of finned tubes，AIChE Preprint，No. 1，ASME－AIChE National Heat Transfer Conf. Houston Tenes，1962

[9]　Gunter A Y，Shaw W S. ASME Trans. ，1945. 634～658

[10]　Robison K K，Briggs D E. Eng. Progr. Symp. Ser，62，1966. 177～184

[11]　郝承明. 热管换热器的模型与设计计算. 哈尔滨：中国工程热物理学会第一届热管会议，1983.

[12]　阿波村齐. ヒートパィプ式给水予热の 利用例. 省ェネルギー，1981，33(5)：19～21

第四章　热管技术在工业工程中的典型应用

（张　红）

以热管为基本传热元件制作的换热器和反应器可广泛应用于化工、石化、动力、冶金、玻璃、建材、轻工及陶瓷等领域。按照热流体和冷流体的状态，热管换热器可分为气－气式、气－汽式和气－液式。根据放热和吸热反应的需要，热管换热器有加热式和冷却式两种。

第一节　气－气热管换热器

气－气换热器具有如下特点：

（1）冷、热气体都在热管管外流过，两侧都可以用翅片强化，传热效率高，体积紧凑，压力降小。气－气预热器要比传统的列管式和回转式气－气换热器体积小，阻力损失亦小，故可大大节约鼓风机和引风机的动力消耗。一些改造后的示例表明，引风机电流可以下降13～100A，送风机电流可下降2～10A[1,2]。

（2）热管的热测（烟气侧）和冷侧（气体侧）用隔板分隔开，热管和隔板之间有可靠的密封，因此空气和烟气之间的泄漏可能性很小。实测证明，热管空气预热器的漏风系数接近于0，而回转式空气预热器的漏风系数一般为10%～20%，高的可达30%。

（3）热管的传热是依靠管内工作液体的相变进行的，热管两端由端盖密封。当1根热管的一侧管壁有穿孔时（可能由于磨损和腐蚀），只有管内少量工作液体外泄，冷（空气）、热（烟气）两种流体不会串通。因而也大大减少了漏风的可能性。

（4）热管空气预热器的两侧都是通过翅片来强化传热的，故翅片的疏密会影响到热管内部工作液体蒸汽温度的高低。由此便可以通过调整单根热管两侧翅片的数量来调整热管内部工作液体的蒸汽温度并使之维持在烟气露点温度之上，这样就能使热管管壁温度能始终保持在烟气露点温度之上。聚集在管壁上的烟灰基本上是干灰，随着烟灰的累积，烟气流道的截面将会变小，烟气流速会愈来愈高。当烟气流速高到一定程度时，累积的烟灰便会随风带走，形成自吹灰过程。热管空气预热器设计得好，是可以避免低温腐蚀和灰堵的。

（5）热管换热器是一种静设备，没有运动部件，因而几乎没有什么机械故障。每根热管都是独立的部件，若有损坏亦可在大修时拆开顶盖更换。由于其结构简单，热管更换亦非常方便。

（6）鉴于热管空气预热器的以上优点，故运行非常可靠，且寿命长。国内电站锅炉空气预热器运行最长寿命已达到8年[3]。

气－气换热器可用作空气预热器来回收低温预热助燃空气，用作热风炉以产生较高温度的热风干燥高岭土及十二醇硫酸钠等，还可用作气体裂解炉。以下分别介绍几个典型的应用示例。

一、合成氨一段转化炉空气预热器

对于大型合成氨来说，其设备运转的可靠性是第一位重要的，特别是像一段转化炉这样的关键设备，决不能因设备事故而停车，否则造成的停车损失非常大，因此热管换热器设计最重要的是防止灰堵。以煤气、天然气或轻柴油为燃料的一段炉烟气余热回收比较简单，灰堵的可能性不大。而以重油或渣油为燃料的烟气余热回收则必须慎重考虑灰堵问题。防止灰堵的关键是：

（1）保持合理的风速 在压力降允许的条件下尽量采用高风速。风速高不仅不易积灰，传热系数也高。但风速过高又会引起压力降加大，压力降是由引风机的抽力决定的，所以二者必须兼顾。为了保证合适的风速，许多设计者采用了等流速的设计方法，即保证烟气通过每一排热管的流速相等。烟气在通过热管管排时，烟气温度在不断降低，体积不断缩小，为了保持相等的流速，流道的截面也应该随之相应缩小，因此沿流动方向的流体通道呈梯形结构。选择最适宜的风速与系统允许的压力降有关，一段炉热管空气预热器的压力降一般小于600Pa。通常最小流通截面工况下的流速可在 $8 \sim 11 m/s$ 的范围内选择。

（2）选择合理的翅片间距 翅片间距密，热管的根数可以减少，但若翅片间距过小，不仅容易积灰，且压力降也会增大。根据不同的燃料种类，可在 $6 \sim 12 mm$ 之间选择。

（3）调整好末排管壁温度 热管管壁温度的调整始终是设计者应考虑的一个重要问题。特别是当烟气流出换热器温度降得较低时，在逆流换热情况下，热管的冷侧正是常温空气的进口。这时应当注意热管的管壁温度是否在烟气露点以下。若管壁温度低于烟气露点，则很容易形成灰堵。烟气的露点与燃料的含硫量以及燃烧后烟气中的硫酸蒸汽分压有关。设计前应弄清燃料的含硫量，根据资料或向工艺人员查询该种燃料烟气的露点。

我国的30万 t/a 大型化肥厂大多数都是从国外引进的，其使用的一段转化炉多数均未配备空气预热器。有的厂虽然配用了回转式空气预热器，但根据实用效果对比，回转式明显不如热管式好。目前国内的30万 t/a 合成氨厂大多数已配用了热管式空气预热器。资料表明[4]，回转式空气预热器改为热管式空气预热器后有如下优点：①免去了回转式电机的动力消耗；②热回收效率提高了18.3%；③减少了维修工作量。

图6.4−1某厂热管空气预热器的照片，图6.4−2为某厂一段炉热管空气预热器的余热回收系统布置图。该系统将热管换热器入口的空气先经过炉墙各段的侧面预热然后进入热管换热器，其优点是一方面可起到隔热作用，降低炉膛周围操作环境的温度；另一方面可以提高热管换热器入口空气的温度，对提高烟气出口处热管的管壁温度有利。在寒冷地区这一点特别重要，缺点是施工中要增加夹层风道的投资。

图 6.4−1 热管换热器现场照片

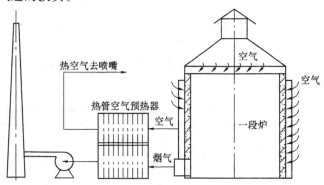

图 6.4−2 一段炉烟气余热回收流程图

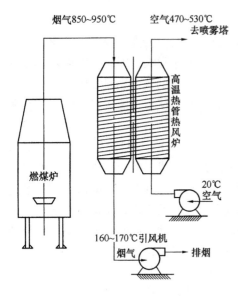

烟气850~950℃　　空气470~530℃
　　　　　　　　　　去喷雾塔

高温热管热风炉

燃煤炉

20℃空气

160~170℃引风机

烟气　　→排烟

图 6.4 - 3　高温热管热风炉

二、十二醇硫酸钠喷雾干燥[5]

十二醇硫酸钠是一种优良的阴离子表面活性剂，能有效地降低液体表面张力，是牙膏生产的重要原料之一，还广泛用于洗涤剂、化妆品、医药、纺织品、石油开采及电镀等行业。十二醇硫酸钠产品是一种热敏感性多泡性物质，干燥条件十分苛刻。即干燥所需的高温热源（450~500℃）一般是采用煤气直接燃料产生的烟气。对没有煤气或煤气很贵的地区，热源就成为一大难题。若使用液化气或轻柴油等热源则会对十二醇硫酸钠产生污染而影响色泽。若采用换热方式加热空气，则一般的板式、裂管式、异形管或板翅式所能提供的热源温度一般均在400℃以下，且热效率较低。大多数不适合于以煤为燃料的烟道气，而热管的各种特性非常适合于这一难题的解决。高温热管热风炉的流程图见图 6.4 -

3。由煤燃烧炉产生的高温烟气（950~850℃）直接进入高温热管换热器的吸热段（热管的蒸发段），逐步经过高温热管区、中温热管区、低温热管区后温度降至200℃以下并排入烟囱。空气由常温（20℃）进入热管换热器的放热段（热管的冷凝段）。通过热管与烟气进行逆流换热被加热至470~500℃，去喷雾干燥塔。其操作参数如表 6.4 -1 所示。

表 6.4 -1　高温热管
热风炉参数

参数名称	烟气	空气
进口温度/℃	850~950	20
出口温度/℃	150~170	470~530
风量/Nm³·h	4300~4900	6000~6500
换热量/kW	1163	
操作条件	间歇操作，每日3班，每班洗塔约1h	

表 6.4 -2　高温热管热风炉试投产
及实际运行时的部分数据

燃煤炉出口烟气温度/℃	热风炉排烟温度/℃	空气进口温度/℃	空气出口温度/℃
820	165	15	459
630	169	15	478
880	173	15	494
910	153	15	504
920	158	15	514
940	160	15	520
960	168	15	523
980	181	15	554

表 6.4 -2 为其运行数据，采用煤作为燃料代替煤气，可以节省煤气管路铺设工程费用，此项费用一般可达数百万元。更为重要的是运行费用的节省。与采用煤气作热源相比，每生产1t十二醇硫酸钠可节约运行费用630元，对一个年产1800多t的工厂来说，每年可节省费用达113.4万元。而整套高温热管热风炉的投资不到100万元。表 6.4 -3 为两种热源经济核算的对比。

表 6.4 -3　两种热源经济核算对比表　　　　　　　　　　　　　　　　元/t 料

项　目	煤　气	高温热管热风炉	项　目	煤　气	高温热管热风炉
燃料	1920	700	折旧	—	125
电	—	385	人工	—	60
维修保养	—	20	合计	1920	1290

三、醋酸气体裂解

烃类热裂解是石油化工生产中的重要过程，其特点是高温（750℃以上）强吸热，对裂解设备的要求是温度分布均匀，物料在炉内停留时间要短，烃的分压要低。工业上有多种形式的裂解炉，使用最多的是管式炉。其优点是结构简单、操作容易，且能连续生产。但其缺点也较明显：管壁面受热不均匀；裂解反应在非等温条件下进行；裂解管内流体阻力大，影响了烃的分压，对提高其产品收率不利。因此热管裂解炉应在吸取管式炉优点的基础上设法使裂解温度均匀，停留时间缩短，烃的分压降低。图 6.4 - 4 所示为一用于醋酸裂解的小型裂解炉。该裂解炉热管的管壳材料为 18 - 8 不锈钢或高镍铬合金钢（HP - 40，HK - 40）。热管的工作温度为 750 ~ 900℃，管内工作液体为金属钠，单根管的传递功率可达 40kW 以上。如该图所示的高温燃烧气（1000 ~ 1100℃）在裂解炉下部直接加热热管的蒸发段，管内的金属钠汽化将热量传至热管的上部（热管的冷凝段），使上部热管管壁和翅片都处于一均匀的温度条件下（720 ~ 750℃）。醋酸气体通过管壁和翅片受热裂解为乙烯酮气体。该裂解炉的特点是：

（1）裂解温度均匀；

（2）压力降小，对裂解生成主产品有利；

（3）结构紧凑，节省钢材；

（4）根据裂解过程前后反应所需温度不同，可以通过热管的长短及翅片的多少来方便灵活地调整温度；

（5）可以通过流体流过热管截面的大小来调整炉气的裂解停留时间。

两种炉型的优缺点比较如表 6.4 - 4。图 6.4 - 5 是原裂解炉图形，裂解管为螺旋形（也可为蛇管形），采用燃油或电加热。原炉型为 ϕ65mm × 5mm 的不锈钢，管长为 117m，换热面积为 19m^2，热管式只需 22 根 2m 长的热管，换热面积为 22m^2。尺寸为宽 0.5m、长 0.5m、高 2m，体积极为紧凑。

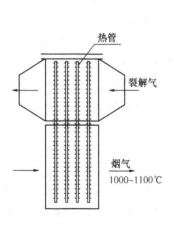

图 6.4 - 4　热管裂解炉

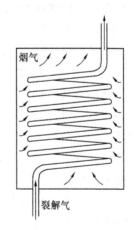

图 6.4 - 5　气体裂解炉

表 6.4 - 4　两种裂解炉的对比

炉型	加热源	温度场	沿程调温	沿程压力降	停留时间	换热面积/m^2	能耗	金属耗量
盘管	燃油或电	不均匀	不可调	大	长	19	高	ϕ65mm × 5mm，117m 长
热管	燃油或燃煤	均匀	可调	大	可调在合适范围	22	低	ϕ65mm × 5mm，44m 长加部分翅片

第二节　气－汽热管换热器

气－汽热管换热器多被用作蒸汽发生器或热管预热锅炉，通常有如图 6.4－6 所示的 3 种形式[6]。其中的图 6.4－6（a）为炉气纵向冲刷热管管束，图 6.4－6（b）为炉气横向冲刷管束，图 6.4－6（c）为斜向冲刷管束。在相同的炉气流速下，（b）型传热效率最高，因而结构最紧凑，（c）型次之，（a）型最差。从磨损角度来看，（a）型最好，（c）型次之，（b）型最差。从避免积灰来看，（c）型最好，（a）型次之，（b）最差。由于管束磨损量与气流速度的 3 次方成正比，故烟气的流速愈低对管束的磨损量愈小。气流流速低时，传热系数较小，此时可用增加管外翅片的方法来弥补传热系数的减小，（b）型及（c）型具有优越性。

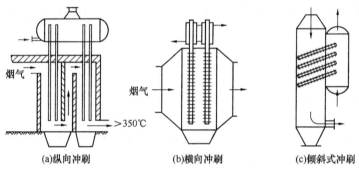

图 6.4－6　蒸汽发生器的 3 种形式

一、合成氨二段转化炉高温高压蒸汽发生器

30 万 t/d 合成氨厂二段转化炉出口的转化气温度约为 975℃，生产上要求必须使温度降至 360℃ 左右后才能送入高温变换炉。为了充分利用这部分热量，可使二段转化炉出口的转化气通过高压废热锅炉，以使这部分废热产生出高压蒸汽并将其作为合成氨厂的动力蒸汽来使用。我国 30 万 t/a 合成氨厂的高温高压废热锅炉基本上都是从国外引进的，目前主要有 2 种结构形式：（1）U 形管式，如图 6.4－7 所示；（2）刺刀管式，如图 6.4－8 所示。

图 6.4－7 是 U 形管式废热锅炉结构，在高压管箱内用隔板将管板一分为二。管板的一侧进入来自汽包下降管的循环水，由 U 形管的一端进入管板下方的转化气壳体内。循环水在 U 形管内接受管外转化气的热量而产生蒸汽，汽水混合物向上流动至 U 形管的另一端进入高压管箱隔板的另一侧，沿上升管进入汽包。这种结构有其天生缺陷，即汽－水循环回路不畅。因为当循环水在 U 形管内被加热成为汽水混合物时，在整个 U 形管内都有向上流动的趋势，循环水的下降必然受到汽水混合物向上流动的阻挡。所以它的自然循环很不稳定，严重时形成汽阻进而使管子过热爆管。

图 6.4－8 为刺刀管式废热锅炉。循环水从汽包的下降管由顶部进入中心管并向下进入外套管的夹层，接受来自转化气的热量，汽水混合物向上流动，沿夹层进入上端的汽水室再沿上升管进入汽包。这种形式的汽水循环较 U 形管结构合理。但结构较复杂，中心管下端与外套管端部的距离要求很严，此处是循环水受热最强的部分。汽水混合物既沿夹层上升也有沿中心管向上流动的趋势，这种趋势也使中心管的循环水下降受到阻力，当上部分水板分水不均时，则有可能造成循环的恶化，部分中心管供水不足而引起管壁过热爆管。

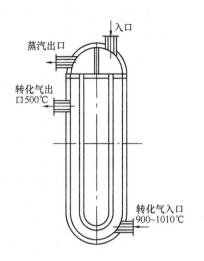

图 6.4 - 7　U 形管式废热锅炉

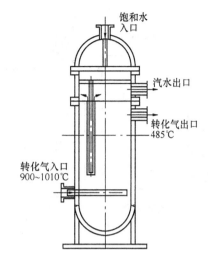

图 6.4 - 8　刺刀管式废热锅炉

以上两种进口技术都存在固有的先天缺陷。在传统的传热技术范围内，只可能有这类专利技术。但若采用热管技术，则就可使汽水循环回路非常通畅，而结构还非常简单。

图 6.4 - 9 是热管式高温高压废热锅炉的结构形式[7]。由该图可见，汽包下降管来的饱和水从高压管箱的一侧进入高压管箱。饱和水在此接受热管冷却段放出的热量并产生汽水混合物，蒸汽从顶部出口沿上升管进入汽包。这种循环回路是典型的汽水循环回路，因此很容易建立起自然循环，系统的循环阻力也小。其工作原理是高温的二段炉转化气由壳体的下部通过气体分布器向上流动，分别由环向隔板扫过热管的加热段。热管内部的工作液体受热汽化，向上流动到管板上方的冷却段。工作液体在冷却段放出汽化潜热加热管箱中的饱和水，使饱和水产生蒸汽。放出汽化潜热后的工作液体沿热管内部管壁下流，在加热段继续受热汽化，工作液体蒸汽再次上升到达冷却段，加热管外的饱和水，使水变

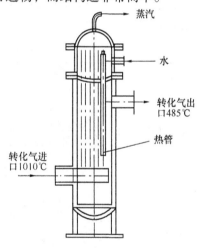

图 6.4 - 9　热管废热锅炉

为蒸汽进入汽包。如此反复循环。这种高温高压蒸汽发生器的优点非常明显。因为热管的两端均是自由的，没有高温下的热膨胀问题，循环水进入高压管箱后受到热管的均匀加热，这类似于大容积的池状沸腾，因此没有水分配问题。热管内部用液态金属（钠、钾）作为工作介绍，液态金属的特点是饱和蒸汽压力很低。在大气压力的条件下，钠的沸点是 883℃，钾的沸点是 760℃，故在高温条件下工作的热管其内部压力一般均处在负压状态，管壁不会爆破。即使个别热管管壁因某些特殊原因穿孔，其内部少量的液态金属也会在高温转化气中与水蒸气反应生成氢氧化合物。由于水侧的管壁完好故不会有水漏入转化气中，生产不会受到影响，安全可靠性远较 U 形管式及刺刀式废热锅炉高。

二、热管余热锅炉[8]

我国工业锅炉面广量大，且多以燃煤为主。由于工业锅炉容量较小，参数低，故运行热效率较低，一般为 65% 左右，故其节能潜力很大。除了改善燃烧及降低灰渣含碳量之外，

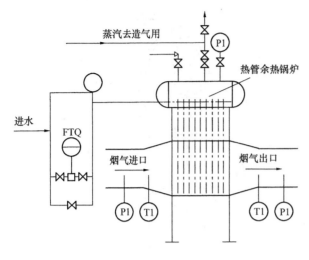

蒸汽去造气用

热管余热锅炉

进水

FTQ

烟气进口　　　　　烟气出口

图 6.4 - 10　余热回收流程图

降低排烟温度减少热损失亦是提高工业锅炉效率的重要措施。小容量的工业锅炉一般不配空气预热器，工业锅炉的省煤器和空气预热器的效率不高，因此热管技术在工业锅炉尾部的应用显得颇为重要。某化工厂一台 6.5t/h 蒸汽锅炉，由于省煤器及空气预热器效率不高，锅炉出口排烟温度在 220℃ 左右。回收这部分低温余热可获得较大的经济效益。其流程见图 6.4 - 10，在锅炉出口烟道中装设热管蒸汽发生器，锅炉出口 220℃ 左右的烟气经过热管的蒸发段，降至 140℃ 以下，经引风机送入烟囱。给水温度为 90℃ 左右，产生的

0.25MPa（绝压）饱和蒸汽可送给工艺工段使用。由于锅炉操作负荷的变动，该蒸汽发生器进口温度一直在 180 ~ 220℃ 之间波动，但出口烟气温度始终在 140℃ 以下。在运行 3 个月后对其进行了测定，6 个月后又进行二次测定，测试结果见表 6.4 - 5。

表 6.4 - 5　热管余热锅炉热负荷测定数据

测 定 次 数		1	2	3
测定时间		1982.3.31 2: 00 ~ 5: 30	1982.6.8 8: 30 ~ 10: 29	1982.6.9 8: 04 ~ 10: 35
测定方法	烟气流量/Nm³·h⁻¹	风速仪	毕托管加微压计	（同2）
	烟气温度/℃	热电偶温度计	热电偶温度计	
	给水流量/kg·h⁻¹	用计量桶	涡轮流量计	
	蒸汽干度/%	碱度法	碱度法	
烟气侧数据	烟气平均流速/m·s⁻¹	5. 504	12. 4	12. 4
	烟气温度/℃	101	208	204
	烟气流量/Nm³·h⁻¹	7458	10134.5	10209.2
	副线泄漏烟气流量/Nm³·h⁻¹	260	260	260
	通过热管烟气流量/Nm³·h⁻¹	7198	9874.5	9949.3
	进口烟气温度/℃	208.9	198	204
	出口烟气温度/℃	139	136	140
	烟气温降/℃	69.9	64	64
	烟气放出热量/kW	195	230	240
	烟气侧热损/%	3	3	3
烟气侧实际供热量/kW		190	224	233
水蒸气侧数据	给水温度/℃	54.9	62	65
	蒸汽压力/MPa	0.13	0.15	0.12
	蒸汽干度/%	3.6	3.6	3.6
	给水流量/kg·h⁻¹	267	324.73	327.8
	蒸汽带走热量/kW	178	203	203
	蒸汽侧热损/%	3	3	3
	蒸汽侧热负荷/kW	183	209	209
蒸汽侧与烟气侧热负荷误差/%		3.7	6.3	9.1
热管余热锅炉压力降/Pa		536	400	400
备　注		7 次测量数据平均，累计进水时间 198min，进水量 881kg	累计进水时间 119min，进水 650kg，液位计漏水 20kg/h	累计进水时间 115min，进水 628.2kg，液位计漏水 20kg/h

表中显示，在长期运行过程中，烟气的温降始终保持在 65℃ 左右。根据测定结果，以产生蒸汽量计该装置的平均热负荷为 7.15×10^5 kJ/h，相当于节约标准煤 35kg/h，标煤若按 2.9×10^4 kJ/kg，锅炉效率按 70% 计，年节约标准煤约 277.2t，按每 t 65 元计，年收益为 1.8 万元，实际设备投资及现场改造费用为 1.9 万元，回收期限为 13 个月（1981 年价格）。

图 6.4 - 11　热管余热锅炉

热管余热锅炉见图 6.4 - 11，外形尺寸为高 3500mm × 长 1156mm × 宽 842mm，管板尺寸为长 1260mm × 宽 842mm × 厚 46mm，热管排布为正三角形排列，间距 66mm，迎风面排 16 根热管，共 11 排，中间空 1 排作为吹灰通道，实际 10 排共 151 根热管。汽包尺寸内径为 ϕ1000mm，壁厚 12mm，长 2000mm，传热面积 132m²。

第三节　气 – 液热管换热器

气 – 液热管换热器多用于预热给水，如锅炉给水及除氧器给水等，又可称为热管省煤器，水侧通常有箱式和套管式两种结构形式，如图 6.4 - 12。箱式一般用于非承压工况，套管式多用于承压工况。

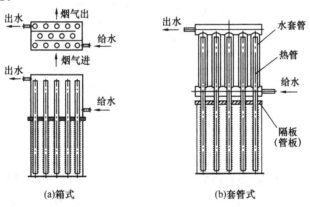

(a)箱式　　　　　　　　(b)套管式

图 6.4 - 12　汽 – 液热管换热器示意图

第四节　组合应用举例

国内外许多轧钢加热炉烟气的高温余热采用的均是余热锅炉和空气预热器相结合的流程来回收的即首先让高温烟气通过余热锅炉（蒸汽发生器）使温度降至 500 ~ 600℃，并产生 1.9 ~ 3.0MPa 的蒸汽。降温后的烟气再通过空气预热器将常温空气预热至 250℃，烟气温度降至 300℃ 以下后进入热管省煤器。将 105℃ 的脱氧水加热至 250℃ 左右，烟气温度降至 200℃ 以下，经引风机送至烟囱排放。这种流程的优越性是余热锅炉可以以较少的设备投资回收烟气高温部份的余热，所产生的蒸汽如果可以外销，则可在极短的时间内收回投资。空气通过预热器被预热至 300℃ 以上，一次能耗可以节约 14% ~ 18%，这是最合算的流程。如果采用蒸汽透平发电，再将背压蒸汽外销，也是一种经济效益很好的方案。热管空气预热器和热管省煤器可以在较低的条件下充分发挥其传热效率高和体积紧凑的特点。以下通过一设计示例来说明其优越性。

一、设计条件

烟气量170000Nm³/h，烟气温度950℃，采用余热锅炉及空气预热器组合流程。空气流量150000Nm³/h，要求从常温预热至350℃以上。余热锅炉产生的蒸汽压力为3.9MPa，锅炉给水为105℃脱氧水。设计结果示于表6.4－6，流程图示于图6.4－13。

表6.4－6　设计方案参数

参数名称	蒸汽发生器	空气预热器	省煤器
烟气流量（标）/Nm³·h⁻¹	17000	17000	17000
烟气进口温度/℃	950	600	300
烟气出口温度/℃	600	300	≤200
空气流量（标）/Nm³·h⁻¹		150000	
空气进口温度/℃		20	
空气出口温度/℃		381	
换热量/kW	25417	20043	6390
蒸汽产量/t·h⁻¹	30		
换热面积/m²	1399	3187	2494
烟气侧压降/Pa	137	268	137
热管根数/根	598	1320	840
热管材料及介质	18－8，Na（钠）	少量18－8，K（钾），大量碳钢－水	碳钢－水
设备尺寸 宽×高×长/m	9.6×5×0.6	9.5×6.5×0.8	9.6×5×0.6
设备重量/t	30	95	40
设备参考价/万元	144	180	48

二、经济效益分析

1. 热管蒸汽发生器

热管蒸汽发生器回收热量25417kW，折合蒸汽量30t/h，按外供蒸汽60元/t计，则每h

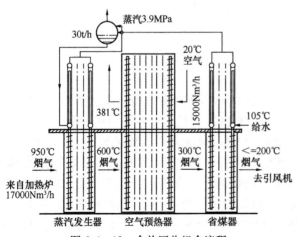

图6.4－13　余热回收组合流程

回收1800元，年工作日按8000h计，年回收金额为144万元。设备投资回收期限为0.1年。

2. 热管空气预热器

空气预热器回收热量为20043kW，相当于72.2GJ/h，按高炉煤气每GJ 5.4元计，则年回收金额为312万元，设备投资回收期为0.6年。

3. 热管式省煤器

省煤气回收热量为6390kW，相当于23GJ/h，按高炉煤气每GJ 5.4元计，年回收金额为99.4万元，设备投资回收期为0.48年。

从以上分析可见，各台设备投资的回收期均在0.6年以下，该工程最大设备重量为95t，若设备置于平地，则按施工费用仅限于地面基础及支架平台。估计工程施工费用不会超过设备费用的1/3，因此整个工程费用回收期不会多于1年。

第五节　热管化学反应器

热管化学反应器通常是将热管与反应器制成一体，吸热反应一般采用整体式热管，放热反应多采用分离式热管。

一、热管脱氢反应器

烃类脱氢反应是吸热反应，其平衡常数随温度升高而加大，脱氢反应的速度也随温度升高而加快，因此脱氢反应器应选择在最佳反应温度内进行。工业上的脱氢反应器一般有管式等温反应器及绝热反应器2种。图6.4-14是用烟道气加热的乙苯脱氢列管式反应器，其沿管长反应的温度曲线见图6.4-15。图6.4-15中的曲线1表示反应器入口处原料中的反应物浓度高，反应速度快，吸热量大，而管外热量供应不足，故出现温度最低点。愈接近出口反应速度愈慢，所吸收的热量也愈少，而反应层的温度升高。曲线3表示外界沿反应管传递的热量始终大于反应所需的热量，故催化剂的温度沿床层不断升高。曲线2表示管外传入反应床的热量始终与反应吸收的热量相等。对如图6.4-14所示的烟道气加热反应器来说，在工业上这种条件是很难实现的。对乙苯脱氢反应器，若仅从获得最大反应速度考虑，催化剂层最佳温度分布以保持等温为宜。但若考虑有副反应的影响，在反应初期因乙苯浓度高，希望提高温度以增加转化率。由于副反应及结焦的影响，反应温度也不能过高，所以外加热式反应器的温度曲线与最理想反应温度曲线相差甚远。图6.4-16为绝热式乙苯脱氢反应器，图6.4-17为其温度分布曲线。绝热式反应器反应所需热量是靠720℃的过热蒸汽供给的，因此反应过程中沿床层高的温度不断下降，转化率也不断降低，对反应极为不利，故只有采用多段绝热反应以分段补充蒸汽的结构或分段用加热炉加热的结构，才能得到较高的转化率和收率。这种反应器的生产能力大，结构简单，但多段绝热反应器主要靠720℃以上的过热蒸汽来供给热量，因此能耗很大。热管乙苯脱氢反应器正是为克服以上2种反应器的缺点而开发的[9]。

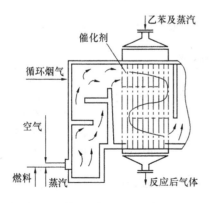

图6.4-14　乙苯脱氢管式反应器

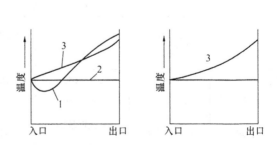

图6.4-15　外加热管式反应器温度分布

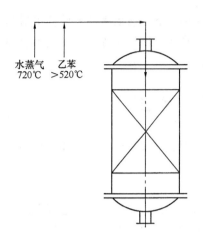

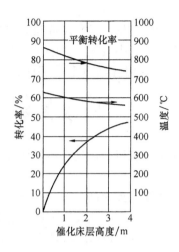

图 6.4 - 16　绝热式反应器　　　　　　图 6.4 - 17　绝热式反应器温度分布
　　　　　　　　　　　　　　　　　　　　　　　　和转化率曲线

　　图 6.4 - 18 为热管乙苯脱氢反应器示意图，它是一种在绝热反应器催化剂床层内插入若干热管而组成的结构。乙苯脱氢的反应热由热管供给，热管热源可以是烟道气、蒸汽或电加热。热管良好的等温性，可以为脱氢反应提供良好的温度条件和足够的热量。图 6.4 - 19 为该反应器内温度分布的理论计算值及实验值。图 6.4 - 20 为各种不同进料量及水/乙苯比情况下的转化率。表 6.4 - 7 列出了 3 种乙苯脱氢反应器的参数比较。

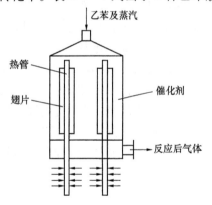

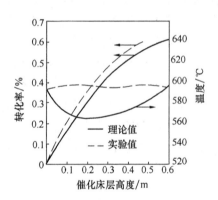

图 6.4 - 18　热管乙苯脱氢反应器　　　　图 6.4 - 19　热管反应器内温度分布

表 6.4 - 7　三种脱氢反应器比较

反应器形式	乙苯/水（质量比）	反应温度/℃	单程转化率/%	相同转化率下苯乙烯选择性/%	生产能力/[kg 苯乙烯/（h·m³ 催化剂）]
绝热式	1/2 ~ 3	630 ~ 650	35 ~ 60	90 ~ 94	650 ~ 675
外加热式	1/1 ~ 15	580 ~ 610	40 ~ 60	92 ~ 94	210
热管式	1/1.2 ~ 1.4	在接近最佳温度下反应	50 ~ 58	95 ~ 97	355

　　由表中的比较可见，绝热式反应器虽然可获得较高的转化率，但其选择性却比较低，且其水蒸汽耗量要比热管式高出 1 倍多，说明这种反应器的能量消耗指标很高。

二、热管氧化反应器

气固相非均匀氧化反应在石油化工中占有很重要的地位。氧化反应是一种强放热反应，同时涉及的影响因素很多，但对反应器本身来讲温度条件是最关键的因素，因此氧化反应设计首先应考虑如何能保证在最佳的反应温度条件下进行。一般氧化反应有固定床和流化床两种形式。这两种反应器各有优缺点，也都可以应用热管

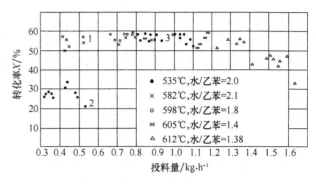

图 6.4 – 20 乙苯投料量与转化率的实验值

来达到移走热量的目的。固定床一般采用管式反应器，优点是管细长，反应物流速高，有利于传热，径向温差小；缺点是温度不易控制，热稳定性差，易产生热点，催化剂装填要求高。流化床的优点是气固相接触面积大，传热速率快，床层温度分布均匀，热稳定性好，反应温度易控制，但催化剂易磨损，有气体反混现象，影响转化率和收率。近年来提出的热管氧化反应器均力求在确保以上两种反应器优点的前提下，克服其缺点。美国华盛顿研究中心、里海大学、康乃狄克大学等联合研究设计出的径向热管管壁式催化反应器就具有一定的代表性，其结构如图 6.4 – 21 所示[10]。

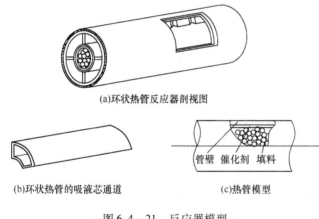

(a)环状热管反应器剖视图

(b)环状热管的吸液芯通道

管壁 催化剂 填料

(c)热管模型

图 6.4 – 21 反应器模型

该反应器用催化剂被喷涂在反应器的内壁上而形成 1 层薄的催化层。反应器的管壁外侧是径向热管的空间，空间内有"幅条"状的热管吸液芯，反应管内催化剂所放出的热量直接通过管壁传导给热管，使吸液芯中的液体汽化。汽化了的蒸汽在径向热管的环形空间内沿半径方向流向外层管壁，并在那儿冷凝并放出热量。热量传给热管外部的冷却介质（水或空气），冷凝后的液体再通过"幅条"状吸液芯回流到热管的内环壁上，再次吸收催化反应热。其特点是：

（1）催化剂被直接喷涂到反应器内壁上，化学反应热直接由管壁导出，消除了反应气体与内壁的对流传热阻力。

（2）径向热管的外管比反应管直径大，增大了散热面积，因而可以不用熔盐或联苯等高温载热体而直接用水或空气冷却即可。

（3）可以在较高的温度下进行反应以获得最大的反应速度及最高的产率。

（4）可以得到最小的尺寸、重量和压力降。

该反应器用于萘氧化制苯酐，图 6.4 – 22 为计算所得的图线，图中上横坐标为反应器长度，下横坐标为反应温度，左侧纵坐标为对应于苯酐产量的萘的转化率（X_A），右侧纵坐标为苯酐的最大产量（B）。图中表明在反应温度为 760K（487℃）时，苯酐的产率为 80%，转化率接近 95.8%，对应的反应床长约为 1.35m；图中另一组曲线代表一般管式氧化反应

器，当苯酐的产率为80%时，相对的反应温度为735K（462℃），转化率为96.7%而相应所需的反应床长度为2.25m。亦即是说，在得到同样多产品的条件下，一般管式反应器原料消耗比热管反应器多了0.9%，反应床要长0.9m。更为重要的是，从图中可以看出，热管反应器在很宽的温度范围内（720~760K）都可得到80%以上的产量；而一般管式反应器只有在720K附近才有最大产量。离开这一点，产量便迅速下降。可见热管反应器的操作范围及可调性均比一般管式反应器优越。胡家桢在1根汞热管反应器内用均四甲苯氧化制作均苯四酸二酐的试验也充分证明了以上结论[11]，图6.4-23为该反应器的结构示意图。由该图可见，物料由反应器上方进入，通过催化剂层由下部导出，放出的反应热由管外热管的工作液体（载热体）以相变形式导走，在反应器的外壁上有几层丝网吸液芯。原生产工艺用的是列管式固定反应器，大量的化学反应热用过量空气移走。动力消耗大，设备生产能力低，产品捕集困难。

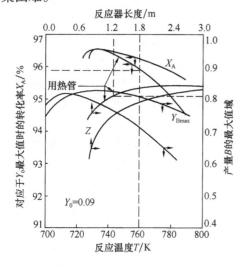

图6.4-22 径向热管反应器的相对关系图

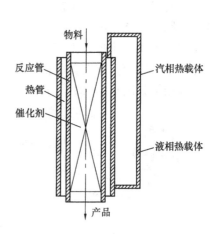

图6.4-23 热管反应器

列管式反应器和热管式反应器试验对比如下：

（1）列管式反应器的热点在反应器床层上部1/3~1/6处，而热管反应器的热点温度则在沿床层下移4cm（试验床层长10cm）处，因此大大增加了催化剂的利用。图6.4-24是两种反应器床层温度分布曲线的比较。

（2）在产量相同的情况下，热管反应器的空速比列管式反应器下降了30%，这不仅大大节约了能耗，且也提高了设备的生产能力，同时还缩小了捕集器的体积，其具体数据见表6.4-8。

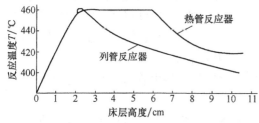

图6.4-24 两种反应器温度分布比较

表6.4-8 两种反应器空速的对比（催化剂30ml，热点温度440~460℃）

项目	空速/h^{-1}	均四浓度/g·m^{-3}	粗酐收率/%	粗酐纯度/%
热管式	6100	22.64	103.37	84.97
列管式	8800	11.10	102.95	91.58

三、热管化学反应釜[12]

带搅拌的化学反应釜是石油化工工业中常用的设备,在釜内的反应过程中总是有化学反应热的移出或输入。常规反应釜热量的传递是靠外夹套或伴管来完成的,在强放热或吸热的反应中,仅靠釜外夹套的传热面积往往已不能满足传热的要求。在这种情况下应用热管具有很多优点。首先热管可被做成各种形状并插入釜内,既可增加釜内换热面积,也可起到挡板的作用。此外,热管还可从反应釜内导出热量,也可从反应釜外向釜内供给热量。作者们已开发出的 3 种热管搅拌反应釜可见图 6.4-25 所示[12]。这些反应釜除外壳如一般反应釜加有伴管或夹套外,还另附加了热管以扩大传热面积。

图 6.4-25(a)为放热式反应釜,热管呈一定角度插入反应釜壁内,热管的蒸发段处于反应釜内,吸收热量后通过在釜外的冷凝段放出热量。冷凝段的冷源可以是空气,也可以是水,视工艺需要而定。图 6.4-25(b)为加热式反应釜,若釜内是吸热反应,则热管插入釜内冷凝段,釜外是热管的蒸发段。蒸发段的热源可以是电,也可以是其他载热体。图 6.4-25(c)是用于复杂反应的反应釜。在某些生产过程中要经过加热 - 放热 - 再加热 - 再放热的 4 个阶段,仅靠有限的夹套或伴管的传热面积是不足以满足过程要求的。图 6.4-25(c)反应釜的形式是除夹套或伴管外,在釜内沿径向分布了既可吸热也可放热的热管,这样可以在不同的热过程中起到辅助加热或吸热的作用,同时釜的搅拌轴本身也是 1 根热管,可以达到均温及散出部分热量的目的。

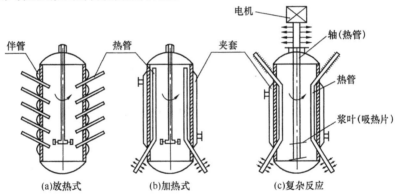

图 6.4-25 热管化学反应釜[12]

参 考 文 献

[1] 程文玉,等. 热管空气预热器在 200t/h 电站锅炉上的应用. 第四届全国热管会议论文集,1994

[2] 林伯川,等. 氧化除氢法热管空气预热器在电厂中的应用. 第四届全国热管会议论文集,1994

[3] 倪德斌,等. 电站煤粉锅炉高级热管空气预热器工业应用研究及推广应用. 第三届全国热管会议论文,1991

[4] 李纲,陈式荣. 热管式空气预热器在我厂的应用. 西南大化肥第 5 届年会,1994

[5] 张红,滕林根,侯少雄,庄骏. 热管技术在十二醇硫酸钠生产中的应用. 能源研究与利用,1998,(4):10~12

[6] 庄骏,等. 实用新型专利,ZL 922185182

[7] 庄骏,等. 实用新型心利,专利号:99228416.3

[8] 陈永桐,庄骏,等. 用热管回收烟道余热. 废热锅炉,1982(4)

［9］   Qiu Yuantao, Zhuang Jun. Experimental Study of The Heat Pipe Research for the Catalytic Dehychogenation
        of Ethyl Bezene 3rd Internation Hear Pipe Symposium – Tsukuba Preprints Sep. 12 – 14, 1988, 261 ~ 265

［10］   Parent Y Q, Caven H S Coughlin R W. "Tube – wall Catalytic Reactor Cooled by an Annular Hear Pipe"
        AICHE J 1983, 29(3)

［11］   胡家桢. 热管反应器用于均四甲苯氧化制均苯四酸二酐工艺实验的报告(内部报告). 南京化工学
        院, 1984

［12］   张红. 用于氧化反应釜的热管式搅拌轴. 石油化工设备技术, 1995, 16(6): 11

第五章 热管技术在电子电器工程中的应用

近年来电子技术发展迅速，电子器件的高频、高速以及集成电路的密集和小型化，使得单位容积电子器件的发热量快速增大。电子器件正常的工作温度范围一般为 −5 ~ +65℃，超过这个范围，元件性能将显著下降，不能稳定工作，因而也影响了系统运行的可靠性。研究资料表明[1]，单个半导体元件温度若升高10℃，系统的可靠性则降低50%，因此电子器件的正常工作需要有良好的散热设施来保证。散热设施要求具有紧凑性、可靠性、灵活性、高散热效率，以及不需要维修等特点，最能满足这些要求的当属热管技术。近年来，热管技术已在电气设备散热、电子器件冷却、半导体元件及大规模集成电路板散热方面取得很多应用成果。电子技术的飞速发展对热管散热技术提出了许多更高的技术要求，这又促使了热管技术本身的发展。微型热管（Micro Heat Pipe）/小型热管 Miniature Heat Pipe）、回路热管（Loop Heap Pipe）、毛细泵回路热管（Capillary Pumped Loop Heat Pipe）及振荡热管（Pulsating Heat Pipe）等一些新型、高效和紧凑的热管散热器也迅速被开发出来。

第一节 密闭壳体中电子器件的散热

在许多场合电子器件需要集中放置在一个密闭的壳体内，以防止外界环境中的灰尘、腐蚀性气体及雨水等对电子器件的侵害。密封壳体中的电子器件或元件散发出的热量必须及时散失到壳体外部去，才能保持稳定的环境温度。根据情况的不同，其散热方式既可借助壳体本身作为热管的散热体，也可采用在壳体内部安装小型风扇，将壳体内部的热量通过强制循环的方法传递给热管，再通过热管传热到壳体外部环境中去。以下是几种典型的应用示例。

一、密闭壳体的自然对流散热[2]

大多数通讯中继设备均被安装在地下水源水道的检修孔内，在这种环境下，器件的外壳必须密封以防水和防潮。一般情况下可将电子设备紧靠壳体侧壁安装，电器元件散发的热量可以通过壳体的侧壁或底面传导到外面去。但壳体侧壁往往只有一部分接触散热体，大部分侧壁起不到散热作用。为此可将热管做成各种适合的形状，使其蒸发段和散热元件接触，而冷凝段和壳体侧壁接触，热量便可通过热管分散到壳体各部。

图 6.5 −1 所示为安装于地下水道检修孔中的一个通讯中继器的密封壳体，图中 1~6 为测点。为了使中继器所发出的热量能更好的传递到壳体的两侧，在每一个中继器上安装了 1 个 U 形热管，其尺寸见图 6.5 −2[2]。安装热管后的密封壳体如图 6.5 −3 中（a）所示，图（b）是安装热管前后各测点温度记录[2]，图中 A、B 和 1~6 为测点。由该图可以看出，安装 U 形热管后，中继器温度上升明显减小，可见热管起到了很好的均温作用。

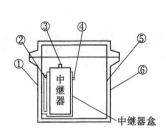

图 6.5-1 未装热管的中继器密封壳体

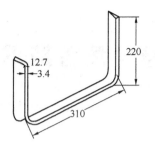

图 6.5-2 U 形热管的形状

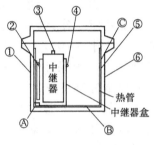

(a)装有热管后中继器的密封壳体

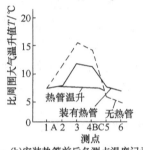

(b)安装热管前后各测点温度记录

图 6.5-3 热管的应用效果

二、密闭壳体的强制对流散热[4]

在发热量比较大的仪器仪表密封柜内，一般以采用强制对流散热较好。其原理是在壳体内部安装中型风扇，使发热元件产生的热气体的壳体内部循环，并传递给小型热管换热器的蒸发段。热量通过热管再传递到壳体外部的冷凝段，最终通过风扇散失到环境中去。用于密闭空间散热的小型热管换热器有单管组合式及分离式两种。

图 6.5-4 为单管组合式热管换热器[3]，它又分为顶部安装和侧面安装两种形式。在密封电器柜内热管蒸发段空气进口处安装了 1 台风扇，它能不断使柜内热空气的热量通过热管蒸发段散发到大气中去。热管的冷凝段可以采用风冷也可以用水冷。这种热管换热器产品在国外已经系列化。表 6.5-1 列出了 4 种顶部安装热管散热器的标准尺寸。这 4 种散热器的散热能力如图 6.5-5 所示[4]。图 6.5-6 为分离式热管散热器结构示意图。这种热管散热器

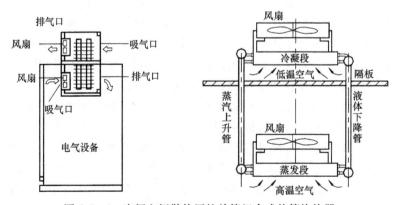

图 6.5-4 密闭空间散热用的单管组合式热管换热器

的工作液体是单方向循环的，传热能力比单管组合型大。图 6.5-7 是对 1 台分离式热管散热器进行测试后得到的性能曲线[4]。图中横坐标是蒸发段入口高温空气与冷凝段入口低温空气的温度差。纵坐标是散热器的散热量。这台散热器的尺寸为高 149mm、宽 380mm、厚 430mm，排风扇的风量为 44m³/min。

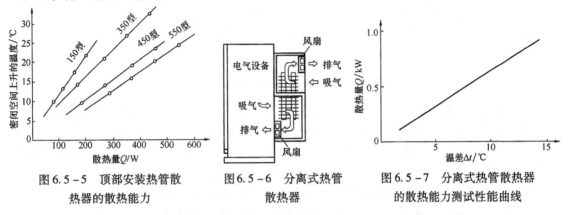

图 6.5-5　顶部安装热管散　　　图 6.5-6　分离式热管　　　图 6.5-7　分离式热管散热器
　　　　热器的散热能力　　　　　　散热器　　　　　　　的散热能力测试性能曲线

表 6.5-1　顶部安装热管散热器时的规格尺寸

规　　格	150 型	350 型	450 型	550 型
高/mm	146	157.2	157.2	157.2
宽/mm	154	182	182	182
厚/mm	75	75	110	144
热管排列	2×4	2×4	3×4	4×4
热管根数/根	8	8	12	16
质量/kg	3.5 (4.6)	3.8 (5.8)	5.5 (7.5)	5.7 (7.7)

第二节　计算机 CPU 的散热

　　传统的台式计算机和笔记本电脑的 CPU（中央处理器）都使用了微型风扇和翅片来散热冷却，散热量一般为 2~4W。随着计算机技术的飞速发展，高性能 CPU 的发热量增加了 5~6 倍，今后发热量还会越来越大，将会达到 5~12W 或者更高，用常规的自然散热方式及风扇强制散热都难以满足要求。热管散热有体积紧凑、无噪声及可靠性高等优点，是首先的散热手段。

一、笔记本电脑 CPU 的散热[5]

　　用于笔记本电脑散热的热管属于小型热管，热管一般外径为 3~5mm，内径为 2.6~ 4mm，长度小于 300mm。可以弯成各种形状。这种管的散热性能及其与常规铝板散热效果的比较如图 6.5-8 所示。

　　小型热管在笔记本电脑中冷却 CPU 的安装方式以及散热方法随所需散热体功率的大小而定。散热量在 6W 以下时一般被安装在键盘以下，利用键盘板作为对外散热的手段，另一种方式是安装在其机盒的底板上。两种散热体方式见图 6.5-9。

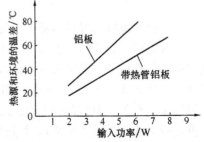

图 6.5-8　铝板和热管散热能力比较

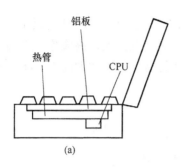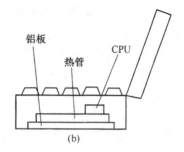

(a)　　　　　　　　　　　　　　　(b)

图 6.5 - 9　笔记本电脑 CPU 散热

　　当 CPU 的散热量达到 7～10W 时，以上散热方式不能满足要求了。此时可采用铰链式或强制对流式散热。铰链式散热方式见图 6.5 - 10。该散热方式首先用 1 根热管将 CPU 热量

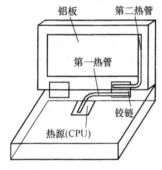

图 6.5 - 10　铰链式散热

传至盒盖（显示屏）与盒体的连接铰链块上，另 1 根热管则将第 1 根热管传至铰链块上的热量再传与显示屏背后的铝板。实验表明，实验元件（TCP 芯片）与环境温度的温差为 60℃时，散热功率可达 10W。强制对流散热器方式见图 6.5 - 11。它将 CPU 的热量传至 1 块铝板上，在该铝板上设有一扁平的微型热管（宽 3.7mm，厚 2mm）。此扁平热管再将铝板的热量传与一带有许多薄翅片的铝板散热器（翅片厚度 0.5mm，间距 2mm）。在该散热器前方的一个微型风扇（25mm × 25mm × 10mm），将热量排到环境中去。这种冷却方式的实验结果见图 6.5 - 12。在 CPU 与环境温度差为 60℃的情况下，强制对流散热方式的散热量为 12W，而由热管导热至铝板的自然对流散热仅为 9W。

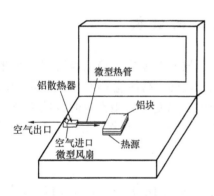

图 6.5 - 11　强制散热

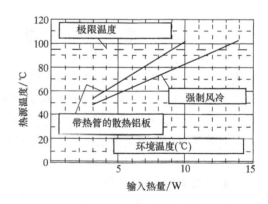

图 6.5 - 12　强制散热性能比较

二、台式电脑、服务器及工作站 CPU 的散热[5]

　　台式电脑、服务器及工作站 CPU 需要散热的功率可达 50～100W，单个微型热管已不能完成这种散热任务。近年来，Fujikura 公司开发出一种所谓的"仙人掌"（Cactus - type）式热管[5]。图 6.5 - 13（a）为其结构图，图 6.5 - 13（b）为实物照片。该热管的散热效果与冷风的流速有关。图 6.5 - 14 为流过热管迎面冷风风速、传热热阻以及阻力降的关系。图中左纵坐标为热管热阻（K/W），K 是热管蒸发段表面温度与冷空气的温差，W 为输入的热量，右纵坐标是冷空气的流动压降，横坐标为冷空气的风速。

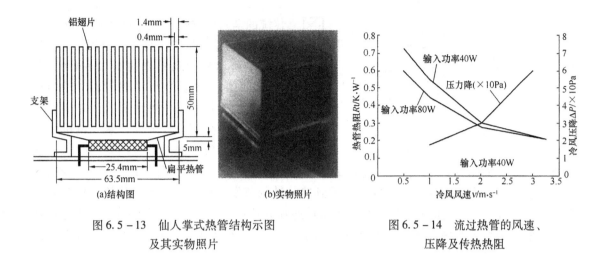

图 6.5 – 13 仙人掌式热管结构示图
及其实物照片

图 6.5 – 14 流过热管的风速、
压降及传热热阻

第三节 大功率电子元件的冷却

常规的大功率半导体元件，如二极管、可控硅整流器及大规模集成芯片（LSIchip）的冷却一般可用挤压成形的翅片铝板。其优点是成形简单，价格便宜，但体积较大，散热效率不高。特别是当散热量达到 1000W 以上时，铝板的散热受到了限制，而热管散热器在这方面却占有很大优势。实践表明热管散热器与铝板散热器相比，质量可减轻 50%，有用空间可节省 60%[2]。

图 6.5 – 15 和 6.5 – 16 为热管冷却器产品，图 6.5 – 17 是 IGBT（Insulated Gate Bipolar Transistors）热管冷却器的照片，其散热量一般可达到 2000W，最大可达 6000W[7]。

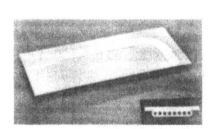

图 6.5 – 15 可控硅
冷却器（古何电工）

图 6.5 – 16 微型热管散热器
（昭和铝）

图 6.5 – 17 IGBT 热管
冷却器（MAYR）

第四节 热管电机

将热管技术应用到电机中的开发研究，国内外已经进行了许多年，并且已达到了实用化的阶段。主要的应用之一是用 1 根旋转热管来代替电机的传动轴。将电机转子产生的热量通过热管传到轴端的散热部分，并由风扇排至电机壳外。由于电机内部产生的热量被及时导出了，使电机绕组的温升可降低，因而传递的功率可以加大。在直流电机中采用热管电机轴与

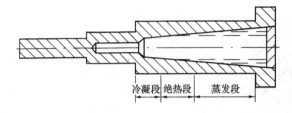

图 6.5 – 18　电机热管轴

传统的全封闭电机相比，体积可以减小 1/3 ~ 1/5。转子的 GD^2 值（G 为质量，D 为直径）可以减少到原来的 1/12 ~ 1/6。图 6.5 – 18 为一实验电机的热管轴，轴内部被加工成锥体，图中虚线部分代表热管的工作液体。热管轴旋转时，装于电机轴上转子绕组所发出的热量被热管轴的工作液体吸收，工作液体变成蒸汽传到热管轴的另一端，热量便被传导至外部的翅片上。冷凝后的工作液体在锥体离心力轴向分力推动下回到热管轴的蒸发部分，并在此接受绕组传来的热量。如此往复循环，使电机内部的热量不断传递到电机外部，图 6.5 – 19 便为该热管电机轴装配在实验电机中的测试结果。从图中可看出，热管轴电机转子绕组的最大温升比非热管轴电机的绕组温升下降了近 40℃。

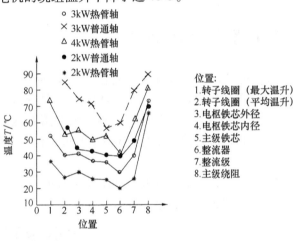

图 6.5 – 19　热管轴电机各部温度分布比较图

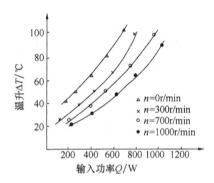

图 6.5 – 20　旋转热管在不同转速下热管温升与输入功率的关系

　　表 6.5 – 2 为热管轴与同类电机的技术特性对比。图 6.5 – 20 为旋转热管轴在不同转速下热管温升与输入功率的关系。由图可见，在相同的输入功率下，热管旋转轴的温升随转速的增加而降低。

表 6.5 – 2　热管轴与同类电机的对比

型　号	功率/kW	转速/r·min^{-1}	中心距/mm	质量/kg	外形尺寸/mm（长×宽×高）
ZOH – 112（热管）	6.5	2400	112	99	740 × 264 × 354
ZO – 132	6.1	2400	132	139	669 × 332 × 391
ZO2 – 62	6.4	2400	225	200	725 × 560 × 500

参 考 文 献

[1]　Nelson L A, Sekhon K S, Frita J E. Pirect Heat Pipe Cooling of Semiconductor Devices Proceedings of the

3rd International Heat Pipe Conference, 1978

[2] 池田義雄，伊藤譁司，槌田昭著. 商政宋，李鹏林译. 实用热管技术. 北京：化学工业出版社，1998

[3] 望月正孝. ヒノトペィフの用制品ヒノトペィプ技术，1987(9)：71~72

[4] ヒノトペィフ协会编. 实用ヒノトペィフ. 1985. 100~103，194~199.

[5] Staio Y, Mochizuki M. goto K, et al. The Application for Personal Computer Using Heat Pipe Technology, 10thihpc Preprints of Sessions e6, Sep. 21－25, 1997

[6] Masataka Mochizuki, Koichi Mashiko, et al. Cactus－type Heat Pipe for Cooling CPU Heat Pipe Technology Pergamon. 1997

[7] Mircoslao Zelko, Frantisek PLASEK Petrstulc. Cooling of Power Electronics by Heat Pipes. Heat Pipe Technolgy, Theory Applications and Prospects, p199-207 Pergamon. 1997

第六章　热管技术在其他领域中的应用

第一节　热管在太阳能中的应用

太阳能是取之不竭，用之不尽的清洁无污染能源。我国地域辽阔，人口众多，能源短缺，开发太阳能的利用对我国的国计民生具有重大意义。由于热管本身所具有的众多特点，如均温性、热流密度可以变化及热二极管特性等，使其在太阳能的应用中具有极为广泛的应用前景。世界各国对热管太阳能技术的开发大致可分为3个方面：

（1）民用太阳能集热器　热水供应、取暖、制冷、太阳能冰箱及太阳能灶；

（2）农业和工业用太阳能集热器　海水淡化、粮食及各种物料的干燥及太阳能暖房；

（3）太阳能发电设备　利用太阳能收集板、高温液态金属热管、储热装置及斯特林发电机组合而成的发电机已开发成功，非常适用于沙漠、高山以及缺少能源的地区。

我国的热管太阳能应用技术主要集中于民用热水器的开发研究方面，该技术普及的主要障碍仍在于价格及太阳光聚焦技术等因素。在完善技术的基础上大幅度降低价格，是热管太阳能装置普及的关键。

一、热管太阳能热水器

（一）平板式热管太阳能热水器

平板式太阳能热器热水器即是用热管代替普通平板集热器中水管的一种结构，见图

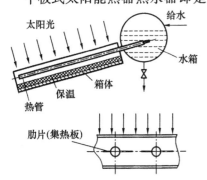

图 6.6 - 1　平板式热管热水器

6.6 - 1。热管内部的工作液体可选用防冻液体，热管蒸发段两侧焊有纵向肋片，肋片和热管上均涂有选择性涂料，用以吸收太阳辐射能。热管冷凝段被插入水箱中，当太阳光照射热管蒸发段的时候，热量通过涂层和金属管壁进入热管内部。热管内部的工作液体受热汽化，蒸汽流入到热管的冷凝段并放出热量，该热量又加热水箱中的水。蒸汽冷凝成液体后回流到热管的蒸发段并接受太阳热重新汽化为蒸汽，此蒸汽再流入到冷凝段放出热量。如此反复循环。与一般平板式太阳能热水器相比，平板式热管太阳能热水器有如下好处。

（1）平板式热管太阳能热水器的热管一般均为重力式热虹吸管，它具有单向导热性的特点，即热量只能从蒸发段导向冷凝段，而不能从冷凝段导向蒸发段。因此，在北方地区当夜晚外界温度低于水箱内温度时，热量不会从水箱通过热管散失到外部环境中去。

（2）热管的工作液体采用防冻工质，在北方寒冷地区可避免冬夜因温度过低而冻破热管。

（3）每根热管都是独立的热管元件，单根热管如有损坏可以更换，而与系统无关，故

安装维修均较方便，使用寿命长。

　　热管平板太阳能热水器的缺点是价格较高，为了提高传热效率，热管以及肋片最好采用铜或铝等有色金属，但使制造成本提高了。若采用碳钢作热管及肋片材料，则价格可能与一般平板式太阳能热水器相差不多。

　　（二）热管真空管式太阳能集热器[1]

　　热管真空管式太阳能热水器是一种新型的太阳能热水器，也是热效率最高和最有前途的一种太阳能热水器。该热水器最重要的特点是将太阳光的集热部分安装在真空玻璃管内。玻璃管内的真空度约为 1×10^{-2} Pa，利用真空隔热可有效地减少热管蒸发段向外界的散热损失。真空管内的闷晒温度可达到 250℃，在 -25℃ 的环境温度下亦不会被冻坏。热管真空管式太阳能热水器又可分为聚光式和非聚光式两种类型。非聚光式如图 6.6-2 中（a）所示，位于热管真空玻璃管内的热管和平板式热管太阳能热水器的热管形式类似，在热管的两侧焊有两条肋片，并涂有低红外发射率的选择性涂层。聚光式的如图 6.6-2 中（b）所示，在真空玻璃管内装有的特殊形状铝反射板，可以将任意角度射入的太阳光聚集到热管上，故其效率要比非聚光式热管太阳能热水器高。

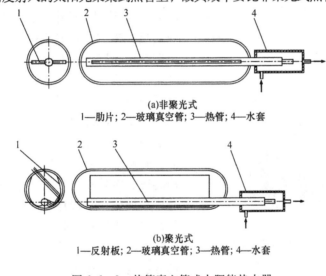

(a)非聚光式
1—肋片; 2—玻璃真空管; 3—热管; 4—水套

(b)聚光式
1—反射板; 2—玻璃真空管; 3—热管; 4—水套

图 6.6-2　热管真空管式太阳能热水器

二、热管太阳灶[2]

　　热管太阳灶是把引入室内的太阳能作为日常炊事用能的一种灶具。图 6.6-3（a）为一种室内热管太阳灶的示意图。它由太阳光聚焦热管 3、蓄能物质 2 及热管锅 4 组成。太阳光聚焦热管一般使用液态金属（钾或钠）高温热管，通过聚光系统（图中未表示）将太阳光聚焦在高温热管上，可得到 800℃ 以上的高温。热管内部的工作液体通过相变传热方式，将热量传给室内的蓄能物质。热管锅的任务是将蓄能物质的热量通过热管传导到锅内以供烹调使用。热管锅的具体结构如图 6.6-3（b）所示，图中 1 是热管的蒸发段，2 是热管内部的吸液芯，3 是冷凝段外的覆盖金属，4 是热管的冷凝段。图 6.6-3（c）为热管锅使用时的温度值。图中锅外温度是指热管蒸发段外管壁的温度，也即蓄能物质的温度。锅内温度是指锅表面温度，纵坐标指热管锅的轴向高度，在这种温度下烹调的食品美味可口。

三、热管太阳能电站[3]

　　将太阳能通过光电池直接转换成电能的装置已应用多年。20 世纪 80~90 年代在欧、美又开发出了另一种太阳能电站，即热管太阳能电站。它是由太阳能固定聚焦器、太阳能接收

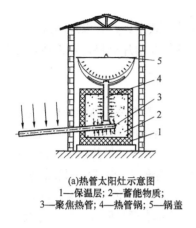
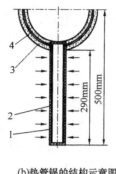
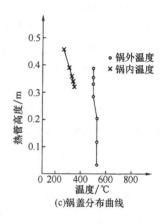

(a)热管太阳灶示意图
1—保温层；2—蓄能物质；
3—聚焦热管；4—热管锅；5—锅盖

(b)热管锅的结构示意图
1—蒸发段；2—吸液芯；
3—铝层；4—冷凝段

(c)锅盖分布曲线

图 6.6-3　热管太阳灶

器（异型热管）、热管传热系统、化学蓄能系统及热电转换系统组成，其原理示意图如图 6.6-4 所示[4]。图中太阳能聚焦器 1 是 1 个抛物面反光镜，它能把平行入射的太阳光聚焦在太阳能接收器上。太阳能接收器 2 是一个异型热管蒸发段，它是 1 个锥体的平板。板的一面接受入射的聚焦阳光，板的另一面由许多 100～300 目的不锈钢丝网组成的毛细吸液芯，并被点焊在锥体上。当太阳光聚焦在锥体上时，丝网中的液态金属受热汽化，热量被传至冷凝段。冷凝段吸收的热量分为两部分，一部分用来加热与斯特林热气机直接相连的二次热管，二次热管将太阳能的热量传至斯特林热机中去加热热机的工质，作为热机的热源；另一部分热量用来加热金属氢化物蓄能系统，该系统的任务是将多余的太阳能储蓄起来，在夜间

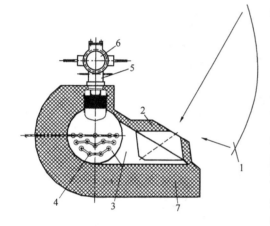

图 6.6-4　太阳能电站原理示意图
1—聚焦镜；2—太阳能接收器；3—热管；
4—MgH₂/Mg - 储存器；5—斯特林热机；6—发电机

或阴天时放出，以维持太阳能电站的持续发电。图中斯特林热机 5 的任务是将二次热管输入的热量做功，6 的任务是将斯特林热机输出的功转变为电能输出。此种太阳能电站已在德国斯图加特大学研制成功，但因成本价格太高，贵金属材料耗用较多，投入市场的竞争力不大。不过它也有使用自然能源、对环境无污染及热电转换效率高的优点，若原材料价格能降下来，则将是一种很有前途的产品。

第二节　热管在核电工程中的应用

　　随着热管技术的日趋成熟和核能技术的迅速发展，它在核电工程中的应用越来越重要了。最早开发的是在空间核电源中的应用，后来才逐渐发展到地面核反应堆及核废料的散热及事故预防等方面。随着核电技术应用的发展和推广，热管技术亦将会发挥更重要的作用。

一、热管技术在空间核电源中的应用

　　热管应空间核电源而生，它被用来导出堆芯内的核反应热，再通过后续热电转换系统将

热能转换为空间飞行器所需电能，废热由热管辐射散热器排入宇宙空间。用热管移走堆芯热量的可靠性高，单根热管即使意外失效，也不会影响整个堆芯的正常工作，因失效热管应传递的热量可由邻近热管以传导和辐射的形式移走。其次，可省去循环冷却液的机械泵或电磁泵，管路阀门系统也相应简化。于热管直接与后续热电转换系统相连，故又省去了堆芯冷却剂及其与外回路之间的换热器。热管是靠管壳内工作液体的汽化及冷凝相变过程来完成热量输送的，管内充装液体量比常规方式冷却截芯所需的冷却剂量要少得多，这缓解了冷却剂被活化引起的腐蚀问题。

以下是两种热管堆芯的设计。

（一）六边形排列[4]

六边形排列堆芯是将热管设计成热管燃料元件，将这些燃料元件相互连锁排列成六边形堆面堆芯，其堆芯中的 1 根热管燃料元件如图6.5-5 所示。热管壳体材料为钼，其内充介质为钠。在热管外部沿轴向布放燃料，燃料呈径向、轴向堆放，并留有足够的燃料膨胀空间，外侧用钼作保护壳体将燃料包紧。在热管另一端有 BeO 组成的中子反射器。在燃料和 BeO 段间有一 B_4C 薄层以吸收被反射的低能中子。热

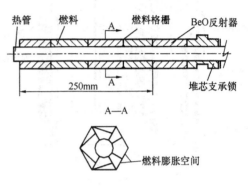

图 6.6-5 热管燃料元件

管直径 15mm，长度 1~2m，轴向传热设计能力为 $10kW/cm^2$，堆芯温度为 1300~1400℃。

（二）多层堆芯[5]

在多层堆芯中，UO_2 燃料呈片状结构被层层堆放，层间有安插热管的柱形孔。UO_2 导热性能差，它与热管间需安放钼翅片以便将裂变热传给热管，再由热管传出堆芯，其结构如图6.6-6 所示[4]。多层堆芯设计要求热管轴向传热量为 12.5~16.0kW，轴向热流密度 9.3~11.9kW/cm²，径向热流密度 106W/cm²，热管操作温度 1400~1475K。热管尺寸为：蒸发段长 0.3m，绝热段长 1.3m，冷凝段长 0.5m。

对空间核电源所用热管的研究着重于吸液芯结构、热量传递的各种极限（声速、毛细、沸腾及携带等）以及因结构需要而将热管弯曲成的不同形状对传热性能的影响。文献 [5] 描述了 1 支钠热管的实验结果。热管长 2m，外径 15.9mm，壁厚 0.94mm。管子壳体材料为金属钼，管内充以精馏钠，热管内部插有 1 支用丝网卷成外径为 12.8mm 的圆管。丝网管壁厚 0.23mm，长 1.985m，丝网细孔孔径为 47μm。在壳体内壁和丝网管外壁间留有 0.61mm 的径向间隙。蒸发段长 300mm，绝热段长 1000mm，冷凝段长 330mm，其计算及试验结果示于图 6.6-7。由该热管性能试验的结果可见，温度超过 1250℃ 时热管传热性能降低。这时，在热管管壁上产生了沸腾，液体回流通道中产生的蒸汽影响了液体回流，引起蒸发段干涸。丝网管对中不良时，丝网管与热管内壁间便会产生较厚的液膜，进而导致沸腾极限降低。温度低于 1250℃ 时，热管极限主要是毛细极限。毛细极限和热管内液体钠的蒸汽流速有关。热管绝热段内钠蒸汽流的 $Re = 4000$ 时，计算值和实验值相符合。实验表明，热管的沸腾极限与热管内部环状液体通道中蒸汽饱的形成有关，它取决于热管管壁的状况及其上的汽化核心尺寸、数量以及当地液体的过热度。目前对热管在这方面应用的研究工作还不多，有限的资料报道也不够详细。把热管作为空间核电源使用时的要求极高，如何更好地提高热管在这种特殊条件下的传热能性能，仍然是一项很重要的研究任务。

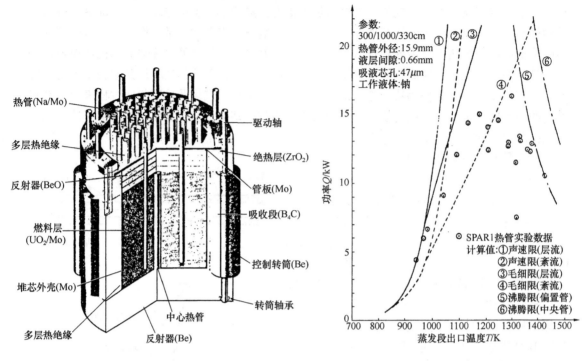

图 6.6-6 多层堆芯反应堆结构图

图 6.6-7 计算及试验结果

二、用于核废料冷却的热管

对用热管来排出核废料的衰变热已进行了初步研究，图 6.6-8 为模拟过渡衰变物贮槽的热管散热装置[6]。贮槽中的钠浴用以存放核废料，散热热管传热介质为汞，壳体材料为不锈钢，内壁滚成 0.2mm 的棱锥体，锥体成三角形排列。在棱锥体表面紧贴一层丝网以用作液体回流通道。其上面附有 1 层细网以消除蒸汽对回流液体逆向剪切对热管传热性能的影响。热管长 7.1m，外径 51mm，内径 45mm。热管蒸发段长 2.4m，冷凝段长 1.83m，并且焊有纵向翅片，可使其自然和强制对流散热。钠浴中核废料的衰变热通过热管传至冷凝段的翅片后散入大气。实验要求最大散热量 240kW，每支热管在实验条件下测得的传热率为 27.8kW，大大超过了单根传热功率 20kW 的设计要求。根据 240kW 的总传热功率要求，需要 12 支热管。考虑到制造较为麻烦，计算结果表明，若将热管直径改为 170mm，蒸汽流动面积则增加了 16 倍，用 2 支热管就可满足总的传热要求。此时，每支热管的传热量仅增加了 6 倍。

图 6.6-9 为核废料储存罐在地层中的布置简化示意图[7]。在长 100 多 m 水平巷道竖井内均匀布置有 14~18 个废料罐，罐两侧又对称布置了一对热管。热管长 36m，与水平线成45°倾角，所用工质为水。计算结果表明，采用热管向地层外散热，能将巷道内 230℃ 的最高温度降至 136℃，若同时采用巷道通风措施则可进一步降至 110℃，而不采用热管，通风冷却只能降至约 200℃。可见热管强化了散热，既提高了岩石的干燥度，又可在相同的贮存面积内于较低温度下贮存更多的废料。

三、事故情况下的安全壳体保护

堆芯失冷是核反应堆的重大事故。高温高压冷却剂大量流失而释放出来的高温蒸汽将引起安全壳的超温超压，并有可能产生破裂性严重后果。Razzaque，Sugawara 和 Asahi 以及 Lanchao Lin 等人提出了运用热管的停堆释热保护方案[8~10]以下是其中两种方案的设计。

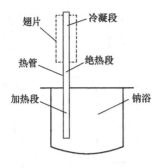

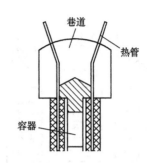

图 6.6-8　热管散热装置　　　　　图 6.6-9　用热管的核废料贮存库

（一）Razzaque 方案

Razzaque 设想的方案见图 6.6-10[8]。该方案的基本构想是，在安全壳体上布置一组可变热导热管，安全壳内充入惰性气体以作为缓冲层，用其在事故条件下防止反应堆中的液钠或石墨与大气接触。暴露在惰性气体中的热管蒸发段，一旦停堆（正常和事故情况下），堆芯衰变热将使安全壳内的惰性气体形成自然循环，热管把热量导出壳外，安全壳亦不致超温。用可变热导热管后，在反应堆工作正常期间，热管冷凝段完全为惰性气体充满，热管没有散热面，热量不会由热管传导，有利于减少热损失。当停堆造成安全壳内温度升高时，热管内工作液体的饱和蒸汽压升高，不凝性气体被压向冷凝段端头，露出冷凝面，热管投入运转，并将热量传出。热管冷凝段可采取以下方案：

①暴露于大气中；

②浸没在水池中；

③埋在土壤内。

方案①最简单，但与后两者相比，其缺点是，大气温度变化会引起热管工作温度波动，给可变热导热管的设计带来困难，且冷凝段易受破坏；方案②具有比较完善的性能；方案③不能提供足够的冷凝。采用热管散热的另一重要优点是，任何一支热管破裂都不会使安全壳内外沟通，单根热管只有两端同时破裂才会出现安全壳内外沟通的情况，而这种可能性几乎是不存在的。

（二）利用分离式热管散热

利用分离式热管散热的方案也有两种。

1．蒸发段垂直放置

Sugawara 和 Asahi 考虑了具有固有安全性的压水反应堆设计[9]。为了降低制造难度，更重要的是为了防止在安全壳上大量开孔而削弱其强度以及提高防辐射泄漏的能力，采用了分离式热管散热方案，见图 6.6-11。每个分离式热管单元只需要在安全壳壁上开 2 个孔。表 6.6-1 列出了 1 座热功率为 650MW 的反应堆分离式热管换热器的有关设计参数。

表 6.6-1　反应堆分离式热管换热器结构参数及换热量

热管外径/ mm		热管长/ m		单元内热管数		回路水密度/ kg·m⁻³	上升管、下降管外径/ mm	堆外池水温度/ ℃	安全壳外池水温度/ ℃	换热功率/ kW
蒸发段	冷凝段	蒸发段	冷凝段	蒸发段	冷凝段					
50	50	6	2	180	360	625	200~250	100	80	2.26
—	—	—	—	—	—	—	—	80	40	1.14
—	—	—	—	—	—	—	—	60	40	0.43

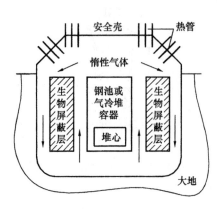

图 6.6 - 10　可变导热管方案

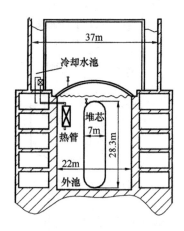

图 6.6 - 11　分离式热管方案

2. 蒸发段倾斜布置

在 Lanchao Lin 等人[10]设计的压水反应堆安全壳热管散热系统中，分离式热管的冷凝段被浸没在安全壳外的水里。安全壳内的分离式热管蒸发段与水平线呈一小的倾角布置，采用翅片管束作为蒸发段的管束。反应堆正常运行时，热管不工作，一旦发生失水停堆事故，冷却剂大量外泄产生的蒸汽将在热管翅片上冷凝，冷凝热由热管传至安全壳外的水池。表6.6 - 2 列出 1 座电功率为 600MW 的压水反应堆分离式热管换热器参数。

表 6.6 - 2　压水反应堆分离式热管换热器设计参数

设 计 参 数	工况 1	工况 2
换热量/MW	20	20
安全壳内温度/℃	90	110
安全壳内压力/MPa	0.17	0.25
热管操作温度/℃	70	70
热管数（冷凝段/蒸发段）/根	2020/1770	2020/960
管长（冷凝段/蒸发段）/m	1.5/8	1.5/5.5
管外径（冷凝段/蒸发段）/mm	60/60	60/60
管壁厚（冷凝段/蒸发段）/mm	4/4	4/4
上升管、下降管内径/mm	280/100	280/100
翅片高度/厚度/间距/mm	25/2/20	25/2/20

四、热管蒸汽发生器

核反应堆的蒸汽发生器是核电厂一、二回路的枢纽，是核能 - 电能转换系统中的重要设备，它的可靠性与核电厂的经济性和安全性密切相关。蒸汽发生器传热管一旦破损，对核电厂的安全将构成威胁。对钠冷快堆，后果更为严重。传统的间壁换热式蒸汽发生器的结构特点是，两种介质仅隔 1 层管壁传热，因此任何 1 根传热管破裂都会引发两种换热介质相互串通的危险。尽管各国都把研究与改进蒸汽发生器当作完善核电技术的重要措施，但要完全确保快堆蒸汽发生器的可靠性至今仍是一个技术难题。但热管的出现，有可能使这一问题得以较快解决。热管传热先经过蒸发段管壁，然后再通过冷凝段管壁，任何一侧管壁破坏都不可能使两种换热介质混合。单根热管的破坏既不影响传热的进行，也不会因为泄漏而被迫停堆。图 6.6-12 为 650MW 钠冷快堆热管蒸汽发生器的流程示意图。钠冷快堆中的液钠由钠泵输入热管过热器蒸发段后，再进入热管蒸汽发生器的蒸发段；冷凝段产生的饱和蒸汽进入过热器冷凝段，被进一步过热后进入汽轮机。与钠冷快堆传统的冷却方式相比，省去了二回路及其蒸汽发生器，也省却了二回路循环泵，这样有望简化流程并提高系统的可靠性。

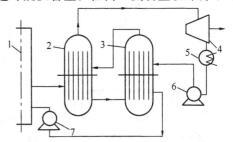

图 6.6-12　热管蒸汽发生器的流程图
1—对芯；2—热管过热器；3—热管蒸汽发生器；
4—汽轮机；5—冷凝器；6—给水泵；7—钠泵

　　实现热管在核电工程中应用的关键技术之一是，开发出可在不同条件下工作的钠－钼（或者不锈钢）热管、泵－不锈钢热管、水－碳钢分离式热管及可变导热管，并开展热管传热极限、内部吸液芯结构、充液量及制造方法等方面的研究工作。我国自 1976 年起已致力于热管工业应用的研究开发，已完成了汞热管的性能研究及其化学反应器工业实验、高温热管蒸汽发生器（已运转多年）、钠热管的性能研究[11]、高温热管空气预热器工业应用开发、分离式热管性能研究[12]及充气式可变导热管的性能研究[13]等。其中汞热管的长度达 6m，高温热管轴向传输功率达 45kW，大型分离式热管换热器的传热负荷达 12.2MW。这些研究开发工作已为热管在核电工程中的应用打下了一定基础。由于核电工程的复杂性，要实现其工程应用，涉及的技术问题很多，许多深入的研究工作有待进行。

第三节　热管技术在航天飞行技术上的应用

　　热管是应航天技术发展的要求而发展的，所以首先在航天技术方面得到了许多非常重要的应用。由于航天飞行器在远离地球的轨道上运行，因而对热管运行的可靠性以及热管本身的各种性能都有严格的要求，这些要求也促进了热管技术的发展。热管在航天技术中的应用主要有以下几个方面：

　　（1）航天飞行器密封舱内部仪器设备之间的热均衡　航天飞行器内部的某些仪器设备需要散热，另一些仪器又可能需要加热，在这种情况下可以通过热管来实现各个部分的热量均衡。

　　（2）将飞行器密封舱内仪器发出的热量导向舱外，以维持舱内仪器设备所需的正常温度。

　　（3）航天飞行器壳体结构、材料的散热冷却及均温　如航天飞机机翼的前沿及各种飞行器导向罩的尖端，这些部位在进入和重返大气层时由于超音速飞行而产生的高温可以用热管导走，以避免对结构材料的破坏。以下是近年来国内外研究的应用示例。

一、等温蜂窝板[14]

　　大型航天器上的仪器安装板多被设计成蜂窝板状结构。这种结构刚度好，且重量轻，是一种理想的板状元件，但这种结构的自身导热能力很差。为了弥补这一不足，可在蜂窝板的表面预埋热管，使其成为既具有一定刚度强度，而导热性能又良好的均温平板，其外形见图 6.6-13。埋于板中的热管壳体横截面为矩形，有两条热管通道，热管的吸液芯为矩形槽道，埋设方式见图 6.6-13。

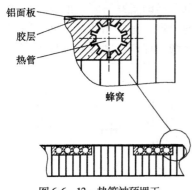

铝面板
胶层
热管

蜂窝

图 6.6-13　热管被预埋于
蜂窝板上的结构

实验表明，热管板面区域温差仅为 3℃。各仪器之间的温差不大于 5℃。这些数据在卫星的整星实验中也得到了证实。

二、超音速热管机翼[15]

热管可使超音速航天飞行器机翼的前沿局部高温降低，进而减少了结构内部的局部高温应力，延长了结构材料的使用寿命，图 6.6-14 为其均热原理图。热管为平板式并将其弯曲成机翼形状，弯曲的尖顶部相当于机翼的前沿。高速飞行时，因与空气摩擦而产生局部高温，这里相当于热管的蒸发段，而前沿往后则相当于热管的冷凝段，热管将前沿的局部高温散布到机翼的后部，起到了均温的作用。图中实线为空气高速摩擦产生的温度分布线，虚线

为热管散热后的均温线。图 6.6-15 是机翼实验模型，机翼表面由 0.51mm 厚的耐热镍基合金钢板构成，内表面焊有 12 根钠热管，热管的管壳材料与机翼表面相同，直径为 13mm，壁厚 1.27mm，吸液芯由 7 层 100 目和 200 目不锈钢丝网交替组成并构成环道，吸液芯总厚度为 0.89mm。实验中热管的热流密度峰值达到了 391kW/m²。热管工作温度为 660℃时，蒸发段与冷凝段之间的温差仅有 12℃。另两种结构形式热管机翼如图 6.6-16 所示。图 6.6-16 为镍基耐热合金钢（Refractory）作壳体的热管，热管内工作液体用锂，机翼为石墨和碳纤维的复合材料（c-c 复合材料）。图 6.6-16（b）为改进后的设计，把热管分成了两部，一部分在翼展方向，而另一部分则在翼弦方向。

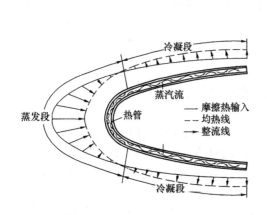

图 6.6-14　机翼热管均热原理示图

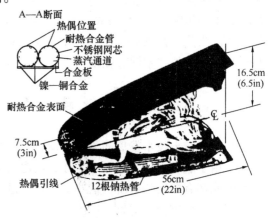

图 6.6-15　机翼实验模型

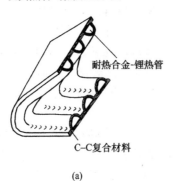

(a)

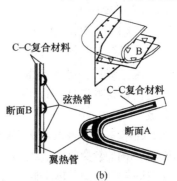

(b)

图 6.6-16　机翼热管

三、热管蜂窝板[15]

热管蜂窝板的结构见图 6.6 – 17。蜂窝板上下面板的内部及蜂窝支承上均布有吸液芯，试验板面积为 $39cm^2$，厚 25mm，面板下方布有 120 × 120 目不锈钢线网，厚度为 0.6mm。热管蜂窝板的工作温度要求为 650℃，工作液体可用钾、钠或铯。热管蜂窝板与非热管蜂窝板的性能比较见图 6.6 – 18。由该图可见，上、下面板的工作温差有很大的不同。热管蜂窝板比非热管蜂窝板的上下表面温差降低了 60%。热管蜂窝板可作为空间飞行器的各种散热器，图 6.6 – 19 为一实物模物照片[15]，其尺寸为 1.22m×3m，被用来作空间大散热器的均温翅片。

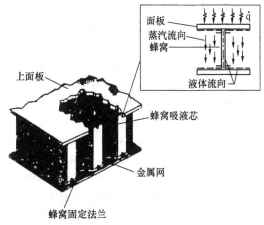

图 6.6 – 17 热管蜂窝板结构图

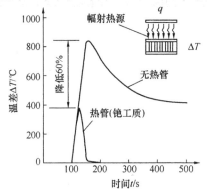

图 6.6 – 18 热管蜂窝板与非蜂窝板的性能比较

图 6.6 – 19 用于大空间幅射体的热管蜂窝板实物照片

参 考 文 献

[1] 池田义雄，伊藤谨司，槌田昭编著. 商政宋，李鹏龄译. 实用热管技术. 北京：化学工业出版社，1998. 226 ~ 227.

[2] Zhuang Jun, Xu Tongming. Research and Industrial Applications of Closed Two – phase Thermosyphons and Heat Pipes, 6th Int. Hear Pipe Conf. Preprints, 1987.

[3] Wierse M, Groll M, Brost O. Heat Pipe Heat Transfer and Thermochemical Engery Storage System for a Small Solar – thermal Power Station, the Proceedings of the Fourth International Heat Pipe Symposium, Tsukuba, 1994.

[4] Koeing D R, Ranken W A. Heat Pipe Nuclear Reactors for Space Applications, 3rd International Heat Pipes Conference, Palo Alto, California, 1978. 581 ~585.

[5] Ranken W A. Heat Pipe for the SPAR Space Power System. Proceedings of the 4th International Heat Pipes Conference. 1981. 561 ~574.

[6] Kemme J E, Keddy E S, Philips J R. Performance Investigations of Liquid Metal Heat Piper for Space and Terrestrial Applications. Proceedings of the 3rd International Heat Pipes Conference. Palo Alto, California.

1987. 260 ~ 267.

[7]　Danko G. Thermal Loading Studies Using Cooling Enhancement and Ventilation. Nucl Tech, 1993. 104 (3): 358 ~ 371.

[8]　Razzaqe M M. On Application of Heat Pipies for Passive Shutdown Heat Removal in Advanced Liquid Metal and Gas – Cooled Reactor Designs. Ann Nucl Energy, 1990, 17(3): 139.

[9]　Sugawara Ichiro, Asahi Voshiro. Application of Heat Pipes to Decay Heat Removal System in Next Generation Reactors. ヒトパィブ技术, 1990, 9(2): 10.

[10]　Lin Lanchao, Groll M, Brost O, et al. Heat Transfer of a Separate Type Heat Pipe Heat Exchanger for Containment Cooling of a Pressurized Water Reator. Proc 9th IHPC. Albuguerque, New Mexico. 1995.

[11]　赵蔚林. 钠热管声速极限的研究(硕士学位论文). 南京: 南京化工学院, 1991.

[12]　张红. 分离式热管充液量研究(硕士学位论文). 南京: 南京化工学院, 1987.

[13]　李菊香. 充气式可变热导热管的研究(硕士学位论文). 南京: 南京化工学院, 1991.

[14]　侯增琪. 热管在中国航天器上的应用, 第三届全国热管会议论文集, 重庆: 重庆大学出版社, 1991.

[15]　Comarda、Charles, J. Thermostructural Applications of Heat Pipes for High – speed Aerospace Vehicles, 3rd Int. Hear Pipe Conf. Tsukuba, 1988.

第七篇

特殊材料换热器

第一章　石墨换热器

世界工业发达国家从 20 世纪 30 年代起，便相继开发了结构形式各异的石墨换热器。到六七十年代，其制造与应用进入了大发展阶段。美、英、日、法及原西德等国家的石墨换热器已标准化系列化，并形成专业化生产。其工业化水平和自动化程度迅速提高，能制造出适用范围广、传热面积大的石墨换热器，且产量亦不断提高。目前，国外工业国家石墨换热器的发展处于相对稳定阶段，正致力于不透性石墨材料性能、换热器结构、先进加工技术、计算机网络系统设计及工厂管理的进一步改进。

我国沈阳化工研究院从 50 年代就开始了石墨换热器的研制，60 年代沈阳化工机械厂及天津化工厂开始生产，80 年代发展较快。据最近统计，目前全国已有 40 多家厂家在生产石墨换热器。其中以南通碳素厂、上海碳素厂、沈阳化工机械厂及辽阳碳素厂等厂家的实力较强。各厂家均有厂标石墨换热器系列产品，大多都可按订货合同生产制造。目前我国已有两种石墨换热器的部颁标准：HG/T 3112—2011《浮头列管式石墨换热器》和 HG/T 3113—1998《YKA 型圆块孔式石墨换热器》，现已推向全国，并希望各厂家按该两标准组织石墨换热器生产。我国的石墨换热器正处于一个提高质量及扩大应用范围阶段。

第一节　概　述

一、不透性石墨的特性

（一）石墨与不透性石墨简介

石墨是碳的同素异构体之一，具有优良的导热、导电、耐腐蚀及其他许多特性。石墨有天然石墨及人造石墨之分。天然石墨纯度较低，含杂质多，组织松散，不宜单独作结构材料。人造石墨由焦炭及沥青混捏压制成形，于电炉中隔绝空气煅烧，在 1300℃ 温度下保持 20 天左右，再在 2400~3000℃ 高温下经石墨化而制成。人造石墨纯度高，但其在焙烧过程中，因有机物质分解成气体并逸出，使石墨材料呈多孔性。气孔率一般达 20%~30%，个别达 50%，且多数呈通孔。这给气体及液体提供了很强的渗透条件，因而实际应用中应采取措施，即用密实介质填塞石墨的孔隙，以使其成为不透性石墨材料。不透性处理方法有三种：浸渍、热压聚合和浇注。浸渍石墨就是用各种化学稳定性好的物质对人造石墨经抽真空浸渍处理，以填塞孔隙而得到的；用一定比例的各种树脂与石墨粉混捏，在加热条件下挤压或模压即可制成压型石墨；用一定比例的各种树脂与石墨粉均匀混合后注入模具中成形，再经热处理即得到浇注石墨。

换热器用不透性石墨材料大部分都是采用浸渍方法制取的，但也有用压型石墨的。使用证明，浸渍石墨已能解决大部分腐蚀问题，但这其中的 95% 是由酚醛树脂浸渍石墨解决的，其余则由聚四氟乙烯、呋喃树脂、二乙烯苯、水玻璃及有机硅等浸渍石墨来解决的。

（二）不透性石墨的特性

石墨材料是目前已知的最耐高温的轻质材料之一，有优良的导热、导电及化学稳定性，有一定的力学性能和机械加工工艺性能。人造石墨经不透性处理后虽然各种性能均有所变化，但其特性均与原人造石墨基本相同。

1. 化学稳定性优良

石墨是化学稳定性最好的物质之一，除了强氧化性物质及部分卤素之外，在其余所有化学介质中几乎均稳定。在空气、水蒸气及二氧化碳中虽可被氧化，但温度不高时，氧化速率低。一般在温度大于400℃的空气和水蒸气中，或大于600℃的二氧化碳中才被认为开始氧化。对人造石墨进行不透性处理，一般要选用化学稳定性高的密实介质作填充剂，才能保持优良的化学稳定性。表7.1-1列出了最常用的酚醛树脂浸渍石墨的耐蚀性能。在常用的化学介质中，不透性石墨优良的性能还包括该材料对使用介质性质无影响，即不污染介质，能保证产品的纯度。

2. 物理性能

表7.1-2列出人造石墨与酚醛浸渍石墨的物理性能。性能数据表明，不透性石墨有高的热导率、小的线膨胀系数，低的孔隙率和高的抗渗性，具有合乎换热器材料要求的物理性能。

不透性石墨的热导率仅次于铜和铝，比不锈钢大5倍，比碳钢大2倍，居于非金属材料的首位。不透性石墨的线膨胀系数仅为碳钢的1/5～1/3，对温度的敏感性小，耐温度急变性能好，能很好地抵抗热冲击。不透性处理后的石墨材料要求孔隙率极低，在一定的条件下不渗漏。还要求相对密度小、重量轻以及便于运输和安装等。

表7.1-1　酚醛树脂浸渍石墨的耐蚀性能
（在下列介质条件下耐腐蚀）

介　　质	浓度/%	温度/℃	介　　质	浓度/%	温度/℃
盐酸	—	沸点	甲醇	100	25
硫酸	<50	130	乙醇	95	25
	<80	25	丙酮	100	25
硝酸	5	25	苯	100	50
磷酸	—	180	苯胺	100	50
氢氟酸	40	40	苯酚	<5	25
铬酸	<10	25	氯苯	100	25
醋酸	—	25	氯仿	100	25
醋酸蒸气	—	50	四氯化碳	100	25
苯磺酸	<10	25	四氯乙烷	100	25
甲酸、柠檬酸酒石酸、脂肪酸	100	100	—	—	—

表7.1-2 酚醛树脂浸渍石墨的物理性能

项　目	浸　渍　前	浸　渍　后
相对密度	2.2~2.27	2.03~2.07
密度/（kg/m³）	1400~1600	1800~1900
硬度（布氏）	10~12	25~35
吸水率/%	12~14	—
孔隙率/%	28~32	—
增重率/%	—	14~15
导热系数/[W/（m·℃）]	116.3~127.9	116.3~127.9
温差急变性（150℃急冷至20℃次数）	20	20
浸渍深度/mm	—	12~15
渗透性（厚度为10mm）	渗透	2倍工作压力下不渗透
线膨胀系数/（1/℃）	2.5×10^{-6}	5.5×10^{-6}
氧化温度/℃	400	—
使用温度/℃	—	+170

3. 力学性能

表7.1-3列出了人造石墨与酚醛浸渍石墨的力学性能。人造石墨是一种非均质的材料，其力学性能较低。经酚醛树脂浸渍处理后，力学性能有所提高，但抗拉强度及抗冲击强度仍然偏低，故不宜在太高操作压力及冲击载荷下使用。应充分利用耐腐蚀性能好及高温强度不下降等优良性能。

表7.1-3 酚醛树脂浸渍石墨的力学性能

（括号内为 HG 2370—2005 要求数值）

项　目	浸　渍　前	浸　渍　后
抗压强度/MPa	20~24（≥17.6）	60~70（≥60.0）
抗拉强度/MPa	2.5~3.5（≥3.50）	8~10（≥14.0）
抗弯强度/MPa	8.5~10（≥6.40）	24~28（≥27.0）
冲击韧性/×10³ J/m²	1.37~1.57	2.74~3.14

4. 不易结垢性

不透性石墨与大多数介质之间的亲和力极小，故污垢不易附在其表面上。

5. 各向异性

不透性石墨材料的各向异性有所不同，一般在垂直挤压方向与平行挤压方向的性能数据略有差别。如前者的线膨胀系数、热导率比后者略低，而前者的力学性能又比后者略高等。

6. 机械加工性能

不透性石墨材料不能压延、锻制和焊接，但机械加工性能良好。可进行车、刨、铣、钻及锯等机械加工，易于制成各种形状的构件。

二、不透性石墨在换热器中的应用

由于不透性石墨具有导热性、热稳定和化学稳定性以及表面不易结垢性等优良性能，故是换热器制造优良的结构材料。在金属材料不能胜任的很多场合，如在盐酸、硫酸、醋酸和磷酸等腐蚀介质的换热工况下，只要在结构设计上能扬长避短，就可用其制成各种类型的又可满足多种工况使用的不透性石墨换热器。

表7.1-4与表7.1-5分别列举了列管式及块孔式石墨换热器的应用实例。

表 7.1-4　列管式石墨换热器应用实例

序号	生产装置	设备名称	换热面积/m²	台数	介质		温度/℃		压力/×10⁵Pa		使用效果	使用寿命/年
					管程	壳程	管程	壳程	管程	壳程		
1	合成盐酸	氯化氢冷却器	30	6	HCl 气体	冷却水	入口:<200 出口:60	20~30	真空	2~3	接触氯化氢气体的上管板和换热管粘接处容易损坏;封头冷却水套,使用情况良好	2~3
2	盐酸脱吸	再沸器	30	1	25%盐酸	水蒸气	120	130	0.5	2	石棉橡胶板衬垫在高温介质中易老化,需定期更换;使用情况良好	7
3	盐酸脱吸	再沸器	30	1	浓盐酸	水蒸气	120	130	真空	2	使用十年后,只在蒸汽进口管附近的换热管和管板的粘接处缝隙出现渗漏,其余部分完好	10
4	三氯乙醛	粗醛冷凝器	10	2	HCl C₂H₅Cl CCl₃CHO	冷却水	95	28	0.3	1	良好,后因换热管被腐蚀串漏,钢制外壳也因大气腐蚀而更新设备	6
5	敌百虫	冷凝器	10	9	HCl CH₃OH CCl₃CHO 敌百虫虫液	冷冻盐水	125	-14	真空	3	良好,衬垫用石棉橡胶板易老化,因外壳腐蚀,设备更新	5
6	染料 (氯乙烷)	氯乙烷冷凝器	18	2	盐酸 乙醇 氯乙烷	海水	入口:110 出口:80	20	常压	0.5	良好	5~7
7	染料 (紫酸 As)	缩合冷凝器	15	1	盐酸 氯苯 三氯化磷	冷却水	入口:130 出口:30~60	20	1.5	2	良好	4~5
8	苯酚	冷凝器	20	2	SO₂ 苯磺酸 水蒸气	冷却水	100	18	真空	常压	已使用 3 年,衬石墨板的封头发现过渗漏,经检修后继续使用;物料易堵塞管子	3~5
9	味精	蒸发外加热器	18	2	HCl 谷氨酸	水蒸气	70~80	120	真空	1.5	其中一台使用 2 年后封头渗漏,部分管子渗漏。另一台使用 3 年后先后共有十几根管子渗漏	2~3
10	醋酸回收	醋酸冷却器	15	1	苯<5% 醋酐<4% 醋酸>90%	冷却水	50	20~30	真空	2	良好,除检修更换衬垫外,设备长期使用,保持完好	13

表 7.1-5　块孔式石墨换热器应用实例

序号	生产装置	设备名称	结构形式	换热面积/m²	台数	介质纵向	介质横向	温度/℃纵向	温度/℃横向	压力/×10⁵Pa纵向	压力/×10⁵Pa横向	衬垫材料	使用效果	使用寿命/年
1	合成盐酸	氯化氢冷却器	方块孔	12	1	HCl气体	冷却水	85	20~40	微负压	3	普通橡胶	使用3年后，密封衬垫处发生渗漏，金属盖板及底板被腐蚀，5件石墨块体中，有4件产生裂缝	3
2	合成盐酸	氯化氢冷却器	圆块孔	20	2	HCl气体	冷却水	120~140	14~40	0.5	2~4	耐酸橡胶	已使用1.5年，设备尚完好。耐酸橡胶衬垫可用半年左右	已用1.5年
3	顺丁橡胶	再沸器	方块孔	20	2	50%H₂SO₄	水蒸气	130	150	1	4	耐酸橡胶	良好	4
4	苯酚	尾气冷凝器	方块孔	10 / 20	2 / 1	苯磺酸	冷却水	50~60	常温	0.1	1	石棉橡胶板缠绕聚四氟乙烯生料带	良好，使用8年后，其中一台接口管损坏检修更换新设备，其他2台仍在使用	已用8年
5	盐酸脱吸	稀盐酸冷却器	方块孔	8.4	2	稀盐酸	河水	入口:118 出口:70~80	20~30	0.73	2	氯丁橡胶	使用10年后，设备基本完好，只更换过衬垫	已用10年
6	盐酸脱吸	盐酸预热器	方块孔	8.4	1	浓盐酸	稀盐酸	120	70~80	0.5	0.67	氯丁橡胶	使用5年后，设备完好无损	已用5年
7	合成纤维	醋酸尾气冷凝器	方块孔	11.7	3	醋酸蒸气	河水	118	20~30	常压	4		使用7年后，其中一台因温差剧变，振动使块体粘接缝出现裂纹，其它尚完好，水相孔较小(φ9)易被水垢、杂物堵塞	已用7年
8	轧钢厂酸洗	加热器	圆块孔	3	9	H₂SO₄ HF HNO₃	水蒸气	40~60	130	<1	2	聚四氟乙烯或耐温橡胶	采用聚四氟乙烯悬浮液浸渍，已使用半年，设备尚完好，物料孔φ8易被硫酸亚铁结晶堵塞	已用半年

三、不透性石墨换热器的优点及存在问题

不透性石墨换热器具有良好的耐腐蚀和传热性能，因此在腐蚀性液体和气体场合使用最能发挥其优越性。

在石墨换热器最初使用的 12 年中，几乎完全采用了金属管式换热器的结构。由于这种结构使石墨管受了拉伸和弯曲应力，故没能充分利用石墨的抗压强度。后改用挤压方法制造石墨管，其结果又导致传热方向上的热导率最小，且管子与管板间还需用粘合剂连接。为了克服这些缺点，又用了立体单块型。这种块型石墨要精确钻出其通道，且在长度与直径之比上又受到一定的限制。为了满足传热面积的要求，只有把若干块这些单块型石墨板组合而制成石墨换热器每块石墨板两侧带槽，然后粘合在一起。制成的长方块带有两套换热通道，装配时受压缩应力，因此比管式强度高。在封头连接处需用长方形垫片密封，最大的缺点是粘合连接面多。

第二节　不透性石墨制设备的设计特点、强度计算及典型结构

一、设计特点

（一）设计压力不高

不透性石墨属于脆性材料，其抗拉强度、抗弯强度及抗冲击强度均较低，因此设备及构件的设计压力不高，一般为 1MPa 以下。

（二）充分发挥耐压性能

不透性石墨材料的抗压强度是抗拉强度的 4~5 倍，是抗弯强度的 2~2.5 倍，因此应尽量发挥不透性石墨材料的耐压性能，使其均匀受压，尽量减少受拉、弯应力。应力集中容易产生裂纹效应，不透性石墨这种脆性材料抗裂性能差，设计元件几何形状及设备结构时应尽量简单，应避免形状发生突变。

（三）当用不透性石墨与金属材料或其他材料组合设计制造设备时，应尽量避免由于异种材料热膨胀系数差异而带来过大的温度应力。

例如，应尽量减少用粘接缝结构，因粘接剂与石墨材料的热膨胀系数不同，粘接缝在较高温度下将产生较大的温度应力，且其在介质温度及时效的作用下可能发生脆化而断裂。对必须采用粘接结构的情况，在保证质量的前提下，粘接缝宽度以 0.5~1.0mm 为宜。

（四）设计时应尽量考虑不透性石墨材料的各向异性，以充分利用其各向异性中最佳受力及最佳导热方向上的性能。

（五）金属材料连接件，如螺栓等不宜直接拧在石墨元件上；设备吊装位置亦不宜直接设计在石墨构件上；石墨接管等伸出设备外壁部分不宜过长。

（六）由于石墨构件易于损坏，结构设计时应考虑便于装拆更换、安装调整及修理。

二、强度计算

对受力构件，需进行必要的强度计算。不透性石墨构件是非均质的脆性材料，厚度较厚，且其内部存在不均匀微裂纹，若从断裂力学角度进行应力分析和强度计算则是合理的和较准确的。但目前对非金属材料的断裂尚无相关的研究及判据，仅能按理想材料用传统的强度理论，即以脆性材料的最大主应力理论（认为最大拉伸主应力是材料破坏的主要原因）

作为强度计算的依据，以构件最大主应力不超过材料抗拉、抗弯或抗压强度极限的许用应力值 $[\sigma]$ 来判断。静载下的安全系数一般取为 9~10。若为胶接缝结构，则应考虑胶接树脂老化等因素，许用应力还需乘上 $\phi = 0.7 \sim 0.8$ 这一胶接系数。

设计压力可取最大工作压力或略大于最大工作压力。这一水压试验压力以 1.5 倍设计压力为宜。石墨材料抗拉强度低，经不起较高的水压试验，但最低不得低于 0.2MPa。

在考虑温度应力较大这一因素时，不得使用钢制受压构件在安定性理论基础上确定的强度条件。不论是温度应力或是温度应力与其他应力的叠加应力，均以许用应力为限。

一般石墨圆筒或管道的壁厚参数 K 值均较大，在承受外压时不容易发生失稳破坏。若有破坏亦往往发生在失稳之前，即强度达到极限时。表 7.1-6 列出了受力构件强度计算的主要公式。

表 7.1-6 不透性石墨设备主要零件的强度计算公式

项 目	内压圆筒壁厚计算	列管式换热器管板厚度计算	平板盖厚度计算
公式	$S = R_{内}\left(\sqrt{\dfrac{[\sigma]+p}{[\sigma]-p}}-1\right)$ $[\sigma] = \dfrac{\sigma}{n}$	$S = \phi D \sqrt{\dfrac{100pt}{[\sigma]_{弯}(t-d_{外})}}$ $[\sigma]_{弯} = \dfrac{\sigma_{弯}}{n}$	$S = D_{内}\sqrt{\dfrac{KP}{[\sigma]_{弯}}}$
符号说明	S——圆筒壁厚，mm； $R_{内}$——圆筒内半径，mm； $[\sigma]$——抗拉许用应力，MPa； σ——抗拉强度，MPa； n——安全系数（一般取 9~10） p——设计压力 MPa。	S——管板最小厚度，mm； D——管板支承的平均直径（一般取垫片平均直径），mm； ϕ——管板支承系数，一般取 1/25（周边半固定）； p——设计压力，MPa； t——管间距，mm； $d_{外}$——管子外径，mm； $[\sigma]_{弯}$——弯曲许用应力，MPa； $\sigma_{弯}$——抗弯强度，MPa； n——安全系数，一般取 9~10	S——盖的最小厚度，mm； $D_{内}$——计算直径，mm； p——计算压力，MPa $[\sigma]_{弯}$——弯曲许用应力，MPa； K——结构系数，一般取 0.25

三、典型结构

通过强度计算受力构件强度尺寸确定之后，考虑到工程的实际情况，还需根据经验和具体要求来确定结构的具体设计。图 7.1-1 所列的结构节点图可供参考：

(1) 粘接结构，如图 7.1-1（a）所示；

(2) 螺纹连接结构，如图 7.1-1（b）所示；

(3) 填塞式连接结构，如图 7.1-1（c）所示；

(4) 法兰连接结构，如图 7.1-1（d）所示。

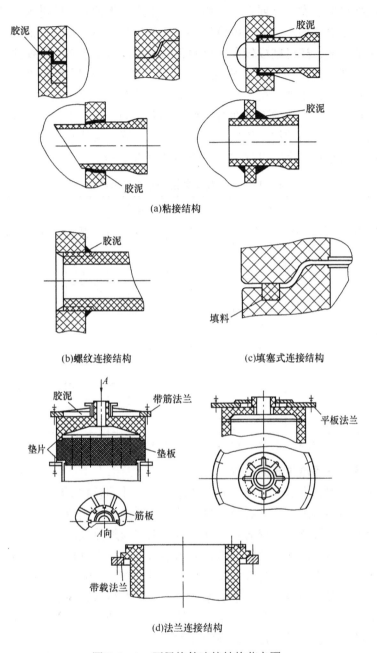

图 7.1 – 1　石墨构件连接结构节点图

第三节　不透性石墨换热器的类型、结构及传热特点

一、不透性石墨换热器的类型

自 20 世纪 30 年代板槽式、列管式不透性石墨换热器研制成功以来，该换热器的制造和使用迅速投入工业生产。如在盐酸及冶炼等工业部门解决了金属材料不能解决的传热与抗腐蚀问题。之后又相继开发了能满足各种工艺条件要求的不透性石墨换热器，其使用量已占石墨设备用量的首位。

不透性石墨换热器的类型有列管式、块孔式、板式、板槽式、喷淋式、套管式及浸没式等。目前国内外使用最多的不透性石墨换热器仍然是与金属换热器一样的列管式结构。原因是结构简单、制造方便，还可制成较大传热面积的设备，以用于较大量换热介质的处理。此外还有操作、维修和清洗方便以及造价低廉等优点。块孔式石墨换热器因其结构坚固、紧凑，有较高的传热系数，零件互换性好及使用寿命长等而多被用于温度、压力较高，或操作中有振动冲击的场合；其他类型不透性石墨换热器各有特点，但优点不明显，使用均不多。因此，在以下石墨换热器的结构及传热特点介绍中以列管式及块孔式为主。

各类石墨换热器在化工生产过程中的应用场见表 7.1-7。

表 7.1-7 各类石墨换热器的应用场合

设备类型	生产工艺过程									
	液-液热交换	液-气热交换	气-气热交换	冷凝	蒸发	降膜冷却	降膜蒸发	降膜吸收	容器内的加热或冷却	酸的稀释
列管式	○	△	△	△	○	○	○	○	×	△
圆块孔式	○	△	△	△	△	○	○	○	×	○
矩形块孔式	○	△	△	△	×	×	×	×	×	×
喷淋式	△	△	×	△	×	×	×	×	×	○
套管式	○	×	×	×	×	×	×	×	×	○
浸没式	×	×	×	×	×	×	×	×	○	×
板室式	△	△	○	○	×	×	×	×	×	×

注：表中符号的意义：○—优先采用，△—可以采用，×—不宜采用。

二、浮头列管式石墨热热器的结构

列管式石墨换热器管束由不透性石墨换热器和管板并用胶粘剂粘接而成。管束放置于钢制圆筒壳体之内，两端再用不透性石墨材料或其他防腐蚀材料制成的封头将其密封，封头与壳体用螺栓上紧连接。换热器管程通腐蚀性介质，壳程通加热或冷却介质。当管程壳程都走腐蚀性介质时，钢壳内壁需采取防腐措施，或用不透性石墨来制作壳体。该换热器按结构不同又分固定管板式、浮头式和单管板式 3 种。用石墨与钢壳组成的石墨换热器，管壳内的温差，操作温度与装配温度的温差而产生的温度应力对脆性材料石墨换热器的安全有较大的威胁，因此目前固定管板式换热器基本不用，而使用浮头式结构，一般广泛使用的是单程浮头式，这种换热器结构简单，适应性强，国内外均已标准化。

浮头式石墨列管换热器与浮头式金属列管换热器相比，因其材料性能不同，在结构设计上略亦有区别，但传热过程与传热计算完全相同，因此只对浮头列管式不透性石墨换热器的结构及标准作介绍。

(一) 浮头列管式石墨换热器的结构设计

浮头列管式石墨换热器由石墨管束，管板、管箱和壳体等部分构成，其结构如图 7.1-2 所示。管子与管板连接成管束后，安装于外壳内。管子与管板采用胶结剂粘接，其中一端管板是浮动管板，以填料箱或 O 形密封圈与壳体密封。由于管子和壳体材料的膨胀系数不同以及两者的温差，随着温度变化，管束与壳体的伸长和收缩量便不一致。此时可通过管束的自由浮动而得到补偿，避免了管束承受温差应力而引起的破坏。

石墨封头借助于金属盖板分别与固定管板和浮头管板相连接，中间以衬垫密封。在壳程中设置折流挡板，以增大流速和改变流体的方向，进而提高传热效率。现就各零部件的结构设计要点分述如下。

1. 管子

作为传热元件的石墨管，有浸渍石墨管和压型石墨管两种。浸渍石墨管的导热系数较高，一般约为压型管的 2 ~ 3 倍，但机械强度较低，制造加工麻烦，线膨胀系数小且价格高。目前，国内普遍使用酚醛石墨压型管作为换热管，一般使用温度在 120℃ 以下，效果尚好。使用温度在 120℃ 以上的加热设备，建议采用经 300℃ 中温处理的压型管。这种管子热稳定性及化学稳定性都有所提高，线膨胀系数大大减小，且温度的变化值波动不大。经中温处理后的机械强度虽略有下降，但可满足用作换热管的要求，最适宜作加热器的换热管。

换热管必须固化完全和表面光洁，还要求无宏观裂纹及砂眼等缺陷。管子直径的选择取决于处理物料的特性，如黏度大小，是否含有固体颗粒、结垢情况及相态等具体工作条件。一般情况下，液体介质用的管径较小，取 20 ~ 50mm；气态或黏度大、易结垢及易堵塞的介质，所用管径较大，可取至 80mm。目前国内常用的规格为 $\phi22/\phi32$ 及 $\phi36/\phi50$ 两种。

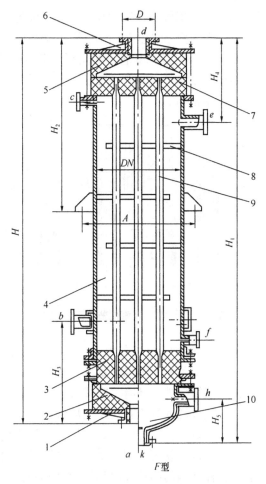

图 7.1 - 2　浮头列管式石墨换热器结构简图
1—下盖板；2—下封头；3—浮动管板；4—壳体；
5—上封头；6—上盖板；7—固定管板；8—折流板；
9—换热管；10—F 型下封头

由于管子的长度和弯曲度偏差对装配应力有较大影响，故其尺寸偏差应符合以下要求：

长度偏差 ≤ ±0.5mm

壁厚偏差 ≤ ±0.5mm

弯曲度 ≤3mm/m

总变曲度 ≯15mm

一般换热器采用 $\phi22/\phi32$ 的管子。为减小管程的流体阻力，对处理量大，面积较大的换热器，可采用 $\phi36/\phi50$ 的管子，管子有效长度一般采用 1m、2m、3m、4m、5m 和 6m。考虑两端插入管板的长度，总长应加长 100mm ~ 20mm。

2. 管板

固定管板的厚度可按强度计算决定。浮头管板的厚度，除满足强度要求外，还需考虑浮动头填料箱、O 形密封圈以及封头连接结构尺寸的需要。对直径小于 500mm 的管板，尽可能采用整体材料。需要采用拼接结构时，应满足拼接平板粘接结构的要求，不得有通缝。

管子的排列，应考虑设备结构的紧凑性，力求在一定的壳体内安排最多的管子，并使管间空间之截面积最小，以增高壳程流体流速，进而提高传热系数。同时，还要考虑管间清洗方便。石墨列管的间距应比钢制列管换热器的管间距稍大。一般推荐管间距 $t = d_o + (7 \sim 9)$mm，对于 $\phi22/32$ 和 $\phi36/50$ 管子的间距可分别用 39mm 和 59mm。如果壳程需要进行机械清洗，管间距还应相应加大。管子在管板上的排列有三种方式：正三角形、正方形和同心圆形，与金属换热器相同。

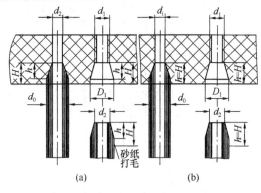

图 7.1-3　埋入式锥面粘接接合结构

管子与管板的连接结构应具有足够的机械强度，还要求气密性好、装配方便及使用可靠。在连接面上，要求其必须能承受由温度、操作压力以及装配时所产生的轴向力的作用。立式安装时还应考虑物料和设备重量所引起的轴向力。以上几部分轴向力之和对粘接缝产生的剪切应力，必须小于或等于胶结剂的许用剪切应力。连接质量直接影响到换热器的使用寿命。因此，除了正确地选择管子、管板和胶结剂外，还应采用合理的接合结构。一般推荐采用埋入式锥面粘接结构，

如图 7.1-3 所示。管端锥度大小，应考虑加工方便，保证管子端部加工部位有足够的强度，在加工过程中不易受损伤。锥部小端壁厚一般不应小于 2mm。管子与管板的粘接，除插入式锥面粘接结构外，还有贯穿式锥面粘接结构，它仅用于薄管板的粘接。有时将某些未经加工的管子直接插入管板孔中，然后将胶给剂填充其缝间并捣实即可。这种结构虽省去了管子的加工工作量，但装配时麻烦，特别是管子粘接部位四周的胶泥难以填充均匀，容易产生气孔。管子难以与管板孔严密紧贴，当温度变化大时，石墨管根部会产生应力集中，造成管子断裂。这种结构的粘接强度和气密性均较差，只能用于管板厚度较小，使用温度低于 60℃以及温度变化不大的场合。另外，还有一种管子与管板可拆卸的连接结构。这种结构避免了粘接结构因材料线膨胀系数不同而带来的弊病，管板材料亦可用其他防腐蚀材料来制作。但结构较复杂，加工及装配均不方便，须选择耐温耐蚀垫片和填料，且紧固螺母须占用一定管板位置，管间距也要相应加大，因此这种连接只有在某些特殊情况下才采用。

3. 挡板

壳程挡板亦称折流板，其作用是增大壳程流体流速，改变流体方向，引发管外湍流，并防止流体短路，进而提高管外流体的给热系数，强化传热过程。在有相变化的蒸气加热器中，冷凝给热系数虽然与壳程中蒸气的流动状态无关，但立式换热器挡板具有拦液板作用，可减薄管壁上液膜的厚度，从而提高了传热效率。对于较长的传热管，挡板还起着支承作用，可限制其弯曲变形。蒸气加热时，对于水锤冲击或其他因素引起的振动，它起着缓冲作用，防止折断。在管束装配时，还常利用挡板作定位用。

石墨换热器最普遍采用的是弓形挡板。弓形挡板尺寸的确定可参照金属换热器选用。若挡板用石墨材料制造，则要加厚，一般可用酚醛浸渍石墨板，对于壳体直径小于 $\phi1000$ 时，取 $20 \sim 30$mm 左右；壳体直径大于 $\phi1000$ 时，取 $30 \sim 40$mm。

挡板可固定于最外圈的若干换热管上，挡板上下由与换热管粘接的瓦片卡环夹住。固定挡板的管子数目，可根据挡板的外径来定。固定管子的配置应均匀对称。小直径的一般取 4 根，大直径的取 $6 \sim 8$ 根。换热管为 $\phi22/\phi32$ 时，卡环可用 $\phi36/\phi50$ 的石墨管，长 $40 \sim 50$mm，

切成2~3片。此固定方法比用定距管固定的方法简便。

4. 浮动管板与壳体的密封结构

浮动管板与壳体壁之间的密封结构有填料箱和O形密封圈两种结构。对于前者，除应确保良好的密封性能外，还要考虑加工制造、管束安装以及使用中填料更换的方便，同时还要保证操作时管束能自由伸缩。目前，列管式石墨换热器使用压力较低。一般推荐采用图7.1-4所示的钢制焊接填料箱结构。填料室宽度，由所用填料规格决定，考虑组装、维修以及填料的更换，根据管板直径的大小分别选用边长或直径为10m、13m、16mm等几种规格。填料层高度与操作压力和管板直径有关。使用压力在1MPa以下时，可取填料宽度的3~4倍，太高则会使填料箱外形尺寸和浮动管板厚度相应增大。对使用温度较低的冷却器，填料材质可采用浸白铅油石棉绳；对使用温度较高的加热器，可采用浸二硫化铜石棉绳填料。此外，亦可考虑采用矩形截面的编织石墨石棉盘根。

O形密封圈具有结构简单、紧凑、密封性好及浮头伸缩灵活等优点，是一种较为理想的密封结构。O形圈的材料，根据使用条件，可采用乙丙橡胶，氟橡胶或其他耐温像胶。O形圈需用专用模具压制。鉴于目前较大直径的O形圈尚无标准元件，需特殊订制，且单件生产成本较高。

5. 封头及其金属盖板

封头一般可用浸渍石墨材料加工制成，如图7.1-5所示。由于石墨封头承受了一定的拉应力和弯曲应力，故直边高度h不宜太高，R不可太小。

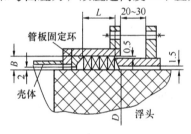

图7.1-4　钢制焊接填料箱结构

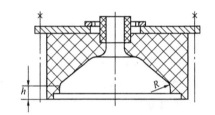

图7.1-5　浸渍石墨制封头

对气（汽）态介质冷却或冷凝的场合，化工工艺要求封头有足够的空间，以利于气体的分布或气液分离。若用石墨制封头，则材料消耗较大。因此，封头材料的选用可根据介质、压力和温度等条件，可采用钢衬橡胶、石墨板或玻璃钢来制作，也可整体地选硬质聚氯乙烯或玻璃钢等非金属防腐蚀材料制作。

石墨封头与管板和壳体之间的连接，是通过石墨封头上的金属盖板及法兰螺栓连接的盖板可用钢板焊制或铸铁制成，铸铁件可实现批量生产。

6. 壳体

壳体直径既要求其能使管束顺利装入壳内，又要求壳径达最小值，以尽可能减少壳体内壁与管束间的间隙漏流。列管式石墨换热器通常为浮头式结构，一般以使浮头管板或挡板能顺利穿过壳体为限。壳体内径D_i可按下式计算：

$$D_i = t(B-1) + 2e$$

式中　B——最外层六边形对角线上的管数或管板直径上的最大管数；

　　　　e——最外层管子的中心到壳壁的距离，mm。对浮头式石墨换热器，取$e = (1.0 \sim 1.5)d_0$为宜，d_0为管束外径。

　　　　t——管间距，mm。

列管式石墨换热器的壳体，一般由碳钢制成。换热器作加热器用时，壳程通水蒸汽，蒸汽入口处应设蒸汽扩散器，以免高温蒸汽流冲刷石墨管，影响使用寿命。扩散器有剌叭口形和环状两种结构。一般采用环状蒸汽扩散器，蒸汽经壳体四周的孔道均匀、缓慢地进入壳程，效果较好。

用海水作冷却介质时，应考虑海水对碳钢的腐蚀。一般可在壳体内涂刷防腐蚀涂料，如过氯乙烯及双酚 A 型不饱和聚酯等。

对壳程防腐蚀要求较高且使用温度低于 70℃ 的工况，可采用钢衬橡胶的壳壁。

对两种介质都为腐蚀性介质，壳程操作压力不太高的场合，也有采用石墨壳体的。但此种结构复杂，石墨材料消耗大，造价高，除特殊需要外，一般不推荐采用。

当设备的操作温度低于 -20℃ 时，承受压力的壳体应采用耐低温材料，如 16MnDR 等。

（二）浮头列管式石墨换热器标准 HG/T 3112—2011

1. 浮头列管式石墨换热器的结构形式

结构形式见图 7.1-2。下封头有不带分离结构及带分离结构的两种类型，上下封头也可采用衬里结构。换热器根据石墨换热器的直径又分为 A、B 两种型号。其中，A 型换热管直径为 $\phi32/\phi22$，B 型则为 $\phi50/\phi36$，换热器有效长度分为 2m、3m、4m、5m、6m 共 5 种规格。

2. 浮头列管式石墨换热器技术特性

（1）设计温度

管程：-20 ~ 130℃；

壳程：-20 ~ 120℃。

（2）设计压力

管程：$DN \leqslant 900$mm 时，为 0.3MPa；$DN > 900$mm 时，为 0.2MPa；

壳程：$DN \leqslant 1100$mm 时，为 0.3MPa；$DN > 1100$mm 时，为 0.2MPa。

（3）换热管规格

细管：$\phi32/\phi22$；

粗管：$\phi50/\phi36$。

（4）换热面积

细管系列：5 ~ 810m^2；

粗管系列：160 ~ 660m^2。

（5）材料

浮头列管式石墨换热器主要零部件材料见表 7.1-8 所示，可供参考。

表 7.1-8　浮头列管式石墨换热器主要零部件材料

筒体 D_N	300 ~ 650		700 ~ 900		≥1000	
壁厚/mm	5		6		8	
材料	Q235A					
名　称	管　板	换热管	钢制封头（F 型）	螺栓螺母	上下盖板	折流板
材料	浸渍石墨	压型石墨	Q235A	Q235A	铸　铁 HT200	漫渍石墨
名　称	上下封头	密封材料（O 型）	密封材料（填函型）	封头衬里材料（F 型）	垫　片	
材料	浸渍石墨	耐酸耐湿橡胶	石棉填料	硬质耐酸橡胶	石棉橡胶板	

3. 标记

（1）符号说明

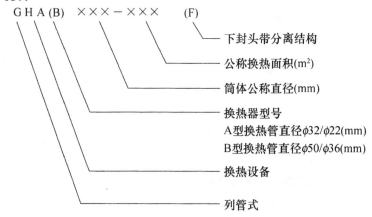

（2）标记示例

GHA 550 - 30：筒体公称直径 ϕ550mm，公称换热面积30m^2，换热管直径 ϕ32/ϕ22mm，其为下封头不带分离结构的浮头列管式石墨换热器。

GBH 1200 - 200F：筒体公称直径 ϕ1200mm，公称换热面积20m^2，换热管直径 ϕ50/ϕ36mm，其为下封头带有分离结构的浮头列管式石墨换热器。

4. 系列参数

系列参数见表7.1 -9 与表7.1 -10。

表7.1 -9 GHA 浮头列管式石墨换热器系列参数

筒体直径 DN	管数 /根	有效管长/mm				
		2000	3000	4000	5000	6000
		传热面积/m^2				
300	38	5 (6.45)	10 (9.65)	—	—	—
400	61	10 (10.35)	15 (15.50)	20 (20.70)	—	—
450	85		20 (21.60)	30 (28.85)	—	—
500	109	—	25 (27.70)	35 (36.95)	—	—
550	121	—	30 (30.70)	40 (41.00)	—	—
600	151	—	35 (38.40)	50 (51.20)	—	—
650	187	—	45 (47.55)	60 (63.45)	—	—
700	235	—	60 (59.30)	80 (79.70)	100 (99.55)	—
800	313		80 (79.55)	105 (106.20)	130 (132.50)	—
900	417	—	105 (106.15)	140 (141.50)	175 (176.50)	—
1000	505	—	130 (128.50)	170 (171.00)	210 (213.50)	—
1100	625	—	160 (158.50)	210 (212.00)	260 (264.50)	—
1200	721	—	—	—	305 (305.50)	365 (367.00)
1400	931	—	—	—	395 (395.00)	475 (474.00)
1600	1177	—	—	—	500 (499.50)	600 (599.00)
1800	1597	—	—	—	675 (677.50)	810 (812.50)

说明：括号内为平均直径计算面积，括号外为公称换热面积。

表 7.1-10　GHB 浮头列管式石墨换热器系列参数

简体直径 DN	管数 /根	有效管长/mm				
		2000	3000	4000	5000	6000
		传热面积/m²				
1200	295	—	—	160 (159.00)	200 (199.50)	—
1400	367	—	—	200 (198.50)	250 (248.00)	—
1600	499	—	—	270 (270.00)	335 (337.00)	—
1800	649	—	—	—	440 (438.50)	525 (526.00)
2000	817	—	—	—	550 (552.00)	660 (662.00)

三、块孔式石墨换热器结构及传热特点

（一）块孔式石墨换热器的特点及分类

1. 特点

块孔式石墨换热器由若干带有流体通道的石墨换热块有序叠合构成。组合石墨块放置于钢壳内，两端设置石墨封头及金属盖板，零件之间用衬垫密封，并以长螺栓紧固。换热块内两种换热流体在互不相通的两组流道内流动，利用换热块石墨实体进行间壁式换热。块孔式石墨换热器有如下特点：

（1）结构坚固：主要承受压应力的石墨块体，充分利用了石墨材料抗压强度高的特点，提高了操作压力，因此适用于有热冲击或振动的场合。

（2）结构紧凑，占地面积小。

（3）适应性强：可用于加热、冷却、冷凝、蒸发、再沸、吸收及解吸等许多化工过程。

（4）零件的互换性好：采用"积木式"可拆卸组合结构，只需数量不多的标准元件即可组装成各种不同换热面积的设备，其拆卸、安装、清洗、检修和运输均很方便。

（5）不需用胶结剂连接，避免了其他形式石墨换热器因胶结剂本身材质的缺陷或粘接缝施工质量问题而引起的损坏。因此，可在较高温度下使用，寿命较长。

（6）利用石墨材料的各向异性可使热流具有最佳传热方向；即使在低流速下也可获得湍流流态，提高了传热系数。

（7）流体阻力较大。

（8）传热面积一般不宜选用过大，否则会使封头或金属板很笨重。若处理量较大，则可采用多台串联或并联使用。

（9）物料的孔道较小，易堵塞，不宜用于处理有悬浮固体颗粒的物料。

2. 分类

按石墨换热块形状的不同，块孔式石墨换热器可分为圆块式和矩形块式（包括立方块式）两种；按石墨块体上两种流体孔道的相对位置又可分为两相孔道垂直交错式和平行交错式两种。一般广泛使用的是前者，因此本节主要针对这种形式换热器的传热特点、设计结构及标准作一介绍。

（二）圆块孔式石墨换热器的结构与传热特点

图 7.1-6 所示是圆块孔式石墨换热器的结构示意图。石墨块上有与轴向平行和垂直的流道。前者称为纵向流道，后者称为横向流道，其中横向流道位于各纵向流道的间隔中间。一种流体在纵向流道流动，可从上往下，或从下往上流动均可；另一种流体在横向流道流

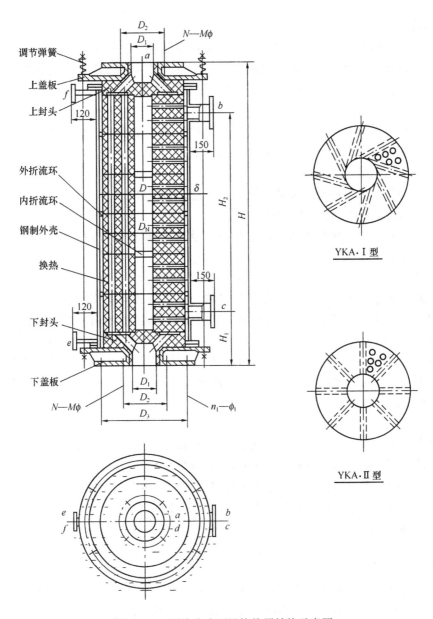

图 7.1-6 圆块孔式石墨换热器结构示意图

动，相邻两块换热块横向流动方向呈逆流，一块从圆外向圆内，另一块则从圆内向圆外，形成内外折流流动。在换热块的圆端面上分别有靠近内外圆周的两个环形密封槽，其上装 O 形密封圈，用其对块体内外两圆周面纵向流道的密封。圆端面上的两密封槽作成凹形横槽，换热块组装后，再换热块之间的凹形环槽组成一个湍流室。当介质从每个块体的纵向流道进入湍流室时，湍流作用得以强化。石墨块装在圆筒钢壳内后，上下分别装上石墨封头。封头兼有集流分配作用，并兼作纵向流体的进出口。每隔两块换热块的连接处，外周有环形外折流板。与外折流板相邻的两块换热块之间的中心处，设有内折流板。内外折流板的设置，实现了径向内外折流流动。换热器壳体外面用长螺栓拉紧，借上下金属盖板压紧力将上下封头、石墨换热块组装成一体。从以上结构介绍可看出圆块孔式石墨换热器有以下结构特点与传热特点。

1. 结构特点

(1) 换热块采用圆柱体,不仅有效地利用了石墨材料,且便于解决石墨块体间(即两种介质之间)的密封问题。如用较理想的密封元件——聚四氟乙烯O形密封圈,即可提高温度和压力,密封性能良好,使用寿命长。解决了该换热器较难解决的块体间密封衬垫材料的问题。

(2) 圆柱形石墨件和圆筒外壳的受力情况远比矩形石墨块体、封头及金属盖板的受力情况良好,金属元件不致于太笨重,故可提高使用压力。国外此种石墨换热器的使用压力已达到2.1MPa。

(3) 在石墨块上,可最大限度地布置介质孔道,石墨体积利用率(每单位体积的石墨块材安排的换热面积)可达到 $60 \sim 70 \text{m}^2/\text{m}^3$。

(4) 每对换热块中两相介质所采用的短通道及其再分配室,有利于产生湍流效应,进而提高了传热效率。

(5) 换热块采用标准单元块,便于互换、检修及装拆。

(6) 拉杆螺栓装设了压缩弹簧,在设备组装完成之后的非操作状态下,就让其受到一定的预压缩应力。操作时在介质压力作用下,仍可使整个组装件处于压应力状态,这样便利用了石墨材料抗压强度高的特点。在操作温度下,由于石墨件与金属件的线膨胀系数不同或因温度差异而引起伸缩量不同,该弹簧亦可起到一定补偿作用。这不但避免了石墨件承受过大应力的作用,又使衬垫密封获得了所必需的压紧力。同时,还避免了设备组装时因螺栓拧紧外力过大而造成石墨件或压盖的损坏。

2. 传热特点

(1) 传热效率较高。纵向流道的湍流室及横向流道的内外折流板均有促使传热流体给热系数提高的作用。在钻制流道时,充分利用石墨材料的各向异性亦即是说使热流方向和块体传热的最佳方向一致,这便可获得较高的传热效率;换热块上的短流道和流程上的再分配室以及增加末端效应(入口或出口)等都能促使低雷诺数下湍流的发生,进而强化了传热。

(2) 流体阻力较大。

(三) 圆块孔式石墨换热器的结构设计

1. 石墨换热块体

石墨块体是换热器的传热元件,其结构尺寸的设计是否合理,对设备的传热效率、流体阻力损失、密封性能及材料的消耗等经济技术指标和使用可靠性有很大关系。

(1) 介质通道的配置方式　换热块体是一圆柱体,其中央设有中心孔横截面是一圆环面,分布在环面上轴线方向的孔道称为纵向孔,垂直于轴线的孔道称为横向孔。横向孔有两种分别在圆柱体半径方向及偏离半径一个角度方向上开设。前者简称为径向式,后者简称为切向式,如图7.1-6右两小图,Ⅰ型为切向式,Ⅱ型为径向式。

径向式块体,制造加工较为方便,但石墨材料的体积利用率较低,流体阻力损失较大;切向式块体则相反,可使流体进出横向孔道时均沿同一个方向旋转,这样可减少流体阻力,并有利于产生湍流效应,提高传热效率,块体的受力状况也较好。采用切向块体设备组装时,应注意使相邻两块体的横向孔旋转方向相反,这样组装才能使流体从块体的中心管至外周的环形空间来回上下流动,经横向孔道时沿同一个方向旋转。

(2) 块体的直径与高度　块体应尽可能采用整体结构,鉴于目前我国圆柱坯料石墨最大规格为 $\phi600\text{mm}$ 这一实况,再考虑到聚四氟乙烯O形密封圈最大尺寸的限制,故选用块体直径一般以不超过 $\phi600mm$ 为宜。块体的高度与纵向孔道有关，为获得较高的传热效率，孔深 L 与纵向孔径 d 之比（l/d）推荐以不大于 15 为好。

（3）孔径及孔间壁厚的选择 孔径越小，块体的石墨材料体积利用率越高，设备越紧凑，传热效率亦更好。但孔径太小会增大流体阻力，易引起孔道堵塞，也增加了钻孔的困难。因此选择孔径时，应考虑介质性质（是否会堵塞孔道）、冷却水水质、介质体积流量大小、设备阻力降要求及制造加工条件等因素。我国块孔式石墨换热器采用的孔径有 $\phi12mm$、14mm、15mm、16mm、20mm、22mm、25mm、28mm 等几种。如果化工工艺方面没有特殊要求，推荐采用的孔径：切向式横向孔为 $\phi10mm$，径向式横向孔为 $\phi10mm$、12mm 及 15mm 三种，小孔用于蒸气加热或冷却水水质较好的场合。纵向孔为 $\phi10mm$、12mm、16mm、18mm、22mm。

孔间壁厚在满足强度要求的前提下，取较小壁厚，以提高石墨材料的体积利用率，也减小了孔壁热阻，提高了传热效率。但考虑到钻孔偏差，石墨材料及其浸渍的质量，故所用壁厚应恰当，尤其是异向孔之间的壁厚，应避免两相介质相互串漏。推荐设计壁厚为：同向孔时 $\geqslant3mm$，异向孔时 $\geqslant5mm$，且制造中壁厚偏差不大于 1mm。随着钻孔技术的提高，孔间壁厚随之减小。如国外已采用：同向孔时 $\leqslant2mm$，异向孔时 $\leqslant3mm$。

（4）两向的换热面积应尽量接近 根据两种介质操作条件下的给热系数，给热系数较大的一侧传热面积可选小些。

（5）块体中心孔尺寸 中心孔的横截面积应尽量接近于横向孔总截面积，以减小阻力损失。但不宜太大，否则会降低材料的体积利用率。块体之间的密封面有半圆截面环槽密封和凹凸面密封两种形式。前者加工要求高，但密封性能好，可用于较高的使用压力；后者加工容易，密封件组装方便，在一般操作压力下，同样可获得良好的密封效果。

块体设计时应根据具体使用条件，综合考虑上述诸因素，作多种方案对比，最终选出合理的设计。

2. 集流分配盖

上下封头设置的物料进出口，可将输入的物料均匀地分配到块体的纵向料孔中，或将换热后的物料经封头出口管排出。在保证必要的机械强度的前提下，连通石墨封头内腔与进出管口的分配孔的总截面积，应大于相应物料的进出管口，而又尽可能接近于纵向孔道的总截面积。

3. 壳体

壳体内径尺寸应满足石墨块体与壳体间的环形截面积略大于横向孔总截面积的要求。壳体有法兰连接的多节短圆筒和单节长圆筒两种。前者材料消耗及加工量较大，但固定在筒节法兰之间的处折流板与石墨块体之间的间隙可小些，减少了横向介质短路。此外还有安装检修方便的优点，特别是当现场空间受限时，分段连接，优点更显突出。单节长筒结构则相反。只要现场高度许可，采用此种结构可减少金属材料的消耗，加快安装速度。当然也可采用一节较长外壳，其余为短筒节的组合结构。当两种介质都是腐蚀性介质时，壳体材料可根据操作的物料和温度，选用钢衬橡胶或其他防腐蚀衬里结构。

4. 壳体与集流分配盖（即上下石墨封头）间的密封

就如同列管式石墨换热器壳体与浮动管板之间的密封，即有填料箱和 O 形圈两种结构。该结构的设计及其优缺点见列管式换热器有关部分。

5. 各石墨块体及上下封头之间的密封力

是借助上下金属盖板上螺栓连接的压紧力传递的，其连接方式有以下几种：

（1）上下金属盖板之间，用长拉杆螺栓单独拉紧。金属材料消耗虽略多，但设备受力情况较好。该结构装拆方便，不受现场空间高度的限制，长螺栓可分两段，用一松紧螺母连接。

（2）上下盖板用短螺栓分别与壳体两端的法兰连接，这种连接方式的优缺点正好与前一种方式相反，但同样也可满足使用要求。

6. 流程及折流板

（1）横向流程及折流板　横向流介质均为多程，每一块体可作为一程。内外折流板起分程的作用。折流板的固定：对多节短筒壳体来说，壳体短节与短节之间的密封衬垫（石棉橡胶板）兼作外折流板，其内径与石墨块体外壁之间隙亦较小，一般为 1mm～2mm。内折流板搁置于两石墨块之间的环形槽中。对单节长筒外壳，内外折流板被分别相间隔置于两石墨块之间的内外环槽内，环槽高度应比折流板厚度大 1mm，以免影响块体之间密封垫的压紧。外折流板的外径与壳体内壁的间隙一般为 2mm～3mm。内折流板不接触腐蚀介质，可用石墨、铸造铁或碳钢制成；也可根据使用温度采用硬质聚氯乙烯等材料。

（2）纵向流程　圆块孔式石墨换热器纵向流程，一般可用单程，必要时也可采用多程，其差别在于集流分配盖结构。多程结构宜采用奇数程，物料进出口吩别设在设备上下封头上，结构比较简单。

（四）块孔式石墨换热器的传热计算和误差校正

1. 块孔式石墨换热器的传统计算

与列管式有很多相似之处，二者的传热原理与传热系数的计算方法相同，如传热系数可用类似的产联式计算。计算时应注意孔道长度与孔道直径之比（L/d）常会低于 50，流体在孔道中不断改变运动方向，有强化传热的作用，因此应对传热系数的计算值乘上一个大于 1 的修正系数。当 $L/d > 30$ 时，该系数小于 1.07；若不考虑修正，对计算结果影响也不大。

2. 平均温差的校正

对于孔道平行型块孔式换热器，如果两种流体为全逆流或全并流，则毋需进行平均温差校正。其他流型平均温差的校正可参考列管换热器相应的流型。

对于孔道相互垂直型块孔石墨换热器的温差校正计算较为繁琐。这是因为该型换热器就其某一块孔单元来说属于错流传热，且两流体均不会自相混和。但就多个块孔单元组合后就不是简单的错流了，而成了非常复杂的错流流动，这就需要采用传热单元数（NTU）的方法来进行计算。

如果已知冷流体所获得的热量为 Q_c，两流体的平均对数温差为 Δt_m，根据传热速率方程可知：

$$Q_0 = KF\Delta t_m$$

或

$$KF = \frac{Q_c}{\Delta t_m}$$

流体流量与其定压比热容的乘积（Wc_p）称为水当量，即热容量。它表明一定流量下流体储藏热量的能力。或把它视为温度变化 100 时，流体接受或给出热量的大小。水当量小的流体，在换热过程中温度降低或升高得快，这就会使平均有效温差变得较小。如果两流体中的较小水当量为（Wc_p）$_{min}$，则传热单元数为：

$$NTU = \frac{KF}{(Wc_p)_{min}} = \frac{Q_c/\Delta t_m}{(Wc_p)_{min}}$$

传热单元数（NTU），可以看作是单位传热温差，单位水当量的传热量，它表示了传热的难度，是换热器的一个无因次特性数。

水当量比 R 表示两流体中较小水当量与较大水当量之比：

$$R = \frac{(Wc_p)_{min}}{(Wc_p)_{max}}$$

式中　（Wc_p）$_{min}$——较小的水当量；

　　　（Wc_p）$_{max}$——较大的水当量；

　　　　　W——流体的重量流量，kg/h；

　　　　　c_p——流体的定压比热容，J/（kg·℃）。

块孔换热器的平均温差校正方法为：$\Delta t'_m = \varepsilon'_{\Delta t} \cdot \Delta t'_m$

式中　$\Delta t'_m$——已校正了的平均温差（计算温差），℃；

　　　Δt_m——计算的平均对数温差，℃；

　　　$\varepsilon'_{\Delta t}$——温差修正系数，可从图7.1-7查知。

温差修正系数 $\varepsilon'_{\Delta t}$ 的值取决于换热器的程数、传热单元数（NTU）以及水当量比 R 这3个量。

【例】　1台块孔石墨换热器由4个块孔单元组合而成，热水在纵向孔道中作4程流动，流量为1340kg/h，开始温度 $T_1 = 102℃$，终了温度为 $T_2 = 64℃$。冷水在横向孔道中作8程流动，初温为 $t_1 = 12℃$，终温为 $t_2 = 74℃$，流量为824kg/h。热水与冷水的定压比热容均设为 $C_p = 4.1868$kJ/（kg·℃）。试进行温差校正。

该换热器的热端温差与冷端温差分别为（102 - 74）= 28℃ 及（64 - 12）= 52℃，故对数平均温差为：

$$\Delta t_m = \frac{52 - 28}{\ln\dfrac{52}{28}} = 39℃$$

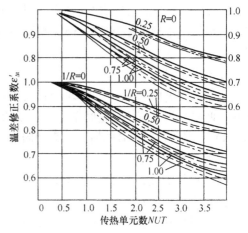

图7.1-7　温差修正曲线

冷流体所接受的热量为：

$$Q_c = Wc_p(t_2 - t_1) = 824 \times 4.1868(74 - 12) = 213895.2\text{kJ/h}$$

水当量：

$$(Wc_p)_{min} = 824 \times 4.1868 = 34499\text{kJ/（h·℃）}$$

$$(Wc_p)_{max} = 1340 \times 4.1868 = 5610.39\text{kJ/（h·℃）}$$

传热单元数：

$$NTU = \frac{Q_c/\Delta t_m}{(Wc_p)_{min}} = \frac{213895.2/39}{3449.9} = 1.59$$

水当量比：$R = (Wc_p)_{min}/(Wc_p)_{max} = 3449.9/5610.3 = 0.615$

根据换热器的程数，水当量比 R 以及传热单元数 NTU，查图 7.1-7 可知温差修正系数 $\varepsilon'_{\Delta t} = 0.86$，则该块孔石墨换热器的计算平均温差为：

$$\Delta t'_m = 0.86 \times 39 = 33.5℃$$

3. 块孔传热壁厚的计算

由于块孔式石墨换热器的传热间壁厚度是变化的（不是常量），因此在计算传热系数 K 时所用的壁厚就需要加以适当修正。这里推荐的修正方法是当量厚度法。

首先将钻去孔道的块孔单元体积算出，用此体积除以平均传热表面积，便可得到当量厚度，即：

$$\delta_当 = \frac{V'}{F_m}$$

式中　$\delta_当$——石墨块孔的当量传热壁厚，m；

　　　V'——块孔单元钻去孔道后的剩余体积，m^3；

　　　F_m——石墨块孔的平均传热表面积，m^2。

$$F_m = \frac{F_1 + F_2}{2}$$

式中　F_1 与 F_2 分别为按两种孔道尺寸计算出的孔道表面积，m^2。

（五）圆块孔式石墨换热器的标准

以 YKA 型圆块孔式石墨换热器标准（HG/T 3113—1998）为例进行说明。该标准适用于以酚醛树脂浸渍石墨制造的 YKA 型圆块孔式石墨换热器，可用作再沸器、加热器和冷却器。

1. 结构形式

基本结构见图 7.1-6。YKA 型圆块孔式石墨换热器以纵向孔为物料孔，横向孔为载热体孔，两向孔内的流体通过间壁进行热量的传递。换热器按其横向孔的特征分为 YKA-Ⅰ型和 YKA-Ⅱ型两种。前者的横向孔为切向式，后者的横向孔为径向式。

2. 技术特性

（1）设计温度：$-20 \sim 165℃$；

（2）设计压力：0.4MPa；

（3）石墨块的直径：ϕ300、400、500、600mm；

（4）公称换热面积：$5 \sim 60m^2$；

（5）材料：见表 7.1-11。

表 7.1-11　主要零件材料表

名　称	材　料	名　称	材　料
换热块	不透性石墨	上、下盖板	HT200
上、下封头	不透性石墨	钢制外壳	Q235A
内折流板	不透性石墨	螺杆	Q235A
外折流板	HT200 或 Q235A	调节弹簧	60Si2Mn
O 形密封圈	聚四氟乙烯，氟橡胶		

3. 标记

（1）符号说明

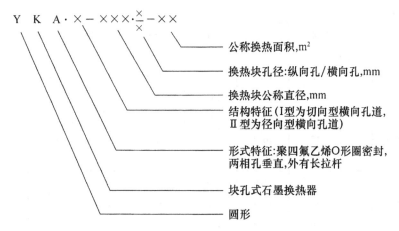

YKA·×-×××·$\frac{×}{×}$-×× 公称换热面积,m²

换热块孔径:纵向孔/横向孔,mm

换热块公称直径,mm

结构特征(Ⅰ型为切向型横向孔道,
Ⅱ型为径向型横向孔道)

形式特征:聚四氟乙烯O形圈密封,
两相孔垂直,外有长拉杆

块孔式石墨换热器

圆形

（2）标记示例

YKA·Ⅰ—500·$\frac{16}{10}$—20：换热器的换热块公称直径为 $\phi500mm$，纵向孔径为 $\phi16mm$，横向孔径为 $\phi10mm$，公称换热面积为 $20m^2$ 的切向型圆块孔式石墨换热器。

4. 技术要求

（1）设备的制造、试验和验收应符合行业标准 HG 2370—2005《石墨制化工设备技术条件》的规定。

（2）换热块浸渍后，表面不得有影响密封与安装的树脂瘤，其孔道内表面不应有明显的树脂膜。

（3）换热块的高度偏差为 ±0.2%。

（4）换热块两端密封面的平行度公差为 0.15%。

（5）换热块两端密封面对外圆轴线的垂直度公差为 0.1%。

（6）换热块上，同一孔两端对钻时，其同轴度公差为 $\phi0.5mm$。

（7）换热块的异向孔间壁厚减薄量 ≤1.2mm。

（8）换热块的堵孔率 ≤1%。

（9）换热块在组装前应进行水压试验，试验压力取产品设计压力的 1.5 倍值，并保压 30min，无渗漏为合格。

5. 系列参数

参见表 7.1-12 及表 7.1-13。

表 7.1-12　YKA·Ⅰ型圆块孔式石墨换热器系列参数

型 号	换热面积/ m²			换热块尺寸/ mm			筒体尺寸/ mm	
	公称值	纵向	横向	直径	纵向孔径	横向孔径	直径	厚度
YKA·Ⅰ-300·$\frac{10}{10}$	5	6.7	5.4	300	10	10	330	4
	10	11.2	9.0					
YKA·Ⅰ-300·$\frac{16}{10}$	5	4.9	4.9	300	16	10	330	4
	10	9.8	9.8					

续表

型 号	换热面积/ m²			换热块尺寸/ mm			筒体尺寸/ mm	
	公称值	纵向	横向	直径	纵向孔径	横向孔径	直径	厚度
YKA·I-400·$\frac{10}{10}$	10	12.5	9.0	400	10	10	430	4
	15	16.6	12.0					
	20	25.0	18.0					
YKA·I-400·$\frac{16}{10}$	10	13.1	10.7	400	16	10	430	4
	15	16.4	13.4					
	20	23.0	18.8					
YKA·I-400·$\frac{22}{10}$	10	11.6	8.4	400	22	10	430	4
	15	17.4	12.8					
	20	23.2	17.0					
YKA·I-500·$\frac{16}{10}$	20	22.8	20.2	500	16	10	530	4
	25	27.4	24.2					
	30	31.9	28.3					
YKA·I-500·$\frac{22}{10}$	20	21.6	19.0	500	22	10	530	4
	25	27.0	23.7					
	30	32.4	28.4					
YKA·I-600·$\frac{16}{10}$	40	47.1	37.0	600	16	10	640	5
	50	56.5	44.3					
	60	65.9	51.7					

表 7.1-13   YKA·II型圆块孔式石墨换热器系列参数

型 号	换热面积/ m²			换热块尺寸/ mm			筒体尺寸/ mm	
	公称值	纵向	横向	直径	纵向孔径	横向孔径	直径	厚度
YKA·II-300·$\frac{12}{10}$	1.4	1.56	1.32	300	12	10	360	4
	4.2	4.68	3.96					
	7.0	7.80	6.60					
	9.8	10.92	9.24					
YKA·II-400·$\frac{12}{10}$	2.3	2.47	2.17	400	12	10	450	5
	6.9	7.41	6.51					
	11.5	12.35	10.85					
	16.1	17.29	15.19					
	20.7	22.23	19.53					
YKA·II-400·$\frac{18}{15}$	1.6	1.80	2.00	400	18	15	450	5
	4.8	5.40	6.00					
	8.0	9.00	10.00					
	11.2	12.60	14.00					
	14.4	16.20	18.00					

续表

型 号	换热面积/m²			换热块尺寸/mm			筒体尺寸/mm	
	公称值	纵向	横向	直径	纵向孔径	横向孔径	直径	厚度
YKA·Ⅱ-500·$\frac{12}{12}$	3.4	4.30	2.90	500	12	12	560	5
	10.2	12.90	8.70					
	17.0	21.50	14.50					
	23.8	30.10	20.30					
	30.6	38.70	26.10					
	37.4	47.30	31.90					
YKA·Ⅱ-500·$\frac{18}{15}$	3.0	3.30	2.90	500	18	15	560	5
	9.0	9.90	8.70					
	15.0	16.50	14.50					
	21.0	23.10	20.30					
	27.0	29.70	26.10					
	33.0	36.30	31.90					
YKA·Ⅱ-600·$\frac{18}{15}$	30.0	35.00	28.80	600	18	15	660	5

四、其他形式石墨换热器及蒸发器

其他形式的石墨换热器种类很多，在此只对尚在普遍使用的几种作简单介绍。

（一）矩形块孔式石墨换热器

基本结构与圆块孔式石墨换热器相同，只是石墨换热块及设备横截面的形状呈矩形，换热块间的介质密封，不使用黏结剂而采用垫片，采用整体石墨块材机械加工后积木式叠装组成。

与圆块孔式石墨换热器相比，矩形块孔式重量大，换热块的体积利用率低，使用压力不能太高（一般不超过 0.5MPa），规格不能太大，介质密封侧板密封及密封材料选用均较难解决，因此其使用范围随圆块孔式的扩大而减少。

（二）板槽式石墨换热器

该换热器内的两种流体分别在换热板的两侧流动，通过换热板进行换热。金属板式换热器是应用较普遍的高效换热器，但石墨板式换热器则应用较少。石墨材料的强度，尤其是抗弯强度远低于金属，平板本已受力不佳，石墨平板的强度更低，因而其应用不多。根据石墨材料强度较低的特点而设计出的板槽式（国内原称板室式）石墨换热器，是一种特殊的板式换热器。设计时将板与板之间的距离稍增大些，还增设了按规律布置的石墨垫块，以支承石墨平板承受的流体压力。把大平板面积分解为许多小的承压面积，可减小板厚；同时它又起着折流的作用，使流体由层流转向紊流，强化了传热。较早的制作方法是用胶粘剂把垫块粘到换热平板上，费时费工又费材料。现改用在厚平板上直接加工留下垫块的办法。为导流，除垫块外还设有垫条。而两种流体均靠内部的导流管进行导流。

这类石墨换热器有如下特点：

（1）两种流体接触的都是浸渍石墨，没有钢外壳。故最适宜用于两种腐蚀性介质的热交换。

（2）采取标准件组装，通过增减换热室的数目即可制成不同规格设备。

（3）石墨件间均采用胶泥胶结，胶接缝多，限制了总体性能，且内部一旦泄漏既难检查，也难检修。

（4）石墨材料利用率低，体积利用率一般为 $20 \sim 30 m^2/m^3$，是一般矩形块的 $50\% \sim 60\%$。

（5）使用压力一般小于 0.3MPa。

（6）宜用作加热、冷却，也可用于冷凝及气体吸收，例如用水吸收 HCl 生成盐酸的场合。但不适用于蒸发及再沸的工况。

（7）传热效率尚可，据资料介绍，加热时 K 值可达 $1160W/（m^2 \cdot K）$。

（三）喷淋式石墨冷却器

喷淋式石墨冷却器将一排或者几排石墨管由上而下水平地排列，两端用石墨接头（或其他方式）导流，管内流通腐蚀性介质，管外由顶部喷淋下冷却水，利用管壁进行间壁式传热，喷淋下来的冷却水靠重力依次向下流过各换热管。排管内的流动可以是串联，也可以是并联。换热管与两端的导流接头间的连接，可以采用胶结剂，也可以采用填料密封。两端的导流绝大多数采用石墨制"接头"，个别也有用软弯管的。

该冷却器的传热效率与冷却水的蒸发强度相对应，因而应安装在通风良好的场合。为减少喷淋水飞溅造成环境污染，需装防溅挡板。早期将喷淋冷却水排入地沟了事，未装集液装置。为节约能源，近年多已装集液装置来回收利用冷却水。

喷淋式冷却器有下列优缺点：

（1）材料消耗少、成本低；制造安装、清洗及检修均方便。

（2）在用腐蚀性流体作冷却而又有较高传热系数的换热器中是最简单的装置。

（3）对冷却水质要求不高。

（4）由于冷却水的蒸发作用，总传热系数与管壳式相当。

（5）一般采用积木式标准件现场叠装，运输及现场换热面积改变均方便。

（6）占地面积较大，操作场地有水雾。

（四）套管式石墨换热器

由内外管套装组成换热元件，两端用石墨接头导流，利用内套管管壁进行传热，实质上是一单根管管壳式换热器（或串联组）。内管均为石墨管，用以流通腐蚀性物料。若外管为钢管，则管间流通冷却水；若外管为石墨管或 PVC 等管，则可进行两种腐蚀性介质的换热。

套管式换热器的连接方式。其内管与接头间用胶结，也可用可拆式填料密封；外管用填料密封结构，此时夹套水通过法兰串联，也可将夹套冷却水引入石墨接头内进行导流（此时石墨接头内有两条不同的导流通道）。只要提高套管内液体的流速就可提高其传热效率。与喷淋式相比，结构较复杂，材料消耗多，成本也较高，但可实现两种腐蚀性流体的换热。总的说，该换热器应用不多。

（五）浸没式石墨换热器

该换热器用于设备内部的加热或冷却，其实质仅为其他化工设备内的一个换热元件。设备内物料一般为腐蚀性介质，换热元件内为冷却水或蒸汽等非腐蚀性流体。这种换热器通常用于金属清洗、浸渍、蚀刻及电镀等工序。浸没式石墨换热元件按结构可分为管式、板式和鼠笼式三类，其中管式又有直管和蛇管之分。直管式使用较多，因为它的结构简单，装卸容易，使用方便。既可用来加热，亦可用于冷却。可按工艺需要，装设一个或几个换热元件，其直径和长度可根据需要决定。直管式换热元件一般在设备中垂直放置。若水平位置布置，由于元件与物料的重力作用，管子会承受弯曲应力，因此直管不宜太长。当液体黏度较高且流速较大时，应校核管子的弯曲强度。

（六）石墨蒸发器

石墨换热器也常被用作蒸发设备的加热器，主要用于浓缩酸性腐蚀性物料。一般蒸发器系采用蒸汽加热，使用温度较高，有时还有剧烈的振动。因此，采用圆块孔式石墨换热器较为合适。它可作蒸发器的加热室，且多用作外循环式蒸发器的加热室。

（七）固定管板式石墨换热器

石墨管与两端管板采用胶接结构连接，效果不好，现用产品是早期生产的，已在逐渐淘汰。

第四节　不透性石墨换热器的工业应用及发展前景

一、国外石墨换热器的发展

石墨换热器是随盐酸及冶炼工业发展的需要而应运而生的。从 20 世纪 30 年代开始，先后在英、法、美、日等国研制成各种石墨材料及其多种结构形式的石墨换热器，满足了上述工业生产的需求。石墨换热器一出现就得到广泛重视，经几十年的努力，目前已在各高腐蚀性换热过程中使用。其性能参数已达到很高的水平，如列管式及块孔式石墨换热器的传热面积均可达到 $1500m^2$ 了，后者的石墨块直径已达 1800mm。

（一）不透性石墨材料性能的改进

1. 细颗粒、低孔隙（指未浸前）及高强度石墨坯材

40 年代至 50 年代，国外石墨制化工设备的块材一般采用电极石墨作为不透性石墨设备的主要坯料。该种坯料属粗颗粒结构，其热挤压坯材有明显的各向异性。因此，坯材的热性能、力学性能、加工性能及材料利用率等均受到限制。显而易见，这种材料已不适应石墨化工设备的发展需要。为此国外有关厂家开发了细颗粒、低孔隙及高强度的石墨坯体两者相比，其力学性能和加工性能均比前者好。反映到产品上则可使操作压力增大，换热块孔间距亦可减小到 2mm。

2. 复合石墨材料

列管式换热器的使用压力及温度普遍低于块孔式，其原因除了粘接结构以外，还有石墨管性能的局限性。因此为扩大使用范围，需要开发增强石墨材料。如采用碳纤维增强的石墨管、石墨管板、浸渍石墨块以及表面涂敷耐磨陶瓷氧化物涂层的石墨材料构件等。采取这些增强措施后，大大提高了石墨换热器的抗热震性、抗磨蚀性和抗裂性，拓展了石墨换热器在高温、高压、耐冲刷等环境中的应用范围。

（二）浸渍剂品种的开发应用

不透性材料的不透性主要靠石墨材料经过浸渍来获得，所以浸渍剂质量的好坏直接影响着石墨制设备的使用性能。常用的浸渍剂有热固性和黏度均低的酚醛树脂、改性酚醛树脂、呋喃树脂、聚四氟乙烯分散液、糠酮树脂、糖醇树脂和有机硅树脂等。目前英、美、日、德、法等国和独联体国家还应用了二乙烯基苯树脂、聚苯乙烯树脂、聚氯乙烯树脂、环氧树脂和聚脂树脂。

（三）换热器结构的改进

设备结构改进主要针对设备使用性能及安全性提高方面。为解决钢外壳与内石墨件膨胀

系数不一致的问题，正考虑逐渐淘汰刚性固定列管式换热器的生产与使用，不断完善浮头式石墨换热器的结构设计，或在钢外壳上采取增加波形膨胀节等措施来消除因膨胀系数不一致而产生的热应力问题。又如对块孔式换热器，增设湍流增进器及涡流分配器来提高液体的流动性及传热效率。

（四）换热器构件加工改进

石墨构件的生产已由压型不透性石墨及电极浸渍酚醛树脂转为综合性的及化工专用的石墨浸渍树脂工艺已使构件质量与性能得到提高。石墨构件用的机加工机械，德国某公司已使用了数字多钻头钻床，钻孔深度可达 1200mm，加工石墨直径 2400mm，加工精度和生产效率大大提高。

（五）现代化手段的利用

目前国外大部分生产厂家的产品设计、工厂管理均采用计算机网络系统，这样只需把有关数据如介质、压力降、使用压力、污垢系数及允许容量等输入计算机，就可以得到高效、经济的设计。

二、我国现状和发展方向

不透性石墨列管式换热器和圆块孔式换热器我国已有系列化产品。生产能力已在逐年提高。以传热面积计算，目前每年生产量已超过 4 万 m^2，最大单台列管式已达 $1030m^2$，块孔式达 $65m^2$。但从整个行业的技术水平和装备来看，还较落后，如规格大、适合于特种介质及特殊要求的石墨换热器尚处于试制阶段；又如浸渍石墨材料的性能还不够均匀，各向异性明显。就浸渍剂而言，我国与国外的差距也较大，主要是浸渍剂的品种单调，这使石墨设备的使用范围受到了很大的限制。

从国内外的现状和发展趋势来看，我国还有一定差距，需要国内研究、设计及生产部门的人员共同努力。今后的主要研究方向为：

（1）加快开发细颗粒、高强度石墨材料，并逐步使人造石墨材料系列化。

（2）开发新的浸渍剂品种，扩大石墨设备的使用范围。

（3）采用新工艺，提高整台设备的使用性能。如采用表面涂层工艺，提高换热块的耐腐蚀磨损性能；采用增强石墨换热管等，提高列管式设备的运行稳定性及安全性。

（4）优化传热结构，提高传热效率。

（5）提高机加工设备的加工能力和加工精度。

（6）加速大规格、高参数石墨换热器的研制过程。

总之，只有大家通力合作，才能使我们摆脱低水平重复，才能提高整体生产水平。

主 要 符 号 说 明

D_i——壳体内径，mm；

t——管间距，mm；

B——最外层六边形对角线上的管数或管板直径上的最大管数；

e——最外层管子的中心到壳壁的距离，mm；

NTU——传热单元数，是换热器的一个无因次特性数；

R——水当量比，

$$R = (W_{c_p})_{min} / (W_{c_p})_{max};$$

$(Wc_p)_{min}$——较小的水当量；

$(Wc_p)_{max}$——较大的水当量；

W——流体的重量流量，kg/h；

c_p——流体的定压比热容，J/（kg·℃）；

$\Delta t'_m$——已校正了的平均温差（计算温差），℃；

Δt_m——计算的平均对数温差，℃；

$\varepsilon'_{\Delta t}$——温差修正系数；

Q_c——冷流体获得的热量，kJ/h；

$\delta_{当}$——石墨块孔的当量传热壁厚，m；

V'——块孔单元钻去孔道后的剩余体积，m³；

F_m——石墨块孔的平均传热表面积，m²；

F_1，F_2——分别为两种孔道尺寸计算出的孔道表面积，m²。

参 考 文 献

［1］　化工设备设计全书编辑委员会. 石墨制化工设备设计. 上海：上海科学技术出版社，1989.

［2］　化工设备设计全书编辑委员会. 换热器设计. 上海：上海科学技术出版社，1988.

［3］　化工设备设计手册编写组. 非金属防腐蚀设备. 上海：上海人民出版社，1972.

［4］　化工部化工机械研究院. 腐蚀与防护手册——耐蚀非金属材料及防腐施工. 北京：化学工业出版社，1991.

［5］　李士贤，姚建，林立浩. 腐蚀与防护全书——石墨. 北京：化学工业出版社，1991.

［6］　HG 2370—92，石墨制化工设备技术条件［S］.

［7］　HG/T 3112—2011，浮头列管式石墨换热器［S］.

［8］　HG/T 3113—1998，YKA 型圆块孔式石墨换热器［S］.

［9］　宋智毅，杨丽萍. 不透性石墨制化工设备现状和发展趋势. 化工机械，1993，20(5)：55～58.

［10］　周杰. 我国石墨制化工设备现状及发展方向. 化工装备技术，1993，14(2)：40～43.

［11］　梁若清，冯勇祥等. 国内外石墨换热器的发展与分析. 化工装备设计，1997，34(6)：39～45.

［12］　上海碳素厂. 石墨设备—不渗透性石墨材料及制品.

第二章　氟塑料换热器

（廖景娱　余红雅）

氟塑料换热器是 1965 年由美国杜邦公司首先试制成功的，日本 1968 年引进生产。氟塑料换热器的优越性能已为工业界所公认。美国杜邦公司、日本大宫化成工业所每年都要生产数百台氟塑料换热器，被用于耐蚀性有特殊要求的场合。我国郑州工学院与绵西化工厂 70 年代初开展了聚四氟乙烯换热设备的制造工艺研究工作，已探索出了相关的制造工艺，并已设计试制出了适合我国工业应用的各种氟塑料换热器。生产厂家有郑州工业大学化工总厂、锦西化工厂、宏达热交换器厂及化工机械研究院等。目前氟塑料换热器还处在完善发展时期，管板焊接技术较难掌握，制作还远达不到机械化和自动化要求，有待进一步探索改进。但氟塑料换热器具有十分广阔的发展前景。

第一节　概　　述

一、氟塑料的特性

由带氟原子（F）单体的自聚合或与其他未含氟不饱和单体共聚聚合物为基材的塑料，总称为氟塑料。氟塑料由于其分子结构中有较强的氟碳键及屏蔽效应，一般都具有优异的耐化学腐蚀、耐高温及耐低温等性能，因而在耐蚀设备用材方面占有一定的地位。当金属材料难于胜任要求而要选用非金属材料时，石墨、玻璃及陶瓷等材料虽然防腐蚀性能较好，但易碎且体积大，因而氟塑料从 20 世纪 60 年代中期开始便成功地被用来制造换热器。目前，用于制造换热器的氟塑料有聚四氟乙烯和聚全氟乙丙烯，以下仅对这两种氟塑料特性作一介绍。

（一）聚四氟乙烯

取四氟乙烯简称 F_4，是具有 $-(CF_2—CF_2)-$ 结构且完全对称的线性高分子化合物，是用氟原子完全代替聚乙烯中的氢原子而形成的。氟原子共价半径大于氢原子，并包围在碳链之外形成了紧密的保护层，使碳链免遭外界侵袭。碳氟键的结合能较高，使整个分子有较好的强韧性。这就是聚四氟乙烯热稳定性和化学惰性高的主要原因。以下就聚四氟乙烯制换热器的相关特性作一介绍。

1. 耐化学性

聚四氟乙烯的碳氟键和氟原子外壳使其具有优异的耐化学性能，除了能与熔融的碱金属、氟和强氟化介质以及高于 300℃ 的氢氧化钠反应外，它几乎在所有常用化学品和溶剂中都呈惰性。

在一般的有机溶剂中聚四氟乙烯还表现出不溶解性，除了一些全氟代氟碳化合物能在它的熔点温度下溶胀外，几乎没有一种溶剂或化合物可以在 300℃ 以下溶解它。表 7.2 - 1 列出了聚四氟乙烯在常用介质中的耐腐蚀性能。

2. 耐热性

聚四氟乙烯亦具有一定热稳定性，在 260℃ 以下不发生热老化现象。但随温度的升高，特别是在熔点以上长期加热时会使聚合物相对分子质量降低，拉伸强度减小，相对密度增加。当温度升至400℃以上时，聚合物性能急剧下降，并伴有重量减少的现象，质谱分析发现，聚四氟乙烯分解始于440℃，到540℃时达最大值，分解持续至590℃。

3. 表面性能

表7.2-1　聚四氟乙烯的耐化学腐蚀性能

（在下列介质条件下耐腐蚀）

介　质	浓度/%	温度/℃	介　质	浓度/%	温度/℃
硫酸	任何浓度	240	庚烷	—	240
发烟硫酸	任何浓度	240	氯乙烯	—	240
硝酸	任何浓度	240	二氯乙烯	—	240
发烟硝酸	任何浓度	240	三氯乙烷	—	240
盐酸	任何浓度	240	四氯乙烯	—	240
磷酸	任何浓度	240	苯	—	240
氢氟酸	任何浓度	240	甲苯	—	240
氢溴酸	任何浓度	240	二甲苯	—	240
氢氰酸	任何浓度	240	硝基苯	—	240
亚硫酸	任何浓度	240	苯胺	—	240
亚硝酸	任何浓度	240	溴苯	—	60
氯酸	任何浓度	240	氯苯	—	240
次氯酸	任何浓度	240	乙醇（酒精）	—	240
高氯酸	任何浓度	240	丁醇	—	240
铬酸	任何浓度	240	戊醇	—	240
氯磺酸	任何浓度	240	环己醇	—	240
王水	任何浓度	240	苯甲醇	—	240
甲酸	任何浓度	240	乙二醇	—	240
醋酸（乙酸）	任何浓度	240	丙三醇（甘油）	—	240
丙酸	任何浓度	65	苯酚	—	沸点
丁酸	任何浓度	240	甲酚	—	沸点
氢氧化钠	任何浓度	240	甲醛	—	240
氢氧化钾	任何浓度	240	苯甲醛	—	240
氟	—	150	丙酮	—	240
溴	—	65	环己酮	—	60
氯	—	240	醋酸甲酯	—	60
二氯甲烷	—	240	醋酸乙酯	—	240
三氯甲烷（氯仿）	—	240	苯二甲酸二丁酯	—	240
四氯甲烷（四氯化碳）	—	240	二乙胺	—	240
二氯乙烷	—	24	三乙胺	—	240
三氯乙烷	—	60	乙醚	—	240
五氯乙烷	—	60	二硫化碳	—	60
二氯丙烷	—	240	矿物油	—	240
三氯丙烷	—	240	汽油	—	93
己烷	—	240	过氧化氢	90	66

聚四氟乙烯的分子内聚力和表面能较低，因而其表面特性为硬度低、摩擦系数小、液体的润湿性差。聚四氟乙烯的摩擦系数在固体中是最低的。随着负荷的增加，摩擦系数先快速降低，然后变慢。因摩擦系数低，故其成为优异的自润滑材料。鉴于硬度低，它的磨耗性能不如其他工程塑料。因此，一般应在聚四氟乙烯内加入填料，以改善其耐磨性能。一般只要填料和填充量选用合适，即使在高负荷下亦可得到良好的耐磨性能。

聚四氟乙烯表面非常难以润湿，因此其他材料均难以附着于表面之上，特别是黏性物质。它的这种抗黏性，亦使得制作的换热器有了很好的抗污性能。

4. 渗透性

聚四氟乙烯渗透性低，除了化学组成相似的氟碳化合物有较高渗透率外，大部分气体和液体的渗透性都较小。由于聚四氟乙烯是高结晶聚合物，分子间的空间比低结晶度聚合物的要小，因此气体和液体的渗透均比其他聚合物小。

5. 耐候性

聚四氟乙烯不受气候影响，可在任何气候条件下暴露 10 年以上而不发生任何物性上的劣化。

6. 物理力学性能

聚四氟乙烯的相对分子质量和结晶度直接影响到制品的物理力学性能。相对分子质量大而结晶度小者其物理力学性能较好，见表 7.2 - 2。

表 7.2 - 2　聚四氟乙烯的物理力学性能

项　　目	指　　标	项　　目	指　　标
相对密度	2.1 ~ 2.26	拉伸强度/MPa	13.7 ~ 24.5
比热容/[J/(kg·K)]	1.05×10^3	压缩强度/MPa	11.8
热导率/[W/(m·K)]	0.244 ~ 0.273	弯曲强度/MPa	10.8 ~ 13.7
线膨胀系数/K^{-1}	$25 ~ 11 \times 10^{-5}$	冲击强度（缺口）/(J/m^2)	16.1×10^3
（20 ~ 50℃）		杨氏模量/MPa	392
非晶区玻璃化温度/℃	-120	伸长率/%	300 ~ 500
晶体熔点/℃	327	介电常数（10^6 Hz 时）	2.0 ~ 2.2
开始分解温度/℃	415		

从表中数据可看出，与制造换热器材料相关的物理力学性能不大理想，热导率比较低、线膨胀系数比较大；拉伸强度值变化大，受加工情况影响大，且在长期高温负载下蠕变较大。

7. 加工性能

在熔点以上聚四氟乙烯的黏度极高，即使在高出熔点几十度的情况下，仍似橡胶或凝胶一样保持着原有形状，因而不可能用通常的熔融加工的模压、挤出及注射等方法成形。一般采用先冷压成形，然后烧结固化的方法加工。其构件可采用焊接或机械接合连接，最理想的方法是焊接，用热压焊或热风焊均可。粘接是很困难的，因为聚四氟乙烯表面对液体的接触角大，粘附能小，要粘接需经特殊处理才行。美国有树脂粘接及本体熔接的专利，我国也有金属浴熔合法。

（二）聚全氟乙丙烯

聚全氟乙丙烯也称四氟乙烯 - 六氟丙烯共聚物，简称 F_{46}，其分子结构式为：

$$\left[\left(CF_2—CF_2\right)_x—\left(CF_2—\underset{\underset{CF_3}{|}}{CF}\right)_y\right]_n$$

在此共聚物中，F_4 占 80% ~ 90%，F_{46} 占 10% ~ 20%。通常 F_4 占 83%，F_{46} 占 17%。

F_{46} 的突出优点是加工性能比 F_4 好，用通常的热塑性塑料加工方法就能制造出各种形状的构件来。如模压、挤出及注射等方法均可使用。F_{46} 在熔融状态下还能和金属粘接，克服了 F_4 在加工性能方面的缺点。

F_{46} 的耐化学性、耐热性及表面性能等与 F_4 相差不大，但亦略有不同。耐化学性能仍可用表 7.2 - 1 中的数据。只有各种介质的使用温度在 150℃ 以下时其性能与之相当，长期使用温度比 F_4 要低 50℃。F_{46} 的物理力学性能与 F_4 亦有一些差别，如 F_{46} 的热导率比 F_4 要低；室温下的蠕变性能虽优于 F_4，但在 100℃ 相同应力下的蠕变量却高于 F_4。F_{46} 的物理力学性能见表 7.2 - 3。

表 7.2 - 3　F_{46} 的物理力学性能

相对密度	2.14 ~ 2.17	开始分解温度/℃	400
热导率/[W/(m·K)]	0.184	拉伸强度/MPa	20.3 ~ 24.5
比热容/[J/(kg·K)]	1.17×10^3	伸长率/%	250 ~ 330
线膨胀系数/K^{-1}	$8.3 \sim 10.5 \times 10^{-5}$	杨氏模量/MPa	343
玻璃化温度/℃	130	冲击强度（带缺口）	不断
熔点/℃	265 ~ 278	介电常数（10^6 Hz 时）	2.0 ~ 2.2

二、氟塑料在换热器中的应用

鉴于氟塑料的以上特性，用其制造的氟塑料换热器与金属换热器相比，有以下独特的优点：

（一）抗腐蚀性能好

氟塑料优异的耐腐蚀性能，已成为允许温度范围内首选的耐腐蚀性材料，这种被广泛称为"塑料王"的氟塑料，已解决了许多金属难以胜任的腐蚀问题。据国外介绍，氟塑料换热器已用于 100 多种特殊介质的换热。表 7.2 - 4 所示表明，能适合在加热、冷却和结晶等过程中各种介质的传热。国内生产的氟塑料换热器多在腐蚀严酷条件下使用，如各种电镀槽液、高温高浓度酸碱液及部分含卤素的有机溶剂等。

表 7.2 - 4　适用于氟塑料换热器的介质

硝酸	偏硅酸钠	四氯化碳	乙二醇	蒸汽	聚酯树脂
硫酸	次氯酸钠	庚烷溶剂	溴化氢	盐水（35% $CaCl_2$、	染料介质
发烟硫酸	过氧化氢	己烷	混合酸（氢氟酸	25% NaCl）	有机磷化合物
盐酸	氯化锌	聚烯烃、烯烃	和硝酸同水混	海水、工业	溴化物
盐酸泥浆	硫酸锌	醋酸乙烯	合物，硝酸和	及民用水	甲基溶纤剂
氢氟酸	氯化亚铜	萘	硫酸混合物等）	镀铬、镀镍	妥尔油
磷酸	碳酸钙	苯、二甲苯	草酸	镀锡液	淬火油
醋酸	硫酸钙	醋酸戊酯	苛性钠	二氯甲烷	透平油
氯磺酸	氯气	丙酮	磷酸锌碱溶液	二氯乙烷	皂液
氯化氢淤浆	—	—	硅酸钠碱溶液	四氯乙烷	—

（二）抗污能力强

氟塑料管具有表面平滑、热膨胀量大和挠性较大的特点，其表面难以积污而形成垢层。良好的化学稳定性，使腐蚀产物大大减少或消失。平滑表面很强的憎水性、不黏性及很低的摩擦系数（纯 F_4 制品对钢的摩擦系数为 0.04），会使管壁表面沉积污秽物或垢层减少或消除。由于热膨胀系数（约比金属大 10 倍）和挠性大，特别是当管子被编织成麻花状时，流体搅动致使管子振动，管壁上的垢层也会倾向于剥离，从而使运转中换热器相对地保持洁净。

例如在碳酸钙溶液加热器中，用镍管和氟塑料管比较，经过 76h，镍管上生成碳酸钙垢层的厚度已使传热效率下降 80%，而氟塑料管仅下降约 10%，垢层性质也完全不同。镍管完全被粘结牢固的硬垢所覆盖，清理时需要很大的机械力，而氟塑料管上的垢层是疏松的，很容易清除。在此应指出，沉积在氟塑料管上的垢层，切忌用机械方法清理，以免破损管子。可用水、压缩空气、蒸汽或化学方法处理。用水或空气处理时，可同时在管的另一侧加热而使管子膨胀，效果会更好。

氟塑料换热器的管子较细，对介质中的固体颗粒有一定要求。试验表明，只要介质中固体颗粒小于管子内径的 1/4 时，管子就不易堵塞。

（三）体积小、重质轻及结构紧凑

氟塑料的热导率较低，为普通碳钢的 1/250。为降低管壁热阻，提高总传热系数而采用了薄壁管。为保证薄壁管的强度，宜采用小直径管。由于采用大量小直径管，使单位体积内传热面积增大，可达 $650m^2/m^3$，而典型的金属管（管子为 $\phi25 \times 3mm$）换热器的传热面积为 $130m^2/m^3$。若在氟塑料中添加热导率较高又耐腐蚀的填充物，可进一步提高其导热性能。可见这种换热器可以做到体积小和重量轻，且可节省运输、安装和操作费用。

（四）适应性强

氟塑料管柔韧性好，壁厚 0.4mm 的 F_4 管的弯曲疲劳寿命为 20 万次，冲击强度（缺口）在 $-57℃$ 时为 $1.09J/cm^2$，$23℃$ 时为 $1.63J/cm^2$，$77℃$ 时为 $3.27J/cm^2$。因此管束可以制成各种所需的特殊形状，并在流体冲击和振动下亦能长期可靠运行。这是石墨、玻璃、陶瓷以及稀有金属等其他耐腐蚀材料难以做到的。

（五）成本较低

作为传热元件的氟塑料，目前价格虽然仍相当昂贵，但由于采用小直径薄壁管，使换热器单位换热面积所消耗的管材量甚少。例如，国内某制造厂采用 $\phi5 \times 0.5mm$ 的管材，每 m^2 换热面积仅需 $1.1 \sim 1.4kg$ 塑料。由此可估算出，在批量生产时其造价不仅低于稀有金属材质制品，甚至可望低于一般管式石墨换热器。更重要的是其高的耐腐蚀性，能代替稀有金属，从而可节约大量贵重金属的消耗。此外还因氟塑料换热器具有耐腐蚀和抗污垢等特点，故其经济效益也获得弥补。因此，综合制造、安装、操作和维修等方面因素，其实际费用是较低的。

由上述优点可看见，氟塑料换热器既满足了工业上耐腐蚀的要求，又避免了换热器结垢的问题，因此在化工及轻工等领域得到了广泛应用。国内从 20 世纪 70 年代中期开始研制，目前已有多个单位可制造供货，如河南省郑州工学院化工厂、锦西化工厂及湖南省长沙市宏达热交换器厂等。但因氟塑料换热器目前还没有标准化、系列化，也无定点生产单位，因而其推广应用仍受到一定限制。

三、氟塑料换热器存在的问题

就目前来讲，聚四氟乙烯换热器管板焊接技术仍较难掌握，生产过程难以实现机械化和自动化，有待进一步探索改进。还应指出的是，与其他任何材质的换热器一样，该换热器不是任何条件下都能使用的设备。应用时必须根据它的特性，合理使用才能收到预期的技术经济效果。由于采用了小直径薄壁管，故其温度使用范围和耐压能力亦受到极大限制，同时必须预防机械性损伤。为预防较大介质颗粒产生堵塞，有必要在换热器入口处安装颗粒分离器。如果颗粒浓度不高，可定期使流体反向流动，这样从一定程度上增加了设备的适用性。聚四氟乙烯管板焊接工艺的原理与钢制换热器管板焊接不同，且还无法进行内部焊接质量检测。目前还只能通过宏观检验手段，如水压试验或气密性试验来确定焊接面的牢固性。对焊接面上存在的个别缺陷亦无法立即测定，只能在使用一段时间后定期检查弥补。

第二节　氟塑料换热器的结构形式

氟塑料换热器采用了大量小直径且密集排列的管子，用特殊的制造工艺可使管子两端彼此牢固连接起来，并在管束端部形成了蜂窝状管板。根据工业使用不同场合的需要，可将管束与圆柱形外壳或其他形式的壳体进行组合而得到管壳式换热器或沉浸式换热器。

除上述常见的管式换热器外，已用于工业生产的还有电热板、电热管等其他形式的氟塑料加热元件，本节将着重讨论管式换热器。

一、管束

管束是氟塑料管式换热器的最主要组成部分。管束端部管子间连接工艺相同，管束端部管板结构形式亦不同。

美国 DuPont 公司曾用过的管子外径为 0.05 ~ 25.4mm，其壁厚为管子外径的 5% ~ 20%。管子数量从 7 根到约 5000 根，最多曾达 20000 根。最常用的管束是由管心距为 4 ~ 6.4mm，管子外径为 2.5mm，壁厚 0.26mm，60 ~ 5000 根管以及管子外径为 6.4mm，壁厚 0.64mm，40 ~ 800 根管这两种组合而成。将氟塑料卷带紧绕在管子端部，把管子相互隔开，并保持适当的间隔。将组装好的管束在管壁间有压力的条件下加热熔焊，使管束端彼此连接在一起，形成整体的蜂窝状管板。

国内按管材供货情况多采用外径为 3 ~ 6.4mm 的管子。已在生产厂中使用的换热器管束由 26 ~ 40 根管子组成。其管子尺寸有以下三种：$\phi 6 \times 0.5$mm，管间距 8.5mm；$\phi 5.5 \times 0.5$mm，管间距 7mm；$\phi 3.6 \times 0.7$mm，管间距 5mm。管子均为等边三角形排列。管子材质为 F_4 和 F_{46}。管束的制造通常采用 "F_4 管板限胀施压加热焊接" 工艺和 "金属浴芯胀一次熔合法"。这两种方法是按所需的焊接管材尺寸先在氟塑料管板上钻孔，然后将管子装入管板上的管孔中，并在每根管子中插入一根导热钢芯。第一种方法还需在管板外套上钢质的限胀模具，用熔融态的金属浴按规定的工艺温度曲线加热，使管子与管板牢固地连接在一起，再经拔芯和修整等工序即可制成管束。

用这两种工艺方法制成的管束，与通常的金属元件管式换热器管束的结构相似，均是将挠性或刚性的管子固定在一刚性管板上。因此，在管束端部是管子密集排列的管板，而不是蜂窝状的结构。这种结构降低了管板的布管密度，管板的材料消耗较多。目前，国内管壳式氟塑料换热器的单位体积传热面积一般均在 200m²/m³ 以下。

二、管壳式换热器

管壳式换热器主要由管束和壳体两部分组成。管束的制造工艺决定了管束与壳体应是可拆连接。管束的端部管板与壳体的连接有固定式结构和沿轴向可移动的结构。

图 7.2－1 是 DuPont 换热器标准结构图。其管束由 2550 根管子组成，管子外径为 2.5mm，管壁厚度为 0.25mm。

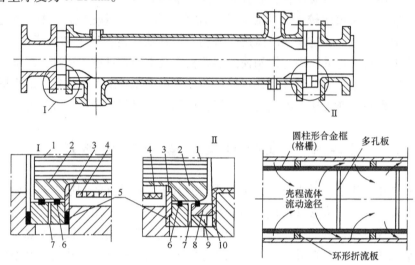

图 7.2－1　DuPont 换热器标准结构简图

1—管子（泰佛隆）；2—护套（泰佛隆）；3—对开环（304 不锈钢）；4—格栅（304 不锈钢）；5—石棉垫片；

6—O 形环（Viton）；7—排放孔；8—衬环（泰佛隆）；9—套筒（304 不锈钢）；10—衬里（泰佛隆）

图 7.2－2 是我国制造的 FHLK6×0.5－181－3.3 型氟塑料换热器。其管束由 181 根管子组成，管子外径为 6mm，管壁厚度为 0.5mm，传热面为 $3.3m^2$。

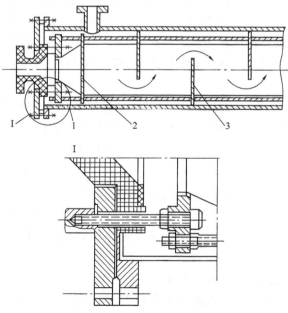

图 7.2－2　FHLK 管壳式换热器结构简图

1—拉杆、定距管；2—圆形多孔板；3—弓形折流板

现以上述两台换热器为例，对其主要结构进行分析讨论。

（一）壳体

刚性壳体可由各种材料制成，如碳钢、不锈钢、黄铜或某些塑料材料（玻璃纤维增强环氧树脂、酚醛树脂等）。为使管程或壳程获得抗腐蚀的表面，在壳体和封头内壁可用聚四氟乙烯、聚全氟乙丙烯等耐腐蚀材料衬里或涂以耐腐蚀涂料。封头也有用氟塑料整体材料的。

挠性壳体用标准软管制成，软管通常用聚四氟乙烯线编织而成，壳体的直径尺寸，应保证管间有较大的流通截面，以尽量减少壳程压力降。

（二）壳程结构

在 DuPont 管壳式换热器中，沿管

束轴向装有若干块多孔圆板，以使列管在整个壳体横截面上能分布均匀，且还有支承列管的作用。管束被装在一个多孔的圆柱形合金框（称为格栅）里，以使软管束形成刚性的传热元件。在格栅与壳壁之间有一系列环形折流板（乙烯－丙烯橡胶 O 形密封环），改变这些折流板和分布板的数量和位置，便可控制壳程的传热性能和压力降。

此外，DuPont 管壳式换热器还有以下结构，即管束装在格栅中形成刚性传热元件后，在格栅与壳壁之间的中间位置处，装有一个环形密封环，用以消除旁路。管束中管间距离用焊在管子上的螺旋卷带隔开，管间流体沿着螺旋卷带回旋前进。

目前国内制造的氟塑料管壳式换热器，壳程结构与通常金属制造的列管式换热器相似。亦即在管束上装有折流板，折流板用拉杆、定距管和螺母固定，使软管束形成一刚性的传热元件。由图 7.2 - 2 所示，在距管板两端 100 ~ 200mm 处，各装有一块圆形多孔板，目的是为使列管能均匀地排列在壳体的整个横截面上。管束上沿轴向一定间距装有弓形折流板，具有支承列管及改变流体流向的作用。为使拉杆均匀地分布在靠近壳体内壁的圆周上，还考虑到便于安装，因此不使用圆环形折流板。调整折流板的数量也可改变壳程的传热性能和压力降。折流板和圆形多孔板材质为氟塑料，厚度为 3 ~ 4mm。当该换热器壳体用碳钢时，其定距管、拉杆和螺母材质均需用碳钢。

DuPont 换热器的壳程结构，制造和安装由于要求严格，故其壳程中流体流动状况较好，这有利于传热效率的提高和压力降减小。国内所设计的壳程结构，制造和安装要求较低，只适合目前国内的制造水平。

（三）管束与壳体的连接

DuPont 换热器，在其蜂窝状管板和壳体法兰之间设置有剖分环，头盖套筒、剖分环与筒体法兰用螺栓螺母将其紧紧地固定在一起，而管束端部可在剖分环与头盖之间作小量的轴向移动。头盖与套筒，套筒与筒体法兰之间的平垫片密封结构，可以确保管程、壳程与壳外空间的密封。管束的每一端蜂窝管板和套筒之间装有两个 O 形环，一个环防止管间流体的泄漏，另一个环防止管内流体的泄漏。密封环的可靠性由排放孔来监察，当密封出现问题时，介质将从排放孔流出。

图 7.2 - 2 所示结构中，管束端部通过内压圈、封头和外压圈，用两组螺栓、螺母将管束与壳体相固定。管程与壳程间，壳程与外壳空间采用平垫密封结构。比较上述两种结构，可见后者结构零件数量较多、安装工作量大，易使管板受到附加的螺栓力，但这种结构适合于拉杆结构的需要。

三、沉浸式换热器

沉浸式换热器，是将一定方式排列管子所形成的管束，置于槽等不同形式的容器中构成。在每一管子的周围要保留合适的空间，以保证管子表面能有效地进行热交换。挠性管束的形状和安装方式均由具体的工艺过程确定。

DuPont 沉浸式管束，采用外径为 2.5mm 的氟塑料管子并经编织或聚集（非编织）而成，它主要有 4 种形式。

（一）编织沉浸盘管（Braide dimension coil）

现场使用证明，这种盘管在腐蚀性介质中其表面不粘附、不腐蚀，停机清理时间大大减少。使用较多的有同心编织管束和松散管束两种，分别见图 7.2 - 3 和图 7.2 - 4 所示。后者适用于结晶器和矿浆换热器。这种松散的软管被交叉编织后便构成了刚性较好的自支承管束。但是这种编织的结构减少了管子表面的有效换热空间，影响使用效果，因而后来对管子的排列由交叉编织改为平行编排。即使在大容量重负荷下，平行编织仍能保持管子彼此间的位置。

图 7.2-3 同心编织管束   图 7.2-4 松散管束

沉浸式管束的两端被连接在各自的蜂窝状管板的短节上，短节是带有螺纹或法兰的接管，其材质有塑料、不锈钢或其他金属。

（二）细长盘管（slimline coils）

如图 7.2-5 所示的细长盘管适用于紧凑和大换热面积的换热。它能用于加热、冷却或保持腐蚀溶液温度的场合。

（三）Tankcoil 沉浸盘管

这种新型大容量沉浸式盘管换热器，是 DuPont 公司 1971 年提出的，现已在化学工业中得到广泛应用。首次应用是在一特殊结构的圆形或矩形沟槽中用来冷却硫酸。此槽是泵储槽的附加设施，用其把硫酸在进入泵槽前的冷却，以减少腐蚀，延长泵的寿命。这种盘管的长度范围从 3.3~8.6mm，换热面积 65.3~205.0m²。一典型管束见图 7.2-6，它由 3100 根聚四氟乙烯管子组成，换热面积为 176.0m²，换热量达 2.56MW。

图 7.2-5 细长盘管   图 7.2-6 沉浸盘管

第三节 氟塑料换热器的传热系数与流体阻力

一、传热系数

换热器总传热系数 K 的计算式为：

$$K = \cfrac{1}{\cfrac{1}{\alpha_1} + \cfrac{1}{\alpha_2} + \cfrac{\delta}{\lambda}}$$

由该式可见，其传热系数与传热壁及两侧流体的给热阻力有关。对于相同介质的换热过程，金属换热器与氟塑料换热器传热壁两侧的流体给热阻力是相同的，而传热系数就取决于传热壁的热阻。如图 7.2 - 7 所示，对氟塑料换热器来说，传热壁两侧垢层可忽略不计。δ / λ 就是管壁厚度的热阻，虽然 λ 很高，只要尽量减薄管壁厚度，也能降低热阻；对金属换热器，虽然金属壁本身的热阻很小，但金属壁两侧存在若干不利因素，如管壁的液体薄膜效应、污垢及腐蚀等，这相当于两侧各加了一定厚度的高热阻层。在氟塑料换热器中，这些因素的影响极小。因此其总热阻，一般都要比金属换热器高约 50% 以上。

表 7.2 - 5 及表 7.2 - 6 为氟塑料换热器在各种介质及不同操作条件下的总传热系数。

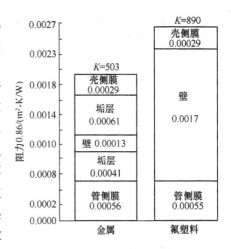

图 7.2 - 7　金属换热器与氟塑料换热器热阻的比较

二、流体阻力

氟塑料换热器是由大量小直径管子组成的，由于管子直径小，要得到与普通管径相同的雷诺数，只有提高流速，而高流速又带来高的流体阻力。因此，管子流速不且过大，否则流体阻力太大。对氟塑料换热器来说，毋须用提高流速来获得高雷诺数 Re，进而提高给热系数的办法，因为给热系数对氟塑料换热器总传热系数的贡献不大，它的传热系数主要应由小直径薄壁管降低热阻以及管壁两侧薄膜效应和腐蚀污垢等不利因素少来提高。总之，该换热管内流速不宜过高否则动力消耗会增大。

第四节　氟塑料换热器的工业应用及发展前景

我国自 1973 年开始研制生产工业用氟塑料换热器以来，迄今生产数量不多，使用时间不长，产品亦还未标准系列化。目前仅某些制造厂制订了产品的规格系列，只有按厂家标准生产的换热器可供选用。

表 7.2 -5　传热系数　　　　　　　　　　W/（m² · K）

加　热		水　冷	
用蒸气：		管壳式：	
水	567	冷凝液	483
酸	397	混合二甲苯	442
空气	85	酸	398
苛性介质	453	油	340
用烟道气：		盐水	340
水	142	有机物蒸气	284
空气	34	空气	142
沉浸式盘管（通蒸汽）		空气冷却	142
自然对流	256	沉浸式盘管（对流冷却）	426

表 7.2 - 6　聚四氟乙烯换热器（管子 $\phi2.5 \times 0.25mm$）在各种装置中的传热特性

应　用	最高入口温度/℃	最大入口压力/10^5Pa	热负荷/W	总传热系数/W/（m²·℃）	传热面积/m²
管壳式水冷却器：					
混合二甲苯	113	0.84	16600	414	0.37
硫酸	61	4.22	15800	335	1.58
硝酸	106	0.49	15300	386	1.58
乳酸	40	0.35	3900	284	0.37
次氯酸钠溶液	43	2.81	26400	510	2.42
空气（压缩机后冷却器）	120	8.79	12100	142	1.58
透平油	33	1.76	26400	148	1.12
沉浸式冷却器：					
高硼酸钠结晶器	35	1.76	4130	402	—
氯化氢淤浆	32	2.46	468600	340	—
氯磺酸	78	1.4	58600	153	—
沉浸式加热器：					
氯化钠溶液	129	1.76	29300	288	1.49
硅酸盐溶液	94	1.05	76500	301	2.69
磷酸锌碱溶液	121	1.05	11100	114	
管壳式蒸汽加热器：					
氢氧化物溶液	123	2.67	47400	556	1.58
民用水	98	2.11	89400	449	—
醋酸	126	1.41	130000	510	—

一、郑州工业大学化工总厂及锦西化工厂产品

郑州工业大学（原郑州工学院）研制的聚四氟乙烯焊接工艺及聚四氟乙烯换热器的制造技术，多年来经不断探索，不仅积累了大量数据资料及一整套成熟经验，还先后开发了181、325、475、670、1015 等多种系列产品。根据用户要求，已生产了不同规格的聚四氟乙烯换热器4000 多台，为我国化学工业的发展提供了良好的服务。如北京第二制药厂迄今已用了 23 台。在此之前，该厂曾使用过聚丙烯、石墨、紫铜、搪瓷及钛合金等换热器，比较起来都不如 F₄ 换热器。有的易漏，有的易损，有的昂贵，1982 年开始使用该校生产的聚四氟乙烯换热器，迄今仍完好无损，几乎不用维修。上海新亚制药厂过去使用的玻璃换热器，其寿命仅一个月，自从使用该校生产的聚四氟乙烯换热器后，多年来一切正常，1991年工厂扩建时，又先后订购了 40 台，迄今仍在使用。该校生产管壳式换热器的规格尺寸和主要技术特性见表7.2 -7。表中型号为该厂自编，其含义为：

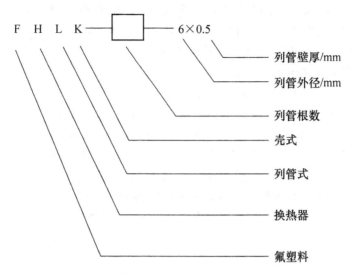

表7.2-7 FHLK型管壳式氟塑料换热器的主要规格尺寸和技术参数

规格型号	换热面积	换热管		壳体		管程通流截面/m²	壳程通流截面/m²	折流板数/块	换热器总长/mm
		外径/壁厚/mm	管子数/根	外径/mm	壁厚/mm				
181	1	6/0.5	181	219	9	0.0036	0.0266	0	709
	2	6/0.5	181	219	9	0.0036	0.0266	2	1017
	3	6/0.5	181	219	9	0.0036	0.0266	4	1326
	5	6/0.5	181	219	9	0.0036	0.0266	6	1943
325	5	6/0.5	325	325	9	0.0064	0.0648	4	1360
	8	6/0.5	325	325	9	0.0064	0.0648	6	1875
	10	6/0.5	325	325	9	0.0064	0.0648	8	2219
	15	6/0.5	325	325	9	0.0064	0.0648	10	3079
475	8	6/0.5	475	402	10	0.0093	0.1012	2	1541
	10	6/0.5	475	402	10	0.0093	0.1012	4	1775
	15	6/0.5	475	402	10	0.0093	0.1012	6	2364
	20	6/0.5	475	402	10	0.0093	0.1012	8	2952
670	10	6/0.5	670	480	10	0.0130	0.1471	2	1534
	15	6/0.5	670	480	10	0.0130	0.1471	4	1951
	20	6/0.5	670	480	10	0.0130	0.1471	4	2368
	25	6/0.5	670	480	10	0.0130	0.1471	6	2785
1015	30	6/0.5	1015	530	10	0.0200	0.1755	4	2451
	40	6/0.5	1015	530	10	0.0200	0.1755	6	3002
	50	6/0.5	1015	530	10	0.0200	0.1755	8	3552
	60	6/0.5	1015	530	10	0.0200	0.1755	10	4103

此外，锦西化工厂也在生产氟塑料换热器，其型号、规格、系列与上述内容基本相同。管束由外径6.4mm，壁厚0.6mm的聚全氟乙丙烯管子构成。主要规格有3种：管板直径

100mm、管数102根，最大换热面积6m²，管束最大实际长度3280mm；管板直径150mm，管数246根，最大换热面积15m²，管束最大实际长度3480mm；管板直径200mm，管数420根，最大换热面积24m²，管束最大实际长度3300mm。

二、长沙市宏达热交换器厂产品

（一）管束式氟塑料换热器产品规格尺寸

该厂之管束式氟塑料换热器外形见图7.2-8，各种型号产品的规格尺寸见表7.2-8。管束式换热器由活接头（或法兰）与不同管径（ϕ3/ϕ2.3、ϕ4/ϕ3.2等）的管束按蜂窝孔排列整体同步焊接，并用定位板将管束按径向隔开，沿轴向疏导成形，两端的活接头（或法兰）再与加热（或冷却）系统管路连接。由于管束的柔软性好，可以根据槽体或反应釜尺寸随意安装。确定换热器面积后，再结合槽体结构和提供热（冷）源管径的大小，确定具体的设计方案，可以采用一组或多组构成热交换系统。换热面积及型号可根据用户要求按表选定。

（二）管壳式换热器

该厂生产之管壳式换热器管束外形见图7.2-9。各型号换热器的换热面积，见表7.2-9。

  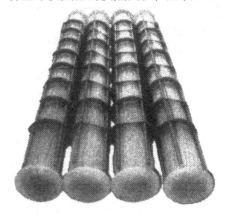

图7.2-8　宏达管束式氟塑料换热器外形图　　图7.2-9　宏达管壳式换热器管束的外形图

表7.2-8　氟塑料换热器产品规格尺寸

型　号	规　格	换热面积/m²			
		ϕ3/ϕ2.3	ϕ4/ϕ3.2	ϕ6/ϕ5	ϕ13.8/ϕ12（套管式）
61系列	F₄-61-2	1.149	1.532	2.298	5.2865
	F₄-61-3	1.724	2.298	3.448	7.9297
	F₄-61-4	2.298	3.064	4.597	10.5730
	F₄-61-5	2.873	3.831	5.746	13.2162
	F₄-61-6	3.448	4.597	6.895	15.8595
91系列	F₄-91-2	1.714	2.286	3.429	7.8864
	F₄-91-3	2.572	3.429	5.143	11.8296
	F₄-91-4	3.429	4.572	6.858	15.7728
	F₄-91-5	4.826	5.715	8.572	19.716
	F₄-91-6	5.143	6.858	10.286	23.6592
	F₄-91-7	6.000	8.000	12.001	27.6025
	F₄-91-8	6.857	9.143	13.715	31.5457

续表

型　号	规　格	换热面积/m²			
		$\phi3/\phi2.3$	$\phi4/\phi3.2$	$\phi6/\phi5$	$\phi13.8/\phi12$（套管式）
127 系列	$F_4 - 127 - 3$	3.589	4.785	7.178	16.5095
	$F_4 - 127 - 4$	4.785	6.380	9.571	22.0126
	$F_4 - 127 - 5$	5.981	7.975	11.963	27.5158
	$F_4 - 127 - 6$	7.178	9.571	14.356	33.0190
	$F_4 - 127 - 7$	8.374	11.166	16.749	38.5221
	$F_4 - 127 - 8$	9.571	12.761	19.141	44.0253
	$F_4 - 127 - 9$	10.767	14.356	21.534	49.5285
	$F_4 - 127 - 10$	11.963	15.951	23.927	55.0316
169 系列	$F_4 - 169 - 3$	4.776	6.368	9.552	21.9693
	$F_4 - 169 - 4$	6.368	8.490	12.736	29.2924
	$F_4 - 169 - 5$	7.960	10.613	15.920	36.6155
	$F_4 - 169 - 6$	9.552	12.736	19.104	43.9386
	$F_4 - 169 - 7$	11.144	14.858	22.288	51.2617
	$F_4 - 169 - 8$	12.736	16.981	25.471	58.5848
	$F_4 - 169 - 9$	14.328	19.104	25.656	65.9080
	$F_4 - 169 - 10$	15.920	21.226	31.840	73.2311
	$F_4 - 169 - 11$	17.512	23.349	35.023	80.5542
	$F_4 - 169 - 12$	19.104	25.472	38.207	87.8773

型号规格说明:

例如 $F_4 - 61 - 2$，其中 F_4 - 聚四氟乙烯，61 - 换热管根数，2 - 换热管长度，m。

表7.2-9　宏达管壳式换热器换热面积

管子根数	181			325				500				1200			
换热面积/m²	5	10	15	5	10	15	20	25	30	40	50	50	70	100	120	150

三、北京化工大学等单位的石墨改性聚全氟乙丙烯换热器

由于 F_{46} 的热导率低［只有 $0.20 \sim 0.25 W/（m \cdot K$）］，这对换热器制作是一个重要的不利因素。为弥补此不足，在用 F_{46} 制换热器时可采取两种补救措施。其一是用 F_{46} 制成薄壁细管（ $< \phi6 \times 0.6mm$），管壁变薄可减小传热热阻，提高换热效率，但壁薄了，管径一定要小才能承担一定的压力。目前国内生产的 F_{46} 换热器均用这种薄壁细管制成，现有列管式及盘管式（浸入式）两种。该换热器的缺点是只适用于流动性能好且不夹带固相物的流体换热，在多数工艺条件下换热效率较低。另一种措施是在 F_{46} 中填充导热性能好的材料，可使经改性后的材料导热性能提高。如北京化工大学用导热性能极好的天然鳞片状石墨［热导率 > $100W/（m \cdot K$）］对 F_{46} 进行了填充改性。实践证明，随石墨填充量的加大，改性后的 F_{46} 热导率大大提高,但其机械强度和焊接性能等随之下降了。综合考虑后认为应使填充量选用适当,以使其热导率≥2W/(m·K)(比纯 F_{46} 提高10倍左右)即可。用这种改性材料制成的 $\phi20×2mm$ 管子及其列管式换热器产品,既保留了纯 F_{46} 薄壁细管耐温高及耐蚀好等优点,又克服了其不足。

该列管式换热器的壳体和接管用聚丙烯塑料加工而成,碳钢封头内壁表面喷涂以 F_{46},这样便可使换热器双程均达到耐蚀的目的。当然亦可用碳钢制壳体,但只适用于单程耐蚀的场合,不过壳程强度及刚性均较好。此外还可在碳钢壳体内壁表面喷涂 F_{46},使之双程耐蚀。

改性换热器的使用条件为:压力,管程≤0.3MPa,壳程≤0.2MPa。在常压下其使用温度为 $-85~200℃$(管程,壳程视材料而定),短时管程最高使用温度可达230℃。改性材质的化学稳定性(耐腐蚀性)与 F_4 相似。只有在高温下元素氟、个别氟化物及熔融碱金属等才能与之作用。而对其他无机酸、碱、盐、醇、酮、芳烃、去污剂及油脂等均有优良的耐蚀性。在149℃及0.055MPa条件下,将其浸入四氯化碳(CCl_4)中会增重1%~3%。在类似条件下浸入全氟化合物溶剂中,则可增重10%。增重后会溶涨,但完全是物理作用,当这些被吸收的溶剂去除后,即能恢复原有性能。其耐候性也优良。

石墨改性聚全氟乙丙烯换热器的突出优点是,导热性能好,传热效率高,能在200℃条件下使用;耐蚀性优越,几乎可在常见的所有介质中应用。该项技术已获得国家专利,专利号为96-21860.2,现已在江苏省太仓市双凤化工设备厂投入生产。

四、化工部化工机械研究所研制的氟塑料石墨板式换热器

氟塑料-石墨板式换热器是20世纪80年代末期工业国家已普遍采用的先进换热设备,它可以在腐蚀性极强的换热工况中使用。如可在120℃低中浓度硫酸、100℃以上各种浓度磷酸和浓盐酸以及沸点时浓度低于50%的硝酸等条件下使用。由这些性质及使用特殊来看,它实际上是一种通用换热设备因为在非常苛刻的绝大多数条件下,如涉及酸、碱及盐等物料的换热工况里都可以使用。1996年化工部化工机械研究所研制成功了氟塑料-石墨板式换热器,在石油、化纤及农药行业的应用证明,该换热器且有极强的耐腐蚀性能,同时又具有优良的换热性能,它的应用为企业创造了很大的经济效益。

该换热器的技术原理是,仅把传统金属板式换热器的换热板片用氟塑料-石墨复合加工制成。充分利用了氟塑料优异的耐腐蚀性能、石墨优良的导热性能和碳纤维的高抗拉性能,因而在使换热器板片具有极强耐腐蚀性的同时还保持了足够高的机械强度及导热性。

主要特点:

1. 突出的耐化学腐蚀性

由于换热器板材是用耐腐蚀性能优良的氟塑料和导热性能优良的石墨等复合而成的,故能耐各种浓度的酸、碱、盐溶液以及大部分有机溶剂的腐蚀和侵蚀,因此其耐蚀性超过了金属制换热器。

2. 传热效率高

氟塑料-石墨板式换热器的总传热系数 K 为 $1000~2800W/(m^2·K)$,其换热效率比列管式或块孔式石墨换热器高出3~8倍。

3. 结构紧凑

该换热器既是板式结构又是用非金属材料制成的,因而与其他各类换热器相比有重量轻、占地面积小及安装维修方便等优点。

4. 传热性能稳定

这种换热器板片表面似蜡状，非常光滑，因而基本不结垢，污垢热阻值很小，换热器整机传热性能稳定。

目前该换热器已在以下几方面使用：

1. 加热高温稀硫酸

就是用130℃低压蒸汽将5%稀硫酸加热到90℃±2℃。在此温度下稀硫酸具有极强的腐蚀性。某维尼纶厂在采用氟塑料–石墨板式换热器之前，曾先后使用过316不锈钢管式、硬铅列管式、石墨列管式、不锈钢板式换热器，但由于强烈的腐蚀，它们的使用寿命最长的也不足3个月。采用氟塑料–石墨板式换热器后生产正常，换热设备投资大大降低。

2. 冷却盐酸溶液

用工业循环冷却水把80℃的盐酸冷劫到40℃。曾使用过搪玻璃叠片式换热器及石墨列管式换热器，由于盐酸的强烈腐蚀而造成漏液，换热设备无法正常运行，既浪费原料又使车间环境受到污染。采用氟塑料–石墨板式换热器后彻底解决了冷却器因被腐蚀而造成的漏液问题。

3. 冷凝含有有机容剂的盐酸溶液

在110℃下盐酸蒸气具有极强的腐蚀性，用其作冷却介质用在石墨列管式换热器时使碳钢壳体经常发生腐蚀穿孔。用氟塑料–石墨板式换热器后解决了冷却器的腐蚀问题，带来了可观的经济效益。

4. 用于铝溶胶的生产

在铝溶胶生产过程中，反应物料需循环降温，使用石墨列管式换热器或搪瓷换热器均存在较多不足，运行周期短、维修费用高、维修工作量大，严重影响生产的正常进行。兰州炼油化工总厂催化剂厂将氟塑料–石墨板式换热器用在铝溶胶生产中，由于它具有耐腐蚀性强、换热效率高及密封性好等优点，使得换热器寿命显著提高。

总之，聚四氟乙烯换热器具有十分广阔的发展前景，加强对F_4基材料研究、开发新品种新系列，扩大产品的应用范围等是今后发展的主要方向。我国市场广阔，氯碱、硫酸、化肥及医药等行业的设备不断在更新换代，因而需要大量和先进的聚四氟乙烯设备。

参 考 文 献

[1]　化工设备设计全书编辑委员会. 换热器设计. 上海：上海科学技术出版社，1988.

[2]　化工设备设计手册编写组. 非金属防腐蚀设备. 上海：上海人民出版社，1972.

[3]　化工部化工机械研究院. 腐蚀与防护手册——耐蚀非金属材料及防腐施工. 北京：化学工业出版社，1991.

[4]　邬润德，萧绪佩，李生柱. 腐蚀与防护全书——耐腐蚀塑料. 北京：化学工业出版社，1988.

[5]　李正贤，王炳和. 石墨改性聚全氟乙丙烯换热器. 化工腐蚀与防护，1996(4)：33～34.

[6]　汪琦. 聚四氟乙烯换热器. 化工装备技术，1992，13(6)：15～20.

[7]　马双林，马文峥. 聚四氟乙烯防腐蚀产品简述. 化工装备技术，1997，18(4)：52～53.

[8]　郑州工业大学. 聚四氟乙烯换热器简介.

[9]　长沙市宏达热交换器厂. 氟塑料(F_4、F_{46})换热设备.

[10]　王世宏，尹喜祥，马中福，易戈文，刘刚. 氟塑料–石墨板式换热器在铝溶胶生产中的应用. 化工机械，1999，26(3)：157～158.

[11]　刘刚，易戈文. 氟塑料–石墨板式换热器的研制及应用. 化工装备技术，1998，19(5)：26～30.

第三章　陶瓷材料换热器

(廖景娱　余红雅)

在化工和石油工业中，通常会碰到高温炉的问题，其中的热量传递和回收，用金属换热器往往存在一些缺点，若用陶瓷材料换热器则会显得价廉物美。它不仅能耐高温、抗腐蚀及耐磨损，且还能经受高温梯度的热冲击。其挥发性极低，即使在1527℃以上也不会被大气氧化或还原，这些性能的确是很多金属所不及的。

第一节　概　　述

一、陶瓷材料

陶瓷也是工程上使用非常广泛的一种材料，其具有极好的耐热性、化学稳定性，耐磨性、电绝缘性、耐溶剂性和耐油性等性能，此外还有足够的抗渗性和一定的机械强度，但耐温急变性能较差，危性大。

目前应用较多的是碳化硅陶瓷换热器和高铝制陶瓷换热器，所以这里仅介绍这两种陶瓷材料。

（一）氮化硅陶瓷

氮化硅陶瓷是用反应烧结法和热压烧结法生产出的陶瓷材料。反应烧结法就是先将硅粉用一般工艺方法制成生坯，而后置于氮气炉1200℃温度下进行预氮化处理，再按图纸要求在机床上进行切削加工，最后放于氮气炉1400℃温度下进行20～35h的最终氮化处理，如此便得到了尺寸精确的氮化硅陶瓷制品。而热压烧结法则是以 Si_3N_4 粉为原料，再加入少量添加剂（如氧化镁）用以促进烧结和提高密度，而后置于石磨制成的模具里，在20～30MPa 大气压下加热至1700℃便可烧成。

氮化硅陶瓷具有较高的强度，且在比较高的温度下（1200～1300℃）可以保持其强度不变。它的硬度很高，仅次于金刚石等材质的硬度，而且摩擦系数小，因此其耐磨性极好。它的热膨胀系数很小，可以经受极冷极热的变化而不发生破坏。它又是电阻率很大的电绝缘材料。

氮化硅是一种极好的耐蚀材料，能耐沸腾的硫酸、盐酸、醋酸和浓度为30%的氢氧化钠溶液的腐蚀，但对氢氟酸不耐蚀。在高温下的抗氧化性能也很好，抗氧化温度可达1000℃。它对铝、铅、锌、银和铜等有色金属的熔融体呈不润湿状态，因此可耐这些熔融有色金属的腐蚀。

氮化硅陶瓷可用来制作尺寸比较精确的、有耐蚀、耐磨及耐高温要求的零部件。

（二）高铝陶瓷

高铝陶瓷就是在以 Al_2O_3 和 SiO_2 为主要成分的低陶瓷中，让 Al_2O_3 含量在46%以上的陶瓷。如果 Al_2O_3 含量达到90%以上，则称作刚玉瓷。

高铝陶瓷的强度较高，且其强度随 Al_2O_3 含量的增多而增高。同时其硬度亦很高，仅次于金刚石和碳化硼。将其研磨处理后还可获得很高的表面光洁度，因此高铝陶瓷具有极好的耐磨性。

Al_2O_3 含量很高的陶瓷，其耐蚀性很高，可耐各种无机酸（包括浓硫酸、浓硝酸和氢氟酸）的腐蚀，耐碱腐蚀性能也比较好。鉴于其具有极高的耐磨性和耐蚀性，因此可以用来制作具有耐磨和耐蚀性能的零件。

二、陶瓷材料在换热器中的应用

在高温烟气工况下的换热器，要求材料具有足够的耐火度和极高的荷重软化点，且应利于改善烟气向空气的给热，以提高换热器的总传热系数。此外还应有一定的机械强度，以减薄管壁厚度，从而降低热阻。

另外，由于换热器往往在急变或周期性变化的温度条件下工作，因此要求材料必须具有良好的抗热裂和抗裂纹扩展的能力。材料的抗热裂性能，取决于材料的热塑变形条件。优良的抗热裂材料应该是，强度高、导热性能好以及弹性模量和热膨胀系数均较低。这样的材料热冲击阻力系数大，因而抗断裂能力强。就抗裂纹扩展能力来说，则要求材料在裂纹扩展到产生断裂时的弹性能最小。优良的抗裂纹扩展材料应该是，断裂表面功较高、弹性模量较大及断裂应力值较低。显然，上述两种性能对材料强度和弹性模量的要求是截然相反的。

常用陶瓷材料性能如表 7.3 - 1。

表 7.3 - 1　常用陶瓷材料性能表

材料种类	耐火度/K	荷重软化点/K	耐急冷急热性	容重/×10³kg/m³	线膨胀系数/×10⁶	热导率/[W/(m·K)]		抗压强度/×10⁴kg/m²
						在1300K时	$\lambda = f(t)$	
耐火黏土料	1880~2000	~1600	>10	1.8~2.0	4.5~6	1.34	$\lambda = 0.6 + 0.0005st$	约200
高铝料（Al_2O_3=58%~66%）	2050~2300	>1850	>5	2.1~2.4	5~5.5	1.11	$\lambda = 1.45 + 0.00002t$	250~300
黏土胶结的刚玉	2300	1960	≥30	2.6~2.9	7.2	3.95	$\lambda = 1.8 + 0.0016t$	达500
碳化硅黏土	1960	1660	达23	1.97~2.0	5.6	1.74	—	—
黏土胶结的碳化硅	2300	~2100	>30	2.1~2.13	4.7	5.41	$\lambda = 3.255 - 0.01t + 0.000002t^2$	830
再结晶碳化硅	2200	无变形	>50	3.14~3.2	2.9	14.31	$\lambda = 31.96 - 0.295t + 0.0000099t^2$	500~600

由表 7.3 - 1 可看出，耐火黏土膨胀系数小，热导率和强度低，气孔率高，气密性差，做换热管只能在低流速条件下使用。

从抗氧化铁腐蚀性能来看，耐火黏土换热器元件与氧化铁皮的反应较弱。

鉴于耐火黏土的上述缺点，故该材质换热器的传热效率低，结构庞大。其优点是价格便宜，具有一定的耐火度和耐急冷急热性。

碳化硅的热导率比耐火黏土大得多，它具有较高的热导率，但膨胀系数却很小，高温时体积变化甚小，而且，当温度达到 1500～1700℃ 时仍有较高的机械强度，因此是制造陶质换热器传热管的极好材料。其缺点是，抗碱性差，特别是抗氧化铁和氧化锰侵蚀的性能差。

在碳化硅中加入 10% 的耐火黏土，并经烧结而成的碳化硅陶瓷被称为黏土碳化硅。黏土并未促使碳化硅密结，反而促其疏松了，因此加黏土后的碳化硅制品质量下降了。若加入 Al_2O_3，耐火材料性能可提高。若加入刚玉粉，可得到强度高的碳化硅材料，其在 1727℃ 时承载亦不变形。

高铝制陶瓷材料具有很高的耐火度，热导率也较高，它主要由刚玉或莫来石，或由这两种矿物质组成。

刚玉是氧化铝的结晶变体（称为 α - 氧化铝），高温下很稳定（非晶 γ - 氧化铝仅在温度低于 927℃ 时才是稳定的）。刚玉存在于自然界，也可通过电炉熔炼含有非晶氧化铝的原料，如铝土矿或高岭土等来进行人工制取。用此种材料来做换热管是合适的，但造价较黏土陶瓷贵。

陶瓷管换热器的性能与它所选用的材质有很大关系。相同条件下几种陶瓷管的使用效果如表 7.3 - 2。

表 7.3 - 2　不同陶瓷管的使用效果

管子材质	空气流速/（m/s）	烟气流速/（m/s）	空气预热温度/℃	热回收率*
硅石线	4.35	2.65	770	1.00
熔融氧化铝	4.50	2.30	770	1.06
70% SiC	4.80	2.43	840	1.18
100% SiC	5.20	2.65	920	1.42

* 取硅线石管的热回收率为 1。

三、陶瓷材料换热器的优点及存在问题

（一）陶瓷材料换热器的优点

从性能比较来看，金属换热器的气密性很好，可用来预热高压气体。其次是金属的导热性能好，相应使其结构紧凑。但使用温度受到限制，高温烟气需要稀释后才能进入换热器，并且要消耗不少贵重的耐热材料。渗铝金属管也只能耐 800℃ 以下的高温。而陶瓷换热器虽然气密性差，不能预热高压气体，但它耐高温，烟气温度可达 1000～1500℃，高温烟气不必稀释就可直接进入换热器进行热交换，充分发挥了换热器节约燃料的潜力。由表 7.3 - 3 可看出稀释烟气后对等价换热器节约燃料的影响。烟气稀释处理后烟气温度下降，这不仅使热效率及预热温度显著降低，且烟气稀释处理时还要求一套控制与保护装置，使热回收系统复杂化。陶瓷换热器克服了金属换热器的弱点，在高温烟气热能回收方面发挥了重大作用。

表 7.3 - 4 所示为陶瓷换热器材料与其他几种非金属材料的比较。

表 7.3 - 3　烟气稀释后对等价换热器节约燃料的影响

材　　料	烟气入口温度/℃	要求稀释空气量/%	气体预热温度/℃	燃料节约率/%
碳化硅陶瓷	1650	0	1100	50
镍合金	1420	23	980	45
不锈钢 2 倍传热面积	1100	57	900	43
低碳钢 3 倍传热面积	870	160	720	34

（二）陶瓷材料换热器存在的问题

（1）一般耐火黏土陶瓷换热器的传热系数低，传热面利用不够（异型砖多半仅有两面受到烟气绕流）。为了提高总传热系数，应采用合理的结构并选用良好的陶瓷材料。陶瓷管式换热器结构较理想的，传热元件是陶瓷管，管的周围都受到冷热气体的绕流，传热效率较高，结构亦较紧凑。

（2）陶瓷管价格较高。

表 7.3-4　陶瓷换热器材料与其他几种非金属材料的比较

项　　目	石　墨	玻　璃	泰氟隆	陶　瓷
高腐蚀性流体中应用	是	是	是	—
使用压力	高	中等	低	中等
使用温度（℃）	353	348	353	非常高
热负荷	高	中等	低~中等	高
传热面	高	中等	低~中等	低~中等
对压力冲击的吸收能力	中等	不行	中等	低~中等
脆性	低	高	低	高
热导率	高	低	低	低
管壁厚度	高	低	低	高
污垢沉积	低	低	低	中等
单位面积重量	高	低	低	高
管子直径	可到 $\phi25$	任何尺寸	$\phi2.5$、$\phi3$、$\phi6$	任何尺寸

（3）目前的制造方法对长陶瓷管还难以使其性能达到均匀性，存在有"微裂纹的集中"，因而会发生脆断。

（4）由于管子与管板的热膨胀不同，因而管子的连接还不能做到完全紧密不漏。

（5）在高热气体中应用，陶瓷管的耐久性还未得到证实。

（6）鉴于炉气中某些成分发生反应而使其热膨胀系数会随时间发生变化，这就有可能导致陶瓷管受外应力作用而发生破裂。

（7）大多数力学性能来自于小试棒试验所得，故对长的及空心管子的力学性能还不十分清楚。

（8）煤与渣油炉气经长时间后会与硅化合物及烧结 α 碳化硅发生腐蚀反应而改变其断裂强度。其确切原因和防止方法尚需进一步研究。

（9）可考虑采用陶瓷金属，但制造问题还很多。

第二节　陶瓷对流换热器的传热原理

鉴于陶瓷材料的特性，使得该类换热器比较适用于工业炉高温余热（1000℃左右）的回收。管束壳程传热以辐射为主，但也有对流传热，即辐射—对流耦合换热，而管程则以空气对流传热为主。

以列管式碳化硅高温换热器的传热为例，碳化硅管内通空气，管外为高温烟气，用其达到回收烟气热量的目的。

（一）管外传热过程

管外为辐射加对流传热，辐射传热主要由高温烟气中的极性分子来完成的。如 CO_2、H_2O、SO_2 及 CO 等多原子气体（即非对称结构的双原子气体）既可用来吸收辐射能又可发射辐射。它们的辐射光谱是不连续的，具有一定的选择性，只有在一定波长范围内才有辐射性。其中 CO_2 等气体的辐射能力随气体温度的升高而增大；其次的一种辐射为炉膛火焰辐射及换热管子之间的相互辐射。管外对流传热由烟气成分、物理特性、流动方式、烟气流速、管子外表特性及管子排布方式等因素来决定。一般情况下，工业窑炉的烟气靠烟囱自然抽风或用引风机抽风排气，炉子略呈负压操作，烟道内也为微负压，故烟气流速一般都比较低，故在高温下（900℃以上）烟气对流传热量相对来讲要小些。

横向流过管束的烟气，随着传热的进行，其温度会不断降低，两种物体间辐射的换热量与其自身温度 T^4 成正比，所以不同位置管排之间及其与周围烟气间的换热量都是不同的（即辐射换热系数不同）。

（二）管内传热过程

管内壁和空气间为对流传热。管内介质一般为空气，它主要由对称双原子气体如 O_2、N_2 等组成。这些气体为透热体，它们既不吸收透过它们的辐射线，其自身也不发射辐射能，因此管内空气的加热，只能以对流为主的传热方式进行。

由上述可见，管外为对流加辐射的复合传热，因此管外传热膜系数较大，加之碳化硅导热性能良好，因此相对来讲管内侧热阻反而显得较大。为提高传热效率，必须强化管内侧空气的传热。碳化硅属于脆性材料，现行的制造强化管工艺方法又受到一定限制，故当今都采用阻力小、黑度大及角系数大的陶瓷管管内扰流元件。扰流元件要求耐高温，对辐射能吸收率高。要求其既有扰流作用以达到强化传热目的，又要求在高温下能吸收管壁的辐射能，以在提高其自身温度之后再通过对流的方式把热量传给空气。可见，管内壁除与空气间对流传热外，扰流元件表面对空气亦在对流传热，因此管内侧传热得到强化。

第三节　陶瓷材料换热器的结构设计

一、结构设计原则

陶瓷是一种脆性材料，在结构设计时应遵循脆性材料的设计原则，因此对陶瓷材料换热器有以下要求：

（1）耐高温。

要求换热器能直接承受高温炉气的辐射能，又要求提高传热效率，故换热器安装愈靠近烟气出口愈有利。一般工业炉排烟温度在1100℃以上，因此要求换热管应能在1300～1400℃的高温下长期使用。此外，高温下换热器密封材料的选用以及金属材料部分的高温隔热问题亦应予以重视。

（2）脆性材料元件的密封问题，应予以充分注意。

（3）陶瓷元件与金属元件之间有热膨胀差，应得到良好的补偿。陶瓷管材料的热导率要尽可能高，而线膨胀系数要尽可能小。

（4）陶瓷管是脆性材料，承受拉伸能力很弱，抗拉强度低于抗压强度，因此结构设计时应确保陶瓷传热管始终处于受压状态。且还应考虑其经受频繁加热冷却周期性作用可能产生过大热应力而发生的破裂。因此，要求材料具有足够高的耐热冲击能力。

（5）抗裂纹扩展能力高。

当管子表层出现细微裂纹时亦不致会迅速扩展而导致断裂，因此希望脆性材料有高的弹性模量和有效断裂表面能。因此要求材料强度在满足生产条件要求下，宜低不宜高。

（6）要求材料能够承受高温炉气中还剩空气产生的高温氧化以及某些燃料中含硫成份

（SO_2）的腐蚀。

（7）应充分考虑换热管启动升温到正常工作时的温差及烟气进出口方向各排管子温差较大的热冲击问题，因此在结构上应使管子与管板具有良好的连接。

二、陶瓷材料换热器的结构形式

（一）插入管（刺刀）式列管换热器

该换热器采用悬挂管子的结构，如图7.3-1所示。烟气在管外流动，空气进入插入管内，从径向外管间隙流出，受热管可以自由膨胀和收缩，密封性能好。由于插入管作用，增加了空气的湍流程度，故传热系数较高，热稳定性较好。

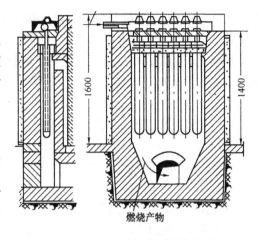

图7.3-1　插入管式列管换热器

（二）八角形管列管式换热器

这种换热器应用较广，其由八角形管组成，管子排列见7.3-2。烟气自上而下走管内，空气走管外且水平流经多个行程，由换热器下部升到上部。适用于烟气温度在1270～1700℃的工况下工作，可将空气预热到100～1200℃。

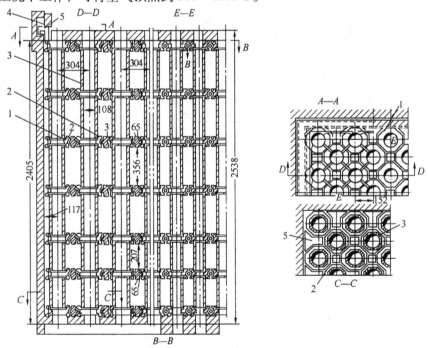

图7.3-2　八角形管列管式结构
1—接头；2—中间塞砖；3—陶瓷管；4—砖封；5—边缘塞砖

传热管材质可选用耐火黏土或碳化硅黏土，但其他所有元件均用耐火黏土。碳化硅黏土管耐火性能虽然较好，但抗气化铁渣腐蚀的性能却很差。

陶瓷管寿命与其内外表面温差有很大关系，温差一旦超过允许范围，管子可能发生断裂。在加热条件相同时，碳化硅黏土管承受温差的能力总比耐火黏土管小。因此烟气温度最高的换热器上部和烟气与空气温差最大的下部均采用碳化硅黏土管，换热器中部才采用耐火黏土管。

这种换热器有两个主要缺点：一是管子上部结渣和结垢。二是气密性较差。

结垢的原因是。烟气带入的炭黑、氧化铁皮和灰尘在灼热的陶质表面上积附，黏结得越来越多，往往会把整块管砖堵住，不但降低了传热面的有效利用率，且增大了换热器的流路阻力。若加大烟路抽刀，又会使漏风量进一步增大。

该换热器空气侧和烟气侧的压差较大，又因管子连接处不严密，所以会引起漏风，有时漏风量可达总供风量的60%。在安装过程中应特别注意连接处的密封，操作时升温不可太快，否则会使换热元件开裂和连接处张开。

(三) 陶瓷管管式换热器

这种换热器的结构见图7.3-3。换热管采用碳化硅制作，管子被水平插入墙内，墙外安装集气管，即管箱，见图7.3-4。在墙外低温面与管端连接处装有预制软密封套。为简化烟路布置让空气与烟气垂直交叉流动。在高温区内无金属件，避免了膨胀和氧化问题，该换热器结构简单，管子损坏后易于拆换。在管内还可插入轻质十字陶瓷管芯以强化传热，可使传热效率提高20%。

当烟气温度为1500℃时，可将空气温度预热到840～1000℃。节约燃料优于其他换热器。漏气率一般为1%～3%。

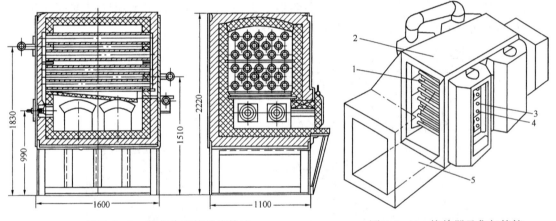

图7.3-3 装有陶瓷管的换热炉

图7.3-4 换热器及集气管箱
1—碳化硅；2—换热器顶部壳体；
3—带孔墙板；4—软密封套；5—烟气通道

(四) 新型管壳式陶瓷预热器

国内外目前研制成的新型管壳式陶瓷预热器，见图7.3-5，其结构与钢制管壳式预热

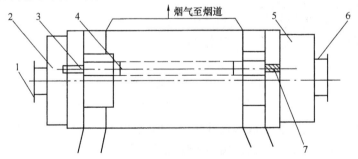

图7.3-5 陶瓷管壳式预热器示意图
1—热气出口；2—管箱；3—加固端；4—陶瓷管；5—管箱；6—冷气出口；7—预压弹簧

器相似。空气在管内流动，烟气在管外流动。与高温气体接触的换热管用碳化硅陶瓷做成。陶瓷管可制成光管和翅片管两种，后者传热系数稍大，但不适合烟气含尘量多的场合。陶瓷管端装有弹簧，在高温下的漏气率小于2%。换热器效率超过50%，可承受1400℃的高温烟气。结构紧凑，操作简单，运行可靠，是一种很有发展前途的高温气－气预热器。

该换热器国外已用在0.5MPa下使用，由于密封技术的改进，漏气率已降到1%以下。

第四节　陶瓷换热器的工业应用及发展前景

鉴于陶瓷材料具备耐高温、耐腐蚀、导热性能好、抗热裂及抗裂纹扩展性较好、热膨胀较低等性能，故适合于各种高温工业炉及其燃料品种的操作条件下应用。我国工业窑炉的热能有效利用率约为20%，还有将近50%～70%的热量通过高温烟气被直接排放于大气之中了，所以我国利用陶瓷换热器回收高温烟气余热的潜力十分巨大。

原成都科技大学应用自烧结碳化硅法，亦就是把单向碳化硅粉料掺入暂时性的粘合剂，通过成形、固化及烧结而制成了陶瓷换热器。用该方法制成的碳化硅管式换热器，已广泛适用于各种工况环境，传热效率良好。在材料配方、成形工艺及结构改进等方面均较之美国方法成本降低。

据报道，山东工业陶瓷设计研究院利用焦宝石、滑石和黏土等原料已制成了陶瓷换热器。他们应用了水溶性和热溶性有机粘合剂。为提高单位体积的换热面积，把换热通道设计成了正弦波翅状和薄壁十字交叉的整体结构。前者应用辊压成形，后者应用震动成形。在烧结过程中采用支承烧结技术，有效地克服和减少了整体式陶瓷换热器的变形和开裂问题。该换热器已用在以煤气或天然气为燃料的间歇式加热炉上，单炉子温度为1050℃时空气预热温度可达到495℃，热效率为56.4%，节能41%，经济效益显著。

华南理工大学化机所与广东佛山陶瓷研究所共同开发的碳化硅陶瓷换热管，是在1400℃高温下用等静压成形技术烧结而成的，并在熔锌炉和陶瓷窑炉上进行了工业应用试验，效果良好。

参 考 文 献

［1］ C Bliem，D J Landini and J F Whitbeck. CERAMIC HEAT EXCHANGER CONCEPTS AND MATERIALS TECHNOLOGY. ISBN 0 – 8155 – 1030 – 6，1985.
［2］ 成都科技大学. 高温热能回收装置. 化工炼油机械，1984(2).
［3］ 王四清. 等静压碳化硅高温陶瓷换热器管内"辐射 – 导流 – 对流"耦合传热强化理论与试验研究(学位论文). 广州华南理工大学. 1993.
［4］ 仓田正也[日]编著. 新型非金属材料进展. 北京：新时代出版社，1987.

第四章 钛、钽、锆制换热器

从宇宙航行到石油化工都需要进行广泛的热交换。目前，换热器面临着非常严峻的使用条件，如高温、高压、高真空、深冷、有毒、易爆和强腐蚀等。在这些条件下工作的设备，采用通常的材料已不能适应。因此，早在上世纪50年代以钛及耐蚀钛合金为新耐蚀金属而制成的换热器已问世，其优异的耐蚀性能很快在化工及流程工业等部门产生了巨大的吸引力，因而应用范围不断扩大。近年来钽和锆这两种材料又开始用于换热设备。这些材料通常以薄板、薄壁管或复合板的形式提供使用的。对于大厚度零件，如管板和法兰，采用堆焊衬里或爆破衬里仍是经济的。这些稀有金属价格虽很昂贵。但因其优良的特性，故在某些场合仍得到应用。现在国外正在设法降低材料成本，扩大材料来源，进一步扩大使用的前景是良好的。

第一节 概 述

一、钛、钽、锆的特点

（一）钛、钽、锆的物理和力学性能

钛、钽、锆的物理和力学性能，见表7.4-1。

1. 钛的物理、力学和焊接性能

钛在室温下呈银白色，密度约为 $4.50g/cm^3$，比强度高，钛的密度介于铝和铁之间，但比强度高于铝和铁。钛的弹性模量低，只有钢的1/2。工业纯钛的热导率只有碳钢的1/3，与奥氏体不锈钢接近。膨胀系数小，约为不锈钢的1/2。比热容与奥氏体不锈钢接近。

高纯钛（TAD）的纯度高，杂质元素及其含量少，塑性很好，但强度太低，一般不能作结构材料应用，化工设备常用工业纯钛（TA1～TA3）来制造它的。杂质含量比碘法钛高，常见的杂质元素有，氧、氮、碳、氢、铁和硅。这些元素与钛形成间隙或置换固溶体，过量时形成脆性化合物，所以当钛的纯度降低时，强度升高，塑性则大大降低。

工业纯钛的常温力学性能随其合金牌号而有所不同，即合金杂质含量不同，指标有一定差异。常温时工业纯钛的屈服强度与抗拉强度接近，屈强比较大，弹性模量低。工业纯钛的抗拉强度及其他机械强度随温度的变化较大。温度升高，纯钛的抗拉强度和屈服强度都急剧降低，在250～300℃时，抗拉强度和屈服强度均约为常温下的一半。钛的塑性与温度有特殊关系，在常温至200℃时，延伸率随温度的上升而提高，但在200℃以上继续升温时，延伸率反而下降。在400～500℃时，延伸率降到最低值（甚至低于常温下的延伸率），其后又随温度上升而急剧上升。

工业纯钛在低温下的抗拉与屈服强度几乎都比常温时提高，但延伸率降低很大。纯度高的工业纯钛无低温脆性现象，在低温下冲击韧性反而增高。因此 TA1 和 TAD 可在 -196℃下可安全使用。

表 7.4 – 1　钛、钽、锆的物理和力学性能

项　目	钛	钽	锆
熔点/℃	1668	1845	2996
晶体结构	<885℃密集六方晶格 >885℃，体心立方晶格	<863℃，密集六方晶格 >863℃，体心立方晶格	体心立方晶格
相对密度/（g/cm³）	4.54	6.49	16.6
原子序数	22	40	73
相对原子质量	47.9	91.22	180.88
杨氏模量/（kg/mm）	10.85×10^3	9.1×10^3	18.9×10^3
泊桑比	0.34	0.33	0.35
电阻系数（20℃）/μΩ·cm	$47 \sim 55$	$40 \sim 50$	12.4
导电系数（和铜比较,%）	3.1	3.1	13
热导率/［W/（m·K）］	1.722×10^6	1.68×10^6	5.46×10^6
热膨胀系数（20~100℃）/（cm/cm·℃）	9.0×10^{-6}	5.8×10^{-5}	6.5×10^{-6}
比热容（室温）/［J/（kg·K）］	5.46×10^5	2.94×10^5	1.512×10^5

工业纯钛在常温下也有蠕变现象，在300℃以下时，特别是在300℃左右时，长期持久强度与断裂时间关系不大。当温度大于300℃时，持久强度与断裂时间关系密切，随断裂时间延长，持久强度值急剧下降，设计时应考虑长期持久强度的影响。

工业纯钛可以焊接，但钛的化学活性强，在400℃以上的高温下，极易被空气、水、油脂及氧化皮污染而使焊接接头塑性和韧性降低。钛合金的焊接性与成分和组织有关。α 合金、近 α 合金的焊接性好，大多数 β 合金在退火或热处理状态下焊接，β 相在20%以下时 α $+\beta$ 钛合金的焊接性一般，其中 Ti – A16 – V4 合金焊接性最好。对于含较多 β 相的 $\alpha +\beta$ 钛合金，在焊后快速冷却条件下，有可能形成脆硬相，使焊缝脆性急剧增大。

钛的熔化温度高，热容量大，电阻系数高，热导率比铝和铁低得多，因此焊缝容易过热，进而使晶粒变得粗大，焊缝塑性明显降低。

钛的纵向弹性模量比不锈钢小（约为不锈钢的50%），在同样焊接应力作用下，钛的焊接变形量比不锈钢约大一倍。氢气溶解度变化引起的 β 相过饱和析出以及焊接过程中体积膨胀引起的较大内应力作用均可导致冷裂纹的发生。焊缝还有形成气孔的倾向，气孔是常见的缺陷，约占焊缝缺陷的70%以上。

2. 钽的物理和力学性能

钽的密度很大，$\rho = 16.6\mathrm{g/cm^3}$，比起较轻的钛（$\rho = 4.5\mathrm{g/cm^3}$）来价格要高若干倍，因此它的应用较少，只是在某些特殊要求场合才用。

钽的熔点约为3000℃，热导率大约相当于钢，因此薄壁管（$\leqslant 0.5\mathrm{mm}$）的热阻很小。钽的表面光滑，不容易结垢。钽的力学性能中最突出的一点是延性很大，在室温下冷轧或冷拔都没有困难，即使在接近绝对零度的温度下也可以拉伸。室温下的抗拉强度为 $30 \sim 40\mathrm{kg/mm^2}$，随温度升高而下降的程度亦不大，屈服点约为 $25\mathrm{kg/mm^2}$。由于强度低，所制造的管子必须采取尽可能小的管径，以减少壁厚及材料费用。

（二）钛、钽、锆的耐蚀性

1. 钛的耐蚀性

钛除了具有特别高的比强度外，还对许多强腐蚀环境具有优良的抗力。因此使其在许多工业中成为主要的结构材料。钛的耐蚀性好是因其金属表面能形成钝态的且又能恢复的薄膜之故。薄膜的形成决定于金属所处的环境，在氧化、中性或者天然的条件下，钛的耐蚀能力是靠薄膜维持的。在强还原溶液中这种保护膜难以形成，故会迅速发生侵蚀。在轻微还原或复杂环境中，钛的行为决定于存在的金属离子抑制剂、合金元素、温度和其他的可变因素。

暴露于空气中的钛，其表面保护性结晶氧化膜是瞬时形成的。据 Andreeva 研究，初始膜只有 $12 \sim 16$Å 厚，约 70 天后可达到 50Å，4 年后长到约 250Å。膜的厚度随温度和阳极电位而变化。Tomarhov 等报导了膜的成分随厚度而改变，接近金属的膜其内表面是 TiO 结构，在它的上面是 TiO_2，即最外层是 Ti_2O_2。

钛在氧化、中性、带有抑制剂或轻微还原的环境中有着广泛的用途。钛在下列介质中几乎是不腐蚀的，如淡水、海水、湿氯气、二氧化氯、硝酸、铬酸、醋酸、氯化铁、氯化铜、熔融硫、氯化烃类、次氯酸钠、含氯漂白剂、乳酸、苯二酸及尿素等。钛对许多无机酸的抗力，除氢氟酸以外，均可通过添加适当的酸（生成盐类）或氧化性酸来得以提高。

但钛在下列介质中不耐腐蚀，如发烟硝酸、氢氟酸、超过 3% 以上的盐酸、超过 4% 以上的硫酸、沸腾的不充气的甲酸、沸腾的浓氯化铝、磷酸、草酸、干氯气、氟化物溶液及液溴等。

钛在高温下很活泼，如在空气中加热并达到鲜红色时，因迅速吸气而被污染。在没有经过广泛试验的情况下，对温度高于 330℃ 以上的化工设备不要推荐使用钛。

2. 钽的耐蚀性

钽具有极好的耐腐蚀性能，因而是制造化工设备的良好材料。在 $200 \sim 300$℃ 范围内，它的抗腐蚀性能可与玻璃相比，在这一温度范围内，除氢氟酸和发烟硫酸外，能耐各种酸和混酸的腐蚀。在碱性溶液中，钽能耐 $pH = 10 \sim 11$ 的强碱，但在更高温度和更高浓度下其稳定性能将遭到破坏。除氟化物和强碱性水溶液外，钽能耐多种盐溶液的腐蚀。

钽的耐腐蚀性能亦是靠表面一层氧化层（$0.1\mu m$）薄膜的作用，此氧化层能经受强烈的变形，且只溶于氢氟酸和强碱。钽与金和铂比较，应用范围更广，在耐腐蚀性能相同的情况下，其价格仅是金的 10%，铂的 3%。

除稀有气体外，钽在 300℃ 以上时能与各种气体起反应，因此焊接时必须在 0.134Pa 汞柱真空度下或高纯度氩或氦气保护下进行。钽吸收氢后会发生氢脆，在极度脆化、裂纹发生和完全断裂以前吸收 750 倍体积的氢。这种氢吸收在 250℃ 以上时从分子氢开始，而在室温下从原子氢开始。钽与另一种金属在电解质液中形成微电池时也会发生氢脆，因为带有氧化膜的钽在大多数金属面前形成了阴极，因此很容易受氢侵蚀。为了防止这种危险，凡是在钽与其他金属有可能形成电解接触的地方都应该绝缘。

3. 锆的耐蚀性

锆对盐酸、硫酸及硝酸等有较高的抗腐蚀性，适用于制造各种化肥、合成树脂、石油化学工业用的各种设备及衬里。美国、原西德、日本及法国等国家均有锆合金制化工设备的生产。

二、三种金属在换热器中的应用

钛、钽、锆等稀有金属及其合金的使用，主要是为了解决温度和压力较高时的强腐蚀问题。由于这些稀有金属价格都很昂贵，通常以薄板、薄壁管或复合板的形式提供使用的，对管板及法兰等大厚度零件则把这些材料用作衬里。

由于钛易与氧、氮和碳化合而形成稳定的化合物，所以提取、熔炼及加工都比较困难，成本昂贵，因此仅在最近几年才把它当作结构材料使用。

在稀有金属中钛是应用较广泛的一种，这主要是因为钛资源丰富，且具有良好的物理、化学和力学性能。在化工设备中，钛一方面被用作结构材料以制造设备和各种零部件，如板式换热器、冷凝管及阀片等；另一方面又被制成极薄的钛板以作设备的防腐蚀衬里。美国最先使用钛及其合金，大约开始于 20 世纪 50 年代，随后英、法、日等国相继生产。荷兰最先生产了钛

图 7.4 - 1 钛制板式换热器的板片
（英国 APV 公司）

制板式换热器。西德在含氯溶液中也采用了钛制板式换热器。钛制板片见图 7.4 - 1。

随后钛在换热器中的应用日益广泛，目前它不仅应用在小型换热器或板式换热器上，而且也用在大型管式换热器上。钛对氯化物溶液和含硫量高的烃具有很高的耐腐蚀性能，在现代炼油厂中使用的钛管冷却器和冷凝器，其传热面积已达 $250m^2$。

钽、锆的耐腐蚀性能和耐热性虽然远超过钛，但因其密度很大，比起密度较小的钛来价格要高若干倍，因此它们的应用范围较小，目前只用于某些特殊场合。

第二节　结构设计及制造工艺

一、钛制换热器

（一）设计

为达到设备的经济性，必须考虑钛的三个重要特点：耐腐蚀、强度设计和工艺设计。

1. 钛的耐腐蚀性

用于工艺设备的钛为非合金或是很低的合金材料。非合金管子，根据 ASTM B338—61T 标准 2 级和 3 级钛的含量各为 99.38% 和 99.16%，见表 7.4 - 2 和表 7.4 - 3。管子有无缝的和焊接的两种形式。为提高耐腐蚀性，在纯钛中往往又加入了 0.15% ~ 0.20% 的钯。

表 7.4 - 2　钛的性能

化 学 成 分	等　级			
	1	2	3	4
氮（最大）/%	0.050	0.050	0.070	0.070
碳（最大）/%	0.100	0.100	0.100	0.150
氢（最大）/%	0.015	0.015	0.015	0.015
铁（最大）/%	0.200	0.200	0.300	0.500
氧（最大）/%	0.250	0.250	0.350	0.450
钛（相应值）/%	余数	余数	余数	余数

表 7.4 - 3　钛的力学性能

抗拉强度（最小）/MPa	276	345	414	552
屈服强度（最小）/MPa	207	276	345	483
屈服强度（最大）/MPa	379	448	517	655
延长率（最小）/%	22	20	18	15

钛多数被用于蒸汽加热、煮沸或冷却水冷却或冷凝腐蚀性溶液等的场合，主要采用固定管板式换热器。腐蚀介质与钛管接触，而压力下的蒸汽或冷却水则走碳钢外壳。对两种腐蚀蒸气回收热量的工况，可用活动管束结构，外壳仍用钢板来制造，内壁可用金属或非金属衬里层来保护，加热介质走管程。

2. 衬里

设计时首先应考虑的原则是让贵金属作设备的耐热、耐蚀衬里层，而不是支承结构。只要可能，容器承受的全部应力，应该由碳钢等廉价金属来承担。制造带钛内件的反应器、蒸馏塔、吸收塔、混合器、处理槽及储槽等的经验表明，应制作一个基本的碳钢容器，然后在其中装设非规范的钛制容器。钛钢容器及衬里应尽可能简单，以避免容器有过多接缝。

如果碳钢容顺是密封的，则必须根据 ASME 规范的规定，在衬里之前进行水压试验。水压试验时，不允许碳钢容器的接缝被衬里遮住。容器与衬里的各部分必须均匀一致，以使水压试验之后衬里能合适地套入容器内。通常在容器的一端至少应有一个大直径的法兰，以便让衬里的主要部分能在成形与焊接之后由此装入。为了经济地使用钛材，衬里厚度应尽可能采用能焊接和加工的最小厚度。目前，大多把 1.27mm 左右的钛板衬在 6.35mm 的碳钢上。当然，更薄些的钛板也是可用的，但钛板太薄，焊接难度大，耗时间长，其所花费用抵消了对钛的节约，因此最小衬层厚度应由制造厂全面考虑后确定。

3. 焊接技术

钛的焊接一般可使用钨极或金属极惰性气体保护电弧焊，惰性气体可选用氩气、氦气和氩氦混合气。之所以必须用情况气体保护，那是因为氧、氮和氢等气体很容易溶解在熔融钛中并与其反应，使焊缝变脆，这就是多数衬里和法兰面要在容器外制造的原因。径向接管衬里与容器衬里之间的焊接，也应采用惰性气体保护下的满焊缝。两块钛衬片也可用银钎焊（附着焊）来连接与密封。但 ASME 规范规定，当焊缝必须承受容器的设计压力时，不允许钛与其他金属进行电弧焊接。

像铝和钢一样，钛和钢是不能焊接的。但对外部支承结构或不受规范考核的容器，则可用填料金属来连接。

有搅拌带夹套的封闭容器，如间歇操作反应器，其封头部分可能有腐蚀的危险，此时允许在夹套表面衬钛，而在头部则衬非金属保护层，如硬橡胶带。经比较来看，在容器内设置钛制加热或冷却蛇管比用夹套更便宜。

4. 对管子的特殊考虑

在管式换热器中，管子的耐蚀问题需要特别考虑，因为它们还同时承受了内外压的作用，当然也可使用双金属管，但双金属管的制造费用比用纯钛管还贵。

管径选择，对一定管长的管子，所用管径越小，则壳体外径也越小。换热器的造价越低。对一般换热器的管径选择限度是 12.7mm ~ 9.53mm（外径），比此直径更小的管子会增加制造费和装配费，不但抵消了管子价格的节省，小直径管子还容易造成堵管，清理亦困难。

合金管钢壳换热器的价格主要取决于管子的价格，管子外径以 19.05~31.75mm 时的造价最低。对全钛换热器来说，要使造价最低其所用管径还要更小些。

5. 换热器设计

按 ASME 规范要求制造的大多数设备，如图 7.4-2 所示的冷却器和加热器，必要时外壳可设凸形封头，它有省钛的优点。管子用钛管，管板为碳钢衬钛。管箱衬钛厚度为 1.27mm 或稍厚，衬板被焊在管箱内径外的管板衬层上。管箱盖板衬圆形钛板。

若在管箱内壁衬以硬橡胶或树脂等非金属材料，就像图 7.4-3 所示带整体管板和外壳法兰的形式是比较经济的。这种形式在 1964 年经修改后，作为《非火压力容器》篇增补已列入 ASME 规范中。

在钢与钛复合管板结构中放置管子的方法值得研究，因为有的钛管壁厚只有 0.64mm~0.89mm，甚至只有 0.51mm，要求均能很容易地旋入到有凹槽的管板中，且还应尽量减小管板孔径与管外径之间的间隙。

对用于耐蚀介质的钛材，最好用 ASME 规范按压力来计算所需钛管的最小厚度。设一钛管外径为 19.05mm，操作温度为 149℃，承受内压 690kPa 时需要的壁厚仅为 1.02mm；如承受外压 690kPa，则壁厚需为 1.81mm。

对已习惯用低合金钢管、黄铜管或铝管的人来说，钛管的这一厚度显然是太薄了。

图 7.4-2 所示换热器装配时，先把钛管穿入不衬钛的钢管板（带凹槽）管孔内。管子伸出管板长度为管板衬里厚度 +0.79mm。管子胀入钢管板后对壳程进行水压试验，漏处需进行修补。

如果没有规定，直径≤304.8mm 的管箱，可直接用 3.18mm 厚的钛板，对直径更大者则用 6.35mm。衬层上的管孔比钢管板上的孔要钻大 0.05~0.1mm，以补偿胀管时管子的膨胀变形。

管板衬层被紧紧地贴在管板上。对伸出管板的钛管再进行轻微的胀接。钛管伸出衬层 0.79mm 长，以用作惰性气体保护焊时管子和衬里焊接的填料金属。

管箱外侧管板上的钛衬里可用银焊法或螺丝压紧法将其与管板进行连接。

对钛衬里不完全紧贴钢管板的情况，目前认识还有争议。认为以后管子与管板之间发生的壳程液体泄漏，由于钢管板被衬层覆盖而不能检出。若将管子与衬层焊接改为衬层与固定管板焊接，并不能增加厚度与强度，因此不希望取消管子的焊接。同时要求固定管板结构壳程流体不应是腐蚀性的，也不能与管内流体有很大的压差。

图 7.4-2 和图 7.4-3 所示的管板衬里，可以用许多方法将其与管板结合，如爆炸焊接以及在衬层与管板间放入银箔后在真空下加热等。这些方法制成的双金属板，其费用接近纯钛管板。整体钛管板常用于如图 7.4-4 和图 7.4-5 的活动管束中。

对管内外都为腐蚀性介质，或存在热膨胀问题或要求壳程便于清扫等场合，用活动管束结构较为理想。图 7.4-4 所示的 U 形管束结构，因是单管板和单管箱，故其优点明显。钛管也应像大多数普通管子一样进行最小弯曲半径的弯管。当管外径在 10 倍管壁厚以下时，最小弯管半径以 1.2 倍管外径为宜，当管外径在 15~24 倍管壁厚度范围内时，最小弯管半径应取 2 倍管外径。

活动管束结构常用在填函式浮头换热器中，见图 7.4-5。对尚未用过 0.64~0.89mm 薄壁管的制造者，会认为管束刚度不足，管子可能折屈。而实际上用壁厚 0.64mm 钛管制造的水平活动管束，其有相当的刚度。如果只有管子用了钛材，为解决刚度问题，还可在两边管板外径处焊以与钛管径相同的钢拉杆来解决。管束起吊时，只允许吊索连在钢杆上。如果壳体也要用钛材，拉杆可用镀钛或纯钛的金属杆。

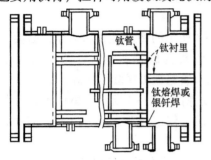

图 7.4-2　衬钛管板的固定管板
换热器

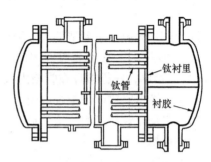

图 7.4-3　兼作法兰的固定管板及衬里管
箱（钛或橡胶）换热器

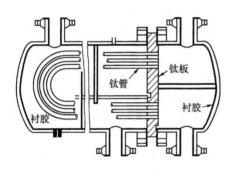

图 7.4-4　整体钛管板 U 形管式换热器

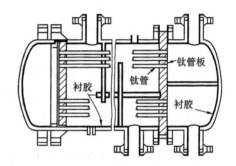

图 7.4-5　整体钛管板填函式换热器

对分环型或通过型浮头结构，一般不用于新的钛制设备，但可用钛管来更换管子以及用钛来修补换热器。

（二）制造

对不在 1962 年 ASME 法规要求范围之内的设备，或其安装场合不受法规限制时，则对所用的 ASTM B388—61T 钛管，管子试验数量可以减少。不按 ASME 制造的管子叫做"一般用途"的钛管或"化学纯"钛管。

在衬钛管板上安装管子时，把钛管胀接到带槽的管板孔中没有困难。管子壁厚小于 0.51mm 时，应尽量减少管板孔与管外径之间的间隙。

对不完全粘结钛衬里结构，有人认为如果壳程介质在某一管子与钢管板间发生泄漏，则由于衬里的遮盖，不能发现究竟是哪一根管子接头漏了。但这种结构的一个显著优点，即管子和管板衬里被焊在了一起，使衬里被紧固地附着在管板上，因此不需要太厚。但应用中需注意固定管板结构中的壳程介质不应是腐蚀性的，其与管程的压差亦不能太大。

钛在熔化状态下很容易被氧、氮和氢溶解并进行反应，进而引起焊缝的脆化，因此焊接时在焊缝两侧必须送进惰性气体予以保护。由于这一原因，在设计时就应当考虑钛衬里和法兰面的制作尽可能在容器之外进行。径向管口衬里与主容器衬里之间焊接时，焊缝亦应置于充分惰性气体保护之下。两个都是钛零件时也可用银钎焊来焊成密封接头。但 ASME 规范规定，若该接头亦承受了容器的设计压力，则不允许用电弧焊把钛焊接到其他金属上。

钛与钢如同铝与钢一样，是不相容的焊接金属，但对外在支承结构或法规要求之外的容器来说，可用填充金属将其连接在一起。接头的钢部分可以涂一层 0.13~0.18mm 厚的钒并用钒焊条焊接。不过这种方法应尽量避免使用，因为操作难度大，一不小心就会使钢合金化，合金化后的焊缝无延性，容易发生裂缝。

二、钽、锆制换热器

第一台钽换热器是30年前制造的，它的耐蚀和耐热性能远超过钛，因此钽换热器有可能获得进一步的发展。若与石墨换热器和玻璃换热器相比，它能承受较高的工作压力和提供较大的传热系数，其 K 值通常在 233~9333W/（m^2·K）之间，这比其他抗腐蚀材料换热器的传热系数高得多。

钽换热器有多种结构形式，如加热管、蒸汽加热套管预热器和锥形冷凝器等。套管式中又有单套管和多套管两种，长度可至2m，传热面积达数 m^2。此外，还有传热面积达 100m^2 的管壳式结构。

在更高压力下，可以采用钽复合钢板和复合管。目前已有爆破法制钽复合钢板，并已在换热器中使用。

钽可以任意成形，可采用钨极气体保护焊（高纯度保护气体）或真空电子束焊来进行焊接，焊接技术已没有困难。

若将 1.0%~1.5% 微量钽加入奥氏体不锈钢及铁素体高铬钢中，其高温抗拉强度有很大提高。钽在美国使用最早，随之英国、原西德及法国等相继应用，含钽合金的应用从1937年起，仅此后的20多年间世界需求量就增加了数十倍，主要用来制造换热器和浓缩设备等。

第三节　工业应用及发展前景

鉴于钛、钽、锆优良的耐腐蚀性能，现已在炼油、氯碱工业、纤维、树脂、肥料、农药、碱及电镀等工业中用其代替了高级不锈钢、铜合金和镍合金。

1. 炼油

石油工业中某些换热器壳体虽然采用了不锈钢衬里，管子采用了特殊铜合金管及铜镍合金管等，但仍然不耐腐蚀，往往几个月就要检修更换。

经试验，改用钛管后，即使在最恶劣的条件下也表现十分优良。用钛管的首次设备费虽很高，但因钛的耐蚀性特好，能够长期连续运转，与那些需经常停车检修更换的设备相比用钛的成本不算高。

2. 氯碱工业

钛在氯气（湿）、氯化物、含氯溶液中具有优良的耐腐蚀性，不会发生点腐蚀及应力腐蚀现象，这是一般不锈钢不能比拟的。上海燎原化工厂等钛制湿氯冷却器投入生产以来，使用效果良好，运转正常，解决了氯碱厂多年来存在的腐蚀问题。由于湿氯冷却器的工作压力低，又是单程热交换设备，因此采用了钛管及整体钛管板的结构形式及胀管连接的制造工艺，不涉及焊接问题，制造问题较少，一般中型化机厂完全可以解决。

3. 纤维

在维尼纶、尼龙及醋酸纤维等合成纤维工业中，用钛代替了高级不锈钢。在聚合物或单体的生产装置或换热设备等中，都有广泛应用。

4. 树脂和肥料

在氯乙烯、聚酯、聚酰胺、聚碳酸酯、硝酸铵、尿素及三聚氰酰胺等装置的热交换器中，钛、钽、锆也有广泛应用。

5. 农药、医药及电镀

在农药、医药及电镀等工业部门，强腐蚀部分的换热器可用钛制造。

参 考 文 献

[1] 上海化学工业设计院石油化工设备设计建设组. 石油化工设备设计参考资料－钛在化工中的应用（一）. 1974.

[2] 上海化学工业设计院石油化工设备设计建设组. 石油化工设备设计参考资料钛在化工中的应用（二）. 1974.

[3] 第一机械工业部石油机械研究所. 换热器——国外化工与炼油设备发展概况之一. 1971.

[4] 辛湘杰等主编. 钛的腐蚀、防护及工程应用. 合肥：安徽科学技术出版社. 1984.

第五章 玻璃换热器

(廖景娱 余红雅)

第一节 概 述

近十几年来，随着玻璃吹制技术的发展，用玻璃制造的换热器日渐增多，其应用已经涉及化工、医药、食品和余热回收等方面。

一、玻璃的特性

玻璃作为换热器材料，和一般金属材料相比，它有许多特殊性。其主要的优点是，优良的化学耐腐蚀性、相当高的表面光洁性、卓越的透明性；其主要的缺点是，性脆而机械强度较差，抗弯曲、冲击、振动的性能低，热导率较小。

玻璃的抗腐蚀能力很强，除氢氟酸、氟硅酸、热磷酸和强碱外，其他绝大多数的无机酸、有机酸和有机溶剂，都不足以腐蚀玻璃。

玻璃表面光滑，不易结垢，而且其热膨胀系数特别小，即使生了垢，也会因温度的变化而自己碎裂剥落。加之，玻璃管壁光滑，流体阻力小，靠壁流体的流速大，附壁膜层薄而给热系数大，因而总传热系数并不比金属换热器小。

二、玻璃在换热器中的应用

用于制造换热器的玻璃主要是硼硅玻璃和无硼低碱玻璃，在工作温度很高的场合则用石英玻璃。这几种玻璃均具有很好的耐热性能及很低的热膨胀系数，且还有足够的机械强度。普通玻璃的线膨胀系数为 $(9 \sim 10) \times 10^{-6}/℃$。用这种玻璃做成的管子，使用温度不超过 70 ℃，能承受的温度急变不超过 40℃。硼硅玻璃通常称作耐热玻璃，它的线膨胀系数为 $(3.5 \sim 5) \times 10^{-6}/℃$，能承受 $90 \sim 100℃$ 的温度急变，允许 150℃ 的工作温差，允许工作温度高达 450℃。无硼低碱玻璃不含价格昂贵的原料硼，是一种较为便宜的耐热玻璃，有足够的机械强度，只是耐热性能比硼硅玻璃差些。石英玻璃素有"玻璃王"之称，其使用温度高达 $800 \sim 1000℃$，高纯透明石英玻璃短时间使用温度高达 1450℃，在 $800 \sim 1100℃$ 的电炉中灼烧 15min 后投入 20℃ 的冷水中也不会破裂。

用这些优质玻璃制造的换热器具有如下优点：

（1）由于玻璃具有极强的抗腐蚀能力，因此使用寿命长，且不会使产品遭受污染。

（2）玻璃表面极其光滑，流动阻力极小，且由于在光滑的表面上不易结垢，因此大多数情况下没有清洗传热管的必要。

（3）玻璃的密度较小，不到钢的 1/3，所以单位换热面积的质量比金属小。

（4）虽然玻璃的热导率较低，约为钢的 1/50，但由于玻璃不易结垢，几乎没有污垢热阻。另外，由于流动阻力小，靠近壁面流体的流速较大，使得边界层的厚度较小，因而对流换热系数较大，其传热系数并不比金属换热器的小。

玻璃的主要缺点是性脆、抗振能力差、抗弯强度小。所以，当管子两端固定时，管子的长度不能太大。一般地说，管长不应超过管径的100倍，以免由于横向载荷而引起管子的振动和弯曲，导致玻璃管的破裂。

第二节　玻璃换热器的结构形式和传热性能

一、结构形式

根据介质，特别是腐蚀性介质加热、冷却或冷凝的需要，玻璃换热器有多种结构形式。

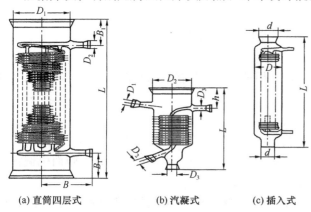

(a) 直筒四层式　　(b) 汽凝式　　(c) 插入式

图 7.5－1　盘管式玻璃换热器（上海玻璃厂）

（一）盘管式玻璃换热器

该换热器是把玻璃管做成圆柱螺旋弹簧形的盘管，焊置于一个玻璃外筒中而构成，是玻璃换热器中最为常见和广泛应用的形式。盘管有单层的或多层的，视所需传热面积的大小而定。我国上海玻璃厂有此定型产品，其形式有：直筒盘管式、插入式和汽凝式 3 种，见图 7.5－1，传热面积为 0.15m^2 ~ 1.5m^2。当盘管内通冷却水，管外为蒸汽冷凝时，传热系数 K = 350 ~ 470W/（$m^2 \cdot K$）。

日本生产的盘管式换热器有冷凝器型、锅炉型和浸渍型 3 种。

盘管式玻璃换热器，一般为立式，主要作为腐蚀性介质的加热、冷却或冷凝之用。从操作的角度看，管内可以走液体，也可以走蒸汽。若管内走液体，则应下进上出，以便充满；若管内走蒸汽，则应上进下出，并及时排出凝液，以免凝液充塞，蒸汽受阻。操作中应注意避免水锤冲击之，阀门的启闭应缓慢，加料停料和加压卸压都不应太突然。

（二）喷淋式玻璃换热器

喷淋式玻璃换热器类似于金属管制喷淋式换热器，由直管、回弯头以及法兰连接装配而成。玻璃管是换热器的主要元件，最好做成如图 7.5－2 所示那样，即在满足强度的条件下，中段的管壁厚度应适当薄些，以减少热阻，提高传热系数；两端则要加厚和扩口，以适应法兰连接和管子固定支承的需要。

日本"岩城硝子"公司生产的这种喷淋式玻璃换热器有串联组合式和并联组合式两种结构。它由厚度为 1.6mm 的玻璃管组成，冷却水从槽子及分配板喷淋到管子的表面，达到冷却介质的目的。

英国 Q.F.V 公司生产的喷淋式冷却器是用若干回弯头与直管连接所形成的蛇管装置，冷却

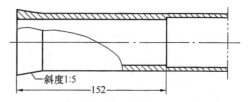

图 7.5－2　喷淋式玻璃换热器的玻璃管

水从管子上面的特殊水槽中分布到管子上。被冷却的介质从蛇管底部引入，从蛇管上部排出，这样可以提供最大的温度梯度。为提高传热系数，这里所用玻璃管的壁厚比标准玻璃管要稍薄些。

玻璃管喷淋换热器主要用于腐蚀性介质的冷却或冷凝，例如用98%的浓硫酸来吸收 SO_3 以制取发烟硫酸。另外在以下情况下，也可考虑采用喷淋式玻璃换热器。

（1）能够充分使用屋顶状的空间；

（2）大气湿度非常小；

（3）管子容易损坏，希望能迅速而容易地更换管子；

（4）用海水作冷却剂。

为了获得最好的效果，应该遵守以下操作要点：

（1）要充分保证分配水槽或喷淋管的水平度；

（2）将滴水板调整到最上面管子的中间，以便使冷却水均匀流动；

（3）为了使喷淋水畅流，配水板应保持干净。

（三）列管式玻璃换热器

列管式玻璃换热器结构上的主要问题是玻璃管子与管板之间的连接，其间有密封、热膨胀、强度和刚度等方面的问题。

南通农药厂采用在玻璃管两端热套聚氯乙烯管，该管与聚氯乙稀管板焊接，制成传热面为 35 m^2 的列管式玻璃换热器，作为氯气冷却器用。

吉林化学工业公司研究院采用硬聚氯乙烯塑料（PVC）板作管板和封头，制成传热面为 50 m^2 的列管式玻璃换热器，也用氯气冷却，可承受压力 1.2×10^5 Pa。玻璃管与管板间的连接结构见图7.5-3。

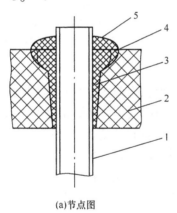
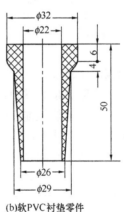

(a)节点图　　　　　　　　　(b)软PVC衬垫零件

图7.5-3　管子与管板的连接

1—玻璃管；2—硬 PVC 管板；3—软 PVC 衬垫；4—PVC 焊缝；5—环氧树脂酚醛胶泥

日本 PTREX 牌玻璃列管式换热器由换热元件组合而成。这种元件可以单个使用，也可以串联使用。组装时可以根据需要组装成各种形式和不同容量的装置。这种换热器有 1.3 m^2 和 5.6 m^2 两种单元装置，且为装入玻璃套和钢制套后组成的。钢制套为标准型，管内通腐蚀性介质，套内通水或其他非腐蚀性介质。在玻璃套的换热器中，腐蚀流体可以通过壳程，也可以通过管程。在这些标准型换热器中，可以用在套内通弱酸的方法把水垢等除去。

（四）套管式玻璃换热器

套管式玻璃换热器的结构如图7.5-4所示。

套管式玻璃换热器的外套管，可以用玻璃或金属管制造，主要取决于套管内流体的腐蚀性。该换热器主要用于腐蚀性介质的加热、冷却和冷凝。当处理量不大时，用较高的流速可以得到较高的传热系数。用串联、并联或单独使用均可。

（五）插入式玻璃换热器

日本生产的 PYREX 插入式玻璃换热器，见图7.5-5。这是一种"烛形"冷却器，是为在腐蚀性溶液槽内进行直接加热或冷却而设计的，主要由 PYREX 玻璃管制外套管（底部是密封的）、金属制内套管及黄铜制管箱构成。在插入式换热器中，与液体接触的只是浸入槽中的外套管，所以不会污染槽液，且寿命较长。

浸入被加热或冷却液体中的只有玻璃管。用蒸汽加热时，蒸汽通过上部的管箱沿外套管（玻璃）下降，冷却物则从内套管往上流。使用冷却水时，水在哪一个方向上流动都可以。

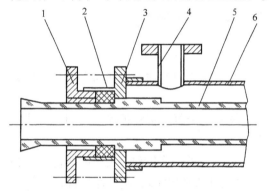

图 7.5-4　套管式玻璃换热器

1—填料压盖；2—填料；3—填料函；
4—接管；5—玻璃管；6—外套管

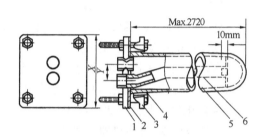

图 7.5-5　插入式换热器

1—垫板；2—垫圈；3—金属法兰；
4—嵌入衬圈；5—玻璃换热器；6—铜管

二、玻璃换热器的传热性能

流体间传热的最大阻力是管壁附近的流体薄膜和附着在管壁上的水垢，管壁本身并非是严重的障碍。尽管玻璃的导热性能远比金属差，但因玻璃管光滑而致密，水垢和藻类杂质几乎不能蓄积和附着其上。即使有所附着，也由于玻璃的导热吸收非常小，附着的皮膜也会因温差产生龟裂而自然剥离。玻璃换热器的传热系数，见表7.5-1。

表 7.5-1　玻璃换热器的总传热系数

设　　备	传热系数/[W/(m² · K)]
气体—气体换热器，即管式空气加热器	23
液体—液体，即蛇行管硫酸冷却器	142~175
液体—液体，盘管式换热器或蛇管冷却器	113~228
蒸汽冷凝（不存在惰性介质）盘式换热器	280~338
利用蒸汽加热液体，盘式换热器	315~373
蒸发液体（用热蒸汽或热油）盘式换热器	338~432
升膜蒸发器，热蒸汽在减低的压力下操作	455~683

英国 Q. V. E 公司的玻璃换热器已标准化，根据其经验，建议在设计时取总给热系数为：气体对气体换热时，$K = 23W/(m^2 \cdot K)$；液体对液体时，取 $K = 113 \sim 228W/(m^2 \cdot K)$；蒸汽冷凝（无惰性气体介质）时，取 $K = 280 \sim 338W/(m^2 \cdot K)$ 油品加热及汽化时，取 $K = 338 \sim 432W/(m^2 \cdot K)$。当蒸汽中含有不能冷凝的介质时，每 20% 克分子浓度会降低冷凝膜系数 3%。

强度设计与一般换热器相似，但在确定玻璃的许用压力时，应采用统计方法将强度值的变动性及破裂的忽然率考虑在内，取的安全系数较高，以保证操作中不会引起破裂。

三、玻璃衬里换热器

玻璃衬里设备具有耐蚀性和价格相对较低的优点，已在化工和制药工业中应用。玻璃衬里反应器、储罐比较常见，但玻璃衬里换热器却少见。

原因是绝大多数玻璃衬里换热器设计都较笨重，传热面积也小。如双管、双壳和多管换热器，其体积就较大，成本也较高。又如国外已成功制造出钢制管壳式 U 形管玻璃衬里换热器，其壳程直径达 $DN200mm \sim DN600mm$，每米管长可提供 $1.14 \sim 13.7m^2$ 的换热面积。这种新型换热器已在 230℃ 的化工工业中应用。每根管外侧玻璃层厚度仅有 $0.5 \sim 0.8mm$，而传统玻璃衬里设备的玻璃层厚度约为 1.5mm，因此这种换热器的换热面积约小了 40%，但传热系数可达 800W/ ($m^2 \cdot K$)。

第三节　工业应用及发展前景

国内制造的玻璃换热器已开始用于工业生产中，如管壳式玻璃换热器用于氯气的冷却已取得良好效果，使用寿命远超过石墨换热器，且价格便宜，很少检修，只是冷却效果比石墨换热器稍差些。南通农药厂氯气冷却，原先采用泡沫塔直接冷却，氯损耗大且造成环境污染。改石墨冷却器间接冷却后，使用寿命亦不长。一台 $40m^2$ 石墨冷却器，价格约为 15000元，只能使用 6~8 个月。此后再改用列管式玻璃冷却器，经历多年而不坏，且价格便宜，自制方便，操作简易，很少检修。吉林电石厂电解车间的湿氯气石墨冷却器，腐蚀严重，一年多就得检修更换，后改用 $50m^2$ 列管式玻璃换热器，运行 16 个月，情况良好。

据法国《Chimic & Industric Genie Chimique》报道，在用煤炭、重油或其他燃料的锅炉系统中用的空气预热器，主要是利用锅炉废气的废热来预热空气。废气中的 SO_2 和 SO_3 被溶解于冷凝液中而形成酸，腐蚀性强，钢制空气预热器的使用寿命不超过几千小时。改用 PY-REX 玻璃空气预热器后很成功。它耐蚀、耐磨，表面光洁而不受污染，推荐的工作温度 $t \leqslant$ 350℃，能受温差 $\Delta t = 110℃$ 的热冲击。虽然玻璃的热导率很小，但由于烟道气和空气的给热系数较低，玻璃管壁的热阻对于传热系数的影响就显得无关紧要。金属管壁会结垢，而玻璃管则无此问题，故其传热条件反而比金属换热器更为优越（寿命长，经济性高）。只有其抗拉"抗弯强度不高，使用中应予注意。

在氯化氢和盐酸的直接合成法生产中，整套设备（合成炉、冷却器和吸收器等）都是石英玻璃制的，可以用其处理 85% ~96% 的高浓度 HCl、37% 的盐酸或高纯度实验室用盐酸。

在半导体生产中，精制提纯时温度极高，纯度要求又高，所以更离不开石英玻璃。如在单晶硅的生产中，其过程大多在 1000℃ 以上的高温下进行，其中的设备，如反应器、冷凝器、精馏塔、还原炉、蒸发器以及容器管道等，全是用石英玻璃制作的。因此，玻璃换热器在工业应用中具有广泛的发展前景。

参　考　文　献

[1] 阎皓峰等编著. 新型换热器与传热强化. 北京：宇航出版社. 1991.

[2] New glass – lined heat exchangers. CHEMICAL ENGINEERING WWW. CHE. COMARCH. 2000.

[3] 第一机械工业部石油机械研究所. 换热器——国外化工与炼油设备发展概况之一. 1971.

[4] 毛希澜主编. 换热器设计. 上海：上海科学技术出版社. 1988.

第六章 涂层换热器

(廖景娱 余红雅)

第一节 概 述

一、开发背景及常见形式

涂层换热器是在耐蚀性能低劣的金属材料表面上涂以耐蚀涂料,将金属与腐蚀介质隔开,以达到延长使用寿命的一种新型冷换设备,现已广泛用于炼油、化工及化肥等行业。换热器除了部分采用不锈钢、铜和钛等特殊材料制作外,大多数都用了成本较低的碳钢,目的是为了降低设备的制造成本。但是换热器往往又处于腐蚀、结垢、传热及冲蚀等复杂而严苛的环境中操作,要解决冷换设备的这些问题,人们经过大量研究后,提出了经济可行的新方法,即在碳钢表面涂敷一定厚度的防腐涂料。实践证明,这一方法较好地解决了冷换设备的腐蚀结垢问题,尤其是解决了不锈钢换热器难以克服的氯离子腐蚀问题。

国外早在 20 世纪 60 年代初就开始了用涂料防腐蚀及防结垢的研究,迄今已研制出多达 13 种涂料牌号。技术最先进的要属西德 SAKAPHEN 公司。1965 年日本三菱公司引进西德技术后亦发展了相应的涂料。我国 60 年代在大连化工厂开始做试验,1977 年沧洲化肥厂又开始了较为系统地研制工作。之后天津油漆厂研制出了我国水冷器新型防腐涂料 CH – 785,并于 1978 年正式用于工业水冷设备上。实践证明,该涂料及施工质量已接近或基本接近国外的先进水平。近年来经过改进,又研制出了 CH – 831 和防酸防碱 CH – 851 新涂料,且还在开发新涂料和冷固施工涂料系列产品。

目前,冷换设备采用较多的防腐涂料有,西德 SAKAPHEN 涂料、日本米通 KWS 涂料、天津海水所的 TH847 (7910 和 CH – 784 改良品) 和漆酚钛涂料等。广石化炼油厂大部分空冷换热设备都采用了漆酚钛涂层的防腐措施,涂层厚度均在 120μm 以上。

二、涂层换热器的特点

(一) 设备使用寿命延长

涂层换热器的涂层起着隔绝水、氧气、离子及蒸汽等对金属表面的渗透,保护碳钢基体不被腐蚀,可延长寿命 3~5 倍。涂州化肥厂 103J 最终冷却器,位号 124 – C 2mm 厚的管子,使用 10 个月就腐蚀穿孔,两年报废。后来用 CH – 784 涂层,使用寿命达 8 年多。镇海石化公司化肥厂的闪蒸冷凝器,位号 9901C,采用 7910 涂层,使用寿命已达 7 年。而同样水质的无涂层碳钢换热器使用两年就发生穿孔和堵塞。

(二) 阻垢作用显著

涂层换热器的涂层硬度大,表面能小且光滑,因而不易滞留污物和水垢,即使有水垢形成,也是一层疏松的软垢,极易被冲洗掉。江西氨厂的蒸汽冷凝器,位号 301 – D1901,采用 7910 涂层,至今已连续使用 6 年多,未发现有结垢现象。胜利化工厂不带涂层的碳钢管使用两个月后就被硬垢堵塞,一年报废;而采用 CH – 784 涂层,使用 15 个月后停车检查,表面只是少量的疏松水垢，用水一冲就脱落了。

（三）传热效率提高

换热设备的主要作用是进行热交换，许多用户曾担心涂层会增加热阻进而影响传热效率。事实证明，涂层不但不会影响传热效率，相反还会提高换热器的传热效率，见表7.6-1。

表7.6-1 沧化冷却器传热效率现场监察情况

项 目	开车（防腐前）	报废前	开车（防腐后）	6个月后	一年后
	1987. 5. 2	1988. 5. 26	1988. 6. 27	1989. 2. 28	1990. 5. 27
产量/ (t/d)	1000.0	880.6	979.2	937.0	922.0
入气口温度/℃	144.5	150.5	142.0	134.0	140.0
出气口温度/℃	36	40	32	26	32
温差/℃	108.5	102	110	108	108

传热效率提高的原因是，所用防腐材料本身热导率较高，加之涂层表面光洁平滑，热导率不会因垢阻而发生变化；而无涂层表面则会因锈蚀和污垢而产生高热阻，促使热导率直线下降，见图7.6-1。

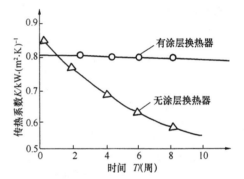

图7.6-1 换热器传热系数 K 与时间的变化关系

（四）经济效益增加

碳钢涂层换热器的一次性投资虽比无涂层换热器增加了30%~40%（无涂层7000¥/t，有涂层10000¥/t），但使用寿命延长了3~倍。不但传热效率高，能耗降低，且毋须频繁停车堵漏或除垢，大大减少了停车损失，生产效率也相应提高。此外，还改善了工人操作环境，减轻了劳动强度。

<h1 align="center">第二节 有机化合物涂层换热器</h1>

一、常用有机化合物涂层

世界上已有30多个国家石油化工企业的换热器应用了原西德SAKAPHEN涂料，这是一种酚醛环氧有机硅三元树脂混配体系，能耐多种介质的腐蚀，能经受蒸汽冲刷，涂层光洁不结垢，使用寿命超过10年。每年涂装面积已超过30万 m²。国内也有100余家企业的水冷设备应用了涂层技术，但主要采用环氧氨基耐蚀阻垢涂料。

水冷器涂层种类很多，除了原西德的SAKAPHEN涂料外，还有日本的米通涂料，中国的环氧氨基及环氧酚醛耐蚀阻垢涂料等。这些涂料均具有耐蚀性能优异、使用寿命延长、阻垢明显、阻力小、传热效率高、抗冲刷、抗渗透以及耐温变等优点。

在碳钢水冷器耐蚀阻垢涂料中，为了让成膜物质隔断水、氧、离子及腐蚀性物质等与金属表面的接触，应选择耐水性、抗水汽渗透以及能耐一定高温的成膜物质，这是水冷器耐蚀阻垢涂料配方的关键。这种涂料主要用于冷却器水侧，与循环水接触，温度一般不超过100℃，但停车检修时往往要用蒸汽吹扫，故涂层必须耐高温。除了要求有良好的耐蚀性、阻垢性、抗水汽渗透、耐沸水性及耐温性外，还要求有良好的附着力、柔韧性、强度、硬度、导热性及抗冲耐磨等性能。下面介绍几种国内常用的防腐蚀阻垢冷却器涂料。

（一）环氧氨基耐蚀阻垢涂料

该涂料主要由高分子环氧树脂及三聚氰氨甲醛树脂为成膜物质。后者能在高温下促进环氧树脂固化而形成极性基团网状结构，从而提高了涂层的耐热性、耐水性、抗渗性和化学稳定性。在底层涂料中有起钝化缓蚀作用的金属颜料，如水合磷酸铝和盐基铬酸锌等。涂料中少量的铝粉可起导热、阴极保护及增强流性的作用。铝粉在涂膜中呈片状平行重叠，与铁红云母配合后能防止水或其他腐蚀介质渗透。面层涂料中的 Cr_2O_3，具有耐热、导热、耐磨及遮盖力强的性能。偏硼酸钡有防止霉菌作用。该涂料的配方以及物理化学性能分别见表7.6－2、表7.6－3 和表7.6－4。

表7.6－2　环氧氨基耐蚀阻垢涂料配方（质量分数）　　　　　　　　　%

原　　料	底　漆	中　间　漆	面　漆
环氧树脂（604）50%溶液*	34.6	45.6	48
丁醇醚化三聚氰胺甲醛树脂	11.5	11.5	20.5
铁红或云母氧化铁	10.7	13.5	3.0
三氧化二铬（Cr_2O_2）	—	6.3	24.0
水合磷酸锌	8.7	—	—
四盐基锌铬黄	12.5	—	—
滑石粉	4.0	5.6	—
铝粉	5.0	15.0	—
氧化锌	2.0	2.5	—
偏硼酸钡	—	—	4.0
硅油	—	—	0.5

* 混合溶剂，二甲苯：丁醇：环乙酮 = 5：3：2。

表7.6－3　环氧氨基耐蚀阻垢涂料的物理性能

项　目	检验标准	底　漆	中间漆	面　漆
细度/μm	GB 1724	<50	<50	<50
黏度/s（涂4杯）	GB 1725	40~60	40~60	45~55
柔韧性/mm	GB 1731	1	1	1
冲击强度（1kg 钢球—50cm）	GB 1732	无裂纹	无裂纹	无裂纹
附着力（级）	GB 1720	1	1	1
硬度	GB 1730	>0.8	>0.8	>0.8
耐热性（200℃，24h）	GB 1835	无裂纹	无裂纹	无裂纹
耐湿热（240h，47℃，湿度96%）		无变化	无变化	无变化
耐温度（47~200℃）25 周期		无裂纹	无裂纹	无裂纹

表7.6－4　环氧氨基耐蚀阻垢涂料的化学性能

介　　质	温度/℃	时间/h	评　定
30% HNO_3、30% H_2SO_4、10% HCl、10% H_2SO_4、10% H_3PO_4	95	18	无变化
10% HAC、30% NaOH、20% NH_4OH、pH 为 8.2 的循环水 10% HCl、10% H_2SO_4、10% H_3PO_4	95	38	无变化
10% HAC、30% NaOH、20% NH_4OH、20% H_3PO_4、36% HAC	常温	1a	无变化
二甲苯：丁醇：环乙酮 = 5：3：2	常温	1a	无变化

（二）环氧酚醛耐蚀阻垢涂料

该涂料以高分子固体环氧树脂和特种补强酚醛树脂反应物作为成膜物质，再加以颜料、助剂及溶剂等后组成。它耐酸碱盐溶液、耐溶剂、耐水及耐油等，耐温可达180℃；涂层坚硬光滑、抗冲抗磨，因为涂料中加入了导热耐磨耐腐蚀的金属颜料，故具有优良的导热性和阻垢性。通过在锦州炼油厂30～40台碳钢水冷却器的涂装应用，使用3a后解体观察，涂层完好，效果满意。其配方及物理化学性能见表7.6－5、表7.6－6和表7.6－7。

表7.6－5 环氧酚醛耐蚀阻垢涂料配方（质量分数） %

原　料	底　漆	面　漆
环氧树脂（604）50%溶液*	52.25	49.0
补强酚醛树脂50%溶液*	22.5	21.0
铁红	10	—
四盐基锌铬黄	8.0	—
铝粉浆	3.0	4.0
滑石粉	4.0	—
三氧化二（Cr_2O_3）	—	25.0
硅油	1	—

* 混合溶剂，二甲苯：丁醇＝4：1。

表7.6－6 环氧酚醛耐蚀阻垢涂料的物理性能

项　目	检验标准	底　漆	面　漆
颜　色	GB 1729	铁红色	绿色
细度/μm	GB 1724		<60
黏度/s（涂4杯）	GB 1725	25～30	25～35
柔韧性/mm	GB 1731	1	1
冲击强度（1kg 钢球—50cm）	GB 1732	无裂纹	无裂纹
附着力（级）	GB 1720	1	1
硬度	GB 1730	0.7	>0.8
耐热性（200℃，24h）	GB 1835	无裂纹	无裂纹
耐温度（120℃～180℃）8周期	—	无变化	无变化

表7.6－7 环氧酚醛耐蚀阻垢涂料的化学性能

介　质　名　称	温度/℃	评定
海水、盐水、工业水、纯水	150	耐
30% NaOH、20% KOH、30% Na_2CO_3	95	耐
20% H_2SO_4 HCl、HAC、H_3PO_4	90	耐
苯、二甲苯、汽油、煤油、丙酮、醇类、酯类	常温	耐

（三）环氧糠酮树脂改性耐蚀阻垢涂料

该涂料以环氧糠酮树脂为成膜物，再添加以溶剂、金属颜料、增塑剂及固化剂等组成的，为双组分涂料。耐酸碱盐溶剂、耐水、耐油，可常温固化，施工方便。对金属附着力强，涂层坚硬，耐温可达150℃。对酸碱的耐蚀性能尤佳。涂料配方及性能见表7.6-8和表7.6-9。

表7.6-8　环氧糠酮耐蚀阻垢涂料的配方（质量分数）　　　　　　　　　　%

原　料	底　漆	面　漆
环氧树脂（E-44）	35	35
糠醛丙酮树脂	12	12
邻苯二甲酸二丁酯	5	5
丙　酮	35	30
铁红粉	10	—
三氧化二铬（Cr₂O₃）	—	15
铝粉浆	3	3

表7.6-9　环氧糖酮耐蚀阻垢涂料的物理性能

项　目	检验标准	底　漆	面　漆
颜　色	GB 1729	棕红色	绿色
黏度/s（涂4杯）	GB 1725	20~30	20~30
柔韧性/mm	GB 1731	1	1
冲击强度（1kg钢球—50cm）	GB 1732	无裂纹	无裂纹
附着力/级	GB 1720	1	1
硬　度	GB 1730	0.7	>0.8
耐热度/℃	—	150	150

（四）环氧漆酚钛耐蚀阻垢涂料

该涂料以中国生漆为主要原料，再与环氧树脂、甲醛及有机钛酸脂反应改性而得到的成膜物，再调配入多种颜料而得到常温或高温固化涂料。具有耐酸、碱、水及海水腐蚀的性能，耐温可达300℃，不但可用于一般水冷器，且可用在炼油行业的换热器上。该涂料的配方及性能指标见表7.6-10、表7.6-11和表7.6-12。

表7.6-10　环氧漆酚钛耐蚀阻垢涂料配方（质量分数）　　　　　　　　　%

原　料	底层涂料	面层涂料
环氧漆酚钛50%溶液*	72.0	72.0
铁红	10	—
三聚磷酸铝	15	—
铝粉浆	2.0	3.0
三氧化二铬（Cr₂O₃）	—	25.0
硅油	1.0	

表 7.6 – 11　环氧漆酚钛耐蚀阻垢涂料的物理性能

项　目	检验标准	底　漆	面　漆
颜色	GB 1729	浅棕红色	墨绿色
细度/μm	GB/T 1724—79	<60	<40
黏度/s（涂4杯）	GB/T 1725—2007	25 ~ 35	25 ~ 35
柔韧性/mm	GB/T 1731—1993	1	1
冲击强度（1kg 钢球—50cm）	GB/T 1732—1993	无裂纹	无裂纹
附着力/级	GB 1720	1	1
耐热油性/真空泵油300℃，10周期	—	无变化	无变化

表 7.6 – 12　环氧漆酚钛耐蚀阻垢涂料的化学性能

介质名称	浸漆条件	涂层状态
蒸馏水	室温 1a	无变化
海水	沸腾 10 周期	无变化
20% 柠檬酸	沸腾 10 周期	无变化
汽油（90#）	60 ~ 140℃ 10 周期	无变化
煤油	180 ~ 210℃ 10 周期	无变化
柴油	270℃ 10 周期	无变化
5% 环烷酸	150℃ 10 周期	无变化
机油	300℃ 10 周期	无变化
真空泵油	300℃ 10 周期	无变化
20% H_2SO_4	115℃ 10 周期	无变化
15% HCl	85℃ 10 周期	无变化
40% NaOH	110℃ 10 周期	无变化

二、有机化合物涂层换热器的传热性能

南京化工第二机械厂采用比金属热导率小得多的涂料涂复于金属表面上，然后对其传热效率进行了简单测定和对比试验。

（1）只要施工工艺合理，涂层又能确保在 0.20 ~ 0.25mm 之内并达到致密程度，则涂层就会有良好的防腐蚀性能，对传热影响亦甚微。

$$\frac{\delta}{\lambda} = \frac{0.20 \times 10^{-3}}{0.7 ~ 1.2} = 2.35 \times 10^{-4} ~ 1.66 \times 10^{-4}$$ 而 $\frac{1}{\alpha_1}$、$\frac{1}{\alpha_2}$ 和涂层增加的热阻相比要大得多。

式中　δ/λ——热阻；

α_1、α_2——分别为传热管两侧的膜系数。

（2）碳钢表面涂以涂料后热阻增加，但由于表面光滑阻止了垢层的形成，促使传热得到改善，见图 7.6 – 2。如栖霞山化肥厂三台油冷器和沧州化肥厂 115C、116C 冷换设备使用均证明设备传热效率高，且能长期运转。

三、施工技术要求

对热固性防腐涂料冷换设备来说，其使用效果的好坏不但取决于涂料本身，且与换热器

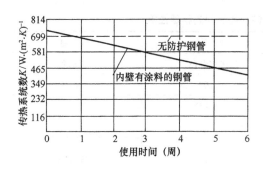

图7.6-2　传热系数对比图

的结构设计、施工工艺、严格的质量控制等均密切相关。在致密涂层保护下的腐蚀速率为0，而在环境灰尘下的防腐性能却大大下降，可见涂层致密和施工精良，两者缺一不可。

为了确保获得性能良好的涂层，施工时对涂层材料有如下要求：

（1）耐热、耐热冲击、不易老化。

（2）耐振动等机械负荷，不易脱落破裂。

（3）耐流体中固体粒子的磨蚀。

（4）涂膜要薄，以利传热；要求涂膜无针孔，光滑，使不易结垢。

目前使用的一般涂装工艺如下：

（一）管束表面磷化处理

磷化处理亦就是对水压试验合格后的碳钢换热器进行酸洗、中和、磷化及烘干处理。处理方法是把酸洗槽、中和槽、磷化槽、水洗槽、泵及阀等通过管路与换热器连接起来，组成图7.6-3所示的循环系统。让处理液在系统内循环以达到磷化处理的目的。也可先进行喷砂处理，再进行磷化处理，可省去酸洗与中和处理。

酸洗：8%～10% HCl + 0.3% Lan826缓蚀剂，常温。

中和：5%磷酸三钠 + 3.5%氢氧化钠 + 0.3%十二烷基磺酸钠，25～35℃。

磷化：硝酸锌120g/L，马日夫盐100g/L，氟化钠8g/L，氧化锌6g/L，40～70℃，90min。

借助系统中阀门的开闭，进行酸洗、中和、磷化，上述工序处理后均经氮气顶出至原槽，再用水冲洗至中性。

（二）涂料选用与添加鳞片

根据不同介质和温度的要求，应选用不同的防腐阻垢涂料。对冷却水（低于100℃），可采用CH-748和TH-847涂料；对水或油品（100～200℃）则可用漆酚钛涂料。

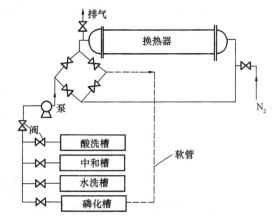

图7.6-3　换热器涂装前磷化处理循环系统

近年来在换热器涂料中添加了玻璃鳞片或不锈钢鳞片，添加量约为5%～10%，具体添加量应通过试验确定。施工性能可通过添加偶联剂或触变剂来改善，可采用灌涂、喷涂等。

（三）循环流涂装

将倾斜一定角度的换热器管芯低端放入一储漆槽，用泵打循环。涂料从多管接口高端流入，泵打数分钟后管内涂料已饱满，随即停泵。之后再转换其他管口依次重复进行，并让管内多余涂料流入贮漆槽中。每涂装一道，两端倒拉，并转动一个角度，表面干后送烘房加热固化。

对抽芯后的换热器壳程内壁，可采用循环淋涂法施工。马鞍形喷淋头设置于上方泵送涂料到喷淋头，边喷淋边转动换热器。换热器下部放置有储漆槽，用其盛接淋下来的漆液。喷淋表面干后送烘房固化。

（四）加热固化

从保证换热器防腐阻垢、耐冲刷与导热等使用要求考虑，对涂层采用加热固化比常温固化优越。涂层经高温烘烤，成膜物质的官能团发生交联固化反应而成漆膜，这种膜较常温固化漆膜致密坚韧，较少针孔与缺陷。加热固化条件需根据不同涂料而定，如 CH-748 涂料，表面要充分干燥后才能进行。为使涂层中残余溶剂充分挥发及防流淌，应多台阶地逐渐升温与保温。如从室温至 80℃宜慢，在 60~180℃区间每隔 20℃恒温 1~2h 进行烘烤，最后一道固化应升温至 200℃。

（五）为确保施工顺利及涂层的质量，生产施工现场应具备如下条件：

（1）涂敷施工场地需全封闭，净化室内空气，控制含尘量还要有温湿度调节装置。

（2）要有表面处理及污水处理设备。

（3）该涂料系热固性，因此固化加热设备必不可少。

（4）静电喷涂设备和起重设备也应具备。

四、经济效益

腐蚀问题既是经济问题，又是社会问题。以水为介质的冷换设备，我国估计其换热面积有 150 万 m² 以上。以化工部直属化工企业为例，每年碳钢冷换设备因腐蚀、结垢而更换所耗费的钢材就达 3 万余 t，耗资 2.5 亿元。就石化系统的直属企业来看，1987 年光更换的水冷设备就有 2600 余台（其中更新的有 1000 余台，另有 1600 余台为管束），耗费钢材 1.5 万余 t。按当时的价格计算其直接损失就达 1.2 亿元以上。大庆石化总厂管壳式换热器有 1023 台，其中水冷器 403 台，每年更换率为 5%，其他的更换率为 3%，为此仅管壳式冷换设备每年就需更换 40 台，消耗钢材 110 余 t/a，每年直接经济损失 95 万余元。此外，由此停车检修、减产造成的经济损失更为可观。

性能良好的涂层会获得很好的防腐效果。如沧化一台 116c 合成气压缩机段间冷却器，重要 8.5t，造价近 6 万，用涂料之前使用 8 个月后发现有堵管 30 根，16 个月就报废（涂层厚度只有 30μm）。后采用了防腐涂料，使用了 39 个月，提高寿命 2.4 倍。124c 从 1979 年 6 月至 1983 年 4 月使用近 4 年涂层仍完好；不用涂料时 10 个月就穿孔，28 个月报废。30 万 t/a 合成氨厂几年来更换的水冷器平均寿命 22 个月，如用涂料涂敷将提高使用寿命 2~3 倍。13 套大氮肥装置中估计循环水冷却器有 1000 台之多，若其使用寿命不能提高 2~3 倍，经济效益则相当可观。

五、工业应用及发展前景

防腐涂层设备已广泛用于化工、化肥、石油化工、冶金、发电、炼钢和食品等工业行业。防腐涂料不同，其应用范围也有差异。目前采用的防腐涂料有西德 SAKAPHEN 涂料、日本米通 KWS 涂料、天津海水所的 TH847（7910 和 CH-784 改良品）和漆酚钛涂料等。随着涂料研究工作的深入，与不同介质及工作温度相配套的新型涂料将陆续登台，涂层换热设备的应用范围将近一步扩大。

第三节　Ni-P 合金化学镀层换热器

一、开发背景及应用现状

目前换热器已使用的防腐措施，如用涂层、镀层、渗层以及选材等防腐等方法，从耐用性、加工性及经济性等方面综合评价，均不是完美无缺的。如在含 S、Cl⁻介质中，碳钢会产生严重腐蚀，不锈钢会产生点蚀与应力腐蚀破裂，不能确保换热设备长周期安全运转；有机涂层换热器一般需要一定厚度，需多道涂装与高温烘烤，施工工艺复杂，且其耐温性不良，如油品换热器每次检修用高压蒸汽吹扫时，易造成涂层破坏。而 Ni－P 镀层换热器因是非晶态合金，即金属玻璃，具有较高的耐腐蚀性（抗 H_2S、Cl⁻），耐高温（在 380℃下可正常使用），抗冲刷与腐蚀（具有一定硬度），传热好（具有滴状冷凝效果），抗结垢（表面光滑）等优良特性，工业使用证明，使用效果良好，逐渐得到石化企业的青睐。据悉，西方国家应用于石化行业的化学镀 Ni－P 镀层的产值已超过 1 亿美元。国内石化行业在化学市场份额中约占 50% 以上。

化学镀 Ni－P 合金从学术研究到工程应用经历了较长的时间，早期主要用于阀、泵及模具等小型设备的耐磨处。近年来才开始用于换热器等大型设备，以耐蚀为目的。率先开发应用 Ni－P 换热器技术的是大庆石化总厂与金陵石化设计院等。如大庆石化总厂早在 1995 年之前就已建成了一次最大装容量达 $800m^2$ 的换热器生产线，已完成 $5400m^2$ 换热器的镀覆。大庆炼油厂糠醛装置换热器因腐蚀每年大修需更换 2 台芯子，采用 Ni－P 镀管束后，经 2 年多使用未泄漏。齐鲁石化与大庆防腐厂合作，生产 Ni－P 镀层换热器 80 余台，总面积 4.5 万 m^2，用于炼油厂、烯烃厂与化肥厂、解决了高温油侧及 H_2S 腐蚀问题，全面取代了有机涂层防腐。

二、施工技术要求

化学镀 Ni－P 技术从高校研究转到厂家生产，从小工件发展到大工件施镀，工艺与质量管理均难免出现问题，如预处理与施镀控制等稍有松懈，就会带来麻烦。随着 Ni－P 镀层换热器应用的逐渐增多，相应的由于镀层质量而带来的失效事故也时有发生，有时镀层换热器使用寿命甚至远低于碳钢。究其原因主要是镀层有微孔与孔隙，失去了屏障作用。虽然在使用过程中有些镀层孔隙因形成不溶性腐蚀产物而被堵塞，使基体不致腐蚀，但钢基体镀层在酸性环境里，如在 HCl、H_2SO_4 等介质中不可能形成不溶性产物。尤其在温度较高等腐蚀环境中，由于 Cl⁻、S^{2-} 等侵蚀性离子通过镀层孔隙渗透到钢的基体，使电位较正的 Ni－P 与较负的 Fe 之间形成电位差，产生严重电偶腐蚀，使小孔扩展为孔腔，最后造成管壁泄漏。理论上 Ni－P 化学镀层上可达到无孔隙，但实际工程中很难得到无孔隙镀层。某根管子某个部位镀层针孔的泄漏有可能造成整台换热器事故停车。为减少 Ni－P 镀层的缺陷，提高耐腐蚀性与设备使用寿命，可采用如下对策：

（1）严格控制化学镀工艺，消除不必要的镀层缺陷。如加强镀液分析，保持镀液中主盐与还原剂含量的相对稳定，让 pH 处于最佳范围。镀液最好应有自动管理系统，镀液老化应予以报废。加强镀液过滤，采用 1～5μm 滤孔的过滤机或过滤袋，以除去外来或化学镀过程中产生的各种杂质。尤其是镀液组份稳定剂中铅、镉或硫会使镀层的耐蚀性降低，故应控制与改进。增加空气搅拌也能减少镀层缺陷与粗糙。

（2）增加镀层厚度。国外用于防腐目的的镀层厚度推荐为 75μm，如化工用换热器 Ni－P镀层厚度即是 75μm。国内厂家一般施镀厚度多为 40～60μm，有的镀层还不到此数，甚至在 25μm 以下。如此薄的厚度极易造成早期失效，施镀较高厚度，又会使成本增加。

（3）正确进行预处理。如在常规碱洗除油前增加一道烘烤工序。除锈不宜用喷砂，应采用高效的酸洗工艺。活化液应经常更新，以减少孔隙率和提高结合力。

（4）选择合适的络合剂。镀液中络合剂种类与镀层孔隙率有关，试验证明，使用磷酸或乳酸时，镀层的耐蚀性较好。

（5）采用 Ni－W－P 或 Ni－Sn－P 三元化学镀。该方法施镀的镀层孔隙率较少，即耐蚀性优于 Ni－P 镀层。若在 Ni－P 镀底层上再镀以 Ni－W－P 或 Ni－Sn－P，则比单一的Ni－P 镀层耐蚀性有提高。

（6）Ni－P 镀后进行钝化处理。一般采用铬酸或重铬酸盐溶液处理，但耐蚀性提高有一定局限性。

（7）Ni－P 镀后进行有机涂料封孔处理。这需要解决镀层与涂料的结合问题。

（8）确保镀层中 P 含量 >10%。镀层的钝化程度和抗蚀性能一般与镀层内 P 含量有关，含 P 量 >10% 的 Ni 镀层，其抗蚀性比含 P 量低的镀层要好。若将含 P 量从 10.5% 降至 4.5% 时，其耐蚀性仅为原来的 1/3。

（9）避免在较高温度下使用。因为 Ni－P 镀层耐蚀性还与设备使用温度有关，200℃ 以下对镀层结构无影响，耐蚀性几乎不变。但在 260℃ 以上使用时镀层结构会发生变化，镀层内形成了 Ni_3P 颗粒；若使用温度超过 400℃，则镀层开始结晶，失去非晶态。析出的 Ni_3P 促使镀层中 P 含量下降，耐蚀性大大降低。形成的 Ni_3P 还会使镀层收缩和形成微裂纹，并促使基体直接受到介质侵蚀，故一般建议应在 380℃ 以下使用。

三、经济效益

Ni－P 镀层用于石化行业大型换热器等设备的防蚀，取得了明显的效果，延长了设备的使用寿命。金陵石化设计院开发了化学镀细长管技术，已获国家专利，并成功地施镀了 20 余台换热器。如安庆石化炼油厂焦化装置换热器（壳程为含 H_2S 循环汽油，管程为含 O_2、Cl^- 软化水），用碳钢时仅能使用 3～6 个月，而用 Ni－P 镀后其寿命提高到 24 个月。上海炼油厂减粘换热器碳钢管束用 3 个月就需更换，而用 Ni－P 镀后使用寿命提高到 10 个月。南京炼油厂二套常减压水预热器碳钢管束用 3 个月后即穿孔，不锈钢用 9 个月后亦需要换，但用 Ni－P 镀后操作了 2 年仍完好。石家庄焦化厂换热器（管程走煤焦油，壳程走冷却水），未防腐处理时半年后就腐蚀穿孔。后管程改镀 Ni－P，壳程用涂层，使用 21 个月后还未发现泄漏。上海石化和镇海炼化许多换热器也采用了 Ni－P 化学镀换热器，均取得一定防腐效果。

由上述可见，Ni－P 镀层换热器的使用寿命一般均延长了 3～5 倍，大大减少了停车损失，生产效率相应提高，企业经济效益增加了。

四、工业应用及发展前景

Ni－P 镀层主要用于石油炼制、化工、化纤及化肥等装置各类换热器的防腐。目前，人们又开始了镀层＋涂层联合防腐换热器的开发。为了适应油田注水管线与石化企业冷换设备防腐防垢的需要，大庆能仁防腐节能技术有限公司开发了一种三层复合涂镀技术，即是在 Ni－P 化学镀层基础上再经化学转化处理，使 Ni－P 合金底层表面上形成金属间化合物（作为中间层），最后再将有机聚合物涂敷于中间层上。经烘烤，有机聚合物中某些官能团便会与镍基金属间化合物发生交联反应，最终形成复合镀层＋涂层。这种涂镀层具有相当高的致密性、耐蚀性、结合力、耐温度、防结垢及热导性等综合性能，充分发挥其 Ni－P 镀层与有机涂层优势互补的作用。一般取 Ni－P 镀层厚 15μm，有机涂层厚 10μm，总厚度约为 25μm。这与 Ni－P 镀层厚 60μm 或有机涂层厚 200μm（经 6 次烘烤）的情况相比，从原材料消耗与施工工期来看均有所节约，总施工成本大大节省，因而有较强的市场竞争力。

根据实际需要，还可有针对性地选用一些耐高温、耐腐蚀及防结垢结焦的有机涂料，如含氟涂料。这种复合涂镀技术预计也会有令人满意的使用效果。

参 考 文 献

[1]　余存烨. Ni – P 化学镀层换热器应用动向. 化工设备与管道. 2000，37(3)：52～55.

[2]　朱锦鉴等. 防腐涂层换热器的制造及应用. 全面腐蚀控制. 1991，5(4)：31～33.

[3]　王德武. 碳钢水冷器的腐蚀结垢与涂料防防. 腐蚀与防护. 1999，20(10)：453～455.

[4]　余存烨. 石化换热器防腐蚀涂装与镀覆技术及其进展. 腐蚀与防护. 2001，22(12)；537～540.

[5]　南京第二化工机械厂. 八九年度换热器及制冷换热设备学术交流会交流材料. 涂层换热器简介. 1989.

第八篇

其他换热器

第一章 回转式换热器

(李 超)

第一节 概 述

一、特性

回转式换热器是一种蓄热式换热器，它是利用热力设备（电站锅炉、工业锅炉及工业炉等）的排烟来加热送入该设备空气的装置，或是在空调系统中，利用排出的冷风（热风）冷却（加热）进入系统新风的装置。

在回转式空气预热器中，高温烟气和低温空气交替流进蓄热体对其加热及冷却。整个换热过程可以分为两个阶段。第一阶段，烟气把热量传给蓄热体，第二阶段，蓄热体将第一阶段蓄存的热量传给空气。加热和冷却分别在两条通道中连续进行，排烟的平均温度和热空气温度保持恒定。由于这种空气预热器是利用再生方式传热，因此又常称为再生式空气预热器。

回转再生式空气预热器的作用：

（1）加热空气，改善燃烧，使燃烧更加稳定，更加完全，提高燃烧效率。

（2）降低排烟温度，减少排烟热损失，提高设备的热效率。

（3）节约燃料。

回转式换热器具有结构紧凑、布置方便、体积小、金属耗量少、受热面温度较高及受烟气腐蚀较小等特点，但亦普遍存在着漏风量偏大，特别是在结构设计、制造和安装工艺有缺陷时，漏风量增大，从而影响设备的出力、燃烧并增加了电耗。

在空调系统中，回转式全热换热器在旋转过程中让排风与新风以相逆方向流过转轮（蓄热体）而各自释放和吸收能量。其特点：

（1）回收空调系统排出气体的能量高，可达70%~85%，减少了新风的能量消耗。

（2）降低能耗，能同时进行热量和湿度的交换，既能回收显热又能回收潜热。

（3）排风与新风交替逆相流过转轮，具有自净作用。

（4）通过转速控制，对不同室内外空气参数均能适应。

回转式全热换热器的缺点是，由于排风和新风之间的压差，存在着漏风，无法完全避免交叉污染。装置较大，占用建筑面积和空间多，接管位置固定，配管灵活性差。

二、用途

早期回转式换热器大部分用于电站，近年来开始应用于化工、石油和冶金等行业以及地热的利用、冷藏库排气中的冷量回收等。

图8.1-1为回转式空气预热器在锅炉机组中的布置示意图。空气预热器根据流程布置在烟气流程的尾部，冷空气由送风机经风道送入空气预热器，加热后送到燃烧器，锅炉的排烟由空气预热器冷却后，再经除尘器被引风机排到烟囱。

某些工业设备排出的废烟气还有一定的热量，如热风炉排烟温度仍有250~300℃、玻璃熔化

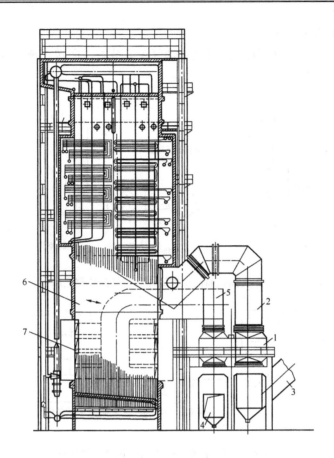

图 8.1-1 回转式空气预热器在锅炉机组中的布置

1—回转式空气预热器；2—烟气进口；3—烟气出口；
4—空气进口；5—空气出口；6—炉膛；7—燃烧器

炉有500℃，可用空气预热器回收一部分热量。这时空气预热器的布置方式与蒸汽锅炉相同。

在排烟脱硫设备中，烟气脱硫装置一般多放在除尘器之后，经脱硫处理后的烟气温度均较低，因脱硫装置要求在70～80℃下工作。而锅炉的排烟温度通常在125～150℃，排烟就必须进一步冷却，从烟气脱硫装置中排出的烟气温度较低，温度过低的烟气从烟囱排出时，使烟气的浮力下降，同时烟囱有效高度也降低，将导致从烟囱排出的残余SO_x、NO_x，和粉尘物质不能充分地扩散，这是环保所不允许的。因此，必须把烟气的温度提高到130～140℃后再排到烟囱中去。回转式空气预热器可以同时完成这两项任务，图8.1-2即为烟气脱硫

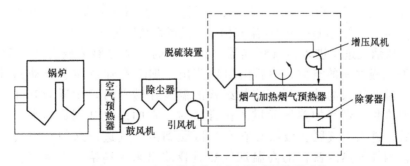

图 8.1-2 烟气脱硫装置中回转式预热器系统

装置中的回转式预热器系统。

不少火力发电厂既有烟气脱硫装置也有烟气脱氮装置，回转式预热器在系统中的布置见图8.1-3和图8.1-4。

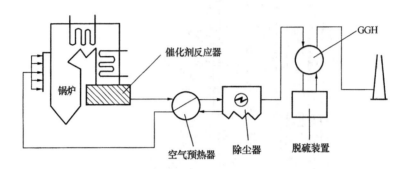

图8.1-3　固定式催化剂位于省煤器和空气预热器之间的脱氮系统

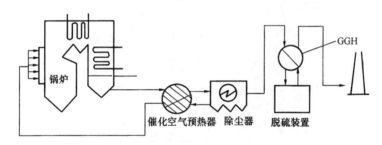

图8.1-4　脱氮系统中的催化空气预热器

第二节　回转再生式空气预热器工作原理

一、工作原理

回转式空气预热器结构简图如图8.1-5所示。该预热器主要由轴、转子、外壳、传动装置和密封装置组成、转子中用隔板分成一系列小仓格，仓格中布满了用0.5～1.25mm钢板制成的受热面。转子由电动机经减速器带动，以1.5～4r/min速度转动。转子由上、下轴承支持，轴承固定在横梁上。可以由上轴承承重，也可由下轴承承重。外壳由外壳圆筒、上下端板和上下扇形板组成。上下端板留有烟风通道的开孔以备和烟风道连接。上下端板烟风道开孔的中间为装有上下扇形板的密封区。在预热器的整个截面上烟气流通截面积占40%～50%;空气流通截面积占30%～45%，密封区约为8%～17%。烟气流过预热器的流速一般为8～12m/s;空气流速与烟气流速相近。漏风系数约为0.1～0.2。

高温烟气从烟气进口进入空气预热器，在转子的一个扇形区域内（一般为150°～180°）穿过波纹板之间的空隙，然后由出口流出。烟气在穿过转子流动的过程中，把热量传递给了温度较低的波纹板，使波纹板的温度在转动过程中逐渐升高。当波纹板随转子转到即将脱离烟气加热区而进入惰性区时，它的温度升到最高水平。波纹板经过惰性区之后，进入空气区。波纹板在空气区受到由空气进口来的冷空气的冲刷，板温逐渐变低，烟气加热区蓄存的高温烟气热量释放出来传递给了冷空气。于是，空气被加热，然后从空气出口流出。

转子在沿圆周方向装有高度与转子相同的径向隔板。转子被径向隔板分隔成角度相同的扇形仓格，烟气和空气各占据若干个仓格，在烟气区和空气区之间，各有一个仓格位于惰性区。惰性区设置的目的是为了分隔烟气和空气，防止它们相互混合。并且通过装在径向隔板上的密封片和惰性区中的扇形盖板来阻止压力较高的空气泄漏到烟气中去。

此种结构的空气预热器，蓄热体加热过程的连续转换是靠转子的旋转来实现的，因此一般被称为受热面旋转的回转式空气预热器。国外又称之为容克式空气预热器。

(a) 预热器总体结构　(b) 受热面板型　(c) 受热面组件

图 8.1－5　回转式空气预热器结构简图

1—管道接头；2—轴承；3—轴；4—高温段受热面；5—外壳；6—转子；7—电动机；8—密封装置；9—低温段受热面

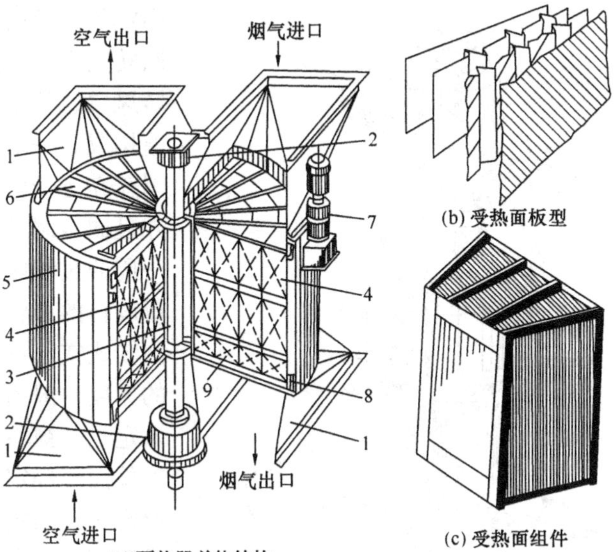

该预热器按旋转轴的布置又可分为受热面旋转的垂直轴回转式空气预热器（图 8.1－5）和受热面旋转的水平轴回转式空气预热器（图 8.1－6）。

除了受热面旋转的回转式空气预热器外，还有一种风罩旋转的回转式空气预热器（图 8.1－7）。大型回转式空气预热器的转子十分笨重，旋转时易发生受热面变形及轴弯曲等问题。风罩旋转的回转式空气预热器采用了使受热面与烟道一起构成坚固的定子以及使质量轻的风罩能转的结构，以达到再生式换热的目的。风罩旋转的回转式空气预热器，蓄热板装在

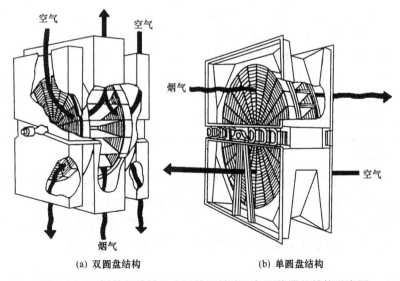

(a) 双圆盘结构　(b) 单圆盘结构

图 8.1－6　受热面旋转的水平轴回转式空气预热器的结构示意图

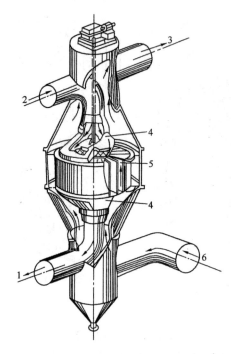

图 8.1－7　风罩旋转的回转式空气预热器
1—空气出口；2—空气入口；3—烟气出口；
4—回转风罩；5—隔板；6—烟气入口

固定的定子内部，转子的定子结构与受热面旋转的回转式空气预热器相似。这种空气预热器由上下回转风罩、传动装置、蓄热体、密封装置、烟道和风道构成，一端为 8 字形而另一端为圆柱形的两个风罩盖在定子的上下两个端面上，其安装方位相同，并且同步绕轴旋转。由于风罩的 8 字形，风罩旋转一周的过程中，蓄热体两次被加热和冷却，因此风罩旋转的回转式空气预热器的转速比受热面旋转的回转式空气预热器的转速要低。上下风罩同步旋转的速度一般为 0.75～1.4r/min。空气通过上风罩进入定子，被蓄热体加热后由下风罩流出，烟气在风罩外面流经定子。回转风罩与固定风道之间设有环形密封，与定子之间也设有密封装置，以防止空气泄漏到烟气中去。在整个定子截面上，烟气流通截面积占 50%～60%，空气流通截面积占 35%～45%，密封区占 5%～10%。风罩旋转的回转式空气预热器的优点为不易出现受热面因温度分布不均而产生蘑菇状变形，且可使用重量大、强度低但能防腐蚀的陶瓷受热面。缺点为结构较复杂。

一、主要零部件[1,4,6～7]

回转式空气预热器由转子、外壳、蓄热元件、主轴、上轴承、下轴承、上连接板、下连接板、密封装置、传动装置、吹灰和水冲洗装置以及润滑装置等零部件构成。图 8.1－8 为 600MW 机组锅炉回转式空气预热器的结构简图，图 8.1－9 为其总体结构图。

1. 转子

转子是装载传热元件（波纹板）并可旋转的圆筒形部件，其外形似转鼓。为减轻重量，便于运输及有利于提高制造、安装的工艺质量，转子采用组合式结构。它主要由空心转轴、扇形模块框架（或称模数仓格）及传热元件（大量波纹板）等所组成。

转子的圆筒体采用了模数分仓结构，根据圆心角被分成若干等分，将圆筒体被分成数个独立的扇形部分，每个扇形块沿径向又分割成几个仓格，在每个仓格的空间里放置预热器传热元件的组合件（波纹板组合件）。转子圆心角等分度数以及每个扇形块沿径向分割成的仓格数，依据转子直径的大小而定。径向隔板和横向隔板数量选取的原则是使它们所构成的梯形仓格具有一定的刚度并使其中放置的波纹板组件既有高的材料利用率，又不使外形尺寸过大。

在转子外壳上装有由销轴构成的围带。转子经上、下轴端，由处于上梁中心的导向轴承及置于下梁中心的推力向心轴承支承，由减速箱上的齿轮通过围带驱动转子。

转子的中部是一个长圆柱的中心筒，一方面，它与外壳之间由径向隔板连接形成一个刚性体，另一方面，它与主轴相连接，转子的重量通过中心筒传到主轴上。

2. 主轴

主轴是转子的传动轴，起支承转子重量，并将转子重量传到轴承上去的作用。它有长轴

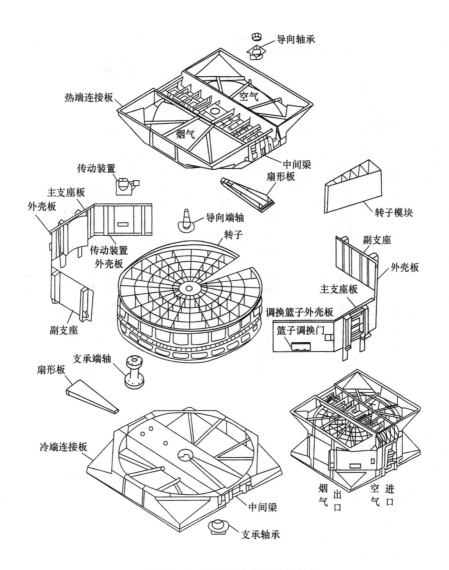

导向轴承

热端连接板

空气

烟气

传动装置

中间梁

主支座板

扇形板

外壳板

转子模块

导向端轴

转子

副支座

传动装置
外壳板

外壳板

主支座板

副支座

调换篮子外壳板

篮子调换门

支承端轴

扇形板

冷端连接板

烟气出口

空气进口

中间梁

支承轴承

图 8.1-8　回转式空气预热器结构

和短轴两种形式。见图 8.1-10 和图 8.1-11。

　　长轴贯穿整个转子。为了减轻轴的重量，轴的中段采用钢管，两端与轴颈对接焊。焊完经消除应力后再进行机加工。

　　短轴则是将两根带端部法兰的轴段用螺栓与转子中心筒的上、下端板连接。使用短轴及空心结构，不仅有利于节省金属、减轻重量和便于加工制造，且对安全经济运行也有好处。

　　3. 外壳

　　回转式空气预热器的外壳除了起密封和连接上、下连接板的作用外，还要承担支承梁、连接板及转子的重量。因此，在结构上要求外壳具有一定的强度和刚性，受热之后在径向能均匀膨胀，以保证转子密封装置的有效性。中、小型预热器的外壳，若运输条件许可还可做成一个整体。而大型预热器的外壳一般只能采用多边形分体式外壳，然后在现场组装。

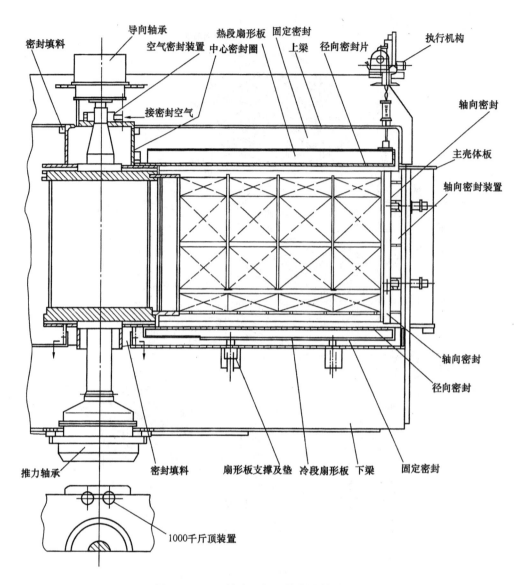

图8.1-9   回转式空气预热器总体结构图

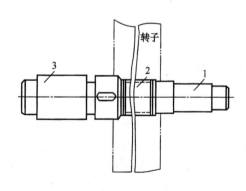

图8.1-10   长轴结构

1—上轴颈；2—钢管；3—下轴颈

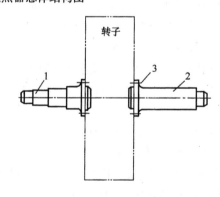

图8.1-11   短轴结构

1—上轴段；2—下轴段；3—连接螺栓

4. 上、下连接板

连接板与转子相邻一面的外侧做成多边形的法兰面，以便与多边形的外壳连接。内侧是圆形，用以吻合转子端面外圈。连接板的另一面则是被中间支承梁隔开的两个烟气和空气接口，分别与烟道和风道相连接。在中间支承梁与连接板的外壳之间，焊有大直径无缝钢管制成的撑条，用其加强烟道和风道接口的刚性。并且，由于撑条受到烟气和空气的冲刷而使温度升高，这样就可以使接口在径向均匀膨胀。中间支承梁系由端板、侧板及加强肋板构成，中部是安装轴承座的孔。

5. 传热元件（受热面）

传热元件主要由波纹板和定位板组成，为便于安装和检修时调换，根据扇形模块各分仓的断面尺寸及所需高度将传热元件制作成框盒式结构。即按框盒内尺寸将一定量的波纹板和定位板间隔叠置扎牢放入盒内。根据传热元件所处部位烟气的温度水平，分成热端和冷端两部分。回转式空气预热器受热面热端在较高温度下工作，其受热面由齿形波形板和波形板组成，相隔排列，如图8.1－12（a）所示。齿形波形板兼起定位作用以保持板间间隙。热端受热面传热性能好，流动阻力也适当。冷端受热面由平板和齿形波形板组成。较大通道可以减少积灰，钢板较厚可以延长腐蚀损坏期限，其受热面结构参见图8.1－12（b）。

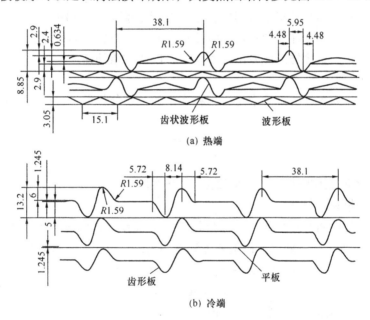

图 8.1－12　热端和冷端受热面结构

6. 轴承

在水平轴回转式空气预热器中，冷端和热端均采刚双列向心球面滚子轴承。两端轴承的外壳与轮毂的配合条件不同，冷端较紧而热端较松。这样，当受热膨胀时，热端轴承可随主轴在轮毂中滑动。在垂直轴回转式空气预热器中，下轴承采用推力向心球面滚子轴承以承受转子的重量。上轴承则采用双列向心球面滚子轴承，和水平轴的一样，它可以随主轴的热膨胀在轮毂中滑动。回转式空气预热器的轴承工作条件有三个特点：重载、低速、高温。轴承除了保证有充分的润滑外，在热端轴承的外面应加冷却水套，以免轴承的工作温度过高而遭到损坏。

7. 传动装置

传动装置是提供转子转动动力的组件，它主要由主电动机、辅助空气电动机或辅助电动机、液力偶合器、减速器、传动齿轮及传动装置支架等组成。电动机经联轴器传动减速器后，依靠减速器输出轴端的齿轮和转子外周围带上的柱销啮合面驱使转子转动。为确保预热器转子运转的可靠性，即使在用电中断或锅炉停炉时，仍应维持空气预热器能转动（如果停转，因烟气侧与空气测温度不同而易导致变形）。因此回转式空气预热器必须设置主、副两套传动装置，亦即是说应具有两个不同供电电源的主电动机和辅助电动机。有的不用副电机而用辅助气动马达，它们分别与减速器的两个输入端轴相连接，构成主、辅两套传动装置，使转子能分别接受主、副驱动装置的驱动。

主电机主要在空气预热器正常运行时使用，辅驱动装置的作用是在主电机故障（或失去电源）时维持空气预热器转子继续缓慢运转，以免转子停转后因受热不均而产生严重变形以及其他不良后果。此外，在安装、清洗及检修期间盘车时，也可利用辅助电动机（或辅助气动马达）使转子作低速转动。启动时，一定要先启动辅助电动机（或辅助空气马达），然后再启动主电动机并同时关闭辅助电动机。为确保预热器安全可靠工作，辅助驱动装置还设有自启动装置。在任何情况下，当主电动机失去驱动电源时，辅助电机或辅助气动马达都要能自动启动，通过超越离合器向转子继续提供驱动力。另外，在辅助驱动装置上，还装有手摇盘车装置，以便在应急和需要时使用。此外，在转子的下端轴处，还装有转子停转的感应元件，转子一旦停转即能发出报警信号，以便应急处理。

三、排烟损失[1,6]

排烟损失是指排入大气的排烟带走了燃料产生的一部分热量，这部分能量损失称为排烟损失。用 q_2 表示

$$q_2 = \frac{Q_2}{Q_R} \tag{1-1}$$

式中　Q_2——机组烟气排出热量与进入机组空气热量之差；

　　　Q_R——机组燃料的热量。

进入机组的空气由两部分组成，一部分是进入空气预热器温度为 t_{1k}，且过量空气系数为 β_1 的空气。另一部分是各处漏入机组环境温度为 t_0，且过量空气系数为 $\Delta\alpha$ 的空气。

$$Q_2 = B(1 - q_4)(I_{py} - \beta_1 I_{1k} - \Delta\alpha I_{0k}) \tag{1-2}$$

$$\Delta\alpha = \alpha_{py} - \beta_1 \tag{1-3}$$

　　　　B——机组燃料的消耗量，kg/h；

I_{py}，I_{1k}，I_{0k}——分别为对应于 1kg 燃料而言的排烟、进入空气预热器和漏入机组空气的焓值，kJ/kg；

　　　　q_4——机组固体未完全燃料损失；

　　　　α_{py}——空气预热器出口过量空气系数。

$$Q_R = BQ_{DW}^y \tag{1-4}$$

式中　Q_{DW}^y——燃料的应用基低位发热量，kJ/kg。

因此　　　　$$q_2 = \frac{Q_2}{Q_R} = \frac{I_{py} - [\beta_1 I_{1k} + (\alpha_{py} - \beta_1)I_{0k}]}{Q_{DW}^y}(1 - q_4) \tag{1-5}$$

上式是对平衡通风机组而言，此时由于烟气通道为负压，空气从外部漏入机组。若是强制通

风机组，烟气通道为正压，烟气向外泄漏，因此式（1-2）和式（1-5）须作相应的修改。

第三节 回转再生式空气预热器计算

一、热力及空气动力计算[1,6,8~9]

（一）设计计算

1. 决定烟气、空气冲刷转子的份额

（1）烟气冲刷180°的范围，空气冲刷120°的范围，过渡区为$2 \times 30°$

（2）烟气冲刷200°的范围，空气冲刷100°的范围，过渡区为$2 \times 30°$

2. 决定转速

一般取$1 \sim 8 r/min$，转子直径小时取较大值，转子直径大时取较低转速。

3. 决定转子内径D_n，计算烟气及空气的流通截面

$$F = 0.785 D_n^2 x_y K_h K_b$$
$$f = 0.785 D_n^2 x_k K_h K_b$$

（1-6）

式中 F——烟气流通面积，m^2；

f——空气流通面积，m^2；

D_n——转子内径，m；

x_y，x_k——分别为烟气和空气冲刷转子的份额。

当烟气冲刷180°范围，空气冲刷120°范围时，$x_y = 0.5$，$x_k = 0.333$；当烟气冲刷200°的范围，空气冲刷100°的范围时，$x_y = 0.555$，$x_k = 0.278$；

K_h——考虑隔板、横档板及中心管所占据活截面的系数，根据转子内径从表8.1-2中选取。

K_b——烤炉出热板所占据活截面的系数，我国采用如图8.1-13所示0.5mm厚的蓄热板，$K_b = 0.912$，其余见表8.1-1。

表8.1-1 不同蓄热板的结构特性

序号	结构简图	板厚 δ/mm	当量直径 d_{dl}/mm	单位面积流通断面 K_b/$m^2 \cdot m^{-3}$	单位容积中受热面面积 C/$m^2 \cdot m^{-3}$	备注
(a)		0.50	9.32	0.912	396	国产板型
(b)	同 上	0.63	9.60	0.890	365	—
(c)		0.63	7.80	0.860	440	—
(d)		1.20	9.80	0.810	325	用于低温段

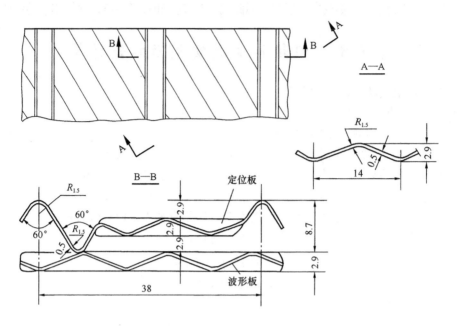

图 8.1 – 13 蓄热板的结构尺寸

表 8.1 – 2 考虑隔板、横挡板及中心管所占活截面的系数 K_h

转子内径 D_n/m	4	5	6	7	8	10
系数 K_h	0.865	0.886	0.903	0.915	0.922	0.932

4. 烟气和空气流速是否在正常范围之内的确定。

一般在 8～12m/s 的范围内，若流速不合适可修改转子内径。

$$w_y = \frac{B_j V_y}{F}\left(1 + \frac{\theta}{273}\right) \tag{1-7}$$

$$w_b = \frac{B_j \beta V^0}{f}\left(1 + \frac{t}{273}\right) \tag{1-8}$$

式中 w_y——烟气的流速，m/s；

w_b——空气的流速，m/s；

B_j——计算燃料消耗量，kg/s；

V_y——烟气容积，Nm³/kg；

V^0——理论空气容积，Nm³/kg；

θ——平均烟气温度，℃；

β——空气量与理论空气量的比值。

5. 烟气和空气侧放热系数 α_1 和 α_2 的确定。

当雷诺数 $Re > 1000$ 时，用上海锅炉厂研究所对我国板型（图 8.1 – 13）进行实验而得到的下式计算：

$$\alpha = 0.03 \frac{\lambda}{d_{dl}} Re^{0.83} Pr^{0.4} \quad W/(m^2 \cdot K) \quad\quad (1-9)$$

式中　Re——在烟气（或空气）平均温度下的雷诺数；

　　　Pr——在烟气（或空气）平均温度下的普朗特数；

　　　λ——在烟气（或空气）平均温度下的烟气（或空气）的热导率，$W/(m^2 \cdot K)$；

　　　d_{dl}——蓄热板的当量直径。对我国通用的板型（图8.1-13）来说，$d_{dl} = 0.00932m$。

图8.1-14 根据式（1-9）绘制的线算图，用它可以简便地得到 α_1 及 α_2 的数值。

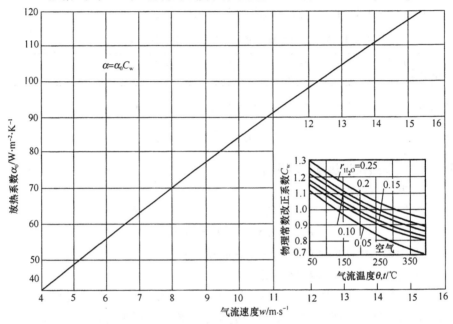

图8.1-14　我国通用板型放热系数线算图

在采用表8.1-1中（b）、（c）、（d）等板型时，用下式计算其放热系数：

$$\alpha = A \frac{\lambda}{d_{dl}} \left(\frac{w d_{dl}}{v}\right)^{0.8} Pr^{0.4} C_t C_l \quad\quad (1-10)$$

式中　A——与蓄热板板型有关的系数，对（b）型蓄热板当 $a + b = 2.4mm$ 时，$A = 0.0314$
　　　　　　在 $a + b \geqslant 4.8mm$ 时，$A = 0.043$；对（c）型蓄热板，$A = 0.0314$；对（d）型蓄
　　　　　　热板，$A = 0.0244$；对方孔陶瓷蓄热件，$A = 0.0244$。

　　　C_t——与板壁及气流温度有关的系数。烟气被冷却时，$C_t = 1$；空气被加热时，

$$C_t = \left(\frac{T}{T_b}\right)^{0.5} \quad\quad (1-11)$$

式中　T，T_b——分别为气流及板壁的平均绝对温度。$T_b = t_b + 273$，板壁温度 t_b 用下式计
　　　　　　算：

$$t_b = \frac{\theta x_y + t x_k}{x_y + x_k} \quad\quad (1-12)$$

　　　C_l——蓄热板通道长度 l 与当量直径 d_{dl} 比值的改正系数，在 $l/d_{dl} > 50$ 时，$C_l = 1$；蓄
　　　　　　热板通道的当量直径根据板型由表8.1-1中选取。

6. 传热系数 k 的计算

$$k = \xi C_n \frac{1}{\dfrac{1}{x_y \alpha_1} + \dfrac{1}{x_k \alpha_2}} \quad (1-13)$$

式中　ξ——利用系数。不论燃料为固体、液体或气体燃料，取 $\xi = 0.8 \sim 0.9$；当空气预热器漏风量 $\Delta \alpha = 0.2 \sim 0.25$ 时用小值，在 $\Delta \alpha = 0.15$ 时用大值；

　　　　C_n——考虑在转数低时不稳定导热影响的系数，它是转子转数的函数，当蓄热板厚度 $\delta = 0.6 \sim 1.2$ 时，C_n 值可从表 8.1-3 中选取。

表8.1-3　回转式空气预热器考虑不稳定导热影响的系数

转速 n/（r/min）	0.5	1.0	≥1.5
不稳定热导率 C_n	0.85	0.97	1.0

7. 所需受热面面积 H 的确定。根据传热公式：

$$H = \frac{B_j Q}{k \Delta t} \quad (1-14)$$

式中　Q——空气预热器吸热量，kJ/kg；

　　　　Δt——温差，按逆流温差计算，℃。

8. 转子中装蓄热板有效高度 h 的确定。已知转子中受热面面积为：

$$H = 0.95 \times 0.785 D_n^2 K_h C h, \text{m}^2 \quad (1-15)$$

式中　C——单位容积中所容纳的蓄热板受热面积，m^2/m^3，其值可从表 8.1-1 中选取；

　　0.95——为考虑蓄热板充满程度的系数。

当所需受热面面积 H 已知时，即可从式（1-15）中求出转子的有效高度 h，（m）。

以上介绍的是设计计算的步骤，设计时先决定结构，然后采用校核计算也是可以的。

【例】　某 36.1kg/s（130t/h）锅炉回转式空气预热器的有关数据如下：

冷空气温度，t_{lk} 20℃；热空气温度：t_{rk} 300℃；计算燃料消耗量 B_j：5.303kg/s；理论空气容积 V^0：5.142Nm³/kg；空气量与理论空气量的比值 β：1.1；烟气容积 V_y：7.78/Nm³/kg；烟气中水蒸气容积份额 r_{H_2O}：0.112；烟气入口温度 θ'：335.7℃；烟气出口温度 θ''：125.4℃；空气预热器总吸热量 Q：11.287×10⁶W

现蓄热板全部采用图 8.1-13 中的板型，试决定其结构尺寸。

【解】　取转子内径 $D_n = 5\text{m}$，取烟气冲刷 180°，空气冲刷 120° 的方案，因此 $x_y = 0.5$，$x_k = 0.333$，取 $\Delta \alpha = 0.15$，则利用系数 $\xi = 0.9$，取转子转速为 2r/min。

表8.1-4　回转式空气预热器计算

序号	名　称	符号	公式及计算	结　果
1	烟气入口温度/℃	θ'	给定	335.7
2	烟气出口温度/℃	θ''	给定	125.4
3	烟气平均温度/℃	θ	$\dfrac{1}{2}(\theta' + \theta'') = \dfrac{1}{2}(335.7 + 125.4)$	230.6
4	空气入口温度/℃	t'	给定	20.0
5	空气出口温度/℃	t''	给定	300.0
6	空气平均温度/t	t	$\dfrac{1}{2}(t' + t'') = \dfrac{1}{2}(20 + 300)$	160.0

序号	名　称	符号	公式及计算	结　果
7	温差/℃	Δt	按逆流计算 $\dfrac{(\theta''-t')-(\theta'-t'')}{\ln\dfrac{(\theta''-t')}{(\theta'-t'')}}=\dfrac{(125.4-20)-(335.7-300)}{\ln\dfrac{125.4-20}{335.7-300}}$	64.4
8	烟气流通截面/m²	F	$0.785D_n^2 x_y K_h K_b=0.785\times5^2\times0.5\times0.886\times0.912$	7.93
9	空气流通截面/m²	f	$0.785D_n^2 x_k K_h K_b=0.785\times5^2\times0.333\times0.886\times0.912$	5.28
10	烟气流速/（m/s）	w_y	$\dfrac{B_j V_y}{F}\left(1+\dfrac{\theta}{273}\right)=\dfrac{5.303\times7.781}{7.93}\left(1+\dfrac{230.6}{273}\right)$	9.60
11	空气流速/（m/s）	w_k	$\dfrac{B_j\beta V^0}{f}\left(1+\dfrac{t}{273}\right)=\dfrac{5.303\times1.1\times5.142}{5.28}\left(1+\dfrac{160}{273}\right)$	9.01
12	烟气侧放热系数/ （W·m⁻²·K⁻¹）	α_1	图 8.1－14 $C_w\alpha_0=0.965\times81.5$	78.65
13	空气侧放热系数/ （W·m⁻²·K⁻¹）	α_2	图 8.1－14 $C_w\alpha_0=0.95\times77.0$	73.15
14	利用系数	ξ		0.90
15	传热系数/（W·m⁻²·K⁻¹）	k	$\dfrac{\xi C_n}{\dfrac{1}{x_y\alpha_1}+\dfrac{1}{x_y\alpha_2}}=\dfrac{0.9\times1}{\dfrac{1}{0.5\times78.65}+\dfrac{1}{0.333\times73.15}}$	13.54
16	受热面面积/m²	H	$\dfrac{Q}{\Delta t\times k}=\dfrac{11.287\times10^6}{64.4\times13.54}$	12942.00
17	转子有效高度/m	h	$\dfrac{H}{0.95\times0.785\times D_n^2 K_h C}=\dfrac{12942}{0.95\times0.785\times5^2\times0.886\times396}$	1.98

（二）阻力计算

回转式空气预热器的阻力与蓄热板的结构形式、腐蚀及积灰程度有关。目前我国蓄热板的形式有三种：波形板与平面定位板、平面板与平面定位板、波形板与波形定位板。我国造锅炉以最后一种居多。烟气或空气流经回转式空气预热器时，其流阻可按下式计算：

$$\Delta h=K_h\lambda\frac{l}{d_{dl}}\frac{w}{2}\rho \tag{1-16}$$

式中　Δh——烟气或空气流经回转式空气预热器时的流阻，Pa；

　　　K_h——考虑进口阻力及灰污染情况的修正系数；

　　　λ——受热面摩擦阻力系数。

（1）波形板与平面定位板

当　　　　　　　　　　　$Re\geqslant1.4\times10^3$ 时，$\lambda=0.6Re^{-0.25}$

当　　　　　　　　　　　$Re<1.4\times10^3$ 时，$\lambda=33Re^{-0.8}$

（2）平面板与平面定位板

当　　　　　　　　　　　$Re\geqslant1.4\times10^3$ 时，$\lambda=0.35Re^{-0.25}$

当　　　　　　　　　　　$Re<1.4\times10^3$ 时，$\lambda=\dfrac{90}{Re}$

（3）波形板与波形定位板

当 $Re > 2.8 \times 10^3$ 时，$\lambda = 0.78Re^{-0.25}$

当 $Re \leq 2.8 \times 10^3$ 时，$\lambda = 5.7 \times Re^{-0.5}$

l——受热面高度，m；

d_{dl}——当量直径，m；

w——气流速度，m/s；

ρ——气流密度，kg/m³。

二、漏风计算及密封[1,4,6~7,10~19]

（一）漏风计算

回转式空气预热器漏风可分为携带漏风和直接漏风两类。携带漏风是空气随转子转动而被带到烟气侧的，是回转式空气预热器固有的问题，为预热器本身结构所定。这部分漏风量较少，一般可以不予考虑。

直接漏风是被加热的空气通过各种间隙进入烟气侧，漏风的大小主要与密封间隙和风侧的压差有关。直接漏风是空气预热器漏风的主要因素。

1. 漏风指标

（1）漏风系数 $\Delta\alpha$

漏风系数是以漏风量与理论空气量的比值来计算的，用 $\Delta\alpha$ 表示空气预热器的漏风系数。

$$\Delta\alpha = \alpha_2 - \alpha_1 = \frac{V_{k2}}{V^0} - \frac{V_{k1}}{V^0} = \frac{\Delta V}{V^0} \quad (1-17)$$

式中 α_1——空气预热器进口烟气的过量空气系数；

α_2——空气预热器出口烟气的过量空气系数；

V_{k1}——空气预热器进口烟气的过量空气系数为 α_1 时燃烧 1kg 燃料所需的实际空气量，Nm³/kg；

V_{k2}——空气预热器出口烟气的过量空气系数为 α_2 时燃烧 1kg 燃料所需的实际空气量，Nm³/kg；

ΔV——燃烧 1kg 燃料在空气预热器量的漏风量，Nm³/kg；

V^0——燃烧 1kg 燃料所需的理论空气量，Nm³/kg；

$$V^0 = 0.0889C^y + 0.0333S^y + 0.265H^y - 0.0333O^y \quad (1-18)$$

式中 H^y, O^y, C^y, S^y——分别为燃料氢、氧、碳、硫元素应用基的质量百分数。

当燃料完全燃烧，并且燃料的含氮量很小（<3%）时，可以用于烟气中的 N_2 和 O_2 的含量来计算 α：

$$\alpha = \frac{N_2}{N_2 - 3.76O_2} \quad (1-19)$$

若已知燃料的元素分析成分，完全燃料时

$$\alpha = \frac{\dfrac{79}{RO_2} + \beta}{\dfrac{79}{RO_{2max}} + \beta} \quad (1-20)$$

式中 RO_{2max}——当 $\alpha = 1$ 且完全燃烧时，烟气中 RO_2 的含量。

$$RO_{2max} = \frac{21}{1 + \beta} \qquad (1-21)$$

β——燃料的特性系数

$$\beta = 2.35 \frac{H^y - 0.125O^y}{C^y + 0.375S^y} \qquad (1-22)$$

初步计算 α 时，可按下式计算：

$$\alpha = \frac{RO_{2max}}{RO_2} \text{ 或 } \alpha = \frac{21}{21 - O_2} \qquad (1-23)$$

（2）漏风率 $\Delta\beta$

漏风率 $\Delta\beta$ 是表示泄漏到烟气中去的空气量 ΔV 占进入空气预热器风量的比例，其表达式为：

$$\Delta\beta = \frac{\Delta V}{V_1} \qquad (1-24)$$

故，$\Delta\beta$ 和 $\Delta\alpha$ 的关系可以表示为：

$$\Delta\beta = \frac{B_j \Delta\alpha V^0}{B_j \beta_j V^0} = \frac{\Delta\alpha}{\beta_1} \qquad (1-25)$$

式中　B_j——计算燃料量；

　　　β_1——进口空气的过量空气系数。

（3）相对漏风量 A

相对漏风量是表示泄漏到烟气中去的空气量与空气预热器入口总烟气量的比值。根据美国 ASME PTC4.3 "空气预热器实验条例"，相对漏风量 A 表示为：

$$A = \frac{\Delta G_k}{G_y} \times 100\% \qquad (1-26)$$

式中　ΔG_k——每 kg 燃料燃烧时在空气预热器的漏风量，kg/kg；

　　　G_y——每 kg 燃料燃烧时在空气预热器入口的烟气量，kg/kg。

则相对漏风量 A 与漏风系数 $\Delta\alpha$ 的关系为：

认为烟气中不含灰时

$$A = \frac{\Delta\alpha}{\dfrac{0.766}{V^0} - \dfrac{0.00766A^y}{V^0} + \alpha} \times 100\% \qquad (1-27)$$

式中　A^y——燃料中的灰分含量。

考虑灰的影响时

$$A = \frac{\Delta\alpha}{\dfrac{0.766}{V^0} + \alpha} \times 100\% \qquad (1-28)$$

根据 ASME PTC4.3 "空气预热器实验条例"建立的经验式：

$$A = \frac{\Delta\alpha}{\alpha} \times 90\% \qquad (1-29)$$

以上三式，式（1-27）、式（1-28）和式（1-29）计算结果比较接近。但式（1-

29）简单方便，实践中应用较多。

2. 漏风量计算

（1）间隙漏风

通过转子与静止部件之间间隙而泄漏到烟气中空气的漏风量取决于空气与烟气之间的压差、间隙的大小和间隙的形式。间隙漏风量可表示为：

$$V_1 = F_1\sqrt{\frac{2}{\xi\rho}(p_k - p_y)} \tag{1-30}$$

式中　V_1——间隙漏风量，m^3/s；

F_1——漏风间隙面积，m^2；

ξ——阻力系数；

ρ——空气的密度，kg/m^3；

p_k——空气的压力，Pa；

P_y——烟气的压力，Pa。

（2）携带漏风

携带漏风量是指转子受热面间的空隙所容纳的空气被带进烟气中的风量，携带漏风量可用下式计算：

$$V_2 = \frac{n}{60} \times \frac{\pi}{4}(D^2 - d^2)h(1 - y) \tag{1-31}$$

式中　V_2——携带漏风量，m^3/s；

n——转子的转速，r/min；

D——转子直径，m；

d——中心筒直径，m；

h——转子高度，m；

y——单位容积中受热面所占据的容积份额。

（3）预热器的风量

通过预热器的风量可以表示为：

$$V_k = \frac{\pi}{4}(D^2 - d^2)x_k w_k k_b \tag{1-32}$$

式中　V_k——通过预热器的风量，m^3/s；

x_k——空气冲刷转子的份额；

w_k——空气流速，m/s；

k_b——单位面积流通截面。

（4）携带漏风率

携带漏风率表示为：

$$\Delta\beta_2 = \frac{V_2}{V_k} = \frac{n}{60}\frac{h(1 - y)}{x_k w_k k_b} \tag{1-33}$$

（二）密封

对空气漏向烟气或外界途径进行分类，密封装置可分作径向密封、周向密封和轴向密封。

1. 径向密封装置

径向密封装置是用以防止和减少预热器中空气沿转子上、下端面通过径向间隙漏到烟气区的漏风而设置的。径向密封装置如图 8.1 - 15 和图 8.1 - 16 所示。它主要由密封扇形板、径向密封装置以及间隙调节装置等组成。

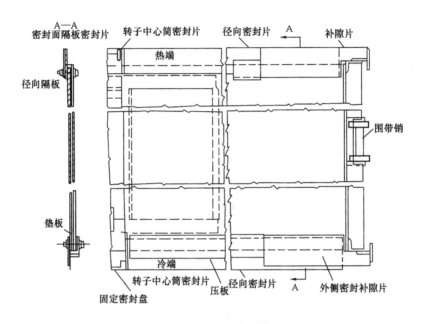

图 8.1 - 15 径向密封装置

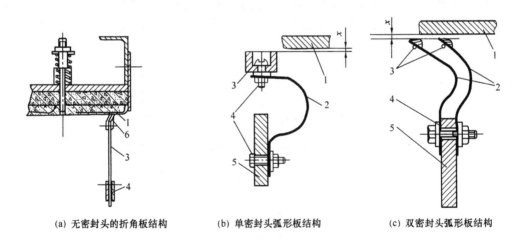

(a) 无密封头的折角板结构　　　(b) 单密封头弧形板结构　　　(c) 双密封头弧形板结构

图 8.1 - 16 径向密封装置

1—扇形板；2—弧形密封板；3—密封头；4—螺栓；5—径向隔板；6—折角密封板

回转式预热器工作时，转子受热后会产生"蘑菇状"变形。这是因为烟气自上而下流经预热器受热面转子，而空气则是由下往上流经转子受热面，由于烟气的冷却和空气的加热，使转子上端面径向隔板金属温度比下端面处要高（故转子的上端称热端，下端称冷段）。转子上、下端径向隔板的壁温不同，其径向的热膨胀量也不同。因上端温度比下端高，故其膨胀量也比下端大，从而使预热器转子产生向下弯曲的变形，因其形似蘑菇状，故称"蘑菇状"变形。转子产生蘑菇状变形时，径向密封片也随转子一同产生变形，使得密封间隙增大，漏风量增加。变形量可按下式计算：

$$\delta = \frac{1}{k}\left(1 - \sqrt{1 - (kR)^2}\right) \tag{1-34}$$

$$k = \frac{\alpha(t_2 - t_1)}{h[1 + \alpha(t_2 - t_0)]} \tag{1-35}$$

式中　δ——转子半径 R 处的轴向变形量，m；

　　　α——材料的热膨胀系数，1/℃；

　　　h——转子高度，m；

　　　t_0——室温，℃；

　　　t_1——转子下表面温度，℃；

　　　t_2——转子上表面温度，℃。

变形量亦可按下式计算：

$$\delta = \frac{1}{8} \times \frac{\alpha D^2 \Delta t}{h} \tag{1-36}$$

$$\Delta t = \frac{t_{y1} + t_{k2}}{2} - \frac{t_{y2} + t_{k1}}{2} \tag{1-37}$$

式中　D——转子直径，m；

　　t_{y1}，t_{y2}——分别为预热器烟气进、出口温度，℃；

　　t_{k1}，t_{k2}——分别为预热器空气进、出口温度，℃。

为了减少漏风量，扇形板可做成弯曲结构。运行中由传感器机构跟踪转子的变形，并通过连杆装置使扇形板产生与转子变形相吻合的弯曲变形，以使径向密封间隙始终维持在很小的范围内，从而有效地减少因转子变形而增加的漏风量。可弯曲扇形板结构，见图8.1-17。

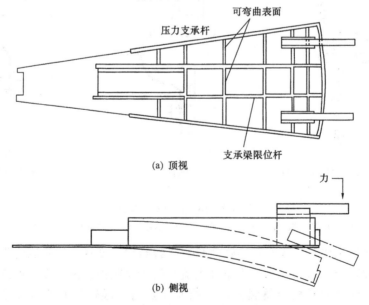

(a) 顶视

(b) 侧视

图 8.1-17　可弯曲扇形板结构

另一种随转子变形而自动调整结构的扇形板见图 8.1–18。通过连杆将上扇形板内侧与主轴上端轴套连结在一起。预热器运行时，扇形板内侧便随着转子和主轴的膨胀而向上移动。这样可使扇形板内侧和转子表面上的径向密封片之间始终保持冷态时的间隙。扇形板外侧则与上连接板固定，而连接板被装在外壳之上。这样扇形板外侧在运行时便随外壳一起向上膨胀。由于外壳平均温度比转子和主轴均低，所以膨胀量小些。这使得扇形板在运行时发生倾斜，并与转子蘑菇状变形的趋势相同，这样就减小了扇形板与转子密封片之间的漏风面积。下扇形板在冷态时就被调整成倾斜的，这样可避免扇形板外缘与下垂的转子外线相碰。

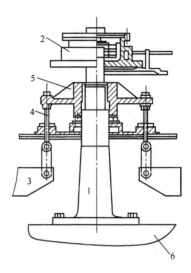

图 8.1–18 扇形板随动机构
1—上轴段；2—轴承座；3—扇形板；
4—扇形板联动杆；5—轴套；6—转子

2. 周向密封装置

周向密封装置包括转子外周上、下端处的旁路密封和中心筒密封两部分，见图 8.1–19。旁路密封装置用来减小转子与机壳之间通过的烟气和空气旁通量，即不经转子中的受热面而直接从转子与机壳

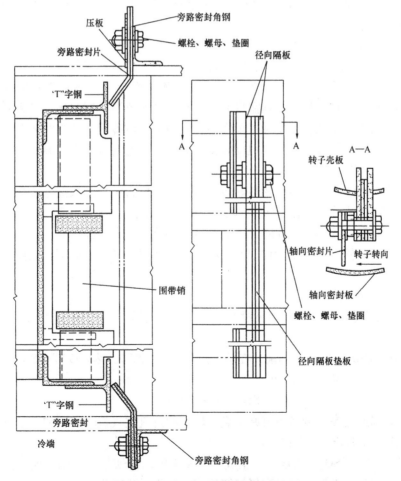

图 8.1–19 周向密封和轴向密封

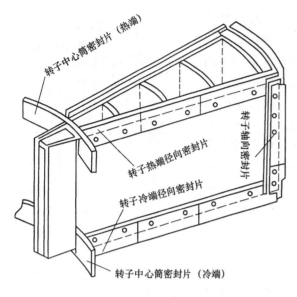

图 8.1 - 20　转子中心筒的密封片

之间间隙短路流过的部分烟气和空气。同时，它对减少轴向密封和径向密封的漏风也起到一定的作用。中心筒密封片固定在转子中心筒的热端和冷端端板的圆周上（见图 8.1 - 20），并随转子一起旋转。密封片与固定在机壳环形密封盘或密封盖凸缘之间保持一定的间隙。中心筒密封装置可以看作是径向密封在转子中心部分的延伸，用以防止空气由此泄漏到烟气中去。

3. 轴向密封装置

回转式空气预热器转子外圆周与机壳之间有较大的空间，如果不采取密封措施，空气则会漏到烟气中去。为了减少空气在转子周围尚其周向漏入烟气

区，就需设置轴向密封装置。图 8.1 - 19 所示为周向密封和轴向密封示意图。轴向密封装置主要由轴向密封片和轴向密封板所构成。轴向密封间隙可在预热器运转条件下（热态下）从机壳外部进行调整。

三、元件的防腐[1,4,6,20~21]

回转式空气预热器位于锅炉尾部，常有低温腐蚀发生。这不仅使传热元件表面金属被锈蚀掉，且还因其面粗糙不平，疏松的腐蚀产物使通流截面减小，从而会引起传热元件与烟气、空气之间的传热恶化，导致排烟温度升高，空气预热不足。同时还会导致受热面发生积灰，使送、引风机电耗增加。该腐蚀主要发生在传热元件的冷段，严重时还会影响到热段传热元件及转子壳体等。因腐蚀发生在温度较低的区域，故有时被称为低温腐蚀。

（一）低温腐蚀的机理

低温腐蚀产生的原因，是由于燃料燃烧过程中，其所含硫份的大部分或全部形成了二氧化硫（SO_2），其中少量的二氧化硫进一步又形成三氧化硫（SO_3），三氧化硫又与空气中的水蒸气化合生成硫酸（H_2SO_4）所致。当壁面温度低于硫酸蒸气露点时，硫酸蒸气就会凝结在壁面上腐蚀传热元件。腐蚀使元件表面粗糙，酸液润湿元件表面后不断粘接飞灰，又使腐蚀加剧。

1. 烟气中三氧化硫的形成

对烟气中 SO_3 的形成方式，目前还没有取得一致的看法，但一般认为可能有以下生成方式。

（1）燃烧生成 SO_3。燃料中的硫，在炉膛燃烧区形成 SO_2，然后少部分 SO_2 与火焰中子的氧（过剩氧）起反应，生成 SO_3，即

$$SO_2 + [O] \rightarrow SO_3$$

炉膛中火焰温度越高，越易生成原子氧，较多的过量空气量也会增加原子氧的浓度。原子氧越多，烟气中形成 SO_3 量也越多。

（2）催化反应生成 SO_3。火焰中心生成的二氧化硫，随烟气流向尾部烟道。由于某些介质的催化作用，使其与烟气中的过剩氧继续氧化。化学反应式为：

$$2\,SO_2 + O_2 \Leftrightarrow 2\,SO_3$$

具有催化作用的介质主要是预热器上游对流受热面上的积灰（含有Fe_2O_3，CaO，V_2O_5，SiO_2等）、金属表面上的腐蚀产物硫酸亚铁（$FeSO_4$）和氧化铁。

（3）硫酸盐高温分解生成三氧化硫。燃料中含有的硫酸钙（$CaSO_4$）和硫酸亚铁（$FeSO_4$）等矿物质在燃烧高温条件下发生分解，放出三氧化硫。

2. 硫酸蒸气的凝结及其露点

烟气中的某种气体从烟气中凝结时的温度，称为该气体的露点。烟气中水蒸气的露点称为水露点，烟气中硫酸蒸气的露点，称为烟气露点（或酸露点）。

水露点仅取决于它在烟气中的分压力，一般不会超过70℃。一旦烟气中含SO_3气体，则使烟气露点大大升高，其原因主要是烟气中的三氧化硫与水蒸气作用生成了硫酸蒸气，而其烟气露点，大大高于水露点的缘故。烟气露点的提高，意味着有更多受热面要受到酸的腐蚀。因此，烟气露点是一个表征低温腐蚀是否发生的指标，烟气露点的高低与烟气中三氧化硫的浓度及水蒸气含量等因素有关。燃料含硫越多，烟气中的二氧化硫就越多，因而生成的三氧化硫也将增多。烟气中的SO_3与H_2O的含量增多，则烟气露点增高。烟气露点可用下述经验式来计算：

$$t_1 = t_s + \frac{201\sqrt[3]{S_{zs}}}{1.05\alpha_{fh}A_{zs}}, ℃ \tag{1-38}$$

式中　　t_1——烟气露点温度，℃；

　　　　t_s——水露点温度，℃；

　　　　S_{zs}——燃料折算硫分；

　　　　α_{fh}——飞灰携带系数；

　　　　A_{zs}——燃料折算灰分。

（二）影响腐蚀速度的主要因素

受热面金属腐蚀的速度主要取与凝结的酸量、酸液浓度和金属壁温等因素有关。凝结酸量越多，腐蚀速度越快。但当酸量足够大时，对腐蚀的影响减弱。腐蚀处金属壁温越高，腐蚀速度亦越高。硫酸浓度与腐蚀速度之间的关系比较复杂。试验表明，当硫酸浓度低于56%时，随着浓度的增加，腐蚀速度也增加。当浓度超进56%时，随着浓度的增加，腐蚀速度急剧下降，一直到浓度为70%～80%后，才基本不变，见图8.1-21。

金属温度对腐蚀速度的影响见图8.1-22。由图可见，随着金属温度的降低，腐蚀速度减缓。另外，受热面金属壁面上所凝结的硫酸浓度也与壁温有关，温度越低，则浓度也越低。

因此，预热器受热面腐蚀速度的变化比较复杂。图8.1-23所示为腐蚀速度随壁温的变化情况。当烟气流经的受热面金属壁温达到酸露点（a点附近）后，硫酸蒸气开始凝结并发生腐蚀。但由于此处凝结下来的硫酸浓度很高（在80%以上），且凝结量也较少，故壁温虽较高，但腐蚀速度却不高。沿着烟气流向，

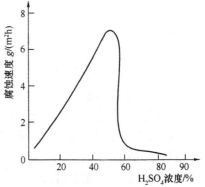

图8.1-21　腐蚀速度与硫酸浓度的关系
（温度一定时碳钢 $C = 0.19\%$）

随着金属壁温的逐渐降低，虽然凝结出的硫酸浓度仍较高（>60%），但它对腐蚀速度的影响并不大，不过因凝结出来的酸量增多，且金属壁温仍较高，使得腐蚀速度不断增大，直至 b 点达到最大值。通常最大腐蚀点的壁温比露点温度约低 20～50℃。当壁温进一步降低时，腐蚀速度也逐渐降低，到 c 点时为最小值。沿着烟气流向再往后，壁温继续下降，此时虽然壁温较低，但由于酸的凝结量更大，尤其是形成的酸液浓度接近 56%，因而使腐蚀速度又趋上升。到 d 点时壁温到达水露点，烟气中大量水蒸气凝结成水，使烟气中的二氧化硫 $\overline{SO_2}$ 直接溶解于水膜中，形成亚硫酸，而亚硫酸对金属的腐蚀作用也很大。此外，烟气中的氯化氢（HCl）也可溶于水膜中使腐蚀速度上升。随着受热面壁温的降低，两个严重腐蚀区出现了。因此在空气预热器设计与使用时，要使之尽量避开严重腐蚀区，使腐蚀速度控制在允许的范围内，以获得较佳的使用效果。

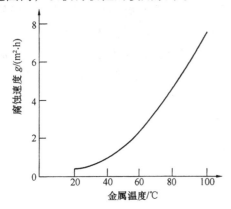

图 8.1-22　腐蚀速度与金属温度的关系　　　图 8.1-23　受热面腐蚀速度与壁温的关系

（三）防腐蚀措施

（1）选择合适的受热面金属壁温

在设计回转式空气预热器时，让冷段传热元件冷端的壁温高于水露点，热端高于酸露点，这样可使低温腐蚀局限在冷段范围之内。对于冷端受热面，可采用耐腐蚀材料并加强清洗和吹灰等，可有效控制和减缓低温腐蚀。

传热元件壁温可按下式计算：

$$t_b = \frac{1}{2}(\theta + t) - 5 \tag{1-39}$$

式中　t_b——壁温，℃；

　　　θ——计算壁温处的烟气温度，℃；

　　　t——计算壁温处的空气温度，℃。

如果冷端受热面壁温达不到要求，则可采用提高进风温度和排烟温度的办法来实现。由于提高排烟温度会增加排烟损失，降低设备运行的经济性，因此一般多用提高进风温度的方法。而提高进风温度又有采用暖风器和热风再循环两种方法。

（2）采用耐腐蚀性好的材料

采用合适的材料可抵抗酸性水膜的侵蚀，以使传热元件的寿命控制在一定的范围内，这是防止及减缓腐蚀及堵灰的另一重要手段。一般金属对抵抗酸腐蚀都有一定的选择性，即在某一酸浓度范围内，其抗腐性能较佳，在另一范围内却很差。要寻找一种完全能适应在空气预热器中所遇到的各种情况下均有较强抗腐蚀能力的金属是很困难的。近年来，国内外都在研究采用非金属材料作为传热元件或元件涂层的途径。

（3）传热元件的吹灰及清洗

回转式空气预热器的腐蚀与积灰，是相互促进的。酸液凝结使传热元件表面被湿润，而大量捕捉了飞灰，进而形成积灰层。积灰层既妨碍酸液的蒸发又增加了热阻。反过来又加快了灰的黏结。如此循环往复，造成受热面的堵塞与腐蚀，因此经常性地，将凝结于传热元件。壁面上的酸液积灰清洗掉，以保持传热元件的清洁，是防止和缓解低温腐蚀的有效措施，也是改善传热和降低流通阻力的常用方法。

（4）其他

采用低氧燃料，燃料脱硫以及添加白云石或氨等化学物剂的运行方式，可减少三氧化硫的生成，降低烟气露点，对防止或减缓低温腐蚀亦有一定作用。

四、性能试验[1,6,22]

预热器性能试验的内容主要是漏风量以及势力特性、空气及烟气侧压力降的测定。

1. 测点布置

预热器性能试验需布置温度和压力的测点以及烟气取样点。测点及取样点的正确与否将关系到性能试验的准确性，必须根据设备形状特点妥善布置，以求试验的顺利进行并能得出正确的结论。一般情况下，空气预热器的侧点布置可按图8.1-24所示进行。

为了提高测量精度，选择测量截面时要注意防止其他外来因素对测量准确性的影响。测量截面应选择在气流均匀并接近空气预热器的区域。应避免在烟道、风道有局部收缩、转弯或装有胀缩节等气流参数变化较大和有泄漏的地方选择测量截面。由于回转式空气预热器的烟、风道截面都比较大，截面上各点气流的温度、速度及浓度都不均匀，有时甚至差异很大，给测量与取样带来了困难与误差。因此对试验精度要求较高，且必须测量该截面上的温度场、速度场和浓度场时，需将测量截面分成若干小面积单元，测量各单元上的数据后，取其平均值作为该截面上的温度、速度和浓度值。

2. 测试方法

测量预热器中空气漏泄情况是性能试验的主要内容。其测量方法一般有风平衡法及烟气取样分析法。风平衡法是直接测量空气通过预热器后的减少量。测量时可在预热器

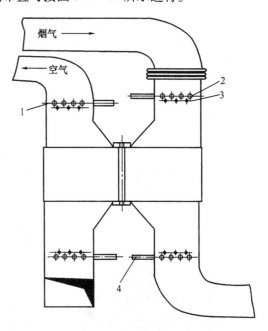

图8.1-24　测点布置示意图
1—动压测点；2—烟气取样点；
3—温度测点；4—静压测点

进口及出口风道上，各选一测量截面进行测量，分别求出预热器进、出口风量值即可求得预热器的漏风量。但由于该法影响因素较多，再加上预热器在系统中的位置很紧凑，管道中测点前后几乎没有直段，测量误差较大。因此，有时只在定性分析时才使用。

目前一般常用的是烟气取样分析法。烟气取样分析法是测定预热器进、出口烟道截面上

的三原子气体（$\overline{CO_2}+\overline{SO_2}$）和氧气（$\overline{O_2}$）的体积含量百分率，分别计算出预热器进、出口的过量空气系数，二者之差即可定量地表示预热器的漏风情况。

第四节　回转式全热换热器

一、概述[2,23~31]

传统空调系统中的能耗占建筑总能耗的 20%～40%，而新风负荷又占总负荷的 20%～30%。为了保证室内环境卫生，空调运行时要排走室内部分空气，必然会带走部分能量，而同时又要投入能量对新风进行处理，造成能量浪费。空调系统安装能量回收装置，用排风中的能量来处理新风，这样可减少处理新风所需的能量，降低机组负荷，提高空调系统的经济性。

热回收装置主要有间接式（如热泵等）和直接式两类。后者利用热回收换热器回收能量，这种装置常见的有转轮式、板翅式、热管式和热回路式等，见图 8.1-25。它们又分为显热回收装置和全热回收装置。全热回收装置既能回收显热，又能回收潜热，是目前暖通空调领域最佳的回收装置。

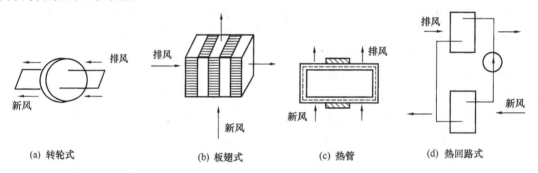

(a) 转轮式　　　　(b) 板翅式　　　　(c) 热管　　　　(d) 热回路式

图 8.1-25　热回收换热器

转轮式能量回收装置是全热回收装置的一种，主要由转轮、传动装置、自净装置、自控调速装置及机组等组成，见图 8.1-26。转轮由隔板将其分成排风及送风两部分，其两侧连接各自的风管，使新风和排风反向逆流。转轮以 8～10r/min 的速度旋转。转轮可以采用不同的材料和工艺制成，目前较为成熟的方法是采用铝箔或合金作为基本材料，添加 Na_2OS_4、NaCl 和 LiCl 等吸热剂、吸湿剂以及增加强度的胶料加工而成。也有用硅酸盐类物质烧结成的复合材料来制作的。

转轮式全热换热器利用了转轮的蓄热和吸收水分的作用，当空气和转轮材料之间有温差和水汽分压差时，转轮和空气进行热、湿交换。通过转轮和排风与新风温度湿度不同的空气交替接触，排风与新风便可进行热、湿交换，以回收排风中的冷量（或热量），并将其回收的冷量（或热量）直接传给新风）。夏季和冬季分别使新风获得降温

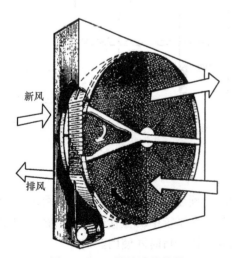

图 8.1-26　转轮式换热器

去湿和升温加湿的处理，进而降低了空调系统中处理新风的能量。据有关资料统计，转轮式全热换热器，其余热回收率可达到70%～85%，其空调负荷可相应降低10%～20%，进而可减少空调主机及配套设备的装机容量。

转轮式换热器具有自净和净化功能，其蓄热体是由平直形和波纹形相间的两种箔片构成的。它们相互平行于轴向通道，使内部气流形成不偏斜的层流，避免了随气流带进粉尘微粒而堵塞通道的问题。光滑的转轮表面及交替改变气流方向的层流，确保了蓄热体本身良好的自冷作用。转轮体外壳上连接了一个净化扇形器，当转轮从排气侧移向新风侧时，强迫少量新风经过扇形器，将暂时残留在蓄热体中的污物又冲又排气侧，防止了臭味及细菌向新风转移，对转轮体起了净化作用。为了保护铝箔芯片不受磨损，必须在设备入口端设置空气过滤器。

此外，转轮式换热器还具有自控能力，转轮体附带的自动控制装置可以适应外界环境的变化，随时改变转速比，保证进入新风处理机前空气温、湿度的设定值，使换热器能够全年经济运行。

综上所述，转轮式全热换热器是空调系统中排气热回收装置的最佳选择。但是，它同样有着不可忽视的弱点，在系统配置设计时，也是应注意解决的问题。

（1）由于新风与排风之间存在压差，无法完全避免气体的交叉污染，有少量气体互相渗漏。排风中的0.1～1.0μm尘粒以及放射性示踪气体经示踪试验表明，在自净扇形器部分工作时，排风泄漏到新风中的比率为0.013%。

（2）因受旋转芯体密集结构及旋转变化通道的影响，气流压降损失较大。

（3）为了确保蓄热体有高效率的性能，以充分发挥热湿交换的回收作用，应限制转轮迎风面流速不能过大。由此便导致了单位负荷的转轮断面相对较大，使整体装置占用了较大的建筑空间。

（4）转轮式换热器将新风和排风的接管位置已固定限死，使系统灵活布置性较差。

二、热湿交换效率和空气流动阻力

1. 热交换效率

$$\varepsilon_t = \frac{Q}{Q_{max}} \tag{1-40}$$

式中　Q——实际传热量，W；

Q_{max}——最大可能传热量，W；

$$Q_{max} = (Mc)_{min}(T_1 - t_1) \tag{1-41}$$

M——流体流量，kg/s；

c——流体的比热容，J/（kg·K）；

$(Mc)_{min}$是两种流体中的最小者。

若热流体Mc较小，则$(Mc)_{min} = M_1 c_1$

$$\varepsilon_t = \frac{Q}{Q_{max}} = \frac{T_1 - T_2}{T_1 - t_1} \tag{1-42}$$

反之，若冷流体Mc较小，则$(Mc)_{min} = M_2 c_2$。

$$\varepsilon_t = \frac{Q}{Q_{max}} = \frac{t_2 - t_1}{T_1 - t_1} \tag{1-43}$$

式中　T_1、T_2——分别为热流体进、出口的温度，℃；

t_1、t_2——分别为冷流体进、出口的温度，℃。

全热换热器是一种逆流式直接热交换器，其 ε 的表达式为：

$$\varepsilon_t = \frac{1 - \exp\left[-NTU\left(1 - \frac{C_{min}}{C_{max}}\right)\right]}{1 - \frac{C_{min}}{C_{max}}\exp\left[-NTU\left(1 - \frac{C_{min}}{C_{max}}\right)\right]} \tag{1-44}$$

式中，NTU（Number of Transfer Units）为传热单元数。

$$NTU = \frac{KF}{C_{min}} \tag{1-45}$$

式中　　K——传热系数，W/（m²·K）；

　　　　F——面积，m²；

C_{max}，C_{min}——（Mc）流体热容量，W/K。

2. 传湿效率

对于空气热湿交换时，刘伊斯数 $Le = 1$。

$$\varepsilon_d = \frac{1}{1 + \frac{2M}{\frac{\alpha}{c_p}F}} = \frac{1}{1 + \frac{2M}{\alpha_D \rho F}} \tag{1-46}$$

式中　M——空气流量，kg/s；

　　　F——面积，m²；

　　　α——对流换热系数，W/（m²·K）；

　　α_D——对流质交换系数，m/s；

　　c_p——定压比热容，J/（kg·K）；

　　ρ——密度，kg/m³；

$$\alpha_D = \frac{\alpha}{\rho c_p} \tag{1-47}$$

$$\alpha = \frac{Nu\lambda}{d_{eg}} \tag{1-48}$$

　　λ——流体热导率，W/（m·K）；

　　Nu——努塞尔数；

　d_{eg}——当量直径，m。

当流体流过蜂窝状管束，传热量为常数，$Re \leq 2000$ 时，可取 $Nu = 1.474$。

3. 空气流动阻力

$$\Delta h = \lambda \frac{l}{d_e}\frac{u}{2}\rho,\ Pa \tag{1-49}$$

式中　λ——摩擦阻力系数；

　　d_e——当量直径，m；

　　　l——转子高度，m；

　　　u——气流速度，m/s；

　　　ρ——气体密度，kg/m³。

三、经济性分析

1. 全年回收的冷、热负荷

$$Q_c = \Sigma h_d d_{ml}(I_1 - I_s)\eta \tag{1-50}$$

$$Q_h = \Sigma h_d d_{m2}(I_w - I_2)\eta \tag{1-51}$$

式中　Q_c，Q_h——分别为全年回收新风的冷负荷和热负荷，kJ/kg；

　　　　h_d——每天运行的小时数，h/d；

　　　　d_{ml}——冷负荷回收月份运行的天数，d/y；

　　　　d_{m2}——热负荷回收月份运行的天数，d/y；

　　　　I_1——回收冷负荷各月的月平均焓值，kJ/kg；

　　　　I_2——回收热负荷各月的月平均焓值，kJ/kg；

　　　　I_s——夏季室内空气设计焓，kJ/kg；

　　　　I_w——冬季室内空气设计焓，kJ/kg。

2. 投资费用的计算

（1）增加的投资费用 C_a

①回转式全热换热器的投资费用；

②过滤器的投资费用；

③风管、配件等的投资费用。

（2）减少的投资费用 C_d

①冷水机组安装容量减小而减少的费用；

冷水机组安装容量减少量（以夏季工况计）：

$$Q_1 = G(I_3 - I_s)\eta, \quad kJ/h \tag{1-52}$$

式中　G——新风量，kg/h；

　　　I_3——夏季空调室外计算焓值，kJ/kg。

②由于冷水机组安装容量减少，冷却塔、管道及水泵等附件减少的投资费用；

③蒸气锅炉容量减小而减少的投资费用。

锅炉容量的减少量（以冬季工况计）：

$$Q_2 = G(I_w - I_4)\eta, \quad kJ/h \tag{1-53}$$

式中　I_4——冬季空调室外计算焓值，kJ/kg。

3. 运行费用

（1）减少的运行费用

①制冷工况，节省的运行费用 C_1：

$$C_1 = Q_c G P_c，元/y \tag{1-54}$$

式中　P_c——冷价，元/kJ。

②供热工况，节省的运行费用 C_2：

$$C_2 = Q_h G P_h，元/y \tag{1-55}$$

式中　P_h——热价，元/kJ。

③水泵电耗减少节约的运行费用 C_3：

$$C_3 = N_1 P_e，元/y \tag{1-56}$$

式中　N_1——耗电量，kW·h；

　　　P_e——电价，元/（kW·h）。

④减少的运行总费用：

$$C_y = C_1 + C_2 + C_3 \tag{1-57}$$

（2）增加的运行费用

送、排风机增加的功率 N_2，kW·h；

驱动回转式全热换热器所需的功率 N_3，kW·h；

增加的运行费用：

$$C_z = (N_2 + N_3)P_e，元 \tag{1-58}$$

4. 全年运行费用实际减少值和投资实际增加值

运行费减少值：

$$\Delta C_d = C_y - C_z \tag{1-59}$$

运资费减加值：

$$\Delta C_a = C_a - C_d \tag{1-60}$$

5. 回收年限

利用平均利率法计算回收年限

$$T = \frac{(2 + a_i) \times \Delta C_a}{(2 \times \Delta C_d - \Delta C_a \times a_i)} \tag{1-61}$$

式中　α_i——借入费用利率；

　　　T——回收年限，年。

四、影响效率的因素和注意事项

1. 影响因素

（1）空气流速：空气流过转轮时迎风面流速越大，效率越低；反之，效率则高，但转轮的断面积较大。一般认为技术经济流速为 $2 \sim 4\text{m/s}$。

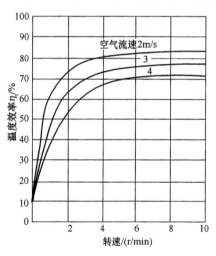

图 8.1 - 27　转速与效率的关系

（2）转速：转轮转速与效率的关系，如图 8.1 - 27所示。当转速低于 4r/min 时，效率明显下降。但增大至 10r/min 以后，效率几乎不再变化。

（3）比表面积：转轮单位体积的换热表面积，通常称为比表面积。比表面积越大，回收效率越高。不过，随着比表面积的增加，空气流经转轮时的压力损失也将增大。一般认为经济的比表面积为 $2800 \sim 3000\text{m}^2/\text{m}^3$。

2. 注意事项

（1）转轮空气入口处，需将设空气过滤器。

（2）设计时，必须计算校核转轮上是否会出现结霜和结冰，必要时应在新风进风管上加设空气预热器。

（3）在热回收器后应设温度自控装置，当温度达到霜冻点时，能发出信号并关闭新风门或开启新风预热器。

（4）转轮长期不工作时，会因局部吸湿过量而导致转轮的不平衡，因此需设计定时开关，使转轮定时作短期运行。

（5）一般情况下，宜布置在负压段。

主 要 符 号 说 明

A_{zs}——燃料折算灰分；

B——机组的燃料消耗量，kg/h；

B_j——计算燃料消耗量，kg/s；

C——单位容积中所容纳的蓄热板受热面积，m^2/m^3；

C_{max}、C_{min}——流体热容量，W/℃；

c——流体的比热，J/(kg·℃)；

c_p——定压比热，J/(kg·℃)；

D——转子直径，m；

D_n——转子内径，m；

d——中心筒直径，m；

d_{dl}——蓄热板的当量直径；

d_{dl}、d_{eg}、d_e——当量直径，m；

d_{m1}——冷负荷回收月份运行的天数，d/y；

d_{m2}——热负荷回收月份运行的天数，d/y；

F——烟气流通面积，m^2；

F_1——漏风间隙面积，m^2；

f——空气流通面积，m^2；

ΔG_k——每kg燃料燃烧时在空气预热器的漏风量，kg/kg；

G_y——每kg燃料燃烧时在空气预热器入口烟气量，kg/kg；

h——转子高度，m；

h_d——每天运行的小时数，h/d；

Δh——烟气或空气流经回转式空气预热器时的流阻，Pa；

I_{py}、I_{1k}、I_{0k}——分别为对应于1kg燃料而言的排烟，进入空气预热器和漏入机组的空气的焓值，kJ/kg；

I_1——回收冷负荷各月的月平均焓值，kJ/kg；

I_2——回收热负荷各月的月平均焓值，kJ/kg；

I_s——夏季室内空气设计焓，kJ/kg；

I_w——冬季室内空气设计焓，kJ/kg；

K——传热系数，W/(m^2·℃)；

K_b——考虑蓄热板所占据的活截面系数；

K_h——考虑隔板、横挡板、中心管所占据的活截面的系数；

K_h——考虑进口阻力及灰污染情况的修正系数；

k_b——单位面积流通截面；

l——受热面高度、转子高度，m；

M——流体流量，kg/s；

Nu——努塞尔数；

n——转子的转速，r/min；

P_k——空气的压力，Pa；

P_y——烟气的压力，Pa；

Pr——在烟气（或空气）平均温度下的普朗特数；

Q——空气预热器吸热量，kJ/kg；

Q_2——从机组排出的烟气热量与进入机组的空气热量之差；

Q_R——送入机组的燃料的热量；

Q_{Dw}^y——燃料的应用基低位发热量，kJ/kg；

Q_{max}——最大可能传热量，W；

Q_c、Q_h——全年回收的新风冷负荷和热负荷；

q_4——机组固体未完全燃烧损失；

Re——在烟气（或空气）平均温度下的雷诺数；

S_{zs}——燃料折算硫分；

T_1、T_2——热流体进、出口温度，℃；

t_1、t_2——冷流体进、出口温度，转子下、上表面温度，℃；

t_0——室温，℃；

t_1——烟气露点温度，℃；

t_s——水露点温度，℃；

t_{y1}，t_{y2}——分别为预热器烟气进、出口温度，℃；

t_{k1}，t_{k2}——分别为预热器空气进、出口温度，℃；

Δt——温度，按逆流温差计算，℃；

u——气流速度，m/s；

V_1——间隙漏风量，m^3/s；

V_2——携带漏风量，m^3/s；

V_k——通过预热器的风量，m^3/s；

V_y——烟气容积，Nm^3/kg；

V_{k1}——空气预热器进口烟气的过量空气系数为 α_1 时燃烧 1kg 燃料所需的实际空气量，Nm^3/kg；

V_{k2}——空气预热器出口烟气的过量空气系数为 α_2 时燃烧 1kg 燃料所需的实际空气量，Nm^3/kg；

ΔV——燃烧 1kg 燃料在空气预热器量的漏风量，Nm^3/kg；

V^0——燃烧 1kg 燃料所需的理论空气量，Nm^3/kg。

w_b——空气的流速，m/s；

w——气流速度，m/s；

w_k——空气流速，m/s；

w_y——烟气的流速，m/s；

x_k——空气冲刷转子的份额；

y——单位容积中受热面所占据的容积份额。

α——材料的热膨胀系数，1/℃；

α——对流换热系数，$W/m^2 \cdot ℃$；

α_D——对流质交换系数，m/s；

α_{fh}——飞灰携带系数；

α_{py}——空气预热器出口过量空气系数；

α_1——空气预热器进口烟气的过量空气系数；

α_2——空气预热器出口烟气的过量空气系数；

β——燃料的特性系数、空气量与理论空气量的比值；

β_1——进口空气的过量空气系数；

δ——转子半径 R 处轴向变形量，m；

λ——在烟气（或空气）平均温度下的烟气（或空气）的导热系数，$W/(m^2 \cdot ℃)$；

λ——受热面摩擦阻力系数；

λ——流体导热系数，$W/(m \cdot ℃)$；

θ——平均烟气温度，℃；

ρ——气流密度，kg/m^3；

ξ——阻力系数。

参 考 文 献

[1] 兰州石油机械研究所. 换热器(下). 北京：烃加工出版社，1990. 40~115.

[2] 陆耀庆. 实用供热空调设计手册. 北京：中国建筑工业出版社，2001.

[3] 程珈宁. 关于客房排气的热回收系统. 暖通空调，2001，(2)：50~51.

[4] 华东六省一市电机工程(电力)学会. 锅炉设备及其系统. 北京：中国电力出版社. 2001.

[5] 李良成. 烟气脱硫系统和烟气脱氮系统中的预热器. 锅炉制造. 1999，(2)：18~25.

[6] 冯俊凯等. 锅炉原理及计算. 北京：科学出版社，1998.

[7] 林宗虎等. 实用锅炉手册. 北京：化学工业出版社，1999.

[8] 王萍华等. 三分仓回转式空气预热器计算机辅助计算. 华中电力，2001，(4)：22~24.

[9] 胡华进等. 三分仓空气预热器传热特性的算法研究. 动力工程，1998，(2)：54~57.

[10] 刘锐等. 空气预热器的漏风率与漏风系数的关系. 电站系统工程，2000，(4)：227~229.

[11] 马金凤等. 回转式空气预热器漏风综合治理. 东北电力技术，2001，(11)：1~4.

[12] 张万军. 回转式空气预热器漏风率超标原因分析及对策. 西北电力技术，2001，(3)：23~26.

[13] 张永德等. 浅谈回转式空气预热器漏风控制. 东北电力技术，2000，(8)：2~5.

[14] 孙洪斌等. 回转式空气预热器漏风的分析及改进措施的研究. 电力情报，2000，(1)：64~66.

[15] 任建兴等. 降低回转式空气预热器漏风的方法. 节能，1997，(10)：38~41.

[16] 陈一平等. 回转式空气预热器运行中常见问题分析及处理. 湖南电力，2000，(5)：36~38.

[17] 刘贵锋. 回转式空气预热器密封形式的改进. 热能动力工程，2001，(3)：208~210.

[18] 刘福国等. VN 型回转式空气预热器转子径向隔板热弹性变形模型. 中国电机工程学报，2001。(11)：96~104.

[19] 吕兆聚等. 容克式空气预热器的优化设计. 山西电力，2002，(1)：4~7.

[20] 刘云峰等. 空气预热器腐蚀原因分析及预防. 石油化工腐蚀与防护，2000，(4)：41~42.

[21] 陈振林等. 回转式空气预热器传热元件的防护措施，腐蚀与防护，2000，(6)：276~277.

[22] 阎维平等. 电站锅炉回转式空气预热器积灰监测模型的研究. 动力工程，2002，(2)：1708~1710.

［23］　钱以明. 高层建筑空调与节能. 上海：同济大学出版社，1995.

［24］　章熙民等. 传热学. 北京：中国建筑工业出版社，1998.

［25］　秦伶俐等. 转轮式全热交换器———一种高效的热回收装置. 制冷，1998，（3）：20~23.

［26］　孙志高等. 空调系统能量回收节能分析. 节能技术，1999，（6）：26~28.

［27］　余际星等. 旋转型蓄热式换热器蓄热材料的选择. 工业炉，1996，（2）：37~40.

［28］　Yuya TAKAHASHI. 回転式全熱交換器の活用と省コネ事例. 化学装置，1981，（6）：62~66.

［29］　Ippo TAKEI etc. "サーモラング"の活用と省コネ事例. 化学装置，1981，（6）：67~70.

［30］　S. Bilodeau etc. Frost formation in rotary heat and moisture exchangers. International Journal of Heat and Mass Transfer, 1999, (42): 2605~2619.

［31］　Sankar Nair etc. Rotary heat exchanger performance with axial heat dispersion. International Journal of Heat and Mass Transfer, 1998, (41): 2857~2864.

第二章　直接接触式换热器

(李　超)

第一节　概　　述

一、分类

直接接触式换热器[1,2]是指两种互不溶解的介质直接接触进行换热的设备。

1. 按两种介质的状态分

（1）液 – 液直接接触式换热器：两种介质均为液体。

（2）气 – 液直接接触式换热器：两种介质，一种为液体，另一种为气体。

（3）混合气体直接接触式换热器　两种介质，一种为液体，另一种为混合气体。

2. 按传热面形式分

（1）液柱型直接接触式换热器：一种流体呈柱状流下，与另一种流体进行热交换，如图8.2 – 1（a）所示。

（2）液膜型直接接触式换热器：在换热器中，一种流体通过一定装置以液膜形式与另一种流体进行热交换。如图8.2 – 1（b）、（c）和图8.2 – 2（a）所示。

（3）填充型直接接触式换热器：在换热器中填充一些填料，在两种流体通过填料间的空隙时进行热交换。如图8.2 – 2（b）所示。

（4）喷射型直接接触式换热器：由喷嘴将流体喷成雾状，再与另一种流体进行热交换。如图8.2 – 2（c）所示。

（5）喷洒型直接接触式换热器：在换热器中，一种流体以液滴形式与另一种流体进行热交换。

3. 按工艺过程分

（1）直接接触冷凝器：利用蒸气与冷却水直接接触使蒸气放出潜热而被冷凝。这种冷凝方式仅适用于没有回收价值的蒸气的冷凝，或者对冷凝液的纯净度要求不高的场合。

（2）冷却塔：广泛应用于工业过程中排除废热，特别是排除大量热水中的热量。来自大气的空气被抽入塔中，吸热后再以较高的温度返回大气。

（3）闪蒸器：将工艺流体输入到压力比流体的饱和蒸气压低得多的环境中，通过一部分流体的瞬间蒸发使液体冷却再达到饱和，在结晶和污液处理等场合应用。

（4）直接蒸气加热：在一些应用中，可以直接使用蒸汽来加热，以这种方式利用的蒸气，没有冷凝液回收。

（5）风力干燥：利用热空气来干燥固体物料。

（6）浸没燃烧蒸发：将火焰及其热气体与所要加热的流体之间直接接触，并使流体蒸发。

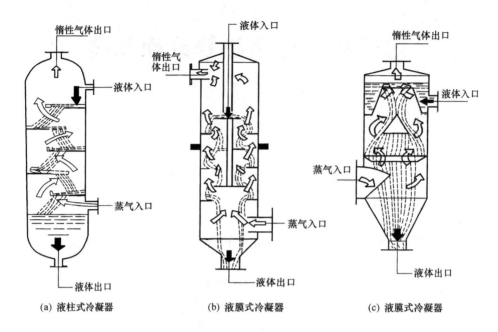

图 8.2 - 1　直接接触式换热器的种类

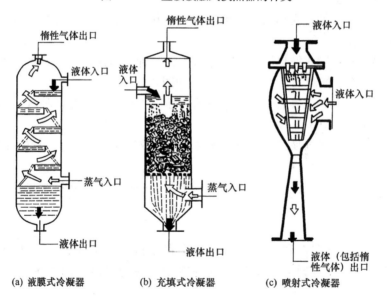

图 8.2 - 2　直接接触式换热器的种类

二、特点及用途

由于直接接触式换热器是通过流体直接接触进行传热，因而与通过器壁进行间接传热的换热器相比，有以下优点：

（1）传热效率高，且反应灵敏。

（2）单位容积的传热面大，因而设备紧凑。

（3）不存在传热带来的热阻、过热、结垢和腐蚀等问题。

（4）结构简单、材料消耗少、制造容易和维修方便。

缺点：

不允许混合或混合后不易分离的两种介质及其参数相差很大或因物性会产生不良的工艺过程均不适用。

由于直接接触式换热器具有上述优点，因而被广泛地应用于发电，轻工、化工及冶金等工业部门。

第二节　液－液直接接触式换热器[1]~[5]

一、液滴特性

1. 液滴的生成和汇合

在液－液直接接触式换热器中，两种流体分别以连续相和分散相的形式进行接触。连续相从顶部流入由底部流出，而分散相则由底部上升，经汇合后在顶部排除。分散相液滴的尺寸主要取决于分散器喷嘴内流体的流速。根据流速的变化，液滴的生成可以分为：单一滴化、层流滴化、湍流滴化和喷洒滴化四种情况。

单一滴化阶段由于喷嘴内流速较低，形成的液滴直径较大，传热效率不高。而湍流滴化和喷洒滴化阶段由于液滴直径较小，喷嘴内喷射分散相所消耗的动能较大，甚至液滴成膜状或线状。因此，这些流速范围均不宜作为正常操作范围。在层流滴化阶段，液滴直径较小，传热效率高，故在换热器设计中，分散相流速和液滴直径都控制在此范围内。

当喷嘴内分散相的流速达到某一值 u_j 时，喷嘴顶端开始形成喷射，进入层流滴化。

$$\frac{u_j^2 \rho_d d_n}{\rho_c} = 4.0 \times \left[1.0 - \frac{0.55 d_n^{\frac{2}{3}} (g\Delta\rho)^{\frac{1}{3}}}{\sigma^{\frac{1}{3}} F_c^{\frac{1}{3}}} \right] \qquad (2-1)$$

喷嘴内分散相流速超过 u_j 后，随着分散相的流速增大，喷嘴的喷射长度增加，流速越大。喷射流的长度越长，生成的液滴直径越小。当流速达到 u_T（喷嘴内分散相的流速）时，喷射流的长度达到最大值，液滴直径达到最小值。当流速超过 u_T 时，便进入了湍流滴化阶段。

$$u_T = 2.69 \times \left(\frac{d_j}{d_n}\right)^2 \left(\frac{\frac{\sigma}{d_j}}{0.5137\rho_d + 0.4719\rho_c}\right)^{\frac{1}{2}}, \text{m/s} \qquad (2-2)$$

式中　ρ_d——分散相的密度，kg/m^3；

　　　ρ_c——连续相的密度，kg/m^3；

　　　d_j——喷射直径，m；

　　　d_n——喷嘴直径，m；

　　　σ——连续相与分散相间表面张力，N/m；

　　　F_c——修正系数；

　　　$\Delta\rho$——连续相与分散相的密度之差，$\Delta\rho = \rho_c - \rho_d$。

喷射直径 d_j 可按下式计算：

当 $\dfrac{d_n^2 g\Delta\rho}{\sigma} > 0.616$ 时

$$\frac{d_n}{d_j} = 0.485 \times \left(\frac{d_n^2 g\Delta\rho}{\sigma}\right) + 1 \qquad (2-3)$$

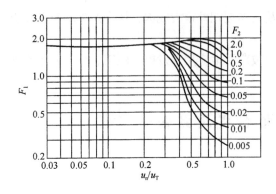

图 8.2-3 液滴直径计算图

当 $\dfrac{d_n^2 g \Delta \rho}{\sigma} > 0.616$ 时

$$\frac{d_n}{d_j} = 1.51 \times \left(\frac{d_n^2 g \Delta \rho}{\sigma} \right) + 0.12 \quad (2-4)$$

当流速为 u_T 时液滴的直径（即液滴的最小直径）为：

$$\frac{d_{min}}{d_n} = 2.0 \left(\frac{d_j}{d_n} \right) \quad (2-5)$$

当喷嘴内的流速低于 u_T 时，液滴的直径可按图 8.2-3 $\left(\text{纵坐标为 } F_1, \text{横坐标为 } \dfrac{u_n}{u_T}\right)$ 计算。

首先计算 F_2：

$$F_2 = \frac{d_n^2 g \Delta \rho}{\sigma} \quad (2-6)$$

然后由 $\dfrac{u_n}{u_T}$ 和 F_2 在图 8.2-3 中查得无量纲值 F_1，按下式计算液滴直径：

$$F_1 = \left(\frac{d_p^3 g \Delta \rho}{\sigma d_n} \right)^{\frac{1}{3}} \quad (2-7)$$

分散相液滴在与连续相接触进行传热后，在换热器顶部的两液分离槽中朝两相分界面汇合后再排出。影响分散相液滴汇合的主要因素是物料性质。

2. 单一液滴的特性

为了分析流入连续相中分散相液滴的特性，首先应分析流入无限大连续相中单一液滴的特性。

在无限大连续相中单一液滴上升的终端速度 W_∞ 随液滴直径的增加而增加，但当液滴的直径达到某一数值以后，其终端速度随液滴直径的增大基本上保持不变。

终端速度 W_∞ 的计算式为：

$$W_\infty = 17.6 \rho_c^{-0.55} \Delta \rho^{0.28} \mu_c^{-0.11} \sigma^{0.18} \quad (2-8)$$

终端速度 W_∞ 为最大时，液滴的直径 d_{pm} 可用下式计算：

$$d_{pm} = 1.772 \rho_c^{-0.14} \Delta \rho^{-0.43} \mu_c^{0.30} \sigma^{0.24}, \text{ m} \quad (2-9)$$

3. 直接接触式换热器中液滴的特性

（1）分散相与连续相之间的相对速度

直接接触式换热器中，分散相液滴是成群地与连续相接触，因此可将其作为由液滴组成的流化床加以分析。

连续相的滞液率 ε_c（又称空隙率）为：

$$\varepsilon_c = \frac{V_c}{V_c + V_d} \quad (2-10)$$

分散相的滞液率 ε_d（又称直充率）为：

$$\varepsilon_d = \frac{V_d}{V_c + V_d} = 1 - \varepsilon_c \quad (2-11)$$

一般情况下，分散相液滴的直径并不是均匀的，而在一定的范围内变化，因此，在计算

时常采用当量直径来表示:

$$d_p = \sum_1^i n_i d_{pi}^3 \Big/ \sum_1^i n_i d_{pi}^2 \qquad (2-12)$$

式中 n_i——直径为 d_{pi} 时液滴的个数。

若液滴的形状不是圆球形，则需用与液滴容积相同的圆球直径作为液滴的直径。

在换热器中，单位容积所具有的液滴表面积称为比表面积，用 A_S 表示如下:

$$A_S = \frac{6}{d_p}(1 - \varepsilon_c) \qquad (2-13)$$

故连续相的绝对速度 W_c 为:

$$W_c = \frac{V_c^*}{\varepsilon_c f_k}, \quad \text{m/s} \qquad (2-14)$$

而分散相的绝以速度 W_d 为

$$W_d = \frac{V_d^*}{(1 - \varepsilon_c)f_k}, \quad \text{m/s} \qquad (2-15)$$

如果连续相与分散相为逆流流动，两相间的相对速度为:

$$W_r = W_c + W_d = \frac{V_c^*}{\varepsilon_c f_k} + \frac{V_d^*}{(1 - \varepsilon_c)f_k} \qquad (2-16)$$

式中 V_c——连续相占有的容积，m³；

   V_d——分散相占有的容积，m³；

   V_c^*——连续相的容积流量，m³/s；

   V_d^*——分散相的容积流量，m³/s；

   f_k——换热器截面积，m²。

（2）相对速度 W_r 与连续相滞液率 ε_c 的关系

对于液滴构成的流化床，可将其液滴看成是刚体球。按图 8.2 - 4，先求出相应的刚体球流化床的相对速度 W_{rp}，然后按下式求分散相液滴与连续相间的相对速度 W_r:

$$W_r = W_{rp}\left[1 + 0.012\varepsilon_c^2\left(\frac{\mu_c}{\mu_d}\text{Re}_c\right)^{\frac{2}{3}}\right]^{\frac{1}{2}} \qquad (2-17)$$

式中 Re_c——以要对速度为基础的连续相雷诺数，$Re_c = \dfrac{W_r \rho_c d_p}{\mu_c}$ $\qquad (2-18)$

图 8.2 - 4 中，

$$F_r = \frac{W_r^2}{g d_p} \qquad (2-19)$$

$$A_r = \frac{\Delta\rho g \rho_c^2 d_p^3}{\rho_c \mu_c^2} \qquad (2-20)$$

如果物料性质及液滴直径一定，则相对速度可按下式近似计算:

$$W_r = C_1 \exp[-C_2(1 - \varepsilon_c)] \qquad (2-21)$$

式中 C_1，C_2——由实验确定的常数。

利坦（Letan）将水作为连续相，煤油作为分散相，当液滴直径为 $d_p = 3.3 \sim 3.55\text{mm}$ 时，得 $C_1 = 9.1$，$C_2 = 1.6$。

（3）换热器内连续相滞液率 ε_c 与容积流量 V_c^* 和 V_d^* 的关系

由式 (2 - 16) 和式 (2 - 21) 可得连续相滞液率 ε_c 与容积流量 V_c^* 和 V_d^* 的关系为:

$$C_1 \exp[-C_2(1-\varepsilon_c)] = \frac{V_c^*}{\varepsilon_c f_k} + \frac{V_d^*}{(1-\varepsilon_c)f_k} \qquad (2-22)$$

图 8.2 - 5 是利坦的水 - 煤油系统实验的结果。从图中可以看出，某一分散相和连续相的空塔速度为 $\frac{V_d^*}{f_k}$、$\frac{V_c^*}{f_k}$ 时，分散相滞液率有两个不同的运转点。例如，当连续相的空塔速度 $\frac{V_c^*}{f_k} = 1.0$，分散相的空塔速度 $\frac{V_d^*}{f_k} = 0.855$ 时，图中存在两个运转点 A 和 B，A 点相应的分散相滞液率比 B 点相应的分散相滞液率要大。通常称 A 点为密集填充，B 点为分散填充。在换热器的设计中，采用那种填充应根据具体情况而定，在缺乏足够实验的情况下一般以选择分散填充为宜。

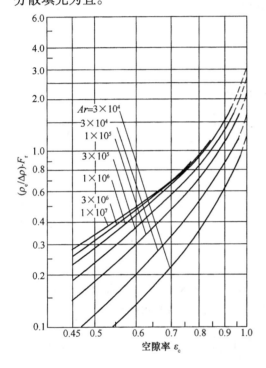

图 8.2 - 4　相对速度与滞液率的关系

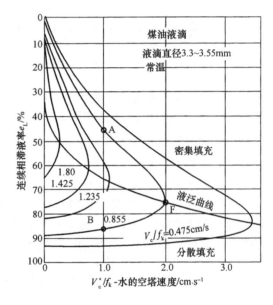

图 8.2 - 5　空塔速度与滞液率的关系

（4）换热器的液泛速度

液泛是指分散相液滴被连续相所夹带，并从换热器底部排出的现象。液泛的产生是由于连续相速度过大，而分离槽中分散相汇合速度较慢，从而使密集填充状态发展到换热器连续相出口处而造成的。对于某一分散相空塔速度的液泛点，该曲线的极值点即是液泛点。各分散相空塔速度下的液泛点的轨迹即为液泛曲线，见图 8.2 - 5。

特雷贝尔给出了计算液泛时连续相的空塔速度经验公式：

$$\left(\frac{V_c^*}{f_k}\right)_F = 270\Delta\rho^{0.25}\Big/\left[4.08(100\mu_c)^{0.75}\rho_c^{0.2} + 6.25 d_p^{0.55}\rho_d^{0.55}\left(\frac{V_d^*}{V_c^*}\right)^{0.5}\right]^2 \qquad (2-23)$$

特雷贝尔认为，在设计中选用的连续相空塔速度应取上式所算液泛速度的 40% 以下为宜。

二、液 - 液直接接触式换热器的传热系数

1. 单一刚体球和单一液滴的传热

总传热系数为：

$$U_p = \frac{Q_p}{(T_c - T_d)A_p} \qquad (2-24)$$

式中　U_p——总传热系数，W/（m² · K）；

　　　Q_p——连续相与液滴间的传热量，W；

　　　T_c——连续相的温度，K；

　　　T_d——液滴的温度，K；

　　　A_p——单个液滴的表面积，m²。

而总传热系数是由连续相到液滴表面的传热系数及液滴表面到液滴内部的传热系数构成，前者称为膜外传热系数，用 h_o 表示；后者称为膜内传热系数，用 h_i 表示。则

$$\frac{1}{U_p} = \frac{1}{h_o} + \frac{1}{h_i} \qquad (2-25)$$

h_o 和 h_i 的膜外膜内努赛尔准数 Nu_o 和 Nu_i 分别为：

$$Nu_o = \frac{h_o d_p}{K_c} \qquad (2-26)$$

$$Nu_i = \frac{h_i d_p}{K_d} \qquad (2-27)$$

式中　K_c——连续相的热导率，W/（m · K）；

　　　K_d——液滴的热导率，W/（m · K）。

因此，

$$\frac{U_p d_p}{K_d} = \frac{1}{\dfrac{K_d}{K_c}\dfrac{1}{N_{uo}} + \dfrac{1}{N_{ui}}} \qquad (2-28)$$

对单一刚体球的膜外努赛尔准数，Hughmark 提出了下式：

当 $1 < \left(\dfrac{W_t \rho_c d_p}{\mu_c}\right) < 450$，$\dfrac{\mu_c c_c}{K_c} < 250$ 时，

$$Nu_o = 2 + 0.6\left(\frac{W_t \rho_c d_p}{\mu_c}\right)^{\frac{1}{2}}\left(\frac{\mu_c c_c}{K_c}\right)^{\frac{1}{3}} \qquad (2-29)$$

当 $1 < \left(\dfrac{W_t \rho_c d_p}{\mu_c}\right) < 17$，$\dfrac{\mu_c c_c}{K_c} > 250$ 时，

$$Nu_o = 2 + 0.5\left(\frac{W_t \rho_c d_p}{\mu_c}\right)^{\frac{1}{2}}\left(\frac{\mu_c c_c}{K_c}\right)^{0.42} \qquad (2-30)$$

当 $17 < \left(\dfrac{W_t \rho_c d_p}{\mu_c}\right) < 450$，$\dfrac{\mu_c c_c}{K_c} > 250$ 时，

$$Nu_o = 2 + 0.4\left(\frac{W_t \rho_c d_p}{\mu_c}\right)^{\frac{1}{2}}\left(\frac{\mu_c c_c}{K_c}\right)^{0.42} \qquad (2-31)$$

当 $450 < \left(\dfrac{W_t \rho_c d_p}{\mu_c}\right) < 10000$，$\dfrac{\mu_c c_c}{K_c} > 250$ 时，

$$Nu_o = 2 + 0.27\left(\frac{W_t \rho_c d_p}{\mu_c}\right)^{\frac{1}{2}}\left(\frac{\mu_c c_c}{K_c}\right)^{\frac{1}{2}} \qquad (2-32)$$

式中　c_c——连续相的比热容，J/（kg · K）。

单一刚体球的膜内努赛尔准数可采用固体导热的解，近似表示为

$$Nu_i = \frac{2\pi^2}{3} = 6.5 \tag{2-33}$$

对单一液滴，由于滴内循环的影响，其努塞尔准数与单一刚体球不同。Conkie和Savic提出的单一液滴膜外的努赛尔准数可由下式计算：

$$Nu_o = 2 + 1.13\left(\frac{W_r\rho_c d_p}{\mu_c}\right)^{\frac{1}{2}}\left(\frac{\mu_c c_c}{K_c}\right)^{\frac{1}{2}}K_v^{\frac{1}{2}} \tag{2-34}$$

式中　K_v——由势能求得速度与真实界面速度之比，一般取 $K_v^{\frac{1}{2}} = 0.8$。

单一液滴的膜内努赛尔准数也可根据 Hanalos 和 Baron 给出的关系式计算：

$$Nu_i = 0.00375\frac{\left(\frac{W_r\rho_d d_p}{\mu_d}\right)\left(\frac{\mu_d c_d}{K_d}\right)}{1 + \frac{\mu_d}{\mu_c}} \tag{2-35}$$

式中　c_d——分散相的比热容，J/(kg·K)。

2. 固定床中的传热

在由刚体球填充的固定床中，刚体球和流体间的膜外努赛尔准数按 Rowe 式计算：

$$Nu_o = C_3 + C_4\left(\frac{\varepsilon_c W_r\rho_c d_p}{\mu_c}\right)^m\left(\frac{c_c\mu_c}{K_c}\right)^{\frac{1}{3}} \tag{2-36}$$

式中　C_3、C_4 和 m 均为系数，且

$$C_3 = \frac{1}{1 - (1 - \varepsilon_c)^{\frac{1}{3}}} \tag{2-37}$$

$$C_4 = \frac{2}{3\varepsilon_c} \tag{2-38}$$

$$m = \frac{4.65\left(\frac{\varepsilon_c W_r\rho_c d_p}{\mu_c}\right)^{-0.28} + 2}{13.95\left(\frac{\varepsilon_c W_r\rho_c d_p}{\mu_c}\right)^{-0.28} + 3} \tag{2-39}$$

费雷里宁将式（2-36）进行修正后的计算式为：

$$Nu_o = 2 + \frac{0.67}{\varepsilon_c^{\frac{1}{2}}}\left(\frac{W_r\rho_c d_p}{\mu_c}\right)^{\frac{1}{2}}\left(\frac{\mu_c c_c}{K_c}\right)^{\frac{1}{3}} \tag{2-40}$$

从上式可看出，由刚体球填充的固定体，其膜外努赛尔准数的关系式，可由单一刚体球膜外努赛尔准数的关系式再用 $\dfrac{1}{\varepsilon_c^{\frac{1}{2}}}$ 加以修正后得到。因此，由液滴构成的固定床其膜外努赛尔准数可以表示为：

$$Nu_o = 2 + \frac{0.9}{\varepsilon_c^{\frac{1}{2}}}\left(\frac{W_r\rho_c d_p}{\mu_c}\right)^{\frac{1}{2}}\left(\frac{\mu_c c_c}{K_c}\right)^{\frac{1}{2}} \tag{2-41}$$

由液滴构成的固定床的膜内努赛尔准数与单一液滴膜内努赛尔准数相同，故仍可用单一液滴膜内努赛尔准数的计算式进行计算。

3. 喷洒式换热器的传热

传热基本方程式：

$$Q = \frac{U_p}{\phi} A_s f_k \Delta T_m L_W \qquad (2-42)$$

式中　ϕ——修正系数；

L_W——传热部分的有效长度，m；

ΔT_m——对数平均温度，$\Delta T_m = \dfrac{(T_{ci} - T_{do}) - (T_{co} - T_{di})}{\ln\left(\dfrac{T_{ci} - T_{do}}{T_{co} - T_{di}}\right)}$；

T_{ci}——连续相入口温度，℃；

T_{co}——连续相出口温度，℃；

T_{di}——分散相入口温度，℃；

T_{do}——分散相出口温度，℃。

费雷里宁根据实验将修正系数 ϕ 表示为空隙率 ε_c 与参数 S 的函数，可由图 8.2-6 中查得。参数 S 定义为：

$$S = \left[\frac{1}{2 + 0.08\dfrac{V_c^* L_W}{\varepsilon_c f_K W_r d_p}}\right]\left[\frac{T_{ci} - T_{co}}{T_{co} - T_{di}}\right] \qquad (2-43)$$

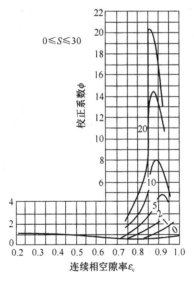
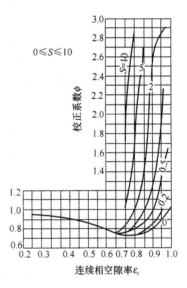

图 8.2-6　校正系数

三、设计计算

设计一台用 20℃ 水冷却 90℃ 海水的液-液直接接触式换热器。已知两流体的流量均为 40m³/h，两流体高温端和低温端的温差均为 4℃。为了避免水和海水的混合，采用有机液体作为载热体。

1. 流程设计

由于采用有机液体作为热载体，因而在流程中采用两台换热器，如图 8.2-7 所示。到两台换热器的尺寸完全相同，因此只计算一台换热器的结构尺寸即可。如以水-有机液体系统为例，有关物性参数见下表。

物　性 ＼ 介　质	有机液体	水
密度/（kg/m³）	860	1000
黏度/（Pa·s）	0.0004	0.0005
比热容/J·（kg·K）⁻¹	1884	4187
热导率/W·（m·K）⁻¹	0.14	0.607
表面张力/（N/m）	0.034	

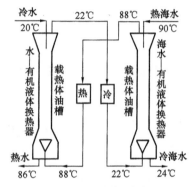

图 8.2-7　设计流程图

2. 流体循环量的计算

设有机液为分散相，水为连续相，则水的流量为

$$V_c^* = \frac{40}{3600} = 1.11 \times 10^{-2} , \text{m}^3/\text{s}$$

取有机液体的水当量等于水的水当量，则

$$V_d^* = \frac{V_c^* \rho_c c_c}{\rho_d c_d} = \frac{1.11 \times 10^{-2} \times 1000 \times 4187}{860 \times 1884}$$

$$= 2.87 \times 10^{-2} , \text{m}^3/\text{s}$$

3. 海水出口温度和冷却水出口温度的确定

由于两流体高温端及低温端的温度差为 4℃，故海水的出口温度为 24℃，冷却水的出口温度为 86℃。

4. 液滴直径确定

终端速度 W_∞ 为极大值的液滴直径 d_{pm}：

$$d_{pm} = 1.772 \rho_c^{-0.14} \Delta\rho^{-0.43} \mu_c^{0.30} \sigma^{0.24}$$

$$= 1.772 \times 1000^{-0.14} \times (1000 - 860)^{-0.43} \times 0.0005^{0.3} \times 0.034^{0.24} = 3.66 \times 10^{-3} , \text{m}$$

实际设计中，一般取 $d_p > d_{pm}$ 为好，所以取 $d_p = 4 \times 10^{-3}$ m。

5. 相对速度 W_r 的确定

选定 $\varepsilon_d = 0.24$，阿基米德数 Ar 为：

$$Ar = \frac{\Delta\rho g \rho_c^2 d_p^3}{\rho_c \mu_c^2}$$

$$= \frac{(1000 - 860) \times 9.8 \times 1000^2 \times 0.004^3}{1000 \times 0.0005^2} = 3.51 \times 10^5$$

由图 8.2-4 查得：$\dfrac{\rho_c}{\Delta\rho} Fr = 0.7$

故弗鲁特准数 Fr 为：

$$Fr = 0.7 \times \frac{\Delta\rho}{\rho_c} = 0.7 \times \frac{1000 - 860}{1000} = 0.098$$

刚体球的相对速度为：

$$(W_r)_{rp} = (F_r g d_d)^{\frac{1}{2}} = (0.098 \times 9.8 \times 004)^{\frac{1}{2}} = 6.2 \times 10^{-2} , \text{m/s}$$

取分散相的雷诺数 $Re_c = 420$，则有机液体液滴的相对速度为：

$$W_r = W_{rp}\left[1 + 0.012\varepsilon_c^3\left(\frac{\mu_c}{\mu_d}Re_c\right)^{\frac{2}{3}}\right]^{-\frac{1}{2}}$$

$$= 6.2 \times 10^{-2}\left[1 + 0.012 \times (1 - 0.24)^3\left(\frac{0.0005}{0.0004} \times 420\right)^{\frac{2}{3}}\right]^{-\frac{1}{2}} = 5.35 \times 10^{-2}, \text{m/s}$$

$$Re_c = \frac{W_r\rho_c d_p}{\mu_c} = \frac{5.35 \times 10^{-2} \times 1000 \times 0.004}{0.0005} = 428$$

雷诺数计算值与选取值相近，初始假定的 Re_c 值是合适的。

6. 换热器直径的确定

换热器的截面积为：

$$f_K = \frac{1}{W_r}\left[\frac{V_c^*}{\varepsilon_c} + \frac{V_d^*}{1 - \varepsilon_c}\right] = \frac{1}{5.35 \times 10^{-2}} \times \left[\frac{1.11 \times 10^{-2}}{1 - 0.24} + \frac{2.87 \times 10^{-2}}{0.24}\right] = 2.51, \text{m}^2$$

换热器的直径为：

$$D = \left(\frac{4f_K}{\pi}\right)^{\frac{1}{2}} = \left(\frac{4 \times 2.51}{\pi}\right)^{\frac{1}{2}} = 1.79, \text{m}$$

7. 换热器的运转点的确定

在换热器中存在两个运转点，最初已选择了 $\varepsilon_d = 0.24$ 为一运转点，现确定另一个运转点。设另一运转点的分散相滞液率 $\varepsilon_d = 0.55$，由图 8.2 - 4 查得 $\frac{\rho_c}{\Delta\rho}Fr = 0.19$，因此，

$$Fr = 0.19 \times \frac{(1000 - 860)}{1000} = 0.0266$$

$$W_{rp} = (Frgd_p)^{\frac{1}{2}} = (0.0266 \times 9.8 \times 0.004)^{\frac{1}{2}} = 3.23 \times 10^{-2}, \text{m/s}$$

再假设 $Re_c = 250$，则

$$W_r = W_{rp}\left[1 + 0.012\varepsilon_c^3\left(\frac{\mu_c}{\mu_d}Re_c\right)^{\frac{2}{3}}\right]^{-\frac{1}{2}}$$

$$= 3.23 \times 10^{-2}\left[1 + 0.012 \times (1 - 0.55)^3\left(\frac{0.0005}{0.0004} \times 250\right)^{\frac{2}{3}}\right]^{-\frac{1}{2}} = 3.15 \times 10^{-2}, \text{m/s}$$

$$Re_c = \frac{W_r\rho_c d_p}{\mu_c} = \frac{3.15 \times 10^{-2} \times 1000 \times 0.0004}{0.0005} = 252，与假设值相符。$$

用公式（2 - 16）计算 W_r：

$$W_r = W_c + W_d = \frac{V_c^*}{\varepsilon_d f_k} + \frac{V_d^*}{(1 - \varepsilon_c)f_k}$$

$$= \frac{1}{2.51}\left(\frac{1.11 \times 10^{-2}}{0.45} + \frac{2.87 \times 10^{-2}}{0.55}\right) = 3.06 \times 10^{-2}, \text{m/s}$$

两式计算的 W_r 值相近，说明 $\varepsilon_d = 0.55$ 是 $\varepsilon_d = 0.24$ 之外的另一个运转点。即 $\varepsilon_d = 0.55$ 是密集填充状态运转点下的分散相滞液率，$\varepsilon_d = 0.24$ 是分散填充状态运转点下的分散相滞液率。故不会产生液泛。

8. 传热系数的确定

假定换热器在分散填充状态下操作，且 $\varepsilon_d = 0.24$，故膜外努赛尔准数为：

$$Nu_o = 2 + \frac{0.9}{\varepsilon_c^{\frac{1}{2}}}\left(\frac{W_r\rho_c d_p}{\mu_c}\right)^{\frac{1}{2}}\left(\frac{\mu_c c_c}{K_c}\right)^{\frac{1}{2}}$$

$$= 2 + \frac{0.9}{0.76^{\frac{1}{2}}}\left(\frac{5.35 \times 10^{-2} \times 1000 \times 0.004}{0.0005}\right)^{\frac{1}{2}}\left(\frac{0.0005 \times 4187}{0.607}\right)^{\frac{1}{2}} = 42$$

膜内努赛尔准数为：

$$Nu_i = 0.00375 \frac{\left(\dfrac{W_r \rho_d d_p}{\mu_d}\right)\left(\dfrac{\mu_d c_d}{K_d}\right)}{1 + \dfrac{\mu_d}{\mu_c}}$$

$$= 0.00375 \frac{\left(\dfrac{5.35 \times 10^{-2} \times 860 \times 0.004}{0.0004}\right)\left(\dfrac{0.0004 \times 1884}{0.14}\right)}{1 + \dfrac{0.0004}{0.0005}} = 5.2$$

总传热系数为：

$$\frac{U_p d_p}{K_d} = \frac{1}{\dfrac{K_d}{K_c}\dfrac{1}{Nu_o} + \dfrac{1}{Nu_i}}$$

$$= \frac{1}{\dfrac{0.14}{0.607} \times \dfrac{1}{42} + \dfrac{1}{5.2}} = 5.06$$

$$U_p = 5.06 \frac{K_d}{d_p} = 5.06 \times \frac{0.14}{0.004} = 177.1, W/(m^2 \cdot K)$$

9. 传热量计算

$$Q = c_c \rho_c V_c^* (T_{co} - T_{ci}) = 4187 \times 1000 \times 1.11 \times 10^{-2} \times (86 - 20) = 3.07 \times 10^6, J/s$$

10. 换热器有效长度的确定

先假设换热器的有效长度为 $L_W = 8m$，则

$$S = \left[\frac{1}{2 + 0.08 \dfrac{V_c^* L_W}{\varepsilon_c f_K W_r d_p}}\right] \times \left[\frac{T_{ci} - T_{co}}{T_{co} - T_{di}}\right]$$

$$= \left[\frac{1}{2 + 0.08 \times \dfrac{1.11 \times 10^{-2} \times 8}{0.76 \times 2.51 \times 5.35 \times 10^{-2} \times 0.004}}\right] \times \left[\frac{20 - 86}{86 - 88}\right] = 1.8$$

由图 8.2 - 6 得 $\phi = 0.84$，单位容积传热面积为：

$$A_s = \frac{6}{d_p}(1 - \varepsilon_c) = \frac{6 \times 0.24}{0.004} = 360, m^2/m^3$$

而 $\Delta T_m = 2℃$，故

$$L_W = \frac{\phi Q}{A_s f_K \Delta T_m U_p} = \frac{0.84 \times 3.07 \times 10^6}{360 \times 2.51 \times 2 \times 177.1} = 8.06, m$$

与假设值相近，故取换热器的有效长度 $L_W = 8.06m$。

11. 分散器设计

取分散器喷嘴直径 $d_n = 2 \times 10^{-3} m$

$$F_2 = \frac{d_n^2 g \Delta \rho}{\sigma} = \frac{(2 \times 10^{-3})^2 \times 9.8 \times (1000 - 860)}{0.034} = 0.161 < 0.616$$

因此，液滴直径为极小值时的喷射直径为：

$$\frac{d_n}{d_j} = 0.485\left(\frac{d_n^2 g \Delta \rho}{\sigma}\right) + 1 = 0.485 \times 0.161 + 1 = 1.08 \approx 1$$

$$d_n = d_j = 2 \times 10^{-3}, m$$

喷嘴内分散相的流速为：

$$u_T = 2.69 \left(\frac{d_j}{d_n}\right)^2 \left(\frac{\dfrac{\sigma}{d_j}}{0.5137\rho_d + 0.4719\rho_c}\right)^{\frac{1}{2}}$$

$$= 2.69 \times \left(\frac{2 \times 10^{-3}}{2 \times 10^{-3}}\right)^2 \left(\frac{\dfrac{0.034}{2 \times 10^{-3}}}{0.5137 \times 860 + 0.4719 \times 1000}\right)^{\frac{1}{2}} = 0.367, m/s$$

而

$$F_1 = \left(\frac{d_p^3 g \Delta\rho}{\sigma d_n}\right)^{\frac{1}{3}} = \left(\frac{0.004^3 \times 9.8 \times (1000 - 860)}{0.034 \times 2 \times 10^{-3}}\right)^{\frac{1}{3}} = 1.1$$

由图 8.2-3 以 $F_1 = 1.1$ 和 $F_2 = 0.161$ 查得 $\dfrac{u_n}{u_T} = 0.7$，故

$$u_n = 0.7 u_T = 0.7 \times 0.367 = 0.257, m/s$$

喷嘴的总截面积为：

$$A_n = \frac{V_d^*}{u_n} = \frac{2.87 \times 10^{-2}}{0.257} = 0.1117, m^2$$

每个喷嘴的截面积为：

$$a_n = \frac{\pi d_n^2}{4} = \frac{\pi \times (2 \times 10^{-3})^2}{4} = 3.14 \times 10^{-6}, m^2$$

喷嘴数为：

$$n = \frac{A_n}{a_n} = \frac{0.1117}{3.14 \times 10^{-6}} = 35555$$

第三节　气－液直接接触式冷凝器

气－液直接接触式冷凝器[1,2,6]，是使液体与蒸气直接接触，且蒸气在液体表面冷凝的热交换器。由于不借助金属表面进行换热，所以构造简单，价格便宜。广泛使用的类型有液柱式冷凝器、液膜式冷凝器、充填塔式冷凝器和喷射式冷凝器等。

一、液柱式冷凝器

（一）理论分析

液柱式冷凝器如图 8.2-1（a）所示。在冷凝器内安装了多孔塔板，为的是增大冷却水和蒸气的接触面积，液体通过多孔塔板以柱状向下流动。

在液柱式冷凝器中，蒸气在液柱表面的冷凝问题与在表面式冷凝器中蒸气向固体表面的冷凝不同。后者，在界面处由于剪切力的作用，便在冷凝液膜中产生了速度梯度，而且由于冷凝热是由低温固体表面传出，因此冷凝量与固体表面的大小有直接关系。而前者，由于蒸气与呈柱状下降液柱的表面换热（如图 8.2-8 所示），其剪切力较小，所以此剪切力在液柱内部产生的速度梯度便可以忽略，加之冷凝热被液柱的温升所吸收，因而冷却液体的流量决定了冷凝量。

一般情况下，蒸气的最大冷凝量均在冷却流体流量的 20% 以下，所以在进行传热分析时可以忽略蒸气沿流动方向在液柱上冷凝而增加的液量。

理论分析时，假定：

（1）冷却液为液柱，液柱直径与多孔板的孔径相等。

（2）被冷凝的蒸气是饱和蒸气，因此液柱是在一定温度下流过冷凝器的。

（3）流体沿液柱的流动方向无物性（比热、密度、热导率等）变化。

（4）忽略液柱轴线方向的传热，可认为是在无限长圆柱内的轴对称导热问题。

通过以上分析，便可将液柱式冷凝器的传热当作均质无限长圆柱表面的传热问题来研究。显然，由于液柱上部和下部与蒸气接触时间不同，所以沿液柱半径方向的温度分析是不同的，而同一位置温度的分布则不随时间发生变化。

按无限长圆柱内的轴对称导热（图 8.2－9）问题求解可得液柱内温度分布的表达式：

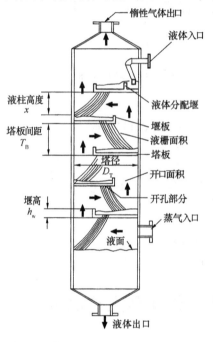

图 8.2－8　液柱式冷凝器

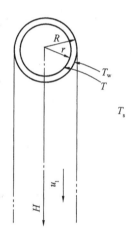

图 8.2－9　传热计算图

$$\theta = \frac{T_s - T}{T_s - T_i} = \sum_{n=1}^{\infty} A_n \exp\left(\frac{-\lambda_n^2 \alpha x}{u_l R^2}\right) J_0\left(\lambda_n \frac{r}{R}\right) \qquad (2-44)$$

式中　T——液柱半径 r 处的温度，℃；

T_s——蒸气的饱和温度，℃；

T_i——液柱的入口温度，℃；

α——液柱的热扩散系数，$\alpha = \dfrac{k_l}{c_l \rho_l}$，$m^2/s$；

k_l——液体的热导率，$W/(m \cdot K)$；

c_l——液体的比热容，$J/(kg \cdot K)$；

ρ_l——液体的密度，kg/m^3；

x——轴向长度，m；

u_l——液柱向下流动速度，m/s；

R——液柱半径，m；

r——液柱任一点处的半径，m；

A_n——常数；

J_0——零次贝塞尔函数。

采用入口条件，$x = 0$，$T = T_i$，可得常数 A_n 为：

$$A_n = \frac{2J_1(\lambda_n)}{\lambda_n \{ [J_0(\lambda_n)]^2 + [J_1(\lambda_n)]^2 \}} \qquad (2-45)$$

式中　J_1——是一次贝塞尔函数。

积分（2-44）式得 x 处的圆柱断面的平均温度 $\overline{T}$ 为：

$$\overline{\theta} = \frac{T_s - \overline{T}}{T_s - T_0} = \sum_{n=1}^{\infty} \frac{2A_n J_1(\lambda_n)}{\lambda_n} \exp\left(\frac{-\lambda_n^2 \alpha x}{u_1 R^2}\right) \qquad (2-46)$$

根据热平衡关系式，x 处的局部传热系数 h_x 用下定义：

$$2\pi R h_x dx (T_s - \overline{T}) = \rho_1 u_1 \pi R^2 c_1 dx \left(\frac{\partial \overline{T}}{\partial x}\right) \qquad (2-47)$$

因此，局部努赛尔准数 Nu_x 为：

$$Nu_x = \frac{h_x D}{k} = \frac{\displaystyle\sum_{n=1}^{\infty} A_n \lambda_n J_1(\lambda_n) \exp\left(\frac{-\lambda_n^2 \alpha x}{u_1 R^2}\right)}{\displaystyle\sum_{n=1}^{\infty} \frac{A_n J_1(\lambda_n)}{\lambda_n} \exp\left(\frac{-\lambda_n^2 \alpha x}{u_1 R^2}\right)} \qquad (2-48)$$

式中　D——液柱直径，m。

当蒸气中存在不凝性气体时，由于在冷凝液和蒸气截面上的不凝性气体层可能形成热阻，因此，分别讨论液柱表面无热阻和存在热阻时的传热情况。

（1）液柱表面无热阻

当蒸气中不含有不凝性气体时，液柱表面的热阻可以忽略不计，这时液柱的边界条件为：$r = R$，$T = T_s$，由式（2-44）得：

$$J_0(\lambda_n) = 0$$

因此，式（2-46）和式（2-48）式简化为：

$$\overline{\theta} = \sum_{n=1}^{\infty} \frac{4}{\lambda_n^2} \exp\left(\frac{-4\lambda_n^2}{Gz}\right) \qquad (2-49)$$

$$Nu_x = \frac{\displaystyle\sum_{n=1}^{\infty} \exp\left(\frac{-4\lambda_n^2}{Gz}\right)}{\displaystyle\sum_{n=1}^{\infty} \left(\frac{1}{\lambda_n^2}\right) \exp\left(\frac{-\lambda_n^2}{Gz}\right)} \qquad (2-50)$$

式中　Gz——格雷思数。

$$Gz = \frac{u_1 D^2}{\alpha x}$$

由于冷却液呈液柱流下，则冷却液流量 V_1（m³/s），液柱数 n，液柱直径 D（m），流速 u_1（m/s）之间存在着如下关系：

$$V_1 = \frac{\pi}{4} D^2 n u_1 \qquad (2-51)$$

将式（2-51）代入格雷思数计算式得：

$$Gz = \frac{4V_l}{\pi n \alpha x} \tag{2-52}$$

由式（2-49）和式（2-50）计算的 $\bar{\theta}$、Nu_x 示于表8.2-1、图8.2-10和图8.2-11中。由表和图可得 $\bar{\theta}$、Nu_x 近似表达式：

当 $Gz < 70$ 时，
$$\bar{\theta} = \exp\left(-0.160 - \frac{0.98}{Gz}\right) \tag{2-53}$$

当 $Gz > 500$ 时，
$$\bar{\theta} = 1 - \frac{4.5135}{\sqrt{Gz}} \tag{2-54}$$

当 $Gz < 25$ 时，
$$Nu_x = 5.784 \tag{2-55}$$

当 $Gz > 10000$ 时，
$$Nu_x = \frac{0.56419\sqrt{Gz}}{1 - \left(\frac{4.5135}{\sqrt{Gz}}\right)} \tag{2-56}$$

表8.2-1 $\bar{\theta}$、Nu_x 值

Gz	$\bar{\theta}$	Nu_x	Gz	$\bar{\theta}$	Nu_x
400000	0.99288	358.373	200.00	0.701140	9.884
200000	0.98994	253.865	100.00	0.588020	7.744
100000	0.98578	179.969	66.60	0.510160	6.886
66666	0.98259	147.234	50.00	0.447090	6.437
50000	0.97991	127.720	40.00	0.394190	6.179
40000	0.97754	114.403	26.60	0.291870	5.898
20000	0.96030	81.363	20.00	0.217820	5.817
10000	0.95528	58.007	16.00	0.162990	5.793
6666	0.94532	47.664	13.33	0.122030	5.786
5000	0.93698	41.501	11.43	0.091380	5.784
4000	0.22965	37.297	10.00	0.068440	5.783
2000	0.90110	26.876	8.88	0.512250	5.783
1000	0.86133	19.531	8.00	0.038380	5.83
666	0.83130	16.292	4.00	0.002130	5.783
500	0.80607	14.372	2.00	0.000066	5.783
400	0.78454	13.068	—	—	—

（2）液柱表面存在热阻

液柱表面的边界条件，$r = R$ 处

$$h(T_s - T_w) = k\left(\frac{\partial T}{\partial r}\right) \tag{2-57}$$

式中 h——液柱表面传热系数，$W/(m^2 \cdot K)$；

T_w——液柱表面温度，℃。

应用（2-44）式，可得：

$$\frac{\lambda_n J_1(\lambda_n)}{J_0(\lambda_n)} = \frac{hD}{2k} \tag{2-58}$$

用上式计算的 Nu_x 值为液体中内部导热热阻和液柱表面传热热阻组合后的总传热系数。

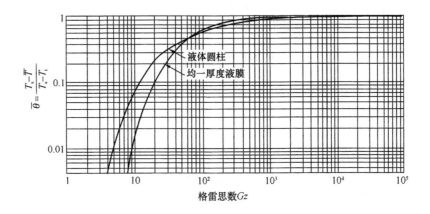

图 8.2 – 10　平均温度和格雷思数之间的关系

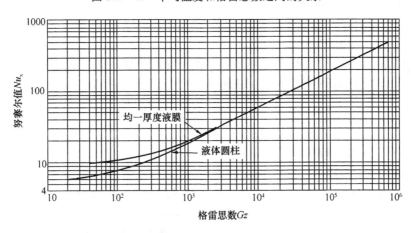

图 8.2 – 11　局部努赛尔数和格雷思数之间的关系

同样 A_n、$\bar{\theta}$ 和 Nu_x 值仍可用式（2 – 45）、式（2 – 46）和式（2 – 48）计算。

当格雷思数较小时，仅取式（2 – 48）级数的第一项。

$$Nu_x = \lambda_1^2 \tag{2 – 59}$$

则有：

$$\frac{\sqrt{Nu_x}\,J_1(\sqrt{Nu_x})}{J_0(\sqrt{Nu_x})} = \frac{hD}{2k} \tag{2 – 60}$$

（二）实验公式

由式（2 – 52）和式（2 – 54）得：

$$\bar{\theta} = 1 - 4.5135\left(\frac{\pi\alpha}{4}\right)^{\frac{1}{2}}\left(\frac{nx}{V_1}\right)^{\frac{1}{2}} \tag{2 – 61}$$

当冷却液体为水时，$\alpha = \dfrac{k_1}{c_1\rho_1} = \dfrac{0.64}{4187 \times 1000} = 1.53 \times 10^{-7}$，$m^2/s$

将 $\alpha = 1.53 \times 10^{-7}$ 代入式（2 – 61）得：

$$\bar{\theta} = 1 - 0.094\left(\frac{nx}{V}\right)^{\frac{1}{2}} \tag{2 – 62}$$

中岛等人在水从孔径为 1 ~ 5mm 的多孔板向下流动，使压力为 101 ~ 104kPa 的水蒸气冷凝的气压冷凝器中进行实验，得到的实验式为：

$$\bar{\theta} = 1 - 0.12\left(\frac{nx}{V}\right)^{\frac{1}{2}} \qquad (2-63)$$

实验公式中的系数比理论公式中的系数大，这主要是由于液柱表面不稳定原因造成的。

（三）参数计算

（1）塔径

在确定塔径时，必须使开口面积处的蒸气流速低于允许流速 u_{al}。

$$u_{al} = K_1\left(\frac{\rho_1 - \rho_v}{\rho_v}\right)^{\frac{1}{2}} \qquad (2-64)$$

式中　K_1——实验系数，m/h；

　　　ρ_1——液体的密度，kg/m^3；

　　　ρ_v——蒸气的密度，kg/m^3；

Davies 推荐 $K_1 = 630$。

通常取塔板的开口面积（冷凝器截面积与塔板面积之差）低于塔截面积的 50%，令开口比（开口面积/塔截面积）为 S，则塔径为：

$$D_T = \sqrt{\frac{4W_v}{\pi S u_{al} \rho_v}} \qquad (2-65)$$

式中　W_v——蒸气流量，kg/s。

（2）塔板开孔数

一般在塔板堰板附近开 3 排以上的孔。第一排孔距堰板的距离大约为 $10 \sim 20$mm，孔按正三角形排列，间距为孔径的 $2 \sim 4$ 倍，孔径为 $5 \sim 10$mm，见图 8.2-12。

塔板上的液层高度 h_1 通常取低于堰板高度 h_w 一半以下的数，以保证液体不越过堰板下流，而是完全通过塔板孔向下流动。堰高通常为 $20 \sim 50$mm 塔板的孔数可按下式计算：

$$n = \frac{4V_1}{0.6\pi d^2 \sqrt{2gh_1}} \qquad (2-66)$$

式中　d——孔径，m；

　　　g——重力加速度，m/s^2；

　　　h_1——塔板上的液高，m。

（3）塔板间距

由塔板孔向下流的液体，在塔板间形成了液帘，在确定塔板间距时，必须使液帘上的蒸气流速低于允许流速。允许流速 u_{a2} 为：

$$u_{a2} = K_2\left(\frac{\rho_1 - \rho_v}{\rho_v}\right)^{\frac{1}{2}} \qquad (2-67)$$

式中　K_2——实验系数，Davies 推荐 $K_2 = 1260$。

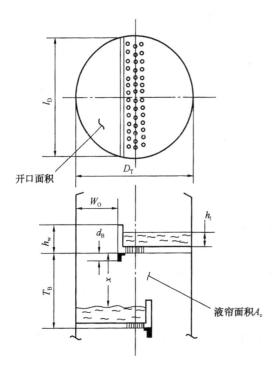

图 8.2-12　液柱式冷凝器的塔板

液帘面积 A_c（m^2）为：

$$A_c = l_D(T_B - h_w - d_B) \qquad (2-68)$$

式中　l_D——堰宽，m；

　　　T_B——塔板间距，m；

　　　h_w——堰高，m；

　　　d_B——塔板支承板高，m。

因此，塔板间距为：

$$T_B \geqslant \frac{W_v}{\rho_v u_{a2} l_D} + h_w + d_B \qquad (2-69)$$

塔板开口比、堰宽和塔径的关系见图 8.2 - 13，可根据此图进行方便的计算。

（4）塔板层数的计算

当蒸气的饱和温度、蒸气的冷凝量和冷却液体的入口温度一定时，若减少冷却液体的流量，冷却液体的出口温度将升高，则塔板数增大，成本增大。若增大冷却液体的流量，则塔板数将减少，但液体循环费用增加。因此，液体的出口温度存在着一最佳值。通常，按下式确定液体的出口温度：

$$\frac{T_0 - T_i}{T_s - T_i} = 0.85 \sim 0.88 \qquad (2-70)$$

式中　T_0——冷却流体的出口温度，℃；

　　　T_i——冷却流体的入口温度，℃；

　　　T_s——饱和蒸汽温度，℃。

由上式确定出冷凝液体的出口温度后，可从冷凝器上部第一块塔板开始逐块计算以确定塔板数。从第一块塔板流入的液体的温度为 T_i，流出的温度为 T_1（T_1 即是第二块塔板的入口温度），根据式（2-63）可得：

$$T_1 = T_s - \left\{ 1 - 0.12\left[\frac{n(T_B - h_1)}{V_1}\right]^{\frac{1}{2}} \right\}(T_s - T_i) \qquad (2-71)$$

同理，由第二块塔板到第三块塔板，液体的入口温度为 T_1，出口温度为 T_2。

$$T_2 = T_s - \left\{ 1 - 0.12\left[\frac{n(T_B - h_1)}{V_1}\right]^{\frac{1}{2}} \right\}(T_s - T_1) \qquad (2-72)$$

以此类推，直到液体的出口温度低于 $T_n = T_0$ 为止，即可确定出塔板数。

二、液膜式冷凝器

（一）理论分析

在液膜式冷凝器中，冷却液体呈液膜状向下流动，蒸气在液膜上冷凝，见图 8.2 - 1（b）、（c）和图 8.2 - 2（a）。

进行传热分析时（图 8.2 - 14），可按液膜厚度为 δ_0 的无限宽平板表面的热传导问题来进行考虑。由传热微分方程式，可以得到液膜内温度分布表达式：

$$\theta = \frac{T_s - T}{T_s - T_i} = \sum_{n=1}^{\infty} A_n \exp\left(\frac{-4\lambda_n^2 \alpha x}{u_1 \delta_0^2}\right)\cos\left(\frac{2\lambda_n y}{\delta_0}\right) \qquad (2-73)$$

根据入口条件，$x = 0$，$T = T_i$，得常数 A_n 为：

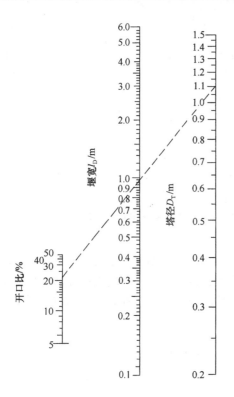

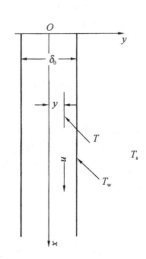

　　　图 8.2-13　堰宽计算图　　　　　　　　图 8.2-14　均一厚度液膜

$$A_n = \frac{2\sin(\lambda_n)}{\lambda_n + \sin(\lambda_n)\cos(\lambda_n)} \qquad (2-74)$$

积分式（2-73），得位置 x 处液膜断面处的平均温度：

$$\bar{\theta} = \frac{T_s - \bar{T}}{T_s - T_0} = \sum_{n=1}^{\infty} \frac{A_n\sin(\lambda_n)}{\lambda_n}\exp\left(\frac{-4\lambda_n^2\alpha x}{u_1\delta_0^2}\right) \qquad (2-75)$$

考虑液膜两面传热，则局部传热系数为：

$$2h_x dx(T_s - \bar{T}) = \frac{\partial}{\partial x}(\rho_1 u_1\delta_0 c_1 \bar{T})dx \qquad (2-76)$$

若取无限宽平板的当量直径为 $2\delta_0$，由式（2-75）可得局部努塞尔准数计算式：

$$Nu_x = \frac{2\delta_0 h_x}{k} = \frac{\displaystyle\sum_{n=1}^{\infty} 4\lambda_n^2\frac{A_n\sin(\lambda_n)}{\lambda_n}\exp\left(\frac{-4\lambda_n^2\alpha x}{u_1\delta_0^2}\right)}{\displaystyle\sum_{n=1}^{\infty}\frac{A_n\sin(\lambda_n)}{\lambda_n}\exp\left(\frac{-4\lambda_n^2\alpha x}{u_1\delta_0^2}\right)} \qquad (2-77)$$

下面分别讨论液膜表面无热阻和存在热阻时的传热情况。

　　（1）液膜表面无热阻

　　液膜表面边界条件：$y = \dfrac{\delta_0}{2}$，$T = T_s$。由式（2-73）得：

$$\lambda_n = \frac{\pi}{2}(2n-1) \qquad (2-78)$$

将 λ_n 代入式（2-75）和式（2-77）得：

$$\bar{\theta} = \frac{8}{\pi^2} \sum_{n=1}^{\infty} \frac{1}{(2n-1)^2} \exp\left[\frac{-4\pi^2(2n-1)^2}{Gz}\right] \qquad (2-79)$$

$$Nu_x = \pi^2 \frac{\sum_{n=1}^{\infty} \exp\left[\frac{-4\pi^2(2n-1)^2}{Gz}\right]}{\sum_{n=1}^{\infty} \frac{1}{(2n-1)^2} \exp\left[\frac{-4\pi^2(2n-1)^2}{Gz}\right]} \qquad (2-80)$$

$$Gz = \frac{4\delta_0^2 u_i}{\alpha x} \qquad (2-81)$$

应用式（2-79）和式（2-80）计算的 $\bar{\theta}$、Nu_x 示于表8.2-2、图8.2-10 和图8.2-11 中。根据图和表，可得 $\bar{\theta}$、Nu_x 的近似计算式：

当 $Gz < 120$ 时，　　　　　　　　$\bar{\theta} = \exp\left(-0.092 - \frac{17.20}{Gz}\right)$ $\qquad (2-82)$

当 $Gz > 80$ 时，　　　　　　　　$\bar{\theta} = 1 - \frac{4.5135}{\sqrt{Gz}}$ $\qquad (2-83)$

当 $Gz < 60$ 时，　　　　　　　　$Nu_x = 9.870$ $\qquad (2-84)$

当 $Gz > 80$ 时，　　　　　　　　$Nu_x = \frac{0.56419\sqrt{Gz}}{1 - \left(\dfrac{4.513}{\sqrt{Gz}}\right)}$ $\qquad (2-85)$

表8.2-2　$\bar{\theta}$、Nu_x 值

Gz	$\bar{\theta}$	Nu_x	Gz	$\bar{\theta}$	Nu_x
3944000	0.99867	1123.55	985.900	0.85710	20.698
1972000	0.99773	795.22	657.300	0.82482	17.562
985900	0.99640	566.06	492.900	0.79757	15.729
657300	0.99538	460.21	394.400	0.77357	14.505
492900	0.99452	398.90	262.900	0.72246	12.631
394400	0.99375	357.06	197.200	0.67939	11.678
197200	0.99077	253.23	157.800	0.64143	11.062
98590	0.98657	179.83	131.500	0.60713	10.664
65730	0.98334	147.31	112.700	0.57561	10.401
49290	0.98061	127.93	98.595	0.54632	10.226
39440	0.97321	114.71	87.639	0.51890	10.108
19720	0.96882	81.898	78.876	0.49311	10.030
9859	0.95547	58.717	39.433	0.29849	9.873
6573	0.94525	48.451	19.719	0.10982	9.870
4929	0.93663	42.351	13.146	0.04039	9.870
3944	0.92904	38.192	9.860	0.01486	9.870
1972	0.89926	27.900	7.888	0.00547	9.870

（2）液膜表面存在的热阻

边界条件：$y = \dfrac{\delta_0}{2}$ 处

$$h(T_s - T_w) = k\frac{\partial T}{\partial y} \qquad (2-86)$$

由式（2-86）和式（2-73）得：

$$\lambda_n \tan(\lambda_n) = \frac{h\delta_0}{2k} \qquad (2-87)$$

在这种情况下，根据式（2-74）、式（2-77）和式（2-87）算出的努赛尔数，是由液膜内部的导热热阻和液膜表面的传热热阻组成的总传热系数。

当 Gz 较小时，取式（2-77）级数的第一项：

$$Nu_x = 4\lambda_1^2 \qquad (2-88)$$

由式（2-87）可得：

$$\sqrt{Nu_x}\tan\left(\frac{\sqrt{Nu_x}}{2}\right) = \frac{h\delta_0}{k} \qquad (2-89)$$

（二）实验公式

kopp 进行了使水从圆筒周边溢流到圆筒表面形成水膜，并使水蒸气在其上冷凝的实验后，给出了计算总传热系数的关系式：

$$U = \frac{c_1 W_e^*}{2x}\ln\left(\frac{T_s - T_i}{T_s - T}\right) \qquad (2-90)$$

式中　U——总传热系数，$W/(m^2 \cdot K)$；

　　　c_1——水的比热容，$J/(kg \cdot K)$；

　　　W_e^*——单位液膜宽的流量，$kg/(m \cdot s)$；

　　　x——液膜下降的距离，m。

图 8.2-15 是水蒸气中不含不凝性气体时的值，图 8.2-16 是含有不凝性气体时的值。

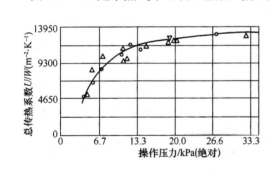
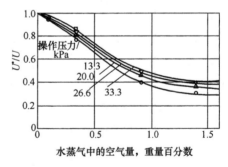

图 8.2-15　液膜式冷器性能（不含不凝性气体时）　　图 8.2-16　液膜式冷器性能（含不凝性气体时）

（三）参数计算

液膜式冷凝器塔径、塔板间距、塔板层数均可按液柱式冷凝器的计算方法计算。

三、填充式冷凝器

（一）填充高度的确定

如在冷凝器内取一高度为 dH 的微段，其液体的温度从 T 变到 $T + dT$，而蒸气是在一定温度 T_s 下进行冷凝。由微段热平衡可得：

$$dH = \frac{W_1 c_1}{U\alpha A}\frac{dT}{(T_s - T)} \qquad (2-91)$$

式中　W_1——液体流量，kg/s；

　　　c_1——液体比热容，J/（kg·K）；

　　　U——总传热系数，W/（m²·K）；

　　　A——塔断面积，$A = \dfrac{\pi}{4} D_T^2$，m²；

　　　α——填料的单位容积的有效表面积，m²/m³；

　　　D_T——塔内经，m。

　　将式（2-91）从 $H=0$ 到 $H=H$ 积分得：

$$H = \frac{W_1 c_1}{U\alpha A} \ln\left(\frac{T_s - T_i}{T_s - T_0}\right) \tag{2-92}$$

式中　T_i——液体入口温度，℃；

　　　T_0——液体出口温度，℃。

　　令

$$(NCU) = \ln\left(\frac{T_s - T_i}{T_s - T_0}\right) \tag{2-93}$$

$$(HCU) = \frac{W_1 c_1}{U\alpha A} \tag{2-94}$$

$$H = (HCU)(NCU) \tag{2-95}$$

　　（NCU）称为冷凝单位数，（HCU）称为1个冷凝单位数的高。（HCU）值可用传质和传热的相似原则，根据传质数据进行推算。在饮和蒸气冷凝中，由于液相侧传热热阻占主要地位，则可由传质中液体侧的每个单位传递数的高度（HTU）$_L$ 来计算。当液体为水时，Lacky 给出的计算式为：

$$(HCU) = (HTU)_{L(w)} \left(\frac{\mu_l}{\mu_w}\right)^{0.155} \left(\frac{D_w}{\alpha}\right)^{0.5} \left(\frac{\rho_w}{\rho_l}\right)^{0.333} \left(\frac{\sigma_w}{\sigma_l}\right)^{\beta_1} \tag{2-96}$$

$$\beta_1 = 0.793 - 0.152\ln(G_1) \tag{2-97}$$

　　Wilke 给出的计算式为：

$$(HCU) = (HTU)_{L(w)} \left(\frac{\mu_l}{\mu_w}\right)^{0.55} \left(\frac{D_w}{\alpha}\right)^{0.5} \left(\frac{\rho_w}{\rho_l}\right)^{0.329} \left(\frac{\sigma_w}{\sigma_l}\right)^{\beta_2} \tag{2-98}$$

$$\beta_2 = 0.799 - 0.157\ln(G_1) \tag{2-99}$$

式中　μ_w——水的黏度，Pa·s；

　　　μ_l——液体的黏度，Pa·s；

　　　D_w——水的热扩散系数，m²/s；

　　　p_w——水的密度，kg/m³；

　　　ρ_l——液体的密度，kg/m³；

　　　σ_w——水的表面张力，N/m；

　　　σ_l——液体的表面张力，N/m；

　　　α——液体的热扩散系数，m²/s；

$(HTU)_{L(w)}$——水的单位传递数的高度，m；

　　　G_1——液体空塔质量速度，$G_1 = \dfrac{4W_1}{\pi D_T^2}$，kg/（m²·s）。

图 8.2 - 17 中的 $(HTU)_{L(w)}$ 值是氧气从 25℃ 的水中逸出时的值。采用这个 $(HTU)_{L(w)}$ 值计算 (HCU) 时，须用如下水的物性值：

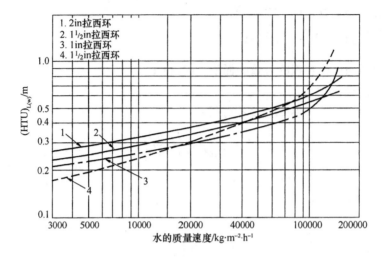

图 8.2 - 17　氧气从 25℃ 的水中逸出时的 $(HTU)_{L(w)}$

$$\mu_w = 9 \times 10^{-4}, \quad N \cdot s/m^2;$$

$$\rho_w = 1000, \quad kg/m^3;$$

$$\sigma_w = 0.0718, \quad N/m;$$

$$D_w = 1.82 \times 10^{-8}, \quad m^2/s_\circ$$

此外，当冷却液为水时，取：

$$\left(\frac{\mu_1}{\mu_w}\right) \approx 1, \left(\frac{\rho_w}{\rho_1}\right) \approx 1, \left(\frac{\sigma_w}{\sigma_1}\right) \approx 1$$

若用 30℃ 的热扩散系数 $\alpha = 1.48 \times 10^{-7}$, m^2/s, 则

$$\left(\frac{D_w}{\alpha}\right)^{\frac{1}{2}} = \left(\frac{1.82 \times 10^{-8}}{1.48 \times 10^{-7}}\right)^{\frac{1}{2}} = 0.35$$

故由式（2 - 96）知，当冷却液为水时，有：

$$(HCU) = 0.35 (HTU)_{L(w)} \qquad\qquad (2-100)$$

（二）直径的计算

在设计中，通常按蒸气入口流速低于液泛速度的 80% 来确定塔径，液泛速度可根据图 8.2 - 18来确定。其中，$\frac{\alpha_t}{\varepsilon^3}$ 为填料系数，表 8.2 - 3 给出了常用填料的比表面积 α_t 和空隙率 ε。

在图 8.2 - 18 中，g 为重力加速度，9.81m/s²；α_t 为填料比表面积，m²/m³；G_1 为液体的空塔质量速度，kg/（m²·h）；G_f 为液泛点蒸气的空塔质量速度，kg/（m²·h）；ρ_v 为蒸气的密度，kg/m³；ρ_1 为液体的密度，kg/m³；ε 为填料空隙率；ψ 为液体密度与水密度的比值；μ' 为液体黏度与水黏度的比值。

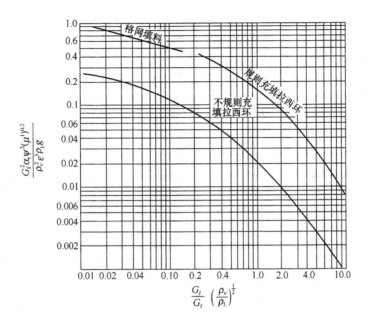

图 8.2 – 18 液泛速度

表 8.2 – 3 填 料 特 性

填料	材质	工程直径/ mm	厚度/ mm	填料个数/ $1 \cdot m^{-3}$	填料质量/ $kg \cdot m^{-3}$	填料表面积 α_t/ $m^2 \cdot m^{-3}$	空隙率 ε
拉西环	瓷	8	0.79	3110000	737	787.0	0.73
		10	1.59	848000	817	440.0	0.68
		15	2.38	371000	801	400.0	0.64
		20	2.38	111000	705	262.0	0.73
		25	3.18	47000	641	190.0	0.73
		40	6.35	13200	673	115.0	0.68
		50	6.35	5720	593	91.9	0.74
		80	9.53	1700	641	62.3	0.74
	石墨	8	1.59	3000000	737	696.0	0.55
		15	1.59	374000	433	374.0	0.74
		20	3.18	111000	545	246.0	0.67
		25	3.18	46800	433	187.0	0.74
		40	6.35	13800	545	123.0	0.67
		50	6.35	5850	433	93.5	0.74
		80	7.94	1730	529	62.3	0.78
	金属	8	0.79	3110000	2400	774.0	0.69
		15	0.79	417000	1230	420.0	0.84
		15	1.59	388000	2110	387.0	0.73
		20	0.79	120000	881	274.0	0.88
		20	1.59	113000	1600	236.0	0.78
		25	0.79	50900	641	206.0	0.92
		25	1.59	47500	1170	186.0	0.850
		40	1.59	14800	801	135.0	0.900
		50	1.59	6360	609	103.0	0.920
		80	1.59	1870	401	67.6	0.950

续表

填　料	材　质	工程直径/ mm	厚度/ mm	填料个数/ $1 \cdot m^{-3}$	填料质量/ $kg \cdot m^{-3}$	填料表 面积 α_t/ $m^2 \cdot m^{-3}$	空隙率 ε
勒辛环	瓷	25	3.18	45900	801	226.0	0.660
		40	6.35	12400	929	131.0	0.600
		50	9.53	5300	785	105.0	0.680
	金属	8	0.79	2890000	3120	1010.0	0.600
		10	0.79	887000	1830	712.0	0.760
		15	0.79	387000	1600	546.0	0.810
		20	0.79	112000	1140	356.0	0.850
		25	1.59	44200	1520	242.0	0.800
		40	1.59	13800	1040	176.0	0.870
		50	1.59	5900	785	134.0	0.900
鲍尔环	瓷	50	6.35	5790	609	95.1	0.740
		80	9.53	1730	641	65.6	0.740
	金属 （碳钢）	16	0.4	234000	465	361.0	0.902
		25	0.8	50900	513	207.0	0.938
		40	0.8	13300	376	129.0	0.953
		50	1.6	6360	352	102.0	0.964
	聚丙烯	16		234000	72.1	361.0	0.880
		25		50900	72.1	207.0	0.900
		40		13300	67.3	128.0	0.905
		50		6360	67.3	102.0	0.910
鞍形填料	瓷	32		3990000	897	899.0	0.600
		15		572000	865	466.0	0.630
		20		177000	769	269.0	0.660
		25		77700	721	249.0	0.690
		40		20500	609	144.0	0.750
		50		8830	641	105.0	0.720
英特洛克斯 槽鞍形填料	瓷	8		4150000	673	984.0	0.750
		15		731000	545	623.0	0.780
		20		230000	561	335.0	0.770
		25		84200	545	256.0	0.775
		40		25000	481	195.0	0.810
		50		9350	529	118.0	0.790
十字架环	聚乙烯	25		39700	160	249.0	0.830

（三）填充层内压力损失的计算

在直接接触冷凝器中，蒸气沿充填层上升的过程中被逐渐冷凝，蒸气的流量也随之减少，压力损失的计算，以充填层入口处的蒸气量为准，取 Leva 公式计算的压力损失的一半为填料层蒸气的压力损失。即

$$\Delta p = \frac{H}{2} M (9.807 \times 10^{-6}) \times (10^{Y G_1/\rho_1}) \frac{G_{vi}^2}{\rho_v} \qquad (2-101)$$

式中　Δp——压力损失，Pa；

　　　H——充填高度，m；

　　　G_1——液体的空塔质量速度，kg/（$m^2 \cdot h$）；

　　　G_{vi}——入口蒸气的空塔质量速度，kg/（$m^2 \cdot h$）；

　　　ρ_1——液体的密度，kg/m^3；

ρ_v——蒸气的密度，kg/m^3；

M，Y——与填料种类和尺寸有关的常数，见表8.2-4。

表8.2-4　M、Y常数表

填料	公称尺寸/mm	M	Y	填料	公称尺寸/mm	M	Y
拉西环（瓷制）	20	3.540	0.0148	鞍形填料（瓷制）	20	2.5900	0.00967
	25	3.460	0.0142		25	1.7300	0.00967
	40	1.300	0.0131		40	0.8640	0.00740
	50	1.210	0.0097	英特洛克斯鞍形填料（瓷制）	25	1.3400	0.00910
拉西环（金属制）	16	5.190	0.0159		40	0.6050	0.00740
	25	1.810	0.0119	鲍尔环（金属制）	25	0.6480	0.00853
	40	1.250	0.0114		40	0.0346	0.00910
	50	0.994	0.0077		50	0.0259	0.00683

四、设计计算

设计一直接接触式冷凝器，使水蒸气在真空度为94kPa，温度为20℃的水中冷凝。已知蒸气的流量为300kg/h。

（一）采用液柱式冷凝器

1. 冷却水出口温度计算

在真空度为94kPa下产生的水蒸气其温度为40℃，该温度下的汽化潜热为2404kJ/kg。冷却水出口温度 T_0 为：

$$\frac{T_0 - T_i}{T_s - T_i} = \frac{T_0 - 20}{40 - 20} = 0.85$$
$$T_0 = 37℃$$

2. 冷却水量的计算

传热量 Q

$$Q = 300 \times [2404 - 4.187 \times (40 - 37)] = 717431.7 kJ/h$$

所需冷却水量

$$W_1 = \frac{Q}{c_1(T_0 - T_i)} = \frac{717431.7}{4.187 \times (37 - 20)} = 10080 kg/h$$

$$V_1 = \frac{W_1}{\rho_1} = \frac{10080}{1000} = 10.08 m^3/h$$

3. 塔板开孔数的计算

取塔板上冷却的高度 $h_1 = 0.05m$，孔径 $d = 0.005m$，则塔板的开孔数 n 为：

$$n = \frac{4V_1}{0.6\pi d^2 \sqrt{2gh_1}} = \frac{4 \times 10.08}{0.6\pi \times 0.005^2 \times 3600 \times \sqrt{2 \times 9.81 \times 0.05}} = 240$$

4. 塔径的计算

水蒸气的密度为 $\rho_v = 0.051 kg/m^3$，塔内蒸气允许流速为：

$$u_{a1} = K_1 \left(\frac{\rho_1 - \rho_v}{\rho_v}\right)^{\frac{1}{2}} = 630 \times \left(\frac{1000 - 0.051}{0.051}\right)^{\frac{1}{2}} = 8.82 \times 10^4 m/h$$

取塔板的开口比为 $S = 0.4$，则塔径为：

$$D_T = \sqrt{\frac{4W_v}{\pi S u_{a1} \rho_v}} = \sqrt{\frac{4 \times 300}{\pi \times 0.4 \times 8.82 \times 10^4 \times 0.051}} = 0.46\text{m}$$

5. 塔板间距的计算

由图 8.2 - 13 的堰板的宽度为 $l_D = 0.43\text{m}$。

液帘的允许速度为：

$$u_{a2} = K_2 \left(\frac{\rho_1 - \rho_v}{\rho_v}\right)^{\frac{1}{2}} = 1260 \times \left(\frac{1000 - 0.051}{0.051}\right)^{\frac{1}{2}} = 17.7 \times 10^4, \text{m/h}$$

堰板高为： $$h_w = 2h_1 = 2 \times 0.05 = 0.1\text{m}$$

取塔板支承板的高度 $d_B = 0.05\text{m}$，则塔板间距 T_B 为：

$$T_B \geqslant \frac{W_v}{\rho_v u_{a2} l_D} + h_w + d_B$$

$$T_B \geqslant \frac{300}{0.051 \times 17.7 \times 10^4 \times 0.43} + 0.1 + 0.05 = 0.23, \text{m}$$

因此，取 $T_B = 0.5\text{m}$。

6. 塔板数的确定

第 1 层塔板的入口冷却温度 $T_i = 20℃$，第 2 层塔板的入口温度 T_1 为：

$$T_1 = T_s - \left\{1 - 0.12\left[\frac{n(T_B - h_1)}{V_1}\right]^{\frac{1}{2}}\right\}(T_s - T_i)$$

$$= 40 - \left\{1 - 0.12 \times \left[\frac{240 \times (0.5 - 0.05)}{10.08}\right]^{\frac{1}{2}}\right\} \times (40 - 20)$$

$$= 40 - 0.6 \times (40 - 20) = 28℃ < 37℃$$

第 3 层塔板的入口温度 T_2 为：

$$T_2 = T_s - \left\{1 - 0.12\left[\frac{n(T_B - h_1)}{V_1}\right]^{\frac{1}{2}}\right\}(T_s - T_1)$$

$$= 40 - 0.6 \times (40 - 28) = 32.8℃ < 37℃$$

第 4 层塔板的入口温度 T_3 为：

$$T_3 = 40 - 0.6 \times (40 - 32.8) = 35.7℃ < 37℃$$

第 5 层塔板的入口温度 T_4 为：

$$T_4 = 40 - 0.6 \times (40 - 35.7) = 37.4℃ > 37℃$$

因此，塔板层数为 4。

(二) 采用液膜式冷凝器

1. 有关参数确定

塔径、塔板开口比及塔板间距均与液柱式冷凝器的相同。

2. 塔板数的计算

取液膜的宽度与堰板的宽度相等，则

$$B = l_D = 0.43 \text{m}$$

单位宽度液膜中冷却水流量为：

$$W_e^* = \frac{W_l}{B} = \frac{10080}{0.43} = 23442 \text{kg/(m · h)}$$

假设水蒸气中不含不凝性气体，由图8.2 – 15得：

$$U = 8141 \text{W/(m}^2 \cdot \text{K)}$$

取堰高 $h_w = 0.05 \text{m}$，液膜下降距离为塔板间距与堰高之差：

$$x = T_b - h_w = 0.5 - 0.05 = 0.45 \text{m}$$

已知第1层塔板的入口温度为 $T_i = 20℃$，则第2层塔板入口冷却水的温度为：

$$T_1 = T_s - (T_s - T_i) \exp\left(\frac{-2Ux}{c_1 W_e^*}\right)$$

$$= 40 - (40 - 20) \times \exp\left(\frac{-2 \times 8141 \times 0.45 \times 3600}{4187 \times 23442}\right)$$

$$= 40 - \frac{20}{1.308} = 24.7℃ \quad < 37℃$$

第3层塔板入口冷却水的温度为：

$$T_2 = 40 - \frac{(40 - 24.7)}{1.308} = 28.3℃ \quad < 37℃$$

第4层塔板入口冷却水的温度为：

$$T_3 = 40 - \frac{(40 - 28.3)}{1.308} = 31.1℃ \quad < 37℃$$

以此类推可得：

$$T_4 = 33.2℃ \quad < 37℃$$
$$T_5 = 34.8℃ \quad < 37℃$$
$$T_6 = 36.0℃ \quad < 37℃$$
$$T_7 = 36.8℃ \quad < 37℃$$
$$T_8 = 37.7℃ \quad > 37℃$$

因此，塔板层数为7。

（三）采用充填式冷凝器

1. 有关参数确定

取冷却水出口温度为37℃，冷却器内规则填充50mm的拉西环。

2. 塔径的确定

$$\left(\frac{G_l}{G_v}\right)\left(\frac{\rho_v}{\rho_l}\right)^{\frac{1}{2}} = \left(\frac{W_l}{W_v}\right)\left(\frac{\rho_v}{\rho_l}\right)^{\frac{1}{2}}$$

$$= \left(\frac{10080}{300}\right)\left(\frac{0.051}{1000}\right)^{\frac{1}{2}} = 0.24$$

由图8.2 – 18得水蒸气的液泛速度 G_f 为：

$$\frac{G_f^2 \alpha_1 \psi^2 (\mu')^{0.2}}{\rho_v \varepsilon^3 \rho_l g} = 0.40$$

由表8.2-3查得：$\dfrac{\alpha_t}{\varepsilon^3} = 276$，故

$$G_f = \sqrt{\dfrac{0.4\rho_v \varepsilon^3 \rho_1 g}{\alpha_t \psi^2 (\mu')^{0.2}}} = \sqrt{\dfrac{0.4 \times 0.051 \times 1000 \times 9.81}{276 \times 1 \times 1^{0.2}}} = 3006\text{kg}/(\text{m}^2 \cdot \text{h})$$

取蒸气入口速度为液泛速度的80%，则

$$G_v = 3066 \times 0.8 = 2453\text{kg}/(\text{m}^2 \cdot \text{h})$$

因此塔径为：

$$D_T = \sqrt{\dfrac{4W_v}{\pi G_v}} = \sqrt{\dfrac{4 \times 300}{\pi \times 2453}} = 0.4\text{m}$$

3. 填料高度的计算

冷却水的质量流量为：

$$G_1 = G_v \left(\dfrac{W_1}{W_v}\right) = 2453 \times \left(\dfrac{10080}{300}\right) = 82421\text{kg}/(\text{m}^2 \cdot \text{h})$$

由图8.2-17得：

$$(HTU)_{L(w)} = 0.6\text{m}$$
$$(HCU) = 0.35(HTU)_{L(w)} = 0.35 \times 0.6 = 0.21\text{m}$$

假设充填层内的蒸气压力损失为266.6Pa，则冷凝器内蒸气压力为7064.9Pa，相应于该压力得饱和蒸气温度为39℃。

$$(NCU) = \ln\left(\dfrac{T_s - T_i}{T_s - T_0}\right) = \ln\left(\dfrac{39 - 20}{39 - 37}\right) = 2.25$$

所需的充填高度为：

$$H = (HCU)(NCU) = 0.21 \times 2.25 = 0.47\text{m}$$

4. 蒸气通过充填层时的压力损失

由表8.2-4查得：$M = 0.214$，$Y = 0.0069$

$$\Delta p = \dfrac{H}{2} M (9.807 \times 10^{-6}) \times (10^{YG_1/\rho_1}) \dfrac{G_{vi}^2}{\rho_v}$$
$$= \dfrac{0.47}{2} \times 0.214 \times (9.807 \times 10^{-6}) \times (10^{0.0069 \times 82421/1000}) \times \dfrac{2453^2}{0.051} = 216\text{Pa}$$

第四节　混合气体直接接触式冷却冷凝器

一、特点

将可凝性蒸气与不凝性气体组成的混合气体直接与冷却液体相接触，使混合气体被冷却，同时将部分蒸气冷凝，这种形式的换热器称为混合气体直接接触式冷却冷凝器[1,2]。

混合气体直接接触式冷却冷凝器有填充式冷却冷凝器、喷淋塔式冷却冷凝器和旋风泡沫式冷却冷凝器等结构形式，见图8.2-19和图8.2-20。

二、基本传热方程

在混合气体直接接触式冷却冷凝器中，与传热过程同时进行的还有传质过程，即显热和蒸气同时由蒸气与不凝性气体组成的混合气体向冷却液体传递。根据蒸气的传递速度和显热传递速度的相对关系，混合气体可能是过热状态，或者是过冷状态而产生雾滴。例如对由苯、丁醇及甲苯等扩散速度慢的蒸气和空气组成的混合气体，在冷凝冷

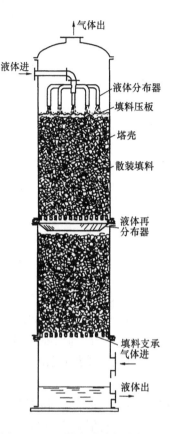

图 8.2 - 20　填充式冷却冷凝器

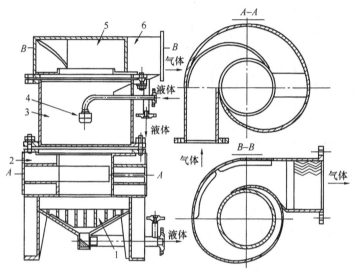

图 8.2 - 19　旋风泡沫式冷却冷凝器

却器中由于蒸气的传递速度慢而显热的传递速度快以致产生雾滴，使混合气体成过冷状态。而对由水蒸气 - 二氧化碳气体系统和水 - 氢气那样扩散速度快的系统组成的混合气体，在冷凝冷却器中由于蒸气的传递速度快，显热的传递速度慢而使混合气体呈过热状态。

图 8.2 - 21 所示，为混合气体在冷凝器中与冷却液体逆流接触流动的情况。现以过热状态为例讨论流体状态变化的特性。

在冷凝器中取一高度为 dz 的微小区间，由物料平衡可得：

$$G_g dH = - K_g \alpha (p_v - p_i) dz \qquad (2 - 102)$$

式中　G_g——不凝性气体的空塔质量流量，$kg \cdot mol/ (m^2 \cdot s)$；

　　　H——混合气体的绝对湿度，$kg \cdot mol/ (kg \cdot mol$ 不凝性气体）；

　　　K_g——气相传质系数，$kg \cdot mol/ (m^2 \cdot s \cdot Pa)$；

　　　α——传热和传质的有效气液界面面积，m^2/m^3；

　　　p_v——混合气体中蒸气的分压，Pa；

　　　p_i——气、液界面上的蒸气分压，Pa。

从微小区间的液相（不包括界面）的热量平衡得：

$$h_1 \alpha (t_i - t) dz = - G_1 c_1 dt + G_g dH \cdot c_1 (t_i - t) \qquad (2 - 103)$$

式中　h_1——液相侧的传热系数，$W/ (m^2 \cdot K)$；

　　　c_1——冷却液体的比热容，$J/ (kg \cdot mol \cdot K)$；

　　　G_1——冷却液体的空塔质量流量，$kg \cdot mol/ (m^2 \cdot s)$；

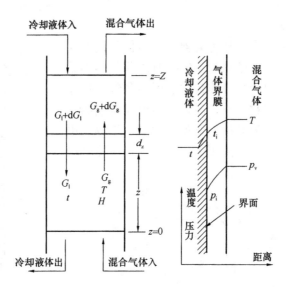

图 8.2 – 21　冷凝器内介质接触示意图

t_i——气、液界面温度，℃；

t——冷却液温度，℃。

从微小区间的气相（不包括界面）的热量平衡得：

$$h_v \alpha(T - t_i) \mathrm{d}z = -G_g S \mathrm{d}T - G_g \mathrm{d}H c_v(T - t_i) \qquad (2 – 104)$$

式中　T——混合气体的温度，℃；

　　　S——混合气体的比热容，J/（kg·mol 不凝性气体·K）。

$$S = c_g + H c_v \qquad (2 – 105)$$

式中　c_g——不凝气体的比热容，J/（kg·mol·K）；

　　　c_v——蒸气的比热容，J/（kg·mol·K）；

　　　h_v——气相侧的"表观"传热系数（伴有传质过程的气相侧的传热系数），W/（m²·K）。

气相侧"表观"传热系数 h_v 与无传质过程的气相传热系数 h_g 不同，两者的关系为：

$$h_v = \left[\frac{\alpha'}{1 - \exp(-\alpha')} \right] h_g \qquad (2 – 106)$$

$$\alpha' = \frac{K_g(p_v - p_i)c_v}{h_g} \qquad (2 – 107)$$

由微小区间总的热量平衡得：

$$G_g \{ S \cdot \mathrm{d}T + [c_1(T - t) + \lambda_t] \mathrm{d}H \} = G_1 c_1 \mathrm{d}t \qquad (2 – 108)$$

式中　λ_t——在温度 t 时蒸气的蒸发潜热，J/（kg·mol）。

由式（2 – 106）、式（2 – 104）和式（2 – 102）得传热速度与传质速度之间的关系式：

$$G_g S \cdot \mathrm{d}T = -h_g \alpha \left[\frac{\alpha'}{\exp(\alpha') - 1} \right] (T - t_i) \mathrm{d}z \qquad (2 – 109)$$

三、传热系数

由于直接接触式冷却冷凝器与通常的吸收和蒸馏等传质装置相同，因此可以根据传热和传质相似法则，得到传热系数。

气相侧的传热系数为：

$$\left(\frac{h_g}{c_m G_m}\right)\left(\frac{c_m \mu_m}{k_m M_m}\right)^{\frac{2}{3}} = \left(\frac{K_g p_{BM}}{G_m}\right)\left(\frac{\mu_m}{\rho_m D_g}\right)^{\frac{2}{3}} \tag{2-110}$$

令：

$$\beta = \left(\frac{c_m \mu_m}{k_m M_m}\right)^{\frac{2}{3}}\left(\frac{\mu_m}{\rho_m D_g}\right)^{-\frac{2}{3}} \tag{2-111}$$

则：

$$h_g = \frac{K_g p_{BM} c_m}{\beta} = \frac{K_g p_{MB} S}{\beta(1+H)} \tag{2-112}$$

式中　G_m——混合气体的空塔质量速度（$G_v + G_g$），kg·mol/（m²·s）；

G_v——蒸气的空塔质量速度，kg·mol/（m²·s）；

c_m——混合气体的比热容，J/（kg·mol 混合气体·K）；

k_m——混合气体的热导率，W/（m·K）；

μ_m——混合气体的黏度，Pa·s；

M_m——混合气体的平均相对分子质量；

ρ_m——混合气体的密度，kg/m³；

D_g——不凝性气体和蒸气之间的相互扩散系数，m²/s；

p_{BM}——混合气体中不凝性气体的对数平均分压，Pa；

$$p_{BM} = \frac{(p_t - p_i) - (p_t - p_v)}{\ln\left(\dfrac{P_t - p_i}{P_t - p_v}\right)} \tag{2-113}$$

p_t——混合气体的总压，Pa。

液相侧的传热系数为：

$$h_1 = \left(\frac{c_1 G_1}{\alpha}\right) \times \alpha_4 \times \left(\frac{G_1 M_1}{\mu_1}\right)^{-\alpha_5}\left(\frac{c_1 \mu_1}{k_1 M_1}\right)^{-0.5} \tag{2-114}$$

式中　μ_1——冷却液体的黏度，Pa·s；

k_1——冷却液体的热导率，W/（m·K）；

c_1——冷却液体的比热容，J/（kg·mol·K）；

M_1——冷却液体的相对分子质量；

α_4、α_5——填料系数，见表 8.2-5。

表 8.2-5　α_4，α_5 填料系数值

填　　料		α_4	α_5
种　　类	尺寸/mm		
拉西环	10	3100	0.46
	15	1400	0.35
	25	430	0.22
	40	380	0.22
	50	340	0.22
伯　尔 鞍形填料	15	690	0.28
	25	780	0.28
	40	780	0.28

四、参数计算

（一）有效高度

1. 计算公式：

湿度梯度：

$$\frac{dH}{dz} = -\frac{(1+H)(p_v - p_i)}{H_G P_{BM}} \qquad (2-115)$$

$$H_G = \left(\frac{G_m}{K_g \alpha p_{BM}}\right) \qquad (2-116)$$

式（2-115）表示了过热状态混合气体的湿度梯度。若为饱和状态，则混合气体的湿度与其温度对应，沿着饱和曲线变化。

混合气体的温度梯度：

$$\frac{dT}{dz} = -\left(\frac{T - t_i}{\beta H_G}\right)\left[\frac{\alpha'}{\exp(\alpha') - 1}\right] \qquad (2-117)$$

气 - 液界面的温度：

$$t_i = t - \frac{\left(\frac{S}{c_1}\right)\left(\frac{dT}{dz}\right) + \left[\frac{c_1(T-t) + \lambda_t}{c_1}\right]\left(\frac{dH}{dz}\right)}{\left(\frac{G_1}{G_g}\right) \times \alpha_4 \times \left(\frac{c_1 \mu_1}{k_1 M_1}\right)^{-0.5}\left(\frac{G_1 M_1}{\mu_1}\right)^{-\alpha_5} + \frac{(1+H)(p_v - p_i)}{H_G p_{BM}}} \qquad (2-118)$$

式（2-118）仅适用于充填塔。

冷却液体流量梯度：

$$\frac{dG_1}{dz} = G_g\left(\frac{dH}{dz}\right) \qquad (2-119)$$

冷却液体温度梯度：

$$\frac{dt}{dz} = \frac{G_g}{G_1 c_1}\left\{S\left(\frac{dT}{dz}\right) + \left[c_1(T-t) + \lambda_t\right]\left(\frac{dH}{dz}\right)\right\} \qquad (2-120)$$

2. 计算步骤

当混合气体与冷却液体入口条件及混合气体出口条件为已知时，可按如下步骤计算换热器的有效高度。

（1）从塔的底部开始计算，任意假定塔底冷却液体的流量、温度。根据已知底部（$z = 0$）的 T，t，p_v 计算出高度 z 的混合气体和冷却液体的物性，然后用 ρ_m，c_m，μ_m，k_m，M_m，D_g 值，由式（2-111）和（2-105）分别计算 β 和 S 值。

（2）以 T 为基础，由饱和蒸气曲线确定混合气体的饱和压力 p^*，若 $p_v > p^*$ 则系统中产生雾滴，以后的计算均无意义。因此必须改变参数，使 $p_v < p^*$。

（3）采用试算法确定气液界面的温度 t_i。首先假定 $t_i = t$，由饱和曲线确定 p_i，然后用式（2-113）计算 p_{BM}、用式（2-107）和（2-112）计算 α'、用式（2-115）、（2-117）和（2-118）分别计算出 $\frac{dH}{dz}$、$\frac{dT}{dz}$ 和 t_i。将计算出的 t_i 与初始假定的 t_i 比较，若两者不一致，另设 t_i 值重算，直到两者一致为止。

（4）t_i 值确定后，$\frac{dH}{dz}$ 和 $\frac{dT}{dz}$ 也随之确定。用下式计算 $z + \Delta z$ 处的 H、T 值。

$$H_{(z+\Delta z)} = H_{(z)} + \frac{dH}{dz}\Delta z$$

$$H_{(z+\Delta z)} = T_{(z)} + \frac{dT}{dz}\Delta z$$

用式（2-119）和（2-120）计算$\frac{dG}{dz}$和$\frac{dt}{dz}$，再按下式计算：

$$G_{1(z+\Delta z)} = G_{1(z)} + \frac{dG_1}{dz}\Delta z$$

$$t_{(z+\Delta z)} = t_{(z)} + \frac{dt}{dz}\Delta z$$

（5）用位置$z+\Delta z$计算出的T，t，p_v，G_1重复上述步骤的计算，直达到换热器的出口条件为止。如果计算出的冷却液体流量和温度与设计不符，则从步骤（1）起重新计算。

（二）塔径

对于充填塔，常取液泛速度的80%以下作为混合气体的流速来确定塔径。液泛速度可由图8.2-18确定，也可用Sawistowski实验式计算：

$$\ln\left[\frac{G_f^2}{\rho_1\rho_m g}\frac{\alpha_t}{\varepsilon^3}\left(\frac{\mu_1}{\mu_w}\right)^{0.2}\right] = -4\left(\frac{G_L}{G_f}\right)^{\frac{1}{4}}\left(\frac{\rho_m}{\rho_1}\right)^{\frac{1}{8}} \quad (2-121)$$

式中　　G_f——液泛点处混合气体的空塔质量流量，kg/（m²·s）；

G_L——冷却液体的空塔质量流量（G_1M_1），kg/（m²·s）；

ρ_1、ρ_m——分别为冷却液体、混合气体的密度，kg/m³；

μ_1、μ_w——分别为冷却液体和水（20℃）的黏度，Pa·s；

α_t——单位容积填料的总表面积，m²/m³；

ε——填料的空隙率；

g——重力加速度，m/s²。

（三）压力损失

混合气体的压力损失可按下式计算：

$$\Delta p = ZM(9.807\times10^{-6})\times(10^{YG_L/\rho_1})\frac{G_M^2}{\rho_m} \quad (2-122)$$

Δp——压力损失，Pa；

Z——充填高度，m；

G_M——混合气体的空塔质量流量，kg/（m²·s）；

G_L——冷却液体的空塔质量流量，kg/（m²·s）；

M、Y——常数，由表8.2-4查取。

第五节　直接接触式环流换热器

一、工作原理

图8.2-22为直接接触式环流换热器[7~16]工作原理示意图。低沸点的工质从换热器的底部加入，与垂直管内热介质接触后，由于热介质的温度比工质的沸点高，使得两液体接触后工质不断的吸热、气化，产生的蒸气推动热介质循环，降温后的热介质经过加热装置加热

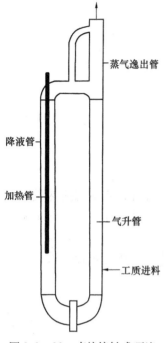

图 8.2 - 22　直接接触式环流
换热器的工作原理

后温度提高到接触前的介质温度，以供循环使用，工质蒸气由换热器的顶部排出。

二、气含率和体积传热系数

1. 气含率

气含率是指换热器中气相所占流道的体积分率，它是反映流体流动性能及传递的重要参数。在换热器中，把介质的温度比工质的沸点高。两液体接触后工质在不断的气化的过程中，工质的液滴不断长大，变为泡滴。最后工质完全气化成为气泡，将工质由进料处至完全变为气泡处的这段高度称为气化段。在气化段内，气含率沿轴向是变化的，气化段外，气含率基本不变。气含率可以表示为：

$$\varepsilon = 1 - (1 - \varepsilon_v)^{z^*} \qquad (2-123)$$

ε_v 为工质完全气化后的气含率。ε_v 的值可由式（2 - 124）和（2 - 125）计算。

$$j_{gl} = (1 - \varepsilon)U_g - \varepsilon U_l \qquad (2-124)$$

$$j_{gl} = 2.9\left[\frac{(\rho_l - \rho_g)\sigma g}{\rho_l^2}\right]^{0.25} \qquad (2-125)$$

$$z^* = \frac{z}{h_v} \qquad (2-126)$$

式中　U_g——空塔气速，m/s；

$\quad U_l$——连续相循环液速，m/s；

$\quad \rho_l$——液相密度，kg/m³；

$\quad \rho_g$——气相密度，kg/m³；

$\quad g$——重力加速度，m/s²；

$\quad \sigma$——界面张力，N/m；

$\quad z$——轴向高度，m；

$\quad h_v$——气化段高度，m。

2. 体积传热系数

换热器中沿轴向的体积传热系数可用下式表示：

$$K_v(z^*) = \frac{6\varepsilon(z^*)k_c}{d(z^*)^2}aPe(z^*)^{0.5}Ja(z^*)^b \qquad (2-127)$$

式中　d——分散相泡滴直径，m；

$\quad k_c$——连续相的热导率，W/（m·K）；

a, b——常数；

$\quad Pe$——Peclet 准数；

$\quad Ja$——Jakolb 准数。

$$Ja = \frac{c_{pc}\rho_c\Delta t_m}{\Delta H\rho_{gd}} \qquad (2-128)$$

$$Pe = \frac{U_b d}{\alpha_c} \qquad (2-129)$$

$$\Delta t_{\mathrm{m}} = \frac{\int_0^{h_{\mathrm{v}}} (t_{\mathrm{c}} - t_{\mathrm{d}}) \mathrm{d}z}{h_{\mathrm{v}}} \qquad (2-130)$$

式中　c_{pc}——连续相热容，J/kg；

Δt_{m}——平均传热温差，℃；

ΔH——工质的气化潜热，J/kg；

ρ_{gd}——分散相气相密度，kg/m³；

U_{b}——泡滴上升速率，m/s；

α_{c}——热扩散系数，m²/s；

t_{c}——连续相温度，℃；

t_{d}——分散相温度，℃。

主 要 符 号 说 明

A——塔断面积，m²；

A_{n}——常数；

A_{p}——单个液滴的表面积，m²；

a、b——常数；

c_{pc}——连续相热容，J/（kg·℃）；

c_{c}——连续相的比热容，J/（kg·K）；

c_{d}——分散相的比热容，J/（kg·K）；

c_{l}——液体的比热容，J/（kg·K）；

c_{m}——混合气体的比热容，J/（kg·K）；

D_{g}——不凝性气体和蒸汽之间的相互扩散系数，m²/s；

D_{T}——塔内径，m；

D_{w}——水的热扩散系数，m²/s；

d_{B}——塔板支承板高，m；

d_{j}——喷射直径，m；

d_{n}——喷嘴直径，m；

d——孔径、分散相泡滴直径，m；

F_{c}——修正系数；

f_{k}——换热器截面积，m²；

G_{f}——液泛点处混合气体的空塔质量流量，kg/（m²·s）；

G_{g}——不凝性气体的空塔质量流量，kg·mol/（m²·s）；

G_{L}——冷却液体的空塔质量流量（$G_{l}M_{l}$），kg/（m²·s）；

G_{l}——液体空塔质量速度，kg/（m²·s）；

G_{M}——混合气体的空塔质量流量，kg/（m²·s）；

G_{m}——混合气体的空塔质量速度，kg·mol/（m²·s）；

G_v——蒸汽的空塔质量速度，kg·mol/（m²·s）；

G_{vi}——入口蒸汽的空塔质量速度，kg/（m²·h）；

H——充填高度，m；

ΔH——工质的气化潜热，J/kg；

h——液柱表面传热系数，W/（m²·K）；

h_1——塔板上的液高，m；

h_w——堰高，m；

h_l——液相侧的传热系数，W/（m²·K）；

h_v——气化段高度，m；

h_v——气相侧"表观"传热系数（伴有传质过程的气相侧的传热系数），W/（m²·K）；

Ja——Jakob 准数；

J_0——零次贝塞尔函数；

K_c——连续相的导热系数，W/（m·K）；

K_d——液滴的导热系数 W/（m·K）；

K_g——气相传质系数，kg·mol/（m²·s·Pa）；

k_l——液体的导热系数，W/（m·K）；

k_m——混合气体的导热系数，W/（m·K）；

K_v——由势论求得速度与真实界面速度之比；

L_W——传热部分的有效长度，m；

l_D——堰宽，m；

M_l——冷却液体的相对分子质量；

M_m——混合气体的平均相对分子质量；

n_i——直径为 d_{pi} 的液滴的个数；

p_{BM}——混合气体中不凝性气体的对数平均分压，Pa；

p_i——气、液界面上的蒸汽分压，Pa；

p_v——混合气体中蒸汽的分压，Pa；

p_t——混合气体的总压，Pa；

Q_p——连续相与液滴间的传热量，W；

R——液柱半径，m；

r——液柱任一点处的半径，m；

T——液柱半径 r 处的温度，℃；

T_c——连续相的温度，K；

T_{ci}——连续相入口温度，℃；

T_{co}——连续相出口温度，℃；

T_d——液滴的温度，K；

T_{di}——分散相入口温度，℃；

T_{do}——分散相出口温度，℃；

T_s——蒸汽的饱和温度，℃；

T_i——液柱的入口温度，℃；

T_w——液柱表面温度，℃；

T_0——冷却流体的出口温度，℃；

T_i——冷却流体的入口温度，℃；

T_s——饱和蒸汽温度，℃；

t——冷却液温度，K；

t_i——气、液界面温度，K；

t_c——连续相温度，℃；

t_d——分散相温度，℃；

U——总传热系数，W/（m^2·K）；

U_b——泡滴上升速率，m/s；

U_g——空塔气速，m/s；

U_l——连续相循环液速，m/s；

U_p——总传热系数，W/（m^2·K）；

u_l——液柱向下流动速度，m/s；

V_c^*——连续相的容积流量，m^3/s；

V_d——分散相占有的容积，m^3；

V_d^*——分散相的容积流量，m^3/s；

W_e^*——单位液膜宽的流量，kg/（m·s）；

W_l——液体流量，kg/s；

W_v——蒸汽流量，kg/s；

x——液膜下降的距离、轴向长度，m；

Z——充填高度，m；

z——轴向高度，m；

α——液柱的热扩散系数，m^2/s；

α——填料的单位容积的有效表面积，m^2/m^3；

α——传热和传质的有效气液界面面积，m^2/m^3；

α_c——热扩散系数，m^2/s；

α_t——单位容积填料的总表面积，m^2/m^3；

ε——填料的空隙率；

ϕ——修正系数；

λ_t——在温度 t 时的蒸汽的蒸发潜热，J/（kg·mol）；

μ_l——液体的黏度，N·s/m^2；

μ_m——混合气体的黏度，N·s/m^2；

μ_w——水的黏度，N·s/m^2；

ρ_c——连续相的密度，kg/m^3；

ρ_d——分散相的密度，kg/m^3；

ρ_g——气相密度，kg/m^3；

ρ_{gd}——分散相气相密度，kg/m^3；

ρ_l——液体的密度，kg/m^3；

ρ_m——混合气体的密度，kg/m^3；

ρ_v——蒸汽的密度，kg/m^3；

ρ_w——水的密度，kg/m^3；

$\Delta\rho$——连续相的密度与分散相的密度之差；

σ——连续相与分散相间表面张力，N/m；

σ_l——液体的表面张力，N/m；

σ_w——水的表面张力，N/m。

参 考 文 献

[1]　兰州石油机械研究所. 换热器(下). 北京：烃加工出版社，1990. 487~528.

[2]　[日]尾花英朗. 热交换器设计手册. 北京：烃加工出版社，1987. 608~670.

[3]　章学来等. 直接接触式换热技术的研究进展. 能源技术，2001，(1)：2~6.

[4]　章学来等. 直接接触式换热技术的研究进展(续). 能源技术，2001，(2)：53~58.

[5]　范晓伟等. 直接接触传热. 化学工程，1994，(2)：32~36.

[6]　郭金基等. 蒸汽冷凝装置的设计计算. 机械开发，1994，(2)：41~46.

[7]　齐涛等. 垂直管内不互溶液滴群直接接触汽化传热. 高校化学工程学报，1996，(3)：232~238.

[8]　王一平等. 直接接触式环流换热器传热研究. 化学工程，2000，(4)：18~21.

[9]　李彦博. 直接接触式环流换热器气液液三相流体力学及传热的研究[硕士论文]. 天津大学，1998.

[10]　张鹏等. 汽-液-液三相流流体力学的模型与求解. 高校化学工程学报，2000，(1)：25~30.

[11]　张鹏等. 汽-液-液三相直接接触换热器内汽含率径向分布的研究. 化学工业与工程，2000。(6)：316~320.

[12]　张永利等. 环流反应器研究进展. 辽宁化工，2002，(9)：410~413.

[13]　刘永民等. 气升式环流反应器的流体动力学模型. 石油化工高等学校学报，2001，(4)：13~15.

[14]　刘永成等. 垂直管中气液两相流传热研究. 工程热物理学报，1989，(1)：72~74.

[15]　M. C. DE. ANDERES. etc. Performance of direect-contact hear and mass exchangers steam-gas mixtures at subatmospheric pressures. Int. J. Heat Mass Transfer, 1996, (5)：965~973.

[16]　J. Siqueiros etc. An experimental study of a three-phase, dlirect-contact heat exchanger. Applied Thermal Engineering, 1999, (19)：477~493.

第三章 刮板式换热器

（李 超）

第一节 概 述[1~16]

一、分类

在化学、食品及石油等工业中，高黏流体、高感热性流体或含有固体颗粒的泥浆多数都需要冷却、加热或蒸发浓缩处理。对高黏性流体的换热，采用普通换热器时传热系数低。处理高感热性物质时，若停留时间过长则易产生热分解。刮板式换热器的刮板可持续刮掉传热面附近的物质，提高了传热系数。

按刮板式换热器安装方式的不同可分为立式和卧式两种结构。按流体在换热器中流过及充满的情况可分为：

（1）充满式换热器（Votator 式）：流体充满换热器之内，刮板旋转使流体均匀换热，适用于高黏物质的冷却和加热。

（2）液膜式刮板换热器：流体沿换热器的传热面呈薄膜状流劝，适用于高黏度或高感热性流体的加热、蒸发和浓缩等。

二、结构及应用

图 8.3 - 1 为 Votator 式结构简图，加热介质或冷却介质在传热圆筒外侧的夹套中流动，被处理的流体在传热圆筒内流动。传热圆筒内有旋转轴，刮板固定在旋转轴上，在旋转离心力和流体阻力的作用下与传热面接触，持续地刮掉与传热

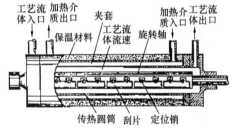

图 8.3 - 1 Votator 式结构简图

面接触的流体，刮掉的部分沿刮板转向旋转轴附近，而旋转轴附近的流体进入到刮板覆盖层的圆筒传热面。流体流动通道约为筒径的 10% ~ 15%，转轴转速为 100 ~ 300r/min，主要根据筒径和流体的黏性来定。

图 8.3 - 2 所式刮板换热器可用于石油炼制脱蜡装置（冷却溶剂和含蜡油的混合液，使蜡分结晶）等处。刮板在筒内旋转将持续地刮掉传热面上结晶析出的蜡分，防止因蜡分附着而使传热系数降低，转速为 10 ~ 20r/min。

图 8.3 - 3、图 8.3 - 4 和图 8.3 - 5 为几种液膜式刮板换热器的结构图。该换热器是一种用刮板刮动传热面，使换热流体在传热面上形成均匀薄膜层的换热器。由于主要用于高感热性物质的蒸发，故又称为搅拌薄膜蒸发器，现已在化工、石油、染料、食品、医药及废水处理等工业部门中用于蒸发、分馏、脱水、脱臭、冷却、结晶及化学反应等场合。液膜式刮板换热器的操作原理均相同，以图 8.3 - 4 为例可进行说明。它由上部驱动部分和下部的蒸发

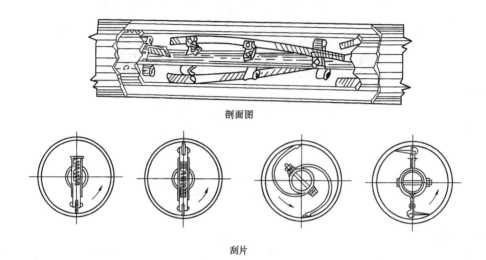

剖面图

刮片

图 8.3-2　刮板换热器

浓缩部分组成。驱动部分由电机和齿轮减速器组成。上部和下部轴封处采用机械密封来保证其密封性。蒸发浓缩部分由转子和带有夹套的筒体组成。转子带有分布器、捕沫器、轴、刮板及支架等部分。物料从上部进口进入换热器后，由旋转的分布器均匀分布到内壁的受热面上，被刮板涂布成均匀的薄膜层，由上向下移动。液膜吸收从夹套中传入的热量，在圆筒壁面迅速地蒸发浓缩，浓缩的物料经下部排口排出换热器。二次蒸气向上经捕沫器把夹带的雾滴和泡沫去除，然后由二次蒸气管口排出。

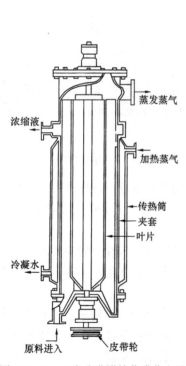

图 8.3-3　立式升膜搅拌薄膜蒸发器

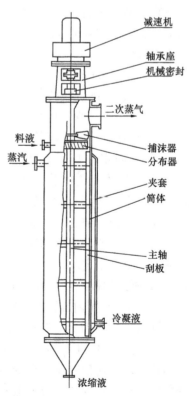

图 8.3-4　立式降膜搅拌薄膜蒸发器

液膜式刮板换热器的转子形式可分为图 8.3-6、图 8.3-7 和图 8.3-8 所示的几部分：

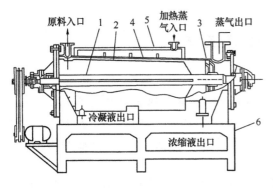

图8.3-5　刮板式液膜蒸发器

图8.3-6　滑片式刮板图

图8.3-7　固定间隙式刮板

图8.3-8　可调间隙式刮板

（1）滑片式刮板：转轴上的刮板旋转时在离心力的作用下紧贴在传热面上，使物料膜层减薄，薄膜的厚度随物料的黏性和吸收而变。

（2）固定间隙式刮板：刮板固定在转子上，与传热面间的间隙是固定值（通常为0.8～2.5mm）。薄膜厚度与物料无关。

（3）可调间隙式刮板：转子与筒体作成锥形，让转子沿轴向移动来调整刮板与筒体壁面的间隙。

液膜式刮板换热器的特点：

（1）传热系数高，蒸发浓度大。

（2）受热区停留时间较短，适宜于热敏性物料。

（3）处理物料的黏度范围宽，高黏性物料不易结焦和结垢。

（4）可在真空条件下操作，热敏性物料的产品质量有保证。

液膜式刮板换热器的应用见表8.3-1。

表8.3-1　液膜式刮板换热器的应用

行业	物料	加工	行业	物料	加工	行业	物料	加工
医药	抗菌素溶液 高黏性行业 热敏性物料 维生素	浓缩 浓缩 浓缩 浓缩	化工及石油化工	氯化石油脂 三氯化钛 氧化锰 硅油 蜡油 聚乙烯醇 保险粉 甲苯二异氰酸 琥珀酸 烧碱溶液 高醇 苯乙烯单体	蒸馏 蒸馏 蒸馏 蒸馏 蒸馏 浓缩 浓缩 浓缩 浓缩 浓缩 精馏 精馏	合成树脂、像胶和纤维	环氧树脂 聚丙烯 二烯橡胶 尼龙-6 尼龙-66 聚脂纤维素 对苯二甲酸盐 聚碳酸树脂 己内酰胺 聚丁烯 聚丁二烯 聚乙烯	去溶剂 去溶剂 去溶剂 去溶剂 去溶剂 去溶剂 浓缩 浓缩 精馏 蒸馏 浓缩 浓缩
食品	饮料 凝胶体 氨基酸 蜂蜜	浓缩 浓缩 浓缩 脱水						
油脂	甘油 脂肪酸 卵磷酸 溶剂油	精馏 精馏 脱水 脱水						

第二节 充满式刮板换热器[1,2,17~19]

一、基本传热公式

刮板式换热器中的流体为逆流流动，由于不能忽略轴向传热而使温差降低的问题，所以不能再用对数平均温差来进行计算了。刮板式换热器轴向传热由三部分组成，即沿刮板旋转轴与传热圆筒的导热、流体内的轴向导热和流体中的轴向对流(一般叫做逆混合)传热。

由于前两种导热的影响较小，可以忽略不计，故只考虑逆混合的影响。当没有逆混合轴向传热时，即塞状流时，可以用完全逆流换热器的对数平均温差。实际计算有效温差时，需用对数平均温差乘以温差修正系数加以修正。

$$Q = AU\Delta T \tag{3-1}$$

$$\Delta T = F\Delta T_{lm} = F \frac{|T_1 - t_2| - |T_2 - t_1|}{\ln\left[\dfrac{T_1 - t_2}{T_2 - t_1}\right]} \tag{3-2}$$

式中 Q——传热量，W；

　　A——传热面积，m^2；

　　U——总传热系数，$W/(m^2 \cdot K)$；

　　ΔT——有效温差，℃；

　　ΔT_{lm}——对数平均温差，℃；

T_1、T_2——分别为夹套侧加热介质的入口和出口温度，℃；

　t_1、t_2——分别为传热圆筒内侧工艺流体的入口和出口温度，℃；

　　F——温差修正系数。

温差修正系数 F 可在图8.3－9、图8.3－10、图8.3－11 和图8.3－12 中查得。图中，

$$\Lambda = \frac{wc}{WC} \tag{3-3}$$

$$\beta = \frac{UA}{wc} \tag{3-4}$$

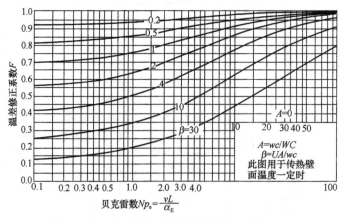

图 8.3－9　由逆混合决定的温差修正系数 $\Lambda = 0$

式中　w——传热圆筒内工艺流体的流量，kg/s；
　　　　c——传热圆筒内工艺流体的比热容，
　　　　　　　J/(kg·K)；
　　　　W——夹套侧加热介质的流量，kg/s；
　　　　C——夹套侧加热介质的比热容，J/(kg·K)；
　　　Np_e——对于轴向分散的贝克雷数；
　　　　v——工艺流体的轴向流速，m/s；
　　　　L——换热器的长度，m；
　　　α_E——有效轴向导温系数，m^2/s；
　　　　β——换热器的热传逆单位数。

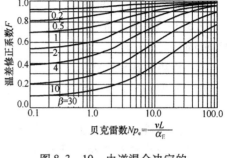

图 8.3-10　由逆混合决定的
温差修正系数 Λ=0.2

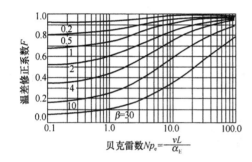

图 8.3-11　由逆混合决定的
温差修正系数 Λ=0.4

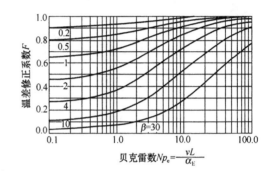

图 8.3-12　由逆混合决定的
温差修正系数 Λ=0.9

　　另外，蒸气在夹套侧冷凝时，Λ=0，可以用图 8.3-9。有效轴向导温系数 α_E 可由图 8.3-13 查取。

$$Re_e = \frac{v_t D_e \rho}{\mu} \qquad (3-5)$$

式中　ρ——工艺流体的密度，kg/m^3；
　　　　μ——工艺流体的黏度，Pa·s；
　　　D_e——流道的当量直径，m；

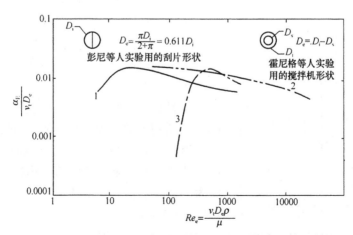

图 8.3-13　有效轴向导温系数

v_t——刮板尖端的速度，m/s。

图 8.3-13 中，曲线 1（$D_i = 88.9$mm 和 $D_i = 92.2$mm），曲线 2（$D_i = 101.6$mm 和 $D_i = 102.6$mm）。

二、传热系数理论式

Votator 型刮板式换热器刮板侧膜层导热系数计算式：

1. kool 公式

与传热面接触的流体膜层被刮板刮掉后，流体又在刮板后附着在圆筒传热面上，热量从壁面通过导热传给流体。当流体为高黏性流体时，可以忽略刮板产生的紊动对传热的影响。传热系数取决于被加热或冷却的附着膜层，该膜层从传热壁面被刮掉而与流体混合，新流体又与刮掉膜层之后的清洁传热面接触。在这一整个过程中，总传热系数的计算式又为：

$$U = \frac{h'[2s\pi^{-0.5} + \exp(s^2)erfc(s) - 1]}{s^2} \qquad (3-6)$$

$$s = h'\left(\frac{\theta}{kc\rho}\right)^{\frac{1}{2}} \qquad (3-7)$$

$$\frac{1}{h'} = \frac{1}{h_0}\left(\frac{D_i}{D_0}\right) + \frac{t_s}{\lambda}\left(\frac{D_i}{D_m}\right) \qquad (3-8)$$

式中　h'——从加热介质到传热壁面的复合传热系数，W/($m^2 \cdot$ K)；

h_0——夹套侧加热介质的膜层传热系数，W/($m^2 \cdot$ K)；

D_0——传热圆筒的外径，m；

D_i——传热圆筒的内径，m；

D_m——传热圆筒的对数平均直径，m；

$$D_m = \frac{D_0 - D_i}{\ln\left(\frac{D_0}{D_i}\right)} \qquad (3-9)$$

t_s——传热圆筒的厚度，m；

λ——传热圆筒材料的热导率，W/(m $\cdot$ K)；

k——被处理工艺流体的热导率，W/(m $\cdot$ K)；

c——被处理工艺流体的比热容，J/(kg $\cdot$ K)；

ρ——被处理工艺流体的密度，kg/m^3；

θ——刮板刮动周期。

由图 8.3-14 可方便地计算出总传热系数 U，式（3-6）适用于被处理工艺流体为加热和冷却的情况。

当刮板尖端与传热圆筒接触时，刮板尖端轨迹面到被处理工艺流体膜层的传热系数 h_s 是与传热圆筒内侧的膜层传热系数 h_i 相等的，因此可用下式计算（$s = 0.2 \sim 30$）：

$$h_s = 1.24(h'')^{-0.03}(kc\rho Nn)^{0.515} \qquad (3-10)$$

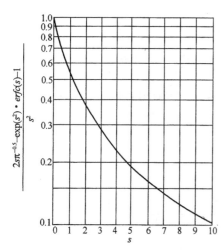

图 8.3-14　总传热系数 U 计算图

式中　N——刮板转数，r/min；

　　　n——刮板数。

2. Harriot 公式

假定传热圆筒内壁面的温度一定，则半无限厚平板的不稳定传热公式为：

$$h_i = 1.12\sqrt{kc\rho Nn} \qquad (3-11)$$

当传热面新接触的流体温度不是流体本身的平均温度时，上式计算误差较大。

三、实验计算公式

1. Skelland 实验公式

Skelland 对水、甘油及水 + 甘油进行了冷却实验，从改变运行条件得到数据，提出了下式：

对于 $\left(\dfrac{c\mu}{k}\right) = 5 \sim 70$ 的流体，则有

$$\frac{h_i D_i}{k} = 0.039\left(\frac{c\mu}{k}\right)^{0.70}\left[\frac{(D_i - D_s)G}{\mu}\right]^{1.00}\left(\frac{D_i N\rho}{G}\right)^{0.62}\left(\frac{D_s}{D_i}\right)^{0.55} \times n^{0.53} \qquad (3-12)$$

对于 $\left(\dfrac{c\mu}{k}\right) = 1\,000 \sim 4\,000$ 的流体，则有

$$\frac{h_i D_i}{k} = 0.014\left(\frac{c\mu}{k}\right)^{0.96}\left[\frac{(D_i - D_s)G}{\mu}\right]^{1.00}\left(\frac{D_i N\rho}{G}\right)^{0.62}\left(\frac{D_s}{D_i}\right)^{0.55} \times n^{0.53} \qquad (3-13)$$

式中　D_i——传热圆筒内径，m；

　　　D_s——刮板旋转轴直径，m；

　　　n——刮板数；

　　　G——传热圆筒内流体的轴向质量速度，kg/(m²·s)；

　　　ρ——工艺流体的密度，kg/m³；

　　　N——轴转数，r/min。

2. Trommelen 实验公式

$$\frac{h_i D_i}{k} = 1.13\left(\frac{D_i^2 Nn\rho c}{k}\right)^{0.5}(1-f) \qquad (3-14)$$

式中　f——修正系数。

当 $400 < Pe < 6\,000$ 时，$f = 2.78(Pe + 200)^{-0.18}$ 　　　　　　$(3-15)$

贝克来数为：

$$Pe = \frac{\rho c(D_i - D_s)v}{k} \qquad (3-16)$$

式中　v——传热圆筒内工艺流体的轴向平均流速，m/s。

Trommelen 能过进一步的实验，又提出了下式：

$$Pe < 1\,500 \text{ 时}, f = 3.28 Pe^{-0.22} \qquad (3-17)$$

$Pe > 2500$ 时，f 与 Pe 无关，是普朗特数 $\left(\dfrac{c\mu}{k}\right)$ 的函数。

当 $\left(\dfrac{c\mu}{k}\right)^{0.25} > 2$ 时，$1 - f = 2.0\left(\dfrac{c\mu}{k}\right)^{-0.25}$ 　　　　　　$(3-18)$

使用 Trommelen 公式时，仍用对数平均温差作为有效温差。

四、驱动动力

Votator 型刮板式换热器动力消耗计算式：

$$P = 4.75 \times 10^{-7} \frac{(ND_i)^{1.79}(3\,600\mu)^{0.66}n^{0.68}L}{(D_i - D_s)^{0.31}}, W \tag{3-19}$$

五、设计计算

设计一台 Votator 型刮板式换热器，将 $3m^3/h$ 番茄汁从 10℃加热到 50℃，使用 80℃的热水进行加热。

1. 番茄汁的物性

密度 $\rho = 1\,000kg/m^3$，比热容 $c = 3\,768.3J/(kg \cdot K)$，热导率 $k = 0.465\,2W/(m \cdot K)$，黏度 $\mu = 0.2Pa \cdot s$。

2. 传热量

$$Q = G'c\Delta t = \frac{3\,768.3 \times 3 \times 1\,000 \times (50 - 10)}{3\,600} = 125\,610W$$

3. 筒体内壁番茄汁膜层传热系数 h_i

设：筒体内径 $D_i = 0.385m$；筒体外径 $D_0 = 0.397m$，筒体厚度 $t_s = 0.006m$，旋转轴直径 $D_s = 0.3m$，传热筒材质 0Cr18Ni9，刮板数 $n = 2$，刮板转数 $N = 300r/min$。

（1）使用 kool 理论公式计算

假定夹套侧热水的膜层传热系数 $h_0 = 4\,070.5W/(m^2 \cdot K)$

0Cr18Ni9 的热导率 $\lambda = 16.28W/(m \cdot K)$

$$\frac{1}{h'} = \frac{1}{h_0}\left(\frac{D_i}{D_0}\right) + \frac{t_s}{\lambda}\left(\frac{D_i}{D_m}\right)$$

$$= \frac{1}{4\,070.5}\left(\frac{0.385}{0.397}\right) + \frac{0.006}{16.28}\left(\frac{0.397}{0.391}\right) = 6.13 \times 10^{-4}$$

$$h' = 1\,631.32W/(m^2 \cdot K)$$

$$h_s = 1.24(h')^{-0.03}(kc\rho Nn)^{0.515}$$

$$= 1.24(1\,631.32)^{-0.03} \times \left(0.465\,2 \times 3\,768.3 \times 1\,000 \times \frac{300}{60} \times 2\right)^{0.515}$$

$$= 5\,340.66W/(m^2 \cdot K)$$

若刮板的尖端与传热圆筒内壁接触，则

$$h_i = h_s = 5\,340.66W/(m^2 \cdot K)$$

（2）使用 Trommelen 实验公式计算

传热圆筒内流速：

$$\nu = \frac{3}{\frac{\pi}{4}(0.385^2 - 0.3^2)} = 66m/h$$

贝克雷数为：

$$Pe = \frac{\rho c(D_i - D_s)\nu}{k}$$

$$= \frac{1\,000 \times 3\,768.3 \times (0.385 - 0.3) \times 66}{0.465\,2 \times 3\,600} = 12\,623$$

因 $Pe > 2\,500$，f 与 Pe 无关。

$$\left(\frac{c\mu}{k}\right)^{0.25} = \left(\frac{3\,768.3 \times 0.2}{0.465\,2}\right)^{0.25} = 6.3 > 2$$

$$1 - f = 2.0\left(\frac{c\mu}{k}\right)^{-0.25} = 0.32$$

$h_i = 1.13(kc\rho Nn)^{0.5}(1 - f)$

$$= 1.13 \times \left(0.465\,2 \times 3\,768.3 \times 1\,000 \times \frac{300}{60} \times 2\right)^{0.5} \times 0.32 = 1514\text{W}/(\text{m}^2 \cdot \text{K})$$

4. 夹套侧热水膜层传热系数 h_0

如果热水出口温度为76℃，则热水量为：

$$W = \frac{Q}{c\Delta T} = \frac{125\,610}{4\,187 \times (80 - 76)} = 7.5\text{kg/s}$$

令夹套内径为0.42m，则热水的流道断面积 α_s 为：

$$a_s = \frac{\pi}{4}(0.42^2 - 0.397^2) = 0.0148\text{m}^2$$

夹套侧热水的的质量速度为：

$$G = \frac{W}{a_s} = \frac{7.5}{0.014\,8} = 506.76\text{kg}/(\text{m}^2 \cdot \text{s})$$

夹套侧环状流道的当量直径 D_e：

$$D_e = 0.42 - 0.397 = 0.023\text{m}$$

热水物性：黏度 $\mu = 3.33 \times 10^{-4}\text{Pa} \cdot \text{s}$

热导率 $k = 0.668\text{W}/(\text{m} \cdot \text{K})$

雷诺数 $Re = \dfrac{D_e G}{\mu} = \dfrac{0.023 \times 506.76}{3.33 \times 10^{-4}} = 35\,000 > 10\,000$

$$\left(\frac{h_0 D_e}{k}\right) = 0.023\left(\frac{D_e G}{\mu}\right)^{0.8}\left(\frac{c\mu}{k}\right)^{0.4}\left(\frac{D_2}{D_1}\right)^{0.45}$$

$$= 0.023 \times 350\,000^{0.8} \times \left(\frac{4\,187 \times 3.33 \times 10^{-4}}{0.668}\right)^{0.4}\left(\frac{0.42}{0.397}\right)^{0.45} = 138$$

因此，$h_0 = \dfrac{138 \times 0.668}{0.023} = 4\,008\text{W}/(\text{m}^2 \cdot \text{K})$

前面 h_0 的假定是合适的。

5. 总传热系数 U

$$\frac{1}{U} = \frac{1}{h'} + \frac{1}{h_i} = \frac{1}{1\,631.32} + \frac{1}{1\,514} = 1.274 \times 10^{-3}$$

$$U = 785\text{W}/(\text{m}^2 \cdot \text{K})$$

6. 所需的传热面积

对数平均温差为：

$$\Delta T_{lm} = \frac{|T_1 - t_2| - |T_2 - t_1|}{\ln\left[\dfrac{T_1 - t_2}{T_2 - t_1}\right]} = \frac{(76 - 10) - (80 - 50)}{\ln\left(\dfrac{76 - 10}{80 - 50}\right)} = 45.5℃$$

有效温差 $\Delta T = \Delta T_{lm} = 45.5℃$

所需的传热面积：

$$A = \frac{Q}{\Delta T U} = \frac{125\,610}{45.5 \times 785} = 3.52\text{m}^2$$

所需传热圆筒长度：

$$L = \frac{A}{\pi D_i} = \frac{3.52}{\pi \times 0.385} = 3\text{m}$$

7. 消耗的动力

$$P = 4.75 \times 10^{-7} \frac{(ND_i)^{1.79}(3600\mu)^{0.66}n^{0.68}L}{(D_i - D_s)^{0.31}}$$

$$= 4.75 \times 10^{-7} \times \frac{(300 \times 60 \times 0.385)^{1.79} \times (0.2 \times 3600)^{0.66} \times 2^{0.68} \times 3}{(0.385 - 0.3)^{0.31}} = 2.8\text{kW}$$

第三节　液膜式刮板换热器[1~7]

一、液体滞留量

1. 立式降膜式

液体在换热器中的流动可以分为三个区，如图 8.3 – 15 所示。

（1）在刮板的前缘形成涡旋，流体呈螺旋状向下流动。

（2）在刮板的后缘附近形成紊流液膜。

（3）紊流液膜与下一个弓形波之间，刮板的作用消失，变为层流液膜。液体在换热器中向下流动的流量可按两部分计算。把沿圆筒呈液膜状向下流动的液体定为 V_1，呈螺旋状向下流动的液体量为 V_2。

Kern 理论解（见图 8.3 – 16）：

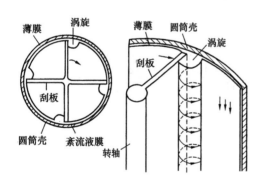

图 8.3 – 15　工作原理图

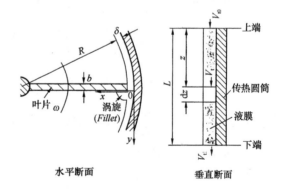

图 8.3 – 16　立式降膜式换热器

$$V_1 = \frac{2\pi R\rho g\delta^3}{3\mu}, \text{m}^3/\text{s} \qquad (3-20)$$

式中　R——圆筒内径，m；

　　　ρ——液体密度，kg/m^3；

　　　δ——刮板外径与圆筒内径之间的间隙，m；

　　　μ——液体黏度，Pa·s。

$$V_2 = K\rho \frac{g}{\mu}X^2, \text{m}^3/\text{s} \qquad (3-21)$$

式中 K——管道形状系数。正方形断面管的 $K = 0.1405$，三角形断面管的 $K = 0.0703$；

ρ——液体密度，kg/m^3；

g——重力加速度，m/s^2；

μ——液体黏度，$Pa \cdot s$；

X——过流断面积，m^2。

总流量为：

$$V = V_1 + nV_2 = \frac{2\pi R\rho g\delta^3}{3\mu} + nK\rho\frac{g}{\mu}X^2 \qquad (3-22)$$

式中 n——刮板数。

对上式求解得出 X，则

$$X = \frac{1}{(nK)^{\frac{1}{2}}}\left(\frac{V\mu}{\rho g} - \frac{2}{3}\pi R\delta^3\right)^{\frac{1}{2}} \qquad (3-23)$$

换热器内的液体容积即滞流量 $W(m^3)$，在微小距离 dz 之间（图 8.3-15）的滞流量 dW 为：

$$dW = 2\pi R\delta dz + nXdz \qquad (3-24)$$

滞流量：

$$W = \int_0^L dW = \int_0^L (2\pi R\delta + nX)dz \qquad (3-25)$$

换热器内的流体无相变，且流体物性一定时，有

$$W = 2\pi R\delta L + \left(\frac{n}{K}\right)^{\frac{1}{2}}\left(\frac{V\mu}{\rho g} - \frac{2}{3}\pi R\delta^3\right)^{\frac{1}{2}}L \qquad (3-26)$$

当换热器内的流体蒸发时，流体在换热器内由上向下流动时浓缩，黏度 μ 和流量 V 均是 z 的函数，这时 W 的计算式为：

$$W = 2\pi R\delta L + \left(\frac{n\mu_0 V_0}{K\rho g}\right)^{\frac{1}{2}}\int_0^L\left(\frac{1 - (\alpha z/L) - \alpha'\phi_0}{(\alpha z/L) - \beta'\phi_0}\right) \times (1 - (\alpha z/L))^{\frac{1}{2}}dz \qquad (3-27)$$

$$\alpha = \frac{Q}{\lambda\rho V_0} \qquad (3-28)$$

$$\phi = \frac{\phi_0}{1 - \dfrac{\alpha z}{L}} \qquad (3-29)$$

式中 μ_0——纯溶剂的黏度，$Pa \cdot s$；

V_0——$z = 0$ 时的流量，m^3/s；

λ——流体蒸发潜热，J/kg；

ϕ_0——流体的初始浓度（体积分数）；

α'、β'——实验常数。

2. 立式升膜式

如图 8.3-3 所示，原料液从换热器下部进入，从上部流出，滞流量（m^3）为：

$$W = 2\pi R\delta L + \frac{\pi gL^2}{\omega^2} \qquad (3-30)$$

当刮板的角速度 $\omega < \omega_{\min}$（最小临界角速度）时，换热器内被液体充满。

$$\omega_{\min} = \sqrt{\frac{2gL}{R^2 - (R - \delta)^2}} \qquad (3-31)$$

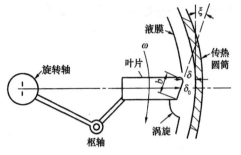

图 8.3 - 17 滑片式刮板

二、液膜厚度

换热器内液膜厚度取决于刮板尖端与传热筒壁面之间的间隙，固定刮板其间隙为一定值，而滑片式刮板，它的间隙由物料的物性和刮板的转数等来确定。

如图 8.3 - 17 所示，转子旋转时，刮板产生的离心力与楔形间隙中流体剪切力在径向方向的分力平衡，可以得到刮板尖端平面中心点处圆筒壁面之间的间隙 δ_0 的计算式：

$$\delta_0 = \frac{2b\mu RL}{mv\tan\xi}\psi \qquad (3-32)$$

最小间隙 δ 为：

$$\delta = \delta_0(1-a) \qquad (3-33)$$

$$a = \frac{b\tan\xi}{2\delta_0} \qquad (3-34)$$

$$\psi = \frac{3}{2a}\ln\left(\frac{1+a}{1-a}\right) - 3 \qquad (3-35)$$

式中　b——刮板前端的平面宽度，m；

　　　R——圆筒内壁半径，m；

　　　L——圆筒长度，m；

　　　m——刮板重量，kg；

　　　v——刮板 R 处的线速度，m/s；

　　　ξ——宽度为 b 的平面与圆筒壁面间的夹角。

三、基本传热公式

液膜式刮板换热器中液体滞流量少，可以用对数平均温差作为有效温差，因此有：

$$Q = AU\Delta T_m \qquad (3-36)$$

$$\Delta T_m = \frac{|T_1 - t_2| - |T_2 - t_1|}{\ln\left[\frac{T_1 - t_2}{T_2 - t_1}\right]} \qquad (3-37)$$

式中　Q——传热量，W；

　　　A——传热面积，m²；

　　　U——总传热系数，W/(m²·K)；

　　　ΔT_m——对数平均温差，℃；

　t_1，t_2——分别为刮板侧液体入口和出口的温度，℃；

　T_1，T_2——分别为夹套侧热介质入口和出口的温度，℃。

$$\frac{1}{U} = \frac{1}{\alpha_i} + \frac{s}{\lambda} + \frac{1}{\alpha_0}\frac{D_i}{D_0} + R_{si} + R_{so}\frac{D_i}{D_0} \qquad (3-38)$$

式中　α_i、α_0——分别为物料和蒸气冷凝时的传热系数，W/(m²·K)；

　　　　s——筒体壁厚，m；

　　　　λ——筒体材料热导率，W/(m·K)；

　R_{si}，R_{so}——分别为筒体内壁和夹套侧的污垢热阻，(m²·K)/W；

D_i，D_0——分别为筒体内径和外径，m。

物料液体传热系数 α_i 可由下面各式计算：

Azoory 公式：

$$\alpha_i = \frac{2}{\sqrt{\pi}} (c\rho\lambda_i nN)^{\frac{1}{2}} \frac{1}{f} \qquad (3-39)$$

$$f = \frac{1}{500}\left(\frac{c\mu}{\lambda_i}\right) + 3.5 \qquad (3-40)$$

式中　c，ρ，λ_i，μ——分别为物料的比热、密度、热导率和黏度；

$\quad\quad\quad$ n——刮板数；

$\quad\quad\quad$ N——转速。

Kern 公式：

$$\alpha_i = \frac{\lambda_i}{\delta} \qquad (3-41)$$

式中　δ——液膜厚度。

四、驱动动力

刮板所需的驱动动力 P_T 有两部分组成，一部分是刮板尖端处流体作用在切线方向分力所需的功率 P_d，另一部分是传热圆筒内滞留液体加速时所需的功率 P_s。

$$P_T = P_d + P_s = \frac{2b\mu L\psi nv^2}{\delta_0} + \frac{sw\rho v^3}{4\pi R} \qquad (3-42)$$

s 是刮板和滞留液体之间的滑动率，由实验求得，若无实验值时，可取 $s=1$。P_T 中不包括轴承和动力传递装置的功率损失，在设计计算时，也应将这些损失加上。

五、设计计算

设换热器进液的黏度为 0.1Pa·s，溶液流量 2 400kg/h。设计一台使溶液中 690kg/h 水分蒸发的刮板液膜式换热器，夹套侧加热介质为 0.2MPa（表压）的蒸气，操作压力为 0.01MPa（绝压），溶液的物性值除黏度外，其沸点、蒸发潜热、热导率、比热和密度均与水相同。

1. 传热量

$$Q = 690 \times 2\,391.8 = 1650342 \text{kJ/h}$$

2. 换热器尺寸

设传热圆筒内径 $D_i = 0.66$m，外径 $D_0 = 0.672$m，采用滑片式刮板结构，刮板宽 $b = 0.012$m，角度 $\xi = 5°$，尖端部分的质量 $m = 2$kg，刮板数 $n = 4$，刮板的转数 $N = 9500$r/h。

3. 夹套侧蒸气冷凝传热系数 α_0

蒸气的冷凝潜热为 2164.5，kJ/kg

冷凝量为：

$$W = 1654342/2\,164.5 = 762.5 \text{kg/h}$$

冷凝负荷为：

$$Q' = \frac{W}{\pi D_0} = \frac{762.5}{\pi \times 0.672} = 361.2 \text{kg/(m·h)}$$

冷凝膜层传热系数 $\alpha_0 = 5.81$W/(m²·K)

4. 刮板尖端与传热圆筒壁面之间的间隙 δ

设刮板尖端平面中心点和传热圆筒壁面之间的间隙为：

$$\delta_0 = 0.000\,95\text{m}$$

$$a = \frac{b\tan\xi}{2\delta_0} = \frac{0.012 \times \tan5°}{2 \times 0.000\,95} = 0.553$$

$$\psi = \frac{3}{2a}\ln\left(\frac{1+a}{1-a}\right) - 3 = \frac{3}{2 \times 0.553}\ln\left(\frac{1+0.553}{1-0.553}\right) - 3 = 0.38$$

刮板尖端线速度：

$$v = R\omega = 0.33 \times 2\pi \times 9500 = 19688\text{m/h}$$

取传热圆筒长度 $L = 3\text{m}$。

$$\delta_0 = \frac{2b\mu RL}{mv\tan\xi}\psi = \frac{2 \times 0.012 \times 0.1 \times 0.33 \times 3 \times 0.38 \times 3\,600}{2 \times 19688 \times \tan5°} = 9.44 \times 10^{-4}\text{m}$$

假定的 $\delta_0 = 0.00095\text{m}$ 初始值是正确的，则刮板与传热圆筒壁面之间的最小间隙 δ 为：

$$\delta = \delta_0 - \left(\frac{b}{2}\right) \times \tan\xi = 0.000\,994 - \left(\frac{0.012}{2}\right) \times \tan5° = 4.2 \times 10^{-4}\text{m}$$

5. 刮板侧流体膜层传热系数 α_i

溶液的物性与水相同，则

$$\lambda_i = 0.64 \times 10^{-3}\text{W/(m · K)}$$

$$c = 4.19\text{kJ/(kg · K)}$$

kern 公式：

$$\alpha_j = \frac{\lambda_i}{\delta} = \frac{0.64 \times 10^{-3}}{4.2 \times 10^{-4}} = 1.52\text{W/(m}^2 \cdot \text{K)}$$

Azoory 公式：

$$f = \frac{1}{500}\left(\frac{c\mu}{\lambda_i}\right) + 3.5 = \frac{1}{500}\left(\frac{4.19 \times 10^3 \times 0.1}{0.64}\right) + 3.5 = 4.81$$

$$\alpha_i = \frac{2}{\sqrt{\pi}}(c\rho\lambda_i nN)^{\frac{1}{2}}\frac{1}{f}$$

$$= \frac{2}{\sqrt{\pi}}\left(4.19 \times 1000 \times 0.64 \times 10^{-3} \times 4 \times \frac{9500}{3600}\right)^{\frac{1}{2}} \times \frac{1}{4.81} = 1.25\text{W/(m}^2 \cdot \text{K)}$$

为了安全取最小值：$\alpha_i = 1.25$，$\text{W/(m}^2 \cdot \text{K)}$

6. 总传热系数 U

$$\frac{1}{U} = \frac{1}{\alpha_i} + \frac{s}{\lambda} + \frac{1}{\alpha_0}\frac{D_i}{D_0} + R_{si} + R_{s0}\frac{D_i}{D_0}$$

取刮板侧流体污垢系数 $R_{si} = 0$，夹套侧蒸汽的污垢系数 $R_{s0} = 0$。

传热圆筒为 2~4mm 复合钢板，其热导率

$$\lambda_1 = 16.28 \times 10^{-3}\text{W/(m · K)}$$

$$\lambda_2 = 58.14 \times 10^{-3}\text{W/(m · K)}$$

$$\frac{1}{U} = \frac{1}{1.25} + \frac{2 \times 10^{-3}}{16.28 \times 10^{-3}} + \frac{4 \times 10^{-3}}{58.14 \times 10^{-5}} + \frac{1}{5.81}\frac{0.66}{0.672} = 1.160\,7$$

$$U = 0.8616\text{W/(m}^2 \cdot \text{K)}$$

7. 根据已知条件，可知溶液的沸点为 45.5℃，夹套侧蒸气的冷凝温度为 132.9℃。

有效温差：

$$\Delta T = 132.9 - 45.5 = 87.4℃$$

传热面积：

$$A = \frac{Q}{\Delta T U} = \frac{1650342}{0.8616 \times 87.4 \times 3600} = 6.2 \text{m}^2$$

传热圆筒长度：

$$L = \frac{A}{\pi D_i} = \frac{6.2}{\pi \times 0.66} = 3 \text{m}$$

与前面假设值相符合。

8. 溶液滞留量的停留时间

由于溶液沿传热圆筒边流动边蒸发，其流量及黏度是不断变化的，为了计算方便，假设这些值与入口状态相同。

$$V_T = \frac{W_T}{\rho} = \frac{2400}{1000} = 2.4 \text{m}^3/\text{h}$$

溶液滞留量：

$$W' = 2\pi R\delta L + \left(\frac{n}{K}\right)^{\frac{1}{2}} \left[\frac{\mu V_T}{\rho g} - \frac{2}{3}\pi R\delta^3\right]^{\frac{1}{2}} L$$

$$= 2\pi \times 0.33 \times 4.2 \times 10^{-4} \times 3 + \left(\frac{4}{0.0703}\right)^{\frac{1}{2}}$$

$$\left[\frac{0.1 \times 2.4}{3600 \times 1000 \times 9.8} - \frac{2}{3}\pi \times 0.33 \times (4.0 \times 10^{-4})^3\right]^{\frac{1}{2}} \times 3$$

$$= 4.48 \times 10^{-3} \text{m}^3$$

平均滞留时间：

$$\tau = \frac{W'}{V_T} = \frac{4.48 \times 10^{-3}}{2.4} \times 3600 = 6.72 \text{s}$$

9. 驱动动力

$$P_d = \frac{2b\mu L\psi nv^2}{\delta_0} = \frac{2 \times 0.012 \times 0.1 \times 3 \times 0.38 \times 4 \times 19688^2}{9.44 \times 10^{-4} \times 3600^2} = 0.347 \text{kW}$$

$$P_s = \frac{sW'\rho v^3}{4\pi R} = \frac{1 \times 4.48 \times 10^{-3} \times 1000 \times 19688^3}{4 \times \pi \times 0.33 \times 3600^3} = 0.177 \text{kW}$$

$$P_T = P_d + P_s = 0.347 + 0.177 = 0.524 \text{kW}$$

取轴封部分的效率为0.6，动力传递装置的效率为0.8，则实际的驱动动力为：

$$\frac{0.524}{0.6 \times 0.8} = 1.09 \text{kW}$$

主要符号说明

A——传热面积，m^2；

b——刮板前端平面宽度，m；

c——介质的比热容，$\text{J}/(\text{kg} \cdot \text{K})$；

D_e——流道的当量直径，m；

D_i——传热圆筒的内径，m；

D_m——传热圆筒的对数平均直径，m；

D_0——传热圆筒的外径，m；

D_s——刮板旋转轴直径，m；

F——温差修正系数；

G——传热圆筒内流体的轴向质量速度，kg/(m^2 · s)；

g——重力加速度，m/s^2；

h'——从加热介质到传热壁面的复合传热系数，W/(m^2 · K)；

h_0——夹套侧加热介质的膜层传热系数，W/(m^2 · K)；

K——管道形状系数；

k——被处理工艺流体的导热系数，W/(m · K)；

L——换热器、圆筒的长度，m；

m——刮板重量，kg；

N——转数，rpm；

Np_e——对于轴向分散的贝克来数；

n——刮板数；

Q——传热量，W；

R——圆筒内径，m；

R_{si}、R_{so}——筒体内壁和夹套侧的污垢热阻，m^2 · K/W；

s——筒体壁厚，m；

ΔT——有效温差，K；

ΔT_{lm}——对数平均温差，K；

ΔT_m——对数平均温差，K；

T_1、T_2——夹套侧加热介质的入口、出口温度，K；

t_1、t_2——介质的入口、出口温度，K；

t_s——传热圆筒的厚度，m；

U——总传热系数，W/(m^2 · K)；

v——工艺流体的轴向流速、刮板 R 处线速度，m/s；

v_t——刮板尖端的速度，m/s；

w——传热圆筒内工艺流体的流量，kg/s；

W——夹套侧加热介质的流量，kg/s；

X——过流断面积，m^2。

α_E——有效轴向导温系数，m^2/s；

α'、β'——实验常数；

α_i、α_0——物料和蒸气冷凝的传热系数，W/(m^2 · K)；

β——换热器的热传递单位数；

δ——刮板外径与圆筒内径之间的间隙，m；

ϕ_0——流体的初始浓度(容积分率)；

λ——流体蒸发潜热；J/kg；

λ——传热圆筒材料的导热系数，W/(m · K)；

μ——工艺流体的黏度，Pa · s；

μ_0——纯溶剂的黏度，Pa·s；

θ——刮板刮动周期；

ρ——工艺介质的密度，kg/m³。

参 考 文 献

[1]　[日]尾花英朗．热交换器设计手册．北京：烃加工出版社，1987：487～541．

[2]　毛希澜．换热器设计．上海：上海科学技术出版社，1988：465～490．

[3]　马四朋等．搅拌薄膜蒸发器的蒸发机理及强化研究进展．化学工业与工程．2002，（2）：185～190．

[4]　张晓冬等．刮板式薄膜蒸发器在磷脂生产中的应用．化学工程师，1995，（6）：63～64．

[5]　尹侠等．用于浓碱液蒸发的旋转薄膜蒸发器．氯碱工业，1994，（6）：10～13．

[6]　陈合等．刮板薄膜蒸发器的特点及其应用研究．西北轻工业学院学报，1998，（2）：60～64．

[7]　浦纪寿等．GXZ 高效旋转薄膜蒸发器技术特点及其在氯碱工业上应用．氯碱工业，1995（11）：25～30．

[8]　李庆生等．薄膜蒸发器挠性转子的研制，化工设备与管道，2001，（2）：27～29．

[9]　韦佩英等．实用新型的旋转式薄膜蒸发器与流程．食品与发酵工业，1996，（2）：44～50．

[10]　董金善等．旋转薄膜蒸发器的应用．化工机械，1997，（6）：337～340．

[11]　皮丕辉等．刮膜薄膜蒸发器的特点和应用．现代化工，2001，（3）：41～44．

[12]　李庆生等．大型薄膜蒸发器的研制及其在烧碱浓缩中的应用．氯碱化工，2001，（5）：19～21．

[13]　尹侠等．薄膜蒸发器在烧碱浓缩中的应用研究．压力容器，2000，（6）：6～9．

[14]　罗延龄等．薄膜蒸发器在液体橡胶干燥中的应用．化工科技，2000，（5）：9～12．

[15]　顾惠兴等．旋转薄膜刮板釜的设计与应用．化工设备设计，1998，（1）：29～31．

[16]　尹侠等．机械搅拌式薄膜蒸发器的计算机辅助设计软件．南京化工大学学报，2000，（6）：39～42．

[17]　Eric Dumont etc. Flow regimes and wall shear rates determination within a scraped surface heat exchanger. Journal of Food Engineering, 2000, (45): 195～207.

[18]　Mounir Baccar etc. Numerical analysis of three-dimensional flow and thermal behaviour in a scraped-surface heat exchanger. Rev Gen Therm, 1997, (36): 782～790.

[19]　Harrod M. Methods to distinguish between laminar and vortical flow in scraped surface heat exchanger. Journal of Food Process Engineering, 1990, (13): 39～57.

第四章　滴状冷凝器

(俞树荣　范宗良)

第一节　冷凝传热现象

蒸汽在低于其饱和温度的壁面上变成液体同时放出相变热(潜热),并把相变热传递给壁面的热交换过程,称为冷凝传热过程。从宏观上讲,冷凝过程分为膜状冷凝和滴状冷凝两类。一般地说,冷凝传热过程是一种高效热传递过程,它的换热系数高于同种流体的单相对流换热系数。纯蒸汽(不含空气)冷凝传热系数的一般值列于表8.4-1[1]中。在多数情况下,控制热阻不是冷凝膜,例如在无鳍片的空冷冷凝器中,空气热阻是主要的。

表8.4-1　冷凝传热系数的数量级

冷　凝　方　式	$a/W \cdot m^2 \cdot K^{-1}$
不含空气的蒸汽的一般值	
表面膜状冷凝	
纯蒸汽	6000~30000
含气蒸汽	600~6000
碳氢化合物	1000~5000
蒸汽的滴状冷凝	60000~300000
冷却水射流上的蒸汽冷凝	200000~600000
冷却水中的蒸汽射流冷凝	$\sim 10^6$
与冷凝系统有关的传热系数	
管壁	6000~100000
管壁上的水垢	600~12000
管内的水	2000~30000

确定两类冷凝方式的依据是冷凝液能否润湿壁面。如果冷凝液能够很好地润湿壁面,它就在壁面上铺展成膜,这种冷凝形式称为膜状冷凝。膜状冷凝时,液膜在重力作用下不断地沿壁面流动。此时,冷凝所放出的相变热(潜热)必须穿过液膜才能传递到冷却壁面上,而液膜层就成为传热的主要热阻。当冷凝液不能很好地润湿壁面时,冷凝液在壁面上形成一个个的小液珠,此冷凝形式称为滴状冷凝。液滴长大后,由于受重力的作用会不断地携带着沿途的其他液滴沿壁面流下。与此同时,新的液滴又会在原来的路径上重新复生。这样,冷凝放出的相变热就可能直接地传递给壁面。

滴状冷凝时的传热系数要比其他条件相同的膜状冷凝大几倍甚至大一个数量级[2],是一种理想的冷凝传热过程。但是,迄今维持滴状冷凝形式的时间不能持久,故在绝大多数工业冷凝器中,例如动力与制冷装置的冷凝器上,实际上得到的都是膜状冷凝。尽管近年来滴状冷凝的研究工作取得了不少进展,然而要在工业冷凝器中实现滴状冷凝,还有大量的工作要做。

第二节　滴状冷凝传热

滴状冷凝的传热系数很高，是一种极具吸引力的传热方式。换热器若应用滴状冷凝，会使得冷凝侧的热阻非常小，而流体、水侧污垢和管壁的热阻则为影响传热速率的主要因素。另外，滴状冷凝还在以下三个方面优于常规的强化膜状冷凝传热方式[3]：①滴状冷凝可以获得很高的热负荷能力，特别是在高冷凝速率时，冷凝液膜的液泛使微型结构的表面的毛细作用力失去作用；②污垢对常规方法的传热恶化程度要远远超过对滴状冷凝传热的影响；③对于常规方法的卧式冷凝器，由于上管排的喷淋作用，底部管排的淹没效应将削弱整台冷凝器的传热能力。实验表明，淹没效应对滴状冷凝传热的影响较小。

一、滴状冷凝机理

滴状冷凝是一种高效冷凝过程，是增强冷凝传热的重要措施。故人们对滴状冷凝包括传热的机理、维持滴状冷凝的条件以及工业应用的前景等一系列课题进行了长期的、系统的研究。它不仅涉及传热传质学、金属学、化学，还涉及表面科学和表面技术等诸多科学技术领域[4]。到目前为止，滴状冷凝的机理研究已取得较大进展，但滴状冷凝的工业化应用尚未有突破性成果。其主要解决的问题是寻找能在工业条件下长期维持滴状冷凝的表面材料极其表面处理技术。

滴状冷凝的先决条件是冷凝液不润湿壁面（接触角大）。也就是说，只有冷凝壁材料的表面能较低，或通过一定的措施增大液、固之间的表面张力，减小冷凝液附着表面的润湿能力，冷凝液才有可能在它上面以液滴的形式出现而不以膜状的形式铺展。Westwater 曾对蒸汽在固体表面上遇冷凝结的滴化现象作了描述[5]：由于滴内为液体，润湿性液体的冷凝液滴可在冷表面上不平整的更小曲率半径下发育与生长，固体壁面上的凹坑或者缺陷几乎都能成为有效的成滴核心。如果成滴的分布密度极高，液滴容易与相邻的液滴就地汇聚而成液膜；在壁面上涂抹脂肪酸、石蜡之类的有机涂层，将有效堵塞许多可能的成滴核心，从而阻止连续冷凝液膜的形成，促成滴状冷凝的出现。

滴状冷凝是一个不断重复的非稳定的循环过程[3]，它由液滴的生长、长大、合并和脱落四个随机的子过程组成，见图 8.4 – 1。研究循环中的每个阶段及其相互关系是滴状冷凝传热机理研究的基本工作。

初始液滴生成机制是滴状冷凝传热机理的基础。关于初始液滴生成机制，目前有两种基本假说，即 Jakob 等提出的液膜破裂假说和 Fatica 的提出的固定成核中心假说。Umur 等（1965 年）用热力学的方法对滴状冷凝的初始行为进行了分析，指出在非润湿性表面上，液膜的持续生长是不可能的，液滴之间不存在超过一个分子层厚的液膜。固定成核中心假说被大多数学者所接受。成核理论认为，液滴在固体表面上随机分布的位置成核，这些位置是表面的凹坑、沟槽、划痕等缺陷，能够形成液核的缺陷尺寸取决于过冷度。尽管固定成核中心假说被多数学者证实和认同，但是液滴与液滴之间是否存在极薄液膜相连一直是个争论的问题。

宋永吉等从吸附的观点并结合成核基本理论，提出了滴状冷凝过程中初始液滴生成的滴膜共存

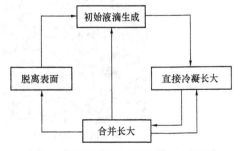

图 8.4 – 1　滴状冷凝液滴生长循环图

机制[6]。认为冷凝过程中液滴的生成必须具备两个条件：①冷却壁面的表面能低；②壁面存在成核中心。以吸附理论为根据，指出在冷凝表面上不存在宏观尺度数量级的"洁净"表面，液滴之间存在的液膜将对冷凝传热产生重要影响。在冷凝表面上存在大量不同尺寸的液滴并按一定规律分布，液滴之间存在一定厚度的连续的薄液膜，冷凝蒸汽在液膜表面冷凝产生的液体，不断地沿着膜表面向周围液滴过度。宋永吉等在初始液滴生成的液膜共存机制的基础上，获得了滴状冷凝传热模型，即滴状冷凝的总传热量为通过液膜区和液滴区热量的加和。并以此推导出了传热系数的理论计算式，通过计算认为，液滴之间的液膜区是热量传递的主要通道[6]。

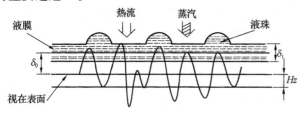

图 8.4 - 2 滴—膜共存物理模型

δ_0—临界膜分裂厚度；H_z—表面不平高度；δ_1—液膜的平均厚度

王乃华等同样借鉴吸附观点，提出壁面凝结的滴膜共存物理模型，见图 8.4 - 2。根据一般的凝结理论：$\delta_c < H_z$，为膜状冷凝；$\delta_c = H_z$，为滴膜共存；$\delta_c > H_z$，为滴状冷凝。王乃华等认为：$\delta_c < H_z + \delta_1$，为膜状冷凝；$\delta_c = H_z + \delta_1$，为滴膜共存状态；$\delta_c > H_z + \delta_1$，为膜状冷凝[7]。

二、影响滴状冷凝传热特性的因素

影响滴状冷凝传热特性的因素包括蒸汽压力、冷凝液滴行为、冷凝表面材料的物理化学特性、表面倾角(即重力)以及不凝性气体的存在等。到目前为止，液滴脱落直径和表面材料导热系数的影响已经有了较为满意的结论，而其他方面的研究还很不完善[3]。冷凝液滴行为包括液滴分布、液滴生长速率和液滴脱落直径。

液滴分布、液滴生长速率和液滴脱落直径是影响滴状冷凝传热特性的关键参数。郭修范等以力学平衡原理推导出了液滴脱落直径及其表面倾角的关系式[8]。宋永吉等利用高速摄影研究了液滴分布、液滴生长速率和液滴脱落直径的规律。指出液滴分布主要与表面性能有关；液滴的生长初期主要以蒸汽的直接冷凝为主，后期主要以液滴之间的合并为主，其主要影响因素是操作条件；液滴的脱落直径主要与表面因素有关，接触角较大的表面，液滴脱落直径较小[6]，Yu - Ting Wu 等认为滴状冷凝是一个典型的分形过程，并以随机分形模型来描述液滴的尺寸及其空间分布规律[9]。该模型考虑了液滴分布的随机性和冷凝表面热通量的相异性，克服了 Rose 模型的局限，并用其理论结果与实验数据进行了对比，此项研究为滴状冷凝传热的直接数字模拟奠定了基础。图 8.4 - 3 为随机分形模型生成的液滴分布与实际

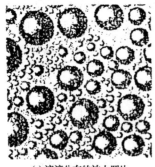

(a)液滴分布的放大照片

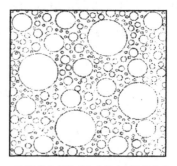

(b)随机分形模型生成的冷凝液滴分布

图 8.4 - 3 随机分形模型生成的液滴分布与实际凝结表面液滴分布的对照

凝结表面液滴分布的对照图[9]。吴玉庭等又根据上述模型，对不同材料表面滴状冷凝换热进行了数值模拟，结果表明，滴状冷凝传热系数随冷凝壁材料导热系数的降低而减低[10]。曹治觉从化学势变化的角度对液滴的冷凝过程进行了动态描述，给出了实现持续的 Brown 凝并的条件，结合冷凝器管壁面液滴的脱落半径与接触角的关系，求出了滴状冷凝时的液滴接触角的最优选择范围。[11]

三、滴状冷凝传热过程分析

滴状冷凝是对流换热有相变的一种基本机制。滴状冷凝现象的复杂性，包括在时间上的不连续性，成滴核心位置的不确定性以及表面张力主控下冷凝液滴脱离壁面掉落时的形状与大小等等，至今尚不能准确描述[5]。

滴状冷凝换热过程包括冷凝液滴和冷凝壁换热两部分组成。液滴的传热一般是通过分析单个液滴的传热，再由液滴分布函数求出通过冷凝壁上所有液滴的传热量。影响单个液滴传热的因素有三个[6]：表面张力；相际传质；通过液滴的导热。一般来说，表面张力对传热的影响可以忽略。Rose 认为通过单个液滴的传热过程可以看成是液滴内部的二维稳态导热过程。他考虑了液滴的导热和气液分界面的传热过程，利用差分不等式求得了通过单个半球形液滴以气液分界面为基准的热流密度。关于液滴的分布目前有两种方法进行描述，一种是以液滴的一般分布函数来进行描述，另外一种是 Yu - Ting Wu 等提出的随机分形模型来描述液滴的分布[9]。关于冷凝壁的换热也有两种观点，一种认为在滴状冷凝过程中冷凝壁是裸露的，裸露表面的换热可看作是蒸汽掠过表面的强制对流；另一种是宋永吉等提出的滴膜共存机理，认为冷凝壁上液滴与液滴之间存在着一定厚度的薄层液膜，总传热量应为通过液滴区的传热量和液膜区的传热量的总和[6]。宋永吉等认为通过液膜区的传热阻力有两项：由相际传质而产生的传热阻力；由液膜导热而产生的传热阻力[6]。

四、实现滴状冷凝的途径

冷却表面具有低表面能是冷凝器壁面实现滴状冷凝传热的先决条件。工业冷凝器的传热壁画几乎全是金属，而金属的表面能高，故工业生产中的冷凝器的冷凝方式均为膜状冷凝。显然，在工业生产中要想实现滴状冷凝传热则必须降低冷凝器传热壁面的表面能。降低壁面的表面能，增加冷凝液体在壁面的非润湿性，实现滴状冷凝传热的途径主要有以下几种。

（一）有机促进剂

各种滴状冷凝促进剂都被广泛试用过，但是没有一种令人完全满意。好的促进剂对金属应有极强的附着力，并具有疏水性表面。促进剂可以随气流注入或放入锅炉中，这两种方法都有效。几乎任何一种油都能促进滴状冷凝，但是它会在几小时或几天内从冷凝表面被冲掉。在文献[1]中提到于辛烷酸中溶解$(C_{18}H_{37})_4Si$ 制成的 1% 溶液是最有效的。A S Gavrish 等[12]研制了一种加入到锅炉水中的滴状冷凝促进剂含氟二硫化碳（fluorinated carbon disulfide），在中试中的运行时间为 4200h。

有机促进剂的应用除了其运行寿命的问题以外，还可能会污染换热系统和腐蚀冷凝表面。这就限制了其大范围的应用。

（二）有机化合物

把憎水基有机化合物均匀地涂抹在冷凝表面上，可为滴状冷凝创造条件。例如油酸、硬脂酸等脂肪酸类有机化合物。这类化合物的分子结构具有不对称性，它可以使冷凝壁面的表面能降低。

（三）高分子聚合物[3,13,14]

高分子聚合物（特别是碳氟化合物）具有相当低的表面能。此类材料除实现表面张力较大工质（如水和醇类等）蒸汽的滴状冷凝外，也是促进表面张力较小的有机工质滴状冷凝的唯一途径。但是，要将这类表面材料用于强化工业过程冷凝传热，必须解决两个问题：①薄膜必须与金属机体结合得很好、无孔隙且要有足够的机械强度；②膜层要薄，否则其极低的导热系数将抵消滴状冷凝的高效传热性能。如泰氟隆的涂层超过 $20\mu m$ 时，外加的导热热阻将会抵消由于实现滴状冷凝可能带来的好处[5]。

马学虎等利用等离子体聚合技术从聚合物单体直接在金属表面制备了多种高分子聚合物表面，维持了水蒸汽的滴状冷凝约 700h。马学虎等又利用离子束动态混合注入技术制备了聚四氟乙烯表面，水蒸汽的滴状冷凝传热寿命达到 1000h。刘旭等制备的紫铜基苯并三氮锉（BTA）低能表面实现了水蒸汽的滴状冷凝约 2000h 以上。杨杰辉等采用 Ni - PTFE（聚四氟乙烯）复合镀层表面实现了水蒸汽滴状冷凝传热。

（四）金属及其化合物

张东昌等首先利用机械抛光、离子注入及离子镀铬和氮离子束混合等表面处理技术改变金属表层的微观结构，制备具有低表面能的非晶态合金材料，实现了水蒸汽的滴状冷凝[15]。王乃华及伦宁等采用镍基渗层技术以普通碳钢为原件制备具有低表面能的镍基渗层管，实现水蒸汽的滴状冷凝[7,16]。金属硫化物涂层也可以实现水蒸汽的滴状冷凝，并具有一定的耐久性[4]。

另外，国外许多研究者对贵金属（如金、银、铑、钯、铂以及铬等），其中以镀金对实现滴状冷凝较为可靠，但其价格太高。而张东昌等[35]认为离子镀铬表面的传热效果优于镀聚四氟乙烯的表面，也优于电镀金、银表面，与某些有机促进剂处理的表面的效果相当。

第三节　工业化的努力

在工业实践中，实现冷凝器滴状冷凝形式传热是困难的，其主要影响因素有：①蒸汽侧难以形成持续稳定的高质量的憎水传热表面；②难以有效地去除传热过程中的不凝性气体，不凝性气体的出现，即使是少量的（在混合气中所占的体积比为 0.1%）也会抵消由滴状冷凝水引起的传热系数的增加；③冷凝表面和换热器系统中的腐蚀对实现滴状冷凝也有十分重要的影响。

总之，能够维持冷凝器壁面持久、稳定的滴状冷凝形式是滴状冷凝传热实现工业化的先提条件。这就涉及表面技术、材料科学及传热学多领域学科。我国学者利用离子束表面处理技术制备具有低表面能的合金表面促进水蒸汽的滴状冷凝，并在工业化应用方面进行了成功的尝试[3]。Zhao 等利用磁控溅射离子镀铬和氮离子束混合技术制备的冷凝传热管，在大连发电厂供热首站的汽水换热器中实现了试探性的工业化应用。换热器壳体直径为 800mm，长 3500mm。传热管尺寸为 16mm×1mm×3000mm，材质为黄铜管（H86），800 根，表面合金化处理。1989 年至 1993 年间共运行了 13600h，实测总传热系数稳定在 6000~8000W/(m² · K)之间。新换热器的传热面积比原来的换热器减少了 50%，却保持了原换热器的传热能力。经能源部组织的专家鉴定，认为新换热器的各项指标达到了国际先进水平。离子束工艺表面技术制备已完成了初步的工业化试验，1994 年由山东省能源利用监视中心检测的经改造后的换热器总传热系数高于 6000W/(m² · K)，通过了山东省科委组织的专家鉴定。

参 考 文 献

[1]　Gad Hetstroni 主编. 鲁钟琪 等译. 多相流动和传热手册. 北京: 机械工业出版社, 1993: 275 ~ 288.

[2]　杨世铭, 陶文铨. 传热学(第三版). 北京: 高等教育出版社, 1998.

[3]　马学虎, 王补宣. 滴状冷凝传热研究进展. 面向二十一世纪热科学研究——庆贺王补宣院士七十五寿辰论文集. 北京: 高等教育出版社, 1999. 119 ~ 124.

[4]　顾维藻, 神家锐, 马重芳等. 强化传热, 北京: 科学出版社, 1990: 498 ~ 502.

[5]　王补宣. 工程传热传质学. 北京: 科学出版社, 1998. 170 ~ 173.

[6]　宋永吉, 张东昌, 林纪方. 滴状冷凝传热机理的研究: (Ⅰ), (Ⅱ), (Ⅲ). 化工学报, 1990, 41 (6): 670 ~ 688.

[7]　王乃华, 李淑英, 骆仲泱等. 镍基渗层管表面实现珠状凝结的研究. 动力工程, 2002, 22 (3): 1804 ~ 1807.

[8]　郭修范, 百灵, 蔡振业等. 水平管外滴状冷凝的研究. 工程热物理学报, 1991, 11: 72 ~ 75.

[9]　Yu – Ting Wu, Chun – Xm Yang, Xiu – Gan Yuan. Drop Distributions and Numerical Simulation of Dropwise Condensation Heat Transfer. International Journal of Heat and Mass Transfer, 2001, 44: 4455 ~ 4464.

[10]　吴玉庭, 杨春信, 袁修干等. 限制热阻对珠状凝结换热的影响, 化工学报, 2001, 52 (10): 896 ~ 901.

[11]　曹治觉. 冷凝器滴状冷凝的动态描述及接触角的选择. 物理学报, 2002, 5(1): 25.

[12]　A S Gavrish, V G Rifert, A I Sardak et al. A New Drpwise Condensation Promoter for Desalation and Power Plants. Heat transfer Research, 1993, 25(1): 82 ~ 86.

[13]　马学虎, 王补宣, 徐敦颀等, 聚合物表面滴状冷凝传热寿命的实验研究. 工程热物理学报, 1997, 18(2): 196 ~ 200.

[14]　杨杰辉, 程立新. 在复合镀层表面上实现滴状冷凝传热的研究. 化学工程, 1996, 24(4): 38 ~ 41.

[15]　张东昌, 林载祁, 林纪方. 实现滴状冷凝新途径的研究. (Ⅰ), (Ⅱ), (Ⅲ). 化工学报, 1987, 38 (3): 257 ~ 280.

[16]　伦宁, 王信东, 孙红杰. 具有珠状凝结性能的表面改性钢管的成分分析和换热特性研究. 山东科学, 1999, 12(2): 46 ~ 48.

第五章 流化床换热器

(俞树荣 范宗良)

1965~1970 年，美国、德国、荷兰等国首先对流化床换热器进行了研究，并把它应用于海水淡化、脱盐及地热能的利用等方面[1]。流化床换热器的真正开发始于 20 世纪 70 年代初[2]。其主要特点是：阻止了换热器结垢的发生；大大提高了传热系数。由于受到流化床换热器成功用于海水淡化的鼓励，于 20 世纪 80 年代初开始集中力量研究它在加工工业中的应用。到目前为止，该换热器的类型已有液固流化床换热器、气固流化床换热器以及气液固三相流化床换热器。应用领域主要有纸浆造纸、地热能、污水处理、废气余热回收、化工和石油化工等行业。随着人们对流化床换热器技术的不断认识和开发，其应用领域和应用规模也在不断扩大。

第一节 传热机理

一、流态化现象[3,4]

流化床换热器由流态化技术与换热器的巧妙结合而来，流态化原理和传热学是它的理论基础。流态化是一门旨在强化颗粒与流体(气体或液体)之间接触和传递的工程技术。1879 年，世界上公布了第一个流态化技术专利。20 世纪 20 年代初，德国开发了第一个粉煤流态化气化装置——温克勒(Fritz Winkler)气化炉，并进行了流态化技术工业应用的尝试。40 年代初，炼油工业中流化催化裂化工艺的成功开发，开创了流态化技术应用研究的新时期。在半个多世纪的发展历程中，流态化技术大体经过了两个发展阶段。即前 25 年，以气泡现象为主要特征的鼓泡流态化及液固流态化；后 25 年，以颗粒团聚为主要特征的快速流态化及气固流态化的散式化。近年来，由于生产实际的推动，气液固三相流态化和外力场下的流态化得到新的发展，成为引人注目的前沿研究领域。从整体上看，流态化基础理论的发展，使其由纯技艺向工程科学转化。

将大量固体颗粒悬浮于运动流体之中，使颗粒具有类似于流体的某些表观特性，这种流固接触状态称为固体流态化。流体在低速下向上流过颗粒床层，形成固定床；如果流速较大，颗粒就会在流体中悬浮，形成流化床。若流速很高，颗粒就会随流体从系统中带走，成为颗粒输送阶段。从床内流体和颗粒的运动状态来看，实际上存在着两类截然不同的流化现象。当流体的表观流速(即空塔气速)u 达到某个临界值 u_{mf}(起始流化速度)，即颗粒开始流化时称为起始流化。若流速继续增大，则进入流化床阶段。此时床层膨胀，颗粒均布于流体之中并作随机运动，这种流化现象称为散式流化。散式流化一般发生于液固系统。另外一种流化现象称为聚式流化，一般发生于气-固系统。当表观流速超过起始流速而开始流化后，床内就开始出现一些空穴，气体将优先取道穿过各个空穴从床层顶部溢出。空穴的移动和合并，就其表面现象来看，酷似气泡的运动。因此，聚式流化床有时称为鼓泡流化床。这样，床内存在两个相，即气泡相和乳化相。乳化相内的状态接近于起始流化状态。超过起始流化速度的气体会相继经空穴(气泡相)而通过床层。

聚式流化床的床层上界面不如散式流化那样平稳，而是频繁地起伏波动。界面以上的空间也会有一些固体颗粒。流化床界面以下的区域称为浓相区，界面以上的区域称为稀相区。关于流态化理论的详细内容可参阅有关文献。

流化床具有固体与流体之间迅速传热和传质的有利条件，固体颗粒一般混很快并且床层界面传热系数很高。因此，流化床常用作热交换器或化学反应器，特别是为那些温度控制要求严格和大量吸热或放热的系统所采用。

二、气固流化床换热器的传热机理

流化床的混合特性导致了在颗粒与气相中高的传热/传质特性，研究表明，其中绝大多数传热是通过表面和颗粒间的薄气膜进行的热传导。然而，这种气相热传导不是关键因素，颗粒在表面附近的停留时间是首要因素。因为颗粒的热容小，它们很快就达到了器壁的表面温度。尽管基于总颗粒表面积平均颗粒/流体的传热系数通常不是很大[$5.7\sim22W/(m^2\cdot K)$]，但由于被暴露的颗粒具有很大的表面积（$985\sim4267m^2/m^3$），颗粒流化床还是可与流态化的气相进行有效的热交换[5]。邻近颗粒的存在影响了气膜的厚度，故在床层旁漏过的气体对高流速的气相与颗粒间的传热有不利影响。

尽管理论上对（流态化）传热机理有了一定的认识，但颗粒运动的复杂性仍阻碍了对传热系数的直接计算。影响传热系数的因素有流态化速率、颗粒尺寸、气体的热力学性质、传热表面的几何结构、通过分布器气相流的形态以及颗粒的流动和热力学性质。为此，人们建立了许多计算传热系数的数学模型，但是它们在应用时还需要考虑各种因素。

流化床的传热主要表现为：固体颗粒与流体之间的相际传热；传热表面和流化床之间的传热。有时还需要考虑颗粒与颗粒之间的传热。由于固相剧烈的混合，通常在流化床中不同点之间的传热很快，故流化床可认为是等温的。

（一）气体–颗粒之间的传热

1. 流体与颗粒间的传热过程[4]

流化床中传热过程包括3个阶段。

（1）流化系统的热平衡：热平衡问题以整个流化系统为研究对象，考察颗粒或流体对系统给热或散热之后发现，对床层较深的浓相流化床，其传热过程可用热平衡方程式来描述。

（2）颗粒与流体间的对流给热：流体与颗粒表面之间因分子扩散和对流扩散引起的传热，被称为传热的"外部问题"。鉴于一般流化床中的颗粒粒径很小、湍动又激烈，颗粒内部热阻几乎可忽略不计，故流化床中颗粒与流体间的传热主要由颗粒表面与流体间的传热起控制作用，属于"外部问题"。由于流体与颗粒之间的温差小以及固体颗粒间的相互屏蔽作用，故流化系统中的辐射传热往往比较小。

（3）颗粒内的导热：固体颗粒内的导热过程被称作"内部问题"。当毕渥准数 $Bi\geqslant20$ 时，颗粒内的热阻才会对整个传热过程起控制作用，此时流化床中颗粒与流体的传热按"内部问题"处理。在许多非正常过程中，$Bi<0.25$ 的条件还不足于忽略颗粒内的热阻，特别是在过程的初始阶段。若傅里叶数 $Fo\geqslant0.4$，热阻可以忽略。

2. 气体–颗粒传热机理

关于气体与颗粒之间的传热，许多研究者提出了不同的传热机理[6]。

Zabrodsky 提出的微隙模型认为，超出临界流化需要量以外的剩余气体，短路通过固体颗粒，然后再与渗过床层的气体完全混合，在气体通过床层时，此过程一再重复。由于流化床内颗粒的不稳定团聚（分子力或静电力所致），减弱了连续相和非连续相之间气体交换的强度，使气体在通过颗粒后达不到完全的径向混合，气体温压也大为降低，从而导致很小的努塞尔数 Nu。

森滋胜等人研究了以多孔介质板为分布板的流化床颗粒气体传热，提出了基于气泡物理行为的传热模型。他们把床层分为气泡生成区和鼓泡区，气泡生成区的颗粒均匀分散，气体为活塞流；而在自由鼓泡区，颗粒完全混合，温度均匀，传热主要由气泡周围的循环气体和颗粒的运动所致。当 u/u_{mf}（流化速度/起始流化速度）小时，鼓泡区传热影响大；而当 u/u_{mf} 大时，气泡生成区的传热过程起支配作用。

Pfeiffer 则提出了一个自由表面模型以及基于该模型的能量方程。模型假定气体 - 颗粒系统是一个由许多"微元"组成的随机系统，而其中的每一个典型"微元"均含有由流体包络环绕的颗粒及相同的流体。"微元"是一个外表面无摩擦或有自由表面的球体，"微元"边界的温度假定为流体温度。基于这一模型能量方程的求解结果表明，颗粒床层的平均 Nu 是空隙率和 Peclec 数的函数。

国井大藏和 Levesipiel 提出的鼓泡床模型指出，只要 $u > 2u_{mf}$，流化床即可满足剧烈鼓泡床的条件，从而可以分为气泡相和乳化相两个区域。乳化相处于临界流化状态，气泡相中基本没有固体，只有迅速运动的气泡被气泡晕和相随而来的尾涡所包围。但气泡晕和尾涡中夹带的颗粒以及气泡在上升汇并过程中与颗粒接触的增加，才导致了气体与颗粒间的传热[13]。

在稀相多级气固流化床换热器中，当不能假定气相和固体颗粒的热平衡时，SangllPark 在热效率计算中引入了一个新的参数 ϕ（表示流化床中气相与固体颗粒之间热平衡的程度），并推导出了 ϕ 的计算方程[7]。

George Hartman 等人针对几种不同比热的颗粒，测定了气泡和浓相间的传热系数，包括气泡尺寸的影响[8]。在此基础上，他们推导出一个计算气泡和浓相间传热系数的简单数学模型，其运算结果与当前文献报道中所测量和试验的结果相符很好，误差在 ±30%。

大多数的流化床中的温度是非常均匀的，以至气体与颗粒之间的传热成为次要的因素。在最初的 $1 \sim 2cm$ 之后，通常可忽略温度梯度。但是，当颗粒环流受到严重阻碍时（例如在空间传热管相距较近的情况下并同时使用大颗粒），或者当内部产生热量时（例如在电热液体床中或高度放热反应中），情况会例外[9]。

（二）流化床与壁面的传热

1. 流化床与壁面之间的传热分析

气体流化床与浸没管或器壁之间的传热系数一般为 $300 \sim 600W/(m^2 \cdot K)$ 的量级[9]。这大约比相应条件下固定床的传热系数高一个数量级，大约比同样气体通过空的容器、相应流动条件下最好的传热系数高两个数量级。

流化床与壁面之间的传热由 3 部分构成：传导分量 h_{pd}；相间气体对流分量 h_{gc}；辐射传热分量 h_r。在温度低于 600℃，小颗粒的情况下，导热占统治地位；而对大颗粒，对流部分起主要作用；高温下辐射成为重要的传热形式。

（1）传导分量 h_{pd}：传导分量是通过滞止气体和驻留在壁面附近颗粒的导热来产生的。有的研究者把它叫做颗粒的对流分量，认为它取决于床层颗粒与壁面之间颗粒的碰撞循环而引起的传热，即取决于导热传热发生之后的颗粒的对流。对直径小于 $500\mu m$，密度小于 $4000kg/m^3$ 的颗粒，且材料之间没有强附着力的气固流化床换热器而言，传热主要取决于在床层以及直接与传热表面附近区域颗粒的循环。固体颗粒的热容相对于气体要高，能够传递大量的热。当颗粒首次接触传热表面的时候，在传热表面的局部温度梯度很大。所以，这时的颗粒与壁画之间的瞬时传热速率将会很高。随着颗粒在壁面附近停留时间的增加，颗粒本身的温度便很快与壁面的温度趋于一致。颗粒与壁面的热交换导致了壁面的温度梯度变小，这时，颗粒与壁面的瞬时传热速率将会急剧下降。根据以上传热机理，减小颗粒尺寸可以增大流态化颗粒的表面积，可以提高传热系数。对于由上述颗粒组成的流化床，由于床层中空隙气流处于层流，故可忽略气相的对流传热。但是，因为流化床的复杂性，上述原理是不可能真正预测到通过壁面颗粒的循环程度以及床层与壁面间的传热系数，也就是说已公开发表的经验关联式的使用受到了极大的限制。

（2）相间气体对流分量 h_{gc}：除了通过颗粒对流传热之外，通过沿壁面在颗粒间空穴中穿过的气体渗滤也能进行传热。在大颗粒（直径大于 $800\mu m$）浓相床及高压下的流化床中，空隙气流为湍流或至少在过渡区为湍流。在这种情况下，气体相间的对流传热已成为主要的传热形式，且其传热系数随颗粒平均尺寸的增大而增大。随颗粒尺寸的增大，空隙气流速度增加，气相间的对流传热被强化，故总传热系数也随之增加。所以，在空气－沙子的流化床中，当颗粒的平均最小直径为 $1mm$ 时，其床层与壁面之间的总传热系数为最大。

（3）辐射传热分量 h_r：这一分量仅在床层温度高于 $600 \sim 1000℃$，且床层与壁面间的温差较大时才需要考虑。大颗粒流化床的辐射换热是最简单的，因为当大颗粒接近热的或冷的表面时，其温度不会有明显的变化。因此，可以按两个温度不变的平板之间的净热流来进行辐射计算[9]。由于可以把气泡看作为透明体，因而不需要对气泡在表面附近的停留时间进行修正。但小颗粒的情况就较为复杂了。

2. 流化床与壁面之间的传热机理[3,4,6]

流化床与壁面之间的传热机理，围绕传热阻力的假定，已提出了不同的模型，分析了传热系数的计算。其中，具有代表性的物理模型有以下几种。

（1）膜控制机理：该机理认为，传热的阻力主要集中于壁面流体的边界层。流化床中边界层的厚度不仅依赖于气体的速度及其物性，还与颗粒运动的强度有关（这种固体运动使边界层剥落）。随着流化速度 u 的增加，表面附近的颗粒（特别是小颗粒）运动更加剧烈，但是数量减少，以致使 $h-u$ 曲线出现最大值（h 为床层与壁面的给热系数）。

该机理所得数学模型的主要缺点是，未考虑固体物质热物理性质对传热的影响（特别是物质的比热）。

（2）固体颗粒控制机理：这一机理假设运动的固体颗粒在传热中起控制作用，同时也考虑了通过表面边界层的热传导。h 值高时，运动中的颗粒被加热（或冷却）后其传热表面上的温度梯度较高。此处承认了固体物质热物理性质对传热的影响。颗粒的热容远比气体大，故热量主要由颗粒传递，流体起搅拌和输送作用，颗粒扰动使边界层减薄所增加的传热量被视为是有限的[3]。$h-u$ 曲线出现最大值是由于同时发生了温度梯度的上升和颗粒浓度的下降（在低流化速度 U 值时，第一个因素占优势；在高流化速度 U 值时，第二个因素占优势）。因此，定量的描述形式不是幂函数关系，而是指数函数和双曲线函数。

这样的传热机理只能用于散式流化床，而不能用于因气泡存在而复杂化了的系统。

（3）颗粒团不稳定传热机理：不稳定传热机理认为，流化床中的乳化相是由许多颗粒团组成的，在气泡作用下，这些颗粒团周期性地在壁面附近更替。传热速率取决于颗粒团的加热速率及其在壁面上复位的频率。$h-u$ 曲线出现最大值，是由于颗粒团复位频率增加和传热表面上气泡数增加同时发生之故。

此传热机理在空隙率小于 $0.7 \sim 0.8$ 的密相流化床中起控制作用，床层进一步膨胀伴随着相的转化，颗粒团机理就不适用了。

关于流化床传热机理，陆继东等人提出了一个流化床传热模型，对传导、对流分量给出了新的定义、新的传热过程模式图以及不同颗粒尺寸和温度范围时不同分量所占份额定量变化的结果[10]。吕青等认为，紧贴壁面处的换热区有限，颗粒在此换热区内与气体的换热以及与床层中心区域颗粒的互相置换、更新而构成了床层与壁面传热的机理。该模型可以描述颗粒直径小于1mm，床层温度低于1000℃的气固流化床层与壁面之间的传热[11]。

（三）颗粒与颗粒之间的传热

有时，热的颗粒与冷的颗粒掺在一起，或热的颗粒在冷颗粒床层中被急冷，这时颗粒间的传热就变得重要了。当把某一温度的颗粒送进不同温度的床层中，或某些颗粒处于化学反应状态而另一些颗粒尚未反应的地方（如在煤燃烧时的情形），为要计算温度达到均匀所需的时间，也需要考虑颗粒与颗粒之间的传热。

（四）固体颗粒对传热的强化作用[12,13]

弥散于气流中的固体颗粒对传热的作用有以下几点。

（1）气固两相流中颗粒的相互碰撞及其与壁面的导热和对壁面边界层的破坏，是颗粒强化传热的主要因素。

（2）固体颗粒与气流间的速度差所引起的相对运动，增强了气流的湍流混合。

（3）处于气流不同空间处的固体微粒具有不同的温度，它们的径向运动也是强化传热的一个因素。

三、液固流化床换热器的传热[14,15]

液体流化床的传热机理与气体流化床有两点不同，其一，液体流化床通常是散式的（无鼓泡）；其二，在大气压下，温差相同时，液体传递的热量比气体高约上千倍，故液体对流传热占主要地位，而不是颗粒对流。固体颗粒冲刷了层流边界层，液流中存在的固体可使表面传热系数提高8倍。固体颗粒对传热尽管有重要影响，但并非气体系统那样可使传热系数提高得那么引人瞩目。

在液固流化床中，固粒的存在增加了系统内的湍动，并使得壁面处热边界层的表面更新程度增加，颗粒与各向同性的微小旋涡流动一起对传热产生作用。总传热系数可以用壁面温度和床层温度的对数平均温差或有效平均温差来求取。在计算总体传热系数时，若床截面上的温度不均匀，就必须用一个径向平均温度来代表床层温度。在较低的液速下，壁面-床层的传热系数随液速的增加而增加，床层空隙率约为0.7时达到极大值，然后随液速的进一步提高而逐渐下降。此外，在大部分情况下，颗粒直径的增加使传热系数增加。

近来的研究考虑了内部热阻（或床层热阻）对总体壁面-床层传热过程的影响。液固流化床中的抛物线状径向温度分布，说明床层中心区内有相当的热阻存在。Wasmund 和 Smith（1967年）首次提出了壁面-床层传热机理的理论，并给出了一个串联热阻模型。该模型考虑了壁面膜热阻向量中心区（内部）的热阻。内部热阻是有效热导率或轴向传热贝克莱准数的函数。Muroyama 等人（1986年）也基于串联热阻模型对液固流化床中壁面-床层传热进行了分析。分析表明，中心区阻力与总阻力的比值随床层空隙率的增加而减小（因为此时增加了床层的流动性和横向液体混合），并随床径的增大而减小，小颗粒床尤为如此。从有效热导率求得的修正轴向贝克莱准数在床层空隙率为0.6~0.7时取得极小值，并且与颗粒物性和床径密切相关。

杨建宇等人利用光电转换技术对二维液固循环流化床中流体速度的分布进行了测定，为循环流化床换热器和流化床蒸发器下管箱的设计提供了一定的依据[16]。

四、气液固三相流化床换热器的传热[14,16,17]

三相流化床中，传热可能发生在颗粒与流体（特别是颗粒与液体之间）、液体与气体、壁面与床层以及床层与内部构件之间。对传热的基础研究主要集中于壁面与床层之间或浸没物体表面与床层之间的传热。在这些研究中，一般假设径向温度分布均匀，这样有利于传热的分析。当必须考虑床层热阻时，对表面与床层间传热的分析就复杂了。

文献中有关三相流化床传热系数的大多数关联式都是纯经验的。Magiliotou 等人（1987年）将表面更新理论与各向同性湍流模型结合，提出了一个半理论的方法。他们提出，传热过程牵涉到微小旋涡与颗粒的运动，并由 Kolmogoroff 的各向同性湍流理论给出了更新频率。颗粒引起的表面更新，是由于壁面上附着的液体被运动的颗粒及其所附带的液膜置换所致。固体颗粒并不通过传导的方式直接参加传热。

近来，人们将注意力集中于把流化床技术应用于结垢更为严重的蒸发沸腾换热过程中。早期对含固体颗粒池沸腾过程的研究为这一应用奠定了理论与实验基础。自 20 世纪 70 年代 Chusch Y K，Carey V P 和 Shi M H，HuY J. 等人先后从不同的角度对含固体颗粒的池沸腾过程进行研究，结果表明，固体颗粒的加入使沸腾传热性能有了很大的提高。他们认为，固体颗粒强化传热的机理主要有以下 3 个方面：固体颗粒的加入提供了更多的汽化核心；促进了气泡形成所必需的过热液体边界层的产生；破坏了气泡核化过程发生的亚稳条件，促进核化过程发生并基本消除了沸腾滞后。

在上述池沸腾传热研究的基础上，研究者开始探索将惰性固体颗粒引入两相流动沸腾系统中，用以强化传热和防垢除垢。在两相流动沸腾系统中，加入惰性固体颗粒后形成了三相流动沸腾传热，其机理和模型与池沸腾情况有很大的不同，目前这方面的报道还很有限。

李修伦等人首先对垂直管内气液固三相流动沸腾传热进行了研究。结果表明，气液固三相流动沸腾传热系数较气液两相流动沸腾传热系数提高约 2 倍；固体颗粒的加入有良好的防垢除垢作用，并提高了沸腾传热的稳定性。他们认为，固体颗粒的加入提供了附加的气化核心，强化了壁面的对流传热，增强了工质的导热能力，从而强化了传热。另一方面，固体颗粒与传热壁面的频繁碰撞又有效地防止了垢层的产生。

Li XiuLun 等人进一步研究了气液固三相流动沸腾传热的过程。他们发现，加入导热性能好的铜粒子比加入导热性能差的玻璃粒子可提高其传热系数。他们以双机理模型为基础并结合气液固三相流动沸腾的特点，提出了不同的传热模型[18]。

施明恒等人认为，对应于不同的固体颗粒状态，沸腾强化的机制也是不同的。沸腾初期，由于气化强度较弱，加热面上产生的气泡还不能将固体颗粒推离表面而产生类汽泡运动，因此颗粒停留在加热面上。此时颗粒层的存在使得沸腾强化的主要因素变为：①颗粒与加热面之间形成许多贮气的凹坑，使加热面上的有效气化核心数增加，从而强化了沸腾换热；②颗粒层的存在，汽泡在颗粒之间成长，汽泡成长过程中一部分热量来自颗粒，增大了汽泡界面上液体气化的速率，被称为颗粒的肋片效应。流化颗粒强化沸腾换热时，初始床层高度存在一临界值。床层高度小于临界高度时，增加初始颗粒层高度应沸腾换热强化效应增加；超过该临界层高度后，沸腾换热强化效应反而减小[19]。

于志家等人基于固体颗粒撞击沸腾气泡时的受力分析，获得了固体颗粒穿透气泡并使汽泡破碎的条件，分析了流态化固体颗粒强化沸腾传热的机理[20]。

第二节　流化床换热器结构

典型的流化床换热器包括进口段、换热管束和出口段 3 部分。

流化床换热器一般可分为直接利用设备壁面的夹套式换热器及在床层中设置的垂直管/水平管换热器两种[6]。还有一种为最近开发的循环流化床换热器。

一、夹套式换热器[6]

如图8.5-1所示，换热介质从夹套通过，以带走(或加入)工艺过程放出(或需要)的热量。这种换热器结构简单，不占据床层空间，不影响床层的流态化质量。

由于夹套换热器受设备尺寸的限制，换热面往往满足不了工艺要求，因此在大型装置中都在床中设置换热面。

二、管式换热器[6]

管式换热器与夹套式换热器的区别在于其换热壁面是浸没于床层当中的，而根据浸没于床层中的传热管的形式和结构的不同，管式换热器有以下几种类型。

(一)单管式换热器

如图8.5-2所示，换热介质由底部总管进入，经过连接管到床内垂直换热管，换热介质在管内换热后，由上部连接管引出到床外的集液(或集气)管。此类换热器需要考虑热补偿措施。

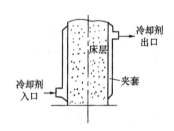

图8.5-1　夹套式换热器示意图

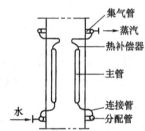

图8.5-2　单管式列管换热器的结构图

(二)套管式换热器

如图8.5-3所示，换热介质从液体分配管分配进入各中心管，再流入外套管与中心管之间的环隙，与床层进行换热。换热后的传热介质上升进入集液(或集气)管。此种结构因一端不固定，可不考虑换热管的热补偿问题，但换热管经不住床内气泡的冲击和换热管内"水锤"所造成的强烈振动，换热管在拐弯处容易产生裂纹，因此应在排管的底端设置"不连结"的定位结构。

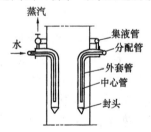

图8.5-3　套管式列管换热器结构图

(三)U形管换热器

如图8.5-4所示，每排U形管在床外都有进出口阀门。液体分配管和集气管都设置在床外。这种换热器可以有足够大的传热面积，并能改善气固接触状态，起到了垂直构件的作用。有时还在U形管上焊接套换来抑制固体返混，提高反应转化率。设备内的支承必须牢固，但不得影响热膨胀。

(四)水平排管换热器

如图8.5-5所示。由于上下换热管之间存在屏蔽影响，其传热效果较垂直管差。它对流化质量影响较大，一般用于对流化质量要求不高，而传热面要求很大的场合，如沸腾燃烧锅炉及焙烧工艺中，这种换热器使用最多。

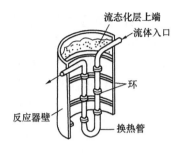

图8.5-4　U形管换热器

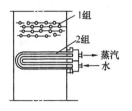

图8.5-5　水平排管换热器

其他管式换热器还有鼠笼式换热器、垂直排管式换热器和蛇管换热器等。

三、循环流化床换热器

循环流化床换热器分为内循环和外循环流化床换热器两种。

（一）内循环流化床换热器

Klaren. D G 首先提出了由进口段、换热管束及出口段3部分组成的流化床换热器[3]。他将进口段分为液体分布段和固体分布段，采用多孔板作液体分布板，同时通过在换热管延伸段开边孔以促进固体颗粒的均匀分布。从国内外的报道看，实现流化床换热区的内循环有两条技术路线，如图8.5-6(a)及图8.5-6(b)所示。

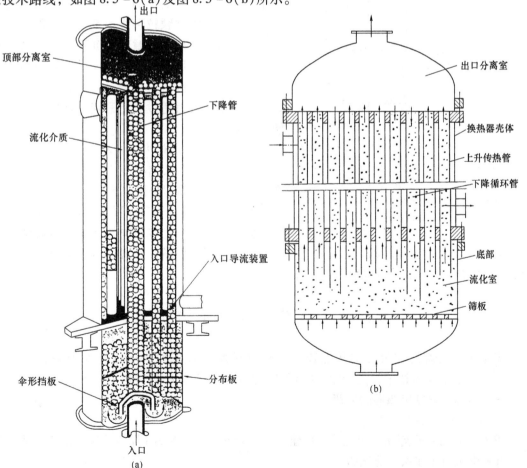

图8.5-6　内循环流化床换热器结构原理图

图 8.5 -6(a)所示为典型的内循环流化床换热器,是一种下降管与上升管分腔设计的结构[2]。颗粒经沉降管至流体分布器下面(入口管箱)与上升流体混合后,通过流体分布板进入流化室,经过上升管到达顶部(出口管箱的下部)。在出口管箱内,颗粒从流体中分离出来,并通过若干下降管再返回到入口管箱。实际操作时要求能将固体颗粒均匀地分布到所有的管子内,并使多路并联流化床的稳定性以及阻止固体颗粒离开换热器出口管箱得到保证。

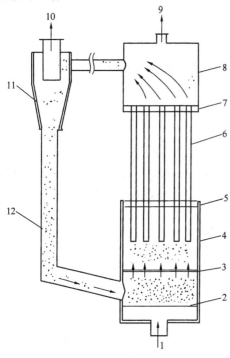

图 8.5 -7　外循环流化床换热器结构原理图
1—液体入口;2—筛网;3—分布板;4—下室
5—下管板;6—提升管;7—上管板;8—上室;
9—液体出口;10—液体出口;11—旋液分离器;
12—循环管

图 8.5 -6(b)所示的流化床换热器,是上升管和下降管均与流化室相连[20]的一种结构。管程介质从底部进入后,通过筛板使截面流速均匀分布,且在筛孔处得以加速,使整个流化室内固体颗粒被均匀地充分流化,然后沿各传热管上升。传热管内的液体流速高于固体颗粒的沉降速度,因而属于移动式流化床。流动介质到了出口室后,由于截面数倍扩大。液体上升速度变慢,且低于固体颗粒的沉降速度,因此可实现液固分离。沉降聚集在出口室的固体颗粒呈非均匀流化状态,向循环管口方向渐渐移动。由于循环管内的液体流速始终低于固体颗粒沉降速度,甚至是向下流动,因此固体颗粒通过循环管沉降聚集浓密后回到流化室循环使用。显然,下降循环管的结构设计是该技术的关键,务必需要通过实验来证明其循环管流路的阻力超过了上升管一定值,但又不能超过太大。

（二）外循环流化床换热器

Klaren D G 在 90 年代又开发了外循环流化床换热器,其系统简图见图 8.5 -7。流化介质与固体颗粒在下室接触、流化并均匀混合,经分布板进入提升管。在与上室相连的旋液分离器中实现液固分离,液体从分离器顶部出口排出,固体颗粒则经外循环管返回到下室循环使用,从而完成外循环流化系统的一个操作过程[21]。

第三节　流化床换热器的应用

流化床换热器具有很高的传热速率,同时对换热系统的防垢也有着十分重要的意义[22,23]。由于流化床技术的复杂性,目前在工业生产中还未大规模应用。

一、液固流化床换热器的应用

（一）用于溶剂脱蜡[24]

1996 年 8 月兰州炼化公司炼油二厂建立了年处理能力为 8 万 t 原料的流化床工业试验装置,并相继进行了多次工业试验。

1. 流化床换热器结构原理

流化床换热器结构见图 8.5－8。管内预装了一定数量的固体颗粒，管程介质由底部进入，自下而上流动，管程内颗粒被流化，固体颗粒不停地冲刷管子内壁从而达到刮蜡的目的。因为管壁上的蜡能被及时清除，可以保持管内壁不被蜡层所覆盖，因而实现了使用过程中的自动除垢防垢，且管内传热系数亦提高了。出口分离室截面急剧扩大，流体上升速度变慢，低于固体颗粒沉降速度，于是液固得以分离。

2. 工业应用效果

含蜡原油和溶剂按一定比例混合后，经水冷却器冷却进原料缓冲罐，进料泵抽混合原料油并分路进入流化床换热器冷却，达到过滤机进料温度后进入过渡机进料罐，然后进过滤机过滤，滤液及蜡液分别送入回收系统。流化床溶剂脱蜡工艺流程见图 8.5－9。

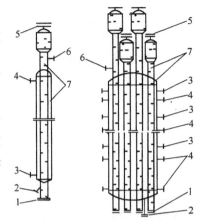

图 8.5－8 流化床换热器结构示意图

1—油料进口；2—排液口；3—冷剂进口；4—冷剂出口；5—油料出口兼预装固体颗粒口；6—固体流化高度检测口；7—流化床换热器

流化床溶剂脱蜡工艺条件：原料为减三线油，密度 $0.8644kg/m^3$，凝固点 37℃，黏度 $5.5mm^2/s(100℃)$，含蜡量 31.5%。溶剂由甲苯和丁酮组成，冷剂为滤液和氨，溶剂比为 2:1。工业试验结果见表 8.5－1。

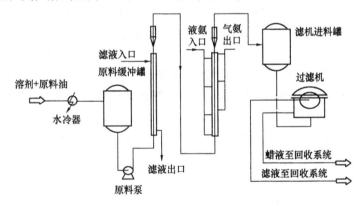

图 8.5－9 流化床溶剂脱蜡工艺流程

表 8.5－1 工业试验结果与套管工艺对比

项 目	流化床工艺	套管结晶工艺
单管传热系数/$W \cdot m^2 \cdot K^{-1}$	962	151
多管传热系数/$W \cdot m^2 \cdot K^{-1}$	749	175
单管每 m 温降/$℃ \cdot m^{-1}$	0.80	0.1
多管每 m 温降/$℃ \cdot m^{-1}$	0.69	0.13
过滤速度/$kg \cdot m^{-1} \cdot h^{-1}$	180	200
脱蜡温度/℃	8.3	—
油收率/%	66.7[1]	—
蜡含油/%	3.05[2]	—
总压降/MPa	2.0	2.5

注：(1)由于油品间断外送，数据为统计值。

(2)实验室吸滤棒数据。

（二）用于氨冷凝器[21]

1991 年为某中氮厂制成 220m² 的水冷却立式流化床氨冷凝器，流化床换热器的结构原理图见图 8.5 –6(b)。1992 年 5 月厂方对效率进行了自测：①新设备投入运行后可停用相同面积的传统设备 4 台，且在冰机氨气进口总管压力(0.18MPa)不变时，冰机气氨出口总压力由 1.2MPa 下降至 1.1MPa；②并联运行的 8 台冰机电流由 17A 下降至 11A，每年可节电 11.2 万度；③冷却水出口温度由原先的 3.5℃ 上升为 7.3℃，按此计算每年可节水 252.3 万 t。

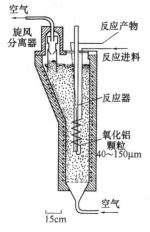

图 8.5 – 10　化学反应器的高温流化床浴

1993 年，用流化床换热器技术成功地对某小尿素厂的武汉冷冻机厂生产的 LNA315 型立式氨冷凝器进行了改造。

两次工业应用试验都是一次开车成功，运行平稳，操作简单。在生产考核中积累的初步经验和工程应用数据，主要有以下几点：

固体颗粒的磨损补充周期为 15 ~ 45 天，主要由流速高低决定。

固体颗粒的磨耗没有影响闭式水循环的水处理。

固体颗粒不会对换热器管壁带来影响寿命的磨损。

管程介质在进入设备以前应有预滤装置，以防比筛板筛孔大的杂物堵塞。

阻力降小，分别为 4500Pa 和 9000Pa。

二、气固流化床换热器的应用[3]

图 8.5 – 10 所示为一个流化床浴，为需要保持某一恒定高温反应器所用，用于如烧结氧化铝这样的耐高温颗粒，可容易地保持 900 ~ 1000℃ 的高温。在工业上，常以热的燃烧器作为流化气体，这类装置通常还要用二次换热器来回收气体中的热量。

图 8.5 – 11 所示设备用于冷却固体颗粒。流过管子的水是其操作的主要冷却剂，冷空气主要作为流化气体。

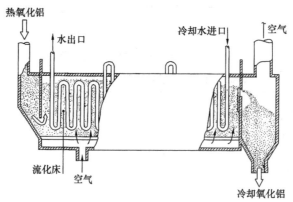

图 8.5 – 11　冷却热氧化铝颗粒的流化冷却器

为了有效回收水泥旋转窑放出气体的热量，让新鲜冷固体颗粒在一个多层流化床中与排出的热气进行逆流换热，如图 8.5 – 12 所示。固体在使用之前应进行一定程度的团聚和成型，否则分布板和下流管会被烧结的颗粒堵塞而阻碍平稳操作进行。

图 8.5 - 13 所示为苯酐流态化冷却、冷凝器[6]。

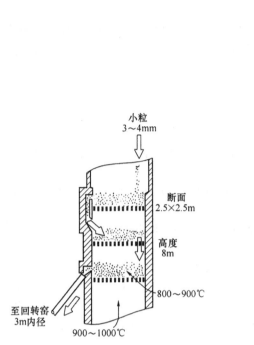

图 8.5 - 12 水泥旋转窑的三层流化预热炉

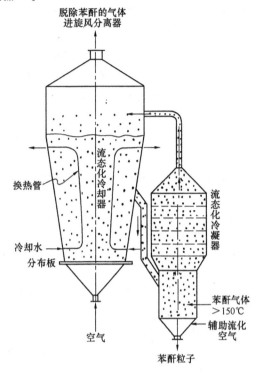

图 8.5 - 13 苯酐的流态化冷凝器

关于用于高温废气热回收的浅型流化床换热器,据文献[5]1985年统计,美国和英国在用装置有18套,日本在用装置亦有18套。这些装置主要用于水泥窑、锅炉、冶炼炉和柴油机等高温废气的热回收。

三、气液固三相流化床换热器的应用[25]

1997年,天津大学与天津长芦汉沽盐场合作,用天津大学开发的气液固三相流技术,在汉沽盐场建成了换热面积为 $10m^2$、年产精制盐为千 t 级的新型卤水蒸发装置。中试运行结果表明,该新型蒸发装置运行状况良好。

在该卤水装置中实施三相流技术的工艺流程简图如图8.5 - 14所示。首先将惰性固体颗粒经第一分离器加入系统,然后启动料液泵将卤水送至整个系统,形成正常冷循环;再向蒸发器外侧通入加热蒸汽,使系统处于正常的热循环运行状态;气液固三相流(固相包括盐晶体和惰性固体颗粒)经第一分离器后,固体颗粒分离出来,并同部分料液经下降管送至蒸发器,形成了固体颗粒循环系统;料液从第一分离器上方通道进入第二分离器,在第二分离器中,料液、盐晶体与二次蒸汽分离,二次蒸汽从上方排出进入下一效蒸发器加热侧,料液与盐晶体进入育晶器;在育晶器中,盐晶粒长大到预定尺寸

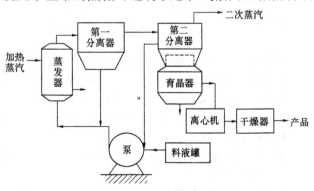

图 8.5 - 14 工艺流程简图

后被排除；含细晶粒的料液与新料液一起被泵送至蒸发器，这就是料液的循环过程。从育晶器排出的盐晶粒的浓缩液进入离心机，将盐晶体分离出来，再经干燥器干燥，得到合格的精制盐成品。

1997 年 11 月～1998 年 3 月，装置运行 240h，无结垢现象发生。加热蒸发装置管内侧沸腾换热系数由原来的 $4577W/(m^2 \cdot K)$ 增至 $16084W/(m^2 \cdot K)$，装置的总传热系数由原来的 $2090W/(m^2 \cdot K)$ 增至 $5358W/(m^2 \cdot K)$。

参 考 文 献

[1] 徐应铨，齐世学，宗祥荣. 溶剂脱蜡工艺中采用流化床换热器的研究. 炼油设计，2000，30(10)：17～22.

[2] Klaren D G, Bailei R E. Consider Nonfouling Fluidized Bed Exchangers. Hydrocarbon Processing, 1989, 68(7)：48～50.

[3] 国井大藏(Daizo Kunii), Octave Levenspiel, 华东石油学院等译. 流态化工程. 北京：石油化工出版社，1997.

[4] Davidson J F, Harrison D, 中国科学院等译. 流态化. 北京：科学出版社，1981.

[5] Michael J Virr, Howard W Williams. Heat Recovering by Shallow Fluidized Beds. Chemical Engineering Progress, 1985, (7)：50～56.

[6] 时钧，汪家鼎，余国琮等. 化学工程手册(第二版)——第 21 篇，流态化. 北京：化学工业出版社，1996.

[7] Sangll Park Theoretical Performance Analysis of the Multi-Stage Gas-Solid Fluidized Bed Air Preheater. International Journal of Energy Research, 2001, 25(10)881～890.

[8] George Hartman, Wenyuan Wu, Zumao Chen et al. Heat Transfer Between an Isolated Bubble and the Dense Phase in a Fluidized Bed. The Canadian Journal of Chemical Engineering, 2001, 79(6)：458～462.

[9] Gad Hetsroni 主编. 鲁钟琪等译. 多相流动和传热手册. 北京：机械工业出版社，1993.

[10] 陆继东，黄素华，钱诗智，流化床传热机理分析. 工程热物理学报，1996，17(1)：106～110.

[11] 吕青，王荣年，气固流化床层与壁面的传热. 工程热物理论文集，北京：科学出版社，1986：359～363.

[12] 高翔，周劲松，骆仲泱等. 气固两相流中颗粒运动强化器壁对流传热机理. 化工学报，1998，49(3)：294～302.

[13] 顾维藻，神家锐，马重芳等. 强化传热. 北京：科学出版社，1990.

[14] Rohsenow W M 等主编. 谢力译. 传热学应用手册(下册). 北京：科学出版社，1992.

[15] Liang-Shih Fan. 气液固流态化工程. 蔡平等译. 北京：中国石化出版社，1993.

[16] 杨建宇，张利斌，李修伦. 液固循环流化床换热器中液相流场分布的测量. 天津化工，2001，(1)：7～9.

[17] 张利斌，张金钟，李修伦. 多相流流化床换热器研究进展. 现代化工，2001.21(2)：17～19.

[18] Li Xiulun, Wen Jianping, Gu Junjie. Flow Boiling Heat Transfer with Fluidized Solid Particles. Chinese Journal of Chemical Engineering, 1995, 3(3)：163～167.

[19] 施明恒，赵言冰，刘中良，固体颗粒强化液体沸腾换热和抗垢特性的研究. 东南大学学报，2002，32(3)：419～423.

[20] 于志家，刘展红，孙成新等，流态化固体颗粒对对流沸腾传热的强化. 工程热物理学报，2002，23(6)：745～748.

[21] 俞秀民，吴金香，管程内循环液固流态化高效换热器研究. 压力容器，1995，12(1)：33～36.

[22] KIaren D G, Apparatus for Carrying out a Physical and/or Chemical Process, Such as a Heat Exchanger [P]. EP, 626550. 1994-11-30.

[23] Mukherjee R. Conquer Heat Exchanger Fouling. Hydrocarbon Process, 1996, (7): 121~127.

[24] 严易明, 王晓冬, 流化床换热器用于润滑油溶剂脱蜡. 石油化工设备, 1999, 28(5): 17~22.

[25] 刘姝红, 林瑞泰, 李修伦等, 气液固三相流新技术在卤水蒸发过程中的应用. 海湖盐与化工, 28 (4): 12~14.

第六章　微型换热器

(姜培学)

第一节　概　述

一、微型换热器的发展背景及意义

顾名思义，所谓微型换热器(包括微型散热器)就是体积微小、单位体积内换热面积大的一种换热器。

自从硅集成电路问世以来，电路的集成度增加了几个量级。随着运算速度的进一步提高和电子设备的微型化发展趋向，电路集成度也将继续增加，相应地，每个芯片单位体积内产生的热量也将大幅度增加。据统计，1 台装备了 $10^7 \sim 10^8$ 个电子开关元件的计算机将发出几十至几百千瓦的热量，平均到芯片上的热流密度已达 $10^7 \, W/m^2$ 量级甚至更高。与此同时，为了确保高速微电子设备运行时的可靠性和稳定性，电子元件的允许工作温度又必须维持在一定范围内。例如，最常用的硅器件的正常工作温度一般规定在 130℃ 以下[1]。所有这些因素使得微电子器件的热控制问题日益突出，并直接影响到微电子设备的发展速度。在微电子器件高热流密度的热控制方法中，微槽式散热器是最有效的方法之一。微槽道可以直接加工在发热元件的基体上，使得接触热阻可以避免[2]。随着微机电系统(MEMS)的迅速发展，许多微细加工方法得到了发展和应用，并相继出现了诸如微型马达、微型传感器、微机械陀螺、微型泵和微型阀等微型器件，为人类开辟了一个崭新的世界。微型换热器及微型散热器作为 MEMS 家族中的一员，正日益受到关注。

近十年来，随着微加工技术的发展，关于微型换热器的研究越来越受到了人们的重视，这方面的文献和研究成果也越来越多。例如，美国 KROTECH 和 DEC 公司在上世纪 90 年代初联合开发了 1 种微型制冷器——KROTECH 制冷器[3]，这种制冷器能够将 1 个功率在 30W 左右的 CPU 温度控制在 -40℃，从而使 CPU 的时钟能够以前所未有的速度运行，其主频高达767MHZ 左右。再如，在航空航天领域内，微型换热器的研究倍受重视，人们希望研制出重量和尺寸尽可能小而换热能力更强的换热器，以适应航空航天的特殊要求。据报道[4]，英国布里托尔大学的詹姆斯·默里教授发明的高效换热器由许多根直径为 380μm 的不锈钢管组成，以液氮为工质。利用这种换热器散热，可将飞机周围的高温空气从 1000℃ 降至 60℃，成功地解决了阻碍飞机高超音速飞行时的空气冷却问题。默里还指出，若将这种结构用于汽车，可使汽车水箱体积缩至火柴盒大小，进而降低汽车的重量和体积。在汽车工业中，对换热器更轻和更小的要求使得人们正在发展直径更小、更紧凑的换热器。国际上有几家公司正在开发直径在1mm 以下的多槽道铝管换热器[5]。跨临界二氧化碳汽车空调和热泵系统是目前国际制冷界的研究热点之一，其原因是出于环保的要求，国际制冷界越来越重视和提倡使用自然工质[6,7]。通过对各种候选工质的毒性、物理性质与热力学性能、材料互溶性和其他实用特性的研究，许多研究者预测二氧化碳作为一种自然物质，将是下一代较理想的制冷剂。跨临界二氧化碳制冷系统由压缩机、蒸发器、储气罐、气体冷却器、内部换热器及节流阀等组成。气体冷却器和内部换热器是提高跨临界二氧化碳系统性能的重要组成部分。目前，管道直径在1mm以下的热交换器已经在跨临界二氧化碳制冷与热泵系统中得到应用。

随着高新技术的发展和研究工作的不断深入，微型换热器的应用领域也将越来越广泛。除了前面提到的微电子设备的冷却、航空航天领域中有关器件的冷却，以及汽车散热器和跨临界二氧化碳汽车空调与热泵系统换热器，微型换热器及微型散热器还在微机电系统(MEMS)、医疗、化学生物工程、燃料电池、先进的微型推进系统、微型燃烧器和反应器、材料科学、食品工业、环境技术、高温超导体的冷却、薄膜沉积中的热控制、雷达及高能激光镜的冷却、DNA热检测的微尺度检温仪器以及其他一些对换热设备的尺寸和重量有特殊要求的场合中有着非常重要的应用前景。此外，高新技术的迅猛发展对器件和设备的热控技术不断提出新的要求，而微小结构(包括微小槽道和多孔结构)是强化换热的有力手段。正是在这种背景下，新型高效的微型换热器及微型散热器的研究与开发日渐成为传热学研究领域的一个重要课题。

二、微型换热器的特点与界定

与普通换热器相比，微型换热器的主要特点在于其单位体积内的换热面积很大，相应地其单位体积传热系数高达几十到几百 $MW/(m^3 \cdot K)$，比普通换热器要高 $1 \sim 2$ 个数量级，这也恰恰是其能够实现超紧凑结构的原因所在。微型换热器具有短管效应，尽管工作流体一般工作在层流范围内，但传热性能却与湍流范围内的普通换热器相当甚至更强；与后者相比，它降低了系统的不可逆性，提高了系统效率，还不存在湍流下的振动问题，增加了系统的稳定性和安全性。其次，微型换热器还具有流量小、热阻小、材料消耗低等特点。

当然，微型换热器也有不足之处。一方面，由于特有的微小流道结构对结垢非常敏感，因此对工作流体的纯净度和腐蚀性要求比较高；另一方面，由于流道的水力直径较小，流动的阻力有所增加。然而，与微型换热器在传热方面所带来的好处相比，这些缺点有时是可以接受的，如果设计与使用得当，这些缺点也是可以避免的。在某些情况下，换热器的传热性能远比流动阻力更为重要。

关于微型换热器的界定问题，目前还没有确定的说法。有的学者试图以单位体积内的换热面积作为区别微型换热器与普通换热器的标准，认为单位体积内的换热面积大于 $5000m^2/m^3$ 的换热器属于微型换热器的范围，而 $700 \sim 5000m^2/m^3$ 则属于紧凑式换热器的范围[8]。这种划分方法尽管也有一定的道理，但却忽略了微型换热器的另一个重要指标——体积。归根到底，研制微型换热器的初衷之一是源于某些场合对于换热设备尺寸大小的特殊要求，即换热器的体积尽可能小，并不仅仅是为了追求更高的换热面积与体积之比，即换热表面的紧凑性。如前所述的微电子设备的冷却就是这类问题的典型例证。在这种场合下，随着电子元件尺寸的不断减小，换热器作为辅助设备，人们当然也希望它的外形尺寸越小越好，以顺应其整体设备微型化、轻巧化的发展趋势，在航空航天、微机电系统(MEMS)等高科技领域更是如此。正是由于这种对换热器体积的苛刻要求，才使得通常情况下很容易达到的几十瓦的换热量变得尤为困难，进而使得微型换热器的研究越来越重要。例如，一个单位体积内的换热面积大于 $5000m^2/m^3$，长、宽、高皆为几十厘米的换热器显然不是这里所说的微型换热器。此外，从目前已有的文献数据来看，$5000m^2/m^3$ 这一界定值也有些偏高。以最常见的肋宽与槽宽相等的微槽式换热器为例，这一标准意味着微槽宽度必须小于 $200\mu m$ 才能称得上微型换热器。而目前许多关于微槽式换热器的研究都在这个范围之外。

在研究微槽道内换热时，也存在微槽道的定义问题。一种定义是建议将经典理论不再适用的槽道定义为微槽道。但是由于目前对经典理论不再适用的准确槽道尺寸还不清楚，因此这个定义很难使用。另外一种简单的定义是当槽道的直径（或水力当量直径）在1mm以下就定义为微细槽道[5,9]。这个定义与目前学术界在单相对流换热中所采用的定义是一致的，而对于两相流动微尺度的定义可以是几毫米（如：3mm）[5]。

综合考虑目前已有的关于微型换热器和微槽道流动与换热方面的研究文献和数据，作者认为关于微型换热器的定义应同时满足以下几个特征：槽道的直径（或水力当量直径）在1mm以下；单位体积内的换热面积在$2500 \sim 5000 \text{m}^2/\text{m}^3$以上；换热器的外形尺寸在几厘米以下。当然，随着微型换热器研究的不断深入，关于微型换热器的界定问题也将得到进一步完善。

三、本章主要内容

微结构中的流动与换热及微型换热器的研究与开发是当今国际传热学界非常引人关注的热门研究领域，每年不止一个的专门的国际会议就是很好的佐证。近20年来积累了大量研究成果和文献，资料浩繁。限于篇幅也为突出重点，本章仅限于对微型换热器（散热器、换热器）以及与其相关的微槽道、多孔结构、泡沫金属及微细板翅结构中单相对流换热做简单介绍，特征尺度只限于$1 \sim 1000 \mu\text{m}$。此外，本章还对近年来发展起来的用于超临界流体换热的小型紧凑式换热器（尺寸比微型换热器大）作简要介绍。

第二节　微槽微型换热器

根据对流换热的基本原理，在其他条件相同的条件下，对流换热系数随管道直径的减小而增大。因此，微细槽道是强化换热的有效手段。微槽微型换热器一方面利用了微细槽道强化换热的特点，另一方面充分发挥单位体积内很高的换热面积提高热交换能力。微细槽道内对流换热的强弱直接影响微型换热器的换热性能。

早在1981年，Tuckerman和Pease率先提出了"微槽式散热器"的概念（图8.6-1和图8.6-2），并对其换热性能进行了实验研究[10]。结果表明，以水为冷却流体，在基片表面温度低于130℃的情况下，可从基片表面取走$1300 \text{W}/\text{cm}^2$的热量。此后，很多人对微槽散热器的传热性能及微槽道内的流动和传热机理进行了实验研究、理论分析和数值模拟。直至目前，微尺度流动与换热仍然是国际传热学界的研究热点。早期的研究有许多不完善和相互矛盾之处，随着研究工作的不断深入，近年来许多问题逐渐得以澄清。

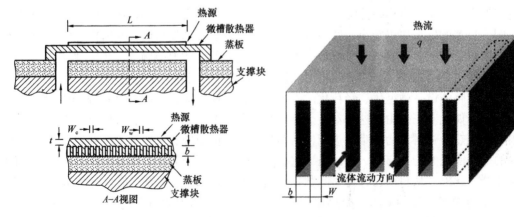

图8.6-1　微槽式散热器结构图[10]　　　　　　图8.6-2　微槽式散热器原理图

一、微细槽道中单相对流换热

(一) 微细槽道中流动与换热实验

一些针对微细槽道中的流动和换热的实验研究结果与通常尺度下的流动与换热结果显著不同，主要表现在摩擦因数及对流换热系数与已有关联式不吻合，并且层流向湍流的过渡大大提前；而有些实验结果却表明微细尺度对单相流动与换热没有明显影响。

上世纪 80 年代初，Tuckerman 等人首次报道了水在硅基片背后的宽度为 $287 \sim 376\mu m$ 和深度为 $55 \sim 60\mu m$ 的微槽结构中的对流换热，他们发现微槽内的流动阻力比通常预计值大[10,11]。此后，吴和 Little 对气体(氮气、氢气和氩气)流经不同材料和结构尺寸的梯形微小槽道时的层流和湍流流动特性和传热特性进行了实验研究，并与圆管的计算关联式进行了比较[12,13]。对于流动阻力特性，发现在槽道宽度为 $130 \sim 200\mu m$、槽深 $30 \sim 60\mu m$ 的尺度范围内，摩擦阻力系数高于由充分发展层流的计算式 $f = 64/Re$ 得到的值 (fRe 为 118，远大于通常尺度下的 64)，且层流向湍流过渡的雷诺数大大减小 ($Re_c = 400 \sim 900$)；硅微槽中的阻力系数偏离 Moody 图达 60%，而玻璃微槽中的阻力系数实验结果是 Moody 图数值的 $3 \sim 5$ 倍。他们把这一现象解释为管壁相对粗糙度较大及槽道尺度测量的误差。对于换热特性，发现在槽道宽度为 $312 \sim 572\mu m$、槽深 $89\mu m \sim 97\mu m$ 的尺度范围内，在低雷诺数下 ($Re < 700$)，努塞尔数比通常尺寸的小，而在高雷诺数下，努塞尔数比通常尺寸的大；并且湍流区雷诺比拟不适用。

Pfahler 等人测量了 N_2、He 以及异丙酮、硅油流经宽 $100\mu m$、深 $0.5 \sim 50\mu m$ 的梯形槽道时的摩擦阻力系数[14,15]，发现流体流动的泊肃叶数(Poiseuille number) fRe，明显比传统的不可压缩理论的预测值小，但与 Re 无关；并且随着尺度的减小，fRe 减小的趋势有所增强。他们指出：流体热物性的变化及进口效应造成了所观察到的实验现象。

Choi 等人测量了氮气流经微管道时的层流和湍流区的摩擦阻力系数和对流传热系数，并测量了内壁面的粗糙度[16]。实验中微管的内径为 $3 \sim 80\mu m$，相对粗糙度为 $0.00017 \sim 0.0116$。实验结果与由常规尺度圆管的标准计算关联式有很大差别。发现当 $Re < 400$、微管的内径小于 $10\mu m$ 时层流状态的 fRe 为 53 而不是 64；并且当微管道的内直径小于 $80\mu m$ 时，柯尔朋类比不再适用；湍流区的努塞尔数实验结果是柯尔朋类比得到的预测值的 7 倍；而在层流区努塞尔数是雷诺数的函数而不是常数。

张培杰等人测试了空气流经微小槽道时的换热特性，认为：当微小槽道当量直径大于 $1.1mm$ 时[17]，槽道内流体的传热特性与常规尺寸的大通道中的传热特性基本相同，而当当量直径小于 $1.1mm$ 时，微小槽道内流体的换热特性与常规尺寸大通道内流体的换热特性差别较大。

王补宣和彭晓峰对水及甲醇在边长为 $0.2 \sim 0.8mm$、槽深 $0.7mm$ 的 6 种方槽中的对流换热进行了实验研究[18]。实验所得到的湍流 Nu 只有用经典的计算准则关联式(Dittus - Boelter 公式)计算值的 35%。彭晓峰和 Peterson 等对水在当量直径为 $0.133 \sim 0.367mm$ 的不锈钢微小槽道中的流动与换热特性进行了实验研究[19-21]。流动阻力与换热性能的实验结果与大尺度槽道中的规律有很大差别。他们的结果表明：层流换热存在于 Re 小于 $200 \sim 700$，当 Re 为 $400 \sim 1500$ 时对流换热达到充分发展的湍流。层流到湍流转变的 Re 随微槽尺度的减小而减小，Re 的过渡范围也随之减小。这些结果与通常大尺度下的结果非常不同，通常情况下层流到湍流转变的 Re 发生在 $2000 \sim 2500$[22]。

江小宁等对水在微槽中的流动特性进行了实验研究[23]。实验中微槽的截面形状包括圆形、正方形、梯形和三角形，微槽的当量直径为 $8 \sim 42 \mu m$。实验中的雷诺数范围为 $0.1 \sim 2$。结果表明，微槽的截面形状对微槽中的微流动影响很小，而且实验数据与经典理论的预测值能很好地吻合。他们的研究还表明，微槽当量直径的测量误差对研究结果的影响很大；直径小至十几微米的微直圆管道中流体流动规律与用 Navier – Stokes 方程的计算值十分接近。

Stanley[24] 在研究微槽内两相流动时对微槽内的单相流动也进行了实验研究。微槽是在铝板上加工而成的，水力当量直径为 $56 \sim 260 \mu m$。实验结果表明：水在该尺度范围的微槽中的流动，在雷诺数为 $2 \sim 10000$ 的范围内不发生层流向湍流的转变；对于气体流动，当微槽尺度大于 $150 \mu m$ 时，发生层流向湍流的转变，而当尺度在 $80 \sim 150 \mu m$ 范围内层流向湍流的转变在不同程度上受到抑制，但当量直径小于 $80 \mu m$ 时，层流向湍流的转变几乎完全被抑制。

Webb 与 Zhang 的研究表明：水力当量直径在 $0.96 \sim 2.1 mm$ 之间时，流动与换热的实验结果与通常的计算关联式的计算结果符合的很好[25]。Xu 等对水在当量直径为 $30 \sim 344 \mu m$ 的微槽内的流动阻力特性进行了实验研究，雷诺数的范围为 $20 \sim 4000$，结果表明在所研究的尺度和参数范围内，流动阻力特性与 Navier – Stokes 方程所预测的特性是一致的[22]。Gao 等对水在高度为 $0.1 \sim 1 mm$ 的二维微槽内的流动与换热特性进行了实验研究[26]，实验结果没有发现流动特性的尺度效应；但当高度小于 $0.5 mm$ 时，对流换热 Nu（努塞尔（Nusselt）数）小于大尺度下的理论值；当高度为 $0.1 mm$ 时，Nu 比大尺度下的理论值小 60%。此外，没有发现槽道尺度对层流向湍流转变的影响。Hudy 等对水、甲醇和异丙醇在圆形和方形微管道中的流动特性进行了实验研究[27]，微管道的材料为氧化硅和不锈钢，当量直径为 $15 \sim 150 \mu m$，雷诺数的范围为 $8 \sim 2300$，在不同的槽道截面形状、当量直径、材料和流体种类条件下都没有发现与 Stokes 流动理论显著的差异。

李战华等从理论和实验研究了微尺度流动中经典流体输运基本方程的适用性[28]。通过理论分析，并利用高、低压微流动实验平台完成了极性和非极性液体在微米管道中的流动实验，证明连续介质理论仍适用于微米尺度的流动。选用多种极性、非极性液体（去离子水、异丙醇、CCl_4、环己烷等），在不同温度下（$0 \sim 40 \text{℃}$）、不同压力（$0 \sim 40 MPa$）下、在 $3 \sim 25 \mu m$ 管道内进行了流动实验。结果表明：简单液体在特征尺度为微米以上的管道中的流动特性可以用连续介质理论 N – S 方程描述。研究了在高压、高剪切率等条件下微尺度流动特有的物理因素的影响，例如：粘压效应、黏性热耗散、边界滑移等，并通过实验研究和理论分析，给出了相应的修正式。在引入 Bridgman 的粘压关系和考虑壁面滑移的条件下，提出了无量纲阻力系数和流量的修正式。

Wu and Cheng 对水在光滑的梯形截面，当量直径为 $25.9 \sim 291 \mu m$ 的硅微槽内的流动阻力特性进行了实验研究[29]，结果表明：梯形截面的上下槽宽比 W_b/W_t 对流动特性有很大影响；流动阻力特性的实验结果与已有的适于不可压缩、充分发展、层流、无滑移边界条件的分析解结果很好地吻合，证明 Navier – Stokes 方程仍然适用于当量直径小到 $25.9 \mu m$ 的光滑硅微槽内的层流流动。对于比较大的当量直径（$103.4 \sim 291 \mu m$）光滑微槽，层流向湍流的转变发生在 $Re = 1500 \sim 2000$。Wu and Cheng 对水在 13 种梯形截面硅微槽内的层流换热和压降进行了实验测量[30]，结果表明：努塞尔数和表观阻力常数受各种几何参数的影响很大；层流努塞尔数和表观阻力常数随表面粗糙度的增大和表面亲水性的增强而增大；当雷诺数较低时（$Re < 100$），努塞尔数随雷诺数几乎线性增大；而当雷诺数大于 100 后，努塞尔数随雷诺数的增大缓慢。

综上所述，国内外许多研究者对各种不同的工质在各种形状与结构布置的微槽道与微圆管内的流动与换热开展的实验研究与理论分析，所得到的研究结果相互矛盾，使得人们难以从这些实验研究数据中得出一致性的结论。毫无疑问，当尺寸小到一定程度后，流体的流动和换热机理与经典理论会有所差异，但问题的焦点在于尺寸小到多少会出现异常现象以及导致异常现象的机理和原因是什么。近些年来，国内外许多学者都在积极地进行着这方面的深入研究和探索，逐步澄清了一些重要的问题。

（二）微尺度下的特殊效应与机理

微尺度下流体的流动和换热现象（包括单相和相变）的研究吸引了当今国际传热学界非常广泛的关注，几乎所有的国际和国内传热学术会议都设有微尺度传热专题，每年还有专门的微尺度传热国际会议。近些年来，国内外学者除了继续开展大量更为精细的实验研究、理论分析和数值模拟之外，不少学者针对微尺度下的特殊效应与机理开展了更为深入的分析和讨论。其中有代表性的综述及全面分析和比较的论文包括 Darin 等[31]、Gad-el-Hak[32,38]、Mehendale 等[33]、Palm[5]、Sobhan and Garimella[2]、Obot[9]、Rostami 等[34]、过增元[35]、过增元和李志信[36,37]、Wu and Cheng[30] 等人的文章。

姜培学等认为：在 $0.5 \sim 800\mu m$ 的范围内，流体的流动和换热与普通尺度下的规律不同的研究结果，在某些情况下不能排除是由实验误差引起的[39]。另外，文献中用于比较的基础也值得商榷。在早期几乎所有有关流动阻力和阻力系数的研究中，研究者都与公式 $f = 64/Re$ 进行比较。但这个式子只适用于光滑圆管中的充分发展的层流。而在有些微型槽道内的流动实验研究中，实验段包括了进口段，并且不都是圆管；另外，相对粗糙度及边界条件也未必与所比较的普通管道相一致。在一定的条件下，进口段对流动和换热的影响是不可忽略的。在经典流体力学和传热学理论中，通常把流体看作连续介质。实际上介质（无论是固体、液体，还是气体）都是由分子组成的，是离散的结构。但是，当物质分子结构的特征尺度（如：分子中心的间距约为 $10^{-7} \sim 10^{-5} mm$）比介质单元（其状态参数和物性参数变化很小）的直线尺度小几个量级时，介质就可以看作是连续的[40]。如果分析一个 10^{-3} mm 的单元尺寸，那么这个单元的容积为 $10^{-9} mm^3$，在正常压力下含有约 3×10^7 个空气分子和更多数量的水分子。如此多的分子数足以认为介质在这个单元中的状态参数和物性参数可以按照分子进行平均而不受分子数量的影响，即可以认为是连续介质[40]。因此，在已有的研究工作中的相当多的部分似乎没有充分的理由认为流体被作为连续介质的假设是错误的[39]。

现在普遍接受的观点认为在微尺度下气体的稀薄效应会导致低摩擦因数以及低 Nu[35~37]。一般用 Kn（可努森（Knudsen）数定义为分子平均自由程与流动特征尺寸之比）来描述尺寸大小。根据 Kn 可以将气体的流动分为 4 个区域[41,42,43]：$Kn < 0.001$ 时为连续介质流；$0.001 \leqslant Kn < 0.1$ 时为温度跳跃与速度滑移流；$0.1 \leqslant Kn < 10$ 时为过渡流；$Kn \geqslant 10$ 时为自由分子流。即：当流动特征尺寸可以与分子平均自由程相当，$Kn \geqslant 0.1$ 时，Navier-Stokes 方程、Fourier 导热方程都不再成立，流动和换热特征也相应变化。Gad-el-Hak 分析了 Navier-Stokes 方程失效的物理机理[32,38]，并给出 1 个具体的例子[38]：对于 1 个大气压下的空气，当流动特征尺寸 $L < 100\mu m$ 时发生速度滑移；当 $L < 1\mu m$ 时应力-应变关系变为非线性；而当 $L < 0.4\mu m$ 时连续性假设不再成立。对于 0.001 个大气压下的空气，当流动特征尺寸 $L < 100 mm$ 时发生速度滑移；当 $L < 1 mm$ 时应力-应变关系变为非线性；而当 $L < 0.4 mm$ 时连续性假设不再成立。

在稀薄气体动力学中，尤其在处理高速飞行物体的阻力与传热问题时，更常用流体力学中熟知的 Ma［马赫（Mach）数］与 Re 来划分传热与流动区[41,43]。Kn 与 Ma 和 Re 的关系为[41,43]：

$$Kn = \lambda/L = \sqrt{\pi\gamma/2}\,Ma/Re$$

即 Kn 与 Ma/Re 只差一个量级为 1 的因子（对空气 $\gamma = 1.4$，$\sqrt{\pi\gamma/2} = 1.48$）。根据 Ma/Re 的数值范围可以把传热与流动划分为[43]：$Ma/Re < 0.001$ 时为连续介质流；$0.001 \leqslant Ma/Re < 0.1$ 时为温度跳跃与速度滑移流；$0.1 \leqslant Ma/Re < 10$ 时为过渡流；$Ma/Re \geqslant 10$ 时为自由分子流。在 Re 较大时，研究中有时要用边界层厚度 δ 作为流动特征尺度，即：$Kn = \lambda/\delta$。对于层流边界层，应该用 $Kn = \lambda/\delta$ 或 $Ma/\sqrt{Re}$ 进行传热与流动区域的划分[43]。

Darin 等指出在宏观流动中常被忽略的一些效应可能对微尺度传递现象产生影响[31]。例如：微尺度现象可能包括两维或者三维的传递效应；流体的传递性质沿微槽道随着温度的变化而变化，而通常的常物性假设是不合适的。此外，他们还建议必须改进实验测量的精确，为微尺度效应提供结论性的证据。

除了稀薄效应，Mehendale 等注意到管道表面粗糙度的不同可以解释一些研究中摩擦因数及换热结果的不同[33]。同时他们认为，由于几乎所有的研究中对流换热系数基于进口和/或出口温度，而不是局部的容积温度，因此与通常的计算关联式进行比较是有问题的。至于流动更早地由层流变成湍流的现象，他们认为流体的热物性在流体流经微槽道时发生了显著的变化，出口的 Re 有可能为进口 Re 的两倍。因此，导致这种由层流提前转变为湍流的部分原因可能是由 Re 的变化引起的。

Palm 对微槽道中的单相和两相流动与换热进行了综述，并对偏离经典理论的现象进行了分析[5]。认为对于微槽道中单相流体流动与换热偏离经典理论现象的原因可能包括几何尺度（当量直径）和温度的测量误差、进口效应、表面粗糙度、双电层、物性的变化、两维和三维的传递效应以及速度滑移（对气体而言）。

Sobhan and Garimella 对微槽道中的单相流动与换热进行了比较全面的比较和分析，列举了文献中相互矛盾的流动阻力和对流换热的实验数据[2]。认为造成研究结果偏离经典理论以及相互矛盾的原因很可能是由于进口和出口效应、不同研究中微槽道表面粗糙度的差异、槽道尺度的非均匀性、热和流动的边界条件、实验仪器、测量方法与测量位置的不确定度和误差。

Obot 对微槽道中单相流体的流动阻力、对流换热与传质、层流、过渡区及湍流流动等进行了全面的综述[9]，分析和讨论了研究结果相互矛盾的原因，指出：①缺乏支持在光滑微槽道中，在 $Re \leqslant 1000$ 的条件下发生层流向湍流过渡的可靠证据；②在层流区 $Nu \propto Re^{1/2}$；③在实验精度范围内，光滑微槽道中的对流换热和传质系数可以由通常的计算准则关联式或大尺度槽道中的实验结果估算。

Rostami 等对气体在微槽道中的流动和对流换热进行了全面的综述[34]，得到以下结论：①尽管速度滑移使微槽道中的流动阻力比大尺度的预测值小，但是有些实验数据与此矛盾，其原因是包括表面粗糙度测量在内的实验误差引起的。②在一定的几何和流动条件下，压力沿槽道的分布不是线性的；真实的压力分布取决于气体的黏性以及可压缩性和稀薄效应。③在速度滑移区，摩擦阻力系数和对流换热系数可以通过求解 Navier-Stokes 方程和常规的能量方程并考虑壁面上速度滑移和温度跳跃边界条件进行预测。④层流区的 fRe 不像宏观尺度理论预测的那样是个常数，而是 Re 的函数。⑤由于所涉及的尺度微小，如何将实验误差减小到最小极具挑战性。造成实验误差的因素包括槽道尺度的测量、表面粗糙度、槽道的堵塞、向实验构件和环境不可预计的热损失、表面和流体的温度测量，以及由于实验系统管路和阀门对流动引起的扰动而使流量发生的波动。

过增元把导致流动和换热异常现象的各种物理机理分为两大类[35]。第一类，当流动的特征尺寸与分子平均自由程相当时，Navier – Stokes 方程、Fourier 导热方程都不再适用，流动和换热特征与大尺度相比有显著变化。这就是所谓的稀薄效应(rarefaction effect)，可以通过可努森数 Kn 来描述。第二类，在流体的连续性假设依然成立的条件下，流动和换热的尺度效应可以归结为随尺度的减小，流动和换热过程的各种控制因素或现象的变化。有多种影响流动和换热的因素(如作用在流体上的各种力)会随尺度的变化而发生变化。有些在普通尺度下经常被忽略的现象(如管道壁面的轴向导热)在微尺度下有可能很重要。由于这些因素，微尺度下的流动和换热规律会有别于常规尺度下的规律。目前，微机电系统(MEMS)包括微换热器中流体流动的特征尺寸主要在几十微米($Kn \sim 0.001$)到 1 毫米($Kn \sim 0.0001$)之间，连续性假设依然成立。因此，气体的稀薄效应可以忽略，建立在连续性假设基础上的宏观尺度传递方程依然适用。这时起主导作用的应是第二类物理机理。由于在微器件中表面积与体积之比非常大，随尺度的减小与表面积相关的因素将更为重要。与此相关的现象包括由壁面的摩擦引起的可压缩性、壁面粗糙度、各种控制力和表面几何形状的变化等。在文献[35~37]中，过增元和李志信对尺度效应的机理以及文献中产生的误差甚至错误的原因进行了深入系统的分析。

综上所述，微尺度下流动与对流换热的特殊效应与机理可以归结为如下 10 个方面[34~37]。

1. 气体的稀薄特性与滑移

当 $0.001 \leqslant Kn < 0.1$ 时，气体在槽道壁面上发生速度滑移和温度跳跃[41~43]。当物体壁面附近的气体既有速度梯度又有温度梯度时，表面处的滑移速度为[42,43]：

$$u_s = \zeta \left(\frac{\partial U_x}{\partial y} \right)_s + \frac{3}{4} \left(\frac{\mu}{\rho T} \frac{\partial T}{\partial x} \right)_s \qquad (6-1)$$

式中，ζ 称为滑移系数(coefficient of slip)；T、ρ 与 μ 分别为气体的温度、密度与黏度；U_x 为流动方向速度；x 为沿流动方向的坐标；y 为沿垂直壁面方向的坐标；下标 s 表示壁面处的值。

当物体壁面附近的气体既有温度梯度又有速度梯度时，表面处温度跳跃的表达式为[43]：

$$T_s - T_w = \left(\frac{2-a}{a} \right) \left(\frac{\gamma}{\gamma+1} \right) \left(\frac{2}{Pr_s} \right) \lambda \left(\frac{\partial T}{\partial y} \right)_s - \left(\frac{3\gamma}{\gamma+1} \right) \frac{u_s^2}{c_{ps}} \qquad (6-2)$$

式中，T_s 是 Knudsen 层(固体表面附近厚度的量级约为气体粒子平均自由程长度 λ 的薄层)外缘处气体的温度；T_w 是壁面温度；$(\partial T/\partial y)_s$ 是该处气体在垂直于表面方向上的温度梯度；a 为热协调系数；γ 为气体的比热比；λ 为气体分子的平均自由程长度(与 T_s 相对应)；Pr_s 为普朗特数(T_s 为定性温度)；c_{ps} 为定压比容。式(6-2)中等号右边的第 2 项比起第 1 项通常很小，可以忽略[43]。

Harley 等对氮气、氦气、氩气在长微槽道中的亚音速、可压缩流动进行了实验研究和理论分析[44]。微槽道在硅片上加工而成，宽 $100\mu m$，长 $10mm$，槽深 $0.5\mu m \sim 20\mu m$。可努森数 Kn 的范围为 $0.001 \sim 0.4$。实验中所采用的 8 个不同梯形槽道的水力当量直径为 $1\mu m \sim$

$36\mu m$。结果表明，对于最小的槽道(深$0.5\mu m$)，当雷诺数从0.43降为0.012时，用非滑移边界条件计算得到的对比泊肃叶数(reduced Poiseuille number) $C^* = (f \times Re)_{实验} / (f \times Re)_{理论}$，从0.98降为0.82。由于在该条件下可森数$Kn$为$0.004 \sim 0.373$，处于滑移流和过渡流，因此，对比泊肃叶数$C^*$偏离1的原因是壁面上的速度滑移。当用滑移边界条件进行计算时，可以成功地预测实验数据($C^* \approx 1$)。氮气、氦气、氩气在$11.04\mu m$深的微槽道中流动时，根据滑移边界条件的计算值和实验数据得到的C^*值随Re的变化关系见图8.6-3；当$Re = 4 \sim 1100$时，$C^* = 0.98 \sim 1.04$。氮气和氦气在$0.51\mu m$深的微槽道中流动时，根据滑移边界条件和非滑移边界条件的计算值和实验数据得到的C^*值的比较见图8.6-4。可见，在不考虑速度滑移边界条件下由Navier-Stokes方程得到的压降比实际值大，尤其在低雷诺数条件下(相应的Kn数大)；考虑边界上的速度滑移边界条件，可以使理论计算值与实验数据很好地吻合。

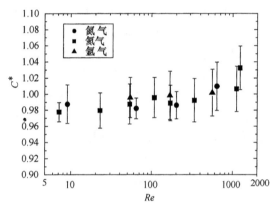

图8.6-3　氮气、氦气、氩气在$11.04\mu m$深的
微槽道中流动时C^*值随Re的变化关系[44]

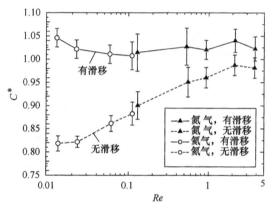

图8.6-4　氮气和氦气在$0.51\mu m$深的
微槽中流动时在无滑移和有滑移
边界条件下C^*值的比较[44]

Yu等对氮气和水在直径为$19\mu m$、$52\mu m$和$102\mu m$的微管中的流动和换热进行了实验研究和理论分析[45]。雷诺数Re的范围为$250 \sim 20000$，Pr的范围为$0.7 \sim 5$。结果表明流动阻力系数比大尺度管内流动的值小；但是传热系数比适用于大尺度的计算关联式的计算结果大。对于层流流动($Re < 2000$)，氮气和水在3种直径的微管中的流动阻力系数比通常数值低19%，即：$f = 50.13/Re$。对于湍流流动($6000 < Re < 20000$)，氮气和水在3种直径的微管中的流动阻力系数比通常数值低5%。

Shih等对氮气和氦气在微槽道中($40\mu m$宽，$1.2\mu m$深，4mm长)的质量流量和轴向压力分布进行了实验测量，并通过求解Navier-Stokes方程得到了包括不考虑壁面速度滑移、100%的速度滑移和80%的速度滑移3种情况下质量流量随进口压力变化关系的计算结果[46]。结果表明：实验结果与考虑100%的壁面速度滑移的计算结果与实验数据很好地吻合；质量流量与压降呈非线性关系。

Kavehpour等采用二维可压缩的动量方程和能量方程，并考虑壁面上的速度滑移和温度跳跃，在等壁温和等热流密度的热边界条件下，对氮气和氦气在微槽道中的流动和换热进行了数值模拟[47]。计算结果表明，有速度滑移和温度跳跃条件下的Nusselt数和摩擦阻力系数比大尺度连续流动的结果显著减小。

Araki 等对氮气和氦气在 3 种不同微槽道中的流动阻力特性进行了实验研究[48]。3 种不同微槽道分别为：三角形槽道，底边长 20.6μm，深 14.6μm，长 25mm，当量直径 10.3μm；梯形槽道，底边长 41.5μm，深 5.56μm，长 15mm，当量直径 9.41μm；另一个梯形槽道底边长 41.2μm，深 2.09μm，长 15mm，当量直径 3.92μm。测量表明槽道的相对粗糙度不超过 1%。实验中可努森数 Kn 的范围为 0.00648 ~ 0.0345，为滑移流；雷诺数的范围为 0.042 ~ 4.19。基于充分发展、不可压缩层流假设，在一阶速度滑移边界条件下，得到质量流量与进出口压力比之间的函数关系和对比泊肃叶数为[48]：

$$\dot{m} = \frac{d^3 p_{\text{out}}^2}{24\mu RTL} \left[\left(\frac{p_{\text{in}}}{p_{\text{out}}} \right)^2 - 1 + 12 Kn_{\text{out}} \left(\frac{2-\sigma}{\sigma} \right) \left(\frac{p_{\text{in}}}{p_{\text{out}}} - 1 \right) \right] \qquad (6-3)$$

$$C^* = \frac{1}{1+6Kn} \qquad (6-4)$$

式中，$\dot{m}$ 为质量流量，kg/s；d 为槽道深度，m；p 为压力，Pa；μ 为动力黏度，Pa·s；R 为气体常数；T 为温度，K；L 为槽道长度，m；σ 为切向动量调节（accommodation）系数；C^* 为对比泊肃叶数；下标 in 和 out 分别表示槽道进口和出口。结果表明：微槽道中质量流量随进出口压力比的变化关系的实验数据与式(6-3)能很好地吻合，而不考虑速度滑移时的计算结果随进出口压力比的增大而逐渐偏离实验数据。对比泊肃叶数 C^* 随平均可努森数 Kn 的变化关系见图 8.6-5[48]。随着可努森数 Kn 的增大，C^* 逐渐下降；实验数据与式(6-4)的计算结果很好地吻合。

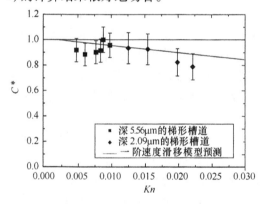

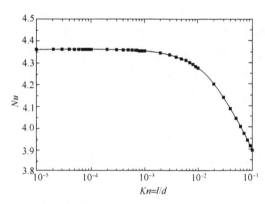

图 8.6-5　对比泊肃叶数 C^* 随平均
可努森数 Kn 的变化关系[48]

图 8.6-6　等热流密度边界条件下微圆管内
对流换热的 Nu 数随 Kn 的变化关系[50]

相对于流动阻力的研究而言，针对滑移流区速度滑移和温度跳跃对气体在光滑微槽道中对流换热影响规律的研究还不充分。Yu 等的实验研究表明：微圆管中对流换热系数比适合于大尺度的计算关联式的计算结果大[45]。而 Kavehpour 等的计算结果表明，有速度滑移和温度跳跃条件下的 Nu 数比大尺度连续流动的结果显著减小[47]。Yu and Ameel 的计算结果则表明，有速度滑移和温度跳跃条件下的对流换热系数与没有滑移条件下的值相比有可能大、有可能小、还可能不变，其取决于微尺度效应（流体与壁面之间的动量交换程度）和壁面上温度跳跃的程度[49]。

李俊明等研究了近壁层气体导热系数的变化对气体在微槽中层流换热性能的影响[50]。由气体动力理论推导出在贴近固体壁面及其微小的薄层内气体导热系数的变化关系：

$$k = \frac{1}{3}\rho c_v \bar{s} l \left[1 - 0.5\zeta + 0.5 \frac{z_0}{l} f(\zeta) \right] \tag{6-5}$$

式中，k 为气体导热系数；ρ 为气体密度；c_v 为分子的定容比热容；$\bar{s}$ 为分子运动的平均速度；l 为气体分子的平均自由程；$\zeta = \exp(-z_0/l)$，z_0 为离管壁的距离，$f(\zeta) = 0.1\zeta + 0.16\zeta^{5/4} + 0.12\zeta^{5/3} + 0.08\zeta^{5/2} + 0.04\zeta^5$。

采用该方法李俊明等对微圆管以及微槽中的对流换热进行了分析[50]。对于等热流密度边界条件下的微圆管：

$$Nu = \frac{4.3636\,(1 + 4.1075Kn)^2}{1 + 10.4556Kn + 18.4057\,Kn^2} \tag{6-6}$$

对于一边绝热、一边等热流情况下的二维微槽：

$$Nu = \frac{5.3846(1 + 3.0807Kn)^2}{1 + 7.1882Kn + 12.7756Kn^2} \tag{6-7}$$

等热流密度边界条件下微圆管内对流换热的 Nu 随 Kn 的变化关系如图 8.6-6 所示。可以看出，Nu 数随着管道尺度的缩小（即 Kn 的增大）而逐渐减小。当 $Kn = 10^{-4}$ 时，计算所得 Nu 与宏观尺度下的 Nu 的偏差仅为 0.1%；当 $Kn = 10^{-3}$ 时，偏差增加到 1.0%；当 $Kn = 0.1$ 时，偏差达到 9%。

总之，在滑移流区气体在光滑微槽道中的流动阻力系数比大尺度下的计算结果小，二者的差别随着 Kn 的增大而增大；考虑速度滑移的 Navier-Stokes 方程可以准确地预测阻力系数值。而气体在光滑微槽道中的对流换热仍然需要大量准确细致的实验研究和理论探讨。由于处于滑移流区的对流换热现象所涉及的尺度非常小（几微米到几十微米），如何将实验误差减小到可接受的范围极其困难。造成实验误差的因素上面已经探讨过，这方面还有不少工作需要做。

在可努森数 Kn 大于 0.1，即速度滑移的处理方法不再适用的条件下，可以采用其他的计算方法，如由 Bird 发展起来的直接蒙特卡罗模拟方法（DSMC）[51]。与建立在 Navier-Stokes 方程之上的方法不同，直接蒙特卡罗模拟方法适用于流体流动的所有区域（包括连续流到自由分子流）[34]。Piekos 和 Breuer 采用 DSMC 方法对微槽道中的流动进行了模拟[52]。在滑移流区 DSMC 的计算结果与理论分析模型及实验结果很好地吻合。Mavriplis 和 Goulard 及 Oh 等采用 DSMC 方法对微槽道中的亚音速和超音速流动进行了分析[53,54]。研究表明，温度跳跃沿微槽道（流动方向）逐渐减小，而速度滑移则保持不变。Wu 等对用 DSMC 方法研究微槽道中的流动问题进行了比较详细的综述，并对两种重要边界条件下（已知进出口压力、已知质量流量和出口压力）气体的流动进行了研究[55]。Liou 和 Fang 用 DSMC 方法对微槽中超音速流动的换热问题进行了数值模拟[56]。研究表明，壁面上的温度跳跃随可努森数 Kn 的增大而增大，等温壁面上的对流换热随 Kn 的增大而大大增强。显然，对过渡流和自由分子流区域气体在微槽道中的流动与换热的实验研究与实验验证将更加具有挑战性。

2. 流动可压缩性效应

在宏观尺度下当气体流动的马赫数远小于 1 时，一般认为是不可压缩流动，因此可以认为在整个流动过程中气体的密度不变。如果管道的长度与直径之比足够大，流体的流动为充分发展的层流，摩擦因数 f 和 Re 的乘积是常数。对于微管道中的流动，由于沿流动方向的压力梯度一般很大，气体的密度变化显著，因此，气体的可压缩性对微管道中的流动与换热都会产生比较大的影响。针对流动可压缩性对微槽道中流动与换热的影响，Rostami 等[34] 和过增元、李志信[35,36,37] 等进行了全面深入的综述和分析。

过增元和邬小波发现：如果由于表面摩擦所导致的单位长度压降比常规尺度管道中所引起的压降大很多，气体密度沿流动方向的变化会很大[57,58]。对圆管中可压缩绝热流动的控制方程进行数值求解，在不同的进口马赫数下，得到的压力以及密度沿流动方向的变化如图 8.6 - 7 所示。结果表明：即使在进口马赫数 $Ma=0.05$ 时微管内压力的变化仍然很大，这是由于气体的可压缩性使得气体流动加速，动量的增加也同样导致压力的降低。对于可压缩管流，气体的加速使得速度场不仅在大小上发生变化，在形状上也发生了改变。速度的增加导致附加的压力损失，而速度场形状的改变使得摩擦因数的计算关联式与通常条件下的不同。速度分布形状的连续改变意味着不会产生充分发展和局部充分发展的流动。可压缩效应对摩擦因数影响的数值模拟结果见图 8.6 - 8[58]。

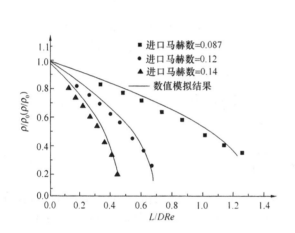

图 8.6 - 7　压力和密度沿流动方向的变化[36]

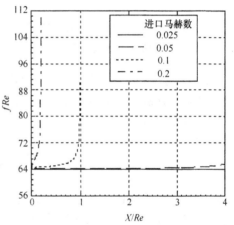

图 8.6 - 8　fRe 沿管长的变化[58]

李志信等对可压缩性对气体在微管内流动的影响进行了理论分析，得到如下摩擦因数的计算关联式[59]：

$$f = \frac{64}{Re}\left(1 + \frac{M^2}{1.5 - 0.66M - 1.14M^2}\right) \tag{6-8}$$

李志信等采用切管法测量了气体在微管内流动的局部压力和局部马赫数[60]。图 8.6 - 9 示出了局部马赫数的实验数据和数值模拟结果[60]。结果再次表明，对于气体在微管内的流动，压力沿管长方向有很大变化，气体流动的局部马赫数随离进口的无量刚距离的增加而增大；即使对于进口马赫数比较小的条件下，局部马赫数也可能变得很大。这一现象对于微尺度系统的设计至关重要，因为即使在进口马赫数远小于 1 的情况下槽道内的流动也会发生壅塞现象（槽道出口马赫数 $Ma=1$）。

杜东兴等的数值模拟结果表明，气体在槽道内流动的局部 Eckert 数沿流动方向逐渐增大[61,62]，见图 8.6 - 10。即使微槽道进口的 Eckert 数小，由于可压缩性引起的马赫数增大，微槽道下游的 Eckert 数可能相当大。因此，黏性耗散和膨胀功不能被忽略。膨胀功导致槽道内部的温度降低，而黏性耗散使近壁区的气体温度升高。近壁区气体温度的升高会导致换热增强。值得指出的是，如果马赫数和槽道内部温度降低得足够大，通常定义的 Nusselt 数有可能为负值。在高速流动以及这种由于可压缩性引起的马赫数和 Eckert 数显著增大的情况下，槽道内对流换热的温差应当采用绝热温差，而非壁面温度与流体容积温度之差[37]。

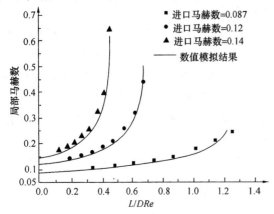

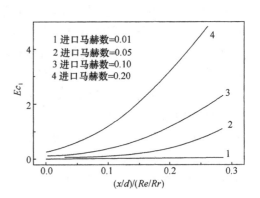

图 8.6 - 9　局部马赫数的实验数据
和数值模拟结果[60]

图 8.6 - 10　局部 Eckert 数沿
流动方向的变化[61]

Araki 等通过对氮气和氦气在 3 种不同微槽道中（当量直径为 $3 \sim 10\mu m$）的流动阻力特性的实验研究，分析了气体的可压缩性对流动阻力的影响规律[48]。当流动不可压缩，摩擦因数 f_{incomp}，的定义式为：

$$f_{incomp} = \frac{2D_h \Delta p}{\rho U^2 L} \qquad (6-9)$$

式中，U 为截面上的平均速度；ρ 为流体密度；D_h 和 L 分别为微槽道的水力当量直径和长度。摩擦因数 f 与雷诺数 Re 的乘积通常称为摩擦常数或泊肃叶数（Poiseuille number），即：

$$C_{incomp} = f_{incomp} Re \qquad (6-10)$$

而对于等温可压缩流动，则摩擦因数 f_{comp}，的定义式为[63]：

$$\frac{f_{comp}(x_2 - x_1)}{D_h} = \Psi(Ma_2) - \Psi(Ma_1) \qquad (6-11)$$

函数 $\Psi(x)$ 的表达式为：

$$\Psi(Ma) = -\frac{1}{\gamma Ma^2} - \ln(Ma^2) \qquad (6-12)$$

式中，下标 1 和 2 分别表示槽道的进口和出口条件，γ 为比热比。

根据上述定义式整理的不可压缩流动与可压缩流动的摩擦常数之比 C_{incomp}/C_{comp}，随马赫数的变化规律见图 8.6 - 11[48]。当 C_{incomp}/C_{comp} 数值接近 1 时可以认为是不可压缩流动。显然，随着马赫数的增大微槽道中的流动会受到可压缩性的影响。但是从图 8.6 - 11 得不到一个清晰的转折点。摩擦常数之比，C_{incomp}/C_{comp}，随槽道进出口压差的变化规律见图 8.6 - 12[48]。不同气体在不同微槽道中流动的所有实验数据都落在同一条曲线上。结果显示，即使在马赫数小于 0.1 的条件下，当槽道进出口压差达到 10kPa 时，可压缩性的影响就很大。

这里的可压缩性是由于沿槽道的压差很大使得密度显著变化而引起的。因此，Araki 等人认为在微槽道中流动可压缩性的影响用压差表示比用马赫数表示更好，这有别于常规尺度下的情形[48]。

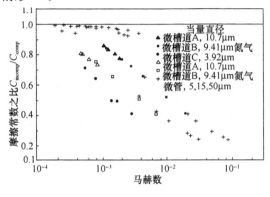 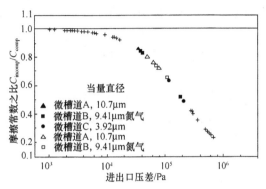

图 8.6－11　摩擦常数之比 C_{incomp}/C_{comp}
随马赫数的变化规律[48]

图 8.6－12　摩擦常数之比 C_{incomp}/C_{comp}
随槽道进出口压差的变化规律[48]

Asako 等对二维平行微槽道中可压缩的动量方程和能量方程进行了数值求解[64]。结果同样表明：区别于常规尺度二维平行微槽道中的摩擦常数值（$C=96$），二维平行微槽道中可压缩流的摩擦因数是马赫数的函数，并且随着马赫数的增大而增大；计算结果与实验数据基本吻合。

综上所述，流动的可压缩性在微尺度槽道中、在一定的压力和马赫数条件下，对流动阻力会产生显著影响——可压缩性使流动阻力明显增大。

气体流过微通道的时候，由于可压缩性的影响导致密度发生改变，密度的变化会同时影响速度场和温度场；在微尺度条件下，这种密度的改变对速度场和温度场的影响不像常规尺度时发生在某个局部，而是可能对整个流道的速度分布和温度分布都产生影响。因此，气体可压缩性会对微尺度槽道中的对流换热产生影响，使其换热特性与常规尺度有所不同。Guo 和 Wu 的研究表明：由于可压缩效应，局部 Nu 数随无量纲长度的增加而增加[57,58]，这和传统尺寸管内气体流动时 Nu 为常数的情况是不一样的，所以，由于温度分布强烈地依赖于速度分布，对可压缩的管流建立不起热充分发展段；管道入口的 Ma 对 Nu 影响很大，入口 Ma 越高，Nu 越大。

杜东兴等的研究则表明，导致可压缩气体在微尺度通道中流动时换热特性发生改变主要是压力功和黏性耗散的影响[61]：黏性耗散的作用使贴壁气体温度升高，而压力功的作用则使管中心气体温度降低，两者的共同作用导致微细管内可压缩流体的温度剖面与常规尺度结果存在很大差别，从而使得管内气体换热特性发生改变。

索晓娜等对气体的压缩性和稀薄性对微通道气体流动换热的影响开展了数值计算[65]，结果表明：考虑稀薄效应得到的 Nu 数比不考虑稀薄效应要大；相对来说，压缩性对 Nu 数的影响较小。

3. 表面粗糙度的影响

自从上世纪 30、40 年代 Nikuradse 和 Moody 得出如果管道内壁相对粗糙度小于5%，其对层流的影响可以忽略的结论之后[66,67]，针对粗糙度对层流影响的研究还不多。Nikuradse 的结论在今天仍然被广泛采用，这是因为在传统大尺度的粗糙管内一般发生湍流，因此对层流的研究没有多大的实际应用价值。但是在微槽道中流动经常是层流,因此对粗糙微槽道中层流的研究变得重要起来[35~37]。

过增元对管道尺寸效应对水和气体在微管道中的流动的影响进行了实验研究[35~37]。实验采用光滑玻璃和硅制微管,微管道的直径范围为80~166μm。水在微管道中流动的摩擦因数如图8.6–13所示。结果表明,光滑微管中的流动特性与常规尺度管道中的流动特性很相似:摩擦因数与雷诺数的乘积(摩擦常数或泊肃叶数,Poiseuille number)fRe 近似为64;层流向湍流的过渡发生在 $Re = 2100 ~ 2300$ 之间。气体在微管道中流动的摩擦常数如图8.6–14所示。结果表明,当平均马赫数小于0.3时,光滑微管中的流动特性与常规尺度管道中的流动特性很相似;当平均马赫数大于0.3时,由于壁面摩擦引起气体的可压缩性而使摩擦因数增大。

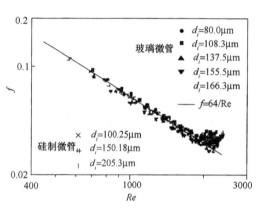

图8.6–13　水在光滑微管道中
流动的摩擦因数[35]

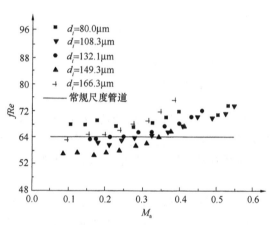

图8.6–14　气体在光滑微管道中
流动的摩擦常数[35]

Celata 等测量了 R114 在直径为130μm 的槽道中流动的摩擦因数[68]。Re 的范围为100~8000,槽道表面的相对粗糙度为2.65%。实验结果表明,当 $Re < 583$ 时,摩擦因数的实验结果与 Hagen – Poiseuille 理论符合得很好。当 Re 比较高时,实验结果比理论值高。层流向湍流过渡的 Re 范围为1881~2479,这与传统的理论基本一致。吴和 Little 对气体流经槽道宽度为130~200μm、槽深30~60μm、相对粗糙度为0.05~0.30的梯形微槽道的层流和湍流流动特性进行了实验研究[12]。发现,即使在层流区槽道的粗糙度对摩擦因数的影响也很大;摩擦因数的实验数据与常规大尺度条件下的理论计算值之比为1.3~3.5。他们认为这一现象是由于管壁的相对粗糙度较大引起的。

Mala and Li 等测量了去离子水通过直径为50~254μm 的不锈钢及硅微管道的压降和流量[69],管道表面的平均相对粗糙度为0.007~0.035。结果表明:微管内流动特性的实验结果与常规条件下的理论预测值有明显的差异;随着 Re 的增加,测量得到的压力梯度比常规条件下理论预测值高很多。摩擦因数随着 Re 变化的实验结果见图8.6–15。Mala and Li 等认为正是由于层流更早得向湍流过渡以及微管道表面粗糙度影响的增大,使得摩擦因数偏大[69]。李志信等测量了去离子水在直径为128.8μm、136.5μm 和179.8μm,相对粗糙度在0.03与0.043之间的不锈钢微管道层流流动的压降和流量[70],实验结果如图8.6–16所示,当 Re 在500~2000之间时,摩擦因数的实验结果比常规条件下的理论计算值高10%~25%;在 Re 为1800附近层流开始向湍流过渡。

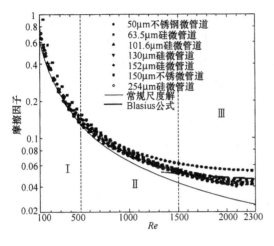

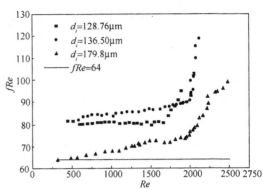

图 8.6－15　摩擦因数随 Re 的变化[69]　　　　图 8.6－16　粗糙管道中的摩擦常数[70]

杜东兴数值模拟和实验研究了粗糙微管中的层流流动，以研究粗糙度的影响机理[61]。在不锈钢微管内表面的扫描电镜（SEM）照片的基础上，采用规则的三维粗糙单元来模拟粗糙度。数值模拟和实验研究的结果如图 8.6－17 所示，数值计算结果与实验数据较好地吻合。数值模拟的结果表明，由表面粗糙度带来的阻力是摩擦因数增大的一个原因。另一个可能影响微槽道流动的原因是粗糙度引起的流动扰动。当 Re 足够大时，扰动会使得层流更早地向湍流转变。此外，由于湍流产生的部分原因是由于粗糙度引起的扰动而不是流动的不稳定性，层流向湍流的过渡应该是连续平缓的。因此，表面粗糙－黏性模型可以用来描述和解释在微槽道中流体流动摩擦因数的增大以及层流更早向湍流过渡的现象。

Wu and Cheng 实验研究了水在 13 种梯形截面硅微槽内的层流换热和流动阻力[30]。图 8.6－18 和图 8.6－19 分别示出了不同粗糙度下表观摩擦常数和 Nusselt 数的实验结果。图中第 7 和第 9 号微槽是几何尺度相近的梯形槽道（短底边与长底边之比为 $W_b/W_t = 0.618 \sim 0.610$，槽高与长底边之比为 $H/W_t = 0.2532 \sim 0.2537$，槽长与当量直径之比为 $L/D_h = 191.77 \sim 195.34$），但是相对粗糙度不同（$3.26 \times 10^{-5} \sim 5.87 \times 10^{-3}$）；第 8 号和第 10 号微槽

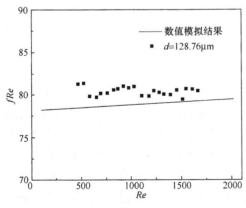

图 8.6－17　摩擦常数的数值模拟
结果与实验结果比较[61]

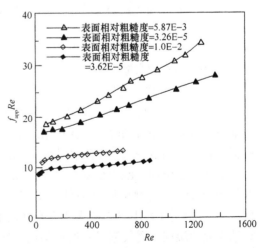

图8.6－18　表面粗糙度对表观摩擦常数的影响[30]

是几何尺度相近的三角形槽道(底边长为 W_t = 171.7 ~ 168.03μm, 槽高与底边之比为 H/W_t = 0.6453 ~ 0.6481, L/D_h = 362.35 ~ 369.29), 但相对粗糙度不同 (3.62×10^{-5} ~ 1.09×10^{-2})。表观摩擦常数和努塞尔数随表面粗糙度的增加而增大; 随 Re 的增大, 粗糙度大的表面的 Nu 以及摩擦常数增大得更快, 其原因在于在高 Re 条件下, 粗糙度对边界层黏性底层的扰动更强。

Croce and D' Agaro 对粗糙度对管径为 50 ~ 150μm 的微圆管和微槽道中换热和流动阻力的影响开展了数值模拟研究。结果表明: 泊肃叶数(Poiseuille number)在所研究的各种形状粗糙表面的作用下大大增加, 而粗糙度对换热的影响比较小而且取决于管道的形状。在 Re = 1600 和相对粗糙度 ε = 5.3% 的条件下, 水平槽道内的 Nu 数增加了 5% ~ 20%; 而微圆管内粗糙度反而使 Nu 数减小, 如图 8.6 – 20 所示[71]。

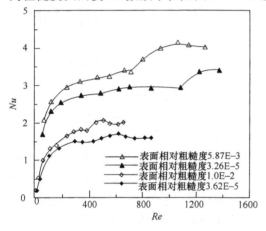

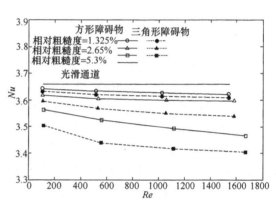

图 8.6 – 19　表面粗糙度对 Nu 数的影响[30]　　图 8.6 – 20　圆管表面相对粗糙度对 Nu 数的影响[71]

4. 固体表面亲水性的影响

Tretheway and Meinhart 的实验测量表明: 带有疏水涂层的微槽道中流体在固体表面上存在明显的速度滑移[72]。Ma 等对亲水和疏水表面微槽道中的流动进行了数值模拟, 指出: 液体可以更容易地保存在亲水表面的凹处[73]。

Wu and Cheng 对水在具有不同亲水性的梯形截面硅微槽内的层流换热和压降进行了实验研究[30]。图 8.6 – 21 和图 8.6 – 22 分别给出几组不同表面亲水性的梯形截面微槽内的表观摩擦常数和 Nusselt 数的比较。图中, 微槽#3 和#11、#5 和#12、#6 和#13 分别具有相同数量级的粗糙度, 而微槽#11、和#13 具有更强的亲水性。结果表明: 表面亲水性的增强使换热努塞尔数和流动摩擦阻力增大。

5. 表面几何形状的影响

在研究通常尺度非圆形管内的流动与换热时, 通常采用水力(当量)直径作为特征尺度。当液体在微管道中流动时, 液体中溶解的气体或者表面吸附的气体有可能对传热和流动特性有很大影响。当这些气体聚集在非圆管的角落上时, 槽道的湿周长变小, 实际流动截面积减小, 流体流速增加。湿周长变小会使摩擦阻力减小, 而流体流速增加却使摩擦阻力增大。过增元和李志信对这种条件下液体在方槽及相应的三角形槽道内的流动状况进行了数值分析[35~37]。槽道角落上气泡的大小以及几何形状与流体的表面张力以及接触角有关。数值计算结果表明湿周长受气泡尺寸的影响比平均流速所受的影响更大, 因此, 摩擦阻力随着湿周长减小而减小的程度比其随着平均流速的增大而增加的值要大。图 8.6 – 23 示出了方槽与相应的三角槽道中摩擦因数与 r/D_h 的关系，其中：r 为由于角落存在气体时气 - 液界面的曲率半径，D_h 为槽道水力(当量)直径。不同几何形状槽道中的气体对摩擦阻力的影响不同。液体中溶解的气体或者表面吸附的气体会使得实验测量出来的摩擦因数小于标准值。槽道截面积越小结果偏差越大。因此，在比较液体在不同几何形状或不同大小的相同形状的微槽道内的流动与换热计算关联式时，采用水力(当量)直径作为特征尺度是有问题的。

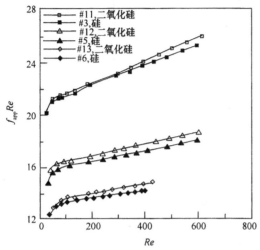

图 8.6 - 21　表面亲水性对表观摩擦常数的影响[30]

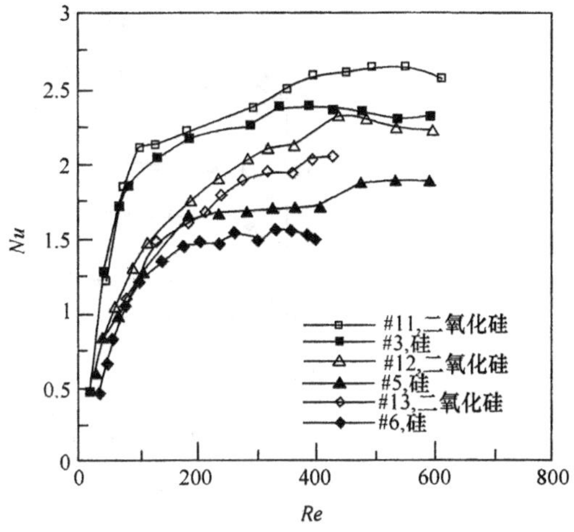

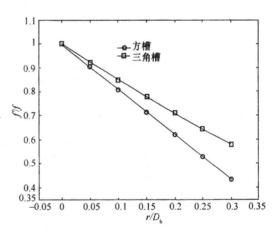

图 8.6 - 22　表面亲水性对 Nu 的影响[30]

Wu and Cheng 对水在梯形截面微槽内的流动阻力和层流换热特性进行了实验研究和分析比较[29,30]。结果表明：Navier - Stokes 方程仍然适用于当量直径小到 25.9μm 的光滑硅微槽内的层流流动；换热特性和流动阻力特性受微槽道的各种几何参数的影响很大，如图 8.6 - 24 和图 8.6 - 25 所示。研究表明，微槽道的各种几何参数对液体的流动与换热的影响比表面粗糙度和表面亲水性的影响更大。实际上，常规尺度下槽道的几何形状和各种几何参数对流体的流动与换热特性的影响也很大，例如：不同形

图 8.6 - 23　方槽与相应三角槽道中的摩擦因数[36]

状或相同形状不同尺度(如不同高宽比的长方形截面槽道)的槽道内充分发展层流的 Nusselt 数不同[74]。对于这一点，人们在早期研究微槽道内的流动与换热时似乎没有充分认识到，从而产生了很多错误和误解。

6. 固体表面静电场的影响

多数固体表面由于表面电势而带有静电荷。如果液体中含有哪怕是很少量的离子，固体表面上的静电荷会吸引液体中带相反电荷的离子建立起电场。固体表面上的静电荷与液体中平衡的电荷的分布被称为双电层(Electric - Double - Layer，记为 EDL)。双电层通常很薄，所以它对流动特性的影响一般可以忽略[36]。但是当通道直径在几微米量级时，双电层的影响就会变得重要起来。双电层的存在会影响液体中离子的运动，进而影响微槽内液体的流

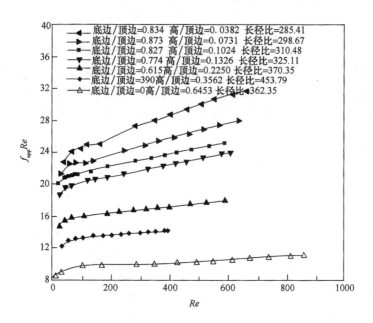

图 8.6 - 24　几何形状对阻力特性的影响[30]

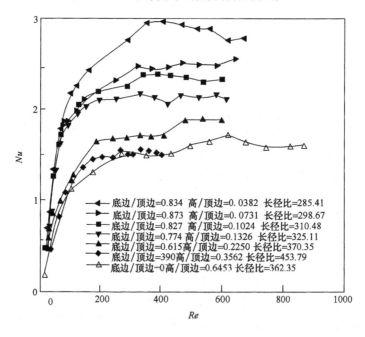

图 8.6 - 25　几何形状对 Nu 的影响[30]

动及换热特性。Mala and Li 等对固液界面上的双电层对液体流动特性的影响进行了分析和数值模拟[69]。对于高离子浓度的溶液，双电层的厚度只有几纳米；但是对于无限稀释的溶液，双电层的厚度可以达到 $1\mu m$。在这种条件下，双电层对液体的流动特性有较大的影响。在间距为 $20\mu m$ 的微槽中流动时，其体积流量大大低于经典流体动力学理论所预测的值；并且微槽中的流动摩擦系数随 ζ 电势的增大而增大[69]。

　　Yang and Li 和 Ren 等对双电层效应及其对压降和换热的影响进行了数值模拟和实验研究[75,76]。对于短边长为 $20 \sim 40\mu m$ 的长方形微槽内的流动，静电效应对摩擦因数和 Nusselt

数有很大影响[75]；双电层使纯水和稀释水离子溶液在微槽内流动的摩擦系数增大。但是，作者同时指出，对于大于 $40\mu m$ 的微槽内的流动，双电层对压降和换热的影响并不重要[75]。值得指出的是，近年来有些研究认为：已有的一些关于双电层对压降和换热的影响的研究夸大了其影响的程度。对此，还需要更深入的理论和实验研究。

7. 主导力的变化

槽道中流体的流动受到各种不同力的同时作用（如：表面力、体积力等）。对于一些流动和换热问题，某些力比较重要而其他的可以忽略。过增元和李志信对各种作用力与尺度的依赖关系进行了分析，见表 8.6 - 1[35~37]。指数较小的力（如：表面张力、黏性力、静电力），当尺寸减小的时候会越来越重要，甚至能起到主导作用。

表 8.6 - 1　各种作用力与尺度的依赖关系

名　　　称	与尺度的依赖关系	名　　　称	与尺度的依赖关系
电磁力	$\sim L^4$	惯性力	$\sim L^2$
离心力	$\sim L^4$	黏性力	$\sim L^1$
重力	$\sim L^3$	表面张力	$\sim L^1$
浮升力	$\sim L^3$	静电力	$\sim L^{-2}$

由于惯性力与物体特征尺寸的二次方成正比，而黏性力与特征尺寸的一次方成反比，所以当尺寸微细时，惯性力与黏性力的比值越来越小；浮升力对对流换热的影响也会减弱。过增元和李志信及罗小兵等以自然对流为例，对不同参数范围内各种力的相对大小以及不同 Ra 范围内自然对流换热准则关联式进行了分析[35~37,77]。从图 8.6 - 26 可以看出[35]，对于自然对流换热，当 $10^6 < Gr < 10^8$ 时浮升力主要与惯性力相平衡；而当 $10^1 < Gr < 10^4$ 时，惯性力可以被忽略。当 $Ra < 10^6$ 时，惯性力对自然对流的作用大大小于黏性力。不同 Ra 范围内各种作用力相对大小的变化使 Nu 与 Ra 的关系不同，如图 8.6 - 27 所示[77]。自然对流换热可以分为 3 个区：当 $Ra > 10^6$ 时，$Nu \sim Ra^{0.33}$；在微空间中当 $10^3 < Ra < 10^6$ 时，$Nu \sim Ra^{0.284}$；当 $Ra < 10^3$ 时，自然对流趋于零，黏性力和惯性力都可以被忽略，所以热传递只是通过导热进行。

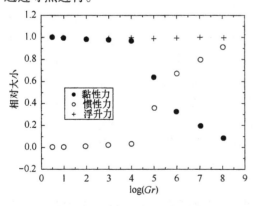

图 8.6 - 26　黏性力与惯性力的相对重要性

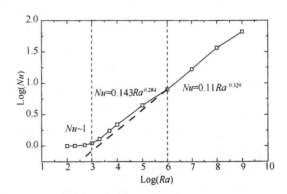

图 8.6 - 27　槽道中黏性力与惯性力的比

随槽道尺度的减小，浮升力对对流换热的影响会减弱。到目前为至，关于微槽道中混合对流换热的研究还很少。姜培学等对超临界二氧化碳在竖直微细圆管中的局部对流换热进行了实验研究和数值模拟[78,79]，研究了浮升力对换热的影响。结果表明，在尺度比较小时

（如：内径 0.27mm），在雷诺数 Re 大于 4000 的条件下，即使超临界压力条件下流体物性的变化非常剧烈，浮升力对对流换热的影响也不大；但是当 Re 比较小时（如 2900 以下），超临界压力条件下流体的剧烈变物性使浮升力对对流换热的影响很大。

8. 管壁轴向导热的影响

一般来说，常规大尺度槽道的壁厚比槽道直径小很多。因此，在大尺度槽道对流换热的研究中，壁面中的轴向导热的影响通常被忽略。但是，当管壁比较厚、槽道壁的导热系数比较大时，壁面中的轴向导热对换热过程的实验结果会产生影响。Mori 等和 Shah and London 研究了壁面中的轴向导热对管内层流换热的影响，发现由于壁面中的轴向导热 Nu 会处于 4.36 与 3.66 之间，即介于等壁温与等热流密度边界条件下的 Nu 之间[80,81]。司广树和姜培学对水平槽道对流换热实验研究中，壁面上的测温槽几何尺寸及槽内填充材料对壁温的测量精度和对流换热面上的热流和温度分布的影响进行了数值研究[82]。结果表明：合适的填充材料和开槽几何尺寸对提高测量精度、改善对流换热面的热流分布十分重要，二者中任何一项选取不当都会引起不容忽视的测量误差，并使对流换热面上的热流分布与通常的假设不完全符合，从而引起对流换热的实验误差。对于微槽道中的对流换热，由于加工工艺的限制，壁面厚度与管道直径可能基本上是一个数量级，甚至壁面厚度更大。因此，微槽道中壁面的轴向导热可能会对流体在其中的对流换热过程尤其是对流换热的实验结果产生显著影响。

Choi 等的实验研究结果表明：水力直径在 $9.7 \sim 81.2 \mu m$ 管道中的平均 Nu 数比大尺度下的标准值低很多；平均 Nu 数随着 Re 的增加而增大[16]。Takano 的实验研究也得到了类似的结果[37]，实验研究中圆管的内径为 $52.9 \mu m$，外径为 $144.7 \mu m$，结果如图 8.6 - 28 所示。Choi 等和 Takano 以及大部分实验研究中都采用了一维假设来计算外管壁及流体与槽道内流体之间的总热阻[16]。但是，正如上面所指出的，微槽道中壁面的轴向导热很可能对流体与壁面之间的对流换热的实验结果产生显著影响。因此，一维假设并不适用于微槽中总热阻和对流换热系数的计算[35~37]。也许这也是为什么在同样的实验研究中，流体的流动特性与经典理论的预测值很好地吻合，而对流换热的实验结果却大大区别于经典理论的重要原因。

过增元和李志信针对 Takano 的实验研究条件，对微圆管壁面中的导热与管内对流换热的二维耦合传热问题进行了数值计算[35~37]。图 8.6 - 29 示出了考虑与不考虑轴向导热情况下、在不同的槽道壁厚与直径比值条件下 Nu 随 Re 的变化。在采用不考虑轴向导热的一维假设条件下，数值计算结果与 Takano 的实验研究结果具有相似的变化趋势，即：平均 Nu 大大小于大尺度下的标准值，并且随着 Re 的增加而增大。而在考虑轴向导热的二维假设条件下，数值计算得到的微圆管中的 Nu 是约为 4 的常数，而不是 Re 的函数。这说明，一维假设条件下得到的微槽中的对流换热系数的实验结果比常规尺度的标准值低[35~37]。需要指出的是，从图 8.6 - 28 和图 8.6 - 29 可以发现，过增元和李志信[35~37]的一维假设条件下的数值计算结果与 Takano 的实验数据有比较大的差异，其原因尚不清楚，除了某些影响因素外，实验测量误差也许是一个重要原因。

9. 流体中悬浮颗粒的影响

流体中悬浮的颗粒已被证明由于存在表面拖曳效应而影响普通尺度管道中流动的湍流[83~85]。纤维状颗粒的表面拖曳效应的主要机理是湍流核心动量传递的抑制[83,84]。Ghiaasiaan and Laker 的研究表明，流体中悬浮的微尺度颗粒可能是已有的微尺度槽道对流换热实验数据相互矛盾并与经典理论不一致的重要原因[86]。然而，对此还需要更细致、深入的研究和实验验证，包括微尺度颗粒的尺度、浓度等的影响规律。

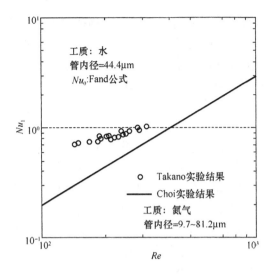
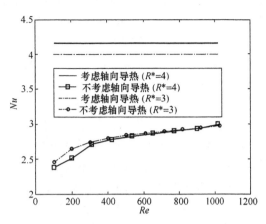

图 8.6 - 28　微槽中 Nu 的变化[35~37]　　图 8.6 - 29　考虑或不考虑槽道壁面导热时的 Nu[35,36]

10. 测量精度的影响

在微槽道流动与对流换热的实验研究中，一些参数(如流速、管道尺寸等)的值都很小，所以很难精确测量。例如，Pfahler 等管道高度测量的相对误差达到了 20%[14]。

过增元和李志信等曾经对微玻璃圆管中的流动阻力进行过实验研究[35~37]。开始使用的是 40 倍的显微镜，测量得到的管道直径为 84.7μm。根据这个尺度整理实验数据得到的摩擦因数比传统理论的计算值大。但是当采用 400 倍的显微镜和电子扫描显微镜进行测量时，发现管道的直径为 80μm。利用这个更为精确的管道直径测量值，结果发现根据实验数据得到的摩擦因数的实验结果与理论计算值吻合一致。

D. Lelea 等对去离子水在内径为 0.1mm、0.3mm 和 0.5mm 的不锈钢圆管内的层流(Re <800)局部对流换热与平均摩擦系数进行了实验研究和数值模拟[87]。其目的是针对文献中已报道的实验研究结果存在很大分散性的状况，通过准确的测量实验研究微细圆管内对流换热和流动特性，并与数值模拟及常规尺度下的理论计算结果进行对比。结果表明：包括进口段在内的常规或经典理论仍然适用于水在所研究的微细管道内的流动与换热。

杜东兴等对圆管中不可压流体流动的 Darcy 方程的不确定度进行了分析[62]。摩擦常数 fRe 的不确定度为：

$$\frac{\delta(fRe)}{(fRe)} = \left\{ \left(\frac{\delta(\Delta p)}{\Delta p}\right)^2 + \left(4\frac{\delta d}{d}\right)^2 + \left(\frac{\delta l}{l}\right)^2 + \left(\frac{\delta m}{m}\right)^2 \right\}^{\frac{1}{2}} \qquad (6-13)$$

式中，m 为质量流量，Δp 为压力降，d 为管道直径，l 为管道长度。上式表明管道直径的测量误差对摩擦常数(fRe)实验结果的测量误差有很大的影响。以往许多实验研究得出不同的摩擦因数和对流换热系数的实验结果以及准则关联式的差异很可能是(至少一部分是)由于实验数据的测量误差引起的。

对于微槽道中单相流体流动与换热，Palm 也认为实验研究中偏离经典理论的现象的原因可能包括几何尺度(当量直径)和温度的测量误差[5]。

总之，上述 10 个方面因素都会单独或综合起来对微槽道中的流动和换热过程产生影响。由于已有的不少研究结果相互矛盾，微槽道内对流换热的研究还不很成熟，因此，很难给出公认准确、考虑各种影响因素的流动与换热计算关联式。一些综述性论文中列举了许多计算关联式，例如：Palm[5]，Obot[9]，Sobhan and Garimella[2]、Darin et al.[31]、Gad－el－Hak[32,38]、Mehendale[33]、Rostami et al.[34]、Wu and Cheng[30]等人的文章。在设计微型换热器时，必须综合考虑上述影响因素，选择合适的计算关联式进行计算和设计。

（三）超临界流体在微细管道内对流换热

1．超临界流体概述

任何一种纯物质都存在3种相态——气相、液相和固相。三相呈平衡态共存的点为三相点，气、液两相呈平衡状态的点为临界点，即饱和液体线和饱和汽线相交的点。临界点上液相和气相已经没有任何差别。临界状态的压力和温度（即：临界压力和临界温度）是液相与气相能够平衡共存时的最高值。不同的物质其临界压力和临界温度各不相同。

从$p-v$图（图8.6－30）上可以看出，在低于临界温度时，压力和比容沿等温线的变化是非连续性的，在饱和线处会产生相变，等压部分就是气液共存的相变过程。在临界温度下相变过程仅发生在一个点上，这个点的压力就称为临界压力。在高于临界温度时，等温线是连续的，而且从微观角度来看，是发生了一个从液相流体到气相流体的连续转变过程。

在超临界压力下，变物性是流体的主要特征之一，尤其是在临界点附近（压力为临界压力的1~1.2倍处），物性变化对换热的性能影响很大。从图8.6－31中可以看到，在超临界压力下流体的物性参数在很窄的温度区间内剧烈变化，只有密度和焓是单调变化的，比热和体积膨胀系数在这个温度区间内分别有一个很陡的温度峰值。在$1<P/P_{cr}<1.1$范围内，峰值区间内的物性值比亚临界或超超临界条件下的值可能高10倍以上。在给定压力下比热达到峰值的那个温度定义为准临界温度；随着压力的升高，准临界温度也持续上升。另外，在准临界温度附近，换热系数很高（图8.6－32），而随着热流密度的提高，换热系数在准临界温度附近的提高将减弱，甚至完全消失[88]。

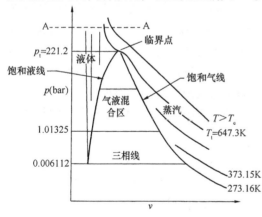

图8.6－30　水的$p-v$图

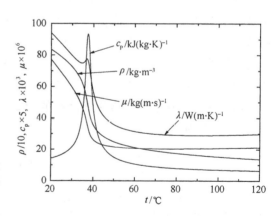

图8.6－31　超临界压力（8.5 MPa）下CO_2的物性变化

对于超临界流体对流换热的早期研究主要开展于上世纪50年代末期及60年代，由于超临界压力火电站的研究和应用，美国和苏联对超临界流体的换热性能进行了很多实验、理论和数值模拟研究，并取得了很多成果，深入认识了超临界压力条件下流体流动与换热的一些特殊规律[89~94]。近年来，随着高新技术发展，超临界压力流体在微细尺度管道中的对流换热引起人们的关注，其应用背景主要涉及跨临界二氧化碳空调、制冷与热泵系统、超临界压水堆核电站、超临界二氧化碳高温气冷堆、液体火箭发动机中超临界氢的发汗冷却、超临界水氧化技术中多孔壁面的防护和冷却以及超临界低温流体对超导体的冷却[78,95~97]等。

2. 超临界流体在微细管道中的对流换热

如上所述，现有已公开发表的对微细槽道中流动与换热特性的研究中，多是集中于常规流体，而对于超临界流体在微细槽道中流动与换热的研究则比较少。

Liao 等对超临界 CO_2 在 $0.6 \sim 1.0mm$ 微细管道中的层流换热特性进行了数值模拟[98]，得到了相应的速度和温度分布及局部努塞尔数 Nu。计算结果表明：当管径减小到 $0.6mm$ 时，向上流动和向下流动的 Nu 差别很小；当入口 Re 大于 1000，管径小于 $1mm$ 时，浮升力的影响可以忽略。

Liao 等对水平和竖直细管中（最细为 $0.5mm$），超临界 CO_2 被加热或冷却时的平均对流换热特性进行了实验研究[99,100]。结果表明：管径对 Nu 影响很大，Nu 随管径减小而显著下降；即使在 Re 高达 10^5 的受迫对流中，

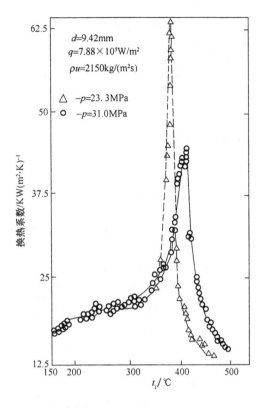

图 8.6 – 32　水在管内的对流换热
系数在准临界温度附近的变化[88]

浮升力仍然对换热有强烈的影响，表现在水平流动、向上流动和向下流动的换热有很大区别；在准临界点附近，向下湍流流动的对流换热系数远低于相同工况下水平流动和向上流动的对流换热系数。这些结果与以往的研究结果及其数值模拟结果不一致[98]。

近年来，清华大学热能工程系的姜培学领导的课题组对超临界二氧化碳在微细管内的对流换热开展了系统的实验研究与数值模拟[78,79,101,102]，包括超临界流体在内径分别为 $0.948mm$ 和 $0.27mm$ 圆管内的局部对流换热特性。结果表明：超临界压力条件下流体强烈的变物性对微细圆管内的对流换热有很大影响；浮升力对微细圆管内对流换热的影响较之于对大尺度管道内换热的影响相对减弱；而热加速会对微细圆管内的对流换热产生影响。例如，在内径为 $0.27mm$ 的圆管内，当雷诺数 $Re > 4000$ 时，即使热流密度很高，浮升力及热加速对对流换热的影响也不大（图 8.6 – 33）；但是当 Re 比较小时（如 2900 以下），强烈的变物性及热加速对对流换热的影响依然明显，而浮升力对对流换热的影响不大（图 8.6 – 34）。

多年来，国内外学者针对常规尺度圆管内超临界压力流体的湍流强制对流换热提出了不同形式的计算关联式，其中最具代表性地是由 Protopopov、Krasnoshchekov 和 Protopopov 及 Grigoriev 提出的下列准则关联式[91,103,104]：

$$\frac{Nu_0}{Nu(x/d)} = \frac{1}{\varepsilon_1(x/d)\varepsilon_\varphi(x/d)} \tag{6–14}$$

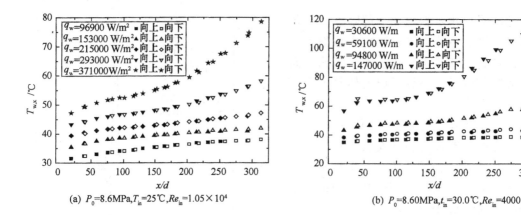

(a) $P_0 = 8.6$MPa,$T_{in} = 25$℃,$Re_{in} = 1.05 \times 10^4$ (b) $P_0 = 8.60$MPa,$t_{in} = 30.0$℃,$Re_{in} = 4000$

图 8.6-33 向上和向下流动壁面温度比较

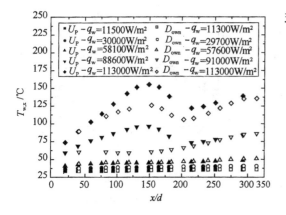

图 8.6-34 向上和向下流动壁面温度比较

($P_0 = 8.60$MPa, $T_{in} = 30.0$℃, $G = 0.12$kg/h, $Re_{in} = 2900$)

式中：

$$\varepsilon_1 = 1 + 2.35 Pr_f^{-0.4} Re_f^{-0.15} (x/d)^{-0.6}$$

$$\exp(-0.39 Re_f^{-0.1} \cdot x/d) \quad (6-15)$$

$$\varepsilon_\varphi = \left(\frac{\rho_w}{\rho_b}\right)^{0.4} \left(\frac{\overline{c_p}}{c_{pb}}\right)^n \quad (6-16)$$

$$\overline{c_p} = \int_{T_b}^{T_w} c_p dT / (T_w - T_b)$$

$$= (h_w - h_b) / (T_w - T_b)$$

$$(6-17)$$

当 $\overline{c_p}/c_{pb} > 1$ 时，$n = 0.7$

当 $\overline{c_p}/c_{pb} < 1$：

$$n = \begin{cases} 0.4 & T_w < T_{pc} \text{ 或 } T_b \geqslant 1.2 T_{pc} \\ n_1 = 0.22 + 0.18(T_w/T_{pc}) & T_b < T_{pc} \text{ 或 } 1 < T_w/T_{pc} < 2.5 \\ n_1 - (5n_1 - 2)[T_b/T_{pc} - 1] & 1 < T_b/T_{pc} < 1.2 \end{cases} \quad (6-18)$$

式(6-17)和(6-18)中的温度为绝对温度；Nu_0 为常物性条件下光管湍流的努塞尔数，选用由 Petukhov et al. 和 Gnielinski 提出的如下计算式[105,106]：

$$Nu_0 = \frac{\frac{\zeta}{8}(Re - 1000)Pr}{1 + 12.7\sqrt{\frac{\zeta}{8}}(Pr^{2/3} - 1)} \quad (6-19)$$

$$(2300 \leqslant Re \leqslant 10^4; 0.5 \leqslant Pr \leqslant 200)$$

$$Nu_0 = \frac{\left(\frac{\zeta}{8}\right)RePr}{1 + \frac{900}{Re} + 12.7\sqrt{\frac{\zeta}{8}}(Pr^{2/3} - 1)} \quad (6-20)$$

$$(10^4 \leqslant Re \leqslant 5 \times 10^6; \ 0.5 \leqslant Pr \leqslant 5 \times 10^5)$$

$$\zeta = (1.82\lg Re - 1.64)^{-2} \qquad (6-21)$$

对微细管内的对流换热的结果表明[78,79,101,102]，当流体进口温度高于该压力下的准临界温度时，局部对流换热系数远小于流体进口温度低于同压力下的准临界温度的工况值；当流体进口温度高于其对应准临界温度值时，强制对流换热局部对流换热系数与常规尺度圆管内计算关联式(6-14)~式(6-21)的计算值以及与 CFD 模拟结果非常接近；而流体温度低于准临界温度且壁面温度高于准临界温度时，计算值及 CFD 模拟结果与实验结果的差别较大。

二、微槽式微型换热器

微槽式微型换热器是目前微型换热器中最常见的一种，其流动槽道一般是在很薄的硅片、金属或其他材料的薄片上加工而成，这些薄片可以单独使用形成平板式换热器，又称微槽式散热器(图 8.6-1)，也可以多片焊在一起形成顺流、逆流或交叉流换热器。

(一)微槽式散热器

1981 年 Tuckerman 和 Pease 率先提出了"微槽式散热器"的概念(图 8.6-1)，并对其换热性能进行了实验研究[10]。实验结果表明，在温差为 70℃ 以下时，这种微槽式散热器的单位面积散热量最高可达 1300W/cm²。正是由于意识到微槽式换热器这种很强的散热潜力，此后，很多人对微槽式散热器的传热性能进行了实验研究。

1984 年，Tuckerman 测量了液体(水)流经由硅蚀刻出来的不同槽道宽度(55~60μm)和深度(287~376μm)的矩形槽道微散热器的流动特性和换热特性[11]，发现实验结果与其理论预测值基本吻合，单位面积的散热量最高可达 1309W/cm²，相应地总热阻则小至 0.080℃/(W/cm²)。1986 年，Koh 等也进行了类似的实验研究[107]。结果表明：在维持硅片温度小于130℃ 的条件下，单位面积的散热量可以达到 1000W/cm² 以上。1987 年，Mahalingam 等人通过实验比较了两种不同尺寸的微小槽道微槽式散热器的传热性能[108]，实验中以空气为工质，壁面最大温差为 60℃。实验结果表明，对于深度分别为 1140μm 和 1700μm、宽度分别为 127μm 和 250μm 的矩形槽道，其可达到的热流密度分别为 135W/cm² 和 100W/cm²。1992年，Beach 和 Benett[109] 等人利用光刻法研制出 1 个槽宽 25μm、深度 150μm、肋宽 25μm 的微槽式散热器，用来冷却高强度二极管束激光器。实验表明：流体流经微小槽道的压力损失与流体流量近似成正比关系，其热阻最小可达 0.013℃/(W/cm²)。

(二)微槽式换热器

用于两种流体之间进行热量交换的微槽式微型换热器首先由 Swift、Miliori 和 Wheatley 于 1985 年研制出来[110]，其结构如图 8.6-35 所示。由于交叉流换热器在制造和结构布置上的便利，大多数微槽式微型换热器采用交叉流形式。

微加工技术为微尺度换热器的实验研究提供了便利条件。1986 年，Cross 和 Ramshaw[111] 利用化学蚀刻法使用厚度为 0.5mm 的铜板制造出 1 个由槽道宽度为 400μm、深度为 300μm 的矩形微槽道组成的印刷线路换热器(PCHE)，其单位体积传热系数为 7MW/(m³·K)。1990 年，Bier 和 Keller 等人则研制出 1 个槽道宽度为 100μm、深度为 78μm 的微型换热器[112]，其单位体积内换热面积为 14240m²/m³，并以水为工质对其流动特性和换热特性进行了实验研究。实验结果表明：在流量为 20g/s 的条件下，其单位体积传热系数为 324MW/(m³·K)；冷水侧压降为400kPa，雷诺数为 600，相应的热水侧雷诺数为 1700，总传热系数为 22.8kW/(m²·K)。1992 年，Friedrich 和 Kang[113] 进行了类似的实验研究工作，不同的是其微小槽道是通过精密的钻石切削形成的，槽道的截面形状为梯形：上部宽 275μm、底部宽 115μm、深度为

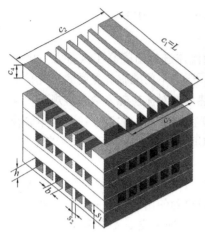

图 8.6-35　微槽式微型换热器结构图与实例

80μm、槽道中心间距为 353μm。该微型换热器由 80 片厚度为 127μm 的铜箔组成，每片有 36 个微型槽道，其单位体积内换热面积为 6876m²/m³。在质量流量为 45g/s 的条件下，其单位体积传热系数高达 44.3MW/(m³·K)，相应的冷水侧压降为 340kPa，雷诺数为 252，热水侧雷诺数为 492。他们还指出，若改用矩形槽道，预计单位体积传热系数也可以达到 300MW/(m³·K)左右。1994 年，Wild 和 Oellrich 等比较了两种不同材料制成的矩形槽道微型换热器[114]：一种材料厚度为 100μm 的铜板，槽道宽度为 103μm、深度为 70μm、肋宽为 30μm；另一种材料厚度为 100μm 的不锈钢板，槽道宽度为 105μm、深度为 60μm、肋宽为 30μm。二者均以液氮为工质，工作在低温范围内。实验结果表明，前者的效率要比后者高出很多。可见，不同的结构尺寸和材料的选取也对换热器的传热性能影响很大。

就实质而言，微槽结构的采用是源于其在强化传热方面的双重优势：既扩展了传热表面，同时又由于尺寸的微小而大大增加了对流换热系数。例如，对于微槽内充分发展的层流，努塞尔数 $Nu = \alpha D_e / k_f$ 是一个常数。因此，对于一个当量直径为 100μm、深宽比为 4.0 的微槽（对应的常热流条件下充分发展的 Nu 为 5.35），若以水为工质，此时的对流换热系数 $\alpha = Nuk_f / D_e$ 约为 32000W/(m²·K)，相当于沸腾换热的数量级。这样，即使在较小的温差下，依然能带走大量的热量。这恰恰适合于微电子冷却等场合的特殊要求，使得微槽结构有着相当广阔的发展前景，正引起越来越多研究者的关注，并逐步得以推广应用。从目前掌握的数据来看，大多数研究者所选取的矩形槽道的深度与宽度的比值范围在 0.4~10.0 之间，微槽宽度和间距大致在 20~400μm 之间，微槽高度则一般为几百微米，微槽长度通常为 0.1~2.0cm，基片厚度由于要承受一定的运行压力，一般在几十到一百微米之间。

至今为止，微槽式散热器多采用深槽结构（深度与宽度比大于 1），而微槽式微型换热器则多采用扁槽结构（深度与宽度比小于 1）。这一方面与实际加工的限制及结构强度要求有关：前者多采用硅片，且为单片结构；后者则多采用金属片，加工相对困难，且为多片焊接在一起，需要有足够的强度以满足焊接和运行时的要求。另一方面，微槽式微型换热器所采用的扁槽结构顺应了人们对换热表面高紧凑性的要求，因为在换热器体积一定的条件下，微槽深度越小，越容易得到较大的换热面积；而且，随着微槽当量直径的减小，传热系数也将增加。然而，减小微槽当量直径增加传热系数的同时，微槽内的压力损失也在急剧增加，而且压力损失的增加速率远远高于传热系数的增加速率。目前，微槽式微型换热器的压降大致

在 200 ～ 400kPa 之间，而普通换热器的压降则一般为 10 ～ 100kPa，这意味着在相同的流量

条件下，微槽式微型换热器运行时的泵功消耗将高达普通换热器的几倍甚至几十倍以上。这无疑将增加微槽式微型换热器的运行成本。因此，在设计微槽式微型换热器时，在考虑强化传热的同时，还应兼顾到压降的合理性。这时，深槽结构就显示出了其特有的优越性。一方面，深槽结构的当量水力直径相对较大，流动损失相对较小；另一方面，已有的理论分析结果表明，深槽的传热性能也明显优于扁槽。因此，深槽结构可以在一定程度上解决强化传热与压力损失之间的矛盾。

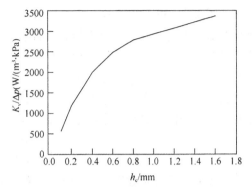

图 8.6 - 36　槽道深度对单位体积
换热系数与压降之比的影响
（假设槽道的宽度为 0.2mm）

理论分析和数值计算表明[115,116]：随着槽道的深/宽比的适当增大，微槽式微型换热器的综合传热性能有所提高，如图 8.6 - 36 所示。

姜培学、范明红等在 1998 年首次研制了一种深槽结构的换热器[115,116]，这种换热器由 30 片厚 0.7mm 的铜箔组成，槽道的宽度、深度及槽道间距分别为 0.2mm、0.6mm 和 0.2mm，单位体积内传热面积 2895m²/m³，见图 8.6 - 37。

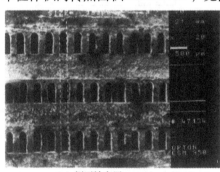

(a) 侧面放大图

(b) 实物照片

图 8.6 - 37　微槽式微型换热器的侧面放大图和实物照片[115,116]

图 8.6 - 38 给出了微型换热器流动阻力随工质流速的变化关系[115,116]。图中所列出的 4 种换热器分别是：所研制的深槽微型换热器（标号 MHE1）和多孔式微型换热器（标号 MHE2，后面第三节将予以讨论），Kang 研制的扁槽微型换热器（标号 MHE3）和 BR10 型板式换热器（标号 HE4）[8]。显然，在增加流速提高换热器传热能力的同时，换热器的流动阻力也在大大增加。图中还表明：在相同的流速下，深槽微型换热器（MHE1）的压力损失远远小于扁槽微型换热器（MHE3）以及 BR10 型板式换热器（HE4）。在深槽微型换热器（标号 MHE1）的实验中，工质质量流量在 0.009kg/s 到 0.34kg/s 之间，对应的流速范围为 0.13 ～ 4.97m/s，压降则从 1kPa 升至 90kPa。图中还给出了数值模拟结果及由槽道内充分发展的层流计算关联式(6 - 22)的计算结果。

图 8.6 - 39 示出了摩擦阻力系数 f 的实验结果随工质雷诺数 Re 的变化关系，图中同时比较了光滑槽道内充分发展的层流与湍流摩擦阻力系数计算关联式的计算结果：

$$f = 68.35/Re \qquad (6 - 22)$$

$$f = 0.316/Re^{0.25} \qquad (6-23)$$

由图 8.6-38 和图 8.6-39 可以看出，流动阻力和摩擦阻力系数的实验结果比数值模拟及光滑槽道内充分发展的层流与湍流计算关联式的计算结果[式(6-22)和式(6-23)]大。其原因在于实验中微小槽道的相对粗糙度比较大(约 1.9% ~12.1%)。此外，在绝大多数条件下微小槽道的相当大部分处于进口段。此外，正如有些研究者发现的，在 $Re = 600$ 附近流体的流态已经发生了变化，即从层流区进入了过渡区。这很可能是由于突缩进口以及壁面粗糙度等的影响使临界雷诺数减小。整理实验数据得到如下准则关联式：

$$f = 1639/Re^{1.48} \qquad Re < 600 \qquad (6-24)$$

$$f = 5.45/Re^{0.55} \qquad 600 < Re < 2800 \qquad (6-25)$$

上述关联式分别如图 8.6-39 中实线和虚线所示，实验点与关联式偏差在 ±10% 以内。

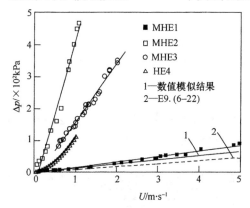

图 8.6-38　换热器的流动阻力 Δp
随工质流速 U 的变化关系

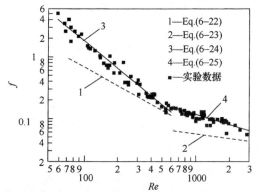

图 8.6-39　深槽微型换热器的摩擦阻力
系数 f 随工质雷诺数 Re 的变化关系

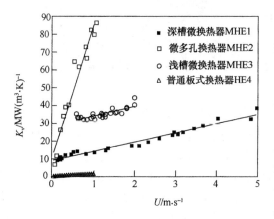

图 8.6-40　几种微型换热器单位体积
换热系数的比较

图 8.6-40 是上述 4 个换热器的单位体积传热系数 K_v 随工质流速 U 的变化关系。显然，微型换热器的单位体积传热系数远远高于常规的板式换热器。这一点充分体现了微型换热器相对于常规换热器的独到之处。同时也说明单位体积传热系数这一指标在一定程度上表现了微型换热器的本质特征——体积的微小和换热表面的超紧凑性。图中还表明：微槽式微型换热器 MHE1 和 MHE3 随工质流速的变化速率基本相同，但扁槽结构的 MHE3 的单位体积传热系数要高于深槽结构的 MHE1。在深槽结构微型换热器的实验中可达到的最大质量流量为 0.34kg/s，对应的工质流速为 4.97m/s，此时换热器的单位体积传热系数为 38.5MW/(m³·K)，单位面积传热系数为 13.3kW/(m²·K)，比常规板式换热器的最佳传热系数还要高出 1~2 倍。

图 8.6-41 给出了平均努塞尔数 Nu 随无量纲长度 X^+ 的变化关系。从图中可以看出：随着无量纲长度 X^+ 的增加，平均努塞尔数 Nu 减小，从 12.9 降到 3.0。而且，与不同的流态相对

应，平均努塞尔数 Nu 随无量纲长度 X^+ 的变化规律也存在两个不同的区域：当 $X^+ < 0.05$ 时，平均努塞尔数 Nu 随无量纲长度 X^+ 的增加而急剧下降；当 $X^+ > 0.05$ 时，平均努塞尔数 Nu 随无量纲长度 X^+ 的增加而下降的趋势则相对缓和得多。这一方面是不同流态的影响，另一方面，热进口效应也不可低估。对于两个不同的区域分别整理得到如下实验关联式：

$$Nu = 0.52(Re\,Pr\,De/L)^{0.62} \qquad X^+ < 0.05 \qquad (6-26)$$

$$Nu = 2.02(Re\,Pr\,De/L)^{0.31} \qquad X^+ > 0.05 \qquad (6-27)$$

实验点与关联式的偏差在 $\pm 10\%$ 以内。

图 8.6-42 示出了微槽式微型换热器的传热有效度 ε 与传热单元数 NTU 的关系。图中曲线为一次交叉流、两侧水的比热容量相等且均无横向混合时的 $\varepsilon - NTU$ 关系。其对应的理论计算公式为[117]：

$$\varepsilon = 1 - \exp\{NTU^{0.22}[\exp(-NTU^{0.78}) - 1.0]\} \qquad (6-28)$$

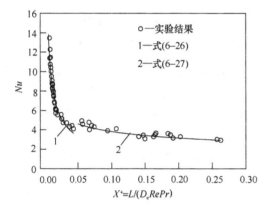

图 8.6-41　平均努塞尔数 Nu 与无量纲
长度 X^+ 的变化关系

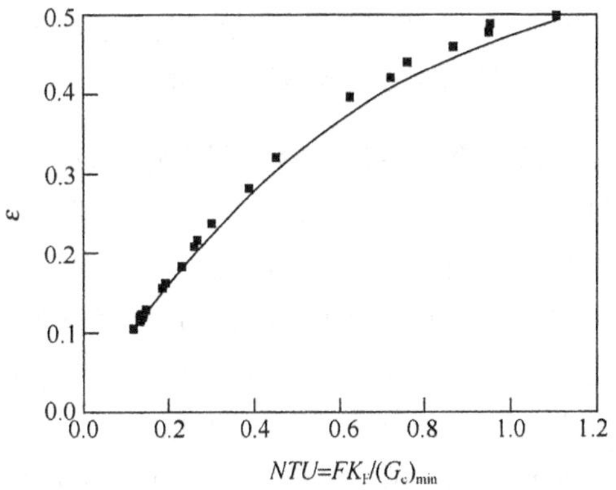

图 8.6-42　冷、热水比热容量相等时微槽式
微型换热器的 $\varepsilon - NTU$ 关系图

从图中可以看出，所有实验结果都略高于理论计算值。这是由于实验中很难保证冷热水的流量严格相等，从而导致冷热水的比热容量较小者与较大者的比值略小于 1.0，相应地，传热有效度有所提高。分析表明，传热有效度的实验值与理论计算值之间的偏差一般小于 5%，这也验证了实验数据的可靠性。

比较 MHE1 和 MHE3，我们不难发现深槽结构的优点所在：压力损失相对较小（约为扁槽结构的 1/3）的情况下，同样可以实现较大的单位体积传热系数。其实验中获得的最大 $K_v = 38.5\,MW/(m^3 \cdot K)$，与扁槽结构的 MHE3 的最大 K_v（$44.5\,MW/(m^3 \cdot K)$）相当，而对应压降却从 MHE3 的 340kPa 降至 90kPa，与常规换热器的压降相当（小于 100kPa）。这说明在降低泵功消耗方面，深槽结构的优势是很明显的。

图 8.6-43 和图 8.6-44 分别示出了几种换热器单位体积传热系数与泵功之比，以及单位体积传热系数与压差之比的对比。4 种换热器的单位体积传热系数 K_v 与泵功 N 的比值从大到小依次为：MHE1、MHE3、MHE2、HE4。这说明在兼顾传热和泵功时，深槽结构的微型换热器 MHE1 要好于其他两种微型换热器 MHE2 和 MHE3；多孔式微型换热器的 K_v/N 比微槽式微型换热器的要低。从 4 种换热器的单位体积传热系数 K_v 与其压差 Δp 之比随工质流速 U 的变化规律可以清楚的看出，在兼顾传热和流动阻力时，深槽结构的微型换热器 MHE1 要好于其他两种微型换热器 MHE2 和 MHE3；而多孔式微型换热器与扁槽结构微型换热器相

差不多；常规的板式换热器的综合性能最差。

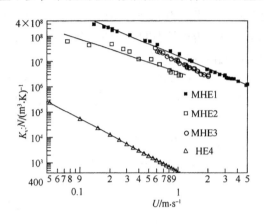

图 8.6-43 换热器的单位体积传热系数与
泵功之比随工质流速的变化关系

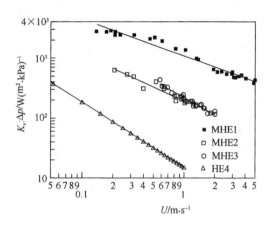

图 8.6-44 换热器的单位体积传热系数与
压差之比随工质流速的变化关系

姜培学等进一步地对不同深宽比（6:1 和 3:1）和不同材料（紫铜和不锈钢）的微槽式微型换热器的传热和流动性能进行了实验研究，对其流动与传热性能进行了综合评价[118]。深宽比为 6:1 的微槽式微型换热器的单位体积内传热面积为 2728m²/m³。图 8.6-45 同时给出了深宽比为 6:1 和 3:1 的微槽式微型换热器的流动阻力。深宽比较大的微槽式微型换热器的流动阻力较小，这与理论分析及数值计算的结果相吻合。冷水侧压降比热水侧略大，主要是因为水的黏度随温度的降低而增大。

图 8.6-46 示出了当冷、热水流量近似相等时，微槽式微型换热器的单位体积传热系数 K_v 随工质质量流量 G 的变化关系。在深宽比为 6:1 的紫铜微槽式微型换热器的实验中可达到的最大质量流量为 0.257kg/s，对应的工质流速为 4.73m/s，此时换热器的单位体积传热系数为 20.2MW/(m³·K)，单位面积传热系数为 7.42KW/(m²·K)。图中同时给出了深宽比为 3:1 的微槽式微型换热器的 K_v 随 G 的变化关系。结果表明，使用相同材料时，深宽比为 3:1 时的微换热器的单位体积传热系数比深宽比为 6:1 时的大，说明深宽比越小微型换热器越紧凑。深宽比相同时，使用铜材料的体积传热系数比使用不锈钢材料的体积传热系数大。但是，同时考虑传热与流动阻力特性时，深宽比为 6:1 的微槽式微换热器比深宽比为 3:1 的微槽式微换热器的综合性能更好（详见第四节）。

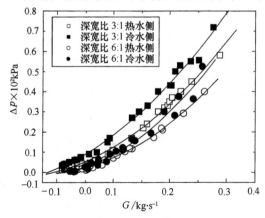

图 8.6-45 深槽微型换热器的流动阻力特性

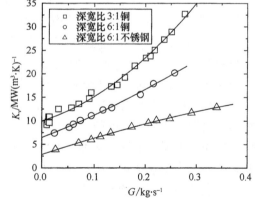

图 8.6-46 深槽微型换热器的传热特性

在微型换热器的研制方面，德国科学家做了大量卓越的工作。K. Schubert 等对微型换热器的加工、交叉流微型换热器和逆流微型换热器、微结构电加热器和蒸发器、微混合器及微反应器等进行了深入研究和详细介绍[119]。他们通过精密加工技术制造了各种尺寸和流动方式的微槽式微型换热器，其单位体积内换热面积约 $15000m^2/m^3$。以水为工质，在流量为 7000kg/h 的条件下，热流密度和总传热系数可达 $200kW/m^2$ 和 $54kW/(m^2 \cdot K)$，而在流量为 700kg/h 时的压降为 600kPa。他们实验测试了 3 种体积均为 $1cm^3$ 不同尺寸的叉流式微型换热器，发现相同流量下水力直径越小，换热能力越强（热负荷大，总传热系数大）。图 8.6-47 是他们研制的微换热器及其周边设备（封装）的实物图。

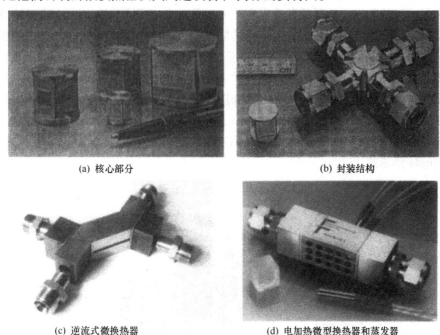

(a) 核心部分

(b) 封装结构

(c) 逆流式微换热器

(d) 电加热微型换热器和蒸发器

图 8.6-47　德国 Karlsruhe 研究中心研制的叉流式微换热器[119]

W. 埃尔费尔德等介绍了微型换热器的 3 种不同的设计方法[120]，即：带有宽而扁平流道的微型换热器、带有窄而深流道的微型换热器和带穿透通道的微型换热器，以及微型换热器的性能测定。高红等对微型换热器的研究进展进行了综述，分析了微型换热器的特点、材料及形式，微型换热器的最佳外形尺寸，微型换热器的冷却方式及在微电子冷却系统的应用[121]。

（三）超临界流体微型换热器

出于环保的要求，国际制冷界越来越重视和提倡使用自然工质。1992 年，挪威 Lorentzen 教授提出了跨临界 CO_2 制冷循环[95]。通过对各种候选工质的毒性、物理性质与热力学性能、材料互溶性和其他实用特性的研究，许多研究者预测二氧化碳作为一种自然物质，将是下一代较理想的制冷剂。CO_2 作为环保的自然工质不破坏臭氧层，如果考虑到制冷系统中用到的 CO_2 本身可以是工业副产品的再利用，则完全可以认为没有温室效应的影响。因为现有汽车空调冷媒 R134a 和早先的 R12 对自然环境的泄漏和排放量巨大，为了能迅速缓解人工工质对自然界的影响，跨临界 CO_2 循环最先在汽车空调上得到应用。之后，跨临界 CO_2 循环向制冷、热泵的各个应用领域迅速扩展，包括汽车空调、汽车热泵供热、居室制冷与热泵供热、热泵热水器、特殊环境控制设备、商用空调以及大型干燥机等。

　　作为制冷界的一个热点研究领域，跨临界二氧化碳制冷空调与热泵系统的研究工作正在全球迅速展开，它由压缩机、蒸发器、储气罐、气体冷却器、内部换热器及节流阀等组成，如图8.6-48所示。气体冷却器和内部换热器是提高跨临界二氧化碳系统性能的重要组成部分。国内外的研究均表明，微通道换热器在跨临界 CO_2 系统应用中有着很好的表现。这是因为 CO_2 在气体冷却器中压力可达10MPa以上，处于超临界状态，常规尺寸的换热器设计因耐压需要显得非常厚重，紧凑式换热器则体现出高效轻便的优点。微小管径非常适合超临界 CO_2 的高工作压力；超临界 CO_2 在小管径下的高换热系数与相应减小的制冷剂侧表面积相当匹配；超临界 CO_2 的物性，如低的黏度有利于 CO_2 在微小通道内的流动；微通道换热器相对传统尺寸的换热器在缩小超临界 CO_2 侧体积的同时，可以使低换热系数侧如空气侧面积相对增加，提高换热器紧凑度。挪威J. Petterson首先设计出了适用于跨临界 CO_2 汽车空调的微通道换热器，如图8.6-48所示[122]，集流腔和换热扁管见图8.6-49所示[124]。双筒集流管和微通道换热扁管的实物图如图8.6-50和图8.6-51所示[125]。对传热特性的研究表明，从内/外径3.4mm/4.9mm减至2.0mm/3.2mm到后来发展的0.79mm内径换热扁管，随着管径的减小，可有效增加管内换热系数，同时相对增加空气侧的换热面积，减轻换热器重量，提高换热器的传热系数。

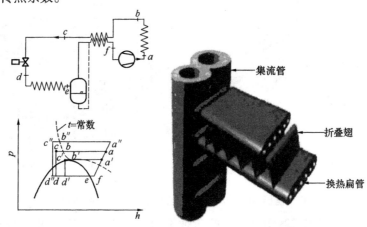

图8.6-48　跨临界二氧化碳制冷系统与气体冷却器示意图[95,122,123]

　　表8.6-2为国外两例采用微通道气体冷却器的实验数据[125]。其中，Yin使用的集流管与换热扁管结构尺寸如图8.6-49所示[124]，Y. Zhao使用有10个微孔、内径为1.0mm的换热扁管[126]。

表8.6-2　微通道气体冷却器参数

参　　数	Yin[124]	Y. Zhao[126]	参　　数	Yin[124]	Y. Zhao[126]
迎风面积/m²	0.195	0.150	空气侧表面积/m²	5.2	3.0
扁管长度/m	0.545	0.430	测试换热量/kW	0.5～10.5	3.74～8.61
扁管数	34(13、11、10)	34(17、17)	测试压降/kPa	20～180	—
翅片高度/mm	8.89	8.00	测试 CO_2 质量流量/(g/s)	19.6～56.3	17.9～39.6
气冷器宽度/m	0.367	0.348			

邓建强等研制了跨临界 CO_2 制冷循环使用的内部换热器[127]，其一侧为压力达 10MPa 以上的超临界 CO_2 流体被过冷，另一侧为压力为 4MPa 的亚临界 CO_2 蒸气被过热。图 8.6-52 为微通道板翅式换热器的内部通道截面结构示意图。截面共 6 层沟槽，其中第 2、5 层为超临界侧流体换热通道（图中为深色细线条矩形槽），其他为亚临界侧流体换热通道，深色粗线条为层间隔板，图 8.6-53 为实物照片。

Heun 专门研究了超临界 CO_2 微通道换热器的结构和性能，以及不同的流

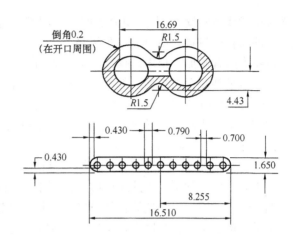

图 8.6-49 气体冷却器集流管和微通道换热扁管[124]

程设计对换热器性能的影响。研究结果表明：通道的直径越小（目前设计为 0.79mm），通道数应越多，每个通道的长度应越短，单位换热量占用的体积越小[128]。

图 8.6-50 双筒集流管[125]

图 8.6-51 微通道换热扁管[125]

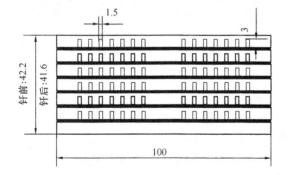

图 8.6-52 微通道板翅式内部
换热器内部通道结构示意[127]

图 8.6-53 跨临界 CO_2 汽车空调用
微通道板翅式内部换热器[127]

三、微槽式微型换热器的材料及加工方法

由于许多具体的应用要求微型换热器要具有很好的密封性、耐高温、抗腐蚀以及耐高压，因此，金属和合金通常被选为微型换热器的基础材料[119]。换热器材料还可选用聚甲基

丙烯酸甲酯或者陶瓷等[120]。研究表明：选用镍材料制造的微型换热器单位体积的传热性能比相应的聚合体材料的换热器高 5 倍多，单位质量的传热性能也提高了 50%[129,130]。

近年来随着微加工技术的提高，电子和机械工业的发展，人们可以制造出流体通道深度范围由几微米到几百微米的高效微型换热器。目前可采用的微加工方法主要有：光刻法（LI-GA）、电火花法（EDM）、离子束加工法、化学蚀刻技术、钻石切削技术、精密锯削法、金属线切割、平板印刷术、微电子控制加工技术以及离子束加工技术等等[115,121]。微槽式微型换热器的加工制造步骤如下[119]。

第一步，微加工。采用诸如精密切削或精密铣的机械加工方法对金属薄片进行微加工。这些加工方法比较快并且比较便宜，可以用于多种材料的加工。不锈钢、耐蚀镍基合金、铜、铝、钛、黄铜、银和钯等材料已经被采用天然钻石、陶瓷合金或氮化硼制作的微小车刀进行了微结构加工，在金属薄片上实现了宽度小至 8μm 的微槽的加工。其他加工方法还有激光切割、微电火花加工和微蚀刻。

图 8.6-54 示出了在 100μm 厚的铜薄片上，由微机械加工方法加工出来的深 70μm、宽 100μm 的槽。微槽的底部两个相邻微槽之间肋的厚度均为 30μm。随着微加工技术的发展，目前已经可以加工出深宽比很大的微槽道，这为深槽结构的微型换热器的研制奠定了基础。图 8.6-55 示出了中国科学院高能物理所加工的深宽比较大的微槽道。

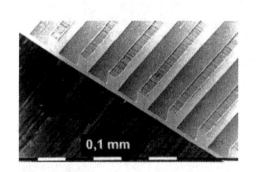

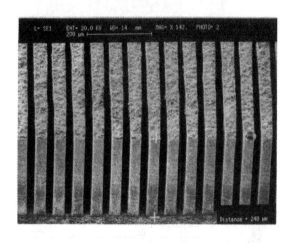

图 8.6-54　铜薄片上由微机械加工的深 70μm、　　　　　图 8.6-55　中国科学院高能物理所加工的深宽
宽 100μm 槽的扫描电镜照片[119]　　　　　　　　　　比较大的微槽道的扫描电镜照片

第二步，多层组装和扩散焊。金属薄片在被微加工后，需要进行切割、清洗并一层层堆积起来。根据微型换热器的设计结构与微板片的安排，可以实现各种不同型式的微型换热器，如：交叉流或逆流换热器。微结构薄片堆积起来之后可以进行扩散焊，即把堆积起来的微结构薄片放进真空炉内，在微结构薄片堆上施加几万牛顿的力，真空炉内的温度一般在 500～1000℃。在扩散焊过程中微薄片接触面的材料通过边界扩散到相邻薄片中。为了获得稳定而密封良好的结构，必须采用合适的材料和结构与温度/压力的关系。图 8.6-56 示出了成功焊接的交叉流装置。图 8.6-47（a）是德国 Karlsruhe 研究中心研制的各种微换热器的核心部分。

第三步，流体配装。焊接好的微换热器核心部件需要与盖板及合适的配件（包括常规的管接头）焊接在一起。作为一种焊接方法，电子束焊接是通用性最好的，因为它可以高强度地连接不同的材料，并且在高温度负荷下不会引起微结构太大的应力，因而具有高稳定性。图8.6-57示出了各种尺度和用途的微槽道装置[119]。

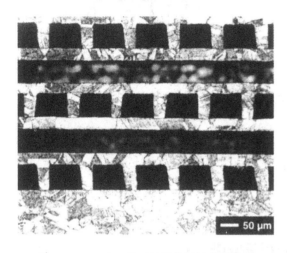

图8.6-56　交叉放置并扩散焊接的微槽道　　　　图8.6-57　用于换热与化学过程的各种
　　　　薄片的扫描电镜照片[119]　　　　　　　　　　尺度的交叉流与逆流微槽道装置

第四步，质量控制。在微换热器的加工过程中需要始终伴随质量控制与记录。微换热器加工好后需要进行泄漏速率和抗压能力的测试。使用氮气作为试验流体，槽道的平均水力直径可以通过测量微换热器进、出口压差来确定。可以用测量氮气在通道之间及通道与环境之间的泄漏速率检测微换热器的密封特性。文献[119]中对于不锈钢制作的微装置，在室温条件下压差达到100MPa、300℃条件下压差为5MPa，经过6h的试验，微结构反应器的性质没有受到影响。动力学实验同样成功——频率为1Hz、压力为15MPa的100万次压力脉冲作用在一个微结构反应器的通道上。通过这些试验后，没有发现泄漏速率的增加。

在某些对抗压和耐温要求不高或在实验研究的情况下，可以采用更为简单的组装和锡焊方法。文献[115，116，118]在组装用线切割工艺加工的微型换热器时，为了去除微槽内的污垢，首先使用超声波等清洗方法反复清洗各片；再在每片的两个背面（即无槽道一侧）均匀镀以焊锡薄层，或在每片沿槽道方向的两边专门为布焊锡的微小槽道内放置微细银丝；然后，将各相邻两片交叉叠放在一起，并覆以顶部盖板；再放在预先设计的夹具上夹紧；整体均匀加热，直至焊锡或银丝熔化，停止加热，待冷却后即形成交叉流式微型换热器，见图8.6-37。研究过程中也尝试用注射器往每片两侧预先留好的黏结槽里注入专门的金属粘结剂。

由于微型换热器的微小尺寸以及相对较小的流量，使得实验段的密封尤为重要。文献[115，116，118]为微型换热器的实验研究设计了一套通用的封装结构，如图8.6-58所示，其原理与文献[8]的封装结构相似。每次封装前，所有组件都要用丙酮溶液反复清洗，以防止杂质堵塞微型换热器的微小流道。在图8.6-58所示的方孔的4个角处涂上适量的密封胶，然后将微型换热器的核心部分压入封装结构的方孔内。上下各用一块不锈钢板和密封垫，用4个螺栓将封装结构固定并压紧。为了提高温度的测量精度，在热水和冷水的出口通道中设置了混合器。

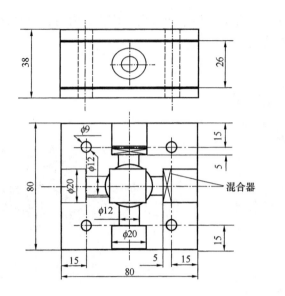
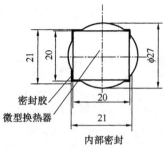

图 8.6－58　微型换热器的封装结构

第三节　多孔微型换热器

多孔微型换热器是指利用微小金属颗粒烧结或涂敷于金属薄板、管子表面或者填充于管间，或者利用微尺度泡沫金属或微细板翅结构制成的微型换热器。多孔结构的用途之一即可用于强化换热。近些年来，人们对多孔介质、泡沫金属、烧结丝网及微细板翅等强化传热的机理与技术开展了比较深入的研究。研究表明：颗粒堆积床、泡沫金属、烧结丝网及微细板翅等多孔结构能大大强化换热，是某些重要场合下强化换热的有效手段；结构特点和尺度不同的多孔结构强化换热的效果与流动阻力特性有很大差异。多孔介质、泡沫金属或微细板翅结构内，对流换热的强弱直接影响多孔微型换热器的换热性能。

一、多孔结构强化单相对流换热

多孔介质是有固体骨架的多相共存空间。在多孔介质中流体可以从一端渗透到另一端，故多孔材料又可称为可渗透材料。多孔介质中的流动和传热是构成众多自然现象和工程实际的基本过程。在此过程中，各相物质自身及其间的质量、动量和能量传递规律十分复杂，人们对这些规律的认识也从浅到深经历了较长的过程，理论分析、数值模拟和实验研究等手段在其中得到广泛应用。随着人们对这一领域认识的深入和知识的积累，多孔介质传热传质已成为一融多学科知识、对理论和实验要求都很强的传热学研究领域。

多孔介质按其基本结构（固体骨架或孔隙）的分布特性分为有序多孔介质和随机多孔介质，前者如等直径球体规则排列形成的多孔颗粒层，后者如面包、土壤等。多孔结构有多种具体形式，如：颗粒堆积床、烧结金属粉末、毛毡滤芯、打眼筛孔的挡板、纤维膨化结构构件以及由高分子材料或陶瓷材料作成的可渗透的镀层等。这些多孔结构具有以下两个基本特征：①相对于所研究的物体而言，结构的典型基本单元（孔）尺寸非常小；②基本单元之间存在流动和传热方面的相互作用。

多孔介质的结构特点（空隙通道的弯曲性、无定向性和随机性）使多孔结构中的流动过程非常复杂。除在流速很低的情况外，其中流动多显示出非层流的特点。由于受固体骨架的影响，流体在多孔介质中不停地发生掺混和分离，流速的大小和方向也在不停地改变，这使得流体的流动阻力大幅度增加，从层流到湍流的流态转变也大大提前。

多孔介质中的传热过程包括固体骨架（颗粒）之间导热、孔隙中流体的导热、二者间的对流传热（可以是强迫、自然或混合对流换热，也可以为单相换热、凝结换热和沸腾换热）以及骨架或气体的辐射传热（影响较大时才考虑）。

多孔介质中的热质传递现象广泛存在于自然界以及工农业生产过程中，人们对多孔介质传递现象的关注与研究由来已久。从 1856 年 H. Darcy 在对地下水源的研究中提出多孔介质中流体流动的 Darcy 定律开始，多孔介质研究就开始了其漫漫征途。20 世纪科学技术的迅猛发展和生产实践的迫切需要，为多孔介质中热质传递现象的深入研究提供了动力和技术的保障，也拓宽了此研究所涉及的领域，并为这方面的研究成果找到了广阔的应用天地。目前，多孔介质传热传质方面的研究成果已用于核反应堆冷却、大型激光器反射镜的冷却、煤炭的储存开发与燃烧、高温元件的发散冷却、铸造砂型的传热传湿、热管多孔芯吸液与传热、化工填充床、太阳能与废热储能、航空航天器的热防护、石油热采、地热热储流动与传热、地下核废料热质扩散、环境工程中垃圾与污水处理、土地盐碱化与污染、火灾的消防、建筑与绝热材料中的传热传湿、物品干燥与保鲜、土壤内养分水分传递、生物体内的传递现象及强化换热等诸多领域。多孔结构中的热物理现象和过程相当多样和复杂，其流动与换热规律的研究多年来一直是国际传热学界的热点与前沿。

多孔结构能引起流体强烈的掺混，增强热量的传递过程，即使在很低流速下也能通过热弥散效应大大改善传热状况。Jeigarnik 等对装有多孔材料的水平通道内的对流换热进行了系统的理论分析和大量的实验研究[131]。结果表明：多孔介质可使换热系数提高 5 ~ 10 倍，当然，水力阻力也大大增加；单相冷却介质流过多孔结构是保护受高强度热流作用的结构部件的一种有效方法，强激光镜的冷却就是其中一个典型的应用实例。冷却介质在这种多孔结构中不断改变流动方向，形成射流和分离漩涡流动，可使传热效果提高几个量级[132,133]。Subbojin 和 Haritonov 全面而详尽地综述了利用多孔结构进行强化换热的强激光镜冷却系统中的流动与传热特性[133]，指出：使用多孔介质可以大大强化传热，并且使用单相水就可以达到很高的热流密度，最高可达 $4 \times 10^7 \mathrm{W/m^2}$。Nasr[134] 等人对埋设在球形颗粒（铝、玻璃、氧化铝和尼龙）形成的堆积床中的圆管外表面与流体间的受迫对流换热进行了实验研究，发现：堆积床使换热努塞尔数大大增加，而且，颗粒的导热系数越大，换热系数增加得越多（对于铝球，传热努塞尔数增加了 7 倍）。Chrysler 和 Simons 建议使用球形颗粒堆积床来强化传热[135]；Kuo 和 Tien 建议采用海绵状金属结构来强化微电子芯片的冷却换热[136]；Mohamad 和 Viskanta 等人则考虑以陶瓷颗粒形成的堆积床来强化多孔结构燃烧器——加热器中燃烧产物与冷却介质间的对流换热[137]。

近些年来，姜培学等对流体（水、空气和超临界二氧化碳）在烧结或非烧结多孔槽道及微细多孔结构中的流动与换热开展了系统的实验研究、理论分析和数值模拟[138~150]。研究了对流换热系数随颗粒直径呈现的非单调性变化规律、烧结与非烧结多孔结构中对流换热的异同与机理、多孔介质内部对流换热规律及换热表面上的边界热特性与边界条件、微多孔介质内部流动与换热规律及微尺度效应、超临界压力流体在多孔介质中的流动与换热规律等。图 8.6-59 示出了烧结多孔槽道的实物照片。

在流动阻力方面，研究表明[138,140,142,144,148,149]：在物性变化不大的条件下，水、空气或超临界压力二氧化碳在常规尺度颗粒堆积多孔结构中流动的摩擦阻力系数可以由下式很好地描述[151]，实验数据和数值模拟与其很好地吻合（图 8.6-60、图 8.6-61）。

d_p=1.4~2.0mm　　d_p=1.0~1.4mm　　d_p=0.5~0.71mm

图 8.6 - 59　烧结多孔槽道的实物照片

$$f_e = \frac{\varepsilon_m^3}{1-\varepsilon_m} \frac{\rho_f d_p}{3M^2} \frac{\Delta p}{L} = \frac{36.4}{Re_e} + 0.45 \quad (Re_e < 2000) \tag{6-29}$$

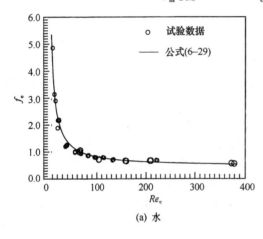

(a) 水

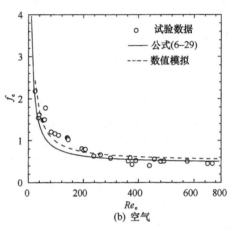

(b) 空气

图 8.6 - 60　水或空气在多孔结构中的摩擦阻力系数

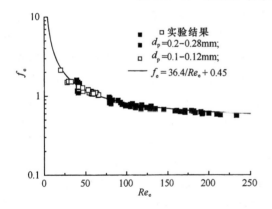

图 8.6 - 61　等温流动时超临界压力二氧化碳在多孔
结构中的摩擦阻力系数与等效雷诺数的关系

(p = 7.7 ~ 9.7MPa, $T_{f,b}$ = 23 ~ 29℃, G = 0.5 ~ 2.4kg/h)

烧结多孔结构与非烧结多孔结构的最大区别在于颗粒与颗粒之间以及颗粒与换热壁面之间的接触热阻消失或大大减少,这使得多孔骨架的导热能力大大增强。此外,由于烧结过程有可能改变多孔结构、使孔隙率分布有所变化,靠近壁面的孔隙率比非烧结颗粒堆积多孔结构中的小。因此,烧结多孔结构比非烧结多孔结构更能发挥固体骨架的"延伸体"作用,烧结多孔结构比非烧结堆积多孔结构具有更好的强化换热能力,二者的局部 Nu 的对比如图 8.6 - 62、图 8.6 - 63 所示;图 8.6 - 64、图 8.6 - 65 示出了烧结与非烧结多孔介质槽道中的平均 Nu 与 Re 间的关系。

可以看出,不论实验段中的工质是空气还是水,烧结多孔结构的对流换热能力都要高于非烧结堆积多孔结构的对流换热能力。空气在烧结多孔结构与非烧结多孔结构在换热能力的差别要大于水在它们中间的差别,这是由于固体骨架的"延伸体"作用对于强化空气在多孔介质中的对流换热所占的比重更大。在所研究的参数范围内,非烧结多孔结构分别使水或空气的平均对流换热系数提高了 4 ~ 5 倍和 3 ~ 6 倍，而烧结多孔结构分别使水或空气的平均对流换热系数提高了 6 ~ 9 倍和 4 ~ 27 倍；颗粒直径与颗粒材料以及流动速度都会对强化换热效果产生很大影响。然而，多孔结构强化对流换热是以很大的流动阻力为代价的。

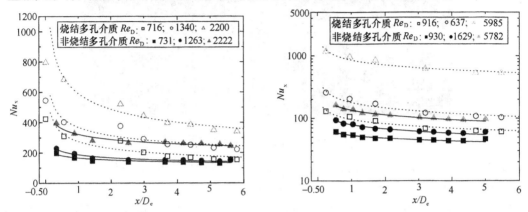

图 8.6 - 62　水在烧结与非烧结多孔结构中局部 Nu_x　图 8.6 - 63　空气在烧结与非烧结多孔结构中局部 Nu_x

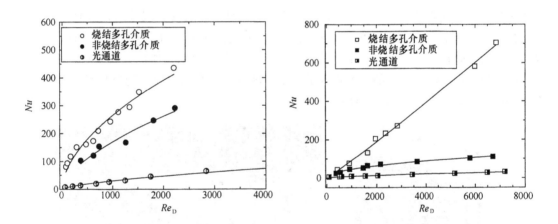

（——：实验结果拟合值；○，●，◐：□，■，▣：实验结果）　图 8.6 - 65　空气在烧结多孔介质中的平均 Nu

图 8.6 - 64　水在烧结多孔介质中的平均 Nu

二、泡沫金属强化换热

多孔泡沫金属是一种新型功能材料。由于它具有独特的结构和性能，在工业中有着广泛的应用前景。以较大孔径和高孔隙率为特征的泡沫金属，是一种利用固体表面的物理特性产生特殊作用的功能材料，它的发明已经有 30 多年。多孔泡沫金属的结构见图 8.6 - 66 所示。随着材料科学的发展，泡沫金属越来越成为新材料研究的重点[152]。多孔泡沫金属根据用途的不同分为通孔和不通孔两大类[153]。泡沫金属的结构表征主要参数有：孔径、孔隙率、开孔度、通孔率、比重及流通特性等。

泡沫金属有如下特点：

1. 较大孔径　孔径在 0.5 ~ 5.5mm 或更大（一般的粉末冶金多孔金属孔径不大于 0.3mm）。

2. 高孔隙率　孔隙率在 40% ~ 90%（一般粉末冶金多孔金属孔隙率不大于 45%）。

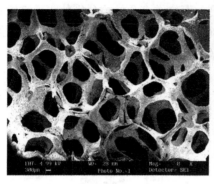

图 8.6-66　多孔泡沫金属的结构示意图

3. 密度小　随孔隙率的变化而变化，密度仅为同体积金属的 0.1~0.6 倍。

4. 比表面积高　比表面积在 $6~40cm^2/cm^3$。

5. 金属骨架的成分组织可以调节　保持金属特征，当作为结构功能材料时，可通过结构加固以提高强度；当孔隙中填入特殊材料时，可以具备特殊性能。

　　由于泡沫金属的特殊物理结构，使具有较高的阻尼性能、优良的热物理性能、优异的渗透和通流性能、优异的吸声及电磁屏蔽性能等[154]。泡沫金属的表观导热系数介于一般金属（或合金）及隔热材料之间，导热系数随孔隙率的提高而下降，并与传热条件有关。泡沫金属具有大的表面积，并使散布其中的流体产生复杂的三维流动，所以具有良好的散热能力。通孔泡沫金属可以用来制作热交换器及散热器；闭孔泡沫金属可以作绝热材料。对于泡沫结构在换热器中的应用如图 8.6-67 所示。

图 8.6-67　换热器中应用的泡沫金属结构

　　泡沫金属的特性与其空孔的形态有关，而这又取决于其制造方法。合理而先进的制造方法是成功制备泡沫金属的关键。文献[155]介绍了泡沫金属的制造方法，如：烧结法(粒子烧结法、纤维烧结法)、电镀法、加压铸造法(多孔质粒子分散法、中空三维骨架法)及发泡法(溶解度差法、粉末冶金法、无重力混合法、金属液直接混合法)等。

　　针对泡沫金属的研究归纳起来主要包括两大方面：一是有关多孔泡沫金属的制备工艺的研究[156~159]；二是有关多孔泡沫金属性能的研究[160~174]，如：力学性能、吸声性能、电磁屏蔽性能、抗冲击性能、透过性能以及泡沫金属传热性能。

　　研究表明：泡沫金属的导热系数强烈地依赖于泡沫金属的孔隙率以及孔之间连接处的结构[166]。T. J. Lu 等研究了通孔泡沫金属结构强化对流换热以及在紧凑式换热器中的应用[170~172]。此外，T. J. Lu 等还研究了流体在用金属丝编制的多孔结构内的对流换热，其结构如图 8.6 - 68 所示[172]。Bhattacharya 和 Mahajan 对在金属肋间加入泡沫金属材料的强迫对流换热问题开展了实验研究[175]。结果显示：对 5ppi (point per inch)和 20ppi 的泡沫金属材料在流速为 0.5~1.9m/s 情况下对流换热系数可以达到 1000W/(m·K)，而压降只有 60Pa 左右。美国

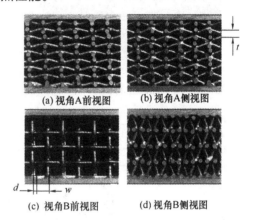

(a) 视角A前视图　　　(b) 视角A侧视图

(c) 视角B前视图　　　(d) 视角B侧视图

图 8.6 - 68　金属丝编制的多孔结构

ORNL 研究所对于碳泡沫结构的制备以及其在强化换热中的应用等方面做了相关的研究[176]，对于应用泡沫结构的水冷、气冷换热器的强化换热效果进行了比较。

　　王晓鲁等对空气分别流过镍和铜泡沫金属的对流换热特性开展了实验研究，并进行了对比[177]。实验段如图 8.6 - 69 所示，泡沫金属结构见图 8.6 - 70。两种材料的泡沫金属特征参数均为 20PPI，(Pointperinch)孔隙率均为 92%。

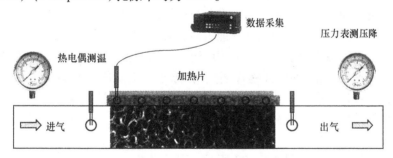

图 8.6 - 69　实验段示意图[177]

　　从图 8.6 - 71 可以看出，镍材料泡沫金属结构使空气的对流换热能力增加了 9~11 倍；铜材料泡沫金属结构使空气的对流换热能力增加了 6~12 倍。从图 8.6 - 72 可以看到，泡沫金属由于其内部结构的复杂性也导致了气体流过实验段的压降增大。

　　从上面的介绍可以看出，近年来国际上对于泡沫金属强化换热开展了大量的实验研究和数值模拟。由于泡沫金属结构具有很好的强化传热性能及低流动阻力等特点，因此泡沫金属结构在强化换热及新型换热器中有很好的应用前景。

图 8.6 - 70　泡沫金属实物图（镍）[177]

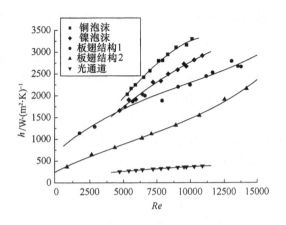

图 8.6 - 71　四种结构对流换热能力比较[176]

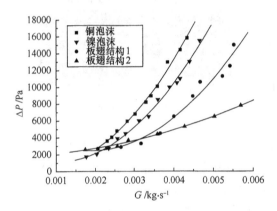

图 8.6 - 72　四种结构阻力性能比较[176]

三、微细板翅结构强化换热

对烧结与非烧结多孔结构槽道表面上对流换热的实验研究和数值模拟结果表明：烧结多孔结构与非烧结多孔结构相比，前者的颗粒与颗粒之间以及颗粒与换热壁面之间的接触热阻大大减少甚至消失，使得多孔骨架的导热能力大大增强，更能发挥固体骨架的"延伸体"作用，具有更好的强化换热能力。这说明提高多孔骨架的导热能力对强化换热非常重要。此外，由于多孔介质边壁区域的孔隙率显著变化，在边壁区域引起流动速度的分布不均，产生边界层的边壁沟流效应。已有的研究表明：孔隙率从壁面到中心的衰减对换热不利，减小近壁面处的孔隙率可增大多孔介质换热效果。

考虑壁面孔隙率以及多孔骨架的导热能力对换热能力的影响，文献[145，178，179]构造了微细板翅结构，并对水和空气流过紫铜或锡青铜微细板翅结构中的对流换热进行了实验研究，全面分析和比较了相同材料（锡青铜）、孔隙率和实验段尺度的微细板翅和烧结多孔结构中的对流换热特性；同时，设计制作了相同外形尺寸和材料（紫铜）、不同板翅间距和孔隙率的微细板翅结构，实验研究其间流体的流动和换热特性，并对综合换热性能进行了对比分析。

微细板翅结构的横截面如图 8.6 - 73 所示，照片见图 8.6 - 74。微细板翅结构其实与换热器中普遍采用的肋片没有本质区别，其主要区别在于微细板翅的尺寸小、排列紧密，更接近于规则排列的微细多孔结构。微细板翅结构可以采用线切割或 MEMS 加工。文献[145，178，179]所研究的微细板翅结构的材料和具体尺寸见表 8.6 - 3。

图 8.6 - 75 示出水和空气流过 4 种微细板翅结构和烧结多孔结构的阻力系数与流量的关系。阻力系数的定义式如下：

$$f = \frac{\Delta p}{\frac{1}{2}\rho u^2 \frac{L}{W_c}}（微细板翅）\quad f = \frac{\Delta p}{\frac{1}{2}\rho u^2 \frac{L}{d_\varepsilon}}（多孔结构）\tag{6-30}$$

式中　$d_\varepsilon = \dfrac{4-\pi}{\pi}d_{\mathrm{p}}$ ——多孔结构的孔隙水力直径；

　　　　ρ , u ——工质的密度和速度。

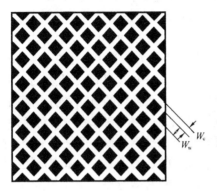

图 8.6 - 73　实验段横截面示意图
（黑色为线切割剩下部分，即菱形柱子）

图 8.6 - 74　微细板翅结构照片

表 8.6 - 3　实验段的材料、结构尺寸和孔隙率

实验段	材　料	结　构	W_{w}	W_{c}	ε
No. 1	青铜	微细板翅	0.7	0.2	0.40
No. 2	紫铜	微细板翅	0.7	0.2	0.40
No. 3	紫铜	微细板翅	0.8	0.2	0.36
No. 4	紫铜	微细板翅	0.8	0.4	0.56
No. 5	紫铜	微细板翅	0.8	0.8	0.75
No. 6	青铜	烧结多孔	$d_{\mathrm{p}} = 0.5 \sim 0.71\mathrm{mm}$		0.40

可见，如果微细板翅结构合理，阻力系数会大大减小。

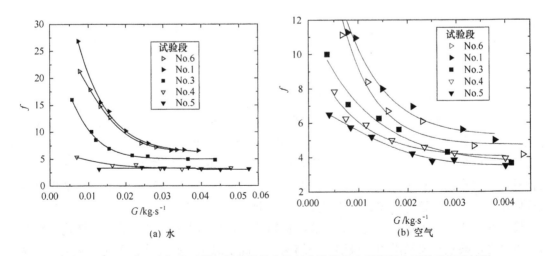

图 8.6 - 75　水和空气流过微细板翅结构和烧结多孔结构中摩擦阻力系数的实验结果

相对于空槽中的对流换热，在实验参数范围内，这 5 种微细板翅结构（No.1 - 5）分别使水的对流换热系数增加 6～16 倍、18～21 倍、13～14 倍、21～24 倍、14～16 倍，分别使空

气的对流换热系数增强了 26 ~ 27 倍、20 ~ 37 倍、26 ~ 34 倍、26 ~ 40 倍、16 ~ 29 倍，大大强化了换热。图 8.6 - 76 示出了水和空气在第 4 种微细板翅结构中的对流换热实验结果。

图 8.6 - 77 示出了在相同 Re 下，水和空气在微细板翅结构（No. 1、No. 2）与在烧结多孔介质（No. 6）中的对流换热的比较。可见，水和空气在微细板翅结构的对流换热能力强于相同材料、相同孔隙率下烧结多孔介质中的换热；水和空气在纯铜微细板翅结构（No. 2）的对流换热能力强于在青铜微细板翅结构（No. 1）的对流换热能力。其中，水在微细板翅结构与烧结多孔介质中对流换热系数的差别很大，而空气在二者中的换热能力的差别却不是很大。前面对水和空气在烧结多孔结构与非烧结多孔介质中的对流换热的研究表明，烧结多孔介质中的对流换热能力高于非烧结多孔介质中的对流换热能力；空气在二者中的对流换热能力的差别要大于水在它们中间的差别。这与这里的研究结果似乎不一致，但是仔细分析微细板翅和多孔介质中的换热机理，就会发现二者实际上是统一的、不矛盾的。微细板翅结构的有效导热系数 $(\lambda_e \geq (1 - \varepsilon)\lambda_s)$ 远远大于烧结多孔结构的有效导热系数 [约为 3.4W/(m · K)][144]。因此，微细板翅结构更有利于将热量尽快传递到流体内部，充分发挥肋壁效应。由于水传递热量的能力大大强于空气的热传递能力，因而水在微细板翅结构中能够把更多的热量从加热表面传递出去，从而使其表面上的对流换热系数远远大于在烧结多孔介质中表面上的对流换热系数。而空气则不然，其自身的热传递能力比较弱，微细板翅结构很强的导热能力不能够充分发挥出来，因而，空气在微细板翅结构和烧结多孔介质中的换热能力的差别不是很大。

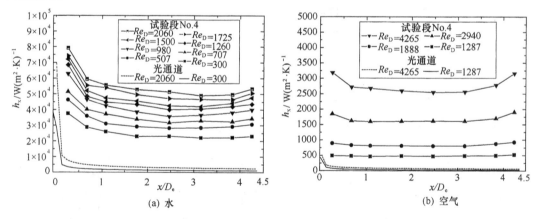

图 8.6 - 76 　水和空气流过微细板翅结构 No. 4 中局部对流换热系数

图 8.6 - 78 对水和空气在 4 种紫铜微细板翅结构（No. 2 ~ 5）中的对流换热进行了比较。在相同雷诺数条件下，第 4 种微细板翅结构（$W_w = 0.8$mm，$W_c = 0.4$mm，$\varepsilon = 0.56$）中的换热情况好于另外 3 种微细板翅结构。其原因可能在于在相同的 W_w 条件下，若 W_c 和 ε 太大，则总换热面积减小而不利于换热；而若 W_c 和 ε 太小，尽管总换热面积增大了，但是相邻微细板翅间距的减小使板翅与流体的换热温差减小，同样不利于传热。

图 8.6 - 79 示出了水和空气在 5 种微细板翅结构和烧结多孔介质中的综合换热效果的比较。综合考虑换热与流动阻力，微细板翅结构大大优于烧结多孔介质；大孔隙率微细板翅结构具有更好的综合性能，其中第 4 种板翅结构具有最优的综合换热性能。

此外，对顺排方型微细板翅结构、微细槽道中的对流换热也开展了实验研究，并与上述菱形叉排微细板翅结构内的对流换热进行了比较和分析，发现对于不同流体（水、空气）和

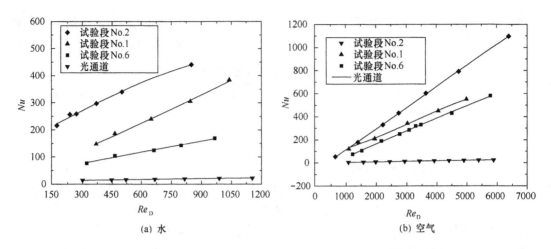

图 8.6 – 77 水和空气流过微细板翅结构 No. 1 和 No. 2 与烧结多孔结构 No. 6 中平均 Nu

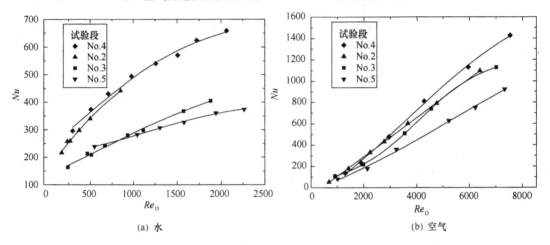

图 8.6 – 78 水和空气流过微细板翅结构 No. 2 ~ 5 中平均 Nu

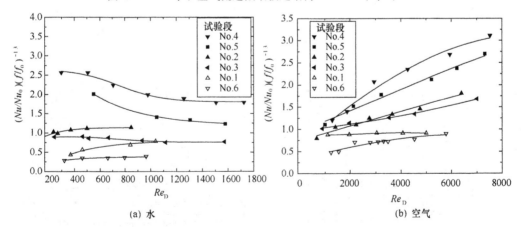

图 8.6 – 79 水和空气流过微细板翅结构与烧结多孔结构中的综合换热效果比较

不同流速(高、低),最佳的结构形式和尺度是不同的。对微细板翅结构中的对流换热开展了数值模拟,结果与实验数据基本吻合;在此基础上还进行了结构优化,发现在菱形叉排微细板翅结构内开微细槽结构的对流换热更强。

为了减小流动阻力，王晓鲁等对空气流过结构尺寸较大的板翅结构的对流换热特性开展了实验研究[177]。板翅结构的设计图见图8.6-80，不同规格的板翅结构的尺寸见表8.6-4。

表8.6-4 不同规格的板翅结构尺寸

板翅结构	垂直流动方向间距/mm	平行流动方向间距/mm	孔隙率/%
板翅1	2	1	94.82
板翅2	1	2	

从图8.6-71可以看出，两种板翅结构分别使空气的对流换热能力增加了3~5倍和7~9倍。对图8.6-71和图8.6-72所示的4种不同实验段的平均对流换热系数与泵功的比值与 Re 的关系进行了对比。结果表明：两种泡沫金属结构的综合性能基本一致；1#板翅结构的综合性能略好于泡沫金属结构，2#板翅结构的综合性能劣于泡沫金属结构。

四、多孔式微型换热器

多孔式微型换热器是指利用细小金属颗粒烧结或涂敷于金属薄板或涂敷于管子表面或者填充于管间而制成的一种换热器。其结构非常紧凑，而且，根据不同的用途，多孔换热器可做成任意型式和大小的结构。目前，管式多孔换热器的研究相对多些。图8.6-81是一种典型的管式多孔换热器结构[180]，甲介质从管箱1进入，经扁圆管2，从出口管3流出；乙介质从进口管4进入，沿环室5穿过筛孔圆筒6、多孔介质7，再从中心通道8流出。筛孔圆筒一般用50×50网目的铜丝网制作，其作用是防止多孔介质松动脱落。由于乙种介质沿径向流动，均匀地通过所有多孔介质的接触面与扁圆管中甲介质进行换热，因此单位体积内所包含的实际传热面积很大，传热性能大大改善且压降并不很大。其中，多孔介质的厚度和细管直径可根据需要任意选定，但一般认为多孔介质厚度在0.1~1.3mm，细管直径在1~150μm之间时，传热性能最好。

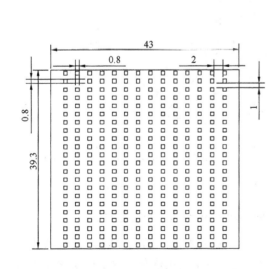

图8.6-80 板翅结构设计图

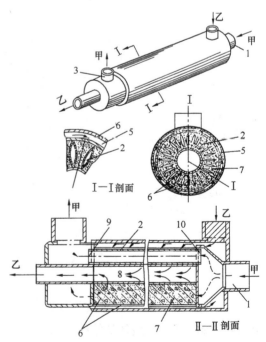

图8.6-81 管式多孔换热器结构[180]

多孔换热器也可以制成板式，用于两种或两种以上介质之间的换热。板式多孔式微型换热器的典型结构如图 8.6 - 82 所示。一般可用烧结、钎焊、熔焊或涂料粘合等方法将金属颗粒制成多孔结构，并将其连接在实体上，多孔介质之间的细小间隙即构成板间流体的通道。有关这种结构的设计和工艺制造等方面的专利报导已有不少，许多学者都指出这种换热器有着很强的发展前景。但是，这种换热器的应用实例却还很少，关于其性能的研究更是寥寥无几。

姜培学等对板式多孔式微型换热器和微槽式微型换热器进行了理论分析和比较[39]，结果表明：在相同的流量、孔隙率和外形尺寸条件下，多孔式微型换热器的换热系数更大，但同时多孔式微型换热器的压力损失也更大。

1998 年，姜培学、范明红等研制了一种多孔式微型换热器[115,116]，它同前面提到的微槽式微型换热器一样，是由 30 片厚 0.7mm 的铜箔组成，外形尺寸也同为 21mm × 21mm × 26mm。换热器内的纯铜颗粒的平均直径为 0.272mm。其侧面结构如图 8.6 - 83 所示（采用 CSM - 950 扫描电子显微镜）。

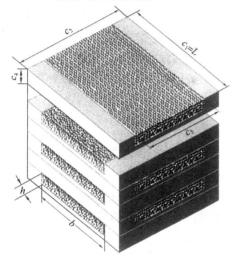
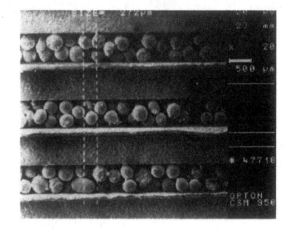

　图 8.6 - 82　板式多孔微型换热器结构示意图　　　图 8.6 - 83　多孔式微型换热器的侧面放大图[115,116]

图 8.6 - 38 示出了多孔式微型换热器的流动阻力特性的实验结果。实验中，工质质量流量在 0.005 ~ 0.067kg/s 之间，对应的流速范围为 0.074 ~ 1.06m/s，压降则从 23kPa 升至 466kPa。显然，多孔式微型换热器的压降随着工质流量的增加而增加；在相同的流量下，多孔式微型换热器的压降比微槽式微型换热器的压降高得多。由于流道内的金属颗粒迫使流体不规则地运动，而且局部的扩张和收缩一直伴随着流体的流动，这些因素都使得多孔式微型换热器的流动阻力大大增加。另外，同样由于工质物性的影响，冷水侧的压降略高于热水侧的压降。

图 8.6 - 84 给出了摩擦阻力系数 f_e 随工质雷诺数 Re_e 的变化关系。可以看出，摩擦阻力系数 f_e 随工质雷诺数 Re_e 的增加而下降，但下降的趋势逐渐变缓。

实验数据整理后，得到如下准则关联式：

$$f_e = 57.9/Re_e^{0.88} \qquad Re_e < 500 \tag{6 - 31}$$

图 8.6 - 40 给出了多孔式微型换热器的单位体积传热系数 K_V 随工质流速 U 的变化关系。从图中可以看出，尽管工质流速的变化范围不大，但是，多孔式微型换热器的传热系数却提高很多。这是由于随着流量的增加，换热器内多孔介质的热弥散效应大大增强。实验中最大工质质量流量约为 0.067kg/s，对应的流速为 1.06m/s，其单位体积传热系数 K_V 高达

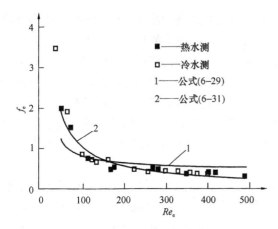

图 8.6-84 多孔式微型换热器的摩擦阻力
系数 f_e 随工质雷诺数 Re_e 的变化关系

86.3MW/($m^3 \cdot K$)。因此，若继续增加工质的流量，多孔式微型换热器的单位体积传热系数会更高，当然，相应的泵功消耗也会增加很多。与微槽式微型换热器相比，显然多孔式微型换热器的传热性能更好。与文献[112]研制的微槽式微型换热器相比，尽管研制的多孔式微型换热器的单位体积传热系数 K_V 比文献[112]报道的小；但是，在不计及颗粒或微槽产生的扩展面积时，多孔式微型换热器的单位面积传热系数 K_F（最高可达 60.4kW/($m^2 \cdot K$)）高于文献[112]中微槽式微型换热器的 K_F。这说明所采用的颗粒直径(0.272mm)和结构尺寸使多孔式微型换热器的传热性能好于文献[112]中的宽

100μm、深78μm 的微槽式换热器；只是在紧凑性方面不如文献[112]中的微型换热器。

图 8.6-85 给出了平均努塞尔数 Nu 随无量纲长度 X^+ 的变化规律。显然，随着无量纲长度 X^+ 的增加，平均努塞尔数 Nu 不断减小。图中同时给出了 Hahn 和 Achenbach 推荐的如下实验准则关联式[181]：

$$Nu = \left(1 - \frac{d_p}{D_e}\right)Re_p^{0.61}Pr^{1/3} \quad 50 < Re_p < 2 \times 10^4 \tag{6-32}$$

其对应的曲线如图 8.6-85 中虚线所示。显然，在 $X^+ < 0.05$ 范围内，实验结果与式(6-32)得到的结果符合得很好，相对偏差在 ±10% 之内；而在 $X^+ > 0.05$ 范围内，实验结果要比式(6-32)得到的结果小得多，这是由于过小流量引起的流体在换热器通道间的不均匀分布的结果，流量越小这种不均匀性分布越严重，从而导致换热器的传热能力大大降低。实验数据整理得如下准则关联式：

$$Nu = 1.97(Re_pPrDe/L)^{0.72} \quad X^+ < 0.05 \tag{6-33}$$

上述关联式如图 8.6-85 实线所示。大部分实验点与关联式偏差在 ±6% 以内。

图 8.6-86 给出了多孔式微型换热器的传热有效度 ε 与传热单元数 NTU 的关系。图中曲线是式(6-28)对应的 ε-NTU 关系。从图中可以看出，所有实验结果与理论计算值基本吻合。二者之间的相对偏差一般小于 5%。

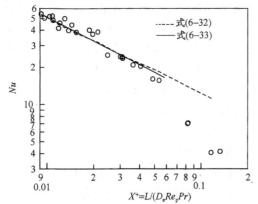

图 8.6-85 平均努塞尔数 Nu 与无量
纲长度 X^+ 的变化关系

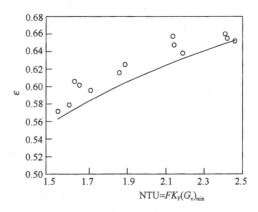

图 8.6-86 多孔式微型换热器
的 ε-NTU 关系图

　　姜培学等对网丝多孔式微型换热器及不同深宽比和不同材料的微槽式微型换热器的传热和流动性能进行了实验研究，并进行了综合评价[118]。网丝多孔式微型换热器是由 8 片厚 2.6mm 的铜片组成，槽道深度 2.3mm，填充青铜网丝目数 16×16，槽道流动长度 21.0mm。其结构如图 8.6-87 所示。

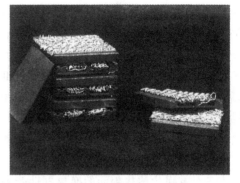

图 8.6-87　网丝多孔式微型换热器的结构图

　　网丝多孔式微型换热器的流动阻力特性的实验结果如图 8.6-88 所示。实验中，网丝多孔式换热器的工质质量流量在 0.031~0.18kg/s 之间，对应的流速范围为 0.193~1.10m/s，压降则从 8kPa 升至 190kPa。图中同时示出了烧结颗粒多孔式微型换热器的流动阻力特性。在相同的流量下，网丝多孔式微型换热器的压降远比烧结颗粒构成的多孔式微型换热器低，但是仍然比深槽微槽式微型换热器的压降大。网丝多孔式微型换热器的压降比烧结颗粒构成的多孔式微型换热器低的原因是由于金属丝网间隙较大，孔隙率一般在 85% 左右。

　　图 8.6-89 示出了烧结颗粒和烧结网丝多孔式微型换热器的单位体积传热系数 K_v 随工质质量流量 G 的变化关系。从图中可以看出，烧结颗粒多孔式微型换热器的传热系数随着流量的增加而急剧增大。而烧结网丝多孔式微型换热器的单位体积传热系数 K_v 远小于烧结颗粒多孔式微型换热器的传热系数，其原因在于前者的孔隙率比较大，并且单片厚度太厚，故紧凑性较差。在实验研究中，可达到的最大工质质量流量约为 180g/s，其单位体积传热系数 $K_v = 16.5 \mathrm{MW/(m^3 \cdot K)}$。与微槽式微型换热器相比，网丝多孔式微型换热器在相同流量下的传热性能不如深宽比为 3:1 的深槽微型换热器，但比深宽比为 6:1 的深槽微型换热器略好，而它的压降却更大。

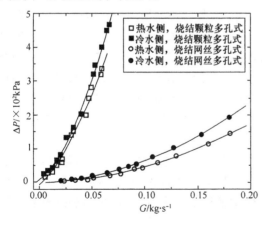

图 8.6-88　多孔式微型换热器流动阻力特性

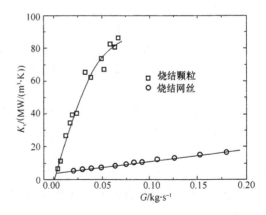

图 8.6-89　多孔式微型换热器的传热特性

第四节　微型换热器性能比较与评价

　　广义地说，换热器的性能所涉及的内容很广，如传热性能、阻力性能、机械性能和经济性等，因此，要评价一个换热器性能的优劣，往往需要考虑很多的因素，很难找到一种简单的通用准则来全面评价换热器的性能。

目前，关于换热器的评价方法主要有：单一性能评价法、传热量与流动阻力相结合的热性能评价法、熵评价法、㶲分析法、Webb 性能评价判据（PEC）等[182]。其中前两种方法具有明显的局限性，只考虑了能量利用的数量，没有兼顾能量的合理利用问题。但是由于使用起来比较简便，而且效果也很直观，所以，这两种方法在工程上被广泛使用。熵分析法由Bejan 首先提出[183]，这种方法以熵产单元数 Ns 为评价指标，Ns 越小，能量的损耗越小，换热器的性能越好，将换热器的热性能评价指标从以往的能量数量上的衡量提高到能量质量上的评价，同时考虑了换热器的机械损失和热损失，这在换热器性能评价方面是一个重要进展。但由于有些计算量的选取较为复杂，操作起来比较困难。㶲分析法则类似于熵分析法，同样从能量的质量上综合考虑传热与流动的影响，所不同的是，㶲分析法是从可用能的被利用角度来分析，以㶲效率 η_e 为评价指标，希望 η_e 越大越好。Webb 性能评价判据（PEC）则是用于具有强化传热表面的换热器性能的综合评价方法，更侧重于传热强化方面的比较，首先由 Webb 提出[182]，他把换热器的传热强化分成 3 种目的：减少表面积、增加热负荷和减少功率消耗，然后分别在 3 种不同的几何限制条件下：几何形状固定、流通截面不变、几何形状可变，比较强化与未强化时的某些性能，如传热量之比 Q/Q_s、功率消耗之比 N/N_s（角码 s 代表未强化时的值），从这些比值的大小可以优选出最佳结果。这种方法琐碎而且也不够全面，有时甚至在结果中很难得出一个正确结论。然而，以上讨论的几种评价方法存在一个共同缺点：忽略了换热器的经济效益，没有把评价指标与经济性联系起来。因此，一种更新的换热器评价方法——热经济学分析法正日益引起人们的关注[184]。这种方法以热力学第二定律为基础，兼顾经济优化技术，从而使得到的评价结果更为全面。目前存在的困难是如何用少量指标来达到全面评价换热器的目的。若所用的指标数太多，则过于繁琐，且不实用。因此，这种方法从总体上看，固然比较完善，但要真正用于实际，还有大量的工作要做。

由上述讨论可以看出换热器评价工作的复杂性。此外，微型换热器作为换热器大家族中较为特殊的一员，它不可能替代常规换热器，而是主要用于某些特殊场合，满足一定的特殊要求（如体积小、传热性能好等）。因此，对其性能的评价也应具有自身的特点，常见的优化分析方法就有很多种，质量最小、体积最小及价格最低等。文献[115，116，118]针对微型换热器的应用目的和具体要求，从换热器传热性能和流动阻力两个角度对不同型式微型换热器进行客观的评价。同时也将微型换热器与常规的板式换热器进行横向比较，来进一步说明微型换热器的性能特点。

比较图 8.6-40、图 8.6-46 与图 8.6-89 可以发现所研制的几种微型换热器的传热性能依次为：烧结颗粒多孔式微型换热器、深宽比为 3∶1 的紫铜深槽微型换热器、烧结网丝多孔式微型换热器、深宽比为 6∶1 的紫铜深槽微型换热器、深宽比为 6∶1 的不锈钢深槽微型换热器。

比较图 8.6-38、图 8.6-45 与图 8.6-88 可以看出：在相同的流量下，烧结颗粒多孔式微型换热器中的压力损失最大，然后依次为烧结网丝多孔式微型换热器、深宽比为 3∶1 的深槽微型换热器、深宽比为 6∶1 的深槽微型换热器。深槽结构的优点在于，在压力损失相对较小的情况下，同样可以实现较大的单位体积传热系数。

图 8.6-90 是所研制的几种微换热器（深宽比为 6∶1 的紫铜和不锈钢微槽式微换热器、

网丝多孔式微型换热器、深宽比为3∶1的紫铜微槽式微换热器及烧结颗粒多孔式微型换热器)综合性能的比较。比较的参数是单位体积传热系数与压差之比随工质流量的变化关系。两种铜材料的微槽式微换热器的$K_v/\Delta p$最大,其次是深宽比为6∶1的不锈钢微槽式微换热器,烧结颗粒多孔微换热器最差。这个结果与数值计算吻合,槽道深宽比越大,优化参数$K_v/\Delta P$越大,紫铜深槽微换热器与不锈钢深槽微型换热器的结构尺寸相同时,前者$K_v/\Delta P$略大。烧结网丝多孔式微型换热器的阻力偏大,所以综合性能并不理想。烧结颗粒多孔式微型换热器的换热能力虽然很强,但由于其阻力过大,所以综合性能最差。

综上所述,关于微型换热器性能评价的结论如下:从传热角度来看,烧结颗粒多孔式微型换热器要优于烧结网丝多孔式微型换热器及微槽式微型换热器,特别是当流量较小或受限制时,烧结颗粒多孔式微型换热器仍具有很高的传热性能;而微槽式微型换热器中,扁槽结构要强于深槽结构。从阻力损失角度来看,深槽微槽式微型换热器要优于扁槽微槽式微型换热器及多孔式微型换热器。若从传热和阻力损失两个角度综合来看,深槽结构微槽式微型换热器最好。在实际应用中需要根据具体情况选择合适的型式和结构。

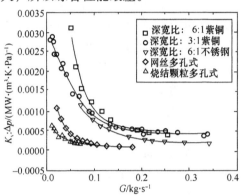

图 8.6－90　几种微型换热器的综合性能比较

文献[184]运用熵分析法和㶲分析法对影响微槽式或多孔式微型换热器性能的各种因素进行了初步的评价,目的是了解不可逆损失的情况,为进一步优化设计打下基础。在分析过程中,运用热力学第一、第二定律,一次交叉流动两种流体均不混合这种基本流动结构的流动和传热特性,以及一些能够与实验吻合的理论公式和准则关联式,并以换热器熵产单元数和系统用㶲效率为目标函数,对微型换热器的结构尺寸进行了优化。结果表明:不论是熵产单元数还是系统㶲效率,都随着深宽比的增大向着有利的方向发展。

本章主要介绍了微槽式微型换热器、烧结颗粒多孔式微型换热器、烧结网丝多孔式微型换热器,以及微细槽道、多孔结构、泡沫金属结构与微细板翅结构的强化换热。由于微型换热器的出现只是近十几年的事情,因而还有许多问题需要进一步研究,如:对微型换热器的结构和尺寸的优化、利用微细尺度泡沫金属结构及微细板翅结构制造微型换热器等。

主 要 符 号 说 明

f——摩擦因数;

ζ——滑移系数;

T——温度,K;

ρ——密度,kg/m³;

μ——动力黏度,Pa·s;

g——重力加速度,m/s²;

γ——比热比;

λ ——气体分子的平均自由程长度，m；

C^* ——对比泊肃叶数；

$\dot{m}, G$ ——质量流量，kg/s；

P ——压强，Pa；

R ——气体常数；

k ——气体导热系数，W/(m·K)；

c_v ——定容比热容，J/(kg·K)；

c_p ——定压比热容，J/(kg·K)；

$\bar{s}$ ——分子运动的平均速度，m/s；

d ——直径或槽道深度，m；

D ——直径，m；

H ——高度，m；

L ——长度，m；

r ——半径，m；

h, α ——对流换热系数，W/(m²·K)；

PPI ——每英寸上孔数；

NTU ——传热单元数；

K_V ——单位体积传热系数，W/(m³·K)；

q ——热流密度，W/m²；

Δ ——差值；

相似准则名称：

Re ——雷诺数；

Nu ——努谢尔数；

Kn ——可努森数；

Ma ——马赫数；

Gr ——格拉晓夫数；

Ra ——瑞利数；

Pr ——普朗特数；

下标：

f ——流体(Fluid)；

w ——壁面(Wall)；

cr ——临界(Critical)；

m ——平均(Mean)；

max ——最大(Maximun)；

min ——最小(Minimun)；

in ——进口；

out ——出口；

incomp ——不可压；

comp ——可压。

参 考 文 献

［1］ Yang W J, Zhang N L, Micro – and Nano – Scale Heat Transfer Phenomena Research Trends, Transport Phenomena Science and Technology, 1992. 1～15.

［2］ Sobhan C B, Garimella S V, A comparative analysis of studies on heat transfer and fluid flow in microchannels, Microscale Thermophysical Engineering, 2001, 5: 293～311.

［3］ 电脑商情报，第二十版，1998 年 3 月 10 日.

［4］ 中国科学报，第二版，1998 年 3 月 25 日.

［5］ Palm R, Heat transfer inmicrochannels, Microscale Thermophysical Engineering, 2001, 5(3): 155～175.

［6］ Gustav Lorentzen, Jostein Pettersen. A new efficient and environmentally benign system for car air – conditioning, Int. J. Refrig, 1993, 16(1).

［7］ Riffat S B, Afonso C F, Oliveira AC, et al. Natural Refrigerants for Refrigeration and Air – Conditioning Systems, Applied Thermal Engineering, 1997, 17(1): 33～42.

［8］ Kang S D, Micro Cross – Flow Heat Exchanger, D. Engr. diss., Louisiana Tech. University, Ruston, LA, 1992.

［9］ Obot N T, Toward a better understanding of friction and heat/mass transfer inmicrochannels – a literature review, Microscale Thermophysical Engineering, 2002, 6: 155～173.

［10］ Tuckermann D B, Pease RF. Ultrahigh Thermal Conductance Icrostructures for Cooling Intregrated Circuits, Proc. 32nd Electronics Component Conference, 1981. 145～149.

［11］ Tuckerman D B, Heat Transfer Microstructures for Integrated Circuits, Ph. D. Thesis, Lawrence Livermore National Laboratory, UCRL – 53515, 1984.

［12］ Wu P Y, Little W A. Measurement of friction factors for the flow of gases in very fine channels used for microminiature joule – thomson refrigerators, Cryogenics, 1983, 23(5): 273～277.

［13］ Wu P Y, Little W A. Measurement of the heat transfer characteristics of gas flow in fine channels heat exchangers used for microminiature refrigerators, Cryogenics, 1984, 24(8): 415～420.

［14］ Pfahler J N, Harley J C, Bau H H, et al. Liquid transport inmicron and submicron channels, Sensors and Actuators, 1990, A21～A23: 431～434.

［15］ Pfahler J N, Harley J C, Bau H H, et al. Gas and Liquid Flow in Small Channels, Symp. Micromechanical Sensors, Actuators, and Systems, ASME DSC 1991, 32: 49～60.

［16］ Choi S B, Barron R, Warrington R. Fluid Flow and Heat Transfer in Microtubes, inMicrostructures, Sensors and Actuators, ASME DSC Vol. 32, pp. 123～134, 1991.

［17］ 张培杰，辛明道，杨军. 空气在微矩形槽道簇内的对流换热，工程热物理学会传热传质学术会议论文集，北京：第三卷 1994. 1～6.

［18］ Wang B X, Peng X F. Experimental investigation of liquid forced convection heat rransfer through microchannels, Int. J. Heat Mass Transfer, 1994, 37(1): 73～82.

［19］ Peng X F, Peterson G P, Wang B X. Frictional flow characteristics of water flowing through microchannels, Experimental Heat Transfer, 1994, 7: 249～264.

［20］ Peng X F, Peterson G P. Wang BX. Heat transfer characteristics of water flowing through microchannels, Experimental Heat Transfer, 1994, 7: 265～283.

［21］ Peng X F, Peterson G P. Convective heat transfer and flow friction for water flow in microchannel structures, Int. J. HeatMass Transfer, 1996, 39: 2599～2608.

［22］ Xu B, Ooi K T, Wong N T et al. Experimental investigation of flow friction for liquid flow in microchannels, Int. Comm. Heat Mass Transfer, 2000, 27(8): 1165～1176.

[23]　江小宁. 微量流体测量与控制系统实验研究. 清华大学博士论文, 1996.

[24]　Stanley R S. Two – phase Flow in Microchannels, Ph. D. Thesis, Louisiana Technological University, 1997.

[25]　Webb R L, Zhang M. Heat transfer and friction in small diameter channels, Microscale Thermophysical Engineering, 1998, 2: 189 ~ 202.

[26]　Gao P Z, Person S L, Favre – Marinet M. Scale effects on hydrodynamics and heat transfer in two – dimensional mini and microchannels, Int. J. of Thermal Sciences, 2002, 41: 1017 ~ 1027.

[27]　Hudy J, Maynes D, Webb B W, Characterization of frictional pressure drop for liquid flows through microchannels, Int. J. Heat Mass Transfer, 2002, 45: 3477 ~ 3489.

[28]　李战华, 周兴贝, 朱善农, 非极性小分子有机液体在微管道中的流量特性, 力学学报, 2002, 34 (3): 432 ~ 438.

[29]　Wu H Y, Cheng P. Friction factors in smooth trapezoidal silicon microchannels with different aspects ratios, Int. J. Heat Mass Transfer, 2003, 46: 2519 ~ 2525.

[30]　Wu H Y, Cheng P. An experimental study of convective heat transfer in silicon microchannels with different surface conditions, Int. J. Heat Mass Transfer, 2003, 46: 2547 ~ 2556.

[31]　Bailey D K, Ameel TA, Warrington RO, et al. Single Phase Forced Convection Heat Transfer in Microgeometries—A review, Proc. of 30th Intersociety Energy Conversion Engineering Conference, Florida, 1995.

[32]　Gad – ed – Hak M. The Fluid mechanics of microdevices – the freeman scholar lecture, journal of fluid engineering, 1999, 121: 5 ~ 33.

[33]　Mehendale S S, Jacobi A M, Shah RK. Heat exchangers atmicro – andmeso – scales, Proc. of the Int. Conf. on Compact Heat Exchangers and Enhance Technology for the Process Industries, Banff, Canada, 1999, 55 ~ 74.

[34]　Rostami A A, Mujumdar A S, Saniei N. Flow and heat transfer for gas flowing in microchannels; a Review, Heat and Mass Transfer, 2002, 38: 359 ~ 367.

[35]　Guo Z Y, Characteristics of microscale fluid flow and heat transfer I MEMS, Proceedings of the International conference on Heat Transfer and Transport Phenomena in Microscale, Banff, Canada, 2000, 24 ~ 31.

[36]　Guo Z Y, Li Z X. Size Effect on Microscale Single – phase Flow and Heat Transfer, Heat Transfer 2002, Proc. of the 12th Int. Heat Transfer Conference, pp. 803 – 808, France, 2002.

[37]　Guo Z Y, Li Z X. Size Effect on Single – phase Channel Flow and Heat Transfer at Microscale, Int. J. Heat and Fluid Flow, 2003, 24: 284 ~ 298.

[38]　Gad – ed – Hak M. Comments on "Critical View on New Results inMicro – fluid Mechanics", Int. J. Heat Mass Transfer, 2003, 46: 3941 ~ 3945.

[39]　姜培学, 王补宣, 任泽霈. "微尺度换热器的研究及相关问题的探讨",《工程热物埋学报》, 1996, 17(3): 328 ~ 332.

[40]　Petukhov B S. Heat transfer in single – phase flowing fluid, (inRussian), MEI Press, 1993.

[41]　Tsien H S(钱学森). Superaerodynamics, the Mechanics of Rarefied Gases, Journal of Aeronautical Science, 1946, 13: 653 ~ 664.

[42]　Schaff S A, Chambre P L. Flow of Rarefied Gases, Princeton University Press, Princeton, New Jersey, 1961.

[43]　陈熙. 动力论及其在传热与流动研究中的应用. 北京: 清华大学出版社, 1996.

[44]　Harley J C, Huang Y H, Bau H H, et al. Gas Flow in Micro – channels, J. Fluid Mechanics, 1995, 284: 257 ~ 274.

[45]　Yu D, Warrington R, Barron R, et al. An experimental and theoretical investigation of fluid flow and heat transfer in microtubes, ASME/JSME Thermal Engineering Conference, Vol. 1, 1995, 1: 523 ~ 530.

[46]　Shih J C, Ho C, Liu J, et al. Monatomic and polyatomic gas flow through uniform Microchennels, national

heat transfer conference, DSC, Vol. 59, 1996, pp. 197~203.

[47] Kavehpour H P, Faghri M, Asako Y. Effects of compressibility and rarefaction on gaseous flows in micro-channels, Numerical Heat Trnafsre A. , Vol. 32, pp. 677~695, 1997.

[48] Araki T, Kim M S, Iwai H, et al. An experimental investigation of gaseous flow characteristics in micro-channels, Microscale Thermophysical Engineering, 2002, 6: 117~130.

[49] Yu S P, Ameel T A. Slip flow Convection in isoflux rectangular microchannels, Journal of Heat Transfer, 2002, 124: 346~355.

[50] Li J M, Wang B X, Peng X F. , Wall－adjacent layer analysis for developed－flow laminar heat transfer of gases in microchannels, Int. J. Heat Mass Transfer, 2000, 43: 839~847.

[51] Bird G A, Molecular Gas Dynamics, Oxford, U. K. , Oxford University Press, 1976.

[52] E. S. Piekos and K. S. Breuer, DSMC Modelling of Microemchanical Devices, AIAA paper 1995. 92~2085.

[53] Mavriplis J C, Goulard R. Heat transfer and flow fields in short microchannels using direct simulation monte carlo, J. Thermophysics Heat Transfer, 1997, 11(4): 489~496.

[54] Oh C K, Oran E S, Sinkovits R S, Computation of High－Speed, High Knudsen Number Microchannel Flow, J. Thermophysics Heat Transfer, 1997, 11(4): 497~505.

[55] Wu J S, Lee F, Wong S C. Pressure boundary treatment in micromechanical devices using the direct simula-tion monte carlo method, JSME International Journal, Series B, 2001, 44(3): 439~450.

[56] Liou W W, Fang Y C, Heat Transfer in Microchannel Devices Using DSMC, Journal of Microelectromechani-cal System, 2001, 10(2): 274~279.

[57] Guo Z Y, Wu X B. Compressibility effect on the gas flow and heat transfer in a micro tube, Int. J. Heat Mass Transfer, 1997, 40: 3251~3254.

[58] Guo Z Y, Wu X B, Further study on compressibility effect on the gas flow and heat transfer in a microtube, microscale Thermophysical Engineering, 1998, 2: 111~120.

[59] Li Z X, Xia Z Z, Du DX, Analytical and Experimental Investigation on Gas Flow in a Microtube, Kyoto Uni-versity－Tsinghua University Joint Conference on Energy and Environment, Nov. 1999, Kyoto, Japan, 1~6.

[60] Li Z X, Du D X, Guo Z Y, Investigation on the Characteristics of Frictional Resistance of Gas Flow inMicro-tubes, Proceedings of Symposium on Energy Engineering in the 21st Century, vol. 2, pp. 658－664, 2000.

[61] 杜东兴. 可压缩性及粗糙度对微细管内流动及换热特性的影响: [博士学位论文]. 北京: 清华大学工程力学系, 2000.

[62] Du D X, Li Z X, Guo Z Y, Friction resistance for gas flow in smooth microtubes, Science in China (Series E), 2000, 43(2): 171~177.

[63] Shapiro A H, The Dynamics and Thermodynamics of Compressible Fluid Flow, Vol. 1, Ronald Press, New York, 1953.

[64] Asako Y, Pi T Q, Turner S E, et al. Effect of compressibility on gaseous flows in Micro－Channels, Int. J. Heat Mass Transfer, 2003, 46: 3041~3050.

[65] 索晓娜, 王秋旺, 罗来勤. 压缩性和稀薄性对微通道气体流动换热的影响, 工程热物理学报, 2005, 26(4): 659~661.

[66] Nikuradse J, Strmungsgesetze in rauhen rohren, V. D. I. Forschungsheft 361, 1~22, 1933.

[67] Moody L F, Friction factors for pipe flow. Trans. ASME, 1944, 66: 671~684.

[68] Celata G P, Cumo M, Gulielmi M, et al. Experimental Investigation of Hydraulic and single Phase Heat Transfer in 0. 130mm capillary Tube, Proceedings of the International conference on Heat Transfer and Trans-port Phenomena inMicroscale, G. P. Celata et al. , eds. , Begell House, Inc. , New York, Wallingford, U. K. , 2000. 108~113.

[69]　Mala G M, Li D, Werner C, et al. Flow characteristics of water through a microchannel between two paral-
lel plates with electrokinetic effects, Int. J. Heat and Fluid Flow, 1997, 18(5)：491~496.

[70]　Li Z X, Du D X, Guo Z Y, Experimental study on flow characteristics of liquid in circular microtubes, Pro-
ceedings of the International conference on Heat Transfer and Transport Phenomena in Microscale, Banff,
Canada, 2000, 162~167.

[71]　Croce G, D'Agaro P, Numerical analysis of roughness effect onmicrotube heat transfer, Superlattices and Mi-
crostructures 2004, 35(3−6)：601~616.

[72]　Tretheway D C, Meinhart C D, Apparent fluid slip at hydrophobic microchannel walls, PHYSICS OF FLU-
IDS 14 (3)：L9−L12, 2002.

[73]　Ma K T, Tseng F G, Chieng C C. Numerical Simulation of Miceo−Channel Flow over a well of Hydrophilic
and Hydrophobic Surfaces, in：39th AIAA Aerospace Scienes Meeting and Exhibition, AIAA 2001−1014,
Reno, NV, January 2001.

[74]　任泽霈，蔡睿贤. 热工手册，北京：机械工业出版社，2002.

[75]　Yang C, Li D. Analysis of electrokinetic effects on the liquid flow in rectangular microchannels, Colloids Sur-
faces A：Physicochem. ENG. Aspects 143, 1998. 339~353.

[76]　Ren L, Qu W, Li D. Interfacial electrokinetic effects on liquid flow inmicrochannels, Int. J. Heat and Mass
transfer 2001, 44：3125~3134.

[77]　Luo X B, Yang Y J, Zhang Z, et al. An optimize dmicromachined convective accelerometer with no proof
mass, J. of Micromechanics and Microengineering, 2001, 11：504~508.

[78]　Jiang Pei−Xue, Xu Yi−Jun, Lv Jing, et al. Jackson, Experimental Investigation of Convection Heat Trans-
fer of CO$_2$ at Super−Critical Pressures in Vertical Mini Tubes and in Porous Media, Applied Thermal Engi-
neering, 2004, 24：1255~1270.

[79]　Jiang Pei−Xue, Zhang Yu, Shi Run−Fu, et al. Experimental and Numerical Investigation of Convection
Heat Transfer of CO$_2$ at Super−critical Pressures in a Vertical Mini Tube, the Fourth International Confer-
ence on NANOCHANNELS, MICROCHANNELS AND MINICHANNELS, June 19−21, 2006, Limerick,
Ireland.

[80]　Mori S, Sakakibara M, Tanimoto A, Steady Heat Transfer to Laminar Flow in a Circular Tube with Conduc-
tion in Tube Wall, Heat Transfer−Jpn. Res., 1974, 3(2)：37~46.

[81]　Shah R K, London A L. Laminar Flow Forced Convection in Ducts, Advances in Heat Transfer, Supplement
1, Irvine, T. F., and Hartnett, J. P., eds., Academic Press, New York, San Francisco, London, 1978.

[82]　司广树，姜培学. 测温槽几何尺寸及槽内填充材料对测量精度和热流分布的影响，2000 年中国工程
热物理学会传热传质学学术会议论文集，2000. 94~96

[83]　Vaselski R C, Metzner A B. Drag Reduction in the Turbulent Flow of Fiber Suspensions, AICHE J. 20,
301~306, 1974.

[84]　Lee P F W, Duffy G G. Relationships between Velocity Profiles and Drag Reduction in Turbulent Fiber Sus-
pension Flow, AICHE J. 22, 750~753, 1976.

[85]　A. Gyr (Ed.), Structure of Turbulence and Drag Reduction, Springer, Berlin, 1990.

[86]　Ghiaasiaan S M, Laker T S, Turbulent forced convection in microtubes, Int. J. Heat and Mass transfer,
2001, 44：2777~2782.

[87]　Lelea D, Nishio S, Takano K. The experimental research on microtube heat transfer fluid flow of distilled
water, Int. J. Heat and Mass transfer, 2004, 47：2817~2830.

[88]　Robert Saul Weinberg, Sc B, Sc. M, Experimental and theoretical study of buoyancy effects in forced convec-
tion to supercritical pressure carbon dioxide, A thesis written and submitted in support of an application for
the degree of Doctor of Philosophy at the Victoria University of Manchester, 1972.

[89] Petukhov B S. Heat transfer and friction in turbulent pipe flow with variable physical properties. Advances in Heat Transfer 1970, (6): 503~564.

[90] Hall W B. Heat transfer near the critical point. Advances in Heat Transfer 1971, (7): 1~86.

[91] Protopopov V S, Generalized correlations for local heat transfer coefficient for turbulent flow of water and carbon dioxide at super – critical pressure in uniformed heated tubes (in Russian). Teplofizika Vysokikh Temperatur 1977, (15): 815~821.

[92] Popov V N, Valueva Ye. P, Mixed turbulent fluid convection in vertical tubes (in Russian). Teploenergetika 1988, (2): 17~22.

[93] Jackson J D, Some striking features of heat transfer with fluids at pressures and temperatures near the critical point, Proceedings of the International Conference on Energy Conversion and Application (ICECA 2001) 1 (2001) 50~61, Wuhan, China.

[94] Kurganov V A, Kaptilnyi A G, Flow structure and turbulent transport of a supercritical pressure fluid in a vertical heated tube under the conditions of mixed convection: Experimental data. Int. J. HeatMass Transfer 1993, 36: 3383~3392.

[95] Lorentzen G. The Use of Natural Refrigerants: a Complete Solution to the CFC/HCFC Predicament. Int. J. Refrig. , 1995, 18(3): 190~197.

[96] Mark H. Anderson1, Jeremy R. Licht, Michael L. Corradini, Progress on the University of Wisconsin supercritical water heat transfer facility, The 11th International TopicalMeeting on Nuclear Reactor Thermal – Hydraulics (NURETH – 11) Paper: 265, Popes, Palace Conference Center, Avignon, France, October 2 – 6, 2005.

[97] Vaclav Dostal, Michael J. Driscoll, Pavel Hejzlar, Yong Wang, Supercritical CO_2 cycle for fast gas – cooled reactors, Proceedings of ASME TurboExpo: Power for Land, Sea and Air, 14 – 17 June, 2004, Vienna, Austria.

[98] Liao S M, Zhao T S. A numerical solution to laminar forced convection of supercritical carbon dioxide in small diameter tubes, Proc. Fifth International Symposium on Heat Transfer, Beijing, August 12 – 16, 2000, 592~597.

[99] Liao S M, Zhao T S. Measurements of heat transfer coefficients from supercritical carbon dioxide flowing in horizontal mini/micro channels, Journal of Heat Transfer, 2002, 124: 1~8.

[100] Liao S M, Zhao T S, An experimental investigation of convection heat transfer to supercritical carbon dioxide in miniature tubes, International Journal of Heat and Mass Transfer, 2002, 45: 5025~5034.

[101] 张宇, 姜培学, 石润富, 邓建强, 竖直圆管中超临界压力 CO_2 对流换热实验研究,《工程热物理学报》, 2006, 27.

[102] Jiang Pei – Xue, Zhang Yu, Shi Run – Fu et al. Experimental and Numerical Investigation of Convection Heat Transfer of CO_2 at Super – critical Pressures in a Vertical Mini Tube, submitted to the Fourth International Conference on NANOCHANNELS, MICROCHANNELS AND MINICHANNELS, 2006.

[103] Krasnoshchekov E A, Protopopov V S. Experimental study of heat exchange in carbon dioxide in the super-critical range at high temperature drops, (in Russian), Teplofizika Vysokikh Temperatur, 1966, 4(3): 389~398.

[104] Grigoriev V S, Polyakov A F, Rosnovsky SV. Heat transfer of fluids at super – critical pressures with variable heat flux along length in tubes, (in Russian), Teplofizika Vys. Temp. , 1977, 15(6): 1241~1247.

[105] Petukhov B S, Genin L G, Kovalevv S A. Heat transfer in Nuclear Power Equipment, (in Russian). Energoatomizdat Press, Moscow, 1986.

[106] Grigoriev V A, Zorin V M. Theoretical basis of thermal technology, (in Russian). Second Ed. , Moscow Energoatomizdat Press, Moscow, 560, 1988.

[107] Koh J C Y, Colony R. Heat transfer of microstructures for integrated circuits, Int. Comm. Heat Mass Transfer, 1986, 13: 89~98.

[108] Mahalingam M, Andrews J, High performance air cooling for microelectronics, cooling technology for electronic equipment, 1987. 121~136.

[109] Beact R J, Benett W J, Freitas BL, et al. Modular microchannel cooled heatsinks for high average power laser diode arrays, IEEE J Quantum Electronics, 1992, 28: 966~976.

[110] Swift G W, Migliori A, Wheatley T C. Micro Channel Flow Fluid Heat Exchanger and Method for its Fabrication, US Patent 4, 1985. 516~632.

[111] Cross W, Ramshaw C. Process intensificasion: laminar flow heat transfer, Trans Inst. Chem. Eng. 1986, 64: 258~294.

[112] Bier W, Keller W, Linder G, et al. Manufacturing and Testing of Compact Micro Heat Exchangers With High Volumetric Heat Transfer Coefficients, Microstructures, Sensors and Actuators, ASME DSC Vol. 19, pp. 189~197,1990.

[113] Friedrich C R, Kang S D. Micro Heat Exchangers Fabricated by Diamond Maching, Precision Engineering, 1994, 16(1): 56~59.

[114] Wild S, Oellrich L R et al. Comparison Experimental and Computed Performance of Micro Heat Exchangers in the Ranges of LHE and LN2 Temperatures, Proc. of Heat Transfer Conf., Brighton UK, 1994. 441~445.

[115] 范明红，微型换热器的研究，清华大学硕士学位论文，1998.

[116] Jiang Pei-xue, Fan Ming-hong, Shi Guang-shu, et al. Thermal-Hydraulic Performance of Small Scale Microchannel and Porous Media Heat Exchangers, International Journal of Heat andMass Transfer, 2001, 44(5): 1039~1051.

[117] Incropera F P, DeWitt D P. Fundamentals of Heat Transfer, third ed., John Wiley & Sons, Inc, Singapore, 1990.

[118] 姜培学，李勐，马永昶，等. 微尺度换热器的实验研究，压力容器，2003, 20(2): 8~12.

[119] Schubert K, Brandner J, Fichtner M, et al. Microstructure devices for applications in thermal and chemical process engineering, Microscale Thermophysical Engineering, 2001, (5): 17~39.

[120] 埃尔费尔德 W., 黑塞尔 V., 勒韦 H. 著，骆广生等译. 微反应器——现代化学中的新技术. 北京：化学工业出版社，2004.

[121] 高红，陈旭，朱企新，微型换热器研究进展，化工机械，2004, 31(4): 244~248.

[122] Pettersen J, Hafner A, Skaugen G, et al. Development of compact heat exchangers for CO_2 air-conditioning systems. International Journal of Refrigeration, 1998, 21(3): 180~193.

[123] KimM H, Pettersen J, Bullard C W. Fundamental process and system design issues in CO_2 vapor compression systems. Progress in Energy and Combustion Science. 2004, 30: 119~174.

[124] Jian Min Yin, Clark W. Bullard, Predrag S. Hrnjak. R-744 gas cooler model development and validation. International Journal of Refrigeration, 2001, 24: 692~701.

[125] 邓建强，姜培学，石润富，等. 跨临界 CO_2 汽车空调微通道气体冷却器的设计开发，制冷空调，2005, (4): 54~58.

[126] Zhao Y, Ohadi M M, Radermacher R. Microchannel Heat Exchangers with Carbon Dioxide (Final Report). ARTI-21CR/10020-01, Date Published-September 2001. University of Maryland, College Park.

[127] 邓建强，姜培学，李建明. 用于跨临界 CO_2 汽车空调系统的板翅式内部换热器设计，流体机械，2005, 33(12): 62~65, 73.

[128] 丁国良，黄冬平，张春路，等. 跨临界循环二氧化碳汽车空调研究进展，制冷学报，2000, (2): 7~13.

[129] Harris C, Despa M, Kelly K. Design and Fabrication of a Cross Flow Micro Heat Exchanger. Journal of Microelectromechanical Systems, 2000, 9(4): 502~508.

[130] Harris C, Kelly K, Wang T. Fabrication, Modeling and Testing of Micro – Cross – Flow Heat Exchangers. Journal of Microelectromechanical Systems, 2002, 11(6): 726~735.

[131] Jeigarnik U A, shikov V K, Shgipeliman AI Flow in channel with bend filled with porous medium, Teplofizika Vys. Temp. , 1986, 24(5): 941~947.

[132] Jeigarnik U A, Ivanov F P, Ikranikov NP, Experimental data on heat transfer and hydraulic resistance in unregulated porous structures, Teploenergetika, 1991, (2): 33~38.

[133] Subbojin V I, Haritonov V V, Thermophysics of cooled laser mirror, telofizika vys. Temp. , 1991, 29(2): 365 ~375.

[134] Nasr K, Ramadhyani S, Viskanta R. An Experimental Investigation on Forced Convection Heat Transfer from a Cylinder Embedded in a Packed bed, ASME: J. of Heat Transfer, Vol. 116, pp. 73~80, 1994.

[135] Chrysler G M, Simons R E, An Experimental Investigation of Forced Convection Heat Transfer Characteristics of Fluorocarbon Liquid Flowing through a Packed – Bed for Immersion Cooling of Micro Electronic Heat Sources, AIAA/ASME Thermo – physics and Heat Transfer Conf. , ASME HTD – Vol. 131, pp. 21 ~ 27, 1990.

[136] Kuo S M, Tien C L, Heat Transfer Augmentation in a Foam – Material Filled Duct with Discrete Heat Sources, Intersociety Conf. on Thermal Phenomena in the Fabrication and Operation of Electronics Components, IEEE, NY, pp. 87~91, 1988.

[137] Mohamad A, Viskanta R. Combined Convection – Radiation Heat Transfer in a Surface Combustor – Process Heater, Simulation of Thermal Energy Systems, ASME HTD – Vol. 124, pp. 1~8, 1989.

[138] Jiang Pei – xue, Wang Bu – xuan, Luo Di – an, et al. "Fluid flow and convective heat transfer in a vertical porous annulus", Numerical Heat Transfer, Part A, 1996, 30(3): 305~320.

[139] Jiang Pei – xue, Ren Ze – pei, Wang Bu – xuan. Numerical Simulation of Forced Convection Heat Transfer in Porous Plate Channels Using Thermal Equilibrium or Non – Thermal Equilibrium Models, Numerical Heat Transfer, Part A, 1999, 35(1): 99~113.

[140] Jiang Pei – xue, Wang Zhan, Ren Ze – pei, et al. "Experimental Research of Forced Convection Heat Transfer in Plate Channel Filled with Glass or Metallic particles", Experimental Thermal and Fluid Science, 1999, 20(1): 45~54.

[141] Jiang Pei – xue, Ren Ze – pei. Numerical Investigation of Forced Convection Heat Transfer in Porous Media using Thermal Non – Equilibrium Model, International Journal of Heat and Fluid Flow, 2001, 22(1): 102~110.

[142] Jiang Pei – Xue, Si Guang – Shu, Li Meng, et al. Experimental research and numerical simulation on forced convection heat transfer of air in non – sintered porousmedia, Experimental Thermal and Fluid Science, 2004, 28(6): 545~555.

[143] Jiang Pei – Xue, Li Meng, Ma Yong – Chang, et al. Boundary conditions and wall effect for forced convection heat transfer in sintered porous plate channels, International Journal of Heat and Mass Transfer, 2004, 47(6~11): 2073~2083.

[144] Jiang Pei – Xue, Li Meng, Lu TJ, et al. Experimental research on convection heat transfer in sintered porous plate channels, International Journal of Heat and Mass Transfer, 2004, 47(6~11): 2085~2096.

[145] Jiang Pei – Xue, Xu Rui – Na, Li Meng, Experimental Investigation of Convection Heat Transfer in Mini – Fin Structures and Sintered Porous Media, Journal of Enhanced Heat Transfer, 2004, 11(4): 391~405.

[146] Jiang Pei – Xue, Xu Yi – Jun, Lv Jing. et al. Experimental Investigation of Convection Heat Transfer of CO_2 at Super – Critical Pressures in Vertical Mini Tubes and in Porous Media, Applied Thermal Engineer-

ing, 2004, 24: 1255~1270.

[147] Jiang Pei-Xue, Lu Xiao-Chen. Numerical simulation of fluid flow and convection heat transfer in sintered porous plate channels, International Journal of Heat and Mass Transfer, 2006, 49(9~10): 1685~1695.

[148] 胥蕊娜, 姜培学, 李勐, 郭楠. 微细多孔介质中流动及换热实验研究, 工程热物理学报, 2006, 27(1): 103~105.

[149] Jiang Pei-Xue, Shi Run-Fu, Xu Yi-Jun, et al. Experimental Investigation of Convection Heat Transfer of CO_2 at Supercritical Pressures in a Porous Tube, The Journal of Supercritical Fluids, 2006 (in press).

[150] Jiang Pei-Xue, Xu Rui-Na, Gong Wei, Investigations of Volumetric Heat Transfer Coefficients in Miniporous Media, Chemical Engineering Science (in press).

[151] Aerov M E, Tojec O M. Hydraulic and thermal basis on the performance of apparatus with stationary and boiling granular layer, Leningrad, Himia Press (1968)]. (in Russian).

[152] 朱震刚. 金属泡沫材料研究, 中国科学院固体物理研究所.

[153] 张勇. 充满生机的新型功能材料——泡沫金属, 山东工程学院学报, 1994, 9(1.3.2.1).

[154] 陈学广, 赵维民, 马彦东, 等. 泡沫金属的发展现状、研究和应用. 粉末冶金技术, 2002, 12.

[155] 方正春, 马章林. 泡沫金属的制造方法. 材料开发与应用, 1998, 4.

[156] 刘中华, 陈雯, 张昆丽, 等. 泡沫金属的制备与应用. 昆明理工大学学报, 1999(3).

[157] 左孝青, 孙加林. 泡沫金属制备技术研究进展. 材料科学与工程学报, 2004, (3).

[158] 刘亚俊, 赵生权, 刘崴, 等. 泡沫金属制备方法及其研究概况. 现代制造工程, 2004, (9).

[159] 李梅 王录才 王芳. 粉体发泡法制备泡沫金属的影响因素. 铸造设备研究, 2005(2).

[160] 刘培生. 泡沫金属双向等应力拉伸的不同理论应用. 稀有金属材料与工程, 2005(2).

[161] 康颖安, 张俊彦. 泡沫金属的力学性能研究综述. 佛山科学技术学院学报(自然科学版), 2005, (1).

[162] 董海凤, 刘永丰, 何小元. 泡沫金属材料孔结构力学行为研究进展. 东南大学学报(自然科学版), 2003, (5).

[163] 王滨生, 张建平. 泡沫金属吸声材料制备及吸声性能的研究. 化学工程师, 2003, (4).

[164] 蒋家桥, 黄西成, 胡时胜. 泡沫金属缓冲器的设计新方法及应用. 爆炸与冲击, 2004, (6).

[165] 杨思一, 吕广庶. 开孔泡沫金属的结构特性及流体透过性能的研究. 新技术新工艺, 2004, (8).

[166] Bhattacharya A, Calmidi V V, Mahajan R L. Thermophysical properties of high porosity metal foams, Int. J. of Heat and Mass Transfer 2002, 45: 1017~1031.

[167] Phanikumar M S, Mahajan R L, Non-Darcy natural convection in high porosity metal foams, Int. J. of Heat and Mass Transfer 2002, 45: 3781~3793.

[168] Boomsma K, Poulikakos D, Zwick F, Metal foams as compact high performance heat exchanger, Mechanics ofMaterials 2003, 35: 1161~1176.

[169] Boomsma K, Poulikakos D, Ventikos Y. Simulation of flow through open cellmetal foams using an idealized periodic cell structure, Int. J. of Heat and Fluid Flow 2003, 24: 825~834.

[170] Lu T J, Stone H A, Ashby M F, Heat transfer in open-cell metal foam, Acta Materialia, 1998, 46(10): 3619~3635.

[171] Zhao C Y, Lu T J, Hodson H P, et al, The Temperature dependence of effective thermal conductivity of open-cell steel alloy foams, Materials Science and Engineering 2004, A367: 123~131.

[172] Tian J, Kim T, Lu T J, et al. The effects of topology upon fluid-flow and heat-transfer within cellular copper structures, Int. J. of Heat and Mass Transfer, 2004, 47: 3171~3186.

[173] Gallego Nidia C, Klett James W. Carbon foams for thermalmanagement Carbon 2003, 41, Issue 7: 1461~1466.

[174] Druma A M, Alam M K, Druma, C. Analysis of thermal conduction in carbon foams. International Journal

of Thermal Sciences 2004，43，Issue7：689～695.

[175]　Bhattacharya A，Mahajan R L．Finned Meatal Foam Heat Sinks for Electronics Cooling in Forced Convection．Transaction of the ASME vol. 123，SEPTEMBER 2002.

[176]　Gallego，Nidia C.；Klett，James W．Carbon foams for thermal management，Carbon volume：41，Issue 7：1461～1466.

[177]　王晓鲁，姜培学，单彧垚．泡沫金属与板翅结构强化换热研究，2006 年中国工程热物理学会传热传质学学术会议论文集，2006.

[178]　姜培学，胥蕊娜，李勐．微细板翅结构强化对流换热实验研究，工程热物理学报，2003，24(3)：484～486.

[179]　胥蕊娜，姜培学．微细板翅与烧结多孔结构中对流换热实验研究，工程热物理学报，2004，25(2)：275～277.

[180]　朱聘冠．换热器原理及计算．第一版．北京：清华大学出版社，1991.

[181]　Achenbach E．Heat and Flow characteristics of Packed beds，Experimental Thermal and Fluid Science，1995，10(1)：17～27.

[182]　Webb R L，Performance evaluation criteria for use of enhanced heat transfer surfaces in heat exchanger design，Int. J. Heat Mass Transfer，1981，24(4)：715～726.

[183]　Bejan A．The concept of irreversibility in heat exchangers for gas－to－gas applications，J. Heat Transfer，1977，99：374～380.

[184]　史美中，王中铮．热交换器原理与设计．第七版．南京：东南大学出版社，1989.

[185]　马永昶．微尺度换热器的实验研究与热力学优化．清华大学综合论文训练，2002.

第七章 制冷空调用换热器

（曹小林 吴业正）

第一节 概 述

一、换热器在制冷装置中的作用

制冷是指用人工的方法在一定的时间内将一定空间内的物体或流体冷却，使其温度降到环境温度以下，并保持这个温度。制冷的方法很多，其中蒸气压缩式制冷和吸收式制冷是制冷空调中应用最为广泛的两种制冷方式。对于蒸气压缩式制冷系统和吸收式制冷系统而言，换热器都是其重要的组成部分。

在蒸气压缩式制冷装置中，除压缩机和节流机构外，还有很多换热设备。其中有完成制冷循环必不可少的换热设备，如冷凝器、蒸发器及冷凝蒸发器等，制冷循环中的冷凝过程和蒸发过程都是在这些换热器中完成的。也有为了改善制冷机的工作条件，提高运行经济性及安全可靠性的换热设备，如气－液换热器、气－气换热器、过冷器、中间冷却器及回热器等。

在吸收式制冷装置中，除泵和阀之外，其他部分主要也是换热器，如发生器、吸收器、冷凝器及蒸发器等，这些换热器是吸收式制冷系统的关键部件，该系统的性能好坏主要取决于这些换热器传热和传质过程的效率。

在制冷装置中换热器的金属耗量要远大于泵、阀和压缩机，尤其对吸收式制冷系统，换热器的金属耗量占总耗量的比率最高可达90%。因此，合理正确地设计换热器，提高换热器的传热效率，发展新型高效换热器是降低制冷系统成本的重要途径。

二、制冷换热器的特点

制冷装置中，换热器的传热特性直接影响到压缩机的性能和装置的能耗。虽然增大换热面积可减少循环的不可逆程度，但它将使换热器显得更为笨重和庞大，因此强化传热和传质过程以及寻求新的换热器结构是换热器发展的必由之路。

蒸气压缩式制冷装置中的换热器主要是冷凝器和蒸发器。对于制冷剂在管内的冷凝器和蒸发器来说，管内制冷剂与管外冷却介质（或载冷剂）进行热交换时，其传热过程可分为3个阶段，即管内制冷剂对管子内壁的相变传热，通过管壁及污垢层的导热以及由管外壁面对冷却介质或载冷剂的传热。

换热器传热量的大小与热交换面积、对数平均温差及传热系数等因素有关。当热交换面积和对数平均温差一定时，提高换热量的途径就在于提高传热系数。

（一）影响冷凝器表面传热系数的主要因素

（1）制冷剂的凝结形式　蒸气凝结时有珠状凝结和膜状凝结两种形式。珠状凝结的表面传热系数远远大于膜状凝结的表面传热系数。制冷装置中的冷凝器一般均为膜状凝结，提高冷凝器的传热系数的途径之一，就是设法把膜状凝结变为珠状凝结或使其形成的液膜迅速排走。其措施是在溴化锂吸收式制冷机中添加辛醇，或采用锯齿形强化传热管等。

(2)制冷剂蒸气的流速和流向　流速大且制冷剂流向与冷凝液膜流动方向相同时，液膜厚度减薄，表面传热系数提高，反之则使表面传热系数降低。

(3)传热壁面粗糙程度　传热壁面粗糙不平，液膜流动阻力增大，液膜变厚，表面传热系数降低。所以，对冷凝器传热管表面应保持光滑和清洁。

(4)不凝性气体的存在　随着制冷剂蒸气的冷凝，靠近壁面处不凝性气体的浓度和分压力相对增大，给制冷剂蒸气分子的扩散和传递热量造成阻力。另外，不凝性气体的存在也导致压缩机压力比增大、功耗增加和运行条件变坏。因此，运行中要防止空气渗入系统，并及时排除。

(5)传热表面污脏程度　冷凝器传热表面若积有油垢，因油膜的热导率很低，因而导致传热系数下降。另外，传热表面积有水垢或灰尘(风冷冷凝器)时，均会使传热量下降。由于氨对润滑油基本上不溶解，为防止润滑油进入换热器，装置中一般均装有油分离器。同时必须定期清除水垢或灰尘。

(6)冷凝器的结构形式　立式管壳式冷凝器与卧式管壳式冷凝器均属制冷剂在管外凝结的结构形式。前者比后者的表面传热系数小。其原因在于前者冷凝液不易脱落，液膜较厚，管内冷却水不能保证润湿全部周边，换热情况差，冷却水为单流程及流速较低等。另外，如果制冷剂蒸气在水平管内冷凝时，因冷凝液积聚在管子底部，占去一部分冷凝面积，因而换热效果较管外冷凝差。

(7)冷却介质流速　表面传热系数随冷却介质流速的增大而提高，但阻力也随之增大，泵和风机的功耗增加，故对流速的选取应进行具体的分析。

(二)影响蒸发器传热效率的主要因素

(1)传热管的润湿周长　传热管被液体制冷剂润湿的周长愈长，换热效果也愈好。制冷剂在管外大空间内沸腾时，由于传热管沉浸在液体制冷剂中，管子被全部润湿，因此换热效果较好。制冷剂在管内沸腾时，管内处于气、液两相共存状态，换热面未被液体制冷剂全部润湿。气体的表面传热系数远小于液体气化时的表面传热系数，因此表面传热系数较低。如果采用再循环式蒸发器，用液泵供液，且供液量远大于蒸发量时，则制冷剂液体润湿管内表面的情况大为改善，换热效果可获得明显改善。

(2)制冷剂液面高度　制冷剂在管外沸腾时，制冷剂液面高度高。受静液柱的影响，底部液体压力高于表面压力，因而底部制冷剂沸腾较困难，沸腾温度较高。这减少了与被冷却介质之间的传热温差，影响换热效果。蒸发温度愈低，制冷剂液体密度愈大，对换热效果影响愈大。制冷剂在管内沸腾时，受静液柱的影响极小，因而换热效果较好。

(3)单管与管束上的沸腾传热　制冷剂在单管上沸腾时，其换热效果受蒸发温度的影响。在管束上沸腾时，除蒸发温度外，由于气泡生成后的脱离，引起上升液体的强烈对流，故使表面传热系数得到提高。

(4)光管与肋管　制冷剂在低肋管上沸腾时，由于低肋管有利于气泡的生成、发展与脱离，增强了扰动，故表面传熟系数比光管高。制冷剂在内翅片管沸腾时，由于内翅片管增加了换热表面和对流体的扰动，在相同的热流密度下，其表面传热系数也比光管高。在肋管束上的沸腾表面传热系数，同样也高于光管管束。

(5)制冷剂的种类　液体制冷剂的物理性质，如热导率、密度、黏度及表面张力等对沸腾换热也有较大的影响。热导率和黏度大，密度和表面张力小，对沸腾换热均有利。氨的热导率比氟里昂大，而密度和黏度比氟里昂小，故在相同条件下，氨的表面传热系数比氟里昂大。

（6）制冷剂的质量流速　制冷剂在管内沸腾时，质量流速愈大，换热效果愈好。但制冷剂在管内的流动阻力也随之增加。在保证制冷剂出蒸发器时压力不变的情况下，它将使制冷剂与载冷剂之间的传热温差减小，换热效果变差。因此系统中若能达到最佳质量流速，则其单位面积的热流量亦会达到最大值。

（7）载冷剂的类型与流速　液体载冷剂的表面传热系数远大于气体载冷剂的表面传热系数。载冷剂流速愈大，换热效果愈好但流动阻力也随之增大，泵和风剂的功耗也增大，故最佳流速应通过技术经济比较确定。

（8）传热表面污脏程度　传热表面污脏程度对蒸发器换热效果的影响与冷凝器类似，但据试验数据表明，当氟里昂制冷剂中含有少量润滑油时，管内沸腾会产生泡沫，因而增加了液体与管壁的接触面积，其换热效果反而比纯氟里昂高。另外，对于蒸发器，若传热表面被霜（或冰）层覆盖，将影响传热效果，因而必须定期进行融霜处理。

三、制冷换热器的主要类型

换热设备按换热方式可分为表面式和混合式两种。表面式换热器是冷、热流体通过金属间壁进行换热，故又称间壁式换热器，如管壳式、套管式及板式换热器等。混合式则是冷、热流体相互混合而进行热和质的交换，如蒸气喷射式制冷机中的大气式冷凝器及蒸气压缩式制冷机中使用的间壁式换热器。

换热设备按其在制冷装置中的用途又可分为冷凝器、蒸发器、蒸发－冷凝器、过冷器、气液换热器及中间冷却器等，其中冷凝器和蒸发器是制冷系统中必不可少的且也是用途最广的换热器。

换热设备按结构分，应用于冷凝器的有管壳式、套管式、管带式、丝管式、螺旋板式及翅片管式等多种类型。应用于蒸发器的也有管壳式、板面式、再循环式、翅片管式、光管式和板式换热器等各种类型。

第二节　制冷换热器的主要结构

一、冷凝器的常用结构

冷凝器是制冷装置中的主要热交换设备之一。它的作用是把制冷压缩机排出的高温制冷剂过热蒸气冷却并冷凝成液体（有时甚至是过冷液体），制冷剂在冷凝器中放出的热量由冷却介质（水或空气）带走。

冷凝器按其冷却介质和冷却方法的不同可分为3种类型。

（1）水冷式冷凝器　在这类冷凝器中，制冷剂放出的热量被冷却水带走。冷却水可以一次性流过，也可以循环使用。后者装置中需配备冷却塔或冷却水池。水冷冷凝器的特点是传热效果好，结构比较紧凑，在大、中、小型制冷装置中均有采用。它的结构形式有管壳式、套管式及板式等。

（2）空气冷却式冷凝器　在这类冷凝器中，制冷剂放出的热量被空气带走。由于系统中不需要冷却水，使用与安装都比较方便，因而特别适用于小型制冷装置和严重缺水的地区。但它的传热效果较差，冷凝器的体积和质量都比较大。

（3）蒸发式冷凝器　在这类冷凝器中，制冷剂放出的热量同时由冷却水和空气带走，且是利用水在管外的喷淋蒸发，吸收了气化潜热而使管内制冷剂被冷却和冷凝的，因此耗水少，适用于气候干燥和缺水地区。

（一）水冷式冷凝器

1. 立式管壳式冷凝器

立式管壳式冷凝器仅用于大、中型氨制冷装置，它的结构如图 8.7-1（a）所示。它的外壳是由钢板卷制焊接成的圆柱形简体，被垂直安放。简体两端焊有管板，两块管板上钻有许多位置——对应的小孔。在每对小孔中穿入一根传热管，管子两端用焊接法或胀管法将管子与管板紧固。冷凝器顶部装有配水箱，水进入水箱后通过多孔筛板由每根冷却管顶部的水分配器送入传热管内，在重力作用下沿管子内表面呈液膜层流入水池。冷凝器中升温后的水，一般由水泵送入冷却塔，冷却后循环使用。由压缩机排出的高温高压氨气，从简体上部进入，在竖直管外凝结成液体，由简体底部导出。

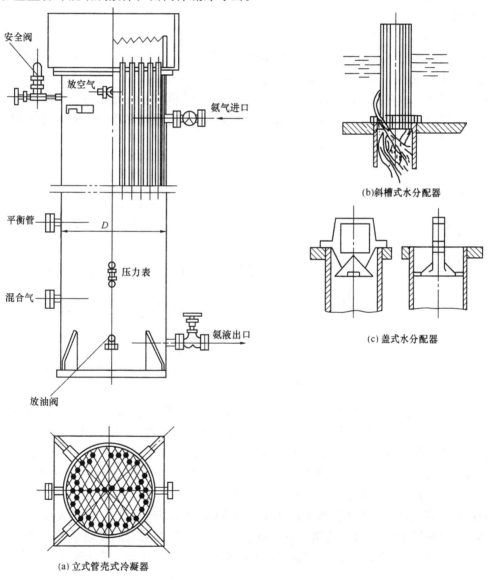

图 8.7-1　立式管壳式冷凝器结构图

图 8.7-1（b）所示的斜槽式水分配器，水经过斜槽流入管内，在管子内壁上呈膜状流动。同时空气在管子中心部分向上流动，这不但可节省冷却水量，也可增强对流换热作用。

水分配器一般为铸铁制造，一旦被锈蚀或堵死，冷却效果将大为降低，因此现在多采用盖式水分配器，如图 8.7－1(c) 所示。

冷凝器筒体上除有进气管和出液管之外，还装有放空气管、均压(平衡)管、安全阀、混合气体管、压力表及放油阀等，以便与相应的管路连接。

这种冷凝器的优点是：①可以露天安装或直接安装在冷却塔下面，节省机房的面积。②冷却水靠重力一次流过冷凝器，流动阻力小。③清除水垢时不必停止制冷系统的工作，较为方便，因而对冷却水的水质要求较低。缺点是：①因为冷却水一次流过，冷却水的温升小，故要求冷却水的循环量大。②因室外安装，水速又低，故管内易结垢，需经常清洗。③无法使制冷剂液体在冷凝器内过冷。④因水不能满管、水速又低，故传热系数比卧式管壳式冷凝器低。

2. 卧式壳管式冷凝器

卧式管壳式冷凝器适用于大、中、小型氨和氟利昂制冷装置。图 8.7－2 所示为氟利昂用卧式管壳式冷凝器结构，与立式管壳式冷凝器类似，也是由筒体、管板及传热管等组成。由于是水平安置，故在筒体两端设有端盖，端盖与管板之间用橡皮垫密封。端盖顶部有放气旋塞，以便供水时排除其中的空气。下部有放水旋塞，当冷凝器冬季停用时，用其排除其中的积水以免管子被冻裂。

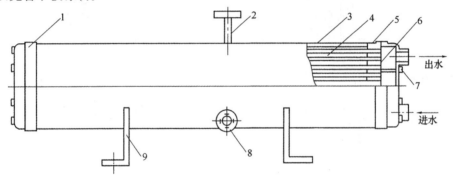

图 8.7－2　氟里昂卧式管壳式冷凝器

1—盖板；2—进气管；3—筒体；4—传热管；5—管板；6—密封橡胶；

7—紧固螺钉；8—出液管口；9—支座

制冷剂蒸气由冷凝器顶部进入，在管子外表面上冷凝成液体，然后从壳体底部(或侧面)的出液管排出。冷却水在水泵的作用下由端盖下部进入，在端盖内部隔板的配合下，在传热管内多次往返流动，最后由端盖上部流出。这样可保证在运行中冷凝器管内始终被水充满。端盖内隔板应互相配合，使冷却水往返流动。冷却水向一端每流动一次称为一个流程，一般做成偶数，使冷却水进、出口安在同一端盖上。

氨卧式管壳式冷凝器的传热管采用 $\phi 32mm \times 3mm$ 或 $\phi 25mm \times 2.5mm$ 的无缝钢管。为强化传热，可采用表面绕金属丝的翅片管，据实验，它比光管的表面传热系数可提高 6% ～100%。氟利昂卧式管壳式冷凝器的传热管以采用铜管居多，且大多数为滚压肋片管，以强化传热。

由于氨与润滑油互不溶解，且氨液的密度比油小，故氨用冷凝器在底部设有集油包，集存的润滑油由集油包处的放油管引出。氟利昂与润滑油互溶，油可随氟利昂一起循环，且液体氟利昂的密度比油大，故氟利昂冷凝器底部不设集油包。另外，在卧式管壳式冷凝器筒体的上部设有平衡管、安全阀、压力表及放空气管等接头。

正常运转时，让冷凝下来的液体流入贮液器，但冷凝器筒体下部仍存有少量的冷凝液。对小型制冷机，为简化系统起见，不另设贮液器，而是在冷凝器的下部少排几排传热管，把下部空间当作贮液器使用。

对与离心式制冷机配套用的大型冷凝器，因管排较多，为减少管外冷凝液膜厚度对换热的影响，在管束中间装有导流板。另外，由于传热管较长，为减少管束振动，在管子中常装有支承板。为了使蒸气沿冷凝器长度方向分配均匀，在冷凝器上部装有蒸气分配管。

卧式管壳式冷凝器的优点是：①水侧可设计成多流程，故管内水速较高，传热系数较大，冷却水温升高，因而冷却水循环量少，并且有可能获得过冷液体。②结构紧凑，占地面积小。缺点是：①冷却水流动阻力较大，导致水泵功耗较高。②清洗水垢比较麻烦，故对水质要求较高。

3. 套管式冷凝器

套管式冷凝器广泛用于制冷量小于 40kW 的小型立柜式空调器机组中，其结构如图 8.7－3 所示。它由两根或几根大小不同的管子组成。大管子内套小管子，小管子可以是一根，也可以有数根。根据机组布置的要求套管可绕成长圆形或圆形螺旋形式结构。制冷剂蒸气从上部进入外套管空间，冷凝后的液体由下部流出。冷却水由下部进入内管，吸热后由上部流出，与制冷剂蒸气呈逆流传热。

冷却水流速在 1～2m/s 之间。由于冷却水的流程较长，进、出水温差一般在 6～10℃之间。制冷剂蒸气同时受到水及管外空气的冷却，故换热效果较好。

套管式冷凝器结构紧凑，制造简单，价格便宜，冷却水消耗量少。但水侧流动阻力损失较大，对水质要求较高，且金属材料消耗量亦较多。

4. 波纹板式冷凝器

这是以波纹板为换热表面的一种高效、紧凑型换热器，其总体结构如图 8.7－4 所示。它由传热板片、垫片、压紧板、轴、接管、压紧螺栓及支架等组成。板片上部的孔悬挂在轴上，板片间粘有密封垫圈，由螺栓将两侧夹紧，形成介质的通道。流体沿板间狭窄弯曲通道流动，速度和方向不断地发生突变，激起流体的强烈扰动，破坏边界层，减少液膜热阻，从而大大地强化了传热。

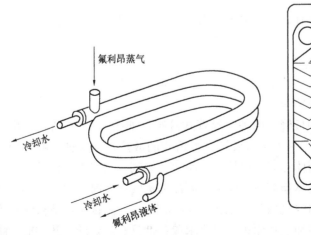

图 8.7－3　氟里昂套管式冷凝器

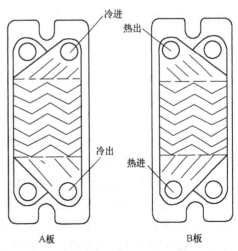

图 8.7－4　斜波纹板式冷凝器

板片大都用冲压法制成各种形状，如平直纹板片、人字形板片及斜波纹板片等。板片要求用压延性和承压强度高的材料制造，目前多用不锈钢或钛合金钢材料。承压能力可达到2~2.5MPa。板片除采用螺栓夹紧外，还可采用99.9%纯铜整体真空烧焊而成，后者承压能力可高达3MPa。

波纹板式冷凝器的优点是：①体积小，结构紧凑，它比同样传热面积的管壳式换热器小60%，因而占地面积小。②传热系数高，当量直径小，流体扰动大，在较小雷诺数（$Re \cong 100$）下即可形成紊流。③流速低，流动阻力损失小。④能适应流体间的小温差传热，因而可降低冷凝温度，使压缩机性能得到提高。⑤制冷剂充灌量少。⑥质量轻，热损失小。⑦组合灵活，可以很方便地利用不同板片数组成不同的换热面积。缺点是：①制造困难，对板片的冲压模具精度要求高。②换热器本身价格较高。③整体烧焊型清洗困难，故对水质要求较高。

目前，波纹板式冷凝器已广泛用于模块式空调机组。

5. 螺旋式冷凝器

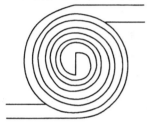

图 8.7 – 5 螺旋板
式冷凝器

螺旋板式冷凝器由两个螺旋体加上顶盖和接管构成。螺旋体是由两张平行钢板卷制而成，构成一对同心的螺旋板通道。中心部分用隔板将两个通道分开，如图 8.7 – 5 所示。制冷剂蒸气由螺旋中心流入，由内向外作螺旋形流动，冷凝后的液体由外侧接管切向引出。冷却水从螺旋板外侧接管切向进入，由外向中心作螺旋运动，最后由中间管子流出。

为保证螺旋形流道的间距及增强螺旋板的刚度，在通道内每隔一定距离便设有支柱。当冷凝器承受的压力较高时，应在其外围焊加强筋。

螺旋板式冷凝器不但体积小、重量轻、结构紧凑，且传热性能好。但是内部不易清洗和检修，只能用软水或低硬度的水，而且承压能力较差。

(二) 空气冷却式冷凝器

空气冷却式冷凝器已被广泛用于电冰箱、冷藏柜、窗式空调器、冷藏车、汽车及铁路车辆小型制冷装置中。由于城市水源紧张，空气冷却式冷凝器在大、中型制冷装置中也开始逐步采用。

制冷剂在空气冷却式冷凝器中的管内冷凝，空气在管外流动，并带走制冷剂放出的热量。由于制冷剂蒸气在管内凝结的表面传热系数，远大于管外空气侧的表面传热系数，因而通常在管外都加翅片，以增强传热效果。

根据管外空气的流动情况，空气冷却式冷凝器可分为空气自由运动和空气受迫运动两大类型。

1. 空气自由运动的空气冷却式冷凝器

它依靠空气受热后产生自然对流，将热量带走。由于自然对流的空气流动速度低，传热效果差。只用于家用电冰箱及微型制冷装置。

空气自由运动的冷凝器有丝管式和板管式两种。丝管式冷凝器如图 8.7 – 6 所示，由两面焊有钢丝的蛇形管组成，也有如图 8.7 – 7 所示采用百页窗式的散热片。这种冷凝器用于家用冰箱时，安装在箱体后面，并与箱体和墙壁保持一定距离，以利于空气循环流动。

板管式冷凝器是将蛇形管组胶合在冰箱箱体壁面上，制冷剂蒸气冷凝时，放出的热量通过管壁传给箱体壁面，再由箱体壁面向空气散发，如图 8.7 – 8 所示。它的优点是箱体外表面平整，可在冰箱箱体两侧散热，以增加散热面积。但要求胶合剂具有良好的导热性能。缺点是冷凝器的散热性能较差，冰箱冷损较大。

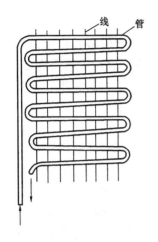
图 8.7-6　丝管式冷凝器

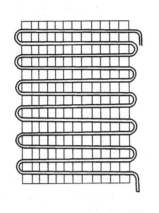
图 8.7-7　百页窗式冷凝器

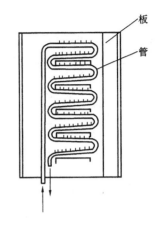
图 8.7-8　板管式冷凝器

2. 空气受迫运动的空气冷却式冷凝器

该类冷凝器可分为翅片管式和管带式两种。

翅片管式冷凝器被广泛用于小型制冷与空调装置中，其结构见图 8.7-9 所示。它是由一组或几组蛇形管组成的，管外套有翅片，空气在轴流风机的作用下横向流过翅片管。

翅片多采用铝套片，套片与管子之间用液压机械胀管法来保证其紧密接触。制冷剂蒸气从上部的进气集管⑤进入每根蛇管，冷凝后的液体由液体集管②排出。由于使用了风机，故耗电及噪声均较大。为降低室内噪声、改善冷凝器的冷却条件，可将冷凝器置于室外，与压缩机一起构成室外机组。

在汽车空调制冷系统中，广泛使用全铝制管带式冷凝器，这种冷凝器系将铝制扁椭圆管弯制成蛇形，铝翅片弯曲成波形（或锯齿形）后钎焊而成。图 8.7-10 所示为管带式冷凝器结构。

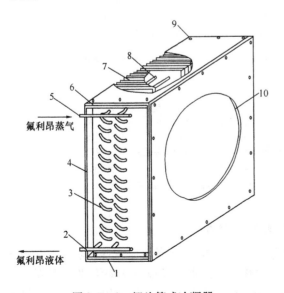
图 8.7-9　翅片管式冷凝器
1—下封板；2—出液集管；3—弯头；4—左端板；
5—进气集管；6—上封板；7—翅片；8—传热管；
9—装配螺钉；10—进风口面板

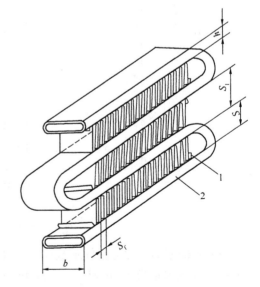
图 8.7-10　管带式冷凝器及结构参数示意图
1—波形翅片；2—椭圆扁管

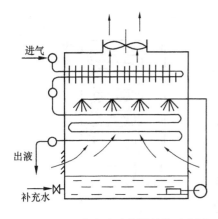

图 8.7 - 11　蒸发式冷凝器结构示意图

（三）蒸发式冷凝器

蒸发式冷凝器是利用水蒸发时吸收热量，而使管内制冷剂蒸气凝结的一种设备，其结构原理见图 8.7 - 11。在薄钢板制成的箱体内装以蛇形管组，管组上面为喷水装置，制冷剂蒸气从蛇形管上面进入管内，冷凝液由下部流出。制冷剂放出的热量使喷淋在管表面的液膜蒸发。箱体上方装有挡水板，阻挡被空气带出的水滴，可减少水的飞散损失。未蒸发的喷淋水落入下面的水池，并让部分水排出水池。水池中的浮球阀可调节补充水量，使之保持一定水位和含盐量。挡水板上面装设的预冷管组，可降低进入淋水管制冷剂蒸气的温度，进而可减少管外表层的结垢。

蒸发式冷凝器的通风设备安装在箱体顶部，空气从箱体下侧的窗口吸入，由顶部排出，这种结构称为吸风式。它的优点是可使箱内始终保持负压，水容易蒸发，且蒸发温度较低。缺点是潮湿的空气流经风机，使风机易于腐蚀损坏，且要采用防潮电动机。空气也可从箱体下部用鼓风机鼓入冷凝器，这种结构称为鼓风式，如图 8.7 - 12 所示。其优缺点正好与吸风式相反。

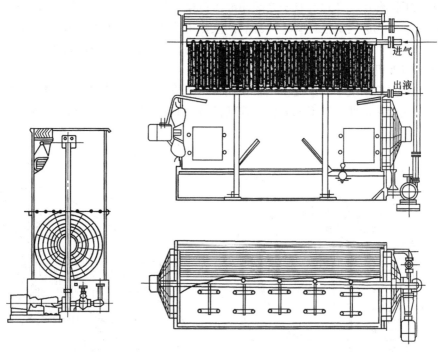

图 8.7 - 12　鼓风式蒸发式冷凝器

蒸发式冷凝器的优点是耗水量少，空气流量也不大。1kW 冷凝负荷需要循环水量 100 ~ 120L/h，补充水量为 5 ~ 6L/h，空气流量为 90 ~ 180m³/h，水泵及风机功率为 20 ~ 30W。特别适用于缺水地区，在气候干燥地区更为适用。由于强制通风，加速了水的蒸发，故传热效果较好。缺点是水垢难以清除，喷嘴易堵塞，因此冷却水应经过软化处理。另外，由于冷却水为循环水，故水温较高。

通常，把这种冷凝器装在屋顶上，不占地面或厂房面积。

二、蒸发器的常用结构

蒸发器是制冷装置中的重要热交换设备之一。蒸发器实际上是一种伴随有蒸发（沸腾）相变的换热器，制冷剂液体通过蒸发器吸收被冷却介质（通常为水或空气）的热量蒸发为蒸气。它在制冷系统中的作用是对外输出冷量，冷却被冷却介质。

制冷装置中的蒸发器通常有两种分类方法。一是按制冷剂在蒸发器内的充满程度及蒸发情况进行分类，主要可分为：满液式蒸发器、干式蒸发器和再循环式蒸发器。另一种分类方法是按被冷却介质的不同来分，可以分为冷却液体型蒸发器和冷却空气型蒸发器。上述每一种蒸发器又各具有多种不同的结构。

（一）满液式蒸发器

广泛用于制冷机中的满液式蒸发器，具有结构紧凑、传热效果好、易于安装及使用方便的优点，图 8.7 - 13 是该蒸发器的原理图。在满液式蒸发器中，制冷剂在管外蒸发，液体载冷剂在管内流动冷却。

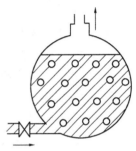

图 8.7 - 13　满液式
蒸发器原理

卧式满液式蒸发器如图 8.7 - 14 所示。这种蒸发器有一个用钢板卷制成的圆筒形外壳，外壳两端各焊有一块圆形管板。管板上钻了许多小孔，每孔装一根管子，管子的两端用胀接法或焊接法紧固在管板的管孔中，形成一组直管管束。筒体两端再装上封头，封头可用铸铁或钢板来制作。封头内的隔板，可将管子分成几个流程，以使载冷剂按规定的流速和流向在管内往返流动。一般以用双流程居多，这可使载冷剂在一端进和出。制冷剂按一定液面高度被充灌在壳体内，它在管间吸收载冷剂热量后气化，使载冷剂得到冷却。

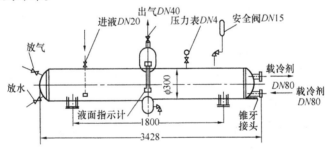

图 8.7 - 14　卧式满液式蒸发器

氨用满液式蒸发器的传热管，一般为 $\phi25mm \times 3mm$ 或 $\phi32mm \times 3mm$ 的无缝钢管。壳体下部焊有集油包，用来放油或排污。为避免未蒸发的液滴被压缩机吸入，在蒸发器顶部设有集气室，可将蒸气挟带的液滴分离。为了指示壳体内氨的液位，在集气室和壳体间焊有一根钢管，根据钢管外表面的结霜高度，可判断壳体内氨液的大致位置。

为保证安全运行，在壳体上部还设有压力表及安全阀，在端盖上装有放空气阀及放水阀。

氟利昂满液式蒸发器与氨满液式蒸发器类似。由于油的密度比氟利昂小，油漂浮在氟利昂液面上，无法从底部排出，因而壳体下部不设集油包。为解决润滑油返回压缩机的问题，又多采用干式蒸发器来取代。由于油能溶解于氟利昂，沸腾时产生大量泡沫，使液位上升，故充灌量应比氨少。为了强化制冷剂侧的换热，传热管多采用低肋铜管或机械加工表面多孔管，以增加气化核心数和增强对液体的扰动，使沸腾强化。

　　与离心式压缩机配套的氟利昂满液式蒸发器，其总体结构与一般卧式满液式蒸发器类似，其不同点是在管束上部装有挡液板，以阻挡蒸气中挟带的液滴。此外，容器上部不装管束，以减少蒸气流动时的阻力。

　　和干式蒸发器相比，满液式蒸发器存在以下缺点：

　　(1)制冷剂的充灌量大。对价格昂贵的制冷剂，这个缺点尤感突出。

　　(2)当蒸发器壳体的直径较大时，受液体静压力的影响，底部液体的蒸发温度有所上升，使蒸发器的传热温差减小了。

　　(3)当用作船用制冷装置时，船体的摇摆有可能使制冷剂液体进入压缩机。

　　(4)对于氟利昂蒸发器，制冷剂中溶解的润滑油较难排出。

　　(二)干式蒸发器

　　满液式蒸发器都是冷却液体型蒸发器，但干式蒸发器却有冷却液体型和冷却空气型之分，其结构形式多种多样。

　　1. 冷却液体型干式蒸发器

　　该蒸发器以采用管壳式结构居多，按其管组的排列方式又可分为直管式和U形管式两种。

　　直管式干式蒸发器如图 8.7 - 15 所示，它与卧式满液式蒸发器类似，主要区别在于液体制冷剂从一侧端盖的下部进入，在管内经一次(或多次)往返后气化，气化后的全部蒸气由端盖上部的导管引出。而载冷剂从制冷剂进液侧的壳程入口进入，在管外壳体内流动，从壳程的另一端出口流出。由于制冷剂气化过程中蒸气量在逐渐增多，比容不断增大，因此在多流程蒸发器中，每流程的管子数也需依次增加。

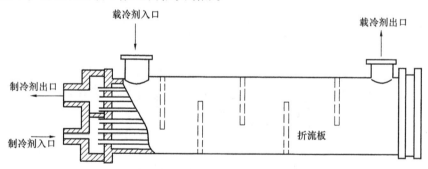

图 8.7 - 15　直管式干式蒸发器

　　为了提高载冷剂的流速，并使载冷剂更好地与管外壁接触，在蒸发器壳程装有折流板。折流板的形状多为圆缺形，如图 8.7 - 16 所示。折流的数量取决于载冷剂的流速，载冷剂横向流过管束时的速度一般为 0.7 ~ 1.2m/s。折流板用拉杆固定，相邻两块折流板之间装有定距管，以保证折流板的间距。

　　为提高管内制冷剂的传热系数，通常采用内肋铜管或铝心铜管。图 8.7 - 17(a) 为轧制而成的整体式内肋管结构。图 8.7 - 17(b) 为管内插入一根扭曲的铝心，铝心可做成6、8、10肋，其传热性能较好，使用较为普遍。图 8.7 - 17(c) 为在传热管内装入一根小直径管，然后在两管之间装入波纹形翅片，再用钎焊固定。这种结构换热效果好，肋化系数大，但加工工艺复杂。

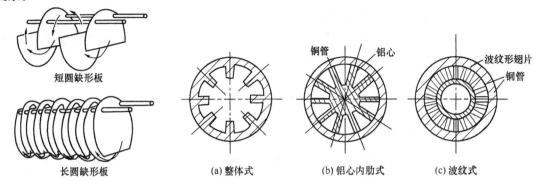

短圆缺形板

长圆缺形板

图 8.7-16　圆缺形折流板

铜管　铝心

波纹形翅片
铜管

(a) 整体式　　　(b) 铝心内肋式　　　(c) 波纹式

图 8.7-17　内翅片管截面图

近年来，干式管壳式蒸发器采用了 DAE 内梯齿形传热管和螺旋槽管等新结构管子，前者的传热效率与铝心铜管相当，但可减小制冷剂侧的流动阻力及降低传热管的成本。后者是一种把管壁加工成外凹内凸的螺旋形槽管，强化了管内外的表面传热系数。它加工简单，流动阻力明显减小。由于载冷剂侧的表面传热系数高于制冷剂侧，因此传热管管外一般不作特殊的强化处理。

U 形管式干式蒸发器如图 8.7-18 所示。这种蒸发器的壳体、折流板以及载冷剂在壳程的流动方式和直管式干式蒸发器相同。两者的不同之处在于 U 形管式是由许多根不同弯曲半径的 U 形管组成。U 形管的开口端被胀接在管板上，制冷剂液体从 U 形管的下部进入，蒸气从上部引出。U 形管组可预先装配，管外污垢亦可抽出来清除。此外，还可消除传热管热胀冷缩所造成的热应力。制冷剂在流动过程中始终沿同一管道流动，分配比较均匀，不会出现多流程的气、液分层现象，因而传热效果较好。其缺点是，每根传热管的弯曲半径不同，制造时需采用不同的加工模具；不能采用纵向内肋片管；管组中的管子损坏时不易更换。

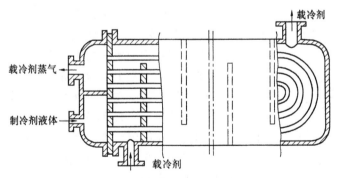

载冷剂

载冷剂蒸气

制冷剂液体

载冷剂

图 8.7-18　U 形管式干式蒸发器

与满液式蒸发器相比，干式管壳蒸发器具有以下优点：①制冷剂充灌量少，仅为满液式充灌量 1/3 左右。②回油方便，可避免润滑油在蒸发器内积存而影响换热效果。③制冷剂在管内沸腾，不受船舰摇摆的影响，故非常适合于船用。④如果用水作为载冷剂，因水在壳程，热容量大，且水能充分混合，因此水不易冻结。⑤可采用热力膨胀阀供液，比使用浮球阀简单可靠。缺点是：①在多流程的干式管壳式蒸发器中，制冷剂在端盖处转向时会出现气、液分层现象。②折流板与外壳之间、折流板与传热管之间均有一定间隙，故存在载冷的旁通泄漏问题,影响载冷剂侧的换热效果。③传热管要同时穿过数块乃至数十块折流板,故安装较困难。④水侧污垢清除困难。

为简化加工工艺,也可采用 $\phi10mm \times 1mm$ 或 $\phi12mm \times 1mm$ 小管径的光铜管作传热管,其传热效果会比较好。但质量、体积及制冷剂充灌量均有所增加。

干式管壳式蒸发器多用于大、中型氟利昂制冷装置,用来制取冷水,供空调使用,对离心式和大型螺杆式冷水机组,其蒸发器多采用满液式结构。

2. 冷却空气型干式蒸发器

冷却空气型干式蒸发器(简称空气冷却器)被广泛用于冰箱、冷藏柜、空调器和冷库等处。此类蒸发器多为蛇管式结构,制冷剂在管内蒸发,空气在管外流过而被冷却。按空气在管外的流动方式可分为自然对流和强制对流两种。

(1)自然对流空气冷却器 根据蒸发器结构形式的不同,自然对流蒸发器主要有以下几种:

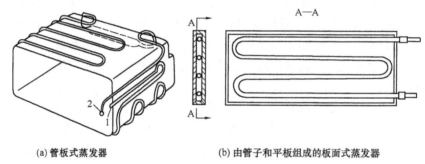

(a)管板式蒸发器   (b)由管子和平板组成的板面式蒸发器

图 8.7 - 19 两种典型的管板式蒸发器

①管板式:管板式蒸发器有两种典型结构,图 8.7 - 19(a)示出的蒸发器是将直径为 6~8mm 的紫铜管贴焊在铝板或薄钢板制成的方盒上,这种蒸发器制造工艺简单,不易损坏泄漏,常用于冰箱的冷冻室。在立式冷冻箱中,此类蒸发器常做成多层搁架式,将蒸发器兼作搁架,如图 8.7 - 20 所示,具有结构紧凑,冷冻效果高等优点。图 8.7 - 19(b)是另一种管板式蒸发器结构,管子装在两块四边相互焊接的金属板之间,管子和金属板之间充填共晶盐溶液并抽真空,使金属板在大气压力的作用下,紧压在管子外壁,保证管和板的良好接触。充填的共晶盐溶液用于储蓄冷量。这种蒸发器常用作冷藏车的顶板及侧板,也可用作冷冻食品的陈列货架。

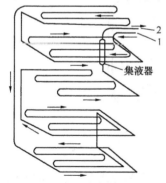

图 8.7 - 20 多层搁架式蒸发器
1—进口;2—出口

②吹胀式:吹胀式蒸发器是把铝 - 锌 - 铝 3 层金属板经冷轧而成的铝复合板,平放在刻有管路通道的模具上,然后加压加热使复合板中间的锌层熔化,再用高压氮气吹胀而形成管形通道。冷却后锌层与铝层粘合,可根据需要弯曲成各种形状,如图 8.7 - 21 所示。这种蒸发器传热性能好,管路分布合理,广泛应用于家用冰箱中。

③冷却排管:冷却排管主要用于低温实验箱及冷库的冷藏库房中。这种蒸发器的结构很简单,是一组沿天花板或墙壁安装的光滑管组,图 8.7 - 22

所示即为光滑管式干式蒸发器。制冷剂从管组的一端进入，蒸气从另一端排出。氨制冷机使用的光滑管是无缝钢管，氟里昂制冷机用的光滑管是紫铜。为了提高传热效率，也有采用肋片管的。肋片管式蒸发器是在光滑管上套上金属片(整体套片式)或绕金属带(绕片式)后制成的。

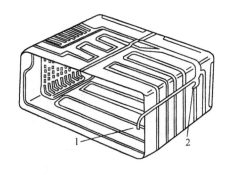

图 8.7-21　铝复合板吹胀式蒸发器
1—出口铜铝接头；2—进口铜铝接头

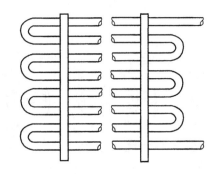

图 8.7-22　光滑管式干式蒸发器

由于肋片的作用，提高了蒸发器外侧的传热效率。肋片与管壁应接触良好，以保证良好的导热性能。为此把有些肋片直接焊在管壁上，有些使用高压流体或机械方法将管径扩张，图 8.7-23 示出了 3 种肋片管的结构形式。

(2)强制对流空气冷却器　强制对流空气冷却器又称为表面式蒸发器，广泛用于冷库、空调器及低温试验装置中。冷库中使用的强制对流空气冷却器，习惯上又称冷风机。

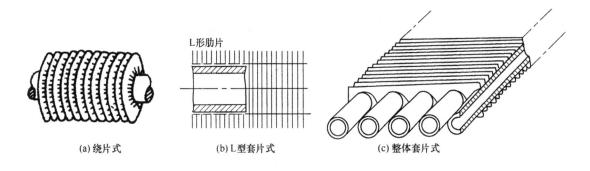

(a)绕片式　　　　　　(b)L型套片式　　　　　　(c)整体套片式

图 8.7-23　3 种肋片管的结构形式

图 8.7-24 所示的表面式蒸发器，一般为蛇管式结构。管外一般装有不同类型的肋片，用以强化空气侧的换热。肋片主要为绕片式和整体套片式两种，形式及胀紧方式与冷却排管相同。此类蒸发器需配置风机，以实现空气的强制对流。

绕片式肋片管虽不需要复杂的胀管设备，但它消耗金属多，工艺复杂，换热效果差，空气流动阻力大，除霜困难，现已较少采用。

与冷却排管相比，强制对流空气冷却器具有结构紧凑、体积小、换热效果好、安装简便、金属消耗量少、库温均匀、易于调节及传热温差小等一系列优点，故被广泛采用。缺点是，因为采用了风机，不仅消耗电能，增加了库房热负荷，且噪声较大，同时由于库内风速较大，使食品干耗增加。

空气冷却器无论是自然对流式还是强制对流式，均有干式和湿式之分。所谓干式空气冷却器，是指空气被冷却后其温度仍高于相应条件下的露点温度，空气中的水蒸气不析出。湿式空气冷却器是指空气被冷却过程中，其温度降到了相应条件下的露点温度，空气中的水蒸气在蒸发器表面上凝结，水分被析出，这种现象通常称为凝露。当蒸发器表面温度低于凝固温度时，析出的水分还会冻结成霜。

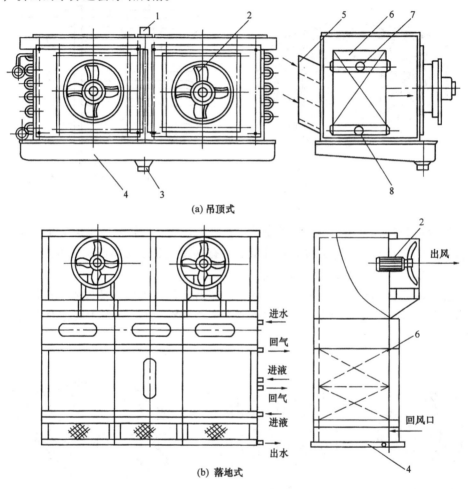

图 8.7 - 24　冷风机结构
1—进水管；2—轴流风机；3—下水管；4—水盘；
5—进口导风板；6—蒸发盘管；7—回气管；8—供液管

(三) 再循环式蒸发器

顾名思义，再循环式蒸发器中制冷剂需经过几次循环才能完全气化。由蒸发管出来的两相混合物进入分离器，分离出蒸气和液体。蒸气被吸入压缩机内，液体再次进入蒸发管中蒸发，如图 8.7 - 25 所示。

实际上蒸发管由若干平行的上升管组成，这些管子的上下段均与集管相连。下端的集管由下降液体供液，上端的集管与气液分离器相连。冷凝器向气液分离器供液的数量由浮球阀控制。

在再循环式蒸发器的管子中，液体所占的体积约为管内总容积的 50%，因而管子内表面得到良好的润湿。

对于重力型再循环式蒸发器，其气液分离器应设置在顶部。如果液体用泵循环，就不一定这样布置，此时最好将气液分离器安装在压缩机附近，这可使管路损失小一些，如图8.7-26所示。

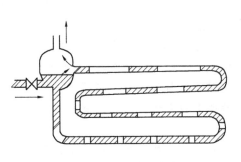

图8.7-25　重力型再
循环式蒸发器

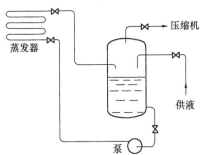

图8.7-26　用泵输送液体的
再循环式蒸发器

在图8.7-26所示的回路中，气液分离器有水平和垂直的两种。不管采用哪一种形式的气液分离器，都必须保证泵入口处的液柱高度，同时要有进行气液分离的足够空间。制冷剂在气液分离器内的流速(按分离器的直径计算)应低于0.5m/s。

立管式冷水箱型蒸发器也是一种再循环式蒸发器，它只用于氨制冷机，其结构如图8.7-27所示。蒸发器的每一管组均有上、下两个水平集管，两集管之间沿轴向在两侧焊有许多直径较小、两端微弯的立管，中间焊接一根直径较大的直立管，管中插有中间进液管，如图8.7-28所示。

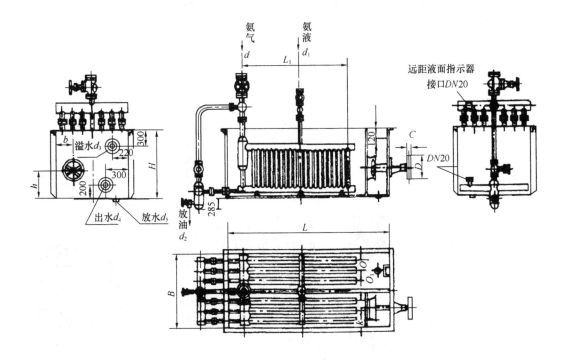

图8.7-27　立管式冷水箱型冷凝器

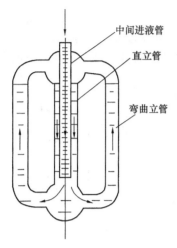

图 8.7 - 28　直立管内
制冷剂的流动

氨液从中间进液管进入，进液管一直插到直立管的下部，这样可以利用氨液流入时的冲力扰动蒸发器内的氨液，有利于提高传热能力。立管式冷水箱蒸发器在气化过程中形成的蒸气沿上集管进入气液分离器。在气液分离器中流速降低，使蒸气中挟带的液滴被分离出来。蒸气从上面引出，液体返回下集管中。蒸发器中的润滑油积存在集油管中，定期排出。整个蒸发器沉浸在水箱中，蒸发管组视制冷量的大小由一组或几组并列安装后构成。水箱用钢板制成，外侧敷设绝缘层，以减少冷量损失。水箱中的载冷剂在电动搅拌器的作用下循环流动，载冷剂流速通常取为 0.5m/s。水箱还设有溢流管和泄水管等。

直立立管式蒸发器具有结构简单、载冷剂热容量大、热稳定性好、不易冻、操作管理方便及传热性能较好等优点。但亦存在以下缺点：蒸发器管数较多，弯管和焊接工作量大；金属消耗量大；载冷剂为开式循环，它与空气直接接触，若用盐水作载冷剂，其对管子有严重腐蚀，且盐水吸湿性很强，盐的含量将会逐渐降低；只能采用非挥发性物质作载冷剂，使制取的低温一般限制在 10 ~ 40℃ 之间。

为了减少蒸发器管子和弯头的数量以及焊接工作量，目前在氨制冷系统中已广泛采用如图 8.7 - 29 所示的螺旋管式蒸发器。

比较图 8.7 - 29 与图 8.7 - 27 便可看出，螺旋管式蒸发器的结构及载冷剂的流动情况，与直立立管式蒸发器几乎完全一样，只是用螺旋管代替了立管而已。为了降低蒸发器中管组的高度和体积，蒸发器往往采用了双头螺旋管，内、外螺旋管分别用 $\phi27mm \times 3mm$ 和 $\phi38mm \times 3.5mm$ 的无缝钢管绕制而成。

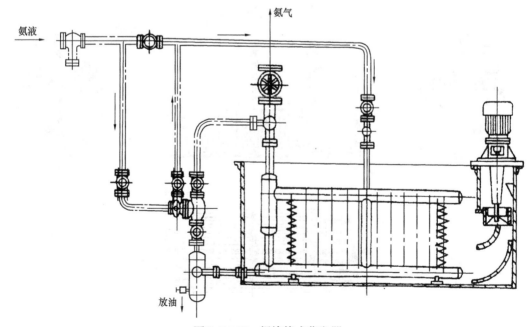

图 8.7 - 29　螺旋管式蒸发器

　　由于液氨在气化过程中呈螺旋上升，增加了扰动，因而表面传热系数有所提高。同时，蒸发面积相同时，其外形尺寸、加工工时和金属材料消耗量均有所减少。

　　与干式蒸发气相比，再循环式蒸发器的主要优点是蒸发管子的内壁被完全润湿，因此有高的表面传热系数。其主要缺点是体积大，需要的制冷剂多。用泵输送液体的再循环式蒸发器，需要用密封泵等设备。

三、强化传热元件

　　上述各种冷凝器和蒸发器都是表面式换热器，也就是说冷、热流体是通过金属间壁进行换热的。整个传热过程由热流体与金属壁面之间的对流换热（或冷凝传热）、金属壁的导热以及冷流体与金属壁面之间的对流换热（或蒸发传热）3个传热过程串联而成。其中冷、热流体与金属壁面之间的传热热阻是整个传热热阻的主要部分，远远高于金属壁的导热热阻，因此强化传热就要从流体与金属壁面之间的对流换热（或相变传热）入手。制冷空调中所使用的流体主要是制冷剂、液体载冷剂（如水）和空气，制冷剂和液体载冷剂与金属壁面之间的传热主要通过采用高效传热管来提高表面传热系数而使其传热得到强化，而空气与金属壁面的传热主要通过在空气侧加翅片来增加传热面积而使其强化。

　　目前可采用的高效传热管和翅片有许多种，下面将介绍几种主要的高效传热管和翅片以及空气侧的传热强化方法。

　　（一）高效冷凝传热管

　　1. 纵槽管

　　纵槽管因管上有纵向沟槽而得名，主要用于立式冷凝器。由于凝液张力的作用，凝液被拉向槽沟，靠重力作用向下坠流。凝液膜是冷凝时的最大热阻区，减薄凝液膜会使热阻下降，所以纵槽管的外表面积虽然仅比光滑管增加了1.5倍左右，但其表面传热系数却是光滑管的4~6倍。

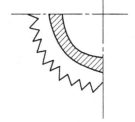

图 8.7 - 30　齿形肋片管截面

　　2. 齿形肋片管

　　其管截面如图8.7 - 30所示。从机理上分析，齿形肋片管比低肋管具有更密的肋距，加上其肋片外缘开有锯齿形缺口（齿距0.6~0.8mm，齿深0.3~0.5mm），因而具有更大的外表面积，有利于凝液表面张力发挥作用。在齿尖上冷凝下来的凝液被拉向肋片的槽缝，然后从传热管的下部迅速脱离。减少了凝液的积聚，进而降低了热阻。单管实验表明，齿形肋片管的冷凝表面传热系数为光滑管的8~12倍，为低肋管的1.5~2倍。

　　3. 板翘式表面、内螺旋肋片管和扁平椭圆管

　　这3种高效传热管均可强化管内的冷凝换热，主要用于小型制冷机空气冷却式冷凝器，其结构见图8.7 - 31。

　　板翘表面和内螺旋肋片管增强了流体的扰动和传热面积，故强化了传热，在扁平椭圆管内，冷凝液膜被拉至扁平管的圆角处，换热过程十分激烈。内螺旋肋片管的肋片和沟槽截面有多种形式，如图8.7 - 32所示。

　　4. 横纹管

　　横纹管是用变截面机械滚轧方法加工成形的，多用于氨冷凝器。氨在管外冷凝，水在管内流动。成形后的横纹管外表面有许多横向沟槽，管内相应地呈凸肋状。氨在横纹管外的冷凝情况与管子节距有关，见图8.7 - 33。

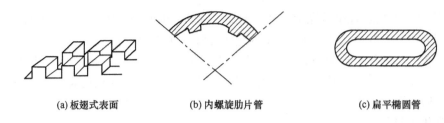

(a) 板翅式表面　　(b) 内螺旋肋片管　　(c) 扁平椭圆管

图 8.7-31　3 种强化管内换热的结构

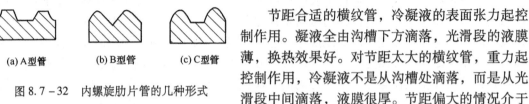

(a) A 型管　　(b) B 型管　　(c) C 型管

图 8.7-32　内螺旋肋片管的几种形式

节距合适的横纹管，冷凝液的表面张力起控制作用。凝液全由沟槽下方滴落，光滑段的液膜薄，换热效果好。对节距太大的横纹管，重力起控制作用，冷凝液不是从沟槽处滴落，而是从光滑段中间滴落，液膜很厚。节距偏大的情况介于上述两者之间。

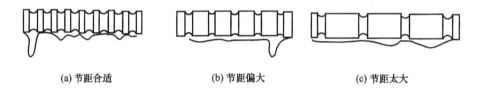

(a) 节距合适　　(b) 节距偏大　　(c) 节距太大

图 8.7-33　横纹管结构

横纹管管内有凸肋，水流速度增加。节距合适的横纹管，在 1m/s 的水流速下运行时，其总传热系数是光滑管的 1.6 倍。但其总压降亦增加到光滑管时总压降的 1.9 倍。

(二) 高效沸腾传热管

1. 机械加工表面多孔管

这种多孔管具有独特的表面结构，即在其表面下有环形隧道，管表面有许多与隧道相通的三角形小孔 (小孔的密度为 300~400 个/cm^2)，见图 8.7-34。由于表面小孔与隧道相通，制冷剂能经隧道循环加热。随道内的一部分液体被加热变成蒸气后，蒸气由小孔以气泡的形式离开。

多孔管的特殊表面结构既能人为地提供了大量稳定的气化核心，又可促使液体的气化过程在隧道壁上进行，并以效率极高的浓膜蒸发，同时还能在蒸发过程中促使频繁进出隧道的单相流体对流传热的大量液体产生内循环。对单管的实验表明，在单位面积热负荷相同的情况下，多孔管的沸腾温差可降低到光滑管的 1/10。工业现场的实验表明，多孔管的单位面积热负荷比低肋管高 36%。可比低肋管节省 26% 的换热面积。

2. T 形肋片管 (T 管)

这种管子由滚轧成形，用于蒸发器。其结构是管外表面有一系列带螺旋状的 T 字形肋片，肋片表面上具有一道道宽度只有 0.2~0.25mm 的狭窄小缝，小缝下面是螺旋形隧道，见图 8.7-35。在 T 形管隧道内，蒸气泡从生长到脱离，其沿加热面所走过的路程比低肋管的路程长，且在其所经过的路程中不断冲刷着壁面上还在长生的其他气泡，使加热面上气泡的发射频率增加，从而强化了沸腾换热。在进行 T 形表面机械加工时，管子内表面也形成螺旋肋，亦具有促进管内湍流，强化管内换热的作用。

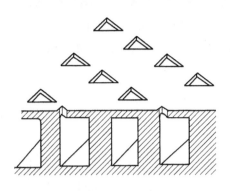

图 8.7-34 机械加工表面多孔管(E 形管)

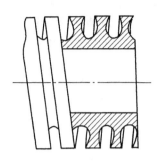

图 8.7-35 T 形管结构

3. 单头螺旋槽管

其形状如图 8.7-36 所示。研究表明，单头螺旋管管内 R12 的表面传热系数比光滑管提高了 70%，管外水侧提高了 37% ~58%。对 R113 的水平管内沸腾试验表明，管内表面传热系数比光滑管提高 50% ~100%，管外水侧可提高 30% ~40%。

单头螺旋槽管管内、外表面传热系数均得到提高，而压力降又很小，所以更适宜于干式蒸发器应用。

(三)空气侧传热的强化

在风冷冷凝器和冷风机管外流动的空气，其空气侧的表面传热系数较低，必须采取强化传热的方法。强化的措施很多，改进翘片的形状、增加管子的排列密度、对蒸发器翘片的表面处理以及减少翘片与管子的接触热阻等均可提高空气侧的表面传热系数。

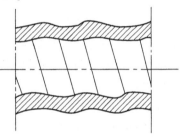

图 8.7-36 单头螺旋
槽管的截面

1. 翘片形式的改进

最初的翘片为平直式翘片，其结构简单，加工容易，且空气流经翘片时产生的层流边界层较厚。在相邻翘片构成的通道中，在它两个侧面上形成的边界层很快汇合，流动充分发展，使表面传热系数下降。为了克服此缺点，又开发出复杂断面形状的翘片，促使通道形状连续变化，边界层不断受到扰动和破坏，充分发展型流动条件无法形成，可使空气侧传热得到显著增强。常见的有波纹翘片，冲缝形翘片以及波纹条缝翘片。

(1)波形翘片 图 8.7-37 示出了两种常用的波形翘片，即正弦波形和三角波形两种。波纹翘片可使气流沿其表面曲折地流动，增强了气流的紊流程度，从而提高表面传热系数。这种翘片的强度高，加工容易，表面不易结灰。

(2)冲缝形翘片 冲缝形翘片又称 OSF 翘片、条状翘片或隙缝翘片等，见图 8.7-38。它是用平直翘片经冲压或切割加工出许多凸出条状狭条而得到的。

(3)波纹条缝翘片 它是将冲缝形翘片制成波纹形而成。波纹条缝翘片和冲缝翘片均属中断形翘片。当气体流经平直翘片时，热边界层逐渐增加，中断翘片的裂缝能破坏热边界层的增厚，达到增强换热之效果，其传热性能明显高于平直翘片和波形翘片。但压降也明显增大，且在较脏的环境下使用时易被沾污。波纹形翘片表面传热系数比平直翘片高 20%，冲缝翘片比平直翘片高 80%，波纹条缝翘片比平直翘片高 1 ~2 倍。采用强化传热翘片后，空气侧流动阻力增加。波纹翘片和冲缝翘片的阻力较平直翘片高，波纹条缝翘片又比波纹翘片高。翘片的形式宜与管子的换热强化相配合。波纹条缝翘片与内螺纹管组合后，其传热系数比光滑管套平直翘片时高40%~60%，而波形翘片与内螺纹管的组合只比光滑管套平直翘片时高7%，可见使用内螺纹管后翘片形式的影响更大。

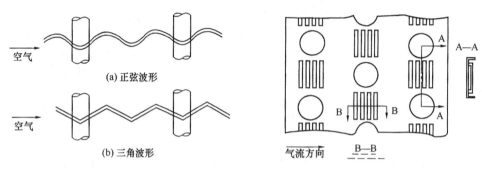

图8.7-37 波形翘片　　　　　　　　图8.7-38 冲缝形翘片

2. 翘片距离

空调器用蒸发器表面的结水，冷风机表面的结霜均会导致热阻增大，风量减少，进而使表面传热系数下降。蒸发器表面的积水情况与间距有关。大间距可减少翘片积水，但便换热面积减少。试验表明，空调器用蒸发器的翘片间距宜取1.7~2mm。蒸发器表面结霜的影响已在前面作了分析。考虑到蒸发器前几排管子结霜较重，而后几排结霜较轻，故可采用变间距翘片设置，即前几排管子用大间距，后几排用小间距。采用这种变间距翘片时，通常将管子分为2~4组，每组的间距不同，最大片距达22mm。

3. 空调用蒸发器的表面处理

因翘片间距小，湿空气在蒸发器表面冷凝时，会有水珠积聚而形成"水桥"，进而使空气阻力增加，风量减少，传热恶化。为了减少翘片表面滞置的冷凝水，国外从80年代起，发展了亲水性膜技术。利用化学方法在翘片上形成一层稳定的高亲水性膜，使翘片表面的水珠集在一起，再沿翘片表面流下，水桥消失。

制造亲水性膜的方法有多种，如一水氧化铝法、水玻璃法、水软铝石法和有机树脂－二氧化硅法。其中以"有机树脂－二氧化硅法"较为先进，所用材料由超微粒状胶体二氧化硅、有机树脂及表面活性剂构成。亲水性膜的厚度约为1~2μm。

采用亲水性膜后，凝结水迅速排除，即使风速较高，水也不会飞溅。无冷凝水飞溅的最大迎面风速称为临界风速，采用亲水性膜可以节能和降低冷凝水的飞溅，但对不同翘片形状、不同几何尺寸的蒸发器，其节能效果是不同的。采用亲水性膜后空气阻力下降，因此配套的风机宜重新选择。

4. 减少翘片与管子的接触热阻

铝片与铜管的接触热阻占总热阻的10%左右。接触热阻与胀管率有关，胀管率减少时接触热阻增加。接触热阻与翘片的翻边亦有关，双翻虽然加工困难，但热阻较低，且有利于套片和片距的控制。

第三节　制冷换热器表面传热系数的计算

一、无集态改变时的表面传热系数

在这种传热过程中，传热介质不发生集态改变。制冷机换热设备中冷却介质（水及空气）及液体载冷剂的传热均属于过一类，过冷器中制冷剂的放热过程也属于此类。无集态改变时的传热过程在制冷机中常见的有以下几种情况。

（一）流体在管内受迫流动的传热

制冷机管内的流动多数为紊流，层流很少。紊流时的表面传热系数，广泛采用了迪图斯 - 玻尔特（Dittus - Boelter）公式来进行计算，计算公式为：

$$Nu = 0.023 Re^{0.8} Pr^n \tag{7-1}$$

流体受热时，式中指数 $n = 0.4$，冷却时 $n = 0.3$，适用于 $Re = 10^4 \sim 1.2 \times 10^5$，$Pr = 0.7 \sim 100$，$l/d > 60$ 的光滑管、流体和壁面温差不太大的场合。计算时取流体的平均温度为定性温度，管子内径 d 为特性尺度。

另一个可用来计算流体在管内受迫流动时表面传热系数的公式是彼多霍夫 - 波波夫（Petukhov - Popov）公式：

$$Nu = \frac{(f/8) Re Pr}{1.07 + 12.7 (f/8)^{0.5} (Pr^{2/3} - 1)} \tag{7-2}$$

式中，f 为滴流摩擦因数，是 Re 的函数，$f = (1.82 \lg Re - 1.64)^{-2}$。
上式适用于 $Re = 10^4 \sim 5 \times 10^6$，$Pr = 0.5 \sim 2000$。

对于各种制冷剂，包括 R22、R134a 等，式（7-2）比式（7-1）有更高的精度。如果管道截面不是圆形，特性尺度应取其当量直径 d_e：

$$d_e = \frac{4A}{L}$$

式中，A 为通道截面积，L 为通道的周界。

流体在螺旋管内或螺旋形槽道内流动时，传热过程有所增强，其表面传热系数可先按式（7-1）或式（7-2）计算，再乘以校正系数 ε_R：

$$\varepsilon_R = 1 + 1.77 \frac{d}{R} \tag{7-3}$$

式中，d 为管子内径，R 为螺旋管的曲率半径。

（二）流体横向流过光滑管束

这里仅讨论受迫运动的情况。对光管管束，液体流动方向与管子中心线垂直时，第 3 排管子以后的平均表面传热系数可按下列准则式计算。

空气：顺排管束　　　　　　　　$\alpha_0 = 0.21 \frac{\lambda}{d_0} Re_f^{0.65}$ 　　　　　　　（7-4）

错排管束　　　　　　　　$\alpha_0 = 0.37 \frac{\lambda}{d_0} Re_f^{0.6}$ 　　　　　　　（7-5）

液体：顺排管束　　　　　　　　$\alpha_0 = 0.23 \frac{\lambda}{d_0} Re_f^{0.65} Pr_f^{0.33}$ 　　　　　（7-6）

错排管束
$$\alpha_0 = 0.41 \frac{\lambda}{d_0} Re_f^{0.6} Pr_f^{0.33} \tag{7-7}$$

式中　α_0——表面传热系数，$W/(m^2 \cdot K)$；

　　　　d_0——管子外径，m；

　　　　λ——热导率，$W/(m \cdot K)$。

计算时取管子外径 d_0 为特性尺度，取流体的平均温度为定性温度。确定 Re_f 时，取通道最窄截面上的流速 v_0。第一排和第二排管子的表面传热系数低于第三排以后管子的表面传热系数。对沿流动方向有 n 排管子的管束，其平均表面传热系数也可先按式(7-4)、式(7-5)、式(7-6)和式(7-7)计算，再乘以表8.7-1所示的管排校正系数 ε_n。

表8.7-1　管排校正系数 ε_n 的数值

总排数	1	2	3	4	5	6	7	8	9	10 以上
ε_n（顺排）	0.64	0.80	0.87	0.90	0.92	0.94	0.96	0.98	0.99	1.00
ε_n（错排）	0.68	0.75	0.83	0.89	0.92	0.95	0.97	0.98	0.99	1.00

（三）流体在管外纵向和横向的流动

液体在具有折流板的管壳式换热器管外的流动就属于这一情况。表面传热系数为

$$\alpha_0 = n \frac{\lambda}{d_0} Re_f^{0.6} Pr_f^{0.33} \tag{7-8}$$

式中，各符号的意义同式(7-4)。筒体镗削时，系数 $n = 0.25$；不镗削时，表面传热系数略降，系数 $n = 0.22$。计算时取流体的平均温度为定性温度，取管子外径 d_0 为特性尺度，Re_f 按壳体中心线附近管子之间横流截面上的流速与折流板缺口处流速的几何平均值计算。

（四）流体横向流过肋片管束时的表面传热系数

较常用的平直肋片有3种：圆肋片；正方形肋片，见图8.7-39(a)和图8.7-40；六角形肋片，见图8.7-39(b)。

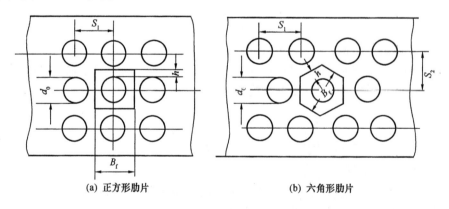

(a) 正方形肋片　　　　　　　　　　(b) 六角形肋片

图8.7-39　正方形肋片和六角形肋片

表面传热系数计算时，可分为肋片管束分别用于蒸发器和冷凝器的两种情况。

1. 肋片管束用于蒸发器

表面传热系数 α_{of} 的计算公式为：

$$\alpha_{of} = c\frac{\lambda}{b}Re^n\left(\frac{d_0}{b}\right)^{-0.54}\left(\frac{h}{b}\right)^{-0.14} \qquad (7-9)$$

$$Re_f = \frac{vb}{\nu}$$

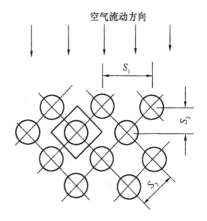

图 8.7 - 40　S_1，S_2 和 S_3 表示的尺寸

式中　b——肋片间距，m；

d_0——肋片管外径，m，见图 8.7 - 39；

h——肋片高度，m；

v——空气的管束最窄截面上的流速，m/s；

ν——空气的运动黏度，m^2/s；

λ——空气的热导率，W/(m·K)。

上式的适用范围是，$Re_f = (3 \sim 25) \times 10^3$。式中常数 c 及 n 的值如下：

顺排：圆肋片　　　　　　$c = 0.104$，$n = 0.72$

　　　正方形肋片　　　　$c = 0.096$，$n = 0.72$

错排：圆肋片　　　　　　$c = 0.223$，$n = 0.65$

　　　正方形肋片　　　　$c = 0.205$，$n = 0.65$

　　　六方形肋片　　　　$c = 0.205$，$n = 0.65$

对于错排的绕片管式蒸发器，α_{of} 的计算公式为：

$$\alpha_{of} = 0.051\frac{\lambda}{d_0}Re_f^{0.76} \qquad (7-10)$$

用式(7-9)及式(7-10)计算时，取管子的外径为特性尺度，取空气的平均温度为定性温度。

2. 肋片管束用于冷凝器

此时计算表面传热系数 α_{of} 的公式有 3 种：

(1)圆芯管圆肋片管束

$$\alpha_{of} = c\frac{\lambda}{d_0}Re_f^{0.718}Pr_f^{0.33}\left(\frac{b}{h}\right)\varepsilon_n \qquad (7-11)$$

式中，b 为管中心距；h 为肋片高度；ε_n 为流动方向管排校正系数。计算时取空气的平均温度为定性温度，管子的外径 d_0 为特性尺度，Re_f 按最窄截面上空气的流速计算，c 为系数(对正方形顺排，$c = 0.0896$；三角形错排，$c = 0.1378$)。当空气流速 $v = 5 \sim 7$ m/s 时，ε_n 与管排数 n 的关系如表 8.7 - 2 所示。

表 8.7 - 2　ε_n 与管排数 n 的关系

n	2	3	4	5	6	8	10	12
ε_n	0.82	0.88	0.91	0.93	0.945	0.96	0.97	0.985

(2)错排正方形肋片管束　此时空气的流向如图 8.7 - 40 所示，表面传热系数的计算公式为：

$$\alpha_{of} = 0.251\frac{\lambda}{d_e}Re_f^{0.67}\left(\frac{S_1 - d_0}{d_0}\right)^{-0.2}\left(\frac{S_1 - d_0}{b} + 1\right)^{-0.2}\left(\frac{S_1 - d_0}{S_3 - d_0}\right)^{0.4} \qquad (7-12)$$

$$Re_f = \frac{vd_0}{\nu}$$

$$d_e = \frac{A_0 d_0 + A_f \sqrt{A_f/(2n_f)}}{A_0 + A_f}$$

式中 v——最窄截面上空气的流速，m/s；

　　b——肋片间距，m；

　　n_f——每 m 长管子上的肋片数；

　　A_0——每 m 长管子无肋片部分的管子外表面积，m^2；

　　A_f——每 m 管长上肋片的表面积，m^2；

　　ν——空气的运动黏度，m^3/s；

　　λ——空气的热导率，W/(m·K)。

当量直径 d_e 为特性尺度，液体平均温度为定性温度。符号 S_1，S_2 和 S_3 的意义见图 8.7 - 40。

（3）顺排正方形肋片管束和错排六角形肋片管束

表面传热系数用下式计算：

$$\alpha_{of} = c\frac{\lambda}{d_0}Re_f^{0.625}\left(\frac{A_0 + A_f}{A_0}\right)Pr_f^{0.33} \qquad (7-13)$$

$$Re_f = \frac{vd_0}{\nu}$$

式中 c——系数，对正方形肋片管束，$c = 0.30$；对六角形肋片管束，$c = 0.45$；

　　λ——空气的热导率，W/(m·K)；

　　v——最窄截面上空气的流速，m/s；

　　d_0——管子外径，m；

　　A_0——每 m 长管子无肋片部分的管子外表面积，m^2；

　　A_f——每 m 长管上肋片的表面积，m^2；

　　ν——空气的运动黏度，m^2/s。

对使用波形翘片和有缝翘片的管束，其空气侧的表面传热系数目前尚无简单准确的计算式，计算波形翘片和有缝翘片管管束空气侧的表面传热系数时，可将相同条件下平直翘片的表面传热系数乘以相应的修正系数即可。波形翘片，修正系数可取 1.3；冲缝形翘片，可取 1.8；波形条缝翘片，可取为 2~3。

3. 肋片效率

进行肋片管束的传热计算时，需知道肋片效率。肋片效率用下列公式计算：

（1）等厚度圆肋片的肋片效率

$$\eta_f = \frac{\text{th}(mR_0\zeta)}{mR_0\zeta} \qquad (7-14)$$

式中 m——肋片参数；

　　ζ——圆肋片的校正系数；

　　R_0——肋片的根圆半径，m。

肋片参数 m 为：

$$m = \sqrt{\frac{2\alpha_{of}\xi}{\lambda\delta}} \qquad (7-15)$$

式中 ξ——析湿系数（其意义将在本章第五节中说明）；

　　δ——肋片厚度，m；

λ——肋片的热导率，$W/(m \cdot K)$。

校正系数 ζ 按下式计算：

$$\zeta = (\rho - 1)(1 + 0.35\ln\rho) \qquad (7-16)$$

$$\rho = \frac{d_f}{d_0}$$

式中，d_f 为肋片外径，d_0 为管子外径。

（2）正方形和六角形肋片的效率

$$\eta_f = \frac{th(mR_0\zeta)}{mR_0\zeta'} \qquad (7-17)$$

式中，m 为肋片参数，用式（7-14）计算。校正系数 ζ' 的计算公式为：

$$\zeta' = (\rho - 1)(1 + 0.35\ln\rho')$$

对正方形肋片：$\rho = B_f/d_0$，$\rho' = 1.145\rho$

对六角形肋片：$\rho = B_f/d_0$，$\rho' = 1.063\rho$

式中，B_f 为正方形肋片或六角形肋片两边之间的距离；d_0 为管子外径，见图 8.7-39。

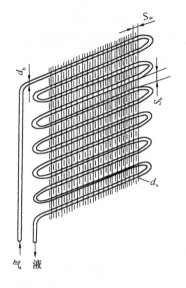

图 8.7-41　丝管式冷凝器

（五）丝管式冷凝器空气侧传热

丝管式冷凝器的几何尺寸如图 8.7-41 所示。下列公式可用于计算其空气侧的自然对流表面传热系数：

$$\alpha_{of} = 0.94 \frac{\lambda_f}{d_e}\left[\frac{(s_b - d_b)(s_w - d_w)}{(s_b - d_b)^2 + (s_w - d_w)^2}\right]^{0.155}(Pr_f Gr_f)^{0.26} \qquad (7-18)$$

式中　λ_f——空气热导率，$W/(m \cdot K)$；

d_b——管外径，m；

s_b——蛇管上下相邻管的中心距，m；

d_w——钢线外径，m；

s_w——钢丝节距，m；

d_e——当量直径，m。

$$Gr_f = \frac{g\beta\Delta t d_e^3}{\nu^2} \qquad (7-19)$$

式中　g——重力加速度，$g = 9.81 m/s^2$；

β——空气的体积膨胀系数，$1/℃$；

Δt——传热温差，℃；

ν——空气的运动黏度，m^2/s；

d_e——当量直径，m。

$$d_e = \left(s_b \frac{1 + 2\frac{s_b}{s_w}\frac{d_w}{d_b}}{\left(\frac{s_b}{2.76d_b}\right)^{0.25} + 2\frac{s_b}{s_w}\frac{d_w}{d_b}\eta_f}\right) \qquad (7-20)$$

式中，η_f 为肋效率，对冰箱用丝管式冷凝器，在常用结构参数及温度参数条件下可取 $\eta_f = 0.85$。

式(7-18)和(7-19)的定性温度为壁面与空气的平均温度。

因丝管式冷凝器的自然对流表面传热系数较小，故换热器壁面的幅射传热不可忽略。幅射传热量约占总传热量的40%左右。

(六) 管带式冷凝器空气侧的传热

管带式冷凝器在汽车空调系统中使用极为广泛，本章第二节图8.7-10为管带式冷凝器的结构及结构参数示意图。空气流过管带式冷凝器时，当量表面传热系数可用下式计算：

$$\alpha_o = C \frac{\lambda_f}{d_e} Re_f^{n_1} Pr_f^{n_2} \left(\frac{b}{d_e}\right)^{n_3} \left(\frac{h}{d_e}\right)^{n_4} \left(\frac{s}{d_e}\right)^{n_5} \tag{7-21}$$

$$Re_f = \frac{g_f d_f}{\mu_f} \qquad Pr_f = \frac{C_{pf}\mu_f}{\lambda_f}$$

$$d_e = \frac{2(s_1 - h)(s_f - \delta_f)}{(s_1 - h) + (s_f - \delta_f)}$$

式中　g_f——空气在流通截面上的流量密度，$kg/(m^2 \cdot s)$；

　　　μ_f——动力黏度，$Pa \cdot s$；

　　　C_{pf}——比定压热容，$J/(kg \cdot K)$；

　　　λ_f——热导率，$W/(m \cdot K)$；

　　　d_e——当量直径，m；

　　　δ_f——翅带厚度，m。

取空气平均温度为定性温度。其他结构参数如图8.7-10所示，式(7-21)中系数及指数见表8.7-3。

表8.7-3　式(7-21)中系数及指数

C	n_1	n_2	n_3	n_4	n_5
0.1758	0.5057	0.3333	0.3133	1.9908	-0.5268

由式(7-21)计算的管带式冷凝器空气侧表面传热系数已考虑了翅片效率的影响，因此传热计算时，可不必再乘以翅片效率。

二、制冷剂沸腾时的表面传热系数

制冷剂沸腾时，其表面传热系数随热流密度的增加而增加。

(一) 制冷剂在大空间内沸腾时的表面传热系数

制冷剂在水平光管束外沸腾的表面传热系数 α_o 为：

$$\alpha_o = aq^b \tag{7-22}$$

系数 a 和指数 b 与制冷剂种类有关：

R717：$a = 4.4(1 + 0.007t_0)$，$b = 0.7$，t_0 为蒸发温度；

R134a：$a = 8.57$，$b = 0.696$；

R142b：$a = 7.59$，$b = 0.667$。

对于低肋管，氟里昂的沸腾表面传热系数与光管时相近。

(二) 制冷剂在管内沸腾时的表面传热系数

制冷剂在管内沸腾时，其表面传热系数与物性、热流密度、管内液体的质量流速及流向有关。对于R717，管内沸腾传热时的表面传热系数为：

$$\alpha_i = 4.57(1 + 0.03t_o)q_i^{0.7} \qquad (7-23)$$

式中，t_o 为制冷剂的蒸发温度，℃；q_i 为按管内表面计算的热流密度，W/m²。

对于氟里昂制冷剂，管内沸腾时的表面传热系数可以采用凯特里卡（Kandlikar）公式计算，该公式是一个具有较高精度的通用关联式，其形式为：

$$\frac{\alpha_{TP}}{\alpha_1} = C_1(C_0)^{C_2}(25Fr_1)^{C_5} + C_3(B_0)^{C_4}F_{fl} \qquad (7-24)$$

$$\alpha_1 = 0.023\left(\frac{g(1-x)D_i}{\mu_1}\right)^{0.8}\frac{Pr_1^{0.4}}{D_i} \qquad (7-25)$$

$$\alpha C_0 = \left(\frac{1-x}{x}\right)^{0.8}\left(\frac{\rho_g}{\rho_1}\right)^{0.5}$$

$$B_0 = \frac{q}{gr}$$

$$Fr_1 = \frac{g^2}{9.8\rho_1^2 D_i}$$

式中　α_{TP}——管内沸腾的两相表面传热系数，W/(m²·K)；

α_1——液相单独流过管内的表面传热系数，W/(m²·K)；

C_0——对流特征数；

B_0——沸腾特征数；

Fr_1——液相弗劳得数；

g——质量流率，kg/(m²·s)；

x——质量含气率；

D_i——管内径，m；

μ_1——液相动力黏度，Pa·s；

λ_1——液相热导率，W/(m·K)；

Pr_1——液相普朗特数；

ρ_g——气相密度，kg/m³；

ρ_1——液相密度，kg/m³；

q——按管内表面计算的热流密度，W/m²；

r——系数，J/kg。

F_{fl} 是取决于制冷剂性质的无量纲数，按表8.7-4选取。大量的实验数据表明，F_{fl} 的值在0.5~5.0之间。

表8.7-4　各种制冷剂的 F_{fl} 值

制 冷 剂	F_{fl}	制 冷 剂	F_{fl}
水	1.00	R114	1.24
R11	1.30	R152a	1.10
R12	1.50	氮	4.70
R13B1	1.31	氖	3.50
R22	2.20	R134a	1.63
R113	1.10	—	—

式中的 C_1、C_2、C_3、C_4 和 C_5 为常数，它们的值取决于 C_0 的大小。当 $C_0 < 0.65$ 时，$C_1 = 1.136$、$C_2 = -0.9$、$C_3 = 667.2$、$C_4 = 0.7$、$C_5 = 0.3$。

当 $C_0 > 0.65$ 时，$C_1 = 0.6683$、$C_2 = -0.2$、$C_3 = 1058.2$、$C_4 = 0.7$、$C_5 = 0.3$。

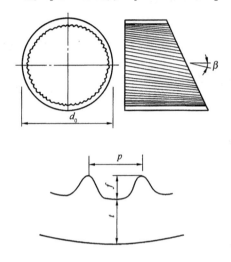

图 8.7 - 42　微细内肋管剖面图

（三）制冷剂在细微内肋管中的沸腾传热

近年来细微肋管在小型制冷装置蒸发器中被广泛采用。图 8.7 - 42 为细微肋管的剖面图，管内的微肋数目一般为 60 ~ 70，肋高为 0.1 ~ 0.2mm，螺旋角为 10° ~ 30°，其中对传热性能和流动阻力影响最大的为肋高。与其他形式管内强化管相比，微细内肋管有两个突出的优点。首先，与光管相比它可以使管内蒸发表面传热系数增加 2 ~ 3 倍，而压降的增加却只有 1 ~ 2 倍，即传热的增强明显大于压降的增加；其次，微肋管与光管相比，单位长度重量的增加很少，即该强化管的成本低。微肋管除在表面式蒸发器被广泛采用外，在管壳式蒸发器中也有大量应用。设计时可先计算出光管内的表面传热系数（与管径有关），再乘以增强因子即得微肋管内的表面传热系数。增强因子可从相关文献上查得，一般在 1.6 ~ 1.9 之间。

三、蒸气冷凝时的放热计算

（一）制冷剂在光管外的冷凝传热

在制冷机的冷凝器中，蒸气冷凝时都是"膜层"冷凝，因此用努谢尔特（Nusselt）公式计算光管外表面的凝结表面传热系数：

$$\alpha_{co} = c\left(\frac{\beta}{\Delta t l}\right)^{0.25} \tag{7-26}$$

$$\alpha_{co} = c'\left(\frac{\beta}{q l}\right)^{1/3} \tag{7-27}$$

式中　c, c'——系数，对垂直呈波形波动时，$c = 1.13$，$c' = 1.18$。对水平单管，$c = 0.725$，$c' = 0.65$；

l——特性尺度，对垂直面取高度 H，对水平单管取外径 d_o，m；

Δt——冷凝温度与壁面温度之差，℃；

q——热流密度，W/m^2；

β——物性系数，等于 $\dfrac{\lambda^2 \rho^2 g \gamma}{\mu}$。$\lambda$，$\rho$，$\gamma$ 和 μ 等参数取冷凝液膜温度下的数据，由于冷凝时冷凝液膜温度与冷凝温度十分接近，故可取冷凝温度下的数据。对于常用的制冷剂可按表 8.7 - 5 取值。

λ——冷凝液的热导率，$W/(m \cdot K)$；

ρ——冷凝液的密度，kg/m^3；

γ——潜热，J/kg；

μ——冷凝液的动力黏度，$Pa \cdot s$；

g——重力加速度，m/s^2。

表 8.7 – 5　式(7 – 26)中几种氟里昂的 β 值

t_k/℃	20	30	40	50	60
R134a	1671.5	1593.8	1516.3	1424.9	1326.2
R22	1658.4	1557.0	1447.1	1325.4	—

（二）制冷剂在水平低肋管上的冷凝传热

对水平低肋管，其外表面的冷凝表面传热系数，可将相同条件下水平光滑管的表面传热系数乘以增强因子即可得到，增强因子可按下式计算：

$$\varepsilon_1 = 1.3\eta_f^{0.75}\left(\frac{A_h}{A_{of}}\right)\left(\frac{d_o}{H_e}\right)^{0.25} + \frac{A_p}{A_{of}} \tag{7 – 28}$$

式中　　　d_o——基管外径，m；

　　　　　H_e——肋片的当量宽度，m；

$$H_e = \frac{\pi}{4}\left(\frac{d_f^2 - d_o^2}{d_f}\right)$$

　　　　　d_f——肋片外径，m；

A_h，A_p 和 A_{of}——分别表示 1m 长肋管的垂直部分表面积，水平部分表面积和肋的总外表面积，m^2；

　　　　　η_f——肋片效率；

$$\eta_f = \frac{\text{th}(ml)}{ml}, \quad 其中 m = \sqrt{\frac{2\alpha_{co}}{\alpha\delta}}, \quad l = \frac{d_f - d_o}{2}\left(1 + 0.805\lg\frac{d_f}{d_o}\right)。$$

式中，δ 为肋片厚度，λ 为肋片材料的热导率。低肋片管的 η_f 约在 0.7 ~ 0.8 之间，低螺纹紫铜管的 $\eta_f = 1$。

（三）制冷剂的水平管束和低螺纹管束上冷凝时的传热

在水平管束和低螺纹管束上制冷制凝结时下落的冷凝液，会使下部管束外侧的液膜增厚及表面传热系数下降。制冷剂在水平管束和低螺纹管束外表面冷凝时的平均表面传热系数 α_0 可以按单管上的表面传热系数乘以管排修正系数 ε_n 得到，管排修正系数可按下式计算：

$$\varepsilon_n = \frac{n_1^{0.75} + n_2^{0.75} + n_3^{0.75} + \cdots + n_z^{0.75}}{n_1 + n_2 + n_3 + \cdots n_z} \tag{7 – 29}$$

式中，n_1，n_2，$n_3 \cdots n_z$ 为管排垂直方向上各列的管子数。

（四）制冷剂在水平管内冷凝时的传热

制冷剂在水平管内冷凝时，管底有凝液积聚，故使表面传热系数下降。对于氟里昂，其计算公式为：

$$\alpha_i = 0.555\left(\frac{\beta}{\Delta t d_i}\right)^{0.25} \tag{7 – 30}$$

或

$$\alpha_i = 0.455\left(\frac{\beta}{q d_i}\right)^{1/3} \tag{7 – 31}$$

式中，d_i 为管子内径；β 为物性系数，可按表 8.7 – 6 取值。

式(7 – 31)适用于 $Re'' \leqslant 35000$ 时。Re'' 按进口蒸气状态计算。对于 R717，管内冷凝时的计算公式为：

$$\alpha_i = 2116\Delta t^{-0.167}d_i^{-0.25} \tag{7-32}$$

或

$$\alpha_i = 86.88q^{-0.2}d_i^{-0.33} \tag{7-33}$$

当制冷剂在水平蛇形管内冷凝时，上述 4 个公式乘 ε_c 以后即可使用。ε_c 可按下式计算：

$$\varepsilon_c = 0.25q^{0.15} \tag{7-34}$$

第四节　冷凝器的设计与计算

一、水冷冷凝器的设计计算

（一）给定条件

对于水冷冷凝器，一般是根据冷凝器的额定负荷设计的。给出冷凝器热负荷 Φ_k、制冷剂的种类和冷凝温度 t_k。设计任务就是根据上述条件确定冷凝器的形式、传热面积和结构，最后求出冷却水在冷凝器中的流动阻力。

（二）水冷冷凝器设计时几个主要参数的选择

1. 冷凝器的结构形式

冷凝器的结构形式应根据冷凝器的工作条件选择。中、小型氨制冷机可采用立式或卧式管壳式冷凝器；中等容量的氟里昂制冷机宜采用卧式低螺纹管管壳式冷凝器；小型氟里昂制冷机可用套管式冷凝器。在冷却水供应比较紧张的地区，可采用蒸发式冷凝器。

2. 冷却水流速的选择

冷却水在管内的流动速度对表面传热系数有较大的影响。流速增加，水侧表面传热系数增加，但冷却水在冷凝器内的流动阻力也增加，且水对管子的腐蚀加快。管子的腐蚀与管子材料、冷却水种类和冷凝器的年使用小时数有关。在氨冷凝器中，水对钢管的腐蚀较严重，故常选用较低的流速。表 8.7-6 中列出了氟里昂卧管壳式冷凝器年使用小时数冷却水的流速。

表 8.7-6　冷凝器设计水速

使用时间/（h/a）	1500	2000	3000	4000	6000	8000
设计水速/（m/s）	3.0	2.9	2.7	2.4	2.1	1.8

在水冷冷凝器中，水在管内的流动状态与水速、管径及水温有关，在管径和水温一定的条件下，其所选水速应确保水流呈湍流状态，即雷诺数 $Re > 10^4$。若 $Re < 10^4$，水侧表面传热系数会大大降低。

冷却水流速在某些标准中有规定，应按标准规定取值，如在《单元式空气调节机组用冷凝器形式与基本参数》（JB/T 5444—91）标准中规定，套管式冷凝器和管壳式冷凝器的水速分别为 2.5m/s 和 2m/s。

3. 冷却水进口温度 t_2' 和冷却水进口温差（$t_k - t_2'$）的选择

冷却水进口温度 t_2' 应根据当地气象资料取高温季节的平均水温。冷却水进口温度与冷凝温度 t_k 之差一般选为（$t_k - t_2'$）= 8～10℃，国外有的选择在 12℃ 以上。

4. 冷却水温升的选择

冷却水在冷凝器内的温升（$t_2'' - t_2'$）与冷却水的流量有关。流量愈大，温升愈小。若冷却水的温升小，则冷凝器中的对数平均温差大，所需的冷凝传热面积小，但大的冷却水流量将引起耗水量和水泵功耗的增大。因此，冷却水温升应根据技术经济条件及当地供水状况决定。在氟里昂卧式管壳式冷凝器中，取温升 $t''_2 - t'_2 = 3 \sim 5℃$，在氨用立式管壳式冷凝器中，取 $t''_2 - t'_2 = 2 \sim 4℃$，氟里昂用套管式冷凝器的温升可取得大一些，一般取 $t''_2 - t'_2 = 5 \sim 8℃$。

5. 冷凝器中水垢和油垢的污垢热阻

冷凝器中水垢和油垢的形成会影响传热性能。通常，换热器制冷剂侧温度越低或制冷剂液体与润滑油的互溶性越弱，润滑油越容易在传热面上形成油膜，则污垢系数越大。一般在氟里昂冷凝器中，氟里昂与润滑油能相互溶解，可不考虑氟里昂侧的污垢系数。

对水冷凝器，水侧表面的温度越高，水的流速越低，水中含盐量越多，传热表面的粗糙度越大，因此水中的盐分更容易沉积在传热面上形成水垢，污垢系数则越大。表 8.7 – 7 给出冷凝器冷却水推荐选用的污垢系数值。

表 8.7 – 7　冷凝器中选用的冷却水的污垢系数

类　　　别	污垢系数 $\gamma /$ $(m^2 \cdot K/W)$	类　　　别	污垢系数 $\gamma /$ $(m^2 \cdot K/W)$
城市生活用水垢层	0.17×10^{-3}	混浊河水垢层	0.500×10^{-3}
经处理的工业循环用水垢层	0.17×10^{-3}	井水及湖水垢层	0.170×10^{-3}
未经处理的工业循环用水垢层	0.43×10^{-3}	近海海水垢层	0.170×10^{-3}
处理过的冷水塔循环用水垢层	0.17×10^{-3}	远海海水垢层	0.086×10^{-3}
清净河水垢层	0.34×10^{-3}	—	—

（三）结构设计

卧式管壳式冷凝器是制冷机中使用最为广泛的水冷冷凝器，这里将重点介绍氟里昂用卧式管壳式冷凝器的结构设计，至于中、小型氨制冷机所用立式或卧式管壳式冷凝器的结构设计，参照氟里昂用卧式管壳式冷凝器的结构设计即可。

1. 卧式管壳式冷凝器的整体结构

前述图 8.7 – 2 为氟里昂卧式管壳式冷凝器的整体结构图。卧式壳管式冷凝器的外壳为圆筒形，在壳体两端各焊接一块管板。小型制冷装置用卧式壳管式冷凝器的管板一般与筒体外径相同，因此，在管板的周边上应均匀分布 6 个或 8 个螺纹孔（不通孔），用螺钉将端盖固定在管板上。

密封橡胶的作用是防止冷却水从端盖与管板之间的结合处外泄，并与端盖的分割筋贴合，避免不同流程之间冷却水"串流"。

在卧式管壳式冷凝器中，制冷剂蒸气从上部进气管进入壳体，冷凝液体从壳体下部出液管流出。壳体较长时（大于 1.5m），为使进入壳体的蒸气沿长度方向能均匀分布，并减缓蒸气进壳体时对传热管的冲击，可在壳体内部沿长度方向上焊接一块多孔均气板（或均气管）。

对小型氟里昂制冷装置用卧式管壳式冷凝器，为简单起见，一般不在壳体下部焊接液包。另外，根据需要可在氟里昂冷凝器壳体下部安装易熔塞以起安全保护作用。

2. 零部件及其设计

（1）传热管、传热管的布置方式及管板的固定方式

氟里昂卧式管壳式冷凝器较适用的低翅片管可用紫铜坯管轧制而成，轧制后的内径一般

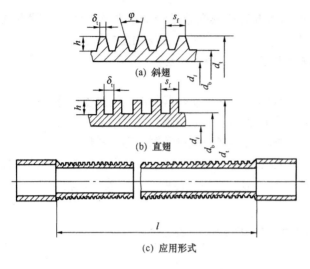

图 8.7 – 43　低翅片管的结构参数及
其在冷凝器中的应用形式

小于坯管内径。另一种传热管是锯齿管，系车制而成，其翅距较滚轧而成的低翅片管更密。翅片外沿开有锯齿形缺口，锯齿管内径与原坯管内径相同。图 8.7 – 43 所示为低翅管管对冷凝换热有影响的某些结构参数及在冷凝器中的应用形式。由于叉排较顺排的管排修正系数大，故传热管的布置通常采用按正三角形排列的叉排。管板上管孔中心距 $s = (1.25 \sim 1.30) d_o$，d_o 为管外径。氟里昂卧式管壳式冷凝器的管板直径通常与壳体外径相同，端盖采用螺钉固定在管板上，因此传热管的布置应兼顾管板周边螺纹孔的均布（螺纹孔最少不得少于 6 个）。

传热管与管板之间的固定方式有焊接和胀接两种，如图 8.7 – 44 所示，在氟里昂冷凝器中，紫铜管与管板的固定通常采用胀接方式。采用胀接时，一般应在管孔中加工出密封沟槽。但实践表明，当管外径小于 16mm 时不设密封沟槽也能达到密封效果。

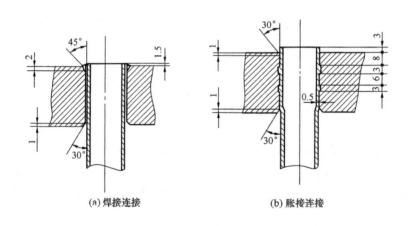

(a) 焊接连接　　　　　　　(b) 胀接连接

图 8.7 – 44　传热管与管板的固定方式

（2）壳体、管板及其连接方式

卧式管壳式冷凝器的壳体及管板内侧均承受冷凝压力，为受压元件，在必要时应进行强度计算，从而确定壳体和管板的厚度。在进行强度计算时，高压侧设计压力应高于在正常运转条件下制冷剂可能达到的最高饱和蒸气压力。设计温度取正常操作条件下可能达到的最高温度。卧式管壳式冷凝器的壳体一般采用无缝钢管制作，也可用钢板卷制而成。采用无缝钢管时，使用最普遍的是 10 号和 20 号无缝钢管。壳体用钢板卷制时，应符合《碳素结构钢》中的规定。表 8.7 – 8 中列出了几种牌号钢板的使用范围。氟里昂卧式管壳式冷凝器壳体的常用厚度为 6 ~ 8mm。

表 8.7-8　钢板的使用范围

钢板牌号	Q235-AF	Q235-A	Q235-B	Q235-C
设计压力/MPa	≤0.6	≤1.0	≤1.6	≤2.5
适用制冷剂	R21，R123	R21，R123	R134a	R717，R22，R290
用途	壳体	管板，壳体	管板，壳体	管板，壳体

管板的最小厚度与传热管管径、制冷剂种类以及传热管与管板之间的连接方式等有关，表 8.7-9 列出了传热管与管板之间胀接连接时所允许的最小管板厚度。

表 8.7-9　管板最小厚度　　　　　　　　　　　　　　　mm

传热管外径		紫　铜　管			
		10	14	16	19
传热管与管板的连接方式		胀　接			
管板最小厚度	第一、二类制冷剂	10	11	13	16
	第三类制冷剂	20			

注：（1）表中数据考虑刚度、强度、腐蚀及胀管工艺综合给出，有关数据及计算式可参见 JB/T 6917—93《制冷装置用压力容器》。

（2）制冷剂分类可参见 GB 9237《制冷设备通用技术规范》，在前表 8.7-9 所列制冷剂中除 R717 为第二类制冷剂，R290 为第三类制冷剂之外，其余均为第一类制冷剂。

确定管板实际厚度时还应考虑端盖装配工艺需要及管板管孔中是否设置密封沟槽，然后再按表 8.7-9 所给数据最终确定。图 8.7-45 所示为卧式管壳式冷凝器的管板与壳体的焊接连接，图 8.7-45（a）所示的焊接连接方式常用于大、中型冷凝器，小型氟里昂制冷装置则采用 8.7-45（b）所示形式。

（3）端盖

端盖多为灰口铸铁，也可用钢板冲压焊制而成。端盖内侧的若干筋板将其分成若干水腔，两端盖的水腔应相互配合以便冷却水在管

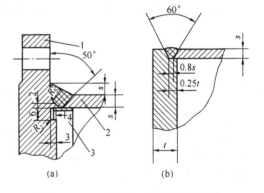

图 8.7-45　管板与壳体的焊接连接

内往返流动。进口布置在下方，出口在上方，冷却水往返流程为偶数，且一般不大于 8。

在端盖的外沿通常有宽的止口，以防密封橡胶错位和橡胶压紧时被挤出。图 8.7-46 所示为端盖、密封橡胶和管板的装配相对位置示意图。图 8.7-46（b）所示形式，端盖上止口

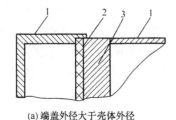

(a)端盖外径大于壳体外径　　　　　　　　　　(b)端盖外径等于壳体外径

图 8.7-46　端盖、密封橡胶和管板装配示意图

1—端盖；2—密封橡胶；3—管板；4—壳体

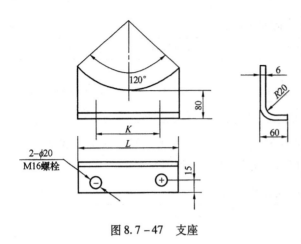

图 8.7 - 47　支座

深度应小于密封橡胶被压紧后的厚度，以免端盖止口顶住管板，压不紧橡胶，造成冷却水外漏。

（4）支座

小型制冷装置用卧式管壳式冷凝器的支座一般采用如图 8.7 - 47 所示结构形式。表 8.7 - 10 列出了不同壳体外径冷凝器所对应的支座尺寸。支座在冷凝器中的位置可按下列要求确定：若冷凝器主体部分的长度（两管板外侧端面间的距离）为 l_t，壳体平均直径为 D_m，支座钢板厚度中线与管板外侧的距离为 s，则支座的位置应保证 $s \leqslant 0.2 l_t$，且 $s \leqslant D_m/4$。

表 8.7 - 10　支座支尺　　　　　　　　　　　mm

壳体外径 D_m	159	219	245	273	325	377	402
L	140	190	210	240	280	330	350
K	90	120	140	160	200	250	280

（5）连接管

卧式管壳式冷凝器的连接管包括进气接管、凝液接管以及冷却水进出口接管。各连接管内径按下式计算：

$$d_i = \sqrt{\frac{4q_v}{\pi v}} \qquad (7-35)$$

式中　q_v——过热蒸气、冷凝液体或冷却水的体积流量，$\mathrm{m^3/s}$；

　　　v——流速，$\mathrm{m/s}$。

通常，氟里昂蒸气在进气接管内的流速为 $10 \sim 18\mathrm{m/s}$，且进气管管径与制冷压缩机的排气管管径相同。氟里昂液体在出液接管内的流速一般为 $0.5\mathrm{m/s}$ 左右，出液管管径宜尽量与干燥过滤器及电磁阀的连接管管径一致。在进出水接管中，冷却水的流速约为 $1\mathrm{m/s}$。

3. 初步结构设计

在卧式管壳式冷凝器的传热计算中，要考虑管排布置对换热的影响，因此，在传热计算之前需对冷凝器进行初步结构设计计算，其方法及步骤如下：

（1）选取热流密度 $q_0(\mathrm{W/m^2})$，确定传热管总长 $L(\mathrm{m})$

$$L = \frac{\Phi_k}{\pi d_o q_o} \qquad (7-36)$$

采用滚轧低翅片管的氟里昂卧式管壳式冷凝器，在某些使用条件下，按管外表面积计算的热流密度 q_o 可能会很高，在设计条件下，q_o 可在 $5000 \sim 7000\mathrm{W/m^2}$ 范围内取值。

（2）根据冷凝器长径比 l/D_i 的合理范围确定流程数 N、每流程管数 Z、有效单管长 l 及壳体内直径 $D_i(\mathrm{m})$。l 和 Z 按下式计算：

$$L = lNZ$$

$$Z = \frac{4q_v}{\pi d_i v} \qquad (7-37)$$

式中　q_v——冷却水的体积流量，m^3/s；

　　　v——流速，m/s。

不同流程数方案的组合表，见表8.7-11所示。

表 8.7-11　不同流程数方案组合表

流程数 N	总根数 NZ	有效单管长 l/m	壳体内径 D_i/m	长径比 l/D_i
2				
4				
6				
8				

当传热管总根数较多时，壳体内径 D_i（单位为 m）可按下式估算：

$$D_i = (1.15 \sim 1.25)s\sqrt{NZ} \qquad (7-38)$$

式中　s——相邻管间的中心间距，$s = (1.25 \sim 1.30)d_o$，m；

　　　d_o——管外径，m。

系数 1.15 ~ 1.25 的取法：当壳体内管子基本布满不留空间时取下限，当壳体内留有一定空间时取上限。

长径比 l/D_i 一般在 6~8 范围内较为适宜。当冷凝器与半封闭活塞式制冷压缩机组成压缩冷凝机组时，应适当考虑压缩机的尺寸，然后选取冷凝器更为合适的长径比。

（四）传热计算

1. 氟里昂蒸气在管外表面冷凝时表面传热系数的计算

制冷剂蒸气在管外表面冷凝时的表面传热系数及管排对传热系数的影响，可参照本章第三节进行计算。

2. 冷却水在管内流动时表面传热系数的计算

冷却水在管内流动时的表面传热系数可参照本章第三节进行计算。

3. 氟里昂用卧式管壳式冷凝器的传热方程及传热面积计算

卧式管壳式冷凝器传热计算时，由于冷凝表面传热系数 α_{ko} 与管外壁面温度 t_{wo} 有关，α_{ko} 无法直接求取，因此一般都需要利用传热方程组先求出按管内或管外表面积计算的热流密度 q_i 或 q_o，再求出所需的传热面积 A_{of}。

卧式管壳式冷凝器，按管外面积计算的热流密度 q_o 可由下两式表示：

$$q_o = \alpha_o \Delta t_o \qquad (7-39)$$

$$q_o = \frac{\Delta t_m}{\left(\dfrac{l}{\alpha_i} + r_i\right)\dfrac{a_{of}}{a_i} + \dfrac{\delta}{\lambda}\dfrac{a_{of}}{a_m} + r_o + \dfrac{l}{\alpha_o}} \qquad (7-40)$$

为便于计算，设法消去第二式中的 α_o，根据上面两式可得出：

$$\Delta t_o = \frac{q_o}{\alpha_o} \qquad (7-41)$$

$$\Delta t_m = q_o\left[\left(\frac{l}{\alpha_i} + r_i\right) + \frac{a_{of}}{a_i} + \frac{\delta}{\lambda}\frac{a_{of}}{a_m} + r_o + \frac{l}{\alpha_o}\right] \qquad (7-42)$$

左右两边分别相减得：

$$\Delta t_{\mathrm{m}} - \Delta t_{\mathrm{o}} = q_{\mathrm{o}}\Big[\Big(\frac{l}{\alpha_i} + r_i\Big)\frac{a_{\mathrm{of}}}{a_i} + \frac{\delta}{\lambda}\frac{a_{\mathrm{of}}}{a_{\mathrm{m}}} + r_{\mathrm{o}}\Big] \tag{7-43}$$

将上式整理并忽略氟里昂侧油膜热阻 r_{o} 后，可得到如下一组传热方程组：

$$q_{\mathrm{o}} = \alpha_{\mathrm{o}}\Delta t_{\mathrm{o}} \tag{7-44}$$

$$q_{\mathrm{o}} = \frac{\Delta t_{\mathrm{m}} - \Delta t_{\mathrm{o}}}{\Big(\dfrac{l}{\alpha_i} + r_i\Big)\dfrac{a_{\mathrm{of}}}{a_i} + \dfrac{\delta}{\lambda}\dfrac{a_{\mathrm{of}}}{a_{\mathrm{m}}}} \tag{7-45}$$

式中 Δt_{o}——冷凝温度与管外壁面温度之差，即 $\Delta t_{\mathrm{o}} = t_{\mathrm{k}} - t_{\mathrm{wo}}$，℃；

Δt_{m}——管内，外介质的对数平均温差，℃；

r_i——管内冷却水污垢系数，$(\mathrm{m}^2\cdot\mathrm{K})/\mathrm{W}$；

δ——低翅片管翅根管壁厚度，m；

λ——紫铜管热导率，$\mathrm{W}/(\mathrm{m}\cdot\mathrm{K})$；

a_i——低翅片管每 m 管长管内面积，m^2/m；

a_{of}——低翅片管每 m 管长管外总面积，m^3/m；

a_{m}——低翅片管每 m 管长翅根管面平均面积，即 $a_{\mathrm{m}} = \pi(d_i + d_{\mathrm{o}})$，$\mathrm{m}^2/\mathrm{m}$。

采用逐步逼近法解联立方程组式（7-44）和式（7-45），即假定 Δt_{o}，分别计算（7-44）和（7-45）的 q_{o}，可将计算结果列表，如表 8.7-12 所示。

表 8.7-12 试凑计算表

序 号	Δt_{o}	第一式 q_{o}	第二式 q_{o}
1			
2			
3			
4			

当两式 q_{o} 误差不大于 3% 时，可认为符合要求，然后将试凑计算最终所得 q_{o} 与冷凝器初步结构设计时假定的 q_{o} 进行比较。若误差不大于 15% 且计算值稍大于假定值，可认为原假定值及初步设计合理，最后即可由下式计算所需的管外传热面积 A_{of}

$$A_{\mathrm{of}} = \frac{\Phi_{\mathrm{k}}}{q_{\mathrm{o}}}$$

一般情况下，经初步结构设计所布置的传热面积应有一定的富裕量，在满足上述要求前提下，所布置的传热面积较计算所需的传热面积大 10% 左右。

（五）冷却水流动阻力

冷却水在卧式管壳式冷凝器内的总流动阻力用下式计算：

$$\Delta p = \frac{1}{2}\rho v^2\Big[\zeta N\frac{l}{d_i} + 1.5(N+1)\Big] \tag{7-46}$$

式中 v——冷却水在管内的流速，m/s；

ρ——冷却水的密度，$\mathrm{kg/m}^3$；

l——单根传热管长度，m；

d_i——管子内径，m；

N——流程数；

ξ——沿程阻力系数。

对于水，ξ 用下式求取：

$$\xi = \frac{0.3164}{Re^{0.25}} \tag{7-47}$$

上式的适用范围是：$Re = 3 \times 10^3 \sim 10^5$。管子外侧制冷剂的流动阻力一般可忽略不计。

二、空气冷却冷凝器的设计计算

(一)空气冷却冷凝器的选用与给定条件

空气冷却冷凝器主要用于中、小型氟里昂制冷机。它的主要优点是不需要冷却水、安装和使用都很方便。缺点是体积庞大、冷凝温度较小冷式的高。由于不需冷却水，故在房间空调器和车用冷凝器中用得较多。

设计空气冷却冷凝器时的给定条件与设计水冷冷凝器的条件相同。要求确定空气冷却冷凝器的结构和空气流经冷凝器时的阻力，并选择合适的通风机。

(二)几个主要参数的选择

1. 结构形式

空气冷却式冷凝器选用带肋片管的蛇管式冷凝器。氟里昂在管内凝结，空气在管外横向流过。整台冷凝器由几排(一般3~6排)蛇形管并联组成，氟里昂蒸气从上部的分配集管进入每条蛇形管内，凝结成的液体沿蛇形管流下，经液体集管流入储液器中。

由于空气侧的表面传热系数小，故采用肋片管束增强换热能力。肋片管一般都采用等边三角形排列。肋片的片距约为2~3.5mm，肋高7~12mm，肋化系数≥13。

2. 空气进口温度 t_2' 和温升$(t_2'' - t_2')$的选择

空气进口温度应根据当地高温季节的日平均气温计算。空气在冷凝器内的温升一般取10℃左右。

3. 管子列数的选择

在空气冷却冷凝器中，进口处空气与制冷剂的温差约为13~15℃，出口处的温差约为3~5℃。考虑到空气流经管束时温度不断升高，对于后面几排管子而言，出口处的温差会更小，因此管子排数不宜过多，一般选用3~6排。

4. 迎面风速的选择

冷凝器的传热效果与风速有很大的关系。迎面风速愈高，冷凝器的传热效果愈好，但风机消耗的功率也相应增加，通常选择的迎面风速在3~5m/s之间。

(三)空气流动阻力

空气在管外的流动阻力与管束的排列方式、肋片形式及气体的流动情况有关。空气流径顺排平板肋片管冷凝器时，流动阻力按下式计算：

$$\Delta p = 0.1107 \left(\frac{l}{d_e}\right)(v\rho)^{1.7} \tag{7-48}$$

式中　ρ——空气密度，kg/m^3；

　　　l——每根肋管的长度，m；

　　　d_e——当量直径，m；

　　　v——空气在最窄截面上的流速，m/s。

$$d_e = \frac{2(s_1 b - d_0 b - 2h\delta)}{2h + b - \delta}$$

式中，s_1 为管子中心距，m；b 为肋片间距，m；h 为肋片高度，m；δ 为肋片厚度，m；d_0 是肋管外径，m。

对错排平板肋片管束，流动阻力应比式(7-48)求得的数值大20%左右。

（四）风机所需的功率

风机产生的压头，除要克服换热器阻力 Δp 之外，还要克服外部风道的阻力 Δp_t，因此所需的功率为：

$$P = \frac{q_{ma}(\Delta p + \Delta p_t)}{\eta \rho} \tag{7-49}$$

式中，P 为风机功率，W；η 为风机效率；q_{ma} 为空气的质量流量，kg/s；ρ 为空气的密度，kg/m³。

第五节　蒸发器的设计与计算

一、满液式蒸发器

（一）满液式蒸发器的选用和给定条件

该蒸发器结构简单，可用于封闭式盐水循环中。满液式蒸发器设计时，先给定制冷剂种类、制冷量 Φ_0 和蒸发温度 t_0，并按给定的条件确定蒸发器的传热面积和结构。

（二）几个主要参数的选择

1. 结构形式

满液式蒸发器的总体结构及液体载冷剂在管内的流动方式与卧式管壳式冷凝器相似，不同的是制冷剂液体由底面或侧面进入，产生的蒸气从上部引出。为了使蒸气中的液滴分离出来，小型蒸发器常在壳体上部焊接一个气包，大型蒸发器则在上部留出一定的分离空间或装有分离挡板等液滴分离装置。蒸发器运转时应有 1~3 排管子露在液面以上，以防止液滴带出。液体沸腾时这几排管子会被蒸气带上来的液体润湿，仍能起传热管的作用。

氨蒸发器一般采用钢管，而氟里昂蒸发器则常采用低螺纹铜管。

2. 盐水与水流速度的选择

氨蒸发器常用于盐水冷却。盐水对钢管的腐蚀性较大，故选用的流速较低，约为0.5~1.5m/s。氟里昂蒸发器用于淡水冷却，蒸发管采用低螺纹管或锯齿形肋片管，水在管内的流速约为2.0~2.5m/s。

3. 水在蒸发器内的降温

水在蒸发器内的温降（$t_1' - t_1''$）一般在 4~5℃之间。降温过大会使水与制冷剂之间的传热温差减小，传热面积增大。温降过小会使水流量增大，水泵功耗增加。

（三）结构设计和传热计算

满液式蒸发器的总体结构及液体载冷剂在管内的流动方式与卧式管壳式冷凝器相似，其结构设计和传热计算可参照卧式管壳式冷凝器的设计进行。

（四）流体流动阻力

管外侧制冷剂的流动阻力一般不予考虑。管内冷却水的流动阻力计算公式与卧式冷凝器冷却水的流动阻力计算公式相同。

二、干式管壳式蒸发器

干式管壳式蒸发器具有制冷剂充灌量少，便于把蒸发器中的润滑油排回压缩机等优点。

由于载冷剂在管外，所以冷损较小，且还可减少冻结的危险性。在制冷系统中不用储液器，因而机组的重量和体积较小。但该蒸发器有载冷剂侧泄漏较严重、制冷剂在管内分配不均匀等缺点。

（一）主要参数的选择

设计时应给定制冷剂及额定工况下的制冷量 Φ_0，然后根据以下原则选择主要参数。

1. 制冷剂质量流速的选择

在额定工况下，制冷剂质量流速的选择对于干式蒸发器的设计具有重要的意义。质量流速愈大，制冷剂在管内蒸发时的表面传热系数愈高，因而传热性能提高，但制冷剂在管内的阻力也增加，这将使制冷剂的进出口的温差增大。在制冷剂出口温度不变的前提下，制冷剂入口温度的提高将使制冷剂与载冷剂之间的对数平均温差减小。因此，存在一个最佳质量流速，此时单位面积的热流量为最大值，这就是干式蒸发器存在最佳设计的概念。因为最佳质量流量与管子的规格及流程数等因素有关，故最佳设计方案要通过多次计算和比较才能确定。

干式蒸发器中制冷剂和载冷剂的温度都是降低的，如图 8.7-48 所示，顺流传热的平均温差为：

$$\Delta t_{\mathrm{m}} = \frac{(t'_1 - t_{01}) - (t''_1 - t_{02})}{\ln \dfrac{(t'_1 - t_{01})}{(t''_1 - t_{02})}} \qquad (7-50)$$

顺流传热的平均温差大于逆流传热的平均温差，因此在安排干式蒸发器进、出口接管时应尽可能使之符合顺流传热。

图 8.7-48　干式蒸发器的传热温差

2. 流程数的选择

流程数的选择与管子的形式有关。采用内肋管时，一般都选 2 流程的 U 形管结构，可以防止制冷剂转向时产生气液分离现象。用光管时，可选择 4 流程或 6 流程。

3. 载冷剂降温的选择

在氟里昂水冷却器时，水侧的温降（$t'_1 - t''_1$）一般为 4~6℃。

4. 载冷剂侧折流板数的选择

干式管壳式蒸发器中的载冷剂在管外流动。为了保证载冷剂横向流过管束时有一定的流速（0.5~1.0m/s），故必须沿筒本轴向布置一定数量的折流板。折流板数应根据载冷剂横向流过管束时的平均流速决定。圆缺形折流板的缺口尺寸对管外侧载冷剂的换热效果影响很大。缺口愈小传热效果愈好，但相应的阻力愈大。因此选择缺口尺寸时应作全面的考虑。

（二）流体流动阻力的计算

计算时要对管内和管外的流动分别进行。

1. 管外液体载冷剂纵向混合流动

使用圆缺形折流板时，纵向流速 ν_{b} 是折流板缺口中的流速，见图 8.7-49。

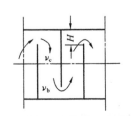
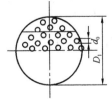

图 8.7-49　干式管壳式蒸发器壳程的流通截面

$$\nu_{\mathrm{b}} = \frac{q_{\mathrm{vs}}}{A_{\mathrm{b}}} \qquad (7-51)$$

式中，q_{vs} 为体积流量，m^3/s；A_b 为折流板的缺口面积。

横向流速 ν_c 是壳体中心线附近的流速，如图 8.7 – 50 所示，m^2。

$$\nu_c = \frac{q_{vs}}{A_c} \qquad (7-52)$$

式中，A_c 为横向流通面积，m^2。

若折流板缺口的高度为 H，m；壳体内径为 D_i，m；其中包含有 n_b 根传热管，管子的外径为 d_o，m；则

$$A_b = K_b D_i^2 - n_b \times \frac{1}{4}\pi d_o^2 \qquad (7-53)$$

式中，K_b 是折流板缺口面积的折算系数，其值见表 8.7 – 13。

表 8.7 – 13　K_b 的数值

H/D_i	0.15	0.20	0.25	0.30	0.35	0.40	0.45
K_b	0.073 9	0.112 0	0.154 0	0.196 0	0.245 0	0.2930	0.343 0

如果上、下折流板的缺口面积不同，应取两者的算术平均值。

A_c 为壳体中心线附近的横向流通面积 A_c，按下式计算：

$$A_c = (D_i - n_c d_o)s \qquad (7-54)$$

式中　n_c——壳体直径附近的管子数；

　　　　s——折流板间距，m。

在蒸发器两端，为了安装进、出口管而让该处的折流板间距较大一些，此时 s 应取加权平均值。

管外阻力由 4 部分组成，即流经进、出口管接头时的阻力；流经折流板缺口时的阻力；与管子平行流动时的阻力以及横掠管束时的阻力。

流经每块折流板缺口时的阻力：

$$\Delta p_b = 0.103 \rho \nu_b^2 \qquad (7-55)$$

流体横掠管束时的阻力：

$$\Delta p_c = 2n_c \xi \rho \nu_c^2 \qquad (7-56)$$

ν_b 和 ν_c 的意义如图 8.7 – 49 所示，m/s；ρ 为流体密度，kg/s；n_c 为壳体直径附近的管子数；ξ 是阻力系数，其值与管子的中心距 s 及流体的流动情况有关。

层流时（$Re < 1000$）

$$\xi = \frac{15}{Re\left(\dfrac{s - d_o}{d_o}\right)}$$

紊流时

$$\xi = \frac{0.75}{\left[Re\left(\dfrac{s - d_o}{d_o}\right)\right]^{0.2}}$$

其余两项阻力按一般的公式计算。

2. 制冷剂在管内的流动阻力

制冷剂在管内流动时，总的流动阻力包括沿程阻力 Δp_1 及局部阻力 Δp_m 两部分，即

$$\Delta p_0 = \Delta p_1 + \Delta p_m \tag{7-57}$$

两相流动时制冷剂的沿程阻力 Δp_1 可表示为：

$$\Delta p_1 = \psi_R p_1'' \tag{7-58}$$

$$\Delta p_1'' = \xi N\left(\frac{l}{d_i}\right)\frac{1}{2}(v'')^2\rho'' \tag{7-59}$$

式中　$\Delta p_1''$——制冷剂饱和蒸气流动时的沿程阻力，N/m^2；

　　　　ξ——沿程阻力系数；

　　　　l——传热管长度，m；

　　　　d_i——传热管内径，m；

　　　　v''——制冷剂饱和蒸气的流速，m/s；

　　　　ρ''——制冷剂饱和蒸气的密度，kg/m^3；

　　　　ψ_R——两相流动时，阻力的换算系数。它与制冷剂的种类及质量流速有关。R22 的
　　　　数值见表8.7-14。

表 8.7-14　两相流动时 R22 的流动阻力换算系数

$v''\rho''/[kg/(m^2 \cdot s)]$	40	60	80	100	150	200	300	400
ψ_R	0.53	0.587	0.632	0.67	0.75	0.82	0.98	1.20

沿程阻力系数 ξ 为：

$$\xi = \frac{0.3164}{(Re)^{0.25}} \tag{7-60}$$

$$Re = \frac{v''d_i}{\nu}$$

$$\nu = \frac{4q_{m0}}{\rho Z_m(\pi d_i^2)}$$

式中　ν——制冷剂饱和蒸气的运动黏度，m^2/s；

　　　q_{m0}——制冷剂的质量流量，kg/s；

　　　ρ——制冷剂饱和蒸气的密度，kg/m^3；

　　　Z_m——每流程的平均管数。

试验表明，沿程阻力约占总阻力的 20%～50%，因而总阻力为：

$$\Delta p_0 = (2 \sim 5)\Delta p_1 \tag{7-61}$$

三、冷却空气型干式蒸发器

这种蒸发器主要用于中、小型空调装置。由于不需要用中间冷却介质冷却空气，故又称为直接蒸发式空气冷却器。

空气流经蒸发器时等压冷却。冷却过程与空气的入口状态及管子外壁的温度 t_{wo} 有关。当入口空气的露点温度 t_1 低于管子外壁面温度时，空气中的水蒸气不会在管子外壁上凝结。此时空气只是单纯地被冷却，其冷却过程如图 8.7-50(a) 所示。

当入口空气的露点温度 t_1 高于管子外壁面温度时，空气中的水蒸气就要凝结，此时空气不但被冷却且被脱水，过程变化如图 8.7-50(b) 所示。

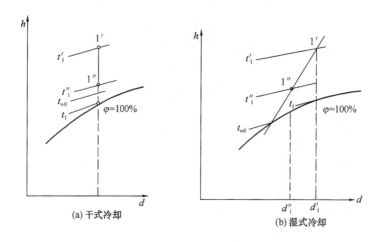

图 8.7 - 50　蒸发器中空气状态的变化过程

图 8.7 - 50(a)所示的过程，称为干式冷却；图 8.7 - 50(b)所示的过程，称为湿式冷却。在湿式冷却过程中，当 t_{wo} 大于 0℃ 时，水从壁面上流下；而当小于 0℃ 时，凝结水结冰，在管子表面上形成冰壳。

(一) 主要参数的选择

已知冷却器所处理的空气量及空气进出口参数后，还需要选取一些主要参数。

1. 结构参数

一般采用以下数据：管径 $\phi10 \sim \phi20$；肋化系数 $10 \sim 15$；肋片高度 $10 \sim 12mm$；肋片厚度 $0.2 \sim 0.4mm$；肋片间距 $3 \sim 4mm$；若结霜则可达 $6 \sim 8mm$；肋管排数一般取 4 或 6 排；每一回路的肋管长度不超过 12m。

2. 用于空气调节的冷却器常采用正三角形排列的管束

制冷剂为氨时用钢管钢肋片；制冷剂为氟里昂时用铜管，肋片为铜肋片或铝肋片。

3. 空气流速

较大时可提高表面传热系数，但空气阻力也增加，并产生空气带水现象。一般迎面风速取 $1.5 \sim 3.0m/s$，空气流经最窄截面的流速取 $3 \sim 6m/s$。

(二) 传热系数的计算

空气冷却过程的差别将影响到蒸发器的传热过程。干式冷却时传热系数可按下式计算：

$$K_{of} = \cfrac{1}{\left(\cfrac{1}{\alpha_i} + \gamma_i\right)\cfrac{A_{of}}{A_i} + \cfrac{\delta}{\lambda}\cfrac{A_{of}}{A_i} + \left(\gamma_{of} + \cfrac{1}{\alpha_{of}}\right)\cfrac{1}{\eta_o}} \tag{7-62}$$

湿式冷却时，水蒸气的凝结有利于表面传热系数的提高，但管外的冰壳及水膜使传热系数降低，冰或水膜的存在使空气流动阻力增加，流量减少，故对流表面传热系数也要降低。考虑上述因素后，蒸发器的传热系数可表示为：

$$K_{of} = \cfrac{1}{\left(\cfrac{1}{\alpha_i} + \gamma_i\right)\cfrac{A_{of}}{A_i} + \cfrac{\delta}{\lambda}\cfrac{A_{of}}{A_m} + \left(\cfrac{\delta_u}{\lambda_u} + \gamma_{of} + \cfrac{1}{\xi\xi_e\alpha_{of}}\right)\cfrac{A_{of}}{A_r + \eta_f A_f}} \tag{7-63}$$

式中，α_{of} 为干式冷却时空气的表面传热系数；ξ 为水蒸气凝结对 α_{of} 影响的系数，称为析湿系数；ξ_e 为冰壳或水膜导致空气阻力增加和风速下降而使空气侧对流表面传热系数降低的系数，$\xi_e = 0.8 \sim 0.9$。S_u 为一个融霜周期中平均的霜层厚度（或水膜厚度），λ_u 为霜层（或水膜）的热导率。式（7-63）用于干式冷却时，$\delta_u = 0$，$\xi = 1$，$\xi_e = 1$。

污垢系数 γ_{of} 数值较小，计算时可以忽略不计。如果近似地取 $A_m = A_i$，则上式可简化成：

$$K_{of} = \cfrac{1}{\left(\cfrac{1}{\alpha_i} + \gamma_i + \cfrac{\delta}{\lambda} \right) \cfrac{A_{of}}{A_i} + \left(\cfrac{\delta_u}{\lambda_u} + \cfrac{1}{\xi \xi_e \alpha_{of}} \right) \cfrac{A_{of}}{A_r + \eta_f A_f}} \qquad (7-64)$$

一个融霜周期中平均的霜层厚度与析湿量 M、运行时间 τ、换热面积 A_{of} 及霜密度 ρ_u 有关

$$\delta_u = 0.5 \left[0.8 M \tau \times 3600 / (\rho_u A_{of}) \right] \qquad (7-65)$$

$$\rho_u = 341 t_s^{-0.455} + 25 \nu_f \qquad (7-66)$$

式中　t_s——冷表面温度，可近似取为壁面温度，℃；

　　　ν_f——迎面风速，m/s。

（三）析湿系数

$$\xi = \frac{\Phi_a}{\Phi_p} \qquad (7-67)$$

式中　Φ_a——空气流经蒸发器时放出的全部热量（它包括显热及水蒸气的潜热两个部分），W；

　　　Φ_p——显热。

1. 析水工况的析湿系数

由温差引进的显热传递量为：

$$\Phi_p = \alpha A (t_m - t_w) \qquad (7-68)$$

式中　α——表面传热系数，$W/(m^2 \cdot K)$；

　　　t_m——湿空气进出冷却设备时的平均温度，℃；

　　　t_w——壁面温度，℃；

　　　A——传热面积，m^2。

2. 潜热传递

$$\Phi_f = \alpha_m A \frac{(d_m - d_w)}{1000} (h_m - h_w) \qquad (7-69)$$

式中　Φ_j——潜热传递量，W；

　　　α_m——对流传质系数，$W \cdot kg/(kJ \cdot m^2)$；

　　　d_m——湿空气进、出冷却设备的平均含湿量，g/kg 干空气；

　　　d_w——饱和湿蒸气在壁面温度时的含湿量，g/kg 干空气；

　　　h_m——水蒸气的平均比焓值，kJ/kg；

　　　h_w——壁面温度下饱和水的比焓，kJ/kg。

$$h_m = \gamma_0 + C_{pv} t_m \qquad (7-70)$$

式中　γ_0——水的汽化潜热，$\gamma_0 = 2501.6 kJ/kg$；

C_{pv}——水蒸气的比定压热容，$C_{pv} = 1.86$kJ/（kg·K）。

$$h_w = t_w C_w \qquad (7-71)$$

式中　t_w——壁面温度，℃；

　　　C_w——水的比热容，$C_{pv} = 4.19$kJ/（kg·K）。

将 h_m 和 h_w 引入公式中，得到：

$$\Phi_j = \alpha_m A \frac{d_m - d_w}{1000}(\gamma_0 + t_m C_{pV} - t_{wC_w})$$

对流表面传热系数与对流传质系数间存在下列关系：

$$\alpha_m = \alpha / C_{pm} \qquad (7-72)$$

式中　C_{pm}——湿空气的比定压热容，kJ/（kg·K）。

综合上列诸公式后，得到析水工况的析湿系数 ξ：

$$\xi = \frac{\Phi_p + \Phi_j}{\Phi_p}$$

$$= 1 + \frac{\alpha_m(d_m - d_w)(\gamma + t_m C_m - t_w C_w)/1000}{\alpha(t_m - t_w)}$$

$$= 1 + \frac{\gamma_o + t_m C_{pV} - t_w C_w}{C_{pm}} \frac{(d_m - d_w)/1000}{t_m - t_w} \qquad (7-73)$$

3. 结露工况的析湿系数

结露工况的析湿系数与析水工况类同，其计算公式为：

$$\xi = 1 + \frac{\gamma'_o + C_{pV} t_m - C_w t_w}{C_{pm}} \frac{(d_m - d_w)/1000}{t_m - t_w} \qquad (7-74)$$

式中　γ'_0——0℃的水蒸气转变成霜时放出的潜热，$\gamma'_0 = 2.835$kJ/kg；

　　　C_i——霜的比热容，$C_i = 2.05$kJ/（kg·K）。

（四）流动阻力

空气的流动阻力与空气冷却冷凝器中的阻力相似，可用公式(7-48)计算。

制冷制的流动阻力与干式蒸发器中制冷剂的流动阻力相似，可用式(7-60)和式(7-61)计算。

第六节　制冷装置中的其他换热器

一、过冷器

为了防止液体制冷剂在节流前气化，并减少节流后的干度，提高整个循环的经济性，装置中可设置过冷器，以使从冷凝器出来的制冷剂液体在过冷器中进一步降温。过冷器使用冷却介质的温度，应比冷凝器使用的要低。如冷凝器用循环冷却水，而过冷器则用深井水。

过冷器结构简单，有套管式和管壳式，图8.7-51所示即为氨用套管式过冷器结构。它是由两根直径分别为 φ57mm 及 φ76mm 的无缝钢管组成。液氨自上而下在管间流动，冷却水则以逆流方式由下而上在管内流动。管子两端由 U 形铸铁盖相连，以便于拆卸后清除水垢。

套管式过冷器换热效果较好，但金属消耗量大。

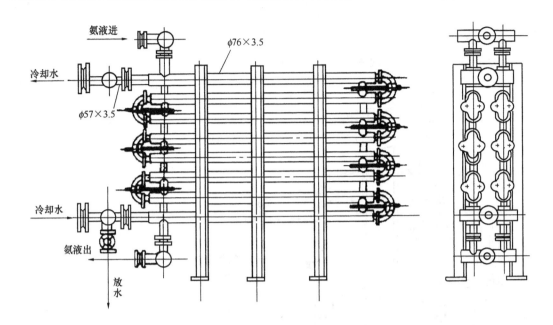

图 8.7 – 51　过冷器

二、中间冷却器

用于两级或三级压缩制冷系统中的中间冷却器，利用一部分制冷剂液体在其中气化制冷，用以冷却低压级排气，同时使进入蒸发器之前的高压制冷剂液体在节流阀前过冷。其目的在于提高整个制冷装置的经济性和安全可靠性。

（一）氨制冷系统用中间冷却器

双级氨制冷系统多采用一级节流中间完全冷却循环，其中间冷却器的结构如图 8.7 – 52 所示。其为立式的并带有上、下封头的钢制容器。一般采用洗涤型，即在中间冷却器中保持一定高度的液氨。低压级排气由顶部进气管直接伸入液氨面之下，被冷却后连同蒸发以及与节流产生的氨气一起通过伞形挡板，将其中挟带的液滴分离后，由上部侧面的排气口排出，被高压级压缩机吸走。容器下部装有冷却盘管，并沉浸在液氨中。通过蒸发器的高压氨液在管内流过，被管外液氨的蒸发而过冷。

容器中的氨液面由液位控制器和浮球阀控制。容器上还装有压力表、安全阀、放油阀以及必要的液氨过滤器、接管和阀门等。

（二）氟利昂制冷系统用中间冷却器

两级氟利昂制冷系统多采用一级节流不完全冷却循环，中间冷却器仅用来冷却高压液体，故结构比较简单，多做成壳盘管式，如图 8.7 – 53 所示。

部分高压氟利昂液体由上部进入，在盘管内被冷却后由下部流出。另一部分高压氟利昂液体经热力膨胀阀节流至中间压力后，由壳侧下方进入，蒸发后产生的蒸气由上方引出。

三、气 – 液换热器

气 – 液换热器俗称回热器，只用于氟利昂制冷系统。蒸发器出来的低压低温蒸气，在节流前升高，液体温度降低，要求达到：①使液体过冷，以免在节流前汽化。②提高压缩机吸气温度，减少吸气管路中的有害过热损失，改善压缩机的工作条件。③提高循环的制冷系数。④使蒸气中挟带的液滴汽化。

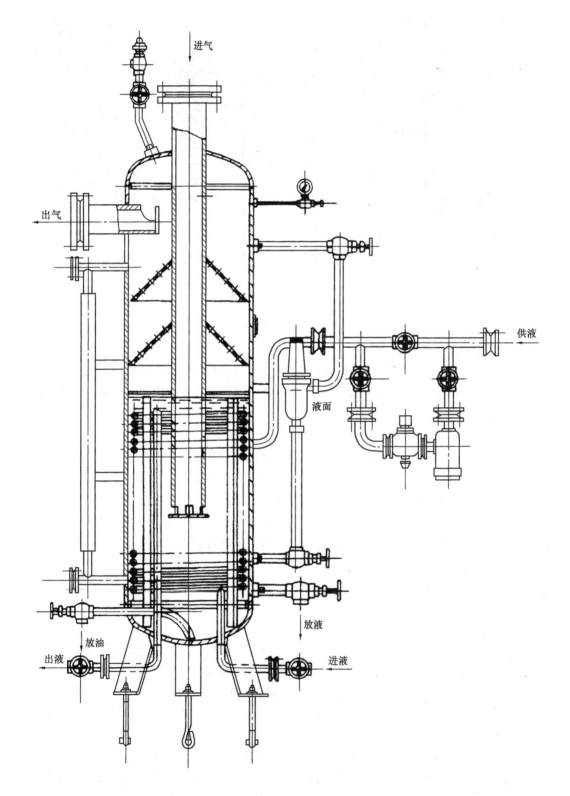

进气

出气

供液

液面

放油

出液

放液

进液

图 8.7 - 52 氨制冷系统用中间冷却器

气－液换热器通常采用如图 8.7－54 所示的壳盘管式结构。它的外壳由无缝钢管制成。氟利昂液体在盘管内流动，蒸气在管外横掠流过管束。为保证蒸气流动时具有一定的流速以及与盘管很好地接触，在盘管中间装有芯管。

在小型制冷装置中，气－液换热器也有采用如图 8.7－55 所示的更为紧凑的绕管式、套管式或板翅式结构。

对于较大型的制冷装置，气－液换热器也有采用卧式管式结构的，其与卧式管壳式冷凝器类似，气体在管间流动，液体在管内流动。

四、冷凝－蒸发器

冷凝－蒸发器用于复叠式制冷机，它利用高温级制冷剂的蒸发将低温级制冷剂冷凝，因此它既是高温级蒸发器，又是低温级冷凝器。通过它将高温级与低温级联系在一起，构成一个完整的复叠式循环。

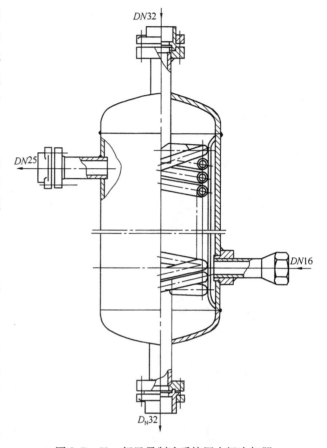

图 8.7－53　氟里昂制冷系统用中间冷却器

冷凝蒸发器的结构形式有立式管壳式、立式盘管式和套管式等。

立式管壳式冷凝－蒸发器结构与一般立式管壳式冷凝器相同，高温级制冷剂在管内气化，低温级制冷剂在管外冷凝。它结构简单，但高温级制冷剂的充灌量大，静液柱对蒸发温度的影响也较大。

立式盘管式冷凝－蒸发器结构如图 8.7－56 所示。它是由一个圆形筒体及其装入的一组盘管所组成。高温级制冷剂液体从上面的液体分配器进入盘管，在管内气化后蒸气由下部引出。低温级制冷剂蒸气从上部进入筒体，冷凝后由下部引出。它的结构和制造工艺较复杂，但传热效果较好，制冷剂充灌量较少，静液柱影响极小。

套管式冷凝－蒸发器结构是将两根不同直径的铜管套在一起后弯曲而成，与套管式冷凝器相似。高温级制冷剂在内管中蒸发，低温级制冷剂在两管间冷凝。它结构简单，便于制造，但外形尺寸较大，两侧制冷剂流动阻力也较大，适用于小型低温复叠式制冷系统。

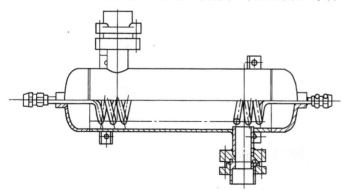

图 8.7－54　壳－盘管式气液换热器

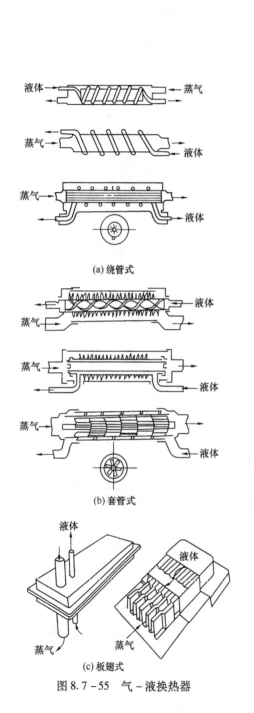

(a) 绕管式

(b) 套管式

(c) 板翅式

图 8.7-55 气-液换热器

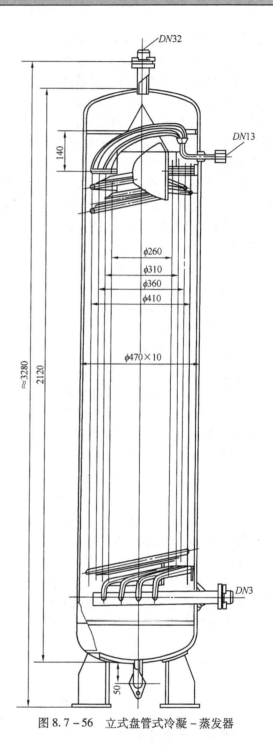

图 8.7-56 立式盘管式冷凝-蒸发器

主要符号说明

A——面积，m^2；

B_0——沸腾特征数；

b——肋片间距，m；

C_0——对流特征数；

C_p——定压比热，kJ/(kg·K)；

d——直径，m；湿度，g/g 干空气；

Fr——弗劳得数；

f——摩阻因数；

g——重力加速度，m/s²；质量流率，kg/(m²·s)；

h——比焓，kJ/kg；高度，m；

H——当量高度，m；

l——特性尺度，m；

m——肋片参数；

L——通道的周界，m；

Nu——努塞尔数；

n——肋片数；

p——压力，Pa；

Δp——压力降，Pa；

P——功率，W；

Pr——普朗特数；

q——热流密度，W/m²；

q_v——体积流量，m³/s；

Q——换热量；W；

Re——雷诺数；

R——半径，m；

s_b——中心距，m；

s_w——节距，m；

T——温度，K；

t——温度，℃；

Δt——传热温差，℃；

v——流速，m/s；

V——体积，m³；

x——干度；

α——表面传热系数，W/(m²·K)；

β——体积膨胀系数，1/℃；

ζ——圆肋片的校正系数；

δ——厚度，m；

λ——导热系数，W/(m·K)；

ξ——沿程阻力系数，析湿系数；

γ——汽化潜热，J/kg；

μ——动力黏度，Pa·s；

η——效率；

ρ——密度，kg/m^3；

σ——表面张力，N/m；

ε——管排校正系数；

ν——运动黏度，m^2/s。

下标：

a——空气侧参数；

g——气相；

f——肋片；

i——管内；

l——液相；

n——管排数；

o——管外；

r——制冷剂侧参数；

sp——单相区；

tp——两相区。

参 考 文 献

[1] 吴业正. 制冷原理及设备. 西安：西安交通大学出版社，1997.

[2] 吴业正. 小型制冷装置设计指导. 北京：机械工业出版社，1998.

[3] 张祉佑. 制冷空调设备使用维修手册. 北京：机械工业出版社，1998.

[4] 杨世华，王世平，高学农. CFCs 替代工质 R134a、R142b 在水平管外池沸腾传热与强化，制冷学报，1997(3)：6~11.

[5] 杨世华，王世平，高学农. CFCs 替代工质 R134a 在水平管束外池沸腾传热，高校化学工程学报，1998(3)：226~230.

[6] Dieter Gorenflo, State of the art in pool boiling heat transfer of new refrigerants, Int. J. of Refrigeration, 2001(24)：6~14.

[7] 杨小琼等. 家用电冰箱管线式冷凝器空气侧换热的研究. 制冷学报，1993(1)：5~10.

[8] 流为滑，陈芝久. 管带式换热器空气侧传热传质与阻力性能的准则关联式. 流体机械，1994(10)：60~63.

[9] NB/T 47012—2010(JB/T 4750)《制冷装置用压力容器》.

[10] Petukhov B S. Advances in heat transfer. New York：Academic，1970.

[11] Shah M M et al. Chart correlation for saturated boiling heat transfer equation and further study. ASHRAE Trans. 1982(88)：185~196.

[12] Gungor K E et al. A general correlation for flow boiling in tubes and annuli. Int. J. Heat Mass Transfer, 1986, 19(3)：351~358.

第八章 高温喷流换热器

(张中诚)

第一节 概 述

喷流换热器是在冶金工业领域发展起来的一种气-气表面式换热器,换热介质的温度可能高达1000℃以上,所以又称为高温喷流换热器。

在冶金等工业领域中,经常需要用烟气来预热空气(或煤气),其目的有二:其一,回收烟气余热以节约燃料,当把空气预热到300~400℃时,即可节约燃料15%~25%;其二,空气或煤气经预热后,可以提高燃料的理论燃烧温度,使高温炉可以使用低盐值燃料,如热值仅在4500kJ/Nm³以上的高炉煤气,这些高炉煤气是钢铁企业重要的二次能源之一,一般可占一次能源的20%~25%。但由于其热值偏低,使得企业在增加煤、燃料油、天然气等高热值燃料消耗的同时,又在大量散放高炉煤气,某些企业的放散率已达20%。这不仅浪费了能源,且为防止煤气灰尘和一氧化碳对地区大气造成物理和光化学污染,还需设置净化后的高炉煤气高空自动燃烧放散装置。如果未经燃料就放入大气,则危害更大。因此,不论从能源利用还是从环境保护的角度来考虑,利用烟气预热空气都有明显的效益。

传统的金属高温空气预热器,如管式、翅片管式、辐射式及再生式换热器等,其共同的缺点是传热系数较低,金属器壁温较高而易损坏,所能达到的空气预热温度亦偏低。而陶质换热器除换热系数低这一缺点之外,且还因笨重、热惰性大及气密性差而限制了它的应用。

为了解决空气高温预热方面存在的这些问题,从20世纪70年代开始,国外美、俄等国就开发出了一种新型喷流换热装置。喷流换热也称射流冲击换热,与一般对流换热方式有所不同。它是使流体工质(空气或烟气)通过夹层孔板而形成高速射流并垂直射向换热面。流体质点直接与壁面碰撞,使流动边界层的层流底层遭到破坏,其产生的涡旋使附近的层流底层湍流化,从而大大强化了换热面的对流换热。

喷流换热既可用于空气预热,也可用于用烟气来加热钢材,其应用表明,效果良好。如美国在带钢退火炉上安装的这种烟气喷流装置及其所用的烟气喷流加热钢料新工艺,使得这一过程的能耗降低了40%~50%,产量提高17%~52%。而后,喷流换热装置在我国也很快得到运用和发展。我国冶金业于20世纪70年代后期在连续加热炉和锻造炉上试用了喷流换热器,使用效果亦较好。归总起来,其主要优点为:传热系数升高;换热器单位面积和单位体积的传热量均大大提高;耐热钢使用量降低。缺点是空气和烟气的流挡阻力损失增大了[1]。

第二节 喷流换热传热机理

一、对流传热强化

通过圆形或狭缝形喷嘴将流体直接喷射到固体表面上使之进行换热,这是一种极其有效的强化传热方法。由于与之进行换热的表面被流体直接冲击，故流程短，边界层很薄，因此其传热系数比通常的管内换热要高出几倍甚至高一个数量级。

实际应用中，射流可以是单束的，也可以是矩阵排列式的。在一些喷流换热器中，这种喷嘴阵列由孔板构成，如图8.8-1所示[2]。单束射流分为圆形和狭缝形（或称平面射流）两种，图8.8-2为单束射流的示意图。

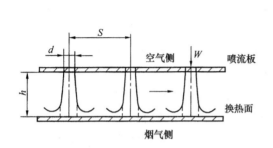

图8.8-1　喷流换热器中的射流阵列

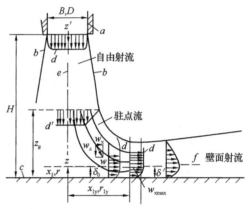

图8.8-2　单束射流冲击示意图

以下就圆形单束射流进行重点讨论，接着再介绍射流阵列及喷流换热的传热特性。

（一）射流流场

图8.8-2是单束射流冲击到垂直固体平面上的示意图。概括说来，射流的流场可以分为3部分，即自由流、驻点流和壁面射流。流体从喷嘴（圆形射流直径为D，平面射流缝宽为B）喷出时，其速度大体上是均匀的。但随着流程的增加，射流与边界以外的流体进行动量和质量交换的结果，使得射流的宽度不断地增大，速度分布剖面逐渐发展为钟形，其速度分布的关联式为：

平面射流

$$\frac{w(0,Z)}{w_D} = \left[\,\mathrm{erf}\left(\frac{B/Z'}{\sqrt{2}C}\right)\right]^{1/2} \tag{8-1}$$

圆形射流

$$\frac{w(0,Z)}{w_D} = \left\{1 - \mathrm{erf}\left[-\left(\frac{D/Z'}{\sqrt{2}C}\right)^2\right]\right\}^{1/2} \tag{8-2}$$

式中　w_D——喷嘴出口处的气流速度；

　　　Z'——从喷嘴出口算起的沿射流方向的距离，$Z' = H - Z$，H 为喷嘴出口到壁面之间的间距，Z 是从驻点（射流轴线与换热面的交点）算起的垂直距离；

　　　C——常数。其计算如下：

平面射流

$$C = 0.127(4B/Z'_k) \tag{8-3}$$

圆形射流

$$C = 0.102(4D/Z'_k) \tag{8-4}$$

以上二式中，Z'_k 的定义为轴线上动压头降至其最大值95%时的 Z' 值，即

$$w^2(0, Z'_k)/w_D^2 = 0.95$$

其他符号的定义，可参见图 8.8 - 2。

当自由射流冲击到平壁之后，即转化成为驻点区流动和壁面射流。对于层流，用 Navier-StoRes 方程可以求解，并可得到平面和图形射流在驻点区流场的表达式：

平面射流

$$w_z = -a_E Z, w_x = a_E x \qquad (8-5)$$

圆形射流

$$w_z = -2a_R Z, w_r = a_R \cdot x \qquad (8-6)$$

式中　a_E、a_R——常数。由实验得：

$$a_E = (w_D/B)(1.02 - 0.024H/B) \qquad (8-7)$$

$$a_R = (w_D/D)(1.04 - 0.034H/D) \qquad (8-8)$$

显然，射流的轴向速度和经（横）向速度在驻点区均呈线性变化。在这个区域内，边界层厚度被定义为，径向速度达到式(8-5)或(8-6)计算值99%处到壁面的距离，于是可得：

$$\delta_{0,E}/2B = (1.68/Re^{1/2})(1.02 - 0.024H/B)^{-1/2} \qquad (8-9)$$

$$\delta_{0,R}/D = (1.95/Re^{1/2})(1.04 - 0.034H/D)^{-1/2} \qquad (8-10)$$

式中，Re 数分别为 $2w_0B/\nu$ 或 w_0D/ν。显然，边界层在驻点区的厚度是随 Re 数的提高而下降的。通常 Re 数约为 10^4 量级，则边界层厚度只有喷嘴直径的千分之几，是非常薄的，这就决定了驻点区具有极高的传热率。由式(8-5)和(8-6)可以看到，在驻点区内与壁面平行的径向流速 $w_x(w_r)$ 是从驻点起呈线性增加的，直到 x_g（或 r_g）时达到最大值。但在驻点处，这一速度分量又将随 x^{-n}（或 r^{-n}）而下降，直趋于零，对于平面射流，指数 n 约为 0.5；而对圆形射流，n 值约在 1.0 左右。并且，在驻点区由于径向流动是加速的，固而流动稳定性很高，并保持着层流的特征。但在超过 $x_g(r_g)$ 之后，流速的下降使流动变得不那样稳定。如果有较高的流速，就可能从层流向湍流过渡，这种过渡自然也会使传热效率随之升高[3]。

以上所述为单束射流的流场特征，对多束射流，其流场更为复杂，相邻流束的壁面射流相互影响，又会形成附加的驻点流动区。

（二）传热特征

在讨论射流流场特征之后，可以对射流冲击换热的基本特征进行讨论。这里讨论的重点是单束圆形射流，因为这种射流应用普遍，具有典型意义，在此基础上，还可进一步了解射流阵列的传热特征。

图 8.8 - 3 给出了单束圆形射流换热的变化规律，它可以说明局部换热系数的一般特性。首先，局部换热系数无论是在径向或轴向都呈非单调变化。换热系数的径向分布大体是钟形的，但当时流喷嘴距传热面较近（大约 $H/D < 8$）时，局部传热率可能出现两个峰值。其中一个可能位于驻点，但也可能不在驻点上。局部换热率数沿轴向的变化也是非单调的，大约在 $H/D = 6 \sim 8$ 时，出现一个峰值。这样的非单调变化给理论分析和计算带来很大困难。实际上迄今为止，虽已提出了若干理论或半经验半理论方法，但仍然无法计

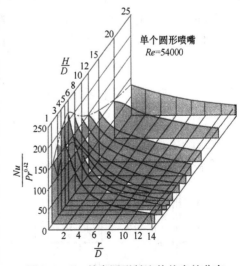

图 8.8 - 3　单束圆形射流传热率的分布

算出局部换热系数的非单调变化规律。

局部换热系数轴向和径向(或横向)非单调变化产生的原因,主要是由于湍流度变化的缘故。通常,管内流动或外部流动中的湍流度,在整个实验通道中大体上均为常数,因而其影响比较易于估算。但是对于射流冲击换热,情况则完全不同。射流在行进过程中不断与周围流体掺混,因而使湍流度发生变化。

在射流轴线上,如果出口处湍流度不是很高,则湍流度随着轴向距离的增加而逐步提高,大约在 Z'/D 或 Z'/B 为 6~8 时达到最大值,然后又逐渐减小。因而在湍流度的影响下,驻点传热率随着轴向距离的增加而提高,在 Z'/D 或 Z'/B 为 6~8 时达到峰值。以后,由于射流的"到达速度"和湍流度都逐渐下降,传热率也呈下降趋势。对于传热率、平均速度和湍流度都有重大影响,均不可忽略。对于射流系统,湍流度可能高达30%左右,远比通常的管道流高,其影响之大极为明显。至于径向(或横向)局部换热系数的分布则更为复杂,在某些情况下,可能出现两个峰值。第一个峰值出现在 x/B 或 $r/D = 0.5$ 的位置上,不论射流是湍流或层流均可能出现,其可能的机理也许是由于边界层在这个位置上最薄的缘故。第二个峰值的出现是由于层流向湍流过渡引起的。对于圆形射流,出现在 $r/D = 2$ 或 1.9 时;对于平面射流,此峰值出现在 $x/B = 7$ 的位置上。但是,这种峰值仅在 Re 大于临界值(大约为2500)时才可能出现,而且在 $H/D > 3$ 以后也就消失了[4~5]。

显然,上述各种非单调的变化规律都同湍流度的变化有关。所以,射流喷嘴的长度,上游的流动状况这些影响湍流度变化的因素都对传热特征有一定的影响,所有这些变化规律都是难以进行理论计算的。但是,上述的各种非单调变化都只在特定的条件下才能观察到,如果射流的初始湍流度足够高,那么,驻点传热率的轴向变化值不会出现非单调变化。如果人为地提高射流湍流度,则驻点传热率在射流出口处即达到最大值,呈现出单调的变化。对于局部换热系数的径向或横向变化。如果射流的初始湍流度很高,或将换热面移至 H/B 或 $H/D > 8$ 以外的位置,则前述的两个峰值也会消失,而呈单调分布。

二、传热计算

如前所述,迄今为止对射流冲击换热时局部换热系数的非单调分布还不能进行精确的计算。但是在很多情况下,可以忽略传热率的非单调变化(射流初始湍流度较高或传热面距离射流出口较远时)。对于单束射流,控制换热过程的主要参数是流体平均速度 w 以及喷嘴到换热表面的相对距离 H/D,而湍流度的影响则很小,因此分布和计算均可大大简化,使计算成为可能。虽然由于湍流度的影响,使计算精度受到一定的限制,但对于工程应用来说,已经令人满意了。对于射流阵列,除前述的控制参数外,传热效果还受到喷嘴排列的影响。喷嘴排列情况见图8.8-4。另一方面,这些参数也影响流体介质的流动阻力。

(一)平均换热系数

1. 单束圆形射流

一个经验的关联式:

$$\overline{Nu} = F(Re)G\left(\frac{r}{D}, \frac{H}{D}\right)Pr^{0.42} \quad (8-11)$$

式中 $F(Re) = 2[Re(1 + Re/200)^{0.55}]^{1/2}$

$$(8-12)$$

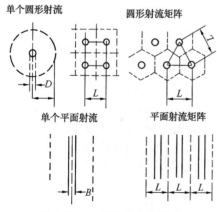

图8.8-4 射流喷嘴的排列

单个圆形射流 圆形射流矩阵 单个平面射流 平面射流矩阵

$$G\left(\frac{r}{D},\frac{H}{D}\right) = \frac{D}{r}\frac{1 - 1.1(D/r)}{1 + 0.1[(N/D) - 6](D/r)} \qquad (8-13)$$

式(8-11)的适用范围：$200 \leqslant Re \leqslant 4 \times 10^5$，$2.5 \leqslant r/D \leqslant 7.5$，$2 \leqslant H/D \leqslant 12$，定型尺寸为喷嘴直径 D。各式中的 H 为喷嘴到换热面间的距离。

2. 单束平面射流

一个推荐的计算式为：

$$\overline{Nu} = \frac{1.53Re^{m(x/B,H/B)}}{(2x/B) + (2H/B) + 1.39}Pr^{0.42} \qquad (8-14)$$

式中，指数 $m(x/B,H/B) = 0.695 - \left[\frac{2x}{B} + \left(\frac{2H}{B}\right)^{1.33} + 3.06\right]^{-1}$

适用范围：$3000 \leqslant Re \leqslant 9 \times 10^4$，$2 \leqslant 2x/B \leqslant 25$，$2 \leqslant 2H/B \leqslant 10$。在此范围内，指数 m 的变化范围是 $0.56 \sim 0.68$。各式中 x 为从驻点算起的横向距离。

3. 圆形射流阵列

其传热计算公式可以查阅不同的研究结果。其一：

当 $H/D \geqslant 8$ 时

$$\overline{Nu} = 0.933\frac{D}{L}\left(\frac{L}{H}\right)^{0.625}Re^{0.625}Pr^{0.33} \qquad (8-15)$$

当 $H/D < 8$ 时

$$\overline{Nu} = 0.286\left(\frac{D}{L}\right)^{0.375}Re^{0.625}Pr^{0.33} \qquad (8-16)$$

另一种实验结果：当喷嘴为正方形排列时

$$\overline{Nu} = 0.8\left(\frac{D}{L}\right)^{0.8492}\left(\frac{D}{H}\right)^{0.4358}Re^{0.7042} \qquad (8-17)$$

若喷嘴为正三角形排列，则换热系数 α 值可增大 16%。以上两种计算方法相比，第二种比第一种结果高约 20%。

第三种传热计算式略为复杂一些：

$$\overline{Nu} = \left[1 + \left(\frac{H/D}{0.6}\sqrt{f}\right)\right]^{-0.05}\frac{\sqrt{f}(1 - 2.2\sqrt{f})}{1 + 0.2(H/D - 6)\sqrt{f}}Re^{2/3}Pr^{0.42} \qquad (8-18)$$

式中　f——相对喷嘴面积。其计算方法与喷嘴排列方式有关：

正方形　$f = \frac{\pi}{4}\left(\frac{D}{L}\right)^2$

三角形　$f = \frac{\pi}{2\sqrt{3}}\left(\frac{D}{L}\right)^2$

适用范围：$2000 \leqslant Re \leqslant 10^5$，$0.004 \leqslant f \leqslant 0.04$，$2 \leqslant H/D \leqslant 12$。

4. 平面射流阵列

$$\overline{Nu} = \frac{2}{3}f_0^{3/4}\left(\frac{2Re}{f/f_0 + f_0/f}\right)^{2/3}Pr^{0.42} \qquad (8-19)$$

式中，$f = B/L$，$f_0 = [60 + 16(H/B - 1)^2]^{-1/2}$

适用范围：$1500 \leqslant Re \leqslant 4 \times 10^4$，$0.008 \leqslant f \leqslant 2.5f_0$，$1 \leqslant 2H/B \leqslant 40$[3]。

（二）局部换热系数

对于一般的工程应用，只要掌握平均换热系数就可以满足基本要求了。但在某些工程应用中，不但要求较高的传热率，且希望对局部换热系数的分布还需进一步的了解。下面介绍的一种半经验方法，可以用来计算单束圆形射流的局部传热率。

为了计算局部换热系数分布，首先给出驻点传热率公式：

$$Nu = k_1 Re^{0.5} Pr^{0.4} \tag{8-20}$$

驻点以外为驻点区($r/D < 1.8$)和壁面射流区两个部分，其传热计算式：

驻点区：

$$Nu = k_1(r/D)^{-0.5} \tanh^{0.5}(0.88r/D) Re^{0.5} Pr^{0.4} \tag{8-21}$$

当$r \rightarrow 0$，$(r/D)^{-0.5} \tanh^{0.5}(0.88r/D) \rightarrow 1$，则上式变为驻点传热公式(8-20)。

壁面射流区：

$$Nu = k_2(r/D)^{-1.25} Re^{0.5} Pr^{0.4} \tag{8-22}$$

在上列各式中，k_1、k_2均为常数，但随湍流度的变化，对不同的系统其值亦略有不同。由实验数据给出$k_1 = 1.29$，$k_2 = 1.92$。应用式(8-20)～式(8-22)可以计算单束圆形射流局部换热系数的分布，与实验值相比，精度在$\pm 10\%$以内。

如果用比值α/α_s(α_s为驻点换热系数)代替局部换热系数α来考虑，那么就有：

在驻点区：

$$\alpha/\alpha_s = (r/D)^{-0.5} \tanh^{0.5}(0.88r/D) \tag{8-23}$$

在壁面射流区：

$$\alpha/\alpha_s = 1.49(r/D)^{-1.25} \tag{8-24}$$

由此可以看出，在驻点区换热系数的分布与湍流度完全无关。在壁面区虽然系数1.49受湍流度的影响，但总的表达式仍十分简洁，用于计算也非常方便。为了进一步简化计算，可以提出一个统一考虑驻点和壁面射流区的经验公式：

$$\alpha/\alpha_s = [1 + 0.343(r/D)^{3.357}]^{-0.372} \tag{8-25}$$

第三节 结构设计

一、典型装置

典型喷流换热器的结构形式见图8.8-5。前两种可直接放入烟道，后者本身即是烟道的一部分。可以看出，喷流换热器的结构是相当简单的。

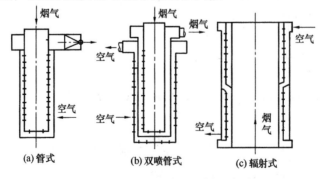

图8.8-5 喷流换热器结构形式

从喷流方式看，可从空气侧喷流，也可从空气侧及烟气侧双面喷流。由烟气到空气的传热过程，因换热面导热热阻相对较小，总传热系数K可按下式计算：

$$K = \frac{\alpha \alpha_y}{\alpha + \alpha_y} \qquad (8-26)$$

式中，α、α_y分别为空气侧和烟气侧传热系数。若烟气温度较高，辐射换热较强，且烟气侧换热表面也较清洁时，则烟气侧可以不喷流，反之，应采用双面喷流。

图 8.8 – 6 为一个双面喷流换热器的简图[1]，该图所示为一试验装置。对于实际应用的喷流换热器，图中右下方所送入的介质应为高温烟气。该换热器主要结构为三根同心套管和两个带法兰的烟气和空气引出箱，各自壁厚大约为5mm。管3和管5为带孔管，管4为热交换壁面。烟气经外烟气喷流管的小孔而形成射流阵列，并垂直喷向热交换表面，然后经换热器由图中的左上方排出。待加热的冷空气由顶端向下进入换热器，经空气喷流管小孔向外喷向热交换管内表面，被加热后的热空气由右上方引出。该换热器有效高度1.6m，烟气喷流管3上的小孔为$521 \times \phi10$，空气喷流管小孔为$595 \times \phi3.5$。所有管子均采用悬挂结构，以保证其自由伸长。该换热器

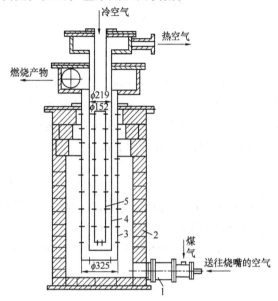

图 8.8 – 6　双面喷流换热器简图

的传热面积为0.133m²，其温度分别为1150℃、1000℃和900℃。流量500Nm³/h的烟气可将500Nm³/h的冷空气加热到420℃、300℃和250℃。其传热系数$K = 76 \text{W}/(\text{m}^2 \cdot \text{K})$，空气侧总阻力损失约2500Pa，烟气侧总阻力损失约200Pa。实际应用的喷流换热器传热面积可达10m²，处理空气量达数千 Nm³/h。

二、结构参数及对性能的影响

(一) 对传热的影响

喷流换热设计时，流体直接喷射在换热面上的覆盖率并不需要达到100%（常小于50%），应充分利用喷射流束在冲击区附近引起的涡流效应，并减小阻力损失，同时增加有效换热面积。根据轴对称自由沉降射流分析，可以求得换热面处射流区的直径 D_h：

$$D_h/D = 1.0 + 0.5H/D \qquad (8-27)$$

射流离开喷嘴后的平均速度逐渐衰减，但由于换热面的阻挡作用，射流向回反射，造成射流在换热面上的有效冲击区减小。喷孔相对间距的增加对射流冲击区大小影响甚微，但可使喷孔间的反射气流区扩大。较小喷孔的相对距离可使传热系数提高。喷流孔口与热交换表面的相对距离 H/D 对冲击受压区大小的影响也不大，采取较小的 H/D 显然会增大冲击强度，可以强化传热，但考虑到阻力损失和换热器各部件的尺寸变化误差，H 值也不能过小[2]。

气流在各孔的分布均匀性，实验表明，在距气体入口不同距离处通过的气量基本一致。这是因为气流切向进入，在外壳与孔板间有较强烈的旋转，使压力分布均匀化。这一规律使喷流换热器内部温度分布亦趋于均匀，热应力和变形较小，优于其他类型换热器。

气流喷向换热面后向出口端运动，使得射流流束向出口端偏移。这种偏移与距入口端的

距离以及喷流孔口与换热面间的距离 H 呈增函数关系，风量的影响并不显著。射流偏移的结果导致传热系数下降，其值可达 $15\% \sim 20\%$。因此，除对 H 的考虑外，每级喷流管长也不宜太长，且对喷孔还应考虑从入气端到出气端进行适当的由密到疏的布置。

（二）对壁温的影响

前已述及，喷流换热器传热系数：

$$K = \frac{\alpha\alpha_{\mathrm{y}}}{\alpha + \alpha_{\mathrm{y}}} \qquad (8-26)$$

为提高传热系数 K 值，应同时提高烟气侧的传热系数 α_{y} 和空气侧传热系数 α，且应使二者相当。但这仅是问题的一个方向，对换热器还需考虑换热面金属的壁温 t_{b}。如果 t_{b} 很高，换热器就需要使用更多较为昂贵的耐热钢材，这使换热器投资必然增加。

换热面壁温的计算可用下式：

$$t_{\mathrm{b}} = t_{\mathrm{k}} + \frac{t_{\mathrm{y}} - t_{\mathrm{k}}}{1 + \alpha/\alpha_{\mathrm{y}}} \qquad (8-28)$$

式中，t_{k}、t_{y} 分别为空气和烟气的温度。从该式可看出，$\alpha/\alpha_{\mathrm{y}}$ 若较大，则壁温 t_{b} 可以低一些，换热器耐热钢的消耗量亦可少一些，但其后果是使传热系数略有降低。在传热量为定值的情况下，只有增大传热面积，这又会使换热器总的钢材耗量增加。因此，需要确定最有利的 $\alpha/\alpha_{\mathrm{y}}$ 值[2]。

（三）对阻力损失的影响

喷流虽然强化了传热，但也增大了流动阻力损失，喷流换热器的阻力来自气流喷射与换热面撞击并引起的旋涡，环形通道内气流运动及垂直射流的作用以及进、出口及管路流动的损失。亦即是说，影响射流冲击换热的各主要因素也是流动阻力损失的影响因素。对实验数据进行处理后可得到有关阻力损失的欧拉准则数（$Er = \Delta p/\rho w^2$）：

$$Er = 15.45 f(L/D)^{-2.049}(H/D)^{-0.7141}Re^{0.3666} \qquad (8-29)$$

式中，结构修正系数 $f = 0.5 \sim 1.0$。对管式单侧喷流换热器 [图 8.8-5（a）] 应取偏上限，对辐射喷流式换热器 [图 8.8-5（c）] 则应取偏下限。现观察一实例：某三段辐射式喷流换热器 [每段如图 8.8-5（c）]，实测 $\Delta p = 7845.1\mathrm{Pa}$，若 f 取中间值 0.75，计算得 $\Delta p = 10787.0\mathrm{Pa}$。若使计算值与实测值一致，则应取 $f = 0.54$。

喷流换热器与同容量的管式换热器或辐射换热器相比，阻力损失相差不大。可以认为，仅由喷流造成的阻力损失所占比例也不会太大。

三、优化设计

实践表明，换热系数 α 大的喷流换热器往往阻力损失也较大，设计时必须综合考虑各参数变化对换热器性能的影响，因此应考虑采取优化设计的方法。

（1）选取适当的结构形式。由已知参量求得烟气侧换热系数 α_{y}，考虑选取总传热系数 K，确定空气侧换热系数 α 的范围，一般取 $\alpha^* = (1.5 \sim 3)\alpha_{\mathrm{y}}$。

（2）确定单级许可阻力损失值（如 $\Delta p^* \leq 1471\mathrm{Pa}$），并确定各设计参数的范围（如取 $D^* = 5 \sim 10\mathrm{mm}$，$L/D^* = 6 \sim 12$，$H/D^* = 2 \sim 5$，$w^* = 25 \sim 50\mathrm{m/s}$）。

（3）编制计算程序，以传热计算和阻力计算公式为基础，求得满足 α^*、Δp^* 的若干组优化设计参数。

（4）综合考虑选取一组，设计具体结构。

经验表明，工况条件不同，所得优化设计参数范围亦不同，但一般认为，取较小孔径、

$H/D = 3 \sim 5$ 及 $L/D = 6 \sim 9$ 就易满足优化条件。据此，也可根据具体工况，按经验选取设计参数来进行试算校核，以简化设计[2]。

<h2 align="center">第四节　工业应用</h2>

前已述及，喷流换热器是使流体通过喷嘴形成射流并喷射到热交换表面上，以对固体表面进行加热或冷却的一种换热器，这种换热方式被称为喷流换热或射流冲击换热。其工业应用可分为两类：一类是，从物理实体上看是完整意义上的换热器，仅在换热器内进行冷热流体间的热量传递；另一类只相当于一个完整换热器内进行总传热过程的一部分，即仅进行的是表面式换热器一侧的一种流体与换热固体表面间的换热，或者说仅进行流体射流冲击对固体表面的加热或冷却。后一类也可以看作是喷流换热方式的应用。它们都具有较为广泛的工业应用。

一、冶金领域

喷流换热器在冶金工业领域的应用得到了发展，在多种不同场合均有实际应用。第一节中已经叙述了用烟气预热空气这种在能源利用和环境保护等方面的意义以及采用烟气喷流加热钢材的经济效果，下面将简单介绍国内在加热炉和锻造炉上应用喷流换热器的情况。

连续加热炉上的喷流换热器的结构，见图8.8-7[1]。

该换热器高1.8m，外管直径300mm，6个竖直管组单行交错排列，总传热面积10m²。烟气流量6000~6500Nm³/h，入口温度470~490℃，出口370~390℃。空气流量3250Nm³/h，入口温度20℃，出口温度140~150℃。空气压力：入口9620Pa，出口9300~9400Pa。传热系数 $K \approx 42 \text{W}/(\text{m}^2 \cdot \text{K})$。

锻造炉喷流换热器，见图8.8-8。平面外形尺寸600mm×1400mm，高700mm，传热面

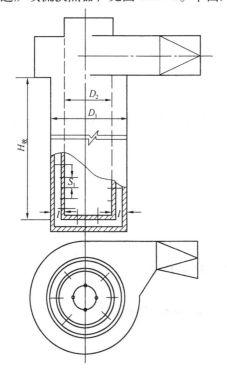

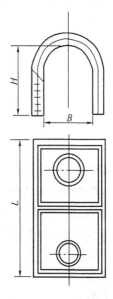

图8.8-7　连续加热炉上的喷流换热器结构　　　　图8.8-8　锻造炉的喷流换热器结构

积 1.4m²。烟气流量 450 ~ 500Nm³/h，温度 800 ~ 850℃，可将流量 600Nm³/h 的空气预热至 200 ~ 240℃。空气压力：入口 280Pa，出口 2200 ~ 2300Pa。传热系数 $K = 36W/(m^2 \cdot K)$。该换热器使用效果较好，有较高的传热系数，单位换热面积和单位体积有较大的传热量，耐热钢用量较少，工作可靠。

二、其他领域

除了冶金工业外，在其他领域，如木材、纸张及纺织等工业中的干燥、玻璃的回火及内燃机活塞的油冷等都有射流冲击换热器的应用。在高新技术中，射流冲击换热也是很有效的冷却手段。如计算机高热负荷微电子元件及航空发动机涡轮叶片均采用了这种射流冲击冷却的方法。

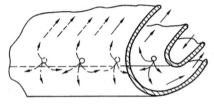

图 8.8 - 9　涡轮机叶片
前缘的射流冲击冷却

航空器多以燃气涡轮发动机为动力，涡轮机进口燃气温度高达 1300℃ 以上，且仍有继续提高的趋向。涡轮机首级叶片前缘承受的热负荷最高，射流冲击换热的应用首先就是为了解决这一关键部位的冷却问题。通常，叶片前缘部分可以近似地被看作是一个半圆柱凹面，如图 8.8 - 9 所示。对这一特殊应用。最早始于 20 世纪 60 年代后期的美国，继而我国也发表了一系列具有重要学术价值的论文。成果之一是采用集总热容法就单排圆孔空气射流对半圆形凹面冲击换热的实验研究。通过试验确定了平均换热系数，并用最小二乘法将实验结果归纳为准则关系式：

$$Nu = 0.269Re^{0.666}(L/D)^{-0.401}(H/b)^{-0.065}(F/f)^{-0.201} \qquad (8-30)$$

式中　b——喷射槽当量宽度，$b = n(\pi/4)D/S$。其中 n 为喷孔数目，D 为孔径，S 为冲击管
　　　　两端喷孔外缘间的距离：

　　　　F——换热面积；

　　　　f——喷孔总截面积；

　　　　H——换热面到喷孔距离；

　　　　L——喷孔中心距。

准则数定型尺寸为 2b。式(8 - 30)包含了影响射流冲击换热系数的各个因素，具有一定的实用价值[6]。

主要符号说明

　　w_D——喷嘴出口处的气流速度，m/s；

　　Z'——从喷嘴出口算起的沿射流方向的距离，$Z' = H - Z$；

　　H——喷嘴出口到换热面之间距离，m；

　　Z——是从驻点(射流轴线与换热面的交点)算起的垂直距离；

　　C——常数；

　　a_E——常数；

　　a_R——常数；

　　D——喷嘴直径，m；圆形射流直径，m；孔径，m；

f——相对喷嘴面积，m^2；

B——平面射流缝宽，m；

r——圆形射流半径，m；

α——空气侧传热系数，$W/(m^2 \cdot K)$；

α_y——烟气侧传热系数，$W/(m^2 \cdot K)$；

D_h——换热面处射流区的直径，m；

K——喷嘴换热器的传热系数，$W/(m^2 \cdot K)$；

t_b——换热面壁温，$℃$；

t_k——空气的温度，$℃$；

t_y——烟气的温度，$℃$。

参 考 文 献

[1]　卿定彬. 工业炉用热交换装置. 北京：冶金工业出版社，1986.

[2]　严爱民. 高温喷流换热器特性及设计. 化工机械，1990，6：349 ~ 354.

[3]　顾维藻，神家锐，马重芳，张玉明. 强化传热. 北京：科学出版社，1990.

[4]　E. M. Sparrow, B. J. Lovell. Heat Transfer Characteristic of an Obliquely lmpinging Circular Jet. J. Hear Transfer，1980，1：202 ~ 206.

[5]　R. J. Goldstein, A. I. Behbahani. Impingement of a Circular Jet with and without Cross Flow. Int. J. Heat Mass Transfer. 1982，3：1377 ~ 1380.

[6]　郑际睿，王玉官. 模拟透平叶片冲击冷却的实验研究. 工程热物理学报，1980，2：164 ~ 167.

第九章　新能源换热器

第一节　核电站换热器

一、概况

（一）核电站简介

核电站系统及其设备通常由两大部分组成，即核反应堆系统和设备，又称核岛；常规系统和设备（汽轮发电机组），又称常规岛。核电站与常规火电站的主要区别在于热源不同，核电站以核反应堆及蒸汽发生器代替了火电站的锅炉。

核反应堆根据所用核燃料、慢化剂和冷却剂等的不同又可分为很多种类型。核电站中的反应堆主要分为轻水堆、重水堆、气冷堆和快中子增殖堆[1]。

轻水堆以轻水（普通水）作为慢化剂和冷却剂，它又分为压水堆和沸水堆两种堆型，功率密度较高，燃料密度3%左右。

压水堆（PWR）是应用最多的堆型，约占核电站各种堆型总数的64%。反应堆中水的压力较高，约为16MPa。反应堆进口水的温度为291～296℃，出口温度约327℃，之后进入蒸汽发生器。第二回路压力约7MPa，进入蒸汽发生器的水温约200℃，出口为饱和蒸汽或低过热废蒸汽，相应温度为280～290℃。这样的蒸汽参数是比较低的，电站热效率也较低，在33%左右。

沸水堆是应用次多的堆型，约占22%。反应堆中水的压力约为7MPa。温度为220～270℃的水进入反应堆受热后直接成为285～290℃的湿蒸汽，再经汽水分离器和干燥器处理使蒸汽湿度减至0.3%以下之后即可供汽轮机使用。这样就无需蒸汽发生器，系统较简单。并且由于汽泡负反应性效能，反应堆可以自动限制功率剧增，具有内在安全性。但随之而来的问题是所产生的蒸汽带有放射性，汽轮机房也必须被划入放射性挖掘区之内。

重水堆（PHWR）应用的比例约占4.5%，它以重水作为慢化剂和冷却剂。重水很昂贵，且存在漏泄方面的问题。但反应堆可以用天然铀为燃料，更换燃料亦可在不停堆状态下进行。反应堆中重水的压力约为9MPa，进口温度约249℃，出口温度约293℃。第二回路压力为4～5MPa，蒸汽温度为250～260℃。电站热效率约32%。

气冷堆（AGR）所占比例在2%～3%之间，它以石墨为慢化剂，以气体为冷却剂。目前第三代气冷堆从氦为冷却剂，反应堆出口温度在650℃以上，甚至达到750～800℃，故称为高温气冷堆。在这种堆型中经换热后可得到高参数，如能获得可驱动汽轮机发电的16MPa，535℃或565℃的高压高温蒸汽，因此电站热效率较高，可达40%～42%。这种堆型的缺点是造价比水冷堆高；在事故情况下，不容易控制放射性物质的扩散。

以上几种堆型都属热中子堆，与之不同的堆型还有快中子增殖堆（FBR）。这种反应堆不用慢化剂，功率密度大，核燃料利用率有显著提高。通常为了强化传热，采用液态金属钠作为冷却剂。钠熔点97.82℃，沸点881℃，在150～700℃温度范围内可作为常压冷却系统使用。实际的使用压力为 0.1 ~ 1.4MPa，反应堆入口温度 380 ~ 400℃，出口 530 ~ 560℃。蒸汽发生器产生蒸汽的压力约为 16MPa，温度为 520℃。由于蒸汽参数高，电站热效率可达40% 左右。但存在钠的特殊安全问题，技术难度大，目前在各种堆型中仅占不足 1%。

目前世界上约有核电站 500 座，总发电容量约 400GW。第一核电大国美国约占 1/4，以下为法国、日本、英国、加拿大及德国等。其中法国核电在该国总发电量中的比例相当高，约为 4/5。比利时及瑞典等国核电比例已超过 1/2。比例最高的是立陶宛，约为 85%。美国的核电比例为近 1/4[2]。

中国核电站的两个代表是泰山和大亚湾。泰山核电站一期工程为国内自行设计、建造的300MW 压水堆机组(部分重型设备为进口)，二期工程两台 600MW 机组已立足国内，三期工程两台 700MW 重水堆机组则从加拿大引进。大亚湾核电站属全盘引进型，一期工程从法国引进了两台 900MW 机组全套设备，包括提供建设和管理经验。两种方式，相辅相成。

（二）核电站换热器

核电生产包含着复杂的能量转换和热量传递过程，因而核电站要用到很大数量的换热器。由于各自使用条件的不同，它们具有不同的名称及相应的不同类型。

(1)特种管式换热器：蒸汽发生器，高压回热加热器。

(2)管壳式换热器：高、低压回热加热器，凝汽器。

(3)直接接触式换热器：热力除氧器。

(4)蒸发冷却换热器：冷却塔。

二、结构类型与技术特性应用

（一）蒸汽发生器

在核电站换热器中，蒸汽发生器是最重要且技术难度最大的换热器，属于特种管式换热器类型。本书第二篇特种管式换热器中的第三章"高温高压换热器"，第五章"螺旋盘管换热器"均为核电站蒸汽发生器内容，其叙述已很充分，本节亦就不再赘述。

（二）回热加热器和凝汽器

核电站常规设备中有很大一部分为热交换设备，每台核电机组要用到数十台各种用途的换热器，主要为各回热加热器、凝汽器、疏水和轴封汽的换热器、抽气冷却器以及油冷却器等。这些设备大多属管壳式换热器类型，其基本内容见第一篇"管壳式换热器"。本节再做一些补充。

1. 回热加热器

为提高核电站热效率，核电站汽轮机装置中用到一定数量的回热加热器。图 8.9 - 1 为大亚湾核电站 900MW 机组二回路原则性热力系统图[6]。图中 H_1、H_2 为高压加热器(承受给水泵压力)，H_4 ~ H_7 为低压加热器(承受凝结水泵压力)。各回热加热器均是用来自汽轮机不同位置抽出的蒸汽把凝汽器的主凝结水加热。蒸汽放热后凝结为液态水，称为疏水。回热加热器结构类型大多数属管壳式或管式，但部分低压加热器亦有采用直接接触式的，凝结水流经管内，蒸汽流经管外。低压加热器水侧压力基本在 1MPa 以下。汽侧压力更低一些，所以低压加热器结构类型用管壳式换热器中最基本的形式即可。图 8.9 - 2 为得到广泛应用的管板 - U 形管束立式低压加热器[3]。

高压加热器水侧压力较高，较水堆和重水堆机组二回路水的压力约达 7MPa。气冷堆和快堆机组二回路水的压力高达 16 ~ 17MPa，且与汽侧有很大的压差，相应的温度也较高，出口水温在230℃左右。所以高压加热器除一部分采用管板 - U 形管束式结构以外，大型机组高压加热器多采用一些较特殊的结构类型。图 8.9 - 3 为西方国家采用较多的联箱 - 折形管束立式高压加热器(也

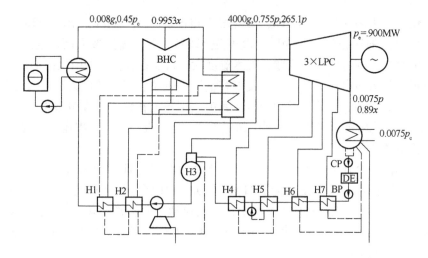

图 8.9 - 1 法国 900MW 核电机组二回路原则性系统

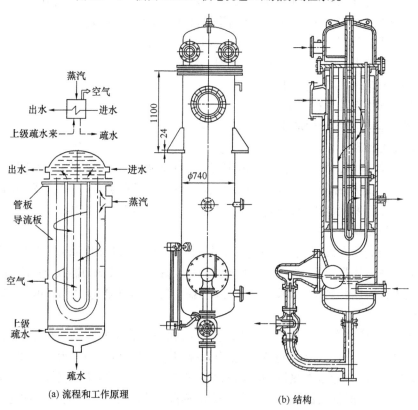

(a) 流程和工作原理　　　　(b) 结构

图 8.9 - 2　管板 - U 形管束立式低压加热器

可采用卧式），图 8.9 - 4 为俄罗斯常用的螺旋管束立式高压加热器[3]。这类结构形式的优点是管束膨胀柔性好，避免了管束与厚管板连接的工艺难点，且局部应力小，安全可靠性高。缺点是外形尺寸大，单件重量较重，管束水阻较大，个别管子损坏后堵管亦较困难。

　　2. 凝汽器

　　核电站中，为降低汽轮机终压，增大蒸汽在汽轮机中的焓降，提高机组热效率以及回收工质，汽轮机组都装有凝汽器，用以冷却汽轮机排汽使之凝结成水。冷却介质大多为水（少数为空气)。多数凝汽器为表面式换热器，结构类型为管壳式，其结构简图如图 8.9 – 5。这种管壳式凝汽器，管内为冷却水，管外为蒸汽。由图 8.9 – 1 可知，大亚湾核电站900MW

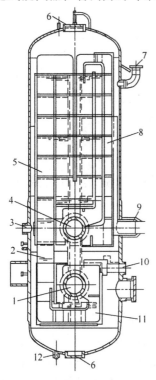

图 8.9 – 3　联箱折形管束立式高压加热器
（带内置式过热蒸汽段和疏水冷却段）
1—给水入口联箱；2—正常水位；3—上级疏水入口；
4—给水出口联箱；5—凝结段；6—人孔；7—安全阀
接口；8—过热蒸汽冷却段；7—蒸汽入口；10—疏水
出口；11—疏水冷却段；12—放水口

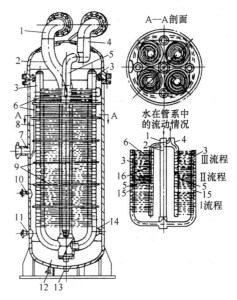

图 8.9 – 4　螺旋管束立式高压加热器
1—进水总管弯头；2—进水总管；3—进水配水管；
4—出水总管；5—出水配水管；6—双层螺旋管；
7—进汽管；8—蒸汽导管；9—导流板；10—抽
空气管；11、12—连接管；13—排水管；14—导
轮；15—配水管内隔板

机组凝汽器汽侧压力 7.5MPa，对应温度 40.3℃，蒸汽干度 x = 0.89。一般凝汽器压力为 4 ~ 10kPa，表压为负压，因此存在空气漏入问题。为排除空气及排汽带入的不凝气体，凝汽器设有抽除空气的管口，并与抽气器相连。水侧压力多在 0.1MPa 以下。总之，凝汽器的压力和温度都不高，只是汽、水流量都较大。仍以大亚湾 900MW 机组为例，进入凝汽

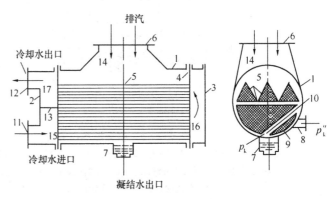

图 8.9 – 5　管壳式凝汽器结构简图

器的蒸汽量在 3000t/h 以上。一般，凝汽器的冷却倍率(无量纲量)为 50 ~ 80(有些情况可低至 35，高至 120)。则其冷却水量在 150000t/h 以上。同时，其水容量也很大。因此，凝汽器是尺度和重量都很大的一种换热器。

当以海水作为冷却水时，还涉及管材的腐蚀问题。运行中，大多数情况均存在管内侧污垢问题。对此，可参阅第一篇第六章和第七章相关内容。

（三）热力除氧器

核电站中用到的热力除氧器，按结构类型应属直接接触式换热器，其相关内容见第八篇第二章，本节仅做一些补充。

电站中热力除氧器的作用有两个：其一，作为一级回热加热器使用；其二，除去主凝结水中溶解的氧、二氧化碳及其他不凝气体。这两个作用的完成都是通过在一个容器空间内通入蒸汽直接加热主凝结水而实现的。热力除氧基于以下 4 个基本理论：

（1）分压力定律：混合气体的全压力等于其各组成气体的分压力之和：

$$p_o = \sum p_j \tag{9-1}$$

（2）亨利定律：某种气体在溶液中的溶解度 b 与该气体的平衡分压力 p_b 成正比：

$$b = k_d \frac{p_b}{p_o} \tag{9-2}$$

式中　k_d——溶解度系数。

（3）传热方程：$Q = KA\Delta t$ $\qquad\qquad\qquad\qquad\qquad\qquad\qquad\qquad$ (9-3)

（4）传质方程：$G = K_m A\Delta p$ $\qquad\qquad\qquad\qquad\qquad\qquad\qquad$ (9-4)

式中　Δp——平衡分压力与实际分压力之差。

这样，在热力除氧器内，一方面主凝结水被通入的蒸汽加热，达到回热效果；另一更重要的方面是，在除氧器压力下，水被加热至沸腾，容器空间内水蒸汽分压力 p_{H_2O} 趋于气体全压 p_o，氧、二氧化碳等分压力 p_{O_2}、p_{CO_2} 遂趋于零，水中溶解的氧、二氧化碳等气体便离析出来，达到了水的除氧效果。因此，热力除氧器采用蒸汽对水直接接触的加热方式。对此种换热器的主要要求是，需要有足够的汽、水接触面积和接触时间；水要分散成水滴和水膜；汽、水逆向流动。只有这样才能保证有较大的传热和传质势差，才能满足传热和传质要求，才能将离析出的气体及时排除。

热力除氧器的典型结构如图 8.9-6，其工作压力一般为 0.588MPa。

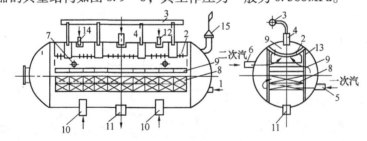

图 8.9-6　喷雾淋水盘填料式卧式高压除氧器

1—高压疏水入口；2—喷嘴；3—排汽管；4—主凝结水进入管；5—一次加热蒸汽进口管；
6—二次蒸汽进口管；7—淋水盘；8—填料层；9—弓形水室；10—汽平衡管；11—下水管；
12—备用接口；13—支承角钢；14—疏水管；15—弹簧式安全阀

（四）汽却塔

核电站（亦含常规火电站）需要大量冷却水。电站附近有丰富水源时，冷却水可采用开式直流供水系统，否则就需要采用如图 8.9-7 所示的闭式循环供水系统。该系统中冷却水流过凝汽器后温度升高了，经冷却装置降温后再回到凝汽器循环使用。所以，凝汽器的冷却水通常被称为循环水，即使在开式直流供水系统也是如此。冷却塔就是循环水冷却装置的一种主要形式。

从冷却塔的作用和实际工作情况来看，它也是一种换热器，不过形式比较特殊，且其中还有质交换过程，与本章涉及的其他换热器不同，本书其他篇章亦未涉及这种换热器。

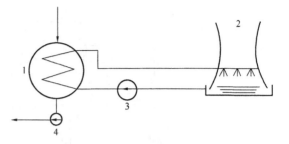

图 8.9-7 冷却塔循环供水系统
1—凝汽器；2—冷却塔；3—循环水泵；4—凝结水泵

冷却塔有很多种类型，应用得最多的是双曲线型自然通风冷却塔，如图 8.9-8 所示。另一种较小的为机力通风冷却塔，如图 8.9-9 所示[4]。在冷却塔中，循环水由输水管送到淋水装置，经各格栅分散落下，并与上升的空气流接触。在此过程中循环水依靠液体的蒸发冷却作用降温，然后落到下部的集水池，再由循环水泵送入凝汽器以供循环使用。

所谓蒸发冷却作用，就是液体的自由表面与一种气体或 8 种气体的混合物（例如空气）直接接触时，由于热交换与质交换过程的共同作用而使液体得到冷却。或者说，循环水的蒸发冷却，是由于物理机制各不相同的几种过程共同作用的结果。这些过程是：

(1) 接触散热，即导热和对流作用来传热。

(2) 辐射换热，但在冷却塔中，这种作用很微弱。

(3) 液体的表面蒸发，即部分液体变为蒸汽，借助扩散和对流作用进行质交换。

上述液体冷却的每个过程的作用，依据液体及气体的物理性质和参数而有所不同。在炎夏，液体蒸发所消耗的热量可能占水散发热量的 90% 以上。而在寒冬，水所散发出来因对流换热所传递的热量，由 10% ~20% 增加到约 50% 乃至 70%。这样，单位冷却面积热流量：

$$q_\alpha = \alpha(t - \theta) \quad (9-5)$$

式中 t ——液体温度；

θ ——冷却塔中湿空气流温度。

单位面积物质流即蒸发速率：

$$q_v = \beta_p(p_v'' - p_v) \quad (9-6)$$

式中 p_v'' ——液体表面蒸汽层内水蒸气分压力，其值等于液体表面温度下的饱和蒸汽压力；

p_v ——湿空气中水蒸气的分压力；

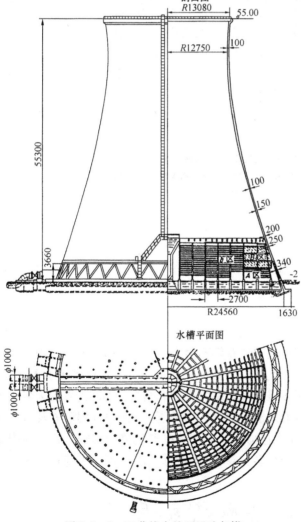

图 8.9-8 双曲线自然通风冷却塔

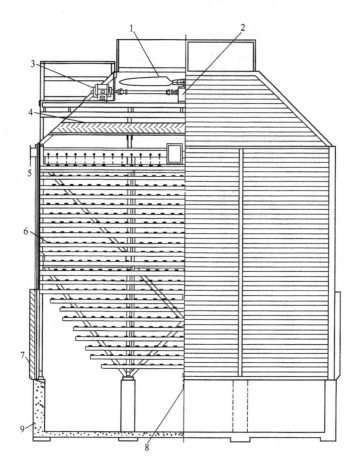

图 8.9 - 9　装有引风机的机力通风冷却塔

1—风机；2—减速器；3—电动机；4—除水器；5—输水管；6—格栅；

7—进风口处的百页窗；8—中央隔板；9—集水池壁

　　β_p——传质系数。

单位面积蒸发耗热量：

$$q_\beta = r q_v \tag{9-7}$$

式中　r——水的汽化相变焓。

液体表面散热的热流率：

$$q = q_\alpha + q_\beta \tag{9-8}$$

　　在循环水的蒸发冷却过程中，传热与传质的势差都不很大，传热与传质两种过程间的耦合作用所引起的热流和物质流都很微弱，对此可以不做深一步的考虑。需要考虑的重点是：①冷却塔中蒸发冷却问题的研究对象属于多组分多相系统。②液相与气相间的界面为弯曲表面。对热交换和质交换强度发生较大影响的因素为湿空气的流速 w、湿空气温度 θ 及水蒸气分压力 p_v 这三者垂直于界面的分布状况和变化情况，它们均受蒸气流的影响。系统的理论研究非常复杂，研究结论也不十分明晰。而在蒸发冷却问题的实际处理时，所应用的为实验资料，所涉及的特征准则数为：

$$Re = \frac{wl}{v}, Pr = \frac{v}{a}, Sc = \frac{v}{D_p}, Nu = \frac{\alpha l}{\lambda}, S_h = \frac{\beta_p l}{D_p}$$

式中　D_p——对应于分压力梯度的质扩散系数,与对应于浓度梯度的扩散系数 D_c 间的关系
　　　　　为 $D_p = D_c / R_v T$,其中 R_v 为水蒸气气体常数。

定型尺寸 l 取水滴直径,定性温度为湿空气温度。所得到的准则关系式及相关条件
如下:

(1)淋水装置中水滴下落的情况:

当 $Re < 150$ 时,$Nu = 0.18 Re^{2/3} Pr^{1/3}$ 　　　　　　　　　　　　　　　　　(9-9)

$$S_h = 0.18 Re^{2/3} Sc^{1/3} \qquad (9-10)$$

当 $Re \geqslant 150$,$Nu = 0.60 Re^{1/2} Pr^{1/3}$ 　　　　　　　　　　　　　　　　(9-11)

$$Sh = 0.60 Re^{1/2} Sc^{1/3} \qquad (9-12)$$

(2)格栅表面的散热:当水膜从冷却塔内各种形状的木条表面流动时,蒸发作用很微
弱,此时的换热情况可近似地有:

$$\alpha = a\left(1 - b\frac{S}{d}\right)\frac{w^{0.72}}{d^{0.28}} \qquad (9-13)$$

式中　d——木条截面的当量直径;

　　　　S——木条水平间距;

　　a、b——计算系数。对四边形木条,$a = 12.9$,$b = 0.072$;三角形木条,$a = 10$,$b = 0.028$。

冷水塔设计的主要任务是在给定条件下确定其冷却面积及淋水装置有效容积等,一般,
给定条件为:

(1)热负荷 Q 或水力负荷(即冷却水量)q_w;

(2)冷却水进出口温度 t_1、t_2;

(3)大气压力 p_b、温度 θ、相对温度 φ。

基本计算式为热平衡及物质平衡方程:

$$q_w c_w(t_1 - t_2) + q_v c_w t_2 = q_a(h_2 - h_1) \qquad (9-14)$$

$$\alpha(t - \theta)_m A = q_a c_a(\theta_2 - \theta_1) \qquad (9-15)$$

$$\beta_p(p_v'' - p_v)A = q_a(d_2 - d_1) \qquad (9-16)$$

式中　q_a——空气流量;

　　　　h——空气焓;

　c_w、c_a——水、空气的比热;

　　　　d——空气含湿量;

　　　　A——冷却面积。

下标 1、2 分别表示进、出口;$(t - \theta)_m$,$(p_v' - p_v)_m$ 均为对数平均差。作为补充关系
式,定义空气相对流量 $\lambda = q_a / q_w$,λ 值由温差 $\Delta t = t_1 - t_2$ 和出口空气相对湿度 φ_2 决定,所
得经验数据由表 8.9-1 给出。根据平衡方程和表中的数据,可以确定冷却面积等要素。

表 8.9-1　空气相对流量 λ

Δt/℃	3	5	10	15	20	25
$\varphi_2 = 1.0$	0.2～0.6	0.3～0.7	0.6～1.0	1.1～1.5	1.8～2.2	2.6～3.0
$\varphi_2 = 0.9$	0.3～0.7	0.6～1.0	1.0～1.3	1.9～2.3	2.7～3.1	3.7～4.0
$\varphi_2 = 0.8$	0.16～1.1	1.0～1.5	2.0～2.5	3.2～3.5	4.4～4.6	6.0～6.2
$\varphi_2 = 0.7$	1.3～2.2	2.2～2.9	4.6～5.1	7.1～7.6	9.4～9.6	12.2～12.4

第二节　地热换热器

一、概况

（一）地热资源及利用

地壳上的某些地段蕴藏着丰富的地热资源，一个粗略的估计认为，地表以下 3km 深度之内的地热资源约相当于 3 万亿 t 标准煤。然而，长期以来地热能仅被人们看作是一种有趣有自然现象，只能以热泉、温泉、间歇泉、喷气孔及沸泥塘等形式吸引游人，实用方面只限于用它进行天然热浴，治疗某些疾病。地热能的科学开发利用约有 100 多年的历史了，由于它的优越性越来越明显，所以从自 20 世纪 60 年代后期起，其发展速度在加快，规模也越来越大，在许多应用方面已成为其他能源的商业竞争者。

世界上大部分地区所观测到的地壳温度梯度，平均每深 30m 只增加 1℃ 左右。但在某些地区，温度梯度很陡，可以比正常值高出许多倍甚至 100 倍，这样的地区称为地热（异常）区。一般，将具有经济开发价值的地热区称为地热田。地热区虽不总是但却经常是出现在地震带以内。地热的真正来源是存在于地壳岩石中的放射性活动。另一方面，大陆漂移说为地震在大范围内的明显带状分布提出了一套颇为合理的解释。在这些地震带以内，地壳的薄弱性使深部的热得以上升到地表附近。然而总的来说，地热资源的理论还不太成熟，地热能的迁移富集规律还不太清楚。目前一个简单的事实是，在世界的某些部分，大自然为人类提供了大量比较容易得到的地热能，它和煤和石油等传统能源一样，可以用来发电，用于工农业供热和区域供暖等[5]。

地热资源按热储形式通常可分为 5 种类型：蒸汽型（分布很少）、热水型（较广）、地压型、干热岩型和岩浆型。目前得到开发的主要为前两种类型。这样的地热系统有三个主要组成部分：①热源；②传热介质，即存在于多孔岩层中的水（及汽）；③盖层，也就是地热系统的圈闭层。对于热水田，可能不具有这个盖层，而对于蒸汽田，盖层是必须的。

开采地热的井深目前多在 3000m 以内，又分为三档：浅井 20～500m；中井 500～2000m；深井 2000～3000m。所开采出的地热流体可能为蒸流（过热蒸汽、干饱和蒸汽或湿蒸汽）、汽水混合物或热水，有些井采用井下换热方式提取热量。热水温度也粗分为三档：低温 50～90℃；中温 90～150℃；高温 >150℃。蒸汽温度可达 200～240℃，少数可达 300℃。流体压力最高达数 MPa。

不同温度的地热流体与其相应的利用范围如下：

200～400℃：直接发电及综合利用。

150～200℃：双循环发电、制冷、工业干燥及工业热加工。

100～150℃：双循环发电、制冷、供暖、工业干燥、脱水加工及盐类回收。

50～100℃：供暖、温室、家庭热水及干燥。

20～50℃：沐浴、养殖及土壤加温。

这些应用可以归结为两大方面，即供热供暖和地热发电。就地热发电来看，美国、菲律宾、意大利、日本、墨西哥及新西兰等国已有相当规模，日本的地热发电设备占有较大市场。在供热供暖方面，冰岛最令人瞩目。冰岛是一个名不符实的地名，它的地热资源十分丰富，全年需要的供暖和热水几乎全部依靠地热，堪称地热利用普及的典范。

中国的地热资源也极丰富，粗略可分为三：其一，东部地处太平洋西缘地壳构造活动带，为亚欧板块与太平洋板块分界线区域，辽东半岛沿岸、京津地区、山东、苏北、台湾直至福建、广东等都有地热的开发利用；二是藏滇地热带，处于亚欧板块与印度洋板块的地缝合成线，其中最著名者为西藏羊八井和云南腾冲；三是其他的地热区，包括河北、山西、陕西、甘肃及四川等地。

（二）地热利用中所用到的换热器

中低温地热能主要用于供热和供暖，此时的系统较为简单，使用较多的是表面式换热器，主要类型为管壳式、板式及套管式。若以热泵形式供暖，则系统要复杂一些，但同样要用到上述换热器。

高温地热能主要用于发电。地热电站的构成与常规火电站类似，不同处在于以地热源代替了燃烧化石燃料的锅炉。但在地热电站中，汽轮机蒸汽参数远低于常规火电站，热力系统也简单，其中用到的换热器主要是作为热交换设备和冷却设备的表面式换热器，主要类型为管壳式。地热电站中的凝汽器多数与常规火电站和核电站都不同，它们属直接接触式类型。

二、结构类型与设计应用

（一）表面式换热器

前已述及，地热利用中不论供热供暖或发电，都需要进行工质间的热交换，需要用到相当数量的表面式换热器，其主要结构类型为管壳式、板式和套管式等换热器。它们的使用场所可能在地面、井内或井下。这些换热器的基本内容已分别叙述于前面各篇章。其中管壳式换热器为第一篇；套管式换热器为第二篇第一章；板式换热器为第四篇第一章。本节对板式和套管式等换热器在地热方面的应用仅稍做补充。

1. 板式换热器

普通的地热供热供暖系统多为间接式系统，多选用板式换热器作为一、二次回路间的热交换器。与常见的管壳式换热器相比，板式换热器的优点为：

（1）传热系数高 3~5 倍。

（2）对数平均温差大，末端温差可以很小，内部流动情况基本属逆流。

（3）占地面积小，单位体积内换热面积大。

（4）重量轻，价格低，板片薄。

（5）污垢系数低，流体流动为剧烈湍动，杂质不易沉着，易清洗。

缺点为：

（1）工作压力低，2.5MPa 以下。

（2）工作温度低，250℃ 以下。

（3）易堵塞，不适于含固体颗粒或纤维物较多的流体。

用于供热供暖的中低温地热流体，温度多在 150℃ 以下，压力多在 1MPa 以下，且为腐蚀性介质，矿化度高，易结垢。因此，对地热换热器要求其：

（1）耐腐蚀、抗结垢性能好。

（2）在较小温差情况下传热效率高。

（3）结构紧凑，占地少，便于清洗、维护和检修。

（4）操作方便，设备耐用。

两相对照，板式换热器的特点很适合中低温地热利用时对换热器的要求，其优点能得到充分体现，缺点得以避免，因此得到广泛应用。设计中需根据具体的使用条件选择确定板片材料、板片形式、单板面积、流体流速和流程[8]。

板片材料选择的依据是地热流体的杂质种类、含量以及流体温度。一般说来，钛材在地热流体中有很好的耐腐蚀性，更详细的介绍请见本书有关腐蚀问题的篇章。

板片的波纹形式主要有人字型（BR 型）和水平平直波纹型（BP 型）两种。

板片波纹形式选择时要考虑换热器的工作压力、流体压降和传热系数。由于地热能是低品位能源，通常均要求用换热性能好的换热器，所以地热供热供暖中多采用人字形板片板式换热器。

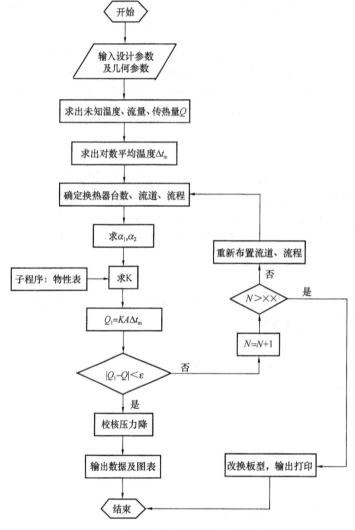

图 8.9 – 10　板式换热器计算程序框图
（图中××代表流道、流程组合个数）

板片面积的大小制约着板片角孔直径的大小。为达到较好的传热效果，应使流体流过角孔的速度达到 6m/s 左右。若采用的单板面积过小，造成板片数增多，不仅使设备占地面积增大，且使流程数增多，造成阻力增大。反之，选用单板面积较大，虽然占地面积和阻力减小了，但难以保证板间通道必要的流速，亦会影响传热效率，因此，综合考虑以上几种因素，适合于地热供热供暖系统的换热器板片面积有 $0.5m^2$、$0.8m^2$ 和 $1.0m^2$ 等几种。

流体在板间的流速影响到换热的性能和流体压降，因此适宜的流速范围应在 0.2 ~ 0.8m/s 之间。

两侧流体的体积流量大致相当时，应设计为对称型流道；若两侧流体的体积流量相差较大，则流量小的一侧应采用多程布置。地热供热供暖系统中两侧流体体积流量相差均不大，故多采用等程的换热器。这样可以实现逆流布置，不会产生因不等程布置而降低平均温差的情况[9]。

设计中用到的基本计算式见第四篇第一章，计算程序框图如图 8.9 – 10 所示。

2. 井内套管式换热器

套管式换热器的典型应用是在一种回灌和井内换热器间接利用地热水的供热系统中，这种系统如图 8.9 – 11 所示，系统的特点是采用了井内换热器。系统有两个循环回路，加热水回路的地热水，在两个井内换热器中放出热量后被回灌至井下含水层，被加热水回路的供水

（供热回水及补充的自束水）先后在回灌井的井内换
热器和开采井的井内换热器中被加热，与加热水－地
热水的流程相反，形成逆流。在每个换热器中，被加
热水与加热水的流程也是逆流。

这种井内换热器为套管式结构，装设在地热井上
部，长度可以为几十 m 直到几百 m。因为换热器内流
过的是被加热水，地热水在地热井井管内流过，因此
地热水的腐蚀或结垢问题只存在于地热井井管。套管
式井内换热器的中间管可以用薄壁无缝钢管来制作，
也可以使用耐热塑料管。换热器外管管柱起固定架作
用，可支承地热井上部不稳定岩土层。这种套管式井
内换热器的优点是结构简单，造价低廉，不易结垢，
除垢方便，运行可靠，使用寿命长[10]。

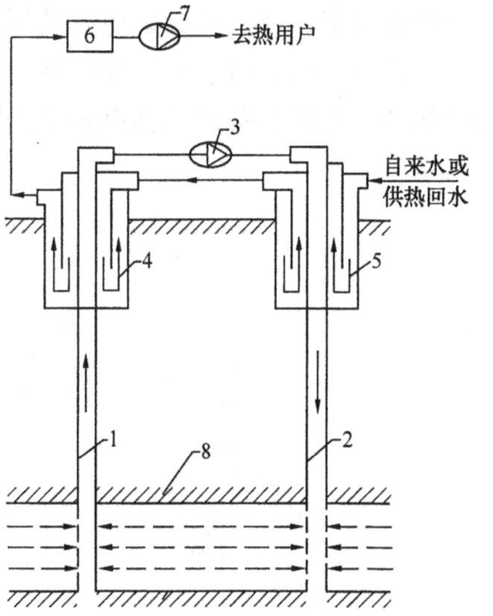

　3. 井下换热器

　利用地热井下换热器系统（DHE 系统）只提取地
下热量而不提取热水，是保护地下热储资源和环境的
一种有效方法。这种换热器除了设置于井下这一特点

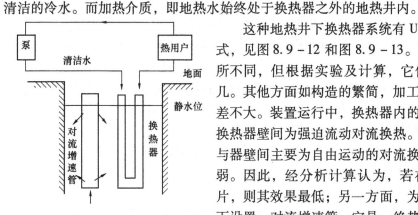

图 8.9 – 11　有井内换热器的
回灌地热水供热系统

1—开采井；2—回灌井；3—回灌泵；4，5—井内
换热器；6—蓄热水箱；7—供热泵；8—含水层

之外，它与前述各种换热器的显著区别在于，换热器内只流动着一种介质，即被加热的比较
清洁的冷水。而加热介质，即地热水始终处于换热器之外的地热井内。

这种地热井下换热器系统有 U 形管和同轴管两种形
式，见图 8.9 – 12 和图 8.9 – 13。两种构造形式虽然有
所不同，但根据实验及计算，它们的热输出值相差无
几。其他方面如构造的繁简，加工和安装的难易也都相
差不大。装置运行中，换热器内的清洁水由泵输送，与
换热器壁间为强迫流动对流换热。而换热器外的地热水
与器壁间主要为自由运动的对流换热，且上部对流很微
弱。因此，经分析计算认为，若在换热器外加纵向肋
片，则其效果最低；另一方面，为加强换热，还可在井
下设置一对流增速管。它是一绝热性能较好的管子，在
靠近上下两端的管壁上打有小孔。设置这样一根对流增

图 8.9 – 12　U 形管式井下换热器系统

速管是为了使地热水能在管内自下而上、在管外自上而下的稳定流动，从而增大地热水温差
环流，加强换热，但它的作用并不总是明显的。文献[14]给出了一个实验结果，见图 8.9 –
14。相应条件为地热井直径 300mm，井深 102mm，井底水温 79℃，流量 50t/h，换热器为 U
形管式[10、11、12]。

　（二）直接接触式换热器

　地热电站中用的射水喷雾式凝汽器，是一种直接接触式换热器。

　地热电站可直接利用地热蒸汽或用盐水扩容蒸发产生蒸汽来驱动汽轮机发电；也可用热
水或汽水混合物加热一些低沸点工质，如氟里昂、氯乙烷、正丁烷及异丁烷等产生蒸汽来推
动汽轮机发电。后一种系统称双循环（或双流体、双工质）系统。西藏羊八井地热电站属前
者，称扩容蒸发系统或称闪蒸系统。与核电站（二回路）相比。地热电站蒸汽参数低，热力

系统相对简单。前述两类地热电站都要用到一些表面式换热器和冷却器，它们的凝汽器结构类型亦有所不同，后者所用凝汽器为管壳式，而前者所用凝汽器为射水喷雾式，属直接接触式换热器。它的最明显的优点是传热效果好，体积小，重量轻，造价低[7]。

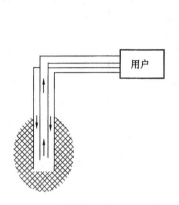

图 8.9 – 13　同轴管式井下换热器系统

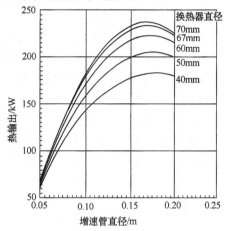

图 8.9 – 14　增速管与热输出的关系

直接利用地热蒸汽或热水扩容蒸发系统的地热电站，采用直接接触换热器的原因有 3 点：

（1）在地热电站的低压饱和蒸汽热力循环中，凝汽器造价比例要比常规火电站或核电站高压过热蒸汽热力循环中的凝汽器造价比例高得多，采用直接接触式可以降低这一造价比例。

（2）在常规火电站或核电站中，凝结水必须清洁以便回收，而在这类地热电站中不须如此要求。

（3）腐蚀问题：管壳式凝汽器多以铜合金管作为换热面，而铜合金与地热蒸汽接触会被 H_2S 腐蚀。若用不锈钢等材料，传热效果又较差。采用直接接触式凝汽器，不存在金属换热面，壳体可使用加衬钢材或不锈钢等来制作。

直接接触式换热器的介绍见第八篇第二章。采用直接接触式凝汽器的另一个优点是，冷却水的需要量可少一些。多数地热电站冷却水系统也用到冷却塔，这部分内容参见本章第一节。

三、防腐控制

地热蒸汽和热水受到来自地下化学物质的污染，在利用过程中还可能受到大气杂质的进一步污染，这些杂质必然会导致地热利用设备的腐蚀问题。在其设计和运行中，必须对腐蚀进行控制。另外，当这些杂质散逸到地表环境时，还会产生大气和地表水的污染问题。

地热流体中最常见的杂质有：CO_2、SO_2、H_2S、NH_4、H_2、N_2、HCl、HF、SiO_2 以及 Na、K、Li、Ca、Mg 等的氯化物、氟化物、硫酸盐、碳酸盐和硼酸盐等。

一般说来，非气体杂质在地热系统的水相腐蚀中起主要作用，气体杂质在汽相、凝结水和大气腐蚀中起主要作用。在化学因素、温度和应力等物理因素及各种结构材料之间，可能存在着多种多样的相互作用。在地热利用系统中，换热器及其他设备的腐蚀控制问题可参阅第一篇第七章管壳式换热器的选材及腐蚀与保护。以下仅对地热利用中换热器腐蚀控制的情况再作一些简要补充。

1. 表面腐蚀

表面腐蚀会导致金属及其他材质表面耗损或形成麻坑。地热流体中如果含有游离的盐酸、硫酸或氢氟酸，表面腐蚀就可能极为严重。空气中的氧一旦进入地热流体，则会导致氧的去极化作用，使大多数工程含金材料的腐蚀速率急剧加快。但奥氏体不锈钢、钛及钢材的镀铬层表面很好，能够防止氧的这种作用，因此常用工程合金材料的腐蚀速率都较低，可以满足地热系统对结构材料的实用要求，但不包括铜基合金。

2. 应力腐蚀和硫化应力碎裂

一般应力腐蚀的附加条件是，氯化物的存在，温度 >50℃以及氧的作用。地热利用中突出的是硫化应力碎裂，其条件是，较高的应力（局部应力 600MPa 以上），含 H_2S 的水溶液，并不太高的温度（50 ~ 100℃）。如果能做到有效除氧，则使用奥氏体不锈钢就相当安全，使用低碳钢也比较安全。

3. 氢渗入含 H_2S 的水溶液造成的腐蚀

会引起氢向钢材内部渗入，导致钢材起泡脆化并发生硫化应力碎裂和延迟性破裂。防护的关键是去除 H_2S，使材料表面形成保护层。

4. 腐蚀 - 疲劳作用

金属腐蚀和疲劳同时存在时，腐蚀时金属疲劳起到有害效应，尤其在含有溶解态 H_2S 的盐类溶液中会很严重，防护方法主要是选用抗疲劳性能较好的材料[5]。

简言之，腐蚀控制的主要措施是：选用耐腐蚀材料，如钛、铝、高铬钢、奥氏体不锈钢、低碳钢及氟塑料等；材料的表面涂层处理；防止空气渗入到系统中；排除 H_2S 等。相关论述除第一篇第七章外，还在第七篇"特殊材料换热器"里亦有介绍。

第三节 太阳能换热器

一、概况

（一）太阳能热利用及太阳能性质

太阳的辐射能到达地球后可以转换并能加以利用的有以下几种不同的形式：

转换为电能、化学能、机械能及热能等。其中涉及到换热器这一主题的是太阳能的热利用。太阳能的性质与太阳能热利用中要用到的换热器特性有直接关系。

太阳能是地球的最丰富最持久的能源。地球截取的太阳辐射能流约为 1.72×10^{11} MW，每年接受总量约 1.51×10^{18} kW·h（相当于 5×10^{14} 桶原油），是世界年耗能量的一万余倍。但太阳能的通流密度较低，人们熟知的太阳常数为 1353W/m²（IPS - 1956），转换为 WRR 标准则为 1383W/m²，世界气象组织于 1981 年发布值为 1367W/m²。而到达地表的辐射通量更低，此外还受地区、天气、时间及空气质量等因素的影响。粗略地讲，多数地区晴天中午前后各 4h 内约为 300 ~ 1000W/m²。

另外，对太阳能热利用中还有一重点是太阳辐射的光谱特性，它大体相当于 5762K 的黑体辐射。总辐射中，可见光波段部分（波长 0.38 ~ 0.76μm）约占 30% ~ 46%，其余大部分属近红外波段，紫外波段所占比例很小，不足 6%，波长 0 ~ 3μm 部分占总辐射的 98%[13]。

（二）辐射能——热能转换

太阳能量以辐射的方式传递到地表，若将其转换为热能加以利用，能量转换所需设备中属换热器范畴的有太阳能集热器。一般换热器多是两种流体工质间以对流换热为主的传热过程，太阳能集热器与此有较明显的不同，它涉及到较多的辐射换热问题。可以说，集热器是一种较为特殊的换热器，本节内容将专注于此。

集热器内所用工质大多为水。在低温条件下，为防止结冰而采用了双循环回路热水系统。一次回路使用防冻液，或以低凝固点介质为传热工质，一次回路与二次回路间设有表面式热交换器。太阳能用于诸如供热、空调及热动力等场合时，也要用到各种表面式换热器以及多用作贮热作用的直接接触式换热器。有关这些换热器的内容，在前面章节中已有详尽论述，本节不再重复。对另一些在其他领域应用很少，而在太阳能领域有所应用的换热设备，将在相关的场合予以简单介绍。

二、热性能分析计算及结构设计

集热器是收集太阳辐射能并将其转换为流体工质热能的一种特殊形式换热装置，各种文献对其分类不尽相同，本节为叙述的方便将其作如下划分：

——普通平板式集热器

——玻璃真空管式集热器

——聚集式集热器

——空气集热器

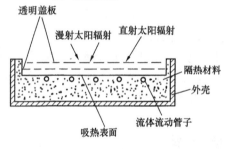

图 8.9 - 15　平板式集热器的基本结构

（一）普通平板型集热器

所谓平板式是指集热器吸收太阳辐射的面积与采集太阳辐射的面积相等。平板式集热器可以利用太阳的直接辐射、天空的漫射辐射及地物的反射辐射，具有结构较简单、造价低、性能可靠及运行维护方便等优点，因此得到广泛应用。但得到的热水温度不高，只有 40~50℃。平板式集热器的基本结构见图 8.9 - 15，其基本组成部分为：

（1）透明盖板：由一层或多层透明玻璃或塑料构成。实际应用中，大多数均采用一层玻璃。其作用是让太阳辐射透过到达吸收表面的同时，尽可能减少源自吸收表面的对流热损失和红热辐射，从而减少集热器顶部热损失。

（2）吸热板：由各种金属或非金属材料制造，其表面涂以太阳能高吸收性和低发射性的涂层，以充分获取入射太阳辐射。

（3）流体通道：与吸热板相连接，内部通过流体工质将吸收热量带走。多数集热器的结构是将它与吸热板制成一个整体，使其成为吸热体以减小其间的热阻。

（4）隔热层：吸热板背面与侧面均应有良好的保温隔热层，以降低背面及侧面的热损失。

（5）外壳：支持及固定前述的各部件，将其装配成一个整体。要求有一定的机械强度和刚度，能防止外力破坏，兼有防潮作用[14、15]。

1.　集热器基本工作原理

概括地说，阳光通过透明盖板，并照射到表面涂有吸收涂层的吸热体上时，其中较大部分太阳辐射能被吸收体吸收并转变为热能后传递给流体通道中的流体工质。这样，从集热器底部入口流入的冷工质在通道中被加热，温度逐渐升高。被加热后的热工质从集热器上端出口流出，进入贮水箱中待用(其间，流体有多次循环或一次通过)。这一部分为有用能量收益。与此同时，吸热体吸热后虽然其温度升高到高于环境温度，但吸热体亦会通过透明盖板顶部以及集热器的背面和侧面向周围环境散热，导致各项热损失。因此，对集热器的性能要求是：接受太阳辐射能，并能将其吸收并转换为热能；尽可能少地散热；流体工质得到的热能应能输送到用能场所或贮存起来，另一方面要求流动工质起到对集热器的冷却保护作用。

其他类型集热器与平板式集热器相比，在基本工作原理方面没有根本性的不同。

2. 热性能分析

在一个给定的时间间隔内，集热器的性能可以用一个能量平衡方程来表示，即集热器吸热体接受到的太阳辐射热量 Q_a，可分别表示为工质所得到的有效热量 Q_u、散失到周围环境中的损失热量 Q_L 以及集热器本身贮存热量的变量 Q_s：

$$Q_a = Q_u + Q_L + Q_s \qquad (9-17)$$

而当稳态时，集热器本身贮存能变量为零，此时能量方程可表示为：

$$Q_a = Q_u + Q_L \qquad (9-18)$$

以下分别对有关各项进行讨论。

（1）吸热体接受的辐射能：任一时刻集热器上的入射辐射包括直接辐射 H_b，散射辐射 H_α 和地物的反射辐射 H_R。而吸热体能接受到的太阳能是入射辐射与透明盖板 - 吸热体系统中透明盖板有效透射率 τ 及吸热体辐射吸收率 α 的乘积。τ 和 α 是透明盖板、吸热体材料性能及太阳入射角（集热器表面与太阳投射方向的夹角）的函数。这样，单位面积吸热体表面接受的太阳辐射 H_c 可以表示为：

$$H_c = I_\theta(\tau\alpha)_e = I_{b\theta}(\tau\alpha)_b + I_{\alpha\theta}(\tau\alpha)_\alpha + I_{R\theta}(\tau\alpha)_R \qquad (9-19)$$

式中，$(\tau\alpha)_e$ 被称为有效透过吸收积；I_θ、$I_{b\theta}$、$I_{\alpha\theta}$ 和 $I_{R\theta}$ 分别为换算到集热器倾斜表面上的总辐射、直接辐射、漫射辐射和反射辐射。对于采光面积为 A_c 的集热器，吸热体接受到的辐射能量为：

$$Q_a = H_c A_c = I_\theta(\tau\alpha)_e A_c \qquad (9-20)$$

阳光到达透明盖板后，被盖板本身反射和吸收掉一小部分，透过部分的百分数为透明盖板的透过率 τ。透过部分的能量被吸热体吸收的百分数为吸热体的吸收率 α。因此，在平板集热器热性能分析计算中出现了一个物理参量组合，即透过率与吸收率的乘积 $\tau\alpha$。它表明集热器入射总辐射中只有 $\tau\alpha$ 部分才是被集热器吸收的辐射能。

一般，平板式集热器的透明盖板为一层平板玻璃或透明塑料，再与一些次要部件便组成了盖板系统。在盖板系统与吸热板之间，存在着太阳辐射的多次吸收和反射过程，被称为投接传递过程，如图 8.9 - 16 所示。能代表投接传递过程的是，吸热板最终吸收能量份额 $(\tau\alpha)$ 的值，即

$$(\tau\alpha) = \frac{\tau\alpha}{1-(1-\alpha)\rho_\alpha} \qquad (9-21)$$

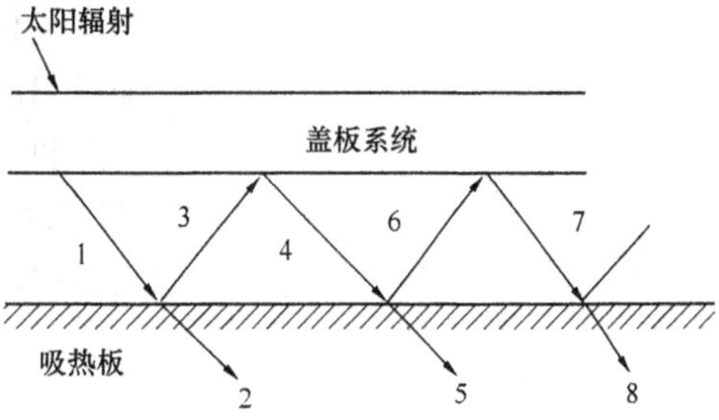

图 8.9 - 16　太阳辐射的投接传递过程

式中　ρ_α——盖板系统的漫反射率。

对于 1、2 层玻璃组成的盖板系统，ρ_α 值可分别取为 0.16 和 0.24。

此外，太阳辐射通过盖板时，盖板系统吸收的那部分能量并未全部损失掉。因为这部分热量使盖板温度升高，从而减少了从吸热体至盖板的热损失。从这一效果来看，也可视为是增加了盖板的通过率，因而在式（9 - 21）的基础上，可以提出一个新的量，即有效透过吸收积 $(\tau\alpha)_e$。它可用下式计算：

$$(\tau\alpha)_e = (\tau\alpha) + a_1(1-e^{-k_1 L_1}) + a_2\tau_1(1-e^{-k_1 L_2}) + \cdots\cdots \qquad (9-22)$$

式中　a_1、a_2——计算常数，可由相关的表查出；

K_i——第 i 层盖板的消光系数;

τ_i——第 $i+1$ 层盖板透过率;

L_i——经过第 i 层盖板的辐射路径。

采用上式计算 $(\tau\alpha)_e$ 多少感到有些复杂,实际上也不必要,因为用上式求得的 $(\tau\alpha)_e$ 值只比 $(\tau\alpha)$ 值大 1% ~ 2% 而已,所以,有效透过率 – 吸收率乘积可用下式估算:

$$(\tau\alpha)_e = 1.02(\tau\alpha) \qquad (9-23)$$

(2)总热损失:集热器吸热板吸收的太阳辐射能,其温度 T_p 高于周围环境温度 T_a,因此它吸收的太阳能必然有一部分会散失到周围环境中去,导致集热器热损失。吸热板温度与环境温度差值越大,热损失系数越大(或者说散热热阻越小),则集热器热损失越大,集热器有用能量的收益也就越小。

整个集热器中,吸热板的温度最高,各部分的热损失都源出于此。集热器总热损失 Q_L 由顶部(正面)热损失 Q_t、底部(背面)热损失 Q_b 和边框(侧面)热损失 Q_e 三部分组成,可表示为:

$$Q_L = Q_t + Q_b + Q_e \qquad (9-24)$$

式中,下标 t、b、e 分别表示顶部、底部和边框。而 Q_t、Q_b、Q_e 又可分别表示为:

$$Q_t = A_c U_t (T_p - T_a) \qquad (9-25)$$

$$Q_b = A_b U_b (T_p - T_a) \qquad (9-26)$$

$$Q_e = A_e U_e (T_p - T_a) \qquad (9-27)$$

式中　A——面积;

U——热损失系数。

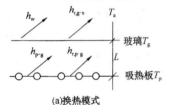

(a)换热模式

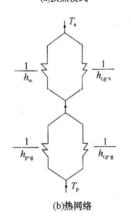

(b)热网络

图 8.9 – 17　集热器顶部热损失
模型及热网络示意图

由以上公式可知,求得各项热损失系数后,即可进一步求出各项热损失及总热损失。

构成总热损失 U_L 的各部分热损失中,以顶部热损失 U_t 所占比例最大。

典型平板式集热器为单层透明盖板。当吸热板温度高于周围环境温度时,吸热板与透明盖板间以及透明盖板与环境(或天空)间产生对流和辐射换热,其换热模式和热网络如图 8.9 – 17 所示。参阅该图及传热学相关原理便可得出计算顶部热损失系数的公式:

$$U_t = \cfrac{1}{\cfrac{1}{h_{p\text{-}g} + h_{r,p\text{-}g}} + \cfrac{1}{h_w + h_{r,g\text{-}s}}} \qquad (9-28)$$

式中　h——对流换热系数;

h_r——辐射换热系数;

下标 p、g、w 分别表示吸热板、透明盖板和风。

其中吸热板与透明盖板之间的辐射换热系数:

$$h_{r,p\text{-}g} = \frac{\sigma(T_p^2 + T_g^2)(T_p + T_g)}{\cfrac{1}{\varepsilon_p} + \cfrac{1}{\varepsilon_g} - 1} \qquad (9-29)$$

式中　ε——发射率;

σ——斯蒂芬 – 玻尔兹曼常数,$\sigma = 5.67 \times 10^{-8} \text{W}/(\text{m}^2 \cdot \text{K}^4)$。

对流换热系数 h_{p-g} 表示吸热板与透明盖板间空气夹层因对流产生的换热损失。对倾斜放置矩形空腔有限空间自由对流换热有下述换热准则方程：

$$Nu = 0.064(h/\delta)^{1/6}(Gr \cdot Pr \cdot \cos\theta)^{0.285} \qquad (9-30)$$

适用于 $30° \leqslant \theta \leqslant 60°$，$12 < h/\delta < 40$，$1.3 \times 10^4 < Gr \cdot Pr < 10^6$；

$$Nu = 0.13(Gr \cdot Pr)^{0.285} \qquad (9-31)$$

适用于 $0° \leqslant \theta \leqslant 15°$，$18 < h/\delta < 40$，$2.2 \times 10^4 < Gr \cdot Pr < 4 \times 10^5$；

$$Nu = 1 + 1.446\left(1 - \frac{1708}{Gr \cdot Pr \cdot \cos\theta}\right) \qquad (9-32)$$

适用于 $1708 < Gr \cdot Pr \cdot \cos\theta < 5900$；

$$Nu = 0.229(Gr \cdot Pr \cdot \cos\theta)^{0.252} \qquad (9-33)$$

适用于 $5900 < Gr \cdot Pr \cdot \cos\theta < 9.23 \times 10^4$；

$$Nu = 0.157(Gr \cdot Pr \cdot \cos\theta)^{0.285} \qquad (9-34)$$

适用于 $9.23 \times 10^4 < Gr \cdot Pr < 10^6$。

式(9-30)~(9-34)中　h——矩形空腔长度；

δ——空气夹层厚度；

θ——与水平面的夹角。

各式中准则数定性温度 $T_m = \frac{1}{2}(T_p + T_g)$ [16~17]。

对流换热系数 h_{p-g} 也可在图8.9-18中查出，图中涉及到的参数有：

L——吸热板与透明盖板之间的间距；

$\varphi_1 = 137(T_m + 200)^{-1/3}T_m^{-1/2}$；

$\varphi_2 = \left(\frac{T_p - T_g}{50}\right)^{1/3}$；

$\varphi_3 = 1428(T_m + 200)^{2/3}T_m^{-2}$。

透明盖板与天空间的辐射换热系数：

$$h_{r,g-s} = \sigma\varepsilon_g(T_g^4 - T_s^4)/(T_g - T_a) \qquad (9-35)$$

式中　T_s——天空温度，$T_s = 0.552T_a^{1.5}$。

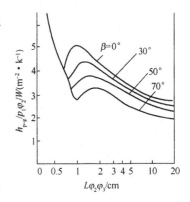

图8.9-18　空气夹层的
自由对流换热系数

透明盖板与周围空气的对流换热系数受风速影响，可用一个简略的计算公式：

$$h_w = 5.7 + 3.8v \qquad (9-36)$$

式中　v——风速。

由以上可见，顶部热损失系数 U_t 的计算较为繁琐，为简单计，也可采用如下的经验公式：

$$U_t = \left[\frac{n}{\frac{c}{T_p}\left(\frac{T_p - T_a}{n+f}\right)^e} + \frac{1}{h_w}\right]^{-1} + \frac{\sigma(T_p + T_a)(T_p^2 + T_a^2)}{(\varepsilon_p + 0.00591nh_w)^{-1} + \frac{2n + f - 1 + 0.133\varepsilon_p}{\varepsilon_g} - n} \qquad (9-37)$$

式中　n——透明盖板层数；

f——有盖板与无盖板时热阻的比值，$f = (1 + 0.089h_w - 0.1166\varepsilon_p h_w)(1 + 0.07866n)$；

C——吸热板与透明盖板之间的自由对流因子，$C = 520(1 - 0.51 \times 10^4 \beta^2)$；

β——集热器安装倾角，当 $0° < \beta < 70°$，代入 β 值，当 $70° < \beta < 90°$，取 $\beta = 70$；

e——指数，$e = 0.42(1 - 100/T_p)$。

应用范围：$T_p < 200℃$，$v < 10\text{m/s}$，$n < 3$。计算误差小于 $\pm 0.3\text{W}/(\text{m}^2 \cdot \text{K})$。

底部及侧边框的热损失，是通过隔热层和壳体比热传导和对流的方式向环境散热所致，故底部的热损失系数为：

$$U_b = \left(\frac{\delta_s}{\lambda_s} + \frac{\delta_c}{\lambda_c} + \frac{1}{h_w} \right)^{-1} \qquad (9-38)$$

式中　δ_s、δ_c——分别为隔热层及壳体的厚度；

　　　λ_s、λ_c——分别为隔热层及壳体的热导率。

平板式集热器底部热损失 Q_b 比顶部热损失 Q_t 小得多，仅为 Q_t 的 10% 左右。

同理，边框热损失系数 U_e 也可用上式计算。侧边框热损失 Q_e 的相对大小与集热器面积有关，对采光面积 2m^2 的集热器，边框热损失约占顶部和底部热损失的 3%，对 30m^2 的集热器则为 1%。另一处理方法是取为底部热损失的 20%。对于大型平板式集热器，边框热损失可以忽略不计。

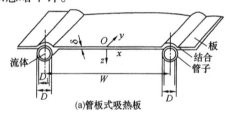

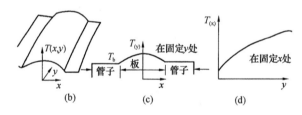

图 8.9-19　管板式吸热板温度分布示意图

（3）有用能量收益 Q_u：集热器的作用是将太阳辐射能转换为工质热能并传递至贮水箱，整个过程比较复杂。为便于进行集热器的优化设计及预示其热性能，需在一定假设条件下建立简化热模型，简化时需将吸热板的二维温度分布分解为沿管间板面 x 方向和沿工质流动 y 方向的分布，即两个独立的一维温度分布，见图 8.9-19。由此可导出集热器能量平衡方程及相应的性能表达式。

吸热板吸收的热量要传递到管内流体，经简化处理后成为等截面直肋传热问题，肋片效率系数：

$$F = \frac{\tanh m \dfrac{W - D}{2}}{m \dfrac{W - D}{2}} \qquad (9-39)$$

式中　m——参数，$m = \sqrt{\dfrac{U_L}{\lambda \delta}}$；

　　　D——管径；

　　　W——管距。

单位管长上吸热板的热量：

$$q_f = F(W - D)\left[I_\theta(\tau\alpha)_e - U_L(T_b - T_a) \right] \qquad (9-40)$$

式中　T_b——肋基处的温度。

管本身单位长度上的热量：

$$q_t = D[I_\theta(\tau\alpha)_e - U_L(T_b - T_a)] \qquad (9-41)$$

集热器工质流动方向上单根管单位长度能量收益为以上二者之和：

$$q'_u = [F(W - D) + D][(I_\theta(\tau\alpha)_e - U_L(T_b - T_a)] \qquad (9-42)$$

上式中涉及未知的肋基温度 T_b，且单位管长的面积表达 $[F(W - D + D)]$ 也不直接。为此，提出一个更明确的计算式：

$$q'_u = F'W[I_\theta(\tau\alpha)_e - U_L(T_f - T_a)] \qquad (9-43)$$

式中，肋基温度 T_b 代之以流体工质平均温度 T_f，同时，肋片效率 F 以集热器效率因子 F' 取代，但此效率因子的表达式较复杂：

$$F' = \left[\frac{WU_L}{\pi dh_f} + \frac{U_L}{WC_b} + \frac{W}{D + F(W - D)}\right]^{-1} \qquad (9-44)$$

式中 h_f——流体与管壁间的对流换热系数；

C_b——管与板结合处热导，$C_b = b\lambda_b/\delta_b$，其中 δ_b、λ_b 分别为结合处的平均厚度及热导率，b 为结合处长度。

对具体的结构形式，上式还可进行简化。

集热器单位面积得热由式（9-43）可知应为：

$$q_u = F'[(I_\theta(\tau\alpha)_e - U_L(T_f - T_a)] \qquad (9-45)$$

式中，流体工质平均温度 T_f 仍属未知，若以工质进口温度 $T_{f,i}$ 代替，则上式变为：

$$q_u = F_R[I_\theta(\tau\alpha)_e - U_L(T_{f,i} - T_a)] \qquad (9-46)$$

式（9-45）中的效率因子 F' 已相应地改换为 F_R，称为热转移因子，可表示为：

$$F_R = \frac{\dot{m}C_p}{U_L WL}\left[1 - \exp\left(-\frac{F'U_L WL}{\dot{m}C_p}\right)\right] \qquad (9-47)$$

式中 $\dot{m}$——管内工质流量；

C_p——工质比定压热容；

L——流体通道长。

这样，整个集热器得热：

$$Q_u = A_c - q_u = A_c F_R[I_0(\tau\alpha)_e - U_L(T_{f,i} - T_a)] \qquad (9-48)$$

并可得集热器瞬时效率方程：

$$\eta = q_u/I_\theta = F_R\left[(\tau\alpha)_e - \frac{U_L}{I_\theta}(T_{f,i} - T_a)\right] \qquad (9-49)$$

3. 结构设计及材料选择

前已述及，平板式集热器的结构比较简单，因而设计的主要考虑是以最低的成本获得最大的能量收益，以满足使用要求[13]。

平板式集热器一般为矩形扁平箱体，最上面的 1~2 层玻璃或塑料构成的透明盖板，盖层之下为集热器的核心部件——吸热体，它与盖层之间留有适当间距。吸热体可以有各种不同的截面以形成流体工质通道。流体通道大多是竖直的，分别与下部的进水母管和上部的出水母管相连。

吸热体上表面涂以黑漆或选择性涂层。吸热体的背面和侧面包敷一定厚度的绝热材料，最外面是集热器壳体，由此便构成一台完整的集热器。下面对其各部分做进一步的讨论。

（1）透明盖板层数及材料：盖板的作用是在透过太阳辐射的同时能够减少顶部的热损失

并保护吸热体。

增加层数有利于减少热损失，但降低了透过率并增加了成本。对集热器工作温度低于80℃，环境温度高于20℃的情况，一般选用单层盖板。若超过此运行条件，可选用两层盖板。更多层极少选用。

对盖板材料，要求有足够的力学性能，以承受机械撞击而不致破碎，此外还应具有良好的耐候性，但直接关系到能量利用的是其光学特性。太阳辐射的波长 λ 在 $0\sim3\mu m$ 范围内的要占总辐射的98%。吸热体低温辐射峰值所对应的波长约为 $8.5\mu m$，波长 $\lambda<3\mu m$ 范围的辐射所占比例极低，因此要求盖板在 $\lambda<3\mu m$ 范围内的透过率 τ 尽可能高，在 $\lambda>3\mu m$ 范围内的透过率尽可能低，才能达到对太阳辐射能获得多，热损失少。

玻璃的透过率与其氧化铁含量呈减函数关系。从外观看，玻璃的氧化铁含量越低，其颜色越浅。氧化铁含量低于0.01%的玻璃被称为白晶体玻璃，目前国内生产的玻璃其氧化铁含量最低约为10%，厚度为3mm时的阳光法向透过率约为0.89。

盖板材料性能会影响辐射特性，盖板及其下面的吸热板之间的间距形成了空气夹层。该夹层厚度又影响到对流引起的热损失。在前述的热性能分析中已经给出了相应的换热准则方程，空气夹层厚度推荐的经验数据为 $20\sim30mm$。

为抑制空气夹层的对流热损失，可在夹层中加装透明蜂窝体结构，其材料多选用阳光透过率高的塑料。

透明盖板与边框间通常采用硅橡胶压条等予以密封，它有三个方面的作用：防止进水及减轻空气对流；防止玻璃盖板碎裂；第三是，在诸如工质进出口管道连接处这样一些难以达到很严密的部位，需填入起空气过滤作用而绝热材料，并使之因昼夜温差引起夹层空气产生呼吸作用而构成的呼吸孔道。

（2）吸热体：吸热板与流体工质通道一起构成吸热体。对它的要求是吸收热量并传递给工质，同时维持较低的热损失，此外，还要考虑成本和加工工艺问题。

吸热体流道结构有多种设计，通道截面结构尺寸与两通道间的三节距需由热力设计确定。图8.9-20给出了一些流道的结构形状，但从工艺结构上来看，其主要有两块板（槽板）组合方式及管与平板的组合方式两种。结合处可以采用点焊、滚焊、挤压及滚压等加工工艺。耐压要求为 $0.1\sim0.2MPa$。

吸热板表面涂层主要分为非选择性和选择性两类。最平常的是无光黑板漆，属非选择性

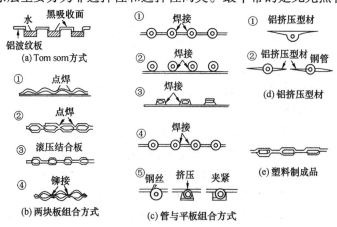

图8.9-20　各种不同流道结构形状的吸盐板

涂层，其阳光吸收率 $\alpha = 0.95 \sim 0.98$，热发射率 $\varepsilon = 0.90 \sim 0.95$。涂层厚度也会影响到其性能，正常涂层厚度为 0.25mm 或更厚，当厚度降为 $0.05 \sim 0.75$mm 时，热发射率会降至 $0.5 \sim 0.6$，呈现出一定程度的选择性[13]。

为获取更高的热性能，应采用选择性吸收涂层。一般，选择性涂层可分为吸收 - 反射组合膜层、表面织物膜层、共振散射膜层和复合干涉吸收膜层 4 种类型。其中以吸收 - 反射组合膜层和复合干涉吸收膜层应用最为常见。实用的选择性吸收涂层应具有以下特征：

（1）在太阳光谱波长范围内有最大的吸收率，一般要求吸收率 $\alpha \geqslant 0.9$；

（2）当波长 $\lambda > 2.5\mu m$ 时，有尽可能高的反射比 ρ，即在使用温度范围内，其半球发射比越小越好，一般要求发射率 $\varepsilon \leqslant 0.1$。

实际上，这些辐射特性不仅决定于涂层本身，还包括它的种类、厚度及工艺等，且与基材的种类和表面光洁度亦有关。此外，还应考虑涂层与基材的结合牢度、热稳定性、在恶劣条件下的使用年限以及成本等问题[18]。一种典型的选择性吸收涂层

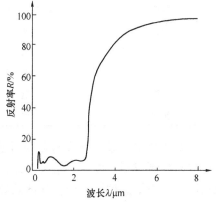

图 8.9 - 21　黑镍 - 铜 - 玻璃
吸收膜的光谱反射率

——黑镍 - 铜 - 玻璃吸收膜——的特性可见图 8.9 - 21、图 8.9 - 22 和图 8.9 - 23。其他一些选择性涂层的特性见表 8.9 - 2。

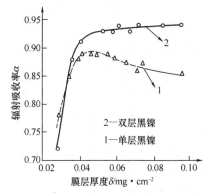

图 8.9 - 22　吸收率与膜层厚度的关系曲线

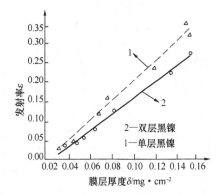

图 8.9 - 23　发射率与膜层厚度的关系曲线

表 8.9 - 2　部分选择性涂层的辐射特性

吸 热 体		辐 射 特 性	
涂　层	基　材	阳光吸收率 α	热发射率 ε
无光黑漆	钢	0.98	0.92
无光黑漆	铜	0.95	0.87
无光黑漆	铝	0.95	0.89
黑瓷漆	钢	0.93	0.86
氧化铜	铜	0.93	0.11
氧化铜	铝	0.90	0.15

续表

吸 热 体		辐 射 特 性	
涂 层	基 材	阳光吸收率 α	热发射率 ε
氧化铅	铜	0.99	0.29
氧化钴	镀镍钢	0.92	0.08
黑铬	钢（镀薄层镍）	0.97	0.07
黑铬	不锈钢	0.88	0.19
黑铬	铝	0.95	0.09
黑铬	铜	0.95	0.08
黑镍	钢	0.87	0.13
黑镍	铝	0.89	0.08

（3）绝热层。吸热体背面和侧面需包敷绝热层，其目的在于减少热损失。绝热层按结构设计要求压制成形，以便于组装和维修。材料选择应考虑其绝热性、耐热性、耐腐蚀性和机械强度，其中绝热性决定于材料的热导率，且随温度、湿度和含水量而变动。而耐热性则要求其工作温度高于集热器吸热体的闷晒温度（约为 150～200℃）。

（4）壳体：壳体包括框架和底板。上世纪 80 年代以前多采用木结构，目前多采用金属结构。典型设计的框架是用铝型材制作的，底板为镀锌薄钢板，其厚度为 2mm 左右。

（二）真空管式集热器

普通平板式太阳能集热器的顶部热损失较大，且工作温度越高热损失也越大。针对这一缺点，真空管式集热器有明显改进。它的核心部件为真空集热管，目前主要为全玻璃真空集热管。

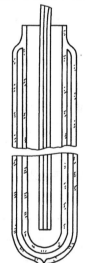

真空集热管的构造如同一个拉长了的暖水瓶胆，由两根同轴圆玻璃管组成，且多为单端开口。开口的一端，内管与外罩管相互熔封在一起，另外一端二者不相接触，而用金属支承卡将内管与外罩管固紧。两管间被抽真空后装入吸气剂。内管的外表面为选择性涂层，工质在内管内部受热。一种改进的设计为由集热管开口端再插入一根同轴圆管，如图 8.9 - 24 所示。其一端与进水母管相连，另一端开口。冷水由插管开口端进入集热管下端，再经插管外侧与集热管内管间的环形空间向上流动，形成较好的对流换热。在这种集热管内、外玻璃管间的夹层内有很高的真空度，因此很大程度上消除了由于空气的传导和对流引起的热损失。

真空管式集热器由若干根集热管组成，背面装有高反射率的平面或曲面反射板。其他构造与普通平板式集热器相同。

真空管式集热器的热性能分析可参阅图 8.9 - 25，它与普通平板式集热器相比，没有很大的区别[19]。稳态时热平衡方程仍可用式（9 - 18）来表示：

$$Q_{\mathrm{a}} = Q_{\mathrm{u}} + Q_{\mathrm{L}}$$

图 8.9 - 24 带内插管的全玻璃真空集热管结构

但对热损失 Q_{L} 还可作一些可分析：

（1）吸热内管到外罩管的热损失 $Q_{\mathrm{ab-g}}$ 可分为两项：辐射热损失 $Q_{\mathrm{r,ab-g}}$ 及残留气体的导热对流热损失 $Q_{\mathrm{d,ab-g}}$；

（2）外罩管至环境的辐射和对流热损失 $Q_{\mathrm{g-a}}$；

（3）由管间支承物引起吸热内管至环境的热损失 Q_{b}。

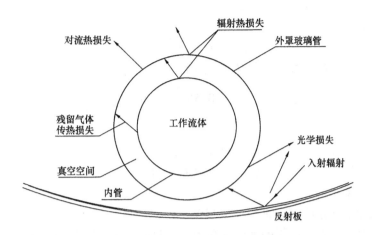

图 8.9 - 25 真空管集热器热性能

各项损失下标：ab—吸热内管；g—外罩管；b—管间支承物；r—辐射；d—导热及对流。

各项损失之间的关系为：

$$Q_L = Q_{g-a} + Q_b$$

$$Q_{g-a} = Q_{ab-g}$$

$$Q_{ab-g} = Q_{r,ab-g} + Q_{d,ab-g} \tag{9-50}$$

其中

$$Q_{r,ab-g} = \frac{\sigma(T_{ab}^4 - T_g^4)A_{ab}}{\dfrac{1}{\varepsilon_{ab}} + \dfrac{D_{ab,0}}{D_g\left(\dfrac{1}{\varepsilon_g} - 1\right)}} \tag{9-51}$$

$$Q_{d,ab-g} = h_d(T_{ab} - T_g)A_{ab} \tag{9-52}$$

式中 h_d——管间残留气体换热系数。

$$h_d = \frac{K_{air}}{\dfrac{D_{ab,0}}{2}\ln\dfrac{D_g}{D_{ab,0}} + 1.58\lambda\left(\dfrac{D_{ab,0}}{D_g} + 1\right)} \tag{9-53}$$

K_{air}——空气在标准状态下的热导率；

λ——平均自由程，由下式计算

$$\lambda = 3.108 \times 10^{-6} \times \frac{T_m}{p\delta^2} \tag{9-54}$$

T_m——平均温度，$T_m = \dfrac{1}{2}(T_{ab} + T_g)$；

p——管间残留气体压力；

δ——空气分子直径 $(2.32 \times 10^{-10}\text{m})$。

外罩管向周围环境的热损失 Q_{g-a} 由向天空的辐射热损失 $Q_{r,g-s}$ 和向周围的对流热损失 $Q_{c,g-a}$ 两部分组成，即

$$Q_{g-a} = Q_{r,g-s} + Q_{c,g-a} \tag{9-55}$$

式中，对流热损失：

$$Q_{c,g-a} = h_w(T_g - T_a)A_g \tag{9-56}$$

外表面对流换热系数 h_w 可由式(9-36)计算。

辐射热损失：

$$Q_{r,g-s} = \sigma \varepsilon_g (T_g^4 - T_s^4) A_g \qquad (9-57)$$

其中天空温度 $T_s = \varepsilon_{sky}^{0.25} T_a$，而天空发射率 ε_{sky} 为：

$$\varepsilon_{sky} = 0.711 + 0.56 \frac{t_{dp}}{100} + 0.73 \left(\frac{t_{dp}}{100}\right)^4 \qquad (9-58)$$

式中 t_{dp}——露点温度。

管间支承物引起吸热内管至环境的热损失：

$$Q_b = \eta_b h_w (T_{ab} - T_a) A_b \qquad (9-59)$$

式中 η_b——翅效率。

通常，Q_b 要占总热损失 Q_L 的 12% ~ 18%。

能量平衡方程中集热量接受的太阳辐射 Q_a 仍可用式(9-20)计算，即

$$Q_a = H_c A_c = I_Q (\tau\alpha)_e A_c$$

其中 $(\tau\alpha)_e$ 按罩管玻璃性能计算。有效采光面积 A_c 与吸热体表面积(内管表面积) A_r 间的关系：

$$A_c = C A_r \qquad (9-60)$$

其中，比值 $C = A_c/A_r$ 的大小随集热管几何参数、漫反射板的作用、散射光的作用及外罩玻璃管对不同入射角光线折射的不同而有所不同。一种推荐的真空集热管，其外罩管和内管直径分别为 $\phi47mm$ 和 $\phi37mm$，内管外表面以铝膜为底层，渐变铝－氮复合薄膜为吸收层，铝－氧介质薄膜为减反射层。这种集热管的有效采光面积与吸热体表面积之比 $C = 1.43$。比值 C 的意义与聚焦型集热器的几何聚光比是相同的，比值既然大于1，表明该集热器本质上就是聚焦型集热器，只不过一般聚焦型集热器聚光比的值要比这大得多。集热管的几何参数除影响有效采光面积外，还影响到水容量的大小、启动速度及夜间辐射热损失。

对玻璃管材料性能，要求其具有良好的机械强度、耐热冲击性能和化学稳定性。目前所用的材料为厚 1.6mm 或 2.2mm 的硼硅玻璃 3.3(BJ-TY 8032)，罩管的阳光透射比为 0.91(AM1.5)。内管外表面为选择性涂层，前述的高性能梯度材料薄膜系，其太阳辐射吸收比达 0.93，反射比 0.05(当 80℃ 时)[20]。

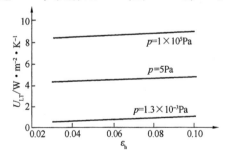

图 8.9-26 集热管热损失系数

内管与外罩管间的环形空间被抽成高真空，其绝对压力维持在 $10^{-2}Pa$ 或更低的 $10^{-3}Pa$。由于建立了这样的高真空，集热管热损失系数 U_L 有明显降低，图 8.9-26 给出集热管热损失系数 U_L 随集热管内环形空间残留气体压力 p 及内管涂层材料发射比 ε_h 的变化关系。

(三)热管式集热器

热管的工作原理等有关内容请见本书的第六篇。

每根热管均各自具有吸热肋片，若用多根这种热管来代替普通平板集热器吸热体的流体工质通道，则便可构成热管式平板太阳能集热管。此时，热管的蒸发段为吸热体、冷凝段插入上部水箱，便可将接受到的太阳能传递给水箱中的水并对水加热。

若将热管封装在抽真空的玻璃管内，则便构成了玻璃真空管热管式集热器。热管在玻璃管内的位置可以与玻璃管同轴，带有平的吸热板；也可以偏置在一侧，带有弯曲的吸热板。

另一种设计为热管与全玻璃真空管组合的集热管，见图8.9-27[13]。

热管式集热器的热管多使用结构简单、造价较低的重力式热管。由于是用热管代替普通平板式集热器吸热体的流体通道，故两种集热器的成本相差并不很多，但热管式集热器却有一些明显的优点：

（1）热管内工质充装量少，集热器热容量小。启动快，热损失也较小。

（2）热管内充装工质是低凝固点工质，具有防冻性能。

（3）避免了水循环通道的腐蚀问题。

值得注意的是，要考虑热管管壁材料与充装工质的相容性[21]。

（四）空气集热器

集热器内的流体工质如果不是液体而采用空气，则便成为空气集热器。与液体工质集热器相比，空气集热器的应用没有那么广泛，但它自有其特点和应用领域。

空气作为集热器工质，其缺点是密度低，比热小，传热系数也小，集热器内还需有较大的体积流量。但从另一方面看它亦有优点，即被加热

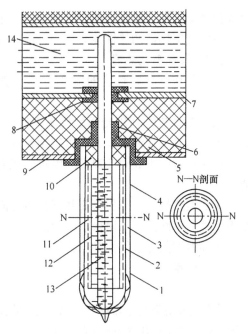

图8.9-27　组合式集热管结构
1—外玻璃管；2—内玻璃管；3—真空空间；4—全玻璃真空管；5—发泡塑料；6—橡胶连接管；7—水箱内胆；8—橡胶密封圈；9—水箱外壳；10—管口端盖；11—吸收涂层；12—半圆翼片；13—铜铝复合热管；14—水箱

了的热空气可以直接用于建筑物供暖，省却了中间换热环节；亦可直接用于各种物料的干燥处理；把空气作为工质，避免了冻结和腐蚀，也不必考虑泄漏问题。

鉴于空气集热器的这些特点，故其设计主要应解决好它的流动和传热问题，它的基本结构见图8.9-28。

空气集热器基本上可以分为两类，第一类采用无孔吸热板，第二类采用多孔吸热板。

最常见的无孔吸热板集热器，是让空气在吸热板背面流动。若让空气在吸热板表面上流过，会增加透明盖板的对流热损失，尤其在空气入口温度较高及集热器温升很大时会更明显。

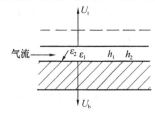

图8.9-28　空气集热器示意图

太阳辐射通过透明盖板到达吸热板，再传递给空气并被空气吸收带走的这个过程，与液体集热器是一致的。在相同的辐射通量和温度条件下，较低的传热系数使得空气集热器的效率低于液体集热器。为此，可以采用下面的方法改进其性能：

（1）增大吸热板背面的粗糙度以增大扰动，强化对流换热。

（2）加肋以增大传热面积，同时也增加了扰动。

实际设计时，吸热板可以采用各种波纹结构，或各种形式的肋。当然，随之而来的问题将是流体通道阻力的增大。

（3）与液体集热器一样，吸热板表面也可采用选择性涂层。

对多孔吸热板集热器，多孔的吸热板本身兼有增加传热面积和强化传热的作用。吸热板

形式包括金属网、狭缝结构、蜂窝结构、重叠玻璃吸热板等[14]。

对空气集热器的热性能分析,与前述普通平板式集热器的热性能分析基本一致。

（五）聚焦型集热器

对需要获得高温热能的场合,平板型集热器已无法满足要求了,需要使用聚焦型集热器。

聚焦型集热器利用光学原理使入射的太阳辐射聚集到一个比入射面积小得多的吸收面上,大大提高了能流密度,可以得到较高的工质温度。所用工质除水之外还经常用油,通常均可达到在常压下超过100℃的温度。聚焦型集热器的结构相对要复杂一些,且还需跟踪装置[13,22]。

聚焦型集热器与平板型集热器性能方面的不同,主要在于其光学特性。但从换热器角度考虑,这一不同点已不属换热范畴。对于它的热性能,仍可应用平板集热器的分析方法,只不过需要根据其光学特性和结构特性作一些相应的修正。

三、应用

（一）热水

太阳能换热器是集热器及其他一般形式换热器一个最广泛、最成熟、在经济上又具竞争力的应用,是将其构成热水系统来提供生活热水。太阳能热水系统由集热器、贮水箱、管路及控制设备4部分组成。因为生活热水要求水温不高,达到40℃~50℃即可。所以为节约投资计,集热器可用平板式结构。目前以应用玻璃真空管式居多,也有一部分为热管式结构的。小型家用太阳能热水系统,其集热器采光面积仅1.2m²即够了。大型太阳能热水系统,其集热器采光面积可达数千m²,可用很多片集热器并联或混联而构成集热器阵列。

热水系统按水的流动方式可大体分为以下3类:循环式、直流式和整体式。

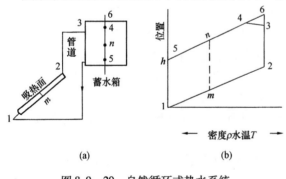

图8.9-29 自然循环式热水系统

1. 循环式

循环式热水系统,见图8.9-29。水在集热器、水箱和上下循环水管组成的循环回路中经若干次循环后达到所要求的热水温度,因而称为循环式。图中所示为自然循环系统,另有强制循环式系统,即在回路中增设一台循环泵以提供循环动力。实际应用中多采用自然循环系统。

2. 直流式

与自然循环式系统不同,在直流式热水系统中,水一次通过集热器后就被送入贮水箱供使用。如欲调节热水温度,则需调节流经集热器的水量,这种系统称为定温放水型直流式热水系统,很适合于大型太阳能热水装置使用。直流式系统为中国首创。

3. 整体式

所谓整体式,就是贮水容器本身即为集热器,水在其中被太阳辐射能加热到一定程度后即可取用,所以也称闷晒式。早期的闷晒式热水器颇简陋。目前性能较好的为图8.9-30所示的圆筒式,其主要部件为集热筒,直径约10~12cm,每个热水器装6~8支。集热筒材料多为硬质黑塑料,也有用不锈钢或铜铝复合材料的,还有采用全玻璃真空集热管的[13]。

（二）采暖及空调致冷

1. 采暖

由集热器得到的热水或热空气，其明显的应用是为建筑物供暖，这种供暖方式称为主动式太阳能供暖系统。其构成一般包括：

（1）集热器。用来加热水或空气。

（2）储热装置（固体、液体或相变储热）：因为太阳能供给存在不稳定性，储热装置是将收集到的能量用于夜间或阳光不足的时候。装置中进行着蓄热和放热的过程，其本身就是一个换热装置。

（3）辅助热源。

（4）风扇、管道及散热器等其他设备。

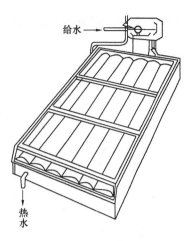

图 8.9 – 30　圆筒式太阳能热水器

主动式太阳能供暖系统在一些独立式住宅中已得到应用。此时的集热器多被作为坡屋顶或朝阳墙壁的一部分，也可置于另外的方便地点。

以集热器为热源组成热泵系统为建筑物供暖也是一种可供考虑的方案，其构成与后面将述及的空调致冷系统相同。

2. 空调致冷

以太阳能作为空调致冷的能源符合能源供求匹配的一致性，在季节上，甚至在一天之内都是如此。从当前的技术看，太阳能空调致冷系统主要为液体吸收式及固体吸附式。

太阳能液体吸收式空调致冷系统，以集热器产生的热水为热源进行工作。与生活用热水系统相比，致冷系统需要较高的热水温度。应用较广泛的溴化锂空调致冷系统，要求集热器热水温度至少在80℃以上，如果热水温度比此更低，不仅设备尺寸要增大，且更主要的是使制冷装置性能系数明显降低了。为此，系统中所用的集热器只有采用全玻璃真空管式或聚焦式，才能获得高温热水。目前所用的全玻璃真空管式集热器，夏季晴天可以获得95℃左右的热水[23,24]。系统中的其他换热设备，如冷凝器、蒸发器、吸收器及发生器等还存在改善传热的问题，可参阅第一篇，第四篇及本篇第七章的相关内容。

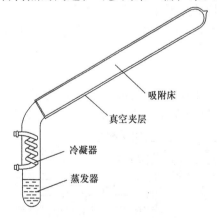

图 8.9 – 31　真空集热型太阳能冷管

近年来，太阳能固体吸附式制冷系统，得到较迅速的发展，其中一些采用了平板集热方式。此外还有一种图8.9 – 31所示的集热方式，即把吸附器置于玻璃真空管内，再与冷凝器、蒸发器放置在一起便构成了真空集热型太阳能固体吸附式制冷系统，它是一种包含了多种物理机制的复杂换热器，其性能系数可达0.2左右[25]。

采用相同的装置也可制成太阳能冷箱。

（三）干燥

空气集热器与干燥室及其他辅助部件一起组成的太阳能干燥装置，可用于木材、谷物及药材等多种农副产品的干燥处理。图8.9 – 32所示为太阳能集热器型干燥器，它利用空气集热器把空气加热到预定温度，之后通入干燥室对物料进行干燥。图8.9 – 33所示为太阳能集热器 – 温室型干燥器，其中的空气先经空气集热器预热，然后再进入干燥温室,温室里的干燥温度提高后便可加速物料的干燥进程。

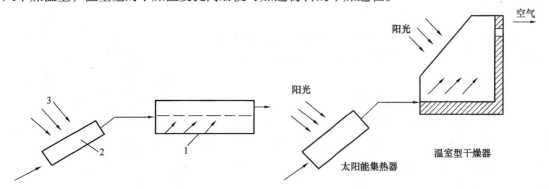

图 8.9-32 太阳能集热器型干燥器
1—干燥室；2—空气集热器；3—阳光

图 8.9-33 太阳能集热器-温室型干燥器

与自然干燥相比,太阳能干燥可以控制干燥温度和干燥时间,物料脱水充分,产品质量较好。与常规能源干燥相比,太阳能干燥的明显优点是节省了常规能源。

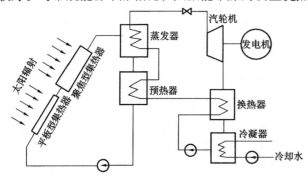

图 8.9-34 低温太阳能热动力系统

(四)热动力

利用平板式或聚焦式集热器将太阳能转换为热能,并以此为热源而构成的热动力装置可以用来发电或直接驱动水泵等机械。图 8.9-34 所示为低温太阳能热动力系统。图 8.9-35 所示为中高温系统,该系统工质参数可使温度达到 300℃ 以上,压力 10MPa 以上。由图中可以看到,系统中除用到集热器外,还有其他的换热设备,如蒸发器、预热器及冷凝器等。

动力装置循环可以是郎肯循环、斯特林循环或布赖顿循环乃至联合循环。不论采用哪种循环,其循环热效率都决定于工质的平均吸热温度和平均放热温度。因此,要求集热器出口工质温度尽可能高,装置中多使用聚焦式集热器,集热温度可达400℃以上。目前,太阳能热动力装置的主要问题是成本较高[14-15]。

(五)其他

(1)太阳辐射能既然可以转换为热能,那么,能量转换过程中所涉及的设备均可视为太阳能换热器,能量转换后的热能应用即是太阳能换热设备的应用。从这一观点来看,被动式太阳房、太阳池、利用蒸馏池对海水或苦咸水进行淡化等均可视为太阳能换热器的应用。

(2)一种特殊的太阳能换热器——大型高温太阳炉可以用来对水直接加热制氢,这种直接加热制氢法要求水的加热温度达到3000K以上。为此,太阳炉聚光系统的聚光比需达到 10000 或更大些。目

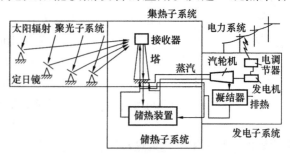

图 8.9-35 中高温太阳能热动力系统

前，巨型太阳炉输出功率可达 1000kW，温度达到 4000K。

主要符号说明

p_0——全压力，Pa；

p_j——分压力 Pa；

Δp——平衡分压与实际分压之差，Pa；

q_α——单位冷却面积热流量，W/m^2；

t——液体温度，K；

Q——冷却塔中湿空气流温度，℃；

p_v——湿空气中水蒸气的分压力，Pa；

p_v''——液体表面蒸汽层内水蒸气的分压力，Pa；

γ——水的汽化相变焓，J；

d——格栅木条截面的当量直径，m；

s——格栅木条的水平间距，m；

a、b——计算系数；

t_1、t_2——分别为冷却水进出口温度，℃；

A——冷却面积，m^2；

Q_a——太阳辐射热量，J；

Q_u——工质所得到的有效热量，J；

Q_L——散失到周围环境中的损失热量，J；

Q_s——集热器本身贮存热量的变量，J；

ε——发射率；

h——矩形空腔长度，m；

δ——空气夹层厚度，m；

Q——与水平面的夹角，（°）；

L——吸热板与透明盖板之间的间距，m；

T_s——天空温度，℃；

v——风速，m/s；

n——透明盖板层数；

f——有盖板与无盖板时热阻的比值；

e——指数；

δ_s——隔热层的厚度，m；

δ_e——壳体的厚度，m；

λ_s——隔热层的热导率，$W/(m \cdot K)$；

λ_c——壳体的热导率，$W/(m \cdot K)$；

m——参数；

T_b——肋基处的温度，℃；

q_f——单位管长上吸热板的热量，W/m^2；

q_t——管本身单位长度上的热量，W/m^2；

C_p——工质比定压热容，$J/(kg \cdot K)$。

参 考 文 献

[1]　陈铁镛. 核电站的主要堆型. 核电通讯, 1996, (2): 18~22.

[2]　刘志铭. 国外核发电新技术开发应用的形势变化和发展趋势. 核电通讯, 1996, (6): 18~20.

[3]　郑体宽. 热力发电厂. 北京: 中国电力出版社, 2001.

[4]　Л. Д. 别尔曼著. 胡伦桢等译. 循环水的蒸发冷却. 北京: 中国工业出版社, 1965.

[5]　H. C. H. 阿姆斯特德等. 地热能. 北京: 科学出版社, 1978.

[6]　黄素逸. 能源科学导论. 北京: 中国电力出版社, 1999.

[7]　庄耀民. 新能源开发方案. 北京: 水利电力出版社, 1989.

[8]　杨崇麟等. 板式换热器工程设计手册. 北京: 机械工业出版社, 1994.

[9]　朱家玲, 张伟, 高天真. 地热供暖系统板式换热器的优化设计. 太阳能学报, 2001, 4: 422~426.

[10]　梁军, 戴传山, 张启. 中低温地热井下热换热试验研究. 太阳能学报, 1997, (4): 437~439.

[11]　张启, 梁军. 地热井内U型管换热器供热装置的理论分析. 太阳能学报, 1995, (2): 220~223.

[12]　赵军, 戴传山, 刘启梁. 多孔介质层内同轴管式井下换热器的相似解. 太阳能学报, 2000, (3): 274~278.

[13]　喜文化, 魏一康, 张兰英等. 太阳能实用工程技术. 兰州: 兰州大学出版社, 2001.

[14]　方荣生, 项立成, 李亭寒, 陈小霓. 太阳能应用技术. 北京: 中国农业机械出版社, 1985.

[15]　张鹤飞, 俞金娣, 赵承龙. 太阳能热利用原理与计算机模拟. 西安: 西北工业大学出版社, 1990.

[16]　罗棣庵. 传热应用与分析. 北京: 清华大学出版社, 1989.

[17]　罗棣庵, 韩礼钟. 夹层内空气自由运动放热的研究. 太阳能学报, 1980, (1): 20~28.

[18]　胡文旭. 黑镍涂层的制备与光学性能研究. 太阳能学报, 2001, (4): 443~447.

[19]　B. F. Paker, M. R. Lindley, D. G. Colliver, W. E. Murphy. Thermal Performance of three Solar Air Heaters. Solar Energy, 1993, (6): 467~480.

[20]　殷志强, 唐轩. 全玻璃真空太阳集热管光－热性能. 太阳能学报, 2001, (1): 1~5.

[21]　王志峰. 全玻璃真空管空气集热器内流动与换热的数值模拟. 太阳能学报, 2001, (1): 35~39.

[22]　S. D. Odeh, G. L. Morrison, M. Behnia. Modeling of Parabolic Trough Direct Steam Generation Solar Collecter. Solar Energy, 1998, (6): 395~406.

[23]　袁胜利, 何剑斌. 复合抛物面太阳能聚光热管集热器及换热器. 新能源, 1991, (12): 1~6.

[24]　G. Chen, E. Hihara. A new Absorption Refrigeration Cycle using Solar Energy. SolarEnergy, 1999, (6): 479~482.

[25]　卢允庄, 王如竹, 许煜雄. 真空集热型太阳能固体吸附式制冷的理论研究. 太阳能学报, 2001, (4): 480~485.

[26]　蔡颐年. 汽轮机装置. 北京: 机械工业出版社, 1983.

[27]　W. M. 罗森诺主编. 传热学应用手册. 北京: 机械工业出版社, 1994.

[28]　庄斌舵, 陈兴华, 刘光远. 地热水回灌井内换热新技术. 能源研究与利用, 2000(6): 36~39.

[29]　赵力, 张启. 中高温地热热泵系统的试验研究. 工程热物理学报, 2002, (6): 669~671.

[30]　霍志臣, 张林, 阎小彬, 许新中. 相变太阳热水系统中换热器合理设计的研究. 太阳能学报, 1991, (2): 181~186.

[31]　申越, 史月艳, 王凤春. 新型太阳能光谱选择性吸收涂层的稳定性. 太阳能学报, 2002, (5): 571~574.

第 九 篇

换热器计算机辅助设计

第一章 概 述

（宋秉棠 陈韶范 宋俊霞）

第一节 我国化工设备设计技术的进展

化工设备是石油、石化和化工生产中使用的机械及化工工艺设备的总称。在有些著作中，将化工设备定义为化工生产中静止的或配有少量传动机构的装置，也有作者[1]把化工机械分为化工设备和化工机器两大类。化工设备指静止设备，化工机器则指转动设备。2000年，国家石油和化学工业局批准实施了《化工设备设计文件编制规定》，并在其附录C"设备设计文件分类办法"中，对设备文件分类作了详细规定。除0类为规范和标准外，设备共分为9大类，计有容器、换热设备、塔、化工单元设备、反应设备和化工专用设备、化工机械及应用机械（包括化工成套设备）、起重运输、称量和包装机械、管路附件及控制机构、非化工工艺设备。每大类又分为10类，共计90类，这是迄今为止最系统、最明确的一次分类，虽然是针对设备图纸分类做出的规定，但实际上可以视作为化工设备的分类标准。

换热器作为化工设备的一个大类，同样不仅应用于化工、石油和石油化工生产中，且在医药、轻工、食品、冶金、能源及交通等工业部门也有广泛的应用。

化工设备在石化生产中具有重要地位。国务院领导同志曾多次指出，应用先进技术、先进装备武装国民经济各部门，加强企业的技术进步和技术改造，是加快国民经济现代化的基本途径。我国化工设备经历了50多年的发展，特别是改革开放后20多年的发展，已经发生了根本性的变化，无论从化工设备的先进程度，设计技术水平和产品制造质量都有很大的提高。石油及石化工业的快速发展，促进了化工设备制造业的发展；反之，先进可靠的化工设备也是石化工业发展的保障和推动力量。目前，我国化工设备不但在总体上已经能够满足国内石化工业的需求，且有相当数量的出口。

设计是工程建设的龙头，设计工作对于工程项目来说，有着基础性、先导性和决定性的作用，没有现代化的设计，就难于实现现代化的建设，我国化工设备行业经历了重要的发展阶段，设计也伴随其中。

50~60年代，是我国化工设备行业蓬勃发展的时期。由于生产发展和大规模经济建设的需要，各类化工设备供不应求，已成为诸多行业的紧缺产品。对化工设备设计部门，不仅要求其提供大量的非标图纸和通用设计，且急需编制出相关标准和工艺规程，以满足大量化工设备规范加工和安全生产的目的。为改变当时化工设计技术落后的状态，开发我国自有的化工新技术、新工艺和新装备，提升化工设计技术和设计水平，国家有关部委决定将化工设计中的共性技术问题集中起来，委托全国重点化工设计院分工负责其中的一项工作。为加强基础技术工作的开发和指导，以提高该专业的总体设计技术水平，并为全行业服务，1960~1964年化工部先后建成8个专业中心站。1960年机械工业部成立合肥通用机械研究所和兰州石油机械研究所，分别在动设备和静设备领域进行研究。

70~80 年代，设备加工业已转向机械化和自动化电气焊，化工设备设计也上了一个新的台阶，在钢制化工压力容器的结构设计、强度计算、材料选用、制造技术及工程规范方面做了大量工作，在安全监察和监督上已取得了突破性的进展。

这两个时期通过对引进设备的消化吸收，经过大量整理、对比及实验研究，形成了设计方法、制定了设计标准并获得了基本系列参数及系列图册等成果。在换热器方面涉及管壳式换热器、空冷器、板式换热器、螺旋板换热器及板翅式换热器等设备，如管壳式换热器相继制订了 70 系列、80 系列、92 系列等基本参数，2007 系列也正在审查中。设计标准、系列参数的形成对换热器设计的准确性及便捷性产生了重大影响，对制造及使用维护作出了积极贡献，更重要的是为计算机辅助设计奠定了基础。我国现有换热器各类标准 40 多项，经常用到有以下标准：

管壳式换热器 GB 151

板式换热器 GB 16409

螺旋板换热器 JB/T 4751

板翅式换热器 JB/T 7261

空冷式换热器 GB/T 15386

浮头式换热器和冷凝器型式与基本参数 JB/T 4714

固定管板式换热器型式与基本参数 JB/T 4715

立式热虹吸式重沸器型式与基本参数 JB/T 4716

U 型管式换热器型式与基本参数 JB/T 4717

管壳式换热器用金属包垫片 JB/T 4718

管壳式换热器用缠绕垫片 JB/T 4719

管壳式换热器用非金属软垫片 JB/T 4720

外头盖侧法兰 JB 4721

管壳式换热器用螺纹换热器基本参数与技术条件 JB/T 4722

不可拆卸式螺旋板换热器型式与基本参数 TB/T 4723

空冷式换热器型式与基本参数 JB/T 4740

80 年代，世界进入计算机应用的时代，设备加工进入信息化(程控)阶段，至 90 年代，化工设备设计全面进入计算机辅助设计阶段。发展至目前，总体来说，化工设备设计中计算机辅助设计的应用已经日趋成熟，并正向着更高的阶段，科学仿真和模拟设计阶段逐渐过度。

"十五"期间，我国石化工业获得了巨大的发展，工业总产值 5 年中增长了 1.44 倍，年均增加 28%，石化工业 GDP 在国民经济中的比重从 14% 已经上升到 18%。在经营管理和技术上则向综合利用、大型节能、一体化、深加工的方向发展。在此期间，计算机应用技术也取得了突破性的进展，三维实体设计、科学仿真模拟、人工智能技术等都有重大进展。与此相适应，化工设备设计也将朝着现代化、综合管理和充分应用先进计算机技术的方向发展。

现代科学技术的发展，已不是单学科、单一技术的发展，而是多学科、综合技术的发展。化工设备设计技术也是一项多学科、综合性的技术，其技术构成包括力学、机械工程、化工、材料科学、计算机技术、管理技术以及相关现代技术的结合。化工设备设计技术有以下发展趋势。

1. 向多方位的现代化设计技术方向发展

化工设备设计将进一步向现代化设计技术方向发展，综合设计的特点会更加明显。现代设备设计技术，包括进一步发展化工设备 CAD(计算机辅助设计)应用技术、开发动态分析和强度设计技术、开发三维实体和原型设计技术、建立大型而完善的化工设备图库和石化工程数据库等。在综合设计方面，由单纯设备设计向包括设备报价、诊断及判废等在内的工程全过程承包方向发展；由单个设备设计向包括管道和附属设备在内的成套设备设计方向发展。现代设计向综合设计方向发展是技术发展的必然结果，从广义上讲，化工设备设计应从产品设计构思开始，在包括采购、制造、销售、安装、开车、使用、维修、直至报废回收的整个设备存在过程中，认真考虑化工设备的横向和纵深相关问题，其中还包括环保问题。据介绍''，美国的 Codeware 公司和 Coade 公司已在其开发的 ASME 规范设计软件的基础上，又开发了应用于制造厂的绘制工程图和设备报价软件以及容器上接管和管道的有限元分析软件，在化工设备综合设计方面迈出了切实的一步。

2. 化工设备 CAD 向 CAD/CAE 的方向发展

CAD 技术作为 20 世纪最杰出的工程技术之一，被称为工业起飞的引擎，它推动了几乎一切领域的技术革命。CAD 技术的发展和应用水平已成为衡量一个国家科技现代化和工业现代化水平的重要标志之一。

传统的计算机辅助设计已逐步向计算机辅助工程 CAE (Computer Aided Engineering)的方向发展[3]。传统的 CAD 主要指计算机辅助绘图技术，其发展已经比较成熟。专家指出，今后 CAD 的技术发展主要体现在标准化、开放化(用户可定制自己的 CAD 系统)、集成化(集成 CAD/CAE/CAM 等等)、智能化(用信息技术来表达和模拟)和虚拟现实(用模拟技术进行设计分析)等几个方面，其核心内容是向 CAE 方向发展和过渡。

计算机辅助工程 CAE 是用计算机辅助求解复杂工程和产品结构强度等力学性能分析计算及结构优化设计的一种近似数值分析方法。

CAE 的概念没有像 CAD 这么直接，目前主要是用计算机对工程或产品的运行性能与安全可靠性进行分析，对其未来的状态进行模拟，以便及时发现设计计算中的缺陷，确保工程或产品的性能和可靠性。具体地说，CAE 是指工程数值分析、结构优化设计、强度与寿命评估及动力学仿真等。

CAD 向 CAE 方向发展和延续，在设计上则反映了化工设备由常规设计向分析设计的过渡。专家预测，PC 机的图形处理能力近两年会有成百倍的提高，硬盘容量将很快由 GB 量级达到 TB 量级。用户需要将更多的计算模型、设计方案和标准规范纳入 CAE 软件的数据库中，这必将推动 CAE 软件数据库及其数据管理技术的发展，高性能的面向对象的工程数据库及管理系统将会出现在新一代的 CAE 软件中。

3. 分析设计技术将会更加深入的发展并普遍地采用

随着市场经济的发展，设备的经济效益显得越来越重要，而采取分析设计技术的方法，则可有效地降低设备的综合成本和延长设备的使用寿命。据介绍，一个单重 1000t 的加氢反应器，按分析方法设计比常规方法设计可减轻重量约 20%，节省投资 1000～1200 万元。为了尽量减轻设备的重量，但同时又必须确保设备的使用安全，对大型设备往往需要采用以应力分析为基础的设计方法。有的整体设备需要按分析设计规范进行设计(如上例)；有的设备就其总体而言可按常规设计规范进行设计，但其局部需进行详细的应力分析，如某些大型立式容器的支座与筒体连接或大开孔补强等部位。

　　失效分析及延寿技术是提高设备经济效益的又一重要方面。失效分析可以预测加工过程中可能产生的缺陷并采取防止措施，达到控制和保证设备的加工质量。延寿分析，是通过对设备元件和材料的强度分析、疲劳分析、应力分析及环境分析，对设备进行分析设计，以延长设备的使用周期。这些设计方法，既可用于产品设计，也可用于在役设备的管理。

　　我国已有部分单位取得了化工设备(压力容器)分析设计的资格，但开展分析设计项目还不太普遍。随着市场发展和设计技术的提高，分析设计技术必将有更为深入的发展，使我国化工设备设计的技术水平迈上一个新的台阶。

　　4. 化工设备和化工设备设计标准会显得更加重要和统一

　　现代化工设备设计的一个重要特点是针对性设计。随着石化企业工艺技术的发展，特别是石油化工深加工的开发，生产条件会显得更加狭窄，工艺原料的温度、压力及腐蚀条件会变得更加严重和苛刻。与此同时，用户对设备的要求也会越来越高，诸如要求合理的价格、良好的性能、优良的性价比、较长的使用寿命以及较低的维修费用等等。因此，现代设备设计不大可能采用通用设计来应付用户的多方面要求，而应采用针对性设计，即对每台设备都要进行精心设计来满足客户的要求。为适应这一特点，提高化工设备设计标准化程度和建立丰富的设备基础图库则是弥补设计难题的两个重要方面。另外，标准化设计方法也是 CAD 系统的必备内容，只有依靠标准化技术，才能解决 CAD 系统支持异构跨平台的环境问题。标准化工作在现代化工设备设计中会显得越采越重要。

　　压力容器是化工设备的核心，我国现有压力容器6800万台，其中比较重要的固定设备176万台[2]，且其保有量还在逐年上升。压力容器的安全使用寿命，长的可达20年或其以上，短的只有几年或数月。以平均寿命15年计算，估计每年生产压力容器450～500万台，其中固定设备12～15万台。对这样庞大的压力容器设计制造体系，标准则是其唯一的联系纽带和共同遵循的准则。因此，压力容器标准的建设和管理是化工设备设计技术发展的重要组成部分。

　　我国现有压力容器标准40多项(其中 GB 标准20多项，HG、JB 及其他行业标准20余项)；其他各类容器标准50多项；换热器标准40多项；化工设备标准近50项(其中 HG 标准40多项，SH 标准6项)；塔器、压力管道及储罐标准等100余项，总计化工设备相关标准达到300多项。此外，随着设备引进而必须参照的还有数以百计的 ISO、ANSI、BSI、DIN、JIS、NF、ASME、ASTM 等国外标准。在这些数量庞大的标准中，其内容难免有一定的交叉、重复甚至矛盾，往往给设计者在选用时，特别是采购和谈判过程中带来困难。因此，建设一个统一的科学的化工设备标准体系是标准工作者艰巨而迫切的任务。

第二节　换热器计算机辅助设计

一、CAD 软件系统

　　计算机辅助设计 CAD(Computer Aided Design)是以人作为设计主体，借助计算机的先进技术而构成的一个高效设计方法。CAD 技术起步于20世纪50年代后期，到60年代，随着计算机软硬件技术的发展，在计算机屏幕上绘图变为可行，并促使 CAD 开始迅速发展。人们希望借助此项技术来摆脱繁琐、费时且精度低的传统手工绘图，即甩去图板。此时 CAD 技术的出发点是用传统的三视图的方法来表达零件，以图纸为媒介进行技术交流，这就是二维计算机绘图技术。在 CAD 软件开发初期，CAD 的含义仅仅是 Computer Aided Drawing，而非现在我们经常讨论的 CAD(Computer Aided Design)。CAD 技术以二维绘图为主要目标的算法一直持续到 70 年代末期。近 10 年来占据绘图市场主导地位的是 AutoDesk 公司的 Aut CAD 软件。60 年代初期出现的三维 CAD 系统只是极为简单的线框系统。这种初期的线框造型系统只能表达基本的几何信息，不能有效表达几何数据间的拓扑关系。进入 70 年代，正值飞机和汽车工业的蓬勃发展时期。此间飞机及汽车制造过程中遇到大量的自由曲面问题，当时只能采用多截面视图，特征纬线的方式来近似表达所设计的自由曲面。由于三视图方法表达的不完整性，经常发生设计完成后，制作出来的样品与设计者所想象的有很大差异，甚至存在完全不同的情况，这样大大拖延了产品研发时间。此时法国人 Bézier 提出了贝塞尔算法，使人们用计算机处理曲线及曲面问题变得可行，同时也使得法国达索飞机制造公司的开发者们，能在二维绘图系统 CADAM 的基础上，开发出以表面模型为特点的自由曲面建模方法，推出了三维曲面造型系统 CATIA。它的出现标志着计算机辅助设计技术从单纯模仿工程图纸的三视图模式解放出来，首次实现计算机完整描述产品零件的主要信息，同时也使得 CAM 技术的开发有了现实的基础。曲面造型系统 CATIA 为人类带来了第一次 CAD 技术革命，改变了以往只能借助油泥模型来近似表达曲面的落后的工作方式。20 世纪 70 年代末到 80 年代初，由于计算机技术的大跨步前进，CAE、CAM 技术也开始有了较大发展。SDRC 公司在当时星球大战计划背景下，由美国宇航局支持及合作，开发出了许多专用分析模块，用以降低巨大的太空实验费用，而 UG 则侧重在曲面技术的基础上发展 CAM 技术，用以满足麦道飞机零部件的加工需求。有了表面模型，CAM 的问题可以基本解决。但由于表面模型技术只能表达形体的表面信息，难以准确表达零件的其他特征，如质量、重心及惯性矩等，对 CAE 十分不利，最大的问题在于分析的前处理特别困难。基于对 CAD、CAE 一体化技术发展的探索，一些公司完成了基于实体造型技术的大型 CAD、CAE 软件开发与研制。由于实体造型技术能够精确表达零件的全部属性，在理论上有助于统一 CAD、CAE、CAM 的模型表达，给设计带来了惊人的方便性。可以说，实体造型技术的普及应用标志着 CAD 发展史上的第二次技术革命。进入 80 年代中期，CV 公司提出了一种比无约束自由造型更新颖、更好的算法——参数化实体造型方法。它具有基于特征、全尺寸约束、全数据相关及尺寸驱动设计修改的特征。可以认为，参数化技术的应用主导了 CAD 发展史上的第三次革命。此时众多 CAD、CAM，CAE 软件开发公司群雄逐鹿。80 年代后期到 90 年代，CAD 向系统及集成化方向发展，这将引起 CAD 发展史的第四次革命。

自 CAD 软件系统出现以来已有几十年的历史了，随着市场需求的发展和市场的竞争，目前世界上 CAD 主要分为三个档次，即：

(1) 高档 CAD 系统——工作站 CAD 系统。

工作站 CAD 是由于工作站出现后，产生了 UNIX 操作系统，此时的 CAD 技术得到很快发展，如建模技术、产品数据交换技术及产品数据管理技术等。这档系统比较昂贵，系统较复杂。

(2) 中档 CAD 系统——微机三维 CAD 系统。

随着微机性能和功能的快速发展，价格低廉，应用普遍，以微机为平台的三维 CAD 发展很快。这一档次的系统特点为：采用 Windows 平台；采用最新软件成果和技术；吸收和继承了工作站 CAD 系统。

(3) 低档 CAD 系统——微机二维 CAD 系统。

低档 CAD/CAM 系统主要是用于 2D 设计问题，这档系统应用最广泛的是美国 AutoDesk

公司的产品 Auto CAD。目前，由于中、高档 CAD 系统都有 2D/3D 的关联性，所以真正纯 2D 的软件在国际市场上已不多。

目前常用的 CAD 系统有：

软件名称	开发商（或所有权）	特点或应用范围
I-deas	美国 SDRC 公司	航空、汽车及工业制造等
Unigraphics（UG）	美国 EDS 公司	航空、汽车及通用机械等
Pro/Engineer	美国 PTC 公司	应用于包括管路在内的多种模块
CATIA	法国 Dassault 公司	汽车、航天为主
SolidWorks	美国 SolidWorks 公司*	航空、兵器及机械等
AutoCAD	美国 Autodesk 公司	中、小型多功能图形设计

＊ SolidWorks 公司于 1997 年被总部位于法国 Suresnes 的 Dassault Systemes S. A. 收购，但业务仍继续发展。

二、换热器计算机辅助设计

近年来，随着产品更新换代的加快，对换热器的设计提出了新的要求：产品结构形式多样，设计周期缩短。由于换热器设计本身的特点，设计过程工作量大，传统的人工计算和人工制图已不能适应其发展。计算机辅助设计（CAD）不仅节省了大量人力、物力，且提高了效率、产品的质量和可靠性，CAD 和换热器设计相结合有效地推动了换热器的设计工作。

换热器 CAD 并不陌生，国外已有了相当的发展，如美国的传热研究公司（Heat Transfer Research Inc.），英国的传热及流体流动服务公司（Heat Transfer and Fluid Flow Service），以及前苏联都对计算机在换热器设计中的应用开展了研究，并取得了不同程度的成果。美国 Whessoe 公司开发的 HECATE 系统，可以进行各种列管式换热器的设计，提供材料估计，并可绘制出换热器的装配图。国内这方面的工作开展还不多。一方面，许多相关程序只针对个别特殊形式换热器的计算程序，针对性强，通用性差；另一方面，许多介绍绘图软件的书籍也只是从软件本身出发，讲述具体功能的使用，真正利用它进行二次开发，并与实践应用相结合的并不多见。换热器的计算机辅助设计缺乏系统性，阻碍了其发展。

换热器的计算机辅助设计包括选型设计（工艺计算）、强度设计、成本优化、图纸设计 CAD 及材料表汇总等方面。针对换热器计算机辅助设计的各部分内容，现在国外都已开发出比较成熟的 CAD 软件程序，如美国的 HTRI、英国的 HTFS、Autodesk 公司的 Auto CAD 等。国内也作了大量的工作，如 SW6、LANSYS 等，并已在国内拥有几百个用户，在换热器行业得到了广泛的推广应用。

三、国内应用情况

国内大多数工程设计单位拥有换热器 CAD 软件，如 HTFS、HTRI、AUTOCAD 等，或者是各个单位自己开发并用于换热器设计的程序，如洛阳设计院 HEPC 计算程序。该 HEPC 冷换设备工艺计算软件是专业工程设计应用软件，适用于石油、化工、设备制造领域的工程设计应用计算。HEPC 冷换设备工艺计算软件是依据中国石化出版社出版的《冷换设备工艺计算手册》（刘巍　等编著 2003 年 9 月）及软件开发人在多年传热工程研究和技术开发中所积累的大量工程实践经验的基础上而编制的。

为提高国家化工设备整体设计水平，化工设备设计技术中心站编制或组织开发了一系列化工设备设计软件，如：① 过程设备强度计算软件包 SW6-1998，化工设备的结构设计和强度计算；② 化工设备 CAD 施工图软件包 PVCAD V3 施工图设计的综合绘图软件；③压力容器设计技术条件专家系统 PVDSV2.0，提供化工设备各类技术条件、检验标准、试验要求。

SW6 通过了原容委会(即原全国压力容器标准化技术委员会)计算机应用分会组织评审，其他通过评审的压力容器应用软件有：①兰州石油机械研究所开发的压力容器强度设计软件 Lansys PV；②成都市鹏业软件有限责任公司开发的料仓设计软件；③北京飞箭软件有限公司开发的压力容器有限元分析软件 VAS。

SW6 过程设备强度计算软件，在 DOS 系统上就开始推广，在 1998 年推出了 windows 版本，是我国化工设备设计中推出最早的一款工程设计计算应用软件。

值得一提的是 Lansys PV 软件以其界面直观、操作方便、自动计算、自动纠错等特点，在同类软件产品中独树一帜。

除上述以工程公司为主体开发成功并在使用中不断修改完善的实用软件外，我国有关研究单位和高等院校也做了大量的开发、应用工作。例如，大连理工大学开发了"压力容器、化工设备 CAD"软件；华东理工大学化工机械研究所和合肥通用机械研究所参加了 SW6 软件的共同研制开发工作。浙江大学是我国计算机辅助设计与图形学研究的重点研究基地，如设置于该大学计算机科学与技术学院内的计算机辅助设计与图形学国家重点实验室就是专门从事计算机辅助设计、计算机图形学基础理论研究的基地，也是我国最具实力的 CAD/CAM/CAE 开发中心之一。浙江大学过程装备及控制工程专业(原化工机械专业)拥有全国同类专业中唯一的一个博士后流动站，具有很强的过程装备 CAD 开发能力，也是锅炉 CAD 系统的开发单位。此外，对化工设备或过程装备 CAD 进行研究开发的院校还有很多，如四川大学化学工程学院、南京化工大学等。正是由于全国各科研、院校和工程公司的开发和实践，才使我国化工设备的设计技术迅速发展和迎头赶上。

虽然我国 CAD/CAE 大型支承软件的开发能力与国外仍有较大的差距，但我国化工设备设计的应用技术(包括 CAD/CAE 的应用)与国外并无多大的差距，总体来说，我国化工设备设计技术已经达到国际先进水平。

四、设计验证与模拟仿真

近年来，随着工业装置节能降耗及绿色环保技术的要求越来越高，对换热器的要求也越来越高，需要研制并开发出更多形式的换热器。基于这一需求，已有各种高效换热器被逐渐开发并应用。传统的换热器技术开发通常以理论研究为基础，以实验研究为主要验证手段，势必造成开发周期长，见效慢，效果差以及受环境影响因素大等问题，无法满足工业生产工艺技术快速发展的需要。

计算机仿真技术(computer simulation technology)利用计算机科学和技术的成果建立被仿真的系统的模型，并在某些实验条件下对模型进行动态实验。它具有高效、安全、受环境条件约束较少以及可改变时间比例尺等优点，已成为分析、设计、运行、评价和培训系统(尤其是复杂系统)的重要工具。

近年来，计算机仿真技术得到了快速发展，并已应用于换热器的设计开发和设计验证中，全方位缩短了开发周期。如计算流体力学(CFD)对换热器传热与流体力学性能的设计验证；应力分析技术在换热器苛刻工况下的计算分析；流固耦合技术模拟实际应用工况在换热器中的研究等。

在现阶段，虽然模拟仿真技术受限于设计者对模拟模型的处理、模拟工况的判断、计算机硬件条件限制等诸多因素，会造成模拟与实际的偏差较大，但并不妨碍模拟仿真技术在换热器设计与开发等方面的迅速推广应用，相信不远的将来，随着计算机技术的飞速发展，模拟仿真在换热器领域中将得到更加深入的应用。

五、发展方向

换热器计算机辅助设计 CAD 软件发展到今天，在设计中起到了很大的作用，可帮助工程设计人员摆脱繁杂的计算，重复性的制图等工作，有利于工程设计人员把更多的时间和精力投入到创造性的设计工作中。但目前已有的换热器计算机辅助设计程序仍存在一定的局限性，如国内的多数换热器制图软件还缺乏统一的部件、图例、符号及图形库标准化问题，换热器的设计选型与图纸设计脱节，缺少设计优化环节等。另外，我国自行开发的换热器辅助设计软件，只能做到一个程序对应设计和绘制少数规格的换热器品种。国内换热器计算机辅助设计软件水平，和进口产品相比，仍存在不小的差距，虽然通过大量引进国外进口软件可以快速提高国内换热器计算机辅助设计水平，但是未能从根本上解决国内换热器计算机辅助设计基础理论研究薄弱及投入低及发展后劲不足等问题。

伴随着换热器技术水平的快速发展，其计算机辅助设计技术逐步向标准化、智能化、集成化、参数化、交互式等设计方向发展，从而更进一步解放设计者。从换热器的设计选型、强度设计、设计图纸、虚拟模拟仿真等方面实现交互式设计，发展方便灵活的交互式接口技术，使换热器计算机辅助设计技术真正成为设计者现代化的设计工具和技术手段。

参 考 文 献

［1］ 卢焰，谢丰毅著. 化工机械. 北京：中国工业出版社，1964.
［2］ 魏安安. 我国在用化工压力容器安全现状及延寿技术进展. 化工机械，2005，32：323～328.
［3］ 孙岳明等，计算机辅助化工设计. 北京：科学出版社，2000.
［4］ 童水光等. 过程设备 CAD. 北京：化学工业出版社，2004.
［5］ 秦叔经，黄正林. 压力容器应用软件特点与进展. 全国机泵网.
［6］ 单以才等. Pro-E 在换热设备研发中的应用. 通用机械，2006(3)：83～86.
［7］ 寿比南. 化工机械标准技术最新进展与中国化工机械标准化. 中国锅炉化工机械安全，2002，18(2)：49～53.
［8］ 崔俊芝. 计算机辅助工程的现在和未来. 计算机辅助设计与制造，2000，(6)：3～7.
［9］ 石峰等. 化工设备的参数化设计方法. 压力容器，2000，17(1)：58～61.
［10］ 梅林涛等. 有限元在压力容器设计中的应用现状和展望. 中国电气设备网.
［11］ 黄正林. 化工设备设计技术现状及发展趋势. 全国机泵网.

第二章 换热器工艺计算与换热网络优化计算机辅助设计

（刘 立 宋秉棠 陈韶范 宋俊霞）

第一节 换热器工艺计算软件介绍

计算机科学与技术的发展，为摆脱繁杂的换热器设计计算、经验设计及经济效益问题的单纯设计等提供了有力的支承工具。因此，开发通用的、标准化的换热器工艺计算程序，可代替繁琐的手工设计，并将工程最优化理论引进设计程序。以年度投资操作和维护费用最低、换热面积最小及年净收益最大等为目标函数，建立换热器的优化设计软件包。

早在 20 世纪 60 年代，国外已经设立了专门的研究机构，研究换热器的传热与压降问题，并逐步开发完成相关计算程序，全球公认的有 htfs、htri、b-jac 计算程序。这些程序已经取代手算，成为换热器工艺计算的主要手段，并在国内外得到广泛应用。

以美国的传热研究学会（Heat Transfer Research Institute，组建于 1962 年，简称 HTRI）和英国传热及流体流动学会（Heat Transfer and Fluid Flow Service，组建于 1968 年，简称 HTFS）为代表的研究人员，进行了大量的工业试验，积累了一系列宝贵的实验数据。并以此为基础成功开发出了换热器设计软件，最具代表性的是 HTFS 和 HTRI 软件。这两者都是独立的换热器设计软件，但不能用于如发动机附属换热装置等附属换热设备。

国内高校和设计院所多年来也热换器的工艺性能进行了深入研究，如天津大学和洛阳石油化工工程公司等，其中以后者开发的 HETECH 程序来看，可用于波纹管换热器，折流杆冷凝器以及空冷器的工艺计算，但由于应用领域范围窄，计算精度偏低，只限于国内少数单位使用，与国外传热软件相比较，还有一定的差距。

一、HTFS

HTFS 原是英国 AEA 程咨询公司的一个子公司，1997 年 AEA 公司和加拿大 Hyprotech 公司合并，Hyprotech 成为 AEA 的一个子公司，原 HTFS 公司由 Hyprotech 接管合并。2002 年 7 月，Hyprotech 公司又与 AspenTech 公司合并，Hyprotech 成为 AspenTech 公司的一部分。HTFS 系列软件创始于 1967 年，在世界同行业中始终处于领先地位，具有 30 多年的发展史。

AEA 技术工程软件公司一直致力于提高工艺生产过程的生产效率及经济效益，这一过程始终贯穿于设计、生产操作、工艺改造等各个环节。在传热系统领域，具有世界著名 HTFS 产品，它的发展历史，世界各国的公认度，基础理论的研究和专家们的能力都是世界一流。

由于将流程模拟软件 HYSYS 中功能强大的流体物性计算系统引入 HTFS 系列软件，所以新一代的 HTFS 具有功能强大的物性计算系统。该系统有 1000 多种纯组分，可选择各种状态方程、活度系数法或其他 HYSYS 流程模拟软件具有的方法。

HTFS 系列软件包含 TASC、ACOL、APLE、FIHR、FRAN、MUSE、PIPE 等程序。

1. HTFS. TASC

TASC 是世界上非常优秀的管壳式换热器软件，早在 80 年代初就已进入中国。原会员用户遍及化工及石化行业，以计算准确性和工程实用性而闻名。新一代的 TASC 功能更强，将所有管壳式换热器集为一体，将传热和机械强度计算融为一体。可用于多组分及多相流冷凝器、罐式重沸器、降液膜蒸发器、多台换热器组等，并提供管束排列图。

（1）计算模式

a）设计：对给定工艺条件下的换热面积或成本进行优化设计；计算换热器的各种参数。

b）核算：指定流体的进出口条件，核算换热器是否满足负荷要求，并计算换热器的实际换热面积与所需换热面积的比率；

c）模拟：对给定的换热器，当工艺介质进口给定后模拟其出口状态及计算换热器的操作性能；

d）热虹吸换热器模拟：模拟热虹吸换热器的操作性能，计算循环量和管路压降。

（2）换热器类型

a）包括所有 TEMA 中规定的换热器形式，即前端（A、B、C、D），后端（L、M、N、P、S、T、U、W），壳体（E、F、G、H、J、K、I、X）；

b）单台换热器或换热器组，换热器可以水平或垂直放置；

c）管壳可以是光管、低翅片、径向翅片及螺旋带翅片等；

d）可以计算非 TEMA 式的换热器。如双管换热器，多管束双壳式换热器等；

e）立式和卧式热虹吸换热器。

（3）振动预判

对通过壳程的汽、液或两相流体，用 HTFS. TASC 软件多年研究的先进方法可检查出流体流动引起振动的可能性。该方法还可预测流体弹性稳定性、共振、流体冲击以及热虹吸换热器的流动稳定性等。

（4）排管布置优化

（5）换热管形式：可处理光管、低翅片管、轴向翅片管，内含低翅片管数据库。

（6）折流板形式：包括单弓形、双弓形、折流杆等。

（7）输出结果

输出结果包括以下部分：

a）优化设计的详细结果，包括总重、各种方案比较表；

b）TEMA 规格的设计报告，可与微软的文字处理软件相连；

c）换热器平面尺寸图；

d）管程和壳程的各种详细数据；

e）各种引起振动的可能原因及详细描述；

f）可以预测可能发生的不稳定流动（热虹吸式换热器）。

（8）成本核算、管束排列优化及换热器管束排列图

2. HTFS. ACOL

HTFS. ACOL 是一个功能非常强大的空冷器计算程序，可以模拟光管或翅片管束，管外介质可以是空气或其他气体。可以模拟计算以下系统：空冷，烟气余热回收、空调、空气除湿及制冷系统等。

（1）计算模式

a）设计模式：交互式图形设计方法为 HTFS 独家技术，可以根据所需的热负荷得到最优的空冷器管束布局；可以确定管排的组数、换热单元、每个单元内的分级数目和空气的流量；可以给出多种方案供用户选择。

b）模拟模式：（1）给定进口状态（管程和管外气体）计算出口状态。（2）给定管程出口和管外气体进口状态，计算管程进口状态。（3）给定管程进口状态且管外自然对流，计算管程出口状态和管外气体流量。（4）给定管程进口状态及管外气体进口状态，计算管程流量。（5）给定管程进，出口状态及管外气体进口状态，计算管外气体流量。（6）计算管内结垢参数。

（2）空冷器类型

可以对管程进行加热或冷却的鼓风式、引风式、自然对流式空冷器进行设计，其管程数最多可达 50。换热管可以以任何角度布置，管外气体可非均匀分布。管外翅片可以是高或低翅片、齿形翅片、钉头或板管翅片等。管排数可达 100。

（3）空冷器的装配视图

可以绘出详细的空冷器装配视图

3．HTFS. MUSE

MUSE 是功能强大的板翅式换热器计算程序，两侧介质可以是单股流或多股流。

（1）计算模式

a）设计：根据各股流的工艺条件，用简捷法计算出板翅式换热器的几何尺寸及通道层数。

b）核算：给定进出口状态，核算换热器。

c）模拟：给定板翅式换热器的几何尺寸、通道层数及进口状态，计算出口状态。

（2）流道分配模拟：

可计算给定板翅式换热器每一流道的操作特性（最大流道数可达 240），可预测板翅式换热器的横断面翅片的温度分布，从而可对各种流道分配方案进行研究。

（3）热虹吸式板翅式换热器计算，流股分配方案分析及并流、错流分析

a）板翅式换热器类型

板翅式换热器最大流股数可达 15 股。各股流之间的换热形式可采取逆流、并流及错流。也可采用单一板翅式换热器或多个单元串、并组合的复合板翅式换热器。这些板翅式换热器可以为垂直式或水平式。热虹吸式板翅式换热器可以是内置式（内潜在液室中）或外置式（通过管道和塔底的液室连在一起）。

b）分配器的类型

通过分配器可以计算进口和出口分配器的扩张压降，可以检查流量分布是否均匀。再分配器有合并型及分支型，也可让部分流股抽出。

c）翅片特性数据

可以通过输入界面人工输入翅片的传热及压降特性数据（平直、多孔、波纹/人字形、锯齿、片条），若没有厂家数据，可根据软件内部的特性曲线求出翅片特性。由于深入及独特的研究工作，HTFS 对处理翅片通道的沸腾和冷凝流体流动有独特的方法。

（4）程序组成

PFIN——简捷计算：首次计算板翅式换热器时，应首先用它计算换热器的基本尺寸；

MUSE——标准计算：按标流道分布计算换热器；

MULE——流道分布校正及手工进行流道分布；

MUSC——错流校正。

4. 加热炉计算程序 HTFS. FIHR

（1）计算模型

a）模拟模型

根据已给定炉型及其结构尺寸、燃料消耗量、过剩空气系数及被加热介质等，该软件能进行以下计算：

通过燃烧室和对流室的传热计算及多相流流体计算，可得到被加热流体和烟气的温度分布和压力分布，其中烟气的压力分布是指沿燃烧室经对流段至烟囱的，且为非常详细的数据。

b）核算模型

对已给定的炉型及指定燃烧段的热负荷（通过给定被加热流体在燃烧的出口温度），可反算出所需的燃料量（输入方式和模拟模式相同，但需指定被加热流体在燃烧段的出口温度）。

被加热流体可以是单相流体（气相或液相）或者多相流体（气、液二相或气、液、液三相）；被加热介质可分布在加热炉的不同部位。该加热炉可用于模拟计算炼油厂、化工厂各种圆筒炉、方箱炉及热回收系统。

（2）技术特点

利用功能强大的在线帮助系统以及以图形交互方式输入燃烧室及对流段的结构尺寸等功能，用户可以非常容易地完成建模工作。被加热介质最多可达 10 股流，它们可以任意分布于炉子的各个部位，它们相对于烟气可以采取逆流或并流。被加热介质可以是单相流或多相流；它们可以采用多路及多管程方式；可以采用气体燃料或液体燃料；可以是圆筒炉或方箱炉；燃烧段可以是单排或双排炉管；炉管可以是垂直或螺旋布置，也可置于炉中央或圆周排列。方箱炉可以是单体或双体，对流段最多可以分为 9 段。管子可以用钉头管或翅片管，对流管可以考虑来自燃烧室的辐射传热。烟气排放方式有两种方式，即回收烟气能量（用烟气预热燃料）或不回收烟气能量。烟筒可以是同径或变径。烟筒可带档板，燃烧室和对流段可分别单独建模。

（3）物性数据库

在模拟过程中，被加热介质需要用到密度、比热、热导率及液体表面张力等数据，对多相流还需要热负荷曲线（温度 – 焓 – 汽化率）。为了取得这些物性，HTFS 提供了以下方法：

a）热力学物性数据包：将 HYSYS 流程模拟软件中的热力学包引入 HTFS 系统。提供 1000 多个纯组分，6 种状态方程及 2 个活度计算模型。

b）NEL40 热力学物性包包含了 40 个纯组分的物性计算方法。

c）可以通过标准的 PSF 物性生成文件，由流程模拟系统提供物性数据。

（4）模型计算方法

燃烧室可采用两种计算模型：

a）均匀混合模型（单区域法），将整个燃烧室视为一个完全混合的一个区域。

b）区域法，将燃烧室沿轴向分成若干段，每个段被认为是一个小的区域。对每个区域都计算辐射传热、对流传热及各种热平衡。最后得出每个区域的详细数据：烟气和炉壁的温度分布、被加热介质及炉管壁的温度分布。火焰在每个区域的热量分布可由模型自动计算或由用户自己定义。

在对流段，烟气的温度和压力是沿其流动方向对炉管逐段计算的。被加热介质的温度、压力和管壁温度则是逐管计算的。对流段也可考虑辐射传热。烟气的压力降计算考虑了鼓风机进口到烟囱出口的每个部分。

(5) 结果输出

用简洁的总结报告到非常复杂的逐管分析报告，可从各个方面研究加热炉的性能。一些非常重要参数还可以用图形方式表现出来，如压力分布图和温度分布图等。通过各种曲线图可更进一步了解炉子的性能。FIHR 可以输出以下报告：

a) 简洁汇总报告；b) API 数据报告：c) 炉子每部分的热平衡报告；d) 炉管的热强度报告；e) 烟气温度、压力分布报告；f) 被加热介质的温度及炉管表面温度分布报告(逐管分析)；g) 计算炉管的最高温度：h) 被加热介质的逐管压力分布。

5. 板式换热器设计及校核软件 HTFS. APLE

(1) 计算模型

a) 设计：要计算满足给定热负荷和压降要求的板式换热器，需先计算板式换热器的各种参数。

b) 核算：指定流体的进出口条件，核算给定的板式换热器是否满足热负荷的要求，并计算流体压降。

c) 模拟：对已给定的换热器，当工艺介质进口给定后，即可模拟其出口状态并计算出板式换热器的热负荷、压降及出口参数。

(2) 技术特点

APLE 程序可以对错流、纯逆流流动方式的板式换热器进行计算，种类包括可拆胶垫式、全焊接及钎焊板式换热器。板片波纹形式主要为人字形，大多数波纹角度为 30°~65°，也可以交替采用不同角度的波纹。

(3) 物性数据库

在模拟过程中，介质可以是单相流或是两相流，可以按照规定的格式直接输入物性参数，或者是输入已知组分，可通过含有 1000 多个纯组分的 thermo 热力学物性数据包或者 NEL40 热力学物性数据包得到需要的物流物性参数。

(4) 模拟结果输出

APLE 可输出的报告形式有几种，从简洁的总结报告到较为详细的输入、输出报告以及中间计算过程中含各种参数的汇总分析报告等，如：a) 简洁汇总报告：b) 物性数据报告；c) 热平衡报告。

6. 水加热器模拟计算软件 HTFS. FRAN

FRAN 可用于传统管壳式给水加热器的计算，壳程为蒸汽冷凝冷却，管程为给水受热，并可进行管束振动分析。

(1) 计算模型

a) 核算：满足给定热负荷下换热器面积的计算。可根据给定的结构参数、需要的传热系数、蒸汽及给水进出口参数来计算换热面积。

b) 模拟：对已给定的换热器，可计算热负荷。当偏离设计条件时，可评估给定结构参数换热器的性能。根据给定换热器结构参数、蒸汽进口状态、给水流量及进口条件，计算总传热系数。

(2) 技术特点

可以进行壳程单区（冷凝）、两区（冷凝和过冷、冷凝和过热蒸汽冷却）、三区（冷凝、过热蒸汽冷却、冷凝水过冷）三种形式的计算。

（3）物性数据库

程序本身已经给出了蒸汽和水的物性数据，可不必输入任何物性数据。

（4）模拟结果输出

FRAN 可输出 3 种报告形式，从简洁的总结报告到较为详细的输入、输出报告以及中间计算过程中含各种参数的汇总分析报告，如结果汇总、物性数据及热平衡计算数据的报告等。

7. 工艺管线模拟计算软件 HTFS. PIPE

可用于单相流或两相流无分支管线系统稳态性能参数的计算。可根据给定管线结构参数和给定介质流量计算管线压降；可根据管线给定压降和管线结构参数计算介质流量；可根据管线给定压降和介质流量确定管线结构参数；通过给定压降和高速度下的管线结构参数，确定最高的质量流量。也可计算介质通过阀门的压降。

（1）技术特点

管路系统含直管线、直角和斜角弯头、扩口、缩颈、三通、闸阀、球阀、蝶阀、孔板等。

（2）物性数据库

在模拟过程中，介质可以是单相或是两相流，可以按照规定的格式直接输入物性参数，或者输入已知组分，通过含有 1000 多个纯组分的 thermo 热力学物性数据包或者 NEL40 热力学物性数据包可得到需要的物流物性参数。

（3）模拟结果输出

可输出多种报告形式，包含管路系统结构参数、介质物性参数及压降数据等。

二、HTRI

HTRI 是美国传热学会开发的换热器专用计算软件，也是市面上唯一能与 Aspen Htfs 竞争的换热器技术。HTRI 是于 1962 年创建的国际性协会，主要致力于工业规模的传热设备的研究，开发基于试验研究数据的专业模拟计算工具软件，提供完善的产品、技术服务和培训。目前 HTRI 在全球的用户多达 600 多个，HTRI 还可帮助其会员设计高效、可靠及低成本的换热器。

HTRI Xchanger Suite 是换热器设计及核算集成图形化的用户环境，采用了在全球处于领导地位的工艺热传递及换热器技术，包含了换热器及燃烧式加热炉的热传递计算及其他相关的计算软件。HTRI 软件包采用了标准的 Windows 用户界面，其计算方法是在 40 多年来广泛收集工业热传递设备的试验数据的基础上而研发的。HTRI 拥有世界上最先进的试验设备和方法，并通过对研究的不断改进，其软件可以满足日益发展的工程需要。Xchanger Suite 中的所有软件均非常灵活，但严格地规定了换热器的几何结构。这种形式可充分利用 HTRI 所专有的热传递计算和压降计算的各种经验公式，从而十分精确地进行所有换热器性能的预测。

HTRI 的一个软件集成包，包含了多个计算程序模块，下面逐一介绍。

Xphe 能够设计、核算和模拟板框式换热器。这是一个完全增量式计算软件，它使用局部的物性和工艺条件分别对每个板的通道进行计算。该软件使用 HTRI 特有的并经过试验研究的端口不均匀分布程序来决定流入每板通道的流量。

Xist 能够计算所有的管壳式换热器，作为一个完全增量法程序，Xist 包含了 HTRI 预测冷凝、沸腾、单相热传递和压降的最新的逐点计算法。该方法基于广泛的壳侧和管侧冷凝、沸腾及单相传热试验数据。

Xace 软件能够用于设计、核算、模拟空冷器及省煤器管束的性能,它还可以模拟风机停运时空冷器的性能。该软件使用了 HTRI 的最新逐点完全增量计算技术。

Xjpe 是计算单管夹套(双管)换热器的模型。

Xtlo 是管壳式换热器严格管子排布软件。

Xvib 是针对换热器管束单管中由于物流流动导致振动而进行分析的软件。采用严格的有限元方法可对管壳式换热器管子因流动造成的振动计算。Xvib 考虑了光管和 U 形管的流体激振和涡旋脱落机理。

Xfh 能够模拟火力加热炉的工作情况。该软件能够计算圆筒炉及方箱炉辐射室及对流段的性能,它还能用 API 350 对工艺加热炉的炉管进行设计,并完成燃烧计算。

Xspe 能用 HTRI 经验证过的热传递和压降经验公式及完全增量法采对螺旋板换热器进行核算和模拟计算。Xspe 还可对并流和逆流的螺旋流进行计算。

三、ASPEN B-JAC

B–JAC 为 ASPEN 公司开发的产品,但最早为英国 B-JAC 公司产品,后来被 ASPEN 公司所收购。2003 年,以 B-JAC 计算程序为基础,ASPEN 开始致力于新一代换热器软件 HTFS + 的研究,HTFS + 与 HTFS 比较其界面明显不同。HTFS + 采用的是 B-JAC 的窗口模式,界面更好,计算内核移植了 HTFS 的 engine。增加了物性计算功能,支持用户选择 Aspen Property。B-JAC,com Thermo 及自定义的 4 种物性计算方法,使用户可更方便而准确地找到物流的物性状态。

美国能源部从 20 世纪 70 年代开始,在麻省理工学院(MIT)组织开发了过程工程的先进系统(Advanced System for Process Engineering,简称 ASPEN)。1981 年正式完成,于 1982 年成立了 Aspen Tech 公司,并将该系统商品化,如先后出现的 Aspen Plus、AspenONE 等系列软件。之前用于设计换热器的 HTFS 软件以及后来的 HTFS + 软件已经成为该公司系列软件框架下的一部分。

1. ASPEN B-JAC 软件的组成[1]

ASPEN B-JAC 程序是与 ASPEN PLUS 稳态模拟软件集成在一起的,属于 ASPEN 工程软件包的一部分,是冷换设备设计的集成工具。其工艺和设备计算由以下 3 个程序组成:①ASPEN HETRAN——用于管程壳程的热设计、核算及模拟;②ASPEN AEROTRAN——用于空冷换热器的热力设计、核算及模拟;③ASPEN TEAMS——用于管程壳程的机械设计和核算。

2. ASPEN B-JAC 软件的功能[2]

有 3 种操作方式:①设计模式(Design Mode):在设计模式下,输入任务要求,程序搜索计算出满足热负荷规定及操作约束的最佳换热器;②校核模式(Rating Mode):在校核模式下,输入任务要求和换热器的结构参数,程序会通过计算判断现有换热器是否合适;③模拟模式 Simulation Mode):在模拟模式下,输入换热器的结构参数和入口状态,程序会通过计算预测出管壳两侧流体的出口状态。

第二节 换热器物性计算与流程模拟软件

一、物性计算对换热器计算的影响

物性数据是换热器计算的基础,物性计算对换热器计算的影响巨大。目前,随着换热器工艺计算软件自身物性数据库的逐步扩大，虽可满足常见介质的计算需要，但对于复杂的介质属性，尚需借助于流程模拟软件。特别要强调的是，工艺流程模拟软件所采用的物性计算方法对物性数据有极大的影响。对不同的物系，如低压、中压、高压、高高压、强电解质、弱电解质及含氢等，采用正确的系统物性计算方法，才能得到正确的物性数据和换热器的计算结果。

需要说明的是，在一些特殊场合，需要通过流程模拟才能取得正确的物性参数，否则比较困难。如对含不凝气的三相物系计算和高黏度物系的计算，工艺流程模拟软件计算出的结果不准确，需要对物流进行评价和试验，取得评价和试验数据后，方能得到准确的黏度数据、平衡闪蒸数据和正确的换热器计算结果。若无法取得评价和试验数据，则需要凭工程经验估算。

二、通用流程模拟软件平台及适用范围

（一）通用流程模拟软件[3]

20 世纪 50 年代中期，世界各国开始研制和开发流程模拟软件。1958 年，美国 AI. W. Kellogg 公司推出了世界上第一个化工模拟程序——Flexible Flowsheeting。经过几十年的发展，到 80 年代，化工过程模拟进入成熟期，模拟软件的开发和研制走向了专业化及商业化。到了 21 世纪初，流程模拟商业化软件更是达到了一个比较成熟的阶段，涌现出了大批的模拟软件。常见的化工模拟软件有：ASPEN PLUS、HYSYS、PRO/Ⅱ、gPROMS、CHEMCAD、VMGSim、DesignⅡ、ProSim、DYNSIM、Aspen Dynamics、ECSS 等。

ASPEN PLUS 是大型通用流程模拟系统，是美国 AspenTech 公司的产品。全球各大化工、石化及炼油等过程工业企业及著名的工程公司都是 ASPEN PLUS 的用户。在实际应用中，ASPEN PLUS 可以帮助工程师进行工艺过程能量和质量的平衡计算。也可用于装置标定；预测物流的流率、组成及性质；预测操作条件及设备尺寸；设计一个新的工艺过程；查找原油加工装置的故障或乙烯全装置操作的优化等。

HYSYS 原是加拿大 Hyprotech 公司产品，2002 年美国 AspenTech 公司将 Hyprotech 公司收购，于是 HYSYS 便成为 AspenTech 公司旗下的产品。利用 HYSYS 可以对工业装置进行安全分析和预测；进行操作规律和控制方案的研究及连锁控制调试；分析装置操作和生产过程中的瓶颈问题；确定安全的开工方案；计算间歇生产过程的安全问题；计算特殊的非稳态过程；安全生产指导和调优；在线优化和精密控制以及生产培训等。

PRO/Ⅱ是美国 SimSci-Esscor 公司开发的化工流程模拟软件，现属 INVERSYS 公司所有。PRO/Ⅱ已广泛用于各种石油化工过程中严格的质量和能量平衡计算，从油气分离到反应精馏。PRO/Ⅱ提供了全面、有效和易于使用的解决方案。PRO/Ⅱ可以用于流程的稳态模拟、物性计算、设备设计、费用估算/经济评价、环保评测以及其他计算。现已可以模拟整个生产过程，包括管道、阀门到复杂的反应与分离过程在内的几乎所有装置和流程，并在油气加工、炼油、化学、化工、聚合物、精细化工和制药等行业得到了广泛应用。

gPROMS(general Process Modeling System) 是英国 PSE 公司开发的通用工艺过程模拟系统，它的特点是可以建造任何反应过程、分离过程及多个过程的组合，特别适用于任何新的工艺过程的研究开发，因为它可以做研发过程的实验设计，过程建模及参数的估值、数据的统计分析。如数据校验、一致性检验及残差分析等。由于它擅长于求解时空变量的偏微分方程组，所以特别适用于动态过程的建模，便于建立仿真培训系统，进行生产装置开工过程的

培训、指导和控制。它可以是在线的，也可以是离线的，并可以对动态和稳态过程进行优化控制。现已广泛用于化学、石油化工、石油和天然气加工、造纸、精细化工、食品、制药及生物制品等加工行业。

ChemCAD 系列软件是美国 Chemstations 公司开发的化工流程模拟软件。使用它，可以在计算机上建立与现场装置吻合的数据模型，并通过运算模拟装置的稳态或动态运行，为工艺开发、工程设计、优化操作和技术改造提供理论指导。

Design Ⅱ是美国 WinSim Inc. 公司开发的流程模拟软件。经过近 30 年的开发和改进，Design Ⅱ已经成为流程模拟变革的先驱。许多 Design Ⅱ的革新，如在线 Fortran 和严格塔计算，均已确立了流程模拟的标准。

ProSim 公司总部在法国，其开发的模拟和优化软件可提高工业的生产效率和投资回报。针对不同的行业，如化工、石油炼制、气体处理、特殊化工、制药、食品及能源等行业，ProSim 推出了不同的解决方案。

VMGSim 软件是总部设在加拿大阿尔波特省卡尔加里市的 Virtual Materials Group 公司的产品，VMGSim 的核心成员是 HYSIM/HYSYS 的原始开发人员。VMGSim 作为计算准确，功能强大以及高性价比的稳态流程模拟软件，可以详细预测工艺装置和工厂的效能，可有效地帮助工程师达到提高操作效率、改善产品质量、实现节省投资、降低操作费用、提高效益以及安全生产的目的。

Aspen Dynamics 是美国 Aspen Tech 公司的产品。它建立在一整套成熟的技术基础上，包容了一整套完整的单元操作和控制模型库。对塔的开车、间歇、半间歇以及连续的操作等过程都可以建立精确的模型。并提供开放的用户化的过程模型。运用 Properties Plus 作精确可靠的物性计算，与稳态模拟一样是建立在完全一致基础上的。可方便地用于工程设计与生产操作全过程，模拟实际装置运行的动态特性，从而提高装置的操作弹性、安全性和处理量，可帮助用户在装置设计和生产操作的全部过程中发挥最大的潜力。

DYNSIM 由 INVERSYS 旗下的 Sim Sci-Esscor 开发，并基于新一代的 SIM4ME 架构。它是一个基于严格计算的全面而成熟的动态过程模拟系统。它运用基于机理的技术和严格的热力学数据，提供准确可靠的计算结果，用于解决从工程研究到操作员培训系统等工作中所遇到的最为棘手的动态模拟问题。

ECSS 是青岛化工学院计算机与化工研究所于 1987 年正式推出的模拟系统。ECSS 的基本思想是对计算机的硬件要求低，算法多，适应范围广，并可根据各种模拟要求方便地进行二次开发。

在这些商业化通用流程模拟软件中，就世界范围来看，其最著名，使用范围最广，基本处于垄断地位的软件，主要有 PRO/Ⅱ、ASPEN PLUS 和 HYSYS。近两年来，由于 gPROMS 能提供强大的平台功能以及用类数学语言编辑模型方程的特点，允许用户修改和增加模型方程，以建立高保真度的模型，故使其在国内大中院校中的应用日益增多，引起了人们更多的关注。所以，本章主要对这 4 种软件进行有针对性的对比介绍。

首先将这 4 种软件的开发历史背景、产品现属公司/版本、单元操作模型库、物性计算系统、特种工艺计算模型、优化计算能力、经济计算能力、动态计算能力、进入中国市场的时间等，汇总于表 9.2－1 所示。

表 9.2-1 世界著名通用流程模拟软件基本性能汇总表

软件名称	gPROMS	Aspen Plus	Hysys	PRO/Ⅱ
历史背景	1997 由英国帝国理工学院开发成功	1981 年在美国麻省理工学院 MIT 开发成功	加拿大 Hypro Tech 80 年代开发	70 年代由 Simulation Science 公司开发
现属公司/版本	PSE 公司 V. 3.0	ASPENTECH 公司 V. 2004	HONEYWELL/AspenTech 公司 V. 3.2	Invensys 公司 V. 8.0
单元操作模型库 三相闪蒸 多级分离塔模型 反应器模型 固体处理操作	有 8 种 8 种 可以	有 8 种 7 种 可以	有 可以自由组合 5 种	7 种 6 种 有
物性计算系统 纯化合物数目 VLE 双元交互系统数 电解质系统	可用 gPROMS、PC-SAFT、OLI、DIPPR、Aspen Properties Plus 等 CAPE-OPEN 物性数据库、用户自己的物性数据	5941 个 40,000 组 有	2000 多种 18,00	2000 多种 3000 多组 有
特种工艺系统模型	GLC 气液接触模型、固定床反应器模型、溶液结晶模型、聚合过程模型、燃料电池模型	多种 PEP 工艺模型(SRI 的工艺包)与 SPYRO 软件接口	炼油专用模块 Ref-SYS,包括催化裂化模型、催化重整反应器,异构化反应器,烷基化反应器,加氢裂化反应器,加氢精制/处理反应器	炼油厂各种典型装置模型
优化计算	有	有	有	有
经济核算	有	有		有部分(如换热器)
动态模拟计算	均为动态,稳态为含时间变量方程个数为零的特例	需 Aspen Dynamics 连接	可直接转入动态模拟	与 Dynsim 连接
进入中国市场的时间	2002 年进入中国	80 年代初进入中国	90 年代进入中国	80 年代末进入中国

(二)通用流程模拟软件平台性能特点说明

为了更加详细地了解各软件的特点,下面按照应用界面、流程结构、计算方法及单元操作模型库等 15 个方面对以上流程模拟软件性能作以下说明。

1. 应用界面[4]

ASPEN PLUS 和 PRO/Ⅱ都是由 Fortran 语言编写的模拟软件,而现在通用的操作系统 Windows 是用 C++编写的,所以 Aspen Plus 和 PRO/Ⅱ要通过微软 VB 转换层,从图形信息内的各个数据输入窗口获取数据,然后建立关键字文本输入文件,最后由 Fortran 模拟核心读入该数据文件进行模拟计算。

Hysys 是用面向目标的新一代编程工具 C++编写的,是集成式的工程模拟软件。在这种集成系统中,流程和单元操作均是互相独立的,流程只是各种单元操作各种目标的集合,单元操作之间靠物流进行联系。特别适合于将单个装置的流程集成为全厂性的超大型流程。

gPROMS 采用类数学语言建立模型，gPROMS 的模型是"真实模型"，这些模型是工厂或过程的物理、化学、操作程序以标准方程形式的表征。方程组的数学求解在后台自动进行，用户不需用 C + + 等编程。

Hysys 采用所见所得，完全交互的建模方式，使工程师和软件合为一体，任何单元安装完毕后均可立即见到模拟的结果，使工程师随时掌握所建单元的性能、计算结果和在流程中的作用。在 PRO/Ⅱ 和 ASPEN PLUS 的建模过程中，不能立即见到单元的任何计算结果。gPROMS 采用整体建模，需要将所有模块全部搭建完毕并一次性进行求解得到结果。

PRO/Ⅱ 8.0 版本提供了全新的 SIM4ME 报表系统，可以在 Excel 中生成完全自定义的报表(数据和图表等)；在主界面上提供的一个工具按钮，具有将所有物流的性质表数据弹出/隐藏的功能，并且还增加了物流性质的工具提示功能：当鼠标放置在物流上时可显示物流的性质数据，这些小的改进都增加了用户使用的方便性。ASPEN PLUS 也提供了物流性质的提示功能，当鼠标单击物流或者物流的图标时，便会显示出物流的性质数据。gPROMS 也具有物性性质提示的功能。Hysys 同样具有物流性质提示功能，当把鼠标移动到物流上时可以显示物流的基本信息，并且也可以显示单元设备的一些基本信息。

2. 流程结构

当今各大知名模拟软件采用的热力学方法和物性数据，都来自统一的独立于任何模拟公司的物性研究机构。因此，各家的软件在通用组分的计算精度方面可以说基本相近，但各家的软件结构方面却有很大的差别。

Hysys 软件在处理不同热力学方法连接时，提供传递变量的选择，设备之间的物流一分为二，不同热力学计算的差异会直接观察到，使模拟者做到胸中有数。知道误差的来源和处理方法。并且，Hysys 采用先进的子流程结构，使软件在模型建立和流程分析方面更加先进。Hysys 子流程允许用户将某种特定流程作为子流程单独以文件形式存储，可供其他工程师建模时调用，这样在建立大型全厂整体模型时，便于标准化。各个子流程可以有不同的物性计算方法和不同的组分体系，这在大型全厂模型中尤为重要。因为蒸馏装置和气分装置的组分体系是完全不同的。

PRO/Ⅱ 和 Aspen plus 都可以在单元内部变换物性计算方法，但计算方法之间的条件传递是程序自动规定的，用户不能干预，并且只能有一个组分体系，大型全厂模型只用一个组分体系容易造成：(1)组分体系集气庞大，增加组分矩阵维数，使计算效率降低；(2)打印报告会形成某些物流大部分组分的组成全部为 0，对分析极其不利。

gPROMS 中每个单元可以作为一个独立的目标(object)，用户使用自己定义的体系和方程进行求解，可以定义单元之间连接物流的性质。用户编好的单元可以作为模块进行调用。

Hysys 和 gPROMS 软件各个单元都设有物流和能流的连接页，通过该页，用户可以连接物流，交互建立模形，还可清晰地看到该单元和那些物流连接。而 PRO/Ⅱ 和 ASPEN PLUS 软件就没设物流连接页，用户不能实现页面连接建模，只能在流程图上通过点击图形来进行建模。

3. 计算方法

Hysys 兼有非序贯算法和 Aspen Plus 的联立方程算法，各种设备的进出口条件可由用户要求给定，同时具有倒算功能，每当某模块定义参数确定或参数改变，相关模型会自动重新计算，所有信息及时刷新，计算收敛速度极快。

Hysys 软件蒸馏塔建模是在子流程内完成的，塔计算采用联立方程计算引擎，并配有塔建模专家系统。对于不同塔型，该专家系统自动生成特定的数据输入指导，帮助用户逐步完成塔的建模。另外该系统会自动计算塔的自由度，告诉用户应该指定计算规定。

在 PRO/Ⅱ 和 ASPFN PLUS 中，任何设备单元的进出口已由程序固定，用户必须给定入口状态，而出口状态只能由计算得出。用户不能干预出口状态，更不能进行倒推计算。由于须在操作界面上建立完整的流程图，并从各个数据输入窗口获取和保存数据，因此通过生成文本输入文件，由模拟程序整体读入后再进行运算。这样，在解算特大型和复杂流程时，往往收敛困难，因此需运用许多方法来加速收敛。

gPROMS 采用联立方程法进行求解，用户需要输入大量的方程和参数，在输入不完整的情况下是无法进行计算的。

4. 单元操作模型库

gPROMS 有两类模型库，即标准单元操作模型库和先进模型库。所有模型都是动态模型，当模型中含时间变量方程数目为零时即为稳态模型。

标准单元操作模型库包括：泵、混合器、控制器、压缩机、萃取器、燃烧炉、闪蒸、吉布斯反应器、化学计量反应器、动力学反应器、平衡反应器、6 种热交换器、PID 控制器、五种复杂精馏塔、固体洗涤器、真空过滤器、阀门、容器、组分分离器、袋室过滤器、离心机、控制阀、粉碎研磨机、结晶器、旋风分离器、电沉淀、膨胀机、水力旋流器、LLV 闪蒸、LNGH、回路、相形成器、管线、斜坡控制、沉淀器、简洁蒸馏塔、罐、固体干燥器等。

先进模型库包括：固定床催化反应器（AML：FBCR）、气液接触器（AML：GLC）、溶液结晶（AML：SC），以及覆盖面很广的反应和分离过程先进模型、聚合过程模型、燃料电池模型等。先进模型库需要另外付费才能得到。

ASPEN PLUS 或 HYSYS 或 PRO/Ⅱ 的单元操作模型库是久经考验的成熟的单元操作模型库，由于 gPROMS 软件开发的侧重点不同，强调通用平台及专用模型的开发，其在通用单元操作模型库方面与这 3 个软件相比相对薄弱。HYSYS、PRO/Ⅱ 与 APSEN PLUS 的单元操作模型库比较（未包括固体模型部分），请见表 9.2 - 2。

表 9.2 - 2　单元操作子程序比较

ASPEN PLUS（未包括固体处理单元子程序）		
混合器和分流器	MIXER	物流混合
	FSPLIT	物流分流
	SSPLIT	把每个入口子物流分成多个规定的出口物流
分离装置	SEP	组分分离装置——多出料
	SEP2	组分分离装置——双出料
闪蒸罐	FLASH2	双出料闪蒸罐
	FLASH3	三出料闪蒸罐
	Decanter	把进料分成两股液体出口物流
精馏近似计算	DSTWU	Winn-Underwood-Gilliland 设计（精馏简捷计算）
	DISTL	Edmister 模拟（多组分吸收计算）
	SCFRAC	Edmister 模拟——复杂塔

续表

ASPEN PLUS（未包括固体处理单元子程序）		
多级分离 （基于平衡的模拟）	RADFRAC	两相和三相，有反应和没反应
	MULTIFRAC	同上——有互连塔段
	PETROFRAC	同上——用于石油炼制
	ABSBR	吸收塔和汽提塔
	EXTRACT	液 - 液萃取设备
多级分离（传质模拟）	RATEFRAC	两相——板式塔和填料塔的传质模型
热交换	HEATER	加热器或冷却器
	HEATX	两股物流的热交换器
	MHEATX	多股物流的热交换器
反应器	RSTOIC	指定反应程度
	RYIELD	指定反应收率
	RGIBBS	多相，化学平衡
	REQUIL	两相，化学平衡
	RCSTR	连续搅拌釜式反应器
	RPLUG	平推流管式反应器
	RBATCH	模拟间歇或半间歇的反应器
泵，压缩机和透平	PUMP	泵或水力透平
	CPMPR	压缩机或透平
	MCOMPR	多级压缩或透平
	VALVE	控制阀和减压装置
管线	PIPE	管中压降
	PIPELINE	管中压降
物流处理器	MULT	物流比例扩大器
	DUPL	物流复制器
HYSYS		
混合器和分流器	MIXER	物流混合
	Tee	物流分流
分离装置	Component Splitter	组分分离装置——双出料
闪蒸罐	Separator	多股进料，一股气相和一股液相产品
	3-Phase Separator	多股进料，一股气相和两股液相产品
	Tank	多股进料，一个液相产品
精馏近似计算	Shortcut Column	Fenske-Underwood 设计
多级分离 （基于平衡的模拟）	Column	同一类多相分离，包括吸收塔、汽提塔、精馏器、精馏塔及液 - 液萃取。可添加中间再沸器和中间冷凝器。所有的模型都支持两相或三相及反应。对炼油应用可获得物性估算模型
热交换	Cooler/Heater	冷却器/加热器
	Heat Exchanger	两股流热交换器
	Lng	多股流热交换器

续表

HYSYS		
反应器	Conversion Reactor	指定反应转化率
	Equilibrium Reactor	平衡反应
	Gibbs Reactor	多相化学平衡(不需要化学计量方程)
	CSTR	连续搅拌釜式反应器
	PFR	平推流管式反应器
泵，压缩机和透平	Pump	泵或水力透平
	Compressor	压缩机
	Expander	透平
	Valve	绝热阀
管线	Pipe Segment	有传热的单/多相管路
PRO/Ⅱ		
混合器和分流器	MIXER	合并两股或多股物流
	SPLITTER	将单股进料或进料混合物分成两股或多股物流
闪蒸罐	FLASH	指定两个变量时，通过相平衡计算，计算任何物流的热力学状态
精馏近似计算	SHORTCUT	精馏塔简捷计算
精馏塔	COLUMN	在一定温度和压力下，将进料物流分离成组分，缺省定义下，精馏塔包含冷凝器和再沸器
热交换	HX	加热或冷却单股过程物流，两股过程物流之间热交换，或过程物流与公用物流之间热交换
	HXRIG	评定 TEMA 列管换热器，严格计算传热和压降
	LNGHX	在任意数目的热物流和冷物流间进行热交换，确定温度交叉区域和夹点
反应器	REACTOR	模拟由转化率定义的多个反应
	EQUILIBRIUM	模拟由平衡温度或由趋近化学平衡的分率定义的反应
	GIBBS	模拟处于最小 Gibbs 自由能条件下的单相反应器
	CSTR	模拟连续加料完全混合的反应器，绝热高温，或恒定体积
	PLUG	模拟具有平推流特征的管式反应器(无轴向混合和传热)
泵，压缩机和透平	PUMP	增大物流
	COMPRESSOR	根据技术要求压缩进料物流
	EXPANDER	将物流膨胀到指定条件并确定产生的功
	VALVE	模拟压降
管线	PIPE	模拟管道中的压降

5. 固体处理单元子程序

固体系统模拟最困难之处在于与流体物流不同，固体物流不仅取决于固体本身性质，更重要的是颗粒分布。所以整个固体物流的描述方法就与流体不同。虽然 4 种通用流程模拟软件均有固体处理子程序单元，但 ASPEN PLUS 在开发时就设计了独特的固体物流描述方法，可以描述固体颗粒分布。

6. 二元交互作用参数

PRO/Ⅱ提供了 3000 多组 VLE 二元参数、300 多组 LLE 二元参数、2200 多种二元共沸物数据。Hysys 提供了 18000 组交互作用参数。ASPEN PLUS 提供了 40000 组交互作用参数。gPROMS 自身虽只提供了比较小的物性数据库，但提供了其他数据库进行连接的接口，用户可根据自己的需要购买相应的数据库。

7. 热力学方法

Hysys 软件增加了通用立方方程热力学方法和公共热力学技术。通过应用这两种方法，用户可以更精确地模拟各种特殊系统，每种方法都提供了专家系统，指导用户选择相应的汽、液热力学计算方法。用户还可以使用公共热力学技术，将自己的热力学方法加入 Hysys 软件。

gPROMS 包括了几乎所有文献发表的热力学方法，如果用户有自己的热力学方法，也可以加入热力学方法库。用户可根据温度、压力范围及化合物极性等情况选择合适的方法。

8. 专用热力学数据包

PRO/Ⅱ免费提供的专用热力学数据包有 5 个：胺脱硫包、乙二醇包、乙醇包、酸包以及来自 GPA 的酸水包。没有硫醇包。

Hysys 免费提供的有胺脱硫包（可以替代 DBR 公司的胺脱硫 AMSIM）、硫醇包、Aspen-Tech 专有酸水包以及水蒸汽计算方法 ASME Steam，NBS Steam。

Aspen Plus 免费提供的专用热力学数据包有胺包、酸水包及水蒸汽计算方法 ASMESteam，NBS Steam 等。

9. 功能模块

PRO/Ⅱ、ASPEN PLUS、gPROMS 和 Hysys 软件都提供了常规的浮阀、填料及筛板等各种塔板的水力学计算和动态泄压计算等。Hysys 还附加有夹点分析工具、物性分析器、水化物预测、CO_2 冰点预测、冷性质预测（蒸汽压，闪点，辛烷值，折射率）、临界性质预测，管径快速估算及神经元网络系统等工具模块。

gPROMS 的一个独到应用是开发"热集成分馏塔"（HIDiC），这种塔把精馏段和提馏段集成在一个塔体的内外层，节能效果非常好，其他流程软件都无法模拟这种塔，但 gPROMS 却能得心应手。首先它能很容易且严格地建立起动态非平衡态传热传质数学模型，对塔内气体、液体的流动、传热、传质、相变、热平衡、相平衡、物料平衡都可进行详细计算，并可进一步实现动态优化控制，完成整个装置的开工和运行。

gPROMS 的固定床催化反应器模型（FBCR），是 2 维（轴向和径向）装有催化剂的管式反应器模型，可将反应动力学和有关速率数据送入并使模拟结果同工厂数据更吻合。模型包括反应器内的扩散、反应以及热传递，包括液相和液膜中以及催化剂表面上的反应，也包括反应物和产物，在液膜中以及在颗粒间的限制反应速率的扩散。这种单管反应器模型可以同壳模型结合起来，构成多管反应器模型。用户可以直接用类数学语言（不需编程）修改或增加模型方程，使模型更能与实际过程吻合。

10. 动态模拟功能

ASPEN PLUS 是稳态模拟软件，在进行动态模拟时，需要与 Aspen dynamics 进行连接，PRO/Ⅱ也是稳态模拟软件，在进行动态模拟时，需要与 Dysim 进行连接；Hysys 集稳态和动态模拟为一体，稳态模拟和动态模拟使用同一个目标，在进行动态模拟时，可共享目标的数据，不需进行数据传递；gPROMS 各单元过程的模拟均为动态情况，稳态为含时间变量方程个数为零的特例情况。所以 gPROMS 也可以进行稳态和动态的模拟。

三、设计程序间的接口

工艺模拟软件热力学方法更强大，数据更全面，国外大多数换热器工艺计算软件与流程模拟程序之间设置有接口，可直接转换数据。因此，换热器计算程序可直接导入物流性质，省去了繁杂的大量物性数据的输入过程。这在很大程度上提高了换热器计算的准确性，节约了设计人员的时间，避免了设计人员大量的重复性劳动，大大提高了设计效率和速度。

（一）PRO/Ⅱ与 HTRI、HTFS

PRO/Ⅱ提供了许多与第三方程序的可选接口。PRO/Ⅱ-HTFS 接口实现了从 PRO/Ⅱ数据库中自动提取物流性质的数据并创建 HTFS 输入文件。PRO/Ⅱ-HTRI 接口也是从 PRO/Ⅱ数据库中提取数据并生成 HTRI 输入文件。另外，PRO/Ⅱ现在与 HTRI XIST 管壳式换热器程序间实现了完全的整合。

（一）ASPEN PLUS 与 HTRI、HTFS、B-JAC

ASPEN PLUS 可提供换热器物流数据，并创建换热器计算的输入文件；而 HTRI、HTFS 及 B-JAC 等软件，通过读取物流文件中的性质数据，可完成物流数据的输入。

ASPEN B-JAC 程序与 ASPEN PLUS 集成在一起，使得用户可以在 ASPEN PLUS 流程中输入一个 ASPEN B-JAC 模型。ASPEN PLUS 计算得到的物性数据可以提供给 ASPEN B-JAC 的输入文件。按要求输入相关数据后，在 ASPEN PLUS 界面下可看到换热器的运行情况。换热器的所有详细结果可在 ASPEN B-JAC 界面下显示。

（三）HYSYS 与 HTFS

HYSYS 与 HTFS 本来都属于加拿大 HYPROTECH 公司，HYSYS 可提供换热器物流数据，并创建换热器计算的输入文件。HTFS 通过读取物流文件中的性质数据，也可完成物流数据的输入。另外，两个软件之间可实现物流数据的完全整合。

第三节　换热网络优化设计程序

一、换热网络优化与装置流程、能耗及操作费用的关系[5]

换热网络是工业装置热能回收系统中一个十分重要的组成部分。典型的换热网络，如常减压装置，换热单元数有 20~50 个，换热器台数有 40~70 台。原油分多路与初常顶油气、侧线油、中段回流及减底油进行多次换热，构成了一个十分复杂的网络系统。装置热能回收系统经过网络优化后，燃料油消耗可下降到 1%~1.5%，从而大范围的降低了装置的能耗。网络优化后的换热流程能够产生很大的经济效益。

当前换热网络优化设计不局限于单装置，而是进行全厂能量系统过程的集成及优化。可降低装置和系统的能耗。各装置之间的热联合，系统与装置之间的热交换，低温热利用，优化组合全厂加工流程，蒸汽动力系统优化平衡等节能技术已被广泛应用，极大的降低了全厂能耗。而这些技术的基础就是采用了换热网络优化方法。

另外，换热网络优化与工艺流程优化是紧密结合的。工艺流程和操作参数的优化对换热网络优化有决定性的作用。而在换热网络优化过程中，往往伴随工艺流程改进和操作参数的优化。

换热网络压降直接影响装置管线压力和换热器设计压力。换热网络压降大，则泵和压缩机的扬程高，泵和压缩机出口压力高，装置管线压力和换热器设计压力就得提高。扬程大，动力消耗大，能耗高，操作费就高。管线压力和换热器设计压力和装置的投资费有直接的关系。为此，换热网络优化时应关注冷热物流分路和流量的匹配优化。

例如，某厂常减压装置，原油原分为两路，初馏塔前换热网络总压降达到 1.4MPa，原油泵出口压力达到 2.6MPa。按欧标设计，换热器与管线均应采用 4.0MPa 的压力设计。若将原油改分为 3 路，初馏塔前换热网络总压降可降低到 0.9MPa，原油泵出口压力达到 2.1MPa。换热器与管线均可采用 2.5MPa 的设计，大幅度降低了装置投资费和操作费。

二、换热网络优化设计程序

国内大多数设计院、工程公司使用的是 ASPEN 公司开发的 HX – NET 或 SIMSIC 公司开发的 HEXTRAN。这两种换热网络优化设计软件应用比较比较广泛，国内青岛科技大学开发的 HENS 软件的用户目前还较少。

（一）ASPEN HX – NET[6]

HX – Net 和 Aspen Pinch 是 AspenTech 公司旗下的产品，是基于过程综合与集成夹点技术的计算软件，分别以 HYSYS 和 Aspen Plus 为背景平台。自 HYSYS 被 aspentech 公司收购后，HX – NET 与 Aspen Pinch 合二为一，合并为 ASPEN HX – NET，是一个基于过程综合与集成夹点设计技术的计算软件，可应用工厂现场操作数据或 HYSYS，或 ASPEN PLUS 模拟计算数据来输入，可使化工厂和炼油厂的过程流程的能耗最小，操作成本最低。它的典型作用有以下几个方面：1)老厂节能改造过程的集成方案设计；2)老厂扩大生产能力的"脱瓶颈"分析；3)能量回收系统(如换热器网络)的设计分析；4)公用工程系统的合理布局和优化操作(包括加热炉、蒸汽透平、燃气透平、制冷系统等模型在内)[5]。

采用夹点技术进行流程设计。根据一些大型石化公司的经验，对一般老厂改造，可以节能 20% 左右，投资回收期一年左右；对新厂设计往往可节省操作费用 30%，并同时降低投资费 10% ~ 20%。

该软件主要应用于换热网络设计和项目优化，具有强大的综合工艺模拟器的作用和简单易用的能量分析功能。

数据提取向导技术——可自动从流程模拟软件中提取温度、热焓、流量等相关数据；

目标技术——可以为给定的工艺流程找到最大的能量效率操作；

自动改进技术——可以自动地找出实现最大能量效率操作的最好的方法，使设备能够得到操作控制。

自动设计——可以为新的或现有的工艺流程建议一套新的换热网络。

对任何一个给定流程，在 HX – NET 中，换热网络都可以通过强大的数学程序方法自动生成，一系列方案可以用来进一步评估。

HX – NET 提供了一个功能，可以迅速产生许多方案，工艺专家可从中选择。通过浏览换热网络，投资和操作费用可比较各种方案的优劣。

结果显示：以一种简单易懂又便于操作的方式显示。1)方案，包括了加工和有用的物流数据、范围目标、符合曲线和假设条件，也提供了方案中所有设计的比较。2)设计：每个设计均表示了不同的换热网络设计，网络和热交换器数目都制成了表格，并且网络数据采用交互式显示。

HX – NET 给换热网络带来了革命性的改进方法，它为加工方案提供了一个自动而又交互的方法。具有降低能耗、减少设计及重新设计成本的优点。可自动分析热利用效率，以达到热量利用最大化，并可进行耗能监控等。

（二）HEXTRAN

HEXTRAN 软件是 INVENSYS 公司旗下的换热器计算和换热网络优化软件。它由 SimSci 开发，在 8.0 版本以后完全整合了 PRO/Ⅱ® 的热力学模型和组分库，可用于工艺物流的严格计算，并可提供准确的热力学性质和传递性质，是一种全面的，能帮助工艺工程师分析和设计各种类型传热系统的模拟工具。从夹点分析的概念设计到换热器和换热网络的设计与核算，即凡涉及的传热设计范畴，HEXTRAN 都会得到广泛的应用。

它能设计简单的或复杂的传热系统，使换热工艺更高效和更灵活。也可帮助改进现有设备，改造换热网络，以使系统达到最优的操作性能。作为操作工具，HEXTRAN 可找出换热器清洗的最佳时机，并预测系统将来的操作性能。

1. HEXTRAN 功能描述

HEXTRAN 可模拟计算两种物流间的热传递，也能计算实际的需求，如蒸气、冷却水或空气。HEXTRAN 能帮助确定换热网络的最优配置。选择的接口程序能帮助我们把数据传递给 HTFS 或 HTRI 等软件。HEXTRAN 还包括 PRO/Ⅱ 的组份数据库和严格的热力学计算方法。

HEXTRAN 能应用在换热器核算与设计中。如用在核算时，根据所提供的换热器与物流数据，HEXTRAN 能严格地计算出此换热器的压降和传热系数。在设计时，根据所提供换热器的数据范围和操作限制，能设计出一个新的换热器。利用这两个功能模块，用户可以建立一个完整的换热网络系统。

2. 计算方法

（1）夹点技术

Targeting（目标功能）：Targeting 利用夹点技术对热回收的上限和下限提供数字和图形的分析。用户应指定热回收的目标，定义物流和过程的约束条件。HEXTRAN 用工况研究和图形即可帮助工程师确定出最优的热回收标准。用 HEXTRAN 就能计算出传热面积、实际需求、操作费用、复合曲线图以及用户指定的过程/经济图。

Synthesis（综合功能）：为指定的热回收系统给出所需最小换热器数目，以实现最优网络。当用户给定热回收温度（HRAT）和换热器最小温度（EMAT）后，即可计算出最少的设备需求。HEXTRAN 可在 20 个工况下分析 EMAT 和 HRAT 最佳的结合温度。

（2）网络和换热器的核算与设计

Simulation（模拟分析）：在换热网络中，模拟计算被一些简单的和严格的操作单元所执行。

严格的换热器模型可用于现有换热器的核算和新增换热器的设计。根据模型，传热系数、压力降、网络质量及能量平衡都能计算。无论是核算型或设计型换热器，都需要说明输出的温度、流体质量和热负荷。温度、压力和热负荷也能被多变量控制器所执行。

（3）数据调和

Regression（数据回归）：Regression 是 HEXTRAN 的数据调和工具。它的功能除了说明变量多之外，余下的与多变量控制器（MVC）完全一样。回归时通过巧妙的变量处理与限制说明之间的关系，可促使计算结果与说明中指定的现场数据值的差异达到最小。最多可以指定 30 个说明条件和 29 个操作变量。说明条件的数目必须大于等于操作变量的数目。说明条件可以是物流温度，或压力，或单个换热器的负荷，或者是几个不同换热器负荷值之和。变量是进口物流的温度和速率，换热器的负荷和两向流的分离因子。

（4）优化操作

Area optimization（面积优化）：换热面积的优化计算，其目的是让设计的换热器达到指定的热回收标准。

Split flow optimization（分流优化）：分流优化的目的是使网络的全部实际费用最小化，包括空冷器、泵及火焰加热器的费用等。HEXTRAN 选择多个模拟实验来平衡换热器间的负荷，目标是计算山实际的费用和违反工厂操作条件下损失的费用。工程中的这个变量是分流因子。

Cleaning casestudy（清扫工况）：当清扫一个、几个或全部网络中的换热器时，应估计清扫工况给经济带来的可能影响，且应严格计算出网络中每个换热器最佳的清扫周期。如果有非预期的停车，在任何操作条件下用户应确切地知道清扫哪一台换热器可使回收期最短。

（三）HENS 软件

HENS 换热网络系统软件是青岛科技大学与化工研究院采用数据库、过程模拟、专家系统等现代技术，在微型计算机上开发成功的系统软件。采用中文操作界面，能自动绘出换热器网络图形，使用方便，其采用的是人工智能图表的设计方法，其余特点与 HEXTRAN 类似。

该软件是在对能量系统模拟、综合、优化理论和对实用软件研究的基础上而开发出的应用技术成果。主要功能为：换热网络的优化合成；换热网络的分析；换热器的最优化设计、核算和求解；换热网络的流程模拟及灵敏度分析。利用此软件为吉化公司炼油厂常减压换热网络节能技术改造提供了方案，经济效益达 236 万元/年。

参　考　文　献

［1］　王晓中. ASPEN B – JAC 软件在加氢装置高压换热器设计中的应用. 化工设备与自动化，2010(8)：76 ~ 78.

［2］　杜严俊，杨光军，徐宝学. ASPEN B – JAC 软件在 MDI 装置换热器设计中的应用. 合成技术及应用，2007(6)：59 ~ 62.

［3］　闫庆贺，赵艳微，李俊涛，庄芹仙. 当今国际市场商品化流程模拟类软件分类及性能分析. 数字石油和化工，2007(10)：2 ~ 13.

［4］　屈一新著. 化工过程数值模拟及软件. 北京：化学工业出版社，2006.

［5］　高维平，杨莹，韩方煜著. 换热网络优化节能技术. 北京：中国石化出版社，2004.

［6］　胡永锁. ASPEN 软件在换热网络能量分析中的应用. 石油化工设备，2010(3)：77 ~ 80.

第三章　计算机辅助绘图

（刘　鹏　赵殿金　陈韶范）

第一节　简　介

计算机辅助绘图，即利用计算机及其图形设备帮助设计人员进行设计工作，简称CAD。在工程和产品设计中，计算机可以帮助设计人员担负计算、信息存储和制图等项工作。在设计中通常要用计算机对不同方案进行大量的计算、分析和比较，以决定最优方案；利用计算机可以进行与图形的编辑、放大、缩小、平移和旋转等有关的图形数据加工工作。CAD能够减轻设计人员的计算画图等重复性劳动，专注于设计本身，缩短设计周期和提高设计质量。

20世纪50年代美国诞生了第一台计算机绘图系统，开发了具有简单绘图输出功能的被动式计算机辅助设计技术。60年代初期出现了CAD的曲面片技术，中期推出商品化的计算机绘图设备。70年代，完整的CAD系统开始形成，后期出现了能产生逼真图形的光栅扫描显示器，推出了手动游标、图形输入板等多种形式的图形输入设备，促进了CAD技术的发展。80年代，随着强有力的超大规模集成电路微处理器和存储器件的出现，工程工作站问世，CAD技术在中小型企业逐步普及。80年代中期以来，CAD技术向标准化、集成化及智能化方向发展。一些标准的图形接口软件和图形功能相继推出，为CAD技术的推广、软件的移植和数据共享起了重要的促进作用；系统构造由过去的单一功能变成综合功能，出现了计算机辅助设计与辅助制造联成一体的计算机集成制造系统；固化技术、网络技术、多处理机和并行处理技术在CAD中的应用，极大地提高了CAD系统的性能；人工智能和专家系统技术引入CAD，出现了智能CAD技术，使CAD系统的问题求解能力大为增强，设计过程更趋自动化。现在，CAD已在电子和电气、科学研究、机械设计、软件开发、机器人、服装业、出版业、工厂自动化、土木建筑、地质及计算机艺术等各个领域得到广泛应用。

20世纪90年代，CAD的应用与我国压力容器设计，与传统的手工绘图相比，不仅大大提高了绘图速度，且能够设计出精美的、高质量的、各种类别的二维压力容器图样。由于CAD具有高速计算、数据处理、大容量储存和强大的绘图编辑功能，所以在压力容器的设计领域获得了广泛的应用。为此，2003年实施的法规《压力容器压力管道设计单位资格许可与管理规则》第二章设计单位条件规定，A类、C类压力容器设计单位计算机辅助设计和计算机出图率应达到100%，D类压力容器设计单位应达到80%。

CAD绘图软件分二维软件和三维软件两种。目前，在换热器设计上大部分采用二维软件设计。由于三维软件无可比拟的优点，预计未来将会代替二维设计软件而成为主流的设计使用软件。

第二节　二维 CAD 软件介绍

一、国内软件

我国自 20 世纪 60 年代开始研究开发 CAD 软件以来，经过"六五"、"七五"、"八五"的成果积累，CAD 软件产业在建筑、石化、轻工、造船、机械、航空、航天及电子等行业，以及二维参数化绘图、有限元分析、曲面造型和数控加工编程等方面都已经初具规模，成绩显著。

在 90 年代初期，国产 CAD 软件曾经出现百花齐放的局面，市场上活跃着许多国产的 CAD 产品，如高华 CAD、华正电子图板、大恒 CAD、德赛 CAD、金银花 CAD 等。进入 21 世纪后，国产 CAD 软件大多已经烟消云散，只有 AutoCAD 一枝在独秀，垄断了中国二维 CAD 市场 90% 以上的市场份额。

通过不断的探索和实践，国产 CAD 厂商逐渐摸索出了兼容、替代、超越的独特发展模式，组建了 CAD 软件联盟，成功打破了国外软件的垄断。目前，国产 CAD 软件已经迈上了全新的超越之路，作为整个 CAD 产业链的中心现已成为信息产业的核心与灵魂。

（一）CAXA 电子图板

CAXA 电子图板依托北航大学的科研实力，是由北航海尔开发的中国第一款完全自主研发、拥有完全自主知识产权的 CAD 产品，是我国制造业信息化 CAD/CAM/PLM 领域自主知识产权软件的优秀代表和知名品牌。10 多年来 CAXA 开发出 20 多个系列软件产品，覆盖了制造业信息化设计、工艺、制造和管理 4 大领域，拥有自主知识产权的 CAD、CAPP、CAM、DNC、PDM、MPM 等 PLM 软件产品和解决方案，在上述 4 大领域已获得广泛应用，且连续 5 年荣获"国产十佳优秀软件"以及中国软件行业协会 20 年"金软件奖"等荣誉。截至 2007 年底已累计成功销售超过 250000 套，是我国 CAD/CAM/PLM 业界的领导者和主要供应商。图 9.3-1 为 CAXA 电子图板主界面图。其主要特点如下：

（1）设计、编程集成化

"CAXA 线切割 xp"可以完成绘图设计、加工代码生成、联机通讯等功能，集团纸设计和代码编程于一体。

（2）完善的数据接口

"CAXA 线切割 xp"可直接读取 EXB 格式文件、DWG 格式文件、任意版本的 DXF 格式文件以及 IGES 格式、DAT 格式等各种类型的文件，使得所有 CAD 软件生成的图形都能直接读入"CAXA 线切割 xp"，这样不管用户的数据来自何方，均可利用"CAXA 线切割 xp"完成加工编程，生成加工代码。

（3）图纸、代码打印

"CAXA 线切割 xp"可在软件内直接从打印机上输出图纸和生成代码。其中代码还允许用户进行排版和修改等操作，加强了图纸和代码的管理功能。

（4）互交式的图像矢量化功能

位图矢量化一直是用户很欢迎的一个实用功能，CAXA 对它也进行了加强和改进，新的位图矢量化功能能够接受的图形格式更多且更常见，它可以适用于 BMP、GIF、JPG、PNG 等格式的图形，且在矢量化后可以调出原图进行对比，在原图的基础上对矢量化后的轮廓进行修正。

（5）齿轮、花键加工功能

解决任意参数的齿轮加工问题。输入任意的模数及齿数等齿轮的相关参数，由软件自动生成齿轮、花键的加工代码。

（6）完善的通讯方式

可以将电脑与机床直接连机，将加工代码发送到机床的控制器。"CAXA 线切割 V2"提供了电报头通讯、光电头通讯及串口通讯等多种通讯方式，能与国产的所有机床连接。

图 9.3 - 1　CAXA 电子图板主界面图

（二）中望 CAD

2001 年，中望龙腾推出其主打产品、具有完全自主知识产权的"中望 CAD"平台软件。中望 CAD 兼容了目前普遍使用的 Auto CAD，功能和操作习惯与之基本一致，但具有更高的性价比和更贴心的本土化服务，深受用户欢迎，被广泛应用于通信、建筑、煤炭、水利水电、电子、机械及模具等勘察设计和制造业领域，成为企业 CAD 正版化的最佳解决方案。

中望 CAD 不仅成为目前中国 CAD 平台软件的首席品牌和领导者，且实现了国产 CAD 平台软件在国际市场上零的突破，全球正版用户数突破 100000。

中望 CAD 具有三维功能和 VBA 支持的增强版本。支持三维实体的显示、编辑和建模及渲染，同时提供 VBA 的开发接口支持，客户可以方便地使用 VB 开发工具进行二次开发。中望 CAD 专业版是国内第一套以强大的二维设计为基础，同时又融合了基本三维设计功能的 CAD 解决方案，主要面对建筑、机械、家具和制造领域内以二维绘图为主，同时也可用到部分三维实体功能的用户。

中望 CAD 专业版的三维功能部分采用 Spatial 公司的 3D ACIS 模块。ACIS 功能不仅具备非常完善的 3D 建模的功能，拥有强大的 3D 造型能力，且集成了线框、曲面和实体造型的功能，支持流形和非流形拓扑，具备非常丰富的几何运算集。这一功能突破将给机械、建筑及造船等众多行业提供了最基础的 3D 应用。

中望 CAD 专业版同时时提供对 VBA 开发的支持，这是国内唯一获得 MicrosoftVBA 开发合法授权的 CAD 软件产品。客户可以应用 VB 开发工具方便地进行各种二次开发，更深入满足客户的实际应用需求。图 9.3 - 2 为中望 CAD 主界面图。

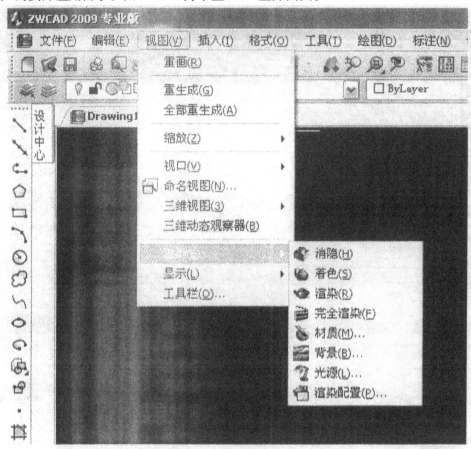

图 9.3 - 2　中望 CAD 主界面图

（三）PVCAD

化工设备 CAD 施工图软件包（PVCAD）是全国化工设备设计技术中心站以化工设备设计行业的调查为基础，于 1990 年 4 月经过可行性研究并报原化学工业部立项之后才着手开始编制工作的。1991 年正式由原化学工业部基建司"（91）化基标字第 21 号 92 - 26"下达此开发项目。

化工设备 CAD 施工图软件包（PVCADV1.0）于 1992 年经原化学工业部工程软件评审小组审定通过，并在国内化工、石化、医药、压力容器制造等行业得到众多企业的应用。该软件在 1995 年经过功能扩充，升级至 PVCADV2.0。PVCAD 能全自动逐张生成成套的化工设备施工图图形，出图速度明显高于直接采用 AutoCAD 绘制施工图的速度，该功能在工程设计与制图方面发挥了很好的作用。

化工设备 CAD 施工图软件包（PVCADV2.0）于 1995 年 3 月获得原化学工业部化工勘察设计优秀软件一等奖，1999 年获得国家第五届工程设计优秀软件银奖。

近年来，由于有关压力容器的设计、制造标准大部分都已逐步更新，加之计算机的软件应用平台已逐步从 DOS 转向 Windows，因此从 1997 年底开始，对 PVCAD 进行升级，即 PV-CADV3.0。PVCADV3.0 利用了 Windows 程序的许多先进功能，使得程序运行更为可靠，使用更为方便。

经过多年在全国几百家单位的实际运行，本软件包基本上能满足工程实际需要。主要功能及特点：

（1）该软件包所用语言为 FORTRAN、Visual Basic 和汇编，结合 AutoCAD 而编写的，所用的绘图图素，如点、线、面、块等内容为自行开发，以 DXB 文件形式与 AutoCAD 接口，故运行速度快（形成一张总图只需 1～2 分钟），形成文件小，软件兼容性强，已为用户输出图形、增加非标零部件及图面修改提供了必要手段。

（2）PVCADV3.0 已将现行化工设备设计行业标准中 GB、JB、HG、HGJ、CD 等标准编制在本软件包内，同时将一些常用的非标零部件也收集在内。同时结合行业制图标准，形成了一套能满足工程实际的卧式容器、立式容器、填料塔、板式塔（浮阀塔、筛板塔）、固定管板兼作法兰换热器（立式、卧式）、固定管板不兼作法兰换热器（立式、卧式）、U 形换热器（立式、卧式）、浮头换热器、带夹套搅拌反应器和球罐等 10 大类设备绘图软件包。PV-CADV3.0 可绘制的工程设备设计图纸达 60%～70%，约 80% 以上可直接满足施工图要求。

（3）PVCADV3.0 采用程控方式，用户一次输入数据，程序可自动绘制出整套施工图（总装图和零、部件图），几乎无需用户中间输入数据和中间干预。在形成施工图时，程序由符合工程实际的专家系统帮助判断零部件在施工图上的位置、施工图比例、布图、尺寸标注、自动排列、拉件号、列出材料明细表及管口表等。

（4）PVCADV3.0 在过程设备强度计算软件包（SW6—1998）之间提供了数据接口，使得PVCADV3.0 可直接打开 SW6—1998 的数据文件，设计人员不再需要重复输入那些运行SW6—1998 已输入或已计算得到的数据。

（5）PVCADV3.0 能根据用户提供的图签（DWG 文件）和设计数据表或技术特性表（DWG文件）绘制出基本符合用户单位图签和设计数据表或技术特性表要求的施工图。

（6）PVCADV3.0 在程控基础上保留了供用户灵活设计的接口，如空件号输入、特殊要求加入及显示图形后标注焊缝符号等，还增加了在设备总图形成以后，在不退出 AutoCAD的情况下，直接在图纸上添加某些零部件的功能。如可在塔器底部添上 U 形管束作为再沸器，在容器中添上蛇形加热管等。

由于 PVCADV3.0 以 Windows 为操作平台，不少操作借鉴了类似于 Windows 的用户界面，因而允许用户在同一台设备中对不同零部件原始数据的输入次序不作限制，用户在进行结构数据输入时，屏幕上除了文字说明外，还有了图形提示，这将进一步帮助用户理解结构数据的含义，大大方便了用户的操作。另外，屏幕上出现的对输入数据进一步的提示说明和程序在线帮助系统，也能避免用户可能出现的对数据含义的误解。

（四）PVPD 压力容器参数化绘图软件

PVPD 压力容器参数化绘图软件是由扬州华航工程软件有限公司研制开发的压力容器绘图软件。该软件利用 Visual C++6.0 编程语言在 CAXA 二维电子图板基础上，是以二维图形的参数化生成为基础，以智能化拼装和个性化定制为手段，以快速高效绘制压力容器设计图纸为目标的全新的专业绘图软件。

该软件能智能地绘制和拼装的容器有卧式容器、立式容器、塔器（等径塔、变径塔）、夹套容器、固定管板换热器、U 形管板换热器、浮头式换热器、釜式再沸器以及由这些基本结构任意组合的其他特殊结构容器，智能绘制和拼装的通用零部件有各种接管、法兰、人孔、手孔、补强圈、补强管、视镜、膨胀节、丝网除沫器、鞍式支座、耳式支座、腿式支座、支承式支座和裙座等，还能自动生成、拼装 1~10 管程换热器的零部件图，可基本满足压力容器行业通用图形的绘制要求。图 9.3-3 为 PVCAD 操作界面图。

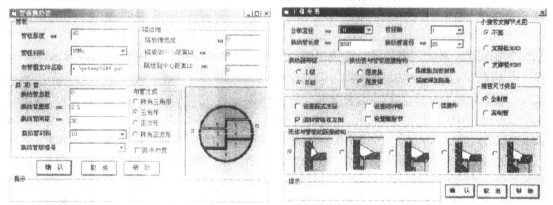

图 9.3-3　PVCAD 操作界面图

该软件主要具有以下特点：

（1）适用范围广：由于软件绘制图形和表格采用了参数化生成，智能化拼装和个性化定制，故适用于压力容器不同行业不同用户对各类图形、图块、节点、图幅、图表、文字和数据的各种绘制处理要求。

（2）绘图速度快：输入界面采用对话框形式，对各种压力容器的设计参数进行了优化。输入相关参数直接生成所需图形，因此，图形绘制速度比 AutoCAD 提高 10 倍以上。

（3）件号自动编：图中件号与明细表格自动关联，添加某一件号的同时相应明细表栏自动添加（删除时亦然），且自动排列件号和明细表栏。

（4）表格自动填：绘图时主要结构尺寸参数随图形可自动保存，随时读取。能够按照所编件号顺序自动生成明细表、管口表及材料表的相关内容，自动填写与之关联的表格。

（5）各类图兼容：各种版本的 AutoCAD 图形文件能在电子图板中直接打开、编辑和保存。也能将电子图板和 AutoCAD 的图形表格数据自动读出并存入 Excel 文件中，从而方便用户对图形工艺数据的提取和不同单位、不同时期 CAD 图形文件的交流与使用。

（6）定制很方便：压力容器设计图纸中的所有表格（标题栏表、设计参数表、明细表、管口表及材料表等）格式和填写内容均可由用户自行定义。

（7）图库全开放：存放的焊接接点、常用结构、图形的节点图库、参数化图库和用户材料库、用户资料库均向用户开放；可以自己定制各种专用的焊接节点、参数化图形和用户材料，用户资料可共享使用。

（8）接口齐全：提供了压力容器常用非标准零部件的输入数据接口、表格定制数据接口、非标准材料库接口和电子图版的二次开发接口。

（五）其他软件

1. 清华天河

PCCAD 采用先进开发技术，以中文环境 Windows2000/WinXP/AutoCAD2005 为开发平台，保留了 AutoCAD 功能，不需转化，是国内唯一真正基于 AutoCAD2005 平台的智能化、特征化、参数化、专业化、用户化、标准化和集成化的软件，其主界面如图 9.3-4 所示。

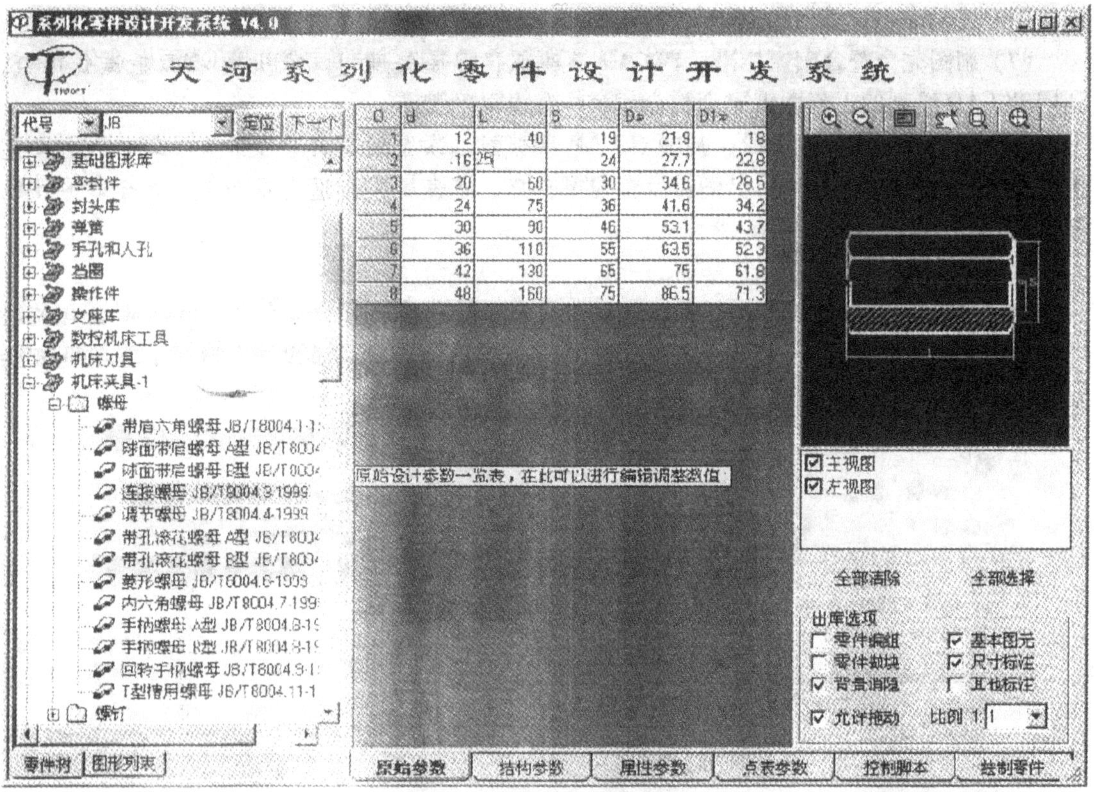

图 9.3 - 4　PCCAD 主界面图

PCCAD 系统主要特点：智能化、特征化、参数化、专业化、用户化、标准化、集成化并与国际接轨。

（1）绘图效率高：利用 PCCAD，可使绘制工程图的速度较直接使用 AutoCAD 加快了 5~8 倍，远高于同类软件的绘图速度。

（2）功能细致实用：PCCAD 以功能细致和实用见长，可以满足用户绘图、设计和管理等各方面的需要。国内独创的天河智能捕捉工具，彻底改革了 CAD 的捕捉方式，自动抓取图形关键点，绘图效率提高数 10 倍，带来了一场捕捉方式的革命。

（3）开放的资源获取与转换：PCCAD 集成了多种数据接口，不仅可以利用各种现有资源（利用：提取标准件、提取标题栏、调用词句库、通用资源、通用编码、编码解析、天河工程计算器、读入文本文件、读入 DWG 文件、天河通用导入），生成明细表，绘制表格等，还可以通过导出文本文件和天河通用导出，以导出各种类型（ACCESS、TXT、Excel、Oracle、SqI Servr 等）的数据。

（4）参数化图库及设计工具：PCCAD 的参数化国标库及系列化零件库，完全基于参数化设计，大大提高了标准件和常用件的绘制效率。

（5）系统稳定可靠：PCCAD 稳定可靠，具有自我保护功能，不会出现丢失数据的现象。具有市场上大部分同类系统无可比拟的优点。

（6）直观、易学的人机交互界面：在以往的 CAD 系统中，计算机作图的过程往往和一般工程制图的习惯不一致，使得工程人员不能在短期内掌握，而 PCCAD 作图的思路和工程人员的习惯完全一致，即使计算机操作不熟练的工程技术人员也可在3天内学会，半月内熟练使用 PCCAD。

（7）制图完全符合国家标准：PCCAD 系列软件已率先通过国家机械 CAD 标准化审查，利用 PCCAD 绘制的工程图纸完全符合国家标准的制图规范。

（8）方便的二次开发手段：利用 PCCAD 提供的二次开发工具，设计人员就可以方便地扩充 PCCAD 的功能，建立自己的符号库和零件库，迅速开发出适合本行业、本企业专用的微机 CAD 系统。

2. HtrxCAD

HtrxCAD Ver 1.0 管壳式换热器绘图软件是克莱特科技有限公司基于 Autodesk 公司的绘图平台——Auto CAD 2000 以上版本开发的管壳式换热器工程图辅助设计软件，主界面如图 9.3 - 5 所示。

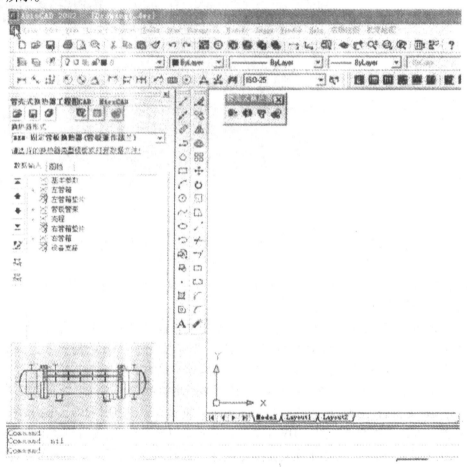

图 9.3 - 5　HtrxCAD Ver 1.0 主界面图

本软件将当设计工作中常遇到的管壳式换热器，依照 GB 151—1999《管壳式换热器》标准，按结构特点归纳出 16 种常用的结构形式，基本覆盖了工程设计过程中可能出现的管壳式换热器形式。

用户可根据工艺条件中指定的管壳式换热器的形式，直接选取本软件中不同换热器形式设定的数据文件模板，在本软件的界面提示下，修改模板中的各项参数，即可完成本软件管壳式换热器绘图所需的数据；进而自动生成一定形式的管壳式换热器总装配图、管箱部件图及管束部件图（其中包括有管板布管图、折流板排布图等）。

根据《化工设备设计文件绘制规定》中有关化工设备工程图的绘制规定，所绘制图形基本达到施工图的深度，所有壳体均是双线表达，同时，也完成了一部分主体部件图，以便于用户进一步在此基础上完成施工图的绘制。

软件在完成绘图后，自动将主体件材料的明细表汇总出来，供报价参考，大大提高了在依据工程图进行工程报价阶段的效率。

3. 标准换热器绘图软件

该软件是由兰州石油机械研究所于1995年开发成功的用于标准U形管和浮头式换热器的施工图绘制软件，该软件基于Auto CAD R14，最初版本是面向DOS操作系统，后期改为Windows系统对话窗模式，操作界面如图9.3-6所示。

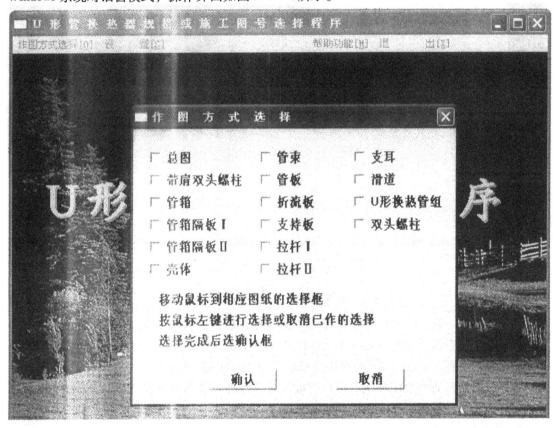

图9.3-6 标准换热器绘图软件操作界面

本软件依据的行业标准有JB/T4714~4723，仅需输入标准换热器结构参数，即可按照标准要求，直接出具换热器详细施工图，而不需要后期的手工修改，直接打印投产，提高了绘图效率，降低了出错率，减少了校对审核的工作量。

4. QDS绘捷CAD

QDS绘捷CAD（原QDS快速绘图系统）是由四川大学化工学院及工程设计研究院化工设计研究所和制造工程学院联合开发且面向生产的微机绘图系统。该系统包括化工容器CAD、换热器智能布管CAD、塔器部件CAD和通用的快速绘图标注功能及机械CAD等内容。广泛适用于石油化工、机械和其他工程领域的工程设计制图。

　　该系统以 Auto CADR14/R2000/R2002 for windows 为开发平台，以 C＋＋，ARX，ADS 等为开发语言，根据化工容器设计和机械制图的最新国家标准开发的。本系统已经并将随着国家标准的更新和 Auto CAD 版本的升级以及用户设计的新需要而不断升级，现已升级为第六版，主界面如图 9.3－7 所示。

图 9.3－7　QDS 主界面图

　　该软件(第一版)于 1994 年通过四川省科委技术鉴定，并于 2002 年经四川省信息产业厅软件登记。该系统采用与 Auto CAD R14/R2000/R2002 for windows 相同风格的界面、工具条、菜单和对话框，并嵌入 Auto CAD 主菜单中与 Auto CAD 功能并用。

　　该系统具有开放的绘图环境，用户可根据单位标准及绘图习惯任意定制绘图环境(包括层的设置，图框、标题栏、明细表的定制，以及文字和标注风格的设置)。

　　• 化工容器 CAD

　　根据化工容器最新国标，建立了化工容器椭圆封头、锥形封头、压力容器法兰、筒体、各种锥形变径段、人孔、手孔、接管及管法兰以及各种支座的大型数据库和变参图形库。可自动检索数据，快速绘制各种化工容器(包括换热器和塔器)。并可以直接绘制常用管法兰、压力容器法兰的零件图及装配图。

　　快速化工制表功能，可方便快速地定制、绘制和填写技术参数表、管口表、零件标题栏、图纸目录、零件明细表以及定制化工的通用表格。

　　• 换热器管板智能布管 CAD

　　根据最新国标(GB 151—1999)开发的布管 CAD 系统可进行固定管板、U 形管和浮头式换热器的自动布管。快速自动绘制各种布管图形方案供工艺设计人员选用。

- 塔器 CAD

可利用化工容器 CAD 绘制塔器的封头、筒体及接管等，还根据塔器的最新国标开发了塔器的裙座、吊耳、吊柱和丝网除沫器等数据库和变参图库，可快速绘制各种塔类图形。

- 通用的快速绘图标注功能及机械 CAD

新思路开发的复合图形绘图功能，可方便地绘制较复杂的轴类、套类、盘类以及各种阶梯、中空阶梯、圆锥形及半圆形等各种对称图形，极大地提高了绘图速度。快速的标注功能和技术要求的编辑功能，可对图纸进行各种尺寸标注和公差的自动检索，还可进行粗糙度、形位公差、基准的标注、焊接符号标注和零件的编号及其自动编辑。完整的标准件库（包括螺钉、螺栓、螺柱、平键、销、弹簧、滚动轴承及轴承盖等）可自动检索数据、自动绘制各种标准件图形，并可随意插入到图纸任何地方。

二、国外软件

欧特克有限公司（"欧特克"或"Autodesk"）是全球最大的二维、三维设计和工程软件公司，为制造业、工程建设行业、基础设施业以及传媒娱乐业提供了卓越的数字化设计和工程软件服务及其解决方案。自 1982 年 Auto CAD 正式推向市场，欧特克已针对最广泛的应用领域研发出多种设计和工程解决方案，帮助用户在设计转化为成品前体验自己的创意。《财富》排行榜名列前 1000 位的公司普遍借助欧特克的软件解决方案进行设计、可视化和仿真分析，并对产品和项目在真实世界中的性能表现进行仿真分析，从而提高生产效率、有效地简化了项目并实现利润最大化，把创意转变为竞争优势。图 9.3－8 为 Auto CAD 主界面图。

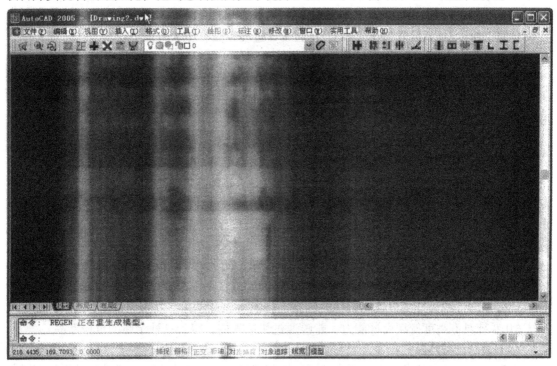

图 9.3－8　Auto CAD 主界面图

Autodesk 是一家数字内容创建公司，其世界领先的设计软件可用于建筑设计、土地资源开发、生产、公用设施、通信、媒体和娱乐等行业。始建于 1982 年的 Autodesk 公司提供设计软件，Internet 提供门户服务、无线开发平台及定点应用，帮助了遍及 150 多个国家的 400 万用户推动业务并保持竞争力。公司帮助用户 Web 和业务结合起来，利用了设计信息的竞争优势。现在，设计数据不仅在绘图设计部门，且在销售、生产、市场及整个供应链都变得越来越重要。Autodesk 是保证设计信息在企业内部顺畅流动的关键业务合作伙伴。在数字设计市场，没有哪家公司能在产品的品种和市场占有率方面与 Autodesk 匹敌。

由于 Autodesk 的广泛使用，使得该软件成为了 CAD 行业的标准。国内外很多单位和企业在 Autodesk 的基础上又进行了二次开发，以适应本单位的绘图习惯。在换热器行业，利用 CAD 进行二次开发的例子比比皆是。

单位或企业可以投入开发力量单独开发基于 Auto CAD 的软件，例如前面所述的清华天河、HtrxCAD 等；也有大量个人用户，为提高绘图效率，利用编程语言开发了大量的基于 Auto CAD 的绘图工具箱，如 MYSTEEL 工具箱、筑龙 CAD 工具箱、燕秀工具箱及同舟工具箱等，利用这些绘图工具箱，可以方便地绘制出标准零部件的图样，大大提高了绘图效率。

第三节　三维 CAD 软件介绍

在换热器行业，没有需要精密加工和结构复杂的零部件，几何模型也比较规则，利用二维图形即可明确表示出结构的相互关系。不需采用专业三维软件辅助设计，且大部分二维绘图软件也提供了简单的三维建模功能，可以建立结构简单、模型规则的零件。因此，在换热器设计行业，到目前位置依旧将二维设计作为主要设计手段，并没有大规模推广三维设计。

但是三维 CAD 系统软件比二维 CAD 在设计过程中具有更大的优势：

（1）零件设计更加方便

使用三维 CAD 系统，可以在装配环境中设计新零件，也可以利用相邻零件的位置及形状来设计新零件，既方便又快捷，避免厂单独设计零件导致装配的失败。资源查找器中的零件回放还可以把零件造型的过程通过动画演示出来，使人一目了然。

（2）装配零件更加直观

在装配过程中，资源查找器中的装配路径查找器记录了零件之间的装配关系，若装配不正确即予以显示，另外，零件还可以隐藏，在隐藏了外部零件的时候，可清楚地看到内部的装配结构。整个机器装配模型完成后还能进行运动演示，对有一定运动行程要求的，可检验行程是否达到要求，及时对设计进行更改，避免了产品生产后才发现需要修改甚至报废。

（3）缩短了机械设计周期

采用三维 CAD 技术，机械设计时间缩短了近 1/3，大幅度地提高了设计和生产效率。在用三维 CAD 系统进行新机械的开发设计时，只需对其中部分零部件进行重新设计和制造，而大部分零部件的设计都将继承以往的信息，使机械设计的效率提高了 3～5 倍。同时，三维 CAD 系统具有高度变型设计能力，能够通过快速重构，得到一种全新的机械产品。

（4）提高机械产品的技术含量和质量

由于机械产品与信息技术相融合，同时采用 CAD CIMS 组织生产，机械产品设计有了新发展。三维 CAD 技术采用先进的设计方法，如优化、有限元受力分析、产品的虚拟设计、运动方针和优化设计等，保证了产品的设计质量。同时，大型企业数控加工手段完善，再采用 CAD/CAPP/CAM 进行机械零件加工，一致性很好，保证了产品的质量。

一、国内软件

（一）solid3000

Solid3000 是由北京新洲协同软什技术有限公司研制开发的国产三维设计软件。该软件是国内市场上唯一全面实现本地化、标准化的三维设计软件，是国际先进 CAD 软件技术和本土实际需求完美的结合，在国内同行业中处于领导地位。新洲三维（Solid3000）面向机械结构设计及工业造型领域，支持设计/出图全过程，同时提供各种 PLM 集成解决方案。

新洲三维（Solid3000）软件在国标化、本地化及个性化服务等方面，较之其他三维 CAD 软件有独特的优势以及出色的性能/价格比。目前已被广泛应用于航空、航天、船舶、电子及汽车等领域的近千家企业，装机数量近万套，获得用户广泛好评。

新洲三维（Solid3000）正逐步发展成为国内的主流设计软件，其已通过了历次国家级 CAD 软件的评测，是国家"制造业信息化工程"中推荐的三维 CAD 产品，也是中国机械工程学会培训的推荐软件。同时，新洲软件公司是"国家制造业信息化培训中心"领导下的全国三维 CAD 认证培训管理机构。

Solid3000 主要功能模块：

1. 零件设计

基于参数化驱动及特征造型的方法，利用动态导航等技术实现了清晰的辅助设计，通过拉伸、旋转、扫描、放样、拔模、倒角、壳体、阵列等特征操作，实现从局部到整体，从简单到复杂的零件设计。

采用面向对象的编辑和修改功能，使工程师可以更加准确快捷地选择所需要的零件及特征，创建更复杂的形状，提高实效、省时省力。结构树支持特征回退和特征顺序调整技术，能够再现工程师的设计思路，保证设计的连贯性和一致性，缩短产品的设计周期。采用参数化设计表功能，集中对模型中参数变量进行管理修改，在一个零件的造型工作中完成同系列的多个零件的造型工作。

2. 装配设计

提供多种装配关系，使零部件可以灵活地关联和定位。层次化的管理和显示控制可以支持大规模装配设计。提供了必要的装配分析工具，包括空间干涉检查和物性计算等。可生成爆炸视图和剖切视图，能大大缩短设计时间，减少设计错误，提高了产品设计的质量。

可在装配环境下，方便地设计、修改、镜像和阵列零部件。编辑零件时，可建立零件特征和装配下其他零件之间的约束关系，生成全局约束的产品模型，满足用户自顶向下的设计需求。

3. 工程图

自动生成符合国家标准的工程图，无需任何绘制工作，就可生成完全符合国标及生产实际需要的工程图。Solid3000 饮件为您做到这一点，只需要几次简单的鼠标点击，通过智能投影的方式，从多视角表现设计。同时为了工程视图表达的需要，可通过作各种剖视、局部放大及向视图等方式来显示特定零部件的细节。

工程图的智能关联，方便修订二维工程图和三维实体的全局关联，无论是修改二维工程图还是三维实体，Solid3000 都会使之自动反映到所有相关的实体、视图和页面，所有工程图的视图、尺寸和注释都会自动更新，而无需通过手工更改来保持一致性。

使用 Solid3000 软件，可通过"从三维实体智能导入"的方式对工程视图添加尺寸标注，导入尺寸自动排布。方便添加完全符合国标的表面粗糙度、几何公差及基面符号等，同时各种标注的编辑与修改也非常方便。

工程图的标题栏内容自动导入，保证了设计数据的一致性，同时对于一个部件的工程图可自动导入明细栏，生成材料清单，避免手工填写。

（二）Pdmax

Pdmax 是长沙思为软件公司自主研发的三维工厂设计软件，它以独立的数据库为基础，Auto Cad 为图形平台，实现了多专业多用户的协同设计，Pdmax 可为用户提供强大的三维配管设计、设备布置、平断面图、轴测图、数据匹配检查、碰撞检查、导出应力分析文件等，并能完全兼容 PDMS 系统数据。其主要模块包括：

1. 项目管理模块

管理员可以方便地设置不同的用户、用户组、数据库及数据库组。通过该模块，系统可以方便地把不同用户设计的内容加入同一个工程中，使所有用户的设计组成一个整体的工程。

2. 元件等级模块

（1）元件等级数据库包含有丰富的国内外元件等级标准库，如 GB/HG/SH/GD2000/GD87/ANSI/DIN/BS 等标准。

（2）方便友好的等级创建、修改界面，用户只需要简单输入筛选条件，程序自动生成用户需要的等级。

3. 设进模块

Pdmax 提供了强大的模型设计功能，能快速灵活的实现。不仅具有方便友好的界面操作功能，且给用户提供了灵活多样的定位方式。无论是三维管道设计还是设备设计，都能帮助用户轻轻快捷地实现设计目标。

（1）基本功能

对任意节点都具有实现复制、粘贴、删除及剪切等功能，并方便用户修改。

对任意节点都具有实现阵列、镜像及旋转复制的功能，并方便用户设计大量功能相同或相近的设备和管道系统。

具有非常灵活强大的定位功能，对任意节点都可进行参考点定位和参考面定位。

支持撤销/恢复功能。

（2）三维配管设计

完全由等级来驱动管道设计，使用户的设计能够严格符合工程规范。

自动检查不匹配情况，自动根据前后管件的属性，筛选出符合条件的管件和管道，并提示不匹配原因。

实现管道的拉伸功能。对管道进行拉伸，程序会自动调整相应管件的位置，方便用户修改。

实现分段放坡和自动放坡功能。

（3）设备布置

能够非常方便地创建管嘴、盒子、圆柱体及圆锥体等各种基本体，用户可以采用搭积木的方法任意组装需要的设备。

（4）数据一致性检查

能够对用户设计的系统进行数据检查，并给出设计中不匹配的地方，以纠正用户的错误。

（5）碰撞检查

能够对用户选择的模型进行软碰撞和硬碰撞检查，并在图形中标识出碰撞的部分，给出碰撞结果的报表。

（6）协同设计

支持多用户、多专业的协同设计。支持多名协同设计成员同时对一个工程开展实时的协同设计，解决由于设计内容不能即时共享以及缺乏沟通交流而造成的问题。

4. 出图模块

（1）设计好三维模型后，根据模型和出图规则，自动生成轴测图，自动添加标注、标签、焊点及编号，还能自动生成材料统计表。

（2）自动生成平断面图，可把几个不同的投影图放在一个图纸中，每个投影图都可以添加任意多个给定方向的剖切面。

（3）自动生成各种类型材料表、设备表及管嘴位置表，并可提供 dwg、Excel 两种表格形式。

（4）开放式的表格到会签栏设置，可在相应 Excel 中调整表格会签栏的各字段和格式。

5. 接口

（1）可提供应力分析软件 CASARII、AutoPSA 的接口功能。

（2）可提供读取 PDMS 数据库的接口。可直接使用 PDMS 已有的元件等级库、属性库及设计库，也可将 PDMS 数据库内容导入 Pdmax 的通用数据库中。

6. 运行环境

可在 Windows 98（2000/NT/XP）等系统上运行，以 Auto CAD 2006 及其以上版本为运行平台。应用领域涉及电力、石油、石油化工、化工、油田、燃气热力、医药、核工业、纺织、轻工、钢铁和油脂工程等行业。

二、国外软件

（一）PRO/E

1985 年，成立于美国波士顿的 PTC 公司，开始了参数化建模软件的研究。1988 年，V1.0 的 Pro/ENGINEER 诞生了。经过 20 余年的发展，Pro/ENGINEER 已经成为三维建模软件的领头羊。PTC 的系列软件具有在工业设计和机械设计等方面的多项功能，其中包括对大型装配体的管理、功能仿真、制造及产品数据管理等。Pro/ENGINEER 还提供了目前所能达到的最全面、集成最紧密的产品开发环境。

全相关性：Pro/ENGINEER 的所有模块都是全相关的。这就意味着在产品开发过程中某一处进行的修改，能够扩展到整个设计中，同时自动更新所有的工程文档，包括装配体、设计图纸，以及制造数据。全相关性鼓励在开发周期的任一点进行修改，却没有任何损失，并使并行工程成为可能，所以能够使开发后期的一些功能提前发挥其作用。

基于特征的参数化造型：Pro/ENGINEER 使用用户熟悉的特征作为产品几何模型的构造要素。这些特征是一些普通的机械对象，且可按预先设置很容易进行修改。如设计特征有弧、圆角或倒角等时，它们对工程人员来说都是很熟悉的，因而易于使用。

装配、加工、制造以及其他学科都使用这些领域独特的特征。通过给这些特征设置参数（不但包括几何尺寸，还包括非几何属性），然后修改参数就很容易地进行多次设计叠代，实现产品开发。

数据管理：加速投放市场，需要在较短的时间内开发更多的产品。为了提高这种效率，必须允许多个学科的工程师同时对同一产品进行开发。数据模块管理的开发研制，正是专门用于管理并行工程中同时进行的各项工作，由于使用了 Pro/ENGINEER 独特的全相关性功能，因而使之成为可能。

装配管理：Pro/ENGINEER 的基本结构能够使您利用一些直观的命令，例如"啮合"、"插入"、"对齐"等很容易就能把零件装配起来，同时还可保持设计意图。高级的功能支持大型复杂装配体的构造和管理，这些装配体中零件的数量不受限制。

易于使用：菜单以直观的方式联级出现，提供了逻辑选项和预先选取的最普通选项，同时还提供了简短的菜单描述和完整的在线帮助，这种形式使得容易学习和使用。

（二）UG

EDS 公司的 Unigraphics NX 是产品工程的一个解决方案，它为用户的产品设计及加工过程提供了数字化造型和验证手段。1983 年发布 UG，2008 年发布最新版本 NX6.0。UnigraphicsNX 针对用户的虚拟产品设计和工艺设计的需求，提供了经过实践验证的解决方案。UnigraphicsNX 为设计师和工程师提供了一个产品开发的崭新模式，它不仅对几何的操纵，更重要的是团队将能够根据工程需求进行产品开发。UnigraphicsNX 能够有效地捕捉、利用和共享数字化工程完整过程中的知识，事实证明为企业带来了战略性的收益。

来自 UGS PLM 的 NX 使企业能够通过新一代数字化产品开发系统实现向产品全生命周期管理转型的目标。NX 包含了企业中应用最广泛的集成应用套件，用于产品设计、工程和制造全范围的开发过程。

NX 是 UGS PLM 新一代数字化产品开发系统，它可以通过过程变更来驱动产品革新。NX 独特之处是其知识管理基础，它使得工程专业人员能够推动革新以创造出更大的利润。NX 可以管理生产和系统性能知识，根据已知准则来确认每一设计决策。NX 建立在为客户提供解决方案成功经验的基础之上，这些解决方案可以全面地改善设计过程的效率，削减成本，并缩短进入市场的时间。通过再一次将注意力集中于跨越整个产品生命周期的技术创新，NX 的成功已经得到了充分的证实。这些目标使得 NX 通过全范围产品检验应用和过程自动化工具，把产品制造早期的从概念到生产的过程都集成到一个实现数字化管理和协同的框架中。

NX 为培养具有创造性和产品技术革新的工业设计和风格提供了强有力的解决方案。利用 NX 建模，工业设计师们能够迅速地建立和改进复杂的产品形状，且可使用先进的渲染和可视化工具来最大限度地满足设计概念的审美要求。

NX 包括了世界上最强大、最广泛的产品设计应用模块。NX 具有高性能的机械设计和制图功能，为制造设计提供了高性能和灵活性，可满足客户设计任何复杂产品的需要。NX 优于通用的设计工具，具有专业的管路和线路设计系统、钣金模块、专用塑料件设计模块和其他行业设计所需的专业应用程序。

NX 允许制造商以数字化的方式仿真、确认和优化产品及其开发过程。通过在开发周期中较早地运用数字化仿真性能，制造商可以改善产品质量，同时还可减少或消除物理样机昂贵耗时的设计和构建，以及对变更周期的依赖。

UG 具有三个设计层次，即结构设计（architecturaldesign）、子系统设计（subsystem design）和组件设计（component design）。至少在结构和子系统层次上，UG 是用模块方法设计的，且信息隐藏原则被广泛地使用。所有陈述的信息被分布于各子系统之间。

（三）Solid Works

SolidWorks 公司成立于 1993 年 12 月，其总部设在美国麻州康克尔郡，1995 年推出了第一款产品 SolidWorks95，1997 年为达梭集团所并购，故 SolidWorks 公司现为达梭集团下的一个子公司。

功能强大、易学易用和技术创新是 SolidWorks 的三大特点，使得 SolidWorks 已成为领先的、主流的三维 CAD 解决方案。SolidWorks 能够提供不同的设计方案，能减少设计过程中的错误以及提高产品质量。SolidWorks 不仅提供如此强大的功能，同时对每个工程师和设计者来说，操作简单方便、易学易用。SolidWorks 独有的拖拽功能可在比较短的时间内完成大型装配设计。SolidWorks 资源管理器是同 Windows 资源管理器一样的 CAD 文件管理器，可以方便地管理 CAD 文件

SolidWorks 提供的 AutoCAD 模拟器，使得 AutoCAD 用户可以保持原有的作图习惯，顺利地从二维设计转向三维实体设计。配置管理是 SolidWorks 软件体系结构中非常独特的一部分，它涉及到零件设计、装配设计和工程图。配置管理能够在一个 CAD 文档中，通过对不同参数的变换和组合，派生出不同的零件或装配体。

SolidWorks 提供了技术先进的工具，通过互联网进行协同工作。通过 eDrawings 可方便地共享 CAD 文件。eDrawings 是一种经极度压缩，可通过电子邮件发送的且能自行解压和浏览的特殊文件。

（四）Inventor

Autodesk Inventor 软件是美国 AutoDesk 公司于 1999 年底推出的三维可视化实体模拟软件，目前已推出最新版本 Inventor 2009，实验室使用的是 Inventor 6。它包含三维建模、信息管理、协同工作和技术支持等各种特征。使用 Autodesk Inventor 可以创建三维模型和二维制造工程图，可以创建自适应的特征、零件和子部件，还可以管理上千个零件和大型部件。它的"连接到网络"工具可以使工作组人员协同工作，方便数据共享和同事之间设计理念的沟通。Inventor 在用户界面简单、三维运算速度和着色功能方面有突破的进展。它是建立在 ACIS 三维实体模拟核心之上，设计人员能够简单迅速地获得零件和装配体的真实感，这样就缩短了用户设计意图的产生与系统反应时间的距离，从而对设计人员的创意和发挥的影响最小。

Inventor 为设计者提供了一个自由的环境，使得二维设计能够顺畅地转入三维设计环境，同时能够在三维环境中重用现有的 DWG 文件，并且能够与其他应用软件的用户共享三维设计的数据。

Inventor 产品线提供了一组全面的设计工具，支持三维设计和各种文档、管路设计和验证设计。Inventor 不仅包含数据管理软件、AutoCAD Mechanical 的二维工程图和局部详图，还在此基础上加入与真正的 DWG 兼容的三维设计。Inventor 提供的专家系统能以最快捷的方式生成制造用工程图，从而加速了从草图到成品的过程。

专用工具能够创建和验证管路系统设计，包括管材、管件和线束设计，从而节省时间并降低创建原型的成本。Autodesk Inventor Professional 提供的工具能够创建完整的，包括复杂的管路系统的设计，同时自动创建精确的物料清单和完整的制造文档。

（五）Solid Edge

Solid Edge 是基于 Windows 平台、功能强大且易用的三维 CAD 软件。它支持至顶向下和至底向上的设计思想，其建模核心、钣金设计、大装配设计、产品制造信息管理、生产出

图、价值链协同、内嵌的有限元分析和产品数据管理等功能遥遥领先于同类软件，是企业核心设计人员的最佳选择，已经成功应用于机械、电子、航空、汽车、仪器仪表、模具、造船和消费品等行业中的大量客户。

Solid Edge 采用 Siemens PLM Software 公司自己的 Parasolid 作为软件核心，将普及型 CAD 系统与世界上最具领先地位的实体造型引擎结合在一起，功能强大，是从事三维设计的优秀 CAD 软件。同时系统还提供了从二维视图到三维实体的转换工具。其采用了 STREAM/XP 技术，将逻辑推理、设计几何特征捕捉和决策分析融入到产品设计的各个过程中。同样是机械设计，STREAM/XP 技术能减少鼠标和键盘操作达 45% ~ 57%，提高效率 36%。

第四节　国内外软件对比

一、二维软件对比

AUTOCAD 是历史悠久的 CAD 绘图软件，其通用性好，可以广泛应用于建筑、机械、航空、服装、通信及娱乐等行业；同时提供了大量的二次开发手段，可以利用 AUTOLISP、Visual LISP、OBJECTARX、API、VBA、VB、VC + + 等编程语言进行二次开发。

其客户之多、通用性之强是其他任何 CAD 软件无法与之抗衡的，在国内，很多 CAD 软件均是在 AUTOCAD 基础上的二次开发。由于版权问题，且随着 AUTOCAD 的不断升级改进，原开发软件无法进行更新，使得国产 CAD 逐渐淡出工程应用。

属于国产 CAD 业界完全自主版权的 CAD，高华 CAD、开目 CAD、正直 CAD、华正电子图版(CAXA)、凯图 CAD、中国 CAD、BCAD、科健 CAD 等 CAD 软件，除华正电子图版占有一定市场份额外，其余软件市场占有率有限。

二、三维软件对比

在三维软件行业，我国没有完全自主版权的三维软件，均是在国外软件基础上开发推广的，基本功能难以与当前流行的三维软件相媲美，且国外软件先入为主，已经占据了中国三维设计的主要市场，国内三维软件的发展空间已经很小。但是，由于我国 95% 以上的产品都是用通用机床加工而非数控机床加工的，故还需要生成二维图，并制作。三维软件的功能有些难以得到有效发挥，因此目前国内工程技术行业采用三维软件设计的非常少，随着软件的发展及行业的进步，三维设计将会代替二维设计成为设计的主流设计方法，这块市场份额依旧很大，对国内三维软件的开发和推广有很大的促进作用。

第四章 CFD 在换热器中的应用

（宋俊霞 刘 伟 陈韶范）

第一节 计算流体力学的方法概述

一、计算流体力学的基本概念

计算流体力学是可计算流体动力学（Computational Fluid Dynamics，简称 CFD）的简称。它是通过计算机数值计算和图像显示，对包含有流体流动和热传导等相关物理现象的系统所做的分析，是计算力学的一个分支。CFD 的基本思想可以归结为：把原来在时间域及空间域上连续的物理量场，如速度场和压力场，用一系列有限个离散点上的变量值的集合来代替，通过一定的原则和方式建立起关于这些离散点上场变量之间关系的代数方程组，然后求解代数方程组获得场变量的近似值。计算流体力学是为弥补理论分析方法的不足而于 20 世纪 60 年代发展起来的，并相应地形成了各种数值解法。主要有有限差分法和有限元法。流体力学运动偏微分方程有椭圆型、抛物型、双曲型和混合型之分，计算流体力学很大程度上就是针对不同性质的偏微分方程而采用和发展了的相应数值解法[1]。

计算流体力学的兴起推动了研究工作的发展。自从 1687 年牛顿定律公布以来，直到上世纪 50 年代初，研究流体运动规律的主要方法有两种：一是试验研究，它以地面试验为研究手段；另一种是理论分析方法，它利用简单流动模型假设，给出所研究问题的解析解。

计算流体力学的兴起促进了试验研究和理论分析方法的发展，为简化流动模型的建立提供了更多的依据。使很多分析方法得到发展和完善。然而，更重要的是计算流体力学采用了它独有的新的研究方法——数值模拟方法——来研究流体运动的基本物理特性。这种方法的特点如下：

（1）给出流体运动区域内的离散解，而不是解析解。这区别于一般理论分析方法。

（2）它的发展与计算机技术的发展直接相关。这是因为可能模拟的流体运动的复杂程度、解决问题的广度和能模拟的流体运动的复杂程度，都与计算机速度和内存等直接相关。

（3）若物理问题的数学提法（包括数学方程及其相应的边界条件）是正确的，则可在较广泛的流动参数（如马赫数、雷诺数、气体性质、模型尺度等）范围内研究流体力学问题，且能给出流场参数的定量结果[2]。

以上这些常常是风洞试验和理论分析难以做到的。然而，要建立正确的数学方程还必须与试验研究相结合。另外，严格的稳定性分析，误差估计和收敛性理论的发展还跟不上数值模拟的进展，所以在计算流体力学中：

（1）仍必须依靠一些较简单的，线性化的，与原问题有密切关系的模型方程的严格数学分析，给出所求解问题的数值解的理论依据。

（2）然后再依靠数值试验、地面试验和物理特性分析，验证计算方法的可靠性，从而进一步改进计算方法。

CFD 的最突出优点是适应性强，应用面广。首先，流动问题的控制方程一般是非线性的，自变量多，计算域的几何形状和边界条件复杂，很难求得解析解。而用 CFD 方法则有可能找出满足工程需要的数值解。其次，可利用计算机进行各种数值试验，如选择不同流动参数进行物理方程中各项有效性和敏感性的试验，进而进行方案比较。再者，它不受物理模型和试验模型的限制，省钱省时，有较多的灵活性，能给出详细和完整的资料，很容易模拟特殊尺寸、高温、有毒、易燃等真实条件和实验中只能接近而无法达到的理想条件[3]。

二、数值模拟的主要环节

（一）数值模拟的基本思想[4]

数值模拟也叫计算机模拟。它以电子计算机为手段，通过数值计算和图像显示的方法，达到对工程问题和物理问题乃至自然界各类问题研究的目的。在计算机上实现一个特定的计算，非常类似于履行一个物理实验。这时分析人员已跳出了数学方程的圈子来对待物理现象的发生，就像做一次物理实验。

数值模拟实际上应该理解为用计算机来做实验。比如某一特定机翼的绕流，通过计算并将其计算结果在荧光屏上显示，可以看到流场的各种细节：如激波是否存在，它的位置、强度、流动的分离、表面的压力分布、受力大小及其随时间的变化等。通过上述方法，人们可以清楚地看到激波的运动、涡流的生成与传播。总之数值模拟可以形象地再现流动情景，与做实验没有什么区别。

（二）数值模拟的一般步骤[5]

就目前的几种流体流动与传热的预测方法（理论求解、经验公式、模型试验、CFD 数值模拟等）而言，尽管 CFD 具有成本低、速度快、资料完备且可以模拟各种不同的工况等独特的优点，但 CFD 方法的可信度，或者其结果的可靠性和对实际问题的可算性，已经成为阻碍 CFD 技术进步的绊脚石[9]。为了具体地说明这一问题，下面给出用计算机解决科学计算问题时经历的几个过程：

首先要建立反映问题（工程问题、物理问题等）本质的数学模型。具体说就是要建立反映问题各量之间的微分方程及相应的定解条件，比如实际流动、传热传质过程，这是数值模拟的出发点。没有正确完善的数学模型，数值模拟就无从谈起。牛顿型流体流动的数学模型就是著名的纳维—斯托克斯方程（简称 N-S 方程）及其相应的定解条件。

数学模型建立之后，需要解决的问题是寻求高效率、高准确度的计算方法。由于人们的努力，目前已发展了许多数值计算方法。计算方法不仅包括微分方程的离散化方法及求解方法，还包括贴体坐标的建立，边界条件的处理等。例如网格生成、扩散项及对流项差分格式、各变量的耦合求解关系。这些过去被人们忽略或回避的问题，现在受到越来越多的重视和研究。

在确定了计算方法和坐标系后，就可以开始编制程序和进行计算。实践表明这一部分工作是整个工作的主体，占绝大部分时间。由于求解的问题比较复杂，比如方程本身就是一个非线性的十分复杂的方程，它的数值求解方法在理论上不够完善，所以需要通过实验来加以验证。正是在这个意义下讲，数值模拟又叫数值试验。应该指出的是，这部分工作决不是轻而易举的。

在计算工作完成后，大量数据只能通过图像形象地显示出来。因此数值的图像显示也是一项十分重要的工作。目前人们已能把图作得像相片一样逼真。利用录像机或电影放映机可以显示动态过程，模拟的水平越来越高，越来越逼真。

第二节 CFD 软件简介

一、概述

为了进行 CFD 计算，用户可借助商用软件来完成所需要的任务，也可自己直接编写计算程序。两种方法的基本工作过程是相同的。无论是流动问题，传热问题，还是污染物的运移问题；无论是稳态问题，还是瞬态问题，其求解过程都可以用图 9.4-1 概括。

为了完成 CFD 计算，过去多是用户自己编写计算程序，但由于 CFD 的复杂性及计算机软硬件条件的多样性，使得用户各自的应用程序往往缺乏通用性，而 CFD 本身又有其鲜明的系统性和规律性，因此比较适合于被制成通用的商用软件。自 1981 年以来，出现了如 PHOENICS、CFX、STAR-CD、FLU-ENT 等多个商用 CFD 软件，这些软件的显著特点是：

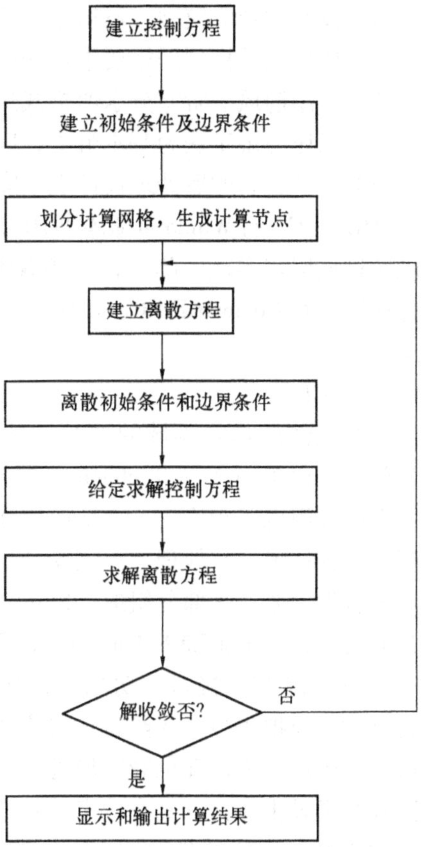

（1）功能比较全面，适用性强，几乎可以求解工程界中的各种复杂问题。

（2）具有比较易用的前后处理系统和与其他 CAD 及 CFD 软件的接口能力，便于用户快速完成造型、网格划分等工作。同时，还可让用户扩展自己的开发模块。

（3）具有比较完备的容错机制和操作界面，稳定性高。

（4）可在多种计算机、多种操作系统，包括并行环境下运行。

随着计算机技术快速发展，这些商用软件在工程领域正在发挥着越来越大的作用[8]。

二、通用 CFD 软件介绍[6][7]

（一）PHOENICS

PHOENICS 是世界上第一套计算流体动力学与

图 9.4-1 CFD 工作流程图

传热学的商用软件，它是 Parabolic Hyperbolic Or Elliptic Numerical Integration Code Series 的缩写，由 CFD 的著名学者 D. B. Spalding 和 S. V. Patankar 等提出，第一个正式版本于 1981 年开发完成。目前，PHOENICS 主要由 Concentration Heat and Momentum Limited（CHAM）公司开发。

除了通用 CFD 软件应该拥有的功能外，PHOENICS 软件有自己独特的功能：

（1）开放性——PHOENICS 最大限度地向用户开放了程序，用户可以根据需要添加用户程序、用户模型。PLANT 及 INFORM 功能的引入使用户不再需要编写 FORTRAN 源程序，GROUND 程序功能使用户修改添加模型更加任意、方便。

（2）CAD 接口——PHOENICS 可以读入几乎行何 CAD 软件的图形文件。

（3）运动物体功能——利用 MOVOBJ，可以定义物体运动，克服了使用相对运动方法的局限性。

(4) 多种模型选择——提供了多种湍流模型、多项流模型、多流体模型、燃烧模型、辐射模型等。

(5) 双重算法选择——既提供了欧拉算法，也提供了基于粒子运动的拉格朗日算法。

(6) 多模块选择——PHOENICS 提供了若干专用模块，FLAIR 用于小区规划设计及高大空间建筑设计模拟，HOTBOX 用于电子元器件散热模拟等。

PHOENICS 软件也有其不足之处：

(1) 没有两项流模型，不适用于两项错流流动计算。

(2) 所形成的模型网格要求正交(可以使用非正交网格但易导致计算发散)。

(3) 使用迎风一阶差分求值格式进行数值计算，不适合于精馏设备的模拟计算。

(4) 以压力矫正法为基本解决，因而不适合高速可压缩流体的流动模拟。

(5) 此外，它的后处理设计上不完善，软件的功能总量少于其他软件。

PHOENICS 的 Windows 版本使用 Digital/Compaq Fortran 编译器编译，用户的二次开发接口也通过该语言实现。此外，它还有 Linux/Unix 版本。其并行版本借助 MPI 或 PVM 在 PC 机群环境下及 Compaq ES40、HPK460、Silicon Graphics R10000(Origin)、Sun E450 等并行机上运行。

(二) CFX

CFX 软件是 CFD 领域的重要软件平台，CFX 是第一个通过 ISO 9001 质量认证的商业 CFD 软件，由英国 AEA Technology 公司开发。在欧洲使用广泛，1995 年进入中国市场，目前在中国应用也比较广泛。主要应用在航空航天、旋转机械、能源、石油化工、机械制造、汽车、生物技术、水处理、火灾安全、冶金、环保等领域。

该软件主要有 3 部分组成：Build，Solver 和 Analyse。Build 主要是要求操作者建立问题的几何模型，与 FLUENT 不同的是，CFX 软件的前期处理模块与主体软件合二为一，并可以实现与 CAD 建立接口，功能非常强劲，网格生成器适用于复杂外形的模拟计算。Solver 主要是建立模拟程序，在给定边界条件下，求解方程；Analyse 是后处理分析，对计算结果进行各种图形、表格和色彩图形处理。该平台的最大特点是，具有强大的前处理和后处理功能以及结果导出能力，具有较多的数学模型，比较适合于化工过程的模拟计算。

与大多数 CFD 软件比较不同的是，CFX 除了可以使用有限体积法之外，还采用了基于有限元的有限体积法。基于有限元的有限体积法保证了在有限体积法的守恒特性的基础上，吸收了有限元法的数值精确性。在 CFX 中，基于有限元的有限体积法，对六面体网格单元采用 60 点插值，而单纯的有限体积法仅采用 6 点插值；对四面体网格单元采用 60 点插值，而单纯的有限体积法仅采用 4 点插值。在湍流模型的应用上，除了常用的湍流模型外，CFX 最先使用了大涡模拟(LES)和分离模拟(DES)等高级湍流模型。

CFX 为用户提供了表达式语言(CEL)及用户子程序等不同层次的用户接口程序，允许用户加入自己的特殊物理模型。此外，CFX 的求解器在并行环境下获得了极好的可扩展性。CFX 可运行于 Unix、Linux、Windows 平台。

CFX 的前处理模块是 ICEM CFD，所提供的网格生成工具包括表面网格、六面体网格、四面体网格、棱柱体网格、四面体与六面体混合网格、自动六面体网格、全局自动笛卡尔网格生成器等。它在生成网格时，可实现边界层网格自动加密、流场变化剧烈区域网格局部加密、分离流模拟等。

ICEM CFD 除了提供自己的实体建模工具之外，它的网格生成工具也可集成在 CAD 环境中。用户可在自己的 CAD 系统中进行 ICEM CFD 的网格划分设置，如在 CAD 中选择面、线并分配网格大小属性等。这些数据可储存在 CAD 的原始数据库中，用户在对几何模型进行修改时也不会丢失相关的 ICEM CFD 设定信息。另外，CAD 软件中的参数化几何造型工具可与 ICEM CFD 中的网格生成及网格优化等模块直接连接，大大缩短了几何模型变化之后的网格再生成时间。其接口适用于 SoliWorks、CATIA、Pro/ENGINEER、Ideas、Unigraphics 等 CAD 系统。

1995 年，CFX 收购了旋转机械领域著名的加拿大 ASC 公司，推出了专业的旋转机械设计与分析模块——CFX-Tascflow。CFX-Tascflw 一直占据着旋转机械 CFD 市场的大量份额，是典型的气动/水动力学分析和设计工具。此外，还有两个辅助分析工具：BladeGen 和 TurboGrid。前者是交互式涡轮机械叶片设计工具，用户通过修改元件库参数或完全依靠 BladeGen 中的工具即可设计出各种旋转和静止叶片元件及新型叶片，对各种轴向流和径向流叶型，使 CAD 设计在数分钟内即可完成。TurboGrid 是叶栅通道网格生成工具。它采用了创新性的网格模版技术，结合参数化能力，工程师可以快捷地为绝大多数叶片类型生成高质量叶栅通道网格。用户所需提供的只是叶片数目、叶片及轮弧和外罩的外形数据文件。

（三）STAR – CD

STAR – CD 是由英国帝国学院提出的通用流体分析软件，由 1987 年在英国成立的 CD – adapco 集团公司开发。STAR – CD 这一名称的前半段来自于 Simulation of TurbulentflowinArbitrary Regin。该软件基于有限体积法，适用于不可压流和可压流（包括跨音速和超音速流）的计算、热力学的计算及非牛顿流的计算。它具有前处理器、求解器、后处理器三大模块，以良好的可视化用户界面把建模、求解及后处理与全部的物理模型和算法结合在一个软件包中。

STAR – CD 的前处理器（Prostar）具有较强的 CAD 建模功能，且它与当前流行的 CAD/CAE 软件（SABM、ICEM、PATRAN、IDEAS、ANSYS、GAMBIT 等）有良好的接口，可有效地进行数据交换。具有多种网格划分技术（如 Extrusion 方法、Multi – block 方法、Data import 方法等）和网格局部加密技术，具有对网格质量优劣的自我判断功能。Multi – block 方法和任意交界面技术相结合，不仅能够大大简化网格生成，还使不同部分的网格可以进行独立调整而不影响其他部分，可以求解任意复杂的几何形体，极大地增强了 CFD 作为设计工具的实用性和时效性。STAR – CD 在适应复杂计算区域的能力方面具有一定优势。它可处理滑移网格的问题，可用于多级透平机械内的流场计算。STAR – CD 提供了多种边界条件，可供用户根据不同的流动物理特性来选择合适的边界条件。

它提供了多种高级湍流模型，如各类 $k - \varepsilon$ 模型。STAR – CD 具有 SIMPLE、SIMPISO 和 PISO 等求解器，可根据网格质量的优劣和流动物理特性来选择。在差分格式方面，具有低阶和高阶的差分格式，如一阶迎风、二阶迎风、中心差分、QUICK 格式和混合格式等。

STAR – CD 的后处理器，具有动态和静态显示计算结果的功能。能用速度矢量图来显示流动特性，用等值线图或颜色来表示各个物理量的计算结果，可以进行气动力的计算。

STAR – CD 在三大模块中提供了与用户的接口，用户可根据需要编制 Fortran 子程序并通过 STAR – CD 提供的接口函数来达到预期的目的。

众所周知，对于黏性的、不稳定的、三维流体的分析是非常复杂的，STAR – CD 在复杂计算方面有一定的优势。

（四）FLUENT

FLUENT 于 1998 年进入中国市场，据报道[8]它的市场占有率为 40%，是应用较广的软件之一。FLUENT 也是目前处于世界领先地位的 CFD 软件之一，广泛用于模拟各种流体流动、传热、燃烧和污染物运移等问题。

FLUENT 是一个用于模拟和分析在复杂几何区域内的流体流动与热交换问题的专用 CFD 软件。FLUENT 提供了灵活的网格特性，用户可方便地使用结构网格和非结构网格对各种复杂区域进行网格划分。对于二维问题，可生成三角形单元网格和四边形单元网格；对于三维问题，提供的网格单元包括四面体、六面体、棱锥、楔形体及杂交网格等。FLUENT 还允许用户根据求解规模、精度及效率等因素，对网格进行整体或局部的细化和粗化。对于具有较大梯度的流动区域，FLUENT 提供的网格自适应特性可让用户在很高的精度下得到流场的解。

FLUENT 使用 C 语言开发完成，支持 UNIX 和 Windows 等多种平台，支持基于 MPI 的并行环境。FLUENT 通过交互的菜单界面与用户进行交互，用户可通过多窗口方式随时观察计算的进程和计算结果。计算结果可以用云图、等值线图、矢量图、XY 散点图等多种方式显示、存储和打印，甚至传送给其他 CFD 或 FEM 软件。FLUENT 提供了用户编程接口，让用户定制或控制相关的计算和输入输出。

1. FLUENT 软件构成

从本质上讲，FLUENT 只是一个求解器。FLUENT 本身提供的主要功能包括倒入网格模型、提供计算的物理模型、施加边界条件和材料特性、求解和后处理。FLUENT 支持的网格生成软件包括 GAMBIT、TGrid、PrePDF、GeoMesh 及其他 CAD/CAE 软件包。

GAMBIT、TGrid、PrePDF、GeoMesh 与 FLUENT 有着极好的相容性。TGrid 可提供 2D 三角形网格、3D 四面体网格、2D 和 3D 杂交网格等。GAMBIT 可生成供 FLUENT 直接使用的网格模型，也可将生成的网格传送给 TGrid，由 TGrid 进一步处理后再传给 FLUENT。PrePDF、GoeMesh 是 FLUENT 在引入 GAMBIT 之前所使用的前处理器，现 PrePDF 主要用于对某些燃烧问题进行建模，GeoMesh 已基本被 GAMBIT 取代。而 FLUENT 提供了各类 CAD/CAE 软件包与 GAMBIT 的接口。

2. FLUENT 适用对象

FLUENT 广泛用于航空、汽车、透平机械、水利、电子、发电、建筑设计、材料加工、加工设备、环境保护等领域，以 FLUENT6 为例，其主要的模拟能力包括：

① 用非结构自适应网格求解 2D 或 3D 区域内的流动；

② 不可压或可压流动；

③ 稳态分析或瞬态分析；

④ 无粘、层流和湍流；

⑤ 牛顿流体或非牛顿流体；

⑥ 热、质量、动量、湍流和化学组分的体积源项模型；

⑦ 各种形式的热交换，如自然对流、强迫对流、混合对流、辐射热传导等；

⑧ 惯性(静止)坐标系非惯性(旋转)坐标系模型；

⑨ 多重运动参考系，包括滑动网格界面、转子与定子相互作用的动静结合模型；

⑩ 化学组分的混合与反应模型，包括燃烧子模型和表面沉积反应模型；

⑪粒子、水滴及汽泡等离散相的运动轨迹计算，与连续相的耦合计算；

⑫相变模型(如熔化或凝固)；

⑬多相流；

⑭空化流；

⑮多孔介质中的流动；

⑯用于风扇、泵及热交换器的集总参数模型；

⑰复杂外形的自由表面流动。

3. FLUENT 的优缺点

FLUENT 最大优势是强大的前处理程序模块 Gambit，使得建立几何模型、网格化处理等非常方便，特别适合于外形复杂的 CFD 模拟过程。这是该版本在中国得到广泛应用的主要因素之一。FLUENT 的缺点是：人机交互性差，计算中，需要使用者输入的选择操作较多，计算机使用界面操作不方便，后处理功能效果不佳。

第三节　CFD 在换热器中应用的研究

在石油、化工、医药、动力、冶金、制冷等工业部门，各种类型的换热器成为必不可少的工艺设备之一，如何根据不同的工艺生产流程和生产规模，设计出投资少、能耗低、传热效率高及维修方便的换热器，对适应现代化的工业生产规模的日益扩大，节能设备的研究具有十分重要的意义。传统的换热器设计一般仅依靠简单的理论及实验分析来确定换热器的结构形式，但是这需要大量的实验经费以及很长的实验周期，而且这样得到的结构形式并不能确保为最佳的方案，传统的换热器设计流程如图 9.4 - 2。

从传统设计流程图中可以看出，在传统的换热器设计过程中，设计可行与否往往取决于试验，为保证性能稳定，就不得不进行大量实验，且产品方案的筛选和优化在设计、制造及测试部门之间进行大循环。由于牵涉到环节多，产品的开发周期长，费用高；对工程设计而言，往往需要进行方案选择和优化，但是由于换热器内流体流动与传热规律是十分复杂的，仅靠实验测试并不能最终达到开发新产品所需精确设计的目的。

从上面所述不难看出，完全通过传统实验研究不能很好地达到换热器优化设计的目的。因此，近年来为了加强设计制造方法的研究，提出通过"数值试验"——计算流体力学(CFD)模拟计算来评价、选择和优化设计方案，从而大幅度地减少实验室和实体实验研究的工作量，且获得的结果直观、快捷，设计过程如图 9.4 - 3。

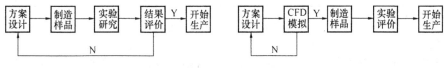

图 9.4 - 2　传统设计流程图　　　　图 9.4 - 3　CFD 设计流程图

CFD 设计流程图表明，换热器的设计方案可仅通过 CFD 计算结果来评估，且由于 CFD 软件可以比较快捷、准确及直观的反映出流体在换热器中流动的过程，如速度场、压力场、温度场或浓度场地分布，因此很容易从对流场的分析中发现样品设计中存在的问题，故能及时地反馈并进行设计方案的调整，从而避免了浪费大量的人力、物力和时间。而实验测量仅起到验证计算结果的目的，大大减少了时间和经费。研究各物理参数和结构参数变化对换热器流动性能和传热性能的影响，通过 CFD 模拟方法的应用，研究人员能够得到一些常规实验方法无法得到的信息；通过对 CFD 模拟结果的分析，能够总结出换热器内流体流动和传热的规律，为流动状况的改善、传热强化提供了一种行之有效的工具。同时，对研究强化传热的机理和实验研究起到了辅助作用。因此，采用 CFD 技术成为研究换热器的一种重要手段，下面就 CFD 在各种类换热器中换热方面的应用做具体介绍。

一、管壳式换热器

（一）分析方法

管壳式换热器是通过换热管壁面进行传热的，分为管程流场和壳程流场。由于管壳式换热器内有大量的换热管及众多换热管支承结构，使得壳程的几何结构和流体流动的通道较管程复杂。在兼顾计算规模和效率的同时，能够体现换热器真实结构和工作状态的建模方案，对反映换热器内部流场和温度场特性至关重要。

管壳式换热器的数值模拟必须基于黏性流体力学基本方程。数值模拟建模形式主要有 4 种：多孔介质模型、周期性单元流道模型、周期性全截面模型和实体模型。管壳式换热器壳程流场处于复杂的流动状态，需要借助一定的假设来实现模拟。人们在研究管壳式换热器流动传热规律的时候，通常需对模型进行了简化（如折流板、导流筒、换热管等），对管壳式换热器的局部进行建模，并通过模拟局部的一些细节过程来指导部件的优化[9]。

（二）实际应用

随着计算流体力学（CFD）的快速发展，国内外科研人员对管壳式换热器内部的流动情况、传热方式进行了数值模拟研究。如壳体截面矩形流程的流动模拟；单根换热管的传热模拟及管壳式换热器局部流动分析等。对一些复杂的管壳式换热设备也展开了模拟工作。

1. 国外 CFD 技术在管壳式换热器中的应用情况

应用 CFD 对管壳式换热器进行数值模拟研究，最早由英国人 S. V. Patankar 和 D. B. Spalding 在 1974 年提出的 SIMPLE 算法，之后已广泛用于热流问题的求解。起初建立管壳式换热器的长方形界面（二维），采用有限差分析法将相关的方程组、边界条件等转化为代数方程求解后得到速度场、压力场和温度场的分布情况。这种方法只能反映出壳程流体总的流动情况，却不能准确的分辨各个局部的细节。此后，直到 80 年代中期，随着计算格式和方法的飞跃发展，CFD 的应用进入了新的阶段。为了更加明确的表明 CFD 技术在管壳式换热器中的使用情况，以下分别列举了采用不同分析方法、不同维数对管壳式换热器进行模拟分析的一些示例，见表 9.4 – 1。

表 9.4 – 1 国外应用 CFD 技术在换热器中的使用示例

示例 CFD 应用维数	模拟对象	假设条件	理论分析方法	结 论	
1. S. V. Patank 和 D. B. Spalding 二维	壳程速度场、温度场、压力场的分布	把壳程当作多孔介质	分布阻力、有限差分法、容积多孔度	优点：能反映壳程流体总的流动情况	缺点：不能准确的分辨各个局部细节
2. W. T. sha 二维	蒸汽发生器内壳程流动状态	管束多孔度不是各向同性的	分布阻力、有限差分法、容积多孔度、表面渗透度、动量方程加入黏性力	优点：能进行流场分析	优点：只适用于二维
3. C. Zhang 二维	冷凝器、不同湍流管壳式换热器		容积多孔度、有限体积法	与实验结果吻合	

续表

示例\CFD 应用维数	模拟对象	假设条件	理论分析方法	结　论
4. 二维	套管换热器	总传热系数已知；换热器内流动为不可压缩层流	有限元法	比 LMTD – NUT 结果更精确、更可靠
5. 三维	弓形折流板管壳式热换热器的流体流动和传热		完全隐式、同体坐标控制容积技术、分布阻力、体积多孔度、表面渗透度、$k-\varepsilon$	模拟结果更真实可靠、更接近事实
6. 三维	椭圆型换热管的传热与流动	截取一定长度的单根换热管	分别采用标准 $\kappa-\varepsilon$ 模型，RNG $\kappa-\varepsilon$ 模型，雷诺应力模型进行计算	采用标准 $\kappa-\varepsilon$ 模型模拟的阻力因素与 RNG $\kappa-\varepsilon$ 模型相比更接近实验值

从表 4 - 1 可以看出，国外已在管壳式换热器的 CFD 数值模拟计算方面开展了大量的研究工作，取得了一些宝贵的经验。随着管壳式换热器不断深入的研究，计算精度的要求也不断提高。人们根据模拟求解的复杂程度可选取二维或三维模型，从建模到模拟计算，针对不同的模型和流动条件，可采用不同的网格划分及求解方法。对一些对称结构的几何体，内部结构简单，可采用二维平面模型四边形网格，建立对称结构模型即可减少网格数量，又能提高计算速度。如果涉及到有传热问题，需采用能量方程。对某些结构体，特别是壁面条件下的结构体，为了提高模拟计算的精度，生成贴体计算网格，同时也采用壁面函数，如果不是绝热环境，一定要考虑壁面的导热问题。

2. 国内 CFD 技术在管壳式换热器中的应用

相对于国外的研究情况，国内对管壳式换热器数值模拟研究则起步较晚。近年来，国内学者在国外数值模拟研究的基础上，在换热器数值模拟方面做了一些探索性的工作，国内所作的一些研究如表 9.4 - 2 所示。

表 9.4 - 2　国内 CFD 使用示例

CFD 国内应用示例	研究机构	模拟对象	结　论
1	青岛科技大学	管内高黏度流体流动和传热	小管径可以减少径向温差
2	华东理工大学	金属换热器的流体流动和传热	得出换热器内烟气、空气的温度和壁面热流分布
3	郑州大学和华东理工大学	纵流壳程换热器三维实际结构的流体流动和传热	得出传热和流动阻力关系式
4	上海交通大学	三维壳程单向流动和传热	模拟结果与实验结果相吻合，证实了这种模拟方法用于模拟管壳式换热器壳程单向流动与传热的正确性
5	西安交通大学	运用三维交错网格，采用各向异性多孔介质模型模拟三维壳程流场	与实验结果互相对应
6	广西大学	模拟太阳能热电站容积换热器	可以预测流体流过该换热器的宏观特征

综上所述，采用 CFD 模拟分析管壳式换热器的流动和传热，进一步加深了对管壳式换热器的研究。对管壳式换热器来说，结构上需要解决的问题不同可分别采取不同形式的建模，如二维、三维结构的流动过程。管壳式换热器做计算流体力学分析的主要目的是，研究流体流动、温度分布规律及压力降的变化等；其次是模拟所得的数据与管壳式换热器的工艺计算相比，以有助于工艺计算过程的修正，及早发现设计缺陷；第三是对产品进行优化设计，并证实未来产品功能和性能的可用性和可靠性。

随着计算流体力学(CFD)及其计算技术的发展，用于换热器的数值模拟方法以及商业 CFD 软件都日渐成熟，这为数值模拟在管壳式换热器研究开发中的应用提供了坚实的理论基础和方便快捷工具，并进一步推动了管壳式换热器的发展与革新。

二、板式换热器

板式换热器是一种高效、紧凑的换热设备，与其他换热器相比，其具有传热系数高、结构紧凑和易拆洗等优点。但也存在流动阻力大及承压能力低等缺点。寻求换热性能与流动阻力的合理匹配一直是板式换热器优化与改进的主要方向。但是板式换热器的流道形状复杂，叠放方式多种多样，长期以来，对其研究只停留在实验和经验基础上，缺乏预见性。采用 CFD 数值模拟方法来研究板式换热器板间内的流动与换热特性，是一种节省成本，方便省时的有效途径，有助于优化和开发新的高效换热器。

(一)分析方法

板式换热器中最核心的部件应属板片，由板片所构成的流道形状复杂，叠放方式多种多样，这对板式换热器传热性能和流动阻力特性有很大的影响。如果只是在实验和经验基础上的研究，由于工作量巨大而难以将各种因素的影响规律分析清楚。在合理简化板式换热器实际结构的基础上，若能够建立真实反映流动和传热特性的流场、温度场数值计算模型，采用两板片和为一个整体板束的模拟来简化模型网格数量，再利用 CFD 软件对该板束在正常操作工况下的流速与温度进行数值模拟，则即可求取板束计算流道上各有关部位的壁温分布、压力分布和流速分布。如果 CFD 模拟模型数值分析得到的温度数据与实测数据相符，说明温度场的数值模拟分析方法及其流动条件的假定是符合实际的，计算参数的选择也是合理可行的。通过分析有关板式换热器中板束传热区域的流场和温度场，以及在板片进出口导流区流体导流的情况，可以指导板片设计者对板片结构进行优化设计。

(二)实际应用

作为节能设备的板式换热器，其具有结构紧凑、传热系数大及占地面积小等优点，因而使得该换热器获得了广泛使用。人们对板式换热器的研究已从实验室测试研究阶段转向到数值模拟阶段。通过 CFD 对板式换热器的模拟，已得到了许多宝贵的经验及工程实用价值。Grijispeerdt 等人利用 CFD 对板式换热器建立的二维、三维模型进行了模拟。结果表明，三维模拟比二维模拟具有更加详细和清析的流场分布。二维模拟只能反映波纹形状对流动与换热的影响，而三维模拟还能反映波纹方向对其性能的影响，模拟能够确定壁面处山于湍流逆流而导致的高温区[10]。

AG. hanaris 等人提出的通用方法，可用于连续性人字形波纹表面板式换热器的优化设计。它采用 CFD 软件来建立狭长的人字形波纹板片三维流通渠道，能预测板式换热器的传热系数和压力降。板片深度、流道截面、人字形波纹倾角及板片波纹的节距可作为设计的可变参数来考虑。为了限制模拟的次数，采用了 Box Behnken 技术。增强线性传热，并带有一定的摩擦损失，采用计算能量值的质量因素。来优化板片的波纹形状。新型波纹形状用来预测努塞尔数和摩擦因数，模拟结果与所公开的数据能很好的吻合[11]。

北京化工大学的蔡毅等人根据 BR012(H)型板片的实际结构尺寸，建立了冷热双流道换热模型，用以对板式换热器进行整体性能的数值模拟。之后，将模拟的流体压降值和进出口温差值与实验值相比较，其误差小于6%。模拟出流体在流道中的流动情况，包括板片进出口介质的速度和温度分布情况。发现入口分配区存在流体分配不均问题，这将明显降低板片的传热性能，同时还增加了压力降[12]。

采用 CFD 数值模拟方法对板式换热器板间流动与传热特性进行模拟研究，并通过对各种传热板片进行数值模拟后，可以得到其槽道内三维的流场、压力场和温度场。通过对影响传热与流动的主要原因进行分析，以及对影响传热和阻力特性的主要因素进行数值模拟和分析对比，可拟合出入字形板式换热器的综合准则关系式。这对传热板片的优化和新型板片的开发均具有指导性意义。用 CFD 模拟板式换热器虽然具有上述诸多优点，但是随着板式换热器使用范围的更加广泛，使用工艺的多样性，迫使人们进一步研究能适应新工艺的新型传热板片。而采用 CFD 来研究板式换热器的新结构，即能在一个模型中把所有的参数，如波高、波距等都表达出来。但这需要后人继续研究，并通过实验验证来确定它的准确性。

三、板翅式换热器

板翅式换热器是一种高效的紧凑式换热器，随着加工工艺技术的发展，其应用范围不断扩展，目前已广泛应用于空气分离、石油化工、天然气液化及合成氨等工业领域。其突出优点是结构紧凑、便于多股流布置、小温差和大温降换热。板翅式换热器设计一般仅依靠简单的理论及实验分析即可确定板翅式换热器的结构形式。但是，这需要大量的实验经费以及很长的实验周期，且这样得到的结构形式并不能确保其为最佳的方案。若采用 CFD 模拟技术来研究板翅式换热器，则可对板翅式换热器进行评价、选择和优化设计，进而大幅度地减少了实验室和实体实验研究的工作量，且所获得的结果更直观和快捷。

（一）分析方法

板翅式换热器由一组各种不同的平板(隔板)和表面皱褶的翅片经钎焊而成，翅片是二次换热面，为各层板间的内部压力提供机械支持。翅片的高度、厚度、翅距以及整个外形结构(如光滑平直三角翅片、百叶窗翅片、穿孔翅片或波纹翅片)，是反应板翅式换热器传热性能好坏的主要因素。采用 CFD 软件，并建立耦合传热模型来模拟翅片流道中流体流动与传热特性，进而研究翅片外形及几何结构对翅片导热和流体流动传热的影响，以最终确定不同翅片结构所适应的不同使用场合。

（二）实际运用

板翅式换热器具有体积小、质量轻及效率高等优点，使得板翅式换热器在石油、化工和制冷等领域得到广泛的应用。为此，人们也加强了用计算机技术对板翅式换热器传热与流动方面的研究工作。如郑州大学化学工程学院的董其伍等人，就对板翅式换热器流道中流体流动与传热的性能进行了数值计算，把 CFD 技术运用到板翅式换热器的设计领域中。通过合理简化，建立了 7 种不同的平直翅片模型，得出了 7 种不同高度、厚度和翅片间距的翅片流道中流体平均 Nu 数和压力降随 Re 数变化的曲线。研究结果表明，这些结果对板翅式换热器的翅片结构选择和设计均具有一定的参考意义[13]。

武汉理工大学的甘建德等人运用 ANSYS 软件中的 FLOTRAN 模块，对板翅式换热器中的锯齿形翅片的湍流流动和传热特性进行模拟仿真，研究了板翅式换热器内部压力场、速度场及温度场的分布。证实锯齿形翅片具有增强扰动、破坏边界层和强化传热的效果[14]。

综上所述，板翅式换热器的 CFD 优化设计，可以在满足用户性能要求的前提下，具有最小投资费用和运转费用的优点。在模拟前对板翅式换热器进行简化是很有必要的，不能将整个翅片板束建立成一个统一模型，选取其中一对板束（热流体侧与冷流体侧）来建模即可，假设入口温度在横截面上是统一的，速度分配是均匀的，在流体流动产生的热量可忽略不计的前提下，才能进行下一步的模拟。翅片的优化设计包括翅型选择、流通布置、流体均布、温度场分布和纵向热传导的考虑等。在设计中，以局部热平衡偏差、允许阻力值、流道计算长度偏差为主要控制指标进行流通排列分配，使设计更趋合理。这对流体间温差小、温降大的低温换热器重为重要。因此，CFD 技术在板翅式换热器的优化设计方面体现了无比的优越性，是一个很大的飞跃，对今后板翅式换热器的研制具有深远的影响。

第四节　问题与前景

一、问题

CFD 虽然有其广泛的应用前景，但也存在一定的局限性。首先，数值解法是一种离散近似的计算方法，依赖于物理上合理、数学上适用、适合于在计算机上进行计算的离散的有限数学模型。且最终结果不能提供任何形式的解析表达式，只是有限个离散点上的数值解，并有一定的计算误差。第二，它不像物理模型实验一开始就能给出流动现象并定性地描述，往往需要由原体观测或物理模型试验来提供某些流动参数，并需要对建立的数学模型进行验证。第三，程序的编制及资料的收集、整理与正确利用，在很大程度上依赖于经验与技巧。此外，因数值处理方法等原因有可能导致计算结果不真实，如产生的数值黏性和频散等物理效应。当然，某些缺点或局限性可通过用某种方式来克服或弥补，这些方法已被一些专家学者所提出。此外，CFD 因涉及大量数值计算，因此需要较高的计算机软硬件配置。

在换热器计算、分析和研究的过程中，数值计算、理论分析和实验观测是相互联系、相互促进的，但不能完全替代，三者各有各的适用场合。在实际工作中，需要注意三者有机的结合，争取做到取长补短。

换热器在工业中运用历史悠久，随着工业运用要求的提高，人们通过各种研究手段来研究和设计迎合工业需求的换热器。在第三节介绍了 CFD 在换热设备中具体应用实例，人们通过 CFD 数值模拟也解决了传热研究的一些相关问题，为换热设备的研究与开发，结构优化提供了参考数据。但是，受到先前数值模拟软件和计算机硬件条件的限制，很多换热器内的流动、传热问题尚未解决且有待于发现。如流体流动诱导换热管振动，如何减振的问题；蒸发或冷凝过程中换热器内部的相变分布问题；管程流体在每根换热管内的流速是否均匀分配问题；换热管管壁附有污垢后的传热分析问题；污垢在传热壁面的形成过程及对传热的影响等问题。对一些新型结构高效换热器，迄今为止尚缺乏深入的流动与传热机理研究。

二、前景

随着现代工业生产规模的日益扩大，对节能意识的增强，各工业部门都在大力发展大容量、高性能设备。因此，要求提供体积小、重量轻、传热能力大、流体阻力小的换热设备，节能型换热设备将成为未来能换设备的发展趋势。工业装置对换热器的性能提出了越来越高的要求，需要采取先进的研究手段不断的优化换热器性能，研究开发新型节能设备。因此，把理论研究、CFD、实验验证有机且协调地结合起来，才能实现换热器的深入研究和开发。即在采用 CFD 的方法研究出新型强化传热组件或新型换热器结构之后，应用现代实验研究手段进行验证才是换热器研究、开发的发展方向。该开发方式将大大缩短换热器的研究开发周期、降低费用、减少误差。

计算流体力学的快速发展及其在换热器中的研究、应用，必将改变了换热器传统的研发、设计过程，其在换热器中将会得到越来越广泛的应用。CFD 作为一种强有力的分析工具和手段，在换热器朝着精细化设计的进程中，必将具有广阔的应用前景。

参 考 文 献

［1］　周雪漪. 计算水力学［M］. 北京：清华大学出版社，1995.

［2］　陶文铨. 数值传热学（第二版）［M］. 西安：西安交通大学出版社，2001.

［3］　郭鸿志. 传输过程数值模拟［M］. 北京：冶金工业出版社，1998.

［4］　Patankar S V. 传热与流体流动的数值计算（中文版，张政译）［M］. 北京：科学出版社，1984.

［5］　王福军. 计算流体动力学分析［M］，北京：清华大学出版社，2004.

［6］　翟建华. 计算流体力学（CFD）的通用软件［J］. 石家庄：河北科技大学学报，2005，26（2）.

［7］　姚征，陈康民. CFD 通用软件综述［J］. 上海：上海理工大学学报，2002，24（20）：137～144.

［8］　胡健伟，汤怀民. 微分方程数值方法［M］. 北京：科学出版社，2001.

［9］　董其伍，刘敏珊. 纵流壳程换热器［M］. 北京：化学工业出版社，2007.

［10］　Koen GrijsPeerdt, Birinchi Hazarika, DeanVueinic, APPlication of computational fluid dynamics to model the hydrodynamics of plate heat exchangers form milk processing［J］. Journal of Food Engineering, 2003, 57：237～242.

［11］　HanarisAG, MouzaAA, Paras SV. Optinal design of a plate heat exchanger with unsurfaces［J］. Intemational Journal of thermal science, 2009, 48：1184～1195.

［12］　蔡毅. 板式换热器性能的数值模拟和实验研究. 北京化工大学硕士学位论文. 2008.

［13］　董其伍，王丹，刘敏珊，宫本希. 板翅式换热器流道中流体流动与传热的数值模拟研究. 冶金能源［J］，2008.27（2）：48～50.

［14］　甘建德，柴苍修. 板翅式换热器的传热特性研究. 机械工程与自动化［J］，2008，147（2）：56～61.

第五章 换热器机械设计

第一节 机械设计程序概述

换热器机械设计的主要内容是指换热器元件的强度设计和施工图纸设计。其中强度设计是换热器设计工作中计算量和难度最大的一部分，也是后续设计工作能够顺利完成的保证。换热器强度计算标准化的规定为设计工作的程序化奠定了基础。本章主要介绍换热器的强度设计。

目前国内外换热器强度计算工作均已全部实现了软件化，大大提高了换热器强度计算的效率和准确性。国外换热器计算软件常规计算方法大多依据 ASME、TEAM、BS PD 5500、EN 13445、CODAP、AD - Merkblätter 等标准，国内计算软件则依据 GB151、GB150 标准。

随着软件技术的发展，换热器设计软件的功能也得到了极大的拓展，不再仅仅局限于单一的强度计算，同时还提供了强度计算之外的设计内容，如接管局部的应力计算，CAD 图纸的绘制（包含换热器自动布管，折流板、滑道及防冲板布置等），料表汇总及设备报价等，这些功能的实现使得换热器设计工作变得越来越快捷了。

随着计算机硬件水平的飞速发展，利用普通 PC 进行换热器特殊结构的应力分析设计变得越来越普遍，利用 ANSYS、Algor 等大型应力分析软件对特殊结构换热器或换热器零部件进行分析设计也成为换热器设计工作中经常使用的手段。

从目前软件的功能和解决问题的能力上来说，无论使用常规设计方法或使用分析设计方法，国内软件与国外同类型软件相比，均存在较大差距。随着国际化趋势的进一步加强，国内软件也面临着国外产品越来越大的冲击与竞争。

第二节 常规机械设计

在换热器设计中，常规设计方法是应用最为广泛和成熟的设计方法，能够解决绝大多数换热器的设计问题。对常规设计方法，国内外均有很多主流的标准或规范对其相关设计内容和过程进行了非常详细的规定。国外主要有 ASME Ⅷ Division 1、TEMAstandards, classes R, Cand B、BS PD 5500、EN 13445、CODAP、AD - Merkblaitter 5 大主要标准，国内有 GB 150—2011《压力容器》和 GB 151—1999《管壳式换热器》。

常规设计方法主要解决换热器在管程、壳程压力及温度的作用下主要受压元件，如管箱、壳体、管板及设备法兰等的强度计算问题。此外，还有接管开孔补强问题和支座地脚螺栓强度问题等。目前国内外软件均在其中提供了大量的零件标准数据并作为在线设计辅助数据，如法兰标准、膨胀节标准、接管标准及支座标准等，从而大大降低了换热器的设计强度和难度。

一、国内软件

目前国内换热器结构设计软件按照功能可分为两大类,即强度计算软件和 CAD 绘图软件。

(一)强度计算软件

国内压力容器强度设计软件的开发起步于 20 世纪 90 年代初,最初由上海化工技术中心站组织全国 13 家科研院所开发的《IBM – PC 机钢制压力容器设计计算软件包》(简称 SW6—93),为一枝独秀。1999 年,兰州蓝森石化技术有限公司推出 Lansys PV《压力容器强度计算软件》,2005 年由中石化设备设计技术中心站又推出了《石油化工静设备计算机辅助设计桌面系统》PVDesktop。目前,这 3 种设计软件已成为国内市场上的主流设计软件。换热器强度设计作为软件的一个设计模块已被包含在上述 3 个软件当中。

1. SW6—1998

由上海化工技术中心站于 1993 年率先推出并基于 DOS 的操作系统,是国内第一套自主开发的压力容器强度设计软件。1998 年又推出了 Windows 版本。该软件的编制单位有全国化工设备设计技术中心站、华东理工大学化工机械研究所、中国寰球化学工程公司、中国天辰化学工程公司、中国五环化学工程公司、中国石化集团上海医药工业设计院、天津市化工设计院、中国华陆工程公司及合肥通用机械研究所。

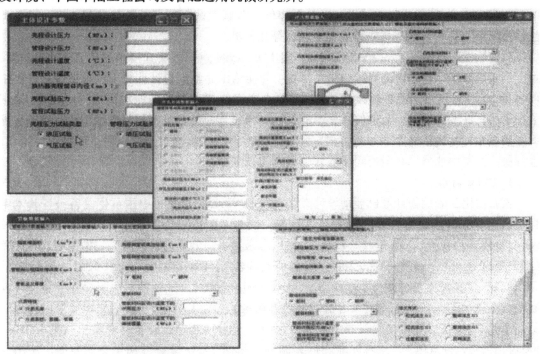

图 9.5 – 1　SW6—1998 换热器设计数据输入界面

SW6—1998 包括了 10 个设备计算程序(分别为卧式容器、塔式容器、固定管板换热器、浮头式换热器、U 形管换热器、填函式换热器、带夹套立式容器、球形储罐、高压容器及非圆形容器等),以及零部件计算程序和用户材料数据库管理程序。

零部件计算程序可单独计算,如最常用的受内、外压的圆筒和各种封头,以及开孔补强和法兰等受压元件,还有 HG 20582—1998《钢制化工容器强度计算规定》中的一些较为特殊的受压元件进行强度计算。该 10 个计算程序几乎能对该类设备各种结构组合的受压元件进行逐个计算或整体计算。

由于 SW6—1998 以 Windows 为操作平台，不少操作借鉴了类似于 Windows 的用户界面，因而允许用户分多次输入同一台设备的原始数据，在同一台设备中对不同零部件原始数据的输入次序不作限制，输入原始数据时还可借助于"示意图"或"帮助"按钮给出提示等，极大地方便了用户的使用。一个设备中各个零部件的计算次序，既可由用户自行决定，也可由程序来决定，十分灵活。

计算结束后，分别以屏幕显示简要结果及直接采用 WORD 表格形式形成按中、英文编排的《设计计算书》等多种方式，给出相应的计算结果，满足用户查阅简要结论或输出正式文件存档的不同需要。

2. Lansys PV

由兰州蓝森石化技术有限公司于 1999 年推出并基于 Windows 32 位的这一操作系统，依据 GB 150—1998《钢制压力容器》、GB151—1999《钢制管壳式换热器》、JB/T 4710—2005《钢制塔式容器》、JB/T 4731—2005《钢制卧式容器》、GB 12337—1998《钢制球形储罐》、GB 16749—1997《压力容器波形膨胀节》、HG/T 20569—1994《机械搅拌设备》及有关基础标准而进行编制的，在尊重原标准及行业习惯的原则下作了合理的分类，80 多种零件项(计算项)归纳为壳与封头、平盖与法兰、换热器零件、非圆形截面容器及筒体端部 5 类，设备类包括换热器、卧式容器、直立容器及搅拌器等几大类。

目前版本 1.2 的 Lansys PV 能够依据 GB 151—1999 进行浮头式换热器、填函式换热器、固定管板换热器、U 形管换热器的设计计算，并能给出完整的设计计算书。该设计软件已于 1999 年通过《全国压力容器标准化技术委员会》组织的评审鉴定。评审认为，LANSYS 采用了先进的软件编程技术，在软件界面的友好性、操作方便性、外部材料数据库建立以及标准零件数据库和计算文档管理等方面均具有自己的特色，计算结果准确可靠，帮助内容翔实，运行稳定，实用性强，在国内同类软件中具有先进水平。

3. PVDesktop

该石油化工静设备计算机辅助设计桌面系统(PVDesktop)是由中国石化设备设计技术中心站组织开发的静设备计算机辅助设计软件，依据 GB 150—2011《压力容器》、GB 151—1999《管壳式换热器》、JB 4732—1995《钢制压力容器——分析设计标准》、JB/T 4710—2005《钢制塔式容器》、JB/T 4731—2005《钢制卧式容器》、GB 12337—1998《钢制球形储罐》、GB 16749—1997《压力容器波形膨胀节》、GB 50341—2003《立式圆筒形钢制焊接油罐设计规范》、HG 20582—1998《钢制化工容器强度计算规定》、JB/T 4735—97《钢制焊接常压容器》、GB 50009—2001《建筑结构荷载规范》、GB 50011—2001《建筑抗震设计规范》、GB 50017—2003《钢结构设计规范》等国内标准进行编制的，采用了 3D 模型可视化交互界面，使用方便。提供了较齐全的材料、零部件标准数据库，给出了开放式的设计选项与合理的缺省设计参数，使软件既有足够的智能性和良好的整体性，又有相当的灵活性。计算书有中英文，有详细和简明的 4 种格式。内容准确详实、图文并茂，并可另存为 HTML 文件，用浏览器或 Word 打开。

PVDesktop 最新版本加入了 ASME 2004 Ⅷ DiV. 1 和 TEMA 标准设计计算，是国内第一款能够依据国外标准进行设计的压力容器强度设计软件。

PVDesktop 于 2004 年已通过中国石化集团设备设计技术中心站组织的专家评审和鉴定。

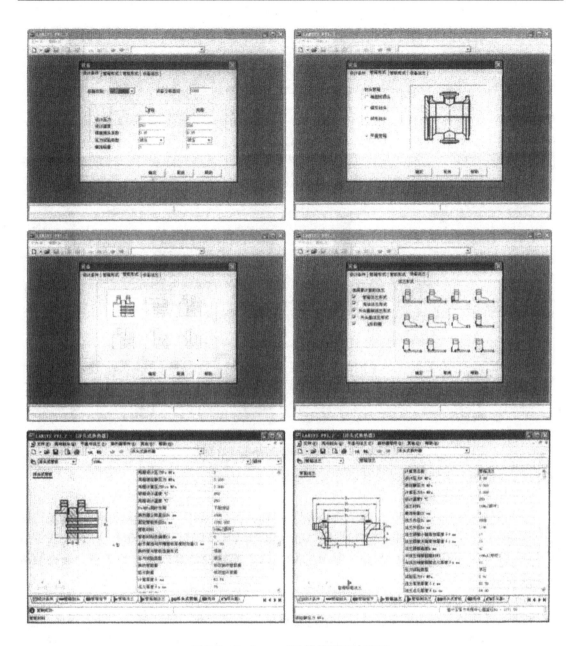

图 9.5 – 2　Lansys PV 换热器设计界面

评审认为，PVDesktop 功能齐全，实用性强，涵盖了石油化工行业中塔器、立式容器、卧式容器及换热器等常规设备以及受压元件和组合件的设计计算。计算结果可靠，运行稳定。该软件计算方法遵循了 GB 150、GB 151 等国家标准及行业标准，软件采用 3D 模型可视化交互界面，属国内首创，达到国际水平。该软件操作直观方便，帮助翔实准确。在国内同类软件中具有领先水平。

（二）国内软件发展趋势

自 SW6 于 1993 年面世，直到后来 Lansys 的推出以及 PVDesktop 的出现，随着电脑技术的日新月异，互联网应用的普及，压力容器行业计算机应用水平得到了很大的提高。应用规模也不断扩大，得益于这些硬件条件的不断改善，压力容器专业设计软件也发展得日趋成熟

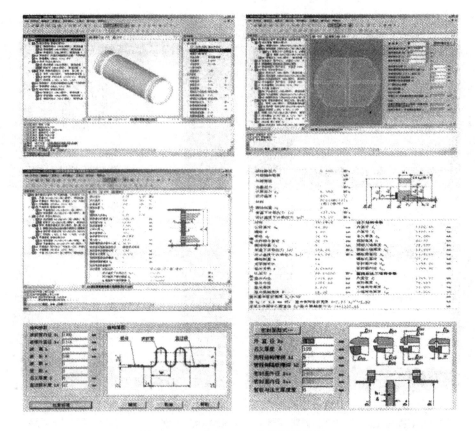

图 9.5 - 3 PVDesktop 换热器设计界面

和完善。目前国内软件发展主要有以下几大趋势。

（1）计算内容更加丰富

除了基础标准外（GB 150、GB 151、JB/T 4731、JB/T 4710、GB 12337 等），更多的国内标准（JB/T 4732、GB 16749 等）和规范（GB 50009、GB 50011、GB 50017 等）被加入了软件当中，甚至部分国外标准（ASME、TEMA）的加入，使软件计算内容日趋丰富，解决问题的范围更加广泛。

（2）功能更加强大，集成度更高

随着软件应用水平的提高，软件功能也变得更加的多元化，除计算外，设备料表汇总、零件图、工程图绘制及设备报价计算等相关功能也被逐步加入到软件中来，使软件慢慢由单一计算软件向压力容器设计平台过渡。

（3）专业水平不断提高

软件能够在设计人员的设计过程中提供更多更丰富的设计参照数据，计算出更合理的结构数据，甚至提供优化单体元件或设备的能力，大大降低了设计人员设计的难度。

（4）及时专业的技术支持

在市场竞争越来越激烈的今天，各大软件开发商把提供更加专业和及时的技术支持作为能够更好占领市场的重要手段。

二、国外机械设计软件

国外压力容器强度设计软件的开发起步于 20 世纪 80 年代中期，目前国际上主流设计软件主要有：PVELite、Microprotol、B - JAC（AspenHTFS + ）、COMPRESS、VisualVesselDesign(VVD)5 种，大都依据 ASMEVlll Div. 1Rules、EN13445、BSPD5500、AD – Merkbltter 等标准或规范进行编制。换热器强度设计作为软件的一个设计模块被包含在上述 5 个软件当中。

1. PVELITE

由美国 COADE 公司开发，于 1984 年面世，这是一款功能强大的，易学、易用的压力容器分析设计软件。它为工程师、设计者、评审者、制造者和监察员提供了立式或卧式容器、换热器和各个容器部件的设计分析能力。不管是对壁厚的检查还是对整个容器的合理评价，用 PVElite 软件都能准确而快速地进行设计和分析。

PVElite 是依据 ASMEⅧ Div. 1&2Rules、EN13445、BS PD5500、TEMA 标准进行编制的，包含 Australia&New Zealand、Canada(NBC)、Europe、India、Mexico、United States(ASCE7，UBC，LBC)、UK(BS6399)风压与地震计算方法，接管局部用力可按照 WRC B107 – 297 或 PD5500 附录 G 进行计算。拥有完整的材料数据库支持，种类超过了 3600 种。材料包括碳钢、钛钢、不锈钢、锆、铜、镍、铝及 B32. 1 管材等，支持公制与英制两种单位的输入，具有零件计算和设备计算两种计算模式，换热器设计支持立式或卧式两种放置类型。

PV Elite 采用了 2D/3D 视图显示技术，界面直观，设计数据以表格形式输入，设计过程中设计人员可以参照丰富的辅助数据(法兰标准、型钢标准及支座标准等)和实时的帮助系统来快速确定元件的结构尺寸，设计完成后可输出完整的计算书，并支持 HtmI、Word 和 PDF 格式的导出。设备简图可输出为 PCX 或 DXF 格式，最新版中加入了换热器设计数据支持从 HTRI 计算文件导入的功能，大大降低了换热器设计数据输入的复杂性和出错几率。

2. Microprotol

由法国 EuReasearch 公司开发，于 1984 年面世，这是一款压力容器、管壳式换热器以及空冷器计算的专家系统，除了设计计算，Microprotol 还能为生产制造提供图纸、料表和制造工时数据，并自动生成设备的报价书。

Microprotol 是依据 ASME Ⅷ Div. 1 Rules、EN13445、BS PD5500、AD – Merkblätter、CODAP、TEMA 标准进行编制的，包含了 UBC、ASCE7、UK(BS 6399part2、BSICP3)、NV65、PS、CM66 以及印度、巴西、土耳其、葡萄牙、匈牙利等地的风载和地震计算方法。接管局部用力可按照 WRC B107 – 297、BSPD5500 附录 G、EN13445Version9 进行计算。还包含了 EJMA 膨胀节标准，是目前包含标准最全，计算设备类型最多的一款压力容器设计软件。它拥有完整的材料数据库支持(5 大标准材料数据)，支持公制与英制两种单位的输入，界面支持英语、法语、德语和西班牙语 4 种语言类型，计算书可输出为英语、法语、德语 3 种语言格式。具有零件计算和设备计算两种计算模式，换热器设计支持立式或卧式两种放置类型，其中卧式计算支持两台换热器重叠计算。

Microprotol 换热器设计模块具有很高的专业水平，设计人员只需选定换热器类型、输入换热器工程直径、管程壳程设计压力和温度、腐蚀裕量、接管数据、管程数、排管方式、换热管长度、设备法兰垫片类型以及主要受压元件材料后，Microprotol 便可自动进行整台设备的优化设计，自动确定管箱和壳体长度，优化设备法兰的结构尺寸，自动布管(支持 9 类型，最多 30 管程)，并按照 Zick、EN 或 ADS 3/2 方法进行支座的设计计算(支持多支座计算，最多 10 个支座)。

Microprptol 采用了 2D/3D 视图显示技术，设计人员可以在 2D 视图中直接点选换热器零

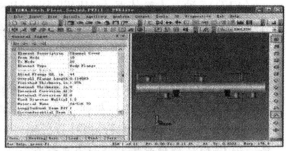
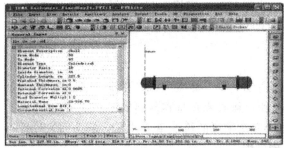
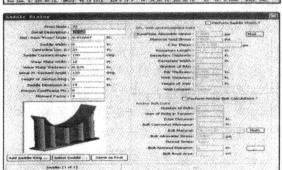
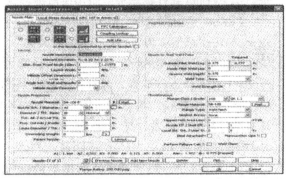

图 9.5 - 4　PV Elite 换热器设计界面

件，双击后修改该零件的结构尺寸。尺寸发生变化后，2D/3D 视图均会发生相应的变化，所见即所得。设计过程中设计人员可以参照丰富的辅助数据(法兰标准、型钢标准、支座标准等)和实时的帮助系统来快速确定元件的结构尺寸。设计完成后以 RTF 格式输出完整的计算书，并备有详细的错误和警告信息。在计算错误时，系统可以根据错误的类型，提出解决方案，以便设计人员修改相关参数后重新进行设计。

　　计算完成后，Mircprotol 可以自动生成全套 CAD 工程图纸(dwg 格式)和 Word，或 Ex-ecl 类型的设备料表、设备零件加工工时和设备组装工时的估算表和完整的报价书。对管板，可以直接生成数控机床钻孔的程序编码，方便机械加工。Mlcroprptol 支持从 AspenTASC、HTRIXchanse 或 ProsimEXCH 等工艺计算文件导入设备数据进行计算，大大降低了换热器设计数据输入的复杂性和出错几率。对于制造，Microprotol 可以自动生成壳体展开图、X - 射线布片图、焊缝方位图，产品总装图及施工图。

　　Micriprotol 能够满足从强度计算直到生产制造过程中一系列设计任务，它不再是一款单一的压力容器设计软件，而是能够作为压力容器设计的一个平台来衔接设计阶段不同层次的工作任务，并高效准确地完成这一系列任务，是目前国际上效率最高、功能最全的一款

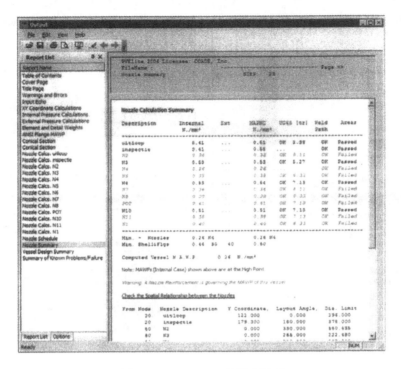

图 9.5 – 5　PV Elite 计算书界面

软件。

3. Aspen B – JAC

ASPEN B – JAC 由美国 Aspen Technology 公司开发，属于 ASPEN 工程软件包的一部分，该软件包是一套用于工艺过程设计、模拟及分析的综合工具。ASPEN B – JAN 是与 ASPEN PLUS 稳态模拟软件集成在一起的。工程师用该程序可以描述整个工艺过程中实际换热器的性能。

ASPEN B – JAC 是由 3 个程序组成的集成的软件：其中 ASPEN HETRAN 可用于管程壳程的传热设计、核算及模拟；ASPEN AEROTRAN 可用于空冷换热器的传热设计、核算及模拟；ASPEN TEAMS 可用于程管壳程的机械设计和核算。

ASPENHETRAN 和 ASPENAEROTRAN 均有一个高级的优化算法，其能够找到满足所有工艺要求的且成本最低的换热器。程序在优化过程中能进行详细的成本计算。用户可用交互式的分析优化路径和评价可选的设计方案。ASPENHETRAN 和 ASPENAEROTRAN 均可确定出合理的换热器设计，在传热设计过程中就能做一个初步的机械设计来检查部件是否冲突和代码依从。

ASPEN TEAMS 能够完成一个完整的机械设计，包括综合应力分析及外部负载计算，它还包括了详细的换热器受压元件计算、设备材料汇总、人工成本估算及制造图纸的自动生成。

Aspen TEMA 是依据 ASME Ⅷ Div. 1 Rules、EN13445、AD – Merkblätter、CODAP、TEMA 标准进行编制的，包含了 ASCE7 风载和地震计算方法，接管局部用力可按照 WRC B107 – 297 进行计算。拥有完整的材料数据库支持（ASME，AFNOR，DIN，JIS，EN 材料数据）。支持公制、英制和用户自定义单位制的输入。具有零件计算和设备计算两种计算模式。

Aspen TEMA 具有很高的专业水平，和 Microprotol 类似，设计人员也只需输入较少量

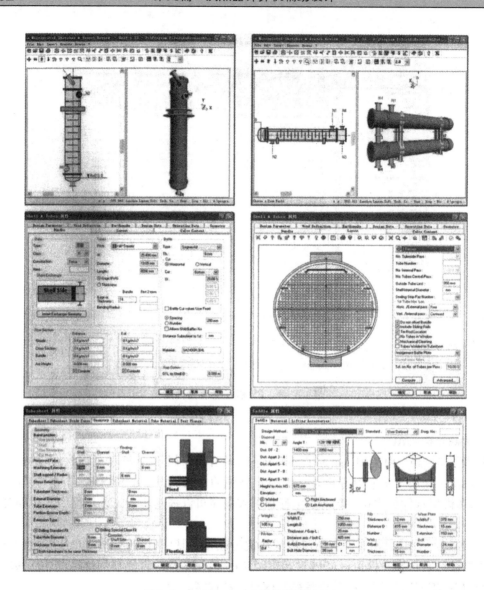

图 9.5-6 Microprotol 换热器设计界面

的数据，AspenTEMA 就可以根据 TEMA 的规定确定出所有元件的结构尺寸，并进行设计计算，得出优化的解。当计算错误时，系统可以根据错误的类型，提出解决方案，以便设计人员修改相关参数后重新进行设计。设计计算完成后，设计人员可以选择以 Word 或 Execl 格式输出计算书，图形以 DXF 格式输出。除了强度计算外，AspenTEMA 会同时完成设备料表汇总以及设备零件加工工时和设备组装工时的估算，最终形成设备报价估算，并一同在设备计算书中输出。另外，AspenTEMA 支持从 Hysys 计算文件中导入数据进行计算。

AspenTEMA 采用树形目录结构组织换热器数据，主要部件形式采用图形提示，数据组织合理，显示直观，操作方便。

4. COMPRESS

由美国 CODEWARE 公司开发，1985 年面世。它提供了立式卧式容器、换热器和各个容器部件的设计分析能力。

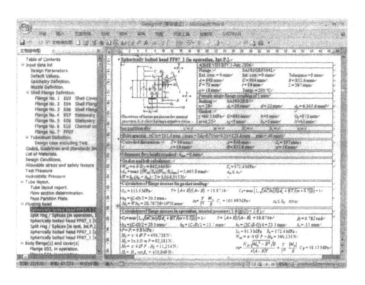

图 9.5 - 7　RTF 格式计算书

Compress 依据 ASME Section Ⅷ、TEMA 标准进行编制，包含了 Canada（NBC）、United States（ASCE7，UBC，IBC）风压与地震计算方法。接管局部用力可按照 WRCB 107 - 297 进行计算。拥有完整的 ASME 材料数据库支持。公制单位输入，具有零件计算和设备计算两种计算模式。

COMPRESS 功能包括 ASME Ⅷ - 1（SectionⅧ，Division 1）压力容器计算的所有功能，包括英制和公制单位材料数据。还可以选择分析和工程标准，例如 WRC - 107。为进一步帮助 COMPRESS 用户，管口有限元分析功能已经包括在 COMPRESS 软件中（需要购买相应的软件许可）。

COMPRESS 完全基于 Windows 环境，并提供网络浮动功能。除了标准功能还有以下选项功能：ASME Ⅷ - 2（SectionⅧ，Division 2）；换热器设计和分析功能（包括 TEMA 标准，AS-MEUHX 准则和管束布置功能）；自动绘图功能，可以将 COMPRESS 文件转换为 AutoCAD 图形文件（. dwf）进行绘图。

CODEWARE 在计算完成后，计算书允许以 PDF 格式导出，并能够将设备简图以 DXF 格式输出。CODEWARE 公司另外两款软件 Vessel Coster 和 Vessel Drafting Program（VDP）可以从 COMPRESS 的计算文件中抽取数，Coster 以 Execl 文件形式或 Access 数据库方式生成设备料表、设备工时和造价的估算表，VDP 可以将设备模型转化为 dwg 格式的施工图形，包括材料明细表、管口表、设备说明及支座等。

5. Visual Vessel Design

由挪威 OhmTech 公司开发，于 1984 年面世的该软件，提供了立式卧式容器、换热器和各个容器部件的设计分析能力。

Visual Vessel Design 是依据 ASME Ⅷ Div. 1、EN 13445、EN 13480、BS PD5500、TKN（瑞典标准）、TBK2（挪威标准）及 TEMA 标准而进行编制的，它包含了 Canada（NBC）、United States（ASCE7，UBC，IBC）风压与地震计算方法，接管局部用力可按照 WRC B 107 - 297 进行计算。拥有完整的 ASME、EN、DIN、PD5500 共计 2500 多种材料数据。支持公制与英制两种单位的输入，具有零件计算和设备计算两种计算模式，换热器设计支持立式或卧式两种放置类型。

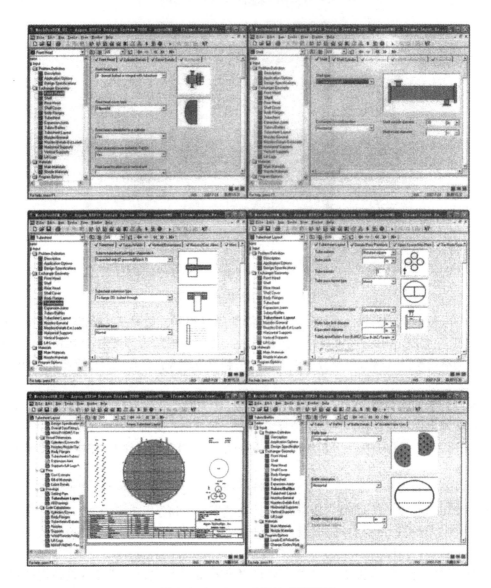

图 9.5 - 8　Aspen TEMA 程序界面

Visual Vessel Design 可提供 2D 或 3D 的视图界面，设计人员在树形目录结构中点击设备零件，在弹出的零件属性对话框中可以查看到该零件完整的设计数据和计算结果，程序采用实时计算方式。当设计人员输入参数满足计算要求后，程序自动进行计算。在发生错误时能够提供准确的错误信息，方便设计人员进行修改。在设计数据输入过程中，Visual Vessel Design 提供了丰富设计辅助参数选择，如法兰、支座、接管及垫片等标准数据，方便设计人员作为参考或直接引用这些数据，换热器设计支持 1~8 管程 3 种形式的自动布管。设计完成后，可以生成包含设备料表汇总的计算书。同时设备模型可以以 DXF 格式生成，其中包含尺寸标注的设备总图和零件图。

Visual Vessel Design 可提供英语、法语、德语、西班牙语及土耳其语等多达 9 种语言类型的支持，是目前支持语种最多的设计程序。

上述 5 种软件是目前国外压力容器设计领域中经常使用的软件，均能够很好的完成换热

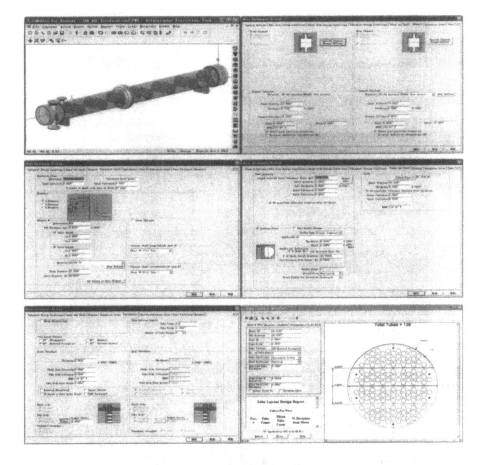

图 9.5-9 COPMRESS 换热器设计界面

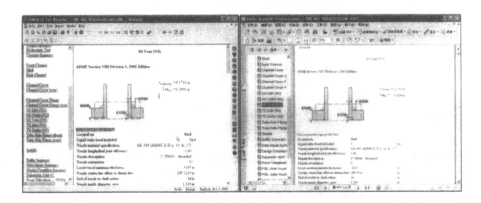

图 9.5-10 COPMRESS 计算报告与导出的 PDF 格式计算报告

器零部件及整体设备的计算。PV Elite、COMPRESS 和 Aspen B-JAC 的用户群主要集中在南北美洲，Microprotol 则在欧洲拥有众多的用户，Visual Vessel Design 的用户在北欧则相对更加集中一些。

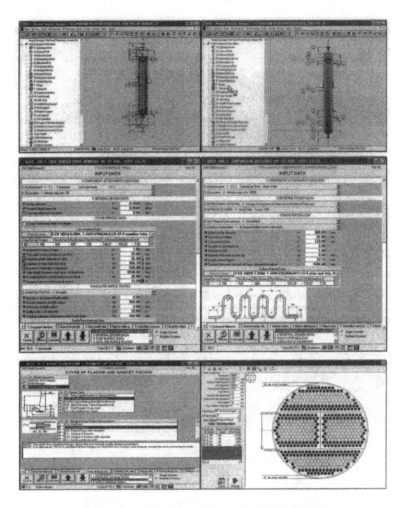

图 9.5 – 11   Visual Vessel Design 换热器设计界面

第三节   分 析 设 计

一、国内软件

（一）JIGFEX[1]

JIGFEX 是我国第一个自行开发的有限元软件系统，是中国具有自主版权的大型通用 FEA 分析和优化设计软件。它是在大连理工大学工程力学研究所和工业准备结构分析国家重点实验室研制的多层子结构分析软件 JIGFEX、微机有限元分析软件 DDJ – W 及计算机辅助结构优化软件 MCADS 等基础上发展而成的集成软件系统。1981 年推出 1.0 版本，目前已更新到 5.0 版本。该软件主要功能有：有限元分析、优化设计、前处理系统 AutoFEM 及后处理系统 AutoGRAFE。

JIGFEX 在 MS Windows9X/NT 平台上将有限元分析和优化设计与前后置处理集成一体，具有全新的图形交互式用户界面和实时的计算可视化，利用 AutoCAD 建立有限元模型并实现了全自动的网格和数据生成，是我国有限元软件研制开发和应用的新成果。1995 年在国家科委组织的"第二次全国自主版权 CAD 支承软件评测"中获得了有限元软件类唯一的一等奖，1996 年又获国家"八五"科技攻关重大科技成果奖，1998 年被列为 863/CIMS 目标产品发展计划支持项目。

JIFEX 软件适用于各种工程结构、工业装备和机电产品在其强度、刚度、屈曲稳定性、动力响应、热传导、三维多体接触、弹塑性等力学性能方面的分析计算及结构性能的优化设计。其应用范围覆盖了航空、航天、机械、车辆、土木、建筑、水利、电力及石化等各个工业领域，是现代工业设计和高新技术开发的强有力的软件工具。

在逃跨国优秀 CAE 软件的冲击下，JIFEX 软件由于其自身的局限性，没能持续站在工程师 CAE 主选产品类中。

（二）HAJIF

HAJIF，从 1976 年 5 月开始研制，1979 年 9 月通过部级鉴定。鉴定认为，用计算机解决大型复杂结构，建立结构分析自动化程序系统，在我国还是第一次实现，填补了国内空白，是航空工业重大科研成果，对新机研制有十分重要的意义。它是我国首次研制成功的大型、通用和效率较高的航空静力结构分析应用软件系统，共有 8 万条 FORTRAN 语句。可对飞机或其他大型复杂结构的静力线性、热应力、弹塑性应力、屈曲、大位移、大变形情况下的弹塑性进行应力分析。该系统已在飞机和导弹设计中得到应用，且已推广到桥梁、石油钻井架和船舶民用项目的结构分析中，均取得了重大的经济效益。虽然软件没有市场化运作而无疾而终，但其在我国自主研发 CAE 历史上占有重要的一席之地[2]。

（三）飞箭软件

飞箭软件由中国科学院数学与系统科学研究所梁国平研究员于 1990 年研制成功的，它是一种网络在线生成有限元系统 FEPG（Finite Element Program Generator）。1999 年北京飞箭软件有限公司成立。飞箭还先后开发了行业专用软件：压力容器分析设计系统 VAS（该软件 2000 年通过全国压力容器标准化技术委员会的认证）、电机电磁场有限元分析系统 EMS 以及三维围岩稳定性分析系统 RAS 等。

压力容器分析设计系统（VAS），是由北京飞箭软件有限公司依据《钢制压力容器——分析设计标准》（JB 4732—1995）独立研制开发并可用于压力容器有限元分析的专用软件。它集合理想的力学模型、优化的网格剖分和巧妙的内存管理于一体。同时辅以 Windows 风格的用户界面和强大的图形可视功能，采用工程化的数据输入方式，用户只需要输入少量数据，即可获得计算结果。该软件为国内首创，已经被国内许多家大型设计院使用，如广州石化设计院、镇海炼化、成都石化设计院、吉化设计院及北京纺织工业设计院等，这些用户普遍反映该软件易掌握，易用，为他们顺利完成设计任务起到了重要作用，是一套符合该行业软件发展趋势且值得推广的优秀国产软件。它同时也促使压力容器有限元软件领域的竞争向多元化发展，为国产软件业在该软件领域占领应有的位置做出了自己的贡献。

（四）紫瑞 CAE

紫瑞 CAE 软件是目前国内唯一与上游 CAD 软件无缝集成的且自动化程度很高的通用有限元分析软件，主要用于结构分析计算。是国家科技部"九五"重点科技攻关专题项目和科技部中小企业创新基金项目中推出的具有自主版权的通用软件。

紫瑞 CAE 软件是由郑州机械研究所、中科院数学与系统科学研究所和北京大学共同开发的商品化工程软件。该软件汇集了开发单位 30 年的研究成果和应用经验，使用了该领域中当今许多具有国际领先水平的成熟算法和编程技巧。

用紫瑞 CAE 软件可对线性动力、线性频率和模态、线性屈曲、非线性静力和非线性动

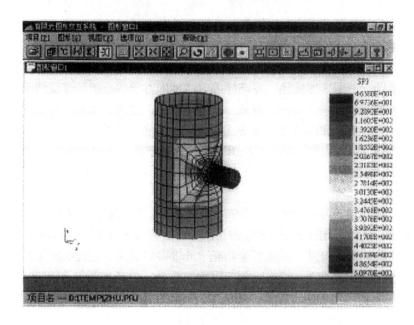

图 9.5 - 12　VAS 操作界面

力、线性稳态温度场及其热应力以及稳态和瞬态温度场(物理场)进行分析。该软件适用于机械、汽车、航空、航天、船舶、军械、建筑、桥梁及水利等各个行业的结构分析和计算。

（五）APOLANS

APOLANS(Analysis Program of Linear And Nonlinear Structures)结构线性与非线性分析程序及 INFEGAS(1Nteractive Finite Element Graphic Analysis System)交互式有限元图形分析系统，分别由航空工业总公司 628 所与 631 所开发，是功能强且力学覆盖面宽的通用程序。两程序集成为一个具有自动输入、工程分析和图形显示的完整分析系统，其规模约为 18 万条 FORTRAN 语句。

系统适用范围：航空航天、建筑结构、核工程、汽车、船舶、隧道、水工、化工、机械以及金属的冷热压加工等实际工程领域，可用于一、二、三维各种复杂结构。除结构分析外，还可以进行热传导及某些场问题分析，已为国内 20 多个单位采用。已分析的大型课题有数十个，典型应用示例有：航空发动机涡轮及压气机转子的应力、接触及寿命的分析；机翼主梁螺孔寿命的分析；人造卫星液—固耦合的分析；大型石油贮罐风载下屈曲的分析；电站汽轮机叶片动频和接触的分析及超塑成形过程数值仿真等。

APOLANS 具有广泛的功能：

- 线性弹性静力；
- 线性弹性动力，自振特性分析与动力响应分析；
- 材料非线性静力，非线性弹性、弹塑性及蠕变；
- 几何非线性，大位移、大应变；
- 线性及非线性屈曲，在载荷与温度联合作用下结构的屈曲问题；
- 非线性动力，材料及(或)几何非线性时动力响应；
- 带摩擦的二维及三维静、动态接触分析；
- 复合材料线性与非线性分析；
- 高温合金材料粘塑性及寿命分析；

- 高、低周疲劳、组合疲劳寿命分析；
- 高温疲劳——蠕变交互寿命分析；
- 线性断裂；
- 一、二、三维结构线性稳态及瞬态热传导分析；
- 非线性稳态及瞬态热传导分析；
- 高温热弹性分析；
- 高温热弹塑性分析；
- 液体——固体耦合作用分析。

（六）Adopt-Smart

Adopt-Smart 是大连理工大学研发的具有自主知识产权的机械产品及组合钢结构设计 CAE 软件，是面向零组件级设计工程师的 CAD/CAE 一体化的通用多单元多工况有限元分析软件。它是在大连理工大学研制开发的有限元软件 JIFEX 的基础上，针对我国制造业而开发的工程化和商品化的软件产品，其突出特点是面向设计、简单方便、易学易用。它面向广大的普通设计人员，以 CAXA 电子图板二维 CAD 软件作为设计平台，将 CADT 程图设计、有限元建模、分析计算和图形化后置处理集成一体，以工程师熟悉的设计工作方式进行有限元分析，极大地简化了有限元软件的学习和使用。将用户的有限元知识要求降到最低程度，使之真正成为方便实用的且能够大面积推广的设计分析工具。

Adopt-Smart 软件作为机械产品及组合钢结构 CAE 软件目前处于国内领先水平，它的研制成功是我国实用化 CAE 软件研发的一项重要成果，对建立自主知识产权的 CAE 软件产业及 CAE 软件的普及推广具有重要意义。

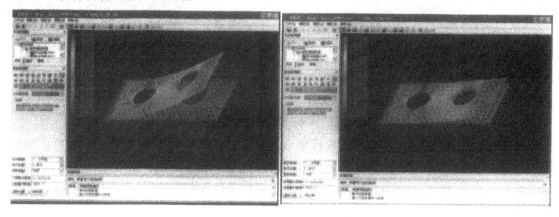

图 9.5－13　Adopt-Smart 操作界面

二、国外软件

（一）Algor PVDesignet

ALGOR 是美国 ALGOR 公司开发的世界知名的多物理场分析软件，现已被广泛应用于各个行业的产品设计与开发中。其功能包括结构、流体、热、电场、压力容器与管道设计等，不仅可以进行一般的线性/非线性静力/动力分析、稳态/瞬态温度场分析、二维/三维的稳态/非稳态流体动力分析、电场分析及刚柔体机械运动学分析等，还可以进行多场耦合分析。ALGOR 软件在具备强大的多物理场分析功能的基础上，最大的特点是易学易用，界面友好，操作简单。可以极大地提高软件使用人员的分析效率，在从事设计、分析的科技工作者中享有盛誉，被誉为世界上学习周期最短的多物理场分析软件。

对压力容器设计，ALGOR 软件可提供相关的工具以进行建模、分析和校核。应用 AL-GOR 软件，化学、石油化工和发电等各行业中的压力容器的设计者可根据相关工业标准，如 ASME 的锅炉和压力容器标准（BPVC）对产品进行评估。ALGOR 软件的各个仿真模块对压力容器设计均是有效的，包括线性和非线性材料模型的静态应力分析、线性和非线性材料模型的机械结构仿真、线性动态分析、稳态和瞬态的热传导分析、稳态和非稳态的流体流动以及湍流和多物理场分析等。

使用模板和压力容器设计软件包的建模工具，工程人员可快速建立参数化的管道模型，如压力容器和交叉管道。然后模型可以直接倒入 ALGOR 软件进行有限元分析，或者倒入到 CAD 系统进一步修改。对建模部分，压力容器设计软件包的主要特征如下：

- 对普通的压力容器和管道部件，自动生成有限元模型；
- 基于交叉管道的尺寸和方位，对容器、管口和管头可自动生成板/壳、实体单元和平整表面的 IGES 文件；
- 可创建单独的角部件，并可以嵌入到 ALGOR 或其他 CAD 生成模型中；
- 支持任意角度多交叉管口、均匀锥形管口、法兰、增强垫和普通压力容器管头。

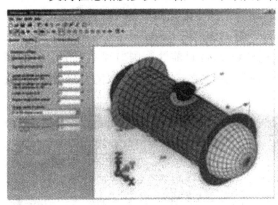 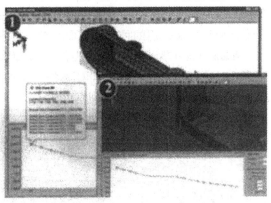

图 9.5 – 14　Algor PVDesigner 建模界面

ALGOR 软件的有限元建模、结果评估和显示界面（FEMPRO）可提供一个完整便捷的 FEA 界面。内嵌的图形环境提供了广泛的结果评估和显示能力，主要特征为：多窗口显示、快速的动态结果显示控制和客户可选择的界面，包括用户自定义调色板的颜色和标识等。所有的分析结果可以：

- 以等值线或云图显示；
- 以 BMP、JPG、TIF、PNG、PCX 和 TGA 等格式的图形文件输出；
- 使用 AVI 创建和显示工具进行动画输出；
- 以文本（text）或网页（HTML）格式生成报告文件。

另外，内嵌的应力线性化能够用来计算薄壁构建厚度上的应力分布（如压力容器），且可与相关的 ASME 标准对照。

Algor PVDesigner 的主要特征：

1. 建模部分

- 对普通的压力容器和管道部件，自动生成有限元模型；
- 基于交叉管道的尺寸和方位，对容器、管口和封头可自动生成板/壳、实体单和平整

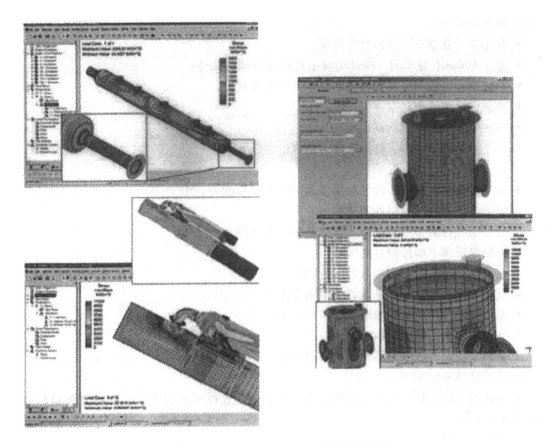

图 9.5 - 15 Algor PVDesigner 分析结果界面

表面的 IGES 文件;

- 创建单独的角部件,并可以嵌入到 ALGOR 或其他 CAD 生成模型中;

- 已生成模型上可排除附加的交叉圆柱(管口),并允许模型简单的生成,如储气罐或燃烧罐。

- 交叉管之间可以定义角度;

- 可创建锥体模型;

- 可创建均匀或锥体管口;

- 可创建多元交叉管口圆柱体或任意管头,并用于板/壳和实体网格划分;

- 可将法兰置于部件的末端;

- 可将增强垫置于交叉口处;

- 可保持管道部件开通或定义标准管头的位置;

- 支持普通的压力容器封头:扁平封头、球形封头、椭球形封头及准球形封头。

- 对创建部件的部分结构可完全控制,便利对不同部分采用不同的厚度。

2. 网格划分部分

- 基于用户的输入自动生成板/壳单元或实体单元;

- 对所有创建部件的网格密度可完全控制;

- 所有交叉口附近区域内的网格密度可完全控制。

3. 结果评估
- 模型显示和结果评估的整合环境；
- 基于 OpenGL 显示的三维动态显示选项和多颜色选择；
- 对模型和分析的结果，材料和结果的灰度处理；
- 横截面显示选项；
- 对切断模型的动态切割平面；
- 为了隐藏部分模型，部件或单元选取的多极方式；
- 结果等值线处理；
- 通过多极显示窗口，改变结果类型的同步显示能力；
- 准确的等值线进行精确的估计；
- 在静态线性应力分析中，对薄壁结果应力线性化的应用；
- 在结果图例中单位的自动加载；
- 在图例和说明中使用 TrueType 字体；
- 对确定结果图形、注释和背景的动态控制；
- 结果等值线条颜色的预定义和用户控制；
- 基于结果的上下限控制单元的显示；
- 通过定义部件和区分部件颜色的混合显示；
- 点击结果查询选项；
- 从选择结构到载荷和约束数据，查询模式可以使结果被显示，并通过复制粘贴功能进行其他的应用；
- 结果文本列表；
- 导出结果到普通的 Windows 应用程序；
- 对特定的显示可储存所有的设置，并可以随时观看到同样的结果，也可以对其他模型使用相同的设置。

4. 结果显示
- 基于网络模型的三维 VRML 文件；
- 可以按照 BMP、JPG、PCX 以及 TGA 格式对数据结果进行云图显示；
- 内嵌有创建及动画显示选项；
- 通过报告向导功能自动生成 HTML 格式报告。

5. 用户界面
- 基于 Windows 应用界面的树状结构视图、多窗口显示、嵌入式工具条；
- 完全的三维动态显示选项；
- 快捷键和鼠标控制动态显示；
- 简单便捷地弹出式 Windows 风格窗口和对话框；
- 数据曲线编辑/可视器，可以显示或编辑数据曲线；
- 对数据有效性的数据审查工具；
- 根据结构尺寸和数据输入的修改，显示窗口可参数化升级模型；
- 自动存储所有设置，通过编辑脚本文件可以快速地对部件的不同变量进行建立、修改和分析。
- 通过剪切平面可以随意隐藏部分模型；

- 三维模型尺寸的显示；
- 完备的 HTML 格式用户手册，并提供强大的搜索和检索引擎。

（二）ANSYS

ANSYS(Analysis System)是一个集结构、热、流体、电磁和声学为一体的大型通用有限元分析软件，可广泛应用于核工业、铁道、石油化工、航空航天、机械制造、能源、汽车、交通、国防军工、电子、土木工程、造船、生物医学、轻工、地矿及水利等众多工业和科研领域。

1970 年，Doctor John Swanson 博士洞察到计算机模拟工程应该商品化，于是创建了 AN-SYS 公司，总部位于美国宾夕法尼亚州的匹兹堡。30 多年来，ANSYS 公司致力于设计分析软件的开发，不断吸取新的计算方法和计算技术，领导着世界有限元技术的发展，并为全球工业广泛接受，其用户遍及全世界[3]。

ANSYS 软件第一个版本仅提供了热分析及线性结构分析功能，它仅是一个批处理程序，且只能在大型计算机上运行。

20 世纪 70 年代初，在 ANSYS 软件中融入了新的技术以及用户的要求，从而使程序发生了很大的变化，非线性、子结构以及更多的单元类型被加入到子程序。70 年代末，交互方式的加入是该软件最为显著的变化，它大大地简化了模型生成和结果评价。在进行分析之前，可用交互式图形来验证模型的几何形状、材料及边界条件；分析完成后，计算结果的图形显示，可立即用于分析检验。

今天该软件的功能更加强大，使用更加便利。ANSYS 提供的虚拟样机设计法，使用户减少了昂贵费时的物理样机。在一个连续和相互协作的工程设计中，分析用于整个产品开发过程时，工作人员之间像一个团队一样相互协作。ANSYS 分析模拟工具易于使用、支持多种工作平台、并在异种异构平台上数据百分之百兼容、提供了多场耦合的分析功能。同时该软件提供了一个不断改进的功能清单，包括：结构高度非线性分析、电磁分析、计算流体动力学分析、设计优化、接触分析、自适应网格划分、大应变/有限转动功能以及利用 ANSYS 参数设计语言(APDL)的扩展宏命令功能。

ANSYS 软件于 1995 年 5 月在设计类软件中第一个通过了 ISO 9001 的质量体系认证。同时通过美国机械工程师协会、美国核安全局及其 20 种专业技术协会的认证。ANSYS 是第一个通过中国压力容器标准化委员会认证并成为国务院 17 个部委推广使用的分析软件。

在压力容器行业，ANSYS 占据了国内 95% 以上的市场份额，成为压力容器分析设计事实上的标准。在传统的设计中，鉴于压力设备安全问题的重要性，世界各工业国家都制定了相应的规范，其设计往往偏于保守，使得设计的容器显得又笨又重；另一方面，保守的设计会引起用户和制造厂家成本提高，造成不必要的浪费。随着化工设备向着大型化、复杂化和高参数化方向发展，作为压力容器零部件设计的常规方法受到了冲击，受压零部件的设计正越来越多地利用应力分析来完成。有效利用 ANSYS 等 CAE 工具进行有限元辅助分析设计，为化工机械设计提供了强有力的技术保证。

软件功能[4]：

完备的前处理功能。ANSYS 不仅提供了强大的实体建模及网格划分工具，可以方便地构造数学模型，且还专门设有用户所熟悉的一些大型通用有限元软件的数据接口，并允许从这些程序中读取有限元模型。此外，ANSYS 还具有近 200 种单元类型，这些丰富的单元特性能使用户方便而准确地构建出反映实际结构的仿真计算模型。

强大的求解器。ANSYS 提供了对各种物理场量的分析，是目前唯一能容纳结构、热、电磁、流体及声学等为一体的有限元软件。除了常规的线性和非线性结构静力、动力分析外，还可以解决高度非线性结构的动力分析、结构非线性及非线性屈曲分析。

方便的后处理器。ANSYS 的后处理分为通用后处理模块和时间历程后处理模块两部分。后处理结果可能包括位移、温度、应力、应变、速度以及热流等，输出形式可以有图形显示和数据列表两种。

多种实用的二次开发工具。ANSYS 除了具有较为完善的分析功能外，同时还为用户进行二次开发提供了多种实用工具，如宏、参数设计语言、用户界面设计语言以及用户编程特性。可以通过简单的二次开发建立参数化模型来自动完成通用性强的任务。

使用环境：

ANSYS 软件可以运行于 PC 机、NT 工作站、UNIX 工作站以及巨型计算机等各类计算机及操作系统中，其数据文件在其所有的产品系列和工作平台上均兼容。其多物理场耦合的功能，允许在同一模型上进行各种耦合计算，如热－结构耦合、热－电耦合、磁－结构耦合以及热－电－磁－流体耦合，同时在 PC 机上生成模型可运行于工作站及巨型计算机上，所有这一切就保证了 ANSYS 用户对多领域多变工程问题的求解。

ANSYS 可与多种先进的 CAD（如 AUTOCAD、Pro/Engineer、NASTRAN、Alogor、I－DEAS 等）软件共享数据，利用 ANSYS 的数据接口，可以精确地将在 CAD 系统下生成的几何数据传输到 ANSYS，并通过必要的修补可准确地在该模型上划分网格并进行求解。

（三）ABAQUS

ABAQUS 是一套功能强大的工程模拟有限元软件，其解决问题的范围从相对简单的线性分析到许多复杂的非线性问题。ABAQUS 包括了一个丰富的，可模拟任意几何形状的单元库。其所拥有各种类型的材料模型库，可以模拟典型工程材料的性能。其中包括金属、橡胶、高分子材料、复合材料、钢筋混凝土、可压缩超弹性泡沫材料以及土壤和岩石等地质材料。作为通用的模拟工具，ABAQUS 除了能解决大量结构（应力/位移）问题，还可以模拟其他工程领域的许多问题，如热传导、质量扩散、热电耦合分析、声学分析、岩土力学分析（流体渗透/应力耦合分析）及压电介质分析。

ABAQUS 为用户提供了广泛的功能，且使用起来又非常简单。大量复杂的问题可以通过选项块的不同组合很容易地就能模拟出来。如对复杂多构件问题的模拟可通过把定义每一构件的几何尺寸的选项块与相应的材料性质选项块结合起来。在大部分模拟中，即使是高度非线性问题，用户也只需提供一些工程数据，如结构几何形状、材料性质、边界条件及载荷工况。在一个非线性分析中，ABAQUS 能自动选择相应载荷增量和收敛限度。它不仅能够选择合适参数，且能连续调节参数以确保分析过程中有效地得到精确解。用户通过准确的定义参数就能很好地控制数值计算结果。

ABAQUS 有两个主求解器模块，即 ABAQUS/Standard 和 ABAQUS/Explicit。ABAQUS 还包含一个全面支持求解器的图形用户界面，即人机交互前后处理模——ABAQUS/CAE。对某些特殊问题 ABAQUS 还能提供专用模块来加以解决。

ABAQUS 被广泛地认为是功能最强的有限元软件，可以分析复杂的固体力学和结构力学系统，特别是能够驾驭非常庞大复杂的问题和模拟高度非线性问题。ABAQUS 不但可以做单一零件的力学和多物理场的分析，同时还可以做系统级的分析和研究。ABAQUS 系统及分析特点相对于其他的分析软件来说是独一无二的。由于 ABAQUS 强大的分析能力和模拟复杂

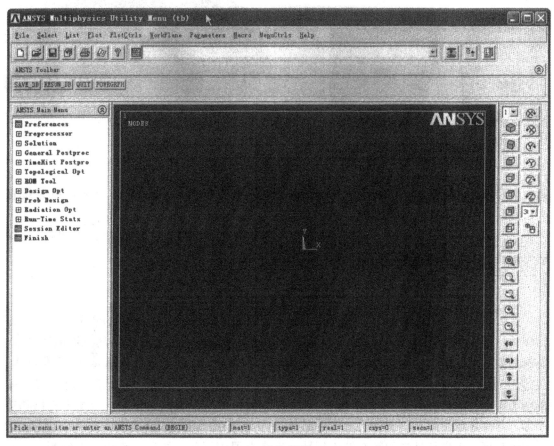

ANSYS 操作界面

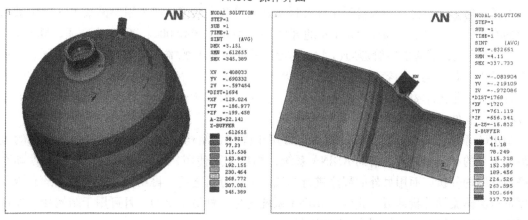

图 9.5 - 16　ANSYS 分析结果截图(一)

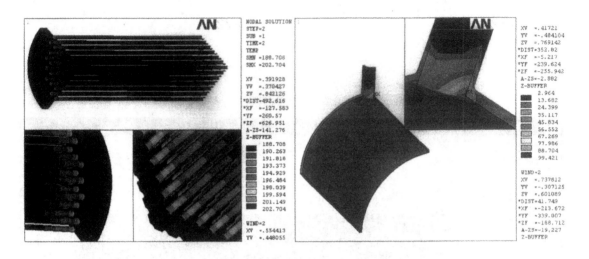

图 9.5 – 16　ANSYS 分析结果截图(二)

系统的可靠性,使得 ABAQUS 在各国的工业部门和研究中被广泛的采用。ABAQUS 系统在大量高科技产品研究中均发挥着巨大的作用。

2003 年,经全国锅炉压力容器标准化技术委员会计算应用分技术委员会(原机构)组织的专家技术评审,ABAQUS 结构分析软件已经通过规定程序认证。

(四) 其他

除上述软件外,目前国外常用的有限元分析软件还有:

MSC. Software 公司自 1963 年开始从事计算机辅助工程领域 CAE 产品的开发和研究。在 1966 年,美国国家航空航天局(NASA)为了满足当时航空航天工业对结构分析的迫切需求,招标开发大型有限元应用程序,MSC. Software 一举中标,负责了整个 Nastran 的开发过程。经过 40 多年的发展,MSC Nastran 已成为 MSC 倡导的虚拟产品开发(VPD)整体环境最主要的核心产品。MSC Nastran 与 MSC 的全系列 CAE 软件进行了有机的集成,为用户提供功能全面、多学科集成的 VPD 解决方案。MSC Nastran 是 MSC. Software 公司的旗舰产品,经过 40 余年的发展,用户从最初的航空航天领域,逐步发展到国防、汽车、造船、机械制造、兵器、铁道、电子、石化、能源材料工程及科研教育等各个领域,成为用户群最多、应用最为广泛的有限元分析软件。MSC Nastran 的开发环境通过了 ISO9001:2000 的论证,MSCNastran 始终作为美国联邦航空管理局(FAA)飞行器适航证领取的唯一验证软件。在中国,MSC 的 MCAE 产品作为与压力容器 JB 4732—1995 标准相适应的设计分析软件,全面通过了全国压力容器标准化技术委员会的严格考核认证。另外,MSC Nastran 也是中国船级社指定的船舶分析验证软件。

ADINA 系统是一个单机系统的程序,可用于固体、结构、流体以及结构相互作用的流体流动复杂的有限元分析。借助 ADINA 系统,用户无需使用一套有限元程序进行线性动态与静态的结构分析,而用另外的程序进行非线性结构分析之后,再用其他基于流量的有限元程序进行流体流动分析即可。此外,ADINA 系统还是一种最主要的,且可用于结构相互作用的流体流动完全耦合的分析程序(多物理场)。

EDS I – DEAS 是美国 eds 的子公司,即 SDRC 公司开发的 CAD/CAM 软件。该软件是高度集成化的 CAD/CAE/CAM 软件系统。它帮助工程师以极高的效率,在单一数字模型中完

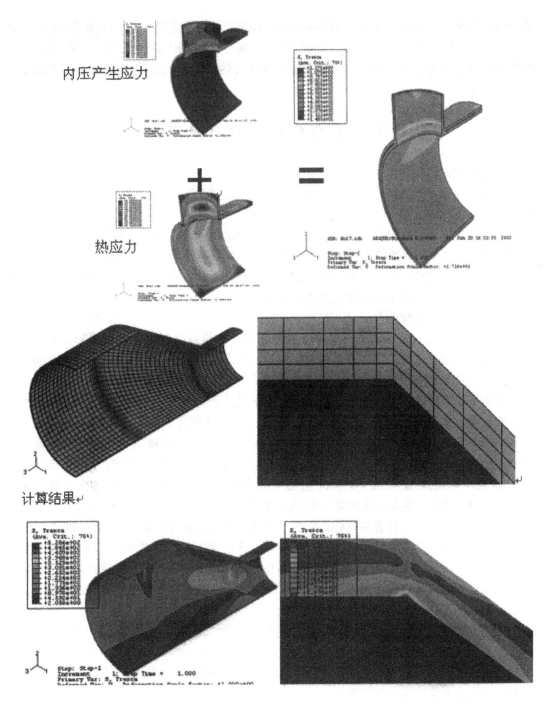

内压产生应力

热应力

计算结果

图 9.5 - 17　ABAQUS 分析结果截图

成从产品设计、仿真分析、测试直至数控加工的产品研发全过程。I - DEAS 是全世界制造业用户广泛应用的大型 CAD/CAE/CAM 软件。I - DEAS 在 CAD/CAE 一体化技术方面一直雄居世界榜首，软件内含诸如结构分析、热力分析、优化设计及耐久性分析等真正提高产品性能的高级分析功能。

　　Cosmos 软件是美国 SRAC（Structure Researchand Analysis Corporation）公司的产品，它具有计算速度快、解题时占用磁盘空间少、使用方便、分析功能全面、与其他如 CAD/CAE 软件集成性好等优点。Cosmos 是专门为 Solidworks 软件做无缝集成的。它可以做的分析有：线性静力分析(位移与应力应变计算)、挫曲分析(关键挫曲力与相对变形计算)、频率分析(共振频率与相对变形量计算)及热传分析(稳态与暂态热流问题及温度变化速率与热流量计算)。

第四节　国内外机械设计软件对比

一、机械设计常规软件

软件设计标准不同：国内常规软件设计标准为国内标准，而国外常规软件标准为国外标准。

软件功能差异：相对国外软件，国内软件是针对国内标准数据库而开发的，故全面和广泛，可以快速设计引用标准件。但是国内计算软件与绘图软件均是独成体系，无法完全无缝对接。而国外软件已经将强度计算和图形绘制软件整合一起，利用强度计算的结果可以直接绘制出设备施工图，降低了绘制施工图的工作量。

二、机械设计分析软件[5]

60 年代中期，我国也出现了一些学习有限元方法的单位和学者，但是由于计算机硬件条件的限制，更因文化大革命等政治社会环境的影响，在相当长一段时期内，我国有限元分析软件技术的开发和应用完全停顿，与国外拉开了很大的差距。有限元软件的开发和应用则是在文化大革命后期才开始启动的，在我国学者的努力下，出现了一批有自主知识产权的有限元分析软件。如 20 世纪 70 年代中期，大连理工大学研制出了 DDJ，JIGFEX 有限元分析软件和 DDDU 结构优化软件；北京农业大学李明瑞教授研发了 FEM 软件；80 年代中期，北京大学袁明武教授通过对国外 SAP 软件的移植和重大改造，研制出了 SAP - 84；由于航空工业的需求，航空工业部从 70 年代初也开始陆续组织研制了 HAJIF(Ⅰ，Ⅱ，Ⅲ)，YIDOYU，COMPASS，并多次获国家级奖励。这些国内 CAE 软件与国外的同类产品相比，在核心算法和若干功能上有很多特色，反映了我国学者在计算力学研究中取得的成果，充分考虑了我国计算机硬件的实际条件，在国家基础设施建设和工程结构设计中都发挥了重要作用，并有相当广泛的应用。其中特别要提到的是在建筑结构等方面的专用软件，得益于设计规范是我国自行制定的，中国建筑科学研究院的软件 PKPM 系列等都受到业界的欢迎，有的商品化软件业几乎占领了相关领域大部分市场。

90 年代以来，国家加大开放力度，大批国外软件涌入中国市场，加速了 CAE 技术在我国的推广，这无疑提高了我国装备制造业的设计水平。在此同时，我们自主开发的软件受到强烈挑战。特别是盗版的国外软件，对我国自主开发的软件打击很大。自主开发软件在人力、财力及物力上都遭遇很多困难。

就软件整体的功能而言，当前国产机械设计软件和国外著名品牌软件相比，存在很大差距，特别是如功能不够全、通用性不强、易用性差、商品化程度低及市场竞争能力差等。平台不强，核心不硬。平台就是软件平台，体系结构；核心就是核心算法。平台不强表现在：系统升级维护能力弱；有核心功能但缺乏辅助功能；缺乏开放性和二次开发能力；缺乏完善的质量保障体系。核心算法不硬表现在：算法的适应性、健壮性和可靠性差；时间、空间效率低等。

参 考 文 献

［1］　朱旭. CAE 的春天. 中国设计，2007，7：16～18.

［2］　冯钟越. 中国科学技术专家传略——力学篇. 北京：中国科学技术出版社，1993.

［3］　张朝晖. ANSYS8.0 结构分析及实例解析. 北京：机械工业出版社，2005.

［4］　余伟炜、高炳军. ANSYS 在机械与化工装备中的应用. 北京：中国水利水电出版社，2006.

［5］　程耿东，关振群 发展国产 CAE 软件纵横谈. 大连理工大学发展战略思考/CAE 自主创新发展战略，2006.

第六章 问题与展望

(陈韶范)

换热器作为一种换交换操作的通用工艺设备，被广泛应用于各个工业部门，尤其在节能降耗的国策下，对能源利用、开发和节约的要求不断提高，故在石油、化工、电力及冶金等高耗能行业中对换热器的需求日益增加。当今科学技术的日新月异和过程工业对换热器提出了新的要求，换热器的研究必须满足各种特殊工况和苛刻条件的要求，换热器逐步向大型化、精细化设计、低温差设计及低压力损失设计等方向发展。

据统计，每年发表有关换热器的论文约 10000 篇。从论文分析，换热器计算机辅助设计技术是换热器研究的重点之一。应用计算机不仅可以节省人力，提高效率，且可以进行优化设计和控制，使其技术经济性能达到最佳值。换热器计算机辅助设计从传热计算开始，之后的强度计算、结构设计、应力分析、信息储存和检索模拟等均应编有程序，如计算机自动绘图机仅需几分钟就可绘出一套标准换热器的图纸[1]。

一、计算机辅助设计存在问题

自 20 世纪 90 年代后期以来，我国的换热器计算机辅助设计技术已经取得了显著的进展，但是目前已有的换热器计算机辅助设计程序仍存在一定的局限性。我们应该清醒地认识到和世界发达国家，尤其是欧洲还存在明显的差距。一方面要求成本适宜，另一方面要求高精度的设计技术，尤其是高精度的计算机辅助设计技术。

（一）基础工作不扎实

对基础理论和基础技术的研究不够重视，如基础物性的研究、传热与流动的研究等。国家应加大对理论和试验研究的资金投入，联合开展传热理论、强化传热及两相流等基础理论研究工作，并逐步形成系统和完善的理论体系，才能为换热器计算机辅助设计以及换热器技术研发提供强有力的基础支承。

国内换热器计算机辅助设计软件水平，与进口产品相比还存在不小的差距。虽然通过引进大量国外软件，可以快速提高国内换热器计算机辅助设计水平，但是未能从根本上解决国内换热器计算机辅助设计基础理论研究薄弱、投入不足及发展后劲不足等问题。

基础理论研究的难点和热点还有以下几个方面，国内虽然已经对其进行了大量的工作，但是还没有形成系统的和完善的理论体系。

1. 多相流动和传热

与无相变系统的设计方法相比，有相变（冷凝和沸腾等）系统的设计要复杂得多，尤其是过程工业中遇到的两相或多相流动及传热问题，如多元系统的沸腾和冷凝；含有不凝性气体的蒸气冷凝以及管束中的沸腾和冷凝等。由于这些过程涉及到复杂的气液两相、多相流及非平衡相变传热和传质等问题，因此目前尚不能对此进行量化设计。

2. 传热强化

对管壳式换热器而言，强化传热方法按是否消耗外加功率可分为有源技术和无源技术，前者消耗外加能量，后者不消耗能量。后者主要是使传热壁面的温度边界层减薄或调换传热壁面附近的流体。主要有2种实施途径：①对传热表面的结构、形状适当加以处理与改造；②在传热面或传热流路上设置湍流增进器，或在流体中加入添加剂，特别是加人适当的固体颗粒，不仅可强化传热，且还可防垢和除垢。在有源技术中，应用电场、磁场等各种场强及其协同作用来强化传热是近年来比较关注的研究方向。

3. 流体振动

由于管壳式换热器的壳侧流动非常复杂，且会引起多种流体漩涡、抖振、弹性激振及声学共振，这些振荡组合起来就形成剧烈振动。随着换热器向大型化、高温、高压、高流速及高负荷方向发展，振动有可能更加激烈，严重时不仅会使管子破裂，甚至损坏换热器。所以，必须对振动机制和振动防控措施进行研究。多年来，虽然在理论上提出了一些流体激振机理和振动预测方法，但由于流体流动的复杂性，对其规律的认识还比较肤浅，迄今仍难以进行有效的控制与预防。在工程应用方面，也开发了一些抗振结构，但是效果仍不理想。还需要指出的是，若能对振动频率、振幅及发生部位等进行精确计算，可最大程度降低流体振动产生的危害和损失。

4. 污垢

污垢概括起来可分为结晶、颗粒沉积、化学反位、聚合、结焦、生物体的成长及表面腐蚀等。从换热器设计及使用的角度来看，污垢对传热及流动诸参数影响较大，因此污垢问题受到相当重视，国内外在换热器的污垢设计及防除垢方面取得了一定的进展。但由于问题的复杂性，换热器的设计仍在采用超余设计的保守方法来处理污垢问题。因此还需进一步研究，寻找更为合理的考虑污垢的设计方法。

5. 湍流

湍流问题很复杂，虽然可用三维不稳态流动方程来描述湍流状态，用解析方法来求解方程，但从学术角度出发，也非常困难。随着计算机科学、计算流体动力学、非线性科学及实验科学等的发展，预测湍流问题有可能在21世纪得以解决，从而为管壳式换热器内的流动与传热的精确数值模拟奠定基础。

（二）接口技术差

国内开发的换热器计算机辅助设计程序迄今仍难以形成成套或系列化的产品，从换热器的设计选型、强度设计、设计图纸及虚拟模拟仿真等方面还难以实现交互式设计，各个计算程序大多独立存在，没有方便灵活的交互式接口技术，使国内换热器计算机辅助设计技术难以真正成为设计者现代化的设计工具和技术手段，总体上竞争力还不强。

（三）通用性差[3]

国内换热器计算机辅助设计程序所开发的模型往往是针对单独的某一类换热器而进行的，故缺乏整合，通用性差，推广应用的适应性不强。

另外，国内多数换热器制图软件缺乏统一标准，换热器部件标准化、图例、符号、标准图形库及换热器的设计选型等均与图纸设计脱节，缺少设计优化环节等。另外，我国自行开发的换热器辅助设计软件，只能做到一个程序对应一种设计和绘制少数规格的换热器品种图。

（四）产品化能力差

将已有的技术产品化需要大量的资金和人力，一般科研单位虽然具有很强的科研实力，但不具备产品化所需资金；同时将高级的科研人员用于产品化程序的开发工作，是人力资源的巨大浪费；产品化工作需要大量中级技术人员，其工作量是核心技术开发的数倍。

另外，我国换热器新技术即使能开发成功，仍难以快速形成产品，进入工业化应用的周期较长。缺乏工业实践又制约了新技术的推广应用，未形成科研开发与工业应用实践的良性互动。

（五）国外的技术封锁和市场垄断

国外的技术封锁和市场垄断局面对我国自主换热器计算机辅助设计技术及其开发形成了严峻的挑战，这种局面必须引起国家的高度重视。在大力引进国外有关技术与产品的同时，要给国内相关的研究与开发留出适当的空间，以有利于我国自主换热器计算机辅助设计产品的开发、应用与推广。只有长期坚持，有所突破，才能最终打破国外产品的市场垄断局面，从而最终保护自主换热器计算机辅助设计技术的发展。

（六）缺乏人才队伍

目前，我国仍然缺少一支强有力的换热器计算机辅助设计技术与产品开发、应用的产业队伍，相关基础理论研究及其应用的高级人才更是缺乏。因此，如何系统而有计划的培养各类高级人才并满足计算机辅助设计技术发展的需求仍将是一项长期而艰巨的任务。

二、展望

计算机应用的普及大大提高了工作效率，换热器设计技术水平随之提高，HTFS、HTRI软件技术的引进，缩短了国际间传热技术水平的差距。国内像 SW6、Lansys 强度软件及新的强化传热技术软件包的开发为上述提供了可靠的保证，目前国内已基本形成了自己独特的传热技术软件包并具有初步开发能力，这些必将在未来期间使中国步入 HTFS、HTRI 等具有国际公认水平的技术领域。

换热器计算机辅助设计自从 20 世纪中期开始，截至目前，在换热器物性模拟计算、工艺计算、结构绘图、强度计算及强度分析等方面，国外均已开发出有较大功能的程序。国内从 20 世纪 80 年代开始，陆续引进进口软件，如 HTRI 及 HTFS 等，且在国内至少已有几十家会员单位。通过进口软件的引进及学习，大幅度增强了国内工程公司、设计院所、换热器制造单位及高等院校的设计开发能力。

展望未来，随着换热器在工业应用过程中呈现出精细化、大型化、高效及多样性等特点，换热器计算机辅助设计应能适应这些发展需求，在数值分析、物性数据库开发、新型高效换热器计算程序开发及新型高效换热器研发等方面也需要为其提供强有力的支承。

（一）数值计算

20 世纪 80 年代以来，随着数值分析以及计算机的广泛应用，数值传热学逐步受到重视，并逐步成为换热器计算分析的强有力工具之一，现今已在换热器研发、设计及应用等方面显示出巨大的活力。

随着计算流体力学（CFD）的发展和计算机软硬件技术的飞速进步，通过计算机程序来对复杂的流体流动现象进行数值模拟和仿真已成为可能。由于数值模拟方法与传统的试验研究方法相比具有许多无可比拟的优势，因此，当前用 CFD 方法对换热器进行数值模拟已经成为新型换热器开发研究的一种重要手段。大型商业化 CFD 的日趋成熟也进一步扩大了这种方法的使用范围。在一些大型装置的设计和检验中，由于试验方法很难满足实际工况的要求，在这种情况下 CFD 方法的应用就显得尤为重要，现已成为性能检验和性能评价的有效方法[4]。

在换热器流动及传热过程的数值模拟方面，国内外学者已经作出了一定的努力，希望通过计算机建立描述整个系统的流体流动及传热等过程的物理数学模型，通过数值求解了解换热器内详细的三维流场及传热信息，克服经验或半理论设计的不足，实现换热器的定量设计和放大预测。模拟结果的有效性取决于物理和数学模型的正确性，依赖于计算机的运算速度和存储能力，与所用的计算方法有很大关系。这是一个多学科交叉课题，是一项系统工程，需要加强合作研究和探索。

目前基于计算机技术的热流分析，现已经用于自然对流、剥离流、振动流和湍流热传导等的直接模拟仿真，以及对辐射传热、多相流和稠液流的机理仿真模拟等方面。在此基础上，在换热器的模型设计和设计开发中，利用CFD的分析结果和相对应的模型实验数据，已能使用计算机对换热器进行更为精确和细致的设计[4]。

流固耦合力学是流体力学与固体力学交叉而生成的一门力学分支，它是研究变形固体在流场作用下的各种行为以及固体位形对流场影响这二者相互作用的一门科学。流固耦合力学的重要特征是两相介质之间的相互作用，变形固体在流体载荷作用下会产生变形或运动。变形或运动又反过来影响流体，从而改变流体载荷的分布和大小，正是这种相互作用将在不同条件下产生形形色色的流固耦合现象。流固耦合研究同时也是换热器数值计算分析研究的热点和难点。

（二）物性数据库[7]

换热器传热与流体流动计算的准确性，取决于物性模拟的准确性。因此，物性模拟一直为传热界的重点研究课题之一，特别是两相流物性模拟。两相流的物性基础来源于实验室实际工况的模拟，这恰恰是与实际工况差别的体现。实验室模拟实际工况很复杂，准确性主要体现与实际工况的差别。纯组分介质的物性数据基本上准确，但油气组成物的数据就与实际工况相差较大，特别是带有固体颗粒的流体模拟更复杂。为此，要求物性模拟在实验手段上更加先进，测试的准确率更高。从而使换热器计算更精确，材料更节省。

对计算机辅助优化设计，离不开物性数据及其数据库的支持，但目前的设计实践表明，对某些物系，尤其是二元及多元混合物系统，往往缺乏系统可靠的物性数据，致使设计的可靠性大受影响。因此应加强相应的实验研究，以获得更多量大、范围大的物性数据，并开发和完善能与换热器计算软件接口的数据库，这是换热器计算机辅助设计中不可分割的重要组成部分[5]。

（三）新型高效换热器计算机程序的开发

20世纪70年代的世界能源危机，有力地促进了强化传热技术的发展。为了节能降耗和提高工业生产经济效益，迫切要求开发出能适用不同工业过程要求的高效能换热设备[1]。这是因为，随着能源的短缺（从长远来看，这是世界的总趋势），可利用热源的温度越来越低，换热允许温差将变得更小，故这些年来，新型高效换热器的开发与研究成为人们关注的焦点[2]。

随着换热器强化技术的研究，各种新型、高效换热器逐步取代了现有常规产品。电场动力效应强化传热、添加物强化沸腾传热、通入惰性气体强化传热、滴状冷凝、微生物传热、磁场动力传热等技术也均会逐步得到研究和发展。同心管换热器、高温喷流式换热器、印刷线路板换热器、穿孔板换热器、微尺度换热器、微通道换热器、流化床换热器、新能源换热器等也将在工业领域及其他领域得到研究和应用。

针对各种高效节能换热器新品种，如同常规管壳式换热器一样，随着各种产品的产业化及推广应用，在工艺计算、强度计算和结构绘图等方面也需要开发标准化、参数化、规范化的计算机辅助设计程序。

（四）分析设计的研究发展

分析设计是近代发展的一门新兴学科，美国 ANSYS 软件技术一直处于国际领先水平，通过分析设计可以得到比常规强度计算带来更准确、更便捷的手段。在超常规强度计算中，可模拟出应力的分布图，使常规方法无法得到的计算结果能更方便、快捷、准确地得到，使换热器更加安全可靠。这一技术随着计算机应用的发展，将带来技术水平的飞跃发展。如分析设计，将会逐步取代强度试验，从而使工作人员摆脱繁重的实验室劳动操作。

三、结束语

换热器是工业生产过程中重要的热交换设备，随着工业过程的发展及科学技术的日新月异，换热器技术逐步向前发展。计算机辅助设计作为换热器技术发展的主要手段之一，针对换热器疑难问题、研究热点、新产品研发及结构优化设计等方面，必将发挥越来越大的作用。

参 考 文 献

[1] 钱颂文. 换热器设计手册. 北京：化学工业出版社，2002.

[2] 曹纬. 国外换热器新进展. 石油化工设备，1999，28(2)：7~9.

[3] 徐用懋，杨尔辅. 石油化工流程模拟、先进控制与过程优化技术的现状与展望. 工业控制计算机，2001(9)：21~27.

[4] 董其武，张周. 换热器. 北京：化学工业出版社，2009.

[5] 刘明言，林瑞秦，李修伦，黄鸿鼎. 管壳式换热器工艺设计的新挑战. 化学工程，2005(1)：16~19.

[6] 矫明，徐宏，程泉，张倩. 新型高效换热器发展现状及研究方向. 化工设计通讯，2007，33(3)：50~55.

[7] 刘明言，崔岩，黄鸿鼎，李修伦，林瑞泰. 管壳式换热器工艺设计进展. 石油化工设备，2003，32(5)：34~37.

第 十 篇

换热器制造检验与使用安全管理

第一章　换热器制造检验

(张　铮)

第一节　概　　述

换热器是指用于完成介质热量交换的设备，以达到生产工艺过程中所需要的将介质加热或冷却的目的，又称热交换器。

换热器的应用广泛，日常生活中取暖用的暖气散热片、汽轮机装置中的凝汽器和航天火箭上的油冷却器等都是换热器。它还广泛应用于化工、石油、动力和原子能等工业行业。它的主要功能是保证工艺过程对介质所要求的特定温度，同时也是提高能源利用率的主要设备之一。

换热器既可是一种单独的设备，如加热器、冷却器和凝汽器等；也可是某一工艺设备的组成部分，如氨合成塔内的热交换器。20 世纪 20 年代出现了板式换热器，并应用于食品工业。以板代管制成的换热器，结构紧凑，传热效果好，因此陆续发展为多种形式。30 年代初，瑞典首次制成螺旋板换热器。接着英国用钎焊法制造出一种由铜及其合金材料制成的板翅式换热器用于飞机发动机的散热。30 年代末，瑞典又制造出第一台板壳式换热器用于纸浆工厂。在此期间，为了解决强腐蚀性介质的换热问题，人们开始注意用新型材料制成的换热器。

在 60 年代左右，由于空间技术等尖端科学的迅速发展，迫切需要各种高能效紧凑型的换热器，再加之冲压、钎焊和密封等技术的发展，换热器制造工艺得到进一步完善，从而推动了紧凑型板面式换热器的蓬勃发展和广泛应用。此外，自 60 年代开始，为了适应高温和高压条件下的换热和节能的需要，典型的管壳式换热器也得到了进一步的发展。70 年代中期，为了强化传热，在研究和发展热管的基础上又创制出热管式换热器。

换热器按传热方式的不同可分为蓄热式、直接式和间壁式 3 类。

1. 蓄热式换热器

蓄热式换热器内装有热容量较大的填充物，高温介质与低温介质交替流经填充物表面，热量由高温介质传给填充物，再由填充物传给低温介质，从而进行热量交换。这种换热器换热效率很低，多用于空气分离装置中。

2. 直接式换热器

直接式换热器是通过冷、热流体的直接接触、混合，进行热量交换的换热器。由于两种流体混合换热后必须及时分离，这类换热器适合于气、液两流体之间的换热。例如，化工厂和发电厂所用的凉水塔中，热水由上往下喷淋，而冷空气自下而上吸入，在填充物的水膜表面或飞沫及水滴表面，热水和冷空气相互接触进行换热，热水被冷却，冷空气被加热，然后依靠两种流体本身的密度差得以分离。这种换热器效率一般比较高，但只适用于两种介质不会互相混合或允许相互掺合的场合。

3. 间壁式换热器

间壁式换热器的冷、热流体被固体间壁隔开，并通过间壁进行热量交换的换热器，因此又称表面式换热器，这类换热器的形式更多，使用也更为广泛。间壁式换热器根据传热面的结构不同可分为管式、板面式和其他型式。管式换热器以管子表面作为传热面，包括蛇管式换热器、套管式换热器和管壳式换热器等；板面式换热器以板面作为传热面，包括板式换热器、螺旋板换热器、板翅式换热器、板壳式换热器和伞板换热器等；另外为满足某些特殊要求而设计的其他型式换热器，如刮面式换热器、转盘式换热器和空气冷却器等。

　　换热器中流体的相对流向一般有顺流和逆流两种。顺流时，入口处两流体的温差最大，并沿传热表面逐渐减小，至出口处温差为最小。逆流时，沿传热表面两流体的温差分布较均匀。在冷、热流体的进出口温度一定的条件下，当两种流体都无相变时，以逆流的平均温差最大而顺流最小。在完成同样传热量的条件下，采用逆流可使平均温差增大，换热器的传热面积减小；若传热面积不变，采用逆流时可使加热或冷却流体的消耗量降低。前者可节省设备费用，后者可节省操作费用，在设计或生产使用中应尽量采用逆流换热。当冷、热流体两者或其中一种有物相变化（沸腾或冷凝）时，由于相变时只放出或吸收汽化潜热，流体本身的温度并无变化，因此流体的进出口温度相等，这时两流体的温差就与流体的流向选择无关了。除顺流和逆流这两种流向外，还有错流和折流等流向。在传热过程中，降低间壁式换热器中的热阻，以提高传热系数是一个重要的问题。热阻主要来源于间壁两侧粘滞于传热面上的流体薄层（称为边界层），和换热器使用中在壁两侧形成的污垢层，金属壁的热阻相对较小。增加流体的流速和扰动性，可减薄边界层，降低热阻提高换热系数，但增加流体流速会使能量消耗增加，故设计时应在减小热阻和降低能耗之间作合理的协调。为了降低污垢的热阻，可设法延缓污垢的形成，并定期清洗传热面。

　　由于制造技术的限制，早期的换热器只能采用简单的结构，而且传热面积小、体积大，比较笨重，如蛇管式换热器等。随着制造技术的发展，逐步形成一种管壳式换热器，它不仅单位体积具有较大的传热面积，而且传热效果也较好，长期以来在工业生产中成为一种典型的换热器。

　　换热器作为通用的工艺设备，在工业生产中有着重要的地位。由于其工作条件差，在使用中损坏的可能性比较大，另外因其内部的介质具有一定的压力、一定的温度，并存在程度不同的腐蚀性等，而且在不停地流动，不断的对设备产生各种物理的、化学的作用，因而可能使设备产生腐蚀、变形、裂纹、渗漏等缺陷。换热器的设计、制造过程都会产生缺陷，虽经过质量检验，也只能把缺陷控制在允许范围内。这些缺陷在运行过程中，往往会发展成严重缺陷和破坏性事故的根源。运行中操作不当和日常维护保养不好，都可能造成缺陷或加剧已有缺陷，从而严重损坏设备。所以对换热器进行检验的目的是发现缺陷，消除隐患，防止换热器发生失效事故，特别是危害最严重的破裂事故。因此在某种意义上可以说，检验的实质就是失效的预测和预防。所以为保证换热器的安全使用，在制造时就必须按照有关标准、规范对换热器的原材料和制造加工过程进行严格的质量检验，也就是在换热器出厂之前就发现问题，从而杜绝因质量不符合规范标准要求而在使用时失效的可能性。

　　质量检验在换热器的制造过程中占有重要的地位，检验的主要内容有：对原材料的化学成分和力学性能进行常规理化检验；对焊接接头进行性能检验；对容器各部分存在的缺陷进行无损检测；用高于操作压力的液体对容器进行耐压试验等。

第二节　制造检验规范

　　在石油、化工装置中，换热器占有重要的位置。通常在化工厂的建设中，换热器约占总投资的 10% ~20%；在石油厂中，换热器约占全部工艺设备投资的 35% ~40%。石油、化工装置中的换热设备，应用最广泛的是管壳式换热器。正因为换热器在社会和经济生活中广泛使用，而且具有危险性，如果在设计、制造、安装、使用或管理过程中不规范则可能会发生事故，不仅会造成严重人身伤亡及财产损失，也会对正常的社会经济秩序产生重大影响，所以其安全保证需要由政府通过法律、行政、经济等多种手段和措施强制推行。我国特种设备安全监察体系建立与完善经历了近 20 年的历程，目前，有关法规标准体系仍在进一步完善。我国特种设备法规标准体系由"法律——行政法规——部门规章——规范性文件——相关标准及技术规定"五个层次构成。

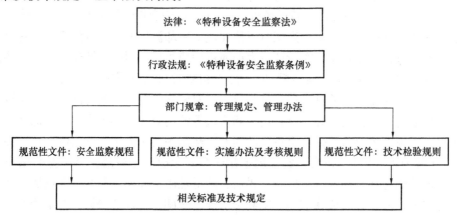

其中法律是由全国人民代表大会或省人民代表大会通过和批准的，《特种设备安全监察法》就是与此有关的法律；行政法规包括国务院颁布的行政法规和国务院以令的形式颁布的与此有关的部门行政法规，《特种设备安全监察条例》就是一部全面规范特种设备的生产、使用、检验检测的专门法规；部门规章是指以国家质检总局局长令的形式发布的办法、规定、规则。例如：《锅炉压力容器制造监督管理办法》等；规范性文件是指以总局领导签署或授权签署，以总局名义公布的技术规范和管理规范，管理类规范包括各种管理规则、核准规则、考核规则和程序等，技术类规范包括各种安全技术监察规程、检验规则、评定细则、考核大纲等；而技术标准是指由行业或技术团体提出，经有关管理部门批准的技术文件，有国家标准、行业标准和企业标准之分。国家标准又分为强制性标准和推荐性标准，企业标准应当高于行业标准，更高于国家标准，行业标准是对没有国家标准而又需要在全国某个行业范围内统一技术要求而制定的标准，在相应的国家标准核准实施后，行业标准即行废止。表 10.1 -1 所列为换热器制造中常用的标准。

表 10.1 -1　换热器制造中常用标准

序号	类别	标 准 名 称
1		特种设备安全监察条例
2		压力容器安全技术监察规程
3		超高压容器安全监察规程
4	技术规范	锅炉压力容器制造监督管理办法
5		锅炉压力容器制造许可条件
6		锅炉压力容器制造许可工作程序
7		锅炉压力容器产品安全性能监督检验规则

续表

序号	类别	标 准 名 称
8	技术规范	压力容器压力管道设计单位资格许可与管理规则
9		锅炉压力容器使用登记管理办法
10		锅炉压力容器压力管道焊工考试与管理规则
11		特种设备无损检测人员考核与监督管理规则
12	国家标准	GB 150《压力容器》
13		GB 151《管壳式换热器》
14		GB/T 15386—94《空冷式换热器》
15		GB 16409—1996《板式换热器》
16		GB 16749—1997《压力容器波形膨胀节》
17	行业标准	JB/T 4751—2003《螺旋板换热器》
18		JB 4735—1997《钢制焊接常压容器》
19		JB/T 4734—2002《铝制焊接容器》
20		JB/T 4745—2002《钛制焊接容器》
21		JB/T 4750—2003《制冷装置用压力容器》
22		JB/T 4756—2006《镍及镍合金制压力容器》
23		JB/T 4755—2006 铜制压力容器
24		JB 4710—2005《钢制塔式容器》
25		JB 4708《钢制压力容器焊接工艺评定》
26		JB/T 4709《钢制压力容器焊接规程》
27		JB/T 4744—2000《钢制压力容器产品焊接试板的力学性能检验》
28		JB/T 4732—95《钢制压力容器分析设计》
29		JB/T 4730.1～4730.6—2005《承压设备无损检测》
30		JB/T 4746—2002《钢制压力容器用封头》
31		JB 4736—2002《补强圈》
32		JB/T 4700～4707—2000 压力容器法兰
33		JB 4726～4728—2000 压力容器用钢锻件
34		JB 4741～4743—2000 压力容器用镍铜合金
35		JB/T 4712—92《鞍式支座》
36		JB/T 4713—92《容器支腿》
37		JB/T 4724—92《支承式支座》
38		JB/T 4725—92《耳式支座》
39		JB/T 4714—92《浮头式换热器和冷凝器型式与基本参数》
40		JB/T 4715—92《固定管板式换热器型式与基本参数》

续表

序号	类别	标 准 名 称
41		JB/T 4716—92《立式热虹吸式重沸器型式与基本参数》
42		JB/T 4717—92《U 型管式换热器型式与基本参数》
43		JB/T 4718—92《管壳式换热器用金属包垫片》
44		JB/T 4719—92《管壳式换热器用缠绕垫片》
45	行业标准	JB/T 4720—92《管壳式换热器用非金属软垫片》
46		JB 4721—92《外头盖侧法兰》
47		JB/T 4722—92《管壳式换热器用螺纹换热管基本参数与技术条件》
48		JB/T 4723—92《不可拆卸式螺纹换热器型式与基本参数》
49		JB/T 4740—1997《空冷式换热器型式与基本参数》

第三节　材　料　检　验

换热器是实现化工生产过程中热量交换和传递不可缺少的设备。选择换热器的材料应考虑设备的使用条件（如设计温度、设计压力、介质特性和操作特点等等），材料的焊接性能，设备的制造工艺以及经济合理性。材料选择不当将会造成安全性能下降、失效或寿命降低。经济、合理、安全是首要考虑的因素。其次，由于换热器在热量交换中常有一些腐蚀性、氧化性很强的物料，因此，要求制造换热器的材料具有抗强腐蚀性能。一般换热器都用金属材料制成，可用材料牌号较多，其中：碳素钢和低合金钢大多用于制造中、低压换热器；不锈钢除主要用于不同的耐腐蚀条件外，奥氏体不锈钢还可作为耐高、低温的材料；铜、铝及其合金多用于制造低温换热器；镍合金则用于高温条件下；非金属材料除制作垫片零件外，有些已开始用于制作耐蚀换热器，如石墨换热器、氟塑料换热器和玻璃换热器等，但是用石墨、陶瓷、玻璃等材料制成的换热器有易碎、体积大、导热差等缺点。

一、换热器常用材料

根据材料的组成与结构特点，可分为金属材料、有机高分子材料、无机非金属材料和复合材料，金属材料又分为黑色金属和有色金属。

（一）黑色金属材料

1. 碳素钢

换热器选用的碳素钢都是低碳钢，这类低碳钢具有良好的塑性、韧性，并且加工工艺性和可焊性好。

材料选用原则如下：

（1）换热器的壳体用板材一般选用镇静钢，如：Q235B、Q235C、20R 等。

（2）换热管一般选用 10、20、20G。

（3）锻件一般选用 10 锻件。

2. 低合金钢

低合金钢是在碳素钢的基础上加入少量 Si、Mn、Cu、Ti、V、Nb、P 等合金元素构成的，它的含碳量较低，一般小于 0.2%。其组织多数为铁素体加珠光体。由于少量合金元素的加入使低合金钢具有较高的强度、较好的塑性和韧性，焊接性能也较好，并改善了钢材的耐腐蚀性能和低温性能。

材料选用原则如下：

（1）换热器的壳体用板材一般选用16MnR、16MnRH、15MnVR、15CrMoR、15CrMoRH、18MnMoNbR、1.25Cr-0.5MoSi、2.25Cr-1Mo。

（2）换热管一般选用16Mn、15MnV、12CrMo、15CrMo、12Cr2Mo、1Cr5Mo、12CrlMoVG、09Cr2A1MoV、1.25Cr-0.5MoSi、2.25Cr-1Mo。

（3）锻件一般选用16Mn、20MnMo、15MnV、20MnMoNb、15CrMo、35CrMo、12CrlMo、lCr5Mo、1.25Cr-0.5MoSi、2.25Cr-1Mo。

3. 低温用钢

由于存在于钢中的硫、磷、砷、锑、锡、铅等微量元素和氮、氢、氧等气体度对钢的低温韧性都产生不良影响，所以低温用钢都必须是镇静钢，同时硫、磷含量都低于普通低合金钢。国内规范标准将低温容器和非低温容器的温度界限规定为-20℃。低合金钢一般均可用于低温状态，低合金钢在低温状态下使用具有良好的韧性，且金属组织稳定。

材料选用原则如下：

（1）换热器的壳体用板材一般选用16MDR、09Mn2VDR、09MnNiDR、07MnNiCrMoVDR、15MoNiDR。

（2）换热管一般选用16Mn、09MnD。

（3）锻件一般选用16MDR、09Mn2VD、09MnNiD、16MnMoD、20MnMoD、08MnNiCrMoD。

4. 高合金钢

高合金钢又分为铁素体型不锈钢、马氏体型不锈钢、奥氏体型不锈钢、奥氏体-铁素体双相型不锈钢。马氏体型不锈钢对铁离子、亚硫酸气体、硫化氢和环烷酸具有抗腐蚀作用，但马氏体组织热处理有淬硬性、焊接性能较差，易产生裂纹；铁素体型不锈钢对氧化性酸、硝酸、碱性溶液、无氯温水、苯和洗涤剂有良好的耐蚀性，但焊接性能差，易产生裂纹；奥氏体型不锈钢具有良好的抗均匀腐蚀的性能，有稳定的组织，低温性能也好，一般比较常用；奥氏体-铁素体双相型不锈钢具有奥氏体和铁素体两个组织，所以具有良好的耐腐蚀性、较好的焊接性，焊后不需热处理，并且晶间腐蚀、应力腐蚀开裂的倾向也较小。

材料选用原则如下：

（1）换热器的壳体用板材一般选用0Cr13A1、0Cr13、0Cr18Ni9、0Cr18Ni10Ti、0Cr17Ni12Mo2、0Cr18Ni12Mo2Ti、0Cr19Ni13Mo3、00Cr19Ni0、00Cr17Ni14Mo2、00Cr19Ni13Mo3、00Cr18Ni5Mo3Si2。

（2）换热管一般选用0Cr13、0Cr18Ni9、0Cr18Ni10Ti、0Cr17Ni12Mo2、0Cr18Ni12M2Ti、0Cr19Ni13Mo3、00Cr19Ni0、00Cr17Ni14Mo2、00Cr19Nil3Mo3。

（3）锻件一般选用0Cr13、0Cr1SNi9、0Cr18Ni10Ti、0Cr17Ni12Mo2、00Cr19Ni0、00Cr17Ni14M02、00Cr18Ni5Mo3Si2。

（二）有色金属及合金

1. 铜及铜合金

铜分为紫铜和黄铜，由于具有良好的导热性、塑性好、低温冲击韧性好，在深冷换热器中应用较多。紫铜在空气预热器中使用较多；黄铜在稀硫酸、亚硫酸、中浓度的盐酸、醋酸、氢氟酸、苯性碱中抗腐蚀良好，因此在海水冷却器中应用较普遍。黄铜牌号一般有H62、H65、H70-1、H70Si-1。

2. 铝及铝合金

铝在大气中形成致密的氧化保护膜。所以在中性溶液、弱酸中稳定性好，铝镁合金在海水冷却器中使用有良好的抗腐蚀性。

3. 镍及合金

镍及合金是高温耐蚀合金，具有很高的高温强度、持久强度和蠕变强度，还有良好的高温耐蚀性，即具有高的抗氧化性、抗硫化性、抗氮化性及抗渗碳性。纯镍常用于烧碱工业中制作碱的蒸馏、储藏和精制设备，因镍在果酸中耐蚀又无毒，所以在食品工业中也有一定的使用量；镍铜合金 Mone 1400 主要用于碱液冷却工段和蒸发工段的设备，镍铜合金 NCu28 - 2.5 - 1.5 合金主要用于制造化学工业、制盐工业、海洋开发工程中的换热设备；镍铬合金 NS312 常用于化工和原子能工业中加热器、换热器、蒸发器和蒸馏塔的制造；镍铬钼合金 NS333 可用于氯碱厂换热设备的制造。

4. 稀有金属

钛、钽和锆及其合金具有很强的耐腐蚀性，但价格昂贵，使用量很小。目前，常减压装置常压塔顶冷却器和空冷器对钛的使用较多，以延长使用寿命。

用钛作换热元件具有以下优点：在许多介质中有优良的耐腐蚀性，因而管壁可以很薄，提高了传热效果；表面光洁，无垢层，污垢系数大大降低；密度小；强度高；设备体积和重量小。因此当不锈钢的耐蚀性不能满足设备的要求时，多采用钛制设备。

（三）非金属材料

用来制造换热器的非金属材料主要有石墨、玻璃钢、陶瓷纤维复合材料、氟塑料等。非金属材料主要用于强腐蚀介质的场合，如有硝酸、浓硫酸、盐酸、苛性碱、过氧化物等介质的场合。由于非金属材料管壁热阻较高，所以有传热效率较低，且强度较低，耐温耐压低，抗冲击性能差等缺点。

（四）国外材料

如果采用国外材料时，应选用国外压力容器规范允许使用且国外已有使用实例的材料，其使用范围应符合我国材料生产相应规范和标准的规定，技术要求一般不得低于我国相应的技术指标，并有该材料的质量证明书。

二、材料检验方法和要点

材料是设备的基础，其选择、制造、采购、验收等环节是设备制造质量保证体系的重要组成部分，也是安全生产的重要保证。在制造设备之前首先要进行材料检验，主要程序是：检验选用材料的质量和规格是否符合相应的国家标准、行业标准和有关技术条件的规定，查看材料质量证明书是否符合要求，检验材料本身是否与材料质量证明书一致，材料是否需要复验等。

（一）材料质量证明书

制造单位从材料生产单位获得材料时，要取得材料质量证明书，并有材料生产单位质量检验章。从非材料生产单位获得材料时，应同时取得材料质量证明书原件或加盖供材单位检验公章和经办人章的有效复印件。材料质量证明书的内容应该齐全、清晰，至少包括材料制造标准代号、材料牌号及规格、炉（批）号、产品标准中规定的各项检验结果（包括材料的化学成分、力学性能指标、无损检测项目等）。其中材料制造标准代号应该是国家标准或行业标准正式公布的标准，而且是最新版本；材料牌号及规格应符合设计要求；材料质量证明书中各项检验结果应符合材料标准的规定。

（二）材料验收

1. 材料标记

在材料的明显部位应该有清晰、牢固的标记，至少包括材料制造标准代号、材料牌号及规格、炉（批）号、国家安全监察机构认可标志、材料生产单位名称及检验印签标志，标志应与材料质量证明书相一致，否则不得使用。

2. 材料外观检查

（1）材料表面有无裂纹、裂口、折叠、气泡、重皮、砂眼、缩孔、夹渣等缺陷；

（2）材料表面的锈蚀、腐蚀坑，局部凹坑及机械损伤情况；

（3）材料的尺寸、规格、圆度、厚度偏差等。

（三）材料复验

换热器的筒体、封头（端盖）、人孔盖、人空法兰、人孔接管、膨胀节、开孔补强圈、设备法兰、管板、换热管、M36 以上的设备主螺栓及公程直径大于等于 250mm 的接管和法兰均为主要受压元件，对其用材的复验要求如下：

1. 用于制造第三类换热器的钢板必须进行复验

复验内容至少包括：逐张检查钢板表面质量材料标记，按炉（号）复验钢板的化学成分，按批号复验钢板的力学性能、冷弯性能，当材料厂家未提供钢板超声检测保证书时，还应进行超声波检测复验。

2. 用于制造其他类别换热器的钢板应进行复验的要求

（1）设计图样要求复验的；

（2）用户要求复验的；

（3）制造单位不能确定材料真实性或对材料的性能和化学成分有怀疑的；

（4）材料质量证明书上注明复印件无效或不等效的。

3. 用于制造换热器壳体的碳素钢和低合金钢钢板，凡符合下列条件之一的应逐张进行超声检测

（1）盛装介质毒性程度为极毒、高度危害的，钢板合格级别不低于Ⅱ级；

（2）盛装介质为液化石油气且硫化氢含量大于 100mg/L 的，钢板合格级别不低于Ⅱ级；

（3）最高工作压力大于等于 100MPa 的，钢板合格级别不低于Ⅲ级；

（4）厚度大于 30mm 的 20R 和 16MnR，钢板合格级别不低于Ⅲ级；

（5）厚度大于 25mm 的 15MnVR、15MnVNR、18MnMoNbR、13MnNiMoNbR 和 Cr－Mo 钢板，钢板合格级别不低于Ⅲ级；

（6）厚度大于 20mm 的 16MnDR、15MnNiDR、09Mn2VDR 和 09MnNiDR，钢板合格级别不低于Ⅲ级；

（7）调质状态供货的钢板，钢板合格级别不低于Ⅱ级。

4. 用于制造第三类换热器的锻件复验要求

（1）应按锻件国家标准或行业标准规定的项目进行复验；

（2）对制造单位经常使用且已有信誉保证的外协锻件，如质量证明书（原件）项目齐全，可只进行硬度和化学成分复验，复验结果出现异常时，则应进行力学性能复验；

（3）换热器制造单位锻制且只供本单位使用的锻件，可免做复验。

5. 取得国家安全监察机构产品安全质量认证并有免除复验标志的材料可免做复验。

6. 下列碳素钢和低合金钢钢板应逐张进行拉伸和夏比（Ⅴ型缺口）冲击（常温或低温）试验

（1）调质状态供货的钢板；

（2）用于壳体厚度大于 60mm 的钢板。

以上两项系指原扎制钢板逐张进行试验。原扎制钢板，系指由 1 块板胚或直接由 1 支钢锭轧制而成的 1 张钢板，如该钢板随后被剪切成几张钢板，在确定试样取样部位和数量时，仍按 1 张钢板考虑。

7. 用于壳体的钢板

当使用温度和钢板厚度符合下述情况时，应每批取 1 张或按上述规定逐张进行夏比（V 型缺口）低温冲击试验。试验温度为钢板的使用温度（既相应受压元件的最低设计温度）或按图样的规定，试样取样方向为横向。

（1）使用温度低于 0℃时：厚度大于 25mm 的 20R，厚度大于 38mm 的 16MnR 和 15MnVR，任何厚度的 18MrMoNbR、13MnNiMoNbR 和 Cr - Mo。

（2）使用温度低于 - 10℃时：厚度大于 20mm 的 16MnR 和 15MnVNR。

低温冲击功的指标根据钢板标准抗拉强度确定。

第四节　壳体与封头制造检验

一、下料与坡口加工

（一）下料

材料应有确认的标记，在制造过程中，如原有确认标记被裁掉或材料分成几块，应于材料分割前做好标记移植。标记方法可采用打钢印、油漆书写（低温钢板、不锈钢板、薄钢板、小直径管等）、挂标签（焊条、焊丝等）。

切割下料是保证结构尺寸精度的重要工序，应严格控制。如采用机械剪切、手工热切割和机械热切割法下料，则应在待下料的金属毛坯上按图样以 1:1 的比例进行划线。对于批量生产的工件，也可采用按图样的图形和实际尺寸制作的样板划线。手工划线和样板的尺寸公差应符合标准规定，并考虑焊接的收缩量和加工余量。根据钢板实际尺寸确定筒节长度，并画出拼版图，在筒体上用油漆标明产品工号、下料尺寸、筒体节数、材料牌号、规格等标记。不锈钢、铜、铝、钛及其合金下料时，要防止磕碰划；划伤深度超过板材负偏差时应进行补焊，并打磨光滑；材料表面有油脂时，应用汽油或丙酮擦去，用油漆写明产品工号、名称、材质等标记。

钢材可采用剪床剪切下料或采用热切割方法切割下料。常用的热切割方法有火焰切割、等离子弧切割和激光切割。激光切割多用于薄板的精密切割。等离子弧切割主要用于不锈钢及有色金属的切割，空气等离子弧切割由于成本低亦用于碳钢的切割。水下等离子弧切割用于薄板的下料，具有切割精度高且无切割变形的优点。

不锈钢板剪切下料时应注意切口的冷作硬化现象，此硬化带的宽度一般为 1.5 ~ 2.5mm，由于冷作硬化对不锈钢的性能有严重的不利影响，此硬化带应采用机械加工方法去除。合金总量超过 3% 的高强度钢和耐热钢厚板切割时，切割表面会产生淬硬现象，严重时会产生切割裂纹，裂纹形成的原因是切口的淬硬组织和切割应力。厚板切割时钢板轧制的残余应力会加速表面切割裂纹向钢板的纵深方向扩展。因此，低合金高强度钢和耐热钢厚板切割前，应将切口的起始端预热 100 ~ 150℃，板厚超过 70mm 时，应在切割前将钢板退火处理。采用数控切割机下料，可以省去划线工序，同时还可以提高切割的精度。通过计算机合理套裁，可大大提高材料的利用率，这是一种值得推广的现代化自动切割设备。切割后材料边缘必须光滑、平整、垂直、将材料上的飞溅、毛刺、熔渣去除。

（二）坡口加工

为使焊缝的厚度达到图样规定的尺寸和获得全焊透的焊接接头，焊缝的边缘应按板厚和焊接工艺方法加工成各种形式的坡口，最常用的坡口有 V 形、双 V 形、U 形、双 U 形坡口。

1. 焊接坡口选择

（1）焊缝填充金属尽量少；

（2）避免产生缺陷；

（3）减少残余焊接变形与应力；

（4）有利于焊接防护；

（5）焊工操作方便；

（6）复合钢板的坡口应有利于减少过渡层焊缝金属的稀释率；

（7）焊接方法。

2. 坡口制备

（1）碳素钢和标准抗拉强度下限值不大于 540MPa 的强度型低合金钢可采用冷加工方法，也可采用热加工方法制备坡口。

（2）耐热型低合金钢和高合金钢、标准抗拉强度下限值大于 540MPa 的强度型低合金钢宜采用冷加工方法。若采用热加工方法，则对影响焊接质量的表面层应用冷加工方法去除。

（3）不锈钢、有色金属、标准抗拉强度下限值大于 540MPa 的钢材和 Cr – Mo 低合金钢经火焰切割的坡口表面应进行磁粉或渗透检测，当无法进行磁粉或渗透检测时，应由切割工艺保证坡口质量。

（4）奥氏体高合金钢坡口两侧各 100mm 范围内应刷涂料，以防止沾附焊接飞溅。

钢板边缘坡口的机械加工可采用专用的刨边机、铣边机、也可采用普通的龙门刨床加工，管子端部的坡口加工则可采用气动和电动的管端坡口机。直径 600mm 以上的大直径筒体环缝的坡口加工可采用大型边缘车床。

3. 坡口检验

焊接坡口应保持平整，不得有裂纹、分层、夹杂等缺陷，坡口的形式和尺寸应符合相应规定。坡口表面及两侧（以离坡口边缘的距离计：焊条电弧焊各 10mm，埋弧焊、气体保护焊各 20mm，电渣焊各 40mm）应将水、铁锈、油污、积渣和其他有害杂质清理干净。

二、成型加工检验

成型工艺包括冲压、卷制、弯曲和旋压等。

卷制前应检查下料尺寸，分清材料板厚、规格及焊缝布置情况。冷卷筒节投料的钢材厚度 δ 不得小于其名义厚度减去钢板负偏差。而热卷后的筒节厚度不得小于该部件的名义厚度减去钢板负偏差。卷制时需将材料放正定位，防止错边及大小口。卷制前应清除材料表面的铁屑杂物，卷制过程中应及时扫去剥落下来的氧化皮，以避免造成钢板的表面机械损伤。对于尖锐伤痕以及不锈钢防腐表面的局部伤痕、刻槽等缺陷应予修磨，修磨的深度应不大于该部位钢材厚度的 5%，且不大于 2mm，否则应予补焊。

卷制通常在三辊或四辊卷筒机上进行，厚壁筒体亦可采用特制的模具在水压机或油压机上冲压成型，筒体的卷制实质上是一种弯曲工艺。在常温下弯曲，即所谓冷弯时，工件的弯曲直径和半径不应小于该种材料特定的最小允许值，对于普通碳素结构钢弯曲半径不应小于 25δ（δ 为板厚），否则力学性能会大大下降。冷卷的筒体，当其外层纤维的伸长率超过 15% 时，应在冷卷后作回火处理，以消除冷作硬化引起的不良后果，通常板厚小于50mm的钢板可采用冷卷，大于50mm的钢板应采用热卷或冲压成型。正常的热卷和热冲压温度应选择在材料的正火温度，以保证热成形后材料仍保持标准规定的力学性能。但是，由于设备能力的原因，往往材料被加热到超过材料正火温度的高温，从而导致晶粒长大，力学性能降低。对于这种超温卷制或冲压的筒体，应在卷制或冲压完成后，再作1次常规的正火处理，以恢复其力学性能。当卷制某些对高温作用敏感的合金材料时，应制备母材金属试板，且随炉加热并随工件同时出炉，以检验母材金属经热成形后的力学性能是否符合标准的规定。

封头通常采用水压机或油压机在特制的模具上冷冲压或热冲压而成，对冲压件材料性能的影响类似于冷卷或热卷。当冲压后的工件冷变形度超过容许极限或冲压温度超过材料正常的正火温度时，工件应在冲压后作相应的热处理，以恢复力学性能，奥氏体不锈钢冲压后作固溶处理。壁厚小于32mm的碳素钢封头和壁厚小于25mm的不锈钢封头可以采用旋压成形的方法制造。旋压成形是将工件在旋转过程中利用紧靠工件内外壁的两个辊轮加压，按预定的要求将工件旋压成形的方法。封头可按工件的壁厚采用冷旋压和热旋压两种方式成形。

三、封头检验

换热器的封头形式主要有凸形封头、锥壳、平盖。凸形封头包括椭圆形封头、碟形封头、球冠形封头和半球形封头；锥壳分锥壳封头和锥壳壳体。椭圆形封头一般采用长轴比为2的标准型，其有效厚度应不小于封头内直径 D_i 的0.15%，其他椭圆形封头的有效厚度应不小于封头内直径 D_i 的0.03%；碟形封头球面部分的内半径应不大于封头的内直径 D_i，通常取0.9倍的封头内直径，封头转角内半径应不小于封头内直径10%，且不小于3倍的名义厚度。对于 $R_i = 0.9D_i$、$r = 0.17D_i$ 的碟形封头，有效厚度应不小于封头内直径的0.15%，其他碟形封头的有效厚度应不小于封头内直径的0.03%。锥壳可以由同一半顶角的几个不同厚度的锥壳段组成。对于锥壳大端，当锥壳半顶角 $\alpha \leqslant 30°$ 时。可以采用无折边结构，当 $\alpha > 30°$ 时，应采用带过渡段的折边结构。大端折边锥壳的过渡段转角半径 r 应不小于封头大端的内直径 D_i 的10%、且不小于该过渡段厚度的3倍。对于锥壳小端，当锥壳半顶角 $\alpha \leqslant 45°$ 时。可以采用无折边结构，当 $\alpha > 45°$ 时，应采用带过渡段的折边结构。小端折边锥壳的过渡段转角半径 r 应不小于封头小端内直径 D_{is} 的5%、且不小于该过渡段厚度的3倍。

封头一般是由整张板材压制而成，但有时由于直径很大或材料不够时就需要拼接。拼接时，各种不相交的拼焊焊缝中心线间距离至少应为封头钢材厚度 δ 的3倍，且不小于100mm。当封头成形的瓣片和顶圆板拼接制成时，焊缝方向只允许是径向和环向的，如图10.1-1所示。对于先拼板后成形的封头拼接焊缝，在成形前应打磨与母材齐平。

封头的检验项目至少有：材料检验、表面质量检验、封头厚度检验、封头形状和几何尺寸检验、标记检验和外协封头的质量证明文件检验等。

1. 表面质量检验

可采用目测方法。封头表面不得有腐蚀、裂纹、气泡、结疤、折叠、分层和机械损伤；封头拼接焊缝表面不得有裂纹、咬边、气孔、夹杂、弧坑和飞溅物等。封头坡口不得有裂纹、分层、夹杂等缺陷。

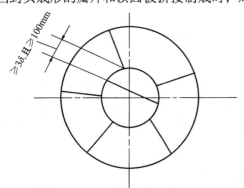

图10.1-1　封头成形的瓣片和
顶圆板拼接制作时焊缝方向

2. 封头厚度检验

封头厚度检验可用金属直尺、厚度卡钳、游标卡尺和超声侧厚仪等。对于按规则设计的封头，实测的最小厚度不得小于封头名义厚度减去钢板厚度负偏差或图样标注的最小厚度。封头测厚是沿封头端面圆周0°、90°、180°、270°四个方向在厚度必测部位检测。

3. 封头形状和几何尺寸检验

封头的端面应切边加工，以此加工面作为封头形状和几何尺寸检验的基准。

实际封头存在着与理想设计形状之间的偏差，由于这些偏差的存在，在整个封头直径范围内将会使封头产生附加弯曲应力，它将导致封头的局部区域产生屈服，所以封头形状偏差是检验中的重要项目。一般使用弦长等于封头内直径 D_i 的3/4内样板检查椭圆形、蝶形和球形封头内表面的形状偏差见图10.1-2。检测前标好各测量点沿直径方向位置，样板放入封头内时，可用粉线校正，样板必须垂直于被检测表面，然后用直尺或塞尺读出最大间隙数值，以此方法反复测量几点，读出最大间隙数值，其最大间隙不得大于封头内直径 D_i 的1.25%，对先成形后拼板制成的封头，允许样板避开焊缝进行测量。

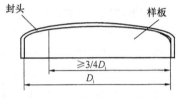

图 10.1-2　弦长为3/4 D_i 的内样板测量示意图

如果样板的曲面形状按标准形状尺寸制作并不方便，因为封头实际形状偏差是不规则的。检测时样板靠不上封头，不一定能够测准间隙的尺寸。理想的样板应该是按标准形状尺寸画线后，在检测圆弧面上减去一定值画线剪裁，这样制作的样板使用方便，测量准确。

对于蝶形和折边锥形封头，其过渡区转角半径不得小于图样的规定值(样板检查)；而封头直边部分的纵向皱褶深度应不大于1.5mm(用圆弧样板靠后，塞尺检查)。

测量封头的直径差 D_{max} 和 D_{min} 可使用卷尺和盘尺，也可以使用内径千分尺和内径套筒尺。方法是：将卷尺或内径千分尺基点，紧靠封头内壁或外壁的一端，测量端沿着圆弧方向左右移动，读出最大切点数值，一般测量4~8点就可。封头的直径差 D_{max} 和 D_{min} 应不超过封头内径的1%，最大不大于封头内径的1.25%。

四、筒体组对检验

筒体组对与焊接是决定最终质量的关键性工序，筒体的组对不仅要求部件的尺寸符合设计图纸的要求，而且要保证接头的装配及定位焊缝的质量符合焊接技术的要求。影响焊接质量的装配尺寸有以下两方面：

1. 筒体内直径允许偏差

壳体圆筒内径的偏差取决于周长偏差，而周长偏差在忽略冷卷冷校中的延伸后，仅取决于下料、刨边、纵缝的条数及焊缝收缩的误差，而将这4项误差的累计控制在10mm范围内，不仅符合实际，也是可以达到的，因此在筒体用板材卷制时，内直径的允许偏差可通过外圆周长加以控制，其外圆周长允许上偏差为10mm，下偏差为零；用管子作筒体时，其尺寸允许偏差应符合相应的材料标准。

2. 接头间隙

接头的间隙大小与所采用的焊接工艺方法有关，间隙的装配尺寸允差应不大于焊接工艺规程规定值的±0.5mm。

(一) 筒体组对

筒体组对时，注意筒体筒节的 0°、90°、180°和 27°的 4 个轴线应在组对之前画出。由于经常要抽装管束，所以对壳体圆筒的内直径偏差、同一截面上最大与最小直径之差以及直线度的控制比较严格。筒体分组焊后进行整体合拢，通常采用卧式组对法。这时直线度的控制特别重要，也比较困难。一般情况下，先控制上下两个基准线的的直线度，固定好两点，再调整两侧基准线的直线度。合拢缝的组对间隙很难保证处处相等。由于间隙大小不一焊接收缩也不一样，有可能影响直线度。可采用在大间隙处坡口断面堆焊焊肉的办法消除大间隙，最后采用对称同时焊接的方法，以减少由于间隙不一致而造成的收缩影响整体设备的直线度。需要说明的是，这里所说的大间隙，也是在标准和图样规定范围以内的较大间隙，如间隙超标，必须采用切割修整的方法。

筒体的筒节长度不小于 300mm，在布置焊缝时：相邻筒节 A 类接头焊缝中心线外圆弧长以及封头 A 类接头焊缝中心线与相邻筒节 A 类接头焊缝中心线外圆弧长应大于钢材厚度的 3 倍，且不小于 100mm；应使内件和筒体焊接的焊缝尽量避开筒节间相焊及封头相焊的焊缝；筒体上的开孔尽量不在焊缝上；凡被补强圈、支座、垫板等覆盖的焊缝均应打磨至与母材齐平，另外对圆筒内壁上凡有碍管束顺利抽装的焊缝均应磨至与母材齐平，接管及补强圈与筒体焊接前必须用液压千斤顶顶上，以防壳体变形超差而影响管束安装。

(二) 筒体几何尺寸检查

1. 错边量的测量

错边是指对接接头中被焊两钢板在厚度方向没有对齐而形成的错位，即两相接边缘偏离中心线的差值，筒体焊接时，纵缝上的错边可能因为钢板中线未对齐造成，也可能因为焊缝两侧钢板实际尺寸不同而造成，但后者常常较小，且当钢板厚度偏差在允许范围内时，可以不考虑钢板厚度偏差引起的错边。环缝错边产生的原因更多，两个对接筒节或封头与筒节在连接端面的直径偏差、不圆度、厚度偏差或装配误差都可能造成错边。

按焊接接头类别对错边量有不同的允许值：A、B 类焊接接头对口错边量 b (图 10.1 –3)应符合表 10.1 –2 的规定；煅焊容器的 B 类焊接接头对口错边量 b 应不大于对口处钢材厚度 δ 的 1/8，且不大于 5mm；复合钢板的对口错边量 b (见图 10.1 –4)不大于钢板复层厚度的 5%，且不大于 2mm。

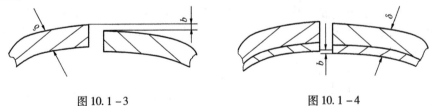

图 10.1 –3　　　　　　　　　　　　　　图 10.1 –4

当两侧钢材厚度不等时，边缘如不加工，厚度差即造成错边，使结构在焊缝处明显不连续，承载后产生很大附加应力，对结构安全十分不利，因而不同厚度钢板对接，必须按规定将厚板沿斜面削薄，削薄长度不小于两板厚度差的 3 倍，削出的最薄处与薄板厚度相等，再与薄板对接。对于 B 类焊接接头以及圆筒与球形封头相连的 A 类焊接接头，若薄板厚度不大于 10mm，两板厚度差超过 3mm；若薄板厚度大于 10mm，两板厚度差大于薄板厚度的 30%，或超过 5mm 时，均应削薄厚板边缘。当两板厚度差小于上列数值时，则不需削薄，对口错边量按上述要求，且对口错边量 b 以较薄板厚为基准确定。在测量对口错边量 b 时，不计入两板厚度的差值。

表 10.1 - 2　A、B 类焊接接头对口错边量 b　　　　　　　　　　mm

对口处钢材厚度 δ	按焊接接头类别划分对口错边量 b	
	A	B
≤12	≤1/4δ	≤1/4δ
>12 ~ 20	≤3	≤1/4δ
>20 ~ 40	≤3	≤5
>40 ~ 50	≤3	≤1/8δ
>50	≤1/6δ，且≤10	≤1/8δ，且≤20

注：球形封头与圆筒连接的环向接头以及嵌入式接管与圆筒或封头对接连接的 A 类接头，按 B 类焊接接头的对口错边量要求。

2. 棱角度测量

棱角度是指两对接钢板的中心线不在同一直线或弧线上，在焊缝处形成一定高度的棱角。这种缺陷在纵缝和环缝上都可能发生，以纵缝棱角居多。形成纵棱角度的原因有 3 个方面：①钢板弯卷之前没有按要求对钢板边缘进行预弯，或者预弯尺寸不合理；②焊缝装配时未把焊缝两边钢板对正；③焊接坡口沿厚度不对称或焊接顺序不合理，产生了较大的焊接角变形。环缝棱角度的产生，除装配与焊接方面的原因，还可能与筒节端面倾斜度有关。

在焊接接头环向形成的棱角 E，用弦长等于 1/6 内径（D_i），且不小于 300mm 的内样板或外样板检查（见图 10.1 - 5），其 E 值不得大于（δ/10 + 2）mm，且不大于 5mm；

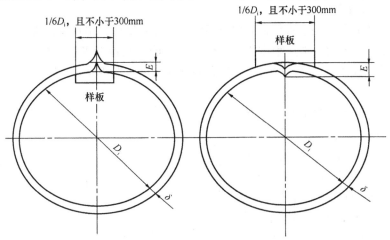

图 10.1 - 5

再在焊接接头轴向形成的棱角 E（见图 10.1 - 6），用长度不小于 300mm 的直尺检查，其 E 值不得大于（δ/10 + 2）mm，且不大于 5mm。

3. 直线度测量

制造时直线度的控制分两部分进行，一是筒体组对后焊接前，对筒体的直线度进行第 1 次测量，组对时的控制数值，必须将筒体组对间隙焊接后所产生的收缩考虑进去；

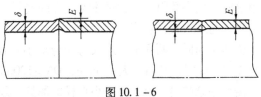

图 10.1 - 6

二是在筒体组焊之后，进行校核检测以保证筒体直线度在标准允许的范围之内，通常的检测方法如下：通过中心线的水平和垂直面，即沿圆周0°，90°，180°，270°的4个对称检测基准点，拉 ϕ0.5mm 的细钢丝进行测量。测量位置离 A 类接头焊缝中心线（不含球形封头与圆筒连接以及嵌入式接管与圆筒对接连接的接头）的距离不小于 100mm，同样，测量点离 B 类接头的距离也应该大于 100mm，以免将错边量和棱角度数据叠加在不直度数据之中。有经验的检查人员通常把检测点定在每一节筒体的 1/2 长度处，这样较为合理和准确。

需要注意的是测量数据的准确性与基准点的选位有关，筒节组对后，直线度不规则，母线不容易找准，因此对组对之后的筒体通常需要使用校核模板来确定基准点，再找出母线，如图10.1-7 所示。校核模板长度小于 1/6 实际模板的长度，将模板放入筒体内，在直边段放入水平仪，以调整直边段水平，在直边段的中点引一垂线至筒体做上标记，按此方法在设备内的另一端找出另一个点，以该两点确定 1 条筒体母线。检测时在筒体两点的基准点放等高垫块，然后

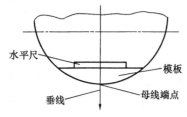

水平尺
模板
垂线
母线端点

图 10.1-7　模板确定筒体轴线示图

用 ϕ0.5mm 的细钢丝紧靠等高垫块拉直，再用直尺或卷尺测量筒体与钢丝的距离，读出最大、最小数值，计算出筒体直线度，将4个方向测量值比较，得出最大直线度数值。如果筒体的长度超过20m，用钢丝测量直线度有一定困难，钢丝拉紧之后存在一定挠度，挠度越大，测量精度越低，应采用较为先进的水准仪和经纬仪，检测基准点与钢丝测量法相同，只是增加了数据换算过程。

筒体直线度允许偏差应不大于壳体长度的1%，且：当壳体长度≤6000mm 时，其值不大于4.5mm；当壳体长度>6000mm 时，其值不大于8mm

4. 最大直径与最小直径差测量

测量筒体最大直径与最小直径，对单节筒体的直径测量可使用卷尺，通常情况下是测量筒节两端面。检测时将卷尺的端点紧靠筒体一侧，另一侧的测量者将卷尺在圆弧方向左右滑动，读出卷尺与筒体切线的最大值，检测点数没有强制性规定，当然检测点越多，越能真实反映筒体的圆度。

组对之后及开孔组焊接管的筒体，检测时则采用内径千分尺和内径套筒尺来测量。内径千分尺检测手法很重要，如果掌握不好，会产生数据失真，具体方法见图10.1-8：首先将内径千分尺的基点定位，不可位移，测量端靠上筒体的另一面，不要锁住定位器，沿着筒体的圆弧方向，左右滑动见图10.1-8(a)，读出最大数值，内径千分尺沿着筒体的轴向方向左右滑动，见图10.1-8(b)，

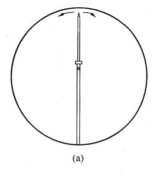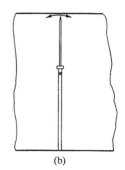

(a)　　　　(b)

图 10.1-8　筒体内径的测量

读出这时的最小数值，这就是该测量点的实际尺寸，以此方法测量若干点。算出同一断面上，最大直径与最小直径差值。

壳体圆筒同一断面上，最大直径与最小直径差不大于该断面设计内直径 DN 的 0.5%，且 DN≤1200mm 时，其值不大于5mm，DN>1200mm 时，其值不大于7mm。

需要注意的是，最大与最小直径的测量必须避开焊缝边缘至少100mm。因为纵、环焊缝焊

接产生的棱角度会影响最大直径与最小直径的数据精度。有经验的检验人员通常把重点检测部位选在人孔和大接管截面，因为大接管与简体组焊之后产生较大的焊接变形。

第五节　管束制造检验

一、换热管检验

（一）换热管表面质量检验

采用目测方法进行表面质量检验。换热管经内外表面检验，不应有裂纹、折叠、结疤和离层等。若有缺陷存在则应进行清除，清除深度不应超过公称壁厚的负偏差，清理处的实际壁厚不应小于壁厚偏差所允许的最小值。

换热管装配前应对换热管和管板连接处部分表面进行清理，不应有影响胀接紧密性的缺陷，如贯通的径向或螺旋状刻痕，不应有影响胀接或焊接质量的毛刺、铁屑、锈斑和油污等。一般来说，碳素钢、低合金钢换热管管端外表面应除锈，铝、铜、钛及其合金换热管应清除表面附着物及氧化层。焊接时，管端清理长度应不小于管外径，且不小于25mm；用于胀接连接时，管端应除锈至呈金属光泽，其长度应不小于2倍的管板厚度。用于胀接的换热管，其硬度值一般必须低于管板的硬度值，同时要注意有应力腐蚀时，不能采用管端局部退火的方式来降低换热管的硬度。

（二）几何尺寸检验

可用钢卷尺检查换热管的长度。换热管内径检验可用内径千分表，外径检验可用游标卡尺。对有胀接要求的换热器应记录每根换热管的内外径实测尺寸并对换热管进行标识，以便于试胀、胀接率的计算和胀接操作。钢管的外径允许偏差见表10.1-3，钢管的壁厚允许偏差见表10.1-4。

表 10.1-3　钢管的外径允许偏差　　　　　　　　　　　　　mm

换热管外径 d	10~30	>30~50	>50
允许偏差	±0.20	±0.30	±0.8%

表 10.1-4　钢管的壁厚允许偏差　　　　　　　　　　　　　mm

换热管壁厚	1.0	>1.0~2.0	>2.0~3.0
允许偏差	±0.15	±0.20	10%

换热管的壁厚检验可用壁厚百分表。对有胀接要求的换热器应记录每根换热管的实测壁厚并对换热管进行标识，以便于试胀、胀接率的计算和胀接操作。

当采用奥氏体不锈钢焊接换热管时，检查钢管的弯曲度不得大于1.5mm；钢管应进行压扁和扩口试验；对于壁厚与外径之比大于或等于10%的钢管还应进行展平试验或反向弯曲试验；钢管应逐根进行涡流检测。

（三）拼接换热管检验

（1）同一根换热管的对接焊缝，直管不得超过1条，U形管不得超过2条；最短管长不得小于300mm；包括至少50mm直管段的U形管弯管段范围内不得有拼接焊缝；

（2）管端坡口应采用机械方法加工，焊前应清洗干净，可用坡口样板检验；

（3）对口错边量应不超过管子壁厚的 15%，且不大于 0.5mm。直线度偏差以不影响顺利穿管为限，可用金属直尺目测或塞尺配合检查；

（4）对接后应按表 10.1-5 选取钢球直径对焊接接头进行通球检查，以钢球通过为合格；

表 10.1-5　钢球直径选取　　　　　　　　　　mm

换热管外径 d	$d \leqslant 25$	$25 < d \leqslant 40$	$d > 40$
钢球直径	$0.75d_i$	$0..8d_i$	$0.85d_i$

注：d_i—换热管内径

（5）对接接头应进行射线检测，抽查数量应不少于接头总数的 10%，且不少于 1 条，以 JB/T 4730《承压设备无损检测》的Ⅲ级为合格。如有 1 条不合格时，应加倍抽查；再出现不合格时，应 100% 检查；

（6）对接后的换热管，应逐根作液压试验，试验压力为设计压力的 2 倍。

（四）U 形管检验

（1）U 形管弯管段的圆度偏差应不大于换热管名义外径的 10%，可用游标卡尺进行检验。

（2）U 形管的弯曲半径可用金属直尺和平台进行检验。小于 2.5 倍的换热管名义外径的 U 形弯管段可按 15% 验收。

（3）U 形管不宜热弯；

（4）当有耐应力腐蚀要求时，冷弯 U 形管的弯管段及至少包括 150mm 的直管段应进行热处理，其中碳钢、低合金钢管进行消除应力热处理。奥氏体不锈钢管一般不做热处理，如用户有要求时可进行热处理；

（5）有色金属管一般不作消除应力热处理，确有需要时可按供需双方协商的方法及要求进行消除应力热理；

（6）当低温换热器采用 U 形换热管时宜采用整根换热管制成，当超过供货长度时允许拼接；拼接时需符合上述的拼接要求，且焊接接头应作 100% 射线检测，合格标准不低于 JB/T 4730 中的Ⅱ级规定。

（五）硬度检验

对于壁厚大于或等于 2mm 的钢管可用硬度计进行洛氏硬度试验，洛氏硬度 HRB≤90；

二、管板检验

管板一般采用低合金钢锻造，或者采用低合金钢钢板加工。当采用碳钢时，由于材料的偏析将使管子与管板焊后出现气孔和裂纹，故应检查管板表面含碳量，不得小于 0.19%，或在管板上加两层低碳堆焊来避免偏析的影响。当某种单一的材料不能同时抵抗两侧换热介质的腐蚀时，必须采用双金属板，有时虽只是一种介质具有强烈腐蚀作用，但是管板尺寸较大较厚，那么采用整体的贵重材料制造管板不如采用复合板经济，而且贵重材料如奥氏体不锈钢的强度和加工性还不如碳钢，导热性能反而差，因此在直径大、压力高的换热器中，采用以强度高而便宜的低合金钢作为基层的复合板，管板尺寸越大越经济。常用的复合管板制作方法有以下几种。

1. 轧制法

就是把轧制了的不锈钢板和碳素钢板叠起来，用焊接等方法将四周固定，然后把叠起来的钢板进行热轧加工。若用胀接法连接管子，则不锈钢复层的厚度应不小于 5mm 或 $d/6$（d 为管子外径）。

2. 堆焊法

就是在碳素钢的表面，用焊接方法来堆焊不锈钢，制成整个不锈钢的层面，然后把不锈钢层表面用机械切削方法加工成型。焊接方法可采用手工焊、埋弧焊等，现在较为常用的是带级和丝级堆焊法，带级电弧焊接法适用于大面积的堆焊，带级比丝级堆焊具有下列优点：经济性高，尤其在大面积堆焊时，由于一次焊接中就能获得和钢带宽度相同的焊波，因此熔敷速度可提高 2~3 倍；堆焊层表面光滑，修补工作量少；熔深浅而均匀，一般可控制在 1mm 左右，因此能减少由于母材碳素钢所引起的堆层不锈钢的稀释；焊接规范变化对焊道成型影响小，操作方便；因熔深浅故热量分布均匀，变形小。另一种双热丝等离子弧堆焊法，被认为是最理想的堆焊方法，优点是稀释率低，并能在相同的稀释率下施加厚薄不同的堆焊层，所以堆焊速度快。堆焊过程必须严格控制，以便保证熔敷界面不发生过大的稀释和使覆层不产生别的焊接缺陷。因为堆焊层的缺陷会影响管子和管板连接接头的质量，尤其是管子和管板使用焊接法连接时，影响最大，在采用埋弧焊堆焊时，覆层中残余的夹渣会引起在连接焊缝中产生气孔。堆焊程序一般有两种：一种为直线焊道，各层互相交叉以减少管板焊接变形，适用于直径较小或方形工件上；另一种为同心圆形道，适用于大直径管板，可从内向外或从外向内以同心圆形道堆焊，中心部分约 150~200mm 范围内用手工堆焊，由于带级要求等速送给，故在以同心圆形道堆焊时须注意变速。为保证加工后保持敷层的必要厚度，一般堆焊 2~3 层，各层所用焊条牌号应根据耐腐蚀要求和熔和比来考虑，堆焊层一般不应小于 5mm。需表面加工的还应考虑加工余量，堆焊后应进行适当的热处理以消除焊接应力，使不锈钢内部组织达到预期要求。对于奥氏体不锈钢层，应考虑固溶化处理或稳定化热处理，以避免不锈钢层的敏化，热处理后再进行管板的加工。

3. 爆炸复合法

是利用炸药的爆炸能而将碳素钢与不锈钢接合的方法，在碳素钢的上面保持一定距离设置不锈钢板，在不锈钢板的上面把炸药全部布以同样的厚度，由一端借雷管爆炸而进行接合，在炸药爆炸的前端处，不锈钢复合材料变形，以高速度冲击到母材上，由冲击点向前方可以喷出金属射流，使它们进行接合，因为这种方法是在极短的时间内完成，所以在接合交界面上两种材料的合金元素扩散极少，这样能够贴合异种金属而几乎不形成异种金属贴合时所存在的合金层，这种合金层非常坚硬。当材料弯曲时，往往从这里产生裂缝。其他不能以轧制或堆焊法进行复合的材料，可采用爆炸复合法解决，特别是钛、钽、锆的复合板。

4. 焊管复合法

首先分别加工出复层钢板和管板基层的孔，复层钢板的孔应大于管板基层的孔，然后穿管焊接，同时将复层、基层和管子焊在一起，以达到覆合的目的，此法适合于管间距较大的场合。

5. 桥面堆焊法

在碳钢管板穿管焊接后，以不锈钢焊条堆焊管孔间的桥面，可使碳钢表面获得不锈钢覆合层，此法最节约不锈钢，但焊后不宜热处理，也不易加工管板堆焊的平面，这种方法适合于管间距较小的场合。基层材料的待堆焊面和复层材料加工后（钻孔前）应进行表面检测，不得有裂纹、成排气孔，合格标准不低于 JB/T 4730 中的Ⅱ级规定。不得采用换热管与管板焊接加桥间空隙补焊的方法进行堆焊。

管板一般不予拼接，但对于大型换热器可以是数块拼接，拼接焊缝应作 100% 射线检测或超声检测，合格标准为 JB/T 4730 中的Ⅱ级合格，或作 100% 超声检测，合格标准为 JB/T 4730

中的I级合格。焊缝上允许开孔。

(一) 管板表面质量检验

管板的表面质量检验采用目测和无损检测方法(图样有要求时),无论是锻制还是板制表面均应无裂纹、夹层、折叠、夹渣等有害缺陷。

(二) 管板孔划线检验

管板孔划线后钻孔前可用游标卡尺检验管板孔间距。

(三) 几何尺寸检查

管板机械加工后需检查几何尺寸,具体内容如下。

1. 管板(钻孔前)厚度检验

(1) 管板与换热管采用胀接连接时,管板的最小厚度 δ(不包括腐蚀裕量)应符合如下规定:

用于易燃、易爆及有毒介质时,应不小于换热管的外径 d_o;用于一般场合时,当 $d_o \leqslant 25mm$ 时,$\delta_0 \geqslant 0.75d_o$;$25mm < d_o < 50mm$ 时,$\delta \geqslant 0.7d_o$;当 $d_o \geqslant 50mm$ 时,$\delta \geqslant 0.75d_o$。

(2) 管板与换热管采用焊接连接时,管板的最小厚度应满足结构设计和制造的要求,且不小于 12mm。

(3) 复合管板与换热管采用焊接连接时,其复层的厚度不小于 3mm,对于耐腐蚀要求的复层,还应保证距复层表面深度不小于 2mm 的复层化学成分和金相组织符合复层材料标准的要求;复合管板与换热管采用胀接连接时,其复层的最小厚度厚度不小于 10mm,并应保证距复层表面深度不小于 8mm 的复层化学成分和金相组织符合复层材料标准的要求。

(4) 管板厚度检验可用金属直尺、卡钳、游标卡尺、超声测厚仪等。实测厚度应不小于设计厚度。每块管板至少检测 5 点,4 个测点布置在离外圆边缘(如果管板有密封面,离密封槽靠近管板中心边缘)50mm 处,每隔 90°测 1 点,1 个点布置在管板中心。

2. 管板外圆及其与密封面相关的尺寸检验

管板外圆及其与密封面相关的尺寸可用金属直尺、钢卷尺、卡尺、卡钳等进行检验。管板密封面检验采用目测方法和对比块法,密封面不应有影响密封的缺陷,如贯通的径向或螺旋状刻痕等。

3. 管板孔检验

管板孔检验包括管板孔直径及允许偏差、孔桥宽度及允许偏差、表面质量。其检验可用内径千分表、游标卡尺进行。对有胀接要求的换热器应记录每个管板孔实测尺寸并对管板进行标识,以便于试胀、胀接率的计算和胀接操作。

管板孔直径及允许偏差必须符合表10.1-6至表10.1-11的要求,钻孔后应抽查不小于60°管板中心角区域内的管孔,在这一区域内允许有4%管孔的上偏差比表10.1-6~表10.1-11中的数值大0.15mm,超过上述合格率时,应全管板检查。

(1) 钢换热管管板管孔直径及允许偏差(表10.1-6~表10.1-7)

表 10.1-6 I级管束(适用于碳素钢、低合金钢和不锈钢换热管)管板管孔直径及允许偏差 mm

换热管外径	14	16	19	25	32	38	45	57
管孔直径	14.25	16.25	19.25	25.25	32.35	38.40	45.40	57.55
允许偏差	+0.15 0				+0.25 0			+0.20 0

表10.1-7 Ⅱ级管束(适用于碳素钢、低合金钢换热管)管板管孔直径及允许偏差 mm

换热管外径	14	16	19	25	32	38	45	57
管孔直径	14.40	16.40	19.40	25.40	32.50	38.50	45.50	57.70
允许偏差	+0.15 0	+0.20 0			+0.30 0		+0.40 0	

（2）其他换热管的管板管孔直径及允许偏差（表10.1-8~表10.1-11）

表10.1-8 铝合金换热管的管板管孔直径及允许偏差 mm

换热管外径	14	16	18	22	25	30	32	38	45	55
管孔直径	14.25	16.25	18.25	22.25	25.25	30.30	32.35	38.38	45.40	55.45
允许偏差	+0.15 0								+0.17 0	

表10.1-9 铝换热管的管板管孔直径及允许偏差 mm

换热管外径	14	16	18	22	25	30	32	38	45	55
管孔直径	14.25	16.25	18.25	22.25	25.25	30.30	32.35	38.38	45.40	55.45
允许偏差	+0.08 0								+0.10 0	

表10.1-10 铜和铜合金换热管的管板管孔直径及允许偏差 mm

换热管外径	10	12	14	16	19	22	25	30	32	35
管孔直径	10.25	12.25	14.25	16.25	19.25	22.25	25.25	30.30	32.35	35.40
允许偏差	+0.10 0								+0.12 0	

表10.1-11 钛和钛合金换热管的管板管孔直径及允许偏差 mm

换热管外径	10	12	14	16	20	25	35	45	50
管孔直径	10.18	12.18	14.30	16.30	20.35	25.35	35.40	45.45	50.50
允许偏差	+0.10 0							+0.20 0	

三、折流板和支持板检验

壳程空间的截面积比管程的流通截面大，为了增大壳程流体的流速而设置折流板，同时由于壳程流体的流动方向垂直于管束中心线方向，也可增大壳程流体的给热系数。折流板形式主要有弓形和圆盘－圆环形两种。

1. 弓形折流板

弓形折流板是最常见的一种形式，弓形缺口高度应使流体通过缺口时与横过管束时的流速相近，以减少流体阻力。如果为降低壳程阻力而加大折流板的间距，则折流板两侧的死角区域亦扩大，使这部分的换热面积效率降低，此时可采用双弓形或三弓形折流板来减小死角区。但多弓形折流板不适用于壳体直径较小的情况，因为介质在折流板之间刚刚沿列管垂直方向流动，就转向缺口方向流动，影响传热效果。

2. 圆盘 - 圆环形折流板

在壳体直径较大时，为解决阻力和死角的矛盾可采用圆盘 - 圆环形折流板，其设计原理是流体流过折流板通道和两个折流板间通道的截面积相近，但这类折流板中不凝气体排出困难。

卧式换热器的壳程为单相清洁流体时，折流板缺口应水平上下布置，若气体中含有少量液体时，则应在缺口朝上的折流板的最低处开通液口；若液体中含有少量气体时，则应在缺口朝下的折流板的最高处开通气口。卧式换热器、冷凝器和重沸器的壳程介质为气、液共存或液体中含有固体物料时，折流板缺口应左右布置，并在折流板的最低处开通液口。

由于换热器用途不同，以及壳程介质的流量、黏度不同，折流板间距也不同。通常折流板应当在管子有效长度上按等间距布置，做不到时，则管束两端的折流板应尽可能靠近壳程进、出口接管，其余的折流板应按等间距布置。折流板最小间距一般不小于圆筒内直径的1/5，且不小于50mm，特殊情况下也可取较小的间距。允许的折流板最大间距与管径和壳体有关，当换热器壳程无相变时，其间距不得大于壳体内径，否则流体流向就会与管子平行而不是与管子垂直，从而使热效率降低。

当换热器不需设置折流板，但换热管无支承跨距规定值时，应设置支持板，用来支承换热管，以防止换热管产生过大的挠度。浮头式换热器浮头宜设置加厚环板的支持板。

（一）表面质量检验

折流板和支持板的表面质量检验采用目测方法进行，表面均应无裂纹、夹层、折叠、夹渣等有害缺陷。

（二）折流板和支持板管孔检验

折流板和支持板管孔的大小对传热性能、机械性能和加工制造都有影响，因此要把管子与管孔之间的间隙控制到一个适当的值。间隙大时，壳程流体从间隙走短路，影响传热效果，管孔对管子的约束作用小，容易引起管束的振动损坏；但间隙太小，又会给穿管带来困难。

折流板和支持板管孔检验包括管孔直径及允许偏差、孔桥宽度及允许偏差、表面质量。其检验可用内径千分表、游标卡尺进行。允许超差0.1mm的管孔数不得超过4%。

四、管束组装检验

换热器组装要求管板要相互平行，允许误差不得大于1mm，而管板间长度误差为±2mm，管子与管板应垂直，拉杆上的螺母应拧紧，以免在装入或抽出管束时，因折流板窜动而损伤换热管，定距管两端面要整齐，穿管时不应强行敲打，换热管表面不应出现凹瘪或划伤，除换热管与管板间以焊接连接外，其他任何零件不准与换热管相焊。浮头管束的组装是将活动管板、固定管板和折流板用拉杆和定距管组合，使它们的中心线一致，然后一根根穿入换热管。U形管束是一块管板和折流板用拉杆和定距管组合，使它们的中心线一致，先从中间一排插入弯管，调整一致，用胀接或焊接方法固定，第一排完全固定后再插入第二排并固定，顺次由里向外逐排组装。固定管板管束的组装随着管板与壳体连接结构不同而不同，当压力较低直径较小时，先将一块管板和折流板组装，使它们的中心线一致，在此管板的某些部位，一般在中心线及四周插入一部分管子，再将壳体装上并与管板点焊固定，为了防止管板由于焊接而产生变形，此时只能点焊，然后将管子从未装管板的一端插入，因折流板孔较大，故管子从这端插入通过比较容易，管子插满后，再装上另一块管板，将换热管倒拉引入管孔。另一种方法就是两块管板同时装上壳体两端点焊固定，然后再将全部管子从任意一头插入，也可两头同时插，一头由上向下插，另一头由下向上插不会发生矛盾，注意不要用力过大，这种方法穿管时较困难，但只须一次穿进，不须倒拉，使穿管可顺利得多。但是这两种方法往往会因为管板与壳体的焊接产生管板变形而影响密封面的变形，在管板厚度薄时影响更大。因此往往在这种情况下，不主张管板兼作法兰以减少影响。还有一种是当压力较高直径较大时，对密封面要求较高的换热器，可先将管板焊上两个短节，如由焊接而产生的变形可以二次加工密封面来修正，短节再与简体焊上后，最后穿管。

第六节　焊　接　检　验

一、换热器焊接方法

(一) 焊条电弧焊

焊条电弧焊是用手工操纵焊条进行焊接的电弧焊方法。它利用焊条与母材之间产生的电弧热将焊条端部和工件局部加热到熔化状态，焊条端部熔化的金属以细小的熔滴经弧柱过渡到母材上已经熔化的金属中，并与之融合一起形成熔池，随着电弧向前移动，熔池的液态金属逐步冷却结晶形成焊缝。

焊接过程中，焊条和母材各为焊接电弧的一个极。焊条芯作为填充金属成为焊缝的主要组成部分，焊条的药皮经电弧高温分解和熔化后生成的气体和熔渣，对金属熔滴和熔池起到防止空气污染的保护作用和冶金反应作用。

(二) 埋弧自动焊

埋弧焊是电弧在焊剂下燃烧进行焊接的方法。其焊接过程是：焊接电弧是在焊剂层下的焊丝与母材之间产生，电弧热将焊丝端部及电弧附近的母材和焊剂熔化以致部分蒸发，金属和焊剂的蒸发气体形成一个气泡，电弧就在这个气泡内燃烧。气泡的上部被一层熔化了的焊剂 – 熔渣构成的外膜所包围，这层外膜以及未熔化焊剂共同对焊缝起到隔离空气、绝热和屏蔽光辐射作用。熔化的焊丝熔滴与熔化的母材金属融合形成熔池。随着焊丝的向前移动，熔池中熔化金属逐步冷却结晶形成焊缝。在焊接过程中，熔渣除了对熔池和焊缝金属起机械保护作用外，还与熔化金属发生各种冶金反应(如脱氧、去杂质、渗合金等)。

(三) 气体保护焊

1. 钨极氩弧焊(TIG)

在惰性气体的保护下利用钨电极与母材间产生的电弧热来熔化母材和填充焊丝的一种焊接方法称钨极惰性气体保护焊。焊接时保护气体从焊枪的喷嘴中连续喷出，在电弧周围形成气体保护层隔绝空气，以防止其对钨极、熔池及邻近热影响区的有害影响，从而获得优质的焊缝。保护气体可采用氩气、氦气可氩氦混合气体等。用氩气作为保护气体的称钨极氩弧焊，英文简称TIG焊。

2. 二氧化碳气体保护焊

采用可熔化的焊丝与母材之间的电弧作为热源来熔化焊丝与母材金属，并向焊接区输送气体保护电弧、熔化的焊丝、使熔池附近的母材金属免受周围空气的有害作用，而形成焊缝的方法称熔化极气体保护焊。利用二氧化碳作为保护气体的焊接方法称二氧化碳气体保护焊(简称 CO_2 焊)是目前黑色金属焊接重要的焊接方法之一，在许多金属焊接生产中已逐渐取代了手工电弧焊和埋弧焊。

（四）等离子弧焊

等离子弧焊是在钨极氩弧焊的基础上发展起来的一种焊接方法。钨极氩弧焊使用的热源是常压状态下的自由电弧，简称自由钨弧。等离子弧焊用的热源则是将自由钨弧压缩强化之后而获得电离度更高的电弧等离子体，称等离子弧，又称压缩电弧。等离子弧是通过 3 种压缩作用而获得的，即喷嘴孔道的机械压缩、离子气冷气流的热收缩（也称热压缩）、弧柱电流本身产生的磁场对弧柱的压缩作用（磁收缩效应）。经压缩的电弧其能量密度更集中，温度更高。

二、焊接检验

为了对对口错边量、热处理、无损检测及焊缝尺寸等方面有针对性地提出不同的要求，GB 150 根据位置和该接头所连接两元件的结构类型以及应力水平，把接头 A、B、C、D 分成 4 类，如图 10.1 - 9 所示。

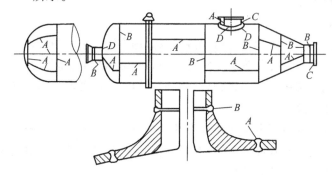

图 10.1 - 9　根据位置和接头所连接两元件的结构类型以及应力水平分类示意图

A 类　圆筒部分的纵向接头、球形封头与圆筒连接的环向接头、各类凸形封头中的所有拼焊接头以及嵌入式接管与壳体对接连接的接头。

B 类　壳体部分的环向接头、锥形封头小端与接管连接的接头、长颈法兰与接管连接的接头。但已规定为 A、C、D 类的焊接接头除外。

C 类　平盖、管板与圆筒非对接连接的接头，法兰与壳体、接管连接的接头，内封头与圆筒的搭接接头。

D 类　接管、人孔、凸缘、补强圈等与壳体连接的接头。但已规定为 A、B 类的焊接接头除外。

（一）焊接接头外观检验

焊缝的外观检验是用肉眼或借助样板或借助低倍的放大镜进行观察焊缝，以发现表面缺陷以及测量焊缝的外形尺寸。

换热器焊缝的外观尺寸及外观要求如下：

（1）A、B 类接头焊缝的余高 e_1、e_2，应符合表 10.1 - 12 的规定。

表 10.1 - 12　A、B 类接头焊缝的余高 e_1、e_2

标准抗拉强度下限值 $\sigma_b > 540MPa$ 的钢材以及 Cr - Mo 低合金钢材				其他钢材			
单面坡口		双面坡口		单面坡口		双面坡口	
e_1	e_2	e_1	e_2	e_1	e_2	e_1	e_2
$0 \sim 10\%\delta_s$ 且 ≤3	≤1.5	$0 \sim 10\%\delta_s$ 且 ≤3	$0 \sim 10\%\delta_s$ 且 ≤3	$0 \sim 15\%\delta_s$ 且 ≤4	≤1.5	$0 \sim 15\%\delta_s$ 且 ≤4	$0 \sim 15\%\delta_s$ 且 ≤4

（2）C、D 类接头的焊缝在图样无规定时，取焊件中较薄者之厚度。当补强圈的厚度不小于 8mm 时，补强圈的焊脚等于补强圈厚度的 70%，且不小于 8mm。

（3）焊缝表面不得有裂纹、未焊透、未熔合、表面气孔、弧坑、未填满和肉眼可见的夹渣等缺陷，焊缝上的熔渣和两侧的飞溅物必须清除。

（4）焊缝与母材应圆滑过渡。

（5）下列换热器的焊缝表面不得有咬边：

① 标准抗拉强度下限值大于 540MPa 的钢材制造的换热器；

② Cr－Mo 低合金钢材制造的换热器；

③ 不锈钢换热器；

④ 钛材和镍材制造的换热器；

⑤ 低温换热器；

⑥ 焊接接头系数为 ϕ_1 的换热器（无缝钢管制造的换热器除外）。

除此以外的换热器焊缝表面的咬边深度不得大于 0.5mm，咬边的连续长度不得大于100mm，焊缝两侧咬边的总长不得超过该焊缝长度的 10%。

（二）焊接接头缺陷检测

1. 换热器焊接接头无损检测时机和方法选择

焊接接头的无损检测是换热器制造过程中最为重要的无损检测工作。焊接接头必须先经形状尺寸及外观检查合格后，再进行无损检测。有延迟裂纹倾向的材料应在焊接完成 24 小时后再进行无损检测；有在热裂纹倾向的材料应在热处理后再增加 1 次无损检测。

无损检测方法选择的原则：

（1）换热器壁厚小于等于 38mm 时，其对接接头应采用射线检测；由于结构等原因，不能采用射线检测时，允许采用可记录的超声检测。对直径不超过 800mm 的圆筒与封头的最后一道环向封闭焊缝，当采用不带垫板的单面焊对接接头，且无法进行射线或超声检测时，允许不进行检测，但需采用气体保护焊打底。

（2）换热器壁厚大于 38mm 时（或小于等于 38mm，但大于 20mm 且使用材料抗拉强度规定值下限大于等于 540MPa），其对接接头如采用射线检测，则每条焊缝还应附加局部超声检测；如采用超声检测，则每条焊缝还应附加局部射线检测；无法进行超声检测或射线检测时，应采用其他检测方法进行附加局部无损检测，附加局部无损检测应包括所有的焊缝交叉部位。

（3）对有无损检测要求的角接接头、T 形接头和不能进行射线检测或超声检测时，应做100% 表面无损检测。

（4）铁磁性材料换热器表面检测应优先选用磁粉检测。

（5）有色金属制换热器对接接头应尽量采用射线检测。

对于对于拼接封头上的所有拼接接头（不含先成形后组焊的拼接封头）和拼接管板的对接接头必须进行 100% 无损检测。检测方法按上述规定来选择，其合格级别与壳体相应的对接接头一致。

2. 换热器对接接头无损检测的比例和验收级别

对接接头无损检测的比例一般分为全部（100%）和局部（大于等于 20%）两种。对铁素体低温换热器，局部无损检测的比例应大于等于 50%。

（1）当对接接头的材料焊接性能差时产生缺陷的可能性就大，焊接厚度大时会增加焊接的困难和容易出现焊接缺陷，检验要求也应严格些。因此对于符合下述条件的对 A、B 类接焊接接头应进行 100% 的射线或超声检测：

① 钢材厚度大于 30mm 的碳素钢、16MnR；

② 钢材厚度大于 25mm 的 15MnVR、20MnMo、奥氏体不锈钢；

③ 钢材厚度大于 16mm 的 12CrMo、15CrMoR、15CrMo 以及任意厚度的 Cr - Mo 低合金钢；

④ 标准抗拉强度大于 540MPa 的钢材。

当采用射线检测时，其透照质量不应低于 AB 级，合格级别为 Ⅱ 级；当采用超声检测时，合格级别为 Ⅰ 级。

（2）当换热器中的介质危害性较大，压力较高、且一旦发生事故其危害程度较大时，从安全使用的角度考虑应减少缺陷存在引起事故发生的可能性，所以对下列换热器的对接接头规定进行全部 100% 射线检测或超声检测。

① 第三类换热器；

② 介质毒性为极度危害或高度危害的换热器；

③ 设计选用的焊缝系数为 1.0 和设计规定必须进行 100% 检测的换热器；

④ 进行气压试验的换热器；

⑤ 设计压力大于 5.0MPa 的换热器；

⑥ 设计压力大于等于 0.6MPa 的管壳式余热锅炉；

⑦ 疲劳分析设计的换热器。

对于符合上述①、②、③、④条件的换热器的对接接头，当采用射线检测时其透照质量不应低于 AB 级，合格级别为Ⅱ级；当采用超声检测时合格级别为Ⅰ级；符合上述⑤、⑥、⑦条件的换热器的对接接头，当采用射线检测时其透照质量不应低于 AB 级，合格级别为Ⅲ级；当采用超声检测时合格级别为Ⅱ级。

（3）对于采用铝、铜、镍、钛及其合金材料制造换热器的对接接头符合下列条件之一的也必须进行全部 100% 射线检测或超声检测。

① 介质为易燃或毒性为极度危害、高度和中度危害的换热器；

② 进行气压试验的换热器；

③ 设计压力大于等于 1.6MPa 的换热器。

当采用射线检测时，其透照质量不应低于 AB 级，合格级别为Ⅲ级；当采用超声检测时，合格级别为Ⅱ级。

（4）另外，拼接补强圈的对接接头也必须进行 100% 射线检测或超声检测，其合格级别与壳体相应的对接接头一致。

（5）除上述规定以外的对接焊接接头，应进行局部的无损检测，检测长度不小于每条焊接接头长度的 20%，且不小于 250mm。焊接接头的局部无损检测是在保证焊接质量的基础上用抽查的方法来代替全部无损检测，因此局部无损检测的部位应该是有代表性的，应根据实际情况指定，首先要检查最容易存在焊接缺陷的以下部位。

① 焊缝交叉部位；

② 凡被补强圈、支座、垫板及内件等所覆盖的焊接接头；

③ 以开孔中心为圆心，1.5 倍开孔直径为半径的圆中所包容的焊接接头；

④ 嵌入式接管与圆筒或封头对接连接的焊接接头；

当采用射线检测时，其透照质量不应低于 AB 级，合格级别为Ⅲ级；当采用超声检测时，合格级别为Ⅱ级。

3. 换热器焊接接头的表面无损检测

凡符合下列条件之一的焊接接头，应对其表面进行磁粉或渗透检测，以 JB/T 4730 中Ⅰ级为合格。

① 钢材厚度大于 25mm 的 15MnVR、15MnV、20MnMo、奥氏体不锈钢换热器上的 C、D 类焊接接头；

② 钢材厚度大于 16mm 的 12CrMo、15CrMoR、15CrMo 以及任意厚度的 Cr-Mo 低合金钢换热器上的 C、D 类焊接接头；

③ 堆焊表面；

④ 复合钢板的复合层焊接接头；

⑤ 标准抗拉强度大于 540MPa 的钢材及 Cr-Mo 低合金钢经火焰切割的坡口表面，以及该容器的缺陷修磨或补焊处的表面。

4. 接管无损检测

对于公称直径大于等于 250mm（或公称直径小于 250mm，其壁厚大于 28mm）的接管对接接头的无损检测比例及合格级别应与壳体主体焊缝要求相同；当公称直径小于 250mm，其壁厚小于 28mm 时仅做表面无损检测，合格级别为Ⅰ级。

5. 补充检测

经射线或超声检测的焊接接头，如果在检测部位发现超标缺陷时，应在缺陷清除干净后进行补焊，并对该部分采用原检测方法重现检查，直至合格。

经过局部超声或射线检测的焊接接头，如果在检测部位发现超标缺陷时，则应进行不少于该条焊接接头长度 10% 的补充局部检测，且不少于 250mm，如仍不合格，则应对该条焊接接头进行全部检测。

经磁粉或渗透检测发现的不合格缺陷，应进行修磨及必要的补焊，并对该部位采用原检测方法重新检测，直至合格。

（三）无损检测

1. 射线检测

射线检测是采用 X 射线或 γ 射线照射焊缝、检查内部缺陷的一种无损检验的方法。目前应用的主要有射线照相法、透视法（荧光屏直接观察法）和工业 X 射线电视法。其中应用最广泛、灵敏度较高的是射线照相法。

（1）射线照相检测法原理

射线在穿透物体过程中会与物质发生相互作用，因吸收和散射而使其强度减弱。强度减弱程度取决于物质的衰减系数和射线在物质中穿越的厚度。如果被穿透物体（试件）的局部存在缺陷，且构成缺陷的物质的衰减系数不同于无缺陷部位，则该局部区域透过的射线强度就会与周围产生差异。把胶片放在适当位置使其在穿透物体的射线作用下感光，经暗室处理后得到底片。底片上各点的黑化程度取决于射线照射量（射线强度×照射时间），由于缺陷部位和完好部位的透射射线的强度不同，底片上相应部位就会出现黑度差异，形成缺陷的影像。依据相关标准，观察底片上缺陷的形状、大小和分布可以判断和评定缺陷的性质及其危害程度。射线照相法用底片作为记录介质，可以得到直观的缺陷图象，且可以长期保存，因此得到了广泛应用。

（2）焊缝射线检测技术要点

① 一般程序

通常是先根据焊件的材质、几何尺寸、焊接方法等确定检验要求和验收标准，然后选择射线源、胶片、增感屏和象质计等，并确定透照方式和几何条件。

② 缺陷影像的识别

焊缝常见缺陷有裂纹、气孔、夹渣、未熔合和未焊透等，它们在 X 射线底片上的影像一般具有表 10.1-13 所列的特征。

表 10.1-13　常见焊接缺陷影像特征

缺陷种类	缺陷影像特征
多孔	多数为圆形、椭圆形黑点，其中心处黑度较大，也有针状和柱状气孔。其分布情况不一，有密集的、单个的和链状的
夹渣	形状不规则，有点、条和块状等，黑度不均匀。一般条状夹渣都与焊缝平行，或与未焊透、未熔合混合出现
未焊透	在底片上呈现规则的甚至直线状的黑色线条，常伴有气孔或夹渣。在 V、X 形坡口的焊缝中，根部未焊透都出现在焊缝中间，K 形坡口则偏离焊缝中心
未熔合	坡口未熔合影像一般平直加一侧有弯曲，黑度淡而均匀，时常伴有夹渣。层间未熔合影像不规则，且不易分辨
裂纹	一般呈直线或略带锯齿状的细纹，轮廓分明，两端尖细，中部稍宽，有时呈树枝状影像
夹钨	在底片上呈现圆形不规则的亮斑点，且轮廓清晰

③ 质量分级

根据焊接接头中存在的缺陷性质、数量和密集程度，其质量等级可划分为Ⅰ、Ⅱ、Ⅲ、Ⅳ级：

Ⅰ级对接焊接接头内不允许存在裂纹、未熔合、未焊透和条状缺陷；Ⅱ级和Ⅲ级对接焊接接头内不允许存在裂纹、未熔合和未焊透；对接焊接接头中缺陷超过Ⅲ级者为Ⅳ级。

2. 超声波检测

（1）超声波检测原理

焊缝检测时常用脉冲反射法超声波检测。它是利用焊缝中的缺陷与正常组织具有不同的声阻抗和声波在不同声阻抗的异质界面上会产生反射的原理来发现缺陷的。检测过程由探头中的压电换能器发射脉冲超声波，通过声耦合介质（水、油、甘油或浆糊等）传播到焊件中，遇到缺陷后产生反射波，经换能器转换成电信号，放大后显示在荧光屏或打印在纸带上。根据探头位置和声波的传播时间（在荧光屏上回波位置）可求得缺陷位置，观察反射波的幅度可以近似地评估出缺陷的大小。

（2）检测仪器和探头的选择

通常是根据工件结构形状、加工工艺和技术要求来选择检测仪器。选择时应注意探测要求和现场条件，一般是按以下原则进行检测仪器的选择。

① 对定位要求高时，应选择水平线性误差小的仪器；

② 对定量要求高时，应选择垂直线性好、衰减器精度高的仪器；

③ 对大型工件检测应选择灵敏度余量高、信噪比高和功率大的仪器；

④ 为了有效地发现表面缺陷和区分相邻缺陷，应选择盲区小和分辨力好的仪器；

⑤ 对于生产现场的检测，应选择质量小、荧光屏亮度好和抗干扰能力强的携带式仪器。此外，还应注意选择性能稳定、重复性好和可靠性高的仪器。

（3）探头的选择

探头的选择包括探头的型式、频率、晶片尺寸和斜探头 K 值的选择。

① 探头类型根据工件可能产生的缺陷的部位和方向，工件的几何形状和探测面的情况进行选择。

② 超声波检测探头频率在 0.5 ~ 10MHz 之间选择。频率高，灵敏度和分辨力高，指向性好，对检测有利。但频率高，近场区长度大衰减大，对检测不利。因此，选择原则是在保证灵敏度的前提下尽可能选用较低的频率。

③ 探头圆晶片尺寸一般为 $\phi10 ~ \phi20mm$。检测面积大时，为提高检测效率宜用大晶片探头；检测厚度大的工件时，为了有效地发现远距离缺陷宜选用大晶片；探测小型工件时，为了提高缺陷定位，定量精度，宜选用小晶片探头；检测表面不平整、曲率较大的工件时，为了减小耦合损失宜选用小晶片探头。

④ 横波斜探头 K 值影响检测灵敏度，声束轴线方向和一次波的声程。一般当工件厚度较小时宜选用较大的 K 值，以便增加一次声程，避免近场区检测；当工件厚度较大时，宜选用较小的 K 值，以减小声程过大引起的衰减，便于发现深度较大处的缺陷。在焊缝检测中要保证主声束能扫查到整个焊缝截面，对单面焊根部未焊透还要考虑端角反射问题，应使 K 值 = 0.5 ~ 1.5，低于或高于此值，端角反射率很低，容易引起漏检。

（4）质量分级

焊缝质量要求，超声波检验等级分 A、B、C 三级。按检验工作的完善程度，A 级最低，B 级一般，C 级最高，其难度系数按 A、B、C 顺序逐级提高。应按照工件的材质、结构、焊接方法、使用条件及承受载荷的不同，合理选定检验等级。各级的检验范围如下：

A 级检验 采用一种角度的探头在焊缝单面单侧进行检验，进行只对允许扫查到的焊缝截面探测。一般不要求作横向缺陷的检验。母材厚度大于 50mm 时，不得采用 A 级检验。

B 级检验 原则采用一种角度探头，在焊缝的单面双侧进行检验，对整个焊缝截面进行探测。受几何条件的限制，可在焊缝的双面单侧采用两种角度探头进行检测。母材厚度大于 100mm 时，采用双面双侧检验。条件允许时，应作横向缺陷的检验。

C 级检验 至少要采用两种角度探头在焊缝的单面双侧进行检验，同时要作两个扫查方向和两种探头角度的横向缺陷检验。母材厚度大于 100mm 时，采用双面双侧检验。其他附加要求是：对接焊缝余高要磨平，以便探头在焊缝上作平行扫查；焊缝两侧斜探头扫查过的母材部分，要用直探头作检查；焊缝母材厚度大于或等于 100mm，窄间隙焊缝母材厚度大于或等于 100mm 时，一般要增加串列式扫查。

一般来说，A 级检验适用于普通钢结构，B 级检验适用于压力容器，C 级检验适用于核容器与管道。

（5）检测技术要点

① 检测前应了解被检工件的材质、结构、厚度、曲率、坡口形式、焊接方法和焊接过程等资料。

② 检测灵敏度应调至不低于评定线；检测过程探头移动不大于 150mm/s，相邻两次探头移动间隔至少有探头宽度 10% 的重叠；为了使波束尽可能地垂直于缺陷，探头移动过程中还应作 10° ~ 15° 角度的摆动。为了发现焊缝中的横向裂纹，B 级以上检验还应使探头平行

于焊缝的探测扫查；板厚大于40mm的窄间隙焊缝，还应作串列扫查，以发现边界未熔合等垂直于表面的缺陷。

③ 焊缝侧的探测面应平整、光滑，清除飞溅物、氧化皮、凹坑及锈蚀等，表面粗糙度不得超过6.3μm。焊缝检测的基本方法有纵波检测法和横波检测法，但经常使用的是横波（斜探头）检测法，因为焊缝有一定的余高且表面凹凸不平，纵波（直探头）检测，探头难以放置，必须在焊缝两侧的母材上用斜角入射的方法进行检测。另外，焊缝中危险性缺陷大多垂直于焊缝表面，用斜角检测容易发现。

④ 为了确定缺陷的位置、方向和形状，观察缺陷反射波的动态波形或区分是否伪信号，在发现的缺陷波处可以采用前后、左右、转角和环绕4种探头扫查方式。

3. 磁粉检测

利用在强磁场中，铁磁性材料表层缺陷产生的漏磁场吸附磁粉的现象而进行的无损检测法称磁粉检测（MT）。

（1）磁粉检测原理

对铁磁物质（铁、钴、镍）试件，当其表面或近表层有缺陷时，一旦被强磁化，就会有部分磁力线外溢形成漏磁场，它对施加到试件表面的磁粉产生吸附作用。从而显示出缺陷的痕迹。根据磁粉的痕迹（简称磁痕）来判定缺陷位置、取向和大小。

缺陷磁场的强度和分布取决于缺陷的长度、取向、位置和被测面的磁化强度。当缺陷相互平行时，则可能无磁痕。

（2）磁粉检测应用范围

磁粉检测对表面缺陷具有较高检测灵敏度，因此适于：

① 施焊前坡口面检查；

② 焊接过程中焊道表面检查；

③ 焊缝成形表面检查；

④ 焊后经热处理、压力试验后的表面检查；

⑤ 临时点固件去除后的表面检查。

（3）磁粉检测基本程序

① 用磁粉检测设备对被检部位进行磁化；

② 在被磁化区域内施加干磁粉或磁悬液；

③ 对施加过磁粉或磁悬液的部位进行磁痕的观察、分析和评定。

（4）磁化方法

对工件进行磁化时，应根据各种磁粉检测设备特性以及工件的磁特性、形状、尺寸、表面状态和缺陷性质等，确定合适的磁场方向和磁场强度，选定磁化方法、磁化电流等参数。确定磁场方向和磁场强度时，可使用磁场指示计与灵敏度试片进行检验。

磁化方法有很多，它们各有特点和适用范围。选用时应注意：

① 磁场方向应尽可能与预计的缺陷方向垂直。焊缝检验一般规定每个区域应进行两次磁化方向垂直的单独检验，或使用旋转磁场法；

② 磁场方向应尽量与检测面平行；

③ 应减少反磁场；

④ 不允许烧损检测面，应选择不直接对焊件通电的磁化方法。

磁化电流可以使用直流电、全波整流电、半波整流电和交流电。为了检验埋藏深度较大的缺陷，应使用直流电或全波整流电；当焊缝位于形状复杂、尺寸变化大的焊件上时，应使用交流电或半波整流电；在干法检验中以及检验后需退磁的焊缝在剩磁法检验中，如需使用交流电或半波整流电时，应加断电相位器来控制断电时间。

（5）缺陷磁痕等级分类

磁粉检测是根据检验磁痕的形状和大小进行评定和质量等级分类的。JB/T 6060—1992《焊缝磁粉检验方法和缺陷磁痕的分级》根据缺陷磁痕的形态，把它分为圆型和线型两种。凡长轴与短轴之比小于3的缺陷磁痕称为圆型磁痕，长轴与短轴之比大于或等于3的缺陷磁痕称为线型磁痕。然后根据缺陷磁痕的类型、长度、间距以及缺陷性质分为4个等级，Ⅰ级质量最高，Ⅳ级质量最低。

当出现在同一条焊缝上不同类型或者不同性质的缺陷时，可选用不同的等级进行评定，也可选用相同的等级进行评定。评定为不合格的缺陷，在不违背焊接工艺规定的情况下，允许进行返修，返修后的检验和质量评定与返修前相同。

4. 渗透检测

利用某些液体的渗透性等物理特性来发现和显示缺陷的无损检测法称渗透检测（PT），可检测表面开口缺陷，几乎适用所有材料和各种形状表面检查。因此法设备简单、操作方便、检测速度快，而且适用范围广而被广泛应用。

（1）渗透检测原理

渗透检测原理是以物理学中液体对固体的润湿能力和毛细管现象为基础，先将含有染料且具有高渗透能力的液体渗透剂，涂敷到被工作表面，由于液体的润湿作用和毛细作用，渗透液便渗入表面开口缺陷中，然后去除表面多余渗透剂，再涂一层吸附力很强的显像剂，将缺陷中的渗透剂吸附到工件表面上来，在显示剂上便显示出缺陷的迹痕，通过迹痕的观察，对缺陷进行评定。

（2）渗透检测过程

①渗透清理　去除被检工件表面油污、氧化皮、锈蚀、油漆、熔渣和飞溅物等，可以采用打磨、酸洗、碱洗或溶剂洗等方法。清洗后必须烘干，尤其缺陷内部烘干更重要。

②涂敷渗透剂　为了使液体充满缺陷，渗透时间应足够，一般应大小10min。

③清除多余渗透剂　对于自乳化型渗透剂，用布擦后再用清洗剂清洗；对后乳化型渗透剂，还要增加乳化剂的乳化工序，而后水洗。此过程宜快速进行，一般不超过5min，以防干燥和过洗。

④涂敷显像剂　要求涂层薄而均匀。

⑤检查评定　对着色法，用肉眼直接观察，对细小的缺陷可借助3～10倍的放大镜观察，对荧光法，则借助紫外线光源的照射，使荧光物发光后才能观察。

（3）渗透检测方法分类

渗透检测方法按渗透剂种类分类可分为荧光渗透检测法和着色渗透检测法2种，每种检测方法中又按渗透剂的种类分为水洗型、后乳化型、溶剂去除型3种。按显像方法分类可分为干式显像法、湿式显像法和无显像剂显像法3种。

（4）检测剂

渗透检测用的液体统称检测剂，它包括渗透剂，去除（或清洗）剂和显像剂等。

① 渗透剂　是含有着色染料或荧光物质又具有强渗透能力的液体。

② 去除（清洗）剂　是用来清洗表面多余的渗透剂。

③ 显像剂　是为了把渗透到缺陷中的液体吸出来并显示出缺陷迹痕所施加的液体。

（5）渗透检测方法的选择

选用渗透检测方法时，应考虑试件的材质、尺寸、检测数量、表面粗糙度、预计缺陷种类和大小，同时还应考虑能源、检测剂性能、操作特点及经济性。

（6）渗透检测缺陷显示迹痕的等级分类

渗透检测是根据缺陷显示迹痕的形状和大小进行评定和质量等级分类的。根据缺陷迹痕的形态，把它分为圆型的线型两类，凡长轴与短轴之比小于 3 的缺陷迹痕称圆型迹痕，长轴与短轴之比大于或等于 3 的缺陷迹痕称线型迹痕。然后根据缺陷显示迹痕的类型、长度、间距和缺陷性质分为 4 个等级，Ⅰ级质量最高，Ⅳ级质量最低。

当出现在同一条焊缝上不同类型或者不同性质的缺陷时，可选用不同的等级进行评定，也可选用相同的等级进行评定。对评定为不合格的缺陷，在不违背焊接工艺规定的情况下允许进行返修，返修后的检验与返修前相同。

5. 涡流检测

（1）涡流检测原理

涡流检测法是以电磁感应原理为基础。当检测线圈渡过交变电流时，会在其中产生同频率的交变磁场，如果该磁场靠近金属工件表面，则在工件中能感应出同频率的电流，简称涡流。涡流的大小与金属材料的导电性、导磁性、几何尺寸及其中的缺陷形态有关。涡流本身也会产生同频率的磁场，其强度取决于涡流的大小，其方向与线圈电流磁场相反，它与线圈磁场叠加后形成线圈的交流阻抗。涡流磁场的变化会产生相位即能间接地测量出工件表面缺陷尺寸，这种检验方法称涡流检测（ET）。

因交变电流在导体表层有"集肤效应"，故涡流检测的有效范围也只限于导体的表面和表层。集肤深度随工作频率增加而减小。与超声波检测法相比，涡流不需耦合剂和与工件直接接触，因此，检测速率高，并便于实现高温检测。

（2）涡流检测过程

涡流检测法所用频率通常在 1～25kHz 范围，可检出管材中的裂纹、缩孔、未熔合、夹渣和接头错边等缺陷；可检测（直径 3～400mm）各种金属管上的高频焊焊缝，检测速度范围在 0.75～150m/min 之间，能与焊管速度匹配，可以在生产线上直接连续探测。

① 优点　可检测多层，如含有油漆层、绝缘层和不锈钢堆焊层等金属材料；检测线圈无需与工件接触，反应速度快，易实现自动化检验并能实时显示检测结果；对表层缺陷有很高灵敏度，也可提供缺陷深度信息，其穿透深度大于磁粉检测。

② 缺点　涡流检测理论复杂，往往仅能通过实验来开发；涡流变化与很多因素有关，排除干扰因素较难；铁磁性材料采用涡流检验时，需在饱和后才能进行。

（3）涡流检测的应用

目前，焊缝的涡流检测主要采用多频涡流或脉冲涡流检测方法，已成功地应用于核反应堆中不锈钢管道焊缝与堆焊层缺陷检测，并且也应用于海洋采油平台钢结构焊缝疲劳裂纹的检测以及油气输送管道内外壁腐蚀与裂纹的检测。

（四）焊接试板检验

1. 焊接试板的要求

为检验产品焊接接头和其他受压元件的力学性能和弯曲性能，应制作纵焊缝产品焊接试板，制取试样，进行拉伸试验、弯曲试验和必要的冲击试验。

（1）凡符合以下条件之一者，应每台制备产品焊接试板

①钢材厚度大于20mm 的 15MnVR；

②钢材标准抗拉强度下限值大于540MPa；

③Cr–Mo 低合金钢；

④当设计温度小于 –10℃时，钢材厚度大于 12mm 的 20R 和钢材厚度大于 20mm 的 16MnR；

⑤当设计温度小于0℃、大于等于 –10℃时，钢材厚度大于25mm 的 20R 和钢材厚度大于38mm 的 16MnR；

⑥盛装极度危害或高度危害介质的换热器；

⑦设计压力大于等于 10MPa 的换热器；

⑧异种钢（不同组别）焊接的换热器；

⑨制作换热器的钢板凡需经热处理以达到设计要求的材料力学性能指标者。

（2）产品焊接试板以批代台

除上述以外的换热器，若制造单位能提供连续30台（同1台产品使用不同牌号材料的，或使用不同焊接工艺评定的，或使用不同的热处理规范的，可按两台产品对待）同牌号材料、同焊接工艺（焊接重要因素和补加重要因素不超过评定合格范围）及同热处理规范的产品焊接试板测试数据，证明焊接质量稳定，可以以批代台制作产品焊接试板，具体规定如下。

①以同钢号、同焊接工艺、同热处理规范的产品组批，连续生产（生产间断不超过半年）每批不超过10台，从中抽取1台产品制作产品焊接试板；

②对设计压力不大于1.6MPa，材料为 Q235 系列、20R、16MnR 的换热器，以同钢号的产品组批，连续生产每半年应抽1台产品制作产品焊接试板；

采用以批代台制作产品焊接试板，如有1块不合格，应加倍制作试板，进行复验并做金相检验，如仍不合格，此钢号应恢复逐台制作产品焊接试板，直至连续制造30台同钢号、同焊接工艺及同热处理规范的产品焊接试板测试数据合格为止。

（3）产品焊接试板还应付符合以下原则

①产品焊接试板的材料、焊接和热处理工艺，应在其所代表的受压元件焊接接头的焊接工艺评定合格范围内。

②当1台换热器上不同的壳体纵向焊接接头（含封头、管箱和筒体上焊接接头）的焊接工艺评定覆盖范围不同时，应对应不同的纵向焊接接头，按相应的焊接工艺分别焊制试板。

③有不同焊后热处理要求的同1台换热器应分别制作产品焊接试板。

2. 制备产品焊接试板的要求

① 从所制容器原筒体材料中选择同钢号、同厚度、同热处理状态和同炉号的材料制作产品焊接试板。

② 产品焊接试板应设置在 A 类纵向焊接接头的延长部位，并与壳体同时施焊。

③ 产品试板应做识别标记，包括：产品工号、材料钢号和焊工钢印号。

④ 试板尺寸和试样毛坯的截取：

a. 试板焊缝应进行外观检查和射线或超声检测，如不合格允许返修，如不返修，可避开缺陷部位，在合格部位截取试样。

b. 试板的长度和宽度以满足试验所需的试样类别和数量为宜。但对接接头试板 $L \geqslant 300$mm，$B \geqslant 250$mm；堆焊试板 $L \geqslant 300$mm，$B \approx 200$mm，（堆焊方向与试板长度 L 的方向平

行；采用手工堆焊时，L 可适当减少）。

c. 试板两端舍弃部分长度随焊接方法和板厚而异，一般手工焊不小于 30mm，自动焊不小于 40mm。如有引弧板和引出板时，也可以舍弃或不舍弃。

d. 试样毛坯的截取一般采用机械切割法，也可用激光切割的方法，但应去除热影响区。

e. 必要时，也可直接从焊件上截取试样。

f. 根据不同项目的试验要求对试样进行加工，经检验合格后打上钢印或其他永久性的标志。

g. 试样的类别和数量应符合表 10.1 – 14 的规定。

表 10.1 – 14 试样的类别和数量

试样类别	拉 伸	弯 曲			冲 击	
		$\delta_s \leqslant 20$		$\delta_s > 20$	焊缝金属	热影响区
		面弯	背弯	侧弯		
试样数量	1	1	1	2	3（或 6*）	3

注：1. 当试样厚度 $\delta_s \leqslant 30mm$ 时，应采用全板厚单个试样；当 $\delta_s > 30mm$ 时，根据试验条件可采用全板厚的单个试样，也可用多片试样。采用多片试样时，应将焊接接头全厚度的所有试样组成 1 组作为 1 个试样。

　　2. 试板厚度 δ_s 为 10～20mm 时，可用 1 个面弯、1 个背弯也可用 2 个侧弯代替面弯和背弯。

　　3. * 标准抗拉强度下限 $\sigma_b > 540MPa$ 的钢材和 Cr – Mo 钢，且试板厚度 $\delta_s > 60mm$，以及设计温度低于 – 30℃，且 $\delta_s > 40mm$ 的低温钢，焊缝金属冲击试样数量为 6 个。

　　4. 一般只进行焊缝金属的冲击试验，但对设计温度等于或低于 – 20℃ 的低温设备，还应增加热影响区的冲击试验。

3. 焊接试板的力学性能试验

（1）力学性能试验项目

焊接试板的力学性能试验主要有拉伸试验、弯曲试验和常温冲击试验。符合下列情况之一时，还需作低温冲击试验。

① 当设计温度小于 0℃ 时

　　钢材厚度 $\delta > 25mm$ 的 20R

　　任意厚度的 18MnMoNbR、13MnNiMoNbR

② 当设计温度小于 – 10℃ 时

　　钢材厚度 $\delta > 12mm$ 的 20R

　　钢材厚度 $\delta > 20mm$ 的 16MnR、15MnVR、15MnVNR

③ 设计温度低于或等于 – 20℃ 的低温换热器

（2）拉伸试验

1）拉伸试验的试样尺寸应符合相应的规定

2）试样的分割

当因试验机能力限制而不能进行全板厚的拉伸试验时，则沿板厚方向分割成近似相等的若干等分，以此作为试样厚度，该试样厚度应较接近于试验机所能试验的最大厚度。因切口损耗造成的厚度减薄应属正常，即分割后若干试样叠加厚度可以小于原试板的全板厚。

3）试样的加工

① 拉伸试样表面焊缝隙的余高应采用机械方法去除，使之与母材齐平。

② 对具有复合层的材料，当复层计入设计厚度时，拉伸试样包括基层及复层；当复层不计厚度时，拉伸试样可去除复层后制取。

③ 采用多种方法施焊时，试样的受拉伸面应包括每一种焊接方法（或焊接工艺）的焊缝金属。

4）试验方法

拉伸试验按 GB/T 228 的有关规定进行，在确认已读出拉伸试样的最大载荷后，允许不拉断试样，以避免噪声和对机器的损伤。

5）合格标准

拉伸试样的抗拉强度（σ_b）应大于或等于下列规定之一：

① 产品图样的规定值；

② 钢材标准抗拉强度下限值；

③ 对不同强度等级的钢材组成的焊接接头，则为两种钢材标准抗拉强度下限值中的较小者；

④ 若采用分割后的多片试样，则将该多片试样组成一组，并对每片进行试验。同时，焊接试板全厚度焊接接头的拉抻试验结果为该组试样的平均值，其平均值应符合上述要求。如果断在焊缝或熔合线外的母材上，该组单片试样的最低值不得低于钢材标准抗拉强度下限值的95%（碳素钢）或97%（低合金钢和高合金钢）；

⑤ 对复合层计入设计厚度的试样，其 σ_b 不得低于复合板材标准规定的计算结果，即

$$\sigma_b \leq (\sigma_{b1}\delta_{s1} + \sigma_{b2}\delta_{s2})/(\delta_{s1} + \delta_{s2})$$

（3）弯曲试验

1）试验方法

① 弯曲试验按 GB/T 232 的有关规定试样的焊缝和热影响区应包括在弯曲变形范围内，横向弯曲试样的弯轴中心应对准焊缝中央。

② 当焊接接头两侧的母材与熔敷金属的强度相差较大或延伸率明显不同时，可用纵弯试样进行试验。

③ 复合钢板和耐蚀堆焊的接头弯曲试验，取 2 个侧弯试样进行试验。

2）合格标准

试样按表 10.1 - 15 的要求弯曲到规定的角度后，其受拉面面俱到沿任何方向不得有单条长度大于3mm 的裂纹或缺陷。试样的棱角开裂不计，但确因夹渣或其他焊接缺陷引起试样棱角开裂的长度应计入。

当采用多片试样时，将多片试样组成 1 组，并对每片试样进行试验，均应满足本条的规定。

表 10.1 - 15　弯曲试验参数

试样厚度/mm	弯心直径 D/mm	支座距离/mm	弯曲角度 α/(°)
a	4a	6a + 3	180

（4）冲击试验

1）试验方法

根据图样要求进行常温或低温冲击，其试验方法按 GB/T 229 的有关规定，若低温冲击合格，可免做常温冲击。

2）合格指标

① 常温冲击功规定按图样或有关技术文件规定，但 3 个试样的平均值不得小于27J（对

$10mm \times 10mm \times 55mm$ 试样)或 $14J$(对 $5mm \times 10mm \times 55mm$ 试样)。

② 低温冲击在规定的试验温度下,对碳钢和低合金钢按钢材的抗拉强度上限值确定;对奥氏体不锈钢按试样的侧向膨胀量。均应符合表 10.1 – 16 的规定。

表 10.1 – 16　低温夏比(V 型缺口)冲击试验最低冲击功和侧向膨胀量

钢材抗拉强度下限值 σ_b/MPa	3 个试样冲击功的平均值 A_{KV}/J		试样的侧向膨胀量/mm
	$10mm \times 10mm \times 55mm$	$5mm \times 10mm \times 55mm$	
≤450	18	9	
>450 ~ 515	20	10	
>515 ~ 650	27	14	
奥氏体钢焊缝金属			0.38

试验温度下 3 个试样冲击功平均值不得低于上表的规定值,其中 1 个试样的冲击功可小于规定值,但不得小于规定值的 70%

(5) 复验

①焊接产品试板的拉伸和弯曲试验如不合格,允许复验。对不合格的项目取双倍试样进行复验(若面弯不合格,再取 2 个试样作面弯),复验结果应符合上述弯曲、拉伸和冲击的指标。

②冲击试验结果若不能满足规定时,允许复验。对不合格的项目(例如焊缝隙或热影响区;I组或II组)再取一组 3 个试样进行试验。合格标准为:前后两组 6 个试样的冲击功平均值不得低于规定值,允许有 2 个试样小于规定值,但其中小于规定值 70% 的只允许有 1 个。

③若某项试验不合格的原因是由于试验条件不佳或操作不当造成的,则该项试验作废,允许重新试验。

④若冲击试样断口表面由于存在无损检测允许(未超标)的缺陷而导致冲击功不合格,则该试验作废,允许重新试验。

(五) 金相检验

焊接金相检验(或分析)是把截取焊接接头上的金属试板经加工、磨光、抛光和选用适当的方法显示其组织后,用肉眼或在显微镜下进行组织观察,并根据焊接冶金、焊接工艺、金属相图与相变原理和有关技术文件,对照相应的标准和图谱,定性或定量地分析接头的组织和形貌特征,从而判断焊接接头的质量和性能,查找接头产生缺陷或断裂的原因,以及与焊接方法或焊接工艺之间的关系。金相分析包括光学金相和电子金相分析。光学金相分析包括宏观和显微分析两种。

1. 宏观组织检验

宏观组织检验亦称低倍检验,直接用肉眼或通过 20 ~ 30 倍以下的放大镜来检查经侵蚀或不经侵蚀的金属截面,以确定其宏观组织及缺陷类型。能在一个很大的视域范围内,对材料的不均匀性、宏观组织缺陷的分布和类别等进行检测和评定。

对于焊接接头主要观察焊缝一次结晶的方向、大小、熔池的形状和尺寸,各种焊接缺陷如夹杂物、裂纹、未焊透、未熔合、气孔和焊道成形不良等,焊层断面形成形态,焊接熔合线,焊接接头各区域(包括热影响区)的界限尺寸等。

2. 显微组织检验

利用光学显微镜(放大倍数 50 ~ 2000 之间)检查焊接接头各区域的微观组织、偏析和分布。通过微观组织分析,研究母材、焊接材料与焊接工艺存在的问题及解决的途径。例如,对焊接热影响区中过热区组织形态和各组织百分数相对量的检查，可以估计出过热区的性能，并可根据过热区组织情况来决定对焊接工艺的调整，或者评价材料的焊接性等。

第七节　热处理检验

换热器的消除应力热处理目的主要是消除制造过程中产生的内应力及冷作硬化，而焊后热处理是其中最重要的一种，其目的是改善焊缝和热影响区的组织，使焊缝的氢完全扩散，提高焊缝的抗裂性和韧性，稳定结构尺寸。焊后热处理主要用于一些低合金高强度钢焊接完毕后的焊接应力的消除。

在制造中应根据母材的化学成分、焊接性能、厚度、焊接接头的拘束程度以及换热器的使用条件和有关标准，综合确定是否需要进行焊后热处理。

一、热处理选择原则

（一）换热器及其受压元件

（1）钢材厚度 δ 符合以下条件应进行焊后热处理。

①碳素钢、07MnCrMoVR 的厚度大于 32mm（如焊前预热 100℃ 以上时，厚度大于 38mm）；

②16MnR 及 16Mn 的厚度大于 30mm（如焊前预热 100℃ 以上时，厚度大于 34mm）；

③15MnVR 及 5MnV 的厚度大于 28mm（如焊前预热 100℃ 以上时，厚度大于 32mm）；

④任意厚度的 15MnVNR、18MnMoNbR、13MnNiMoNbR、15CrMoR、14Cr1MoR、12Cr2Mo1R、20MnMo、20MnMoNb、15CrMo、12Cr1MoV、12Cr2Mo1 和 1Cr5Mo；

⑤对于钢材厚度不同的焊接接头，上述厚度按薄者考虑；对于异种钢材相焊的焊接接头，按热处理严者考虑。

（2）承装有应力腐蚀倾向介质的，如盛装液化石油气、液氨的换热器应进行焊后热处理。

（3）承装毒性为极毒或高度危害介质的换热器应进行焊后热处理。

（4）对于碳钢、低合金钢制的管壳式换热器，焊有分程隔板的管箱和浮头盖以及管箱的侧向开孔超过 1/3 圆筒内径的管箱，在施焊后作消除应力的热处理。除图样另有规定，奥氏体不锈钢制管箱、浮头盖可不进行热处理。

（5）除图样另有规定，奥氏体不锈钢的焊接接头可不进行热处理。

（二）冷成形或中温成形的受压元件

冷成形或中温成形的受压元件应进行消除应力热处理的要求有以下两种情况。

（1）圆筒钢材厚度 δ 符合以下条件者

①碳素钢、16MnR 的厚度 δ 不小于圆筒内径 D_i 的3%；

②其他低合金钢的厚度 δ 不小于圆筒内径 D_i 的2.5%。

（2）冷成形封头应进行热处理；除图样另有规定，冷成形的奥氏体不锈钢封头可不进行热处理。

（三）其他

（1）需要焊后进行消氢处理的，如焊后随即进行焊后热处理时，则可免作消氢处理。

（2）改善材料力学性能的热处理，应根据图样要求所制订的热处理工艺进行，母材的热处理试板同炉热处理。当材料供货与使用的热处理状态一致时，则在整个制造过程中不得破坏供货时的热处理状态，否则应重新进行热处理。

二、焊后热处理方法

焊后热处理的方法多种多样，常用热处理方法如图 10.1 - 10 所示。

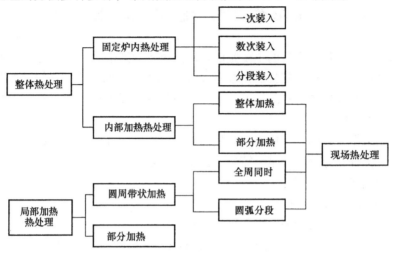

图 10.1 - 10　焊后热处理分类

（一）整体消除应力热处理

换热器整体消除应力热处理可以分为在加热炉内加热和在容器内部加热，两种方法效果有差异，适用范围也不尽相同。

焊后热处理应优先采用在炉内加热的方法，其操作过程如下：焊件进炉时炉内温度不得高于 400℃；焊件升温至 400℃后，加热区升温速度不得超过 5000/δ · ℃/h（δ 为焊接接头处钢材厚度，mm），且不得超过 200℃/h，最小可为 50℃/h：升温期间加热区内任意 5000mm 长度内的温差不得大于 120℃；保温期间加热区内最高与最低温度之差不宜大于 65℃，升温和保温时应控制加热区气氛，防止表面过度氧化。当炉内温度高于 400℃时，加热区降温速度不得超过 6500/δ · ℃/h，且不得超过 260℃/h，最小可为 50℃/h，焊件出炉时炉温不得高于 400℃，出炉后应在静止的空气中冷却。

高压换热器应采用炉内整体热处理，其他换热器焊后热处理则允许在炉内分段进行。分段热处理时，其重复加热长度应不小于 100mm，炉外部分应采取保温措施，使温度梯度不至于影响材料的组织和性能。

（二）局部消除应力热处理

在换热器制造过程中，由于热处理加热设备的原因或出于制造过程中的考虑，可以采用局部热处理方法。B、C、D 类焊接接头，球形封头与圆筒相连的 A 类焊接接头以及缺陷修补部位，允许采用局部消除应力热处理。所用设备一般为电阻丝陶瓷加热片和控温设备。靠近加热区部位应采取保温措施，使温度梯度不至于影响材料的组织和性能。局部热处理的焊缝要包括整条焊缝，焊缝每侧加热宽度不小于板材厚度的 2 倍。接管与壳体相焊时，加热宽度不小于板材厚度的 6 倍。

三、焊后热处理厚度的选取

（1）等厚度全焊透对接接头的焊后热处理厚度为其焊缝厚度，即钢材厚度。焊缝厚度是指焊缝横截面中，从焊缝正面到焊缝背面的距离（余高不计）。组合焊缝的焊后热处理厚度为对接焊缝厚度与角焊缝厚度中的较大者。

（2）不等厚焊接接头的焊后热处理厚度

①对接接头取其较薄一侧母材厚度；

②在壳体上焊接管板、平封头、盖板、凸缘或法兰时，取壳体厚度；

③接管、人孔与壳体组焊时，在接管颈部厚度、壳体厚度、封头厚度、补强板厚度和连接角焊缝厚度中取其较大者；

④接管与高颈法兰相焊时取管颈厚度；

⑤管子与管板相焊时取其焊缝厚度。

（3）非受压元件与受压元件相焊时取焊接处的焊缝厚度。

（4）焊缝返修时，取其所填充的焊缝金属厚度。

四、消除应力热处理的加热温度

在实际生产中，要根据实际情况确定具体热处理温度和保温时间见表 10.1 - 17，有时候考虑到结构较复杂，壁薄等易变形因素，可适当降低温度同时相应延长保温时间见表 10.1 - 18。但热处理温度降低是有限制的，为保证效果，一般焊后消除应力热处理温度对于碳钢碳锰钢不低于 550℃，铬钼钢不低于 600℃。

表 10.1 - 17　换热器常用钢材焊后热处理温度

钢　　号	焊后焊后热处理温度/℃	最短保温时间/h
Q235B、Q235C、20R	600~640	（1）焊后热处理厚度 $\delta \leq 50mm$ 时；为 $\delta/25h$，但最短时间不低于 1/4h （2）焊后热处理厚度 $\delta > 50mm$ 时：为 $\{2 + (1/4) \times [(\delta-50)/25]\}h$
09MnDR	580~620	
16MnR、16Mn、16MnDR、16MnD	600~640	
15MnVR、15MnVoV、15MnVNR、	540~580	
20MnMo、	580~620	
18MnMoNbR、20MnMoNb	600~640	
07MnNiCrMoVDR	550~590	
09MnNiDR、15MnNiDR	540~580	
12CrMo、15CrMo、15CrMoR	≥600	（1）焊后热处理厚度 $\delta \leq 125mm$ 时：为 $\delta/25h$，但最短时间不低于 1/4h （2）焊后热处理厚度 $\delta > 125mm$ 时：为 $\{5 + (1/4) \times [(\delta-125)/25]\}h$
12Cr1MoV、14Cr1MoV	≥640	
12Cr2Mo、12Cr2Mo1R、1Cr5Mo	≥660	

表 10.1 - 18　焊后热处理温度低于规定值的保温时间

比规定温度范围下限值降低温度数值/℃	降低温度后最短保温时间[①]/h
25	2
55	4
80	10[②]
110	20[②]

注：①最短保温时间适用于焊后热处理厚度 δ 不大于 25mm 焊件，当 δ 大于 25mm，厚度每增加 25mm，最短保温时间则应增加 15min。

　　②仅适用于碳素钢和 16MnR 钢。

五、炉温测量

实际工作中应根据具体情况确定测温方法：若加热炉本身控温点多，炉温均匀性好，控温精度高，炉内电偶温度应该能反应焊件的真实温度。反之，应在焊件上放置一定量的测温点，以满足工艺要求。对于局部消除应力热处理，应布置足够的热电偶，以保证加热区内温度均匀。

六、异种材料焊缝的热处理

异种钢焊后热处理温度一般按要求较高热处理温度来考虑，然而这样对另一材料来说有可能导致过热，使机械性能下降，因此，异种钢焊后热处理时必须考虑的因素：①焊接母材；②焊接材料；③被焊接受压元件的重要性等。

一般做法是：对于同等重要性部件之间采用较高温度范围的一方；对于不同重要性部件以重要的受压部件为准；对于结构部件和受压部件间以受压部件为准；重要一方部件不要求焊后热处理，其他部件要求时，可考虑采用预堆边焊方式。用较高一方温度范围进行焊后热处理，采用温度尽量取最低值，相反，用较低方温度范围时取最高值，并且，应避免3种以上不同类别材料焊接件同时热处理。

七、低合金高强度钢再热裂纹的预防

低合金高强度钢焊接结构在焊后消除应力热处理时，应注意防止再热裂纹。防止的措施除了焊接时进行适当的预热和后处理外，主要是在焊后消除应力热处理时避开再热裂纹的敏感温度区，但要注意温度不能太低，否则消除应力效果不好。例如，07MnCrMoVR 的敏感温度区为650℃，为避免再热裂纹，热处理选580℃。如热处理温度进一步降到550℃，虽然使再热裂纹不发生，但达不到消除应力的目的。

八、部件热处理后主要检验方法

对换热器的主要部件，如管板、封头、接管、法兰和主螺栓等热处理后，主要检验方法有以下几种。

1. 硬度试验

能反映材料成分、组织、结构与热处理工艺之间的关系，是检验热处理质量最常用的方法，是调整热处理工艺的依据之一，也是一些材料的验收依据之一。

2. 力学性能试验

包括拉伸、弯曲和冲击等试验，是检验材料综合性能最有效的方法。

3. 金相试验

零部件做晶粒度测定，双相钢做组织检查，复合板热处理后是否有碳化物析出的等都需要做金相试验。

第八节　换热器最终检验

一、换热器装配检验

换热器零部件在组装前应认真检查和打扫，不应留有焊疤、焊接飞溅物、浮锈及其他杂物等。换热器组对装配的顺序大致如下：

筒体组对→筒体与设备法兰或筒体与管板组对→管束组装→管束与筒体组装等工序

为保证装配质量，在装配时应按有关图样和工艺文件严格检查待装配零件的加工尺寸和焊缝坡口尺寸。在装配过程中应采用相应的装配工夹具组装定位，不应采取强制装配。当发现零部件装配尺寸不符合图样要求时，不容许用手工气割修正，应退回原定工序修正合格后再组装。

螺栓的紧固至少应分 3 遍进行，每遍的起点应相互错开 120°，紧固顺序可按图 10.1 – 11 的规定进行。

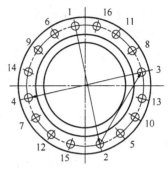

图 10.1 – 11　螺栓的紧固顺序示图

二、耐压试验

1. 耐压试验的作用

耐压试验是一种采用静态超载方法验证换热器整体强度，对产品质量进行综合考核的试验。可以防止带有严重质量问题或缺陷的产品投入使用。在设计或制造过程中有可能出现错误，例如结构设计错误、强度计算错误、材料使用错误以及焊接、组装、热处理等工序出现错误等等，虽然在设计或制造过程有各种审查、检查和试验，但由于检验的局限性，难免有漏检情况。如果产品存在比较严重而又未被发现的质量问题或缺陷，通过耐压试验可使其暴露出来。因此，耐压试验是换热器产品竣工验收必需的和最重要的试验项目，只有耐压试验合格，产品才能出厂。

耐压试验的另一作用是可以改变应力分布和改善缺陷处的应力状况。由于结构或工艺方面的原因，局部区域可能存在较大的残余拉伸应力，试验时，它们与试验载荷应力相叠加，有可能使材料局部屈服而产生应力再分布，从而消除或减少原有的残余拉伸应力。较高的试验压力可以使裂纹尖端产生较大的塑性变形，裂纹尖端的曲率半径将增大，从而使裂纹尖端处材料的应力集中系数减小，降低了尖端附近的局部应力。在卸压后，裂纹尖端的塑性变形区会受到周围弹性材料的收缩的影响，使此区域出现残余压缩应力，从而可以部分抵消产品所承受的拉伸应力，因此产品存在的裂纹经受过载应力后，在恒定低载荷下，裂纹扩展速度可明显延缓。

2. 耐压试验介质

耐压试验可使用的介质种类包括液体(水、油)和气体(空气、氮气及其他气体)。由于耐压试验压力比工作压力高，因此产品在试验压力下发生破裂的可能性也大。为了防止产品在耐压试验时破裂而造成严重事故，所采取的措施中最重要的是采用卸压时释放能量最小的介质作为试验介质。在相同的试验压力下，气体的爆炸能量比水大数百倍至数万倍，因此耐压试验时采用液体作为试验介质。

耐压试验时最常用的液体介质是水，且必须是洁净的。奥氏体不锈钢容器用水进行液压试验后，应严格控制水中的氯离子含量不超过 25mg/L，以防止氯离子造成晶间腐蚀。如无法达到这一要求时。试验合格后，应立即将水渍去除干净。

如果由于某种特殊原因不能用水试验时，可采用试验时不会导致危险的的其他种类液体。耐压试验应在低于液体介质沸点的温度下进行，当采用可燃性液体进行耐压试验时，试验温度必须低于可燃性液体的闪点，试验场地附近不得有火源，并应配备适用的消防器材。

当有些情况下可能无法采用液体作为试验介质而需要采用气体作为试验介质时，所用气体应为干燥洁净的空气，氮气或其他惰性气体。

① 由于结构或支承原因，充灌液体不能保证设备安全地承受荷重；

② 运行条件不允许残留试验液体，低温条件下运行且结构不能保证排净试验液体的系统就不能用水试压，因为残留水会结冰导致系统堵塞，同样在高温导热系统中也不允许用

水，因为残留水会导致运行中压力不正常。

3. 换热器耐压试验的顺序

（1）固定管板换热器

应先进行壳程试压，同时检查换热管与管板连接接头，管箱耐压、壳盖耐压、管箱盖板法兰、管板法兰，然后进行管程试压。

（2）U形管式换热器、釜式重沸器（U形管束）及填料函式换热器

当壳程压力大于管程时，先用试验压环进行壳程试压，同时检查接头，然后进行管程试压；当壳程压力小于管程时，则用试验环对管程进行试压，然后检查接头，最后进行壳程试压。

（3）浮头式换热器、釜式重沸器（浮头式管束）

先用试验压环和浮头专用工具进行管头试压，对于釜式重沸器尚应配备管头试压专用壳体，然后进行管程试压，最后进行壳程试压；如果壳程压力小于管程时，试压顺序相反。

（4）按压差设计的换热器

先进行接头试压（按图样规定的最大试验压力差），然后进行管程和壳程步进试压。

（5）重叠换热器

接头试压可单台进行，当各台换热器程间连通时，管程和壳程试压应在重叠组装后进行。

4. 耐压试验的要求

① 耐压试验前，换热器各连接部位的紧固螺栓必须装配齐全，紧固妥当。

② 试验用压力表应选用于与试验介质相适应，并且至少采用两个量程相同且经过校验的压力表。试验压力为低压时，压力表精度不低于2.5级，中压及高压使用的压力表精度不应低于1.5级；

③ 压力表表盘刻度极限值为最高工作压力的1.5~3.0倍。最好选用2倍。表盘直径不应小于100mm。

④ 耐压试验时，压力表应安装在被试验产品顶部以便于观察的位置。

⑤ 耐压试验场地应由可靠的安全防护设施，并应经安全部门认可。试压过程中，不得进行与试验无关的工作，无关人员不得在试验现场停留。试验场地周围应由明显的标志。

5. 液压试压过程

将换热器充满液体，滞留在内的气体必须排净。外表面应保持干燥，当壁温与液体温度接近时，才能缓慢升压至设计压力；确认无泄漏后继续升压到规定的试验压力，保压30min，然后降到规定试验压力的80%，保压足够时间进行检查。检查期间压力应保持不变，不得采用连续加压来维持试验压力不变。液压试验过程中不得带压紧固螺栓或向受压元件施加外力。试验完毕后应用压缩空气将其内部吹干。

碳素钢、16MnR和正火15MnVR制换热器在液压试验时，液体温度不得低于5℃；其他低合金钢制换热器的液体温度不得低于15℃。如果由于板厚等因素造成材料无延性转变温度升高，则需相应提高液体温度。其他材料制换热器液压试验温度按设计图样规定。铁素体钢制低温换热器在液压试验时，液体温度应高于壳体材料和焊接接头两者夏比冲击试验规定温度的高值再加20℃。

液压试验后的换热器符合下列条件为合格：

① 无渗漏；

② 无可见的变形；

③ 试验过程中无异常的响声；

④ 对抗拉强度规定值下限大于等于540MPa的材料，表面经无损检测抽查未发现裂纹。

6. 气压试验要求

碳素钢和低合金钢制换热器的试验用气体温度不得低于15℃。其他材料制换热器试验用气体温度应符合设计图样规定。

应先缓慢升压至规定试验压力的10%，保压5~10min，并对所有焊缝和连接部位进行初次检查；如无泄漏可继续升压到规定试验压力的50%；如无异常现象，其后按规定试验压力的10%逐级升压，直到达到试验压力，保压30min。然后降到规定试验压力的80%，保压足够时间后进行检查，检查期间压力应保持不变。不得采用连续加压来维持试验压力不变，气压试验过程中严禁带压紧固螺栓。

气压试验过程中，换热器无异常响声、经肥皂液或其他检漏液检查无漏气和无可见的变形即为合格。

三、气密性试验

1. 换热器气密性试验要求

（1）如果介质毒性程度为极度、高度危害或设计上不允许有微量泄漏的换热器，必须进行气密性试验。

（2）气密性试验应在液压试验合格后进行。对设计图样要求做气压试验的换热器，是否需再做气密性试验，应在设计图样上规定。

（3）碳素钢和低合金钢制换热器，其试验用气体的温度应不低于5℃，其他材料制换热器按设计图样规定。

（4）气密性试验所用气体应为干燥洁净的空气、氮气或其他惰性气体。

（5）换热器进行气密性试验时，一般应将安全附件装配齐全。如需投用前在现场装配安全附件，应在质量证明书的气密性试验报告中注明装配安全附件后需再次进行现场气密性试验。

（6）应先缓慢升压至试验压力，保压10min，然后降到设计压力。对所有焊缝和连接部位涂刷肥皂水，检查肥皂水是否鼓包，经检查无泄漏，保压不少于30min即为合格。

2. 其他气密性试验方法

（1）在试验介质中加入1%（体积）的氨气，将被检查部位表面用5%硝酸汞溶液浸过的纸带覆盖，如果有不致密的地方氨气就会透过，从而在试纸带相应部位形成黑色的痕迹，此法较为灵敏、方便。

（2）在试验介质中充入氦气，如果有不致密的地方，就可利用氦气检漏仪在被检查部位表面检测出氦气。目前的氦气检漏仪可以发现气体中含有千万分之一的氦气存在，因此其灵敏度更高。

3. 补强圈气密试验

容器上开孔补强圈的气密试验，必须在耐压试验之前进行，不允许先进行耐压试验，而后再装焊补强圈的作法，以防因开孔削弱而使容器在耐压试验中过载损坏。气密试验压力为0.4~0.5MPa，通常涂刷肥皂水进行检查。

四、产品出厂要求

1. 换热器产品安全质量技术资料要求

换热器产品在出厂时，应附有至少包括下列与安全有关的技术资料。

（1）换热器产品竣工图样（包括总图及主要受压部件图）；

（2）A1 级、A2 级许可范围换热器受压部件强度计算书或计算结果汇总表；

（3）产品质量证明文件（包括产品合格证、主要受压部件材质证明书、无损检测报告、热处理报告、压力试验报告及气密性试验报告等）。

2. 产品铭牌要求

在换热器的明显位置装有金属铭牌，铭牌上的项目至少应包括以下内容（用中文或英文表示，采用国际单位制）：

（1）产品名称；

（2）制造企业名称、地址；

（3）制造企业（许可）证书编号；

（4）介质名称；

（5）设计温度；

（6）设计压力；

（7）耐压试验压力；

（8）产品编号；

（9）制造日期；

（10）容器类别；

（11）容积。

参 考 文 献

[1]　国家质量技术监督局. 压力容器安全技术监察规程. 北京：中国劳动社会保障出版社. 1999.

[2]　GB 150—2011，压力容器[S].

[3]　刘政军. 锅炉压力容器焊接及质量控制. 北京：冶金工业出版社. 1999.

[4]　JB/T 4730—2005，承压设备无损检测[S].

[5]　JB 4708—2000，钢制压力容器焊接工艺评定[S].

[6]　JB/T 4709—2000，钢制压力容器焊接规程[S].

[7]　JB 4744—2000，钢制压力容器产品焊接试板的力学性能检验[S].

[8]　王晓雷. 承压类特种设备无损检测相关知识. 北京，2005.

第二章 换热器使用安全管理

（张　铮）

第一节　概　　述

换热器一般在受压状态下工作，但并不是所有承压的换热器都具有危险性，只有一部分相对来说比较容易发生事故，而且事故的危险性比较大。许多国家就把这样的换热器作为一种特殊设备，由专门机构进行监督，并按规定的技术管理法规进行设计、制造和使用管理。关于特殊设备的界限，目前各国都有规定。虽然范围划分的大小略有差异，但基本原则是一致的。它的范围是从发生事故的可能性和事故危险性来考虑。一般来说，换热器发生事故，其危害的严重程度与换热器的工作介质、工作压力及容积等有关。

工作介质是指换热器内所盛装的物质。换热器爆破时所释放的能量大小首先与它的工作介质的物性状态有关。如果工作介质是液体，由于液体的压缩性很小，因而在卸压时介质的膨胀也很小，也就是换热器爆破时所释放的能量很小。而当工作介质是气体，则因气体具有很大的压缩性，所以在换热器爆破时，它突然卸压膨胀所释放的能量也就很大。不过这里所说的液体是指常温下的液体，而不包括高于其标准沸点（在标准大气压下的沸点）的饱和液体和沸点低于常温（包括有可能达到的最高使用温度或周围环境温度）的液化气体。因为这些介质只是由于压力较高才呈现液态（实际上是气液并存的饱和状态），如果容器破裂，容器内压力下降，这些饱和液体即呈过热状态，并立即蒸发气化，体积急剧膨胀，其所释放的能量要比同体积、同压力的饱和蒸汽大得多。划定的范围除了考虑工作介质以外，还应该考虑换热器的工作压力和它的容积。一般来说，工作压力越大，或者容器的容积越大，则容器爆破时气体膨胀所释放的能量也越大，也就是事故的危害性越严重。

2003 年 3 月 11 日，国务院第 373 号令颁布了《特种设备安全监察条例》，按照条例规定：压力容器是指盛装气体或液体、承载一定压力的密闭设备，其范围规定为最高工作压力大于或者等于 0.1MPa（表压），且压力与容积的乘积大于或等于 2.5MPa·L 的气体、液化气体和最高工作温度高于或等于标准沸点的液体的固定式容器和移动式容器。所以凡是符合上述规定的换热器都应作为压力容器来管理。

我国《压力容器安全技术监察规程》将压力容器按设计压力（p）分为低压、中压、高压、超高压 4 个压力级别，即：

(1)低压容器：$0.1\text{MPa} \leqslant p < 1.6\text{MPa}$；

(2)中压容器：$1.6\text{MPa} \leqslant p < 10\text{MPa}$；

(3)高压容器：$10\text{MPa} \leqslant p < 100\text{MPa}$；

(4)超高压容器：$p \geqslant 100\text{MPa}$。

为了严格控制重要容器的产品质量，有区别地对安全要求不同的压力容器进行技术管理和监督检查，防止发生重大事故，《压力容器安全技术监察规程》根据压力容器工作压力的高低、介质的危害程度以及在生产中的重要作用，将其适用范围内的压力容器分为三类，所以对于按照压力容器来管理的换热器的类别如下。

1. 下列情况之一的为第三类压力容器

（1）高压容器；

（2）中压容器（仅限毒性程度为极度和高度危害介质）；

（3）低压容器（仅限毒性程度为极度和高度危害介质，且 pV 乘积大于等于 0.2MPa·m³）：

（4）高压、中压管壳式余热锅炉；

（5）使用强度级别较高（指相应标准中抗拉强度规定值下限大于等于 540MPa）的材料制造的压力容器。

2. 下列情况之一的为第二类压力容器

（1）中压容器；

（2）低压容器（仅限毒性程度为极度和高度危害介质）；

（3）低压管壳式余热锅炉；

3. 低压容器为第一类压力容器

另外，国内外炼油化工行业中的冷却设备还大量采用空冷式换热器。随着工业，特别是炼油、化工和电力工业的迅速发展，工业用水量急剧增加，导致全球性的水资源短缺，人类对环境保护和节约能源的要求日益增多。空冷式换热器具有节水效果好、操作费用低、环境污染小的优点，广泛应用于国内外的炼油化工厂，并大量取代水冷式换热器，成为炼油化工行业中的主要工艺设备之一。空冷式换热器的设计、制造和操作使用安全性非常重要，直接影响到相关行业的设备运行和安全，由于其结构的特殊性，即空冷式换热器只有承压的管束，而没有承压的壳体，故未列入《压力容器安全技术监察规程》监察范围。板式换热器具有传热效率高、结构紧凑、重量轻、占地面积小、制造简单及经济实用的特点，是国家重点推广的换热节能产品之一，已经广泛应用于石油化工、机械、冶金、电力、仪器和市政供热等领域。板式换热器的设计、制造和操作使用安全性非常重要，直接影响到相关行业的设备运行和安全，但由于其结构独特、压力范围较小，安全性主要是泄露、堵塞和腐蚀问题，故也未列入《压力容器安全技术监察规程》监察范围。根据目前行业的发展状况，为提高产品质量、加强行业管理，对空冷式换热器和板式换热器生产厂实行产品安全注册来有效的控制产品质量，保证标准的严格执行，逐步达到规范化管理，提高了我国空冷式换热器和板式换热器产品质量的整体水平。

第二节　设　计　管　理

换热器作为压力容器来管理时，由于其介质大多数为易燃、易爆、有腐蚀性和毒性等，这就要求它在设计、制造、安装、使用和维护等各环节都必须有专业的管理人员和机构。而作为换热器的源头——设计，我国有着较为严格的管理制度，对设计单位的资格和条件有较高的要求，对设计单位更是有专门的机构进行审查、监察与管理。本节主要就设计的管理制度、资格及监督管理办法等进行简单的介绍。

一、设计许可证制度

根据《特种设备安全监察条例》、《压力容器安全技术监察规程》（质技检局锅发[1999]154 号文件发布，自 2000 年 1 月 1 日起实施，后简称《容规》）、《压力容器压力管道设计单位资格许可与管理规则》（国质检锅［2002］235 号，自 2003 年 1 月 1 日起实施，后简称《规则》）和《化工压力容器设计单位管理办法》（后简称《办法》）等的有关规定，从事压力容器设计的单位（以下简称设计单位），必须具有相应级别的设计资格，取得《压力容器设计许可证》。未经主管部门的批准，任何单位不得进行压力容器的设计，对于有压力容器设计资格的单位，其技术负责人、压力容器设计审核人员未经主管部门或国家质量技术监督部门的批准，不得从事相应的技术工作。

根据《规则》的规定，压力容器设计类别、级别划分为：

（1）A 类：A1 级指超高压容器、高压容器；A2 级指第三类低、中压容器；A3 级指球形储罐；A4 级指非金属压力容器。

（2）C 类：C1 级指铁路罐车；C2 级 指汽车罐车或长管拖车；C3 级 指罐式集装箱。

（3）D 类：D1 级 指第一类压力容器；D2 级 指第二类低、中压容器。

（4）SAD 类指分析设计的压力容器。

对于 A 类、C 类、SAD 类压力容器设计单位的资格许可，由国家质检总局批准、颁发，对 D 类压力容器设计单位的资格许可，由省级质量技术监督部门批准、颁发。压力容器设计单位只有取得有关部门颁发的《设计许可证》后，方能进行批准范围内的压力容器设计工作。

二、设计单位资格与条件

我国对压力容器设计资格的管理是比较严格的，规定只有符合有关条件的单位才有资格申请压力容器设计资格。尤其是新申请设计资格的单位，更是有专门的部门进行严格的审查，如：申请设计 A 类、C 类、SAD 类压力容器的单位，由国家安全监察机构对其基本条件进行审核。申请设计 D 类压力容器的单位，由省级安全监察机构对其基本条件进行审核。

（一）压力容器设计单位的条件

压力容器设计单位必须具备下列条件：

（1）有企业法人营业执照或事业单位法人证书。

（2）有中华人民共和国组织机构代码证。

（3）有健全的质量保证体系和切实可行的设计管理制度。

（4）有与设计级别相适应的技术法规、标准。

（5）有专门的设计工作机构和场所。

（6）有必要的设计装备和设计手段，具备利用计算机进行设计、计算、绘图的能力，计算机辅助设计和计算机出图率应达到 100%，具备在互联网上传递图样和文字电子邮件所需的软件和硬件；对 D 类压力容器设计单位计算机辅助设计和计算机出图率应达到 80%。

（7）具有规定数量持有《设计审批员资格证书》的设计审批人员。

具体为：设计 A 类、C 类、SAD 类压力容器的单位，专职设计人员总数一般不得少于10 名，其中，审批人员不得少于 3 名；设计 D 类压力容器单位的专职设计人员总数一般不得少于 7 名，其中，审批人员不得少于 2 名。

（8）具有一定的压力容器设计经验，具有独立承担压力容器类别和品种范围的设计能力。

（二）压力容器设计单位的资格审批

申请 A1 级、A2 级、A3 级设计资格的单位，应具备 D 类压力容器的设计资格或具备相应级别的压力容器制造资格；申请 C 类设计资格的单位，应具备相应的压力罐车(罐箱)的制造资格；申请 SAD 类设计资格的单位应具备 A 类设计资格。

对申请设计压力容器的类别、级别，申请设计资格的单位没有相应设计或制造经历的，应先进行试设计。试设计文件应覆盖申请设计资格的类别、级别、品种范围。具体规定如下：

(1) 申请设计 A1 级压力容器的单位，应根据其所申请的结构型式，每种结构型式应有不少于 2 台的试设计文件；

(2) 申请设计 A2 级的，应有不少于 6 台的试设计文件；

(3) 申请设计 A3 级、A4 级或 C 类的，应有不少于 3 台的试设计文件；

(4) 申请设计 D 类的，应有不少于 10 台的试设计文件；

(5) 申请设计 SAD 类的，应有不少于 2 台的试设计文件。

申请单位必须在 6 个月至 12 个月内完成规定数量的试设计文件并由批准部门委托有相应设计资格的试设计审核单位进行试设计审核，并出具审核报告。试设计审核报告和试设计文件留待资格审查时进行审查和答辩。试设计单位必须按照所批复的类别、级别和品种进行试设计，试设计文件不得用于制造。

(三) 压力容器设计资格申请程序

设计单位资格许可程序包括：申请、受理，试设计，资格审查，批准和发证。

1. 申请

申请 A 类、C 类、SAD 类压力容器设计资格的单位，应向国家安全监察机构提交《压力容器设计资格申请书》(以下简称《申请书》)。申请 D 类压力容器设计资格的单位，应向所在地的省级安全监察机构提交《申请书》。申请设计资格的单位应如实完整地填写《申请书》，对《申请书》中项目填写不完整的审查机构可不予受理。压力容器制造单位申请设计的级别、类别和品种一般不得超出其制造许可范围。

2. 受理

对已确认受理的申请单位，在接受资格审查之前应进行整顿和自查，并向审查机构提交自查综合书面报告。自查综合书面报告应包括：

(1) 单位的综合情况(包括机构设置、人员情况)；

(2) 压力容器设计历史及现状；

(3) 设计质量保证体系的建立和实际运转情况及分析；

(4) 设计管理制度及执行情况分析；

(5) 试设计文件及相关材料；

(6) 设计审批人员的设计经历；

(7) 执行有关规程、标准等技术规范情况及分析；

(8) 对已设计过的压力容器的综合分析和评价；

(9) 对仍需恢复使用的原有设计文件的清理及处置情况；

(10) 存在的问题及改进措施。

3. 试设计

对新申请设计资格的单位在受理后 6 ~ 12 个月内完成试设计，试设计文件应覆盖申请设计资格的类别、级别和品种范围。

4. 资格审查

资格审查内容应包括：

（1）设计单位的基本概况和自查汇报、《申请书》内容；

（2）企业法人营业执照或事业单位法人证书；

（3）设计工作机构、工作场所、设计手段和设计装备以及技术力量是否满足规则的有关规定；

（4）设计质量保证体系的运转和各项设计管理制度的制定、贯彻执行情况；

（5）各级设计人员资格和技术素质，对设计、校核人员进行基础知识书面考试；

（6）试设计文件，进行试设计文件答辩，原设计级别的技术文件，实际设计水平和质量；

（7）制造、安装、使用及实施质量监督检验的检验单位对设计质量的反馈意见；

（8）近几年来主要设计项目的设计质量及出现问题后的处理情况；

（9）设计资格印章的使用与管理情况。

5. 批准及发证

经审查符合设计条件的申请单位将由有关部门批准并颁发许可证。《设计许可证》一式四份（一份正本，三份副本）。正本由设计单位悬挂保存。由国家质检总局批准发证的，其《设计许可证》副本由国家安全监察机构、省级安全监察机构、审查机构分别存档一份；由省级质量技术监督部门批准发证的，其《设计许可证》副本由省级安全监察机构、审查机构分别存档一份，另一份由省级安全监察机构报送国家安全监察机构备案。（《设计许可证》由批准部门按照规定的格式统一印刷、统一编号。）

另外，设计单位在接到《设计许可证》后应参照设计资格印章格式要求（见《规则》附件五）刻制设计资格印章，并应加强印章的使用管理。设计资格印章的印模应报送批准部门备案。

（四）压力容器设计资格新增项目或名称变更的申请程序

已获得《设计许可证》的设计单位，需增加设计类别、级别以及单位名称变化等的增项或变更申请程序如下：

（1）需要增加设计类别、级别的设计单位，应向国家或省级安全监察机构提出增加设计项目的申请报告。增项申请报告内容包括：要求增加设计项目的类别、级别、品种以及可行性论证资料；要求增加设计类别、级别、品种的代表性产品名称；承担设计任务人员名单及必要的设计装备；代表性产品的设计方案。当审核安全监察机构同意受理后，设计单位应进行试设计规定数量有代表性的产品（项目），试设计文件完成后，由相关部门进行资格审查和批准发证。

（2）设计单位变更地址、变更设计单位技术总负责人或审批人员，必须在1个月内向批准部门报告。变更后，应重新刻制设计资格印章，并按规定办理备案手续。其中，设计单位改变名称时，应在法人证书变更后1个月内，携带上级部门批复的文件、更名后的法人证书、原《设计许可证》等材料，办理《设计许可证》更名手续；设计单位因企业迁址或所有制变更，必须在迁址或变更工作完成后1个月内向批准部门报告，经确认后，办理《设计许可证》变更手续。

（五）压力容器设计资格换证程序

（1）设计单位应在《设计许可证》有效期满6个月前向批准部门提交《更换压力容器设计

许可证申请书》。如逾期未提出申请，即自动放弃设计资格。

（2）在《设计许可证》有效期满3个月前，国家或省级安全监察机构备案的审查机构将组织进行换证审查。

（3）换证审查内容包括：

① 设计单位基本情况；

② 企业法人营业执照或事业单位法人证书；

③ 设计工作机构、工作场所、设计手段和设计装备以及技术力量；

④ 设计质量保证体系的实际运转和各项设计管理制度的制定、贯彻执行情况；

⑤ 各级设计人员的培训、考核及变动情况；

⑥ 对设计、校核人员进行基础知识书面考核与设计图纸答辩相结合的方式，考核设计校核人员的技术业务素质；

⑦ 每个级别抽查至少一套有代表性的设计技术文件，检查实际设计水平和质量；

⑧《设计许可证》有效期内主要设计项目出现问题后的处理情况；

⑨《设计许可证》有效期内的设计项目和数量；

⑩ 制造单位、产品使用单位的反馈意见；

⑪ 每年向批准部门所报送的年度综合报告的真实性；

⑫ 上次换证（取证）时审查组所提出意见的整改情况；

⑬ 设计资格印章的使用与管理。

三、各级设计人员资格及其考核

我国对压力容器各级设计人员的资格及其考核都有相关的规定，各设计单位应根据要求对各级设计人员资格进行培训、考核。

（1）设计单位技术总负责人由设计单位主管压力容器的行政负责人或技术总负责人担任。

（2）设计批准（或审定）人员（设计单位压力容器设计技术负责人）应符合下列条件：从事本专业工作，且具有较全面的压力容器专业知识；熟知并能正确运用有关规程、标准等技术规范，能组织、指导各级设计人员正确贯彻执行；熟知压力容器设计工作和国内外有关技术发展情况，具有综合分析和判断能力，在关键技术问题上能做出正确决断；具有3年以上压力容器设计审核经历；具有高级技术职称；具有《设计审批员资格证书》。

（3）审核人员应符合下列条件：熟悉并能指导设计、校核人员正确执行有关规程、标准等技术规范，能解决设计、制造、安装和生产中的技术问题；能认真贯彻执行国家的有关技术方针、政策，工作责任心强，具有较全面的压力容器设计专业技术知识，能保证设计质量；具有审查计算机设计的能力；具有3年以上压力容器的校核经历；具有中级以上（含中级）技术职称；具有《设计审批员资格证书》。

（4）校核人员应符合下列条件：熟悉并能运用有关规程、标准等技术规范，能指导设计人员的设计工作；具有压力容器设计专业知识，有相应的压力容器设计成果并已投入制造、使用；熟悉应用计算机进行设计；具有3年以上压力容器设计经历；具有初级以上（含初级）技术职称。

（5）设计人员应符合下列条件：具有压力容器设计专业知识；能较好地贯彻执行有关规程、标准等技术规范；能在审批人员指导下独立完成设计工作，并会使用计算机进行设计；

四、设计管理制度

设计管理制度是确保设计质量的主要文件，设计管理制度不得违背国家有关压力容器或压力管道法规和标准的规定，设计单位应建立健全下列设计管理制度：各级设计人员岗位责任制：设计人技术岗位责任制、校核人技术岗位责任制、审核人技术岗位责任制、批准人技术岗位责任制。

1. 设计工作程序

（1）接受设计任务：按压力容器设计条件规定的内容，接受用户提出的条件；

（2）对设计条件进行审查，特别注意条件的深度、内容的准确性，签署是否完善，并按设计条件进行分类和安排设计任务；

（3）根据安排的任务，分工设计人、校核人、审核人，明确工作内容及计划进度。

（4）校核人会同设计人共同确定设计原则、设计方案、选型、选材和结构；

（5）设计人按设计文件的要求全面开展设计工作，校审人员应认真校对，审核填写校、审记录。设计人对校对、审核的意见。在校审记录上应表明自己的看法，统一意见后修改图纸，若有不同意见，可以协商，有争议的问题可以提交更高一级讨论解决。对已决定的意见设计人应执行，若仍有不同意见，可在校审记录上说明个人意见。

（6）设计文件修改后 CAD 底图由设计、校核、审核、标准化审查人经校审记录修改意见核对后签署。压力容器设计一般按设计、校核、审核三级签署，对重要容器和第三类压力容器，应有设计、校核、审核、批准四级签署。所有压力容器设计均必须经标准化审查签署。在同一台设备的设计文件签署栏中，各级设计人员只能签署一级，不得兼签两级或三级。

（7）进行设计图纸、计算书和说明书等设计文件审查并将设计文件归档入库。

（8）压力容器设计总图盖章前必须检查归档是否齐全，各级签署是否完整。盖章时要进行登记。蓝图的总图上必须加盖红色《压力容器设计资格印章》，无章的设计蓝图对外发送均属无效。底图上不得加盖《压力容器设计资格印章》。

（9）做好技术服务和用户信息征集工作，及时填写用户信息反馈意见并存档。

2. 设计文件的管理

设计完成后，包括图纸、计算书（包括安全附件计算书）、说明书（有必要时）、设计输入评审记录表、校审、标审及批准（三类）记录以及质量评定等设计文件应按具体情况进行编号归档，不得自行保管。资料档案部门必须认真履行检查手续，如文件不齐或审查签署不全的应拒绝接收入库。设计文件的最短保存时间，应是该容器的使用寿命期限。完成后的设计文件根据合同规定份数发送用户。发送文件一般不包括计算书，中压以上容器当用户需要计算书时，应在合同中说明三类压力容器，压力容器设计文件一般不借阅和交流。有需要借阅时，必须按存档密级办理有关手续。

3. 设计文件修改

设计文件归档后，未经原设计负责人批准并办理有关手续，任何人都无权修改。如发现错误而确需修改，应填写修改申请单，经批准。原则性的修改还需经压力容器设计技术负责人批准，设计文件修改后，应向正在使用该设计文件的单位发出修改通知，并附修改复印图。在压力容器制造过程中若有更改，一律采用专用的更改通知单，重要技术问题仍需设计、校对、审核共同签署生效。

4. 设计文件的复用

设计文件可以复用，但必须由复用人和复用校、审人员负责对不符合现行标准之处进行修改。

五、设计的监督管理

设计单位应接受主管部门、国家质量技术监督检验检疫总局特种设备安全监察机构等的监督管理。

1. 设计单位日常管理

（1）每年一季度内向批准部门报送年度综合性报告，并抄报审查机构。不按时报送年度综合报告的单位将不予换证；

（2）在《设计许可证》有效期内从事批准范围内的压力容器产品设计，不得随意扩大设计范围。不准在外单位设计的图纸上加盖本单位设计资格印章；

（3）设计总图上按规定由审批人员签字并加盖本单位设计资格印章，并负责该设计文件在制造加工过程中的修改工作；

（4）必须对本单位设计的设计文件质量负责；

（5）加强技术培训，有计划地安排设计人员深入制造、安装和使用现场，结合设计学习有关实践知识，不断提高各级设计人员的技术素质和业务水平；

（6）落实各级技术人员责任制；

（7）建立设计工作档案；

（8）设计工作必须遵循有关标准、规章、制度；

（9）对于设计和校核人员，每年必须进行有关规程、标准等技术规范及本职工作应具备知识和能力的考核，并按有关规定进行资格确认后，方可独立工作。

2. 主管部门对设计单位的监督管理

（1）领导设计资格审查小组对压力容器设计资格申请的审查工作；

（2）每年审阅各设计单位报送的综合性报告；

（3）对设计单位的设计质量抽查，主要涉及设计业务活动、执行设计制度和设计工作纪律、设计人员的素质和组成、设计产品质量等方面；

（4）监督设计单位执行《规则》，现行规程、标准等技术规范的情况，对违反《规则》、由于设计不当出现重大质量事故或其他责任事故的和压力容器产品设计严重违反现行规程、标准等技术规范造成重大质量事故难以挽回损失的设计单位进行查处；

（5）每5年对其批准、备案的设计单位的压力容器设计技术负责人、压力容器设计审核人员进行培训、考核。

3. 特种设备安全监察机构对设计单位的监督检查

（1）受理压力容器设计资格申请，作相应判断，向主管部门提出建议；

（2）与主管部门共同抽查设计单位的设计质量；

（3）不定期抽查压力容器设计单位的产品设计质量及执行规程、标准等技术规范的情况，并责成辖区内的压力容器监检单位及时向其上一级特种设备安全监察机构报告压力容器产品设计中发现的安全质量问题；

（4）与主管部门共同对违反《规则》、由于设计不当出现重大质量事故或其他责任事故的和压力容器产品设计严重违反现行规程、标准等技术规范造成重大质量事故难以挽回损失的设计单位进行查处；

（5）与主管部门共同对其批准、备案的设计单位的压力容器设计技术负责人、压力容器设计审核人员进行培训、考核，对从事压力容器分析设计的设计审核人员进行考核批准。

第三节　制　造　管　理

在中华人民共和国境内制造压力容器，国家实行制造资格许可制度和产品安全性能强制监督检验制度。自2003年1月1日起实施的《锅炉压力容器制造监督管理办法》（以下简称《管理办法》）及自2004年1月1日起实施的《锅炉压力容器制造许可条件》（以下简称《许可条件》）、《锅炉压力容器制造许可工作程序》（以下简称《工作程序》）和《锅炉压力容器产品安全性能监督检验规则》（以下简称《监督检验规则》）分别对制造许可和产品安全性能监督检验做出了明确的规定。

一、制造许可工作程序

在我国境内制造压力容器的单位，必须首先进行制造单位资格认可，并取得《中华人民共和国锅炉压力容器制造许可证》（以下简称《制造许可证》），未取得《制造许可证》的企业，其产品不得在境内销售、使用。

压力容器制造许可工作程序指压力容器及安全附件制造许可申请、受理、审查、证书的批准颁发及有效期满时的换证程序。

按照《管理办法》的规定，压力容器制造许可划分为A、B、C、D四个级别，详见表10.2-1压力容器制造许可证级别划分。

表10.2-1　压力容器制造许可证级别划分

级别	制造压力容器范围	代 表 产 品
A	超高压容器、高压容器(A1) 第三类低、中压容器(A2) 球形储罐现场组焊或球壳板制造(A3) 非金属压力容器(A4) 医用氧舱(A5)	A1应注明单层、锻焊、多层包扎、绕带、热套、绕板、无缝、锻造、管制等结构形式
B	无缝气瓶(B1) 焊接气瓶(B2) 特种气瓶(B3)	B2注明含(限)溶解乙炔气瓶或液化石油气瓶。 B3注明机动车用、缠绕、非重复充装、真空绝热低温气瓶等
C	铁路罐车(C1) 汽车罐车或长管拖车(C2) 罐式集装箱(C3)	
D	第一类压力容器(D1) 第二类低、中压容器(D2)	

（一）申请

（1）申请A级压力容器制造许可的境内企业，应向国家质量技术监督检验检疫总局特种设备安全监察局（以下简称总局安全监察机构）提交申请。申报的资料应先经省级质量技术监督部门特种设备安全监察机构（以下简称省级安全监察机构）审核并签署意见。

（2）申请D级压力容器制造许可的境内企业应向企业所在地的省级安全监察机构提交申请；

（3）申请时企业应提交以下申请资料（申请资料应采用中文或英文，原始件为其他文种时，应附中或英译文）：

① 特种设备制造许可申请表一式二份；

② 工厂概况说明；

③ 依法在当地政府注册或登记的文件复印件；

④ 工厂已获得的认证或认可证书复印件；

⑤ 典型产品名称及相关参数和规格；

⑥ 产品图纸和设计文件(适用于有型式试验要求的产品，见《工作程序》第十四条)；

⑦ 工厂质量手册；

⑧ 其他必要的补充资料。

申请报告应重点概述本单位从事压力容器生产的技术力量、工装设备、检测手段等情况，说明申请的必要性、充分性及生产能力。

(二) 申请受理

(1) 负责受理申请的安全监察机构对企业提交的《申请表》和全部申请资料进行审查后，应在 15 个工作日内确定是否予以受理。

(2) 对符合申请条件的制造企业，安全监察机构在申请表上签署同意受理意见，并将一份申请表返回申请企业。总局安全监察机构受理的境内制造企业，在同意申请受理时，发函通知该企业所在地省级安全监察机构。

(3) 对不符合申请条件的制造企业，发证部门在申请表上签署不受理意见并说明理由，将一份申请表返回申请企业。

(4) 获得申请受理的制造企业，应按《许可条件》中产品质量的有关规定试制相应级别的典型产品(或承压部件)，以备制造许可审查和进行型式试验(仅适用于有型式试验要求的产品)。

(三) 审查

(1) 制造企业完成产品试制后，应当约请鉴定评审机构安排进行鉴定评审，并在约定的时限内完成评审工作。鉴定评审机构按评审要求制定评审计划，组织评审组，并将评审日程安排至少提前一周通知到申请企业。

(2) 评审组按《许可条件》的规定对工厂进行检查和产品检验，审查主要分为以下几个方面：

① 核实生产场地、加工制造设备、检验试验设备及人员状况；

② 审查质量手册和相关文件；

③ 审查质量管理体系的实施情况；

④ 审查相关的技术资料；

⑤ 对试制产品进行检查。

(3) 有型式试验要求的产品，如：气瓶、安全阀、爆破片和气瓶阀门等，应在工厂检查前完成以下工作：

① 审查有关设计文件、图纸。

② 在现场随机抽样，由型式试验机构进行产品型式试验，试验结果应符合相应标准。

(4) 根据评审情况，评审组应做出书面评审报告，评审报告结论分为：符合条件、需要整改、不符合条件。

(5) 评审报告结论为需要整改或不符合条件的，评审组应书面通知企业。评审结论为需要整改的企业应在 6 个月内完成整改，并将整改报告书面报评审组组长，由评审组核实确认，符合《许可条件》的，评审报告结论应改为符合条件。6 个月内未完成整改的企业或整改后仍不符合《许可条件》的，评审报告结论应改为不符合条件。

(6)鉴定评审机构应依据评审组的评审报告完成书面鉴定评审报告报发证部门的安全监

察机构。

（四）许可证的批准颁发和换证

（1）发证部门的安全监察机构对鉴定评审报告进行审核并提出审核结论意见。对于审核结论意见为符合《许可条件》的企业，由安全监察机构上报发证部门为其签发《制造许可证》。对于审核结论意见为不符合《许可条件》的企业，由安全监察机构上报发证部门后向申请单位发出不许可通知。

（2）《制造许可证》自签署之日起，4年内有效。持证企业如需在有效期满后继续持有《制造许可证》，应在有效期满前6个月向总局安全监察机构或省级质量技术监督部门书面提出换证申请。逾期未提出换证申请的，《制造许可证》在有效期满时自动失效，企业被视为自动放弃。

（3）换证的申请、受理、审查及批准发证程序同《工作程序》第二章至第五章的规定。

（4）对有型式试验要求的产品，换证审查时，若其产品未发生适用标准、材质、结构型式和使用条件的改变，可免做型式试验。

（5）对于审查结论为不具备换证条件的制造企业，由安全监察机构上报发证部门后向申请单位发出不许可通知。并允许另行申请低于原制造级别的许可。

（五）许可证的注销、暂停和吊销程序

（1）企业由于破产、转产等原因不再制造锅炉压力容器产品时，应将《制造许可证》交回发证部门，办理注销。

（2）按照《管理办法》对持证制造企业实施责令改正时，发证部门应书面通知制造企业，明确责令改正的内容和时限。

（3）按照《管理办法》对持证制造企业实施暂停使用《制造许可证》时，发证部门应书面通知制造企业，说明暂停使用《制造许可证》的原因和暂停期限以及责令企业整改的要求。

（4）按照《管理办法》对持证制造企业实施吊销《制造许可证》时，发证部门应书面通知制造企业，说明吊销《制造许可证》的原因。制造企业应将《制造许可证》交回发证部门。

二、制造许可条件

为了确保压力容器的制造质量，对制造压力容器单位的条件有一定的要求。首先，制造单位的生产场地、加工设备、技术力量、检测手段等条件应与所制造的压力容器品种、范围相适应。其次，压力容器制造单位要建立健全质量保证体系，并能有效运转。最后，制造单位能够保证产品安全性能符合中国安全技术法规的要求，即压力容器制造企业必须具备制造许可条件。压力容器制造企业制造许可条件由压力容器制造许可资源条件要求、质量保证体系要求和压力容器产品安全质量要求三部分构成。资源条件要求包括基本条件和专项条件，基本条件是制造各级别压力容器产品的通用要求，专项条件是制造相关级别压力容器产品的专项要求，企业应同时满足基本条件和相应的专项条件。

企业必须建立与制造压力容器产品相适应的质量管理体系并保证连续有效运转。企业应有持续制造压力容器的业绩，以验证压力容器质量管理体系的控制能力。

企业的无损检测、热处理和理化性能检验工作，可由本企业承担，也可与具备相应资格或能力的企业签订分包协议，分包协议应向发证机构备案。所委托的工作由被委托的企业出具相应的报告，所委托工作的质量控制应由委托方负责，并纳入本企业压力容器质量保证体系控制范围。专项条件要求具备的内容不得分包。企业必须有能力独立完成压力容器产品的主体制造，不得将压力容器产品的所有受压部件都进行分包。

（一）制造许可资源条件

1. 基本条件

（1）申请压力容器制造许可的企业，应具有独立法人资格或营业执照，取得当地政府相关的注册登记。

（2）具有 A1 级或 A2 级或 C 级压力容器制造许可证的企业即具备 D 级压力容器制造许可资格。如制造的压力容器设计压力 <10MPa，同时最大直径 <150mm 且容积 <25L，则无须申请压力容器制造许可。同样，制造机器上非独立的承压部件壳体和无壳体的套管换热器、波纹板换热器、空冷式换热器、冷却排管，也无须申请压力容器制造许可。制造不规则形状的承压壳体应报总局安全监察机构决定是否需要申请压力容器制造许可。

（3）压力容器制造企业具有与所制造压力容器产品相适应的，具备相关专业知识和一定资历的下列质量控制系统（以下简称：质控系统）责任人员：

① 设计工艺质控责任人员。

② 材料质控责任人员。

③ 焊接质控责任人员。

④ 理化质控责任人员。

⑤ 热处理质控责任人员。

⑥ 无损检测质控责任人员。

⑦ 压力试验质控责任人员。

⑧ 最终检验质控责任人员。

（4）技术人员

制造企业应具有相适应的制造和管理需要的专业技术人员。A1 级、A2 级许可证企业技术人员比例不少于本企业职工的 10%，且具有所制造产品相关的专业技术人员；A4 级许可证企业技术人员比例不少于本企业职工数的 5%，并不少于 5 人，且具有与所制造压力容器产品相关的专业技术人员。

（5）专业作业人员

① 各级别压力容器制造许可企业中，制造焊接压力容器的企业应具有满足制造需要的，且具备相应资格条件的持证焊工。A2 级许可企业，具有不少于 10 名持证焊工，且具备至少 4 项合格项目；A1 级具有不少于 8 名持证焊工，且应具有至少 4 项合格项目（非焊接容器除外）；D 级许可企业，具有不少于 6 名持证焊工，且具备至少 2 项合格项目。

② 各级别压力容器制造许可企业，应具有满足压力制造要求的组装人员。

③ 各级别压力容器制造许可企业、委托制造许可企业、委托外资企业进行压力容器无损检测的，应按照许可级别配备相应的高、中级无损检测责任人员；由本企业负责压力容器无损检测的，A1 级许可企业，至少应具有 RT（或 UT、MT、PT）高级无损检测责任人员 1人；C 级许可企业，至少应具有 RT（或 UT）高级无损检测责任人员 1 人，有 RT 和 UT 中级人员各 2 人·项；A2 级许可企业，至少应具有 RT 和 UT 中级人员各 3 人·项，无损检测责任人员应具有中级资格证书；D 级许可企业，至少应具有 RT 和 UT 中级人员各 2 人·项，无损检测责任人员应具有中级资格证书；

（6）各级别压力容器制造许可企业，应具备适应压力容器制造需要的制造场地、加工设备、成形设备、切割设备、焊接设备、起重设备和必要的工装，并满足以下要求：

① 具有存放压力容器材料的库房和专用场地，并应有有效的防护措施，合格区与不合

格区应有明显的标志；

　　② 具有满足焊接材料存放要求的专用库房和烘干、保温设备；

　　③ 具有与所制造产品相适应的足够面积的射线曝光室和焊接试验室。

　　2. 专项条件

　　(1) A1 级许可企业中制造超高压容器的企业，应具有满足超高压容器的机加工设备和检测设备，应有满足要求的热处理设备，应具有中、高级机加工人员至少 2 人。制造高压容器的企业，应有满足要求的热处理设备；

　　(2) A2 级许可企业应具备额定能力不小于 30mm 的卷板机和起重能力不小于 20t 的吊车。深冷(绝热)容器制造企业应具备填料烘干、充填、抽真空设备和检漏仪器。

　　(3) 不锈钢或有色金属容器制造企业必须具备专用的制造场地以及专用的加工设备、成形设备、切割设备、焊接设备和必要的工装，并不得与碳钢混用。

　　(4) 同时具备几个级别许可的企业，应分别满足相应的专项条件。

　　(二) 质量管理体系的基本要求

　　1. 管理职责

　　压力容器制造企业应有质量方针和质量目标的书面文件，应采取必要措施使各级人员能够理解质量方针，并贯彻执行，应符合以下要求。

　　(1) 企业内与质量有关的活动，职责、职权和相互关系应清晰，各项活动之间的接口具有控制和协调措施。

　　(2) 从事与质量活动有关的管理、执行和验证工作的人员，特别是具有独立行使权利开展工作的人员，应规定其职责，权限和相互关系，并形成文件(包括材料、焊接和检测等负责人的责任)。工厂管理层中应指定一名成员为质量保证工程师，并明确其对质保体系的建立、实施、保持和改进的管理职责和权限。

　　2. 质量体系

　　企业应建立符合压力容器设计、制造和包含了质量管理基本要素的质量体系文件。

　　(1) 作为确保产品要求的一种手段，应编制质保手册。质保手册应包括或引用质量体系程序文件，并概述质量体系文件的结构。

　　(2) 编制符合实际要求且与规定的质量方针相一致的程序文件，具有有效实施质量体系及其形成文件的程序。

　　(3) 质保手册中规定的表格应该标准化、文件化。现行的质量记录表格的内容应能满足相应级别压力容器产品的质量控制要求。

　　(4) 应有正在贯彻实施的并能确保产品质量的质量计划。质量计划中产品质量控制点(包括记录审核点、见证点和停止点)应合理设置。

　　3. 文件和资料控制

　　企业应制定文件和资料的控制规定，应包括以下内容：

　　(1) 应制定文件管理的规定：明确受控文件类型；明确文件的编制、会签、发放、修改、回收、保管等的规定。

　　(2) 应有确保有关部门使用最新版本的受控文件的规定。

　　(3) 适当范围的外来文件，如标准和顾客提供的图样。

　　4. 设计控制

　　(1) 设计部门各级人员的职责应该有明确的规定。

（2）应有压力制造的有关规程、规定和标准。

（3）压力设计文件应规定企业所制造的压力容器产品满足压力容器产品安全质量要求。

（4）应有关于新标准的收集和贯彻的规定。

（5）应制定对设计过程进行控制的规定（包括设计输入、输出、评审、更改、验证等环节）。

5. 采购与材料控制

（1）采购控制

① 应有对供方进行有效质量控制的规定；

② 对供方有质量问题时，企业具有处理方式的规定；

③ 分包的压力容器承压部件应由取得中国政府或授权机构认可的制造企业制造，企业应对分包的压力容器受压部件的质量进行控制；

④ 应制定采购文件的控制程序；

⑤ 应制定原材料与外购件（指板材、管材等承压材料）验收与控制的规定，以防止用错材料。

（2）材料的保管和发放

① 应制定原材料及外购件保管的规定，包括关于存放、标识、分类等要有明确的规定；

② 应制定原材料库房存放措施的规定；

③ 应制定关于材料发放的管理规定，包括材料的领用、代用等；

④ 应制定材料标记移植管理规定，包括加工工序中的材料标识移植和余料处理等。

6. 工艺控制

（1）应制定工艺文件管理的规定，包括工艺文件的编制、发放、更改和审批等应有明确的规定。

（2）应制定与压力容器产品相适应的工艺流程图或产品工序过程卡、工艺卡（或作业指导书）。

（3）应有主要受压部件的工艺流程图和指导作业人员的工艺文件（作业指导书）的规定。

7. 焊接控制

（1）焊材管理

应有焊材的订购、接受、检验、贮存、烘干、发放、使用和回收的管理规定，并能有效实施。

（2）焊接管理

① 应有焊工培训、考核和焊工焊接档案管理的规定。

② 应制定适应锅炉压力容器产品需要的焊接工艺评定（PQR）、焊接工艺指导书（WPS）或焊接工艺卡，并应满足中国有关技术规范的要求。应有验证焊接工艺评定（PQR）的管理规定和焊接工艺指导书（WPS）分发、使用、修改的程序和规定。

③ 应制定确保合格焊工从事受压元件焊接工作的措施，并制定焊工资格评定及其记录（WPQ）的管理办法，同时规定了产品焊缝的焊工识别方法，并能有效实施。

④ 应制定焊缝返修的批准及返工后重新检查和母材缺陷补焊的程序性规定。

⑤ 应有对主要受压元件施焊记录的规定。

8. 热处理控制

（1）应制定热处理工艺文件的管理规定，包括对热处理工艺文件的编制、审批、使用、分发、记录和保存等。

（2）应制定热处理的质量控制管理规定。

（3）热处理分包时，应有分包管理规定，至少应包括对分包评价规定和对分包项目质量控制的规定。

9. 无损检测控制

（1）应制定无损检测质量控制规定，包括对检测方法的确定、标准规范的选用、工艺的编制批准、操作环节的控制、报告的审核签发和底片档案的管理等。

（2）应编有无损检测的工艺和记录卡，并且能满足所制造产品的要求。

（3）应制定无损检测人员资格管理的规定。

（4）无损检测分包时，应有分包管理规定，至少应包括对分包方评价规定和对分包项目质量控制的规定。

10. 理化检验

（1）应制定理化检验的管理规定。

（2）应有对理化检验结果的确认和重复试验的规定。

（3）理化检验分包时，应有分包管理规定，至少应包括对分包方评价规定和对分包项目质量控制的规定。

11. 压力试验控制

（1）应编制压力试验工艺和相关程序要求。

（2）应制定对压力试验进行质量控制的规定，包括对压力试验的监督、确认，对压力试验过程的安全防护，压力试验介质和环境温度等。

12. 其他检验控制

（1）应制定检验管理的规定，其内容应包括：检验管理人员的权责、进货检验、过程检验、最终检验、检验报告的存档和质量证明书管理等。

（2）应制定检验和试验计划，并能有效实施。

（3）应制定关于检验和试验状态标识的规定。

13. 计量与设备控制

（1）制定计量管理规定，保证仪器、仪表、工具等在计量有效期内使用。

（2）有对计量器具和试验仪器进行有效的控制、校准和维护的规定；应有计量环境适用于计量试验的规定；应有制造设备管理的规章制度。

14. 不合格产品的控制

（1）应制定对不合格品进行有效控制的规定，以防止不合格品的非预期使用或安装。

（2）应有对不合格品的标识、记录、评价、隔离（可行时）和处置等进行控制的规定。

① 对不合格品报告的编制、签发、存档等应有规定；

② 对不合格品的处理环节（回用、返修、报废等）应有相关的规定；

③ 对返修后进行重新检验的规定。

15. 质量改进

（1）应有对产品的质量信息（包括厂内和厂外）进行反馈、汇集分析、处理的流程。

（2）应有进行内部质量审核的规定，以确保质量保证体系正常运作并能对存在的质量问题进行分析研究，提出解决问题的措施和预防措施。审核活动应由与审核无直接责任的人员进行。

① 应制定质量审核意见的接受、处理和回复的程序，以及纠正或改进措施；

② 具有监检单位(或第三方检验企业)及客户发现并提出的产品质量问题进行及时解决的规定。

16. 人员培训

应制定质保工程师、焊接工程师、检验人员、理化和无损检测人员、焊工和其他对产品质量有重要影响的制造活动的执行者、验证者和管理者等培训的规定。

17. 执行中国压力容器制造许可制度的规定

(1) 应制定执行中国压力容器制造许可制度的规定，明确对在中国境内使用的压力容器产品的控制程序。并明确制造许可审查人员在执行许可审查时，享有查阅有关图纸、计算书、程序、记录、试验结果及其他必要的文件资料的权利。

(2) 应制定压力容器制造许可证书使用和管理的规定。

(3) 应制定向中国客户提供产品质量证明文件等随机文件的规定。

(4) 按疲劳分析设计的压力容器，其 A、B 类对接接头应去除焊缝余高；各类焊接接头均应圆滑过渡。

(5) 所有板壳式换热设备均应为可拆的和可清洗的结构。

三、产品安全性能监督检验

产品质量监督检验工作是为了督促制造单位全面推行质量管理，确保产品的制造质量。国家质量技术监督部门对压力容器制造单位所制造的产品实施安全性能监督检验以有十多年的历史了，通过监督检验，对我国锅炉压力容器产品的安全质量的提高起到了积极的推动作用。通过对制造单位实行制造许可和许可证管理，我国压力容器制造单位质量控制系统已经较为完备，为压力容器产品安全质量监督检验打下了良好的基础。

境内压力容器制造企业的产品安全性能监检工作，由企业所在地的省级质量技术监督部门特种设备安全监察机构授权相应的检验单位(以下简称监检单位)承担；境外锅炉压力容器制造企业的锅炉压力容器产品安全性能监检工作，由中华人民共和国国家质量监督检验检疫总局特种设备安全监察机构(以下简称总局安全监察机构)授权有相应资格的检验单位承担。监检单位所监检的产品，应当符合其资格认可批准的范围。换热器作为压力容器出厂时，产品安全性能监督检验应由各级锅炉压力容器安全监察机构或其授权的锅炉压力容器检验单位进行。

接受监检的压力容器制造企业(以下简称受检企业)，必须持有国家质量技术监督部门颁发的《中华人民共和国锅炉压力容器制造许可证》或经省级以上锅炉压力容器安全监察机构专门批准。监检工作应当在压力容器制造现场，且在制造过程中进行。监检是在受检企业质量检验(以下简称自检)合格的基础上，对压力容器产品安全质量进行的监督验证，因此监检不能代替制造单位对产品的检验。监检单位应对所承担的监检工作质量负责。

监检的依据是《压力容器安全技术监察规程》、《超高压容器安全监察规程》和现行的有关标准、技术条件，以及设计文件等。监检的内容包括对压力容器制造过程中涉及安全质量的项目进行监检和对受检企业压力容器质量保证体系运转情况的监督检查。在监检过程中，受检企业与监检单位发生争议时，境内受检企业应当提请所在地的地市级锅炉压力容器安全监察机构处理，必要时，可向上级锅炉压力容器安全监察机构申诉；境外受检企业应当提请总局特设局处理。

产品安全性能监检项目分为 A 类和 B 类。对 A 类项目，监检员必须到场进行监检，并在受检企业提供的相应的见证文件(检验报告、记录表、卡等，下同)上签字确认；未经监检确认，不得流转至下一道工序。对 B 类项目，监检员可以到场进行监检，如不能到场监检，可在受检企业自检合格后，对受检企业提供的相应见证文件进行审查并签字确认。

监检单位应当根据受检企业生产的具体情况制定监检工作的相关规定，将监检大纲和监检的工作程序向受检企业公开，并配备相应数量的监检员。监检员名单由监检单位书面通知受检企业。监检单位应当为监检员配备必要的检验和检测工具，并对监检员进行培训和定期考核，定期对其监检工作情况进行检查，防止和及时纠正监检失职行为；从事监检工作的监检人员，必须持有省级以上锅炉压力容器安全监察机构颁发的具有相应检验项目的资格证书，必须履行职责，严守纪律，保证监检工作质量。对受检企业提供的技术资料等应妥善保管并予以保密。监检人员应当经常到现场进行巡检，对受检企业工艺执行情况、质量体系运转情况进行监督检查，并将检查情况报告安全监察机构，对于境内企业报告所在地的地市级以上锅炉压力容器安全监察机构，对于境外企业同时报告总局特设局。对受检企业未及时采取有效措施而可能影响产品安全质量时，监检员有权制止产品在生产过程中的流转。经监检合格的产品，监检单位应当及时审核并汇总见证材料，出具监检报告，并在产品铭牌打监检单位的监检钢印。

压力容器制造单位必须建立相应的质量保证体系，以保证产品制造质量符合有关规程、标准和技术文件的要求，保证质量体系正常运转，并对压力容器产品的制造质量负责。接受监检单位对其产品进行安全性能监督检验。未经监检单位出具《监检证书》并打监检钢印的产品不得出厂。受检企业应向监检单位提供必要的工作条件和文件、资料，包括质量体系文件(质量手册、程序文件、管理制度、各责任人员的任免文件、质量信息反馈资料等)、从事压力容器焊接的持证焊工名单(列出持证项目、有效期、钢印代号等)、从事压力容器质量检验的人员名单、从事无损检测人员名单(列出持证项目、级别、有效期等)、压力容器的设计资料、工艺文件和检验资料、焊接工艺评定以及压力容器的生产计划。

第四节　使　用　管　理

换热器作为压力容器来管理时，使用单位要实现管好用好的目的，就必须从基础做起，认真抓好正常使用的前期工作，包括使用登记和技术档案管理等。

一、使用登记

使用单位在设备投入使用前，应当按规定办理设备使用登记手续，领取《特种设备使用登记证》，才能将容器投入运行。未办理使用登记并领取使用登记证的设备不得擅自使用。设备的使用登记机关为设备所在地的地级州(盟)和设区的市质量技术监督部门(以下简称质监部门)，未设区的地级市等同于设区的市，负责办理本行政区域内锅炉压力容器的使用登记工作。直辖市质监部门可以委托下一级质监部门，以直辖市质监部门的名义办理设备的使用登记工作。

1. 办理使用登记的时间规定

设备在投入使用前或者投入使用后 30 日内，使用单位应当向所在地的登记机关申请办理使用登记，领取使用登记证。使用单位使用租赁的设备，由产权单位向使用地登记机关办理使用登记证，交使用单位随设备使用。

2. 办理使用登记应提供的文件

使用单位申请办理使用登记时,应逐台向登记机关提交下列文件:

(1) 安全技术规范要求的设计文件、产品质量合格证明、安装及使用维修说明、制造和安装过程监督检验证明。

(2) 进口产品安全性能监督检验报告。

(3) 设备安装质量证明书。

(4) 设备使用安全管理的有关规章制度。

3. 登记机关办理使用登记的程序及时限规定

(1) 登记机关能够当场审核的,应当当场审核。登记文件符合规定的,当场办理使用登记证;不符合规定的,应当出具不予受理通知书,书面说明理由。

(2) 当场不能审核的,登记机关应当向使用单位出具登记文件受理凭证。使用单位按照通知时间凭登记文件受理凭证领取使用登记证或者不予受理通知书。

(3) 对于1次申请登记数量在10台以下的,应当自受理文件之日起5个工作日内完成审核发证工作,或者书面说明不予登记理由;对于1次申请登记数量在10台以上50台以下的,应当自受理文件之日起15个工作日内完成审核发证工作,或者书面说明不予登记理由;1次申请登记数量超过50台的,应当自受理文件之日起30个工作日内完成审核发证工作,或者书面说明不予登记理由。

(4) 登记机关办理使用登记证,应当编写注册代码和使用登记证号码。

4. 使用登记证的悬挂

使用单位应当将使用登记证悬挂或者固定在设备本体上(无法悬挂或者固定的除外)并在设备的明显部位喷涂使用登记证号码。

二、变更登记

设备安全状况发生变化、长期停用、移装或者过户的,使用单位应当向登记机关申请变更登记。

1. 设备安全状况发生变化

设备安全状况发生下列变化的,使用单位应当在变化后30日内持有关文件向登记机关申请变更登记:

(1) 设备经过重大修理改造或者改变用途、介质的,应当提交设备的技术档案资料、修理改造图纸和重大修理改造监督检验报告。

(2) 设备安全状况等级发生变化的,应当提交使用登记卡、设备的技术档案资料和定期检验报告。

2. 停用压力容器的申报

(1) 设备拟停用1年以上的,使用单位应当封存该设备,在封存后30日内向登记机关申请报停,并将使用登记证交回登记机关保存。

(2) 停用设备重新启用应当经过定期检验,经检验合格的持定期检验报告向登记机关申请启用,领取使用登记证。

3. 移装和过户

(1) 在登记机关行政区域内移装换热器时,使用单位应当在移装完成后投入使用前向登记机关提交设备登记文件和移装后的安装监督检验报告,申请变更登记。

(2) 移装地跨原登记机关行政区域的,使用单位应当持原使用登记证和登记卡向原登记机关申请办理注销。原登记机关应当在登记卡上做注销标记并向使用单位签发《锅炉压力容器过户或者异地移装证明》。移装完成后，使用单位应当在投入使用前或者投入使用后 30 日内持《锅炉压力容器过户或者异地移装证明》、标有注销标记的登记卡、设备登记文件以及移装后的安装监督检验报告，向移装地登记机关申请变更登记，领取新的使用登记证。

（3）换热器需要过户的，原使用单位应当持使用登记证、登记卡和有效期内的定期检验报告到原登记机关办理使用登记证注销手续。

（4）原使用单位应当将《锅炉压力容器过户或者异地移装证明》、标有注销标志的登记卡、历次定期检验报告以及登记文件全部移交锅炉压力容器新使用单位。

（5）换热器过户不移装的，新使用单位应当在投入使用前或者投入使用后 30 日内持全部移交文件向原登记机关申请变更登记，领取使用登记证。

（6）换热器过户并在原登记机关行政区域内移装的，新使用单位应当在投入使用前或者投入使用后 30 日内持全部移交文件和移装后的安装监督检验报告向原登记机关申请变更登记，领取使用登记证。

（7）换热器过户并跨原登记机关行政区域移装的，新使用单位应当在投入使用前或者投入使用后 30 日内持全部移交文件和移装后的安装监督检验报告向移装地登记机关申请变更登记，领取使用登记证。

（8）有下列情形之一的，不得申请变更登记：

① 在原使用地未办理使用登记的；

② 在原使用地未进行定期检验或定期检验结论为停止运行的；

③ 在原使用地已经报废的；

④ 擅自变更使用条件进行过非法修理改造的；

⑤ 无技术资料和铭牌的；

⑥ 存在事故隐患的；

⑦ 安全状况等级为 4、5 级的压力容器或者使用时间超过 20 年的压力容器。

三、使用单位的安全管理

1. 安全监察法规对换热器使用单位的要求

《压力容器安全技术监察规程》规定压力容器使用单位购买压力容器或进行压力容器工程招标时，应选择具有相应制造资格的压力容器设计、制造（或现场组焊）单位设计、制造的压力容器。使用单位技术负责人（主管厂长、经理或总工程师）应对压力容器的安全管理负责，并指定具有压力容器专业知识，熟悉国家相关法规标准的工程技术人员负责压力容器的安全管理工作。使用单位应根据设备的数量和对设备安全性能的要求，设置专门机构或专职技术人员，加强对设备的安全技术管理，建立健全设备安全管理制度和操作规程，及时安排定期检验计划并报监察机构及检验单位。发生事故时，事故单位应及时报告和处理。

2. 安全监察法规对操作人员的要求

操作人员应持证上岗。使用设备的单位，必须对操作人员定期进行专业培训与安全教育，培训考核工作由地、市级质量技术监督局锅炉压力容器安全监察机构或授权的使用单位负责。

3. 建立管理机构

使用管理工作，是实现设备可靠使用，确保设备安全运行的重要措施。它是可靠性管理工作的一部分。因此，必须建立管理体系和管理机构，规定控制程序，制定规章制度，以保证设备正确、合理、安全、可靠地使用。安全可靠的使用，从广义上讲，是一种有组织的技术管理活动。它必须在使用单位内部形成一个系统，并将其纳入组织管理轨道，按照可靠性管理的计划、执行、检查、处理程序开展工作，才能全面实现使用的安全可靠性。

使用单位的技术负责人，必须对设备的安全技术负责，并组织相应机构或专（兼）职安全技术人员负责安全技术管理工作。就我国目前大多数使用单位的情况看，其管理机构的设置大致有两种形式：

（1）专职管理机构　一般大、中型化工，石油化工等企业均设有主管设备使用管理的机动处（科），并配备专业技术人员和一定的检测力量。

（2）兼职机构　一般小型化工企业，特别是为数众多的小型化肥厂，其使用管理一般由兼职的机构和人员担任，兼职人员一般由设备、安全部门和生产车间技术人员组成。

使用单位的安全管理工作主要包括：贯彻执行国家《特种设备安全监察条例》、《锅炉压力容器使用登记管理办法》、《压力容器定期检验规程》、《压力容器安全技术监察规程》和有关的压力容器安全技术规范、规章；制定安全管理规章制度；参加设备订购、设备进厂、安装验收及试车；监督、检查设备的运行、维修和安全附件校验情况；负责设备的检验、修理、改造和报废等技术审查；根据压力容器安全状况等级编制压力容器的年度定期检验计划，并负责组织实施；向主管部门和当地安全监察机构报送当年设备数量和变动情况的统计报表，定期检验计划的实施情况，存在的主要问题及处理情况等；事故的抢救、报告、协助调查和善后处理；负责检验、焊接和操作人员的安全技术培训管理；负责设备使用登记及技术资料的管理。

4. 建立管理制度

为了有效地控制设备的使用过程，必须建立一套完整的、科学的管理制度，它主要包括管理制度和安全操作规程两个方面。

（1）管理制度

管理制度主要包括以下几项内容：

① 贯彻国家压力容器安全技术法规的实施条文及各级人员的岗位责任制；

② 设备的定期检验制度：包括检验周期、检验内容和程序、检验依据等；

③ 设备维护检修规程和容器的改造、修理、检验和判废等的技术审查和报批制度；

④ 设备安装、改造、移装的竣工验收制度和停用保养制度；

⑤ 设备安全装置和仪表的校验、修理等制度；

⑥ 设备的统计上报、技术档案的管理制度；

⑦ 设备的操作、检验、焊接及管理人员的技术培训和考核制度；

⑧ 设备使用中出现紧急情况的处理规定；

⑨ 接受安全监察部门监督检查的规定。

（2）安全操作规程

为保证设备安全正常的运行，使用单位应根据生产工艺要求和设备技术性能制订设备安全操作规程和工艺规程，其内容至少应包括：

① 操作工艺控制指标：介质参数（如最高工作压力、最高或最低操作温度、压力及温度波动幅度）的控制值，介质成分特别是有腐蚀性的成分控制值等。

② 操作方法，开停车的操作规程和注意事项。

③ 运行中进行日常检查的部位和内容要求。

④ 运行中可能出现的异常现象的判断和处理方法以及防范措施。

⑤ 防腐措施和停用时的维护保养方法。

5. 技术档案管理

技术档案是否完整、准确是正确使用设备的主要依据，它可以使设备运行和管理人员掌握设备的结构特性、介质参数和了解缺陷产生和发展趋势，防止因情况不明盲目使用而发生事故，它还可以用来指导设备的定期检验和维修。当发生事故时，设备的档案材料是分析事故原因的重要依据之一。因此，建立完整的技术档案是搞好设备使用管理的基础。技术档案主要包括原始技术资料、使用情况记录和使用登记资料三个方面内容。

1）原始技术资料

包括设计、制造和安装过程中的基本技术资料。它们分别由设计、制造和安装单位提供。

（1）设计技术资料

至少应有设备竣工总图以及主要受压元件图。对高压容器和低温容器还应有强度计算书。按应力分析，疲劳分析设计的容器应附有局部应力计算分析、疲劳分析等资料。

（2）制造技术资料

① 产品合格证　它一般包括设备的设计技术参数（设计压力、设计温度和工作介质）、结构型式和主要规格尺寸等技术特性指标，还有无损检测、耐压试验、气密性试验要求以及质量检验结论。

② 质量证明书　其内容包括主要受压元件材料的化学成分、力学性能检验或复验数据、产品焊接试板力学性能和弯曲性能检查结果、产品焊缝无损检测报告、压力容器外观及几何尺寸检验报告以及耐压和气密性试验结果等。要求焊后热处理的还应有产品的热处理报告，焊缝经过返修的还应有焊缝返修记录等。

③ 产品铭牌拓印件

④ 安全装置的技术资料　包括各种安全装置的名称、数量、型式和规格尺寸。各种安全装置均应有产品合格证和产品技术鉴定的技术资料。安全装置的技术说明书，应包括名称、形式、规格、结构图、技术条件（如安全阀的起跳压力和排放量，防爆片的设计爆破压力等）以及适用的范围等。安全装置检验或更换记录，应包括检验和校验日期、检验单位及校验结果以及下次检验日期等。

（3）安装技术资料

压力容器安装单位提供的安装过程及竣工验收技术资料。

2）使用情况记录

（1）运行情况记录

① 容器投用日期　如使用期间多次停用，则应记录停用次数和重新启用的起止日期；如设备使用条件发生变化，则应记录操作工艺参数变更日期。

② 操作条件及工艺参数　如设备操作压力和温度，压力和温度波动幅度频次；如设备为间歇式操作，则应注明其升压、卸压操作周期、容器工作介质特性及其对容器壁的作用等。

（2）检验修理记录

① 定期检验报告　详细记录每次定期检验的日期，检验项目及相应的检验方法和检验结果等。检验中所发现的缺陷部位、缺陷情况和处理意见等。如对受压部件进行了修理或更换，则应保存修理方案，实际修理情况记录及有关技术文件和资料。

② 设备技术改造方案，图样、材料质量证明书，施工质量检验技术文件和资料。

③ 安全装置和仪表的定期校验、修理、调试及更换记录。

④ 设备停用期间的防腐保养措施及实施情况。

（3）事故情况记录

发生事故压力容器的详细记录和有关处理情况的记录。设备的使用情况应由容器管理人员、操作人员按各自的职责范围认真填写，记录要及时、准确。若容器发生过户变更时，容器的设备技术档案也应一并转交。

3）使用登记资料

《特种设备使用登记证》是设备合法使用的证明，应当妥善保管，设备管理人员发生变化时，使用登记资料一定要及时转交给新的设备管理人员。如果由于历史的原因，造成一些设备的原始资料不全或没有资料，则应请有资格的检验检测机构对设备进行全面检验，通过对受压元件进行材质分析、壁厚测定、无损检测、强度校核等检验检测，以获得必要的技术资料，进而确定其安全状况等级。这类压力容器往往存在较多的质量问题，根本的措施还是有计划地进行报废更新。每台设备还应按照《压力容器安全技术监察规程》的统一格式填写压力容器登记卡片，记录有关的结构和技术参数，便于查阅和管理。

四、安全操作

换热器的安全操作非常重要，必须从设备使用条件、环境条件和维修条件等方面采取控制措施，才能达到设备设计所规定的技术要求，保证其安全经济运行。

1. 使用条件的控制

（1）使用压力和使用温度控制

压力和温度是压力容器使用过程中的两个主要技术参数。工作压力和工作温度既是选定容器设计压力和设计温度的依据，也是制定容器安全操作控制指标的依据。因此，只有按照压力容器安全操作规程中规定的操作压力和操作温度运行，才能保证使用安全。鉴于设备的最高工作压力不得超过其设计压力，因此，使用压力的控制要点主要是控制设备的操作压力不超过最高工作压力。

使用温度的控制要点主要是控制其极端的工作温度。高温下使用的换热器，主要控制其最高工作温度，因为一般压力容器用的碳素钢或低合金钢在 400～500℃ 以上时的机械性能将显著下降，有可能使容器在正常的压力负荷下因承载能力不够而变形或破坏；低温下使用的换热器，主要控制其介质的最低温度，并保证容器壁金属温度不低于设计温度，这是因为容器壁金属温度的降低将会直接引起材料韧性的下降，从而导致允许容器存在的临界裂纹尺寸减小，且有可能导致压力容器脆性破坏事故的发生。

（2）超温和超压防止

在内压作用下，设备各部位产生的应力对设备的破坏所起的作用是不同的。现行常规设计方法的计算，是基于使简体的切向应力低于材料的设计许用应力。超温、超压将导致容器壁应力数值的增加或容器壁材料力学强度的下降。从应力的分类可以知道，短时间的超温、超压虽不至于导致容器壁中的一次薄膜应力超过材料的屈服极限而失效，但却会在结构不连续处（包括焊接缺陷处）使局部应力、峰值应力大幅度增加，而疲劳破坏往往就从这些高应力区开始。因此，短时间的超温、超压虽不一定会立即引起破坏事故的发生，但会影响容器的疲劳寿命，削弱容器的安全裕度。

设备运行过程中出现的超温、超压现象主要是人为因素造成的，即违反操作规程所致。

根据以往发生事故的分析，大概有以下几种情况。

① 盲目提高设备工作压力

有些单位为了片面追求产值产量而盲目提高容器的工作压力，使容器超温超压超负荷运行，导致容器使用寿命缩短，事故增多，对安全生产造成严重的威胁。这种现象近年来虽有好转，但未能完全杜绝，必须引起足够的重视。

② 操作失误　当压力源的压力高于容器的设计压力时，若操作者误将应打开的容器出口阀关闭或误将应关闭的容器进口阀打开，而连接管路上的减压阀又失灵时，即会引起容器超压。还有一种情况是在压力容器经定期检验中发现有影响其继续按设计条件使用的缺陷而降压使用后，系统未作相应的更改，加上没有可靠的减压装置，造成超压运行。

③ 设备内的化学反应失控　这往往是由于反应容器物料过量、杂质含量超过允许范围或物料中混有杂质而使化学反应速度加快，介质温度失控，导致压力急剧上升。

④ 液化气体的过量充装　介质为液化气体的，应严格按规定的充装系数充装，以保证在设计温度下容器内有足够的气相空间。由于容器内的液化气体为气液两相共存，并在一定温度下达到动态平衡，即介质的压力取决于容器的操作温度。为了避免盛装液化气体的容器因液体膨胀而产生过大的压力，则必须使容器内的液化气体在设计条件下单位容积充装的液化气体的重量小于液化气体在50℃（设计温度）时的液相密度。为了保证安全，并考虑到量具的误差，还需留有适当的安全裕度，一般是保证容器在最高使用温度下，其介质的液相占该温度下液相容积的95%～98%，至少保留2%～5%的气相空间。因此，过量充装液化气体的容器在温度升高时，由于液体的膨胀将会使容器内的压力急剧增高，严重时甚至会发生容器爆炸。

2. 环境条件的控制

换热器工作环境的好坏也是影响其使用安全性能的重要环节，因此，在其使用过程中实行环境条件的控制至关重要。具体来说有两个方面：一方面是介质环境，另一方面是力学环境（主要指交变载荷环境）。

（1）介质腐蚀性的控制

从理论上讲，钢材受介质腐蚀是不可避免的，因而压力容器在设计时必须考虑介质的腐蚀性能及使用温度等，以选用适合容器使用条件的金属材料，并按规定给予一定的腐蚀裕量。由于各种钢材的耐腐蚀性能不同，介质的腐蚀性也千差万别，因此减缓腐蚀速度，延长使用寿命也是设备使用环节必须注意的重要问题。解决腐蚀问题必须从以下两个方面做起。

① 介质杂质含量的控制　在特定的条件下，由于杂质的存在会造成严重的腐蚀。通常影响较为严重的杂质有氯离子、氢离子及硫化氢等。

② 含水量控制　气体、液化气体中水分的存在，对于加速介质对容器壁的腐蚀起着重要的作用。由于水能溶解多种介质而形成电解质溶液，从而导致电化学腐蚀环境的形成，产生电化学腐蚀。如无水氯介质对容器不构成腐蚀，而在少量水存在的情况下，水中的氯离子浓度值、酸度值对容器就构成极大的腐蚀威胁，使容器产生强烈的腐蚀，尤其是对奥氏体不锈钢材料容器更易造成晶间腐蚀。

（2）交变载荷的控制

在反复交变载荷的作用下金属将产生疲劳破坏。疲劳破坏绝大多数是属于金属的低周疲劳，其特点是所承受的交变应力较高而应力交变的次数并不太高。低周疲劳的条件之一是它的应力接近或超过材料的屈服极限。在设备的某些部位如接管、开孔、转角等几何不连续的地方以及焊缝附近都存在程度不同的应力集中，有的往往比设计应力大好几倍，完全有可能达到甚至超过材料的屈服极限。这些高水平的局部应力如果仅仅作用几次，并不会对设备使用的安全性、可靠性构成威胁。但是如果反复的加载与卸载，将会使受力最大的晶粒产生塑性变形并逐渐发展成微小裂纹。随着应力的周期变化，裂纹逐渐扩展，最终导致设备的破坏。

换热器器壁上的交变应力主要来源于以下 5 个方面：

① 间歇操作的容器经常开停车(即反复地加压和卸压)；

② 设备运行中压力在较大幅度的范围(例如超过 20%)内变化和波动；

③ 设备操作温度发生周期性较大幅度的变化，引起容器壁温度应力的反复变化；

④ 设备有较大的强迫振动并由此产生较大的局部应力；

⑤ 设备受到周期性的外载荷作用。

为了防止换热器发生疲劳破坏，除了在设计时尽可能地减少应力集中或者根据需要作疲劳分析设计外，就设备使用的过程而言，应当尽量避免那些不必要的频繁加压和卸压，避免过大的压力波动及过大的温度变化等载荷变化因素的作用。

3. 运行检查

设备操作人员在设备运行期间应经常进行检查，以便及时发现操作或设备出现的不正常状态，采取相应的措施进行调整或消除，防止异常情况的扩大和延续，保证设备安全运行。对运行中的设备进行检查，包括工艺条件、设备状况以及安全装置等。在工艺条件方面，主要检查操作条件、操作压力、温度和液位是否在操作规程规定的范围内。检查工作介质的化学成分，特别是那些影响容器安全(如产生腐蚀，使压力、温度升高等)的成分是否符合要求。设备状况方面，主要检查压力容器各连接部位有无泄漏现象；压力容器有无明显变形；基础和支座是否松动和磨损；设备的表面腐蚀以及其他缺陷等可疑现象。安全装置方面，主要检查压力容器的安全泄压装置以及与安全有关的计量器具(如温度计、压力表、计量用的衡器及流量计)是否保持完好状态，主要检查内容有：压力表的取压管有无泄漏和堵塞现象，旋塞手柄是否处在全开位置，弹簧式安全阀的弹簧是否有锈蚀，安全装置和计量器具是否在规定的使用期限内，其精度是否符合要求。如安全阀的定期校验每年至少 1 次；爆破片应定期更换，一般爆破片应在 2~3 年内更换 1 次，在苛刻条件下使用的爆破片应每年更换 1 次，对于超压未破的爆破片应立即更换；压力表的检验应符合国家计量部门的规定，且每年至少 1 次；压力表的精度对低压容器应不低于 2.5 级，对中压以上的容器应不低于 1.5 级。

4. 设备紧急停止运行

在运行过程中，如果突然发生故障，严重威胁设备和人身安全时，操作人员应立即采取紧急措施，停止设备运行，并报告有关部门。停止运行包括卸放设备内的气体或其他物料，使设备内压力下降，并停止向内输入气体或其他物料。对于系统性连续工作的换热器，紧急停止运行时必须与前后有关岗位相联系，一并采取措施。换热器在运行中出现下列情况时，应立即停止运行：

(1) 操作压力或温度超过操作规程规定的极限值，而且采取措施仍无法控制，有继续恶化的趋势。

(2) 设备的受压部件出现裂纹、鼓包变形、焊缝或连接处泄漏等缺陷，危及安全使用。

(3) 安全装置全部失效、连接管件断裂、紧固件损坏，难以保证安全操作。

(4)附近发生火灾,威胁到设备的安全运行。

五、压力容器安全等级和安全状况

1. 安全等级的划分和含义

按照《锅炉压力容器使用登记管理办法》的规定,依据压力容器的安全状况,将新压力容器划分为1、2、3级三个等级,在用压力容器划分为2、3、4、5四个等级,每个等级划分原则如下:

(1)1级

压力容器出厂技术资料齐全;设计、制造质量符合有关法规和标准的要求;在规定的定期检验周期内;在设计条件下能安全使用。

(2)2级

① 新压力容器 出厂技术资料齐全;设计、制造质量基本符合有关法规和要求,但存在某些不危及安全且难以纠正的缺陷,出厂时已取得设计单位、使用单位和使用单位所在地安全监察机构同意;在规定的定期检验周期内;在设计规定的操作条件下能安全使用。

② 在用压力容器 技术资料基本齐全;设计制造质量基本符合有关法规和标准的要求;根据检验报告,存在某些不危及安全且不易修复的一般性缺陷;在规定的定期检验周期内,在规定的操作条件下能安全使用。

(3)3级

① 新压力容器 出厂技术资料基本齐全;主体材料、强度、结构基本符合有关法规和标准的要求;制造时存在的某些不符合法规和标准的问题或缺陷,出厂时已取得设计单位、使用单位和使用单位所在地安全监察机构同意;在规定的定期检验周期内,在设计规定的操作条件下能安全使用。

② 在用压力容器 技术资料不够齐全;主体材料、强度、结构基本符合有关法规和标准的要求;制造时存在的某些不符合法规和标准的问题或缺陷,焊缝存在超标的体积性缺陷,根据检验报告未发现缺陷发展或扩大;其检验报告确定在规定的定期检验周期内,在规定的操作条件下能安全使用。

(4)4级

主体材料不符合有关规定,或材料不明,或虽属选用正确但已有老化倾向;主体结构有较严重的不符合有关法规和标准的规定,强度经校核尚能满足要求;焊接质量存在线性缺陷;根据检验报告,未发现缺陷由于使用因素而发展或扩大;使用过程中产生了腐蚀、磨损、损伤和变形等缺陷,其检验报告确定为不能在规定的操作条件下或在正常的检验周期内安全使用,必须采取相应措施进行修复和处理,提高安全状况等级。如使用单位无法立即更换或者修理的,应当持定期检验报告、安全等级划分证明和使用登记证,向登记机关申请临时监控使用。准予监控使用的,登记机关将在使用登记证上注明"临时监控使用"字样和期限,并限期更换或者修理。

(5)5级

无制造许可证的企业或无法证明原制造单位具备制造许可证的企业制造的压力容器;缺陷严重、无法修复或难于修复、无返修价值或修复后仍不能保证安全使用的压力容器,应予以判废,不得继续作承压设备使用。

2. 安全状况的有关原则

(1)安全状况等级中所述缺陷,是制造该压力容器最终存在的状态。如缺陷已消除,则以消除后的状态确定该压力容器的安全状况等级。

（2）技术资料不全的，按有关规定由原制造单位或检验单位经过检验验证后补全技术资料，并能在检验报告中作出结论的，则可按技术资料基本齐全对待。无法确定原制造单位具备制造资格的，不得通过检验验证补充技术资料。

（3）安全状况等级中所述问题与缺陷，只要确认其具备最严重之一者，既可按其性质确定该压力容器的安全状况等级。

（4）安全状况等级为5级的换热器，应当予以注销，解体后报废。

第五节 定 期 检 验

换热器的定期检验是指在换热器的设计使用期限内，每隔一定的时间，即采用适当有效的方法，对它的承压部件和安全装置进行检查或作必要的试验。

换热器在使用过程中，由于长期承受压力和其他载荷，有的还要受到腐蚀性介质的腐蚀，或在高温、深冷的工艺条件下工作，其承压部件难以避免地会产生各式各样的缺陷。这些缺陷，有的是在运行中产生的，有的是原材料或制造中的微型缺陷发展而成的，如果不能及早发现并采取一定措施消除这些缺陷，任其发展扩大，必将在继续使用过程中发生断裂破坏，甚至导致严重的事故。

实行定期检验是及时发现缺陷、消除隐患，保证换热器安全运行，防止事故发生的一项有效的措施。通过定期检验，能达到以下三个方面的目的：

（1）了解换热器的安全状况，及时发现问题，及时修理或消除检验中发现的缺陷，或采取适当措施进行监护，从而保证设备在检验周期内连续地安全运行。

（2）检查验证换热器设计的结构、形式是否合理，制造、安装质量是否可靠，以及缺陷扩展情况等。

（3）及时发现运行管理中的问题，以便改进管理和操作。

一、换热器检验周期

换热器检验的周期应该根据换热器的技术状况、使用条件和有关规定来确定。换热器检验分为年度检查和定期检验，其中定期检验包括全面检验和耐压试验。

（一）年度检查

是指为了确保换热器在检验周期内的安全而实施的运行过程中的在线检查，每年至少一次。根据全面检验确定的安全状况等级，换热器下一个使用周期一般不少于3年。在不少于3年的运行过程中，由于使用、管理以及其他原因，原定安全状况等级所允许的缺陷可能扩展，新的缺陷亦可能萌生，从而危及容器的安全。每年至少一次的在线检查有助于及时发现隐患，将事故解决在萌芽之中。此外，某些安全问题如安全附件的运转是否正常可靠、接口是否泄漏、保温层是否跑冷、安全连锁装置是否工作正常、容器本体及相邻管道是否有异常响声与振动以及运行状况是否稳定等，在停机全面检验时是难以或无法发现的，必须依靠在线检查才能解决。综上所述，停机时的全面检验是重要的，它是压力容器下一个使用周期安全运行的基本保证；同样，每年不少于一次的在线检查也是重要的，它既是对压力容器运行安全状态的在线监督，也是及时发现隐患避免事故发生的有效方法，任何忽视在线检查的做法都是有害的，不利于压力容器的运行安全。

年度检查可以由使用单位的专业人员进行，也可以由国家质量监督检验检疫总局（以下简称国家质检总局)核准的检验检测机构(以下简称检验机构)持证的检验人员进行。

(二) 定期检验

(1)全面检验是指设备停机时的检验。全面检验应当由检验机构进行。其检验周期为:安全状况等级为1、2级的,一般每6年1次;安全状况等级为3级的,一般3~6年1次;安全状况等级为4级的,其检验周期由检验机构确定。

(2)耐压试验是指换热器全面检验合格后,所进行的超过最高工作压力的液压试验或者气压试验。每两次全面检验期间内,原则上应当进行1次耐压试验。

(3)当全面检验、耐压试验和年度检查在同一年度进行时,应当依次进行全面检验、耐压试验和年度检查,其中全面检验已经进行的项目,年度检查时不再重复进行。

(4)设计图样无法进行内外部检验或耐压试验的换热器,由使用单位提出申请,地、市级安全监察机构审查同意后报省级安全监察机构备案。因情况特殊不能按期进行内外部检验或耐压试验的换热器,由使用单位提出申请并经使用单位技术负责人批准,征得原设计单位和检验单位同意,报单位上级主管部门审批,由发放《压力容器使用证》的安全监察机构备案后,方可推迟或免除。对无法进行内外部检验和耐压试验或不能按期进行内外部检验和耐压试验的换热器,均应制定可靠的监护和抢险措施,如因监护措施不落实出现问题,应由使用单位负责。下次的全面检验周期,由检验机构根据本次全面检验结果确定。

(5)有以下情况之一全面检验周期应当适当缩短

① 介质对材料的腐蚀情况不明或者介质对材料的腐蚀速率每年大于0.25mm,以及设计者所确定的腐蚀数据与实际不符的;

② 材料表面质量差或者内部有缺陷的;

③ 使用条件恶劣或者使用中发现应力腐蚀现象的;

④ 使用超过20年,经过技术鉴定或者由检验人员确认按正常检验周期不能保证安全使用的;

⑤ 停止使用时间超过2年的;

⑥ 改变使用介质并且可能造成腐蚀现象恶化的;

⑦ 设计图样注明无法进行耐压试验的;

⑧ 检验中对其他影响安全的因素有怀疑的;

⑨ 介质为液化石油气且有应力腐蚀现象的,每年或根据需要进行全面检验;

(6)安全状况等级为1、2级的换热器符合以下条件之一时,全面检验周期可以适当延长:

① 非金属衬里层完好,其检验周期最长可以延长至9年;

② 介质对材料腐蚀速率每年低于0.1mm(实测数据)、有可靠的耐腐蚀金属衬里(复合钢板)或者热喷涂金属(铝粉或者不锈钢粉)涂层,通过1~2次全面检验确认腐蚀轻微或者衬里完好的,其检验周期最长可以延长至12年;

(7)安全状况等级为4级的换热器,其累积监控使用的时间不得超过3年。在监控使用期间,应当对缺陷进行处理提高其安全状况等级,否则不得继续使用。

(8)换热器有以下情况时,全面检验合格后必须进行耐压试验:

① 用焊接方法更换受压元件的;

② 受压元件焊补深度大于1/2壁厚的;

③ 改变使用条件,超过原设计参数并且经过强度校核合格的;

④ 需要更换衬里的(耐压试验应当于更换衬里前进行);

⑤ 停止使用2年后重新复用的;

⑥ 从外单位移装或者本单位移装的;

⑦ 使用单位或者检验机构对安全状况有怀疑的。

从事定期检验工作的检验机构和检验人员,必须严格按照核准的检验范围从事检验工作。检验机构和检验人员必须接受当地质量技术监督部门的监督,并且对其检验结论的正确性负责。检验前,检验机构应当制定检验方案,检验方案由检验机构授权的技术负责人审查批准。对于有特殊要求的换热器的检验方案,检验机构应当征求使用单位及原设计单位的意见,当意见不一致时,以检验机构的意见为准。检验人员应当严格按照批准后的检验方案进行检验工作。

使用单位必须于检验有效期满30日前申报压力容器的定期检验,同时将压力容器检验申报表报检验机构和发证机构。检验机构应当按检验计划完成检验任务。使用单位应当与检验机构密切配合,按本规则的要求,做好停机后的技术性处理和检验前的安全检查,确认符合检验工作要求后,方可进行检验,并在检验现场做好配合工作。

二、换热器检验内容

(一) 年度检查

年度检查包括使用单位压力容器安全管理情况检查、换热器本体及运行状况检查和安全附件检查等。检查方法以宏观检查为主,必要时进行测厚、壁温检查和腐蚀介质含量测定等,主要检查内容如下。

1. 被检设备的使用情况和管理情况的检查

(1) 设备的安全管理规章制度和安全操作规程,运行记录是否齐全、真实,查阅设备台账(或者账册)与实际是否相符;

(2) 设备图样、使用登记证、产品质量证明书、使用说明书、监督检验证书、历年检验报告以及维修和改造资料等建档资料是否齐全,并且符合要求;

(3) 作业人员是否持证上岗;

(4) 上次检验、检查报告中所提出的问题是否解决。

2. 本体及运行状况检查

除非检查人员认为必要,本体及运行状况检查时一般可以不拆保温层。本体及运行状况的检查主要包括以下内容。

(1) 换热器的铭牌、漆色、标志及喷涂的使用证号码是否符合有关规定;

(2) 换热器的本体、接口(阀门、管路)部位、焊接接头等是否有裂纹、过热、变形、泄漏、损伤等;

(3) 外表面有无腐蚀,有无异常结霜和结露等;

(4) 保温层有无破损、脱落、潮湿和跑冷;

(5) 检漏孔、信号孔有无漏液、漏气,检漏孔是否畅通;

(6) 换热器与相邻管道或者构件有无异常振动、响声或者相互摩擦;

(7) 支承或者支座有无损坏,基础有无下沉、倾斜、开裂、紧固螺栓是否齐全、完好;

(8) 排放(疏水、排污)装置是否完好;

(9) 运行期间是否有超压、超温、超量等现象;

(10) 罐体有接地装置的,检查接地装置是否符合要求;

（11）安全状况等级为 4 级的换热器的监控措施执行情况和有无异常情况。

3. 安全附件的检查

主要检查换热器所配备的安全附件是否齐全、是否灵敏可靠、是否在有效期内，安全附件连接处有无泄漏现象。应注意同一系统同一压力等级上各压力表的读数是否一致，安全阀与排放口之间是否处于全开状态。

（二）全面检验

全面检验一般包括检验前准备、检验、缺陷及问题的处理、检验结果汇总、检验结论和出具检验报告。检验人员可以根据实际情况，确定检验项目，进行检验工作。

1. 检验前应审查的资料

（1）设计单位资格、设计、安装、使用说明书、设计图样及强度计算书等；

（2）制造单位资格、制造日期、产品合格证、质量证明书及竣工图等；

（3）制造、安装监督检验证书，进口压力容器安全性能监督检验报告；

（4）使用登记证；

（5）运行周期内的年度检查报告；

（6）历次全面检验报告；

（7）运行记录、开停车记录、操作条件变化情况以及运行中出现异常情况的记录等；

（8）有关维修或者改造的文件、重大改造维修方案、告知文件、竣工资料、改造和维修监督检验证书等。

以上（1）至（5）款的资料在设备投用后首次检验时必须审查，在以后的检验中可以视需要查阅。

2. 检验前现场应具备的条件

（1）影响全面检验的附属部件或者其他物件，应当按检验要求进行清理或者拆除；

（2）为检验而搭设的脚手架、轻便梯等设施必须安全牢固（对离地面 3m 以上的脚手架设置安全护栏）；

（3）需要进行检验的表面，特别是腐蚀部位和可能产生裂纹性缺陷的部位，必须彻底清理干净，母材表面应当露出金属本体，进行磁粉、渗透检测的表面应当露出金属光泽；

（4）被检容器内部介质必须排放、清理干净，用盲板从被检容器的第一道法兰处隔断所有液体、气体或蒸汽的来源，同时设置明显的隔离标志。禁止用关闭阀门代替盲板隔断；

（5）盛装易燃、助燃、毒性或者窒息性介质的，使用单位必须进行置换、中和、消毒、清洗和取样分析，分析结果必须达到有关规范、标准的规定。取样分析的间隔时间，应当在使用单位的有关制度中做出规定。盛装易燃介质的，严禁用空气置换；

（6）人孔和检查孔打开后，必须清除所有可能滞留的易燃、有毒、有害气体。内部空间的气体含氧量应当在 18%～23%（体积比）之间，必要时还应当配备通风、安全救护等设施；

（7）高温或者低温条件下运行的换热器，按照操作规程的要求缓慢地降温或者升温，使之达到可以进行检验工作的程度，防止造成伤害；

（8）能够转动的或者其中有可动部件的，应当锁住开关，固定牢靠。

（9）切断与压力容器有关的电源，并设置明显的安全标志，检验照明用电不超过 24V，引入容器内的电缆应当绝缘良好，接地可靠；

（10）如果需现场射线检测时，应当隔离出透照区，设置警示标志；

（11）全面检验时，应当有专人监护，并且有可靠的联络措施。

3. 全面检验

全面检验的具体项目包括宏观(外观、结构以及几何尺寸)、保温层隔热层衬里、壁厚、表面缺陷、埋藏缺陷、材质、紧固件、强度、安全附件、气密性以及其他必要的项目。检验的方法以宏观检查、壁厚测定、表面无损检测为主，必要时可以采用超声检测、射线检测、硬度测定、金相检验、化学分析或者光谱分析、涡流检测、强度校核或者应力测定、气密性试验以及声发射检测等检测方法

(1) 宏观检查

① 外观检查是对容器本体、对接焊缝、接管角焊缝等部位，以肉眼或者 5～10 倍放大镜检查是否存在裂纹、过热、变形和泄漏等；察看容器内外表面是否有腐蚀和机械损伤；紧固螺栓是否松动；支承或者支座是否有下沉、倾斜和开裂的现象；排放(疏水、排污)装置是否有作用；这些检查项目是以发现容器在运行过程中产生的缺陷为重点，对于内部无法进入的容器应当采用内窥镜或者其他方法进行检查。

② 结构检查是检查筒体与封头的连接是否合理；开孔后是否按规定进行了补强；焊缝布置是否合理，焊缝间距是否符合规定；支座或者支承形式是否符合安全要求。

③ 几何尺寸检查

换热器使用一段时间后，由于运行中压力、温度的波动及载荷的长期作用，一些几何尺寸会发生变化，如同一断面最大直径与最小直径、封头表面凹凸量等，对这些部位应重点检查和复核是否超标。而对于一些不会发生变化的尺寸，如纵、环焊缝对口错边量、棱角度、焊缝余高、角焊缝的焊缝厚度和焊脚尺寸、封头直边高度和直边部位的纵向皱折、不等厚板(锻)件对接接头未进行削薄或者堆焊过渡的两侧厚度差等，已进行过检查，有据可依，检查中一般不再重复检查。

(2) 保温层、隔热层、衬里检查

① 保温层是否破损、脱落、潮湿、跑冷；

② 有金属衬里的压力容器，如果发现衬里有穿透性腐蚀、裂纹、凹陷、检查孔已流出介质，应当局部或者全部拆除衬里层，查明本体的腐蚀状况或者其他缺陷；

③ 检查带堆焊层的换热器是否存在堆焊层的龟裂、剥离和脱落等现象；

④ 对于非金属材料作衬里的，如果发现衬里破损、龟裂或脱落，或者在运行中本体壁温出现异常，应当局部或者全部拆除衬里，查明本体的腐蚀状况或者其他缺陷。

(3) 壁厚测定

壁厚测定可以发现很多问题，为深入分析提供依据，也是强度校核的依据。壁厚测定时应注意：

① 厚度测定点的位置应当有代表性、有足够的测定点数，一般应当选择以下部位：液位经常波动的部位；易受腐蚀、冲蚀的部位；制造成型时壁厚减薄部位和使用中易产生变形及磨损的部位；表面缺陷检查时，发现的可疑部位；接管部位。

② 常规测厚点的选择每次检验时尽量一致，这样可使检测数据具有对比性。

③ 对于宏观检查中发现的缺陷经打磨后的测厚点或错边及棱角度严重超标处的测厚点，应标明其坐标位置，以便下次检验时能够准确定位复核。

④ 在对临氢介质的容器测厚时，如发现壁厚"增值"应考虑氢腐蚀的可能，此时要借助硬度测定或金相检验进一步查明材质是否劣化。

⑤ 测厚时如遇到母材存在夹层缺陷，应增加测厚点或用超声波查明夹层情况以及与母

材表面的倾斜度，以便了解缺陷对强度的削弱程度并为评定安全状况提供可靠的依据。

（4）表面无损检测

① 有以下情况之一的，对容器内表面对接焊缝进行磁粉或者渗透检测，检测长度不少于每条对接焊缝长度的20%：首次进行全面检验的第三类压力容器、盛装介质有明显应力腐蚀倾向的换热器、Cr‒Mo钢制换热器和标准抗拉强度下限 $\sigma_b \geqslant 540$MPa 钢制换热器。在检测中发现裂纹，检验人员应当根据可能存在的潜在缺陷，确定扩大表面无损检测的比例；如果扩检中仍发现裂纹，则应当进行全部焊接接头的表面无损检测。内表面的焊接接头已有裂纹的部位，对其相应外表面的焊接接头应当进行抽查。如果内表面无法进行检测，可以在外表面采用其他方法进行检测。

② 对应力集中部位、变形部位、异种钢焊接部位、奥氏体不锈钢堆焊层、T型焊接接头以及其他有怀疑的焊接接头、补焊区、工卡具焊迹、电弧损伤处和易产生裂纹部位，应当重点检查，对焊接裂纹敏感的材料应注意检查可能发生的焊趾裂纹。

③ 有晶间腐蚀倾向的，可以采用金相检验检查。

④ 铁磁性材料的表面无损检测优先选用磁粉检测。

⑤ 标准抗拉强度下限 $\sigma_b \geqslant 540$MPa 的钢制压力容器，耐压试验后应当进行表面无损检测抽查。

（5）埋藏缺陷检测

焊缝埋藏缺陷即为焊缝内部缺陷。根据以宏观检查，壁厚测定为主的原则，一般可不进行焊缝埋藏缺陷处的检测。但出现以下情况之一时，应当进行射线检测或者超声检测抽查，必要时相互复验：使用过程中补焊过的部位、检验时发现焊缝表面裂纹、认为需要进行焊缝埋藏缺陷检查的部位、错边量和棱角度超过制造标准要求的焊缝部位、使用中出现焊接接头泄漏的部位及其两端延长部位、承受交变载荷设备的焊接接头和其他应力集中部位、有衬里或者因结构原因不能进行内表面检查的外表面焊接接头。已进行过此项检查的，再次检验时，如果无异常情况，一般不再复查。

（6）材质检查

对材质检查应考虑两项内容，一项是选材是否符合有关规范的要求，另一项是经过一定时间的使用后，材质变化后是否还能满足使用要求，因此材质检查的内容包括：主要受压元件材质的种类和牌号一般应当查明，材质不明者，对于无特殊要求的容器，按Q235钢进行强度校核；而对于第三类压力容器必须查明材质。对于已进行过此项检查，并且已作出明确处理的，不再重复检查。检查主要受压元件材质是否劣化，可以根据具体情况，采用硬度测定、化学分析、金相检验或者光谱分析等，予以确定。

（7）内部表面缺陷检测

对无法进行内部检查的换热器，应当采用可靠检测技术（例如内窥镜、声发射、超声检测等）从外部检测内表面缺陷。

（8）安全附件和紧固件检查

安全阀应当从设备上拆下，进行解体检查、维修与调校。安全阀校验合格后打上铅封，出具校验报告后方准使用；新安全阀根据使用情况调试并且铅封后，才准安装使用。对压力表则要查看表在无压力时，压力表指针是否回到限止钉处或者是否回到零位数值；压力表的检定和维护是否符合国家计量部门的有关规定。对主螺栓应当逐个清洗，检查其损伤和裂纹情况，必要时进行无损检测，并重点检查螺纹及过渡部位有无环向裂纹。

（9）强度校核

强度校核以常规的强度理论为依据，通过强度校核以确定允许最高工作压力或提出能否继续使用的建议和修理措施。并不是每次检验都需要进行，只有当出现下列情况时，才必须进行强度校核：存在大面积腐蚀且腐蚀深度超过腐蚀裕量、强度设计参数与实际情况不符、容器名义厚度不明、结构不合理，并且已发现严重缺陷等情况。

强度校核的有关原则：

① 原设计已明确所用强度设计标准的，可以按该标准进行强度校核；

② 原设计没有注明所依据的强度设计标准或者无强度计算的，原则上可以根据用途或者结构型式按当时的有关标准进行校核；

③ 国外进口的或者按国外规范设计的，原则上仍按原设计规范进行强度校核。如果设计规范不明，可以参照我国相应的规范；

④ 焊接接头系数根据焊接接头的实际结构型式和检验结果，参照原设计规定选取；

⑤ 剩余壁厚按实测最小值减去至下次检验期的腐蚀量，作为强度校核的壁厚；

⑥ 校核用压力应当不小于实际最高工作压力，装有安全泄放装置的校核用压力不得小于安全阀开启压力或者爆破片标定的爆破压力；

⑦ 强度校核时的壁温取实测最高壁温，低温压力容器取常温；

⑧ 壳体直径按实测最大值选取；

⑨ 对不能以常规方法进行强度校核的可以采用有限元方法、应力分析设计或者实验应力分析等方法校核。

（10）气密性试验

气密性试验的目的是检验容器的严密性。对于介质毒性程度为极度、高度危害或者设计上不允许有微量泄漏的换热器，除进行耐压试验外，还应在安全装置、阀门、仪表等安装齐全后进行总体气密性试验。对于已做过气压试验并且合格的容器，一般可不必再做气密性试验气密性试验的试验介质应是干燥、洁净的空气、氮气或其他惰性气体。盛装易燃介质的换热器，在气密性试验前，必须进行彻底的蒸汽清洗、置换，并且经过取样分析合格，否则严禁用空气作为试验介质。试验压力应当等于本次检验核定的最高工作压力，安全阀的开启压力不得高于容器的设计压力。碳素钢和低合金钢制压力容器，其试验用气体的温度不低于5℃，其他材料制压力容器按设计图样规定。

进行气密性试验时，应当将安全附件装配全；使压力缓慢上升，当达到试验压力的10%时暂停升压，对密封部位及焊缝等进行检查，如果无泄漏或者异常现象可以继续升压；升压应当分梯次逐渐提高，每级一般可以为试验压力的10%~20%，每级之间适当保压，以观察有无异常现象；达到试验压力后，经过检查无泄漏和异常现象，保压时间不少于3min，压力不下降即为合格，保压时禁止采用连续加压以维持试验压力不变的做法；注意有压力时，不得紧固螺栓或者进行维修工作。

（三）耐压试验

耐压试验是一种综合性检验，其目的是检验容器受压部件的强度，验证是否具有设计压力下安全运行所需要的承受能力，同时通过试验可检查容器各连接处有无渗漏。

全面检验合格后方可进行耐压试验。耐压试验前，各连接部位的紧固螺栓必须装配齐全、紧固妥当。耐压试验场地应当有可靠的安全防护设施，耐压试验时至少采用两个量程相同的并且经过检定合格的压力表，压力表安装在容器顶部便于观察的部位。

压力表的选用应当符合如下要求：低压容器使用的压力表精度不低于2.5级，中压及高压容器使用的压力表精度不低于1.6级。压力表的量程应当为试验压力的1.5~3.0倍，表盘直径不小于100mm。

耐压试验的压力应当符合设计图样要求，并且不小于下式计算值：

$$p_{\pi} = \lambda p[\sigma]/[\sigma]_t$$

式中　p——本次检验时核定的最高工作压力，MPa；

　　　p_T——耐压试验压力，MPa；

　　　λ——耐压试验的压力系数，按表10.2-2选用；

　　　$[\sigma]$——试验温度下材料的许用应力，MPa；

　　　$[\sigma]_t$——最高工作温度下材料的许用应力，MPa。

表10.2-2　耐压试验压力系数 λ

压力容器的材料	压力等级	耐压试验压力系数	
		液(水)压	气 压
钢和有色金属	低压	1.25	1.15
	中压	1.25	1.15
	高压	1.25	1.15

当容器各承压元件（圆筒、封头、接管、法兰及紧固件等）所用材料不同时，计算耐压试验压力取各元件材料$[\sigma]/[\sigma]_t$比值中最小值。

耐压试验原则上应以水压为主，由于结构或者支承原因压力容器内不能充灌液体，以及运行条件不允许残留试验液体的压力容器，可以按设计图样规定采用气压试验；

三、安全状况等级评定

换热器经定期检验后，应根据检验结果对其安全状况进行综合评定，并以等级的形式反映出来，以其中评定项目等级最低者作为最终评定级别。需要维修改造的换热器，按维修改造后的复检结果进行安全状况等级评定。经过检验，安全附件不合格的不允许投入使用。

检验结果主要包括材质检验、结构检验、缺陷检验3个检验项目的结果。

（一）主要受压元件的材质检验

1. 用材与原设计不符

如果主要受压元件材质与原设计不符，但材质清楚，强度校核合格，经过检验未查出新生缺陷（不包括正常的均匀腐蚀），即材质符合使用要求，不影响定级；如果使用中产生缺陷，并且确认是用材不当所致，可以定为4级或者5级。

2. 材质不明

对于经过检验未查出新生缺陷（不包括正常的均匀腐蚀），并且按Q235强度校核合格的，在常温下工作的一般换热器，可以定为3级或者4级；

3. 材质劣化

如果发现明显的应力腐蚀、晶间腐蚀、表面脱碳、渗碳、石墨化、蠕变和氢损伤等材质劣化倾向并且已产生不可修复的缺陷或者损伤时，根据材质劣化程度，定为4级或者5级，如果缺陷可以修复并且能够确保在规定的操作条件下和检验周期内安全使用的，可以定为

3级。

（二）结构检验

有不合理结构的换热器，其安全状况等级划分如下。

（1）封头主要参数不符合制造标准，但经过检验未查出新生缺陷(不包括正常的均匀腐蚀)，可以定为2级或者3级；如果有缺陷，可以根据相应的条款进行安全状况等级评定。

（2）封头与筒体的连接，如果采用单面焊对接结构，而且存在未焊接时，可以根据未焊透情况，定为3级道5级；如果采用搭接结构，可以定为4级或者5级。不等厚度板(锻件)对接接头，未按规定进行削薄(或者堆焊)处理的，经过检验未查出新生缺陷(不包括正常的均匀腐蚀)，可以定为3级，否则定为4级或者5级。

（3）焊缝布置不当(包括采用"十"字焊缝)，或者焊缝间距小于规定值，经过检验未查出新生缺陷(不包括正常的均匀腐蚀)，可以定为3级，如果查出新生缺陷，并且确认是由于焊缝布置不当引起的，则定为4级或者5级。

（4）按规定应当采用全焊透结构的角接焊缝或者接管角焊缝，而没有采用全焊透结构的主要受压元件，如果未查出新生缺陷(不包括正常的均匀腐蚀)，可以定为3级，否则定为4级或者5级。

（5）如果开孔位置不当，经过检验未查出新生缺陷(不包括正常的均匀腐蚀)，对于一般压力容器，可以定为2级或者3级；对于有特殊要求的压力容器，可以定为3级或者4级。如果孔径超过规定，其计算和补强结构经过特殊考虑的，不影响定级；未作特殊考虑的，可以定为4级或者5级。

（三）缺陷检查

（1）内、外表面不允许有裂纹。如果有裂纹，应当打磨消除，打磨后形成的凹坑在允许范围内不需补焊的不影响定级；否则，可以补焊或者进行应力分析，经过补焊合格或者应力分析结果表明不影响安全使用的，可以定为2级或者3级。

（2）机械损伤、工卡具焊迹和电弧灼伤，打磨后不需要补焊的，不影响定级；补焊合格的，定为2级或者3级。变形可不处理的，不影响定级；根据变形原因分析，不能满足强度和安全要求的，可以定为4级或者5级。

（3）内表面焊缝咬边深度不超过0.5mm、咬边连续长度不超过100mm、并且焊缝两侧咬边总长度不超过该焊缝长度的10%时；外表面焊缝咬边深度不超过1.0mm、咬边连续长度不超过100mm、并且焊缝两侧咬边总长度不超过焊缝长度的15%时，对一般压力容器不影响定级，超过时应当予以修复；对有特殊要求的，检验时如果未查出新生缺陷(例如焊趾裂纹)，可以定为2级或者3级；查出新生缺陷或者超过上述要求的，应当予以修复；对低温换热器的焊缝咬边，应打磨消除，不需补焊的不影响定级，经补焊合格的，可以定为2级或者3级。

（4）有腐蚀的换热器，如果是分散的点腐蚀，腐蚀深度不超过壁厚(扣除腐蚀余量)的1/3且在任意200mm直径的范围内，点腐蚀的面积之和不超过4500mm^2，或者沿任一直径点腐蚀长度之和不超过50mm，不影响定级；若为均匀腐蚀，如果按剩余壁厚(实测壁厚最小值减去至下次检验期的腐蚀量)强度校核合格的，不影响定级；经过补焊合格的，可以定为2级或者3级；存在局部腐蚀且腐蚀深度超过壁厚余量时，应当打磨消除，打磨后形成的凹坑在允许范围内不需补焊的，不影响定级；否则，可以补焊或者进行应力分析，经过补焊合格或者应力分析结果表明不影响安全使用的，可以定为2级或者3级。

(5)错边量和棱角度超出相应的制造标准，根据以下具体情况进行综合评定：

① 错边量和棱角度尺寸在表 10.2-3 范围内，容器不承受疲劳载荷并且该部位不存在裂纹、未熔合、未焊透等严重缺陷的，可以定为 3 级或者 4 级；

② 错边量和棱角度尺寸在上表范围内，但该部位伴有未熔合、未焊透等严重缺陷时，应当通过应力分析，确定能否继续使用。在规定的操作条件下和检验周期内，能安全使用的定为 4 级。

表 10.2-3 错边量和棱角度尺寸范围 mm

对口处钢材厚度 δ	错 边 量	棱 角 度
≤20	≤1/3δ，且 ≤5	≤(1/10δ+3)，且 ≤8
>20~50	≤1/4δ，且 ≤8	
>50	≤1/6δ，且 ≤20	
对所有厚度		≤1/6δ，且 ≤8

注：测量棱角度所用样板按相应制造标准的要求选取。

(6)焊缝有埋藏缺陷的换热器，若单个圆形缺陷的长径大于壁厚的 1/2 或者大于 9mm 时，定为 4 级或者 5 级；圆形缺陷的长径小于壁厚的 1/2 并且小于 9mm 的，其相应的安全状况等级见表 10.2-4 和表 10.2-5；非圆形缺陷与相应的安全状况等级，见表 10.2-6 和表 10.2-7。如果能采用有效方式确认缺陷是非活动的，则表 10.2-6、表 10.2-7 中的缺陷长度容限值可以增加 50%。

表 10.2-4 按规定只要求局部无损检测的压力容器(不包括低温压力容器)安全状况等级

评定区/mm 缺陷点数 实测厚度/mm 安全状况等级	10×10			10×20		10×30
	$\delta \leqslant 10$	$10 < \delta \leqslant 15$	$15 < \delta \leqslant 25$	$15 < \delta \leqslant 25$	$50 < \delta \leqslant 100$	$\delta > 100$
2 或者 3	6~15	12~21	18~27	24~33	30~39	36~45
4 或者 5	>15	>21	>27	>33	>39	>45

注：圆形缺陷尺寸换算成缺陷点数，以及不计点数的缺陷尺寸要求，见 JB/T 4730 的规定。

表 10.2-5 按规定要求 100%无损检测的压力容器(包括低温压力容器)安全状况等级

评定区/mm 缺陷点数 实测厚度/mm 安全状况等级	10×10			10×20		10×30
	$\delta \leqslant 10$	$10 < \delta \leqslant 15$	$15 < \delta \leqslant 25$	$15 < \delta \leqslant 25$	$50 < \delta \leqslant 100$	$\delta > 100$
2 或者 3	3~12	6~15	9~18	12~21	15~24	18~27
4 或者 5	>12	>15	>18	>21	>24	>27

表 10.2-6 一般压力容器非圆形缺陷与相应的安全状况等级

缺陷位置	缺陷尺寸/mm			安全状况等级
	未熔合	未焊透	条状夹渣	
圆筒体纵焊缝以及与封头连接的环焊缝	$H \leqslant 0.1\delta$ 且 $H \leqslant 2$ $L \leqslant 2\delta$	$H \leqslant 0.15\delta$ 且 $H \leqslant 3$ $L \leqslant 3\delta$	$H \leqslant 0.2\delta$ 且 $H \leqslant 4$ $L \leqslant 6\delta$	3
圆筒体环焊缝	$H \leqslant 0.15\delta$ 且 $H \leqslant 3$ $L \leqslant 4\delta$	$H \leqslant 0.2\delta$ 且 $H \leqslant 4$ $L \leqslant 6\delta$	$H \leqslant 0.25\delta$ 且 $H \leqslant 5$ $L \leqslant 12\delta$	

表 10.2 – 7　有特殊要求的压力容器非圆形缺陷与相应的安全状况等级

缺陷位置	缺陷尺寸/mm			安全状况等级
	未熔合	未焊透	条状夹渣	
圆筒体纵焊缝以及与封头连接的环焊缝	$H \leq 0.1\delta$ 且 $H \leq 2$ $L \leq \delta$	$H \leq 0.15\delta$ 且 $H \leq 3$ $L \leq 2\delta$	$H \leq 0.2\delta$ 且 $H \leq 4$ $L \leq 3\delta$	3 或者 4
圆筒体环焊缝	$H \leq 0.15\tau$ 且 $H \leq 3mm$ $L \leq 2\tau$	$H \leq 0.2\tau$ 且 $H \leq 4mm$ $L \leq 4\tau$	$H \leq 0.25\tau$ 且 $H \leq 5mm$ $L \leq 6\tau$	

注：1. 表 10.2 – 6 和表 10.2 – 7 中 H 是指缺陷在板厚方向的尺寸，亦称缺陷高度；L 是指缺陷长度；单位均为 mm。对所有超标非圆形缺陷均应当测定其长度和自身高度，并且在下次检验时对缺陷尺寸进行复验。

　　2. 表 10.2 – 7 所指有特殊要求的压力容器主要包括承受疲劳载荷的压力容器、采用应力分析设计的压力容器、盛装极度或高度危害介质的压力容器、盛装易燃易爆介质的大型压力容器以及材料的标准抗拉强度下限 $\sigma_b \geq$ 540MPa 的钢制压力容器等。

　　(7) 有夹层的，若夹层与自由表面平行的，不影响定级；夹层与自由表面夹角小于 10° 的夹层，确认夹层不影响容器安全使用的，可以定为 3 级，否则定为 4 级或者 5 级。

　　(8) 使用过程中产生的鼓包，应当查明原因，判断其稳定状况，如果能查清鼓包的起因并且确定其不再扩展，而且不影响压力容器安全使用的，可以定为 3 级；无法查清起因时，或者虽查明原因但仍会继续扩展的，定为 4 级或者 5 级。

　　(9) 属于容器本身原因导致耐压试验不合格的，可以定为 5 级。